# Nachrichtentechnik

## Eine einführende Darstellung

Von

Dr.-Ing. Karl Steinbuch
o. Professor an der
Technischen Hochschule Karlsruhe

Dr.-Ing. Werner Rupprecht
Akadem. Oberrat an der
Technischen Hochschule Karlsruhe

Mit 460 Abbildungen



Springer-Verlag
Berlin / Heidelberg / New York
1967

Printed in Germany
Library of Congress Catalog Card Number: 66-23509



Titel-Nr. 1370

# Vorwort

Das vorliegende Buch „Nachrichtentechnik, eine einführende Darstellung" entstand aus Vorlesungen an der Technischen Hochschule Karlsruhe. Es wurde von meinen Mitarbeitern, vor allem von Herrn Dr. RUPPRECHT, Akademischer Oberrat an der TH Karlsruhe, systematisch zusammengestellt und im Inhalt wesentlich ergänzt, wofür ich ihm danke.

Eine solche einführende Darstellung ist sowohl in der Stoffauswahl als auch in der Methodik problematisch. Einerseits ist zu bedenken, welche Vorkenntnisse bei den Hörern vorausgesetzt werden können. Hierbei konnte ich auf den vortrefflichen Vorlesungen meiner Herren Kollegen aufbauen. Eine einführende Darstellung der Nachrichtentechnik muß ferner einen Kompromiß anstreben zwischen dem einen Extrem, nur die physikalischen und mathematischen Grundlagen zu behandeln, und dem anderen Extrem, existierende Techniken zu beschreiben. Beide Extreme erscheinen unvernünftig: Das eine, weil es nicht berücksichtigt, daß der Technikstudent an realisierten Beispielen besonders wirklichkeitsnah lernt, und das andere deshalb, weil die technische Realisierung sich rasch verändert. Die vielen Zahlenangaben sollen dem zukünftigen Ingenieur ein Gefühl realistischer Größenordnungen vermitteln.

Manche Teilgebiete der Nachrichtentechnik sind heute zu klassischer Perfektion ausgebaut. Wie anders könnte man z. B. die Wellenparametertheorie besser darstellen, als in R. FELDTKELLERS Stil und wie anders könnte man besser manche Ableitungen der Systemtheorie darstellen als nach K. KÜPFMÜLLERS Vorbild? Es wurde nicht versucht, in solchen Teilgebieten von diesen klassischen Vorbildern abzugehen, in der Einsicht, daß hier Abweichung nur Verschlechterung sein kann. Andere Gebiete, wie z. B. Nachrichtenverarbeitung und Informationstheorie sind von solcher klassischen Darstellung noch weit entfernt, so daß sich hier die persönliche Darstellung noch auswirken konnte. Bei der Behandlung linearer passiver Netzwerke wurde der Wellenparametertheorie der Vorzug vor der Betriebsparametertheorie gegeben. Im Gesamtzusammenhang stand für dieses Gebiet so wenig Raum zur Verfügung, daß die Studenten nur mit ihr bis zur Berechnung realisierbarer Filter geführt werden können. Wer Filter höherer Qualität braucht, kann deren Berechnung mit Hilfe der Betriebsparametertheorie an Hand spezieller Literatur erlernen.

Beide Verfasser danken dem Springer-Verlag für die rasche und sorgfältige Herstellung des Buches. Sie danken auch der Druckerei in Leipzig für die Sorgfalt bei diesem nicht einfachen Satz.

**K. Steinbuch**

Die Sichtung und Ausarbeitung der Vorlesung meines verehrten Chefs, Professor STEINBUCH, stand unter dem Leitgedanken, mit diesem Buch eine möglichst geschlossene Darstellung der behandelten Themenkreise zu geben. Es wurde angestrebt, daß sich der Leser selbständig und ohne zusätzliche Literatur in die Grundzüge der Nachrichtentechnik einarbeiten kann, sofern er über gewisse Kenntnisse auf dem

Gebiet der theoretischen Elektrotechnik verfügt, die besonders in den ersten Abschnitten vorausgesetzt werden mußten.

Um diesem Ziel nahe zu kommen, wurde auf möglichst vollständige mathematische Herleitungen der behandelten Zusammenhänge und auf möglichst einheitliche Bezeichnungsweisen Wert gelegt. Damit eine bessere Übersicht gewahrt bleibt, wurden langwierige Formelherleitungen, ergänzende Hinweise und Beispiele in Kleindruck gesetzt. Nur wo Herleitungen den gesteckten Rahmen dieses Buches überschritten hätten, wurden fertige Formeln mit entsprechendem Quellennachweis aus der Literatur übernommen. Die Literaturverzeichnisse befinden sich jeweils am Ende jedes Hauptabschnittes. Diese Verzeichnisse wurden bewußt auf das notwendige Maß beschränkt.

Bei der Bezeichnungsweise verschiedener Größen wurde weitgehend das Prinzip gewahrt, statische bzw. zeitlich konstante und zeitlich sich langsam verändernde Größen durch Großbuchstaben, dynamische bzw. zeitlich sich rasch verändernde Größen durch Kleinbuchstaben auszudrücken. Komplexwertige Größen (komplexe Amplituden, Zeiger u. a.) wurden zur Unterscheidung von reellwertigen Größen unterstrichen. Größen, die durch Zahlentupel gekennzeichnet werden (Vektoren, Matrizen), sind halbfett gesetzt worden. Frakturbuchstaben wurden nur dazu benutzt, die Bildung von Operationen (Laplace-Transformierte) auszudrücken.

Sicherlich läßt sich der eine oder andere Gegenstand noch besser darstellen, als es hier geschehen ist. Darum werden Anregungen und Verbesserungsvorschläge stets mit Dank entgegengenommen. An dieser Stelle sei auch unseren Mitarbeitern im Institut für Nachrichtenverarbeitung und Nachrichtenübertragung der Technischen Hochschule Karlsruhe, besonders den Herren Dr. T. v. Keller, Dr. U. Piske, Dipl.-Ing. D. Scheib, Dr. E. Schmitt, Dr. S. W. Wagner und Dipl.-Ing. S. Wendt teils für ihre wertvollen Anregungen, teils für ihre Unterstützung bei der Manuskriptherstellung und beim Korrekturlesen vielmals gedankt. Möge dieses Buch vielen Studenten eine Hilfe werden.

Karlsruhe, im Oktober 1966 **W. Rupprecht**

A 15

# Inhaltsverzeichnis

## 0 Zusammenstellung einiger Hilfsmittel aus der theoretischen Elektrotechnik

## I Elemente der Nachrichtentechnik

### 1 Reale lineare passive Schaltelemente



### 2 Lineare passive Netzwerke

A 15

# Inhaltsverzeichnis

## 0 Zusammenstellung einiger Hilfsmittel aus der theoretischen Elektrotechnik

# I Elemente der Nachrichtentechnik

## 1 Reale lineare passive Schaltelemente



## 2 Lineare passive Netzwerke

## 3 Lineare Verstärker



## 4 Impulstechnik

## II Nachrichtenübertragung

### 5 Sprache und Wandler



### 6 Übertragungswege, Leitungen

### 7 Modulation und Selektion



## III Nachrichtenverarbeitung und Informationstheorie

### 8 Codes und Codierung

## 9 Informationstheorie



## 10 Schaltalgebra und logische Schaltungen

**11 Theorie und Struktur digitaler nachrichtenverarbeitender Systeme**

# 0 Zusammenstellung einiger Hilfsmittel aus der theoretischen Elektrotechnik

Als *Elektrische Nachrichtentechnik* werden Anordnungen und Verfahren bezeichnet, welche der elektrischen Übertragung oder Verarbeitung von Nachrichten dienen. Diese Technik setzt also gewisse Kenntnisse der theoretischen Elektrotechnik voraus. Teil 0 des vorliegenden Buches soll einen kurzen Überblick über die wichtigsten Bezeichnungen, Definitionen und Gesetze aus diesem Gebiet geben, soweit sie für die elektrische Nachrichtentechnik erforderlich sind. Damit soll eine Straffung der eigentlichen Hauptteile I, II und III erreicht werden. Im Gegensatz zu den Hauptteilen hat Teil 0 einen vorwiegend aufzählenden Charakter und ist hauptsächlich zum Nachschlagen gedacht.

## 0.1 Spannungen, Ströme

In der elektrischen Nachrichtentechnik dienen Spannungen und Ströme nicht nur zur Energieversorgung, sondern auch zur elektrischen Darstellung von Signalen. Spannungen und Ströme werden durch große Buchstaben gekennzeichnet, wenn es sich um zeitlich konstante, d. h. feste Werte handelt, sie werden durch kleine Buchstaben gekennzeichnet, wenn sie Funktionen der Zeit sind.

### 0.1.1 Gleichspannung, Gleichstrom

Hierfür werden folgende Symbole (große Buchstaben) verwendet:

$$U = \text{Gleichspannung},$$
$$I = \text{Gleichstrom}.$$

### 0.1.2 Sinusförmige Wechselspannungen und -ströme

Eine sinusförmige Wechselspannung wird dargestellt durch (vgl. Abb. 0.1):

$$u = \hat{U} \sin(\omega t + \varphi_u) = U_{\text{eff}} \sqrt{2} \sin(\omega t + \varphi_u). \tag{0.1}$$

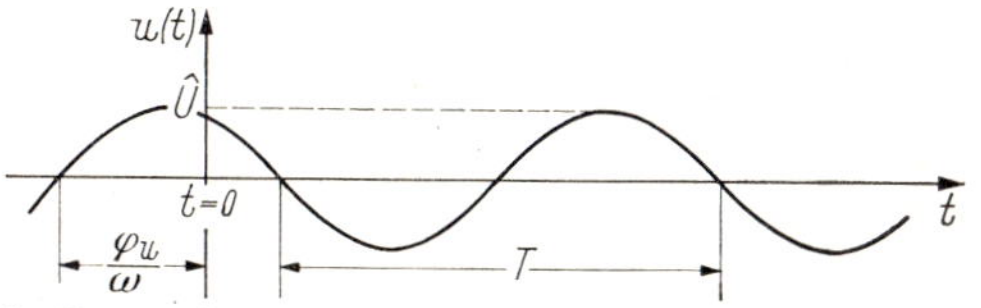


Abb. 0.1. Kenngrößen einer sinusförmigen Wechselspannung ($\varphi_u > 0$)

Für den Strom gilt entsprechend

$$i = \hat{I} \sin(\omega t + \varphi_i) = I_{\text{eff}} \sqrt{2} \sin(\omega t + \varphi_i). \tag{0.2}$$

| | |
|---|---|
| $u$ bzw. $i$ | heißen Momentanwerte, |
| $\hat{U}$ bzw. $\hat{I}$ | heißen Scheitelwerte oder Amplituden (ausgesprochen als „$U$ Dach" bzw. „$I$ Dach"), |
| $t$ | ist die Zeit, |
| $f$ | ist die Frequenz, |
| $\omega = 2\pi f$ | heißt Kreisfrequenz, wird aber auch als „Frequenz" bezeichnet, wenn Verwechslungen mit $f$ ausgeschlossen sind, |
| $T = \frac{1}{f}$ | ist die Periodendauer, |
| $\varphi_u$ bzw. $\varphi_i$ | heißen Nullphasenwinkel, |
| $U_{\text{eff}} = \frac{\hat{U}}{\sqrt{2}}$ bzw. $I_{\text{eff}} = \frac{\hat{I}}{\sqrt{2}}$ | heißen Effektivwerte, vgl. Abschn. 0.2 (bei den Effektivwerten läßt man häufig den Index eff weg, d. h., man schreibt sie genauso wie die Gleichstromwerte). |

**0.1.2.1 Komplexe Darstellung sinusförmiger Wechselspannungen und -ströme.** Unter Benutzung des Satzes von Euler

$$e^{j\alpha} = \cos\alpha + j\sin\alpha = \mathrm{Re}\{e^{j\alpha}\} + j\,\mathrm{Im}\{e^{j\alpha}\}, \tag{0.3}$$

$$\mathrm{Re}\{\ \} = \text{Realteil}; \quad \mathrm{Im}\{\ \} = \text{Imaginärteil}$$

lassen sich sinusförmige Wechselspannungen und -ströme nach Gl. (0.1) bzw. Gl. (0.2) auch folgendermaßen darstellen

$$u = \hat{U}\sin(\omega t + \varphi_u) = \hat{U}\,\mathrm{Im}\{e^{j(\omega t + \varphi_u)}\} = \mathrm{Im}\{\hat{U}\,e^{j\varphi_u}\,e^{j\omega t}\} = \mathrm{Im}\{\underline{U}\,e^{j\omega t}\}, \tag{0.4}$$

$$i = \hat{I}\sin(\omega t + \varphi_i) = \hat{I}\,\mathrm{Im}\{e^{j(\omega t + \varphi_i)}\} = \mathrm{Im}\{\hat{I}\,e^{j\varphi_i}\,e^{j\omega t}\} = \mathrm{Im}\{\underline{I}\,e^{j\omega t}\}. \tag{0.5}$$

$\underline{U} = \hat{U}\,e^{j\varphi_u}$ und $\underline{I} = \hat{I}\,e^{j\varphi_i}$ heißen *komplexe Amplituden*. An dieser Stelle ist auch die Einführung komplexer Momentanwerte zweckmäßig

$$\underline{u} = \underline{U}\,e^{j\omega t}, \tag{0.6}$$

$$\underline{i} = \underline{I}\,e^{j\omega t}. \tag{0.7}$$

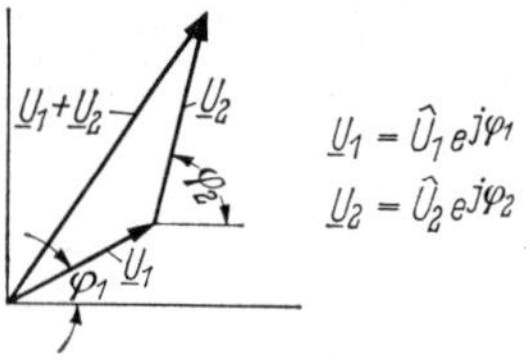


Abb. 0.2
Zeigerdiagramm für die Addition komplexer Amplituden

Zum praktischen Rechnen braucht man oft lediglich die komplexen Amplituden $\underline{U}$ und $\underline{I}$. Zum Beispiel errechnet sich bei der Addition zweier sinusförmiger Spannungen gleicher Frequenz mit den komplexen Amplituden $\underline{U}_1$ und $\underline{U}_2$ die resultierende Spannung $\underline{U}_3$ aus der geometrischen Summe der *Zeiger* $\underline{U}_1$ und $\underline{U}_2$ im *Zeigerdiagramm* (Abb. 0.2). Zeiger sind nicht dasselbe wie Vektoren. Erstere sind komplexe, letztere gerichtete Größen. Der Unterschied wird besonders bei der Multiplikation deutlich.

### 0.1.3 Nichtsinusförmige Spannungen und Ströme

In diesen sowie in den restlichen Unterabschnitten von Abschn. 0.1 soll die Beschreibung auf die Spannung beschränkt bleiben. Die Gleichungen für den Strom lauten ganz entsprechend.

**0.1.3.1 Periodische nichtsinusförmige Spannungen, Pulse.** Bei periodischen Spannungen gilt generell

$$u(t) = u(t + T),$$

wobei $T$ die Periodendauer ist. Periodische nichtsinusförmige Spannungen können nach Fourier durch Überlagerung unendlich vieler sinusförmiger Spannungen (Spektrum) mit im allgemeinen unterschiedlichen Amplituden (*Amplitudenspektrum*) und unterschiedlichen Nullphasenwinkeln (*Phasenspektrum*) dargestellt werden, sofern gewisse Bedingungen erfüllt werden, die unten noch genannt werden. Die Frequenzen der einzelnen Sinusspannungen sind ganzzahlige Vielfache (Harmonische) der Grundfrequenz $\omega_0$ bzw. $f_0$ (*Linienspektrum*). Die Grundfrequenz $f_0$ ist der Kehrwert der Periodendauer $T$ der nichtsinusförmigen Spannung

$$\begin{aligned} u(t) &= U + \hat{U}_1\sin(\omega_0 t + \varphi_{u1}) + \hat{U}_2\sin(2\omega_0 t + \varphi_{u2}) + \cdots \\ &= U + \sum_{k=1}^{\infty}\hat{U}_k\sin(k\,\omega_0 t + \varphi_{uk}) \\ &= U + \sum_{k=1}^{\infty}a_k\sin(k\,\omega_0 t) + \sum_{k=1}^{\infty}b_k\cos(k\,\omega_0 t). \end{aligned} \tag{0.8}$$

| | |
|---|---|
| $u(t)$ | Momentanwert zum Zeitpunkt $t$ |
| $\hat{U}$ | Scheitelwert einer Sinusspannung |
| $U$ | Gleichspannungskomponente |
| $\varphi_u$ | Nullphasenwinkel einer Sinusspannung |
| $k$ | Zählindex, $k = 1, 2, 3, \ldots$ ganzzahlig |
| $a_k$, $b_k$ | Fourier-Koeffizienten |

Die Fourier-Koeffizienten errechnen sich mit der Periodendauer $T = \dfrac{2\pi}{\omega_0}$ zu

$$a_k = \frac{2}{T}\int_{-T/2}^{+T/2} u(t)\sin(k\,\omega_0 t)\,dt, \tag{0.9a}$$

$$b_k = \frac{2}{T}\int_{-T/2}^{+T/2} u(t)\cos(k\,\omega_0 t)\,dt. \tag{0.9b}$$

Die Gleichspannungskomponente bestimmt sich zu

$$U = \frac{1}{T} \int_{-T/2}^{+T/2} u(t)\, dt. \tag{0.9c}$$

Aus Gl. (0.8) ergibt sich

$$\hat{U}_k = \sqrt{a_k^2 + b_k^2}, \tag{0.10}$$

$$\tan \varphi_{uk} = \frac{b_k}{a_k}. \tag{0.11}$$

Für die Gesamtheit aller $k$ stellt $\hat{U}_k$ das *Amplitudenspektrum* und $\varphi_{uk}$ das *Phasenspektrum* dar. Beide Spektren sind Linienspektren. Ein Beispiel einer periodischen Zeitfunktion und ihre zugehörigen Spektren zeigt Abb. 0.3. Wie das Beispiel zeigt, ist es nicht erforderlich, daß die Zeitfunktion überall stetig ist. Sie darf jedoch innerhalb einer Periode nur endlich viele Unstetigkeitsstellen haben und muß ferner die Bedingung nach Gl. (0.12) erfüllen, damit die FOURIER-Analyse durchgeführt werden kann.

$$\int_{-T/2}^{+T/2} |u(t)|\, dt \quad \text{muß existieren.} \tag{0.12}$$

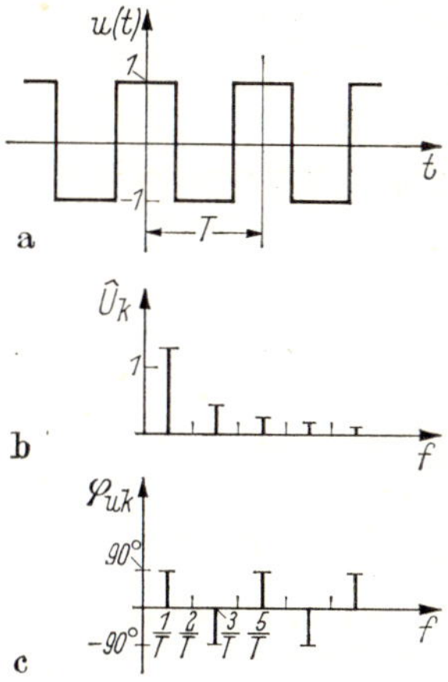

Abb. 0.3
Beispiel einer periodischen Zeitfunktion (a) mit zugehörigem Amplitudenspektrum (b) und Phasenspektrum (c)

Man erhält eine kompaktere Darstellung der FOURIER-Reihe, wenn man in Gl. (0.8) die Sinus- und Kosinusfunktionen durch Exponentialfunktionen gemäß Gl. (0.3) ersetzt. Dies führt zu

$$u(t) = \frac{1}{T} \sum_{k=-\infty}^{+\infty} c_k\, e^{jk\omega_0 t}. \tag{0.13}$$

Die FOURIER-Koeffizienten $c_k$ sind jetzt im allgemeinen komplex und berechnen sich zu

$$c_k = \int_{-T/2}^{+T/2} u(t)\, e^{-jk\omega_0 t}\, dt. \tag{0.14}$$

Der Zusammenhang von Gl. (0.9) und Gl. (0.14) ist

$$c_0 = U; \qquad c_k = a_k - j\, b_k; \qquad c_{-k} = a_k + j\, b_k.$$

Über eine Leistungsbetrachtung (vgl. Abschn. 0.2) ergibt sich auch für die periodische nichtsinusförmige Spannung ein Effektivwert. Dieser errechnet sich zu

$$U_{\text{eff}} = + \sqrt{\frac{1}{T} \int_0^T u^2(t)\, dt}$$

oder auch

$$U_{\text{eff}} = \sqrt{U^2 + \left(\frac{\hat{U}_1}{\sqrt{2}}\right)^2 + \left(\frac{\hat{U}_2}{\sqrt{2}}\right)^2 + \left(\frac{\hat{U}_3}{\sqrt{2}}\right)^2 + \cdots}$$

$$= \sqrt{U^2 + U_{1\,\text{eff}}^2 + U_{2\,\text{eff}}^2 + U_{3\,\text{eff}}^2 + \cdots}. \tag{0.15}$$

*Anmerkung:* Als Pulse bezeichnet man auch annähernd periodische Vorgänge. Diese können aber nicht unmittelbar mit der FOURIER-Analyse behandelt werden.

*0.1.3.1.1 Klirrfaktor.* Oft ist es umständlich, periodische nichtsinusförmige Spannungen durch zwei Spektren darzustellen. Es interessiert häufig nur ein rohes Maß, inwieweit eine periodische Spannung sich von der reinen Sinusspannung unterscheidet, ohne daß man wissen will, wie groß die einzelnen Amplituden $\hat{U}_k$ und Nullphasenwinkel $\varphi_{uk}$ sind. Dieses Maß kann durch den *Klirrfaktor* ausgedrückt werden.

Ist keine Gleichspannungskomponente vorhanden, dann bezeichnet man mit *Gesamtklirrfaktor* den Ausdruck

$$K = \frac{\text{Effektivwert der Oberschwingungen}}{\text{Effektivwert der Gesamtschwingung}}$$

$$= \frac{\sqrt{U_{2\,\text{eff}}^2 + U_{3\,\text{eff}}^2 + U_{4\,\text{eff}}^2 + \cdots}}{\sqrt{U_{1\,\text{eff}}^2 + U_{2\,\text{eff}}^2 + U_{3\,\text{eff}}^2 + \cdots}}. \tag{0.16}$$

Man unterscheidet noch weiter Klirrfaktoren 2., 3., ... $\nu$-ter Ordnung. Der Klirrfaktor 2. Ordnung heißt z. B.

$$K_2 = \frac{U_{2\,\mathrm{eff}}}{\sqrt{U_{1\,\mathrm{eff}}^2 + U_{2\,\mathrm{eff}}^2 + U_{3\,\mathrm{eff}}^2 + \cdots}}. \tag{0.17}$$

Der Klirrfaktor 3. Ordnung heißt

$$K_3 = \frac{U_{3\,\mathrm{eff}}}{\sqrt{U_{1\,\mathrm{eff}}^2 + U_{2\,\mathrm{eff}}^2 + U_{3\,\mathrm{eff}}^2 + \cdots}}$$

usw.

Eine andere Definition des Klirrfaktors ist

$$K' = \frac{\text{Effektivwert der Oberschwingungen}}{\text{Effektivwert der Grundschwingung}}$$

$$= \frac{\sqrt{U_{2\,\mathrm{eff}}^2 + U_{3\,\mathrm{eff}}^2 + U_{4\,\mathrm{eff}}^2 + \cdots}}{U_{1\,\mathrm{eff}}}. \tag{0.18}$$

Für die Klirrfaktoren 2., 3. usw. Ordnung ergibt sich nach dieser anderen Definition entsprechend

$$K_2' = \frac{U_{2\,\mathrm{eff}}}{U_{1\,\mathrm{eff}}}; \qquad K_3' = \frac{U_{3\,\mathrm{eff}}}{U_{1\,\mathrm{eff}}}. \tag{0.19}$$

$K$ und $K'$ können mit Gl. (0.20) ineinander umgerechnet werden

$$K = \frac{K'}{\sqrt{1 + K'^2}}. \tag{0.20}$$

Falls der Klirrfaktor klein gegen Eins ist, gilt mit guter Näherung $K \approx K'$.

**0.1.3.2 Unperiodische nichtsinusförmige Spannungen, Impulse.** Es lassen sich nicht nur periodische nichtsinusförmige Spannungsverläufe auf zwei gleichwertige Arten (als Zeitfunktion oder als Spektrum) darstellen, sondern auch unperiodische Verläufe. Während sich bei periodischen Spannungen *Linienspektren* ergeben, ergeben sich bei unperiodischen *kontinuierliche Spektren.*

Für die Berechnung des Spektrums aus der Zeitfunktion dienen im wesentlichen zwei Integralbeziehungen, die FOURIER-Transformation und die LAPLACE-Transformation.

Bei Zeitfunktionen $u(t)$, für die

$$\int_{-\infty}^{+\infty} |u(t)|\, dt \tag{0.21}$$

existiert, kann das Frequenzspektrum über das FOURIER-Integral (zweiseitige FOURIER-Transformation) berechnet werden

$$\underline{U}(\mathrm{j}\,\omega) = \int_{-\infty}^{+\infty} u(t)\, \mathrm{e}^{-\mathrm{j}\,\omega t}\, dt. \tag{0.22}$$

$\underline{U}(\mathrm{j}\,\omega)$ hat die Dimension Spannung mal Zeit oder Spannung pro Frequenz, wenn $u(t)$ die Dimension Spannung hat. $\underline{U}(\mathrm{j}\,\omega)$ ist im allgemeinsten Fall komplex, d. h.

$$\underline{U}(\mathrm{j}\,\omega) = A(\omega) + \mathrm{j}\,B(\omega) = \hat{U}(\omega)\, \mathrm{e}^{\mathrm{j}\varphi(\omega)}. \tag{0.23}$$

Der Realteil $A(\omega)$ ist stets eine gerade, der Imaginärteil $B(\omega)$ stets eine ungerade Funktion von $\omega$. Wie bei den periodischen Funktionen ergibt sich auch bei den nichtperiodischen Funktionen ein Amplitudenspektrum

$$|\underline{U}(\mathrm{j}\,\omega)| = \hat{U}(\omega) = \sqrt{A^2(\omega) + B^2(\omega)} \tag{0.24}$$

und ein Phasenspektrum

$$\operatorname{arc}\{\underline{U}(\mathrm{j}\,\omega)\} = \varphi(\omega) = \arctan \frac{B(\omega)}{A(\omega)}. \tag{0.25}$$

Die Berechnung der Zeitfunktionen aus der Spektralfunktion erfolgt mit der Rücktransformationsformel

$$u(t) = \frac{1}{2\pi} \int_{-\infty}^{+\infty} \underline{U}(\mathrm{j}\,\omega)\, \mathrm{e}^{+\mathrm{j}\,\omega t}\, d\omega = \int_{-\infty}^{+\infty} \underline{U}(\mathrm{j}\,2\pi f)\, \mathrm{e}^{+\mathrm{j}\,2\pi f t}\, df. \tag{0.26}$$

Wegen Gl. (0.21) ist es für die Anwendung der FOURIER-Transformation notwendig, daß $u(t) \to 0$ für $t \to \pm\infty$. Bei Zeitfunktionen, für die dies nicht zutrifft, die jedoch für $t < 0$ verschwinden und für die das Integral

$$\int_0^\infty |u(t)|\, e^{-\sigma_0 t}\, dt$$

für einen positiven reellen Mindestwert von $\sigma_0$ existiert, kann das Frequenzspektrum durch die einseitige LAPLACE-Transformation berechnet werden.

$$\underline{U}(p) = \int_0^\infty u(t)\, e^{-pt}\, dt = \mathfrak{L}\{u(t)\} \quad \text{mit} \quad p = \sigma + j\,\omega \quad \text{und} \quad \operatorname{Re}\{p\} > \sigma_0. \tag{0.27}$$

Aus der Spektralfunktion kann umgekehrt wieder die Zeitfunktion $u(t)$ mit der Rücktransformationsformel Gl. (0.28) berechnet werden, sofern zu einem gegebenen $\underline{U}(p)$ ein $u(t)$ existiert, was nicht immer der Fall sein muß. Eine anschließende Kontrolle mit Gl. (0.27) ist darum angebracht

$$u(t) = \frac{1}{2\pi j} \int_{\sigma_0 - j\infty}^{\sigma_0 + j\infty} \underline{U}(p)\, e^{pt}\, dp = \mathfrak{L}^{-1}\{\underline{U}(p)\}. \tag{0.28}$$

Bei Zeitfunktionen, die für $t < 0$ verschwinden, und für die Gl. (0.21) zutrifft, kann im FOURIER Integral Gl. (0.22) die untere Integrationsgrenze zu Null gesetzt und im LAPLACE-Integral Gl. (0.27) $p = j\,\omega$ gesetzt werden. In diesem Sonderfall gehen FOURIER- und LAPLACE-Transformation ineinander über.

Ein Beispiel für eine Zeitfunktion, deren Spektrum nicht mit der FOURIER- wohl aber mit der LAPLACE-Transformation berechnet werden kann, ist die Sprungfunktion nach Abb. 0.4. Das Frequenzspektrum hierfür errechnet sich mit Gl. (0.27) zu

$$\underline{U}(p) = \frac{U}{p} = \frac{U}{\sigma + j\,\omega}.$$

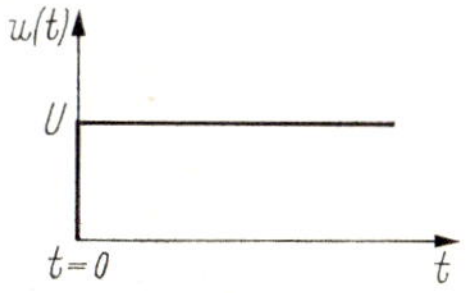


Abb. 0.4. Sprungfunktion $u(t) = 0$ für $t < 0$ $= U$ für $t > 0$

Die praktische Anwendung der LAPLACE-Transformation erfolgt zweckmäßigerweise mit Hilfe von Tabellen, in denen die für die wichtigsten Funktionen ausgerechneten Integrale zusammengestellt sind. Tab. 0.1 gibt einige Beispiele an, von denen die letzten beiden die Beziehungen für bestimmte Operationen auf eine Funktion $u(t)$ behandeln. Umfangreiche Tabellen finden sich z. B. bei DOETSCH [*1*].

Tabelle 0.1 *Einige Korrespondenzen zur* LAPLACE-*Transformation*

| Zeitfunktion $u(t)$ für $t > 0$ | LAPLACE-Transformierte $\underline{U}(p) = \mathfrak{L}\{u(t)\}$ |
|---|---|
| Sprungfunktion 1 | $\frac{1}{p}$ |
| $e^{\alpha t}$ | $\frac{1}{p - \alpha}$ |
| $\sin \omega_0 t$ | $\frac{\omega_0}{p^2 + \omega_0^2}$ |
| $\frac{1}{\alpha}(e^{\alpha t} - 1)$ | $\frac{1}{p(p - \alpha)}$ |
| $\frac{e^{\beta t} - e^{\alpha t}}{\beta - \alpha}$ | $\frac{1}{(p - \alpha)(p - \beta)}$ |
| $\frac{1}{\alpha\beta} + \frac{\alpha e^{\beta t} - \beta e^{\alpha t}}{\alpha\beta(\beta - \alpha)}$ | $\frac{1}{p(p - \alpha)(p - \beta)}$ |
| Differentiationssatz: $\frac{du}{dt}$ | $p\,\underline{U}(p) - u(+0)$ |
| Verschiebungssatz: $u(t - t_0);\ t_0 \geqq 0$ | $\underline{U}(p)\, e^{-pt_0}$ |

**0.1.3.3 Zufällige Spannungen.** Zufällige Spannungen, die z. B. durch Störungen, Rauschen usw. hervorgerufen werden, lassen sich normalerweise nicht als explizite Zeitfunktionen angeben. Dennoch sind häufig ihre Eigenschaften teilweise bekannt. Oft handelt es sich um stationäre Spannungen, die in gleich langen, nicht zu kurzen Zeitintervallen $T$ nahezu gleiche Energie in einem ohmschen Widerstand umsetzen, gleichgültig von welchem Zeitpunkt an das Zeitintervall $T$ beginnen möge. Die Energiebeträge in den einzelnen Zeitintervallen weichen relativ um so weniger voneinander ab, je länger die Zeitintervalle gewählt werden. Im zeitlichen Mittel wird damit eine konstante Leistung an den ohmschen Widerstand geliefert, die proportional dem zeitlichen Mittelwert des Spannungsquadrates $\overline{u^2}$ ist (vgl. Abschn. 0.2). Ist die Größe des Widerstandes $R = 1\,\Omega$, dann ist die im zeitlichen Mittel gelieferte Leistung $P = \overline{u^2}\,\frac{1}{1\,\Omega}$.

Andererseits nehmen zufällige Spannungen einen gewissen Frequenzbereich ein, was z. B. meßtechnisch mittels Frequenzfilter und Leistungsmesser festgestellt werden kann. Im differentiellen Frequenzintervall $df$ bei der (positiven) Frequenz $f$ möge eine zufällige Spannung in den Widerstand $R$ im zeitlichen Mittel den Leistungsanteil $P_u(f)\,df$ liefern. Die Gesamtleistung $P$ im gesamten Frequenzintervall $-\infty \leqq f \leqq +\infty$ ergibt sich dann aus dem Integral von $P_u(f)\,df$ über alle Frequenzen.

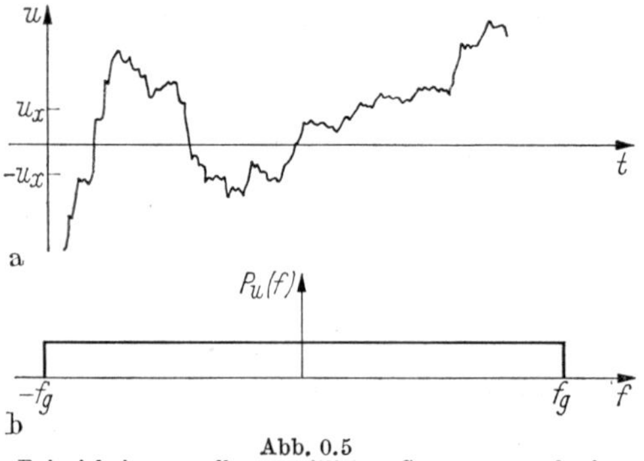

Abb. 0.5
a Beispiel eines regellosen zeitlichen Spannungsverlaufs; b zu Bild a gehörendes Leistungsspektrum

$$P = \frac{\overline{u^2}}{R} = \int_{-\infty}^{+\infty} P_u(f)\,df = \frac{1}{2\pi}\int_{-\infty}^{+\infty} P_u(\omega)\,d\omega. \tag{0.29}$$

$P_u(f)$ bezeichnet man als *Leistungsspektrum.* Sein Verlauf ist häufig (z. B. durch Messung) bekannt. Aus dem Leistungsspektrum läßt sich durch Rücktransformation in den Zeitbereich nicht die exakte Zeitfunktion für den zufälligen Strom berechnen, da die hierzu erforderliche Phaseninformation fehlt. Das Leistungsspektrum liefert nur eine Information über die Amplitudenverteilung. Von großem Nutzen für die Theorie regelloser Vorgänge ist der Begriff des *weißen Rauschens.* Weißes Rauschen hat ein konstantes frequenzunabhängiges Leistungsspektrum $P_u$ = konst. Es ist nur angenähert realisierbar, weil damit eine unendlich große mittlere Leistung geliefert werden müßte. Da der Arbeitsbereich bei allen technisch realisierbaren Systemen nur ein beschränktes Frequenzband einnehmen kann, können alle diejenigen Störungen als weißes Rauschen bezeichnet werden, deren Leistungsspektrum im betreffenden Arbeitsbereich konstant frequenzunabhängig ist.

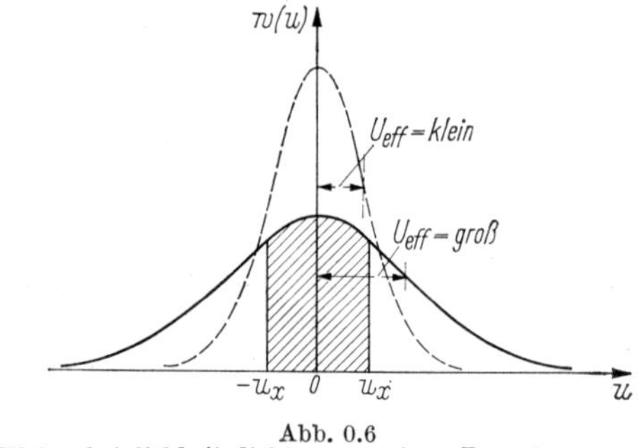

Abb. 0.6
Wahrscheinlichkeitsdichte $w(u)$ einer Rauschspannung mit dem Effektivwert $U_{\text{eff}}$ bei Widerstandsrauschen

Abb 0.5 a zeigt irgendeine zeitlich regellos verlaufende Spannung $u(t)$. Sie habe das in Abb. 0.5 b dargestellte Leistungsspektrum, welches bis zur (sehr hohen) Frequenz $f_g$ konstant und frequenzunabhängig ist. Ihr Effektivwert $U_{\text{eff}}$ berechnet sich aus Gl. (0.29). Die Wahrscheinlichkeitsdichte $w(u)$ für das Auftreten einer bestimmten Momentanspannung $u$ folgt oft (z. B. beim Widerstandsrauschen) einer GAUSSschen Verteilungskurve (Abb. 0.6).

$$w(u) = \frac{1}{\sqrt{2\pi}\,U_{\text{eff}}}\,e^{-\frac{u^2}{2U_{\text{eff}}^2}}. \tag{0.30}$$

Die Wahrscheinlichkeit $W(u_x)$, daß die Momentanspannung $u$ bei gegebenem Effektivwert $U_{\text{eff}}$ im Bereich $-u_x \leqq u \leqq +u_x$ liegt, ist gleich der schraffierten Fläche in Abb. 0.6, d. h.,

$$W(-u_x \leqq u \leqq +u_x) = \int_{-u_x}^{+u_x} w(u)\,du = \frac{1}{\sqrt{2\pi}\,U_{\text{eff}}}\int_{-u_x}^{+u_x} e^{-\frac{u^2}{2U_{\text{eff}}^2}}\,du. \tag{0.31}$$

Da die Wahrscheinlichkeit dafür, daß die momentane Spannung $u$ im Bereich $-\infty \leqq u \leqq +\infty$ liegt, gleich Eins sein muß (sicheres Ereignis), muß selbstverständlich gelten

$$\int_{-\infty}^{+\infty} w(u)\, du = 1. \tag{0.32}$$

### 0.1.4 Frequenzen, komplexe Frequenz

Für Frequenzen werden folgende Symbole verwendet:

$f$ (natürliche) Frequenz

$\omega = 2\pi f$ Kreisfrequenz

Als komplexe Frequenz bezeichnet man den Ausdruck [vgl. Gl. (0.27)]

$$p = \sigma + \mathrm{j}\,\omega. \tag{0.33}$$

Der Begriff der komplexen Frequenz ist besonders in der Netzwerktheorie von großer Bedeutung. Die formale Erweiterung von Gl. (0.6) und Gl. (0.7) auf komplexe Frequenzen ergibt

$$\underline{u} = \underline{U}\, \mathrm{e}^{pt} = \underline{U}\, \mathrm{e}^{(\sigma + \mathrm{j}\,\omega)t} = \underline{U}\, \mathrm{e}^{\sigma t}\, \mathrm{e}^{\mathrm{j}\,\omega t},$$

$$\underline{i} = \underline{I}\, \mathrm{e}^{pt} = \underline{I}\, \mathrm{e}^{(\sigma + \mathrm{j}\,\omega)t} = \underline{I}\, \mathrm{e}^{\sigma t}\, \mathrm{e}^{\mathrm{j}\,\omega t}.$$

Den Realteil $\sigma$ der komplexen Frequenz bezeichnet man als *Wuchsmaß*, sofern er positiv ist, als *Abklingmaß*, sofern er negativ ist. Den Zahlenwert der komplexen Frequenz kann man (wie alle komplexen Zahlen) in der Gaussschen Ebene darstellen, die in diesem Fall als *komplexe Frequenzebene* bezeichnet wird (vgl. Abb. 0.7).

Punkte auf der imaginären Achse (j$\omega$-Achse) der komplexen Frequenzebene kennzeichnen reine Sinusschwingungen. Die j$\omega$-Achse wird daher auch als reelle Frequenzachse bezeichnet.

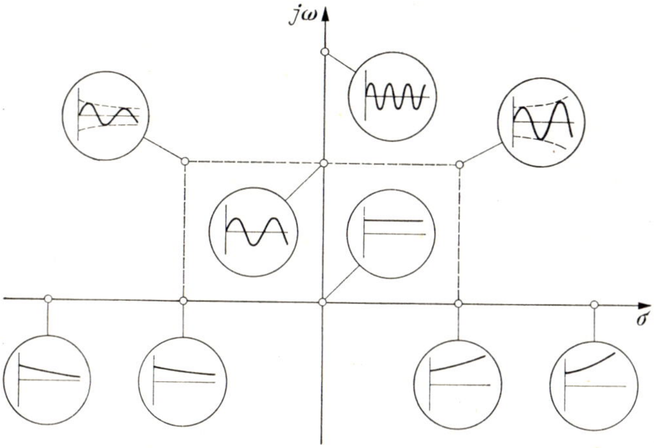


Abb. 0.7. Erläuterung der komplexen Frequenz

Punkte in der linken $p$-Halbebene ergeben Sinusschwingungen mit exponentiell abklingenden, Punkte der rechten Halbebene Sinusschwingungen mit exponentiell anklingenden Hüllkurven. Die Frequenzen dieser Schwingungen sind durch die jeweiligen Ordinaten $\omega$ gegeben, die Schnelligkeiten des exponentiellen Ab- oder Anklingens werden durch die jeweiligen Abszissen $\sigma$ bestimmt. Die Punkte auf der $\sigma$-Achse beschreiben reine Exponentialkurven.

## 0.2 Leistung

Von fundamentaler Bedeutung ist der Begriff der Leistung. Man unterscheidet verschiedene Arten von Leistungen. Am wichtigsten ist der Begriff der *Wirkleistung P*. Alle Leistungen ergeben sich aus dem Produkt von Strom und Spannung am gleichen Klemmenpaar. Abb. 0.8 zeigt ein Klemmenpaar, welches durch einen Zweipol abgeschlossen ist. Die gestrichelten Pfeile sind *Richtungspfeile*. Der Richtungspfeil für den Strom zeigt (bei Wechselstrom für den gerade betrachteten Zeitpunkt) stets in die Strömungsrichtung der positiven Ladungsträger. Der Richtungspfeil für die Spannung zeigt (für den betrachteten Zeitpunkt) stets vom positiveren zum negativeren Potential.

Bei den in Abb. 0.8 eingezeichneten Richtungspfeilen ist die vom Zweipol aufgenommene (momentane) Leistung positiv. Wäre entweder der Richtungspfeil für den Strom oder der für die Spannung anders gerichtet, dann ist die vom Zweipol aufgenommene (momentane) Leistung negativ. Sind beide Richtungspfeile umgedreht, dann ist die Leistung wieder positiv.

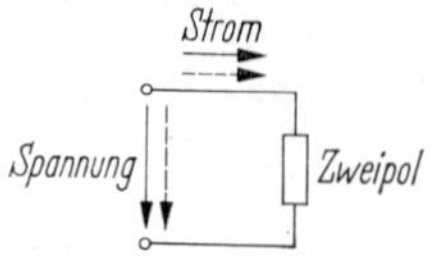


Abb. 0.8. Zweipol mit Richtungspfeilen (gestrichelt) und Zählpfeilen (ausgezogen) für Strom und Spannung

Die ausgezogenen Pfeile von Abb. 0.8 sind *Zählpfeile*. Diese werden z. B. bei der Analyse von Netzwerken zunächst willkürlich gesetzt. Die zum Zählpfeil gehörige Größe (= Spannung oder Strom) ist positiv, wenn Zählpfeil und Richtungspfeil in die gleiche Richtung weisen, sie ist negativ, wenn sie in entgegengesetzte Richtungen weisen. Die Verwendung von Zählpfeilen ist besonders in Wechselstromkreise zweckmäßig, weil die Zählpfeilrichtung unabhängig vom betrachteten Zeitpunkt ist (vgl. Abschn. 0.4).

### 0.2.1 Leistung bei Gleichstrom

Die Leistung ergibt sich aus dem Produkt von Gleichspannung $U$ und Gleichstrom $I$ am gleichen Klemmenpaar

$$P = U\,I. \tag{0.34}$$

Bei Gleichstrom ist nur eine Wirkleistung möglich. Das Vorzeichen ergibt sich aus den Richtungspfeilen.

### 0.2.2 Leistung bei sinusförmigem Wechselstrom

Der Momentanwert der elektrischen Leistung $P_m$ errechnet sich aus dem Produkt von Momentanspannung $u$ und Momentanstrom $i$. Mit den Gln. (0.1) und (0.2) wird

$$\begin{aligned} P_m &= u\,i = \hat{U}\sin(\omega t + \varphi_u)\,\hat{I}\sin(\omega t + \varphi_i) \\ &= \frac{\hat{U}\,\hat{I}}{2}\left[\cos(\varphi_u - \varphi_i) - 2\cos\{2\omega t - (\varphi_u - \varphi_i)\}\right] \\ &= U_{\text{eff}}\,I_{\text{eff}}[\cos\varphi - 2\cos(2\omega t - \varphi)]. \end{aligned} \tag{0.35}$$

$P_m$ Momentanwert der Leistung

$\varphi = \varphi_u - \varphi_i$ Phasenwinkel zwischen Strom und Spannung

In Gl. (0.35) setzt sich $P_m$ aus einem zeitunabhängigen und einem zeitabhängigen Glied zusammen. Das zeitabhängige Glied $2\cos(2\omega t - \varphi)$ ergibt im zeitlichen Mittel Null. Folglich berechnet sich der zeitliche Mittelwert der Leistung (das ist die Wirkleistung) bei Wechselstrom zu

$$P = U_{\text{eff}}\,I_{\text{eff}}\cos\varphi = P_S\cos\varphi. \tag{0.36}$$

$P$ Wirkleistung

$\cos\varphi$ Leistungsfaktor

Die *Scheinleistung* $P_S$ ist das Produkt von Effektivspannung und Effektivstrom ohne Berücksichtigung des Leistungsfaktors

$$P_S = U_{\text{eff}}\,I_{\text{eff}}. \tag{0.37}$$

Für $\cos\varphi = 1$ sind Scheinleistung und Wirkleistung gleich. Von Bedeutung ist weiterhin noch die *Blindleistung* $P_B$. Sie berechnet sich zu

$$P_B = U_{\text{eff}}\,I_{\text{eff}}\sin\varphi = P_S\sin\varphi. \tag{0.38}$$

Aus den Gln. (0.36), (0.37) und (0.38) folgt die Beziehung zwischen Wirk-, Blind- und Scheinleistung

$$P_S^2 = P^2 + P_B^2. \tag{0.39}$$

**0.2.2.1 Komplexe Leistung.** Die komplexe Leistung $\underline{P}$ ergibt sich aus der komplexen Darstellung sinusförmiger Wechselströme. Man rechnet hier mit den komplexen Amplituden $\underline{U}$ und $\underline{I}$. Ist $\underline{I}^*$ der zu $\underline{I}$ konjugiert komplexe Wert, dann ergibt sich die komplexe Leistung $\underline{P}$ zu

$$\begin{aligned} \underline{P} &= \tfrac{1}{2}\underline{U}\,\underline{I}^* = \tfrac{1}{2}\hat{U}\,e^{j\varphi_u}\,\hat{I}\,e^{-j\varphi_i} = U_{\text{eff}}\,I_{\text{eff}}\,e^{j(\varphi_u - \varphi_i)} \\ &= U_{\text{eff}}\,I_{\text{eff}}\,e^{j\varphi} = U_{\text{eff}}\,I_{\text{eff}}\cos\varphi + j\,U_{\text{eff}}\,I_{\text{eff}}\sin\varphi \\ &= P + j\,P_B. \end{aligned} \tag{0.40}$$

Der Realteil der komplexen Leistung ist die Wirkleistung, der Imaginärteil die Blindleistung.

Der Betrag der komplexen Leistung ist gleich der Scheinleistung Gl. (0.39)

$$|\underline{P}| = \sqrt{P^2 + P_B^2} = P_S. \tag{0.41}$$

### 0.2.3 Leistung bei nichtsinusförmigen Strömen

Bei periodischen nichtsinusförmigen Wechselströmen errechnet sich die mittlere Leistung oder Wirkleistung zu

$$P = \frac{1}{T} \int_0^T u(t)\, i(t)\, dt. \tag{0.42}$$

$T$ Periodendauer

$u, i$ Momentanwerte

Gl. (0.42) gilt auch für Gleichstrom (wobei $T$ beliebig ist) und sinusförmige Ströme. Setzt man in Gl. (0.42) die folgenden Ausdrücke für die nichtsinusförmigen Spannungen und Ströme ein

$$u(t) = U + \sum_{k=1}^{\infty} \hat{U}_k \sin(k\,\omega\, t + \varphi_{uk}), \tag{0.8}$$

$$i(t) = I + \sum_{k=1}^{\infty} \hat{I}_k \sin(k\,\omega\, t + \varphi_{ik}), \tag{0.8a}$$

so ergibt sich nach einiger Rechnung die Wirkleistung zu

$$P = U\,I + \tfrac{1}{2} \sum_{k=1}^{\infty} \hat{U}_k \hat{I}_k \cos(\varphi_{uk} - \varphi_{ik})$$

$$= U\,I + \sum_{k=1}^{\infty} U_{k\,\mathrm{eff}}\, I_{k\,\mathrm{eff}} \cos\varphi_k. \tag{0.43}$$

$U_{k\,\mathrm{eff}}$ bzw. $I_{k\,\mathrm{eff}}$ Effektivwerte der $k$-ten Oberwelle

$\varphi_k = \varphi_{uk} - \varphi_{ik}$ Phasenwinkel zwischen Strom und Spannung der $k$-ten Oberwelle.

Die *Scheinleistung* $P_S$ bei nichtsinusförmigen periodischen Strömen ergibt sich wie in Gl. (0.37) zu

$$P_S = U_{\mathrm{eff}}\, I_{\mathrm{eff}}.$$

Setzt man darin die Effektivwerte $U_{\mathrm{eff}}$ und $I_{\mathrm{eff}}$ nichtsinusförmiger Ströme nach Gl. (0.15) ein, dann folgt

$$P_S = \sqrt{U^2 + U_{1\,\mathrm{eff}}^2 + U_{2\,\mathrm{eff}}^2 + \cdots}\ \sqrt{I^2 + I_{1\,\mathrm{eff}}^2 + I_{2\,\mathrm{eff}}^2 + \cdots}$$

$$= \sqrt{\left(U^2 + \sum_{k=1}^{\infty} U_{k\,\mathrm{eff}}^2\right)\left(I^2 + \sum_{k=1}^{\infty} I_{k\,\mathrm{eff}}^2\right)}. \tag{0.44}$$

Die *Blindleistung* $P_B$ bei nichtsinusförmigen periodischen Strömen berechnet sich aus

$$P_S^2 = P^2 + P_B^2. \tag{0.39}$$

Für $P$ und $P_S$ werden die Ausdrücke der Gln. (0.43) und (0.44) eingesetzt und anschließend wird Gl. (0.39) nach $P_B$ aufgelöst.

Bei der Blindleistung unterscheidet man zwischen *Feldblindleistung* und *Verzerrungsblindleistung*. Feldblindleistung tritt auf bei Energiespeichern (Kapazitäten, Induktivitäten). Verzerrungsblindleistung tritt auf bei nichtlinearen Zweipolen (vgl. Abschn. 0.3).

Bei unperiodischen Strömen und Spannungen ist die momentane Leistung

$$P_m = \lim_{\Delta t \to 0} \frac{1}{\Delta t} \int_t^{t+\Delta t} u\, i\, dt. \tag{0.45}$$

Bei zufälligen Strömen errechnet sich die Wirkleistung aus dem Leistungsspektrum [Gl. (0.29)] am Verbraucher.

## 0.3 Elementare Zweipole

Als Zweipol bezeichnet man eine elektrische Schaltung, bei der nur zwei Anschlußklemmen betrachtet werden (Abb. 0.8). Durch Zusammenschalten (z. B. Serienschaltung, Parallelschaltung usw.) mehrerer Zweipole lassen sich neue Zweipole mit im allgemeinen komplizierteren elektrischen Eigenschaften bilden. Umgekehrt kann man sich einen gegebenen Zweipol auch aus mehreren einfacheren Zweipolen zusammengesetzt denken. Solche Überlegungen führen zu den *elementaren*

*Zweipolen*. Diese kann man sich nicht mehr aus Zweipolen mit noch einfacher beschreibbaren Eigenschaften zusammengesetzt denken. Die Eigenschaften der wichtigsten elementaren Zweipole werden in den Abschn. 0.3.3 und 0.3.4 beschrieben.

### 0.3.1 Aktive und passive Zweipole

Zu den aktiven Zweipolen gehören die ideale Spannungsquelle und die ideale Stromquelle. Die Spannung über den Klemmen der idealen Spannungsquelle ist unabhängig von der Beschaltung des Zweipols mit Ausnahme des Kurzschlusses. Man bezeichnet die von einer solchen Quelle gelieferte Spannung als *eingeprägte Spannung*. Der Strom durch die Klemmen der idealen Stromquelle ist ebenfalls unabhängig von der Beschaltung mit Ausnahme des Leerlaufs. Man spricht hier von einem *eingeprägten Strom*. Ideale Spannungsquelle und ideale Stromquelle gehören zu den elementaren Zweipolen.

Wird an den Klemmen eines beliebigen Zweipols eine Spannung eingeprägt, was immer möglich ist, wenn der Zweipol nicht selbst eine eingeprägte Spannung an seinen Klemmen erzeugt oder einen Kurzschluß bildet, dann kann ein Strom in den Zweipol entweder hineinfließen oder herausfließen oder nicht fließen, wobei der letzte Fall ohne Bedeutung ist. Fließt der Strom hinein (in Abb. 0.8 dargestellt), dann nimmt der Zweipol Energie auf, fließt der Strom heraus, dann gibt der Zweipol Energie ab. Bei eingeprägter Wechselspannung wirkt der Zweipol *passiv*, wenn er im zeitlichen Mittel mehr Energie aufnimmt als abgibt oder gleichviel Energie aufnimmt wie abgibt. Im anderen Fall wirkt er *aktiv*. Entsprechendes gilt, wenn ein Strom durch einen Zweipol eingeprägt wird. Aktive Zweipole können aktiv oder passiv wirken. Ein passiver Zweipol wirkt immer passiv, während bei einem aktiven Zweipol es wenigstens eine Betriebsart geben muß bei der er aktiv wirkt.

### 0.3.2 Lineare und nichtlineare Zweipole

Ein Zweipol ist *linear*, wenn bei Anlegen einer sinusförmigen Spannung ein sinusförmiger Strom gleicher Frequenz fließt, oder beim Durchfließen eines sinusförmigen Stromes eine sinusförmige Wechselspannung gleicher Frequenz an den Zweipolklemmen auftritt.

Ein Zweipol ist *nichtlinear*, wenn bei Anlegen einer sinusförmigen Wechselspannung ein nichtsinusförmiger Strom fließt, oder wenn beim Durchfließen eines sinusförmigen Stromes eine nichtsinusförmige Spannung an den Zweipolklemmen auftritt.

Obige Aussagen gelten für den stationären Fall, d. h. nach hinreichend langer Zeit, wenn Ausgleichsvorgänge praktisch keine Rolle mehr spielen.

### 0.3.3 Lineare passive Zweipole

**0.3.3.1 Wirkwiderstände (Resistanzen).** Ein Zweipol ist ein Wirkwiderstand (*ohmscher* Widerstand), wenn er bei angelegter Wechselspannung beliebiger Frequenz nur Wirkleistung aufnimmt. Einen solchen Widerstand kennzeichnet man mit dem großen Buchstaben $R$. Es gilt das Ohmsche Gesetz

$$R = \frac{U}{I} = \frac{\hat{U}}{\hat{I}} = \frac{u}{i}. \tag{0.46}$$

Gebräuchlich ist auch die reziproke Schreibweise als Leitwert $G$

$$G = \frac{1}{R} = \frac{I}{U} = \frac{\hat{I}}{\hat{U}} = \frac{i}{u}. \tag{0.47}$$

Ein Wirkwiderstand nimmt unabhängig von der Frequenz nur Wirkleistung auf. Auch die Höhe der aufgenommenen Wirkleistung ist frequenzunabhängig.

**0.3.3.2 Blindwiderstände (Reaktanzen).** Ein passiver Zweipol ist ein Blindwiderstand, wenn bei angelegter Wechselspannung beliebiger Frequenz in ihm nur Blindleistung umgesetzt wird. Zwischen Strom und Spannung muß dann immer eine Phasendifferenz von $+90°$ oder $-90°$ herrschen [Gl. (0.40)]. Die einfachsten Reaktanzen sind: *Kapazität* $C$, *Induktivität* $L$ und *Gegeninduktivität* $M$. Abb. 0.9 zeigt die Schaltzeichen dieser drei Grundarten von Reaktanzen.

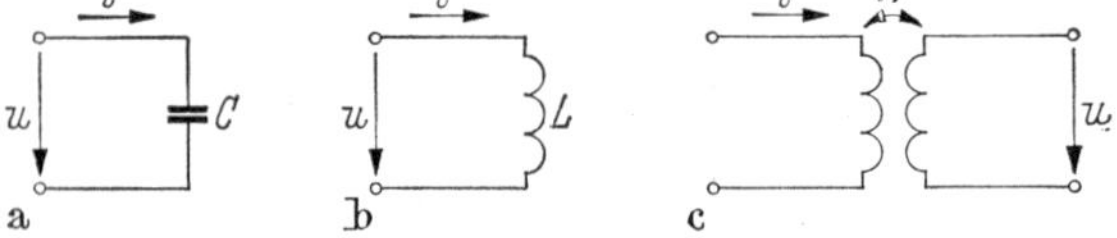


Abb. 0.9. Schaltzeichen der drei Reaktanzgrundformen
a Kapazität; b Induktivität; c Gegeninduktivität

Zwischen den Momentanwerten $u$ und $i$ von Spannung und Strom gilt bei der Kapazität $C$

$$i = C\frac{du}{dt} \quad \text{bzw.} \quad u = \frac{1}{C}\int_0^t i\,dt + u(0), \tag{0.48}$$

$u(0)$ ist die Spannung, die zum Zeitpunkt $t = 0$ über der Kapazität liegt. Bei der Induktivität (Selbstinduktivität) L gilt:

$$u = L\frac{di}{dt} \quad \text{bzw.} \quad i = \frac{1}{L}\int_0^t u\,dt + i(0), \tag{0.49}$$

$i(0)$ ist der Strom, der zum Zeitpunkt $t = 0$ durch die Induktivität fließt. Bei der Gegeninduktivität $M$ gilt

$$u = M\frac{di}{dt}, \tag{0.50}$$

wobei $u$ und $i$ nicht am gleichen Klemmenpaar gemessen werden. Die Gegeninduktivität ist also kein echter Zweipol. Es ist jedoch üblich, in die allgemeine Theorie der Zweipole auch die Gegeninduktivitäten mit einzubeziehen.

Durch Zusammenschalten beliebig vieler Kapazitäten, Induktivitäten und Gegeninduktivitäten entstehen beliebig komplizierte Zweipole, die aber immer Reaktanzen sind.

**0.3.3.3 Scheinwiderstände oder komplexe Widerstände (Impedanzen) und Leitwerte (Admittanzen).** Ein Zweipol ist ein komplexer Widerstand oder Leitwert, wenn bei angelegter Wechselspannung sowohl Wirk- als auch Blindleistung umgesetzt wird.

Formelmäßig ergibt sich der komplexe Widerstand als Quotient aus den komplexen Momentanwerten für die Spannung $\underline{u}$ Gl. (0.6) und den Strom $\underline{i}$ Gl. (0.7).

$$\frac{\underline{u}}{\underline{i}} = \frac{\underline{U}}{\underline{I}}\,\frac{e^{j\omega t}}{e^{j\omega t}} = \frac{\hat{U}}{\hat{I}}\,\frac{e^{j\varphi_u}e^{j\omega t}}{e^{j\varphi_i}e^{j\omega t}} = \frac{\hat{U}}{\hat{I}}\,e^{j(\varphi_u-\varphi_i)}$$

$$= \frac{\hat{U}}{\hat{I}}\,e^{j\varphi} = Z\,e^{j\varphi} = \frac{\underline{U}}{\underline{I}} = \underline{Z},$$

$$\underline{Z} = \frac{\underline{U}}{\underline{I}} = Z\,e^{j\varphi} = R + jX. \tag{0.51}$$

$R = \mathrm{Re}\{\underline{Z}\}$ Realteil des komplexen Widerstandes (Wirkanteil).

$X = \mathrm{Im}\{\underline{Z}\}$ Imaginärteil des komplexen Widerstandes (Blindanteil).

Wie man leicht verifizieren kann, wird im Wirkanteil des komplexen Widerstandes $\underline{Z}$ nur Wirkleistung, im Blindanteil nur Blindleistung umgesetzt.

Den reziproken Wert des komplexen Widerstandes nennt man den komplexen Leitwert $\underline{Y}$

$$\underline{Y} = \frac{\underline{I}}{\underline{U}} = Y\,e^{j\Psi} = G + jB. \tag{0.52}$$

$G = \mathrm{Re}\{\underline{Y}\}$ Wirkleitwert

$B = \mathrm{Im}\{\underline{Y}\}$ Blindleitwert.

Für eine Kapazität ergibt sich in der komplexen Schreibweise folgende Beziehung: Es sei

$$\underline{u} = \underline{U}\,e^{j\omega t}.$$

Dann ist mit Gl. (0.48)

$$\underline{i} = C\frac{d\underline{u}}{dt} = j\omega C\,\underline{U}\,e^{j\omega t},$$

d. h., der komplexe Widerstand einer Kapazität $C$ ist

$$\underline{Z} = \frac{\underline{u}}{\underline{i}} = \frac{\underline{U}}{\underline{I}} = \frac{1}{j\omega C}. \tag{0.53}$$

Entsprechend gilt für die Induktivität $L$

$$\underline{Z} = j\omega L \tag{0.54}$$

und für die Gegeninduktivität $M$

$$\underline{Z} = j\omega M. \tag{0.55}$$

### 0.3.4 Aktive Zweipole

**0.3.4.1 Ungesteuerte Quellen.** Bei den ungesteuerten Quellen unterscheidet man Gleichstromquellen (zur Energieversorgung) und Wechselstromquellen (zur Energieversorgung oder auch als Signalquelle). Während man bei Gleichstrom in der Praxis fast nur Gleichspannungsquellen benutzt, sind für Wechselstrom sowohl Spannungs- als auch Stromquellen von Bedeutung. Die Spannungsquellen sind gekennzeichnet durch eine bestimmte Leerlaufspannung $U$ bzw. $\underline{U}$, die Stromquellen durch einen bestimmten Kurzschlußstrom $I_K$ bzw. $\underline{I}_K$. Abb. 0.10 zeigt die Schaltzeichen der verschiedenen ungesteuerten Quellen. Quellen für zeitlich impulsförmig verlaufende Spannungen (bzw. Ströme) werden in einfachen Fällen, wie z. B. bei der Sprungfunktion nach Abb. 0.4, durch eine Kombination einer Gleichspannungsquelle und eines Schalters dargestellt. Normalerweise hat jede Quelle noch einen Innenwiderstand. Dieser Innenwiderstand liegt bei Spannungsquellen in Serie zur Quelle, bei Stromquellen parallel zur Quelle.

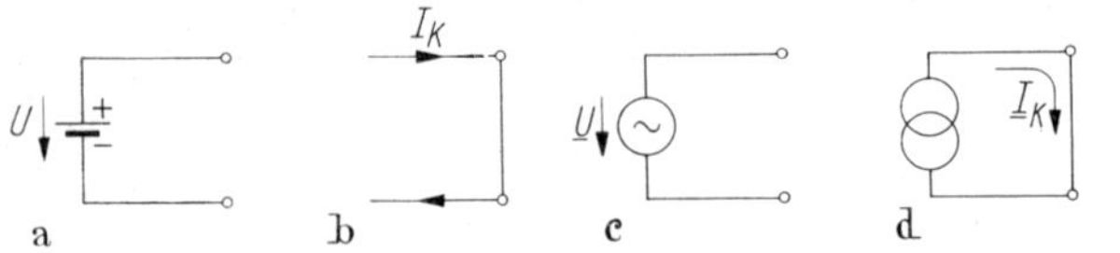


Abb. 0.10. a Gleichspannungsquelle; b Gleichstromquelle; c Wechselspannungsquelle; d Wechselstromquelle

**0.3.4.2 Gesteuerte Quellen.** Den Begriff der gesteuerten Quelle benutzt man zur Beschreibung verstärkender Elemente (wie z. B. Röhren und Transistoren). Im Gegensatz zur ungesteuerten Quelle ist bei der gesteuerten Quelle die Leerlaufspannung $\underline{U}$ bzw. der Kurzschlußstrom $\underline{I}_K$ nicht konstant, sondern proportional einer Steuerspannung oder einem Steuerstrom (z. B. $\underline{U} = -\mu\,\underline{U}_g; \underline{I}_K = -S\,\underline{U}_g; \underline{I}_K = \alpha\,\underline{I}_B; \underline{U}_g =$ steuernde Spannung, $\underline{I}_B =$ steuernder Strom). Die Schaltzeichen der gesteuerten Quellen sind bis auf die Bezeichnung für die Leerlaufspannung oder den Kurzschlußstrom die gleichen wie die der ungesteuerten Quelle.

## 0.4 Analyse allgemeiner Netzwerke

Netzwerke entstehen durch Zusammenschalten beliebiger aktiver und passiver Zweipole. Die Berechnung des elektrischen Verhaltens zwischen beliebigen Punkten oder Punktepaaren ist Gegenstand der Netzwerksanalyse.

### 0.4.1 Kirchhoffsche Sätze

*Erster Kirchhoffscher Satz:* Die Summe der einem Knotenpunkt zufließenden Ströme (Zweigströme) ist gleich Null (*Knotenpunktsregel*)

$$\sum_\nu i_\nu = 0 \quad \text{bzw.} \quad \sum_\nu \underline{I}_\nu = 0. \tag{0.56}$$

Bei linearen Netzwerken, die ausschließlich aus linearen Zweipolen aufgebaut sind, braucht nur mit den komplexen Amplituden $\underline{I}_\nu$ gerechnet zu werden. Für das Beispiel von Abb. 0.11a gilt $i_1 + i_2 - i_3 - i_4 = 0$ oder Abb. 0.11b $\underline{I}_1 + \underline{I}_2 - \underline{I}_3 - \underline{I}_4 = 0$.

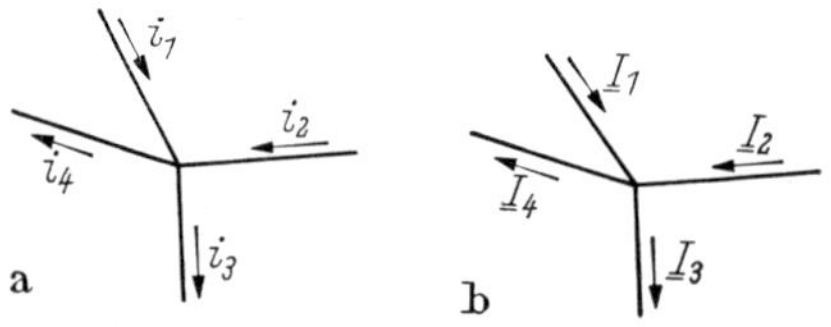


Abb. 0.11
Zur Erläuterung der Knotenpunktsregel
a bei beliebigen Strömen $i(t)$; b bei sinusförmigen Wechselströmen (hier genügt die Betrachtung der komplexen Amplituden)

*Zweiter Kirchhoffscher Satz:* In einer Masche des Netzwerkes ist die Summe aller eingeprägten Spannungen $e_\nu$ gleich der Summe aller Spannungsabfälle $u_\mu$ (*Maschenregel*)

$$\sum_\nu e_\nu = \sum_\mu u_\mu, \tag{0.57}$$

oder bei linearen Netzwerken, die nur sinusförmige Spannungsquellen $\underline{U}_\nu$ enthalten

$$\sum_\nu \underline{U}_\nu = \sum_\nu \underline{I}_\nu \underline{Z}_\nu. \tag{0.57a}$$

Für das Beispiel von Abb. 0.12 gilt beim eingezeichneten Umlaufsinn

$$e_1 - e_2 = u_1 - u_2 + u_3 + u_4$$

bzw.

$$\underline{U}_1 - \underline{U}_2 = \underline{I}_1 \underline{Z}_1 - \underline{I}_2 \underline{Z}_2 + \underline{I}_3 \underline{Z}_3 + \underline{I}_4 \underline{Z}_4.$$

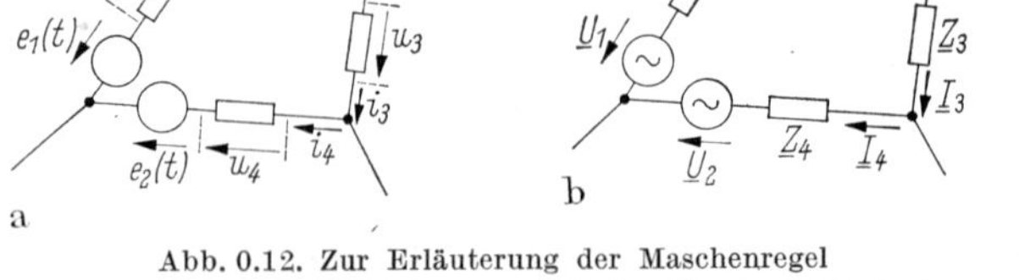


Abb. 0.12. Zur Erläuterung der Maschenregel
a Bezeichungen beim allgemeinen Fall; b Bezeichnungen bei sinusförmigen Wechselspannungen und -strömen

Sind die Frequenzen der einzelnen Spannungsquellen nicht alle gleich, dann muß für jede vorhandene Frequenz eine getrennte Analyse vorgenommen werden.

*Beispiel.* Als Beispiel für die Anwendung der beiden KIRCHOFFschen Sätze sei die Brückenschaltung in Abb. 0.13 betrachtet. Dieses Beispiel soll zugleich zur Darstellung weiterer Sachverhalte dienen.

Die in den Zweigen eingetragenen Zählpfeile für die *Zweigströme* $\underline{I}_1$ bis $\underline{I}_5$ sind willkürlich und die Ströme zunächst unbekannt. Berechnet werden soll der Strom $\underline{I}_5$ durch die Brückendiagonale.

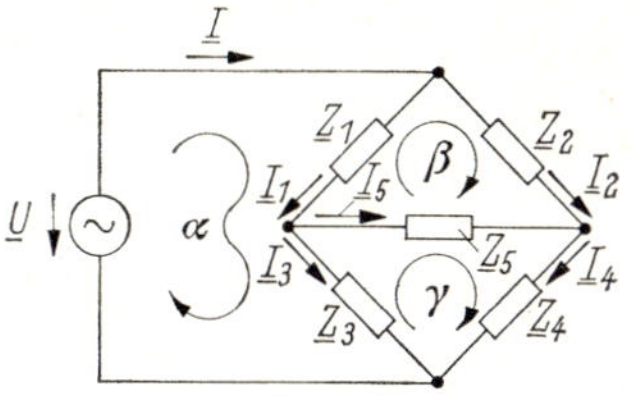


Abb. 0.13
Brückenschaltung mit Zweigströmen

Der erste KIRCHHOFFsche Satz liefert:

$$\underline{I} = \underline{I}_1 + \underline{I}_2,$$
$$\underline{I}_1 = \underline{I}_3 + \underline{I}_5,$$
$$\underline{I}_2 = \underline{I}_4 - \underline{I}_5.$$

Die Beziehung $\underline{I} = \underline{I}_3 + \underline{I}_4$ bringt nichts Neues, da sie in den obigen Gleichungen enthalten ist.

Der zweite KIRCHHOFFsche Satz liefert:

$$(\text{Masche } \alpha) \quad \underline{U} = \underline{I}_1 \underline{Z}_1 + \underline{I}_3 \underline{Z}_3,$$
$$(\text{Masche } \beta) \quad 0 = \underline{I}_1 \underline{Z}_1 + \underline{I}_5 \underline{Z}_5 - \underline{I}_2 \underline{Z}_2,$$
$$(\text{Masche } \gamma) \quad 0 = \underline{I}_3 \underline{Z}_3 - \underline{I}_4 \underline{Z}_4 - \underline{I}_5 \underline{Z}_5.$$

Aus diesen insgesamt sechs Gleichungen kann man den Strom $\underline{I}_5$ im Brückenzweig berechnen. Nach Elimination von $\underline{I}$; $\underline{I}_1$; $\underline{I}_2$; $\underline{I}_3$ und $\underline{I}_4$ ergibt sich

$$\underline{I}_5 = \underline{U} \frac{\underline{Z}_2 \underline{Z}_3 - \underline{Z}_1 \underline{Z}_4}{(\underline{Z}_1 + \underline{Z}_5)\,[\underline{Z}_2 \underline{Z}_4 + \underline{Z}_5(\underline{Z}_2 + \underline{Z}_4)] + \underline{Z}_1 \underline{Z}_3(\underline{Z}_2 + \underline{Z}_4)}. \tag{0.58}$$

Die Anwendung der KIRCHHOFFschen Sätze in obiger Weise unter Benutzung von Zweigströmen ist auch bei nichtlinearen Netzwerken möglich. Für lineare Netzwerke läßt sich aber obiger Rechengang noch vereinfachen. Bei linearen Netzwerken gilt nämlich das Gesetz der *ungestörten Superposition.* Danach kann man sich den Strom in jedem Stromzweig aus der Überlagerung von *Maschenströmen* entstanden denken.

Abb. 0.14 zeigt die gleiche Brückenschaltung wie Abb. 0.13. Statt der unbekannten sechs Zweigströme sind jetzt nur drei unbekannte Maschenströme eingezeichnet.

Nach Abb. 0.14 ist der unbekannte Brückenstrom nun

$$\underline{I} = \underline{I}_3 - \underline{I}_2.$$

Für die einzelnen Maschen gilt jetzt:

$$\underline{U} = \underline{I}_1(\underline{Z}_1 + \underline{Z}_3) - \underline{I}_2 \underline{Z}_1 - \underline{I}_3 \underline{Z}_3,$$
$$0 = -\underline{I}_1 \underline{Z}_1 + \underline{I}_2(\underline{Z}_1 + \underline{Z}_2 + \underline{Z}_5) - \underline{I}_3 \underline{Z}_5,$$
$$0 = -\underline{I}_1 \underline{Z}_3 - \underline{I}_2 \underline{Z}_5 + \underline{I}_3(\underline{Z}_3 + \underline{Z}_4 + \underline{Z}_5).$$

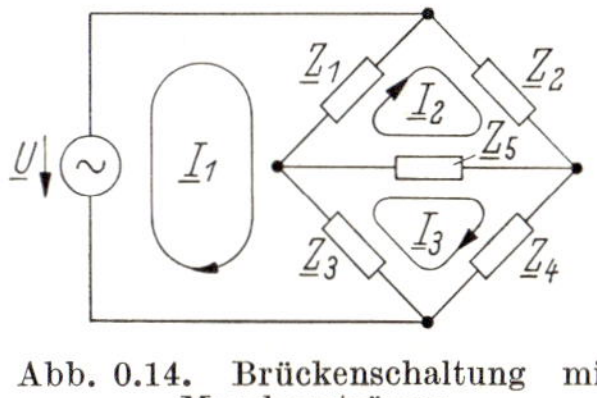


Abb. 0.14. Brückenschaltung mit Maschenströmen

Hier hat man drei Gleichungen, mit denen $\underline{I}_2$ und $\underline{I}_3$ ausgerechnet und anschließend die Differenz $\underline{I} = (\underline{I}_3 - \underline{I}_2)$ gebildet werden kann.

Dieses zuletzt beschriebene Verfahren, bei welchem die Spannungen in den einzelnen Netzwerkzweigen jeder Masche mit den zunächst unbekannten Maschenströmen berechnet und anschließend längs jeder Masche vorzeichengerecht aufaddiert werden, bezeichnet man auch kurz als *Maschenanalyse.* Bei einem anderen ähnlichen Verfahren, welches kurz als *Knotenanalyse* bezeichnet wird, geht man von den zunächst unbekannten Spannungspotentialen in jedem Knoten aus und berechnet damit die Ströme in den einzelnen Netzwerkzweigen, wobei dann die jedem Knotenpunkt zufließende Stromsumme verschwinden muß. Zur Analyse von Netzwerken mit Gegeninduktivitäten ist jedoch die Knotenanalyse ungeeignet. Die KIRCHHOFFschen Sätze (Maschen- und Knotenpunktsregel) sind nicht zu verwechseln mit den in der Netzwerktheorie noch gebräuchlichen KIRCHHOFFschen kombinatorischen Regeln [*6*]. Mit letzteren lassen sich aus topologischen Merkmalen der Schaltung (vollständiger Baum, System unabhängiger Zweige) Netzwerkeigenschaften errechnen.

### 0.4.2 Der Überlagerungssatz

Der Überlagerungssatz ist eine andere Anwendung des Gesetzes der ungestörten Superposition, welches bei linearen Netzwerken gilt. Er dient zur Analyse von Netzwerken, in denen mehrere Spannungs- und Stromquellen vorhanden sind. Will man in einem solchen Netzwerk

(z. B. Brückenschaltung mit Spannungsquellen in jedem Zweig) den Strom in einem bestimmten Zweig (z. B. Brückenzweig) berechnen, dann besagt der Überlagerungssatz, daß man für die Berechnung des interessierenden Stromes zunächst alle Spannungs- und Stromquellen zu Null setzt ausgenommen einer einzigen (der ersten Quelle) und damit den Teilstrom durch den interessierenden Zweig berechnet. (Nullsetzen heißt: Spannungsquellen durch Kurzschluß, Stromquellen durch Leerlauf ersetzen.) Danach setzt man wieder alle Spannungs- und Stromquellen zu Null, ausgenommen der zweiten Quelle, und berechnet dann den neuen Teilstrom im interessierenden Zweig. So fährt man fort und berechnet die Teilströme von allen Quellen. Der wirkliche Strom im interessierenden Zweig, der dann fließt, wenn alle Quellen wirken, ist die Summe sämtlicher Teilströme.

### 0.4.3 Satz von der Ersatzstromquelle (Helmholtz)

Wenn man sich für einen Strom in einem beliebigen Zweig eines Netzwerkes interessiert, so kann man das ganze übrige Netzwerk, das den interessierenden Zweig umgibt, ersetzt denken durch eine Spannungsquelle mit einem Innenwiderstand.

Die Leerlaufspannung dieser Ersatzquelle ist diejenige Spannung, die im Netzwerk über dem interessierenden Zweig entsteht, wenn dieser Zweig unterbrochen wird. Der Innenwiderstand der Ersatzquelle berechnet sich aus dieser Leerlaufspannung und dem Kurzschlußstrom, der fließt, wenn der interessierende Zweig überbrückt wird.

Als Beispiel zur Erläuterung des Satzes von der Ersatzstromquelle diene wiederum die Brückenschaltung von Abb. 0.13. Der Rechengang mit der Ersatzstromquelle wird mit Abb. 0.15

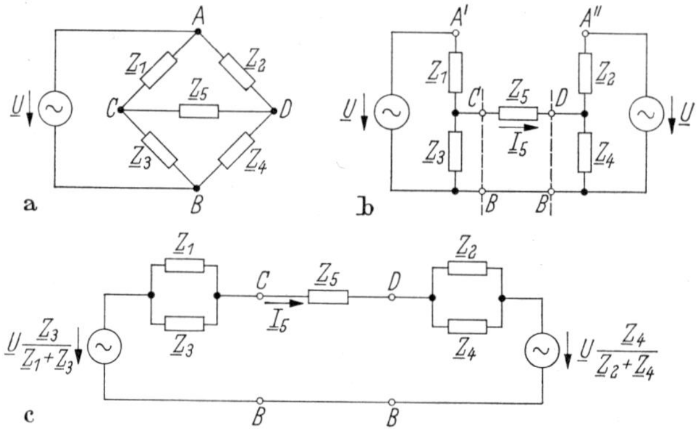


Abb. 0.15. Zur Anwendung des Satzes von der Ersatzstromquelle (s. Text)

veranschaulicht: Zunächst wird die Brücke am Punkt $A$ aufgetrennt und der rechte Teil von einer identischen Spannungsquelle betrieben. Dadurch ändert sich nichts an den Stromverhältnissen in sämtlichen Widerständen. Zur Berechnung des Stromes durch $\underline{Z}_5$ (das ist $\underline{I}_5$) werden nun an den Punkten $C - B$ und $D - B$ die Ersatzspannungsquellen gemäß Abb. 0.15c eingeführt.

Mit Abb. 0.15c errechnet sich der Brückenstrom $\underline{I}_5$ nun elementar zu

$$\underline{I}_5 = \frac{\underline{U}\dfrac{\underline{Z}_2}{\underline{Z}_1+\underline{Z}_3} - \underline{U}\dfrac{\underline{Z}_4}{\underline{Z}_2+\underline{Z}_4}}{\dfrac{\underline{Z}_1\,\underline{Z}_3}{\underline{Z}_1+\underline{Z}_3} + \underline{Z}_5 + \dfrac{\underline{Z}_2\,\underline{Z}_4}{\underline{Z}_2+\underline{Z}_4}} = \frac{\underline{U}(\underline{Z}_2\,\underline{Z}_3 - \underline{Z}_1\,\underline{Z}_4)}{(\underline{Z}_1+\underline{Z}_3)\,[\underline{Z}_2\,\underline{Z}_4 + \underline{Z}_5(\underline{Z}_2+\underline{Z}_4)] + \underline{Z}_1\,\underline{Z}_3(\underline{Z}_2+\underline{Z}_4)}\,. \tag{0.59}$$

### 0.4.4 Anpassung von Zweipolquellen, Reflexionsfaktor, Echomaß

**0.4.4.1 Anpassung.** Gegeben sei eine Spannungsquelle mit der Leerlaufspannung $U_0$ und dem Innenwiderstand $R_1$ (Abb. 0.16).

Die Frage ist, wie groß der reelle Abschlußwiderstand $W$ sein muß, damit in ihm die maximale Leistung umgesetzt wird. Man errechnet

$$P = U_1 I = \frac{U_0\,W}{R_1 + W}\,\frac{U_0}{R_1 + W} = U_0^2\,\frac{W}{(R + W)^2}\,, \tag{0.60}$$

$$\frac{dP}{dW} \overset{!}{=} 0 = U_0^2\left\{\frac{(R_1 + W)^2 - 2\,W(R_1 + W)}{(R_1 + W)^4}\right\} \curvearrowright R_1 = W. \tag{0.61}$$

Im Abschlußwiderstand $W$ wird dann die maximale Leistung umgesetzt, wenn $R_1 = W$, was man durch Bilden der 2. Ableitung bestätigt findet. Dieser Betriebszustand wird mit *Anpassung* bezeichnet. Auch wenn Innenwiderstand und Abschlußwiderstand komplex sind $\underline{Z}_1$; $\underline{W}$, bezeichnet man den Fall $\underline{Z}_1 = \underline{W}$ mit Anpassung. Bei komplexen Widerständen wird aber im Gegensatz zum Fall reeller Widerstände nicht im angepaßten Zustand die maximale Leistung im Abschlußwiderstand $\underline{W}$ umgesetzt. Diese tritt bei komplexem Innenwiderstand $\underline{Z}_1$ vielmehr dann auf, wenn

$$\underline{W} = \underline{Z}_1^*. \tag{0.62}$$

$\underline{Z}_1^*$ ist der zu $\underline{Z}_1$ konjugiert komplexe Wert. Den Betriebszustand gemäß Gl. (0.62) nennt man *Spiegelanpassung.*

**0.4.4.2 Reflexionsfaktor.** Die Zweipolquelle nach Abb. 0.16 sei angepaßt, d. h. $R_1 = W$. Dann ist der Strom $I'$

$$I' = \frac{U_0}{2R_1}.$$

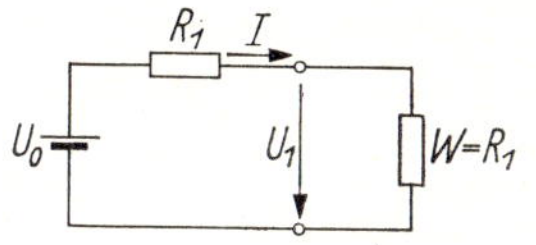


Abb. 0.16. Anpassung einer Spannungsquelle

Für den Fall, daß keine Anpassung vorliegt, ist der Strom $I$

$$I = \frac{U_0}{R_1 + W} = I' - I_E. \tag{0.63}$$

Den Strom $I$ kann man sich formal zusammengesetzt denken aus der Überlagerung des Anpaßstromes $I'$ und eines Echostroms $I_E$. Der Echostrom $I_E$ berechnet sich zu

$$I_E = I' - \frac{U_0}{R_1 + W} = U_0\left(\frac{1}{2R_1} - \frac{1}{R_1 + W}\right) = \frac{U_0}{2R_1}\,\frac{W - R_1}{W + R_1} = I'\,\frac{W - R_1}{W + R_1}. \tag{0.64}$$

Mit *Reflexionsfaktor* $r$ bezeichnet man das Verhältnis von Echostrom zu Anpaßstrom

$$r = \frac{I_E}{I'} = \frac{W - R_1}{W + R_1}. \tag{0.65}$$

Für den Anpassungsfall ist $r = 0$.

Bei der komplexen Rechnung hat es sich eingebürgert, die Formel für den reellen Reflexionsfaktor $r$ einfach ins Komplexe zu übertragen (vgl. Abschn. 6.4.1)

$$\underline{r} = \frac{\underline{W} - \underline{Z}_1}{\underline{W} + \underline{Z}_1}. \tag{0.66}$$

**0.4.4.3 Echomaß.** Das Echomaß $\underline{g}_E$ ist ein Maß für die Größe des Anpaßfehlers. Es ist definiert als

$$\underline{g}_E = \ln\frac{1}{\underline{r}} = \ln\frac{\underline{W} + \underline{Z}_1}{\underline{W} - \underline{Z}_1} = a_E + \mathrm{j}\,b_E. \tag{0.67}$$

$a_E = \ln\dfrac{1}{|\underline{r}|}$ Echodämpfung oder Reflexionsdämpfung

$b_E$ Echowinkel.

## 0.5 Lineare Vierpole

Von großer praktischer Bedeutung sind solche linearen Netzwerke, bei denen man zwei Eingangs- und zwei Ausgangsklemmen unterscheiden kann (vgl. Abb. 0.17).

Die Eingangsklemmen $1$—$1'$ sind im Normalfall mit einem Generator (Sender) mit der Quellspannung $\underline{U}_0$ und dem Innenwiderstand $\underline{Z}_1$ (eingangsseitige Beschaltung), die Ausgangs-

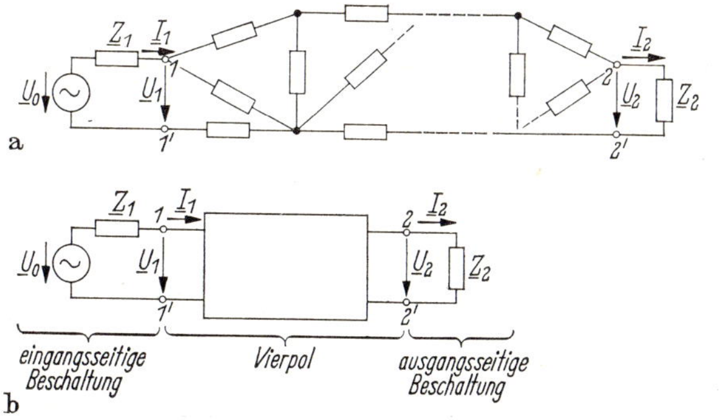


Abb. 0.17. Allgemeines Netzwerk mit zwei Klemmenpaaren (a) und seine vereinfachte Darstellung als Vierpol (b)

klemmen $2$—$2'$ mit einem Verbraucher (Empfänger) $\underline{Z}_2$ (ausgangsseitige Beschaltung) abgeschlossen. Das beliebige zwischen Eingangs- und Ausgangsklemmen gelegene Netzwerk nennt man Vierpol. Der Vierpol wird symbolisch durch einen Kasten (Abb. 0.17 b) dargestellt. Die Funktion des linearen Vierpols kann stets durch zwei Gleichungen beschrieben werden. Diese lauten in

a) Widerstandsform:

$$\underline{U}_1 = \underline{Z}_{11}\underline{I}_1 + \underline{Z}_{12}\underline{I}_2, \quad \underline{U}_2 = \underline{Z}_{21}\underline{I}_1 + \underline{Z}_{22}\underline{I}_2. \tag{0.68}$$

b) Leitwertsform:

$$\underline{I}_1 = \underline{Y}_{11}\underline{U}_1 + \underline{Y}_{12}\underline{U}_2, \quad \underline{I}_2 = \underline{Y}_{21}\underline{U}_1 + \underline{Y}_{22}\underline{U}_2. \tag{0.69}$$

c) Kettenform:

$$\underline{U}_1 = \underline{A}_{11}\underline{U}_2 + \underline{A}_{12}\underline{I}_2, \quad \underline{I}_1 = \underline{A}_{21}\underline{U}_2 + \underline{A}_{22}\underline{I}_2. \tag{0.70}$$

d) Hybridform:

$$\underline{U}_1 = \underline{h}_{11}\underline{I}_1 + \underline{h}_{12}\underline{U}_2, \quad \underline{I}_2 = \underline{h}_{21}\underline{I}_1 + \underline{h}_{22}\underline{U}_2. \tag{0.71}$$

Es gibt noch andere Vierpolgleichungsformen, die aber in der Nachrichtentechnik von untergeordneter Bedeutung sind. Die in den Vierpolgleichungen maßgeblichen Größen sind die Koeffizienten vor den Spannungen und Strömen. Diese faßt man in Matrixform zusammen:

a) Widerstandsmatrix:

$$\|\boldsymbol{Z}\| = \begin{Vmatrix} \underline{Z}_{11} & \underline{Z}_{12} \\ \underline{Z}_{21} & \underline{Z}_{22} \end{Vmatrix}, \tag{0.72}$$

b) Leitwertmatrix:

$$\|\boldsymbol{Y}\| = \begin{Vmatrix} \underline{Y}_{11} & \underline{Y}_{12} \\ \underline{Y}_{21} & \underline{Y}_{22} \end{Vmatrix}, \tag{0.73}$$

c) Kettenmatrix:

$$\|\boldsymbol{A}\| = \begin{Vmatrix} \underline{A}_{11} & \underline{A}_{12} \\ \underline{A}_{21} & \underline{A}_{22} \end{Vmatrix}, \tag{0.74}$$

d) Hybridmatrix:

$$\|\boldsymbol{h}\| = \begin{Vmatrix} \underline{h}_{11} & \underline{h}_{12} \\ \underline{h}_{21} & \underline{h}_{22} \end{Vmatrix}. \tag{0.75}$$

Tabelle 0.2 *Beziehungen zwischen den Matrixformen für gleichbleibende Bepfeilung*

| | $\boldsymbol{Z}$ | $\boldsymbol{Y}$ | $\boldsymbol{A}$ | $\boldsymbol{h}$ |
|---|---|---|---|---|
| $\boldsymbol{Z}$ | $\begin{matrix} \underline{Z}_{11} & \underline{Z}_{12} \\ \underline{Z}_{21} & \underline{Z}_{22} \end{matrix}$ | $\begin{matrix} \frac{\underline{Y}_{22}}{\Delta \underline{Y}} & \frac{-\underline{Y}_{12}}{\Delta \underline{Y}} \\ \frac{-\underline{Y}_{21}}{\Delta \underline{Y}} & \frac{\underline{Y}_{11}}{\Delta \underline{Y}} \end{matrix}$ | $\begin{matrix} \frac{\underline{A}_{11}}{\underline{A}_{21}} & \frac{-\Delta \underline{A}}{\underline{A}_{21}} \\ \frac{1}{\underline{A}_{21}} & \frac{-\underline{A}_{22}}{\underline{A}_{21}} \end{matrix}$ | $\begin{matrix} \frac{\Delta \underline{h}}{\underline{h}_{22}} & \frac{\underline{h}_{12}}{\underline{h}_{22}} \\ \frac{-\underline{h}_{21}}{\underline{h}_{22}} & \frac{1}{\underline{h}_{22}} \end{matrix}$ |
| $\boldsymbol{Y}$ | $\begin{matrix} \frac{\underline{Z}_{22}}{\Delta \underline{Z}} & \frac{-\underline{Z}_{12}}{\Delta \underline{Z}} \\ \frac{-\underline{Z}_{21}}{\Delta \underline{Z}} & \frac{\underline{Z}_{11}}{\Delta \underline{Z}} \end{matrix}$ | $\begin{matrix} \underline{Y}_{11} & \underline{Y}_{12} \\ \underline{Y}_{21} & \underline{Y}_{22} \end{matrix}$ | $\begin{matrix} \frac{\underline{A}_{22}}{\underline{A}_{12}} & \frac{-\Delta \underline{A}}{\underline{A}_{12}} \\ \frac{1}{\underline{A}_{12}} & \frac{-\underline{A}_{11}}{\underline{A}_{12}} \end{matrix}$ | $\begin{matrix} \frac{1}{\underline{h}_{11}} & \frac{-\underline{h}_{12}}{\underline{h}_{11}} \\ \frac{\underline{h}_{21}}{\underline{h}_{11}} & \frac{\Delta \underline{h}}{\underline{h}_{11}} \end{matrix}$ |
| $\boldsymbol{A}$ | $\begin{matrix} \frac{\underline{Z}_{11}}{\underline{Z}_{21}} & \frac{-\Delta \underline{Z}}{\underline{Z}_{21}} \\ \frac{1}{\underline{Z}_{21}} & \frac{-\underline{Z}_{22}}{\underline{Z}_{21}} \end{matrix}$ | $\begin{matrix} \frac{-\underline{Y}_{22}}{\underline{Y}_{21}} & \frac{-1}{\underline{Y}_{21}} \\ \frac{-\Delta \underline{Y}}{\underline{Y}_{21}} & \frac{\underline{Y}_{11}}{\underline{Y}_{21}} \end{matrix}$ | $\begin{matrix} \underline{A}_{11} & \underline{A}_{12} \\ \underline{A}_{21} & \underline{A}_{22} \end{matrix}$ | $\begin{matrix} \frac{-\Delta \underline{h}}{\underline{h}_{21}} & \frac{\underline{h}_{11}}{\underline{h}_{21}} \\ \frac{-\underline{h}_{22}}{\underline{h}_{21}} & \frac{1}{\underline{h}_{21}} \end{matrix}$ |
| $\boldsymbol{h}$ | $\begin{matrix} \frac{\Delta \underline{Z}}{\underline{Z}_{22}} & \frac{\underline{Z}_{12}}{\underline{Z}_{22}} \\ \frac{-\underline{Z}_{21}}{\underline{Z}_{22}} & \frac{1}{\underline{Z}_{22}} \end{matrix}$ | $\begin{matrix} \frac{1}{\underline{Y}_{11}} & \frac{-\underline{Y}_{12}}{\underline{Y}_{11}} \\ \frac{\underline{Y}_{21}}{\underline{Y}_{11}} & \frac{\Delta \underline{Y}}{\underline{Y}_{11}} \end{matrix}$ | $\begin{matrix} \frac{\underline{A}_{12}}{\underline{A}_{22}} & \frac{\Delta \underline{A}}{\underline{A}_{22}} \\ \frac{1}{\underline{A}_{22}} & \frac{-\underline{A}_{21}}{\underline{A}_{22}} \end{matrix}$ | $\begin{matrix} \underline{h}_{11} & \underline{h}_{12} \\ \underline{h}_{21} & \underline{h}_{22} \end{matrix}$ |

Während zur Beschreibung der elektrischen Eigenschaften eines Zweipols bei einer Frequenz eine (im allgemeinen komplexe) Zahl genügt, braucht man zur Beschreibung eines Vierpols im allgemeinen vier komplexe Zahlen. Entsprechend braucht man zur Beschreibung des Frequenzverhaltens vier Frequenzfunktionen gegenüber einer bei Zweipolen. Die Umrechnung einer Vierpolmatrix in eine andere ist elementar. Die Ergebnisse sind in Tab. 0.2 zusammengestellt. Darin wird mit $\Delta$ die Determinante der Matrix bezeichnet, z. B.

$$\Delta \underline{h} = \underline{h}_{11} \underline{h}_{22} - \underline{h}_{12} \underline{h}_{21}.$$

### 0.5.1 Zusammenschalten mehrerer Vierpole

Bei Serienschaltung der Ein- und Ausgänge (Abb. 0.18) ergibt sich die Widerstandsmatrix des resultierenden Vierpols als Summe der einzelnen Widerstandsmatrizen.

$$\|\boldsymbol{Z}\| = \|\boldsymbol{Z}'\| + \|\boldsymbol{Z}''\|. \tag{0.76}$$

Bei Parallelschaltung der Ein- und Ausgänge (Abb. 0.19) ergibt sich die Leitwertmatrix des resultierenden Vierpols als Summe der einzelnen Leitwertmatrizen

$$\|\boldsymbol{Y}\| = \|\boldsymbol{Y}'\| + \|\boldsymbol{Y}''\|. \tag{0.77}$$

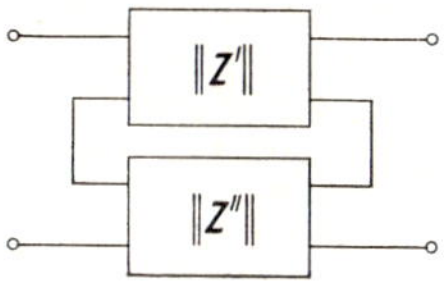


Abb. 0.18. Serienschaltung zweier Vierpole

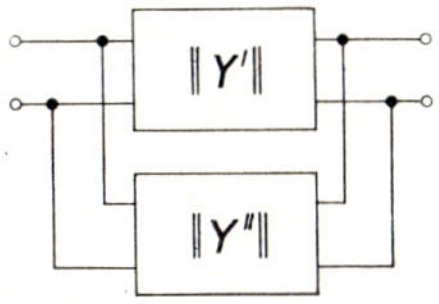


Abb. 0.19. Parallelschaltung zweier Vierpole

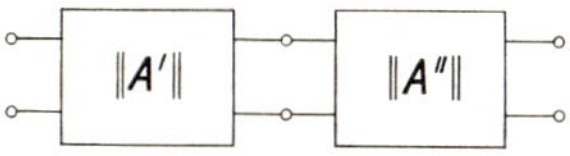


Abb. 0.20. Kettenschaltung zweier Vierpole

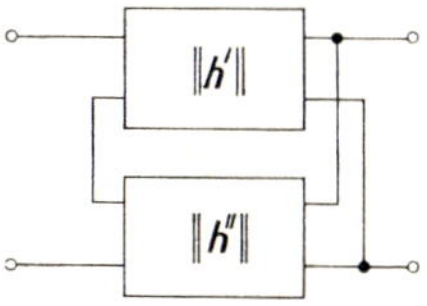


Abb. 0.21. Serienparallelschaltung zweier Vierpole

Bei Kettenschaltung zweier Vierpole (Abb. 0.20) ergibt sich die Kettenmatrix des resultierenden Vierpols als Produkt der einzelnen Kettenmatrizen.

$$\|\boldsymbol{A}\| = \|\boldsymbol{A}'\| \cdot \|\boldsymbol{A}''\|. \tag{0.78}$$

Bei Serienschaltung der Eingänge und Parallelschaltung der Ausgänge (Abb. 0.21) ergibt sich die Hybridmatrix des resultierenden Vierpols als Summe der einzelnen Hybridmatrizen.

$$\|\boldsymbol{h}\| = \|\boldsymbol{h}'\| + \|\boldsymbol{h}''\|. \tag{0.79}$$

*Anmerkung:* Die angegebenen Regeln für das Zusammenschalten von Vierpolen gelten nur unter der Voraussetzung, daß durch das Zusammenschalten keine Schaltelemente kurzgeschlossen werden bzw. unwirksam werden. Ein Beispiel eines nichterlaubten Falles zeigt Abb. 0.22a.

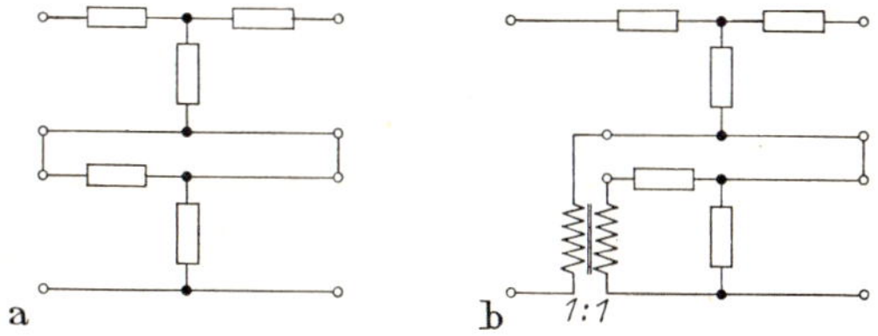


Abb. 0.22. Nichterlaubte (a) und erlaubte (b) Serienschaltung zweier Vierpole

Man muß also u. U. noch ideale Übertrager wie in Abb. 0.22b mit einbauen, um direkte Kurzschlüsse zu vermeiden.

*Rechenregeln für Matrizen.* Zwei Matrizen werden *addiert*, indem jeweils die entsprechenden Matrixelemente addiert werden.

$$\|\boldsymbol{a}\| + \|\boldsymbol{b}\| = \|\boldsymbol{c}\| = \begin{Vmatrix} a_{11} & a_{12} \\ a_{21} & a_{22} \end{Vmatrix} + \begin{Vmatrix} b_{11} & b_{12} \\ b_{21} & b_{22} \end{Vmatrix} = \begin{Vmatrix} a_{11} + b_{11} & a_{12} + b_{12} \\ a_{21} + b_{21} & a_{22} + b_{22} \end{Vmatrix}. \tag{0.80}$$

Bei der Multiplikation zweier Matrizen entsteht das Element $c_{ik}$ der $i$-ten Zeile und $k$-ten Spalte der resultierenden Matrix aus dem Produkt des Zeilenvektors der $i$-ten Zeile der ersten Matrix mit dem Spaltenvektor der $k$-ten Spalte der zweiten Matrix.

$$\|\boldsymbol{a}\| \cdot \|\boldsymbol{b}\| = \|\boldsymbol{c}\| = \begin{Vmatrix} a_{11} & a_{12} \\ a_{21} & a_{22} \end{Vmatrix} \cdot \begin{Vmatrix} b_{11} & b_{12} \\ b_{21} & b_{22} \end{Vmatrix} = \begin{Vmatrix} c_{11} & \overset{\text{Spalte}\downarrow}{c_{12}} \\ c_{21} & c_{22} \end{Vmatrix} \leftarrow \text{Zeile}$$

$$c_{11} = a_{11}\,b_{11} + a_{12}\,b_{21}; \quad c_{12} = a_{11}\,b_{12} + a_{12}\,b_{22},$$
$$c_{21} = a_{21}\,b_{11} + a_{22}\,b_{21}; \quad c_{22} = a_{21}\,b_{12} + a_{22}\,b_{22}. \tag{0.81}$$

### 0.5.2 Wellenparameter eines Vierpols

Zu den Wellenparametern eines Vierpols gehören der *Wellenwiderstand* und die *Strom-* bzw. *Spannungs-Wellenübertragungsfunktion.*

Jeder Vierpol hat im allgemeinen zwei verschiedene Wellenwiderstände. Der *eingangsseitige Wellenwiderstand* errechnet sich zu

$$\underline{Z}_{w1} = \sqrt{\underline{W}_{1K}\,\underline{W}_{1L}}. \tag{0.82}$$

$\underline{W}_{1K}$ Eingangswiderstand des Vierpols bei Kurzschluß am Ausgang,
$\underline{W}_{1L}$ Eingangswiderstand des Vierpols bei Leerlauf am Ausgang.

Der ausgangsseitige Wellenwiderstand errechnet sich zu

$$\underline{Z}_{w2} = \sqrt{\underline{W}_{2K}\,\underline{W}_{2L}}. \tag{0.83}$$

$\underline{W}_{2K}$ Ausgangswiderstand des Vierpols bei Kurzschluß am Eingang,
$\underline{W}_{2L}$ Ausgangswiderstand des Vierpols bei Leerlauf am Eingang.

Die Spannungs-Wellenübertragungsfunktion $F'$ eines Vierpols ist das Verhältnis von Eingangs- zu Ausgangsspannung bei ausgangsseitigem Abschluß des Vierpols mit dem ausgangsseitigen Wellenwiderstand.

$$F' = \frac{\underline{U}_1}{\underline{U}_2} = \mathrm{e}^{a' + \mathrm{j}b'} = \mathrm{e}^{\underline{g}'}. \tag{0.84}$$

$F'$ Spannungs-Wellenübertragungsfunktion,
$a'$ Wellendämpfungsmaß,
$b'$ Wellenphasenmaß,
$\underline{g}'$ Wellenübertragungsmaß.

Die Spannungs-Wellenübertragungsfunktion ist richtungsgebunden. Bei ihr ist vorausgesetzt, daß die Spannung $\underline{U}_1$ die Ursache und $\underline{U}_2$ die Wirkung ist. Für den Fall, daß $\underline{U}_2$ die Ursache und $\underline{U}_1$ die Wirkung sein soll, errechnet sich im allgemeinen eine andere Wellenübertragungsfunktion. Die Wellenparameter eines Vierpols sind von großem theoretischen und praktischen Nutzen bei der Kettenschaltung mehrerer Vierpole, bei der gleiche Wellenwiderstände zusammenstoßen, weil in diesem Fall sich die einzelnen Wellenübertragungsmaße und damit auch die einzelnen Wellendämpfungsmaße und Wellenphasenmaße addieren. Für die Kettenschaltung von Vierpolen sind die Kettenparameter ($\underline{A}$-Parameter) am praktischsten. Aus den Kettengleichungen Gl. (0.70) ergeben sich der Kurzschlußeingangswiderstand $\underline{W}_{1K}$ und der Leerlaufeingangswiderstand $\underline{W}_{1L}$ zu:

$$\underline{W}_{1K} = \left.\frac{\underline{U}_1}{\underline{I}_1}\right|_{\underline{U}_2=0} = \frac{\underline{A}_{12}}{\underline{A}_{22}}; \quad \underline{W}_{1L} = \left.\frac{\underline{U}_1}{\underline{I}_1}\right|_{\underline{I}_2=0} = \frac{\underline{A}_{11}}{\underline{A}_{21}}.$$

Mit Gl. (0.82) ergibt sich daraus der eingangsseitige Wellenwiderstand zu

$$\underline{Z}_{w1} = \sqrt{\underline{W}_{1K}\,\underline{W}_{1L}} = \sqrt{\frac{\underline{A}_{11}\,\underline{A}_{12}}{\underline{A}_{21}\,\underline{A}_{22}}}. \tag{0.85}$$

Eine ähnliche Rechnung gibt für den ausgangsseitigen Wellenwiderstand

$$\underline{Z}_{w2} = \sqrt{\underline{W}_{2K}\,\underline{W}_{2L}} = \sqrt{\frac{\underline{A}_{22}\,\underline{A}_{12}}{\underline{A}_{21}\,\underline{A}_{11}}}. \tag{0.86}$$

Die Wellenübertragungsfunktion in $\underline{A}$-Parametern ausgedrückt lautet

$$F' = \frac{\underline{U}_1}{\underline{U}_2} = \underline{A}_{11} + \sqrt{\frac{\underline{A}_{11}\,\underline{A}_{12}\,\underline{A}_{21}}{\underline{A}_{22}}}. \tag{0.87}$$

**0.5.2.1 Anpassung von Vierpolen, Reflexionsfaktor.** Von ausgangsseitiger Anpassung eines Vierpols spricht man dann, wenn der Vierpol ausgangsseitig mit seinem ausgangsseitigen Wellenwiderstand $\underline{Z}_{w2}$ abgeschlossen ist. Die Kettengleichungen heißen dann mit $\underline{U}_2 = \underline{I}_2\,\underline{Z}_{w2}$

$$\underline{U}_1 = \underline{A}_{11}\,\underline{U}_2 + \underline{A}_{12}\,\underline{I}_2 = \underline{I}_2(\underline{A}_{11}\,\underline{Z}_{w2} + \underline{A}_{12}), \tag{0.88}$$

$$\underline{I}_1 = \underline{A}_{21}\,\underline{U}_2 + \underline{A}_{22}\,\underline{I}_2 = \underline{I}_2(\underline{A}_{21}\,\underline{Z}_{w2} + \underline{A}_{22}). \tag{0.89}$$

Als Eingangswiderstand des Vierpols ergibt sich nun der eingangsseitige Wellenwiderstand $\underline{Z}_{w1}$, wie im folgenden durch Division der Gln. (0.88) und (0.89) und Einsetzen von Gl. (0.86) gezeigt wird

$$\underline{Z}_1 = \frac{\underline{U}_1}{\underline{I}_1} = \frac{\underline{A}_{11}\,\underline{Z}_{w1} + \underline{A}_{12}}{\underline{A}_{21}\,\underline{Z}_{w2} + \underline{A}_{22}} = \frac{\underline{A}_{11}\sqrt{\dfrac{\underline{A}_{22}\,\underline{A}_{12}}{\underline{A}_{21}\,\underline{A}_{11}}} + \underline{A}_{12}}{\underline{A}_{21}\sqrt{\dfrac{\underline{A}_{22}\,\underline{A}_{12}}{\underline{A}_{21}\,\underline{A}_{11}}} + \underline{A}_{22}}$$

$$= \sqrt{\frac{\underline{A}_{11}\,\underline{A}_{12}}{\underline{A}_{21}\,\underline{A}_{22}}} = \underline{Z}_{w1}. \tag{0.90}$$

Es gilt ebenfalls die Umkehrung: Wenn man einen Vierpol eingangsseitig mit seinem eingangsseitigen Wellenwiderstand $\underline{Z}_{w1}$ abschließt, so ist der Ausgangswiderstand $\underline{W}_2$ gleich dem ausgangsseitigen Wellenwiderstand $\underline{Z}_{w2}$. Für die Bepfeilung gemäß Abb. 0.17 gilt dabei $\underline{W}_2 = -\underline{U}_2/\underline{I}_2$ und $-\underline{U}_1/\underline{I}_1 = \underline{Z}_{w1}$. Man spricht von eingangsseitiger Anpassung, wenn der Eingang des Vierpols mit seinem eingangsseitigen Wellenwiderstand $\underline{Z}_{w1}$ abgeschlossen ist. Der Reflexionsfaktor $\underline{r}$ ist bei Vierpolen

$$\underline{r}_1 = \frac{\underline{Z}_1 - \underline{Z}_{w1}}{\underline{Z}_1 + \underline{Z}_{w1}} \quad \text{bzw.} \quad \underline{r}_2 = \frac{\underline{Z}_2 - \underline{Z}_{w2}}{\underline{Z}_2 + \underline{Z}_{w2}}\,. \tag{0.91}$$

$\underline{Z}_{1;2}$ Abschlußwiderstand.

### 0.5.3 Betriebsparameter eines Übertragungssystems

Eingangsseitige Beschaltung, Vierpol und ausgangsseitige Beschaltung bilden ein vollständiges Übertragungssystem (vgl. Abb. 0.17). Zu den Betriebsparametern eines solchen Systems gehören der Eingangswiderstand, Ausgangswiderstand und die Betriebsübertragungsfunktion. Im Gegensatz zu den Wellenparametern die nur vom Vierpol selber abhängen, hängen die Betriebsparameter sowohl vom Vierpol als auch von der Art der Beschaltung ab. Für die Bepfeilung nach Abb. 0.17 sind für die verschiedenen Vierpolformen Eingangswiderstand $\underline{W}_1$, Ausgangswiderstand $\underline{W}_2$, Spannungsübertragungsfunktion $\underline{U}_1/\underline{U}_2$, und Stromübertragungsfunktion $\underline{I}_1/\underline{I}_2$ in Tab. 0.3 zusammengestellt.

Tabelle 0.3 *Formelzusammenstellung der wichtigsten Betriebsparameter für die Bepfeilung gemäß Abb. 0.17. Δ bedeutet jeweils Determinante der entsprechenden Vierpolmatrix*

| | Widerstandsmatrix | Leitwertsmatrix | Kettenmatrix | Hybridmatrix |
|---|---|---|---|---|
| $\underline{W}_1$ | $\dfrac{\Delta\underline{Z} - \underline{Z}_{11}\,\underline{Z}_2}{\underline{Z}_{22} - \underline{Z}_2}$ | $\dfrac{1 - \underline{Y}_{22}\,\underline{Z}_2}{\underline{Y}_{11} - \Delta\underline{Y}\,\underline{Z}_2}$ | $\dfrac{\underline{A}_{12} + \underline{A}_{11}\,\underline{Z}_2}{\underline{A}_{22} + \underline{A}_{21}\,\underline{Z}_2}$ | $\dfrac{\underline{h}_{11} - \Delta\underline{h}\,\underline{Z}_2}{1 - \underline{h}_{22}\,\underline{Z}_2}$ |
| $\underline{W}_2$ | $-\dfrac{\Delta\underline{Z} + \underline{Z}_{22}\,\underline{Z}_1}{\underline{Z}_{11} + \underline{Z}_1}$ | $-\dfrac{1 + \underline{Y}_{11}\,\underline{Z}_1}{\underline{Y}_{22} + \Delta\underline{Y}\,\underline{Z}_1}$ | $\dfrac{\underline{A}_{12} + \underline{A}_{22}\,\underline{Z}_1}{\underline{A}_{11} + \underline{A}_{21}\,\underline{Z}_1}$ | $-\dfrac{\underline{h}_{11} + \underline{Z}_1}{\Delta\underline{h} + \underline{h}_{22}\,\underline{Z}_1}$ |
| $\dfrac{\underline{U}_1}{\underline{U}_2}$ | $-\dfrac{\Delta\underline{Z} - \underline{Z}_{11}\,\underline{Z}_2}{+\underline{Z}_{21}\,\underline{Z}_2}$ | $-\dfrac{1 - \underline{Y}_{22}\,\underline{Z}_2}{-\underline{Y}_{21}\,\underline{Z}_2}$ | $\dfrac{\underline{A}_{12} + \underline{A}_{11}\,\underline{Z}_2}{+\underline{Z}_2}$ | $\dfrac{\underline{h}_{11} - \Delta\underline{h}\,\underline{Z}_2}{-\underline{h}_{21}\,\underline{Z}_2}$ |
| $\dfrac{\underline{I}_1}{\underline{I}_2}$ | $\dfrac{\underline{Z}_{22} - \underline{Z}_2}{-\underline{Z}_{21}}$ | $\dfrac{\underline{Y}_{11} - \Delta\underline{Y}\,\underline{Z}_2}{\underline{Y}_{21}}$ | $\dfrac{\underline{A}_{22} + \underline{A}_{21}\,\underline{Z}_2}{+1}$ | $\dfrac{1 + \underline{h}_{22}\,\underline{Z}_2}{\underline{h}_{21}}$ |

Die Herleitung der Formeln geschieht mit Hilfe der Vierpolgleichungen und ist elementar, wie am Beispiel für die Stromübertragungsfunktion $\underline{I}_1/\underline{I}_2$ für die $\underline{h}$-Parameter zu sehen ist: Die zweite Vierpolgleichung heißt:

$$\underline{I}_2 = \underline{h}_{21}\,\underline{I}_1 + \underline{h}_{22}\,\underline{U}_2 = \underline{h}_{21}\,\underline{I}_1 + \underline{h}_{22}\,\underline{Z}_2\,\underline{I}_2.$$

Daraus:

$$\frac{\underline{I}_2}{\underline{I}_1} = \frac{\underline{h}_{21}}{1 - \underline{h}_{22}\,\underline{Z}_2}\,.$$

Die Betriebsübertragungsfunktion $F$ setzt Leistungen zueinander ins Verhältnis

$$F = \frac{\underline{U}_0}{2\,\underline{U}_2}\sqrt{\frac{\underline{Z}_2}{\underline{Z}_1}} = \mathrm{e}^{a_B + \mathrm{j} b_B} = \mathrm{e}^{g_B}. \tag{0.92}$$

$a_B$ Betriebsdämpfungsmaß,
$b_B$ Betriebswinkelmaß,
$g_B$ Betriebsübertragungsmaß.

Für eine reelle Beschaltung $\underline{Z}_1 = R_1$ und $\underline{Z}_2 = R_2$ hat die Betriebsübertragungsfunktion folgende physikalische Bedeutung

$$\frac{|\underline{U}_0|}{2\,|\underline{U}_2|}\sqrt{\frac{R_2}{R_1}} = \sqrt{\frac{\dfrac{|\underline{U}_0|^2}{4R_1}}{\dfrac{|\underline{U}_2|^2}{R_2}}} = \sqrt{\frac{\text{vom Generator maximal abgebbare Wirkleistung}}{\text{Wirkleistung in } R_2}}.$$

Auch bei den Betriebsparametern sind die Übertragungsfunktionen richtungsgebunden wie die Wellenübertragungsfunktion.

### 0.5.4 Spezielle Vierpole

**0.5.4.1 Umkehrbare und passive Vierpole.** Bei passiven Vierpolen kann im Gegensatz zu den aktiven Vierpolen die am Ausgang abgebbare Leistung nie größer sein als die in den Eingang hineingeführte. Daher ist bei einem passiven Vierpol mit reeller Beschaltung der Betrag der Betriebsübergangsfunktion immer $|F| \geqq 1$, d. h. $a_B \geqq 0$. Alle passiven Vierpole mit Ausnahme des *Gyrators* [3] sind umkehrbar. Ein Vierpol ist dann umkehrbar, wenn bei eingeprägtem Strom durch den Vierpoleingang am leerlaufenden Vierpolausgang dieselbe Leerlaufspannung auftritt, die am leerlaufenden Vierpoleingang auftritt, wenn durch den Vierpolausgang derselbe Strom eingeprägt wird. Oder: Wenn bei eingeprägter Spannung am Vierpoleingang durch den kurzgeschlossenen Vierpolausgang derselbe Strom fließt wie durch den kurzgeschlossenen Vierpoleingang, wenn am Vierpolausgang die gleiche Spannung eingeprägt wird. Formelmäßig heißen diese Aussagen bei der Bepfeilung nach Abb. 0.17

$$\frac{\underline{I}_1}{\underline{U}_{2L}} = \frac{\underline{I}_2}{\underline{U}_{1L}}, \tag{0.93}$$

$$\frac{\underline{U}_1}{\underline{I}_{2K}} = \frac{\underline{U}_2}{\underline{I}_{1K}}, \tag{0.94}$$

$$\underline{U}_{2L} = \underline{U}_2 \text{ für } \underline{I}_2 = 0; \quad \underline{U}_{1L} = \underline{U}_1 \text{ für } \underline{I}_1 = 0; \quad \underline{I}_{2K} = \underline{I}_2 \text{ für } \underline{U}_2 = 0;$$
$$\underline{I}_{1K} = \underline{I}_1 \text{ für } \underline{U}_1 = 0.$$

Für umkehrbare Vierpole gelten mit der Bepfeilung nach Abb. 0.17 die in Tab. 0.4 zusammengestellten Beziehungen. Für den passiven aber nicht umkehrbaren Gyrator-Vierpol gilt $\Delta\,\underline{A} = -1$ und $\underline{A}_{11} = \underline{A}_{22} = 0$.

Tabelle 0.4 *Beziehungen für umkehrbare Vierpole*

| Kettenmatrix | Widerstandsmatrix | Leitwertsmatrix | Hybridmatrix |
|---|---|---|---|
| $\Delta\,\underline{A} = 1$ | $\underline{Z}_{12} = -\underline{Z}_{21}$ | $\underline{Y}_{12} = -\underline{Y}_{21}$ | $\underline{h}_{12} = \underline{h}_{21}$ |

**0.5.4.2 Symmetrische Vierpole.** Bei symmetrischen Vierpolen können Ein- und Ausgang vertauscht werden, ohne daß sich am äußeren Verhalten des ganzen Übertragungssystems etwas ändert. Es gilt also u. a. $\underline{Z}_{w1} = \underline{Z}_{w2}$. Bei Bepfeilung nach Abb. 0.17 gelten für symmetrische Vierpole die Beziehungen von Tab. 0.5.

Tabelle 0.5 *Beziehungen für symmetrische Vierpole*

| Kettenmatrix | Widerstandsmatrix | Leitwertmatrix | Hybridmatrix |
|---|---|---|---|
| $\underline{A}_{11} = \underline{A}_{22}$ | $\underline{Z}_{11} = -\underline{Z}_{22}$ | $\underline{Y}_{11} = -\underline{Y}_{22}$ | $\Delta\,\underline{h} = 1$ |

Vierpole, deren Schaltung symmetrisch aufgebaut sind, sind auch immer in elektrischer Hinsicht symmetrisch. Es gibt aber auch elektrisch symmetrische Vierpole, deren Schaltung nicht symmetrisch aufgebaut ist.

## 0.6 Weitere allgemeine Netzwerkeigenschaften

### 0.6.1 Verzerrungen

Man spricht von Verzerrungen, wenn Signalveränderungen unerwünscht sind. Sind sie erwünscht, dann spricht man von Verformungen oder Umformung.

Ein Übertragungssystem ist verzerrungsfrei, wenn zwischen Eingangs- und Ausgangssignal folgende Beziehung besteht

$$s_2(t) = A\, s_1(t - \tau). \tag{0.95}$$

$s_2(t)$ Ausgangssignal,
$s_1(t)$ Eingangssignal,
$A$ beliebiger reeller Faktor,
$\tau$ Laufzeit.

Eingangs- und Ausgangssignal müssen also bei Verzerrungsfreiheit bis auf eine konstante Vergrößerung oder Verkleinerung der Ordinatenwerte sowie eine zulässige Laufzeit identisch sein.

Technisch realisierbare Übertragungssysteme weisen im allgemeinen eine Verzerrung auf. Man unterscheidet nichtlineare und lineare Verzerrungen.

**0.6.1.1 Nichtlineare Verzerrungen.** Von nichtlinearen Verzerrungen spricht man dann, wenn bei einem sinusförmigen Eingangssignal ein nichtsinusförmiges Ausgangssignal auftritt. Es müssen also auf dem Übertragungssystem Schwingungen mit neuen Frequenzen erzeugt werden.

**0.6.1.2 Lineare Verzerrungen.** Eine reine Sinusschwingung wird durch ein Übertragungssystem mit linearen Verzerrungen nicht verzerrt. Durch lineare Verzerrungen werden nur solche Signale verändert, die sich aus einer Überlagerung mehrerer Sinusschwingungen zusammensetzen. Die linearen Verzerrungen bestehen darin, daß die einzelnen Frequenzkomponenten auf dem Übertragungsweg verschieden stark gedämpft bzw. verstärkt werden und (oder) unterschiedliche Laufzeiten haben. Bestehen die Verzerrungen eines zusammengesetzten Signals darin, daß nur die Amplituden der einzelnen Frequenzkomponenten des Eingangssignals nicht um den gleichen Faktor verkleinert oder vergrößert werden, dann handelt es sich um eine *Dämpfungsverzerrung*. Wenn zwar die Amplituden der einzelnen Frequenzkomponenten um einen konstanten Faktor verändert werden, aber die Laufzeiten unterschiedlich sind, dann liegt eine *Phasen-* oder *Laufzeitverzerrung* vor.

Nichtlineare Verzerrungen ergeben sich z. B. bei Übersteuerung von Röhren und Transistoren infolge von nichtlinearen Kennlinien. Lineare Verzerrungen treten z. B. in Verstärkern infolge von schädlichen Kapazitäten auf.

### 0.6.2 Darstellungsformen komplexer Netzwerkgrößen

Komplexe Netzwerkgrößen wie z. B. Eingangswiderstand $\underline{W}_1$ und Übertragungsmaß $g$ sind im allgemeinen frequenzabhängig. Zur Darstellung dieser Frequenzabhängigkeit sind folgende drei Möglichkeiten wichtig:

a) Darstellung durch mathematische Formel.

b) Graphische Darstellung durch Ortskurve.

c) Graphische Darstellung durch zwei Kurven, Realteil und Imaginärteil über der Frequenz.

Die Eigenschaften des komplexen Widerstandes von Abb. 0.23a sind auf obige drei Arten der Reihe nach in den Abb. 0.23b, 0.23c und 0.23d dargestellt.

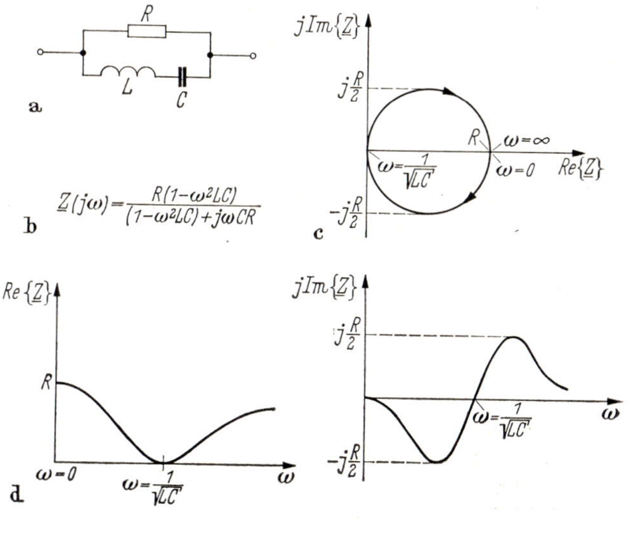


Abb. 0.23. Zur Darstellung komplexer Netzwerkeigenschaften (s. Text)

### 0.6.3 Ergänzende Bemerkungen

Die Beschreibung von Wechselstromnetzwerken durch Zweipole, Vierpole usw. ist für viele Fälle zu speziell. Insbesondere die Verhältnisse in der Hohlleitertechnik erfordern eine allgemeinere Beschreibungsweise. Eine solche erhält man, wenn man statt mit Spannungen und Strömen mit Leistungswellen rechnet. Dann entspricht z. B. dem Zweipol ein „Tor", dem Vierpol ein 2-Tor, dem Reflexionsfaktor eine Streumatrix.

## 0.7 Magnetische Gesetze

### 0.7.1 Durchflutungs- und Induktionsgesetz

Grundlage aller elektromagnetischen Erscheinungen sind das Durchflutungsgesetz und das Induktionsgesetz, die man auch als die zwei MAXWELLschen Gleichungen bezeichnet.

Das Durchflutungsgesetz sagt aus, daß ein fließender Strom $i$ ein magnetisches Feld erzeugt. Dabei ist es gleichgültig, ob der Strom $i$ ein Leitungsstrom durch einen elektrischen Leiter oder ein Verschiebungsstrom durch ein Dielektrikum oder beides ist. Für die magnetische Feldsträrke $\boldsymbol{H}$, die ein Vektor ist, gilt

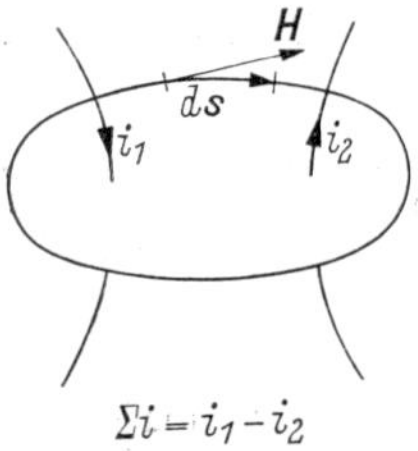


Abb. 0.24
Zur Erläuterung des Durchflutungsgesetzes

$$\Sigma i = \oint_C \boldsymbol{H}\, d\boldsymbol{s}, \tag{0.96}$$

$d\boldsymbol{s}$ ist ein vektorielles Wegelement der Länge $ds$. Gl. (0.96) besagt, daß das Linienintegral der Feldstärke $\boldsymbol{H}$ längs eines beliebigen geschlossenen Weges $\boldsymbol{C}$ gleich der Durchflutung $\sum i$ ist, die durch die Fläche strömt, die vom Integrationsweg $\boldsymbol{C}$ umrandet wird. Mit $|\boldsymbol{H}| = H$ gilt

$$\boldsymbol{H}\, d\boldsymbol{s} = H\, ds \cos\alpha, \tag{0.97}$$

$\alpha$ ist der Winkel, den die Vektoren $\boldsymbol{H}$ und $\boldsymbol{s}$ miteinander bilden. Abb. 0.24 veranschaulicht den Zusammenhang von Gl. (0.96). Die magnetische Feldstärke $\boldsymbol{H}$ erzeugt in dem Medium bzw. Raum, den sie durchsetzt einen magnetischen Fluß $\Phi$ bzw. eine magnetische Flußdichte $\boldsymbol{B}$, deren Größe von der Feldstärke $\boldsymbol{H}$ sowie von den Eigenschaften des Mediums, der Permeabiltät $\mu$, abhängt.

$$\boldsymbol{B} = \mu \boldsymbol{H}. \tag{0.98}$$

Der durch die Fläche $\boldsymbol{F}$ gehende magnetische Fluß $\Phi$ errechnet sich mit der Flußdichte $\boldsymbol{B}$, die auch *Induktion* genannt wird, zu

$$\Phi = \int_F \boldsymbol{B}\, d\boldsymbol{F} = \int B\, dF \cos\beta, \tag{0.99}$$

In Gl. (0.99) ist $B = |\boldsymbol{B}|$; $dF = |d\boldsymbol{F}|$ und $\beta$ der Winkel, den die Vektoren $\boldsymbol{B}$ und $\boldsymbol{F}$ miteinander bilden. (Der Flächenvektor $\boldsymbol{F}$ steht immer senkrecht auf der durch ihn gekennzeichneten Fläche. Blickt man in Richtung von $\boldsymbol{F}$, dann muß der Umlaufsinn der Fläche der Uhrzeigersinn sein.)

Die Feldlinien der Kraftflußdichte oder Induktion $\boldsymbol{B}$ sind stets in sich geschlossen. Sie haben keinen Anfang und Ende, was für die Feldlinien von $\boldsymbol{H}$ nicht immer gilt. Die mathematische Beziehung lautet

$$\mathrm{div}\boldsymbol{B} = 0. \tag{0.100}$$

Das Induktionsgesetz sagt aus, daß ein zeitlich veränderlicher magnetischer Fluß $\Phi$ ein elektrisches Feld erzeugt. Für die elektrische Feldstärke $\boldsymbol{E}$ gilt, daß das Linienintegral der Feldstärke längs eines geschlossenen Weges $\boldsymbol{C}$ gleich der zeitlichen Abnahme des Flusses $\Phi$ in der vom Integrationsweg umrandeten Fläche ist.

$$\oint_C \boldsymbol{E}\, d\boldsymbol{s} = u_i(t) = -\frac{d\Phi}{dt} = -\frac{d}{dt}\int_F \boldsymbol{B}\, d\boldsymbol{F}, \tag{0.101}$$

$u_i$ bezeichnet man als *Umlaufspannung*.

### 0.7.2 Der magnetische Kreis einer Toroidspule und die Selbstinduktion

Betrachtet man eine Ringkernspule, d. h. einen gleichmäßig und dicht mit dünnem Draht bewickelten Toroidkörper nach Abb. 0.25a, dann entsteht eine magnetische Feldstärke $\boldsymbol{H}$ praktisch nur im Innern des Toroidkörpers, wenn ein Strom $i$ durch den Draht fließt. Ist die Anzahl der Windungen $w$, dann wirkt der Drahtbelag am Innenradius $r_i$ des Toroides wie eine linienförmige Durchflutung $w\,i$. Am Außenradius $r_a$ wirkt entsprechend eine entgegengerichtete Durchflutung $-w\,i$. Legt man ein Polarkoordinatensystem entsprechend Abb. 0.25b, so ist zu erkennen, daß durch die Kreisflächen mit $r > r_a$ und $r < r_i$ die resultierende Durchflutung verschwindet. (Die Drahtdicke ist als vernachlässigbar klein angenommen worden.) Im Bereich $r_i < r < r_a$ ist die Durchflutung $\Theta = w\,i =$ konstant. Es entsteht längs eines Kreises mit dem Radius $r$ mit $r_i < r < r_a$ eine konstante Feldstärke, die sich mit Gl. (0.96) aus

$$\Theta = w\,i = \oint_C \boldsymbol{H}\,d\boldsymbol{s} = \int_{\varphi=0}^{2\pi} \boldsymbol{H}\,r\,d\varphi = \boldsymbol{H}\,2\pi\,r \tag{0.102}$$

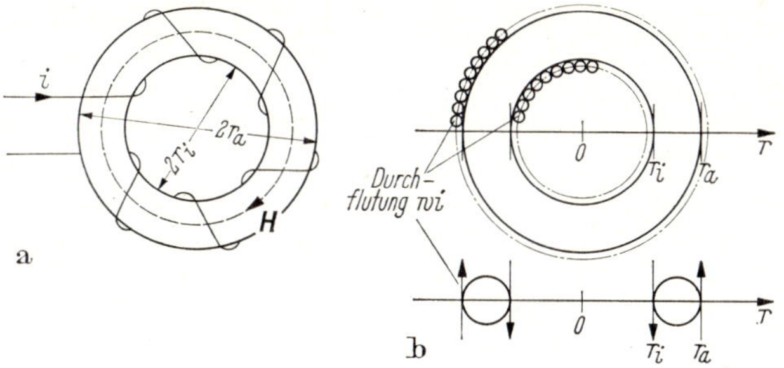


Abb. 0.25. a Bewickelter Ringkern (schematisch); b Ringkernspule mit Polarkoordinatensystem

errechnet, da $\boldsymbol{H}$ von $\varphi$ unabhängig ist. Ist der Ringkern schlank, d. h. $(r_a - r_i) \ll r_i$, dann kann man im Bereich $r_i < r < r_a$ mit einer mittleren Kraftlinienlänge $l_K = 2\pi\,r$ rechnen und es ergibt sich ein annähernd homogenes Feld der Feldstärke

$$H = |\boldsymbol{H}| = \frac{\Theta}{l_K} = \frac{i\,w}{2\pi\,r}. \tag{0.103}$$

Mit Gl. (0.98) und Gl. (0.99) errechnet sich nun der magnetische Fluß $\Phi$ zu

$$\Phi = B\,F_K = \mu\,H\,F_K = \mu\,\frac{i\,w}{l_K}\,F_K = \frac{i\,w}{R_m} = i\,w\,A_L. \tag{0.104}$$

In Gl. (0.104) ist $F_K$ die Querschnittsfläche des Ringkerns. $R_m = \dfrac{1}{A_L}$ bezeichnet man als den magnetischen Widerstand des Ringkerns, da Gl. (0.104) die Form des Ohmschen Gesetzes hat, wenn man die Durchflutung $i\,w$ als Gegenstück zur elektrischen Spannung und den Fluß $\Phi$ als Gegenstück zum elektrischen Strom auffaßt.

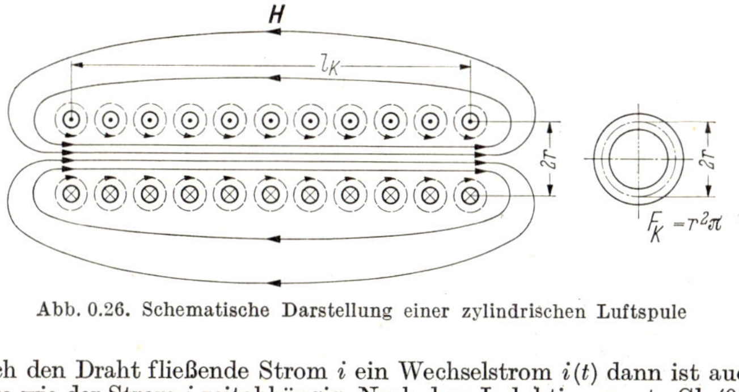


Abb. 0.26. Schematische Darstellung einer zylindrischen Luftspule

Ist der durch den Draht fließende Strom $i$ ein Wechselstrom $i(t)$ dann ist auch der Fluß $\Phi$ in gleicher Weise wie der Strom $i$ zeitabhängig. Nach dem Induktionsgesetz Gl. (0.101) induziert dieser Fluß dann in jeder einzelnen Windung des Ringkerns eine Spannung

$$u_i = -\frac{d\Phi}{dt},$$

die so gerichtet ist, daß sie den Stromänderungen in der Spule entgegenwirkt und damit auch der äußeren Spannung $u(t)$, die die Stromänderungen $di/dt$ durch die Spule verursacht. Bei $w$ Windungen gilt also

$$u(t) = w\frac{d\Phi}{dt} = w^2\mu\frac{F_K}{l_K}\frac{di}{dt} = L\frac{di}{dt}. \qquad (0.105)$$

Man bezeichnet $L$ als Selbstinduktivität. Der $A_L$-Wert von Gl. 0.104 ist die Selbstinduktivität einer Windung, denn es gilt

$$L = \frac{w^2}{R_m} = w^2 A_L = w^2\frac{\mu F_K}{l_K}. \qquad (0.106)$$

Man kann also den Wert der Selbstinduktivität $L$ durch Verwendung eines Kernmaterials mit größerer Permeabilität $\mu$ vergrößern. Gl. (0.106) gilt nicht nur für den Ringkern sondern auch für eine lange Spule nach Abb. 0.26 mit $l_K \gg 2r$ noch recht genau. Außerhalb der Spule verlaufen die Kraftlinien für $\boldsymbol{H}$ in großen Abständen, was einem kleinen Wert für $|\boldsymbol{H}|$ entspricht. Innerhalb

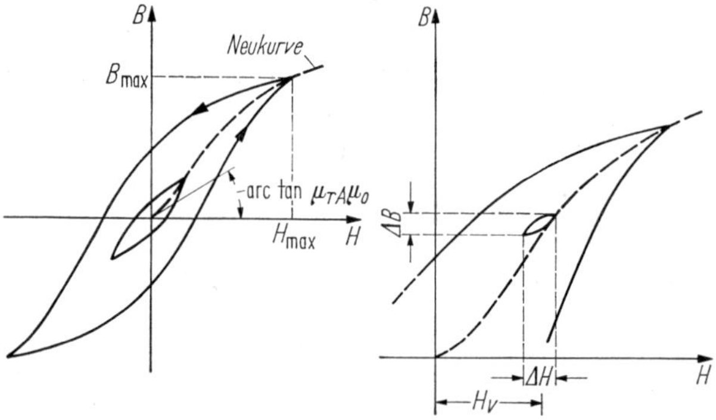


Abb. 0.27. Hystereseschleifen eines ferromagnetischen Materials

der Spule verlaufen sie dicht nebeneinander, was einem großen Betrag $|\boldsymbol{H}|$ entspricht. Bei der Integration des Durchflutungsgesetzes braucht angenähert nur der Integrationsweg der Spulenlänge $l_K$ berücksichtigt zu werden.

### 0.7.3 Die Permeabilität

Die Permeabilität des Vakuums ist

$$\mu_0 = 4\pi \cdot 10^{-9}\,\frac{\text{Vs}}{\text{A cm}}. \qquad (0.107)$$

Die Permeabilität von Materialien wird als Vielfaches von $\mu_0$ angegeben, d. h. durch die relative Permeabilität $\mu_r$ gekennzeichnet. $\mu_r$ ist eine dimensionslose Zahl. Die absolute Permeabilität $\mu$ von Materialien ist also

$$\mu = \mu_r\,\mu_0. \qquad (0.108)$$

Insbesondere bei den wichtigen Ferromagnetika ist $\mu_r$ keine konstante Größe, sondern von vielen Parametern abhängig. Man definiert daher verschiedene Permeabilitäten für verschiedene Betriebsbedingungen. Die Zahlenwerte dieser Permeabilitäten werden aus zunächst entmagnetisierten Prüfringen (Toroiden) gewonnen.

Bei Magnetisierung mit einer Wechseldurchflutung tritt eine Hysteresekurve (Abb. 0.27) als Zusammenhang zwischen $H$ und $B$ auf. Mit steigender Aussteuerung wird die Kurve in der Regel höher und breiter. Die Maximalpunkte (Spitzen der Hysteresekurve) bewegen sich dabei längs der Neukurve. Bei sehr kleiner Aussteuerung des zuvor entmagnetisierten Magnetmaterials ist praktisch keine Hysterese vorhanden, d. h. die Neukurve beschreibt in diesem Fall den Zusammenhang zwischen $B$ und $H$. Die Steigung der Neukurve im Ursprung ergibt die sogenannte *Anfangspermeabilität* $\mu_{rA}$, die in der Nachrichtentechnik hauptsächlich für Übertrager wichtig ist.

Erfolgt die Aussteuerung mit einer konstanten Amplitude, dann ergibt sich aus dem Verhältnis der dabei auftretenden maximalen Werte $B_{max}$ und $H_{max}$ die *Wechselfeldpermeabilität* $\mu_{r\sim}$, die z. B. für die Selbstinduktivität von Filterspulen maßgebend ist.

$$\mu_{r\sim} = \frac{B_{max}}{H_{max}} \frac{1}{\mu_0}. \tag{0.109}$$

Wird das Magnetmaterial mit einer konstanten Feldstärke $H_V$ vormagnetisiert, der eine Wechselfeldstärke $\Delta H$ von geringer Amplitude überlagert ist, dann entsteht eine schmale lanzettförmige Schleife. Als *reversible Permeabilität* eines vormagnetisierten Materials bezeichnet man

$$\mu_{rev} = \frac{\Delta B}{\Delta H} \frac{1}{\mu_0}. \tag{0.110}$$

Die reversible Permeabilität ist in der Nachrichtentechnik z. B. bei vormagnetisierten Endstufenübertragern von Röhrenverstärkern usw. zu beachten.

Eine weitere wichtige Größe ist die komplexe Permeabilität, die im Abschn. 1.3.3 über Spulen noch besonders erläutert wird.

## 0.8 Einiges über Größen, Dimensionen und Gleichungen [7]

In Physik und Technik werden alle Größenangaben jeweils auf eine Einheit bezogen. Man spricht z. B. von 3 Volt (3 V), 4 Ampère (4 A), 1 Farad (1 F) usw. Es gilt:

Größe = Zahlenwert mal Einheit (0.111

Beispiele:

$U = 3\,\text{V}$

$I = 4\,\text{A}$

$C = 1\,\text{F}$

Die Größe wird hier jeweils durch die Buchstaben $U$ für die Spannung, $I$ für den Strom und $C$ für die Kapazität gekennzeichnet, die Einheit jeweils durch die Buchstaben V für Volt, A für Ampere und F für Farad.

Entsprechend dem behandelten Gegenstand wird in diesem Buch vorwiegend das praktische Maßsystem nach Mie verwendet. In diesem wird alles sofern möglich auf folgende Einheiten bezogen: Zentimeter (cm) für die Länge, Sekunde (s) für die Zeit, Ampère (A) für die Stromstärke, Volt (V) für die Spannung. Danach ist z. B. 1 F = 1 Vs/A.

Andere Maßsysteme werden nur gelegentlich verwendet werden und zwar dort, wo sie mit der Praxis sehr eng verknüpft sind. Als Beispiel hierzu ist die magnetische Induktion zu nennen, deren Größe häufig im elektromagnetischen cgs-Maßsystem, nämlich in Gauß angegeben wird, während ihre Einheit im praktischen Maßsystem $\text{Vs/cm}^2$ ist. Für dieses Beispiel gilt die Umrechnung

$$1\,\frac{\text{Vs}}{\text{cm}^2} = 10^8\,\text{Gauß}. \tag{0.112}$$

Vom praktischen Maßsystem wird in diesem Buch auch dann abgegangen, wenn die Einheit der betreffenden physikalischen Größe sehr kompliziert oder nichtrational werden würde. Für die Temperatur beispielsweise wird darum als Einheit das Grad Celsius oder Kelvin benützt. Dies stört nicht, zumal hier die Temperatur stets in irgendeiner Form auf eine Bezugstemperatur bezogen wird.

Der Begriff „Einheit" darf nicht mit dem Begriff „Dimension" verwechselt werden. Die Dimension einer Größe gibt lediglich die qualitative Beziehung der gegebenen Größe zu den gewählten Grundgrößen an. Die Induktion, um beim gewählten Beispiel zu bleiben, hat die Dimension „Spannung mal Zeit dividiert durch Quadrat der Länge". Die Einheit (im praktischen Maßsystem) ist dagegen $1\,\text{Vs/cm}^2$. Sie gibt also die Beziehung der Einheit der Induktion zu den Einheiten der gewählten Grundgrößen an. Es gibt auch dimensionslose Größen oder Größen von der Dimension 1. Hierzu zählen Verhältnisgrößen wie z. B. die Betriebsdämpfung $a_B$ eines Vierpols und Größen, die unabhängig von physikalischen Erscheinungen her definiert sind, wie z. B. die Speicherkapazität $K$. Um Eindeutigkeit bei Größenangaben zu sichern, bekommen auch dimensionslose Größen eine Einheit. So kann man z. B. die Betriebsdämpfung in Neper (N), die Speicherkapazität in Binärschritten (bit) angeben.

Für die Darstellung allgemeiner Zusammenhänge werden im folgenden, wie das auch bisher schon im Abschn. 0 geschehen ist, mit wenigen Ausnahmen überall Größengleichungen verwendet.

In Größengleichungen bedeuten die einzelnen Formelzeichen Größen, d. h. nach Gl. (0.111) Produkte aus Zahlenwert und Einheit. Die Gleichungen gelten damit unabhängig von irgendwelchen Einheiten. Erst bei speziellen Zahlenrechnungen tritt die Frage über die Wahl der Einheiten auf. In Zahlenwertgleichungen, um noch das Gegenstück zu nennen, bedeuten die einzelnen Formelzeichen nur die Zahlenwerte der betreffenden Größen.

## Literatur

[1] Doetsch, G.: Anleitung zum praktischen Gebrauch der Laplace-Transformation. 2. Aufl. München/Oldenbourg: 1961.
[2] Küpfmüller, K.: Einführung in die theoretische Elektrotechnik. 5. verbesserte u. erweiterte Auflage. Berlin/Göttingen/Heidelberg: Springer 1957.
[3] Feldtkeller, R.: Einführung in die Vierpoltheorie der elektrischen Nachrichtentechnik. 6. Aufl. Zürich: Hirzel 1953.
[4] Schröder, H.: Elektrische Nachrichtentechnik. 1. Band. Berlin-Borsigwalde: Verlag für Radio-Foto-Kinotechnik GmbH 1959.
[5] Meinke, H. H.: Die komplexe Berechnung der Wechselstromschaltungen. Sammlung Göschen, Band 1156/56a, 1957.
[6] Cauer, W.: Theorie der linearen Wechselstromschaltungen. Berlin: Akademie-Verlag 1954.
[7] Fischer, J.: Größen und Einheiten der Elektrizitätslehre. Berlin/Göttingen/Heidelberg: Springer 1961.

# I Elemente der Nachrichtentechnik

Zu den wichtigsten Elementen der elektrischen Nachrichtentechnik, die im folgenden Teil I dieses Buches behandelt werden, zählen nicht nur einfache Schaltelemente wie Widerstände, Spulen, Transistoren usw., sondern auch komplexere Einheiten wie z. B. Filter, Verstärker und Kippstufen. In den zwei anschließenden Teilen über Nachrichtenübertragung (Teil II) und Nachrichtenverarbeitung und Informationstheorie (Teil III) werden diese Einheiten meist nur noch als Elemente von Blockschaltbildern benutzt, wobei dann die Beschreibung sich lediglich auf die Funktion der gesamten Blockschaltung bezieht und die Arbeitsweise der einzelnen Blöcke oder Elemente als bekannt voraussetzt. Der folgende Teil I hat nicht zum Ziel, alle Elemente der Nachrichtentechnik zu beschreiben. Er will nur die wichtigsten behandeln. Weitere Elemente, die nur für die Nachrichtenübertragung (wie z. B. Mikrophone) oder nur für die Nachrichtenverarbeitung (wie z. B. digitale Speicherelemente) von Interesse sind, werden in den anschließenden Teilen beschrieben.

Der nun beginnende Teil I gliedert sich in vier größere Hauptabschnitte. Der erste behandelt lineare passive Schaltelemente, der zweite lineare passive Netzwerke, der dritte lineare Verstärker (lineare aktive Netzwerke) und der vierte schließlich ein Gebiet, welches kurz mit Impulstechnik bezeichnet wird. Während die drei ersten vorwiegend auf den Betrieb mit sinusförmigen kleinen Signalen abgestimmt sind, beschreibt der Abschnitt über Impulstechnik Elemente oder Schaltungen vorwiegend für den Betrieb mit nichtsinusförmigen und großen Signalen.

## 1 Reale lineare passive Schaltelemente

Die elementaren Zweipole ohmscher Widerstand $R$, Kapazität $C$ und Induktivität $L$ (Gegeninduktivität $M$) wie sie in Abschn. 0.3 beschrieben wurden, stellen Abstraktionen bzw. Idealfälle dar, die in Wirklichkeit technisch nicht herstellbar sind. Die herstellbaren Schaltelemente sind nur Annäherungen, wobei die Annäherungen nur in gewissen Bereichen für Frequenz, Spannung, Leistung, Temperatur u. a. dem idealen Verhalten nahekommen.

Der nun folgende erste Abschnitt soll das reale Verhalten technischer passiver Bauelemente beschreiben, die möglichst linear sein sollen. *Linear* soll dabei heißen, daß der mathematische Zusammenhang zwischen den elektrischen Strömen $i(t)$ und Spannungen $u(t)$ sowie deren Differentialquotienten $di/dt$; $d^2i/dt^2$; ...; $du/dt$; $d^2u/dt^2$; ... usw. und Integralen $\int u\,dt$; $\int i\,dt$ usw. durch lineare Beziehungen gegeben ist. Nicht zulässig, um Gegenbeispiele zu nennen, sollen etwa folgende Beziehungen sein:

$$i = \mathrm{const}\, u^2; \qquad \left(\frac{di}{dt}\right)^2 = \mathrm{const}\, u.$$

Mit *passiv* ist gemeint, daß das Bauelement keine Energie von sich aus abgeben soll (vgl. Abschn. 0.3.1). Im einzelnen werden nun folgende konzentrierte Schaltelemente behandelt:

1. ohmsche Widerstände,
2. Kondensatoren,
3. Spulen,
4. Übertrager,
5. piezoelektrische und magnetostriktive Schwinger.

Die ersten 4 Gruppen sind die linearen Schaltelemente im engeren Sinn. Ihr ideales Verhalten wird durch Tab. 1.1 zusammenfassend dargestellt. Die Spalte Zeitverhalten beschreibt die elektrischen Eigenschaften der betreffenden Elemente,

Tabelle 1.1

| Schaltelemente | Schaltzeichen | Zeitverhalten | Frequenzverhalten | Bemerkung |
|---|---|---|---|---|
| ohmscher Widerstand | 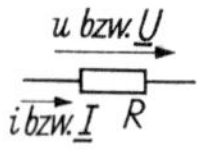  | $u(t) = R\,i(t)$ | $\underline{U} = R\,\underline{I} = \underline{Z}\,\underline{I}$ Betrag: $\lvert\underline{Z}\rvert = R$ Phase: $\operatorname{arc}\underline{Z} = \arctan\frac{\operatorname{Im}\{\underline{Z}\}}{\operatorname{Re}\{\underline{Z}\}} = 0$ | wichtigste Einheiten: Ohm Ω, Kilo- kΩ, Mega- MΩ, Milliohm mΩ |
| Kondensator (Kapazität) | 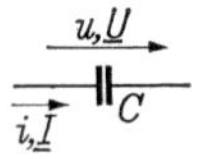  | $i = C\frac{du}{dt}$ $u = \frac{1}{C}\int_0^t i\,dt + u(0)$ | $\underline{U} = \frac{1}{\mathrm{j}\,\omega\,C}\underline{I} = \underline{Z}\,\underline{I}$ Betrag: $\lvert\underline{Z}\rvert = \frac{1}{\omega\,C}$ Phase: $\operatorname{arc}\underline{Z} = \arctan\frac{\operatorname{Im}\{\underline{Z}\}}{\operatorname{Re}\{\underline{Z}\}} = -\frac{\pi}{2}$ Strom eilt vor | wichtigste Einheiten: Mikro- µF, Nano- nF, Picofarad pF |
| Spule (Induktivität) | 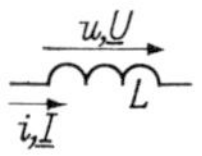  | $u = L\frac{di}{dt}$ $i = \frac{1}{L}\int_0^t u\,dt + i(0)$ | $\underline{U} = \mathrm{j}\,\omega\,l\,\underline{I} = \underline{Z}\,\underline{I}$ Betrag: $\lvert\underline{Z}\rvert = \omega\,L$ Phase: $\operatorname{arc}\underline{Z} = \arctan\frac{\operatorname{Im}\{\underline{Z}\}}{\operatorname{Re}\{\underline{Z}\}} = +\frac{\pi}{2}$ Strom eilt nach | wichtigste Einheiten: Henry H, Milli- mH, Mikrohenry µH |
| verlustloser Übertrager | 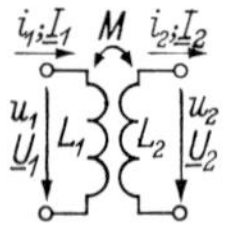  | $u_1 = L_1\frac{di_1}{dt} + M\frac{di_2}{dt}$ $u_2 = L_2\frac{di_2}{dt} + M\frac{di_1}{dt}$ | $\underline{U}_1 = \mathrm{j}\,\omega\,L_1\underline{I}_1 + \mathrm{j}\,\omega\,M\,\underline{I}_2$ $\underline{U}_2 = \mathrm{j}\,\omega\,L_2\underline{I}_2 + \mathrm{j}\,\omega\,M\,\underline{I}_1$ | $M = K\sqrt{L_1\,L_2}$ $0 \leq K \leq 1$ $K$ = Kopplungsfaktor |
| idealer Übertrager (Übersetzer) | 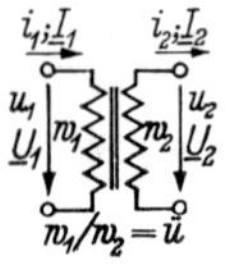  | $u_1 = ü\,u_2$ $i_1 = \frac{1}{ü}\,i_2$ | $\underline{U}_1 = ü\,\underline{U}_2$ $\underline{I}_1 = \frac{1}{ü}\,\underline{I}_2$ | feste Kopplung $M = \sqrt{L_1\,L_2}$ sowie $L_1 \to \infty$ $L_2 \to \infty$ bei endlichen Windungszahlen |

wenn die Ströme oder Spannungen als Funktionen der Zeit $t$ gegeben sind. Die Spalte Frequenzverhalten gibt die Eigenschaften bei sinusförmigen Wechselspannungen oder -strömen beliebiger Frequenz $\omega$ an. Bei Übertragern unterscheidet man verschiedene Grade der Idealisierung: den verlustlosen Übertrager und den (völlig) idealen Übertrager oder Übersetzer (Näheres folgt in Abschn. 1.4.). Piezoelektrische und magnetostriktive Schwinger werden in Abschn. 1.5 behandelt. Neben den konzentrierten Schaltelementen gewinnen neuerdings in der Mikroelektronik auch räumlich verteilte Elemente an Bedeutung. Ihre Theorie ist aber noch in der Entwicklung.

## 1.1 Ohmsche Widerstände

Der ideale ohmsche Widerstand hat einen konstanten Widerstandswert, der unabhängig vom fließenden Strom, der in ihm umgesetzten Leistung, der Frequenz, der Temperatur, der Luftfeuchtigkeit usw. ist. Beim realen Bauelement, das einen ohmschen Widerstand repräsentieren soll, gilt das nur bereichsweise angenähert. Es gibt darüber hinaus absolute Bereichsgrenzen, die nicht überschritten werden dürfen, wenn der Widerstand nicht zerstört werden soll. Wo diese Bereichsgrenzen liegen, und von welcher Einflußgröße der Widerstandswert mehr und von welcher er weniger abhängt, das hängt vom Aufbau sowie von der Art des verwendeten Widerstandmaterials ab.

### 1.1.1 Widerstandsmaterial und technischer Aufbau von Widerständen

Als Widerstandsmaterial werden heute homogene Stoffe wie Metallegierungen (Leiter), Halbleiter und heterogene Stoffe verwendet. Letztere bestehen aus kleinen Teilchen relativ großer Leitfähigkeit, die mittels eines isolierenden Binders derart zusammengehalten werden, daß die einzelnen Teilchen nur über relativ kleine Berührungsflächen miteinander verbunden sind. Der so gebildete heterogene Stoff hat dann eine relativ geringe Leitfähigkeit. Außer von der Art des Widerstandsmaterials hängt die Größe des Widerstandswertes von der Geometrie des Widerstandsmaterials ab. Der Widerstand $R$ eines homogenen Stabes mit dem konstanten Querschnitt $F$ und der Länge $l$ berechnet sich zu

$$R = \varrho \frac{l}{F} = \frac{l}{\varkappa F}, \tag{1.1}$$

$\varrho$ ist der spezifische Widerstand, $\varkappa$ der spezifische Leitwert des Materials. Die Einheit von $\varrho$ ist gewöhnlich $\mathrm{m}/\Omega\,\mathrm{mm}^2$, die von $\varkappa$ entsprechend $\Omega\,\mathrm{mm}^2/\mathrm{m}$. Wird also in Gl. (1.1) die Länge $l$ in Meter (m), der Querschnitt $F$ in Quadratmillimeter ($\mathrm{mm}^2$) eingesetzt, dann ergibt sich in diesem Fall der Widerstand $R$ in Ohm ($\Omega$).

Gl. (1.1) gilt auch für ein heterogenes Widerstandsmaterial, wenn die Teilchen sehr klein sind, verglichen mit den Stababmessungen, und die Inhomogenitäten in jedem Querschnitt längs der Stabachse im Mittel gleich sind.

Ist die Geometrie des Widerstandsmaterials nicht durch einen Stab konstanten Querschnittes gegeben, was bei räumlich ausgedehnten Stromleitern wie z. B. bei Erdungsanlagen (Rohrerden) usw. der Fall ist, dann berechnet sich der Widerstandswert in komplizierterer Weise aus Potentialdifferenzen und Stromdichteverteilungen. Die Theorie hierzu ist Gegenstand der theoretischen Elektrotechnik und soll hier nicht interessieren, zumal die in der Nachrichtentechnik als Bauelemente verwendeten Widerstände meist so konstruiert sind, daß sie sich zumindest annähernd mit Gl. (1.1) berechnen lassen.

Hinsichtlich des Aufbaus sind heute bei konzentrierten Widerständen mit festem Widerstandswert drei Ausführungsarten von besonderer Bedeutung: Drahtwiderstände, Massewiderstände und Schichtwiderstände. Bei den Drahtwiderständen ist das wirksame Widerstandsmaterial ein dünner Draht aus einer Metallegierung, der z. B. auf einem keramischen Rohr aufgewickelt ist. Drahtanfang und Drahtende sind je mit einer Schelle mit Lötfahne oder dgl. verbunden, die an den Enden des Keramikrohrs angebracht sind. Die hiermit erzielten Widerstandwerte liegen etwa im Bereich $1 \cdots 2 \cdot 10^5\,\Omega$. Bei den Massewiderständen ist das wirksame Widerstandsmaterial ein zylindrischer Stab aus Halbleitermaterial (Graphit o. dgl.). Die Stabenden sind verkupfert oder mit Metallklappen versehen, welche die Anschlußstellen bilden. Der Bereich der Widerstandswerte bei Massewiderständen liegt bei $10 \cdots 10^9\,\Omega$.

Abb. 1.1. Technischer Aufbau konzentrierter Widerstände
a Drahtwiderstand; b Massewiderstand; c Schichtwiderstand

Schichtwiderstände bestehen aus einem zylindrischen keramischen Träger, auf dem eine dünne Metall- oder Halbleiterschicht aufgebracht ist, die an den Enden mit Kappen oder Schellen versehen ist. Ein bestimmter Widerstandswert wird bei Schichtwiderständen häufig dadurch hergestellt, daß die Widerstandsschicht teilweise so weggeschliffen wird, daß als wirksame Schicht ein gewendeltes Band übrigbleibt. Je nach Art der Schicht liegen die realisierten Widerstandswerte bei Schichtwiderständen im Bereich von einigen Ohm ($\Omega$) bis etwa $10^7\Omega$. Mit dem Bereich von $1 \cdots 10^9\,\Omega$ erfaßt man praktisch alle Werte, die in nachrichtentechnischen Geräten als Widerstandsgrößen gebraucht werden. Abb. 1.1 zeigt den technischen Aufbau der genannten Widerstandsarten.

### 1.1.2 Temperaturabhängigkeit, Belastbarkeit und zeitliche Konstanz

Die realen ohmschen Widerstände haben im allgemeinen einen temperaturabhängigen Widerstandswert. Der für einen Widerstand angegebene Widerstandswert gilt darum gewöhnlich nur für eine bestimmte Bezugstemperatur $\vartheta_0$. Meist bezieht man sich auf $\vartheta_0 = 20\,°\mathrm{C}$. Für geringe Abweichungen von der Bezugstemperatur $\vartheta_0$ folgt die Widerstandsänderung folgendem linearen Gesetz:

$$R(\vartheta) = R(\vartheta_0)\,[1 + \alpha_{20}(\vartheta - \vartheta_0)] \tag{1.2}$$

bzw.

$$\varrho(\vartheta) = \varrho(\vartheta_0)\,[1 + \alpha_{20}(\vartheta - \vartheta_0)]. \tag{1.3}$$

$\vartheta$ Temperatur
$\vartheta_0 = 20\,°\mathrm{C}$ Bezugstemperatur
$\alpha_{20}$ Temperaturkoeffizient bei $\vartheta_0 = 20\,°\mathrm{C}$.

Der Temperaturkoeffizient $\alpha$ ist oft selbst noch temperaturabhängig, so daß für große Temperaturänderungen Gl. (1.2) nicht mehr anwendbar ist. In solchen Fällen muß die Temperaturabhängigkeit gewöhnlich empirisch als Kurve ermittelt werden. Bei kleinen Temperaturänderungen ist bei reinen Metallen $\alpha_{20}$ in der Regel positiv. Bei manchen Legierungen und bei Halbleitern ist $\alpha_{20}$ jedoch häufig negativ. In Tab. 1.2 sind einige Zahlenwerte hierüber angegeben.

Jeder Widerstand kann nur in einem bestimmten Temperaturbereich betrieben werden. Besonderes Interesse verdient dabei die zulässige Maximaltemperatur $\vartheta_{\max}$, weil der Widerstand bei Temperaturen oberhalb von $\vartheta_{\max}$ seinen Widerstandswert irreversibel ändern, oder er gar zerstört werden kann. Die Höhe der zulässigen Maximaltemperatur liegt bei Drahtwiderständen oberhalb 200 °C, bei Massewiderständen, die ein organisches Bindematerial enthalten, hängt die zulässige Maximaltemperatur hauptsächlich vom Binder ab. Bei Schichtwiderständen mit einer Halbleiterschicht aus Glanzkohle liegt die zulässige Maximaltemperatur oft unterhalb von 140 °C. Die Höhe der zulässigen Maximaltemperatur sowie das Wärmeabstrahlvermögen bestimmen die maximale Belastbarkeit (z. B. in Watt) eines

Widerstandes. Bei äußerlich gleichen geometrischen Abmessungen haben Drahtwiderstände im allgemeinen die größte, Schichtwiderstände meist die kleinste Belastbarkeit.

Tabelle 1.2

| Material | spez. Leitfähigkeit $\dfrac{\varkappa}{\dfrac{\text{m}}{\Omega\,\text{mm}^2}}$ | spez. Widerstand $\dfrac{\varrho}{\dfrac{\Omega\,\text{mm}^2}{\text{m}}}$ | Temperatur-koeffizient- $\alpha = \dfrac{1}{R}\dfrac{dR}{d\vartheta}$ |
|---|---|---|---|
| Silber . . . . . . | 61 | 0,0165 | $+4{,}1 \cdot 10^{-3}$ |
| Kupfer . . . . . . | 57 | 0,0175 | $+4{,}3 \cdot 10^{-3}$ |
| Aluminium . . . . | 35 | 0,029 | $+4{,}7 \cdot 10^{-3}$ |
| Eisen . . . . . . | 10 | 0,10 | $+6{,}6 \cdot 10^{-3}$ |
| Blei . . . . . . . | 4,8 | 0,208 | $+4{,}2 \cdot 10^{-3}$ |
| Quecksilber . . . . | 1,02 | 0,98 | $+0{,}99 \cdot 10^{-3}$ |
| Konstantan . . . . | 2,04 · · · 1,96 | 0,49 · · · 0,51 | $-0{,}05 \cdot 10^{-3}$ |
| Glanzkohle . . . . | 0,025 | 40 | $-0{,}1 \cdot 10^{-3}$ |
| kristallin . . . . | | | $-0{,}3 \cdot 10^{-3}$ |

Da der Widerstandswert eines Widerstandes stets nur mit endlicher Genauigkeit gemessen und eingehalten werden kann, geben die Hersteller eine Toleranz für die Widerstandswerte an. Für Widerstände in gewöhnlichen nachrichtentechnischen Geräten genügt meist eine Toleranz von 5% oder 10%. Widerstände mit Toleranzen von 1% und weniger zählen bereits zu den Präzisionswiderständen. Bei Toleranzangaben unterscheidet man noch zwischen der Toleranz bei Lieferung und der Toleranz bei Lebensende des Bauelementes. Letztere Toleranz ist durch mögliche zeitliche Veränderungen des Widerstandswertes durch Alterung bedingt. Um Änderungen des Widerstandswertes durch natürliche Alterung gering zu halten, werden Widerstände im Anschluß an die Herstellung (u. a. durch Wärmebehandlung) künstlich vorgealtert.

Da für die meisten Anwendungsfälle in der Nachrichtentechnik keine sehr engen Toleranzen für Widerstände vorgeschrieben werden, sind die Widerstandswerte für normale Anwendungen in Normreihen festgelegt. Tab. 1.3 zeigt die Normreihen E 6; E 12 und E 24. Nur diese Widerstandswerte multipliziert mit $10^k$ mit $k$ ganzzahlig werden — abgesehen von Sonderfällen — hergestellt.

Tabelle 1.3 *Normreihen*

| | | | | | | | | | | | | | | | | | | | | | | | |
|---|---|---|---|---|---|---|---|---|---|---|---|---|---|---|---|---|---|---|---|---|---|---|---|
| E 6 | 1 | | | | 1,5 | | | | 2,2 | | | | 3,3 | | | | 4,7 | | | | 6,8 | | |
| E 12 | 1 | | 1,2 | | 1,5 | | 1,8 | | 2,2 | | 2,7 | | 3,3 | | 3,9 | | 4,7 | | 5,6 | | 6,8 | | 8,2 |
| E 24 | 1 | 1,1 | 1,2 | 1,3 | 1,5 | 1,6 | 1,8 | 2,0 | 2,2 | 2,4 | 2,7 | 3,0 | 3,3 | 3,6 | 3,9 | 4,3 | 4,7 | 5,1 | 5,6 | 6,2 | 6,8 | 7,5 | 8,2 | 9,1 |

### 1.1.3 Unerwünschte Kapazitäten und Induktivitäten, Verhalten bei Hochfrequenz

Wegen seiner endlichen räumlichen Ausdehnung ist jeder Widerstand, durch den ein Strom fließt, grundsätzlich von einem magnetischen und einem elektrischen Feld umgeben (Abb. 1.2). Jeder ohmsche Widerstand enthält deshalb auch parasitäre Induktivitäten und Kapazitäten. Die Größe dieser parasitären Induktivitäten und Kapazitäten hängt vom Aufbau des Widerstandes ab. Gewickelte Drahtwiderstände haben besonders hohe Induktivitäten und sind daher bei hohen Frequenzen ungeeignet. Es gibt zwar Sonderformen mit Bifilarwicklungen, bei denen das magnetische Feld klein gehalten wird. Diese Ausführungen haben jedoch meistens nur eine geringe Spannungsfestigkeit. Sehr induktionsarm und damit auch bei hohen Frequenzen anwendbar sind die Massewiderstände und die Schichtwiderstände, sofern bei letzteren die wirksame Widerstandsschicht nicht als gewendeltes Band mit vielen Windungen, sondern als Rohrzylinder vorliegt.

Schädlich wirkt sich bei ohmschen Widerständen bei hohen Frequenzen neben den parasitären Induktivitäten und Kapazitäten noch der sogenannte Skineffekt aus. Dieser besagt, daß bei sehr hohen Frequenzen der Strom fast nur noch in einer dünnen Schicht an der Leiteroberfläche fließt, während tiefer im Leiterinnern fast kein Strom mehr fließt. Die Ursache hierfür liegt darin, daß der im Leiter fließende Strom ein magnetisches Wechselfeld erzeugt, welches seinerseits im Leiter eine elektrische Feldstärke erzeugt, die nach der LENZschen Regel so gerichtet ist, daß sie dem fließenden Strom entgegenwirkt. Diese entgegengerichtete elektrische Feldstärke ist in der Leitermitte am größten und fällt zur Leiteroberfläche hin ab.

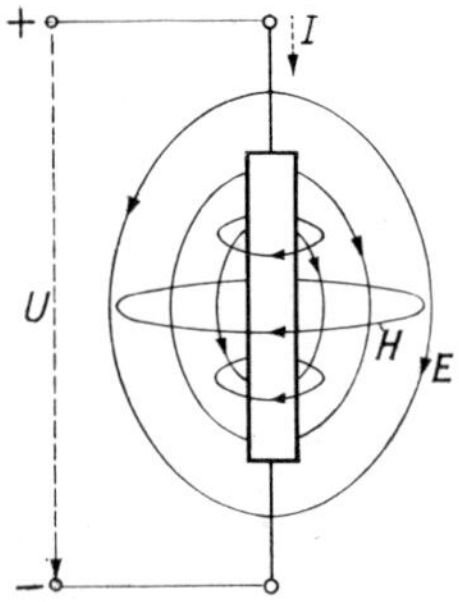


Abb. 1.2. Elektrisches (**E**) und magnetisches (**H**) Feld um einen Widerstand. Die gestrichelten Strom- und Spannungspfeile sind Richtungspfeile (vgl. Abschn. 0.2)

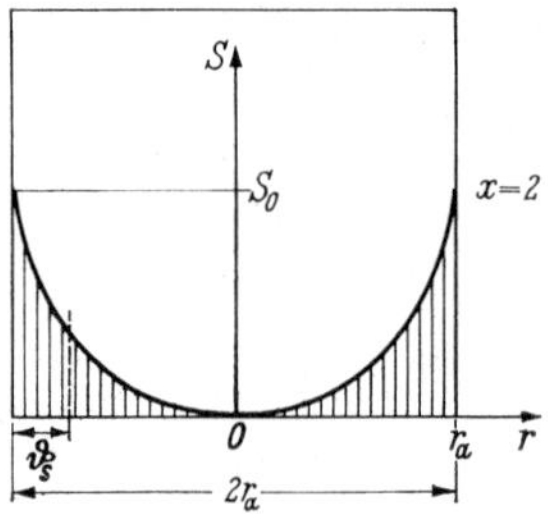


Abb. 1.3. Stromdichteverlauf infolge Skineffekt für $x = 2$

Ist in einem Leiter von kreisförmigem Querschnitt mit dem Radius $r_a$, der Leitfähigkeit $\varkappa$ und der absoluten Permeabilität $\mu$ die Frequenz $f$ des fließenden Stromes so groß, daß die Bedingung

$$\frac{r_a}{2}\sqrt{\pi f \varkappa \mu} = \frac{r_a}{2\vartheta_s} = x > 1 \tag{1.4}$$

gilt, dann nimmt die Stromdichte $S$ im Leiter zur Leitermitte hin mit guter Näherung nach einem Exponentialgesetz ab (Abb. 1.3)

$$S \approx S_0\, e^{-\frac{r_a - r}{\vartheta_s}}; \qquad r \leqq r_a. \tag{1.5}$$

$S_0$ ist die Stromdichte an der Leiteroberfläche. $\vartheta_s$ bezeichnet man als Eindringmaß, das ist der Abstand von der Leiteroberfläche zur derjenigen Schicht im Leiterinnern, bei der die Stromdichte auf den Bruchteil 1/e (= 36,8%) der Oberflächenstromdichte abgesunken ist. Für Kupfer gilt ($\mu = \mu_0$; $\varkappa = 57\ \mathrm{m}/\Omega\,\mathrm{mm}^2$)

$$\frac{\vartheta_{s\,Cu}}{\mathrm{mm}} \approx \frac{2{,}11}{\sqrt{\dfrac{f}{\mathrm{kHz}}}}. \tag{1.6}$$

Der Skineffekt bewirkt also eine Erhöhung des ohmschen Widerstandes eines Leiters, da das Leiterinnere weitgehend stromlos ist und somit der wirksame Leiterquerschnitt verringert wird. Mit der Verringerung der Stromdichte im Leiterinnern bewirkt der Skineffekt aber auch eine Verringerung des magnetischen Feldes im Leiterinnern, d. h. eine Verkleinerung der inneren Induktivität $L_i$ des Leiters, wenn man die Gesamtinduktivität $L$ eines Leiters sich zusammengesetzt denkt aus der

Summe von äußerer Induktivität $L_a$ (die von der Größe des magnetischen Feldes abhängt, welches der Leiterstrom außerhalb des Leiters erzeugt) und innerer Induktivität $L_i$ (die von der Größe des magnetischen Feldes abhängt, welches der Leiterstrom im Leiterinnern erzeugt). Ist $R_0$ der Widerstand des Leiters bei Gleichstrom, dann errechnen sich der ohmsche Widerstand $R(\omega)$ und die Induktivität $L_i(\omega)$ annähernd aus folgenden Beziehungen

für $x > 1$

$$\frac{R(\omega)}{R_0} \approx x + \frac{1}{4} + \frac{3}{64x}, \tag{1.7}$$

$$\frac{\omega L_i(\omega)}{R_0} \approx x - \frac{3}{64x} + \frac{3}{128x^2} \tag{1.8}$$

für $x < 1$

$$\frac{R(\omega)}{R_0} \approx 1 + \frac{1}{3}x^4, \tag{1.9}$$

$$\frac{\omega L_i(\omega)}{R_0} \approx x^2 - \frac{x^6}{6}. \tag{1.10}$$

Die Ableitung der Gleichungen Gl. (1.4) bis Gl. (1.10) ist Gegenstand der theoretischen Elektrotechnik und liegt außerhalb der Zielsetzung dieses Buches. Sie kann z. B. bei KÜPFMÜLLER [*1*] nachgelesen werden. Die Beziehungen für $R(\omega)/R_0$ und $\omega L_i(\omega)/R_0$ sind in Abb. 1.4 dargestellt. Aus der Abbildung ist zu ersehen, daß der Skineffekt für $x < 0{,}5$ praktisch keinen Einfluß auf den ohmschen Widerstand hat. Nach Gl. (1.4) sind darum Drahtwiderstände mit dünnerem Draht für hohe Frequenzen besser geeignet als solche mit dickerem, sofern der Einfluß der Wicklungsinduktivität Drahtwiderstände nicht von vornherein unbrauchbar macht. Bei Massewiderständen wirkt sich der Skineffekt wegen des großen Querschnittes relativ stark aus, sofern die Leitfähigkeit $\varkappa$ nicht sehr klein wird. Bei Schichtwiderständen ist dagegen der Einfluß des Skineffektes relativ klein. Da sich Schichtwiderstände auch hinsichtlich ihrer parasitären Kapazitäten und Induktivitäten günstig verhalten, ist diese Gruppe von Widerständen besonders gut auch für hohe Frequenzen geeignet.

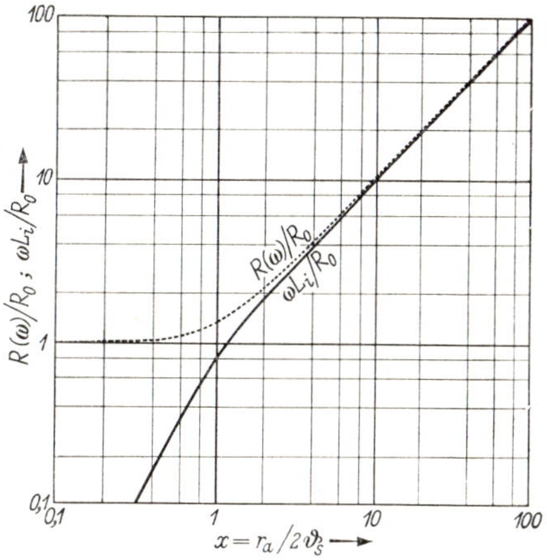


Abb. 1.4. Graphische Darstellung von $R(\omega)/R_0$ und $\omega L_i(\omega)/R_0$

Das reale Verhalten eines handelsüblichen ohmschen Widerstandes bis zu hohen Frequenzen herauf kann auf Grund der obigen Betrachtungen durch die Ersatz-

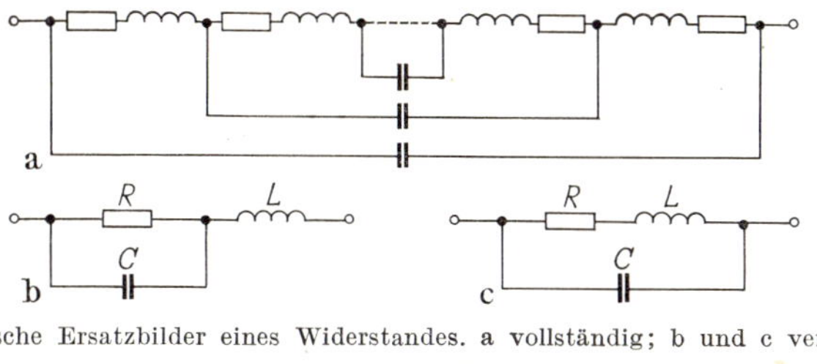


Abb. 1.5. Elektrische Ersatzbilder eines Widerstandes. a vollständig; b und c vereinfacht (s. Text)

schaltung nach Abb. 1.5a wiedergegeben werden. Widerstand, Kapazität und Induktivität sind über das ganze Bauelement verteilt. Die Größe der einzelnen Widerstands-, Induktivitäts- und Kapazitätsanteile hängt vom Aufbau und Material des

Widerstandes ab. Die Widerstands- und Induktivitätsanteile werden überdies vom Skineffekt beeinflußt. Für engere Frequenzintervalle genügen die vereinfachten Ersatzbilder von Abb. 1.5b und 1.5c.

### 1.1.4 Veränderbare Widerstände, ergänzende Bemerkungen

Veränderbare Widerstände für die Nachrichtentechnik werden meist als sogenannte *Potentiometer* hergestellt. Diese haben drei Anschlüsse, je einen am Anfang und Ende des Widerstandsmaterials und einen dritten Anschluß, den Schleifer, der längs der Widerstandsschicht oder -säule verschiebbar ist. Der technische Aufbau geht sowohl vom Drahtwiderstand als auch vom Schichtwiderstand aus. Meistens sind die veränderbaren Widerstände als Drehwiderstände ausgeführt. Im einfachsten Fall ist der eingestellte Widerstand proportional der Winkelstellung des Schleifers. Es gibt jedoch auch Ausführungen, bei denen der eingestellte Widerstand exponentiell mit der Winkelstellung des Schleifers anwächst. Derartige Potentiometer mit logarithmischer Teilung werden z. B. zur Lautstärkeregelung bei niederfrequenten Tonverstärkern gebraucht. Hinsichtlich Belastbarkeit, Hochfrequenzverhalten usw. gilt für Potentiometer dasselbe wie für normale Widerstände.

Neben dem bisher beschriebenen Temperatur- und Hochfrequenzverhalten sind für die Nachrichtentechnik bisweilen noch die Rauscheigenschaften eines Widerstandes von Bedeutung. Auf Grund der thermischen Bewegung der freien Elektronen im Widerstandsmaterial entsteht an den Widerstandsklemmen eine unregelmäßig schwankende Spannung, die thermische Rauschspannung genannt wird. Das mittlere Spannungsquadrat (vgl. Abschn. 0.1.3.3) der thermischen Rauschspannung hängt nur von der Größe (Ohmzahl) nicht aber vom speziellen Aufbau und Material des Widerstandes ab. Dieser Mittelwert läßt sich in einfacher Weise mit einer in Abschnitt 3.3.2 angegebenen Beziehung berechnen. Zusätzlich zum thermischen Rauschen tritt aber häufig noch ein weiteres Stromrauschen in ohmschen Widerständen auf, sobald durch den Widerstand ein Strom fließt. Dieses zusätzliche Stromrauschen kann durch Wahl geeigneter Widerstandsmaterialien und besonderen Aufbau beeinflußt und klein gemacht werden.

Wegen weiterer Einzelheiten über ohmsche Widerstände muß auf die Spezialliteratur und auf die entsprechenden DIN-Normen (40401ff) verwiesen werden.

## 1.2 Kondensatoren

Im Gegensatz zum idealen Kondensator kann der reale Kondensator nur innerhalb gewisser Bereichsgrenzen für Betriebsspannung, Frequenz, Temperatur usw. betrieben werden, ohne daß der Kapazitätswert zu stark vom Nenn- bzw. Sollwert abweicht, oder der Kondensator zerstört wird. Ferner sind reale Kondensatoren stets verlustbehaftet. Eigenschaften und Grenzen für die Betriebsbedingungen hängen vom Material und der Konstruktion des betreffenden Kondensators ab.

### 1.2.1 Abhängigkeit der Kapazität von Geometrie und Dielektrikum

Bei technischen Kondensatoren sind zwei geometrische Idealformen von besonderer Wichtigkeit: der Plattenkondensator und der Zylinderkondensator. Die meisten technischen Kondensatorkonstruktionen lassen sich auf diese Formen angenähert zurückführen.

Beim Plattenkondensator (Abb. 1.6a) errechnet sich die Kapazität $C$ zu

$$C = \varepsilon_0 \, \varepsilon_r \frac{F}{d} \, . \tag{1.11}$$

$F$ Fläche der (gleich großen parallelen) Platten
$d$ Abstand
$\varepsilon_0$ absolute Dielektrizitätskonstante (DK) des Vakuums $\varepsilon_0 = 0{,}8855 \cdot 10^{-13}$ F/cm
$\varepsilon_r$ relative DK des Dielektrikums zwischen den Platten (Elektroden).

Voraussetzung für die Gültigkeit von Gl. (1.11) ist, daß das elektrische Feld zwischen den Platten homogen ist, was für den Plattenrand normalerweise nicht zutrifft. Der Einfluß des inhomogenen Feldes am Plattenrand kann jedoch vernachlässigt werden, wenn $F \gg d^2$.

Die Kapazität des (konzentrischen) Zylinderkondensators (Abb. 1.6b) errechnet sich bei Vernachlässigung der Randkapazität zu

$$C = 2\pi\,\varepsilon_0\,\varepsilon_r\,l \ln\frac{r_i}{r_a}. \qquad (1.12)$$

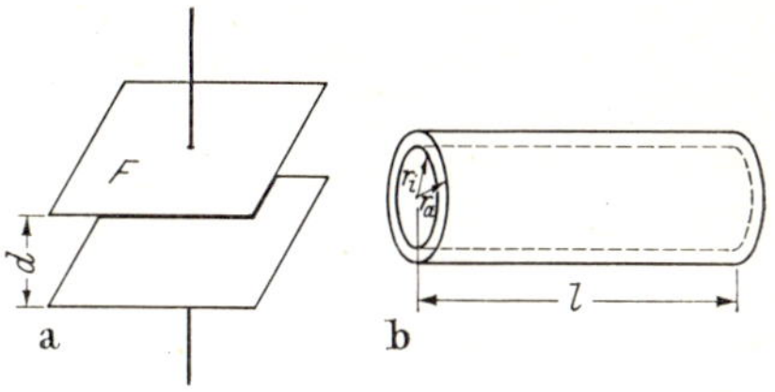


Abb. 1.6
a Plattenkondensator; b Zylinderkondensator

Liegt die Geometrie fest, dann kann die Kapazität nur noch durch die Art des Dielektrikums beeinflußt werden. In Tab. 1.4 ist die relative DK für verschiedene Stoffe angegeben. Als Dielektrika für Kondensatoren kommen natürlich nur Nichtleiter und eventuell Halbleiter in Frage.

Tabelle 1.4

| Dielektrikum | relative Dielektrizitätskonstante $\varepsilon_r$ |
|---|---|
| Vakuum | 1,000000 |
| Luft (1 atm, 18 °C) | 1,000546 |
| Paraffin | 1,9 ··· 2,2 |
| Polystyrol (Styroflex) | 2,4 |
| Hartpapier | 3,5 ··· 5 |
| Glimmer | 7 |
| Aluminiumoxyd $Al_2O_3$ | 8,5 (Elektrolytkondensator) |
| Tantalpentoxyd $Ta_2O_5$ | 26 (Elektrolytkondensator) |
| Rutil ($TiO_2$) | 110 |
| Tutilabkömmling Condensa C | 80 |
| Rutilabkömmling Condensa F | 35 |
| Titanate ($BaTiO_3$, Mischtitanate) | 1000 ··· 10000 |
| Wasser | 80 |

Als Elektrodenmaterial werden gewöhnlich Metalle (z. B. Aluminium) verwendet. Häufig besteht jedoch nur eine Elektrode aus Metall, während die andere Elektrode von einem flüssigen Elektrolyten gebildet wird. Solche Kondensatoren bezeichnet man als *Elektrolytkondensatoren.*

### 1.2.2 Technischer Aufbau und Temperaturabhängigkeit von Kondensatoren

Kondensatoren mit rein metallischen Elektroden werden entweder nach ihrem geometrischen Aufbau oder nach Art ihres Dielektrikums unterschieden. Hinsichtlich des geometrischen Aufbaus unterscheidet man Wickelkondensatoren, Scheiben- bzw.

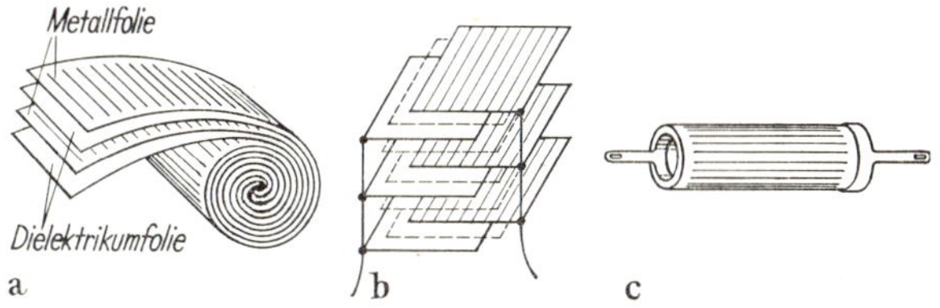


Abb. 1.7. a Wickelkondensator; b Stapelkondensator; c Rohrkondensator

Stapelkondensatoren und Rohrkondensatoren (Abb. 1.7). Wickelkondensatoren sind am weitesten verbreitet. Ihr Dielektrikum ist meist Papier- oder Styroflexfolie. Der Kapazitätsbereich, der mit Wickelkondensatoren realisiert werden kann, liegt zwischen wenigen pF und einigen $\mu$F. Der Scheibenkondensator entspricht in seinem

Aufbau ganz dem Plattenkondensator. Der Kapazitätsbereich liegt bei kleinen Werten (0,1 ··· 10000 pF). Als Dielektrikum wird bei Scheibenkondensatoren hauptsächlich keramisches Material verwendet. Beim Stapelkondensator liegen mehrere Metallfolien und Dielektrikumsfolien abwechselnd übereinander. Der Kapazitätsbereich liegt etwa zwischen 100 und 100000 pF. Als Dielektrikum wird bei dieser Bauweise vornehmlich Glimmer verwendet. Rohrkondensatoren schließlich haben als Dielektrikum meist keramische Materialien oder Glas. Die Metallbeläge für die Elektroden sitzen auf der Innen- und Außenwand des Röhrchens. Der Kapazitätsbereich liegt etwa zwischen 1 und 50000 pF. Rohrkondensatoren werden häufig auch als sogenannte Durchführungskondensatoren hergestellt, d. h. der Außenbelag

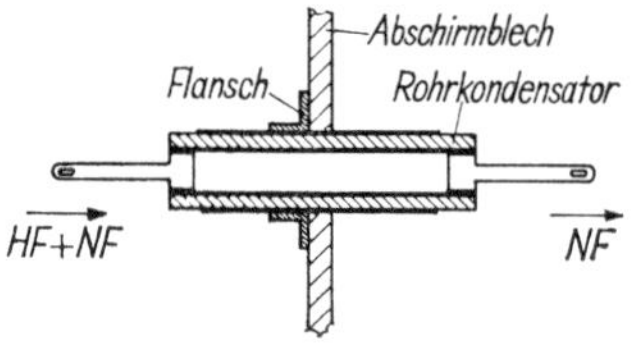


Abb. 1.8. Durchführungskondensator

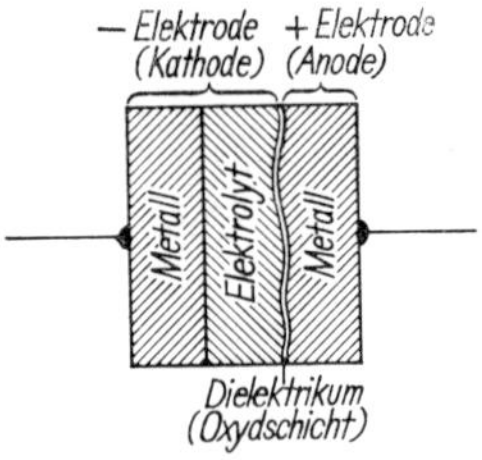


Abb. 1.9 Grundsätzlicher Aufbau eines Elektrolytkondensators

ist in diesem Fall mit einem Flansch oder Gewinde versehen. Damit können diese Kondensatoren gemäß Abb. 1.8 in die Öffnung eines Bleches oder dergleichen montiert werden. Sie dienen zur Siebung von NF-Spannungen von überlagerten HF-Spannungen. Eine Sonderform der Wickelkondensatoren sind die Metallpapierkondensatoren (MP-Kondensatoren). Bei ihnen werden anstelle der Metallfolien dünne Metallbeläge auf das Dielektrikum aufgedampft. Dieser Metallbelag ist so dünn (0,01 ··· 0,1 μm), daß im Falle eines elektrischen Durchschlages der Metallbelag an der Durchschlagstelle verdampft, und somit der Kondensator sich selbst ausheilt. Bei jedem Durchschlag erniedrigt sich die Kapazität geringfügig, weil die Elektrodenfläche etwas kleiner geworden ist. Die genannten Kondensatoren werden — von Sonderzwecken abgesehen — für Betriebsspannungen von etwa 100 ·· 3000 V hergestellt.

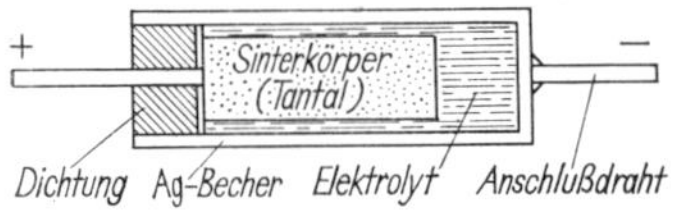


Abb. 1.10. Tantal-Sinterkondensator

Beim Elektrolytkondensator (*Elko*) besteht das Dielektrikum aus einer sehr dünnen Oxydschicht, die durch elektrolytische Abscheidung von z. B. Sauerstoff auf Aluminium oder Tantal erzeugt wird. Diese Metalloxydschichten haben eine relative DK von 8,5 bzw. 26 (vgl. Tab. 1.4) und hohe Spannungsfestigkeit (bis $10^7$ V/cm). Den grundsätzlichen Aufbau eines Elektrolytkondensators zeigt Abb. 1.9. Häufig ist die positive Elektrode auf der Seite, auf der sich die Oxydschicht bildet, aufgerauht, so daß sich eine große Oberfläche ergibt. Wegen der elektrolytischen Abscheidung sind Elkos normalerweise polarisiert, d. h. sie können nur mit Spannungen betrieben werden, die eine solch große Gleichspannungskomponente haben, daß die Anode stets positiv gegen die Kathode bleibt. Bei Elektrolytkondensatoren sind zwei Bauweisen von besonderer Wichtigkeit, der Folienkondensator und der Sinterkondensator. Beim Folienkondensator sind Anoden- und Kathodenmetall als Folienbänder ausgebildet. Zwischen diesen Folienbändern befindet sich eine Papierschicht, welche mit dem Elektrolyt getränkt ist. Die Folienbänder werden dann nach Art des Wickelkondensators aufgerollt und in einem Becher untergebracht. Beim Sinterkondensator besteht die Anode aus einem schwammartigen Sinterkörper, der bei kleinem äußeren Volumen eine sehr große Oberfläche hat. Den schematischen Aufbau gibt Abb. 1.10 wieder. Elektrolytkondensatoren werden meist für große Kapazitäten hergestellt (1 · · · 10000 μF). Besondere Bedeutung haben Aluminium-Folienkondensatoren mit Kapazitäten bis zu etwa 50 μF und zulässigen Betriebsspannungen bis etwa 600 V für die Gleichstromsiebung in röhrenbestückten Geräten sowie Tantalkondensatoren mit Kapazitäten von etwa 10 · · · 1000 μF mit zulässigen Betriebsspannungen bis etwa 30 V in Transistorgeräten.

Man kann Elektrolytkondensatoren auch für reine Wechselspannungen herstellen, wenn man nicht nur die Anode, sondern auch die Kathode mit einer Oxydschicht überzieht (*bipolare Elkos*), was bei Folienkondensatoren häufig getan wird. Dadurch geht die Kapazität allerdings etwa auf die Hälfte zurück. Denselben Effekt kann man durch gegenpolige Serienschaltung zweier gleicher polarer Elektrolytkondensatoren erreichen. Bei Sinterkondensatoren werden oft zwei gleiche Typen gegenpolig in einem Gehäuse untergebracht.

In vielen Anwendungen der Nachrichtentechnik genügen für die Kapazitätswerte Toleranzen von 10% oder gar 20%. Für diese Fälle sind die Kapazitätswerte im Bereich von 1 pF · · · 1 μF durch die Normreihen E 6, E 12 und E 24 (s. Tab. 1.3) festgelegt. Bei höheren Kapazitäten liegen die Normwerte in relativ größeren Abständen.

Genauere Kapazitätswerte werden bei frequenzbestimmenden Schaltungen wie Schwingkreisen und Filtern benötigt. Hier spielen häufig auch Temperatureinflüsse eine wichtige Rolle. Für geringe Temperaturabweichungen läßt sich Gl. (1.2) auf Kondensatoren übertragen

$$C(\vartheta) = C(\vartheta_0)\,[1 + \alpha_c(\vartheta - \vartheta_0)], \tag{1.13}$$

$$\alpha_c = \frac{\Delta C}{C(\vartheta_0)\,(\vartheta - \vartheta_0)}. \tag{1.14}$$

Der Temperaturkoeffizient $\alpha_c$ ist die auf 1 °C bezogene durchschnittliche relative Änderung $\Delta C/C(\vartheta_0)$ der Kapazität innerhalb des (nicht zu großen) Temperaturbereichs $(\vartheta - \vartheta_0)$. Je nach Art des Dielektrikums kann $\alpha_c$ positiv oder negativ sein. Damit besteht die Möglichkeit, eine Kapazität durch Zusammenschalten mehrerer Einzelkondensatoren innerhalb gewisser Grenzen temperaturunabhängig zu machen.

Betrachtet wird z. B. die Parallelschaltung zweier Kondensatoren $C_1$ mit $\alpha_{c1}$ und $C_2$ mit $\alpha_{c2}$. Dann ist die Summenkapazität

$$C_p(\vartheta_0) = C_1(\vartheta_0) + C_2(\vartheta_0). \tag{1.15}$$

Der Temperaturkoeffizient $\alpha_{cp}$ der Parallelschaltung errechnet sich mit Gl. (1.13) aus

$$\begin{aligned} C_p(\vartheta) = C_1(\vartheta) + C_2(\vartheta) &= C_1(\vartheta_0)\,[1 + \alpha_{c1}(\vartheta - \vartheta_0)] + C_2(\vartheta_0)\,[1 + \alpha_{c2}(\vartheta - \vartheta_0)] \\ &= C_p(\vartheta_0)\,[1 + \alpha_{cp}(\vartheta - \vartheta_0)]. \end{aligned} \tag{1.16}$$

Mit Gl. (1.15) ergibt sich aus Gl. (1.16)

$$C_p(\vartheta_0)\,\alpha_{cp} = C_1(\vartheta_0)\,\alpha_{c1} + C_2(\vartheta_0)\,\alpha_{c2}$$

$$\alpha_{cp} = \frac{C_1(\vartheta)_0\,\alpha_{c1} + C_2(\vartheta_0)\,\alpha_{c2}}{C_1(\vartheta_0) + C_2(\vartheta_0)}. \tag{1.17}$$

Es ist also $\alpha_{cp} = 0$ für

$$\alpha_{c2} = -\alpha_{c1}\,\frac{C_1(\vartheta_0)}{C_2(\vartheta_0)}. \tag{1.18}$$

Entsprechenderweise errechnet sich für die Serienschaltung zweier Kondensatoren

$$\alpha_{cs} = \frac{C_1(\vartheta_0)\,\alpha_{c2} + C_2(\vartheta_0)\,\alpha_{c1}}{C_1(\vartheta_0) + C_2(\vartheta_0)}. \tag{1.19}$$

### 1.2.3 Verlustfaktor und schädliche Induktivitäten

Legt man an einen Kondensator eine sinusförmige Spannung an, dann müßte im Idealfall der fließende sinusförmige Strom um 90° voreilen (vgl. Tab. 1.1). Praktisch ist jedoch der Phasenwinkel zwischen Strom und Spannung nicht exakt 90°, sondern etwas kleiner. Den Tangens des auftretenden Komplementwinkels $\delta_p$ zu 90° bezeichnet man als Verlustfaktor. Der Winkel $\delta_p$ selbst heißt Verlustwinkel. Der Verlustfaktor $\tan\delta_p$ ist nämlich auf eine kleine Wirkstromkomponente zurückzuführen, die dem vorherrschenden Blindstrom überlagert ist. Im Ersatzschaltbild kann man diese Verluste durch einen dem Kondensator $C$ parallel geschalteten ohmschen Widerstand $R_p$ darstellen. Der Verlustfaktor errechnet sich dann aus

$$\underline{Y}_p = \mathrm{j}\,\omega\,C + \frac{1}{R_p} = \frac{1}{\underline{Z}_p}$$

zu

$$\tan\delta_p = \left|\frac{\mathrm{Re}\{\underline{Y}_p\}}{\mathrm{Im}\{\underline{Y}_p\}}\right| = \frac{1}{\omega\,C\,R_p} = \left|\frac{\mathrm{Re}\{\underline{Z}_p\}}{\mathrm{Im}\{\underline{Z}_p\}}\right|. \tag{1.20}$$

Nach Gl. (1.20) nimmt der Verlustfaktor nach niedrigeren Frequenzen zu, nach höheren nimmt er ab. Geht man von einem Ersatzbild aus, welches aus einer Serienschaltung der Kapazität $C$ und dem ohmschen Widerstand $R_s$ besteht, dann errechnet sich mit $\underline{Z}_s = R_s + \frac{1}{\mathrm{j}\,\omega\,C} = \frac{1}{\underline{Y}_s}$ der Verlustfaktor $\tan\delta_s$ zu

$$\tan\delta_s = \left|\frac{\mathrm{Re}\{\underline{Z}_s\}}{\mathrm{Im}\{\underline{Z}_s\}}\right| = \omega\,C\,R_s = \left|\frac{\mathrm{Re}\{\underline{Y}_s\}}{\mathrm{Im}\{\underline{Y}_s\}}\right|. \tag{1.21}$$

Nach Gl. (1.21) nimmt der Verlustfaktor nach höheren Frequenzen zu und nach niederen Frequenzen ab. Die Erfahrung zeigt, daß es der Wirklichkeit besser entspricht, wenn man im Ersatzbild sowohl einen Parallelwiderstand $R_p$ als auch einen Serienwiderstand $R_s$ ansetzt (Abb. 1.11). Hieraus wird

$$\tan\delta = \left|\frac{\mathrm{Re}\{\underline{Z}\}}{\mathrm{Im}\{\underline{Z}\}}\right| = \frac{R_p + R_s + \omega^2 C^2 R_p^2 R_s}{\omega\,C\,R_p^2} = \left|\frac{\mathrm{Re}\{\underline{Y}\}}{\mathrm{Im}\{\underline{Y}\}}\right|$$

$$= \tan\delta_p + \tan\delta_s + \tan^2\delta_p \tan\delta_s. \tag{1.22}$$

Für verlustarme Kondensatoren gilt mit guter Näherung

$$\tan\delta \approx \tan\delta_p + \tan\delta_s. \tag{1.23}$$

Im Ersatzbild Abb. 1.11 ist gewöhnlich $R_s \ll R_p$. Für niedrige Frequenzen für die $\omega\,C\,R_p \ll 1$, ist darum $\tan\delta \approx \tan\delta_p$, während für hohe Frequenzen, bei denen $\omega^2 C^2 R_p^2 R_s \gg R_p$ ist, der Verlustfaktor $\tan\delta \approx \tan\delta_s$ wird.

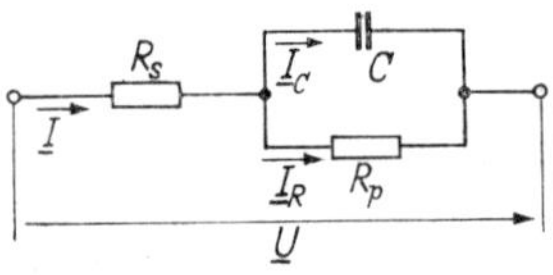

Abb. 1.11. Ersatzbild des verlustbehafteten Kondensators

Der Zahlenwert des Verlustfaktors hängt hauptsächlich vom Dielektrikum ab. Typische Werte bei niedrigen Frequenzen liegen bei $\tan\delta = 10^{-2}$ für Papier-, bei $10^{-3}$ für Keramik- und $10^{-4}$ für Polystyroldielektrikum. Da die Verluste im Kondensator häufig auf sehr komplizierte physikalische Vorgänge im Dielektrikum zurückgehen, ist der Widerstand $R_p$ im Ersatzbild Abb. 1.11 normalerweise nicht gleich dem Isolationswiderstand, der den Leckstrom eines Kondensators bei Betrieb mit Gleichstrom hervorruft.

Für die Bestimmung des resultierenden Verlustwinkels $\tan\delta_g$ bei Zusammenschaltung mehrerer ($n$) Kondensatoren kann man häufig von vereinfachten Ersatzbildern ausgehen. Für die Parallelschaltung (vgl. Abb. 1.12a) ergibt sich

$$\tan\delta_g = \frac{C_1 \tan\delta_1 + C_2 \tan\delta_2 + \cdots C_n \tan\delta_n}{C_1 + C_2 + \cdots C_n}. \tag{1.24}$$

Für die Serienschaltung (vgl. Abb. 1.12b) errechnet sich

$$\tan\delta_g = \frac{\frac{\tan\delta_1}{C_1} + \frac{\tan\delta_2}{C_2} + \cdots \frac{\tan\delta_n}{C_n}}{\frac{1}{C_1} + \frac{1}{C_2} + \cdots \frac{1}{C_n}}. \tag{1.25}$$

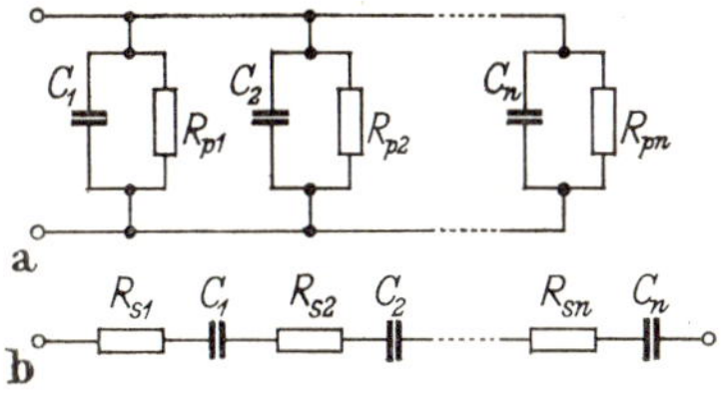

Abb. 1.12. Zur vereinfachten Berechnung von $\tan\delta_g$ bei Parallel- und Serienschaltung von Kondensatoren

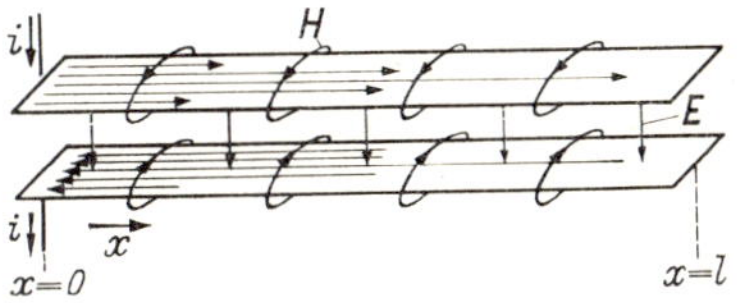

Abb. 1.13 Das Zustandekommen der schädlichen Induktivität

Bei sehr hohen Frequenzen ist beim Verhalten des realen Kondensators außer dem Anwachsen des Verlustfaktors $\tan\delta_s$ auch noch der Einfluß der schädlichen Induktivität von Interesse. Das Zustandekommen einer schädlichen Induktivität ist besonders einfach beim Wickelkondensator zu erkennen, dessen Metallelektroden aus langen Metallbändern bestehen. Abb. 1.13 zeigt diese in abgewickelter Form. Befinden sich die Anschlußdrähte am Bandanfang $x = 0$, so hat der Ladestrom z. T. beträchtliche Wege zurückzulegen, bis die gesamte Ladung gleichmäßig auf den Elektrodenflächen verteilt ist. Der fließende Ladungsstrom erzeugt um die Bänder ein magnetisches Feld $\boldsymbol{H}$, welches die schädliche Induktivität verursacht. Als vollständiges Kondensatorersatzbild, in welchem die Wirkverluste und die schädlichen Induktivitäten erfaßt sind, ergibt sich genaugenommen das von Abb. 1.14a. Die Darstellung durch unbestimmt viele Einzelkapazitäten, Einzelinduktivitäten und Ohmwiderstände soll andeuten, daß diese in Wirklichkeit unendlich fein verteilt

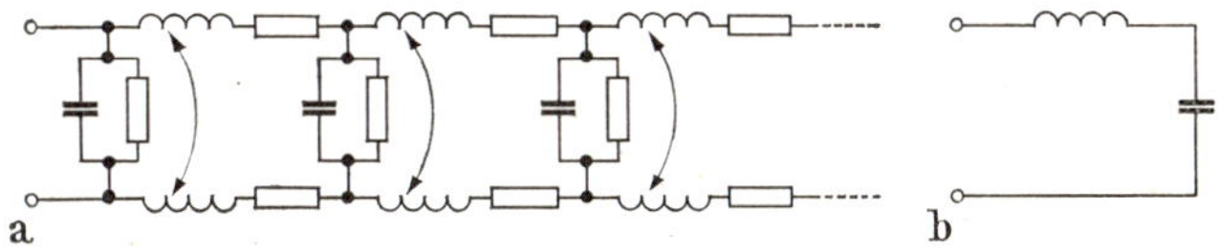

Abb. 1.14. a Vollständiges Kondensatorersatzbild; b Vereinfachtes Ersatzbild des verlustlosen Kondensators

sind. Bei verlustarmen Kondensatoren können die Wirkverluste bisweilen vernachlässigt werden. Für nicht zu hohe Frequenzen ist in diesem Fall das vereinfachte Ersatzbild nach Abb. 1.14b gültig. Dieser Kondensator hat die Resonanzfrequenz $f_r$

$$f_r = \frac{1}{2\pi\sqrt{LC}}, \tag{1.26}$$

die durch Messung festgestellt werden kann. Das Ersatzbild 1.14b gilt relativ gut für Frequenzen $f \leqq f_r$ [3].

Aus Abb. 1.13 ist zu ersehen, daß die schädliche Induktivität kleiner gehalten werden kann, wenn die Anschlußdrähte nicht an einem Ende des Metallbandes angeschlossen werden, sondern gleichzeitig an mehreren Stellen (z. B. in der Mitte und an den Enden), was in der Praxis auch stets getan wird. Besonders induktionsarm sind Scheibenkondensatoren und Stapelkondensatoren. Im übrigen sei wegen weiterer Einzelheiten auf die entsprechenden DIN-Normen (41 140ff.) verwiesen.

### 1.2.4 Veränderbare Kondensatoren

Bei Kondensatoren mit veränderbarer Kapazität unterscheidet man zwischen solchen, bei denen ein bestimmter Kapazitätswert nur einmal eingestellt werden muß, der dann nicht mehr oder nur sehr selten verändert zu werden braucht und solchen, bei denen wiederholt bzw. häufig ein anderer Kapazitätswert eingestellt werden muß. Die erst genannte Art bezeichnet man als *Trimmer*. Der technische Aufbau von Trimmern leitet sich meistens vom Scheibenkondensator oder Rohrkondensator ab. Beim Scheibentrimmer sind zwei keramische Scheiben je zur Hälfte einseitig mit einem Metallbelag versehen. Die eine Scheibe, der Rotor, läßt sich gegenüber der anderen Scheibe, dem Stator, verdrehen, so daß größere oder kleinere Teile der Metallbeläge sich gegenüberstehen. Beim Rohrtrimmer trägt die Außenseite eines Röhrchens den Metallbelag der einen Elektrode, die andere Elektrode wird durch einen Metallstab gebildet, der sich mittels eines Gewindes in das Rohr hinein- und herausdrehen läßt. Beim Drahttrimmer dagegen ist die Innenwand eines Röhrchens mit einem festen Metallbelag versehen, während die Außenwand einen Drahtwickel trägt. Durch Abwickeln dieses Drahtes kann die Kapazität verkleinert werden. Abb. 1.15 zeigt den schematischen Aufbau dieser Trimmer.

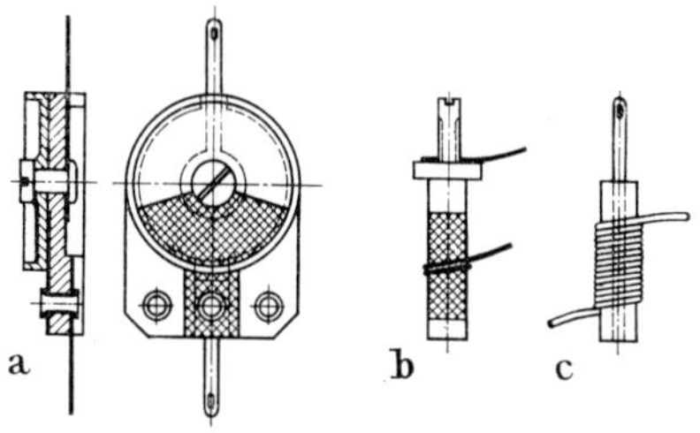


Abb. 1.15
a Scheibentrimmer; b Rohrtrimmer; c Drahttrimmer

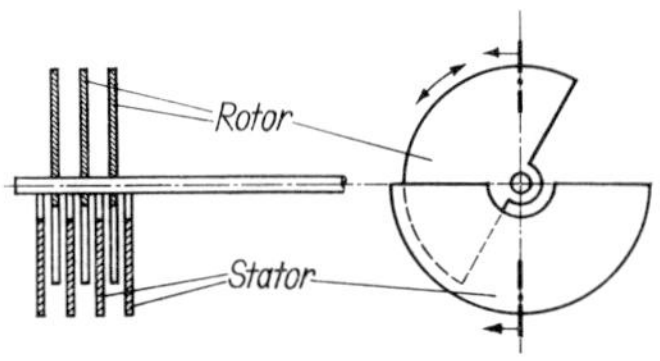


Abb. 1.16. Drehkondensator

Veränderbare Kondensatoren, deren Kapazität sehr häufig verändert wird — z. B. zum Abstimmen eines Empfangschwingkreises in einem Rundfunkgerät —, sind meist als *Drehkondensatoren* ausgeführt. Ihr technischer Aufbau leitet sich vom Stapelkondensator ab. Der Plattensatz der ersten Elektrode, der Stator, ist fest montiert. Der Plattensatz der zweiten Elektrode, der Rotor, ist mit einer drehbaren Achse verbunden, mit der er mehr oder weniger in den Stator hineingeschwenkt werden kann (Abb. 1.16). Durch die Form der Rotorplatten kann man die Größe der eingestellten Kapazität in Abhängigkeit von der Winkelstellung der Achse fast beliebig beeinflussen. Häufig werden die Plattenschnitte so gewählt, daß die Kapazität linear vom Winkel abhängt oder auch so, daß die Frequenz eines Schwingkreises linear vor der Winkelstellung der Kondensatorachse abhängt.

In neuerer Zeit benutzt man auch häufig die Sperrschichtkapazität einer in Sperrichtung vorgespannten Halbleiterdiode. Die Größe dieser Sperrschichtkapazität ist um so kleiner, je größer die Sperrspannung ist. Mit variabler Vorspannung kann die Kapazität also innerhalb gewisser Grenzen verändert werden. Auf die Theorie und das technische Verhalten der Halbleiterdioden wird später noch eingegangen.

## 1.3 Spulen

Bei technisch herstellbaren Spulen gelten für Betriebsbereich und angestrebtes elektrisches Idealverhalten ähnliche Einschränkungen wie bei ohmschen Widerständen und Kondensatoren. Im Gegensatz zu Widerständen und Kondensatoren, die als fertige Bauelemente in weitem Größen- und Belastbarkeitsbereich im Handel sind, müssen Spulen mit gewünschten Eigenschaften in der Regel erst vom Anwender selbst hergestellt werden.

Von praktischer Bedeutung für die Nachrichtentechnik sind Luftspulen nach Abb. 0.26, die aber fast nur noch bei hohen Frequenzen verwendet werden, und Spulen, die auf einen ferromagnetischen Kern hoher Permeabilität $\mu$ gewickelt sind. Eine Idealform für Spulen mit ferromagnetischem Kern stellen Ringkernspulen nach Abb. 0.25 dar, weil bei ihnen ein magnetisches Feld praktisch nur im Kern vorhanden ist. Ringkernspulen mit vielen Windungen werden heute aus technologischen Gründen jedoch nur noch für Sonderfälle benutzt. Man verwendet bei normalen Anwendungen geometrisch einfacher geformte bzw. leichter bewickelbare Kerne und nimmt dafür in Kauf, daß ein geringer, oft vernachlässigbar kleiner Teil des magnetischen Flusses nicht innerhalb des Kerns verläuft.

### 1.3.1 Berechnung magnetischer Kreise mit ferromagnetischem Kern

In technischen magnetischen Kreisen macht man von der Tatsache Gebrauch, daß die magnetische Flußdichte bei konstanter Durchflutung dort groß ist, wo auch die Permeabilität $\mu$ groß ist [vgl. Gl. (0.96) bis Gl. (0.100)]. Materialien mit großen Permeabilitäten (verglichen mit der Permeabilität $\mu_0$ des Vakuums) sind Ferromagnetika, wie z. B. Eisen und Nickel, aber auch Ferrite.

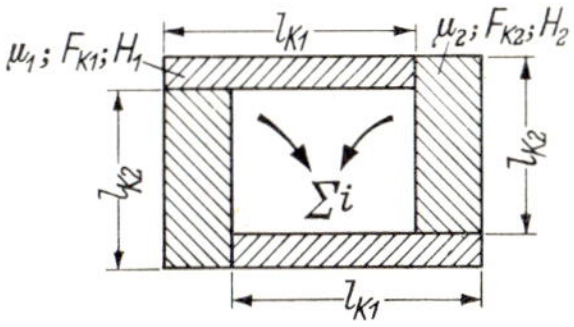


Abb. 1.17
Beispiel für die Berechnung des magnetischen Flusses

Abb. 1.17 zeigt ein Beispiel eines geschlossenen magnetischen Kreises, der aus vier Metallstücken relativ hoher Permeabilität besteht. Wird das Fenster von einer Durchflutung $\sum i$ durchsetzt, dann entstehen in den vier Teilstücken jeweils nahezu konstante magnetische Feldstärken $H_1$ und $H_2$. In den Teilstücken verlaufen Feldstärke $\boldsymbol{H}$ und Integrationsweg $\boldsymbol{C}$ in gleicher Richtung, so daß mit $H = |\boldsymbol{H}|$ gerechnet werden kann. Die Auswertung des Integrals Gl. (0.96) unter Verwendung von Gl. (0.98) ergibt jetzt

$$\sum i = 2H_1 l_{K1} + 2H_2 l_{K2} = 2l_{K1}\frac{B_1}{\mu_1} + 2l_{K2}\frac{B_2}{\mu_2}. \tag{1.27}$$

Die Induktionen $B_1$ und $B_2$ bzw. die Feldstärken $H_1$ und $H_2$ lassen sich nun aus der Bedingung berechnen, daß der magnetische Fluß $\Phi$ in allen 4 Teilstücken der gleiche sein muß, wenn die Permeabilität der umgebenden Luft gegenüber der der 4 Metallstücke nahezu vernachlässigbar ist. Dann gilt mit Gl. (0.99) und Gl. (0.104)

$$\begin{aligned}\Theta = \sum i &= \Phi\left[\frac{2l_{K1}}{\mu_1 F_{K1}} + \frac{2l_{K2}}{\mu_2 F_{K2}}\right] = \Phi[2R_{m1} + 2R_{m2}]\\ &= \Phi\left[\frac{2}{A_{L1}} + \frac{2}{A_{L2}}\right] = \Phi\, R_{m\,\mathrm{ges}} = \frac{\Phi}{A_{L\mathrm{ges}}}.\end{aligned} \tag{1.28}$$

Rührt die Durchflutung $\Theta$ von $w$ Windungen her, dann ergibt sich die Induktivität der Gesamtanordnung von Abb. 1.17 nach Gl. (0.106) zu

$$L = \frac{w^2}{R_{m\,\mathrm{ges}}} = \frac{w^2}{2R_{m1} + 2R_{m2}} = \frac{w^2}{\dfrac{2l_{K1}}{\mu_1 F_{K1}} + \dfrac{2l_{K2}}{\mu_2 F_{K2}}}. \tag{1.29}$$

Mit dem Beispiel von Abb. 1.17 sollte das allgemeine Schema für die Berechnung des magnetischen Kreises einschließlich seiner Induktivität gezeigt werden. Für die Realisierung einfacher Induktivitäten benutzt man gewöhnlich entweder Kerne, die aus Blechstapel der Form von Abb. 1.18 bestehen oder die aus zwei Schalen aus Ferrit oder Carbonyleisen nach Abb. 1.19 zusammengesetzt werden. Im ersteren Fall wird die Wicklung auf einem Schenkel oder beiden Schenkeln des Schenkelkerns oder auf dem Mittelsteg des Mantelkerns aufgebracht. Blechkerne benutzt man gewöhnlich für niedrige Frequenzen und hohe Induktivitäten. Für kleine Induktivitätswerte und insbesondere auch für hohe Frequenzen verwendet man die Schalenkerne oder ähnlich geformte Kerne. Die für die Berechnung von $L$ benötigte Feldlinienlänge $l_K$ ist in Abb. 1.18 strichpunktiert eingezeichnet. Der Querschnitt $F_K$ hängt von der Anzahl der übereinander gestapelten Bleche ab. Beim Mantelkern ist der Querschnitt des Mittelsteges maßgebend, weil dieser die Wicklung trägt, und

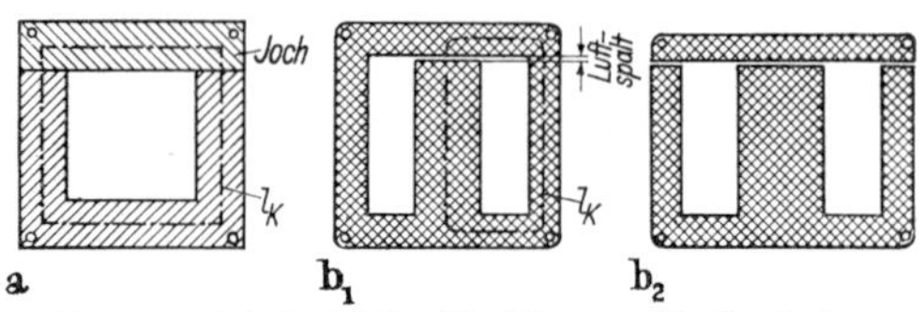


Abb. 1.18. Gebräuchliche Blechformen für Spulenkerne
a Schenkelkern ($UI$-Schnitt); b Mantelkern; $b_1$ $M$-Schnitt; $b_2$ $EI$-Schnitt

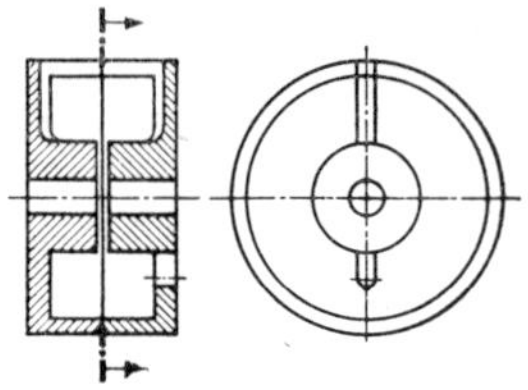

Abb. 1.19. Schalenkern

durch ihn der gesamte Fluß $\Phi$ geht, der sich danach zu gleichen Hälften durch die Seitenstege aufteilt. Bei den Ferritschalenkernen werden die $A_L$-Werte von den Herstellern angegeben, da gerade beim Ferrit die Permeabilität $\mu$ häufig durch die Schalenform bedingt ist.

Tabelle 1.5 *Kerndaten einiger EI- und M-Schnitte ($l_{KE}$ ist die Feldlinienlänge im Eisen, $l_w$ und $F_w$ werden später mit Gl. (1.40) erklärt)*

| Kern | *E* 30 | *E* 48 | *E* 60 | *E* 66 | *E* 78 | *E* 84a | *E* 92a | *E* 106a | |
|---|---|---|---|---|---|---|---|---|---|
| $F_K$ | 1,0 | 2,6 | 4,0 | 4,8 | 6,8 | 7,9 | 5,3 | 9,3 | cm² |
| $l_{KE}$ | 6,0 | 9,6 | 12 | 13,2 | 15,6 | 16,8 | 19,4 | 21,8 | cm |
| $F_w$ | 0,75 | 1,9 | 3,0 | 3,6 | 5,1 | 5,9 | 11,7 | 13,4 | cm² |
| $l_w$ | 6,0 | 9,6 | 12,0 | 13,2 | 15,6 | 16,8 | 19,4 | 21,8 | cm |

| Kern | *M* 20 | *M* 30 | *M* 42 | *M* 55 | *M* 65 | *M* 74 | *M* 85a | *M* 102a | |
|---|---|---|---|---|---|---|---|---|---|
| $F_K$ | 0,25 | 0,5 | 1,8 | 3,6 | 5,4 | 7,6 | 9,6 | 12,2 | cm² |
| $l_{KE}$ | 4,7 | 7,2 | 10,2 | 13,1 | 15,5 | 17,6 | 19,7 | 23,8 | cm |
| $F_w$ | 0,5 | 1,3 | 2,7 | 4,0 | 5,6 | 7,2 | 7,6 | 11,6 | cm² |
| $l_w$ | 3,6 | 5,4 | 9,0 | 11,8 | 14,4 | 16,8 | 17,8 | 20,8 | cm |

### 1.3.2 Die Induktivität bei Kernen mit Luftspalt

Wie schon in Abschn. 0.7.3 angegeben wurde, ist die Permeabilität $\mu$ eines ferromagnetischen Materials keine konstante Größe, sondern von vielen Einflüssen, insbesondere von der Aussteuerung abhängig. Für Spulen mit ferromagnetischem Kern, welche mit reinem Wechselstrom ohne Gleichstromkomponente betrieben werden, ist die relative Wechselfeldpermeabilität maßgebend. Sie ist nach Gl. (0.109)

$$\mu_{r\sim} = \frac{B_{\max}}{H_{\max}} \frac{1}{\mu_0} . \tag{1.30}$$

Die relative Wechselfeldpermeabilität ist für sehr kleine Aussteuerungen $H_{\max}$ gleich der relativen Anfangspermeabilität $\mu_{rA}$. Für größere Amplituden von $H_{\max}$ wird $\mu_{r\sim}$ größer, um bei sehr großen Werten von $H_{\max}$ wieder abzunehmen. Für viele Eisenarten liegt die relative Anfangspermeabilität etwa bei $\mu_{rA} \approx 400$. Für höhere Amplituden von $H_{\max}$ kann die relative Wechselfeldpermeabilität bis etwa

$\mu_{r\sim} = 8000$, also das Zwanzigfache, ansteigen, was auch einen Anstieg der Induktivität $L$ auf das Zwanzigfache zur Folge hat, wenn der Kraftlinienweg vollkommen durch Eisen verläuft (vgl. Abb. 1.20) [*15*].

In manchen Anwendungsfällen werden Spulen benötigt, deren Induktivität lediglich einen Mindestwert $L_{\min}$ haben soll. In diesem Fall legt man für die Berechnung die Anfangspermeabilität $\mu_{rA}$ zugrunde und vergewissert sich, daß die Durchflutung unterhalb einer oberen Grenze bleibt, die meist bei sehr hohen Werten liegt, und oberhalb der die Wechselfeldpermeabilität $\mu_{r\sim}$ wieder unter $\mu_{rA}$ absinkt. In den meisten Fällen wird jedoch eine Induktivität $L$ gefordert, die sich nur wenig mit der Aussteuerung ändert. Dies läßt sich durch Eisenkerne mit Luftspalt erreichen (vgl. Abb. 1.18b und Abb. 1.19).

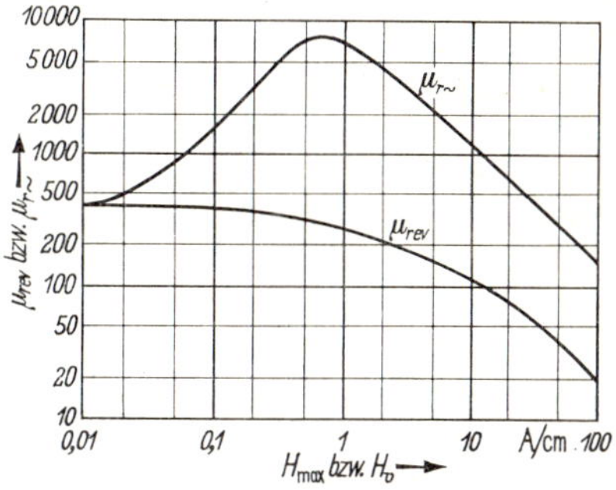


Abb. 1.20
Abhängigkeit von $\mu_{r\sim}$ von der Aussteuerung $H_{\max}$ und Abhängigkeit von $\mu_{\text{rev}}$ von der Gleichstromvormagnetisierung $H_v$ (die zugehörige Magnetisierungskurve zeigt Abb. 1.21)

Der magnetische Widerstand eines magnetischen Eisenkreises mit Luftspalt ergibt sich aus der Summe der Widerstände des Eisenwegs $R_{mE}$ und des Luftwegs $R_{mL}$

$$R_m = R_{mE} + R_{mL} = \frac{l_{KE}}{\mu_0 \mu_{r\sim} F_{KE}} + \frac{l_{KL}}{\mu_0 F_{KL}}^{*}. \tag{1.31}$$

Der Index $E$ kennzeichnet die Größen im Eisen, der Index $L$ die Größen in Luft. Die Permeabilität der Luft ist annähernd gleich der des leeren Raumes $\mu_0$. Näherungsweise können auch die Querschnitte von Eisen- und Luftweg gleichgesetzt werden $F_{KL} \approx F_{KE} = F_K$, so daß sich bei $w$ Windungen nach Gl. (1.29) die Induktivität einer Spule mit Eisenkern und Luftspalt wie folgt errechnet

$$L = \frac{w^2}{R_m} = \frac{w^2}{\dfrac{l_{KE}}{\mu_0 \mu_{r\sim} F_K}\left(1 + \mu_{r\sim}\dfrac{l_{KL}}{l_{KE}}\right)} = \frac{w^2}{\dfrac{l_{KE}}{\mu_0 \mu_{\text{eff}} F_K}}. \tag{1.32}$$

Nach Gl. (1.32) kann man den Einfluß des Luftspaltes im Eisenkern so interpretieren, als ob man einen geschlossenen Eisenkern von der Länge $l_{KE}$ und dem Querschnitt $F_K$ hätte, das Material jedoch statt $\mu_{r\sim}$ die *effektive* Permeabilität $\mu_{\text{eff}}$ hätte ($\mu_{\text{eff}}$ bezeichnet man auch als gescherte oder Äquivalenzpermeabilität)

$$\mu_{\text{eff}} = \frac{\mu_{r\sim}}{1 + \dfrac{l_{KL}}{l_{KE}}\mu_{r\sim}}. \tag{1.33}$$

Ist $\frac{l_{KL}}{l_{KE}}\mu_{r\sim} \gg 1$, dann wird $\mu_{\text{eff}}$ hauptsächlich durch $l_{KL}/l_{KE}$ bestimmt, d. h. $\mu_{\text{eff}}$ ist praktisch unabhängig von der Aussteuerung. Beträgt beispielsweise die Eisenweglänge $l_{KE} = 10$ cm und die Luftspaltlänge $l_{KL} = 1$ mm, d. h. $l_{KL}/l_{KE} = 0{,}01$, dann ist bei $\mu_{r\sim} = 1000$ die effektive Permeabilität $\mu_{\text{eff}} = 91$, bei $\mu_{r\sim} = 2000$ ist $\mu_{\text{eff}} = 95$. Bei Schwankungen von $\mu_{r\sim}$ um 100% schwankt also $\mu_{\text{eff}}$ um weniger als 5%. Ist dagegen $l_{KL} = 0$, dann ist $\mu_{\text{eff}} = \mu_{r\sim}$.

Der Einfluß des Luftspaltes ist jedoch nicht nur für die Konstruktion von Spulen mit aussteuerungsunabhängiger Induktivität von Bedeutung. Er hat eine weitere große Bedeutung dann, wenn die Spule von einer zusätzlichen relativ großen Gleich-

* Die rechnerische Luftspaltlänge $l_{KL}$ stimmt nicht exakt mit der geometr. Luftspaltenlänge überein, weil magnet. Streufelder im Luftspalt meist eine scheinbare Verkürzung des Spalts bewirken. Näheres hierüber s. [*6*].

stromkomponente durchflossen wird. Dieser Fall werde im folgenden näher betrachtet.

Durch eine Spule mit Eisenkern fließe ein relativ großer Gleichstrom $I$, dem eine relativ kleine Wechselstromkomponente $i_w$ überlagert ist. Für die Wechselstromkomponente $i_w$ ist die reversible Permeabilität $\mu_{\text{rev}}$

$$\mu_{\text{rev}} = \frac{\Delta B}{\Delta H} \frac{1}{\mu_0} \tag{1.34}$$

maßgebend (vgl. Abb. 0.27). Die reversible Permeabilität wird im allgemeinen um so kleiner, je größer die Gleichstromvormagnetisierung ist. Sie wird bei großen Gleichfeldstärken $H_v$ sehr klein, wodurch auch die für den Wechselstrom wirksame Induktivität $L_w$ sehr klein wird. Abb. 1.20 zeigt eine typische Kurve für die Abhängigkeit der rerevsiblen Permeabilität $\mu_{\text{rev}}$ von der Gleichstromvormagnetisierung $H_v$. Es muß nun dafür gesorgt werden, daß bei vorgegebener Gleichstromkomponente $I$ die im Eisen wirksame Gleichfeldstärke $H_v$ nicht zu groß wird, weil sonst die für die Wechselstromkomponente $i_w$ wirksame Induktivität $L_w$ sehr klein werden würde. Durch einen Luftspalt im Eisenweg kann erreicht werden, daß die Gleichstromvormagnetisierung $H_v$ verkleinert wird und dadurch die reversible Permeabilität $\mu_{\text{rev}}$ in solch großem Maße vergrößert wird, daß sich jetzt trotz verkleinerter Wechselfeldstärke im Eisenkern ein vergrößerter Wechselfluß $\Phi_w$ bei gleicher Wechselstromkomponente $i_w$ ergibt. Hierdurch wird die für den Wechselstrom wirksame Induktivität $L_w$ durch den Luftspalt vergrößert. Diese Möglichkeit soll wieder anhand eines Zahlenbeispiels verdeutlicht werden.

Betrachtet man zunächst eine Spule mit $w$ Windungen und Eisenkern der Länge $l_{KE}$ ohne Luftspalt, dann erzeugt der Gleichstrom $I$ eine Vormagnetisierung

$$H_v = \frac{I\,w}{l_{KE}}. \tag{1.35}$$

Für den Fall, daß z. B. $Iw = 1000$ A und $l_{KE} = 10$ cm ist, ergibt sich $H_v = 100$A/cm, was bei Zugrundelegung der Kurve von Abb. 1.20 eine reversible Permeabilität von nur $\mu_{\text{rev}} = 20$ ergibt, während ohne Vormagnetisierung $\mu_{\text{rev}} = \mu_{rA} = 400$ gewesen wäre.

Betrachtet man nun dieselbe Spule mit der gleichen Windungszahl $w$ und derselben Eisenweglänge $l_{KE}$, aber mit einem zusätzlichen Luftspalt der Länge $l_{KL}$, dann ergibt sich bei der Gleichdurchflutung $Iw$ im Eisen die Feldstärke $H_E$ und im Luftspalt die Feldstärke $H_L$ gemäß

$$I\,w = H_E\, l_{KE} + H_L\, l_{KL}. \tag{1.36}$$

Die Frage ist nun die, wie sich die ,,magnetischen Gleichspannungen“ $H_E\, l_{KE}$ auf den Eisenweg und $H_L\, l_{KL}$ auf den Luftspalt aufteilen. Da der Luftspalt und Eisenweg vom gleichen Fluß (das ist der ,,magnetische Strom“) durchflossen werden, teilen sich die magnetischen Spannungen im Verhältnis ihrer magnetischen Widerstände auf. Für die Gleichstromdurchflutung bildet nun aber der Eisenweg wegen der gekrümmten Neukurve $B(H)$ nach Abb. 0.27 einen stark nichtlinearen magnetischen Widerstand, während der Luftspalt wegen des konstanten $\mu_0$ einen linearen Widerstand darstellt. Man kann darum die ,,Spannung“ über dem Luftspalt $H_L\, l_{KL}$ in einfacher Weise durch den ,,Strom“ im Eisen bzw. der Induktion $B_E$ im Eisen, die ja die gleiche wie die im Luftspalt $B_L = B_E$ ist, ausdrücken

$$\frac{I\,w}{l_{KE}} = H_E + \frac{B_E}{\mu_0} \frac{l_{KL}}{l_{KE}}. \tag{1.37}$$

Aus Gl. (1.37) läßt sich bei gegebener Durchflutung $I\,w$, Eisen- und Luftweglänge $l_{KE}$ bzw. $l_{KL}$ und gegebener $B_E(H_E)$-Kurve die Feldstärke $H_E$ durch graphische Methoden oder durch wiederholtes Einsetzen von Wertepaaren $B_E$, $H_E$ durch systematisches

Probieren ermitteln. Für den Fall, daß wieder $Iw = 1000$ A; $l_{KE} = 10$ cm; $l_{KL} = 0{,}1$ cm ist, ergibt sich mit $\mu_0 = 4\pi \cdot 10^{-9}$ Vs/A cm und mit der $B(H)$-Kurve nach Abb. 1.21 als Lösung für die Feldstärke im Eisen $H_E = 3{,}5$ A/cm. Bei gleicher Durchflutung $I\,w$ ergibt sich nun eine wesentlich kleinere Feldstärke als $H_v = 100$ A/cm im Fall, daß kein Luftspalt vorhanden ist.

Bei $H_E = 3{,}5$ A/cm ergibt sich nach Abb. 1.20 die reversible Permeabilität zu $\mu_{\text{rev}} = 200$. Die effektive Permeabilität des Ersatzkerns ohne Luftspalt mit jedoch sonst gleichen Abmessungen errechnet sich nun mit Gl. (1.33), in der statt $\mu_{r\sim}$ der Wert von $\mu_{\text{rev}}$ zu setzen ist, zu $\mu_{\text{eff}} = 67$. Bei Vormagnetisierung ergibt sich also in diesem Fall eine für die Wechselanteile höhere wirksame Permeabilität mit Luftspalt (67) als ohne Luftspalt (20).

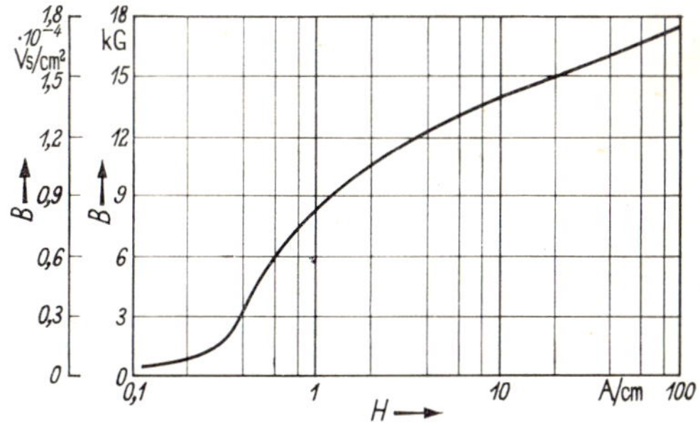


Abb. 1.21
Magnetisierungskurve eines ferromagnetischen Materials (die zugehörigen Werte von $\mu_{\text{rev}}$ und $\mu_{r\sim}$ zeigt Abb. 1.20)

In der Praxis taucht das Problem der vormagnetisierten Eisenkerne u. a. bei Siebdrosseln in Gleichrichterschaltungen, im Transformator, dessen Sekundärwicklung eine Einweggleichrichterschaltung treibt, und in Endstufenübertragern von Röhren- und Transistorverstärkern auf. Es gibt für solche Probleme günstigste Luftspaltbreiten, die vom jeweiligen Material und dessen spezieller $B(H)$-Kurve abhängen.

### 1.3.3 Verluste und unerwünschte Kapazitäten der Spulen

Die in Spulen mit Eisenkern auftretenden Verluste, die den Wirkanteil des komplexen Spulenwiderstandes verursachen, sind auf verschiedene Ursachen zurückzuführen. Bei Gleichstrom werden die Verluste ausschließlich durch den ohmschen Widerstand $R_g$ des Spulendrahtes verursacht. Dieser errechnet sich, wenn $l_D$ die gesamte Drahtlänge, $F_D$ der Drahtquerschnitt und $\varkappa$ die elektrische Leitfähigkeit des Drahtes ist, bekanntlich zu

$$R_g = \frac{l_D}{\varkappa F_D}. \tag{1.38}$$

Durch formale Erweiterung mit der Windungszahl $w$ ergibt sich

$$R_g = \frac{1}{\varkappa} w^2 \frac{\frac{l_D}{w}}{w F_D} = \frac{1}{\varkappa} w^2 \frac{l_w}{f_K F_w}, \tag{1.39}$$

$$A_R = \frac{R_g}{w^2} = \frac{1}{\varkappa} \frac{l_w}{f_K F_w}. \tag{1.40}$$

$l_w$ ist die mittlere Windungslänge, $F_w$ ist der für die Wicklung zur Verfügung stehende Querschnitt und $f_K$ ist der Kupferfüllfaktor, d. h. eine Zahl $< 1$, die angibt, welcher Teil der Fläche $F_w$ vom Draht ausgenutzt wird. Er ist abhängig von der Stärke der Drahtisolation und vom Drahtquerschnitt. Ein typischer Wert ist $f_K = 0{,}5$. Der $A_R$-Wert ist eine Größe, die nur von den Kern- und Drahtdaten, nicht aber von der Windungszahl abhängig ist.

Bei Wechselstrom werden die Spulenverluste im wesentlichen durch drei Effekte zusätzlich erhöht. Der erste Effekt ist der Skineffekt, der den ohmschen Widerstand des Drahtes vergrößert (vgl. Abschn. 1.1.3). Der zweite Effekt wird durch die sogenannten Hystereseverluste hervorgerufen: Wird durch eine Spule mit ferromagnetischem Kern ein Wechselstrom geleitet, dann wird bekanntlich in jeder Stromperiode die Hystereseschleife (Abb. 0.27) in der $BH$-Ebene durchfahren. Die dabei eingeschlossene Fläche entspricht einer Energie $A$, die während jeder Periode aufgebracht werden muß, und die letztlich in Wärme umgewandelt wird.

$$A = \int_{\text{Periode}} B \, dH. \tag{1.41}$$

Den Einfluß der Hystereseverluste kann man durch einen ohmschen Widerstand $R_H$ in Serie zur Induktivität erfassen. Eine Spule, deren Verluste ausschließlich durch diese Hystereseverluste hervorgerufen werden, kann durch das in Abb. 1.22 gezeigte Ersatzbild beschrieben werden. Bei Verwendung der komplexen Wechselstromrechnung ergibt sich nun statt eines rein imaginären ein komplexer Spulenwiderstand, was zunächst dadurch ausgedrückt werden soll, daß die Induktivität $\underline{L}$ eine komplexe Größe sein soll.

$$\frac{\underline{U}}{\underline{I}} = \underline{Z}(\mathrm{j}\,\omega) = \mathrm{j}\,\omega\,\underline{L} = \mathrm{j}\,\omega\,w^2 \frac{F_K}{l_K}\underline{\mu}. \tag{1.42}$$

Wenn $\underline{L}$ komplex sein soll, kann in Gl. (1.42) nur noch $\underline{\mu}$ komplex sein, da der Kernquerschnitt $F_K$ und die Kernlänge $l_K$ sowie die Windungszahl $w$ von Natur

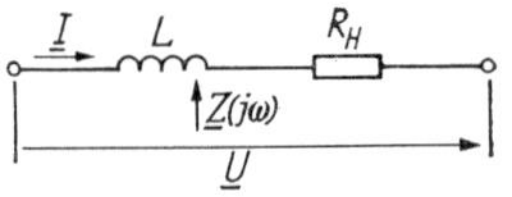


Abb. 1.22
Ersatzbild einer Spule mit Hystereseverlusten

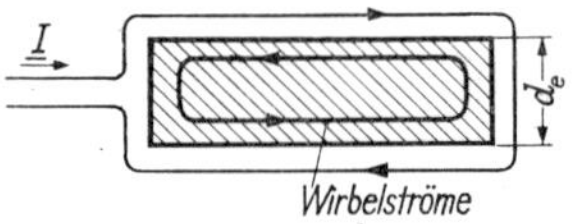


Abb. 1.23. Wirbelströme im Kern

aus nur reelle Größen sein können. Durch Vergleich von Gl. (1.42) mit dem Ersatzbild Abb. 1.22 ergibt sich

$$\underline{\mu} = \frac{R_H + \mathrm{j}\,\omega L}{\mathrm{j}\,\omega\,w^2 \dfrac{F_K}{l_K}} = \frac{L}{w^2 \dfrac{F_K}{l_K}} - \mathrm{j}\frac{R_H}{\omega\,w^2 \dfrac{F_K}{l_K}} = \mu' - \mathrm{j}\,\mu''. \tag{1.43}$$

Von den Kernmaterialherstellern werden gewöhnlich Kurven über die Frequenzabhängigkeit von $\mu'$ und $\mu''$ angegeben, die für eine bestimmte maximale Induktion (meist $10^{-8}$ Vs/cm$^2$) gemessen worden sind.

Ein dritter Effekt, der bei Wechselstrom die Verluste von Spulen mit Kern erhöht, sind die Wirbelstromverluste. Diese treten auf, wenn der Kern aus elektrisch leitendem Material besteht. Dann wirkt der Kern nämlich wie eine kurzgeschlossene Windung aus entsprechend dickem Draht, in welchem auf Grund des Induktionsgesetzes und der Lenzschen Regel Wirbelströme in derjenigen Richtung fließen, daß das magnetische Feld im Kern geschwächt wird. Wirbelströme bedingen also Wärmeverluste und gleichzeitig eine Verkleinerung der Induktivität. Wie man sich anhand von Abb. 1.23 anschaulich vorstellen kann, wird in der Kernmitte das magnetische Feld am stärksten durch die Wirbelströme verringert. An der Oberfläche ist die magnetische Feldstärke ungeschwächt. Die Wirbelströme bewirken einen Abfall der magnetischen Feldstärke zur Kernmitte hin. Die Verhältnisse liegen hier ähnlich wie beim Skineffekt. Es ergibt sich auch hier ein Eindringmaß $\vartheta_s$, welches die Entfernung von der Kernoberfläche zu derjenigen Kernzone angibt, bei der die magnetische Feldstärke auf das 1/e-fache abgesunken ist.

$$\vartheta_s = \frac{1}{\sqrt{\pi f \varkappa_E \mu_E}}. \tag{1.44}$$

In Gl. (1.44) sind $\varkappa_E$ und $\mu_E$ elektr. Leitfähigkeit und absolute Permeabilität des Eisenkerns. Für die exakte Theorie der Wirbelströme sei auf die Literatur der theoretischen Elektrotechnik [*1*] verwiesen.

Wirbelströme werden vermieden bzw. klein gehalten, wenn als Kernmaterial ein elektrisch nichtleitendes oder schlechtleitendes Material verwendet wird (welches aber trotzdem eine hohe Permeabilität haben soll). Solche Materialien sind die Ferrite. In Eisen werden bei niedrigen Frequenzen Wirbelströme weitgehend vermieden, wenn der Kern aus einem Stapel dünner Bleche, die gegeneinander isoliert sind, zusammengesetzt wird. Für höhere Frequenzen wurden früher Kerne verwendet, die aus Eisenpulver und einem die Eisenteilchen isolierenden Binder gepreßt wurden. Die Wirbelströme sind nämlich um so geringer, je niedriger die Frequenz ist, und je kleiner die Fläche ist, die von einer Wirbelstromschleife umschlossen wird.

Bei den gegeneinander isolierten Blechen z. B. ist die für die Wirbelstromschleifen wirksame Fläche um so kleiner, je dünner das Blech ist. Läßt man also einen bestimmten Betrag für die Wirbelströme zu, dann läßt sich das Blech für um so höhere Frequenzen verwenden, je dünner es ist. Man definiert als Grenzfrequenz für die Wirbelströme diejenige Frequenz $f_w$, bei der das Eindringmaß $\vartheta_s$ gleich der halben Blechstärke $d_e$ (Abb. 1.23) ist

$$f_w = \frac{4}{\pi \varkappa_E \mu_E d_e^2}. \tag{1.45}$$

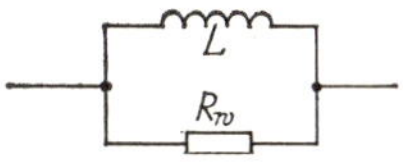


Abb. 1.24. Ersatzbild einer Spule mit Wirbelstromverlusten bei niedrigen Frequenzen

Die Wirbelstromverluste lassen sich angenähert durch ein Ersatzbild für die Spule erfassen, welches aus der Parallelschaltung einer Induktivität $L$ und eines ohmschen Widerstandes $R_w$ besteht (Abb. 1.24). Nach [*6*] ergibt sich für $f \ll f_w$, wo die Induktivität noch nicht wesentlich verändert wird,

$$L \approx w^2 \mu_E \frac{F_K}{l_E}, \tag{1.46}$$

$$R_w \approx w^2 \frac{12}{\varkappa_E d_e^2} \frac{F_K}{l_K}. \tag{1.47}$$

Wie beim Kondensator, so kann man auch bei der Spule die gesamten Verluste pauschal durch den sogenannten Verlustfaktor $\tan\delta_L$ erfassen. Wird für die Spule der komplexe Widerstand $\underline{Z}$ gemessen, dann errechnet sich der Verlustfaktor zu

$$\tan\delta_L = \left| \frac{\mathrm{Re}\{\underline{Z}\}}{\mathrm{Im}\{\underline{Z}\}} \right|. \tag{1.48}$$

Beim Verlustfaktor unterscheidet man im allgemeinen zwischen dem Wicklungsanteil und dem Kernanteil $\tan\delta_K$. Bei Vernachlässigung des Skineffektes ist

$$\tan\delta_L = \tan\delta_K + \frac{\omega L}{R_g}. \tag{1.49}$$

Von den Kernherstellern werden Kurven über die Frequenzabhängigkeit von $\tan\delta_K$ geliefert.

Neben den in der Regel frequenzabhängigen Verlusten in der Wicklung und im Kernmaterial beeinflussen noch Kapazitäten der Wicklung den Scheinwiderstand einer Spule. Da längs des Wicklungsdrahtes ein induktiver und ein ohmscher Spannungsabfall auftritt, spielt die Kapazität zwischen den einzelnen Windungen eine Rolle, und zwar in um so größerem Maße, je größer die Potentialdifferenz zwischen den benachbarten Windungen ist. Abb. 1.25 zeigt drei verschiedene Wicklungsarten. Die Lagenwicklung mit Umkehr (*a*) ist von den gezeigten Fällen am ungünstigsten.

Besser, aber schwieriger herzustellen ist die gleichsinnige Lagenwicklung (*b*), weil bei ihr die unmittelbar benachbarten Windungen eine geringere Potentialdifferenz haben. Ausgesprochen günstige Kapazitätsverhältnisse hat die Träufelwicklung (*c*), die jedoch noch schwieriger herzustellen ist.

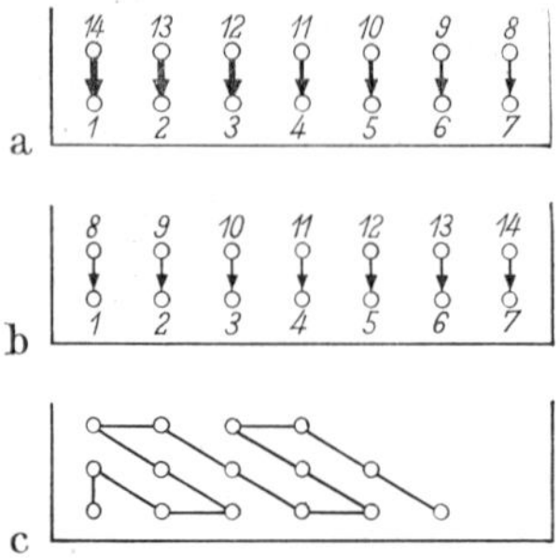

Abb. 1.25. Wicklungsarten
a Lagenwicklung mit Umkehr;
b Lagenwicklung gleichsinnig;
c Träufelwicklung

Wegen ihrer leichten Herstellbarkeit wird in der Praxis die Lagenwicklung mit Umkehr häufig benutzt. Die Kapazität $C_w$ einer solchen Wicklung mit $z$ Windungen pro Lage bei $n$ Lagen, d. h. mit insgesamt $w = z\,n$ Windungen, berechnet sich nach FELDTKELLER [6] angenähert zu

$$C_w \approx \frac{4}{3}\,\frac{z}{n}\,\frac{n-1}{n}\,\bar{C}_d. \tag{1.50}$$

Darin ist $\bar{C}_d$ die mittlere Kapazität zweier benachbarter und sich eben berührender Drähte von der Länge $l_w$ einer Windung. $\bar{C}_d$ ist nahezu unabhängig vom Drahtdurchmesser und berechnet sich, wenn die Länge $l_w$ einer Windung in Zentimeter (cm) gegeben ist, aus der folgenden Beziehung

$$\bar{C}_d = 1{,}8\,l_w\,\frac{\mathrm{pF}}{\mathrm{cm}}. \tag{1.51}$$

### 1.3.4 Veränderbare Induktivitäten, Temperaturabhängigkeit

Eine verbreitete Ausführung einer variablen Induktivität ist das Variometer nach Abb. 1.26. Ein kleinerer zylindrischer Wickelkörper ist innerhalb eines größeren zylindrischen Wickelkörpers drehbar montiert. Die Wicklung auf dem größeren Körper möge allein die Induktivität $L_1$ und die Wicklung auf dem kleineren Körper allein die Induktivität $L_2$ haben. Die Serienschaltung beider Spulen ergibt eine Gesamtinduktivität

$$L = L_1 + L_2 \pm 2M, \tag{1.52}$$

wobei das Vorzeichen und der Betrag der Gegeninduktivität $M$ von der Winkelposition der kleineren Spule zur größeren abhängt. Es ist $M = 0$, wenn die Achsen beider Spulen senkrecht aufeinanderstehen. Weisen die Achsen beider Spulen in die gleiche Richtung, dann hat die Gegeninduktivität $M$ ihren größten Betrag. Ihr Vorzeichen ist positiv, wenn die von den Induktivitäten $L_1$ und $L_2$ erzeugten Flüsse Komponenten mit gleicher, negativ, wenn die Flüsse Komponenten mit entgegengesetzter Richtung haben. Häufig werden variable Induktivitäten auch dadurch realisiert, daß bei einer Spule mit zylindrischem Wickelkörper ein ferromagnetischer Kern mehr oder weniger weit in den Wickelzylinder hinein- oder herausgeschoben wird, oder indem der wirksame Luftspalt bei einem ferromagnetischen Kern verändert wird.

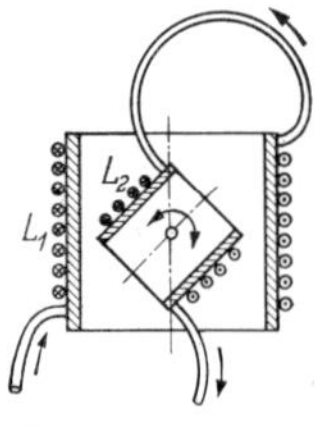

Abb. 1.26. Variometer

Die Temperaturabhängigkeit ist bei Induktivitäten oft vernachlässigbar gering. Die Permeabilität ferromagnetischer Materialien ändert sich über mehrere hundert Grad Celsius oft nur um wenige Prozent, um dann bei der sogenannten CURIE-Temperatur, die z. B. für Nickel bei 372 °C, für Eisen bei 774 °C liegt, nahezu bis auf die Permeabilität $\mu_0$ des Vakuums schlagartig abzufallen. Für kleine Temperaturschwankungen läßt sich ein Temperaturkoeffizient $\alpha_l$ ähnlich wie bei ohmschen Widerständen und bei Kondensatoren [vgl. Gl. (1.2) und Gl. (1.13)] definieren, wenn nicht in der Nähe der CURIE-Temperatur gearbeitet wird. Dieser meist sehr sehr kleine Temperaturkoeffizient wird bei Kernen mit Luftspalt noch um den gleichen Faktor verringert, um den die Permeabilität $\mu_{\mathrm{eff}}$ kleiner ist als $\mu_{r\sim}$.

## 1.4 Übertrager

Während man in der Starkstromtechnik sowie in der Technik der Stromversorgung elektronischer Geräte (Netzteile) von Transformatoren spricht, ist bei den nachrichtentechnischen Anwendungen die Bezeichnung *Übertrager* üblich.

In der Starkstromtechnik hat der Transformator fast ausschließlich die Aufgabe, Spannungen zu transformieren. In der Nachrichtentechnik wird der Übertrager vor allem für drei Aufgaben benutzt:

1. Widerstandstransformation (Anpassung),
2. Gleichspannungspotentialtrennung,
3. Realisierung von Zwei- und Vierpolen vorgegebener Eigenschaften.

Diese Aufgaben werden später noch im einzelnen erläutert. Ein Übertrager besteht aus zwei oder mehreren Spulen bzw. Induktivitäten, die magnetisch miteinander gekoppelt sind. Eine magnetische Kopplung zweier Spulen ist dann vorhanden, wenn der vom Strom $i_1$ in der ersten Spule (Primärspule) erzeugte magnetische Fluß $\Phi_1$ teilweise oder ganz die zweite Spule (Sekundärspule) durchsetzt. Im Fall eines zeitlich veränderlichen Stromes $i_1(t)$ entsteht ein sich zeitlich entsprechend verändernder Fluß $\Phi(t)$, der z. B. in der $\nu$-ten Windung der Sekundärspule gemäß dem Induktionsgesetz Gl. (0.101) eine Spannung $-\frac{d\Phi_\nu}{dt}$ erzeugt, wenn der Teilfluß $\Phi_\nu$ diese $\nu$-te Windung durchsetzt.

### 1.4.1 Allgemeine Übertragertheorie

Die wesentlichen Eigenschaften eines Übertragers können anhand des verlustlosen Übertragers beschrieben werden. In nahezu allen technischen Anwendungen ist man bestrebt, möglichst verlustfreie Übertrager zu konstruieren. In solchen Fällen, in denen die Verluste nicht vernachlässigt werden können, lassen sie sich näherungsweise durch einfache Korrekturglieder erfassen.

#### 1.4.1.1 Der verlustlose streufreie Übertrager

Der Einfachheit halber sei im folgenden zunächst ein solcher Übertrager betrachtet, bei dem der von der Primärspule bzw. Primärwicklung erzeugte Fluß $\Phi_1$ vollständig die Sekundärspule bzw. Sekundärwicklung durchsetzt. Ferner soll der Wirkwiderstand der Spulen vernachlässigbar klein sein. Wenn umgekehrt durch die Sekundärwicklung ein beliebiger Strom $i_2$ fließt, dann soll der von der Sekundärwicklung erzeugte Fluß $\Phi_2$ auch vollständig die Primärwicklung durchsetzen. Man kann den festgekoppelten Übertrager annähernd dadurch realisieren, daß man beide Wicklungen auf einen gemeinsamen Kern aufbringt, der aus einem hochpermeablen Stoff besteht (z. B. Dynamoblech, Ferrit, usw. Kernmaterialien und Kernformen sind bei Übertragern meist dieselben wie bei Spulen, also *E*- und *M*-Schnitte, Ringkerne sowie Schalenkerne, usw.). Der geringe magnetische Widerstand des Kerns bewirkt, daß nahezu alle magnetischen Kraftlinien im Kern verlaufen und damit auch beide Wicklungen durchsetzen. Abb. 1.27 zeigt einen solchen Übertrager, der von zwei Seiten durch eingeprägte Ströme gespeist sein möge. Die Flußrichtungen für $\Phi_1$ und $\Phi_2$ ergeben sich aus der *Korkenzieherregel*. Diese sagt aus, daß die magnetischen Feldlinien rechtssinnig den stromdurchflossenen Draht umschlingen, wenn man in die Stromrichtung blickt.

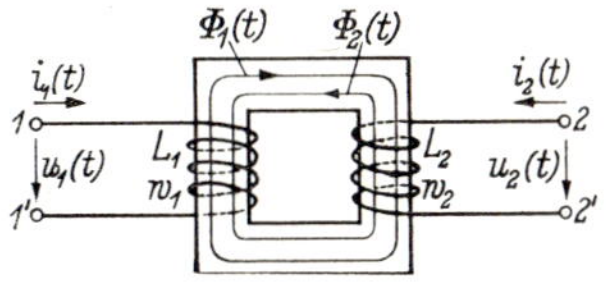


Abb. 1.27
Streufreier verlustloser Übertrager

In Abb. 1.27 sind noch Übertragerkenngrößen der folgenden Bedeutung eingezeichnet:

$w_1$ Primärwindungszahl
$w_2$ Sekundärwindungszahl
$L_1$ Primärinduktivität (man mißt die Primärinduktivität an den Klemmen *1—1'*, wenn der Sekundärstromkreis offen ist, d. h. wenn $i_2 = 0$)
$L_2$ Sekundärinduktivität (man mißt die Sekundärinduktivität an den Klemmen *2—2'*, wenn $i_1 = 0$).

Betrachtet werde zunächst der Fall des sekundärseitigen Leerlaufes $i_2 = 0$. Durch die Primärspule fließt bei Anlegen der Spannung $u_1(t)$ der Strom $i_1 = i_\mu$, den man den Magnetisierungsstrom nennt. Setzt man $L_1$ als stromunabhängig, d. h. als linear voraus, dann gilt

$$u_1(t) = L_1 \frac{d i_\mu}{d t} \tag{1.53}$$

oder im Fall sinusförmiger Wechselspannung [$\underline{u} = \underline{U}\, e^{j\omega t}$; $\underline{i} = \underline{I}\, e^{j\omega t}$ vgl. Gl. (0.5)]

$$\underline{U}_1 = j\,\omega\, L_1 \underline{I}_\mu. \tag{1.54}$$

Der Magnetisierungsstrom $i_\mu(t)$ erzeugt nach dem *Ohmschen Gesetz für den Magnetismus* [vgl. Gl. (0.104)] einen Magnetisierungsfluß $\Phi_\mu(t)$, der im Fall eines sinusförmigen Stroms ebenfalls sinusförmig ist und die gleiche Phasenlage wie der erzeugende Strom $i_\mu$ hat, denn es gilt

$$\Phi_\mu = \frac{i_\mu w_1}{R_m} = i_\mu w_1 A_L \quad \text{bzw.} \quad \underline{\Phi}_\mu = \frac{\underline{I}_\mu w_1}{R_m} = \underline{I}_\mu w_1 A_L. \tag{1.55}$$

Für die komplexe Amplitude $\underline{\Phi}_\mu$ des Magnetisierungsflusses gilt entsprechend $\Phi_\mu(t) = \underline{\Phi}_\mu\, e^{j\omega t}$ mit $\underline{\Phi}_\mu = \hat{\Phi}_\mu\, e^{j\varphi_i}$, wobei $\varphi_i$ der Nullphasenwinkel des Magnetisierungsstroms $i_\mu$ ist.

Gl. (1.55) in (Gl. 1.53) bzw. Gl. (1.54) eingeführt, ergibt

$$u_1 = L_1 \frac{d i_\mu}{dt} = A_L w_1^2 \frac{d i_\mu}{dt} = w_1 \frac{d \Phi_\mu}{dt} \tag{1.56}$$

bzw.

$$\underline{U}_1 = j\,\omega\, w_1\, \underline{\Phi}_\mu. \tag{1.57}$$

Eine vorgegebene Primärspannung ist mit einem magnetischen Fluß verknüpft, der nur von der Windungszahl sowie der Höhe und Zeitabhängigkeit der Primärspannung abhängt [vgl. hierzu das Selbstinduktionsgesetz Gl. (0.105)].

Damit bei sinusförmigem Wechselstrom $i$ auch der Magnetisierungsfluß $\Phi_\mu$ entsprechend sinusförmig wird, muß der Zusammenhang zwischen magnetischer Feldstärke $H$ und Induktion oder Kraftflußdichte $B$ linear sein. Dies wird bei Übertragern der Nachrichtentechnik immer angestrebt, und annähernd auch erreicht, indem ferromagnetische Kerne nur im Bereich ihrer Anfangspermeabilität $\mu_{rA}$ ausgesteuert oder im Fall von Gleichstromvormagnetisierung wechselstrommäßig nur im Bereich der reversiblen Permeabilität $\mu_{\text{rev}}$ betrieben werden. Die magnetische Aussteuerung wird also mit anderen Worten derart klein gehalten, daß im Aussteuerungsbereich die entsprechende Permeabilität praktisch konstant ist. Für gewöhnliche Dynamobleche bedeutet das eine Wechselfeldamplitude von nur einigen hundert bis maximal tausend Gauß. Bei Transformatoren der Starkstromtechnik läßt man wesentlich höhere Aussteuerungen zu (z. T. bis zu 15000 Gauß), weil dort nichtlineare Verzerrungen keine große Rolle spielen.

Nach der Leerlaufbetrachtung werde nun der Fall der sekundärseitigen Belastung untersucht, bei dem ein Widerstand $R_2$ an die Klemmen *2—2'* angeschlossen ist (Abb. 1.28). Der Strom $i_1$ wird nun wiederum einen Fluß $\Phi_1$ hervorrufen, der nach

Voraussetzung auch die Sekundärwicklung durchsetzt und in dieser Sekundärwicklung nach dem Induktionsgesetz eine Spannung $u_2$ induziert. Wegen des angeschalteten Widerstandes $R_2$ wird damit auch im Sekundärkreis nun ein Strom $i_2$ fließen, der einen magnetischen Fluß $\Phi_2$ erzeugt. Über die Richtung von $\Phi_2$ gibt die LENZsche Regel Auskunft:

„Wird durch den magnetischen Fluß eines Primärstromes ein Sekundärstrom hervorgerufen, so erzeugt dieser Sekundärstrom seinerseits ein magnetisches Feld, das dem des Primärfeldes entgegengerichtet ist."

Mit dieser LENZschen Regel, der Korkenzieherregel und dem Windungssinn der Sekundärwicklung läßt sich nun die Richtung des Sekundärstromes $i_2$ feststellen. Bei den Verhältnissen von Abb. 1.28a, wo Primär- und Sekundärwicklung linksgängig sind, muß der Strom $i_2$ in die Klemme *2* hinein- und zur Klemme *2'* herausfließen, weil nur dann $\Phi_1(t)$ und $\Phi_2(t)$ entgegengerichtet sind. Wegen des reellen positiven Abschlußwiderstandes $R_2$ muß in diesem Fall die Sekundärspannung $u_2(t)$

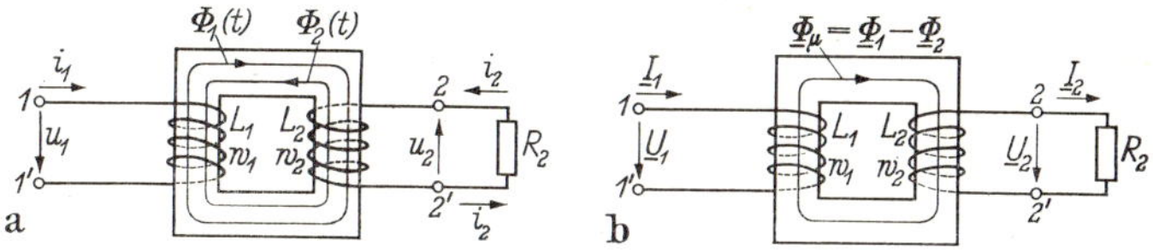

Abb. 1.28. Flußverhältnisse und Zählpfeilrichtungen beim streufreien verlustlosen Übertrager
a Momentanwerte bei linksgängiger Primär- und linksgängiger Sekundärwicklung; b Komplexe Amplituden bei linksgängiger Primär- und rechtsgängiger Sekundärwicklung

von der Klemme *2'* zur Klemme *2* weisen, wenn die Zählpfeilrichtung positiv zählen soll.

Die Primärwicklung wird bei sekundärseitiger Belastung von der Differenz der Flüsse $\Phi_1$ und $\Phi_2$ durchsetzt. Da die Primärspannung eingeprägt ist, gilt mit Gl. (1.56) beim streufreien Übertrager

$$u_1 = w_1 \frac{d\Phi_\mu}{dt} = w_1 \frac{d(\Phi_1 - \Phi_2)}{dt},$$

d. h.

$$\Phi_1 - \Phi_2 = \Phi_\mu. \tag{1.58}$$

Die Differenz der von Primär- und Sekundärstrom erzeugten magnetischen Flüsse $\Phi_1$ und $\Phi_2$ ist beim streufreien (oder festgekoppelten) Übertrager zu jedem Zeitpunkt gleich dem Fluß $\Phi_\mu$, der im Leerlauffall vorhanden ist.

Beim streufreien Übertrager wird auch die Sekundärwicklung von demselben Fluß $\Phi_\mu = \Phi_1 - \Phi_2$ durchsetzt. Nach dem Induktionsgesetz errechnet sich die Sekundärspannung $u_2(t)$ damit allgemein zu

$$u_2(t) = w_2 \frac{d\Phi_\mu}{dt}. \tag{1.59}$$

Beim verlustlosen streufreien Übertrager ist bei eingeprägter Primärspannung die Sekundärspannung unabhängig von irgendwelchen Belastungen. Die Frage der Zählpfeilrichtung von $u_2(t)$ war bereits oben auf physikalischem Weg geklärt worden. [Aus Gl. (1.59) läßt sich die Zählpfeilrichtung nicht ermitteln, weil in dieser Gleichung der Windungssinn nicht festgelegt ist. Sie ließe sich formelmäßig nur durch die vollständige Vektorbeziehung von Gl. (0.101) ermitteln.]

Abb. 1.28b zeigt einen Übertrager mit linksgängiger Primär- und rechtsgängiger Sekundärwicklung. Er soll mit sinusförmiger Spannung betrieben werden, so daß die Berechnung mit komplexen Amplituden erfolgen kann. Wegen der rechtsgängigen Sekundärwicklung sind die Richtungspfeile von $\underline{U}_2$ und $\underline{I}_2$ nun entgegengesetzt zum

Fall von Abb. 1.28a. Mit dieser Bepfeilung von Abb. 1.28b und mit Gl. (1.59) errechnet sich für die Sekundärspannung $\underline{U}_2$

$$\underline{U}_2 = \mathrm{j}\,\omega\,w_2\,\underline{\Phi}_\mu . \tag{1.60}$$

Somit ergibt sich aus Gl. (1.57) und Gl. (1.60) das Spannungsverhältnis zu

$$\frac{\underline{U}_1}{\underline{U}_2} = \frac{w_1}{w_2} = \ddot{u} . \tag{1.61}$$

Die Flüsse $\Phi_1(t)$ und $\Phi_2(t)$ bzw. im Sinusfall deren komplexe Amplituden $\underline{\Phi}_1$ und $\underline{\Phi}_2$ berechnen sich nach dem ohmschen Gesetz für den Magnetismus zu [vgl. Gl. (1.55)]

$$\underline{\Phi}_1 = \frac{w_1 \underline{I}_1}{R_m} = w_1\,\underline{I}_1 \frac{F_K\,\mu}{l_K}, \tag{1.62}$$

$$\underline{\Phi}_2 = \frac{w_2 \underline{I}_2}{R_m} = w_2\,\underline{I}_2 \frac{F_K\,\mu}{l_K}. \tag{1.63}$$

Im normalen Betriebsfall, d. h. bei nicht zu kleinem Sekundärstrom $\underline{I}_2$ ist $|\underline{\Phi}_u| \ll |\underline{\Phi}_2|$. Aus Gl. (1.58) ergibt sich damit $\underline{\Phi}_1 \approx \underline{\Phi}_2$. Für den idealisierten Fall $\underline{\Phi}_1 = \underline{\Phi}_2$ folgt aus Gl. (1.62) und Gl. (1.63)

$$w_1\,\underline{I}_1 \frac{F_K\,\mu}{l_K} = w_2\,\underline{I}_2 \frac{F_K\,\mu}{l_K},$$

$$\frac{\underline{I}_1}{\underline{I}_2} = \frac{w_2}{w_1} = \frac{1}{\ddot{u}}. \tag{1.64}$$

Gl. (1.64) gilt nicht für Leerlauf $\underline{I}_2 = 0$. In diesem Fall ist nach Gl. (1.63) auch $\underline{\Phi}_2 = 0$ und nach Gl. (1.57) $\underline{\Phi}_1 = \underline{\Phi}_\mu$. Die Voraussetzung für Gl. (1.64) gelten also nicht mehr. Die allgemeinen Verhältnisse bei beliebiger Betriebsweise sind folgende:

Bei sekundärseitigem Leerlauf fließt primärseitig der Magnetisierungsstrom $\underline{I}_\mu$. Wird nun die Sekundärseite belastet, so beginnt primärseitig noch zusätzlich zu $\underline{I}_\mu$ ein transformierter Laststrom $I_L$ zu fließen, der so groß ist, daß der von ihm erzeugte Fluß $\underline{\Phi}_L$ den Fluß $\underline{\Phi}_2$ gerade kompensiert. Der gesamte Primärstrom $\underline{I}_1$ setzt sich also wie folgt zusammen:

$$\underline{I}_1 = \underline{I}_\mu + \underline{I}_L . \tag{1.65}$$

Entsprechend ist

$$\underline{\Phi}_1 = \underline{\Phi}_\mu + \underline{\Phi}_L, \tag{1.66}$$

womit sich auch mit Gl. (1.58) $\underline{\Phi}_2 = \underline{\Phi}_L$ ergibt. Jetzt errechnet sich in gleicher Weise wie bei der Herleitung von Gl. (1.64)

$$\frac{\underline{I}_L}{\underline{I}_2} = \frac{w_2}{w_1} = \frac{1}{\ddot{u}} . \tag{1.67}$$

Während Gl. (1.64) nur solange gilt, wie $\underline{I}_L \gg \underline{I}_\mu$, gilt Gl. (1.67) für jeden Betriebsfall des streufreien verlustlosen Übertragers exakt.

#### 1.4.1.2 Der ideale Übertrager

Wegen seiner theoretischen Bedeutung bekommt der ideale Übertrager ein eigenes Schaltzeichen mit eckig gezeichneten Primär- und Sekundärwicklungen, welches schon in Tab. 1.1 dargestellt wurde. Seiner Wirkungsweise nach ist er ein verlustloser streufreier Übertrager, bei dem der Magnetisierungsstrom $\underline{I}_\mu = 0$ ist. Nach Gl. (1.54) ist dazu eine unendlich große Primärinduktivität erforderlich, wenn die angelegte Spannung $\underline{U}_1$ und deren Frequenz $\omega$ endliche Werte haben sollen.

Andererseits muß aber ein endlicher von Null verschiedener Magnetisierungsfluß $\underline{\Phi}_\mu$ im Kern vorhanden sein, denn sonst würde nach Gl. (1.60) in der Sekundärwicklung keine Spannung induziert. Nach dem Ohmschen Gesetz für den Magnetismus [Gl. (1.55)]

$$\underline{\Phi} = \frac{w\,\underline{I}}{R_m} = \frac{w\,F_K\,\mu}{l_K}\,\underline{I}$$

muß beim idealen Übertrager die absolute Permeabilität $\mu$ des Kerns unendlich groß sein. Wird der ideale Übertrager sekundärseitig belastet, dann fließt ein Sekundärstrom $\underline{I}_2$, der nach dem Ohmschen Gesetz für den Magnetismus mit $\mu \to \infty$ einen unendlich hohen Fluß $\underline{\Phi}_2$ im Kern erzeugt. Da aber primärseitig die Spannung $\underline{U}_1$ eingeprägt ist, kann als resultierender Fluß im Kern nur der Magnetisierungsfluß $\underline{\Phi}_\mu$ vorhanden sein. Daraus folgt, daß der Fluß $\underline{\Phi}_2$ durch einen zusätzlichen Primärfluß $\underline{\Phi}_1$ von gleicher Größe wie $\underline{\Phi}_2$ aufgehoben werden muß, d. h. es muß ein Primärstrom $\underline{I}_1$ fließen, der gerade so groß ist, daß seine Durchflutung $\underline{\Theta} = \underline{I}_1 w_1$ die sekundärseitige Durchflutung $\underline{\Theta}_2 = \underline{I}_2 w_2$ aufhebt. Dieser physikalische Tatbestand läßt sich *beim idealen Übertrager* in einfacher Weise so ausdrücken, daß *die Summe aller Durchflutungen stets verschwinden muß,* weil sich andernfalls ein unendlich hoher Fluß $\hat{\Phi}$ im Kern bilden würde. Das gilt für beliebig viele Wicklungen.

$$\sum_\nu \underline{\Theta}_\nu = \sum_\nu \underline{I}_\nu w_\nu = \sum_\nu i_\nu w_\nu = 0. \tag{1.68}$$

Damit trifft z. B. Gl. (1.64) beim idealen Übertrager mit dem Windungssinn von Abb. 1.28 exakt zu, weil $\underline{I}_1$ und $\underline{I}_2$ bzw. $i_1$ und $i_2$ das Fenster in entgegengesetzter Richtung durchsetzen.

Wenn der zu $\underline{I}$ gehörende konjugiert komplexe Wert $\underline{I}^*$ ist, dann gilt mit Gl. (1.64) auch $\underline{I}_1^*\,\ddot{u} = \underline{I}_2^*$. Mit Gl. (1.61) ist dann beim idealen Übertrager

$$\underline{U}_1\,\underline{I}_1^* = \underline{U}_2\,\underline{I}_2^*. \tag{1.69}$$

Beim idealen Übertrager wird damit [vgl. Gl. (0.40)] sowohl die primärseitig eingespeiste Wirkleistung als auch die primärseitig eingespeiste Blindleistung von der Sekundärseite wieder abgegeben.

Wird ein idealer Übertrager sekundärseitig mit einem Widerstand $\underline{Z}_2$ abgeschlossen, so erhält man auf der Primärseite den Eingangswiderstand

$$\underline{W}_1 = \frac{\underline{U}_1}{\underline{I}_1} = \frac{\ddot{u}\,\underline{U}_2}{\frac{1}{\ddot{u}}\,\underline{I}_2} = \ddot{u}^2\,\underline{Z}_2. \tag{1.70}$$

Beim idealen Übertrager wird ein Abschlußwiderstand $\underline{Z}_2$ mit dem Quadrat des Windungszahlverhältnisses auf die Primärseite transformiert.

#### 1.4.1.3 Der verlustlose Übertrager mit Streuung

In der Praxis sind Primär- und Sekundärwicklung nicht vollständig gekoppelt. Der von der Primärwicklung erzeugte Fluß $\Phi_1$ durchsetzt nur zu einem Teil die Sekundärwicklung. Dieser Teil sei der Nutzfluß $\Phi_{N1}$. Der andere Teil des Primärflusses ist der primäre Streufluß $\Phi_{S1}$. Er ist nur mit der Primärwicklung verkoppelt. Entsprechendes gilt für die Sekundärwicklung.

$$\Phi_1 = \Phi_{N1} + \Phi_{S1}, \tag{1.71}$$

$$\Phi_2 = \Phi_{N2} + \Phi_{S2}. \tag{1.72}$$

In Abb. 1.29 sind diese Verhältnisse anschaulich dargestellt.

Die Kopplungsfaktoren sind definiert als

$$K_{12} = \frac{\Phi_{N1}}{\Phi_1} = \frac{\text{primärer Nutzfluß}}{\text{gesamter von Primärseite erzeugter Fluß}}, \tag{1.73}$$

$$K_{21} = \frac{\Phi_{N2}}{\Phi_2} = \frac{\text{sekundärer Nutzfluß}}{\text{gesamter von Sekundärseite erzeugter Fluß}}. \tag{1.74}$$

Bei symmetrisch aufgebauten Übertragerkernen ist $K_{12} = K_{21} = K$. Die Berechnung der Gesetzmäßigkeiten, die den verlustlosen Übertrager mit Streuung beherrschen, soll nun mit Hilfe des Überlagerungssatzes berechnet werden. Danach sei zunächst nur $i_1 \neq 0$ und $i_2 = 0$, d. h. es sind nur die Kraftlinien mit dem Index 1 in Abb. 1.29 vorhanden.

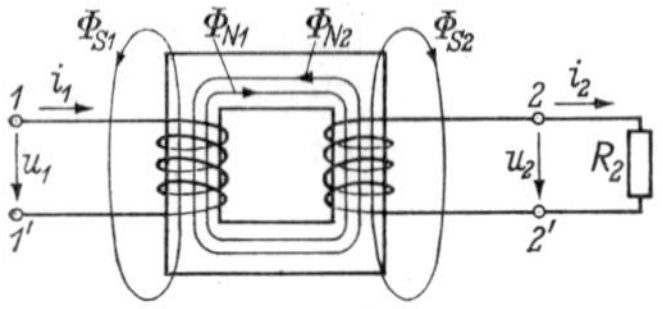


Abb. 1.29
Belasteter Übertrager mit Streufeld

Nach Gl. (0.105) gilt

$$u_1\Big|_{i_2=0} = w_1 \frac{d\Phi_1}{dt} = L_1 \frac{di_1}{dt}. \tag{1.75}$$

Als sekundäre Leerlaufspannung ergibt sich bei dem zugrunde gelegten Wickelsinn [vgl. die Überlegungen vor Gl. (1.60)]

$$u_2\Big|_{i_2=0} = w_2 \frac{d\Phi_{N1}}{dt} = w_2 K \frac{d\Phi_1}{dt}$$

$$= w_2 K \frac{w_1}{R_m} \frac{di_1}{dt} = M \frac{di_1}{dt}, \tag{1.76}$$

wobei

$$M = \frac{w_1 w_2}{R_m} K \tag{1.77}$$

die *Gegeninduktivität* ist.

Nun sei der Fall betrachtet, daß nur $i_2 \neq 0$ und $i_1 = 0$, d. h. es sind nur die Kraftlinien mit dem Index 2 in Abb. 1.29 vorhanden. Nach dem Induktionsgesetz gilt jetzt entsprechend

$$-u_2 = L_2 \frac{di_2}{dt}, \tag{1.78}$$

$$-u_1 = M \frac{di_2}{dt}. \tag{1.79}$$

Die Vorzeichenänderung bei Gl. (1.78) bzw. Gl. (1.79) gegenüber Gl. (1.75) bzw. Gl. (1.76) ist durch die entgegengerichtete Pfeilrichtung von $i_1$ und $i_2$ in Abb. 1.29 bedingt.

Wenn gleichzeitig $i_1 \neq 0$ und $i_2 \neq 0$ ist, ergibt sich nach dem Überlagerungssatz aus Gl. (1.75) und Gl. (1.79) bzw. Gl. (1.76) und Gl. (1.78)

$$u_1 = L_1 \frac{di_1}{dt} - M \frac{di_2}{dt}, \tag{1.80}$$

$$u_2 = M \frac{di_1}{dt} - L_2 \frac{di_2}{dt}. \tag{1.81}$$

Im Fall sinusförmiger Strom- und Spannungsänderungen wird aus Gl. (1.80) und Gl. (1.81)

$$\underline{U}_1 = \mathrm{j}\,\omega\, L_1 \underline{I}_1 - \mathrm{j}\,\omega\, M \underline{I}_2 = \underline{Z}_{11} \underline{I}_1 + \underline{Z}_{12} \underline{I}_2, \tag{1.82}$$

$$\underline{U}_2 = \mathrm{j}\,\omega\, M \underline{I}_1 - \mathrm{j}\,\omega\, L_2 \underline{I}_2 = \underline{Z}_{21} \underline{I}_1 + \underline{Z}_{22} \underline{I}_2. \tag{1.83}$$

Diese Gleichungen gelten für den in Abb. 1.29 dargestellten Fall der linksgängigen Primärwicklung und der rechtsgängigen Sekundärwicklung sowie der angegebenen

Bepfeilung. Falls die Sekundärwicklung ebenfalls linksgängig gewählt würde, so hätten sich die Vorzeichen von $u_2$ und $i_2$ und damit die Zählpfeile der komplexen Amplituden $\underline{U}_2$ und $\underline{I}_2$ umgedreht, und es hieße entsprechend

$$\underline{U}_1 = \mathrm{j}\,\omega\,L_1\,\underline{I}_1 + \mathrm{j}\,\omega\,M\,\underline{I}_2 = \underline{Z}_{11}\,\underline{I}_1 - \underline{Z}_{12}\,\underline{I}_2, \tag{1.82a}$$

$$-\underline{U}_2 = \mathrm{j}\,\omega\,M\,\underline{I}_1 + \mathrm{j}\,\omega\,L_2\,\underline{I}_2 = \underline{Z}_{21}\,\underline{I}_1 - \underline{Z}_{22}\,\underline{I}_2. \tag{1.83a}$$

Die Gln. (1.82) und (1.83) sind die Vierpolgleichungen in Widerstandsform des verlustlosen Übertragers mit Streuung. Man nennt diese Gleichungen auch *Transformatorgleichungen*. Es ist $\underline{Z}_{12} = -\underline{Z}_{21}$, d. h. es liegt nach Tab. 0.4 ein umkehrbarer Vierpol vor.

Für die Gegeninduktivität $M$ gilt nach Gl. (1.77) und Gl. (0.106)

$$M^2 = \left(\frac{w_1\,w_2}{R_m}\,K\right)^2 = K^2\,L_1\,L_2,$$

$$M = K\sqrt{L_1\,L_2} \quad \text{bzw.} \quad K = \frac{M^2}{\sqrt{L_1\,L_2}}. \tag{1.84}$$

Der sogenannte *Streugrad* ist definiert als

$$\sigma = 1 - K^2 = 1 - \frac{M}{L_1\,L_2}. \tag{1.85}$$

Für den streufreien Übertrager ist mit Gl. (1.73) und Gl. (1.74) der Kopplungsfaktor $K = 1$ und damit $M = \sqrt{L_1\,L_2}$.

### 1.4.1.4 Vierpoleigenschaften des Übertragers

Zunächst sollen zwei Vierpolersatzschaltbilder des verlustlosen Übertragers mit Streuung angegeben werden. Ersatzschaltbilder sollen gleiches elektrisches Verhalten wie die Originalschaltung haben. Aus ihnen soll jedoch das elektrische Verhalten leichter zu erkennen sein. Häufig sind die Ersatzschaltbilder nicht direkt realisierbar, d. h., ihre Schaltung kann technisch nicht hergestellt werden.

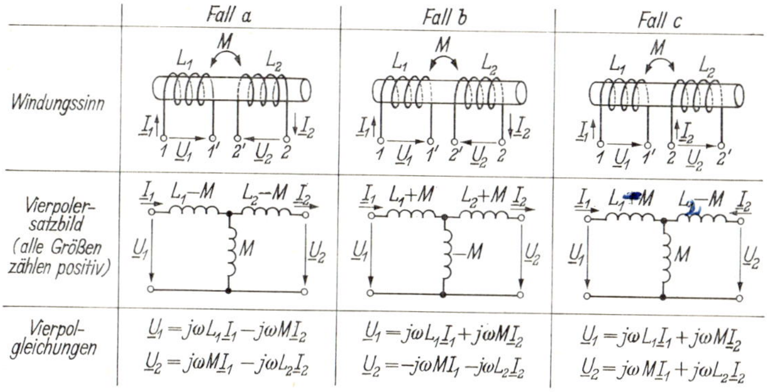


Abb. 1.30. Ersatzbild des verlustlosen Übertragers mit Streuung bei verschiedenem Windungssinn

Ein einfaches und häufig benutztes Ersatzschaltbild des verlustlosen Übertragers zeigt Abb. 1.30. Die Vorzeichen der Schaltelemente im Ersatzbild hängen dabei vom Windungssinn und von den Zählpfeilrichtungen ab. Der Windungssinn von Fall *a* entspricht dem von Abb. 1.29, für welchen die Transformatorgleichungen in Form von Gl. (1.82) und Gl. (1.83) gelten. Man kann nun durch Aufstellen der Vierpolgleichungen des im Fall *a* gezeigten Ersatzbildes leicht verifizieren, daß diese Transformatorgleichungen auch für das im Falle *a* gegebene Ersatzbild zutreffen.

Die Vierpolgleichungen in Widerstandsform lauten allgemein [Gl. (0.68)]:

$$\underline{U}_1 = \underline{Z}_{11} \underline{I}_1 + \underline{Z}_{12} \underline{I}_2,$$
$$\underline{U}_2 = \underline{Z}_{21} \underline{I}_1 + \underline{Z}_{22} \underline{I}_2.$$

Für die Koeffizienten $\underline{Z}_{ik}$ ergibt sich anhand des Ersatzbildes im Fall *a*

$$\underline{Z}_{11} = \frac{\underline{U}_1}{\underline{I}_1}\bigg|_{\underline{I}_2=0} = \mathrm{j}\,\omega\,L_1; \qquad \underline{Z}_{12} = \frac{\underline{U}_1}{\underline{I}_2}\bigg|_{\underline{I}_1=0} = -\mathrm{j}\,\omega\,M,$$
$$\underline{Z}_{21} = \frac{\underline{U}_2}{\underline{I}_1}\bigg|_{\underline{I}_2=0} = \mathrm{j}\,\omega\,M; \qquad \underline{Z}_{22} = \frac{\underline{U}_2}{\underline{I}_2}\bigg|_{\underline{I}_1=0} = -\mathrm{j}\,\omega\,L_2.$$

Durch Einsetzen der $\underline{Z}_{ik}$ in die Widerstandsgleichungen ergeben sich die Transformatorgleichungen Gl. (1.82) und Gl. (1.83). Im Fall *b* ist der Windungssinn der Sekundärwicklung wie der der Primärwicklung linksgängig, was schon bei Gl. (1.82a) und Gl. (1.83a) diskutiert worden ist. Fall *c* folgt unmittelbar aus Fall *b* durch Umdrehen der Zählpfeilrichtung von $\underline{U}_2$. Das Ersatzbild von Abb. 1.30 ist in seinen verschiedenen Varianten in der Netzwerktheorie beim Entwurf von Zwei- und Vierpolen von großer Bedeutung. Wir werden in diesem Buch beim Entwurf von Laufzeitketten in Abschn. 2.3.2.2 noch auf dieses Ersatzbild zurückkommen.

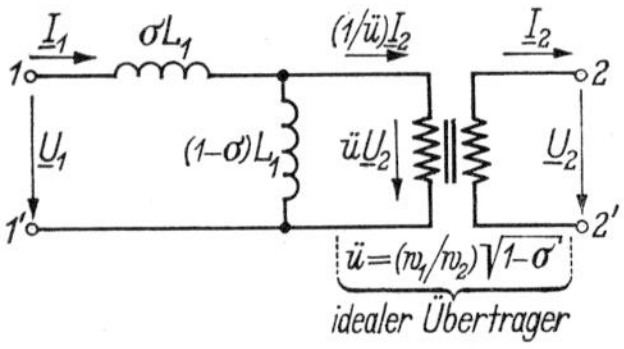


Abb. 1.31
Ein weiteres Ersatzbild des verlustlosen Übertragers mit Streuung

Ein zweites Ersatzbild des verlustlosen Übertragers zeigt Abb. 1.31. Dieses Ersatzbild enthält einen idealen Übertrager, wie er in Abschn. 1.4.1.2 behandelt wurde, und dessen Verhalten vollständig durch Gl. (1.61) und Gl. (1.64), also durch das Übersetzungsverhältnis *ü* bestimmt ist. Im Ersatzbild ist $ü = \frac{w_1}{w_2}\sqrt{1-\sigma}$ angegeben, wobei $w_1$ und $w_2$ die primäre bzw. sekundäre Windungszahl und $\sigma$ der Streugrad des verlustlosen Übertragers mit Streuung ist. Der im Ersatzbild vorkommende ideale Übertrager hat also ein anderes Übersetzungsverhältnis als der durch das gesamte Ersatzbild dargestellte verlustlose Übertrager, so lange der Streugrad $\sigma$ [Gl. (1.85)] von Null verschieden ist.

Wie bei Abb. 1.30 wird durch Bestimmen der Matrixkoeffizienten $\underline{Z}_{ik}$ anhand Abb. 1.31 sichergestellt, daß das darin angegebene Ersatzbild den Transformatorgleichungen genügt. Im Verlauf der Rechnung wird noch von der Beziehung $w_1/w_2 = \sqrt{L_1/L_2}$ sowie $(1-\sigma)\,L_1\,L_2 = M^2$ [vgl. Gl. (0.106) und Gl. (1.85)] Gebrauch gemacht. Aus der Schaltung folgt

$$\underline{Z}_{11} = \frac{\underline{U}_1}{\underline{I}_1}\bigg|_{\underline{I}_2=0} = \mathrm{j}\,\omega\,(\sigma\,L_1 + L_1 - \sigma\,L_1) = \mathrm{j}\,\omega\,L_1,$$

$$\underline{Z}_{12} = \frac{\underline{U}_1}{\underline{I}_2}\bigg|_{\underline{I}_1=0} = \frac{\underline{U}_1}{\frac{1}{ü}\underline{I}_2}\Bigg|_{\underline{I}_1=0} \frac{1}{ü} = -\mathrm{j}\,\omega\,(1-\sigma)\,L_1\,\frac{1}{ü} = -\mathrm{j}\,\omega\,\frac{1-\sigma}{\sqrt{1-\sigma}}\,\frac{w_2}{w_1}\,L_1$$
$$= -\mathrm{j}\,\omega\,\sqrt{1-\sigma}\,\sqrt{\frac{L_2}{L_1}}\,L_1 = -\mathrm{j}\,\omega\,M,$$

$$\underline{Z}_{21} = \frac{\underline{U}_2}{\underline{I}_1}\bigg|_{\underline{I}_2=0} = \frac{ü\,\underline{U}_2}{\underline{I}_1}\bigg|_{\underline{I}_2=0} \cdot \frac{1}{ü} = \mathrm{j}\,\omega\,(1-\sigma)\,L_1\,\frac{1}{ü} = \mathrm{j}\,\omega\,M,$$

$$\underline{Z}_{22} = \frac{\underline{U}_2}{\underline{I}_2}\bigg|_{\underline{I}_1=0} = \frac{ü\,\underline{U}_2}{\frac{1}{ü}\underline{I}_2}\Bigg|_{\underline{I}_1=0} \cdot \frac{1}{ü^2} = -\mathrm{j}\,\omega\,(1-\sigma)\,L_1\,\frac{1}{ü^2} = -\mathrm{j}\,\omega\,\frac{w_2^2}{w_1^2}\,L_1 = -\mathrm{j}\,\omega\,L_2.$$

Die Matrixkoeffizienten ergeben sich in der erwarteten Weise. Das Ersatzbild nach Abb. 1.31 ist also richtig. Von diesem Ersatzbild wird in einer später beschriebenen technischen Anwendung noch die Rede sein. Die Induktivität $\sigma L_1$ bezeichnet man als *Streuinduktivität.*

Da die Transformatorgleichungen Vierpolgleichungen sind, beschreiben sie lediglich das Verhalten des Übertragervierpols selbst. Ist der Übertrager mit Abschlußwiderständen beschaltet, dann werden die Übertragungseigenschaften des ganzen Systems, welches aus dem Vierpol und der Beschaltung besteht, bekanntlich durch die Betriebsübertragungsfunktion [Gl. (0.92)] beschrieben.

$$F = \frac{\underline{U}_0}{2\underline{U}_2}\sqrt{\frac{\underline{Z}_2}{\underline{Z}_1}} = \mathrm{e}^{a_B + \mathrm{j} b_B}.$$

Speziell für Übertrager ist aber eine abgewandelte Definition der Übertragungsfunktion gebräuchlich. Diese leitet sich aus einem Vergleich des realen Übertragers mit einem idealen Übertrager her. Unter der Bezeichnung ,,realer Übertrager" ist dabei der jeweils zur Diskussion stehende Übertrager gemeint. Abb. 1.32 stellt beide Übertrager gegenüber.

Die Sekundärspannung ist beim idealen Übertrager mit $\underline{U}_{20}$ bezeichnet im Gegensatz zu $\underline{U}_2$ beim realen Übertrager. Man kann nämlich jeden realen Übertrager so konstruieren, daß sein Eingangswiderstand $\underline{W}_1$ bei Abschluß mit $\underline{Z}_2$ gleich dem Eingangswiderstand $\ddot{u}^2 \underline{Z}_2$ des idealen Übertragers ist. In diesem Fall ist aber die Sekundärspannung $\underline{U}_2$ im allgemeinen von der Spannung $\underline{U}_{20}$ verschieden.

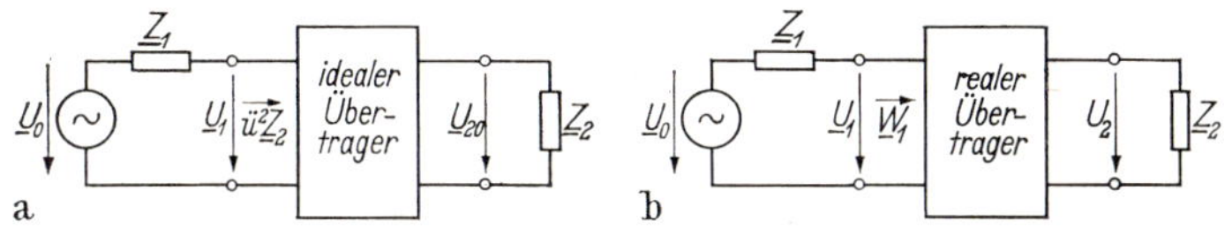


Abb. 1.32. Vergleich von idealem und realem Übertrager

Die Betriebsübertragungsfunktion des *idealen* Übertragers berechnet sich zu

$$F_{id} = \frac{\underline{U}_0}{2\underline{U}_2}\sqrt{\frac{\underline{Z}_2}{\underline{Z}_1}} = \frac{1}{2}\sqrt{\frac{\underline{Z}_2}{\underline{Z}_1}}\,\frac{\underline{U}_0}{\underline{U}_1}\,\frac{\underline{U}_1}{\underline{U}_{20}} = \frac{1}{2}\sqrt{\frac{\underline{Z}_2}{\underline{Z}_1}}\,\frac{\underline{Z}_1 + \ddot{u}^2\underline{Z}_2}{\ddot{u}^2\underline{Z}_2}\,\ddot{u} = \frac{1}{2}\,\frac{\underline{Z}_1 + \ddot{u}^2\underline{Z}_2}{\sqrt{\ddot{u}^2\underline{Z}_1\underline{Z}_2}}. \quad (1.86)$$

Die Betriebsübertragungsfunktion hängt von $\ddot{u}$ ab. Es hat sich darum als zweckmäßig erwiesen, in der Übertragertheorie mit einer bezogenen Übertragungsfunktion $F_{\ddot{u}}$ zu rechnen. Für einen idealen Übertrager soll dabei — unabhängig von $\ddot{u}$ — immer $F_{\ddot{u}} = 1$ sein. Dies wird durch folgende Definition erreicht

$$F_{\ddot{u}} = \frac{F}{F_{id}} = \frac{\underline{U}_0}{2\underline{U}_2}\sqrt{\frac{\underline{Z}_2}{\underline{Z}_1}}\,\frac{2\ddot{u}\sqrt{\underline{Z}_1\underline{Z}_2}}{\underline{Z}_1 + \ddot{u}^2\underline{Z}_2} = \frac{\underline{U}_0}{\underline{U}_2}\,\frac{\ddot{u}\,\underline{Z}_2}{\underline{Z}_1 + \ddot{u}^2\underline{Z}_2} = e^{a_{\ddot{u}} + \mathrm{j} b_{\ddot{u}}}. \quad (1.87)$$

### 1.4.2 Der Übertrager in speziellen technischen Anwendungen

#### 1.4.2.1 Übertrager für relativ breite Frequenzbänder und reeller Beschaltung

Zu den Übertragern dieser Kategorie gehören diejenigen, bei denen die Mittenfrequenz des übertragenen Frequenzbandes nicht bedeutend größer ist als das übertragene Frequenzband selber.

Legt man für die Beurteilung der Übertragungseigenschaften die Betriebsübertragungsfunktion $F_{\ddot{u}}$ nach Gl. (1.87) zugrunde, dann ergibt sich ein Anstieg der Dämpfung $a_{\ddot{u}}$ bei tiefen Frequenzen, der im wesentlichen durch die Spannungsteilung zwischen dem Innenwiderstand $\underline{Z}_1 = R_1$ der Quelle und dem Eingangswiderstand $\underline{W}_1$ des Übertragers (Abb. 1.32) hervorgerufen wird. Für den Eingangswiderstand des Übertragers ist neben dem Abschlußwiderstand $R_2$ bei tiefen Frequenzen die Primärinduktivität $L_1$ in erster Linie maßgebend, da die Impedanz der Induktivität ja um so kleiner wird, je kleiner die Frequenz ist. Die Berechnung der unteren Frequenzgrenze geht darum näherungsweise von Abb. 1.33b aus. Dieses Ersatzbild für niedrige Frequenzen leitet sich aus dem Ersatzbild nach Abb. 1.31 ab, wobei $\sigma = 0$ gesetzt wurde (Normalerweise liegt der Streugrad etwa bei $\sigma \approx 0{,}01$).

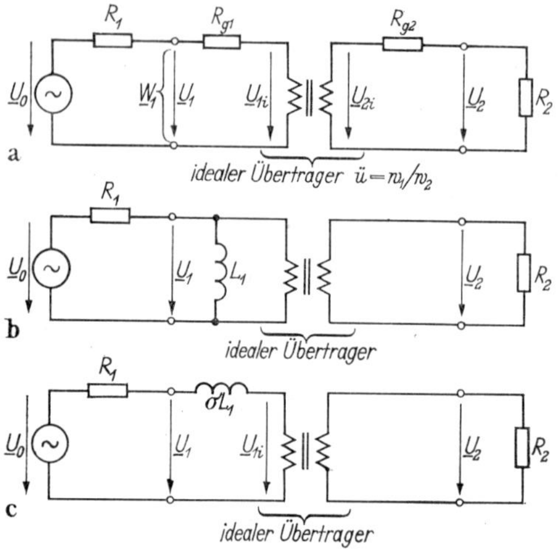


Abb. 1.33. Zur Berechnung eines Übertragers für breite Frequenzbänder
a Berücksichtigung der Wicklungswiderstände (mittlere Frequenzen); b Berücksichtigung der Primärinduktivität (tiefe Frequenzen); c Berücksichtigung der Streuinduktivität (hohe Frequenzen)

Bei sehr hohen Frequenzen ergibt sich ein Anstieg der Dämpfung $a_ü$ dadurch, daß die Streuinduktivität $\sigma L_1$ einen merklichen Blindwiderstand $\omega \sigma L_1$ im Längszweig der Schaltung von Abbildung 1.31 bildet. Die Querinduktivität $(1 - \sigma) L_1$ bekommt bei höheren Frequenzen einen immer geringeren Einfluß. Die näherungsweise Berechnung der oberen Frequenzgrenze geht darum vom Schaltbild nach Abb. 1.33c aus.

Bei mittleren Frequenzen schließlich wird der Hauptanteil der Dämpfung $a_ü$ durch die ohmschen Widerstände $R_{g1}$ und $R_{g2}$ der Primär- und Sekundärwicklung hervorgerufen. Bei mittleren Frequenzen kann man folglich mit der Ersatzschaltung nach Abb. 1.33a rechnen, worin abgesehen von $R_{g1}$ und $R_{g2}$ ein idealer Übertrager benutzt wird.

Es werden nun die Übertragungsfunktionen entsprechend Gl. (1.87) für die einzelnen Ersatzbilder von Abb. 1.33 berechnet.

Für den Übertrager mit endlichen Wicklungswiderständen gilt nach Abb. 1.33a

$$\frac{\underline{U}_0}{\underline{U}_2} = \frac{\underline{U}_0}{\underline{U}_{1i}} \frac{\underline{U}_{1i}}{\underline{U}_{2i}} \frac{\underline{U}_{2i}}{\underline{U}_2} = \frac{R_1 + R_{g1} + ü^2(R_{g2} + R_2)}{ü^2(R_{g2} + R_2)}\, ü\, \frac{R_{g2} + R_2}{R_2} = \frac{R_{g1} + R_1 + ü^2(R_2 + R_{g2})}{ü\, R_2}.$$

Somit lautet die Übertragungsfunktion für die Grunddämpfung

$$F_ü = e^{a_{üG} + j b_{üG}} = \frac{\underline{U}_0}{\underline{U}_2} \frac{ü\, R_2}{R_1 + ü^2 R_2} = \frac{R_1 + R_{g1} + ü^2(R_2 + R_{g2})}{R_1 + ü^2 R_2} = 1 + \frac{R_{g1} + ü^2 R_{g2}}{R_1 + ü^2 R_2}. \tag{1.88}$$

Im Normalfall sind die Wicklungswiderstände $R_{g1}$ und $R_{g2}$ klein gegen die Beschaltungswiderstände. Also wird mit $e^x \approx 1 + x$ für kleine $x$

$$a_{üG} = \frac{R_{g1} + ü^2 R_{g2}}{R_1 + ü^2 R_2}. \tag{1.89}$$

Für den Übertrager mit endlicher Primärinduktivität gilt nach Abb. 1.33b (|| bedeutet Parallelschaltung)

$$\frac{\underline{U}_0}{\underline{U}_2} = \frac{\underline{U}_0}{\underline{U}_1} \frac{\underline{U}_1}{\underline{U}_2} = \frac{R_1 + j\omega L_1 \,||\, ü^2 R_2}{j\omega L_1 \,||\, ü^2 R_2}\, ü = \frac{R_1 + \dfrac{j\omega L_1 ü^2 R_2}{j\omega L_1 + ü^2 R_2}}{\dfrac{j\omega L_1 ü^2 R_2}{j\omega L_1 + ü^2 R_2}}\, ü$$

$$= \frac{R_1 (j\omega L_1 + ü^2 R_2) + j\omega L_1 ü^2 R_2}{j\omega L_1\, ü\, R_2}. \tag{1.90}$$

Somit lautet die Übertragungsfunktion bei Berücksichtigung des Einflusses der Primärinduktivität, die für tiefe Frequenzen eine besondere Rolle spielt

$$F_{\ddot{u}} = \mathrm{e}^{a_{\ddot{u}T} + \mathrm{j} b_{\ddot{u}T}} = \frac{R_1 \,\mathrm{j}\,\omega L_1 + \ddot{u}^2 R_1 R_2 + \mathrm{j}\,\omega L_1 \ddot{u}^2 R_2}{\mathrm{j}\,\omega L_1 (R_1 + \ddot{u}^2 R_2)} = 1 + \frac{\ddot{u}^2 R_1 R_2}{\mathrm{j}\,\omega L_1 (R_1 + \ddot{u}^2 R_2)}. \tag{1.91}$$

Die Dämpfung $a_{\ddot{u}T}$ errechnet sich daraus durch Betragbildung und Logarithmieren

$$\mathrm{e}^{a_{\ddot{u}T}} = \sqrt{1 + \left(\frac{\ddot{u}^2 R_1 R_2}{\omega L_1 (R_1 + \ddot{u}^2 R_2)}\right)^2}, \tag{1.92}$$

$$a_{\ddot{u}T} = \frac{1}{2} \ln \left\{1 + \left(\frac{\ddot{u}^2 R_1 R_2}{\omega L_1 (R_1 + \ddot{u}^2 R_2)}\right)^2\right\}. \tag{1.93}$$

Für den Übertrager mit Streuinduktivität gilt nach Abb. 1.33c

$$\frac{\underline{U}_0}{\underline{U}_2} = \frac{\underline{U}_0}{\underline{U}_{1i}} \frac{\underline{U}_{1i}}{\underline{U}_2} = \frac{R_1 + \mathrm{j}\,\omega L_1 \sigma + \ddot{u}^2 R_2}{\ddot{u}^2 R_2} \ddot{u}.$$

Hiermit lautet die Übertragungsfunktion bei Berücksichtigung der Streuinduktivität, die für hohe Frequenzen eine besondere Rolle spielt:

$$F_{\ddot{u}} = \mathrm{e}^{a_{\ddot{u}H} + \mathrm{j} b_{\ddot{u}H}} = \frac{R_1 + \mathrm{j}\,\omega L_1 \sigma + \ddot{u}^2 R_2}{R_1 + \ddot{u}^2 R_2} = 1 + \frac{\mathrm{j}\,\omega L_1 \sigma}{R_1 + \ddot{u}^2 R_2}. \tag{1.94}$$

Die Dämpfung $a_{\ddot{u}H}$ berechnet sich hieraus durch Betragbildung und Logarithmieren

$$\mathrm{e}^{a_{\ddot{u}H}} = \sqrt{1 + \left(\frac{\omega L_1 \sigma}{R_1 + \ddot{u}^2 R_2}\right)^2}, \tag{1.95}$$

$$a_{\ddot{u}H} = \frac{1}{2} \ln \left\{1 + \left(\frac{\omega L_1 \sigma}{R_1 + \ddot{u}_2 R_2}\right)^2\right\}. \tag{1.96}$$

Die Gesamtdämpfung $a_{\ddot{u}}$ des Übertragers setzt sich näherungsweise aus der Summe der Grunddämpfung, der Dämpfung durch die endliche Primärinduktivität und der Dämpfung durch die Streuinduktivität zusammen

$$a_{\ddot{u}} \approx a_{\ddot{u}G} + a_{\ddot{u}T} + a_{\ddot{u}H}. \tag{1.97}$$

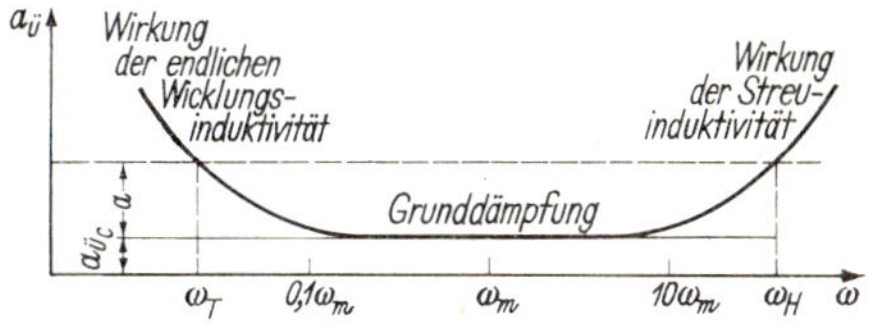


Abb. 1.34
Verlauf der Dämpfung $a_{\ddot{u}}$ über der Frequenz

Abb. 1.34 zeigt den Dämpfungsverlauf über einer logarithmischen Frequenzachse. Gibt man einen beliebigen festen Wert $a$ vor, um den die Dämpfung bei tiefen wie bei hohen Frequenzen angestiegen sein soll, der also bei $\omega_T$ und $\omega_H$ erreicht wird, so berechnet sich eine Mittenfrequenz $\omega_m$ (= geometrische Mitte von $\omega_T$ und $\omega_H$), die unabhängig davon ist, wie groß $a = a_{\ddot{u}T} = a_{\ddot{u}H}$ gewählt worden ist. Mit Gl. (1.92) und Gl. (1.95) wird

$$\mathrm{e}^{a} = \mathrm{e}^{a_{\ddot{u}T}} = \sqrt{1 + \left(\frac{R_1 \ddot{u}^2 R_2}{\omega_T L_1 (R_1 + \ddot{u}^2 R_2)}\right)^2}; \quad \mathrm{e}^{a} = \mathrm{e}^{a_{\ddot{u}H}} = \sqrt{1 + \left(\frac{\omega_H L_1 \sigma}{R_1 + \ddot{u}^2 R_2}\right)^2},$$

$$\omega_T = \frac{1}{\sqrt{\mathrm{e}^{2a_{\ddot{u}T}} - 1}} \frac{R_1 \ddot{u}^2 R_2}{L_1 (R_1 + \ddot{u}^2 R_2)}; \tag{1.98}$$

$$\omega_H = \sqrt{\mathrm{e}^{2a_{\ddot{u}H}} - 1} \, \frac{R_1 + \ddot{u}^2 R_2}{L_1 \sigma}, \tag{1.99}$$

$$\omega_m = \sqrt{\omega_T \omega_H} = \frac{\ddot{u} \sqrt{R_1 R_2}}{L_1 \sqrt{\sigma}}. \tag{1.100}$$

Für die relative Bandbreite $\omega_H/\omega_T$ ergibt sich folgender Ausdruck:

$$\frac{\omega_H}{\omega_T} = \sqrt{(e^{2a_{\ddot{u}T}} - 1)(e^{2a_{\ddot{u}H}} - 1)} \frac{(R_1 + \ddot{u}^2 R_2)^2}{\sigma R_1 \ddot{u}^2 R_2}.$$

Wegen $a_{\ddot{u}T} = a_{\ddot{u}H} = a$ ist

$$\frac{\omega_H}{\omega_T} = (e^{2a} - 1)\frac{1}{\sigma}\left(\frac{R_1}{\ddot{u}^2 R_2} + 2 + \frac{\ddot{u}^2 R_2}{R_1}\right). \tag{1.101}$$

Die Bandbreite wird damit im wesentlichen durch den Streugrad $\sigma$ bestimmt. Ferner ergibt sich, daß die Bandbreite durch Überanpassung $\ddot{u}^2 R_2 > R_1$ oder durch Unterpassung $\ddot{u}^2 R_2 < R_1$ erhöht werden kann.

*Konstruktion eines Übertragers für relativ breite Frequenzbänder und reeller Beschaltung.* Für die Konstruktion eines solchen Übertragers sind in der Regel vorgegeben:

1. Die Beschaltungswiderstände $R_1$ und $R_2$.
2. Der Eingangswiderstand $\underline{W}_1$ des Übertragers, auf den der Abschlußwiderstand $R_2$ transformiert werden soll (Widerstandsformation).
3. Die absolute Bandbreite, d. h. die obere und untere Bandgrenze $\omega_H$ und $\omega_T$ sowie der Wert der Dämpfung $a_{\ddot{u}H}$ bzw. $a_{\ddot{u}T}$, der an den Bandgrenzen erreicht werden darf.
4. Die Grunddämpfung $a_{\ddot{u}G}$ (praktische Werte für $a_{\ddot{u}G}$ liegen in der Größenordnung von zehntel bis einigen db).

Als erstes lassen sich das Übersetzungsverhältnis $\ddot{u}$ sowie der primäre Wicklungswiderstand $R_{g1}$ berechnen. Der gegebene Eingangswiderstand $\underline{W}_1$ ist nämlich nach Abb. 1.33a

$$\underline{W}_1 = R_{g1} + \ddot{u}^2(R_2 + R_{g2}). \tag{1.102}$$

Stellt man für Primär- und Sekundärwicklung gleichen Wickelraum zur Verfügung, dann gilt mit Gl. (1.40)

$$\frac{R_{g1}}{R_{g2}} = \frac{A_R w_1^2}{A_R w_2^2} = \ddot{u}^2. \tag{1.103}$$

Führt man Gl. (1.103) in Gl. (1.102) und Gl. (1.89) ein, so hat man zwei Bestimmungsgleichungen für $R_{g1}$ und für $\ddot{u}$.

$$\underline{W}_1 = 2R_{g1} + \ddot{u}^2 R_2, \tag{1.104}$$

$$a_{\ddot{u}G} = \frac{2R_{g1}}{R_1 + \underline{W}_1 - 2R_{g1}} \rightarrow R_{g1} = \frac{(R_1 + \underline{W}_1)\,a_{\ddot{u}G}}{2(1 + a_{\ddot{u}G})}. \tag{1.105}$$

Als nächstes läßt sich die Primärinduktivität $L_1$ berechnen. Dazu wird Gl. (1.98) benutzt:

$$L_1 = \frac{1}{\sqrt{e^{2a_{\ddot{u}T}} - 1}} \frac{1}{\omega_T} \frac{R_1 \ddot{u}^2 R_2}{R_1 + \ddot{u}^2 R_2}. \tag{1.106}$$

Für den Fall, daß die zugelassene Dämpfung $a_{\ddot{u}T} = 3$ db $= 0{,}35$ N ist, wird der Wurzelausdruck zu Eins und die Formel lautet vereinfacht:

$$L_1 = \frac{1}{\omega_T} \cdot \frac{R_1 \ddot{u}^2 R_2}{R_1 + \ddot{u}^2 R_2}. \tag{1.107}$$

Aus der Primärinduktivität $L_1$ und dem Primärwicklungswiderstand $R_{g1}$ läßt sich nun die Mindestgröße des zu verwendenden Übertragerkerns berechnen. Es ist eine gewisse Mindestgröße erforderlich, denn wenn der Kern zu klein ist, läßt sich zwar entweder durch Verwendung von sehr dünnem Draht die erforderliche Primärinduktivität $L_1$ aufbringen, dann ist aber Wicklungswiderstand $R_{g1}$ zu groß, oder es läßt sich durch Verwendung von dickerem Draht die Forderung nach $R_{g1}$ einhalten, aber dann wird die Windungszahl und damit $L_1$ zu klein. Es ist also das Verhältnis $R_{g1}/L_1$ wichtig.

Für die Induktivität eines bewickelten Kerns gilt mit Gl. (1.32), wenn man zunächst vom allgemeinsten Fall ausgeht, daß der Kern auch einen Luftspalt haben kann,

$$L_1 = \frac{w_1^2}{R_m} = \frac{F_K \mu_0 \mu_{\text{eff}}}{l_{KE}} w_1^2. \tag{1.108}$$

Im Fall, daß kein Luftspalt vorhanden ist, ist $\mu_{\text{eff}} = \mu_{rA}$ (Anfangspermeabilität) zu setzen. Für den Gleichstromwiderstand dieser Wicklung gilt nach Gl. (1.39) ($\varrho = 1/\varkappa$, für die Primärentwicklung sei die halbe Wickelfläche verfügbar)

$$R_{g1} = \frac{2\varrho\, l_w}{f_K F_w} w_1^2. \tag{1.109}$$

Somit ist

$$\frac{R_{g1}}{L_1} = \frac{2\varrho\, l_w l_{KE}}{f_K F_w F_K} \frac{1}{\mu_0 \mu_{\text{eff}}}. \tag{1.110}$$

Gl. (1.110) gibt an, welches minimale $R_{g1}/L_1$-Verhältnis die Kernabmessungen zulassen: Das auf Grund der elektrischen Übertragerdaten geforderte $R_{g1}/L_1$-Verhältnis muß größer sein. Dieses errechnet sich mit den Gl. (1.105) und Gl. (1.106) zu

$$\frac{R_{g1}}{L_1} = \frac{(R_1 + \underline{W}_1)\, a_{\ddot{u}G}}{2(1 + a_{\ddot{u}G})} \sqrt{e^{2a_{\ddot{u}T}} - 1}\, \omega_T \frac{R_1 + \ddot{u}^2 R_2}{R_1 \ddot{u}^2 R_2}. \tag{1.111}$$

Da es sich speziell hier bei der Berechnung des $R_{g1}/L_1$-Verhältnisses nur um eine grobe Kontrolle handelt, ob dieses Verhältnis größer ist als das, welches der Kern gewährleistet, kann hier $\ddot{u}^2 R_2 = \underline{W}_1$ gesetzt werden anstelle der genauen Beziehung von Gl. (1.104). Nun ergibt sich mit Gl. (1.111) und Gl. (1.110)

$$\mu_0 \mu_{\text{eff}}\, a_{\ddot{u}G}\, \omega_T \sqrt{e^{2a_{\ddot{u}T}} - 1} \frac{(R_1 + \underline{W}_1)^2}{2(1 + a_{\ddot{u}G}) R_1 \underline{W}_1} = \frac{2\varrho\, l_w l_{KE}}{f_K F_w F_K}. \tag{1.112}$$

Auf der linken Seite von Gl. (1.112) stehen bekannte Größen, die als elektrische Übertragerdaten gegeben sind. Auf der rechten Seite steht ein Ausdruck, der durch die Geometrie des Kerns gegeben ist. Tab. 1.6 gibt diesen Ausdruck für die gängigsten genormten Kerntypen der *E*- und *M*-Schnitte wieder (vgl. auch Tab. 1.5)

Tabelle 1.6 *Kerntyp und Kenngröße für Kernabmessungen mit Kupferfüllfaktor* $f_K = 0{,}5$ *und* $\varrho = 1{,}7\ \mu\Omega\text{cm}$ *für Kupfer*

| Kern | E 30 | E 48 | E 60 | E 66 | E 78 | E 84a | E 92a | E 106a | |
|---|---|---|---|---|---|---|---|---|---|
| $\frac{2\varrho\, l_w l_{KE}}{f_K F_w F_K}$ | 326 | 127 | 81,6 | 68,6 | 47,7 | 41,2 | 39,1 | 25,9 | $\frac{\mu\Omega}{\text{cm}}$ |
| **Kern** | **M 20** | **M 30** | **M 42** | **M 55** | **M 65** | **M 74** | **M 85a** | **M 102a** | |
| $\frac{2\varrho\, l_w l_{KE}}{f_K F_w F_K}$ | 920 | 407 | 128 | 73 | 50,2 | 36,7 | 32,7 | 23,8 | $\frac{\mu\Omega}{\text{cm}}$ |

Mit Gl. (1.112) und Tab. 1.6 kann also aus dem Wicklungswiderstand $R_{g1}$ und der Primärinduktivität $L_1$ der Kerntyp bestimmt werden, wenn man eine bestimmte Anfangspermeabilität $\mu_{rA}$ oder allgemeiner eine bestimmte effektive Permeabilität $\mu_{\text{eff}}$ (im Fall eines z. B. wegen Gleichstromvormagnetisierung notwendigen

Luftspaltes) voraussetzt. Da die ganze Rechnung eine konstante Induktivität $L_1$ und damit auch eine konstante Permeabilität $\mu_{rA}$ oder $\mu_{eif}$ zur Voraussetzung hat, empfiehlt sich an dieser Stelle eine Kontrollrechnung mit Gl. (0.103) und Gl. (1.56) sowie z. B. mit Abb. 1.20 und Abb. 1.21 (falls Dynamoblech IV verwendet werden soll), um zu prüfen, inwieweit die Linearität gegeben ist. Werden keine großen Anforderungen an die Linearität gestellt, und wenn damit der Klirrfaktor nicht sehr klein gehalten werden muß, dann dürfen bei NF-Übertragern die in Tab. 1.7 angegebenen maximalen Induktionen $B_{max}$ erreicht werden.

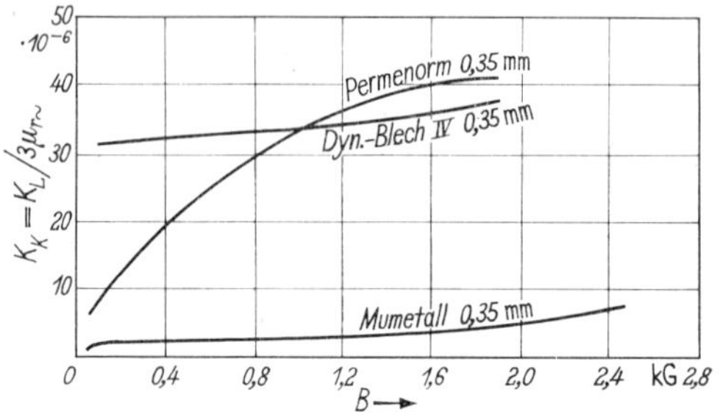


Abb. 1.35. Eisenklirrwerte 3. Ordnung bei 50 Hz in Abhängigkeit von der Induktion

Tabelle 1.7 *Maximal zulässige Induktionen bei NF-Übertragern*

| Blechsorte | $B_{max}$ |
|---|---|
| Dynamoblech IV. . . . . | 5000 G |
| Permenorm 30 % NiFe . . | 8000 G |
| Mumetall . . . . . . . . | 4000 G |

Werden sehr kleine Klirrfaktoren verlangt, d. h. hohe Forderungen an die Linearität gestellt, dann muß anhand der Eisenkennlinien die Maximalaussteuerung festgelegt werden. Je höher die Anforderungen sind, desto kleiner wird die maximal zulässige Aussteuerung und damit desto größer die Kerntype.

Für die Blecharten von Tab. 1.7 sind in Abb. 1.35 empirische Kurven für die Eisenklirrwerte 3. Ordnung angegeben, welche den Hauptanteil des Klirrens bilden. Mit ihrer Hilfe läßt sich der Klirrfaktor bei geringen Aussteuerungen vorausberechnen. Bei bekannter Permeabilität $\mu_{r\sim}$ läßt sich aus Abb. 1.35 zunächst der Leerlaufklirrfaktor $K_L$ ablesen, wobei $K_L$ folgendermaßen definiert ist:

Der Übertrager sei sekundärseitig im Leerlauf, primärseitig werde er mit einem Urstrom $\underline{I}_{\omega_0}$ der Frequenz $\omega_0$ (aus einem Generator mit sehr hohem Innenwiderstand) betrieben. Über der Primärinduktivität wird dann eine Spannung abfallen, die sich aus einer Grundwellenspannung $\underline{U}_{\omega_0}$ und den Oberwellenspannungen $\underline{U}_{\omega_n}$ zusammensetzt ($\omega_n = 2\omega_0; 3\omega_0; \ldots$) s. Abb. 1.36a. Der Leerlaufklirrfaktor $n$-ter Ordnung berechnet sich nun zu

$$K_{Ln} = \frac{\underline{U}_{\omega_n}}{\underline{U}_{\omega_0}}. \tag{1.113}$$

Den Klirrfaktor $K$ des belasteten Übertragers kann man aus dem Leerlaufklirrfaktor $K_L$ folgendermaßen berechnen: Man ersetzt in Gedanken die Primärinduktivität $L_1$ des Übertragers durch einen klirrenden Generator, der die Spannungen $\underline{U}_{\omega_0}$

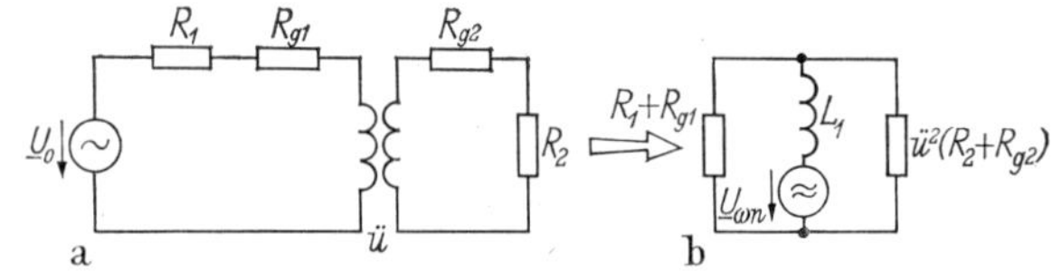


Abb. 1.36. Ersatzbild für die Klirrfaktorberechnung

und $\underline{U}_{\omega_n}$ erzeugt, und der den inneren Widerstand $\underline{W}_{\omega_n} = \mathrm{j}\,\omega\,n\,L_1$ hat. $\underline{W}_{\omega_n}$ ist also frequenzabhängig und für die einzelnen Oberwellenkomponenten verschieden. Alle übrigen Widerstände (Wicklungswiderstände $R_{g1}$, $R_{g2}$ und die äußeren Beschaltungswiderstände $R_1$, $R_2$, usw.) stellen nun die Belastung $Z$ des klirrenden

Generators dar. Die an den Klemmen des klirrenden Generators auftretende Klirrspannung berechnet sich durch Spannungsteilung von $\underline{W}_{\omega_n}$ und der Belastung $Z$. Somit ergibt sich für den Klirrfaktor $n$-ter Ordnung:

$$K_n = K_{Ln} \left| \frac{Z}{Z + \underline{W}_{\omega_n}} \right| . \tag{1.114}$$

Abb. 1.35 gibt speziell $K_{Ln}$ für $n = 3$ wieder. Für Abb. 1.36b errechnet sich die Belastung $Z$ zu

$$Z = (R_1 + R_{g1}) \| \ddot{u}^2 (R_2 + R_{g2}), \tag{1.115}$$

wenn $|\underline{W}_{\omega_n}| \gg Z$, gilt

$$K_n \approx L_{Ln} \left| \frac{Z}{\underline{W}_{\omega_n}} \right| . \tag{1.116}$$

Nachdem beim Übertrager das Übersetzungsverhältnis $\ddot{u}$, der Wicklungswiderstand $R_{g1}$ die Induktivität $L_1$ und die Kerntype festliegen, wobei letztere noch den eventuell zusätzlich gestellten Forderungen an den Klirrfaktor genügt, liegen die Windungszahlen $w_1$ [nach Gl. (1.108)] und $w_2$ (über $\ddot{u}$) und der Drahtdurchmesser fest. Schließlich ist nun noch der zulässige Streugrad $\sigma_{\text{zul}}$ zu berechnen. Nach Gl. (1.99) ist

$$\sigma_{\text{zul}} \leqq \frac{\sqrt{e^{2a_{\ddot{u}H}} - 1}\,(R_1 + \ddot{u}^2 R_2)}{\omega_H L_1} . \tag{1.117}$$

Für den Fall, daß die zugelassene Dämpfung $a_{\ddot{u}H} = 3$ db $= 0{,}35$ N ist, wird der Wurzelausdruck zu Eins und die Formel lautet vereinfacht

$$\sigma_{\text{zul}} \leqq \frac{R_1 + \ddot{u}^2 R_2}{\omega_H L_1} . \tag{1.118}$$

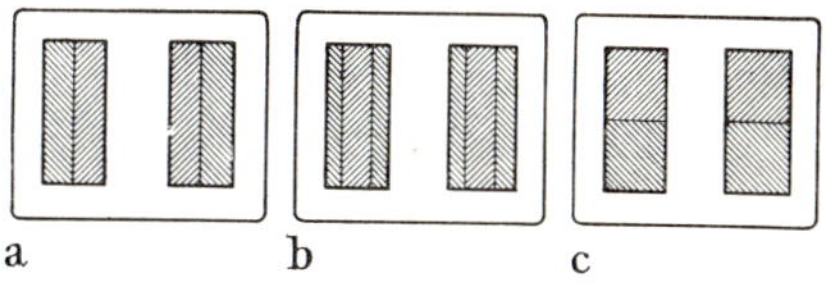

Abb. 1.37. Wickelformen; ▨ = Primärwicklung, ▧ = Sekundärwicklung a und b Lagenwicklung; c Kammerwicklung

Die Realisierung des geforderten zulässigen Streugrades $\sigma_{\text{zul}}$ ist eine Frage des Wickelschemas, d. h. in welcher Form man die Wicklungen auf den Kern aufbringt. Der Streugrad ist rechnerisch nicht leicht zu erfassen. Der Ansatz der Berechnung geht von der Berücksichtigung aller möglichen Feldlinienwege (und ihrer magnetischen Widerstände) aus, die wohl die Primär- nicht jedoch die Sekundärwicklung durchsetzen. Für die in Abb. 1.37 angegebenen Wickelformen errechnen sich auf diese Weise angenähert folgende Formeln [*6*]: Für die Lagewicklung nach Abb. 1.37a ($h_w$ ist die Höhe, d. h. bei der rechteckigen Winkelfläche von Abb. 1.37a die Schmalseite, $b_w$ die Breite der Primärwicklung)

$$\sigma_{LA} \approx \frac{1}{\mu_{\text{eff}}} \frac{l_{KE}}{2F_K} \frac{l_w h_w}{b_w} , \tag{1.119}$$

für die Lagenwicklung nach Abb. 1.37b

$$\sigma \approx \tfrac{1}{4} \sigma_{LA} , \tag{1.120}$$

und für die Wickelform nach Abb. 1.37c (Kammerwicklung)

$$\sigma \approx 9 \sigma_{LA} . \tag{1.121}$$

Die Kammerwicklung ist also sehr ungünstig für einen kleinen Streugrad. (Sie ist allerdings günstig in Hinblick auf kleine Wickelkapazität.) Sehr günstige Verhältnisse in Hinblick auf Streuung erzielt man durch Verwendung von Bifilarwicklungen, die allerdings sehr große Kapazitäten haben. Hier müssen die Streugrade gemessen werden.

#### 1.4.2.2 Der Übertrager mit relativ hochohmiger oder vorwiegend kapazitiver Beschaltung

Bei Übertragern dieser Art ergibt sich eine hinreichende Übereinstimmung von Theorie und Praxis, wenn man die endliche Primärinduktivität, die Streuinduktivität und die Wickelkapazität in die Rechnung einbezieht und die ohmschen Verluste vernachlässigt. Das besondere Kennzeichen an diesen Übertragern ist das Auftreten von Resonanzeffekten, weshalb man diese Übertrager auch als *Resonanzübertrager* bezeichnet.

Ausgangspunkt unserer Betrachtungen ist der Übertrager mit endlicher Primärinduktivität und Streuung sowie dessen Ersatzbild nach Abb. 1.31, weil dieses Ersatzbild für das Einzeichnen von zusätzlichen Wickelkapazitäten geeignet ist. Bevor aber die Wickelkapazitäten eingezeichnet werden, wollen wir noch folgende zwei Vereinfachungen bzw. Einschränkungen machen:

1. Es sollen nur solche Übertrager betrachtet werden, bei denen die Streuung gering ist, d. h. $(1-\sigma) \approx 1$. Damit ergibt sich in Abb. 1.31 für $(1-\sigma)\,L_1 \approx L_1$ und $\ddot{u} = \frac{w_1}{w_2}\sqrt{1-\sigma} \approx \frac{w_1}{w_2}$.

2. Der Übertrager soll nur sekundärseitig hochohmig beschaltet werden. Primärseitig soll er an einen Generator mit relativ kleinem Innenwiderstand angeschlossen werden. Das hat zur Folge, daß nur die Wickelkapazität $C_2$ der Sekundärwicklung berücksichtigt werden muß (vgl. Kap. 1.4.2.1 des Übertragers mit beidseitig relativ niederohmiger Beschaltung, wo sämtliche Wickelkapazitäten vernachlässigt werden konnten). Es sei hier noch vermerkt, daß es noch einen technisch wichtigen Fall gibt, wo die Beschaltung auf beiden Seiten hochohmig ist, so daß die Wickelkapazitäten von Primär- und Sekundärwicklung berücksichtigt werden müssen. Dies ist bei den sogenannten Bandfiltern der Fall, die primärseitig mit einem eingeprägten Strom betrieben werden, und die überdies lose gekoppelt sind, so daß $(1-\sigma) \neq 1$. Auf die Theorie der Bandfilter wird später in Abschn. 2.4 noch eingegangen werden.

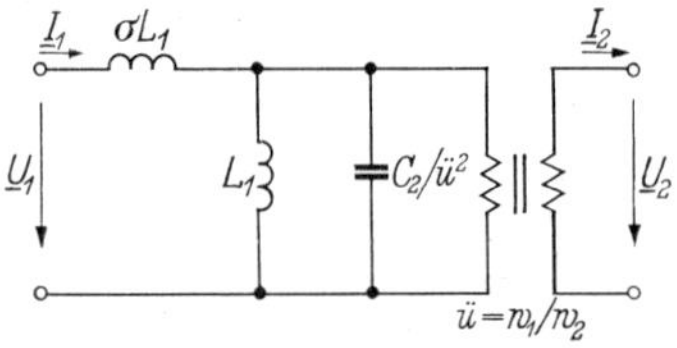

Abb. 1.38. Ersatzbild des sekundärseitig hochohmig beschalteten Übertragers

Ein wichtiger Anwendungsfall des Resonanzübertragers ist der Mikrophonübertrager, der primärseitig von einem Mikrophon mit kleinem Innenwiderstand betrieben wird, und der sekundärseitig auf das Gitter einer Verstärkerröhre führt und damit ausgangsseitig praktisch leerläuft.

Auf Grund obiger Einschränkungen ergibt sich nun als Ersatzbild mit übersetzter sekundärer Wickelkapazität die Abb. 1.38.

Die Wickelkapazität $C_2/\ddot{u}_2$ ermöglicht zwei Resonanzen, die Hauptresonanz

$$\omega_0 = \frac{1}{\sqrt{L_1 \frac{C_2}{\ddot{u}^2}}} = \frac{1}{\sqrt{L_2 C_2}} \tag{1.122}$$

und die Streuresonanz

$$\omega_{0\sigma} = \frac{1}{\sqrt{\sigma L_1 \frac{C_2}{\ddot{u}^2}}} = \frac{1}{\sqrt{\sigma L_2 C_2}}\,. \tag{1.123}$$

Wie beim Übertrager mit relativ niederohmiger reeller Beschaltung lassen sich auch beim Resonanzübertrager 3 Frequenzgebiete unterscheiden. Das mittlere Frequenzgebiet liegt bei der Hauptresonanz $\omega_0$. Hier können sämtliche Induktivitäten und Kapazitäten vernachlässigt werden, und der Übertrager kann als ideal angesehen werden. Bei tiefen Frequenzen kann man die Streuinduktivität und die Kapazität vernachlässigen, bei hohen Frequenzen kann die Induktivität $L_1$ vernachlässigt werden. Es bleiben also die Ersatzbilder von Abb. 1.39. Darin ist die sekundärseitige Beschaltung weggelassen, weil sie nach Voraussetzung entweder hochohmig ist, d. h. vernachlässigt werden kann, oder vorwiegend kapazitiv ist, d. h. die kapazitive Beschaltung kann in die Wickelkapazität $C_2$ einbezogen werden.

Nach Gl. (1.87) lautet die Übertragungsfunktion

$$F_{ü} = \frac{\underline{U}_0}{\underline{U}_2} \frac{ü\, \underline{Z}_2}{\underline{Z}_1 + ü^2\, \underline{Z}_2}.$$

Für den hier vorliegenden Leerlauffall $\underline{Z}_2 = \infty$ und mit $\underline{Z}_1 = R_1$ ergibt sich

$$F_{ü} = \frac{\underline{U}_0}{\underline{U}_2} \frac{ü}{\dfrac{R_1}{\underline{Z}_2} + ü^2} = \frac{\underline{U}_0}{\underline{U}_2} \frac{1}{ü} = \mathrm{e}^{a_ü + \mathrm{j}\, b_ü}. \tag{1.124}$$

Für tiefe Frequenzen errechnet sich nach Abb. 1.39a

$$\frac{\underline{U}_0}{ü\, \underline{U}_2} = \frac{R_1 + \mathrm{j}\, \omega\, L_1}{\mathrm{j}\, \omega\, L_1} = 1 + \frac{R_1}{\mathrm{j}\, \omega\, L_1}. \tag{1.125}$$

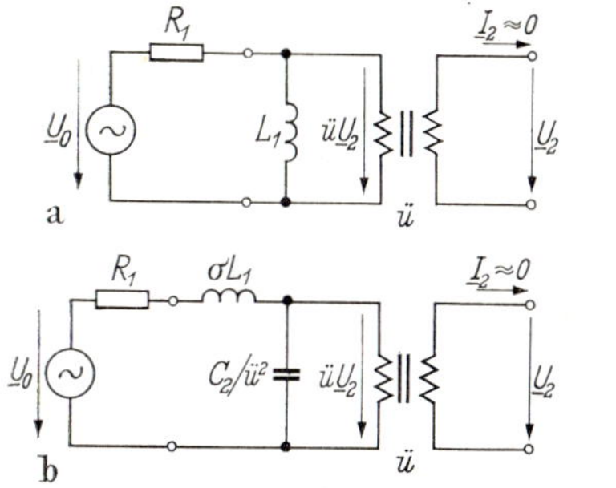


Abb. 1.39. Ersatzbild des Resonanzübertragers a für tiefe Frequenzen; b für hohe Frequenzen

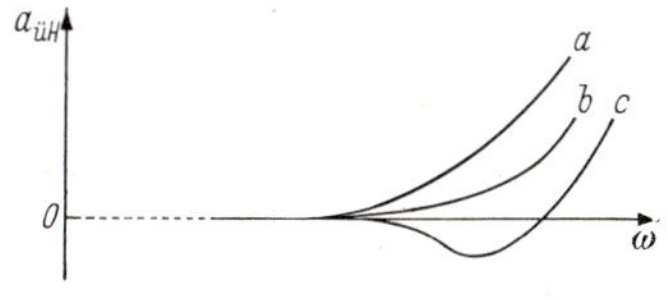


Abb. 1.40. Verlauf von $a_{üH}(\omega)$
$a$-Kurve für $(C_2\, R_1^2 - 2\, ü^2\, \sigma\, L_1) > 0$;
$b$-Kurve für $(C_2\, R_1^2 - 2\, ü^2\, \sigma\, L_1) = 0$;
$c$-Kurve für $(C_2\, R_1^2 - 2\, ü^2\, \sigma\, L_1) < 0$

Aus Gl. (1.125) ergibt sich durch Betragbildung für die Betriebsdämpfung

$$\mathrm{e}^{a_{ü\, T}} = \sqrt{1 + \left(\frac{R_1}{\omega\, L_1}\right)^2}. \tag{1.126}$$

Für hohe Frequenzen folgt aus Abb. 1.39b

$$\frac{\underline{U}_0}{ü\, \underline{U}_2} = \frac{R_1 + \mathrm{j}\, \omega\, \sigma\, L_1 + \dfrac{ü^2}{\mathrm{j}\, \omega\, C_2}}{\dfrac{ü^2}{\mathrm{j}\, \omega\, C_2}} = \frac{ü^2 + \mathrm{j}\, \omega\, C_2\, R_1 - \omega^2\, \sigma\, L_1\, C_2}{ü^2}. \tag{1.127}$$

Daraus errechnet sich durch Betragbildung

$$\mathrm{e}^{a_{ü\, H}} = \sqrt{\frac{ü^4 - 2\, ü^2\, \omega^2\, \sigma\, L_1\, C_2 + \omega^4\, \sigma^2\, L_1^2\, C_2^2 + \omega^2\, C_2^2\, R_1^2}{ü^4}}$$

$$= \sqrt{1 + \frac{\omega^2\, C_2 (C_2\, R_1^2 - 2\, ü^2\, \sigma\, L_1) + \omega^4\, \sigma^2\, L_1^2\, C_2^2}{ü^4}}. \tag{1.128}$$

Abb. 1.40 zeigt den Verlauf der Dämpfung $a_{ü\, H}$ bei hohen Frequenzen nach Gl. (1.128). Aus diesem Bild ist zu ersehen, daß beim Resonanzübertrager mit größerer Streuung unter gewissen Umständen eine größere Bandbreite erreicht werden kann. Wird die Streuung zu groß, dann tritt eine *Streuspitze* auf, d. h., es ergibt sich dort eine negative Betriebsdämpfung. Maßgebend ist der Ausdruck in der Klammer in Gl. (1.128)

$$Kl = C_2\, R_1^2 - 2\, ü^2\, \sigma\, L_1. \tag{1.129}$$

Bei der Konstruktion wird in der Regel der Fall $Kl = 0$ angestrebt.

*Konstruktion eines Resonanzübertragers.* Für die Konstruktion eines Resonanzübertragers sind in der Regel durch die Anwendung vorgegeben:

1. der Beschaltungswiderstand $R_1$,
2. die absolute Bandbreite, d. h. die untere Bandgrenze $\omega_T$ und die obere Bandgrenze $\omega_H$ sowie der an den Bandgrenzen maximal zulässige Dämpfungsanstieg $a_{\ddot{u}\,T}$ und $a_{\ddot{u}\,H}$,
3. das Übersetzungsverhältnis $\ddot{u} = w_1/w_2$.

Gesucht sind Primär- und Sekundärinduktivität $L_1$, $L_2$, die Windungszahlen, die Kerntype, der Streugrad $\sigma$ sowie die Kapazität $C_2$ (welche eventuell noch durch eine Zusatzkapazität an den Sekundärklemmen zu ergänzen ist).

Als erstes läßt sich die Primärinduktivität $L_1$ aus Gl. (1.126) errechnen. Es ergibt sich durch Auflösen nach $L_1$

$$L_1 = \frac{R_1}{\omega_T \sqrt{e^{2 a_{\ddot{u}\,T}} - 1}} . \tag{1.130}$$

Für den Fall, daß man sich auf einen Dämpfungsanstieg $a_{\ddot{u}\,T} = 3$ db bezieht, wird die Wurzel zu Eins, und es bleibt:

$$L_1 = \frac{R_1}{\omega_T} . \tag{1.131}$$

Die Sekundärinduktivität ergibt sich aus $L_1$ und $\ddot{u}$ zu

$$L_2 = L_1 \left(\frac{w_2}{w_1}\right)^2 = \frac{L_1}{\ddot{u}^2} . \tag{1.132}$$

Der Streugrad $\sigma$ errechnet sich aus Gl. (1.128) und Gl. (1.129) mit der Voraussetzung $Kl = 0$

$$e^{2 a_{\ddot{u}\,H}} - 1 = \frac{\omega_H^4 \sigma^2 L_1^2 C_2^2}{\ddot{u}^4} ,$$

$$\sigma\, C_2 = \frac{\ddot{u}^2}{\omega_H^2 L_1} \sqrt{e^{2 a_{\ddot{u}\,H}} - 1} . \tag{1.133}$$

Aus Gl. (1.129) wird noch

$$\frac{\sigma}{C_2} = \frac{R_1^2}{2\, \ddot{u}^2 L_1} . \tag{1.134}$$

Mit Gl. (1.133) und Gl. (1.134) hat man zwei Gleichungen für die beiden Unbekannten $\sigma$ und $C_2$, alle anderen Größen sind bekannt.

Die Übertragergröße bestimmt sich bei Resonanzübertragern aus der Größe von $L_2$ (und $L_1$) und der gewählten Drahtstärke. Die Drahtstärke bestimmt sich in diesem Fall lediglich nach mechanischen bzw. technologischen Gesichtspunkten. Sie darf sehr dünn sein, da hier praktisch keine Wirkleistung übertragen wird. Liegt die Übertragergröße fest, dann liegen auch die Windungszahlen über $L$ und $A_L$-Wert fest.

Über die Berechnung der Größe der Wickelkapazität s. Abschn. 1.3.3. Ein typischer Wert für $C_1$ und $C_2$ bei Übertragern, der Niederfrequenztechnik liegt bei 100 pF. Für den Fall $\ddot{u} = 0{,}1$ ergibt sich daraus $C_2/\ddot{u}^2 = 10000$ pF.

### 1.4.2.3 Abschließende Bemerkungen über weitere Übertragerarten

Die in den letzten beiden Abschnitten behandelten Übertragertypen, der Breitbandübertrager und der Resonanzübertrager, waren beide im Frequenzbereich berechnet worden. Es wurde also lediglich der zu übertragende Frequenzbereich mit den zugelassenen Dämpfungen an den Bandgrenzen und in Bandmitte und die äußere Beschaltung vorgegeben. Das Betriebswinkelmaß $b_{\ddot{u}}(\omega)$ ergibt sich dann aus der Rechnung.

Sollen über einen Übertrager Signale, die einen impulsförmigen Verlauf im Zeitbereich haben, möglichst unverzerrt oder mit nur geringen Verzerrungen übertragen werden, dann sind die besprochenen Entwurfsverfahren unzweckmäßig. Der Entwurf solcher sogenannter Impulsübertrager erfolgt zweckmäßigerweise im Zeitbereich. Ausgangspunkt sind in diesem Fall die Transformatorgleichungen in Differentialform Gl. (1.80) und Gl. (1.81). Für den Fall, daß z. B. Wickelkapazitäten nicht vernachlässigbar sind, ist von einem abgewandelten Ersatzbild, in welches diese Kapazitäten zusätzlich eingetragen sind — z. B. Abb. 1.38 —, auszugehen. Für dieses Ersatzbild ist dann eventuell die vollständige Differentialgleichung aufzustellen, in der die Parameter dann so bestimmt werden, daß bei gegebener Beschaltung und Eingangszeitfunktion $u_1(t)$ die Ausgangszeitfunktion $u_2(t)$ die gewünschte Form hat. Meist wird die vollständige Differentialgleichung jedoch sehr kompliziert ausfallen, so daß mit ihr praktisch nur sehr schlecht zu rechnen ist. In solchen Fällen trennt man das Problem im Zeitbereich in einfachere Teilprobleme auf, d. h., man überlegt sich a) welche Elemente z. B. einen Impulsanstieg stark beeinflussen und rechnet dann nur mit diesen Elementen für den zeitlichen Bereich des Impulsanstieges oder b) welche Elemente z. B. ein Impulsdach stark beeinflussen und rechnet dann nur mit diesen Elementen für den Zeitabschnitt des Impulsdaches usw. Das grundsätzliche Verfahren entspricht dem, welches im Frequenzbereich angewendet worden war. Auch dort wurde der Frequenzbereich in Teilbereiche aufgetrennt, und es wurden z. B. bei tiefen Frequenzen die Elemente in die Rechnung einbezogen, welche einen starken Einfluß bei tiefen Frequenzen haben. Die Verwendung eines entsprechenden Verfahrens im Zeitbereich setzt natürlich voraus, daß man anhand der Schaltung erkennen kann, welche Elemente auf bestimmte zeitliche Verläufe einen starken Einfluß haben und welche einen geringen. Diese Frage kann häufig bereits dadurch geklärt werden, daß man berücksichtigt, daß die Spannung über einem Kondensator sich nicht unstetig ändern kann (wohl aber der Strom durch den Kondensator) und daß der Strom durch eine Spule sich nicht unstetig ändern kann (wohl aber die Spannung über der Spule), wenn nicht eingeprägte Kräfte unmittelbar an diesen Elementen wirken. Weitere Zeitbereichsbetrachtungen folgen im Abschn. 4 über Impulstechnik.

Bei den in den letzten beiden Abschnitten erläuterten Entwurfsverfahren wurden ferner die Wirkverluste im Eisenkern vernachlässigt. Das konnte näherungsweise deshalb getan werden, weil die magnetische Aussteuerung des Kernmaterials stets relativ gering gehalten wurde. Ein Anwendungsfall, bei dem das nicht getan wird, ist der Netztransformator, der die Spannung des öffentlichen Stromversorgungsnetzes auf einen für den Betrieb einer elektronischen Apparatur geeigneten Wert transformieren soll. Die Gesichtspunkte für die Dimensionierung eines Netztransformators liegen darin, möglichst hohe übertragbare Leistung bei kleinen geometrischen Abmessungen des gegebenen Kernmaterials zu erzielen. Die Problematik, die sich dabei ergibt, kann etwa wie folgt umrissen werden: Je größer die übertragene Leistung in einem Netztransformator ist, desto höher ist auch die Verlustleistung in den Wicklungen des Transformators (Kupferverluste). Diese Kupferverluste lassen sich dadurch verkleinern, daß man mit weniger Windungen bei gegebener Spannung auszukommen versucht. Je weniger Windungen man jedoch bei gegebener Spannung verwendet, desto größer ist die magnetische Aussteuerung des Kernmaterials und desto größer werden damit die Hystereseverluste im Kernmaterial (Eisenverluste). Kupferverluste und Eisenverluste erwärmen den Transformator. Legt man eine obere Grenze für die zulässige Übertemperatur des Transformators gegenüber seiner Umgebung fest, was notwendig ist, wenn z. B. das Isoliermaterial nicht beschädigt werden soll, dann ist damit auch eine obere Grenze für die maximal zulässige Summe von Eisen- und Kupferverlusten gegeben. Da für den Anstieg der Eisenverluste und für den Abfall der Kupferverluste bei höheren Aussteuerungen nichtlineare Gesetze gelten, ergibt sich eine optimale Aussteuerung, bei der die Summe der Verluste minimal wird bei konstanter sekundärseitig abgegebener Leistung und gegebenem Kernmaterial. Diese optimale Aussteuerung liegt bei den üblichen Dynamoblechen etwa zwischen 12 kG und 15 kG. Darum legt man der Dimensionierung von Netztransformatoren gewöhnlich eine Induktion von 12 kG zugrunde. Für nähere Einzelheiten beim Entwurf von Netztransformatoren muß auf die Spezialliteratur verwiesen werden [*15*].

## 1.5 Piezoelektrische und magnetostriktive Schwinger

Piezoelektrische Schwinger oder Schwingkristalle (meist Quarze) und magnetostriktive Schwinger (meist Ferritschwinger) werden in der elektrischen Nachrichtentechnik hauptsächlich als frequenzbestimmende Elemente verwendet. Bekanntlich können zwar durch Serien- oder Parallelschalten einer Induktivität und einer Kapazität die schwingfähigen Schaltungen des Serien- bzw. Parallelresonanzkreises hergestellt werden, die eine ganz bestimmte Resonanzfrequenz $\omega_r$ mit

$$\omega_r = \frac{1}{\sqrt{L C}} \tag{1.135}$$

haben, womit also frequenzbestimmende Elemente zur Verfügung stehen. In der Praxis werden zwar auch in den meisten Anwendungsfällen elektrische Schwingkreise benutzt. Allerdings kommen diese Schwingkreise, deren Verhalten im einzelnen noch ausführlich im Abschn. 2.1.1 diskutiert wird, für alle diejenigen Fälle nicht in Frage, bei denen eine hohe Frequenzkonstanz und eine hohe Güte (wobei *hohe Güte* hier bedeutet, daß die Schwingung nur wenig gedämpft ist) verlangt wird. Das liegt daran, daß die technisch herstellbaren Kondensatoren und Spulen nur sehr beschränkt das Verhalten einer idealen Kapazität $C$ bzw. einer idealen Induktivität $L$ repräsentieren, wie das in den Abschn. 1.2 und 1.3 ausführlich erläutert wurde.

Im allgemeinen haben mechanische Schwingungen fester Körper eine wesentlich geringere Dämpfung und bessere Frequenzkonstanz als die Schwingungen elektrischer Schwingkreise. Piezoelektrische und magnetostriktive Schwinger sind primär mechanische Schwinger. Die elektrischen Schwingungen sind sekundäre Erscheinungen, denen der piezoelektrische und der magnetostriktive Effekt zugrunde liegt.

### 1.5.1 Der piezoelektrische Effekt

Den piezoelektrischen Effekt zeigen u. a. folgende Stoffe:

Quarz, Ammoniumsulfat, Lithiumsulfat, Seignettesalz, Äthylendiamintartrat (EDT), Dikaliumtartrat (DKT) und Bariumtitanat.

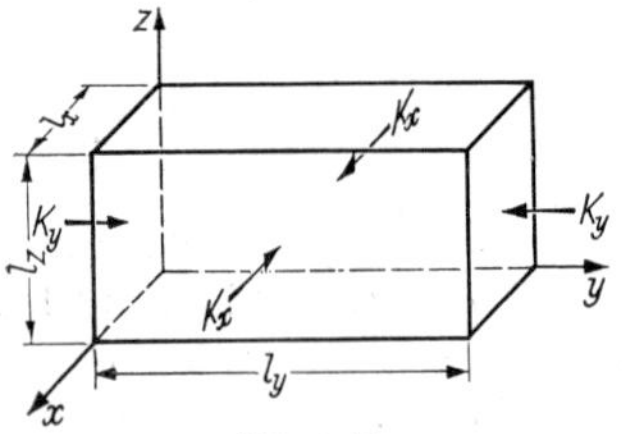

Abb. 1.41
Zur Erläuterung des Piezoeffektes

Im folgenden wollen wir uns auf den Quarzkristall beziehen. Aus diesem möge in einer ganz bestimmten Weise, die vom Kristallaufbau abhängt und hier nicht näher diskutiert sei, ein Quader ausgeschnitten sein, der die Länge $l_y$, die Breite $l_z$ und die Dicke $l_x$ habe. An diesen Quader sei ein rechtwinkliges Koordinatensystem in der in Abb. 1.41 gezeigten Weise gelegt und an den beiden Außenflächen $x =$ konst. seien Elektroden angebracht. Beim Zusammendrücken in Richtung der $x$-Achse lädt sich die eine Elektrodenfläche positiv, die gegenüberliegende negativ auf. Beim Auseinanderziehen kehrt sich die Ladung um. Diesen Effekt bezeichnet man als *longitudinalen Piezoeffekt.*

Die dabei entstehende Ladung $Q_x$ ist proportional der deformierenden Kraft $K_x$

$$Q_x = d_{11} K_x, \tag{1.136}$$

$d_{11}$ ist einer der *piezoelektrischen Moduln,* der Index 11 bedeutet, daß elektrische Ladung und mechanische Kraft in $x$-Richtung wirken. Die Spannung $U_x$ an den Elektroden ist

$$U_x = \frac{Q_x}{C} = \frac{d_{11} K_x}{C}. \tag{1.137}$$

$C$ ist die Kapazität der Elektroden (evtl. einschließlich Zuleitungskapazität).

Als *reziproken longitudinalen piezoelektrischen Effekt* bezeichnet man die Erscheinung, daß eine elektrische Aufladung der Elektroden — je nach Vorzeichen — den Kristall in Richtung der $x$-Achse um $\Delta l_x$ verlängert oder verkürzt. Hierbei gilt mit $E_x$ = Feldstärke in $x$-Richtung (und dem aus Energiegründen gleichen Modul $d_{11}$)

$$\Delta l_x = d_{11}\, U_x \tag{1.138}$$

oder

$$\frac{\Delta l_x}{l_x} = d_{11} \frac{U_x}{l_x} = d_{11}\, E_x. \tag{1.139}$$

Beim Zusammendrücken oder Auseinanderziehen des Kristalls in $y$-Richtung durch die Kraft $K_y$ (Abb. 1.41) laden sich die Elektroden, die senkrecht zur $x$-Achse, also in Ebenen $x$ = konst. liegen, ebenfalls positiv bzw. negativ auf. Dies ist der *transversale Piezoeffekt.* Für diesen gilt

$$Q_x = d_{12} \frac{l_y}{l_x} K_y. \tag{1.140}$$

Auch hier tritt ein reziproker Piezoeffekt (Deformation infolge Aufladung) auf:

$$\frac{\Delta l_y}{l_y} = d_{12} \frac{U_x}{l_x} \tag{1.141}$$

oder

$$\Delta l = d_{12} \frac{l_y}{l_x} U_x. \tag{1.142}$$

Die *statischen* Piezoeffekte sind quantitativ sehr klein und deshalb nur zur Messung sehr hoher Drucke geeignet.

Legt man an einen mit Elektroden versehenen Kristall eine Wechselspannung, so erzeugt diese mechanische Schwingungen, deren Amplituden recht klein sind, solange der Kristall nicht in mechanische Resonanz gerät. Durch geeigneten Schliff und geeignete Anbringung der Elektroden kann man ganz bestimmte mechanische Schwingungsformen hervorheben und andere wieder unterdrücken (Nebenwellenfreiheit). Weiterhin kann man durch geeignete Orientierung der Kristallstücke den Temperaturkoeffizienten klein halten.

### 1.5.2 Schwingungsformen und elektrische Ersatzbilder von Schwingkristallen

Abb. 1.42 zeigt einige mögliche mechanische Schwingungsformen, die ein Quader ausführen kann. Die Eigenfrequenzen oder Resonanzfrequenzen der mech. Schwingungen hängen von den geometrischen Abmessungen sowie vom Elastizitätsmodul und der Dichte des Materials ab. Das Bild gibt auch die Frequenzbereiche an, für welche die entsprechenden Schwingungsformen praktisch ausgenutzt werden. In Schwingkristallen will man jeweils nur eine dieser Schwingungsformen anregen und nicht etwa mehrere gleichzeitig. Dies läßt sich durch Art der Halterung (in den Knoten bzw. Knotenlinien der gewünschten Schwingungsform) und die Art der Schwingungsanregung durch Anbringen der Elektroden an bestimmten Stellen erreichen.

Beim Längsdehnungsschwinger z. B. sind die Elektroden wie in Abb. 1.41 an den beiden Außenflächen $x$ = konst. angebracht, so daß die anregende elektrische

Feldstärke $E$ in $x$-Richtung wirkt. Die Elektroden können z. B. von zwei sehr dünnen aufgedampften Metallschichten gebildet werden, die die mechanischen Schwingungen u. U. nur unwesentlich beeinflussen. Die Halterung wird an der Knotenlinie angebracht.

Beim Biegeschwinger werden im allgemeinen vier Elektroden in der in Abb. 1.43 gezeigten Weise angebracht. Das anregende elektrische Feld wird so angelegt, daß die Feldstärke z. B. von *1* nach *1'* und zugleich von *2'* nach *2* gerichtet ist oder umgekehrt, so daß zugleich die Oberseite des Quaders in $y$-Richtung zusammengezogen und die Unterseite in $y$-Richtung gedehnt wird oder umgekehrt. Die Elektroden *1* und *2'* sowie die Elektroden *1'* und *2* sind also in dem beschriebenen Fall miteinander verbunden, so daß wir auch hier, elektrisch gesehen, einen Zweipol vor uns haben.

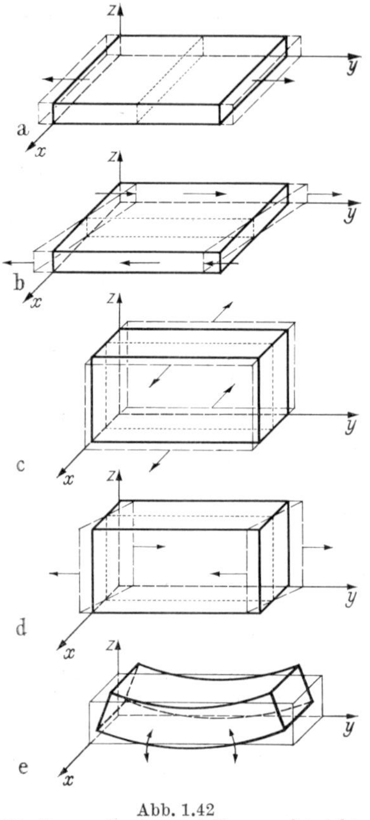


Abb. 1.42
Schwingungsformen und Frequenzbereiche
a Längsdehnungsschwinger (20 ··· 200 kHz);
b Flächenscherungsschwinger (50 ··· 500 kHz);
c Dickendehnungsschwinger (0,2 ··· 50 MHz);
d Dickenscherungsschwinger (1 ··· 100 MHz, darüber Oberwellen); e Biegeschwinger (1 ··· 100 kHz)

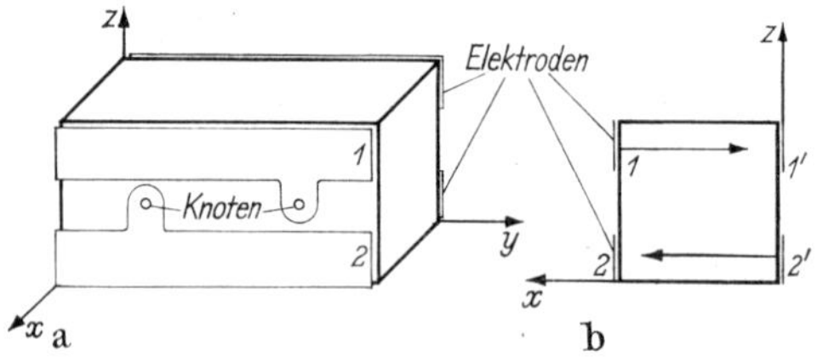


Abb. 1.43
Anbringung der Elektroden beim Biegeschwinger

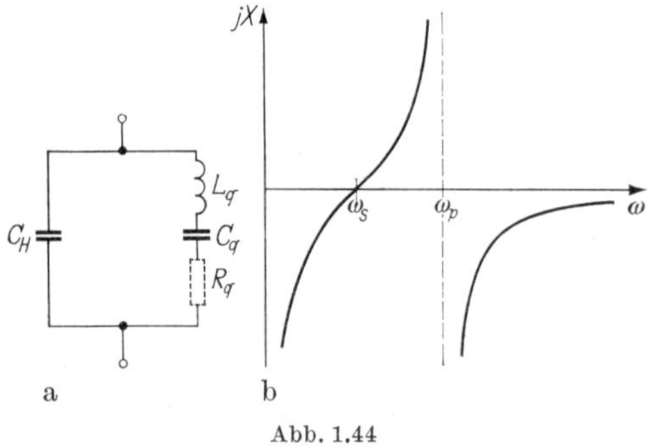


Abb. 1.44
a Ersatzbild des nebenwellenfreien Schwingkristalls;
b Blindwiderstandsverlauf der Schaltung a für $R_q = 0$

Das elektrische Verhalten zwischen den beiden Anschlußklemmen des Schwingkristalls kann mit guter Näherung durch ein Ersatzbild nach Abb. 1.44a beschrieben werden, sofern nur eine einzige mechanische Schwingungsform angeregt wird. Das Ersatzbild stellt einen Serienschwingkreis dar, dessen Induktivität $L_q$ und Kapazität $C_q$ durch die mechanischen Schwingungen bedingt sind. Diesem Schwingkreis ist noch eine Halterungskapazität $C_H$ parallelgeschaltet, die durch die Kapazität zwischen den Elektroden gebildet wird. Da die mechanischen Schwingungen nicht völlig dämpfungsfrei sind, ergibt sich im Ersatzbild noch ein Widerstand $R_q$. Dieser Widerstand $R_q$ ist jedoch meistens so klein, daß man ihn bei der Berechnung von Netzwerken, die Schwingkristalle enthalten, in erster Näherung vernachlässigen kann. Das Ersatzbild des Schwingkristalls kann damit für die Praxis als reiner Reaktanzzweipol angesehen werden. Der sich damit ergebende Verlauf des Blindwiderstandes j $X$ ist für $R_q = 0$ in Abb. 1.44b dargestellt*. Dieser Blindwiderstand hat eine Nullstelle bei der Frequenz $\omega_s$, bei der der Serienschwingkreis $L_q$, $C_q$ in Resonanz kommt und die Zweipolklemmen kurzschließt

$$\omega_s = \frac{1}{\sqrt{L_q C_q}} \,. \tag{1.143}$$

Bei Frequenzen oberhalb $\omega_s$ wirkt der Serienkreis wie eine Induktivität, die dann mit der Halterungskapazität $C_H$, einen Parallelschwingkreis bildet, dessen Resonanzfrequenz bei $\omega_p$ liegt. $\omega_p$ berechnet sich zu

$$\omega_p = \frac{1}{\sqrt{L_q \dfrac{C_q C_H}{C_q + C_H}}} \,. \tag{1.144}$$

Die Werte von $C_q$ liegen normalerweise in der Größenordnung 0,01 ··· 1 pF, die von $L_q$ in der Größenordnung 0,1 ··· $10^6$ Henry. Die Güte der Schwingquarze ist wie folgt definiert

$$Q = \frac{\sqrt{\dfrac{L_q}{C_q}}}{R_q} \,. \tag{1.145}$$

Sie liegt bei $10^5 \cdots 10^6$.

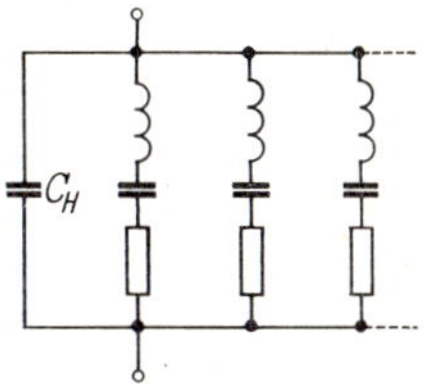

Abb. 1.45. Ersatzbild eines nicht nebenwellenfreien Schwingkristalls

Lassen sich im Schwingkristall mehrere Schwingungsformen gleichzeitig anregen, dann erweitert sich das elektrische Ersatzbild des Schwingkristalls von Abb. 1.44a in der in Abb. 1.45 gezeigten Weise. Sind die Elektroden auf dem Schwingungskristall nicht fest aufgedampft, sondern in einem gewissen Abstand angebracht, so kann durch Verstellen der Elektroden die Halterkapazität $C_H$ und damit die Parallelresonanzfrequenz in gewissen Grenzen verändert werden. Die Serienresonanz, die durch $L_q$ und $C_q$ gebildet wird, ist dagegen nur vom Kristall abhängig und kann auf diese Weise nicht verändert werden.

### 1.5.3 Der magnetostriktive Effekt

Während es der piezoelektrische Effekt ermöglicht, durch elektrische Wechselfelder mechanische Schwingungen anzuregen, gestattet der magnetostriktive Effekt die Erregung mechanischer Schwingungen durch magnetische Wechselfelder. Der magnetostriktive Effekt äußert sich darin, daß sich gewisse ferromagnetische Stoffe unter dem Einfluß eines magnetischen Feldes in Feldrichtung zusammenziehen. Die Stärke der Kontraktion hängt dabei nur vom Betrag, nicht aber vom Vorzeichen der Feldstärke ab. Andere ferromagnetische Stoffe zeigen den entgegengesetzten Effekt, d. h. sie dehnen sich unter dem Einfluß eines magnetischen Feldes. Sehr deutlich äußert sich der magnetostriktive Effekt im hörbaren Brummen von Transformatoren.

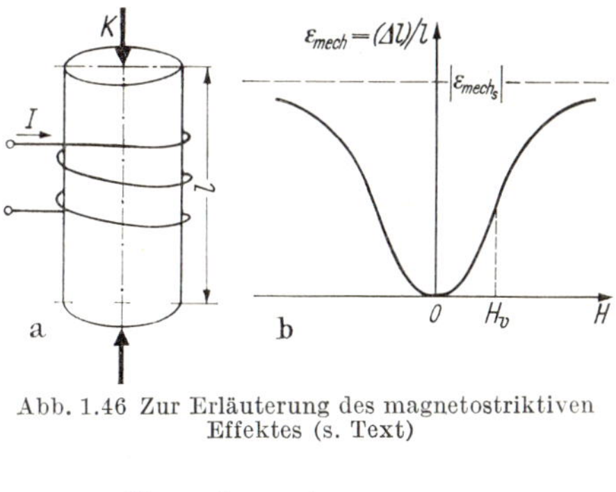

Abb. 1.46 Zur Erläuterung des magnetostriktiven Effektes (s. Text)

Zur näheren Beschreibung des magnetostriktiven Effektes sei ein zylindrischer ferromagnetischer Stab der Länge $l$ betrachtet, auf den eine Wicklung aufgebracht ist (Abb. 1.46a). Wird durch den Strom $I$ die magnetische Feldstärke $H$ im Stab ge-

* Reaktanzfunktionen werden noch ausführlich im Abschn. 2.1.3 behandelt.

ändert, dann erfährt der Stab eine relative Längenänderung $\varepsilon_{\text{mech}} = \Delta l/l$, die von der Feldstärke $H$ in stark nichtlinearer Weise abhängt. Abb. 1.46b zeigt einen typischen Verlauf dieser Abhängigkeit. Für die relative Längenänderung $\varepsilon_{\text{mech}}$ gibt es einen oberen Grenzwert $\varepsilon_{\text{mech}_s}$, dessen Größe vom Material abhängt. Wird im Stab eine z. B. zeitlich sinusförmig sich ändernde Wechselfeldstärke erzeugt, dann ergibt sich während jeder Halbperiode des Feldes eine Längenänderung, d. h., der Stab schwingt mit der doppelten Feldfrequenz. Wird dagegen zusätzlich zur Wechselfeldstärke, die eine nicht zu große Amplitude haben soll, noch eine Gleichstromvormagnetisierung der Feldstärke $H_v$ (vgl. Abb. 1.46b) im Stab erzeugt, dann schwingt der Stab mit der Frequenz des anregenden Wechselfeldes. Bei praktischen Anwendungen arbeitet man durchweg mit einer Vormagnetisierung $H_v$, weil sich auf der Flanke der Kurve von Abb. 1.46b annähernd lineare Verhältnisse und große Längenänderungen bei kleinen Feldstärkeänderungen ergeben.

Beim reziproken magnetostriktiven Effekt ruft eine von einer mechanischen Kraft herrührende Längenänderung eine Änderung des magnetischen Flusses im Stab hervor. Die Längenänderung auf Grund einer Kraft bzw. mechanischen Spannung $\sigma_{\text{mech}}$

$$\sigma_{\text{mech}} = \frac{\text{Kraft}}{\text{Fläche}} = \frac{K}{F} \tag{1.146}$$

folgt bei kleinen Spannungen dem HOOKEschen Gesetz. Damit ergibt sich für die resultierende relative Längenänderung $\varepsilon_{\text{mech}}$, wenn sowohl eine nicht zu große mechanische Spannung $\sigma_{\text{mech}}$ als auch eine nicht zu große magnetische Auslenkung $\Delta H$ vom festen Arbeitspunkt $H_v$ vorhanden ist, das folgende lineare Gesetz für die Umgebung von $H_v$

$$\varepsilon_{\text{mech}} = \left(\frac{\partial \varepsilon_{\text{mech}}}{\partial \sigma_{\text{mech}}}\right)_{H=\text{konst.}} \cdot \sigma_{\text{mech}} + \left(\frac{\partial \varepsilon_{\text{mech}}}{\partial H}\right)_{\sigma_{\text{mech}}=\text{konst.}} \cdot \Delta H = \frac{\sigma_{\text{mech}}}{E_{\text{mech}}} + m\,\Delta H. \tag{1.147}$$

Die Änderung des magnetischen Flusses $\Phi$ bzw. der Induktion $B$ im Stab hängt sowohl von der magnetischen Auslenkung $\Delta H$ als auch wegen des reziproken magnetostriktiven Effektes von der mechanischen Spannung $\sigma_{\text{mech}}$ ab:

$$\Delta B = \left(\frac{\partial B}{\partial \sigma_{\text{mech}}}\right)_{H=\text{konst.}} \cdot \sigma_{\text{mech}} + \left(\frac{\partial B}{\partial H}\right)_{\sigma_{\text{mech}}=\text{konst.}} \cdot \Delta H = m\,\sigma_{\text{mech}} + \mu_{\text{rev}}\,\mu_0\,\Delta H. \tag{1.148}$$

$E_{\text{mech}}$ ist der Elastizitätsmodul, $\mu_{\text{rev}}$ die reversible Permeabilität und $m$ der magnetostriktive Modul. Die Gleichheit

$$m = \left(\frac{\partial \varepsilon_{\text{mech}}}{\partial H}\right)_{\sigma_{\text{mech}}=\text{konst.}} = \left(\frac{\partial B}{\partial \sigma_{\text{mech}}}\right)_{H=\text{konst.}} \tag{1.149}$$

folgt aus einer Energiebetrachtung.

### 1.5.4 Magnetostriktive Schwinger

Wie bei den Schwingkristallen, so ist auch beim magnetostriktiven Schwinger der statische Effekt sehr klein. Erst wenn durch Wechselfelder Längenänderungen angeregt werden, deren Frequenz mit einer mechanischen Eigenfrequenz der ferromagnetischen Körper übereinstimmt, treten nennenswerte Effekte auf. Als Material für magnetostriktive Schwinger werden hauptsächlich Ferrite verwendet, weil diese einen hohen spezifischen Widerstand haben. Massive Metalle (z. B. Eisen oder Nickel) scheiden wegen Wirbelstromverlusten aus. Lamellierte Metalle sind wegen der inneren Reibung unbrauchbar.

Häufig werden magnetostriktive Schwinger aus Ferrit (kurz Ferritschwinger) als Ringschwinger ausgebildet (Abb. 1.47). Diese schwingen radial (Durchmesservergrößerung und -verkleinerung). Die Aufhängung des Kernes muß möglichst dämpfungsarm durch feine Drähtchen oder dergleichen erfolgen. Der Ringschwinger hat den Vorteil, daß andere Schwingungsformen, welche unerwünschte Nebenresonanzen bewirken könnten, nicht oder nur mit sehr geringer Amplitude auftreten.

Die mechanische Resonanzfrequenz $f_p$ bzw. $\omega_p$ des Ringes errechnet sich zu

$$f_p = \frac{1}{l_K}\sqrt{\frac{E_{\mathrm{mech}}}{\varrho_{\mathrm{mech}}}}, \qquad \omega_p = \frac{2\pi}{l_K}\sqrt{\frac{E_{\mathrm{mech}}}{\varrho_{\mathrm{mech}}}}. \tag{1.150}$$

$l_K$ mittlere Umfangslänge
$E_{\mathrm{mech}}$ Elastizitätsmodul bei der Feldstärke $H_v$
$\varrho_{\mathrm{mech}}$ Materialdichte.

Abb. 1.48 zeigt das elektrische Ersatzbild des Ferritschwingers. Es besteht aus einem Parallelschwingkreis mit den Elementen $R_m$, $C_m$ und $L_m$, dem eine Induktivität $L_0$ und ein Widerstand $R_g$ in Serie geschaltet sind. Die Elemente des Parallelkreises sind in erster Linie durch die mechanische Schwingung des Ferrits bedingt. Die Induktivität $L_0$ ist die Induktivität der Wicklung, wenn der Ferritring nicht schwingt, und $R_g$ ist der Widerstand dieser Wicklung.

$$L_0 = \mu_0\,\mu_{\mathrm{rev}}\,w^2\,\frac{F_K}{l_K}. \tag{1.151}$$

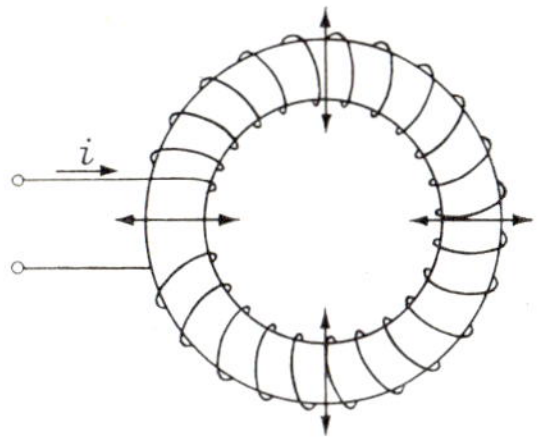


Abb. 1.47. Magnetostriktiver Ringschwinger

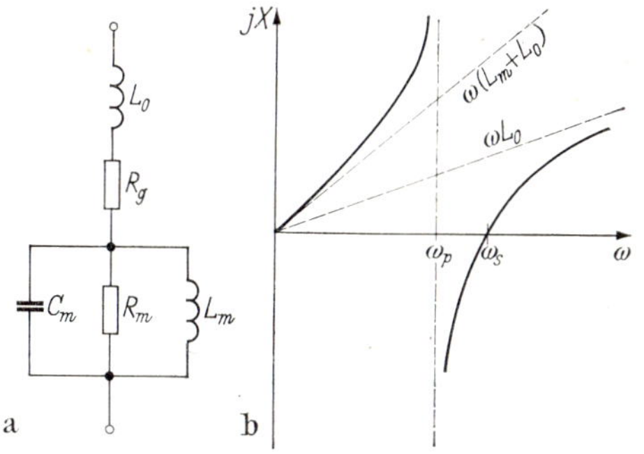


Abb. 1.48. a Ersatzbild eines Ferritschwingers; b Blindwiderstandsverlauf zu Schaltung a für $R_g = \frac{1}{R_m} = 0$

Der Scheinwiderstand ergibt sich aus der Ersatzschaltung zu

$$\underline{Z} = \mathrm{j}\,\omega\,L_0 + R_g + \frac{1}{\mathrm{j}\,\omega\,C_m + \frac{1}{R_m} + \frac{1}{\mathrm{j}\,\omega\,L_m}}. \tag{1.152}$$

Gewöhnlich ist der Wicklungswiderstand $R_g$ sehr klein und der den Parallelkreis dämpfende Widerstand $R_m$ sehr groß, so daß näherungsweise $R_g = 0$ und $1/R_m = 0$ gesetzt werden können. In diesem Fall wird $\underline{Z}(\mathrm{j}\,\omega) = \mathrm{j}\,X(\omega)$ eine reine Reaktanz, deren Blindwiderstandsverlauf in Abb. 1.48b dargestellt ist. Die Parallelresonanzfrequenz $\omega_p$ hängt nur vom Ferritring ab, wie Gl. (1.150) bereits zeigte. Die Serienresonanzfrequenz $\omega_s$ kann in weiten Grenzen durch die Induktivität $L_0$ beeinflußt werden. In dieser letzten Hinsicht ist also der Ferritschwinger wesentlich anpassungsfähiger als der Schwingkristall. Die Schaltungen des verlustfreien Schwingkristalls und des verlustfreien Ferritschwingers stellen ein Beispiel sogenannter dualer Netzwerke dar. Duale Netzwerke werden später in Abschn. 2.2. noch näher erläutert.

## Literatur


[1] Küpfmüller, K.: Einführung in die theoretische Elektrotechnik. 5. verbesserte und erweiterte Auflage. Berlin/Göttingen/Heidelberg: Springer 1957.
[2] Meinke, H. H. (Hrsg.), u. F. W. Gundlach (Hrsg.): Taschenbuch der Hochfrequenztechnik, Abschn. A. Berlin/Göttingen/Heidelberg: Springer 1956.
[3] Hütte (Hrsg.): Des Ingenieurs Taschenbuch. Hütte IV B. Elektrotechnik, Teil B, 2. Abschnitt. 28. neubearbeitete Auflage. Berlin/München: Wilhelm Ernst & Sohn 1962.
[4] Klöpping, E., u. H. Schill: Neuere Entwicklung auf dem Gebiet der Kondensatoren und ihre Anwendung im Fernmeldewesen. Jb. elektr. Fernmeldewesen, 14. Jahrg. 1963.
[5] Meinke, H. H.: Einführung in die Elektrotechnik höherer Frequenzen. Berlin/Göttingen/Heidelberg: Springer 1961.
[6] Feldtkeller, R.: Theorie der Spulen und Übertrager. 3. Aufl. Stuttgart: Hirzel 1958.
[7] Feldtkeller, R.: Tabellen und Kurven zur Berechnung von Spulen und Übertragern. 3. Aufl. Stuttgart: Hirzel 1958.
[8] Richard, H., u. H. Preibisch: Der Übertrager der Nachrichtentechnik. Der Fernmelde-Ingenieur, 16. Jahrg. 1962.
[10] Domsch, G. H.: Der Übertrager der Nachrichtentechnik. Leipzig: Akad. Verlagsges. Geest & Portig KG. 1953.
[11] Feldtkeller, R.: Der Klirrfaktor von Dynamoblech IV bei Tonfrequenzen. TFT 33 (1944) H. 12.
[12] Awender, H., u. K. Sann: Der Quarz in der Hochfrequenztechnik. Handbuch für Hochfrequenz- und Elektrotechniker, II. Band. Berlin-Borsigwalde: Verl. f. Radio-Foto-Kinotechnik GmbH.
[13] Sixtus, K.: Über Ferritschwinger. Frequenz 5 (1951) 335—339.
[14] Schröder, H.: Elektrische Nachrichtentechnik, 1. Band. Berlin-Borsigwalde: Verl. f. Radio-Foto-Kinotechnik GmbH. 1959.
[15] Wagner, S. W. (Hrsg.): Stromversorgung elektronischer Schaltungen und Geräte, Abschn. 3. Hamburg: v. Decker's Verlag G. Schenk 1964.


# 2 Lineare passive Netzwerke

## 2.1 Lineare passive Zweipole

Ein Zweipol ist ein beliebiges elektrisches Netzwerk, von dem nur zwei Anschlußklemmen betrachtet werden. Seine elektrischen Eigenschaften werden durch das Verhältnis der an diesen Klemmen liegenden Spannung und des durch diese Klemmen fließenden Stroms gekennzeichnet. Haben alle Schaltelemente des Netzwerkes lineares und passives Verhalten, dann verhält sich auch der Zweipol linear und passiv. Für die folgenden Betrachtungen soll die Anzahl der Schaltelemente stets endlich sein.

Einfache Zweipole wurden bereits bei der Behandlung der realen Bauelemente behandelt. Es zeigte sich dort, daß das Verhalten eines realen Bauelementes angenähert durch eine Zusammenschaltung mehrerer idealisierter Bauelemente (reine Kapazitäten, Induktivitäten, Gegeninduktivitäten und Ohmwiderstände) beschrieben werden kann. In diesem Abschnitt sollen das allgemeine Verhalten linearer passiver Zweipole sowie die elementarsten Zweipolsyntheseverfahren besprochen werden. Die hierzu erforderlichen allgemeinen Grundkenntnisse sollen anhand der Analyse spezieller linearer Zweipole gewonnen werden.

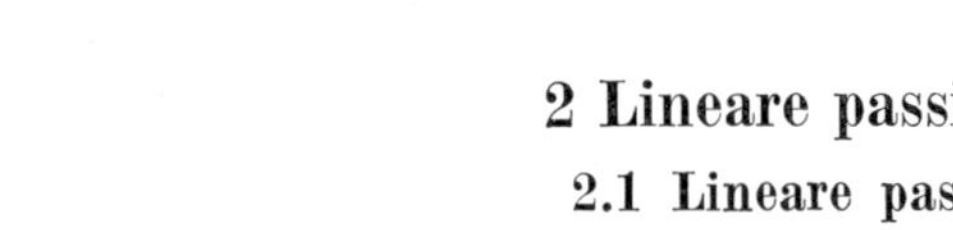

Abb. 2.1. a Serienschwingkreis; b Parallelschwingkreis

### 2.1.1 Elektrische Schwingkreise

Die elektrischen Schwingkreise gehören zu den einfachsten Zweipolen. Man unterscheidet zwischen Serienschwingkreis und Parallelschwingkreis (Abb. 2.1). Häufig spricht man auch vom Serien- bzw. Parallelresonanzkreis.

Das elektrische Verhalten der Schwingkreise wird durch ihren Scheinwiderstandsverlauf $\underline{Z}(\mathrm{j}\,\omega)$ charakterisiert, wobei letzterer wegen der Linearität nur von der Frequenz $\omega$ abhängig ist (nicht aber von der Amplitude).

### 2.1.1.1 Frequenzverhalten elektrischer Schwingkreise

Für den Scheinwiderstand des Serienresonanzkreises ergibt sich

$$\underline{Z}_s(\mathrm{j}\,\omega) = R_s + \mathrm{j}\left(\omega L - \frac{1}{\omega C}\right) = \mathrm{Re}\{\underline{Z}_s\} + \mathrm{j}\,\mathrm{Im}\{\underline{Z}_s\}. \tag{2.1}$$

Für den Scheinleitwert des Parallelresonanzkreises ergibt sich

$$\underline{Y}_p(\mathrm{j}\,\omega) = G_p + \mathrm{j}\left(\omega C - \frac{1}{\omega L}\right) = \mathrm{Re}\{\underline{Y}_p\} + \mathrm{j}\,\mathrm{Im}\{\underline{Y}_p\}. \tag{2.2}$$

Re{ } Realteil
Im{ } Imaginärteil.

Die Imaginärteile von Gl. (2.1) und Gl. (2.2) verschwinden, wenn

$$\omega = \omega_r = 2\pi f_r = \frac{1}{\sqrt{L C}}. \tag{2.3}$$

$\omega_r$ bezeichnet man als *Resonanzfrequenz.*

Die Resonanzfrequenz ist also diejenige Frequenz, bei welcher die beiden Anteile $\omega L$ und $1/\omega C$, die den Imaginärteil bilden, gleich groß werden.

$$\omega_r L = \frac{1}{\omega_r C} = \sqrt{\frac{L}{C}}$$

bzw.

$$\omega_r C = \frac{1}{\omega_r L} = \sqrt{\frac{C}{L}}. \tag{2.4}$$

Beim verlustarmen Serienresonanzkreis ist $R_s$ sehr klein gegenüber dem *Resonanzblindwiderstand* $\sqrt{L/C}$ einer der Reaktanzen bei Resonanz. Man bezeichnet als *Verlustfaktor* des Serienkreises das Verhältnis

$$d_s = \frac{R_s}{\omega_r L} = R_s\,\omega_r C = \frac{R_s}{\sqrt{\frac{L}{C}}} = \frac{1}{Q_s}. \tag{2.5}$$

Den Reziprokwert $Q_s$ nennt man *Güte.*

Beim verlustarmen Parallelresonanzkreis ist entsprechend $G_p$ sehr klein gegen $\sqrt{C/L}$ und es gilt für Verlustfaktor und Güte

$$d_p = \frac{G_p}{\omega_r C} = G_p\,\omega_r L = \frac{G_p}{\sqrt{\frac{C}{L}}} = \frac{1}{Q_p}. \tag{2.6}$$

Eine sehr zweckmäßige Darstellung des Scheinwiderstandsverlaufes des Serienresonanzkreises ergibt sich, wenn man in Gl. (2.1) die Frequenz $\omega$ jeweils durch $1 = \omega_r\sqrt{L C}$ dividiert und anschließend $\sqrt{L C}$ ausklammert.

$$\underline{Z}_s(\mathrm{j}\,\omega) = R_s + \mathrm{j}\sqrt{\frac{L}{C}}\left(\frac{\omega}{\omega_r} - \frac{\omega_r}{\omega}\right) = R_s + \mathrm{j}\sqrt{\frac{L}{C}}\,v(\omega) = R_s\left(1 + \mathrm{j}\,\frac{v(\omega)}{d_s}\right). \tag{2.7}$$

Hierin bezeichnet man $v(\omega)$ als Verstimmung, weil bei Resonanz $v(\omega) = 0$ wird Bei Frequenzen unterhalb der Resonanzfrequenz wird $v$ negativ, oberhalb wird $v$ positiv.

Interessiert man sich für die Größe des Scheinwiderstandes nur bei Frequenzen nahe der Resonanzfrequenz, dann gilt mit $\omega = \omega_r + \Delta\omega$ für $\Delta\omega \ll \omega_r$ folgende vereinfachte Beziehung

$$v \approx \frac{2\,\Delta\omega}{\omega_r} = \frac{2\,\Delta f}{f_r}. \tag{2.8}$$

Führt man für das Verhältnis von Verstimmung $v$ und Verlustfaktor $d_s$ in Gl. (2.7) den Buchstaben $\Omega$ ein, dann heißt es

$$\underline{Z}_s(\mathrm{j}\,\Omega) = |\underline{Z}_s(\mathrm{j}\,\Omega)|\,\mathrm{e}^{\mathrm{j}\,\varphi_s(\mathrm{j}\,\Omega)} = R_s(1 + \mathrm{j}\,\Omega), \tag{2.9}$$

$$\underline{Y}_s(\mathrm{j}\,\Omega) = \frac{1}{\underline{Z}_s(\mathrm{j}\,\Omega)} = |\underline{Y}(\mathrm{j}\,\Omega)|\,\mathrm{e}^{-\mathrm{j}\,\varphi_s(\mathrm{j}\,\Omega)} = \frac{1}{R_s(1+\Omega^2)} - \mathrm{j}\,\frac{\Omega}{R_s(1+\Omega^2)}\,. \tag{2.10}$$

$\varphi_s(\mathrm{j}\,\Omega)$ ist der Phasenwinkel zwischen (sinusförmiger) Wechselspannung und Wechselstrom an den Zweipolklemmen. Für den Phasenwinkel $\varphi_s$ ergibt sich aus Gl. (2.9)

$$\tan\varphi_s(\mathrm{j}\,\Omega) = \frac{\mathrm{Im}\,\{\underline{Z}_s(\mathrm{j}\,\Omega)\}}{\mathrm{Re}\,\{\underline{Z}_s(\mathrm{j}\,\Omega)\}} = \Omega\,. \tag{2.11}$$

Eine entsprechende Umformung von Gl. (2.2) liefert für den Parallelresonanzkreis

$$\underline{Y}_p(\mathrm{j}\,\Omega) = |\underline{Y}_p(\mathrm{j}\,\Omega)|\,\mathrm{e}^{-\mathrm{j}\,\varphi_p(\mathrm{j}\,\Omega)} = G_p(1 + \mathrm{j}\,\Omega), \tag{2.12}$$

$$\underline{Z}_p(\mathrm{j}\,\Omega) = \frac{1}{\underline{Y}_p(\mathrm{j}\,\Omega)} = |\underline{Z}_p(\mathrm{j}\,\Omega)|\,\mathrm{e}^{+\mathrm{j}\,\varphi_p(\mathrm{j}\,\Omega)} = \frac{1}{G_p(1+\Omega^2)} - \mathrm{j}\,\frac{\Omega}{G_p(1+\Omega^2)}\,, \tag{2.13}$$

$$\tan\varphi_p(\mathrm{j}\,\Omega) = \frac{\mathrm{Im}\,\{\underline{Z}_p(\mathrm{j}\,\Omega)\}}{\mathrm{Re}\,\{\underline{Z}_p(\mathrm{j}\,\Omega)\}} = -\,\Omega\,. \tag{2.14}$$

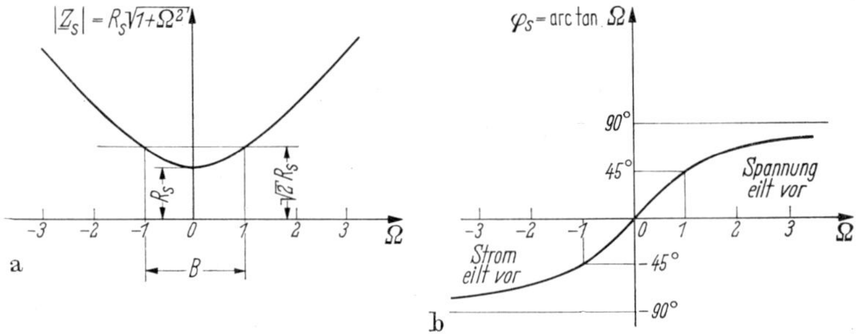


Abb. 2.2. Verlauf von a Betrag und b Phasenwinkel des Scheinwiderstandes des Serienresonanzkreises

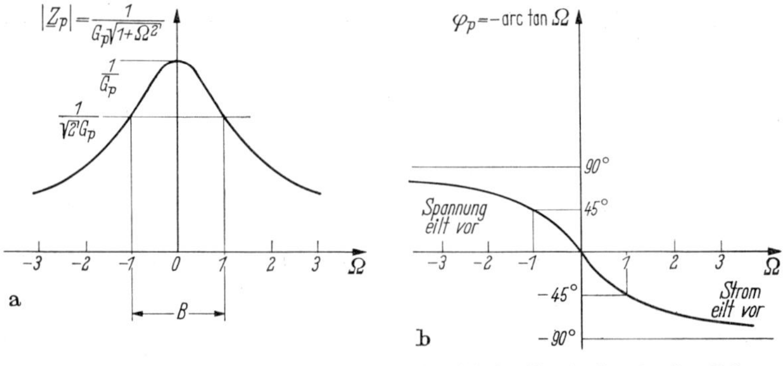


Abb. 2.3. Verlauf von a Betrag und b Phasenwinkel des Scheinwiderstandes des Parallelresonanzkreises

Die Einführung von $\Omega$ ergibt also einfache Funktionen. Für den Phasenwinkel $\varphi$ ergeben sich einfache Tangensfunktionen und für die Betragsfunktionen gerade Funktionen, die zu $\Omega = 0$ symmetrisch verlaufen. Die graphischen Darstellungen zeigen Abb. 2.2 und Abb. 2.3.

Die Bandgrenze und damit die Bandbreite $B$ sei dadurch bestimmt, daß bei ihr $|\underline{Z}_s|$ um den Faktor $\sqrt{2}$ angestiegen bzw. $|\underline{Z}_p|$ um den Faktor $1/\sqrt{2}$ abgefallen ist. Die zugehörige normierte Frequenz ist mit Abb. 2.2 und Abb. 2.3 mit $\Omega = 1$

gegeben. Mit Gl. (2.7) und Gl. (2.8) ergibt sich

$$\Omega = 1 = v\,Q_s \approx \frac{2\Delta f}{f_r} Q_s .$$

Die Frequenzabweichung $\Delta f$ entspricht der halben Bandbreite $B$, d. h. $\Delta f = \frac{1}{2}B$. Somit wird für den Serienresonanzkreis

$$B \approx \frac{f_r}{Q_s} . \tag{2.15}$$

Eine entsprechende Rechnung liefert für den Parallelresonanzkreis

$$B \approx \frac{f_r}{Q_p} . \tag{2.16}$$

Gl. (2.15) und Gl. (2.16) sind für die Meßtechnik von Bedeutung. Besonders bei Schwingkreisen für höhere Frequenzen lassen sich nämlich die im Schwingkreis wirksame Kapazität $C$ und Induktivität $L$ nicht direkt messen. Gut meßbar sind dagegen die Resonanzfrequenz $f_r$, der Widerstand $R_s$ bzw. Leitwert $G_p$ bei Resonanz

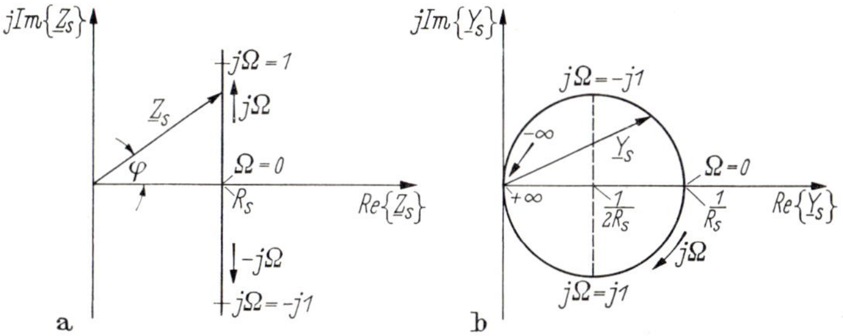


Abb. 2.4. Ortskurven des Serienresonanzkreises
a Ortskurve des Scheinwiderstandes; b Ortskurve des Scheinleitwertes

und die Bandbreite $B$. Aus diesen Kennwerten läßt sich mit obigen Beziehungen zunächst die Güte $Q_s$ bzw. $Q_p$ bestimmen. Aus $Q_s$ und $R_s$ bzw. $Q_p$ und $G_p$ erhält man über Gl. (2.5) bzw. (2.6) das $L/C$-Verhältnis, woraus dann mit Gl. (2.4) die Kapazität $C$ bzw. Induktivität $L$ bestimmt werden kann.

Hätte man Betrag- und Phasenwinkelverlauf statt für den Scheinwiderstand für den Scheinleitwert aufgetragen, so hätten sich die Kurven von Abb. 2.2 und Abb. 2.3 vertauscht, wie aus den Gln. (2.9) bis (2.14) zu ersehen ist. Serienresonanzkreis und Parallelresonanzkreis stellen ein Beispiel zweier sogenannter dualer Netzwerke dar, die in Abschn. 2.2 noch näher besprochen werden.

Für die Konstruktion der Ortskurve von $\underline{Z}_s$, d. h. der Änderung von $\mathrm{Im}\{\underline{Z}_s\}$ in Abhängigkeit von $\mathrm{Re}\{\underline{Z}_s\}$ mit $\Omega$ als Parameter kann unmittelbar Gl. (2.9) verwendet werden, da $\mathrm{Re}\{\underline{Z}_s\} = R_s$ = konstant ist. Es ergibt sich damit als Ortskurve die in Abb. 2.4a dargestellte Gerade.

Für $\underline{Y}_s = \underline{Z}_s^{-1}$ ergibt sich dagegen der in Abb. 2.4b dargestellte Kreis. Um das einzusehen, bestimmt man aus Gl. (2.10) den Realteil $\mathrm{Re}\{\underline{Y}_s(\mathrm{j}\,\Omega)\}$ und den Imaginärteil $\mathrm{Im}\{\underline{Y}_s(\mathrm{j}\,\Omega)\}$. Dann löst man die Gleichung für $\mathrm{Re}\{\underline{Y}_s(\mathrm{j}\,\Omega)\}$ nach $\Omega$ auf und setzt $\Omega = f(\mathrm{Re}\{\underline{Y}_s\})$ in $\mathrm{Im}\{\underline{Y}_s(\mathrm{j}\,\Omega)\}$ ein:

Aus Gl. (2.10) folgt:

$$\mathrm{Re}\{\underline{Y}_s\} = \frac{1}{R_s(1+\Omega^2)} \quad \text{bzw.} \quad \Omega^2 = \frac{1}{R_s\,\mathrm{Re}\{\underline{Y}_s\}} - 1 , \tag{2.17}$$

$$\mathrm{Im}^2\{\underline{Y}_s\} = \frac{\Omega^2}{R_s^2(1+\Omega^2)^2} = \frac{\dfrac{1}{R_s\,\mathrm{Re}\{\underline{Y}_s\}} - 1}{R_s^2\left(1 + \dfrac{1}{R_s\,\mathrm{Re}\{\underline{Y}_s\}} - 1\right)^2}$$

$$= -\mathrm{Re}^2\{\underline{Y}_s\} + \frac{1}{R_s}\,\mathrm{Re}\{\underline{Y}_s\}$$

oder

$$\mathrm{Im}^2\{\underline{Y}_s\} + \left(\mathrm{Re}\{\underline{Y}_s\} - \frac{1}{2R_s}\right)^2 = \left(\frac{1}{2R_s}\right)^2. \tag{2.18}$$

Gl. (2.18) stellt einen Kreis mit dem Radius $1/2R_s$ dar. Sein Mittelpunkt liegt auf der $\mathrm{Re}\{\underline{Y}_s\}$-Achse um den Betrag des Radius nach rechts verschoben, so daß der Kreis die $\mathrm{Im}\{\underline{Y}_s\}$-Achse im Ursprung gerade berührt. Die Ortskurve wird in Abb. 2.4b gezeigt.

Die Gestalt der Ortskurven (in diesem Fall die Gerade oder der Kreis) ist unabhängig davon, ob $\Omega$ oder $\omega$ als Parameter verwendet wird.

### 2.1.1.2 Spannungs- und Stromüberhöhungen in Schwingkreisen

An den Klemmen eines Serienresonanzkreises möge eine sinusförmige Wechselspannung liegen, deren komplexe Amplitude $\underline{U}_0$ ist und deren Frequenz mit der Resonanzfrequenz $\omega_r$ des Schwingkreises übereinstimmt (Abb. 2.5).

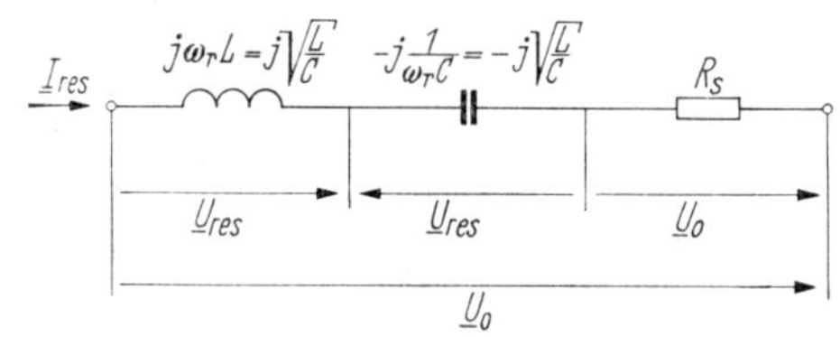


Abb. 2.5. Zur Berechnung der Spannungen im Serienresonanzkreis bei Resonanz

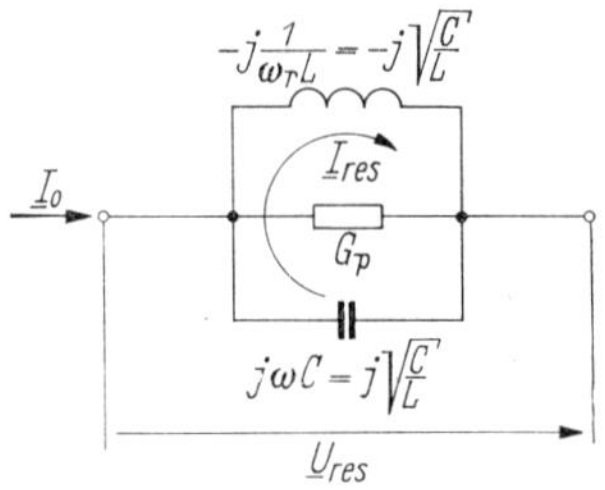


Abb. 2.6. Zur Berechnung der Ströme im Parallelresonanzkreis bei Resonanz

Nach Gl. (2.4) haben im Resonanzfall Induktivität und Kapazität gleichen Scheinwiderstandsbetrag. Ihre Vorzeichen sind nach Gl. (2.1) jedoch entgegengesetzt. An den Reaktanzen treten also gleich hohe Spannungsabfälle $\underline{U}_{\mathrm{res}}$ mit entgegengesetzten Vorzeichen auf, so daß die Gesamtspannung $\underline{U}_0$ über $R_s$ abfällt. Der sich damit ergebende Strom $\underline{I}_{\mathrm{res}}$ ist

$$\underline{I}_{\mathrm{res}} = \frac{\underline{U}_0}{R_s}. \tag{2.19}$$

Dieser Strom $\underline{I}_{\mathrm{res}}$ erzeugt an jedem der beiden Blindwiderstände die Spannung $\underline{U}_{\mathrm{res}}$ vom Betrag

$$|\underline{U}_{\mathrm{res}}| = |\underline{I}_{\mathrm{res}}| \sqrt{\frac{L}{C}}. \tag{2.20}$$

Aus Gl. (2.19) und Gl. (2.20) folgt mit Gl. (2.5)

$$\left|\frac{\underline{U}_0}{\underline{U}_{\mathrm{res}}}\right| = \frac{R_s}{\sqrt{\dfrac{L}{C}}} = d_s = \frac{1}{Q_s}. \tag{2.21}$$

Wenn z. B. die Güte eines Serienschwingkreises $Q_s = 100$ ist, dann liegt auch über dem Kondensator das 100fache der Klemmenspannung. Hier ist also besonders auf die Spannungsfestigkeit der Blindwiderstände zu achten.

Wird durch die Anschlußklemmen eines Parallelresonanzkreises ein sinusförmiger Wechselstrom der komplexen Amplitude $\underline{I}_0$ eingeprägt, dann treten in den Reaktanzen des Kreises erhöhte Ströme $\underline{I}_{\mathrm{res}}$ auf, wenn die Schwingkreisgüte $Q_p > 1$.

Aus einer gleichartigen Rechnung wie beim Serienresonanzkreis folgt:

$$\left|\frac{\underline{I}_0}{\underline{I}_{\mathrm{res}}}\right| = \frac{G_p}{\sqrt{\dfrac{C}{L}}} = d_p = \frac{1}{Q_p}. \tag{2.22}$$

Erwähnt sei hier, daß Gl. (2.22) auch aus einer Dualitätsbetrachtung hätte gewonnen werden können, wie später noch näher erläutert werden wird.

#### 2.1.1.3 Zeitverhalten elektrischer Schwingkreise

Die Betrachtungen der Abschn. 2.1.1.1 und 2.1.1.2 galten für den stationären eingeschwungenen Fall, in dem Klemmenspannung und -strom reine Sinusfunktionen sind. Wenn man z. B. zum Zeitpunkt $t = 0$ eine sinusförmige Wechselspannung auf einen linearen passiven Zweipol schaltet, dann muß erst eine gewisse Zeit verstreichen, bis der Klemmenstrom die Sinusform mit derjenigen Amplitude und Phasenlage annimmt, welche mit der komplexen Wechselstromrechnung errechnet wurden. Das liegt daran, daß im Einschaltaugenblick ein zusätzlicher, zeitlich abklingender Strom erzeugt wird, der sich dem stationären Wechselstrom überlagert.

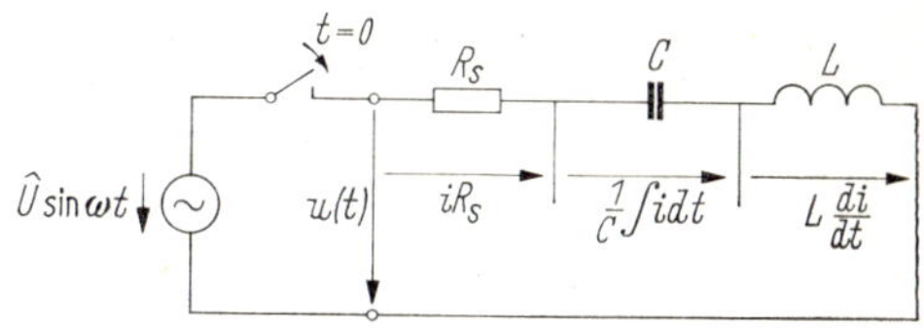


Abb. 2.7. Zur Aufstellung der Differentialgleichung für den Strom beim Serienschwingkreis

Um die Zusammenhänge zu verdeutlichen, werde noch einmal der Serienschwingkreis betrachtet, auf den zur Zeit $t = 0$ eine sinusförmige Wechselspannung $u(t) = \hat{U} \sin \omega t$ geschaltet wird, die von einer innenwiderstandsfreien Quelle geliefert wird (Abb. 2.7).

Aus Abb. 2.7 ergibt sich folgender Zusammenhang der Augenblickswerte von Strom $i$ und Spannung $u$:

$$u(t) = \hat{U} \sin \omega t = i(t) R_s + \frac{1}{C} \int i(t)\, dt + L \frac{di}{dt}. \tag{2.23}$$

Durch einmaliges Differenzieren erhält man folgende inhomogene lineare Differentialgleichung mit konstanten Koeffizienten:

$$\frac{du}{dt} = \omega \hat{U} \cos \omega t = L \frac{d^2 i}{dt^2} + R_s \frac{di}{dt} + \frac{1}{C} i. \tag{2.24}$$

Die allgemeine Lösung einer solchen Differentialgleichung setzt sich bekanntlich aus der Addition der allgemeinen Lösung der homogenen Gleichung (bei der das Störglied $u(t) = 0$ gesetzt ist) und einer partikulären Lösung der inhomogenen Gleichung [mit Störglied $u(t)$] zusammen.

Beim Einschalten von Sinusspannungen erhält man eine partikuläre Lösung der inhomogenen Gleichung stets durch das bekannte Rechnen mit stationären Sinusströmen (z. B. mit der komplexen Wechselstromrechnung). Beim Einschalten von Gleichspannungen (Spannungssprung) erhält man entsprechend eine partikuläre Lösung der inhomogenen Gleichung mit dem Ohmschen Gesetz bei Gleichspannungen. In diesen Fällen stellt also die Bestimmung einer partikulären Lösung kein Problem dar. Darum soll für das Einschaltproblem von Gl. (2.24) hier lediglich die Lösung der homogenen Differentialgleichung interessieren, die den zusätzlichen Ausgleichsstrom liefert. Die homogene Gleichung lautet

$$0 = L \frac{d^2 i}{dt^2} + R_s \frac{di}{dt} + \frac{1}{C} i. \tag{2.25}$$

Mit dem Lösungsansatz

$$\left.\begin{aligned} i(t) &= I_0\, e^{pt}, \\ \frac{di}{dt} &= p\, I_0\, e^{pt} = p\, i, \\ \frac{d^2 i}{dt^2} &= p^2\, I_0\, e^{pt} = p^2\, i \end{aligned}\right\} \tag{2.26}$$

ergibt sich die charakteristische Gleichung

$$\begin{aligned} L\, p^2\, i + R_s\, p\, i + \frac{1}{C} i &= 0, \\ p^2 + \frac{R_s}{L} p + \frac{1}{L C} &= 0. \end{aligned} \tag{2.27}$$

Die Lösungen der charakteristischen Gleichung ergeben sich zu

$$p_{1;2} = -\frac{R_s}{2L} \pm \sqrt{\left(\frac{R_s}{2L}\right)^2 - \frac{1}{LC}} \tag{2.28}$$

$$= -\sigma_s \pm \sqrt{\sigma_s^2 - \omega_r^2} = -\sigma_s \pm \mathrm{j}\sqrt{\omega_r^2 - \sigma_s^2}$$

$$= -\sigma_s \pm \mathrm{j}\,\omega_r', \tag{2.29}$$

wobei zur Abkürzung gesetzt wurde:

$$\sigma_s = \frac{R_s}{2L}, \tag{2.30}$$

$$\omega_r' = \sqrt{\omega_r^2 - \sigma_s^2} = -\sqrt{\frac{1}{LC} - \left(\frac{R_s}{2L}\right)^2}. \tag{2.31}$$

Mit den Lösungen der charakteristischen Gl. (2.29) errechnet sich die vollständige Lösung der homogenen Differentialgleichung (2.25) für $\omega_r^2 \neq \sigma_s^2$ zu

$$i(t) = I_0(K_1\,\mathrm{e}^{p_1 t} + K_2\,\mathrm{e}^{p_2 t}). \tag{2.32}$$

$K_1$ und $K_2$ sind Konstanten, die durch die *Anfangsbedingungen* bestimmt werden müssen (z. B. durch die Vorgabe von Spulenstrom und Kondensatorspannung zum Zeitpunkt $t = t_0$). Um nebensächliche Rechnungen zu vermeiden, sei als Beispiel $K_1 = K_2 = 0{,}5$ angenommen. Dann ist mit Gl. (2.29) und Gl. (2.32)

$$i(t) = \tfrac{1}{2} I_0 \left\{\mathrm{e}^{(-\sigma_s + \mathrm{j}\omega_r')} + \mathrm{e}^{(-\sigma_s - \mathrm{j}\omega_r')t}\right\}$$

$$= \tfrac{1}{2} I_0\,\mathrm{e}^{-\sigma_s t}(\cos\omega_r' t + \mathrm{j}\sin\omega_r' t + \cos\omega_r' t - \mathrm{j}\sin\omega_r' t)$$

$$= I_0\,\mathrm{e}^{-\sigma_s t}\cos\omega_r' t. \tag{2.33}$$

Man nennt $i(t)$ von Gl. (2.33) die *Eigenschwingung* für den Strom des Serienresonanzkreises, da diese Schwingung nur von der Größe der Schaltelemente und der in ihnen gespeicherten Energie abhängt, wenn die außen angeschaltete Quelle innenwiderstandsfrei ist. Der Serienschwingkreis muß also an seinen Klemmen kurzgeschlossen sein, wenn sich die Eigenschwingung des Stromes ergeben soll.

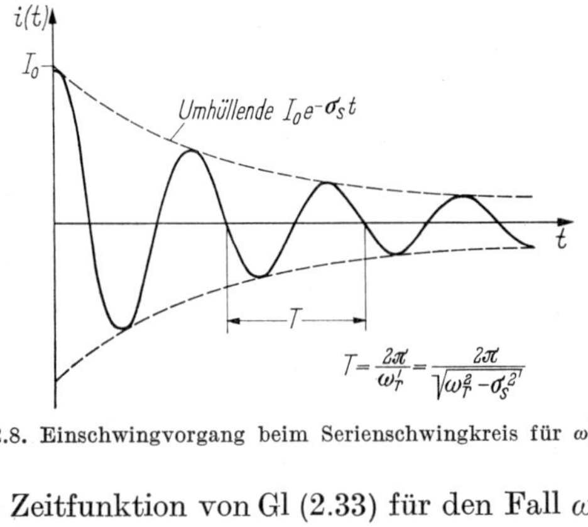


Abb. 2.8. Einschwingvorgang beim Serienschwingkreis für $\omega_r^2 > \sigma_s$

Abb. 2.8 zeigt die Zeitfunktion von Gl (2.33) für den Fall $\omega_r^2 > \sigma_s^2$; $\sigma_s$ bezeichnet man als Abklingkonstante.

$$\sigma_s = \frac{R_s}{2L} = \frac{R_s\,\omega_r}{2L\,\omega_r} = d_s\frac{\omega_r}{2}. \tag{2.34}$$

Die Eigenschwingung $i(t)$ nach Gl. (2.32) wird bis auf die Anfangsbedingungen vollkommen durch die Lösungen $p_1$ und $p_2$ der charakteristischen Gleichung bestimmt. Man bezeichnet darum diese Lösungen auch als (komplexe) Eigenfrequenzen des Serienschwingkreises (vgl. Abschn. 0.1.4). Die Herleitung von Gl. (2.29) zeigt, daß man die Eigenfrequenzen auch einfach dadurch ermitteln kann, daß man von der Funktion für den komplexen Widerstand des Serienresonanzkreises Gl. (2.1) ausgeht, in diesem $\mathrm{j}\,\omega = p$ setzt, und schließlich für $\underline{Z} = 0$ bzw. $\underline{U} = 0$ nach $p$ auflöst:

$$\underline{Z}_s(\mathrm{j}\,\omega) = \frac{\underline{U}(\mathrm{j}\,\omega)}{\underline{I}(\mathrm{j}\,\omega)} = R_s + \mathrm{j}\,\omega L + \frac{1}{\mathrm{j}\,\omega C},$$

$$\underline{Z}_s(p) = \frac{\underline{U}(p)}{\underline{I}(p)} = R_s + p L + \frac{1}{p C}, \tag{2.35}$$

$$0 = \frac{p^2 + \frac{R_s}{L} p + \frac{1}{LC}}{p}. \tag{2.36}$$

Der Zähler von Gl. (2.36) stimmt also mit der charakteristischen Gl. (2.27) überein. Das Auftreten des Nenners $p$ in Gl. (2.36) bzw. das Nichtauftreten dieses Nenners in Gl. (2.27) ist durch das Differenzieren von Gl. (2.23) bedingt. Insofern ist also Gl. (2.36) vollständiger als Gl. (2.27), weil aus ihr nicht nur die Lage der Nullstellen (Eigenfrequenzen für die Eigenschwingungen des Stromes) hervorgeht, sondern auch noch die Lage der Pole (Unendlichkeitsstellen) von $\underline{Z}(p)$. Durch beides nämlich wird das Verhalten des Zweipols bzw. des Serienresonanzkreises bis auf einen konstanten Faktor vollständig beschrieben. In Abb. 2.9 ist die Lage der Nullstellen und Pole in der komplexen Frequenzebene dargestellt.

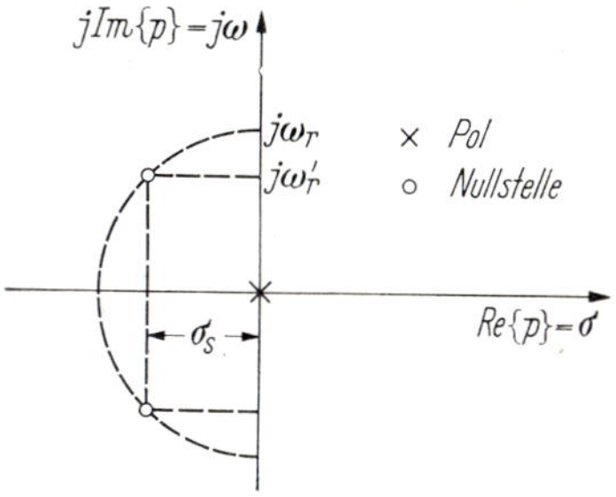


Abb. 2.9. Darstellung der Nullstellen- und Polstellenlagen von $\underline{Z}_s(p)$ in der komplexen Frequenzebene für $\omega_r^2 > \sigma_s^2$ (ein weiterer Pol liegt bei $p = \infty$)

Zur Erläuterung des gesamten Sachverhaltes wird nun gezeigt, wie aus der Lage der Nullstellen und Pole von $\underline{Z}_s(p)$ die ursprüngliche Funktion wieder errechnet werden kann. Mit Abb. 2.9 ergibt sich als Ansatz für $\underline{Z}_s(p)$

$$\underline{Z}_s(p) = A\,\frac{(p - p_1)(p - p_2)}{(p - p_1')}.$$

$A$ ist ein konstanter, aber noch unbekannter Faktor. Durch Einsetzen der Nullstellen nach Gl. (2.28) und der Polkoordinate $p' = 0$ wird mit $p = \mathrm{j}\,\omega$

$$\begin{aligned}\underline{Z}_s(\mathrm{j}\,\omega) &= A\,\frac{\left(\mathrm{j}\,\omega + \frac{R_s}{2L} - \sqrt{\left(\frac{R_s}{2L}\right)^2 - \frac{1}{LC}}\right)\left(\mathrm{j}\,\omega + \frac{R_s}{2L} + \sqrt{\left(\frac{R_s}{2L}\right)^2 - \frac{1}{LC}}\right)}{\mathrm{j}\,\omega} \\ &= \frac{A}{\mathrm{j}\,\omega}\left\{-\,\omega^2 + \mathrm{j}\,\omega\,\frac{R_s}{L} + \left(\frac{R_s}{2L}\right)^2 - \left(\frac{R_s}{2L}\right)^2 + \frac{1}{LC}\right\} \\ &= A\left\{\frac{R_s}{L} + \mathrm{j}\,\omega + \frac{1}{\mathrm{j}\,\omega L C}\right\}.\end{aligned} \tag{2.37}$$

Mit Gl. (2.37) ist also $\underline{Z}_s(\mathrm{j}\,\omega)$ aus den Pol- und Nullstellenlagen bis auf $A$ bestimmt. $A$ läßt sich berechnen, wenn man weiß, welchen Wert $\underline{Z}_s(\mathrm{j}\,\omega)$ für ein bestimmtes $\omega$ annimmt. Läßt man z. B. $\omega \to 0$ streben, dann wird das Verhalten des Serienkreises ausschließlich durch die Kapazität $C$ bestimmt, d. h., es gilt

$$\underline{Z}_s(\mathrm{j}\,\omega) \to \frac{1}{\mathrm{j}\,\omega C} \quad \text{für} \quad \omega \to 0.$$

Hiermit folgt mit Gl. (2.37), daß $A = L$ sein muß, wodurch die ursprüngliche Funktion wieder errechnet ist.

Als nächstes sei der Parallelschwingkreis betrachtet, an den zur Zeit $t = 0$ eine Stromquelle $i(t)$ geschaltet wird, d. h. zur Zeit $t = 0$ öffnet der Schalter in Abb. 2.10. Der Innenwiderstand der Stromquelle sei unendlich groß.

Es sollen jetzt die Eigenschwingungen für die Spannung $u(t)$ berechnet werden. Aus der Schaltung in Abb. 2.10 ergibt sich

$$\begin{aligned} i(t) &= \hat{I} \sin\omega t = i_L + i_R + i_C \\ &= \frac{1}{L}\int u(t)\,dt + u(t)\,G_p + C\frac{du}{dt}\,. \end{aligned} \tag{2.38}$$

Ein Vergleich mit Gl. (2.23) zeigt, daß es sich um denselben Gleichungstyp handelt wie beim Serienschwingkreis. Die einzelnen Größen in Gl. (2.38) gehen durch Ersetzen von Strom $i$ durch Spannung $u$, von Widerstand $R_s$ durch Leitwert $G_p$ sowie von Induktivität $L$ durch Kapazität $C$ und umgekehrt aus Gl. (2.23) hervor. Folglich ergibt sich als Eigenschwingung für die Spannung des leerlaufenden Parallelschwingkreises die gleiche Zeitfunktion wie für die des Stromes beim kurzgeschlossenen Serienschwingkreis.

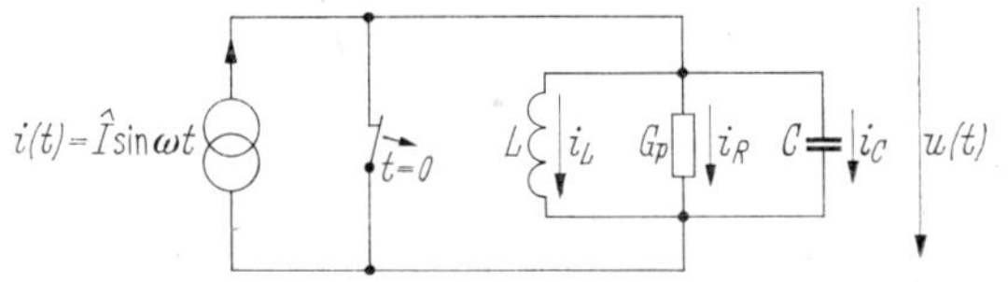


Abb. 2.10. Zur Aufstellung der Differentialgleichung für die Spannung beim Parallelschwingkreis

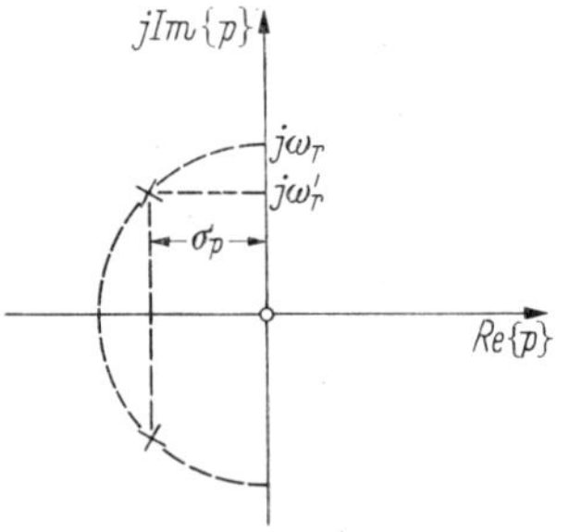


Abb. 2.11. Darstellung der Pol- und Nullstellenlagen von $\underline{Z}_p(p)$ in der komplexen Frequenzebene für $\omega_r^2 > \sigma_s^2$ (eine weitere Nullstelle liegt bei $p = \infty$)

Die Zweipolfunktion $\underline{Z}_p(p)$ für den Parallelschwingkreis lautet

$$\underline{Z}_p(p) = \frac{\frac{1}{C}p}{p^2 + \frac{G_p}{C}p + \frac{1}{LC}} = \frac{1}{C}\,\frac{p-0}{(p-p_1')(p-p_2')} \tag{2.39}$$

mit

$$\begin{aligned} p_1' &= -\sigma_p + \mathrm{j}\sqrt{\omega_r^2 - \sigma_p^2} = -\sigma_p + \mathrm{j}\,\omega_r', \\ p_2' &= -\sigma_p - \mathrm{j}\sqrt{\omega_r^2 - \sigma_p^2} = -\sigma_p - \mathrm{j}\,\omega_r', \end{aligned} \tag{2.40}$$

wobei

$$\sigma_p = \frac{G_p}{2C}; \quad \omega_r = \frac{1}{\sqrt{LC}}\,.$$

Abb. 2.11 zeigt die Pol-Nullstellenkonfiguration von $\underline{Z}_p(p)$.

Während die Eigenfrequenzen für die Eigenschwingungen des Stromes des kurzgeschlossenen Zweipols die Nullstellen von $\underline{Z}(p)$ sind, sind die Eigenfrequenzen für die Eigenschwingungen der Spannung des leerlaufenden Zweipols die Polstellen der Widerstandsfunktion $\underline{Z}(p)$.

Zur Übersicht sind die Kenngrößen der Resonanzkreise in Tab. 2.1 zusammengestellt.

### 2.1.2 Eigenschaften des allgemeinen linearen Zweipols

Einige wichtige der anhand der speziellen Beispiele der elektrischen Schwingkreise gewonnenen Erkenntnisse lassen sich leicht auf allgemeine Zweipole mit endlich vielen linearen Schaltelementen verallgemeinern.

Tabelle 2.1 *Kenngrößen der Resonanzkreise*

| | Serienresonanz | Parallelresonanz |
|---|---|---|
| Schaltung | 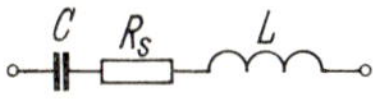 | 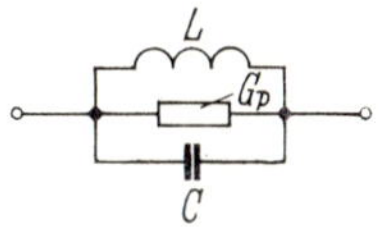 |
| Widerstand bzw. Leitwert | $\underline{Z}_s = R_s + \mathrm{j}\left(\omega L - \frac{1}{\omega C}\right)$ | $\underline{Y}_p = G_p + \mathrm{j}\left(\omega C - \frac{1}{\omega L}\right)$ |
| Resonanzfrequenz (Blindanteil = 0) | $\omega_r = 2\pi f_r = \frac{1}{\sqrt{LC}}$ | $\omega_r = 2\pi f_r = \frac{1}{\sqrt{LC}}$ |
| Normierte Frequenz | $\eta = \frac{\omega}{\omega_r}$ | $\eta = \frac{\omega}{\omega_r}$ |
| Verstimmung | $v = \frac{\omega}{\omega_r} - \frac{\omega_r}{\omega}$ | $v = \frac{\omega}{\omega_r} - \frac{\omega_r}{\omega}$ |
| Mit $\omega = \omega_r + \Delta\omega$ | $v \approx \frac{2\Delta\omega}{\omega_r} = \frac{2\Delta f}{f_r}$ | $v \approx \frac{2\Delta\omega}{\omega_r} = \frac{2\Delta f}{f_r}$ |
| Normierte Verstimmung, Phasenwinkel $\varphi$ | $\Omega = \frac{v}{d_s} = \tan\varphi$ | $\Omega = \frac{v}{d_p} = \tan\varphi$ |
| Abklingkonstante | $\sigma_s = \frac{R_s}{2L} = \frac{\omega_r}{2} d_s$ | $\sigma_p = \frac{G_p}{2C} = \frac{\omega_r}{2} d_p$ |
| Gütefaktor | $Q_s = \frac{1}{d_s}$ | $Q_p = \frac{1}{d_p}$ |
| Verlustfaktor | $d_s = \frac{R_s}{\omega_r L} = R_s \omega_r C = R_s \sqrt{\frac{C}{L}}$ | $d_p = \frac{G_p}{\omega_r C} = G_p \omega_r L = G_p \sqrt{\frac{L}{C}}$ |
| Bandbreite (3 db Abfall) | $B = \frac{f_r}{Q_s}$ | $B = \frac{f_r}{Q_p}$ |
| Normierter Widerstand bzw. Leitwert | $\underline{Z}_s = R_s(1 + \mathrm{j}\,\Omega)$ | $\underline{Y}_p = G_p(1 + \mathrm{j}\,\Omega)$ |
| Betrag | $\lvert \underline{Z}_s \rvert = R_s\sqrt{1 + \Omega^2}$ | $\lvert \underline{Y}_p \rvert = G_p\sqrt{1 + \Omega^2}$ |
| Anmerkung | Manchmal verwendet man für den Verlustfaktor auch $d_s = \tan\delta$ | |

Als willkürliches Beispiel möge die Zweipolschaltung von Abb. 2.12 dienen.

Setzt man $\mathrm{j}\,\omega = p$, dann ergibt sich für den Widerstand $\underline{Z}(p)$ der Schaltung in Abb. 2.12

$$\underline{Z}(p) = \frac{p^2 CRL + pL + R}{p^3 RLC^2 + p^2 LC + 2pRC + 1}\,. \tag{2.41}$$

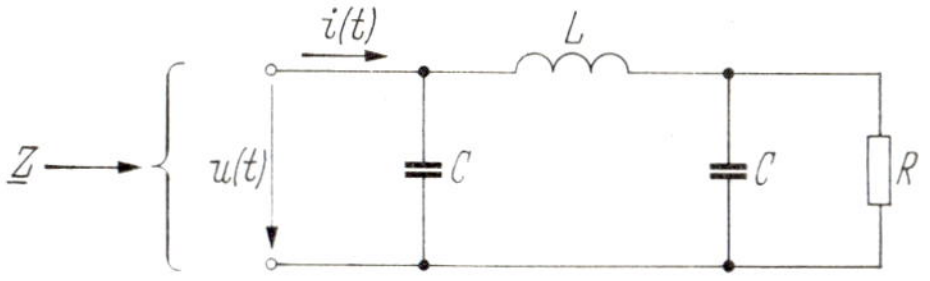


Abb. 2.12
Beispiel einer willkürlichen Zweipolschaltung

Der Zähler der Gl. (2.41) ist die charakteristische Gleichung der Differentialgleichung für die Eigenschwingung des Stromes $i(t)$, wenn die Klemmen kurzgeschlossen sind, der Nenner ist die charakteristische Gleichung für die Eigenschwingung der Spannung $u(t)$ bei offenen Klemmen. Ausgeschrieben heißen diese homogenen Differentialgleichungen

$$0 = R\,L\,C\frac{d^2 i}{dt^2} + L\frac{di}{dt} + R\,i, \tag{2.42}$$

$$0 = R\,L\,C^2\frac{d^3 u}{dt^3} + L\,C\frac{d^2 u}{dt^2} + 2R\,C\frac{du}{dt} + u. \tag{2.43}$$

Welchen passiven linearen Zweipol man auch wählt, es ergeben sich für die Eigenschwingungen immer lineare Differentialgleichungen mit konstanten reellen Koeffizienten. Wegen des exponentiellen Lösungsansatzes für derartige Gleichungen ergibt sich, daß in $\underline{Z}(p)$ sowohl Zähler- als auch Nennerpolynom niemals Nullstellen mit positivem Realteil haben dürfen, weil anderenfalls zeitlich anklingende Eigenschwingungen entstehen würden, was aus Stabilitäts- und Energiegründen unmöglich ist. Der Fall, daß der Realteil einer Nullstelle zu Null wird, ist der mit idealen Schaltelementen gerade noch erlaubte Grenzfall. Die Eigenschwingung ist in diesem Fall (für ein Nullstellenpaar $p = +\mathrm{j}\,\omega_i$ und $p = -\mathrm{j}\,\omega_i$ auf der imaginären Achse der $p$-Ebene) rein sinusförmig. Voraussetzung dabei ist, daß die Nullstellen auf der imaginären Achse einfach sind. Mehrfache Nullstellen sind auf der imaginären nicht erlaubt, weil z. B. schon im Fall der zweifachen Nullstelle die Lösung der Differentialgleichung bekanntlich von der Form $t\,\mathrm{e}^{pt}$ wird, was für $\mathrm{Re}\{p\} = 0$ bereits schon anschwingend ist. In der negativen $p$-Halbebene, d. h. für $\mathrm{Re}\{p\} < 0$ dürfen jedoch mehrfache Nullstellen auftreten, denn Zeitfunktionen der Form $t^n\,\mathrm{e}^{pt}$ mit $\mathrm{Re}\{p\} < 0$ gehen gegen Null für $t \to \infty$.

Die Vorschrift über die notwendige Einschränkung der möglichen Nullstellenlagen eines passiven linearen Zweipols ist die erste wichtige Verallgemeinerung der bei den Schwingkreisen gewonnenen Erkenntnisse. Eine zweite wichtige Folgerung ergibt sich aus der Betrachtung der Ortskurve. Bei den in Abb. 2.4 dargestellten Ortskurven fällt auf, daß sie nur in der rechten $\underline{Z}$- bzw. $\underline{Y}$-Halbebene verlaufen (d. h. $\mathrm{Re}\{\underline{Z}_s\} \geqq 0$ bzw. $\mathrm{Re}\{\underline{Y}_s\} \geqq 0$). Das ist kein Zufall, sondern eine allgemeine notwendige Eigenschaft eines passiven Zweipols. Verliefe nämlich eine Ortskurve auch nur stückweise, z. B. für $\omega_u < \omega < \omega_o$ in der linken $\underline{Z}$-Halbebene, so hätte $\underline{Z}(\mathrm{j}\,\omega)$ eben für diese Frequenzen einen negativen Realteil. Das hieße, daß bei Anlegen einer sinusförmigen Wechselspannung der Frequenz $\omega_i$ mit $\omega_u < \omega_i < \omega_o$ der Zweipol im Zeitmittel mehr elektrische Leistung abgibt als aufnimmt, was bei einem passiven Zweipol aber unmöglich ist. Abb. 2.13 zeigt ein Beispiel einer bei passiven Zweipolen unmöglichen Ortskurve.

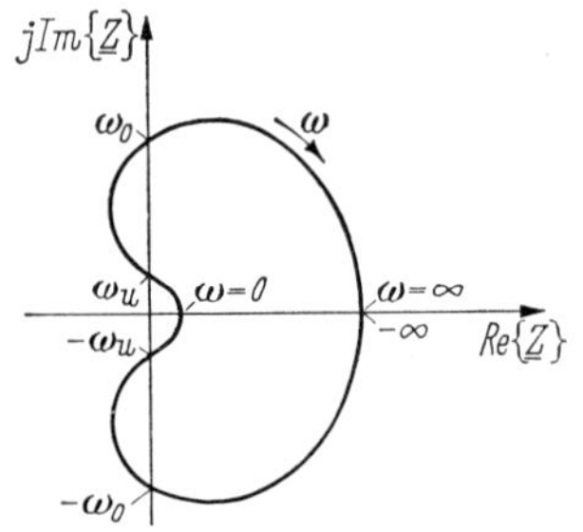

Abb. 2.13. Beispiel einer für passive Zweipole nichterlaubten Ortskurve, da für $\omega_u < \omega < \omega_o$ der Realteil von $\underline{Z}(\mathrm{j}\,\omega)$ negativ ist

Die zuerst genannte Vorschrift über die Einschränkung der Nullstellenlagen von Zähler- und Nennerpolynom enthält die Vorschrift über den Ortskurvenverlauf nicht. Die Funktion von Gl. (2.44) erfüllt z. B. die Pol-Nullstellenforderung. Ihre Ortskurve ist jedoch ähnlich der in Abb. 2.13 gezeigten. Insbesondere ergibt sich bei $p = \pm\mathrm{j}\,5$ ein negativer Realteil (in diesem Beispiel sind $p$ und die Koeffizienten durch eine Normierung dimensionslos gemacht).

$$\underline{Z}(p) = \frac{p^2 + 2p + 2}{p^2 + 20p + 100} = \frac{(p + 1 + \mathrm{j}\,1)(p + 1 - \mathrm{j}\,1)}{(p + 10)^2}. \tag{2.44}$$

Brune [2] hat als erster gezeigt, daß immer mindestens eine realisierende Schaltung zu einer gegebenen rationalen Funktion $\underline{Z}(p)$ mit reellen Koeffizienten gibt, wenn folgende Bedingungen erfüllt werden: a) Die Ortskurve $\underline{Z}(p)$ darf nur in der rechten $p$-Halbebene einschließlich der imaginären Achse verlaufen, b) Pole und Nullstellen von $\underline{Z}(p)$ dürfen nicht in der rechten $p$-Halbebene liegen. Sofern sie auf der imaginären

Achse der $p$-Ebene liegen, müssen sie einfach sein und einer weiteren Bedingung genügen, die im Abschn. 2.1.3 erläutert wird. Funktionen, die den Bedingungen a) und b) genügen, bezeichnet man auch kurz als *positiv reell.*

### 2.1.3 Reaktanzzweipole

Ein Reaktanzzweipol ist ein solcher Zweipol, der nur aus Blindwiderständen aufgebaut ist, der also keine ohmschen Widerstände enthält. In einem solchen Zweipol kann daher keine Energie in Wärme oder Strahlung umgesetzt werden. Die Eigenschwingungen einer offenen oder kurzgeschlossenen Reaktanz können daher nur stationär sein, sie dürfen also nicht ab- oder anklingen. Die Nullstellen und Pole einer Reaktanzfunktion dürfen darum nur auf der imaginären Achse liegen und einfach sein (einschließlich bei $p = 0$ und $p = \infty$).

Jede (gebrochene) rationale Funktion $\underline{Z}(p)$ läßt sich auf genau eine Weise in einen Partialbruch entwickeln. Hat diese rationale Funktion nur reelle Koeffizienten und nur einfache Pole auf der imaginären Achse, d. h. bei $p = \pm \mathrm{j}\,\omega_1;\ \pm \mathrm{j}\,\omega_2;\ \ldots \pm \mathrm{j}\,\omega_n$, dann lautet die Partialbruchentwicklung (wobei auch ein Pol bei $p = 0$ und $p = \infty$ vorkommen möge):

$$\underline{Z}(p) = \frac{a_0}{p} + \sum_i \left( \frac{a_i}{p - \mathrm{j}\,\omega_i} + \frac{a_i}{p + \mathrm{j}\,\omega_i} \right) + a_\infty p$$

$$= \frac{a_0}{p} + \sum_i \frac{2 a_i p}{p^2 + \omega_i^2} + a_\infty p. \tag{2.45}$$

$a_0/p$ stellt den Pol bei $p = 0$ dar, $a_\infty p$ den Pol bei $p = \infty$ und ein Bruchausdruck unter dem Summenzeichen stellt ein Polpaar bei $\pm \mathrm{j}\,\omega_i$ dar. Setzt man in Gl. (2.45) $p = \mathrm{j}\,\omega$, dann kann für den ganzen Ausdruck unmittelbar eine Schaltung angegeben werden, wenn $a_0 \geqq 0$; $a_i \geqq 0$ und $a_\infty \geqq 0$. $a_0/p$ steht nämlich für eine Kapazität der Größe $C = 1/a_0$, $a_\infty p$ steht für eine Induktivität der Größe $L = a_\infty$ und ein Bruchausdruck unter dem Summenzeichen bildet jeweils einen Parallelkreis. In Abb. 2.14 sind die Verhältnisse zusammengestellt.

$$\underline{Z}(j\omega) = \frac{a_0}{j\omega} + \frac{j 2 a_1}{\omega_1^2 - \omega^2} + \frac{j 2 a_2}{\omega_2^2 - \omega^2} + \cdots \quad j a_\infty \omega \tag{2.46}$$

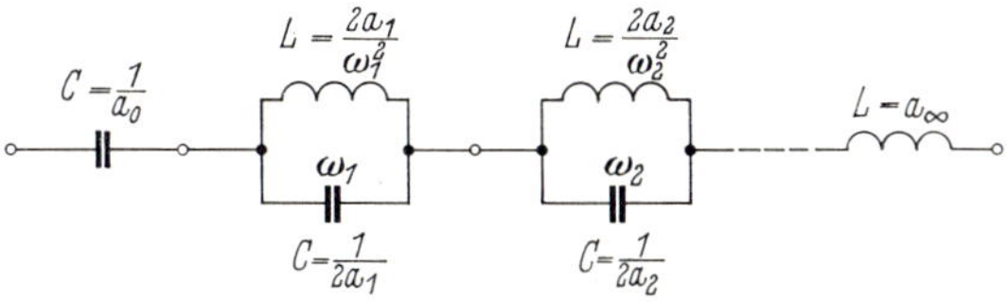


Abb. 2.14. Partialbruchentwicklung einer Reaktanzfunktion und die zugehörige realisierende Schaltung

Die am Ende von Abschn. 2.1.2 erwähnte, aber nicht genannte Bedingung für die Nullstellen auf der imaginären Achse ist nun folgende: Wenn das Nennerpolynom der Funktion $\underline{Z}(p)$ eine Nullstelle auf der imaginären Achse hat, z. B. bei $p = \pm \mathrm{j}\,\omega_\nu$, dann muß bei einer Partialbruchzerlegung im Glied $2 a_\nu\, p/(p^2 + \omega_\nu^2)$ das $a_\nu$ positiv und reell sein. Wenn Pole bei Null und im Unendlichen vorkommen, müssen auch $a_0$ und $a_\infty$ positiv und reell sein. Mit dieser Bedingung gibt es für jede Reaktanzfunktion auch eine Schaltung von der Form von Abb. 2.14. Daß es tatsächlich notwendig ist, daß $a_0$; $a_\infty$; $a_\nu \geqq 0$ sind, läßt sich aus der Energiebedingung beweisen, wenn man einen Zweipol mit einer Spannung $\underline{\hat{U}}\, \mathrm{e}^{+\sigma t}$ speist, wobei $\sigma$ reell und positiv ist [3].

Aus Gl. (2.46) ergibt sich

$$X(\omega) = \frac{\underline{Z}(\mathrm{j}\,\omega)}{\mathrm{j}} = -\frac{a_0}{\omega} + \sum_\nu \frac{2 a_\nu \omega}{\omega_\nu^2 - \omega^2} + a_\infty \omega. \tag{2.47}$$

Tabelle 2.2 *Beispiele für Reaktanzzweipole ohne Gleichstromdurchgang*

| Schaltung | Formel für j $X$ | Funktionsverlauf | Nullstellen | Pole |
|---|---|---|---|---|
| 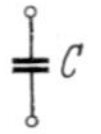 | $\mathrm{j}\,X = \frac{1}{\mathrm{j}\,\omega\,C}$ |  | $\omega = [\pm]\,\infty$ | $\omega = 0$ |
| 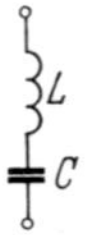 | $\mathrm{j}\,X = \mathrm{j}\,\omega\,L + \frac{1}{\mathrm{j}\,\omega\,C}$<br>$\mathrm{j}\,X = \mathrm{j}\,L\,\frac{(\omega-\omega_0)\,(\omega+\omega_0)}{\omega}$<br>$\omega_0^2 = \frac{1}{L\,C}$ | 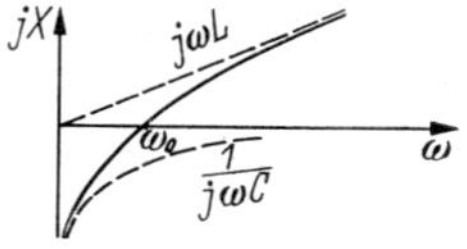 | $\omega = \pm\,\omega_0$ | $\omega = 0$<br>$\omega = [\pm]\,\infty$ |
| 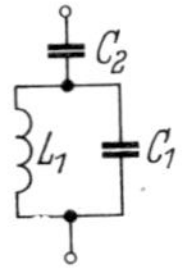 | $\mathrm{j}\,X = \frac{1}{\mathrm{j}\,\omega\,C_2} + \frac{1}{\mathrm{j}\,C_1}\,\frac{\omega}{(\omega-\omega_1)\,(\omega+\omega_1)}$<br>$\mathrm{j}\,X = \frac{1}{\mathrm{j}}\,\frac{C_1+C_2}{C_1 C_2}\,\frac{(\omega-\omega_2)\,(\omega+\omega_2)}{\omega(\omega-\omega_1)\,(\omega+\omega_1)}$<br>$\omega_1^2 = \frac{1}{L_1\,C_1} \qquad \omega_2^2 = \frac{1}{L_1(C_1+C_2)}$ | 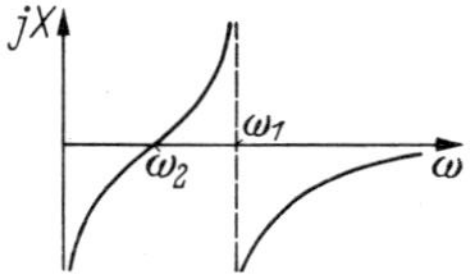 | $\omega = \pm\,\omega_2$<br>$\omega = [\pm]\,\infty$ | $\omega = 0$<br>$\omega = \pm\,\omega_1$ |
| 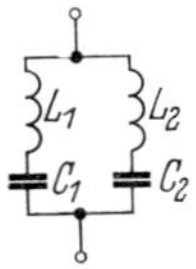 | $\frac{1}{\mathrm{j}\,X} = \frac{1}{\mathrm{j}\,\omega\,L_1 + \frac{1}{\mathrm{j}\,\omega\,C_1}} + \frac{1}{\mathrm{j}\,\omega\,L_2 + \frac{1}{\mathrm{j}\,\omega\,C_2}}$<br>$\mathrm{j}\,X = \mathrm{j}\,\frac{L_1\,L_2}{L_1+L_2}\,\frac{(\omega-\omega_1)\,(\omega+\omega_1)\,(\omega-\omega_2)\,(\omega+\omega_2)}{\omega(\omega-\omega_3)\,(\omega+\omega_3)}$<br>$\omega_1^2 = \frac{1}{L_1\,C_1}\,;\ \omega_2^2 = \frac{1}{L_2\,C_2}\,;\ \omega_3^2 = \frac{1}{L_1+L_2}\left(\frac{1}{C_1}+\frac{1}{C_2}\right)$ | 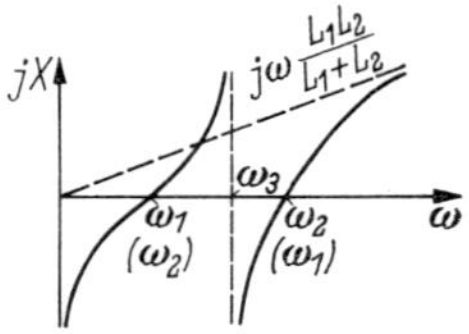 | $\omega = \pm\,\omega_1$<br>$\omega = \pm\,\omega_2$ | $\omega = 0$<br>$\omega = \pm\,\omega_3$<br>$\omega = [\pm]\,\infty$ |

Tabelle 2.3 *Beispiele für Reaktanzzweipole mit Gleichstromdurchgang*

| Schaltung | Formel für j $X$ | Funktionsverlauf | Nullstellen | Pole |
|---|---|---|---|---|
|   | $\mathrm{j}\,X = \mathrm{j}\,\omega\,L$ | 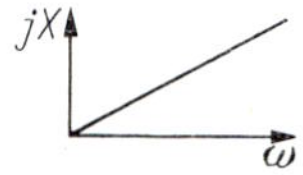  | $\omega = 0$ | $\omega = [\pm]\,\infty$ |
| 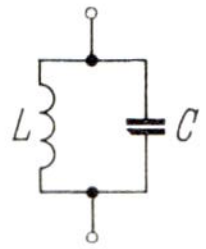  | $\frac{1}{\mathrm{j}\,X} = \mathrm{j}\,\omega\,C + \frac{1}{\mathrm{j}\,\omega\,L}$<br>$\mathrm{j}\,X = \frac{1}{\mathrm{j}\,C}\,\frac{\omega}{(\omega - \omega_0)\,(\omega + \omega_0)}$<br>$\omega_0^2 = \frac{1}{L\,C}$ | 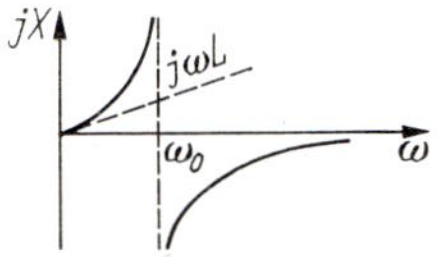  | $\omega = 0$<br>$\omega = [\pm]\,\infty$ | $\omega = \pm\,\omega_0$ |
| 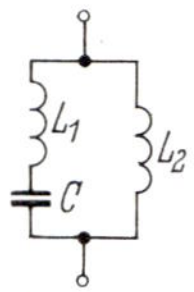  | $\frac{1}{\mathrm{j}\,X} = \frac{1}{\mathrm{j}\,\omega\,L_2} + \frac{1}{\mathrm{j}\,\omega\,L_1 + \frac{1}{\mathrm{j}\,\omega\,C}}$<br>$\mathrm{j}\,X = \mathrm{j}\,\frac{L_1\,L_2}{L_1 + L_2}\,\frac{\omega(\omega - \omega_1)\,(\omega + \omega_1)}{(\omega - \omega_2)\,(\omega + \omega_2)}$<br>$\omega_1^2 = \frac{1}{L_1\,C} \qquad \omega_2^2 = \frac{1}{C\,(L_1 + L_2)}$ | 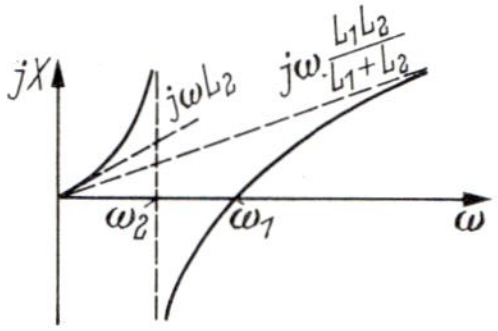  | $\omega = 0$<br>$\omega = \pm\,\omega_1$ | $\omega = \pm\,\omega_2$<br>$\omega = [\pm]\,\infty$ |
| 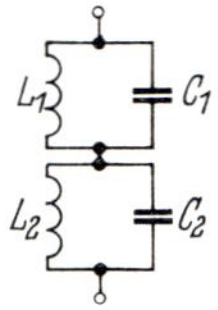  | $\mathrm{j}\,X = \frac{1}{\mathrm{j}\,C_1}\,\frac{\omega}{(\omega - \omega_1)\,(\omega + \omega_1)} + \frac{\omega}{\mathrm{j}\,C_2(\omega - \omega_2)\,(\omega + \omega_2)}$<br>$\mathrm{j}\,X = \frac{1}{\mathrm{j}}\,\frac{C_1 + C_2}{C_1\,C_2}\,\frac{\omega(\omega - \omega_3)\,(\omega + \omega_3)}{(\omega - \omega_1)\,(\omega + \omega_1)\,(\omega - \omega_2)\,(\omega + \omega_2)}$<br>$\omega_1^2 = \frac{1}{L_1\,C_1}\,;\ \omega_2^2 = \frac{1}{L_2\,C_2}\,;\ \omega_3^2 = \frac{1}{C_1 + C_2}\left(\frac{1}{L_1} + \frac{1}{L_2}\right)$ | 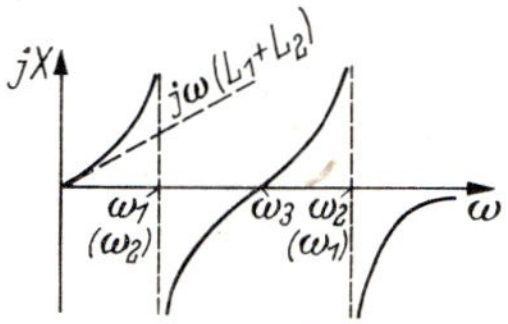  | $\omega = 0$<br>$\omega = \pm\,\omega_3$<br>$\omega = [\pm]\,\infty$ | $\omega = \pm\,\omega_1$<br>$\omega = \pm\,\omega_2$ |

Durch Differentiation folgt

$$\frac{dX(\omega)}{d\omega} = \frac{d}{d\omega}\left(\frac{\underline{Z}(\mathrm{j}\,\omega)}{\mathrm{j}}\right) = \frac{a_0}{\omega^2} + \sum_{\nu} \frac{2\,a_\nu(\omega_\nu^2 + \omega^2)}{(\omega_\nu^2 - \omega^2)^2} + a_\infty\,. \tag{2.48}$$

Aus Gl. (2.48) folgt, daß der Differentialquotient $dX(\omega)/d\omega$ niemals negativ werden kann (FOSTERsches Reaktanztheorem). Der prinzipielle Verlauf einer Reaktanzfunktion wird damit durch Abb. 2.15a wiedergegeben. Zum Vergleich dazu zeigt Abb. 2.15b einen unmöglichen Verlauf einer Reaktanzfunktion, weil darin Bereiche mit negativer Steigung vorkommen.

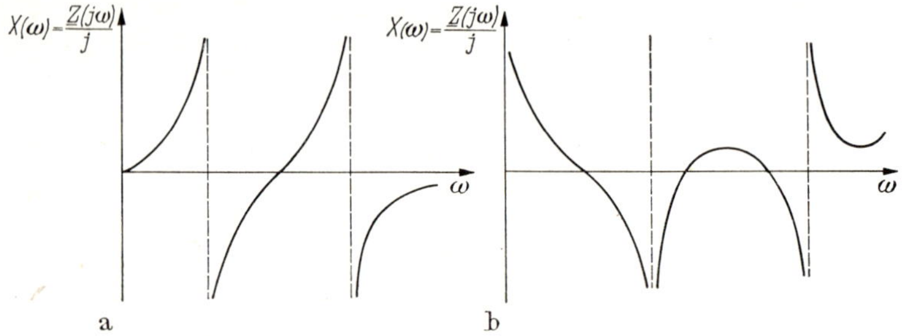


Abb. 2.15. Zur Veranschaulichung des FOSTERschen Reaktanztheorems
a möglicher Verlauf ($a_0 = 0$, $a_\infty = 0$); b unmöglicher Verlauf

In Tab. 2.2 und Tab. 2.3 sind einige Reaktanzzweipole mit ihren Blindwiderstandsverläufen zusammengestellt. Aus den Abbildungen sowie dem Reaktanztheorem folgt, daß Pole und Nullstellen sich überdies abwechseln müssen.

### 2.1.4 Allgemeine Bemerkungen zur Zweipolsynthese

Abb. 2.14 gab eine allgemeine Methode an, wie für jede Reaktanzwiderstandsfunktion durch Partialbruchentwicklung eine Schaltung gefunden werden kann. Ein formal gleichartiger Weg, der von der Reaktanzleitwertfunktion ausgeht, führt ebenfalls stets zu einer Schaltung, die entsprechend aus einer Parallelschaltung von verlustlosen Serienschwingkreisen besteht. Derartige einfache Synthesemethoden, die stets zu einer Schaltung führen, gibt es lediglich noch für $RC$- und $RL$-Zweipole. Bei der allgemeinen Synthese von $RLC$-Zweipolen müssen kompliziertere Methoden angewendet werden.

## 2.2 Duale Netzwerke

Bei der Behandlung des Serien- und Parallelschwingkreises in den Unterabschnitten von Abschn. 2.1.1 wurde an verschiedenen Stellen die formale Gleichartigkeit der das Verhalten der Schwingkreise beschreibenden Formeln festgestellt. Es zeigte sich, daß der Serienschwingkreis die gleichen Eigenschaften für den Strom hat wie der Parallelschwingkreis für die Spannung und umgekehrt. Dieses Verhalten wurde als *dual* bezeichnet. Duales Verhalten gibt es nicht nur bei Schwingkreisen oder Zweipolen, sondern bei beliebigen linearen passiven Netzwerken. Man sagt ganz allgemein, daß ein Netzwerk zu einem zweiten gegebenen Netzwerk widerstandsreziprok oder dual ist, wenn das erste Netzwerk hinsichtlich des Stromes bis auf einen konstanten Faktor die gleichen Eigenschaften hat wie das zweite für die Spannung bzw. wenn das erste bis auf einen konstanten Faktor die gleichen Eigenschaften für die Spannung hat wie das zweite für den Strom. Es sind insbesondere zwei Zweipole zueinander dual, wenn der Widerstand des einen Zweipols proportional dem Leitwert des anderen Zweipols ist.

$$\underline{Z}_1 = \frac{Z^2}{\underline{Z}_2} \quad \text{oder} \quad \underline{Z}_1 \underline{Z}_2 = Z^2. \tag{2.49}$$

Der Proportionalitätsfaktor $Z^2$ ist eine beliebig vorgebbare reelle Größe mit der Dimension eines Widerstandes zum Quadrat. Es entspricht sich 1 V bei der einen Schaltung mit 1 A bei der anderen Schaltung, wenn $Z^2 = 1\ \Omega^2$. Soll 1 V bei der einen Schaltung sich mit 10 mA bei der anderen Schaltung entsprechen, so muß $Z^2 = (10\ \Omega)^2$ sein.

Um von einer gegebenen Schaltung die zugehörige duale Schaltung zu finden, muß man davon ausgehen, daß auch jedes Element sowie jede beliebige Teil-

Tabelle 2.4

| $\underline{Z}_1$ | $\underline{Z}_2$ | Dualitätsbedingung |
|---|---|---|
| 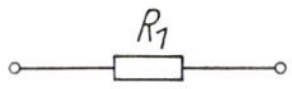  | 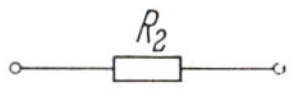  | $R_1 R_2 = Z^2$ |
| 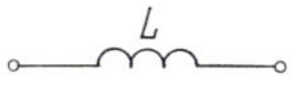  | 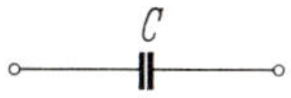  | $\frac{L}{C} = Z^2$ |
| 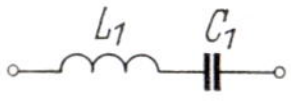  | 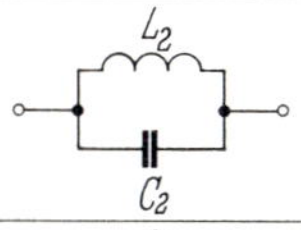  | $\frac{L_1}{C_2} = \frac{L_2}{C_1} = Z^2$ |
| 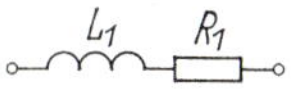  | 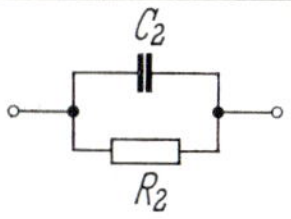  | $\frac{L_1}{C_2} = R_1 R_2 = Z^2$ |
| 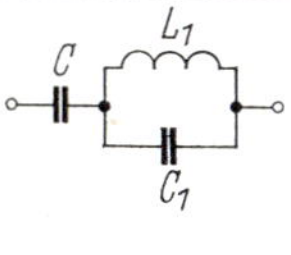  | 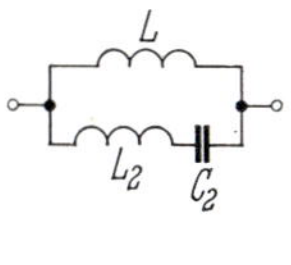  | $\frac{L_1}{C_2} = \frac{L_2}{C_1} = \frac{L}{C} = Z^2$ |

schaltung der gegebenen Schaltung sein duales Gegenstück in der dualen Schaltung haben muß. Darum ist für jedes Zweipolelement das entsprechende duale Gegenstück bereitzustellen, was mit Gl. (2.49) heißt, daß z. B. für jede Induktivität eine Kapazität benötigt wird usw. Für zwei Elemente, die in der gegebenen Schaltung in Serie liegen, gilt immer, daß durch beide Elemente stets der gleiche Strom fließt. In der dualen Schaltung soll nun über die beiden entsprechenden dualen Gegenstücke laut Forderung stets die gleiche Spannung liegen, d. h., sie müssen parallelgeschaltet sein. Durch Fortsetzen dieses Gedankenganges findet man, daß man zu einer gegebenen Schaltung die zugehörige duale Schaltung durch Anwendung der folgenden Grundregeln erhält:

a) Ersetze Parallelschaltung durch Reihenschaltung und umgekehrt.
b) Ersetze Widerstand $R$ durch Widerstand $Z^2/R$.
c) Ersetze Induktivität $L$ durch Kapazität $L/Z^2$.
d) Ersetze Kapazität $C$ durch Induktivität $Z^2 C$.

Bei der dualen Umwandlung von Netzwerken entsprechen sich:

| | | |
|---|---|---|
| Widerstand | ⟷ | Leitwert |
| Spannung | ⟷ | Strom |
| Reihenschaltung | ⟷ | Parallelschaltung |
| Induktivität | ⟷ | Kapazität |
| Masche | ⟷ | Knoten |
| Leerlauf ($R = \infty$) | ⟷ | Kurzschluß ($R = 0$) |
| Ersatzspannungsquelle | ⟷ | Ersatzstromquelle. |

Tab. 2.4 zeigt das Prinzip der dualen Umwandlung an einfachen Zweipolen. Abb. 2.16 zeigt den Fall der dualen Umwandlung eines komplizierteren Netzwerks.

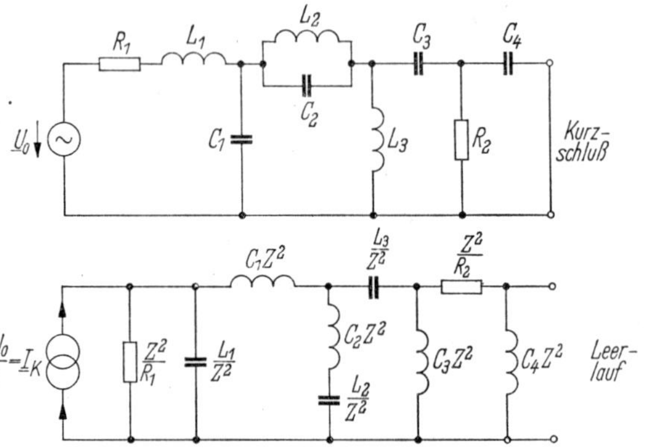


Abb. 2.16. Duale Umwandlung eines komplizierten Netzwerkes

Durch Beachtung von Dualitätsbeziehungen können häufig Rechnungen vereinfacht werden. Davon wird z. B. in Abschn. 2.3.1.3.1, Gl. (2.99), noch Gebrauch gemacht.

## 2.3 Wellenparametertheorie linearer Vierpole

Von den Betriebsparametern eines Vierpols interessiert in der technischen Praxis in erster Linie entweder die Betriebsübertragungsfunktion oder die Spannungsübertragungsfunktion (vgl. Abschn. 0.5.3). Die Synthese von Vierpolen mit einem vorgeschriebenen Betriebsparameter erfordert im allgemeinen einen sehr großen Rechenaufwand. Wesentlich leichter können Vierpole mit vorgeschriebener Spannungs-Wellenübertragungsfunktion berechnet werden, weshalb der Wellenparametertheorie eine nicht geringe praktische Bedeutung zukommt. Die Betriebseigenschaften der errechneten Wellenparametervierpole weichen zwar häufig von den gewünschten Betriebsparametern ab. Die Abweichungen sind aber um so geringer, je weniger sich die Vierpol-Abschlußwiderstände $\underline{Z}_1$ und $\underline{Z}_2$ von den jeweiligen Wellenwiderständen $\underline{Z}_{w1}$ und $\underline{Z}_{w2}$ unterscheiden. Im Fall, daß $\underline{Z}_1 = \underline{Z}_{w1}$ und $\underline{Z}_2 = \underline{Z}_{w2}$, stimmen Spannungsübertragungsfunktion und Spannungs-Wellenübertragungsfunktion überein. Wenn zusätzlich noch $\underline{Z}_1 = \underline{Z}_2$ ist, dann stimmt auch die Betriebsübertragungsfunktion mit der Wellenübertragungsfunktion überein. Praktisch läßt sich eine solche Anpassung aber nicht immer durchführen, weil sich häufig ein Wellenwiderstand ergibt, der reell und frequenzabhängig ist. Ein Abschlußwiderstand einfacher Struktur kann aber entweder nur reell und frequenzunabhängig sein oder frequenzabhängig und nicht reell. Wenn ein reeller frequenzabhängiger Wellenwiderstand auftritt, sind also Fehlanpassungen und damit Abweichungen der Betriebsgrößen von den Wellengrößen unvermeidlich. In solchen Fällen wählt man die Beschaltung so, daß derjenige Frequenzbereich, der am meisten interessiert oder der am kritischsten ist, möglichst genau angepaßt ist. Für den restlichen Bereich nimmt man dann Abweichungen in Kauf.

Nach der Vierpoltheorie kann man sich einen komplizierten Vierpol als Zusammenschaltung (Parallel-, Serien-, Kettenschaltung usw.) mehrerer einfacher Vierpole vorstellen. In der Wellenparametertheorie werden zunächst nur solche zusammengesetzten Vierpole betrachtet, die a) aus der Kettenschaltung mehrerer einfacher Vierpole bestehen und bei denen b) nur solche Vierpole aneinanderstoßen dürfen, die an ihren Stoßstellen gleichen Wellenwiderstand haben. Abb. 2.17a zeigt das Aufbauschema. Mit diesen zwei Bedingungen a) und b) ist eine starke Einschränkung der möglichen Mannigfalt von Vierpolen bei beliebiger Zusammenschaltbarkeit gegeben.

Als Elementarvierpole, aus denen nach Abb. 2.17 a ein beliebig komplizierter Vierpol zusammengesetzt werden kann, werden am häufigsten sogenannte *Grundglieder* in $T$- oder $\pi$-Schaltung verwendet. Sehr oft werden aber auch Brücken- oder $X$-Schaltungen verwendet. Gelegentlich benutzt man auch überbrückte $T$-Glieder als Elementarvierpole. Abb. 2.17 b zeigt die Strukturen dieser Schaltungen.

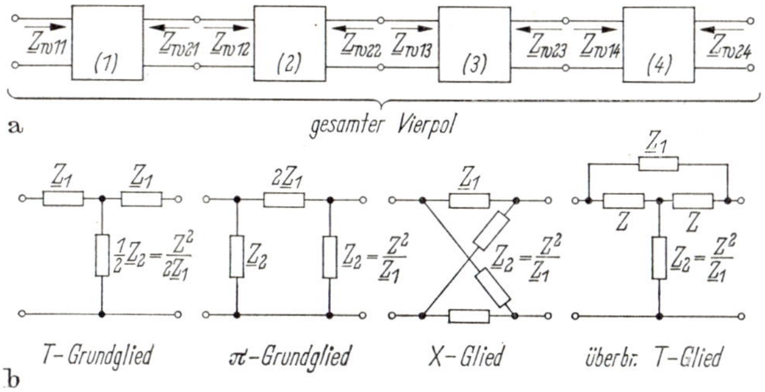


Abb. 2.17. a Aufbauschema eines komplizierten Vierpols nach der Wellenparametertheorie; b Strukturen der einfachsten Elementarvierpole

In diesen Bildern sind die Widerstände im Querzweig dual zu denen im Längszweig gewählt worden. Dieser Fall ist sozusagen der Normalfall. Es kommt allerdings nicht selten vor, daß die Widerstände im Längs- und Querzweig nicht dual zueinander sind. Zu solchen Gliedern sind bei Grundgliedern die sogenannten *Zobel-Glieder* zu zählen. Auch bei den $X$-Gliedern kommt ein entsprechender Fall vor. Man bezeichnet diese speziellen $X$-Glieder als *Jaumann-Glieder*. Nähere Einzelheiten über diese Elementarvierpole werden weiter unten bei der Behandlung spezieller Anwendungsfälle diskutiert. Es sei hier nur noch kurz darauf hingewiesen, daß $X$-Glieder und überbrückte $T$-Glieder einen konstanten frequenzunabhängigen reellen Wellenwiderstand haben können bei frequenzabhängigem Wellenübertragungsmaß. (Diese Glieder können also exakt angepaßt werden.) Als spezielle Anwendungsgebiete der Wellenparametertheorie ergeben sich in der Hauptsache folgende Gebiete:

1. Siebschaltungen,
2. Laufzeitglieder,
3. Entzerrer.

### 2.3.1 Siebschaltungen

Siebschaltungen oder Filter haben die Aufgabe, vom gesamten Frequenzbereich $0 \leqq \omega \leqq \infty$ bestimmte Frequenzgebiete möglichst vollkommen zu sperren und den übrigen Teil möglichst ungeschwächt durchzulassen. Man unterscheidet demnach *Sperrbereich* (SB) und *Durchlaßbereich* (DB). Wenn tiefe Frequenzen durchgelassen und hohe Frequenzen gesperrt werden sollen, spricht man von einem *Tiefpaß*. Im umgekehrten Fall spricht man von einem *Hochpaß*. Wenn ein bestimmtes Frequenzband $\omega_T \leqq \omega \leqq \omega_H$ durchgelassen werden soll, und die Frequenzen außerhalb dieses

Bandes gesperrt werden sollen, spricht man von einem *Bandpaß*, im umgekehrten Fall von einer *Bandsperre*. Abb. 2.18 gibt eine Zusammenstellung dieser Filtertypen wieder und zeigt zugleich den grundsätzlichen Aufbau. Die physikalische

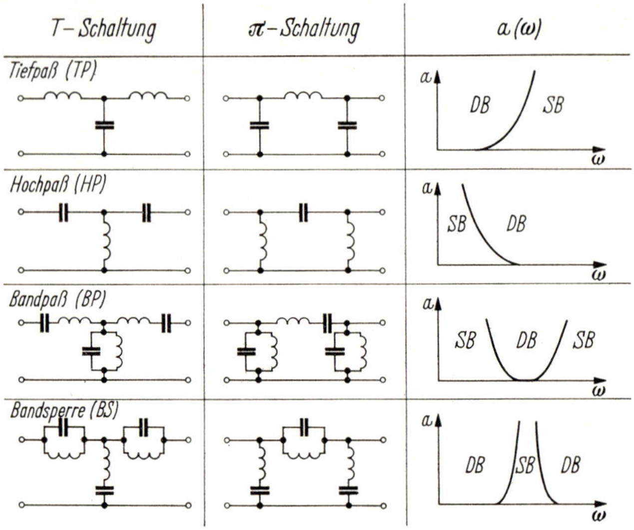


Abb. 2.18. Zusammenstellung der Filtertypen aus $T$- und $\pi$-Grundgliedern
$DB$ = Durchlaßbereich, $SB$ = Sperrbereich

Wirkungsweise ist unmittelbar aus der Schaltung zu erkennen, wenn man sich vergegenwärtigt, daß die Dämpfung des Vierpols dort groß ist, wo der Scheinwiderstand im Längszweig relativ groß ist und der Scheinwiderstand im Querzweig relativ klein ist, und daß die Dämpfung des Vierpols dort klein ist, wo der Scheinwiderstand im Längszweig klein und im Querzweig groß ist. Bei der nun folgenden detaillierten Betrachtung wollen wir uns auf Siebschaltungen beschränken, die sich aus $T$- und $\pi$-Grundgliedern nach Abb. 2.18 entsprechend Abb. 2.17 zusammensetzen, weil diese eine weitaus größere praktische Bedeutung haben als die aus $X$-Gliedern oder aus überbrückten $T$-Gliedern zusammengesetzten Filter.

### 2.3.1.1 Tiefpässe aus Grundgliedern

Die mathematische Behandlung der Filter soll mit dem Tiefpaßgrundglied beginnen. Ein Tiefpaßgrundglied kann man sich aus zwei Halbgliedern (1) und (2) nach Abb. 2.19 zusammengesetzt denken. Der Wellenwiderstand derjenigen Seite des

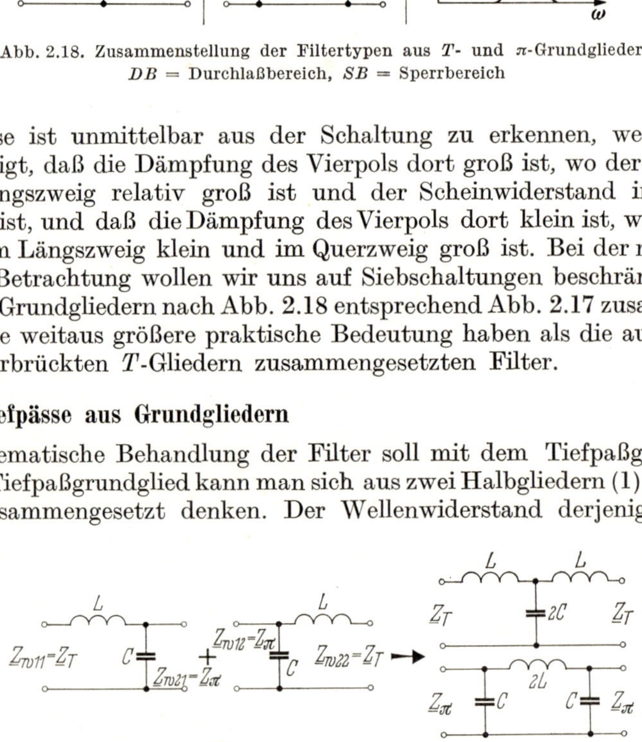


Abb. 2.19. Zusammensetzung eines $TP$-Grundgliedes aus zwei Halbgliedern; $Z_\pi$; $Z_T$ = Wellenwiderstände

Halbgliedes, deren Eingang mit einer Induktivität beginnt, werde der Einfachheit halber mit $\underline{Z}_T$ bezeichnet ($T$-Eingang). Entsprechend wird der Wellenwiderstand auf der anderen Seite mit $\underline{Z}_\pi$ bezeichnet ($\pi$-Eingang).

#### 2.3.1.1.1 Normierung

Es interessieren nun die Wellenparameter, nämlich die Wellenwiderstände $\underline{Z}_T$ und $\underline{Z}_\pi$ sowie die Wellendämpfung $a' = \mathrm{Re}\{g'\}$ [vgl. Gl. (0.84)]; (Wellenübertragungsmaß ist $g' = a' + \mathrm{j}\, b'$). Bevor aber gerechnet wird, ist es zweckmäßig, eine Normierung einzuführen. Unter Verwendung der folgenden Beziehungen

$$\omega_g = \frac{1}{\sqrt{L\,C}}, \tag{2.50}$$

$$\Omega = \frac{\omega}{\omega_g}, \tag{2.51}$$

$$Z = \sqrt{\frac{L}{C}} \tag{2.52}$$

ergibt sich für den Blindwiderstand $\mathrm{j}\,\omega\,L$ im Längszweig

$$\mathrm{j}\,\omega\,L = \mathrm{j}\,\Omega\,Z \tag{2.53}$$

und für den Widerstand $\frac{1}{\mathrm{j}\,\omega C}$ im Querzweig

$$\frac{1}{\mathrm{j}\,\omega\,C} = \frac{Z}{\mathrm{j}\,\Omega}. \tag{2.54}$$

Mit Gl. (2.53) und Gl. (2.54) stellen sich das Halbglied und Grundglied entsprechend Abb. 2.20 dar. Die Zweckmäßigkeit dieser Normierung wird später noch deutlich.

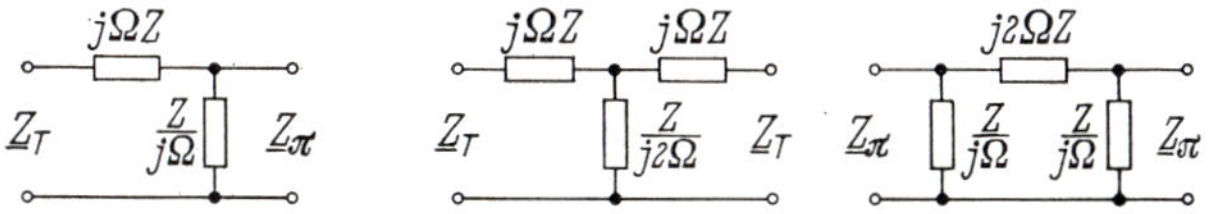


Abb. 2.20. Halbglied und Grundglied in $T$- und $\pi$-Schaltung in normierter Darstellung

#### 2.3.1.1.2 Bestimmung der Wellenparameter

*Wellenwiderstände.* Die Wellenwiderstände $\underline{Z}_T$ und $\underline{Z}_\pi$ berechnen sich nun aus Kurzschluß und Leerlauf gemäß Gl. (0.82) zu

$$\underline{Z}_T = \sqrt{\underline{W}_{1L}\,\underline{W}_{1K}} = \sqrt{\left(\mathrm{j}\,\Omega\,Z + \frac{Z}{\mathrm{j}\,\Omega}\right)\mathrm{j}\,\Omega\,Z} = Z\sqrt{1-\Omega^2}, \tag{2.55}$$

$$\underline{Z}_\pi = \sqrt{\underline{W}_{2L}\,\underline{W}_{2K}} = \sqrt{\frac{Z}{\mathrm{j}\,\Omega}\,\frac{Z^2}{\mathrm{j}\,\Omega Z + \frac{Z}{\mathrm{j}\,\Omega}}} = \frac{Z}{\sqrt{1-\Omega^2}}. \tag{2.56}$$

Es zeigt sich hier, daß die Wellenwiderstände im Bereich $-1 < \Omega < +1$ reell und frequenzabhängig sind. (Dieser Bereich wird sich später als der Druchlaßbereich DB

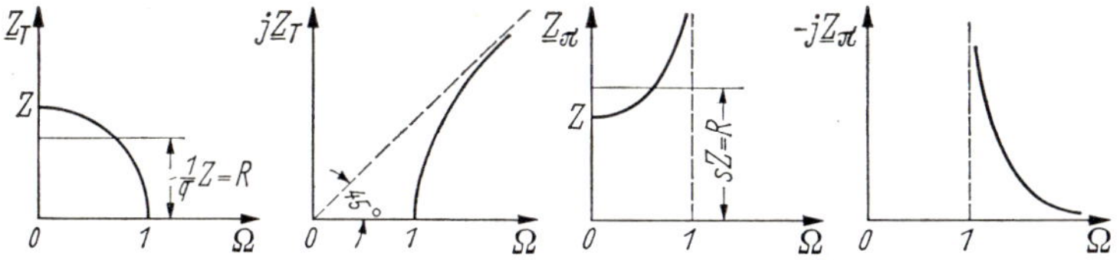


Abb. 2.21. Frequenzabhängigkeiten von $Z_T$ und $Z_\pi$ nach Gl. (2.55) und Gl. (2.56)

erweisen.) Im Bereich $+1 < \Omega < +\infty$ (und im Bereich $-\infty < \Omega < -1$) sind die Wellenwiderstände imaginär. (Diese Bereiche werden sich später als die Sperrbereiche erweisen.) Abb. 2.21 zeigt den Verlauf von $\underline{Z}_T$ und $\underline{Z}_\pi$ über $\Omega$. Auf die Bedeutung der eingezeichneten Markierungen der Ordinate $R$ wird später eingegangen.

*Wellendämpfung.* Zur Berechnung der Wellendämpfung der Grundglieder werden zunächst die Wellendämpfungen der Halbglieder berechnet, die dazu mit ihren entsprechenden Wellenwiderständen abgeschlossen werden müssen (Abb. 2.22).

Für das Halbglied mit der Einspeisung auf der $T$-Seite (Abb. 2.22a) gilt:

$$\left.\frac{\underline{U}_1}{\underline{U}_2}\right|_T = \frac{\mathrm{j}\,\Omega Z + \frac{Z}{\mathrm{j}\,\Omega}\,\Big\|\,\underline{Z}_\pi}{\frac{Z}{\mathrm{j}\,\Omega}\,\Big\|\,\underline{Z}_\pi} = 1 + \mathrm{j}\,\Omega\left(\sqrt{1-\Omega^2} + \mathrm{j}\,\Omega\right) = 1 - \Omega^2 + \mathrm{j}\,\Omega\sqrt{1-\Omega^2}. \tag{2.57}$$

Das Parallelzeichen || bedeutet Parallelschaltung, d. h.

$$\underline{Z}_\pi \,\Big\|\, \frac{Z}{\mathrm{j}\,\Omega} = \frac{\frac{Z}{\mathrm{j}\,\Omega}\,\frac{Z}{\sqrt{1-\Omega^2}}}{\frac{Z}{\mathrm{j}\,\Omega} + \frac{Z}{\sqrt{1-\Omega^2}}} = \frac{Z}{\sqrt{1-\Omega^2} + \mathrm{j}\,\Omega}. \tag{2.58}$$

Für das Halbglied mit der Einspeisung auf der $\pi$-Seite (Abb. 2.22b) gilt:

$$\left.\frac{\underline{U}_1}{\underline{U}_2}\right|_\pi = \frac{\mathrm{j}\,\Omega Z + \underline{Z}_T}{\underline{Z}_T} = 1 + \frac{\mathrm{j}\,\Omega Z}{\underline{Z}_T} = 1 + \frac{\mathrm{j}\,\Omega}{\sqrt{1-\Omega^2}}. \tag{2.59}$$

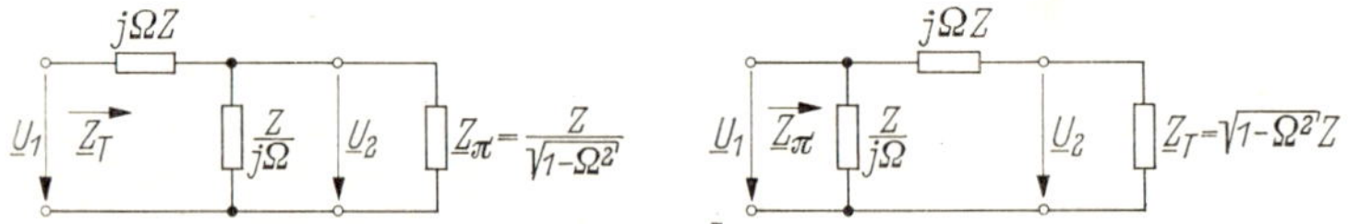


Abb. 2.22. Zur Berechnung der Wellendämpfung $a'$ der Halbglieder a bei Einspeisung von der $T$-Seite; b bei Einspeisung von der $\pi$-Seite

Da beide Halbglieder im Fall der Anpassung einen Eingangswiderstand haben, der gleich dem entsprechenden Wellenwiderstand ist, gilt nun *sowohl für das T-Grundglied als auch für das $\pi$-Grundglied:*

$$\begin{aligned} \mathrm{e}^{g'} &= \mathrm{e}^{a'+\mathrm{j}b'} = \frac{\underline{U}_1}{\underline{U}_2} = \left.\frac{\underline{U}_1}{\underline{U}_2}\right|_T \left.\frac{\underline{U}_1}{\underline{U}_2}\right|_\pi = \left(1 - \Omega^2 + \mathrm{j}\,\Omega\sqrt{1-\Omega^2}\right)\left(1 + \frac{\mathrm{j}\,\Omega}{\sqrt{1-\Omega^2}}\right) \\ &= 1 - \Omega^2 + \mathrm{j}\,\Omega\sqrt{1-\Omega^2} + \mathrm{j}\,\Omega\,\frac{1-\Omega^2}{\sqrt{1-\Omega^2}} - \Omega^2 = 1 - 2\Omega^2 + \mathrm{j}\,2\Omega\sqrt{1-\Omega^2}. \end{aligned} \tag{2.60}$$

Der Wurzelausdruck $\sqrt{1-\Omega^2}$ ist reell für $|\Omega| \leqq 1$. Für $|\Omega| > 1$ wird er imaginär. Man muß also wie beim Wellenwiderstand zwei Bereiche unterscheiden. Solange $|\Omega| < 1$ ist, berechnet sich die Wellendämpfung aus Gl. (2.60) zu

$$\begin{aligned} \mathrm{e}^{a'} &= |\mathrm{e}^{g'}| = \left|\frac{\underline{U}_1}{\underline{U}_2}\right| \\ &= \sqrt{(1-2\Omega^2)^2 + 4\Omega^2(1-\Omega^2)} = \sqrt{1 - 4\Omega^2 + 4\Omega^4 + 4\Omega^2 - 4\Omega^4} = 1. \end{aligned} \tag{2.61}$$

Für $\Omega = \pm 1$ gilt ebenfalls noch $\mathrm{e}^{a'} = |\mathrm{e}^{g'}| = 1$, wie man durch Einsetzen verifizieren kann. Folglich ist im gesamten Bereich $-1 \leqq \Omega \leqq +1$ die Wellendämpfung $a' = 0$

$$a' = \ln 1 = 0. \tag{2.62}$$

Man nennt deshalb den Bereich $-1 \leqq \Omega \leqq +1$ den Durchlaßbereich. Wenn $|\Omega| > 1$, dann wird die Wurzel $\sqrt{1-\Omega^2}$ imaginär. Die Wellendämpfung errechnet sich hier zu

$$\begin{aligned} \mathrm{e}^{a'} &= |\mathrm{e}^{g'}| = \left|\frac{\underline{U}_1}{\underline{U}_2}\right| = \left|1 - 2\Omega^2 - 2\Omega\sqrt{\Omega^2-1}\right| \\ &= \left|-\left\{(\Omega^2-1) + 2\Omega\sqrt{\Omega^2-1} + \Omega^2\right\}\right| = \left(\sqrt{\Omega^2-1} + \Omega\right)^2, \end{aligned} \tag{2.63}$$

d. h.
$$a' = 2\ln\left(\sqrt{\Omega^2 - 1} + \Omega\right). \tag{2.64}$$

Für $|\Omega| > 1$ ist also $a' \neq 0$, d. h., es ist eine Dämpfung vorhanden, die für $|\Omega| \gg 1$ gegen $a' \approx 2\ln 2\Omega$ geht. Man nennt darum den Bereich $|\Omega| > 1$ den Sperrbereich SB. Abb. 2.23 zeigt den Verlauf der Wellendämpfung.

Will man steilere Dämpfungsanstiege erzielen als die in Abb. 2.23 gezeigten, dann muß man mehrere Grundglieder hintereinanderschalten. Bei Hintereinanderschaltung mehrerer Vierpole (Grundglieder) ist ja die Gesamtwellendämpfung gleich der Summe der einzelnen Wellendämpfungen. Im DB wird dabei die Gesamtwellendämpfung stets Null bleiben, nur im SB wird eine höhere Dämpfung auftreten.

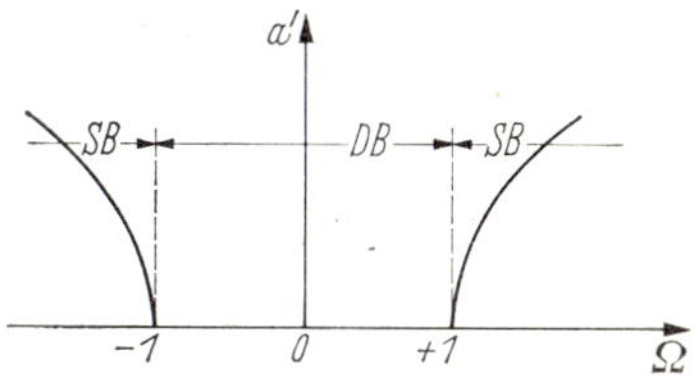


Abb. 2.23. Verlauf der Wellendämpfung a′ eines Grundgliedes

#### 2.3.1.1.3 Bestimmung der Betriebsparameter

*Betriebsdämpfung.* Bei der Berechnung der Wellendämpfung $a'$ war vorausgesetzt worden, daß überall angepaßt sei, d. h., daß insbesondere an den Filterausgangsklemmen als Abschlußwiderstand der entsprechende Wellenwiderstand angeschlossen ist (vgl. Abb. 2.22). Da aber die Wellenwiderstände hier z. T. reell und frequenzabhängig sind (Abb. 2.21), ist eine Anpassung für sämtliche Frequenzen nicht möglich, d. h., es tritt notwendigerweise eine Fehlanpassung auf. Bei Filtern kommt es nun darauf an, daß das Filter im DB möglichst angepaßt ist, weil im DB möglichst keine Dämpfung bzw. zumindest keine große Dämpfungsschwankung auftreten soll. Im SB darf die Dämpfungsschwankung im allgemeinen beliebig sein, sofern nur die minimale Dämpfung von einer gewissen Frequenz ab oberhalb eines vorgegebenen Mindestwertes liegt.

Nach Abb. 2.21 erreicht man eine ungefähre Anpassung über einen weiten Frequenzbereich des DB, wenn man den Abschlußwiderstand $R$ im Fall des $T$-Gliedes etwas kleiner als $Z$, im Fall des $\pi$-Gliedes etwas größer als $Z$ wählt. Im folgenden wird nun die Rechnung für die wirklich auftretende Betriebsdämpfung $a_B$ durchgeführt, die für den Fall auftritt, daß das $T$-Glied mit $R = \frac{1}{q} Z$ und das $\pi$-Glied mit $R = s\,Z$ abgeschlossen ist (Abb. 2.24).

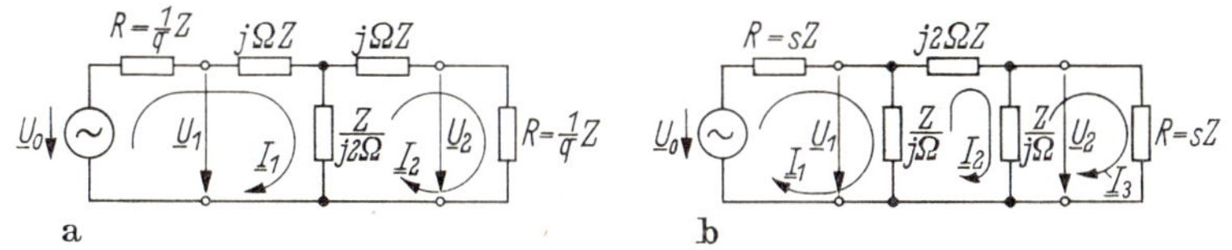


Abb. 2.24. Zur Berechnung der Betriebsdämpfung a beim $T$-Grundglied; b beim $\pi$-Grundglied

Für das $T$-Glied (Abb. 2.24a) gilt:

$$\text{(linke Masche)}\quad \underline{U}_0 = \underline{I}_1\left(\frac{1}{q} Z + \mathrm{j}\,\Omega\, Z + \frac{Z}{\mathrm{j}\,2\Omega}\right) - \underline{I}_2 \frac{Z}{\mathrm{j}\,2\Omega}, \tag{2.65}$$

$$\text{(rechte Masche)}\quad 0 = -\underline{I}_1 \frac{Z}{\mathrm{j}\,2\Omega} + \underline{I}_2\left(\frac{Z}{\mathrm{j}\,2\Omega} + \mathrm{j}\,\Omega\, Z + \frac{1}{q} Z\right). \tag{2.66}$$

Gl. (2.66) nach $\underline{I}_1$ aufgelöst, ergibt

$$\underline{I}_1 = \underline{I}_2\left(1 - 2\Omega^2 + \mathrm{j}\,\frac{2\Omega}{q}\right). \tag{2.67}$$

Ferner gilt mit der Ausgangsspannung $\underline{U}_2$

$$\underline{I}_2 = \frac{\underline{U}_2}{R} = \frac{\underline{U}_2\, q}{Z}. \tag{2.68}$$

Gl. (2.67) und Gl. (2.68) in Gl. (2.65) eingesetzt, ergibt

$$\underline{U}_0 = \frac{\underline{U}_2 q}{Z}\left(\frac{1}{q} Z + \mathrm{j}\,\Omega\, Z + \frac{Z}{\mathrm{j}\,2\Omega}\right)\left(1 - 2\Omega^2 + \mathrm{j}\frac{2\Omega}{q}\right) - \frac{\underline{U}_2 q}{Z}\,\frac{Z}{\mathrm{j}\,2\Omega}, \tag{2.69}$$

$$\begin{aligned}\frac{\underline{U}_0}{\underline{U}_2} &= \left(1 + \mathrm{j}\,\Omega\, q + \frac{q}{\mathrm{j}\,2\Omega}\right)\left(1 - 2\Omega^2 + \mathrm{j}\frac{2\Omega}{q}\right) - \frac{q}{\mathrm{j}\,2\Omega}\\ &= 1 - 2\Omega^2 + \mathrm{j}\frac{2\Omega}{q} + \mathrm{j}\,\Omega\, q - \mathrm{j}\,2\Omega^3 q - 2\Omega^2 + \frac{q}{\mathrm{j}\,2\Omega} - \frac{q\,\Omega}{\mathrm{j}} + 1 - \frac{q}{\mathrm{j}\,2\,\Omega}\\ &= 2 - 4\Omega^2 + \mathrm{j}\,2\Omega\, q(1 - \Omega^2) + \mathrm{j}\frac{2\Omega}{q}.\end{aligned} \tag{2.70}$$

Die Betriebsübertragungsfunktion für das $T$-Glied ergibt sich somit aus Gl. (2.70) mit $R_1 = R_2 = R$ zu [vgl. Gl. (0.92)]

$$F = \mathrm{e}^{a_B + \mathrm{j} b_B} = \frac{\underline{U}_0}{2\underline{U}_2}\sqrt{\frac{R_2}{R_1}} = 1 - 2\Omega^2 + \mathrm{j}\,\Omega\, q(1 - \Omega^2) + \mathrm{j}\frac{\Omega}{q}. \tag{2.71}$$

Die Betriebsdämpfung $a_B$ berechnet sich aus Gl. (2.71) zu

$$a_B = \ln\left|\frac{\underline{U}_0}{2\underline{U}_2}\right| = \frac{1}{2}\ln\left\{(1 - 2\Omega^2)^2 + \Omega^2\left[q(1 - \Omega^2) + \frac{1}{q}\right]^2\right\}. \tag{2.72}$$

Das Betriebswinkelmaß $b_B$ errechnet sich aus Gl. (2.71) zu

$$b_B = \arctan\frac{\operatorname{Im}\left\{\dfrac{\underline{U}_0}{2\underline{U}_2}\right\}}{\operatorname{Re}\left\{\dfrac{\underline{U}_0}{2\underline{U}_2}\right\}} = \arctan\left(\Omega\,\frac{q(1 - \Omega^2) + \dfrac{1}{q}}{1 - 2\Omega^2}\right). \tag{2.73}$$

Bevor der in der Hauptsache interessierende Verlauf von $a_B$ über $\Omega$, den Gl. (2.72) wiedergibt, näher diskutiert wird, sei zuvor noch zum Vergleich die Betriebsdämpfung $a_B$ des $\pi$-Gliedes berechnet.

Nach Abb. 2.24b gilt für das $\pi$-Glied:

(linke Masche) $$\underline{U}_0 = \underline{I}_1\left(s\,Z + \frac{Z}{\mathrm{j}\,\Omega}\right) - \underline{I}_2\frac{Z}{\mathrm{j}\,\Omega}\Big) + \underline{I}_3\cdot 0, \tag{2.74}$$

(mittlere Masche) $$0 = -\underline{I}_1\frac{Z}{\mathrm{j}\,\Omega} + \underline{I}_2\left(\frac{Z}{\mathrm{j}\,\Omega} + \mathrm{j}\,2\Omega\, Z + \frac{Z}{\mathrm{j}\,\Omega}\right) - \underline{I}_3\frac{Z}{\mathrm{j}\,\Omega}, \tag{2.75}$$

(rechte Masche) $$0 = \underline{I}_1\cdot 0 - \underline{I}_2\frac{Z}{\mathrm{j}\,\Omega} + \underline{I}_3\left(s\,Z + \frac{Z}{\mathrm{j}\,\Omega}\right), \tag{2.76}$$

$$\underline{I}_3 = \frac{\underline{U}_2}{s\,Z}. \tag{2.77}$$

Aus Gl. (2.77) und Gl. (2.76) errechnet sich $\underline{I}_2$ zu

$$\underline{I}_2 = \frac{\underline{U}_2}{s\,Z}\left(s\,Z + \frac{Z}{\mathrm{j}\,\Omega}\right)\frac{\mathrm{j}\,\Omega}{Z} = \underline{U}_2\left(\frac{\mathrm{j}\,\Omega}{Z} + \frac{1}{s\,Z}\right). \tag{2.78}$$

Die Ausdrücke für $\underline{I}_2$ und $\underline{I}_3$ in Gl. (2.74) und Gl. (2.75) eingesetzt:

$$\underline{U}_0 = \underline{I}_1\left(s\,Z + \frac{Z}{\mathrm{j}\,\Omega}\right) - \underline{U}_2\frac{1}{\mathrm{j}\,\Omega}\left(\mathrm{j}\,\Omega + \frac{1}{s}\right), \tag{2.79}$$

$$\frac{\underline{I}_1 Z}{\mathrm{j}\,\Omega} = \underline{U}_2\frac{1}{Z}\left(\mathrm{j}\,\Omega + \frac{1}{s}\right)\left(\frac{Z}{\mathrm{j}\,\Omega} + \mathrm{j}\,2\Omega\, Z + \frac{Z}{\mathrm{j}\,\Omega}\right) - \underline{U}_2\frac{1}{\mathrm{j}\,\Omega\, s}. \tag{2.80}$$

Durch Elimination von $\underline{I}_1$ aus Gl. (2.80) und Gl. (2.79) folgt:

$$\frac{\underline{U}_0}{\underline{U}_2} = \frac{\mathrm{j}\,\Omega}{Z}\left(\mathrm{j}\,\Omega + \frac{1}{s}\right)\left(\frac{2}{\mathrm{j}\,\Omega} + \mathrm{j}\,2\Omega\right)\left(s\,Z + \frac{Z}{\mathrm{j}\,\Omega}\right) - \frac{1}{Z s}\left(s\,Z + \frac{Z}{\mathrm{j}\,\Omega}\right) - \frac{1}{\mathrm{j}\,\Omega}\left(\mathrm{j}\,\Omega + \frac{1}{s}\right)$$

$$= (2 - 2\Omega^2)\left(\mathrm{j}\,\Omega\,s + 1 + 1 + \frac{1}{\mathrm{j}\,\Omega\,s}\right) - 1 - \frac{1}{\mathrm{j}\,\Omega\,s} - 1 - \frac{1}{\mathrm{j}\,\Omega\,s},$$

$$\frac{\underline{U}_0}{\underline{U}_2} = \mathrm{j}\,2\Omega\,s + 4 + \frac{2}{\mathrm{j}\,\Omega\,s} - 2\mathrm{j}\,\Omega^3 s - 4\Omega^2 - \frac{2\Omega}{\mathrm{j}\,s} - 2 - \frac{2}{\mathrm{j}\,\Omega\,s}$$

$$= 2 - 4\Omega^2 + \mathrm{j}\,2\Omega\,s - \mathrm{j}\,2\Omega^3 s + \mathrm{j}\,\frac{2\Omega}{s}. \tag{2.81}$$

Die Betriebsübertragungsfunktion für das $\pi$-Glied ergibt sich somit aus Gl. (2.81) mit $R_1 = R_2 = R$ zu

$$F = \mathrm{e}^{a_B + \mathrm{j}\,b_B} = \frac{\underline{U}_0}{2\underline{U}_2} = 1 - 2\Omega^2 + \mathrm{j}\,\Omega\,s(1 - \Omega^2) + \mathrm{j}\,\frac{\Omega}{s}. \tag{2.82}$$

Gl. (2.82) stimmt mit Gl. (2.71) bis auf den Buchstaben $s$, der anstelle von $q$ steht, völlig überein. Folglich gelten auch Gl. (2.72) für die Betriebsdämpfung und Gl. (2.73) für das Betriebswinkelmaß sinngemäß für das $\pi$-Glied. Abb. 2.25 zeigt den Verlauf der Betriebsdämpfung für zwei verschiedene Abschlußwiderstände. Es ist zu ersehen, daß je nach Wahl der Abschlußwiderstände die Betriebsdämpfung in geringen Grenzen steiler oder flacher verlaufen kann. Steilere Verläufe der Betriebsdämpfung an der Filterflanke bedingen bei gleichem Aufwand in der Regel ein größeres Maximum der Dämpfung im DB. Das Auftreten eines oder mehrerer Maxima im DB bezeichnet man als *Welligkeit*. Die Zusammenhänge von Flankensteilheit und Welligkeit lassen sich am einfachsten anhand des Betriebsdämpfungsdiagramms nach R. FELDTKELLER (Abb. 2.27a) übersehen, welches die graphische Darstellung von Gl. (2.72) ist. Will man steilere Dämpfungsanstiege realisieren als die, die mit dem einfachen $T$- oder $\pi$-Grundglied nach Abb. 2.24 zu erreichen sind, so muß man auf mehr-

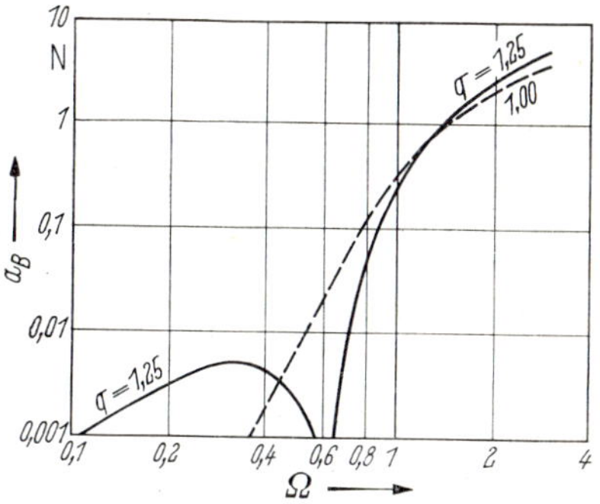

Abb. 2.25. Verlauf der Betriebsdämpfung für verschiedene Abschlußwiderstände

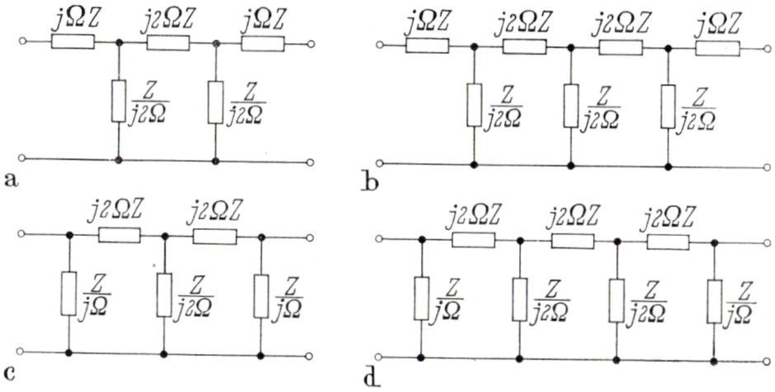

Abb. 2.26. Schaltung von Grundketten
a zweigliedrig in $T$-Schaltung; b dreigliedrig in $T$-Schaltung; c zweigliedrig in $\pi$-Schaltung; d dreigliedrig in $\pi$-Schaltung

gliedrige Grundketten übergehen. Mehrgliedrige Grundketten werden durch Kettenschaltung mehrerer Grundglieder aufgebaut. Abb. 2.26 zeigt die so entstandenen zweigliedrigen und dreigliedrigen Grundketten in $T$- und $\pi$-Schaltung.

Die Berechnung der Betriebsübertragungsfunktion für die zwei- und dreigliedrige Grundkette ist elementar, aber langwierig. Auf die Herleitung sei darum hier verzichtet. Das Ergebnis lautet für die $T$-Schaltung bei der

a) zweigliedrigen Grundkette

$$\begin{aligned} F &= e^{a_B + j b_B} = \frac{\underline{U}_0}{2\underline{U}_2} = 1 - 8\Omega^2 + 8\Omega^4 + j\,2\Omega\, q[1 - 3\Omega^2 + 2\Omega^4) + j\,2\frac{\Omega}{q}(1 - 2\Omega^2), \\ a_B &= \frac{1}{2}\ln\left\{[1 - 8\Omega^2 + 8\Omega^4]^2 + \left[2\Omega\, q(1 - 3\Omega^2 + 2\Omega^4) + 2\frac{\Omega}{q}(1 - 2\Omega^2)\right]^2\right\} \end{aligned} \tag{2.83}$$

b) dreigliedrigen Grundkette

$$\begin{aligned} F &= \frac{\underline{U}_0}{2\underline{U}_2} = 1 - 18\Omega^2 + 48\Omega^4 - 32\Omega^6 + \\ &\quad + j\,\Omega\, q(3 - 19\Omega^2 + 32\Omega^4 - 16\Omega^6) + j\frac{\Omega}{q}(3 - 16\Omega^2 + 16\Omega^4), \\ a_B &= \frac{1}{2}\ln\Big\{[1 - 18\Omega^2 + 48\Omega^4 - 32\Omega^6]^2 + \\ &\quad + \Omega^2\left[q(3 - 19\Omega^2 + 32\Omega^4 - 16\Omega^6) + \frac{1}{q}(3 - 16\Omega^2 + 16\Omega^4)\right]^2\Big\}. \end{aligned} \tag{2.84}$$

Gl. (2.83) und Gl. (2.84) sind in den Betriebsdämpfungsdiagrammen von Abb. 2.27 b und 2.27 c graphisch ausgewertet. Setzt man statt $q$ den Buchstaben $s$, dann hat man die entsprechenden Gleichungen für die $\pi$-Schaltungen.

*Eingangswiderstände.* Neben der Betriebsübertragungsfunktion bzw. der daran hauptsächlich interessierenden Betriebsdämpfung $a_B$ ist als weitere Betriebsgröße (Betriebsparameter) der Eingangswiderstand des $T$-Gliedes $\underline{W}_{1T}$ bzw. des $\pi$-Gliedes $\underline{W}_{1\pi}$ von Wichtigkeit.

Dieser berechnet sich aus Abb. 2.24 a für das $T$-Glied (eingliedrige Grundkette) zu:

$$\begin{aligned} \underline{W}_{1T} &= j\,\Omega\, Z + \frac{Z}{j\,2\,\Omega}\,\Big\|\,\left(j\,\Omega\, Z + \frac{1}{q}Z\right) = j\,\Omega\, Z + \frac{\frac{1}{2}Z^2 + \frac{Z^2}{j\,2\Omega\, q}}{\frac{Z}{j\,2\Omega} + j\,\Omega Z + \frac{1}{q}Z} \\ &= Z\,\frac{j\Omega\left(\frac{1}{j\,2\Omega} + j\,\Omega + \frac{1}{q}\right) + \frac{1}{2} + \frac{1}{j\,2\Omega\, q}}{\frac{1}{j\,2\Omega} + j\,\Omega + \frac{1}{q}} = Z\,\frac{j\,\Omega\left(1 - 2\Omega^2 + j\,2\Omega\frac{1}{q}\right) + j\,\Omega + \frac{1}{q}}{1 - 2\Omega^2 + j\,2\Omega\frac{1}{q}} \\ &= Z\,\frac{1 - 2\Omega^2 + j\,2\Omega\, q(1 - \Omega^2)}{q(1 - 2\Omega^2) + j\,2\Omega}. \end{aligned} \tag{2.85}$$

Für den Eingangswiderstand $\underline{W}_{1\pi}$ ergibt sich beim $\pi$-Glied nach Abb. 2.24 b

$$\begin{aligned} \underline{W}_{1\pi} &= \frac{Z}{j\,\Omega}\,\Big\|\,\left\{j\,2\Omega\, Z + \frac{Z}{j\,\Omega}\,\Big\|\, s\,Z\right\} = \frac{\frac{Z}{j\,\Omega}\left\{j\,2\Omega\, Z + \frac{\frac{Z}{j\,\Omega}\cdot s\,Z}{\frac{Z}{j\,\Omega} + s\,Z}\right\}}{\frac{Z}{j\,\Omega} + j\,2\Omega\, Z + \frac{\frac{Z}{j\,\Omega}\cdot s\,Z}{\frac{Z}{j\,\Omega} + s\,Z}} \\ &= \frac{j\,2\Omega\, Z\left(\frac{1}{j\,\Omega} + s\right) + \frac{Z}{j\,\Omega}s}{(1 - 2\Omega^2)\left(\frac{1}{j\,\Omega} + s\right) + s} = Z\,\frac{s(1 - 2\Omega^2) + j\,2\Omega}{1 - 2\Omega^2 + j\,2\Omega\, s(1 - \Omega^2)}. \end{aligned} \tag{2.86}$$

Während die Betriebsübertragungsfunktionen von $T$- und $\pi$-Glied gleiche Frequenzgänge besitzen, haben die Eingangswiderstände von $T$- und $\pi$-Glied reziproke Frequenzgänge, was aus Gl. (2.85) und Gl. (2.86) zu ersehen ist.

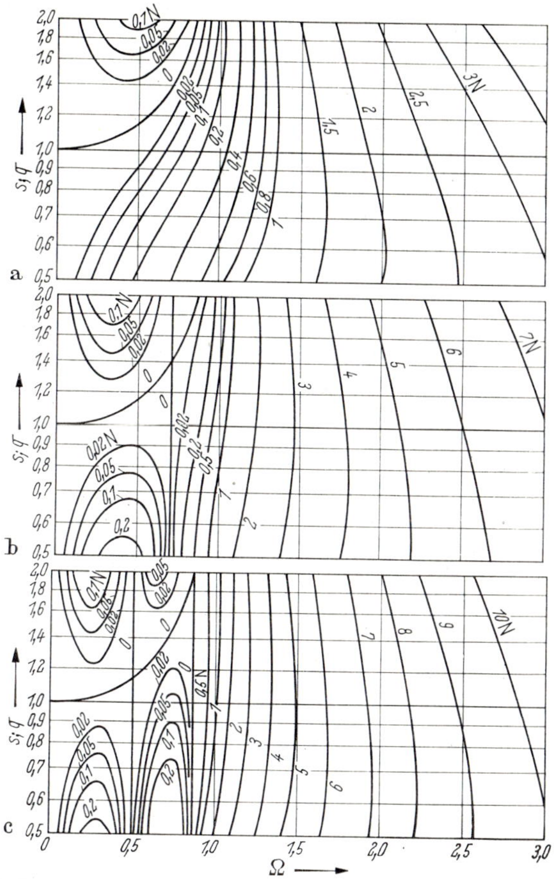


Abb. 2.27. Betriebsdämpfungsdiagramme von Grundketten nach R. FELDTKELLER
a eingliedrige Grundkette; b zweigliedrige Grundkette; c dreigliedrige Grundkette

Für $\Omega \to 0$ ist

$$\left.\begin{aligned} \underline{W}_{1T} &= Z\,\frac{1}{q} = R \\ \underline{W}_{1\pi} &= Z\,s = R \end{aligned}\right\} \text{„durchsichtig".} \qquad \begin{aligned}(2.87)\\(2.88)\end{aligned}$$

Für $\Omega \to \infty$ ist

$$\underline{W}_{1T} = \infty, \tag{2.89}$$

$$\underline{W}_{1\pi} = 0. \tag{2.90}$$

Es zeigt sich, daß $\pi$- und $T$-Glied im DB nahezu „durchsichtig" sind (Eingangswiderstand $\approx$ Abschlußwiderstand $R$). Im SB jedoch hat das $T$-Glied einen hohen, das $\pi$-Glied einen niedrigen Eingangswiderstand.

#### 2.3.1.2 Transformationsformeln zur Berechnung von Hochpaß, Bandpaß und Bandsperre

Die bisherigen Betrachtungen, ausgehend vom Grundglied in $T$- und $\pi$-Schaltung, waren speziell für den Tiefpaß (TP) durchgeführt worden. Es waren zunächst die Wellenparameter (insbesondere Wellendämpfung und Wellenwiderstand) und dann die Betriebsparameter (insbesondere Betriebsdämpfung und Eingangswiderstand) berechnet worden. Bei den mehrgliedrigen Grundketten, die Kettenschaltungen mehrerer Grundglieder sind, blieb von den Wellenparametern der Wellenwiderstand unverändert, die Wellendämpfung setzte sich additiv aus den einzelnen Wellendämpfungen zusammen. Die Betriebsparameter mußten bei den mehrgliedrigen Grundketten jeweils neu berechnet werden.

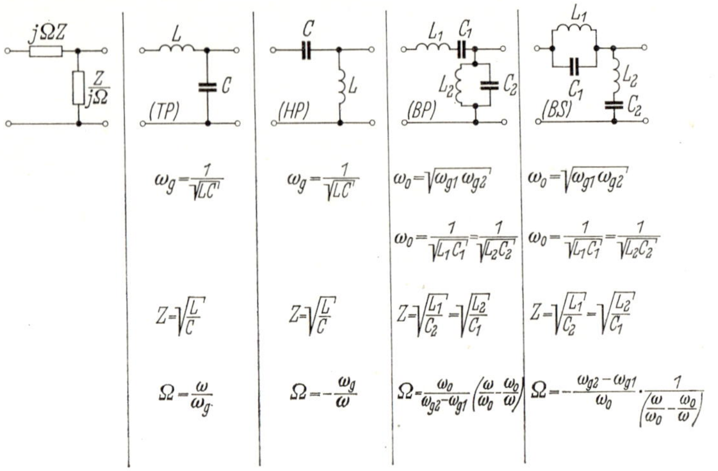

Abb. 2.28. TP-, HP-, BP- und BS-Halbglieder und Transformationsformeln, die das entsprechende Halbglied in das normierte Halbglied überführen

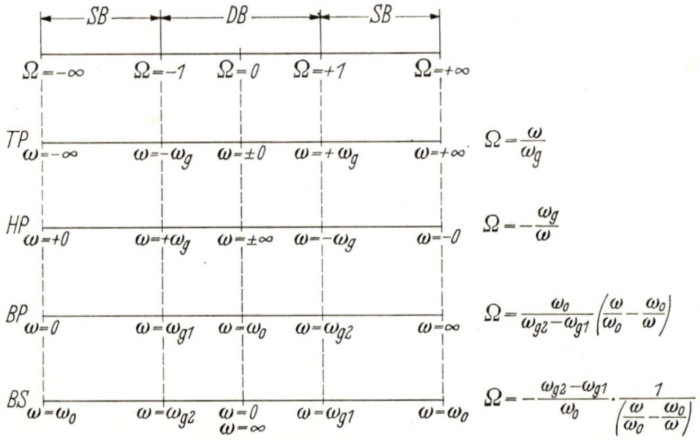

Abb. 2.29. Zusammenhang von natürlicher Frequenz $\omega$ und normierter Frequenz $\Omega$ in den verschiedenen Fällen

Alle diese bisher für den TP durchgeführten Berechnungen lassen sich auf Hochpaß (HP), Bandpaß (BP) und Bandsperre (BS) übertragen.

Abb. 2.28 zeigt die Halbglieder der einzelnen Filtertypen. Unter den einzelnen Halbgliedern sind jeweils die Formeln angegeben, mit deren Hilfe die Schaltelemente in Längs- und Querzweig derart normiert werden können, daß sich in allen Fällen ein normiertes Halbglied mit dem Widerstand $\mathrm{j}\Omega Z$ im Längszweig und dem Widerstand $Z/\mathrm{j}\Omega$ im Querzweig ergibt (vgl. auch Abb. 2.20). Unter dem TP-Halbglied stehen die bereits benutzten Beziehungen von Gln. (2.50), (2.51) und (2.52). Die Berechnung sämtlicher Filterarten läßt sich also mit den in Abb. 2.28 angegebenen Formeln auf die Berechnung eines normierten Tiefpasses zurückführen.

Um das Wesen der in Abb. 2.28 dargestellten Normierung näher zu erläutern, ist in Abb. 2.29 der Zusammenhang zwischen der normierten Frequenz $\Omega$ und der natürlichen Frequenz $\omega$ dargestellt. Der Bereich $-1 \leqq \Omega \leqq +1$ ist der Durchlaßbereich des normierten Filters, auf den durch die jeweilige Transformation der Durchlaßbereich des nichtnormierten Filters abgebildet wird. Man beachte, daß dieselbe Transformation, die den Tiefpaß in einen Bandpaß überführt, den Hochpaß in eine Bandsperre transformiert.

### 2.3.1.3 Zobelglieder

Die Theorie der Grundglieder ergab u. a. folgende zwei Tatbestände:

1. Im SB kann sowohl die Wellendämpfung als auch die Betriebsdämpfung erst für unendlich hohe Frequenzen $|\Omega| \to \infty$ unendlich groß werden. Bei endlichen $\Omega$-Werten im SB ist die Dämpfung stets nur endlich groß. Somit kann man mit Grundgliedern steile Filterflanken nur durch großen Aufwand erreichen.

2. Im DB ergab sich ein reeller frequenzabhängiger Wellenwiderstand (vgl. Abb. 2.21). Ein reflexionsfreier Abschluß (Anpassung) solcher Glieder ist unmöglich. Man kann solche Glieder nur mit einem Widerstand $R = Z/q$ bzw. $R = s\,Z$ abschließen, wodurch sich statt der Wellendämpfung nach Abb. 2.23 eine Betriebsdämpfung nach Abb. 2.25 bzw. Abb. 2.27a, 2.27b, 2.27c ergibt. Insbesondere im DB tritt dadurch eine unerwünschte Dämpfung bzw. Welligkeit auf.

Die Zobelglieder haben die angenehme Eigenschaft, daß sie

1. im SB bei endlichen Frequenzen $\Omega$ eine unendlich hohe Wellendämpfung und Betriebsdämpfung haben können (wegen letzterer Eigenschaft lassen sich mit Zobelgliedern nahezu beliebig steile Filterflanken realisieren) und

2. nahezu im gesamten DB einen fast frequenzunabhängigen reellen Wellenwiderstand haben können (wodurch man also wegen der Anpassungsmöglichkeit die Welligkeit bzw. Dämpfung im DB theoretisch vernachlässigbar klein machen kann).

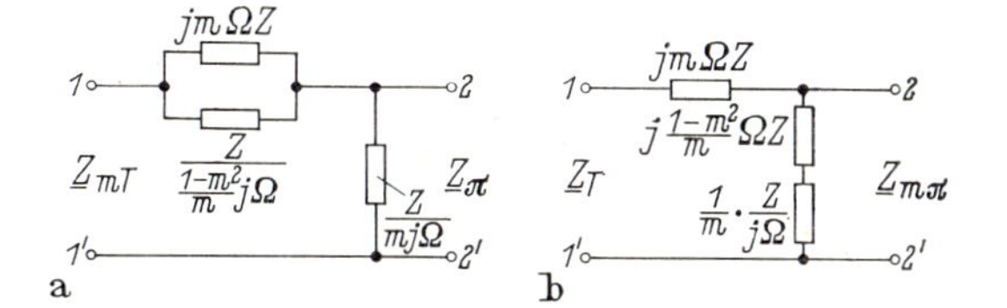


Abb. 2.30. Zobelhalbglieder mit normierten Schaltelementen
a Halbglied eines Zobel-$\pi$-Gliedes; b Halbglied eines Zobel-$T$-Gliedes

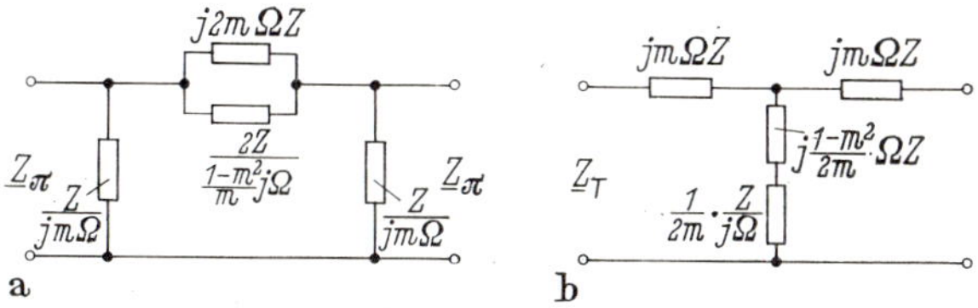


Abb. 2.31. Zobelglied
a in $\pi$-Schaltung; b in $T$-Schaltung

Abb. 2.30 zeigt den Aufbau der Zobelhalbglieder mit normierten Schaltelementen. Unter Verwendung der in Abb. 2.28 angegebenen Transformationsformeln kann man entsprechend rückwärts die Schaltelemente der nichtnormierten TP-Zobelhalbglieder, HP-Zobelhalbglieder usw. ausrechnen. Der Buchstabe $m$ ist eine beliebige reelle positive Zahl. Für $m = 1$ ergibt sich das normale Grundhalbglied. Bei Filtern ist in der Regel $m < 1$. Für Laufzeitketten sind auch Glieder mit $m > 1$ von Bedeutung, deren Realisierung später in Abschn. 2.3.2 noch behandelt werden wird. Wegen des $m$ werden die Zobelglieder auch gelegentlich $m$-Glieder (engl. $m$-derived filters) genannt. Wie bei den Grundhalbgliedern so lassen sich auch hier aus je zwei gleichartigen Zobelhalbgliedern Zobelglieder in $T$- oder $\pi$-Schaltung zusammensetzen. Abb. 2.31 zeigt das Zobelglied in $T$- und $\pi$-Schaltung.

**2.3.1.3.1 Wellenwiderstände der Zobelhalbglieder.** Zunächst sei gezeigt, daß beim $\pi$-Glied der Leitwert im Längszweig und beim Zobel-$T$-Glied der Widerstand im Querzweig bei einer endlichen Frequenz $\Omega_\infty$ zu Null werden.

Für das Zobel-$\pi$-Glied (Abb. 2.31a) gilt:

$$\frac{1}{\mathrm{j}\,2m\,\Omega_\infty Z} + \frac{\frac{1-m^2}{m}\,\mathrm{j}\,\Omega_\infty}{2Z} \overset{!}{=} 0,$$

$$(1-m^2)\,\Omega_\infty - \frac{1}{\Omega_\infty} = 0,$$

$$\Omega_\infty = \frac{1}{\sqrt{1-m^2}}, \tag{2.91}$$

$$m = \frac{\sqrt{\Omega_\infty^2 - 1}}{\Omega_\infty}. \tag{2.92}$$

Für das Zobel-$T$-Glied (Abb. 2.31b) gilt:

$$\mathrm{j}\,\frac{1-m^2}{2m}\,\Omega_\infty Z + \frac{1}{2m}\,\frac{Z}{\mathrm{j}\,\Omega_\infty} \overset{!}{=} 0,$$

$$(1-m^2)\,\Omega_\infty - \frac{1}{\Omega_\infty} = 0,$$

$$\Omega_\infty = \frac{1}{\sqrt{1-m^2}}, \tag{2.93}$$

$$m = \frac{\sqrt{\Omega_\infty^2 - 1}}{\Omega_\infty}. \tag{2.94}$$

Für das $T$-Halbglied mußte dasselbe Ergebnis herauskommen, da Längs- und Querzweig dual ($Z$ = Dualitätsinvariante) zueinander sind und einmal nach dem Leitwert und beim anderen Mal nach dem Widerstand gefragt war.

Der Verlauf des Wellenwiderstandes $\underline{Z}_{mT}$ des linken Zobelhalbgliedes in Abb. 2.30 berechnet sich mit Gl. (0.82) zu

$$\underline{Z}_{mT} = \sqrt{\underline{W}_{1KT}\,\underline{W}_{1LT}} = \sqrt{\underbrace{\left(\mathrm{j}\,m\,\Omega\,Z \,\middle\|\, \frac{Z}{\frac{1-m^2}{m}\,\mathrm{j}\,\Omega}\right)}_{\underline{W}_{1KT}}\underbrace{\left(\mathrm{j}\,m\,\Omega\,Z \,\middle\|\, \frac{Z}{\frac{1-m^2}{m}\,\mathrm{j}\,\Omega} + \frac{Z}{m\,\mathrm{j}\,\Omega}\right)}_{\underline{W}_{1LT}}}, \tag{2.95}$$

$$\mathrm{j}\,m\,\Omega\,Z \,\Bigg\|\, \frac{Z}{\frac{1-m^2}{m}\,\mathrm{j}\,\Omega} = \frac{\mathrm{j}\,m\,\Omega\,Z\,\frac{Z}{\frac{1-m^2}{m}\,\mathrm{j}\,\Omega}}{\mathrm{j}\,m\,\Omega\,Z + \frac{Z}{\frac{1-m^2}{m}\,\mathrm{j}\,\Omega}} = \frac{\mathrm{j}\,\Omega\,Z\,\frac{m}{1-m^2}}{-\Omega^2 + \frac{1}{1-m^2}} = \frac{\mathrm{j}\,\Omega\,\Omega_\infty\sqrt{\Omega_\infty^2-1}}{\Omega_\infty^2-\Omega^2}\,Z. \tag{2.96}$$

Gl. (2.96) in Gl. (2.95) eingesetzt liefert

$$\underline{Z}_{mT} = \sqrt{\frac{-\Omega^2\,\Omega_\infty^2\,(\Omega_\infty^2-1)}{(\Omega_\infty^2-\Omega^2)^2}\,Z^2 + \frac{\mathrm{j}\,\Omega\,\Omega_\infty\sqrt{\Omega_\infty^2-1}}{\Omega_\infty^2-\Omega^2}\,\frac{\Omega_\infty}{\mathrm{j}\,\Omega\sqrt{\Omega_\infty^2-1}}\,Z^2}$$

$$= Z\,\frac{\Omega_\infty}{\Omega_\infty^2-\Omega^2}\sqrt{(\Omega_\infty^2-\Omega^2)-\Omega^2(\Omega_\infty^2-1)} = Z\,\frac{\Omega_\infty^2}{\Omega_\infty^2-\Omega^2}\sqrt{1-\Omega^2}. \tag{2.97}$$

Auf der Seite $2$—$2'$ des linken Zobelhalbgliedes in Abb. 2.31 ergibt sich der Wellenwiderstand $\underline{Z}_\pi$ des Grundgliedes, wie im folgenden verifiziert wird:

$$\underline{Z}_\pi = \sqrt{\underbrace{\left(\frac{Z}{m\,\mathrm{j}\,\Omega} \,\middle\|\, \frac{Z}{\frac{1-m^2}{m}\,\mathrm{j}\,\Omega} \,\middle\|\, \mathrm{j}\,m\,\Omega\,Z\right)}_{\underline{W}_{2K}}\underbrace{\left(\frac{Z}{m\,\mathrm{j}\,\Omega}\right)}_{\underline{W}_{2L}}} = \sqrt{\frac{\frac{Z}{m\,\mathrm{j}\,\Omega}}{\frac{m\,\mathrm{j}\,\Omega}{Z} + \frac{\frac{1-m^2}{m}\,\mathrm{j}\,\Omega}{Z} + \frac{1}{\mathrm{j}\,m\,\Omega\,Z}}}$$

$$= Z\,\frac{1}{\sqrt{-m^2\,\Omega^2-(1-m^2)\,\Omega^2+1}} = \frac{Z}{\sqrt{1-\Omega^2}}.$$

Nun wird das rechte Zobelhalbglied in Abb. 2.30 betrachtet. Der Wellenwiderstand $\underline{Z}_{m\pi}$ berechnet sich wieder aus

$$\underline{Z}_{m\pi} = \sqrt{\underline{W}_{2K\pi}\,\underline{W}_{2L\pi}}. \tag{2.98}$$

Der Kurzschlußwiderstand $\underline{W}_{2K\pi}$ ist dual zu $\underline{W}_{1LT}$ und der Leerlaufwiderstand $\underline{W}_{2L\pi}$ ist dual zu $\underline{W}_{1KT}$. Die Dualitätsinvariante ist beidemal $Z$. Folglich muß $\underline{Z}_{m\pi}$ dual zu $\underline{Z}_{mT}$ sein, d. h.

$$\underline{Z}_{m\pi}\,\underline{Z}_{mT} = Z^2 = \underline{Z}_{m\pi}\,Z\,\frac{\Omega_\infty^2}{\Omega_\infty^2 - \Omega^2}\sqrt{1-\Omega^2}. \tag{2.99}$$

Aus Gl. (2.99) ergibt sich

$$\underline{Z}_{m\pi} = \frac{\Omega_\infty^2 - \Omega^2}{\Omega_\infty^2\sqrt{1-\Omega^2}}\,Z. \tag{2.100}$$

Ebenso kann man verifizieren, daß der Wellenwiderstand des rechten Zobelhalbgliedes in Abb. 2.30 an den Klemmen *1*—*1'* gleich dem des Grundgliedes $\underline{Z}_T$ ist.

Der qualitative Verlauf von $\underline{Z}_{mT}$ und $\underline{Z}_{m\pi}$ ist in Abb. 2.32 dargestellt. Im Gegensatz zum Grundglied (Abb. 2.21) ergibt sich hier im DB ein stark geebneter Verlauf

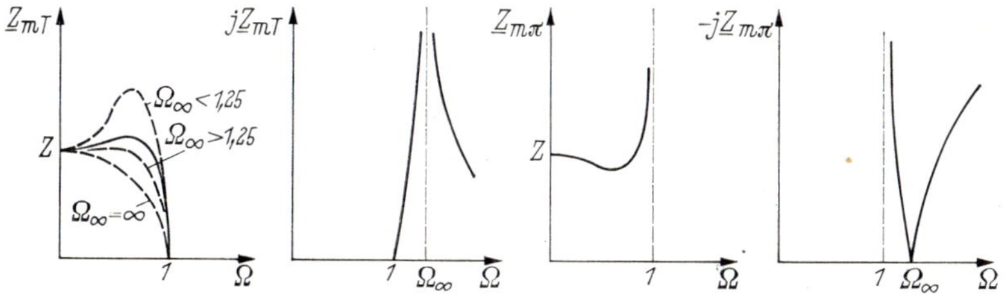


Abb. 2.32. Qualitativer Verlauf von $\underline{Z}_{mT}$ und $\underline{Z}_{m\pi}$ über der normierten Frequenz $\Omega$; ($\Omega_\infty = 1{,}25$)

des Wellenwiderstandes, wenn für $\Omega_\infty$ ein geeigneter Wert gewählt wird. Für $\underline{Z}_{mT}$ ist im Durchlaßbereich der Einfluß von $\Omega_\infty$ auf den Verlauf von $\underline{Z}_{mT}$ angedeutet. Für $\Omega_\infty = \infty$ ergibt sich der Verlauf von $\underline{Z}_T$ des Grundhalbgliedes. Eine sehr gute Ebnung erhält man für den Bereich $1{,}12 \leqq \Omega_\infty \leqq 1{,}25$. Wählt man $Z = R$ (Abschlußwiderstand), dann kann sich für $\Omega_\infty = 1{,}25$ im Bereich $0 \leqq \Omega \leqq 0{,}94$ nur eine maximale Betriebsdämpfung von 0,025 N ergeben [1].

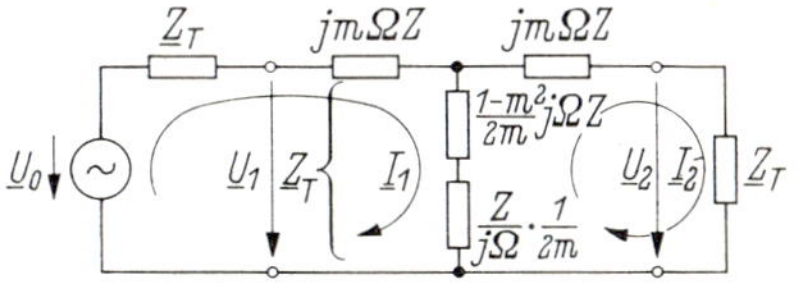


Abb. 2.33. Zur Berechnung der Wellendämpfung des Zobel-$T$-Gliedes .

**2.3.1.3.2 Wellendämpfung der Zobelglieder.** Zunächst wird das Zobel-$T$-Glied betrachtet (Abb. 2.33). Zur Berechnung des Wellenübertragungsmaßes $\underline{g}'$ wird der Ausgang mit dem ausgangsseitigen Wellenwiderstand $\underline{Z}_T$ abgeschlossen. Der Eingangswiderstand ist folglich auch $\underline{W}_1 = \underline{Z}_T$. Damit gilt

$$\frac{\underline{U}_1}{\underline{U}_2} = \frac{\underline{I}_1\,\underline{Z}_T}{\underline{I}_2\,\underline{Z}_T} = \frac{\underline{I}_1}{\underline{I}_2}\;. \tag{2.101}$$

Das Verhältnis der Ströme $\underline{I}_1$ und $\underline{I}_2$ berechnet sich aus der rechten Masche in Abb. 2.33 zu

$$0 = -\underline{I}_1\left[\frac{1-m^2}{2m}\,\mathrm{j}\,\Omega\,Z + \frac{1}{2m}\,\frac{Z}{\mathrm{j}\,\Omega}\right] + \underline{I}_2\left[\frac{1-m^2}{2m}\,\mathrm{j}\,\Omega\,Z + \frac{1}{2m}\,\frac{Z}{\mathrm{j}\,\Omega} + \mathrm{j}\,m\,\Omega\,Z + \underline{Z}_T\right]. \tag{2.102}$$

Mit Gl. 2.55 $\left(\underline{Z}_T = Z\sqrt{1-\Omega^2}\right)$ wird aus Gl. (2.102)

$$e^{g'} = \frac{\underline{U}_1}{\underline{U}_2} = \frac{\underline{I}_1}{\underline{I}_2} = 1 + \frac{\mathrm{j}\, m\,\Omega Z + Z\sqrt{1-\Omega^2}}{\frac{1-m^2}{2m}\,\mathrm{j}\,\Omega Z + \frac{1}{2m}\,\frac{Z}{\mathrm{j}\,\Omega}}$$

$$= 1 + \frac{\mathrm{j}\,2m\,\Omega(\mathrm{j}\,m\,\Omega + \sqrt{1-\Omega^2})}{1-(1-m^2)\,\Omega^2}. \tag{2.103}$$

Nach Elimination von $m = \frac{\sqrt{\Omega_\infty^2 - 1}}{\Omega_\infty}$ [nach Gl. (2.92)] ergibt sich schließlich

$$e^{g'} = e^{a' + \mathrm{j}\,b'} = \frac{(\Omega_\infty\sqrt{1-\Omega^2} + \mathrm{j}\,\Omega\sqrt{\Omega_\infty^2 - 1})^2}{\Omega_\infty^2 - \Omega^2}. \tag{2.104}$$

Für das Zobel-$\pi$-Glied berechnet sich das Wellenübertragungsmaß $g'$ ebenfalls nach Gl. (2.104). Daß das so sein muß, ersieht man daran, daß das Zobel-$\pi$-Glied dual ist zum Zobel-$T$-Glied, d. h. $\underline{U}_1/\underline{U}_2$ des Zobel-$\pi$-Gliedes muß gleich $\underline{I}_1/\underline{I}_2$ des Zobel-$T$-Gliedes sein, und letzteres ist wieder nach Gl. (2.101) gleich $\underline{U}_1/\underline{U}_2$ des Zobel-$T$-Gliedes.

Für $|\Omega| \leqq 1$, d. h. für den Durchlaßbereich, berechnet sich die Wellendämpfung nach Gl. (2.104) zu

$$e^{a'} = |e^{g'}| = \frac{\Omega_\infty^2 - \Omega^2\,\Omega_\infty^2 + \Omega^2\,\Omega_\infty^2 - \Omega^2}{\Omega_\infty^2 - \Omega^2} = 1,$$

d. h.

$$a' = \ln|e^{g'}| = 0. \tag{2.105}$$

Wie bei den Grundgliedern, so ist auch beim Zobelglied die Wellendämpfung im DB gleich Null. Der Wellenwinkel $b'$ im DB berechnet sich aus Gl. (2.104) zu

$$b' = 2 \arctan \frac{\Omega\sqrt{\Omega_\infty^2 - 1}}{\Omega_\infty\sqrt{1-\Omega^2}}. \tag{2.106}$$

Für $|\Omega| > 1$, also für den Sperrbereich, wird $e^{g'}$ rein reell:

$$e^{g'} = \frac{(\mathrm{j}\,\Omega_\infty\sqrt{\Omega^2-1} + \mathrm{j}\,\Omega\sqrt{\Omega_\infty^2 - 1})^2}{\Omega_\infty^2 - \Omega^2} = -\frac{(\Omega_\infty\sqrt{\Omega^2-1} + \Omega\sqrt{\Omega_\infty^2 - 1})^2}{\Omega_\infty^2 - \Omega^2}. \tag{2.107}$$

Im SB wird damit $b' = 0$ bzw. $b' = n\,\pi$, wobei $n$ eine beliebige ganze Zahl ist. Als Wellendämpfung im SB eines Zobelgliedes ergibt sich

$$a' = g' = \ln\left|\frac{(\Omega_\infty\sqrt{\Omega^2-1} + \Omega\sqrt{\Omega_\infty - 1})^2}{\Omega_\infty^2 - \Omega^2}\right|. \tag{2.108}$$

Aus Gl. (2.108) ist zu ersehen, daß hier $a'$ bereits bei der endlichen Frequenz $\Omega = \Omega_\infty$ unendlich groß werden kann im Gegensatz zu den Grundgliedern, bei denen $a'$ erst bei $\Omega = \infty$ unendlich groß wird. Dasselbe gilt auch für die Betriebsdämpfung $a_B$, denn nach Abb. 2.31 und Gl. (2.91) hat bei $\Omega_\infty$ entweder ein Längszweig einen unendlich hohen Widerstand oder ein Querzweig den Widerstand null. Abb. 2.34 gibt einen qualitativen Vergleich zwischen der Betriebsdämpfung der Grundkette und der eines Zobelgliedes.

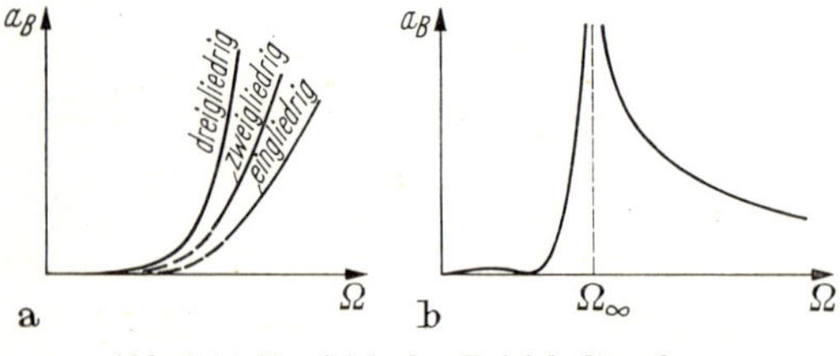


Abb. 2.34. Vergleich der Betriebsdämpfung
a verschiedene Grundketten; b ein Zobelglied

In Abb. 2.35 ist der Verlauf der Wellendämpfung $a'$ nach Gl. (2.108) über der normierten Frequenz $\Omega$ mit $\Omega_\infty$ als Parameter im SB dargestellt. Der $\Omega$-Maßstab ist dabei mittels der Beziehung von Gl. (2.109) derart verzerrt worden, so daß sich für sämtliche $|\Omega_\infty| > 1$ gleiche Dämpfungsverläufe ergeben, die lediglich parallel

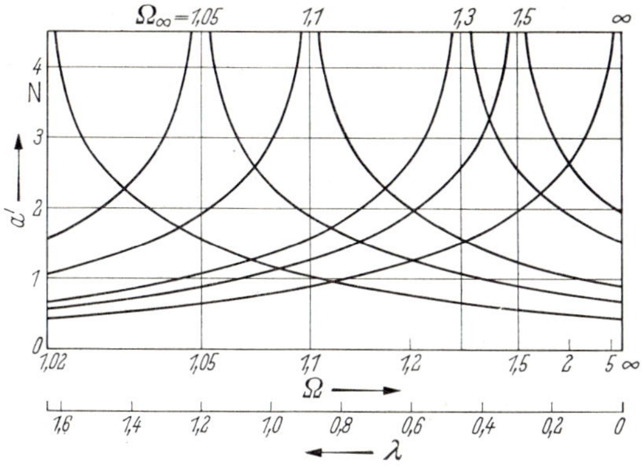


Abb. 2.35. Wellendämpfung von Zobelgliedern

zueinander verschoben sind. Diese Darstellung wird sich später als zweckmäßig für den Entwurf von Filtern mit vorgeschriebenem Dämpfungsverlauf erweisen.

$$e^{-\lambda} = \sqrt{1 - \frac{1}{\Omega^2}}\,. \tag{2.109}$$

#### 2.3.1.4 Entwurf von Filtern mit vorgeschriebenem Dämpfungsverlauf

Für den Entwurf von Filtern ist in der Regel vorgegeben:

1. Ein Toleranzschema, welches eingehalten werden soll. Abb. 2.36 zeigt Beispiele solcher Toleranzschemata.
2. Die Beschaltungswiderstände $R$.
3. Eventuell eine Aussage darüber, ob der Eingangswiderstand des Filters im SB relativ groß oder relativ klein sein soll.

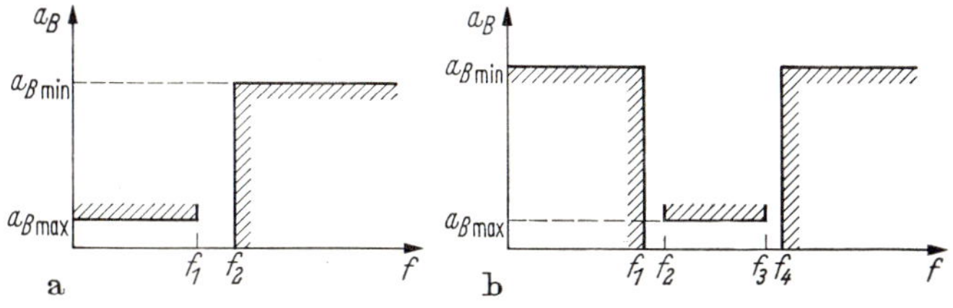


Abb. 2.36. Toleranzschema
a eines Tiefpasses; b eines Bandpasses

Als erstes wird das gegebene Toleranzschema in das des normierten TP mit den Formeln von Abb. 2.28 umgerechnet.

Filter mit relativ geringen Anforderungen an die Steilheit der Filterflanken wird man nur aus Grundketten aufbauen. Die Berechnung solch einfacher Grundkettenfilter erfolgt zweckmäßigerweise mit Hilfe der Betriebsdämpfungsdiagramme von Abb. 2.27a, 2.27b und 2.27c. Wir gehen davon aus, daß eine eingliedrige Grundkette ausreichend sei. Dann liest man entsprechend der maximal zulässigen Dämpfung $a_{B\,\max}$ im DB aus dem Betriebsdämpfungsdiagramm Abb. 2.27a den entsprechenden Wert für $s$ oder $q$ ab. Mit $s$ bzw. $q$ und dem Beschaltungswiderstand $R$ errechnet sich $Z$. Der Wert von $\omega_g$ bestimmt sich ebenfalls aus dem Betriebsdämpfungsdiagramm und der höchsten Frequenz $\omega$, bei der die Betriebsdämpfung noch unterhalb der gegebenen maximalen Durchlaßdämpfung $a_{B\max}$ liegen soll. Aus $Z$ und $\omega_g$ lassen sich mittels der Formeln von Abb. 2.28 die Werte von $L$ und $C$ berechnen. Die Frage, ob ein $T$- oder $\pi$-Glied verwendet werden soll, entscheidet sich aus der Forderung nach dem Eingangswiderstand des Filters. Soll im SB der Eingangswiderstand groß sein, dann nimmt man das $T$-Glied, im umgekehrten Fall das $\pi$-Glied. Können die Forderungen im Sperrbereich mit einer eingliedrigen Grundkette nicht erfüllt werden, dann geht man zur zweigliedrigen oder zur dreigliedrigen Grundkette über.

Filter mit Zobelgliedern verwendet man dort, wo große Anforderungen an die Steilheit der Filterflanken gestellt werden. Zobelglieder lassen sich im DB sehr gut anpassen (Abb. 2.32). Läßt man im DB eine Dämpfungsschwankung von $a_{B\max} = 0{,}025$ N oder mehr zu, dann entspricht der Grenzfrequenz $\omega_g$ ein $\Omega = 0{,}94$. Bei Filtern mit Zobelgliedern setzt man in der Regel $Z = R$. Gesucht sind nun noch die Lagen der Polfrequenzen $\Omega_\infty$. Dazu trägt man das Toleranzschema für den Sperrbereich über der $\lambda$-Achse [Abb. 2.35, Gl. (2.109)] auf, und zeichnet dann so viele gleichartige Dämpfungskurven nach Abb. 2.35 auf, bis deren Summenkurve nirgendwo unterhalb der geforderten Mindestdämpfung verläuft. Die Anzahl und Lage der Polfrequenzen $\Omega_\infty$ ist damit graphisch bestimmt. Zu beachten ist dabei noch, daß im SB das Filter normalerweise völlig fehlangepaßt ist. Dies bedingt, daß die Betriebsdämpfung unter Umständen bis zu 0,7 N niedriger ausfallen kann als die berechnete Wellendämpfung. Man kann den Einfluß der Fehlanpassung im SB aber dadurch berücksichtigen, daß man von vornherein einen Zuschlag von 0,7 N im SB des Toleranzschemas vorsieht. Im DB kann man bei Zobelgliedern bis etwa $\Omega = 0{,}94$ mit der Wellendämpfung rechnen (s. o.). Damit bei Filtern mit Zobelgliedern auch wirklich die Möglichkeit der guten Anpassung an die Beschaltung ausgenützt werden kann, muß an den Filterklemmen der Wellenwiderstand $\underline{Z}_{mT}$ oder $\underline{Z}_{m\pi}$ auftreten. Das heißt also, daß eines der berechneten Zobelglieder in seine Halbglieder aufgespalten werden muß, die dann als *Endhalbglieder* an Filtereingang und Filterausgang fungieren.

Die Struktur der Siebschaltungen zeigt, daß die einzelnen Elemente in mannigfaltiger Weise Serien- und Parallelschwingkreise miteinander bilden. Wie in Abschnitt 2.1.1.2 gezeigt wurde, können damit in einzelnen Elementen der Schaltung sehr hohe Ströme oder große Spannungen auftreten, auch wenn am Vierpoleingang und -ausgang nur relativ geringe Ströme fließen, und kleine Spannungen anliegen. Hohe Wechselströme in Spulen mit ferromagnetischem Kern bewirken aber nach Abschn. 0.7.1 starke Eisenaussteuerung und damit nichtlineare Verzerrungen und zeitliche Änderungen der Selbstinduktivität. Nach Abschn. 1.3.2 lassen sich aber diese Effekte durch Verwendung von Kernen mit Luftspalt weitgehend vermeiden.

**2.3.1.4.1 Fehlerursachen bei praktisch aufgebauten Filtern.** Bei praktisch aufgebauten Filtern ergeben sich abgesehen von den oben beschriebenen Klirreffekten häufig noch andere Abweichungen vom theoretischen Verlauf. Abb. 2.37 zeigt einige oft auftretende Effekte.

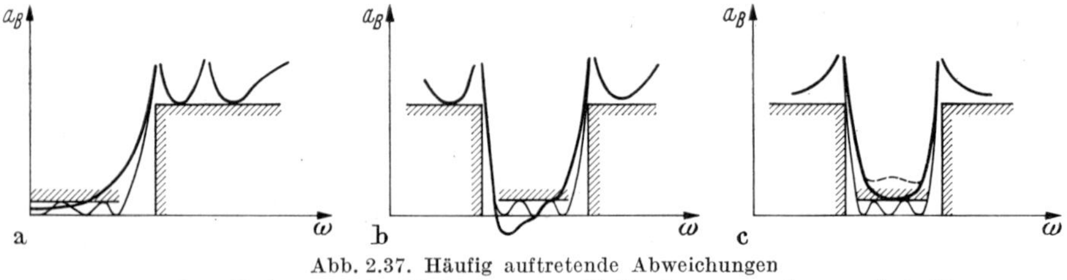


Abb. 2.37. Häufig auftretende Abweichungen
—— theoretisch erwarteter Verlauf, **——** Meßkurve, -------- kompensierte Kurve

Die in Fall b) dargestellte Unsymmetrie im DB wird in der Regel durch leichte Abweichungen der $L/C$-Verhältnisse hervorgerufen (während das $LC$-Produkt stimmt).

Ein Ansteigen der Betriebsdämpfung an den Durchlaßgrenzen wie er in Fall a) und c) gezeigt ist, ist in der Regel auf Verluste in den Reaktanzen zurückzuführen. Die Erfahrung hat gezeigt, daß die Verluste dort einen starken Einfluß haben, wo sich der Wellenwiderstand stark ändert. Besonders störend wirken sich die Verluste in Bandpässen mit relativ schmalem DB aus. Ein Verfahren zur Kompensation der Verluste in Wellenparameterfiltern ist von W. WOLMAN [8] angegeben worden. In Abb. 2.38 sind die in $\pi$- und $T$-Schaltungen auftretenden Verluste durch stark gezeichnete Widerstände dargestellt ($R_v$ bzw. $G_v$). j $B$ und j $X$ sind die Blindleitwerte bzw. Blindwiderstände der Siebschaltung. Durch Einfügen von zusätzlichen Wirkwiderständen (bzw. -leitwerten) $R_E$ und $G_E$ in der in Abbildung 2.39 gezeigten Weise (gestrichelt gezeichnet) kann man erreichen, daß der Dämpfungsverlauf im DB geebnet wird etwa so, wie das in Abb. 2.37c durch die gestrichelte Kurve dargestellt ist. Die Größe des Widerstandes $R_E$ errechnet sich dabei zu

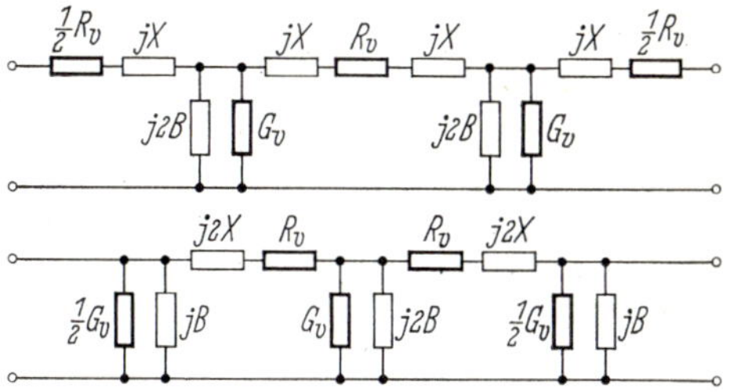

Abb. 2.38
In $T$- und $\pi$-Schaltungen auftretende Verluste

$$R_E = k\, G_v\, Z^2. \tag{2.110}$$

Der Leitwert $G_E$ berechnet sich zu

$$G_E = k \frac{R_v}{Z^2}, \tag{2.111}$$

$k$ ist ein dimensionsloser Faktor. Für $k = 1{,}4$ ist die Schwankung der Dämpfung im Bereich $|\Omega| \leqq 0{,}85$ maximal 5%. Eine genauere Untersuchung zur Ebnung des DB mit Wirkwiderständen findet sich in [*13*]. Dort werden insbesondere auch Methoden entwickelt, die mit weniger Widerständen als in Abb. 2.39 auskommen.

*Ebnen* heißt *Dämpfung auffüllen*.

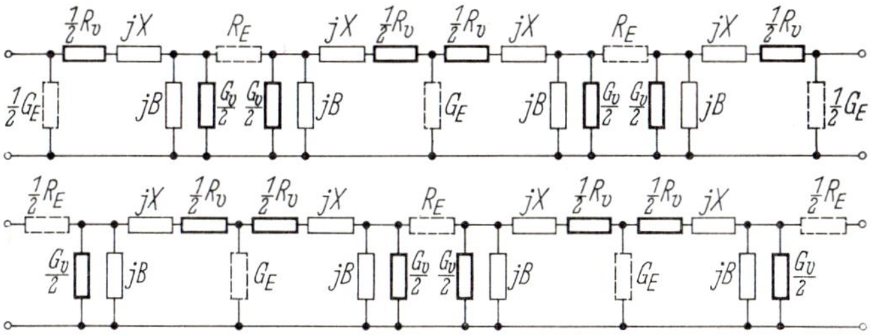

Abb. 2.39. Verlustkompensierte Ausführung der Filter von Abb. 2.38

### 2.3.2 Laufzeitketten

Ein wichtiges Anwendungsgebiet der Wellenparametertheorie ist neben den Siebschaltungen das Gebiet der Laufzeitketten. Unter Laufzeitgliedern versteht man allgemein Einrichtungen, die Signale (z. B. Impulse) um eine bestimmte Zeit (die Laufzeit) verzögern, ohne sie wesentlich zu dämpfen oder zu verzerren. Man unterscheidet

a) Laufzeitketten aus konzentrierten Schaltelementen,
b) Verzögerungskabel,
c) Elektromechanische (elektroakustische) Laufzeitglieder.

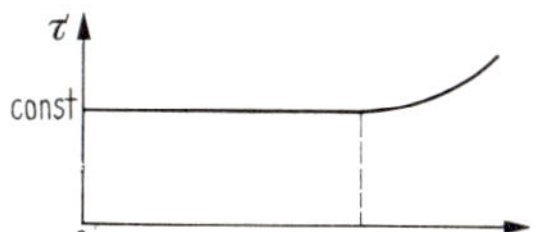


Abb. 2.40. Häufig erwünschter Verlauf der Gruppenlaufzeit

In diesem Abschnitt werden nur die Laufzeitketten aus konzentrierten Schaltelementen behandelt.

Der weitaus häufigste Fall ist der, daß man in einem Frequenzbereich $0 \leqq \omega \leqq \omega_G$, also von Null bis zu einer oberen Frequenzgrenze $\omega_G$, eine konstante Laufzeit $\tau =$ konst. haben möchte (Abb. 2.40). Man kann zeigen, daß ein beliebiges Signal, dessen Spektrum annähernd ganz auf den Bereich $0 \leqq \omega \leqq \omega_G$ beschränkt ist, durch ein Netzwerk um die sogenannte Gruppenlaufzeit $\tau_{gr}$* unverzerrt verzögert wird, wenn diese Gruppenlaufzeit in dem Frequenzbereich $0 \leqq \omega \leqq \omega_G$ einen konstanten, d. h. frequenzunabhängigen Wert hat. Die Gruppenlaufzeit berechnet sich zu

$$\tau_{gr} = \frac{db}{d\omega}. \tag{2.112}$$

Als Laufzeitglieder kommen also solche Netzwerke in Betracht, deren Phasenwinkelverlauf $b(\omega)$ von der Frequenz $\omega = 0$ bis zur oberen Grenze $\omega = \omega_G$ linear ansteigt. Hierzu eignen sich vornehmlich Tiefpaßglieder.

### 2.3.2.1 Laufzeitketten aus Grundgliedern

Nach Gl. (2.60) gilt für das $T$- bzw. $\pi$-Grundglied

$$e^{g'} = e^{a' + j b'} = 1 - 2\Omega^2 + j\, 2\Omega \sqrt{1 - \Omega^2}. \tag{2.60}$$

Demnach ergibt sich ein rein reeller Wert für $e^{g'}$ solange $\Omega > 1$. Das heißt, im Sperrbereich ist $b' = 0$ (oder ein ganzzahliges Vielfaches von $\pi$).

Im Durchlaßbereich ($\Omega \leqq 1$) ist nach Gl. (2.60)

$$b' = \operatorname{arc\,tan}\left(\frac{\operatorname{Im}\{e^{g'}\}}{\operatorname{Re}\{e^{g'}\}}\right) = \operatorname{arc\,tan}\frac{2\Omega\sqrt{1 - \Omega^2}}{1 - 2\Omega^2}. \tag{2.113}$$

Hieraus ergibt sich die normierte Gruppenlaufzeit nach einiger Zwischenrechnung zu

$$\frac{db'}{d\Omega} = \frac{2}{\sqrt{1 - \Omega^2}}. \tag{2.114}$$

Für TP-Glied ist nach Gl. (2.51) die normierte Frequenz $\Omega = \omega/\omega_g$. Somit ergibt sich für die Gruppenlaufzeit

$$\frac{db'}{d\omega} = \frac{db'}{d\Omega}\frac{d\Omega}{d\omega} = \frac{2}{\sqrt{1 - \Omega^2}}\frac{1}{\omega_g} = \frac{2}{\sqrt{1 - \left(\frac{\omega}{\omega_g}\right)^2}}\frac{1}{\omega_g},$$

$$\tau_{gr} = \frac{db'}{d\omega} = \frac{2}{\sqrt{\omega_g^2 - \omega^2}}. \tag{2.115}$$

Abb. 2.41 zeigt diesen Verlauf von $\tau_{gr}$. Die Grenzfrequenz $\omega_G$ soll beispielsweise dort liegen, wo die Gruppenlaufzeit $\tau_{gr}$ gerade um 2% von $\tau_{gr}(0)$ abweicht. Diese Grenzfrequenz errechnet sich dann zu

$$\omega_G \approx 0{,}2\,\omega_g. \tag{2.116}$$

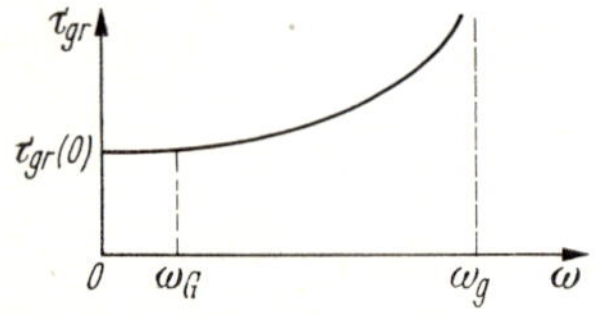

Abb. 2.41. Verlauf der Gruppenlaufzeit eines TP-Grundgliedes

Bei der geringen zulässigen Abweichung von maximal +2% ist der Ausnutzungsbereich ziemlich gering. Die Laufzeit beträgt in diesem Bereich etwa

$$\tau_{gr}(0) = \frac{2}{\omega_g}. \tag{2.117}$$

Will man eine große Laufzeit erzielen, so muß man mehrere gleichartige Grundglieder hintereinanderschalten, denn $\omega_g$ liegt ja bereits durch die Grenzfrequenz $\omega_G$ des Laufzeitgliedes nach Gl. (2.116) fest. In der Regel sind die geforderten Laufzeiten so groß, daß man mehrere, z. T. sogar recht viele (einige Dutzend) Grundglieder in Reihe schalten muß, woher sich die Bezeichnung *Laufzeitkette* herleitet.

---

* Näheres zum Begriff der Gruppenlaufzeit wird in Teil II, Abschn. 6.6, gebracht.

### 2.3.2.2 Laufzeitketten aus Zobelgliedern

Wie bei den Siebschaltungen, so ergeben sich auch bei den Laufzeitketten wesentlich günstigere Möglichkeiten, wenn man Zobelglieder verwendet. Für jedes Zobelglied nach Abb. 2.31 errechnet sich allgemein, wenn man von Gl. (2.106) ausgeht,

$$\frac{db'}{d\Omega} = \frac{2\,\Omega_\infty \sqrt{\Omega_\infty^2 - 1}}{(\Omega_\infty^2 - \Omega^2)\sqrt{1 - \Omega^2}} = \frac{2m}{[1 - \Omega^2(1 - m^2)]\sqrt{1 - \Omega^2}}\,. \tag{2.118}$$

Für das TP-Zobelglied ergibt sich daraus unter Berücksichtigung von Gl. (2.51)

$$\tau_{gr} = \frac{db'}{d\omega} = \frac{db'}{d\Omega}\,\frac{d\Omega}{d\omega} = \frac{2m\,\omega_g^2}{[\omega_g^2 - (1 - m^2)\,\omega^2]\sqrt{\omega_g^2 - \omega^2}}\,. \tag{2.119}$$

Für $\omega = 0$ wird

$$\tau_{gr}(0) = \frac{2m}{\omega_g}\,. \tag{2.120}$$

In Abb. 2.42 ist der Verlauf von $\tau_{gr}(\omega)$ nach Gl. (2.119) qualitativ dargestellt.

Für $m = 1$ ergibt sich der in Abb. 2.41 dargestellte Verlauf des Grundgliedes. Aus Abb. 2.42 ist zu ersehen, daß insbesondere Verläufe mit $m > 1$ für Laufzeitglieder interessant sind. Setzt man im gesamten Ausnutzungsbereich eine zulässige

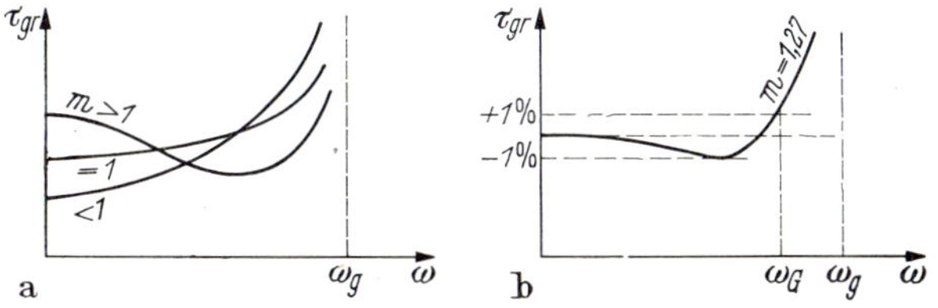


Abb. 2.42. Verlauf der Gruppenlaufzeit eines Zobelgliedes
a Tendenz der Verläufe für verschiedene Werte von $m$; b Kurve für $m = 1{,}27$

Schwankung von $\pm 1\%$ (also insgesamt $2\%$) voraus, dann ergibt sich für $m = 1{,}27$ der in Abb. 2.42b dargestellte günstigste Fall. Die Grenzfrequenz des Laufzeitgliedes errechnet sich für diesen Fall zu

$$\omega_G \approx 0{,}555\,\omega_g\,. \tag{2.121}$$

Bei der Berechnung der Gruppenlaufzeit des Grundgliedes und des Zobelgliedes war vom Wellenphasenverlauf $b'(\omega)$ ausgegangen worden. Es sei hier vermerkt, daß bei der Berechnung von Laufzeitketten es nicht notwendig ist, vom Betriebsphasenwinkel $b_B(\omega)$ auszugehen, da es sich bei Laufzeitketten in der Regel um eine Reihenschaltung vieler gleichartiger Glieder handelt, bei welcher der Abschluß nur noch geringen Einfluß auf die wirklich meßbare Laufzeit hat.

Bei der Berechnung einer Laufzeitkette aus TP Zobelgliedern mit $m = 1{,}27$ wird entweder beim $\pi$-Glied die Kapazität im Längszweig negativ, oder es wird beim $T$-Glied die Induktivität im Querzweig negativ, wie aus Abb. 2.31 zu ersehen ist, da in diesem Fall $(1 - m^2) < 0$ ist. Derartige Laufzeitglieder sind also direkt nicht realisierbar. In diesen Fällen muß man zu Äquivalenzformen mit Koppelspulen übergehen. Abb. 2.43 zeigt die TP-Zobelglieder mit $m > 1$ und Äquivalenzformen mit nur positiven Schaltelementen. Im Fall des Zobel-$T$-Gliedes läßt sich die Äquivalenz des im Zobelglied vorhandenen Spulensterns mit den beiden über $M$ gekoppelten Induktivitäten $L$ unmittelbar aus Abb. 1.30, Fall $b$, ersehen. Aus dem Vergleich der Schaltungen Abb. 2.43a und Abb. 1.30 folgt für das Querglied

$$\begin{aligned} -\mathrm{j}\,\omega\,M_ä &= \mathrm{j}\,\frac{1 - m^2}{2m}\,\frac{\omega}{\omega_g}\,Z\,,\\ M_ä &= \frac{m^2 - 1}{2m}\,\frac{Z}{\omega_g}\,. \end{aligned} \tag{2.122}$$

Für ein Längsglied $L_1 = L_2 = L_ä$ folgt

$$\mathrm{j}\,\omega(L_ä + M_ä) = \mathrm{j}\,\frac{\omega}{\omega_g}\,m\,Z. \tag{2.123}$$

Daraus ergibt sich mit Gl. (2.122) die Induktivität $L_ä$ zu

$$L_ä = m\,\frac{Z}{\omega_g} - M_ä = \frac{Z}{\omega_g}\left(m - \frac{m^2-1}{2m}\right) = \frac{Z}{\omega_g}\,\frac{m^2+1}{2m}. \tag{2.124}$$

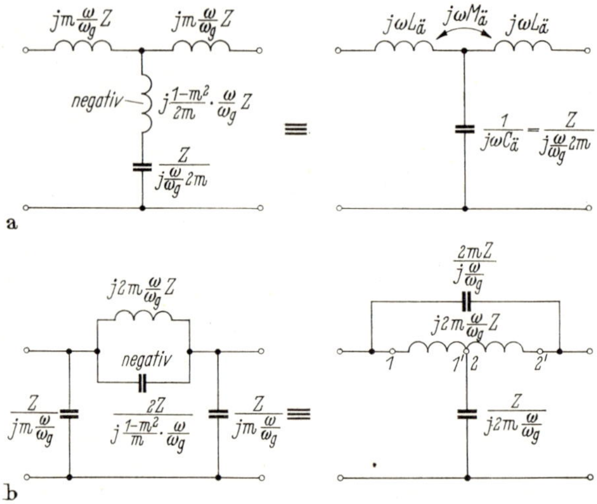


Abb. 2.43. Zobel-Tiefpaßglieder mit $m > 1$ und äquivalente Formen mit nur positiven Schaltelementen
a $T$-Schaltung; b $\pi$-Schaltung

Für den Kopplungsfaktor $K$, mit dem die beiden Induktivitäten $L_ä$ gekoppelt sind, folgt mit Gl. (1.84) ein Ausdruck, der von $\omega_g$ und $Z$ unabhängig ist.

$$K = \frac{M_ä}{L_ä} = \frac{m^2-1}{m^2+1}.$$

Für $m = 1{,}27$ ist $K \approx 24\,\%$. Beim praktischen Aufbau einer Laufzeitkette aus Zobel-$T$-Gliedern verfährt man zweckmäßigerweise so, daß man zwei aneinanderstoßende Induktivitäten $L_ä$ zu einer resultierenden Induktivität $2\,L_ä$ zusammenfaßt, wie das in Abb. 2.44b gezeigt ist. Hierbei muß aber jetzt die Kopplung zwischen je zwei Spulen der jeweiligen Induktivität $2\,L_ä$ abgeändert werden, wenn die Verhältnisse in Abb. 2.44a und Abb. 2.44b gleich sein sollen.

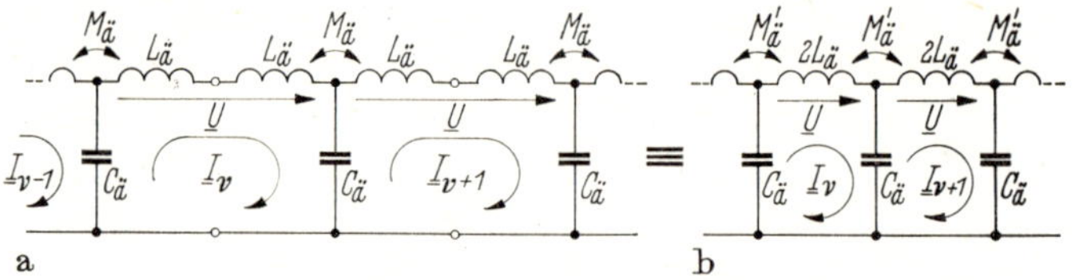


Abb. 2.44. Zusammenschalten der Zobel-$T$-Glieder beim Aufbau einer Laufzeitkette (s. Text)

Für die Spannung $\underline{U}$ in der $\nu$-ten Masche gilt bei Abb. 2.44a mit dem Windungssinn von Abb. 1.30 Fall $b$

$$\begin{aligned}\underline{U} &= \mathrm{j}\,\omega\,M_ä\,\underline{I}_{\nu-1} + \mathrm{j}\,\omega\,L_ä\,\underline{I}_\nu + \mathrm{j}\,\omega\,L_ä\,\underline{I}_\nu + \mathrm{j}\,\omega\,M_ä\,\underline{I}_{\nu+1}\\ &= \mathrm{j}\,\omega\,M_ä\,\underline{I}_{\nu-1} + \mathrm{j}\,2\omega\,L_ä\,\underline{I}_\nu + \mathrm{j}\,\omega\,M_ä\,\underline{I}_{\nu+1}.\end{aligned} \tag{2.125}$$

Für die Spannung $\underline{U}$ in der $\nu$-ten Masche bei Abb. 2.44b gilt entsprechend, wenn nur benachbarte Spulen miteinander koppeln sollen,

$$\underline{U} = \mathrm{j}\,\omega\,M'_ä\,\underline{I}_{\nu-1} + \mathrm{j}\,2\omega\,L_ä\,\underline{I}_\nu + \mathrm{j}\,\omega\,M'_ä\,\underline{I}_{\nu+1}. \tag{2.126}$$

Wenn die Spannung $\underline{U}$ in beiden Fällen (Abb. 2.44a und 2.44b) gleich sein soll, dann folgt aus Gl. (2.125) und Gl. (2.126)

$$M'_ä = M_ä. \tag{2.127}$$

Für den Kopplungsfaktor $K'$ gilt nun

$$K' = \frac{M'_ä}{2L_ä} = \frac{K}{2}. \tag{2.128}$$

Falls $m = 1{,}27$ wird jetzt $K' \approx 12\,\%$.

Bei der technischen Realisierung einer solchen Laufzeitkette werden die Spulen mit der Induktivität $2L_ä$ meistens nebeneinander auf einem Stab (z. B. aus Polystyrol) gewickelt, wobei der Abstand der einzelnen Luftspulen so gewählt wird, daß sich ein Kopplungsfaktor von $K' \approx 12\,\%$ ergibt. Bei Spulen mit ferromagnetischem Kern lassen sich nämlich derart kleine Kopplungsfaktoren nur sehr schwer realisieren. Da mit Luftspulen wiederum sich praktisch nur kleine Induktivitäten realisieren lassen, ist dieser Typ einer Laufzeitkette, der sich von Zobel-$T$-Gliedern herleitet, nur für hohe Grenzfrequenzen $\omega_g$ und damit für relativ kleine Laufzeiten geeignet.

Beim praktischen Entwurf einer Laufzeitkette sind gewöhnlich die gewünschte Gesamtlaufzeit $T$ der Kette, ihr Abschlußwiderstand bzw. der Wellenwiderstand $\underline{Z}$ sowie die Bandbreite $\omega_G$ vorgegeben. Je nachdem, welche Schwankung der Gruppenlaufzeit man im Arbeitsbereich zulassen will, bestimmt sich aus $\omega_G$ zunächst der Wert für $m$ bzw. die Grenzfrequenz $\omega_g$ [vgl. Abb. 2.42 bzw. im Fall 1%-Toleranz Gl. (2.121)]. Damit ist mit Gl. (2.120) auch zugleich der Nennwert der Gruppenlaufzeit $\tau_{gr}(0)$ für ein einzelnes Glied gegeben. Aus der Division der Gesamtlaufzeit $T$ durch die Laufzeit eines einzelnen Gliedes $\tau_{gr}(0)$ erhält man dann die Anzahl $n$ der erforderlichen Glieder (falls für $n$ keine ganze Zahl herauskommt, kann man für $\omega_g$ einen etwas größeren geeigneten Wert wählen). Die Induktivität $L_ä$ und die Kapazität $C_ä$ errechnen sich schließlich aus Gl. (2.124) und aus der in Abb. 2.43a angegebenen Beziehung.

Für relativ niedrige Grenzfrequenzen $\omega_g$ ist die Kette, die von Zobel-$\pi$-Gliedern ausgeht, günstiger, weil die in Abb. 2.43b angegebene äquivalente Schaltung keine lose gekoppelten Induktivitäten enthält. Die in diesem Bild angegebene Spule mit Mittelanzapfung wirkt wie ein verlustloser streufreier Übertrager mit dem in Abb. 1.30, Fall c, angegebenen Windungssinn, wobei die Klemmen $1'$ und $2$ verbunden sind und die Mittelanzapfung bilden. Die Gesamtinduktivität $\mathrm{j}\,2m\,\dfrac{\omega}{\omega_g}Z$ kann man sich zusammengesetzt denken aus der in Abb. 2.45b dargestellten Serienschaltung der Induktivitäten $L_1$ und $L_2$, die über $M$ gekoppelt sind, wobei $L_1 = L_2 = M = \mathrm{j}\,0{,}5m\,\dfrac{\omega}{\omega_g}Z$.

Daß die beiden in Abb. 2.43b angegebenen Schaltungen tatsächlich äquivalent sind, ließe sich grundsätzlich dadurch beweisen, daß man für beide Schaltungen die Vierpolmatrix (Abschnitt 0.5) aufstellt. Bei Äquivalenz müssen in beiden Matrizen die Matrixkoeffizienten gleich sein. Da es sich in Abb. 2.43b jedoch um passive und symmetrische Vierpole handelt, ergeben sich nach Abschn. 0.5.4 nur zwei voneinander unabhängige Matrixkoeffizienten. Man kann folglich die Äquivalenz auch dadurch zeigen, daß man bei beiden Schaltungen je zwei voneinander unabhängige Vierpoleigenschaften errechnet, die in beiden Schaltungen gleich ausfallen müssen. Im vorliegenden Fall sollen dafür der Eingangsleitwert bei ausgangsseitigem Kurzschluß $\underline{G}_{1K}$ und die Spannungsübertragungsfunktion $\underline{U}_1/\underline{U}_2$ bei ausgangsseitigem Leerlauf $\underline{I}_2 = 0$ gewählt werden, weil sich diese Größen noch relativ einfach bestimmen lassen. Für $\underline{G}_{1K}$ folgt aus dem Zobel-$\pi$-Glied in Abb. 2.43

$$\underline{G}_{1K} = \mathrm{j}\,m\frac{\omega}{\omega_g}\frac{1}{Z} + \mathrm{j}\frac{1-m^2}{m}\frac{\omega}{\omega_g}\frac{1}{2Z} + \frac{1}{\mathrm{j}\,2m\dfrac{\omega}{\omega_g}Z}$$

$$= \mathrm{j}\,m\frac{\omega}{\omega_g}\frac{1}{2Z} + \mathrm{j}\frac{1}{m}\frac{\omega}{\omega_g}\frac{1}{2Z} - \mathrm{j}\frac{1}{m}\frac{\omega_g}{\omega}\frac{1}{2Z}. \tag{2.129}$$

Die Berechnung von $\underline{G}_{1K}$ der rechten Schaltung von Abb. 2.43 erfolgt nun aus Abb. 2.45a über die Berechnung von $\underline{W}' = (\underline{G}')^{-1}$. Es ergeben sich folgende Maschengleichungen

$$\underline{U}_1 = \left(\mathrm{j}\,0{,}5m\frac{\omega}{\omega_g}Z + \frac{Z}{\mathrm{j}\,2m\dfrac{\omega}{\omega_g}}\right)\underline{I}_1 + \left(\mathrm{j}\,0{,}5m\frac{\omega}{\omega_g}Z - \frac{Z}{\mathrm{j}\,2m\dfrac{\omega}{\omega_g}}\right)\underline{I}_2, \tag{2.130}$$

$$0 = \left(\mathrm{j}\,0{,}5m\frac{\omega}{\omega_g}Z - \frac{Z}{\mathrm{j}\,2m\dfrac{\omega}{\omega_g}}\right)\underline{I}_1 + \left(\mathrm{j}\,0{,}5m\frac{\omega}{\omega_g}Z + \frac{Z}{\mathrm{j}\,2m\dfrac{\omega}{\omega_g}}\right)\underline{I}_2. \tag{2.131}$$

Diese Beziehungen vereinfachen sich, wenn man Gl. (2.130) und Gl. (2.131) addiert und dann Gl. (2.131) von Gl. (2.130) subtrahiert

$$\underline{U}_1 = \mathrm{j}\, m \frac{\omega}{\omega_g} Z \underline{I}_1 + \mathrm{j}\, m \frac{\omega}{\omega_g} Z \underline{I}_2, \tag{2.132}$$

$$\underline{U}_1 = \frac{Z}{\mathrm{j}\, m \dfrac{\omega}{\omega_g}} \underline{I}_1 - \frac{Z}{\mathrm{j}\, m \dfrac{\omega}{\omega_g}} \underline{I}_2. \tag{2.133}$$

Multipliziert man beide Seiten von Gl. (2.132) mit $\dfrac{Z}{\mathrm{j}\, m \dfrac{\omega}{\omega_g}}$ und beide Seiten von Gl. (2.133) mit $\mathrm{j}\, m \dfrac{\omega}{\omega_g} Z$, dann ergibt die Addition beider Gleichungen

$$\underline{U}_1 \left\{ \frac{Z}{\mathrm{j}\, m \dfrac{\omega}{\omega_g}} + \mathrm{j}\, m \frac{\omega}{\omega_g} Z \right\} = \underline{I}_1\, 2 Z^2 \tag{2.134}$$

oder

$$\underline{G}' = \frac{\underline{I}_1}{\underline{U}_1} = \frac{1}{\mathrm{j}\, m \dfrac{\omega}{\omega_g} 2Z} + \mathrm{j}\, m \frac{\omega}{\omega_g} \frac{1}{2Z}. \tag{2.135}$$

Mit Gl. (2.135) und Abb. 2.45a ergibt sich nun derselbe Ausdruck für $\underline{G}_{1K}$, wie in Gl. (2.129)

$$\underline{G}_{1K} = \underline{G}' + \mathrm{j} \frac{1}{m} \frac{\omega}{\omega_g} \frac{1}{2Z} = \mathrm{j}\, m \frac{\omega}{\omega_g} \frac{1}{2Z} + \mathrm{j} \frac{1}{m} \frac{\omega}{\omega_g} \frac{1}{2Z} - \mathrm{j} \frac{1}{m} \frac{\omega_g}{\omega} \frac{1}{2Z}. \tag{2.136}$$

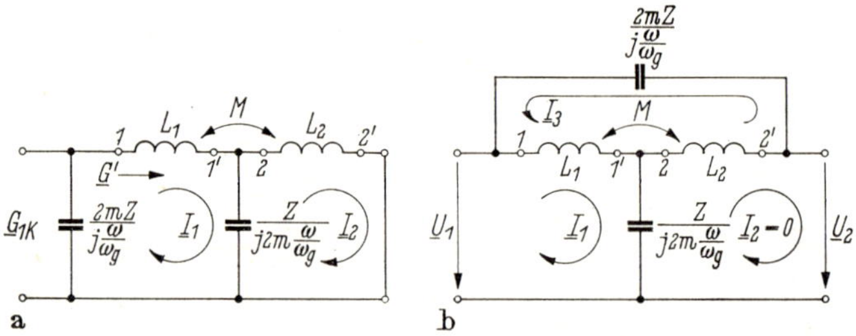


Abb. 2.45
Zur Verifizierung der in Abb. 2.43b angegebenen Äquivalenz mit $L_1 = L_2 = M = j\, m\, 0{,}5 \dfrac{\omega}{\omega_g} Z$ (s. Text)

Die Spannungsübertragungsfunktion bei ausgangsseitigem Leerlauf $\underline{U}_1/\underline{U}_2$ errechnet sich für das Zobel-$\pi$-Glied in Abb. 2.43 in trivialer Weise durch die Spannungsteilerbeziehung zu

$$\frac{\underline{U}_1}{\underline{U}_2} = 1 + \frac{\left(\mathrm{j}\, 2m \dfrac{\omega}{\omega_g} Z\right) \Bigg\| \left(\dfrac{2Z}{\mathrm{j} \dfrac{1-m^2}{m} \dfrac{\omega}{\omega_g}}\right)}{\dfrac{Z}{\mathrm{j}\, m \dfrac{\omega}{\omega_g}}} = 1 + \frac{1}{\dfrac{Z}{\mathrm{j}\, m \dfrac{\omega}{\omega_g}} \left\{ \dfrac{1}{\mathrm{j}\, 2m \dfrac{\omega}{\omega_g} Z} + \dfrac{\mathrm{j} \dfrac{1-m^2}{m} \dfrac{\omega}{\omega_g}}{2Z} \right\}}$$

$$= 1 + \frac{1}{-\dfrac{1}{2m^2}\left(\dfrac{\omega_g}{\omega}\right)^2 + \dfrac{1-m^2}{2m^2}} = \frac{1 + m^2 - \left(\dfrac{\omega}{\omega_g}\right)^2}{1 - m^2 - \left(\dfrac{\omega}{\omega_g}\right)^2}. \tag{2.137}$$

Für die äquivalente Schaltung lassen sich anhand von Abb. 2.45b die folgenden drei Maschengleichungen aufstellen, wobei in der zweiten Maschengleichung $\underline{U}_2$ ein Spannungsabfall und nicht etwa eine eingeprägte Spannung ist, was ihr Erscheinen auf der rechten Seite der Gleichung bedingt.

$$\underline{U}_1 = \left( \mathrm{j}\,0{,}5m\,\frac{\omega}{\omega_g}\,Z + \frac{Z}{\mathrm{j}\,2m\,\dfrac{\omega}{\omega_g}} \right) \underline{I}_1 + \left( \mathrm{j}\,0{,}5m\,\frac{\omega}{\omega_g}\,Z\,2 \right) \underline{I}_3, \tag{2.138}$$

$$0 = \left( -\frac{Z}{\mathrm{j}\,2m\,\dfrac{\omega}{\omega_g}} + \mathrm{j}\,0{,}5m\,\frac{\omega}{\omega_g}\,Z \right) \underline{I}_1 + \left( \mathrm{j}\,m\,\frac{\omega}{\omega_g}\,Z \right) \underline{I}_3 + \underline{U}_2, \tag{2.139}$$

$$0 = \left( \mathrm{j}\,0{,}5m\,\frac{\omega}{\omega_g}\,Z\,2 \right) \underline{I}_1 + \left( \mathrm{j}\,2m\,\frac{\omega}{\omega_g}\,Z + \frac{2m\,Z}{\mathrm{j}\,\dfrac{\omega}{\omega_g}} \right) \underline{I}_3. \tag{2.140}$$

Aus Gl. (2.140) folgt

$$\underline{I}_1 = \underline{I}_3 \left\{ 2 \left( \frac{\omega_g}{\omega} \right)^2 - 2 \right\}. \tag{2.141}$$

$\underline{I}_1$ in Gl. (2.138) und (2.139) eingesetzt, liefert

$$\underline{U}_1 = \underline{I}_3 \left\{ \mathrm{j}\,m\,\frac{\omega_g}{\omega}\,Z - \mathrm{j}\,m\,\frac{\omega}{\omega_g}\,Z + \frac{Z \left( \dfrac{\omega_g}{\omega} \right)^3}{\mathrm{j}\,m} - \frac{Z}{\mathrm{j}\,m\,\dfrac{\omega}{\omega_g}} + \mathrm{j}\,m\,\frac{\omega}{\omega_g}\,Z \right\}, \tag{2.142}$$

$$-\underline{U}_2 = \underline{I}_3 \left\{ \mathrm{j}\,m\,\frac{\omega_g}{\omega}\,Z - \mathrm{j}\,m\,\frac{\omega}{\omega_g}\,Z - \frac{Z \left( \dfrac{\omega_g}{\omega} \right)^3}{\mathrm{j}\,m} + \frac{Z}{\mathrm{j}\,m\,\dfrac{\omega}{\omega_g}} + \mathrm{j}\,m\,\frac{\omega}{\omega_g}\,Z \right\}. \tag{2.143}$$

Durch Division von Gl. (2.142) durch Gl. (2.143) ergibt sich dieselbe Beziehung wie Gl. (2.137), womit die Äquivalenz der beiden Schaltungen in Abb. 2.43b bewiesen ist.

$$\frac{\underline{U}_1}{\underline{U}_2} = \frac{\mathrm{j}\,m\,\dfrac{\omega_g}{\omega} + \dfrac{1}{\mathrm{j}\,m} \left( \dfrac{\omega_g}{\omega} \right)^3 - \dfrac{1}{\mathrm{j}\,m}\,\dfrac{\omega_g}{\omega}}{-\mathrm{j}\,m\,\dfrac{\omega_g}{\omega} + \dfrac{1}{\mathrm{j}\,m} \left( \dfrac{\omega_g}{\omega} \right)^3 - \dfrac{1}{\mathrm{j}\,m}\,\dfrac{\omega_g}{\omega}} = \frac{1 + m^2 - \left( \dfrac{\omega_g}{\omega} \right)^2}{1 - m^2 - \left( \dfrac{\omega_g}{\omega} \right)^2}. \tag{2.144}$$

### 2.3.3 Entzerrer

Entzerrer haben die Aufgabe, lineare Verzerrungen eines Übertragungsweges aufzuheben. Bei den linearen Verzerrungen unterscheidet man zwischen Dämpfungsverzerrungen und Phasen- bzw. Laufzeitverzerrungen. Normalerweise ist bei Über-

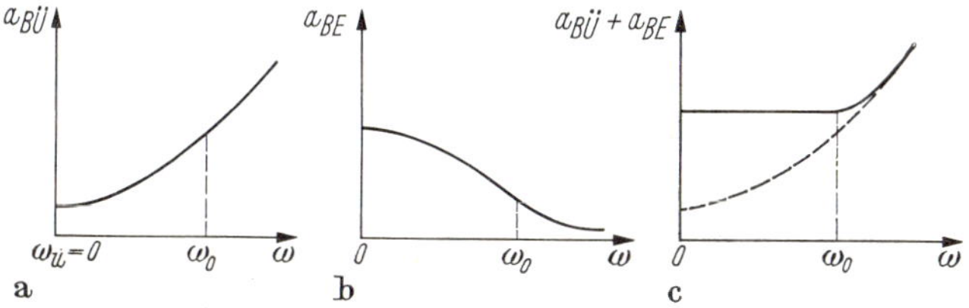


Abb. 2.46. Veranschaulichung der Dämpfungsentzerrung
a Betriebsdämpfung $a_{BÜ}$ eines Übertragungsweges; b Betriebsdämpfung $a_{BE}$ des Entzerrers; c Betriebsdämpfung des entzerrten Übertragungsweges

tragungswegen eine konstante Betriebsdämpfung im interessierenden Frequenzbereich $\omega_u \leqq \omega \leqq \omega_o$ erwünscht. Hat ein Übertragungsweg in diesem Bereich keine konstante Betriebsdämpfung, dann treten Dämpfungsverzerrungen auf. Abb. 2.46 veranschaulicht, wie man mit einem Entzerrer von komplementärem Dämpfungsverlauf im Bereich $\omega_u \leqq \omega \leqq \omega_o$ die Dämpfungsverzerrungen aufheben kann.

Laufzeitverzerrungen treten bei einem Übertragungsweg dann auf, wenn der Übertragungsweg im interessierenden Frequenzbereich $\omega_u \leqq \omega \leqq \omega_o$ keine konstante Gruppenlaufzeit hat. Die Realisierung der Laufzeitentzerrung erfolgt in gleicher Weise wie das in Abb. 2.46 gezeigte Prinzip der Dämpfungsentzerrung.

Für die Dämpfungs- und Laufzeitentzerrung verwendet man in der Praxis häufig *Netzwerke konstanten Eingangswiderstandes,* weil Übertragungswege in der Regel mit reellen ohmschen Widerständen abgeschlossen sind. Netzwerke konstanten Eingangswiderstandes haben ebenfalls einen reellen Eingangswiderstand. Mit ihrer Hilfe kann also ein Übertragungsweg entzerrt werden, ohne daß irgend etwas an seinem Beschaltungszustand geändert wird (Abb. 2.47).

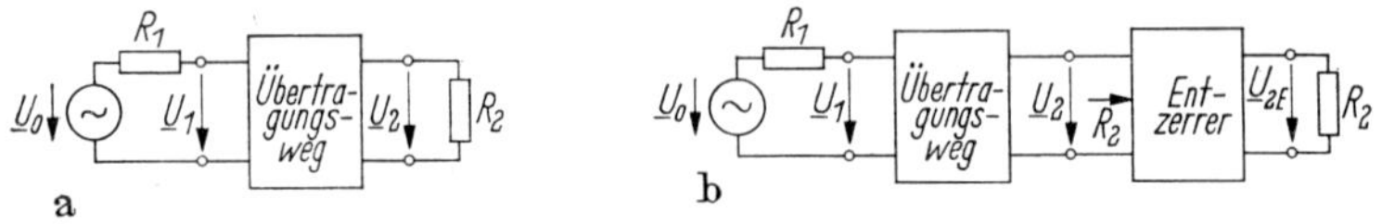


Abb. 2.47. Entzerrung durch einen Vierpol konstanten Eingangswiderstandes

### 2.3.3.1 Dämpfungsentzerrung

Abb. 2.48 zeigt die Schaltung eines Vierpols mit konstantem Eingangswiderstand, welcher häufig zur Dämpfungsentzerrung verwendet wird. Der Widerstand $\underline{Z}$ darf beliebig komplex sein. Der Widerstand im Querzweig muß jedoch dual zu $\underline{Z}$ sein. Der eingangsseitige Wellenwiderstand berechnet sich zu

$$\underline{Z}_{w1} = \sqrt{\underline{W}_{1K}\underline{W}_{1L}} = \sqrt{\underbrace{\left\{\underline{Z} \,\|\, \left(R + R \,\Big\|\, \frac{R^2}{\underline{Z}}\right)\right\}}_{\underline{W}_{1K}} \underbrace{\left\{\frac{R^2}{\underline{Z}} + R \,\|\, (R + \underline{Z})\right\}}_{\underline{W}_{1L}}}$$

$$= \sqrt{\frac{\underline{Z}\left(R + \dfrac{R\dfrac{R^2}{\underline{Z}}}{R + \dfrac{R^2}{\underline{Z}}}\right)}{\underline{Z} + R + \dfrac{R\dfrac{R^2}{\underline{Z}}}{R + \dfrac{R^2}{\underline{Z}}}} \left\{\frac{R^2}{\underline{Z}} + \frac{R(R + \underline{Z})}{R + R + \underline{Z}}\right\}}$$

$$= \sqrt{\frac{\underline{Z}R + \dfrac{\underline{Z}R^2}{R + \underline{Z}}}{\underline{Z} + R + \dfrac{R^2}{R + \underline{Z}}} \; \frac{R^2(2R + )\underline{Z} + \underline{Z}R(R + \underline{Z})}{\underline{Z}(2R + \underline{Z})}},$$

$$\underline{Z}_{w1} = \sqrt{\frac{2\underline{Z}R^2 + \underline{Z}^2 R}{2R^2 + 2R\underline{Z} + \underline{Z}^2} \; \frac{2R^3 + 2R^2\underline{Z} + R\underline{Z}^2}{2\underline{Z}R + \underline{Z}^2}} = \sqrt{RR} = R. \tag{2.145}$$

Wegen des symmetrischen Aufbaues ist ebenfalls der Wellenwiderstand von der Ausgangsseite $\underline{Z}_{w2} = R$, d. h. reell und frequenzunabhängig. Wird das überbrückte $T$-Glied nach Abb. 2.48 also mit dem Widerstand $R$ abgeschlossen, dann muß wegen der vollständigen Anpassung die Betriebsübertragungsfunktion gleich der Wellenübertragungsfunktion sein. Letztere ergibt sich nach einer einfachen Rechnung zu

$$e^{\underline{g}'} = \frac{\underline{U}_1}{\underline{U}_2} = 1 + \frac{\underline{Z}}{R}. \tag{2.146}$$

Wird für $\underline{Z}$ beispielsweise ein gedämpfter Parallelschwingkreis gewählt, dann lassen sich mit dem Entzerrer glockenförmige Dämpfungsverläufe realisieren, wie sie in

Abb. 2.49 gezeigt sind. Durch Überlagerung mehrerer solcher Kurven läßt sich ein beliebiger Dämpfungsverlauf erzeugen, wenn man von steilen Dämpfungsanstiegen absieht. Letztere treten aber nur bei Siebschaltungen auf, wo sie außerdem erwünscht sind und also nicht entzerrt werden müssen.

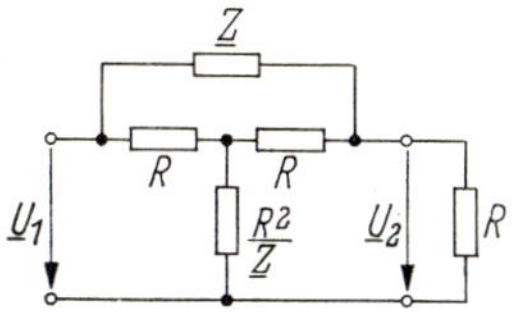


Abb. 2.48
Überbrücktes $T$-Glied zur Dämpfungsentzerrung

Abb. 2.49
Typische Entzerrerdämpfungsverläufe

### 2.3.3.2 Phasen- bzw. Laufzeitentzerrung

Zur Phasenentzerrung werden meist die sogenannten Allpässe benutzt. Allpässe sind Vierpole, die alle Frequenzkomponenten eines beliebigen Signals ungedämpft passieren lassen. Lediglich die Phasenlage der einzelnen Frequenzkomponenten ist am Ausgang des Allpasses eine andere als am Eingang. Bei den Allpässen gibt es außerdem noch eine Gruppe, die einen konstanten reellen Eingangswiderstand bzw. Wellenwiderstand hat.

Im folgenden wird gezeigt, daß die in Abb. 2.50 gezeigte Schaltung ein Allpaß konstanten reellen Eingangswiderstandes ist, wenn $\underline{Z}_1$ und $\underline{Z}_2$ imaginär und dual zueinander sind.

$$\underline{Z}_2 = \frac{R^2}{\underline{Z}_1}. \tag{2.147}$$

Der Wellenwiderstand $\underline{Z}_{w1}$ ($\underline{Z}_{w1} = \underline{Z}_{w2}$ wegen Symmetrie) berechnet sich für die Brückenschaltung Abb. 2.50 zu

$$\underline{Z}_{w1} = \sqrt{\underline{W}_{1K}\,\underline{W}_{1L}} = \sqrt{2(\underline{Z}_1||\underline{Z}_2)\,\tfrac{1}{2}(\underline{Z}_1 + \underline{Z}_2)} = \sqrt{\underline{Z}_1\,\underline{Z}_2}. \tag{2.148}$$

Mit Gl. (2.147) ergibt sich

$$\underline{Z}_{w1} = \sqrt{\underline{Z}_1\,\underline{Z}_2} = \sqrt{\underline{Z}_1\,\frac{R^2}{\underline{Z}_1}} = R. \tag{2.149}$$

Der Wellenwiderstand ist also wie beim überbrückten $T$-Glied konstant und frequenzunabhängig und ermöglicht somit ideale Anpassung.

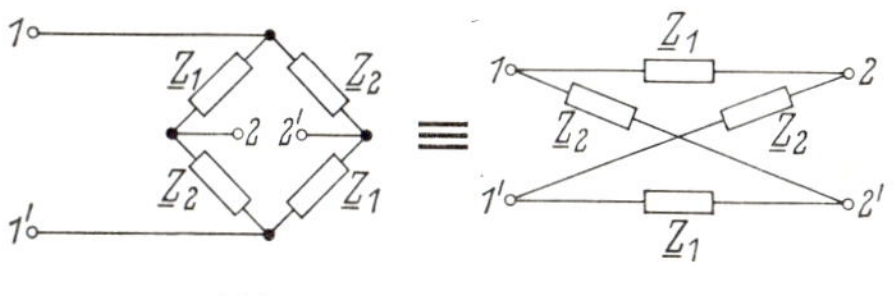


Abb. 2.50. Brückenschaltung

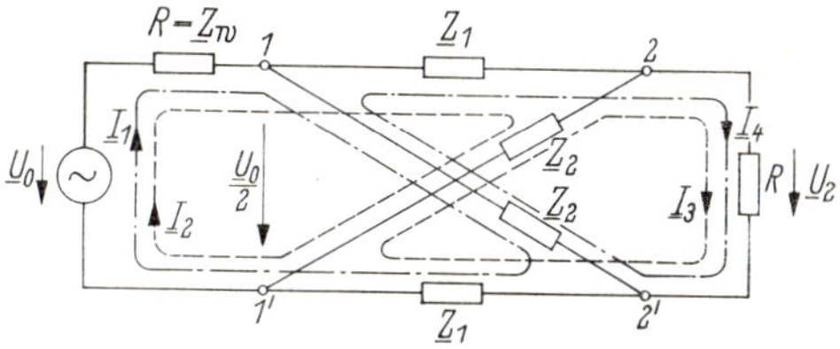


Abb. 2.51. Zur Analyse der Brückenschaltung. (Die gestrichelt eingezeichneten Pfeile für die Maschenströme sind hier Zählpfeile wie die Spannungspfeile)

Zur Berechnung der Wellenübertragungsfunktion des Brückengliedes werden die Maschengleichungen angesetzt (Abb. 2.51).

$$\underline{U}_0 = \underline{I}_1(R + \underline{Z}_1 + \underline{Z}_2) + \underline{I}_2 R + \underline{I}_3 \underline{Z}_1 - \underline{I}_4 \underline{Z}_2, \tag{2.150}$$

$$\underline{U}_0 = \underline{I}_1 R + \underline{I}_2(R + \underline{Z}_1 + \underline{Z}_2) - \underline{I}_3 \underline{Z}_2 + \underline{I}_4 \underline{Z}_1, \tag{2.151}$$

$$0 = \underline{I}_1 \underline{Z}_1 - \underline{I}_2 \underline{Z}_2 + \underline{I}_3(R + \underline{Z}_1 + \underline{Z}_2) + \underline{I}_4 R, \tag{2.152}$$

$$0 = -\underline{I}_1 \underline{Z}_2 + \underline{I}_2 \underline{Z}_1 + \underline{I}_3 R + \underline{I}_4(R + \underline{Z}_1 + \underline{Z}_2). \tag{2.153}$$

Aus Gründen der Schaltungssymmetrie ist $\underline{I}_1 = \underline{I}_2$ und $\underline{I}_3 = \underline{I}_4$ wodurch Gl. (2.150) = Gl. (2.151) und Gl. (2.152) = Gl. (2.153). Aus Gl. (2.151) und Gl. (2.152) wird zunächst $\underline{I}_1$ bzw. $\underline{I}_2$ eliminiert. Durch Multiplikation von Gl. (2.151) mit $(\underline{Z}_1 - \underline{Z}_2)$ und Gl. (2.152) mit $(2R + \underline{Z}_1 + \underline{Z}_2)$ und anschließender Subtraktion beider Gleichungen folgt

$$\begin{aligned}\underline{U}_0(\underline{Z}_1 - \underline{Z}_2) &= \underline{I}_3(\underline{Z}_1 - \underline{Z}_2)^2 - \underline{I}_3(2R + \underline{Z}_1 + \underline{Z}_2)^2 \\ &= \underline{I}_3\{\underline{Z}_1^2 - 2\underline{Z}_1\underline{Z}_2 + \underline{Z}_2^2 - 4R^2 - \underline{Z}_1^2 - \underline{Z}_2^2 - 4R\underline{Z}_1 - 4R\underline{Z}_2 - 2\underline{Z}_1\underline{Z}_2\},\end{aligned} \tag{2.154}$$

$$\frac{\underline{U}_0}{4\underline{I}_3} = \frac{R^2 + R(\underline{Z}_1 + \underline{Z}_2) + \underline{Z}_1\underline{Z}_2}{\underline{Z}_2 - \underline{Z}_1}. \tag{2.155}$$

Mit $\underline{U}_2 = 2\underline{I}_3 R$ ergibt sich also für die Wellenübertragungsfunktion

$$\frac{\underline{U}_0}{2\underline{U}_2} = \frac{\underline{U}_0}{4\underline{I}_3 R} = \frac{R + \underline{Z}_1 + \underline{Z}_2 + \dfrac{\underline{Z}_1\underline{Z}_2}{R}}{\underline{Z}_2 - \underline{Z}_1}. \tag{2.156}$$

Wird wieder Dualität zwischen $\underline{Z}_1$ und $\underline{Z}_2$ nach Gl. (2.147) vorausgesetzt, so ergibt sich

$$\frac{\underline{U}_0}{2\underline{U}_2} = \frac{R + \underline{Z}_1 + \dfrac{R^2}{\underline{Z}_1} + R}{-\underline{Z}_1 + \dfrac{R^2}{\underline{Z}_1}} = \frac{\underline{Z}_1^2 + 2R\underline{Z}_1 + R^2}{R^2 - \underline{Z}_1^2} = \frac{(\underline{Z}_1 + R)^2}{(R + \underline{Z}_1)(R - \underline{Z}_1)},$$

$$\frac{\underline{U}_0}{2\underline{U}_2} = \frac{R + \underline{Z}_1}{R - \underline{Z}_1}. \tag{2.157}$$

Ist $\underline{Z}_1$ und damit auch $\underline{Z}_2 = R^2/\underline{Z}_1$ rein imaginär, dann wird die Betriebsdämpfung

$$a_B = \ln\left|\frac{\underline{U}_0}{2\underline{U}_2}\right| = \ln\frac{\sqrt{R^2 + |\underline{Z}_1|^2}}{\sqrt{R^2 + |\underline{Z}_1|^2}} = \ln 1 = 0. \tag{2.158}$$

Damit ist die eingangs aufgestellte Behauptung, daß die Schaltung in Abb. 2.50 ein Allpaß sei, bewiesen. Trotz der Dämpfung Null bei allen Frequenzen ergibt sich jedoch hier eine frequenzabhängige Phasendrehung. Diese errechnet sich aus Gl. (2.157) zu

$$\tan b_B = \frac{\operatorname{Im}\left\{\dfrac{\underline{U}_0}{2\underline{U}_2}\right\}}{\operatorname{Re}\left\{\dfrac{\underline{U}_0}{2\underline{U}_2}\right\}} = \frac{2R|\underline{Z}_1|}{R^2 + |\underline{Z}_1|^2}. \tag{2.159}$$

Eine trigonometrische Betrachtung (Abb. 2.52) liefert die äquivalente einfachere Beziehung

$$\tan\frac{b_B}{2} = \frac{|\underline{Z}_1|}{R}. \tag{2.160}$$

Man spricht von einem Allpaß 1. Grades, wenn $\underline{Z}_1$ nur aus *einer* Reaktanz besteht, z. B. einer Induktivität. Dann ist $\underline{Z}_2$ wegen der Dualitätsbedingung eine Kapazität. Man spricht von einem Allpaß 2. Grades, wenn $\underline{Z}_1$ aus *zwei* Blindwiderständen besteht, z. B. einem Parallelschwingkreis. $\underline{Z}_2$ ist im letzteren Fall dann ein Serienkreis. Abb. 2.53 zeigt einen Allpaß 1. und 2. Grades sowie den qualitativen Gang der damit realisierbaren Gruppenlaufzeitverläufe. Bemerkenswert ist, daß mit Allpässen nur positive Gruppenlaufzeit zu realisieren ist.

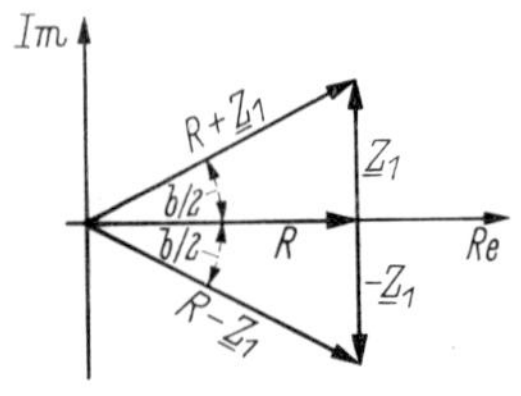

Abb. 2.52. Darstellung von Gl. (2.157) in der komplexen Widerstandsebene für den Fall, daß $\underline{Z}$ ein Blindwiderstand ist

Soll ein Übertragungsweg sowohl dämpfungs- als auch laufzeitentzerrt werden, so führt man zunächst die Dämpfungsentzerrung mit einem Vierpol nach Abb. 2.48 durch. Dadurch wird zwar im allgemeinen der Laufzeitverlauf noch beeinträchtigt, in der anschließenden Laufzeitentzerrung mit Allpässen der obigen Art wird aber dann der Dämpfungsverlauf nicht mehr beeinflußt.

Für die praktische Anwendung ist die oben behandelte Brückenschaltung wegen ihrer Erdsymmetrie nicht immer brauchbar. Erwünscht sind häufig *erdunsymmetrische* Schaltungen. Die in Abb. 2.54 gezeigte Schaltung mit dem idealen Sparübertrager ist der Brückenschaltung von Abb. 2.50 äquivalent.

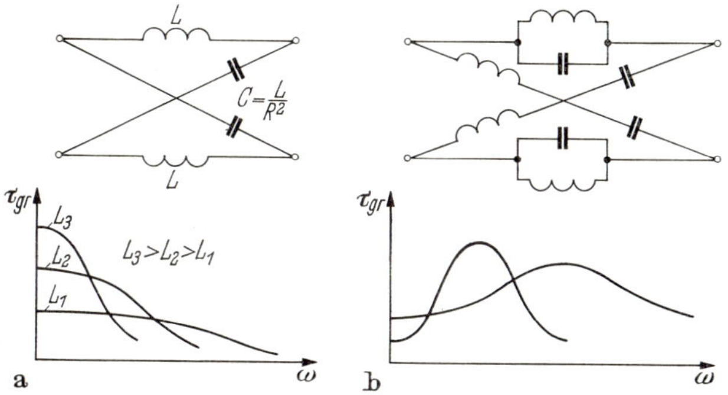


Abb. 2.53. Allpaß 1. Grades (a) und 2. Grades (b) und damit realisierbare typische Gruppenlaufzeitverläufe

Der ideale Sparübertrager hat die endlichen Windungszahlen $w_1 = w_2 = w$, die im gleichen Windungssinn wie in Abb. 1.30 Fall c auf dem Wickelkörper aufgebracht sind. Die Induktivitäten sind jedoch, wie das in Abschn. 1.4.1.2 erläutert wurde, unendlich groß, so daß sich kein Magnetisierungsstrom $\underline{I}_\mu$ ergibt. Die Äquivalenz der Schaltungen von Abb. 2.50 und Abb. 2.54 läßt sich wieder grundsätzlich durch Aufstellen der Vierpolgleichungen beweisen. Bei obigen Schaltungen haben aber die Vierpolgleichungen, wie im Beispiel von Abb. 2.43 nur zwei voneinander unabhängige Koeffizienten (passiver und symmetrischer Vierpol). Folglich kann man die Äquivalenz auch durch Aufstellen zweier anderer voneinander unabhängiger Netzwerkeigenschaften zeigen. In diesem Fall geschehe das anhand der Betriebsübertragungsfunktion $\underline{U}_0/2\,\underline{U}_2$ und des Eingangswiderstandes $\underline{W}_1$, welche für die Brückenschaltung bereits bekannt sind, vgl. Gl. (2.157) und Gl. (2.149).

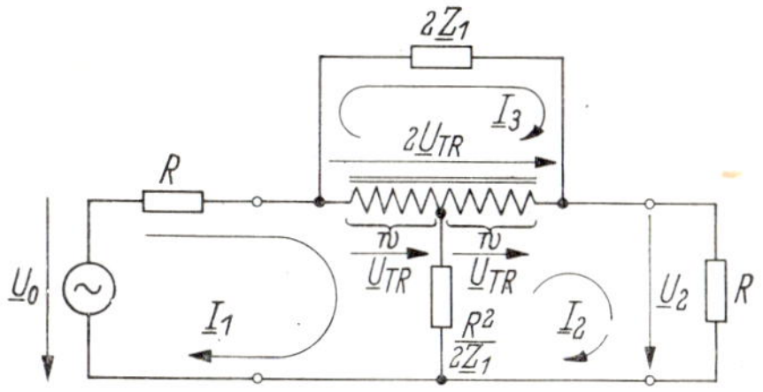


Abb. 2.54. Äquivalente erdungssymmetrische Schaltung zu Abb. 2.50

Für die überbrückte $T$-Schaltung nach Bild 2.54 gilt:

1. Masche
$$\underline{U}_0 - \underline{U}_{TR} = \underline{I}_1\left(R + \frac{R^2}{2\underline{Z}_1}\right) + \underline{I}_2\left(-\frac{R^2}{2\underline{Z}_1}\right), \tag{2.161}$$

2. Masche
$$-\underline{U}_{TR} = \underline{I}_1\left(-\frac{R^2}{2\underline{Z}_1}\right) + \underline{I}_2\left(R + \frac{R^2}{2\underline{Z}_1}\right). \tag{2.162}$$

Durch Addition von Gl. (2.161) und Gl. (2.162) folgt

$$\underline{U}_0 - 2\underline{U}_{TR} = \underline{I}_1 R + \underline{I}_2 R = R(\underline{I}_1 + \underline{I}_2). \tag{2.163}$$

Da es sich um einen idealen Übertrager handelt, muß der Magnetisierungsstrom $\underline{I}_\mu = 0$ sein und damit die Summe aller Durchflutungen verschwinden, Gl. (1.68). Berücksichtigt man dabei den Windungssinn (wie in Abb. 1.30, Fall *c*) und die Zählpfeilrichtungen der Ströme in Abb. 2.54, dann erhält man

$$0 = \sum_\nu \underline{\Theta}_\nu = \sum_\nu \underline{I}_\nu w_\nu = w\,\underline{I}_3 - \frac{w}{2}\underline{I}_2 - \frac{w}{2}\underline{I}_1 \to 2\underline{I}_3 = \underline{I}_1 + \underline{I}_2. \tag{2.164}$$

Ferner ergibt sich aus der 3. Masche:

$$2\underline{U}_{TR} = 2\underline{Z}_1\underline{I}_3. \tag{2.165}$$

Gl. (2.164) und Gl. (2.165) in Gl. (2.163) eingesetzt:

$$\underline{U}_0 = R(\underline{I}_1 + \underline{I}_2) + 2\underline{Z}_1\underline{I}_3 = (\underline{I}_1 + \underline{I}_2)(R + \underline{Z}_1) = \underline{I}_1(R + \underline{Z}_1) + \underline{I}_2(R + \underline{Z}_1). \tag{2.166}$$

Durch Subtraktion der Gl. (2.162) von Gl. (2.161) erhält man eine weitere Gleichung mit $\underline{I}_1$ und $\underline{I}_2$:

$$\underline{U}_0 = \underline{I}_1\left(R + \frac{R^2}{\underline{Z}_1}\right) - \underline{I}_2\left(R + \frac{R^2}{\underline{I}_1}\right). \tag{2.167}$$

Durch Elimination von $\underline{I}_1$ aus Gl. (2.166) und (2.167) läßt sich mit $\underline{U}_2 = \underline{I}_2 R$ die Betriebsübertragungsfunktion berechnen:

$$\left.\begin{aligned} \underline{U}_0\left(R + \frac{R^2}{\underline{Z}_1}\right) - \underline{U}_0(R + \underline{Z}_1) &= 2\underline{I}_2(R + \underline{Z}_1)\left(R + \frac{R^2}{\underline{Z}_1}\right), \\ \underline{U}_0\left(\frac{R^2}{\underline{Z}_1} - \underline{Z}_1\right) &= \frac{2\underline{U}_2}{R}\left\{R^2 + R\underline{Z}_1 + \frac{R^3}{\underline{Z}_1} + R^2\right\}, \\ \frac{\underline{U}_0}{2\underline{U}_2} = \frac{2R\underline{Z}_1 + \underline{Z}_1^2 + R^2}{R^2 - \underline{Z}_1^2} &= \frac{(\underline{Z}_1 + R)(\underline{Z}_1 + R)}{(\underline{Z}_1 + R)(R - \underline{Z}_1)} = \frac{R + \underline{Z}_1}{R - \underline{Z}_1}. \end{aligned}\right\} \tag{2.168}$$

Durch Elimination von $\underline{I}_2$ aus Gl. (2.166) und (2.167) berechnet sich der Eingangswiderstand $\underline{W}_1$ folgendermaßen:

$$\left.\begin{aligned} \underline{U}_0\left(R + \frac{R^2}{\underline{Z}_1}\right) + \underline{U}_0(R + \underline{Z}_1) &= 2\underline{I}_1(R + \underline{Z}_1)\left(R + \frac{R^2}{\underline{Z}_1}\right), \\ \underline{U}_0\left(2R + \underline{Z}_1 + \frac{R^2}{\underline{Z}_1}\right) &= 2\underline{I}_1 R\left(2R + \underline{Z}_1 + \frac{R^2}{\underline{Z}_1}\right), \\ \underline{W}_1 = \frac{\underline{U}_0}{\underline{I}_1} - R &= 2R - R = R. \end{aligned}\right\} \tag{2.169}$$

Betriebsübertragungsfunktion und Eingangswiderstand sind in beiden Fällen gleich [vgl. Gl. (2.149) und Gl. (2.157)]. Deshalb sind die Schaltungen von Abb. 2.51 und 2.54 äquivalent.

## 2.4 Theorie einfacher Bandfilter

Ein Bandfilter besteht aus zwei oder mehreren Parallelschwingkreisen, die miteinander lose gekoppelt sind. Abb. 2.55 zeigt ein Zweikreisbandfilter mit kapazitiver Kopplung und eines mit induktiver Kopplung. Die Resonanzfrequenzen der beiden Schwingkreise eines Zweikreisbandfilters sollen gleich sein, d. h.

$$\omega_r = \frac{1}{\sqrt{L_1 C_1}} = \frac{1}{\sqrt{L_2 C_2}}. \tag{2.170}$$

Im allgemeinen werden Bandfilter aus einer Stromquelle, d. h. mit eingeprägtem Strom $\underline{I}_1$, betrieben, während sie an der Ausgangsseite leer laufen ($\underline{I}_2 = 0$). Für das

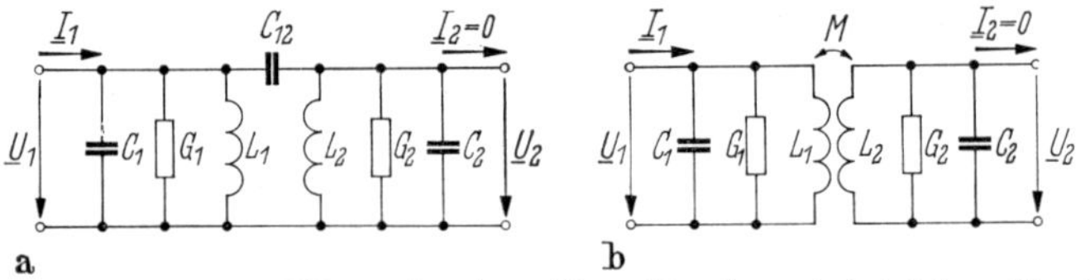

Abb. 2.55. Zweikreisbandfilter mit a kapazitiver Kopplung; b induktiver Kopplung

Verhältnis $\left|\frac{\underline{U}_2}{\underline{I}_1}\right|$ ergeben sich je nach Stärke der Kopplung zwischen beiden Schwingkreisen eines Zweikreisbandfilters, auf welches wir uns hier beschränken wollen, die in Abb. 2.56 gezeigten qualitativen Durchlaßkurven. Bei sehr schwacher Kopplung erhält man Kurve *a*. Wenn die Kopplung etwas größer gemacht wird, geht Kurve *a* in Kurve *b* über, wobei die Flankensteilheit größer und das Dach maximal flach wird. Bei weiterer Erhöhung der Kopplung ergibt sich eine noch größere Flankensteilheit jedoch bei gleichzeitiger Einsattelung des Kurvendaches (Kurve *c*).

Bandfilter werden ähnlich wie Bandpässe zum Ausfiltern eines gewissen Frequenzbereiches verwendet. Man findet sie meist als Koppelnetzwerke zwischen einzelnen Verstärkerstufen eines selektiven Verstärkers (s. Abb. 3.14 und 3.15). In manchen Schaltungen wie z. B. im RIEGGER-Kreis oder im Ratiodetektor (s. Teil II, Abschnitt 7.5.6) werden Bandfilter aber auch dazu benutzt, um in einem gewissen

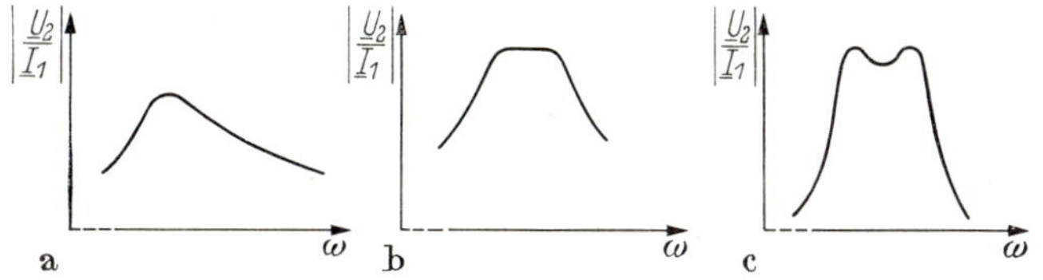


Abb. 2.56. Typische (qualitative) Durchlaßkurven eines Zweikreisbandfilters
a schwache Kopplung; b transitionale Kopplung; c stärkere Kopplung

Frequenzbereich (dem Durchlaßbereich des Bandfilters) eine frequenzproportionale Phasendrehung zwischen Eingangs- und Ausgangsspannung zu erzeugen. In allen diesen Anwendungen hat das Zweikreisbandfilter mit induktiver Kopplung die größere technische Bedeutung, weshalb die folgenden Betrachtungen auf dieses beschränkt sein sollen.

### 2.4.1 Eigenschaften des induktiv gekoppelten Zweikreisbandfilters

Die interessierenden elektrischen Größen eines Bandfilters sind die Spannungsübertragungsfunktion $\underline{U}_1/\underline{U}_2$, der Eingangswiderstand $\underline{W}_1 = \underline{U}_1/\underline{I}_1$ und der Übertragungswiderstand $\underline{W}_{12} = \underline{U}_2/\underline{I}_1$. Der Betrag der zuletzt genannten Größe kennzeichnet das Durchlaßverhalten bei Stromspeisung am Eingang. Die möglichen Kurven hierfür zeigt Abb. 2.56. Der Übertragungswiderstand kann aus dem Quotient von Eingangswiderstand und Spannungsübertragungsfunktion bestimmt werden.

$$\underline{W}_{12} = \frac{\underline{U}_2}{\underline{I}_1} = \frac{\underline{U}_1}{\underline{I}_1}\,\frac{\underline{U}_2}{\underline{U}_1}. \qquad (2.171)$$

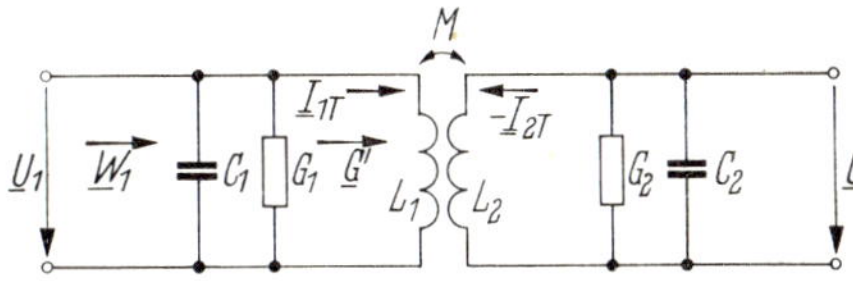


Abb. 2.57. Zur Berechnung von $\frac{\underline{U}_1}{\underline{U}_2}$ und $\underline{W}_1$

Es brauchen also nur die Spannungsübertragungsfunktion $\underline{U}_1/\underline{U}_2$ und der Eingangswiderstand $\underline{W}_1$ berechnet zu werden.

*Berechnung der Spannungsübertragungsfunktion* $\underline{U}_1/\underline{U}_2$. Die Berechnung erfolgt anhand Abb. 2.57. Für die magnetisch gekoppelten Spulen mit den Induktivitäten $L_1$ und $L_2$ gelten die Transformatorgleichungen. Nimmt man einen Windungssinn entsprechend Abb. 1.30, Fall a an, dann gilt mit $M = K\sqrt{L_1 L_2}$ [vgl. Gl. (1.84)]

$$\underline{U}_1 = \mathrm{j}\,\omega\,L_1\,\underline{I}_{1T} - \mathrm{j}\,\omega\,K\sqrt{L_1 L_2}\,\underline{I}_{2T}, \qquad (2.172)$$

$$\underline{U}_2 = \mathrm{j}\,\omega\,K\sqrt{L_1 L_2}\,\underline{I}_{1T} - \mathrm{j}\,\omega\,L_2\,\underline{I}_{2T}. \qquad (2.173)$$

Durch Multiplikation von Gl. (2.172) mit $K\sqrt{L_2/L_1}$ und anschließender Subtraktien von Gl. (2.173) erhält man

$$\underline{U}_1\,K\sqrt{\frac{L_2}{L_1}} - \underline{U}_2 = (-\mathrm{j}\,\omega\,K^2\,L_2 + \mathrm{j}\,\omega\,L_2)\,\underline{I}_{2T}, \qquad (2.174)$$

Aus Abb. 2.57 ergibt sich $\underline{I}_{2T} = \underline{U}_2(G_2 + \mathrm{j}\,\omega\,C_2)$. Durch Einsetzen von $\underline{I}_{2T}$ in Gl. (2.174) folgt

$$\underline{U}_1 K \sqrt{\frac{L_2}{L_1}} - \underline{U}_2 = \mathrm{j}\,\omega\,L_2(1-K^2)\,(G_2 + \mathrm{j}\,\omega\,C_2)\,\underline{U}_2,$$

$$\frac{\underline{U}_1}{\underline{U}_2} = \frac{1 + \mathrm{j}\,\omega\,L_2(1-K^2)\,G_2 - \omega^2 L_2\,C_2(1-K^2)}{K\sqrt{\dfrac{L_2}{L_1}}}. \tag{2.175}$$

Wie eingangs gesagt wurde, sollen die einzelnen Schwingkreise nur lose gekoppelt sein (Richtwert $K < 0{,}1$), so daß näherungsweise $(1 - K^2) \approx 1$ gesetzt werden kann. (Bei derartig losen Kopplungen dürfen die einzelnen Spulen natürlich nicht auf einem gemeinsamen ferromagnetischen Kern gewickelt werden, weil das viel zu starke Kopplungen ergäbe. Die Kopplung erfolgt zweckmäßigerweise über einen Luftweg.) Wie beim einfachen Schwingkreis in Abschn. 2.1.1, so erhält man auch beim Bandfilter mathematisch einfachere Beziehungen, wenn man die Verstimmung $v$ nach Gl. (2.7) und die Güte $Q$ nach Gl. (2.6) einführt.

$$Q_1 = \frac{\omega_r C_1}{G_1} = \frac{1}{\omega_r G_1 L_1} \quad \text{bzw.} \quad Q_2 = \frac{\omega_r C_2}{G_2} = \frac{1}{\omega_r G_2 L_2}, \tag{2.176}$$

$$v = \frac{\omega}{\omega_r} - \frac{\omega_r}{\omega}. \tag{2.177}$$

Unter Berücksichtigung dieser Beziehungen und mit $(1 - K^2) \approx 1$ wird aus Gl. (2.175)

$$\frac{\underline{U}_1}{\underline{U}_2} = \frac{1 + \mathrm{j}\dfrac{\omega}{\omega_r}\dfrac{1}{Q_2} - \dfrac{\omega^2}{\omega_r^2}}{K\sqrt{\dfrac{L_2}{L_1}}} = + \frac{\dfrac{\omega}{\omega_r}\left(-v + \mathrm{j}\dfrac{1}{Q_2}\right)}{K\sqrt{\dfrac{Q_1\,G_1}{Q_2\,G_2}}}$$

$$= \frac{1 + \mathrm{j}\,v\,Q_2}{-\mathrm{j}\,G_1\,K\sqrt{\dfrac{Q_1\,Q_2}{G_1\,G_2}}\,\dfrac{\omega_r}{\omega}}. \tag{2.178}$$

Verwendet man ferner die folgenden Bezeichnungen für die normierte Verstimmung (vgl. Tab. 2.1)

$$\Omega = v\sqrt{Q_1\,Q_2} = \left(\frac{\omega}{\omega_r} - \frac{\omega_r}{\omega}\right)\sqrt{Q_1\,Q_2} \tag{2.179}$$

und für die normierte Kopplung

$$n = K\sqrt{Q_1\,Q_2}, \tag{2.180}$$

dann erhält man aus Gl. (2.178) für Frequenzen $\omega \approx \omega_r$ die folgende Beziehung:

$$\frac{\underline{U}_1}{\underline{U}_2} = \mathrm{j}\,\frac{1}{n}\sqrt{\frac{G_2}{G_1}}\left(1 + \mathrm{j}\,\Omega\sqrt{\frac{Q_2}{Q_1}}\right). \tag{2.181}$$

*Berechnung des Eingangswiderstandes.* Wie bei der Spannungsübertragungsfunktion, so erfolgt auch hier die Berechnung anhand Abb. 2.57. Zunächst wird der Leitwert $\underline{G}'$ berechnet. Durch Elimination von $\underline{U}_2$ in Gl. (2.173) mit der Beziehung $\underline{I}_{2T} = \underline{U}_2(G_2 + \mathrm{j}\,\omega\,C_2)$ erhält man

$$\underline{I}_{2T} = \frac{\mathrm{j}\,\omega\,K\sqrt{L_1\,L_2}\,(G_2 + \mathrm{j}\,\omega\,C_2)}{1 + \mathrm{j}\,\omega\,L_2(G_2 + \mathrm{j}\,\omega\,C_2)}\,\underline{I}_{1T}. \tag{2.182}$$

Durch Einsetzen von Gl. (2.182) in Gl. (2.172) ergibt sich für $\underline{G}'$

$$\frac{1}{\underline{G}'} = \frac{\underline{U}_1}{\underline{I}_{1T}} = \mathrm{j}\,\omega\,L_1 + \frac{\omega^2 K^2 L_1\,L_2(G_2 + \mathrm{j}\,\omega\,C_2)}{1 + \mathrm{j}\,\omega\,L_2(G_2 + \mathrm{j}\,\omega\,C_2)}$$

$$= \frac{\mathrm{j}\,\omega\,L_1\{1 + \mathrm{j}\,\omega\,L_2(G_2 + \mathrm{j}\,\omega\,C_2)\,(1 - K^2)\}}{1 + \mathrm{j}\,\omega\,L_2(G_2 + \mathrm{j}\,\omega\,C_2)}. \tag{2.183}$$

Anhand der Schaltung von Abb. 2.57 und mit Gl. (2.183) folgt nun für den Eingangsleitwert $\underline{G}_1$

$$\underline{G}_1 = \frac{1}{\underline{W}_1} = G_1 + \mathrm{j}\,\omega\,C_1 + \underline{G}'$$
$$= G_1 + \mathrm{j}\,\omega\,C_1 + \frac{1 + \mathrm{j}\,\omega\,L_2(G_2 + \mathrm{j}\,\omega\,C_2)}{\mathrm{j}\,\omega\,L_1\{1 + \mathrm{j}\,\omega\,L_2\,G_2(1-K^2) - \omega^2 L_2\,C_2(1-K^2)\}}\,. \tag{2.184}$$

Wird die rechte Seite von Gl. (2.184) auf einen Nenner gebracht, dann lautet der Zähler $Z\ddot{a}$ von $\underline{G}_1$

$$Z\ddot{a} = \mathrm{j}\,\omega\,L_1\,G_1 - \omega^2 L_1\,L_2\,G_1\,G_2(1-K)^2 - \mathrm{j}\,\omega^3 L_1\,L_2\,C_2\,G_1(1-K^2) -$$
$$- \omega^2 L_1\,C_1 - \mathrm{j}\,\omega^3 L_1\,L_2\,C_1\,G_2(1-K^2) + \omega^4 L_1\,L_2\,C_1\,C_2(1-K^2) +$$
$$+ 1 + \mathrm{j}\,\omega\,L_2\,G_2 - \omega^2 L_2\,C_2\,. \tag{2.185}$$

Der Nenner von $\underline{G}_1$ ist gleich dem des Bruches in Gl. (2.184). Darin ist der Anteil in der geschweiften Klammer wieder gleich dem Zähler von Gl. (2.175) und läßt sich damit wie in Gl. (2.178) durch den Ausdruck

$$\frac{\omega}{\omega_r}\left(-v + \mathrm{j}\,\frac{1}{Q_2}\right) \tag{2.186}$$

ersetzen. Zur weiteren Umformung des Zählers von $\underline{G}_1$ wird nun dieser Zähler $Z\ddot{a}$ zweckmäßigerweise durch den Ausdruck

$$\mathrm{j}\,\omega\,L_1\,\frac{\omega}{\omega_r}\,\mathrm{j}\,\frac{1}{Q_2}\,G_1 = -\omega^2 L_1\,L_2\,G_1\,G_2 \tag{2.187}$$

dividiert, damit später im Nenner von $\underline{G}_1$ bzw. im Zähler von $\underline{W}_1$ derselbe Ausdruck erscheint wie im Zähler der Spannungsübertragungsfunktion von Gl. (2.178). [Die Gleichheit in Gl. (2.187) ergibt sich durch Ersetzen von $Q_2$ mittels Gl. (2.176)].

$$\frac{Z\ddot{a}}{-\omega^2 L_1\,L_2\,G_1\,G_2} = 1 - K^2 + \frac{C_1}{L_2\,G_1\,G_2} + \frac{C_2}{L_1\,G_1\,G_2} - \frac{1}{\omega^2 L_1\,L_2\,G_1\,G_2} - \frac{\omega^2 C_1\,C_2}{G_1\,G_2}(1-K^2) -$$
$$- \mathrm{j}\,\frac{1}{\omega\,L_1\,G_1} + \mathrm{j}\,\frac{\omega\,C_1}{G_1}(1-K^2) - \mathrm{j}\,\frac{1}{\omega\,L_2\,G_2} + \mathrm{j}\,\frac{\omega\,C_2}{G_2}(1-K^2)\,. \tag{2.188}$$

Für den Imaginärteil von Gl. (2.188) ergibt sich mit Gl. (2.176) und Gl. (2.177)

$$+\mathrm{j}\left\{\frac{\omega}{\omega_r}Q_1(1-K^2) - \frac{\omega_r}{\omega}Q_1\right\} + \mathrm{j}\left\{\frac{\omega}{\omega_r}Q_2(1-K^2) - \frac{\omega_r}{\omega}Q_2\right\} \approx \mathrm{j}\,v(Q_1 + Q_2)\,. \tag{2.189}$$

Beim Realteil von Gl. (2.188) kann $K^2$ im Glied mit $\omega^2$ nicht immer vernachlässigt werden. Hier erhält man unter Berücksichtigung von Gl. (2.176) und Gl. (2.177) für Frequenzen $\omega \approx \omega_r$

$$1 + Q_1\,Q_2 + Q_1 Q_2 - \left\{\frac{\omega^2}{\omega_r^2}Q_1\,Q_2 + \frac{\omega_r^2}{\omega^2}Q_1\,Q_2\right\} + K^2\,\omega^2\,\frac{C_1\,C_2}{G_1\,G_2} \approx$$
$$\approx 1 - Q_1\,Q_2\left\{\frac{\omega^2}{\omega_r^2} - 2 + \frac{\omega_r^2}{\omega^2}\right\} + K^2\,\omega_r^2\,\frac{C_1\,C_2}{G_1\,G_2} = 1 - v^2\,Q_1\,Q_2 + K^2\,Q_1\,Q_2\,. \tag{2.190}$$

Mit den Gln. (2.184) bis (2.190) folgt jetzt für den Eingangsleitwert $\underline{G}_1$ bzw. den Eingangswiderstand $\underline{W}_1$

$$\underline{G}_1 = \frac{1}{\underline{W}_1} = \frac{1 - v^2\,Q_1\,Q_2 + K^2\,Q_1\,Q_2 + \mathrm{j}\,v(Q_1 + Q_2)}{\frac{1}{G_1}(1 + \mathrm{j}\,v\,Q_2)}\,. \tag{2.191}$$

Nach Einführen der normierten Verstimmung $\Omega$ nach Gl. (2.179) und der normierten Kopplung $n$ nach Gl. (2.180) heißt es schließlich

$$\underline{W}_1 = \frac{\frac{1}{G_1}\left(1 + \mathrm{j}\,\Omega\sqrt{\frac{Q_2}{Q_1}}\right)}{1 + n^2 - \Omega^2 + \mathrm{j}\,\Omega\left(\sqrt{\frac{Q_1}{Q_2}} + \sqrt{\frac{Q_2}{Q_1}}\right)}\,. \tag{2.192}$$

Der Übertragungswiderstand $\underline{W}_{12} = \underline{U}_2/\underline{I}_1$ berechnet sich nun aus Gl. (2.192), Gl. (2.181) und Gl. (2.171) zu

$$\underline{W}_{12} = \frac{\underline{U}_2}{\underline{I}_1} = \frac{-\dfrac{\mathrm{j}\,n}{\sqrt{G_1 G_2}}}{1 + n^2 - \Omega^2 + \mathrm{j}\,\Omega\left(\sqrt{\dfrac{Q_1}{Q_2}} + \sqrt{\dfrac{Q_2}{Q_1}}\right)}. \tag{2.193}$$

Es ist nun zweckmäßig, den Betrag der Ausgangsspannung bei einer beliebigen Verstimmung $|\underline{U}(\mathrm{j}\,\Omega)|$ auf den Betrag der Ausgangsspannung bei der Verstimmung $\Omega = 0$, d. h. bei $\omega = \omega_r$ zu beziehen. Der Betrag dieses Verhältnisses, welches bei $\Omega = 0$ gerade den Wert 1 hat, wird als Selektion $|\sigma|$ bezeichnet.

$$\sigma = \frac{\underline{U}_2(\mathrm{j}\,\Omega)}{\underline{I}_1(\mathrm{j}\,\Omega)}\,\frac{\underline{I}_1(0)}{\underline{U}_2(0)} = \frac{\underline{W}_{12}}{-\mathrm{j}\dfrac{n}{\sqrt{G_1 G_2}}}(1 + n^2)$$

$$= \frac{1 + n^2}{1 + n^2 - \Omega^2 + \mathrm{j}\,\Omega\left(\sqrt{\dfrac{Q_1}{Q_2}} + \sqrt{\dfrac{Q_2}{Q_1}}\right)}, \tag{2.194}$$

$$|\sigma| = \frac{1 + n^2}{\sqrt{(1 + n^2 - \Omega^2)^2 + \Omega^2\left(\sqrt{\dfrac{Q_1}{Q_2}} + \sqrt{\dfrac{Q_2}{Q_1}}\right)^2}}. \tag{2.195}$$

### 2.4.2 Diskussion der Bandfilterselektion in einfachen Fällen

Häufig wird $Q_1 = Q_2 = Q$ gewählt. Für diesen Spezialfall ist die normierte Verstimmung $\Omega$ beim Bandfilter und beim einfachen Schwingkreis durch den gleichen Ausdruck gegeben.

$$\Omega = v\,Q \approx \frac{2\,\Delta f}{f_r}\,Q. \tag{2.196}$$

Die normierte Kopplung ist jetzt

$$n = K\,Q \tag{2.197}$$

und die Selektion $|\sigma|$ vereinfacht sich zu

$$|\sigma| = \frac{1 + n^2}{\sqrt{(1 + n^2 - \Omega^2)^2 + 4\,\Omega^2}} = \frac{1 + n^2}{\sqrt{(1 + n^2)^2 + 2\,(1 - n^2)\,\Omega^2 + \Omega^4}}. \tag{2.198}$$

Die Selektion hat ihre Extremwerte bei

$$\frac{d\,|\sigma|}{d\,\Omega} = -\frac{1}{2}\,\frac{(1 + n^2)\,\{4\,(1 - n^2)\,\Omega + 4\,\Omega^3\}}{\{(1 + n^2)^2 + 2\,(1 - n^2)\,\Omega^2 + \Omega^4\}^{3/2}} \overset{!}{=} 0, \tag{2.199}$$

d. h. bei $\Omega = 0$ und bei

$$\Omega^2 = n^2 - 1. \tag{2.200}$$

Für $n^2 > 1$ tritt die eingangs erwähnte und schon in Abb. 2.56c dargestellte Einsattelung auf, denn nach Gl. (2.200) gibt es in diesem Fall drei Extremwerte im Bereich kleiner Werte für $\Omega$ [und nur für kleine $\Omega$ ist Gl. (2.195) nach Herleitung gültig; vgl. Bemerkung vor Gl. (2.190)]. Für $n^2 = 1$ sind alle Extremwerte gerade nach $\Omega = 0$ zusammengerückt. Diesen Fall bezeichnet man als *transitionale Kopplung.* Er ergibt das in Abb. 2.56b dargestellte maximal flache Kurvendach. Für $n^2 < 1$ ergibt sich ebenfalls nur ein Extremwert bei $\Omega = 0$, wobei aber der Absolutwert des Maximums von $\left|\dfrac{\underline{U}_2}{\underline{I}_1}\right|$ nach Gl. (2.193) mit kleinerem Wert $|n|$ immer geringer wird (Abb. 2.56a). Bei $n = 0$ ist schließlich auch $\underline{U}_2 = 0$. Der Fall $n^2 < 1$ hat kein praktisches Interesse.

Im Fall der transitionalen Kopplung $n = 1$ ist die Selektion

$$|\sigma| = \frac{2}{\sqrt{4 + \Omega^4}} = \frac{1}{\sqrt{1 + \frac{\Omega^4}{4}}}. \tag{2.201}$$

Als Bandbreite $B$ ist wieder der Bereich zwischen den Bandgrenzen definiert, bei denen die Selektion um den Faktor $1/\sqrt{2}$ abgefallen ist, d. h.

$$\sqrt{1 + \frac{\Omega_g^4}{4}} = \sqrt{2},$$

$$\Omega_g = \sqrt{2} = v\,Q \approx \frac{2\Delta f}{f_r} Q, \tag{2.202}$$

$$B = 2\Delta f = \frac{\sqrt{2}\,f_r}{Q}. \tag{2.203}$$

Der Entwurf eines induktiv gekoppelten Zweikreisbandfilters mit maximal flachem Dach und gleichen Güten der Einzelkreise geht damit wie folgt: Gegeben ist normalerweise die Mittenfrequenz $f_r$ für $\Omega = 0$ und die Bandbreite $B$. Aus diesen Angaben errechnet sich mit Gl. (2.203) die Güte $Q$ und damit und mit Gl. (2.197) und $n = 1$ der Kopplungsfaktor $K$. In den einzelnen Kreisen kann nun noch eine der Größen $L_1$; $C_1$; $G_1$ bzw. $L_2$; $C_2$; $G_2$ frei gewählt werden.

Beim Fall einer Durchlaßkurve mit Einsattelung, d. h. $n > 1$, soll einmal der Fall interessieren, daß die Höhe der Maxima, kurz die Höchsthöhe, bei der Selektionskurve $|\sigma|$ gerade den Wert $\sqrt{2}$ hat (Abb. 2.58).

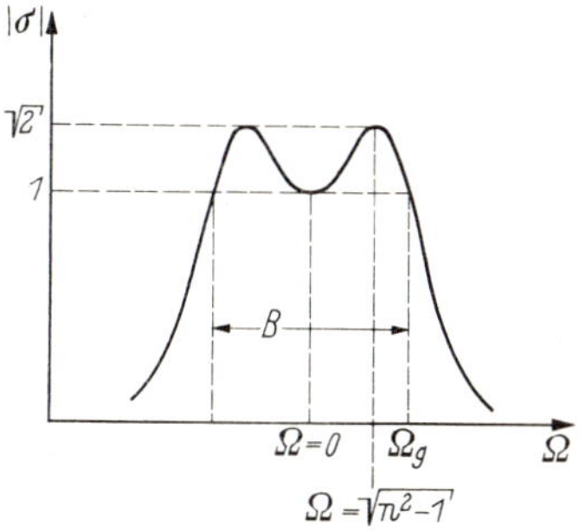


Abb. 2.58
Zur Bestimmung einer speziellen Bandfilterdurchlaßkurve mit $n > 1$

Für das Maximum hat nach Gl. (2.200) die Verstimmung $\Omega$ den Wert $\sqrt{n^2 - 1}$. Die Selektion am Maximum errechnet sich also mit Gl. (2.198) zu

$$|\sigma|_{\max} = \frac{1 + n^2}{\sqrt{4 - 4n^2 - 4}} \overset{!}{=} \sqrt{2}, \tag{2.204}$$

$$1 + n^2 = \sqrt{2} \cdot 2n. \tag{2.205}$$

Damit bestimmt sich die normierte Kopplung $n$ zu

$$n = \sqrt{2} \underset{(-)}{+} \sqrt{2 - 1} = \sqrt{2} + 1 \approx 2{,}414. \tag{2.206}$$

Die Bandgrenze $\Omega_g$ errechnet nun aus der Bedingung, daß dort entsprechend Abb. 2.58 die Selektion $|\sigma| = 1$ sein soll.

$$|\sigma| = \frac{4 + 2\sqrt{2}}{\sqrt{(4 + 2\sqrt{2} - \Omega_g^2)^2 + 4\Omega_g^2}} \overset{!}{=} 1, \tag{2.207}$$

$$(4 + 2\sqrt{2})^2 = (4 + 2\sqrt{2})^2 - 2(4 + 2\sqrt{2})\,\Omega_g^2 + \Omega_g^4 + 4\Omega_g^2,$$

$$\Omega_g^2 = 2(4 + 2\sqrt{2}) - 4 = 4(1 + \sqrt{2}),$$

$$\Omega_g = 2\sqrt{1 + \sqrt{2}}. \tag{2.208}$$

Die Bandbreite $B$ für diesen Fall errechnet sich in gleicher Weise wie in Gl. (2.203) zu

$$B = 2\sqrt{1 + \sqrt{2}}\,\frac{f_r}{Q}. \tag{2.209}$$

## Literatur

[1] Feldtkeller, R.: Einführung in die Siebschaltungstheorie der elektrischen Nachrichtentechnik. Stuttgart: Hirzel 1956.
[2] Cauer, W.: Theorie der linearen Wechselstromschaltungen, 2. Auflage. Berlin: Akademie-Verlag 1954.
[3] Fritzsche, G.: Entwurf linearer Schaltungen. Berlin: VEB-Verlag Technik 1962.
[4] Wunsch, G.: Theorie und Anwendung linearer Netzwerke, Teil I. Leipzig: Akad. Verlagsges. Geest & Portig KG 1961.
[5] Meinke, H. H., u. W. Gundlach: Taschenbuch der Hochfrequenztechnik. Berlin/Göttingen/Heidelberg: Springer 1956.
[6] Fetzer, V.: Einschwingungsvorgänge in der Nachrichtentechnik. München: Portaverlag 1958.
[7] Stewart, J. L.: Theorie und Entwurf elektrischer Netzwerke. Stuttgart: Berliner Union 1958.
[8] Wolman, W.: Die Ebnung der Wellendämpfung im Durchlaßbereich von Siebketten. Arch. Elektrotechn. 40 (1950) 30.
[9] Feldtkeller, R.: Einführung in die Theorie der Hochfrequenz-Bandfilter, 4. Auflage. Stuttgart: Hirzel 1953.
[10] Artus, W.: Einführung in die elektrische Nachrichtentechnik. München: Oldenbourg 1957.
[11] Schröder, H.: Elektrische Nachrichtentechnik, I. Band. Berlin-Borsigwalde: Verl. f. Radio-, Kino-, Fototechnik 1959.
[12] Rint, C.: Handbuch für Hochfrequenz- und Elektrotechniker, Band I, Band III. Berlin-Borsigwalde: Verl. f. Radio-, Foto-, Kinotechnik 1949, 1954.
[13] Matthes, H.: Zur Ebnung der Verlustdämpfung von Grundketten, Frequenz 7, 1953.
[14] Richard, H.: Einführung in die Theorie der elektrischen Grundfilter. Der Fernmelde-Ingenieur 15. Jahrg. 1961.

# 3 Lineare Verstärker

Eine der wichtigsten Voraussetzungen für die elektrische Nachrichtentechnik ist die Möglichkeit, rasche elektrische Vorgänge verstärken zu können. In der zweiten Hälfte des vorigen Jahrhunderts konnte man zwar über große Entfernungen telegraphieren, weil man im Relais die Telegraphiezeichen verstärken konnte, aber man konnte nicht über große Entfernungen telephonieren, weil es für die rasch veränderlichen Sprechströme keine Verstärkungsmöglichkeit gab. Versuche mit der Kombination Telephon + Kohlemikrophon, die eine merkliche Verstärkung gibt, führten nicht zum praktischen Erfolg, weil die Sprachqualität im Verstärker zu sehr verschlechtert wurde. Einen wirklichen Fortschritt brachte erst die Erfindung der Elektronenröhre durch Lee de Forest und Lieben im Jahre 1906. Die Elektronenröhre wurde etwa ab 1915 als Verstärkergerät technisch verwendet.

Beim heutigen Stand der Technik sind für die Anwendungen außerhalb der Hochfrequenztechnik (mit Laufzeitröhren, Molekularverstärkern, Parametrischen Verstärkern usw.) außer dem elektromechanischen Relais und magnetischen Verstärkern folgende Verstärkerelemente von Interesse:

1. Elektronenröhren,
2. Transistoren (vor allem Flächentransistoren).

Die im folgenden behandelte Verstärkertechnik unter Verwendung von Elektronenröhren und Transistoren soll im wesentlichen auf lineare Technik beschränkt bleiben. Die Behandlung wichtiger Fälle der nichtlinearen Verstärkertechnik erfolgt im Abschn. 4.

## 3.1 Elektronenröhren

Die Verstärkerwirkung bei Elektronenröhren beruht darauf, daß die Stärke eines Elektronenstroms im Vakuum durch ein steuerndes elektrisches Feld geändert werden kann. Eine Elektronenröhre besteht darum aus einem evakuierten Gefäß mit einer Kathode, die Elektronen ins Vakuum aussendet, und einer Anode, die die von der Kathode ausgesandten Elektronen wieder aufnimmt. Damit freie Elektronen aus der (z. B. metallischen) Kathodenfläche ins Vakuum austreten können, müssen sie eine genügend große kinetische Energie haben. Dies wird durch Aufheizen der Kathode erreicht. Man spricht in diesem Zusammenhang auch von *Glühemission.* Die von der Kathode emittierten Elektronen bilden unmittelbar um die Kathode herum eine negative Raumladungswolke. Legt man nun zwischen Kathode und Anode eine Spannung $U_a$ an, so daß die Anode gegenüber der Kathode positiveres Potential bekommt, dann werden aus der Raumladungswolke Elektronen zur Anode gezogen, und es stellt sich ein Anodenstrom $I_a$ ein. Mit Hilfe eines oder mehrerer sogenannter Gitter, die zwischen Kathode und Anode eingebaut sind, kann die Größe des Anodenstroms beeinflußt werden. Durch geeignete Wahl der Gitterspannungen oder -potentiale kann der Anodenstrom praktisch leistungslos gesteuert werden.

Die Röhre ist gewöhnlich technisch derart aufgebaut, daß die Kathode die Form eines Stäbchens hat, während die Anode ein um dieses konzentrisch angeordneter Metallzylinder ist. Die Gitter zwischen Kathode und Anode werden meist durch Drähtchen gebildet, die spiralenförmig in konstantem Abstand um die Kathode laufen. Da in diesem Buch nur die Schaltungstechnik mit Röhren interessieren soll, wird hier auf die Theorie der im Innern der Röhre sich abspielenden Vorgänge verzichtet. Der hieran interessierte Leser sei auf die Literatur [*1*] verwiesen. Im folgenden werden gleich die äußeren elektrischen Eigenschaften der Röhre beschrieben.

### 3.1.1 Gleichstromverhalten und Kennlinien der Triode

Die Triode ist eine Elektronenröhre, die nur ein einziges Gitter, das Steuergitter, zwischen Kathode und Anode hat. Das Schaltzeichen für die Triode zeigt Abb. 3.1a. Die Gleichstromeigenschaften der Triode lassen sich durch *Kennlinienfelder* beschreiben, die normalerweise empirisch ermittelt werden. Zur Beschreibung bevorzugt man bei Trioden meist die nachfolgende Darstellung:

$$I_a = f(U_g) \text{ mit } U_a \text{ als Parameter,}$$
$$I_a = f(U_a) \text{ mit } U_g \text{ als Parameter.}$$

Die Vereinbarung über die Zählrichtungen von $I_a$, $U_g$ und $U_a$ gibt Abb. 3.1b wieder. Der Gitterstrom $I_g$ ist beim normalen Arbeitsbetrieb, der bei $U_g \leqq 0$ liegt, praktisch Null und wird deshalb vernachlässigt.

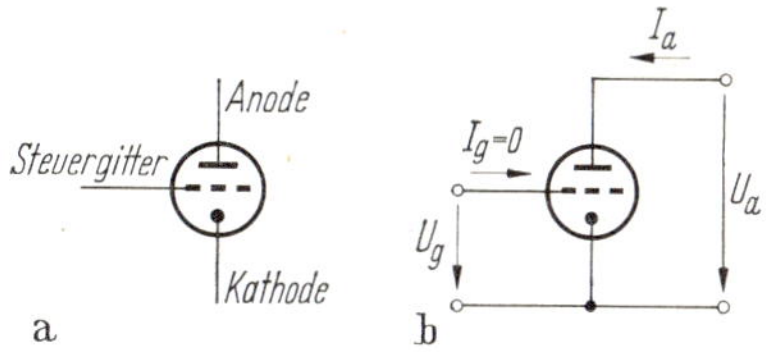

Abb. 3.1. a Schaltzeichen der Triode; b Vereinbarungen über Strom- und Spannungsrichtungen an der Triode

In Abb. 3.2 sind die Kennlinienfelder einer typischen serienmäßigen Triode aufgezeichnet. Aus diesen beiden Kennlinienfeldern lassen sich für jeden vorgegebenen Punkt die in Gl. (3.1) angegebenen drei charakteristischen Kenngrößen ermitteln, welche für die Verstärkungseigenschaft der Röhre von Bedeutung sind: Steilheit $S$, Innenwiderstand $R_i$, Durchgriff $D$.

$$\left.\begin{aligned} &\text{Steilheit} && S = \left(\frac{\partial I_a}{\partial U_g}\right)_{U_a=\text{konst.}}, \\ &\text{Innenwiderstand} && R_i = \left(\frac{\partial U_a}{\partial I_a}\right)_{U_g=\text{konst.}}, \\ &\text{Durchgriff} && D = -\left(\frac{\partial U_g}{\partial U_a}\right)_{I_a=\text{konst.}}. \end{aligned}\right\} \tag{3.1}$$

Diese drei Größen sind durch die Barkhausensche Röhrenformel miteinander verknüpft:

$$S\,R_i\,D = 1. \tag{3.2}$$

Das heißt, durch zwei dieser Größen ist die dritte bestimmt.

Anstelle des Durchgriffes $D$ wird öfters auch der reziproke Wert verwendet

$$\mu = \frac{1}{D} = S\,R_i. \tag{3.3}$$

Man bezeichnet $\mu$ als *Leerlaufverstärkung*. Der Grund für diese Bezeichnungsweise wird später erläutert.

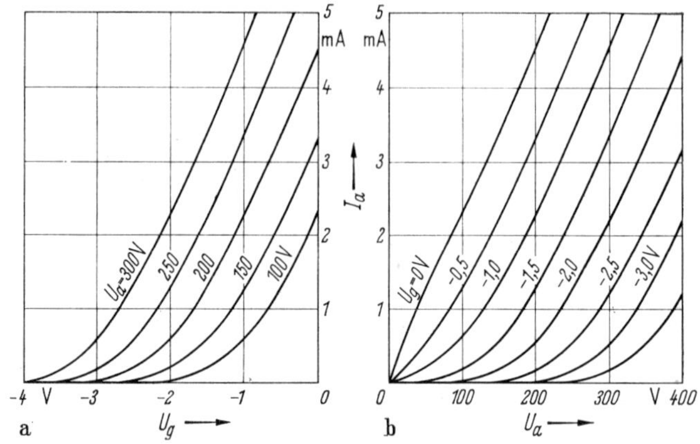


Abb. 3.2. Kennlinien einer Triode
a $I_a = f(U_g)$; $U_a$ = Parameter; b $I_a = f(U_a)$; $U_g$ = Parameter

### 3.1.2 Die Triode mit ohmschem Arbeitswiderstand, Einstellung des Arbeitspunktes

Wird die Anodenspannung $U_a$ einer Triode nicht direkt aus einer Batterie, sondern über einen Arbeitswiderstand $R_a$ aus einer Batterie $U_{01}$ entnommen, dann ist $U_a$ auch vom Anodenstrom $I_a$ abhängig. Für die Maschengleichung des Anodenkreises in Abb. 3.3 gilt

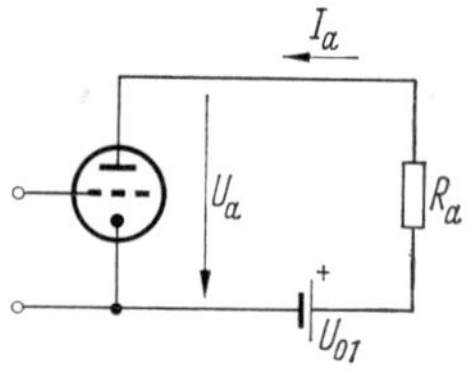


Abb. 3.3
Triode mit ohmschem (reellem) Arbeitswiderstand

$$U_{01} = U_a + R_a\,I_a. \tag{3.4}$$

Diese Gleichung stellt im $I_a\,U_a$-Kennlinienfeld die *Widerstandsgerade* dar (Abb. 3.4). Bei gegebener Batteriespannung $U_{01}$ und gegebenem Arbeitswiderstand $R_a$ können Anodenstrom $I_a$ und Anodenspannung $U_a$ nur solche Wertepaare annehmen, die auf dieser Arbeitsgeraden liegen. Wird die Gitterspannung $U_g$ geändert, dann ändert sich bei der Röhre mit Arbeitswiderstand der Anodenstrom in geringerem Maße als bei konstanter Anodenspannung, weil jetzt der höhere Anodenstrom eine kleinere Anodenspannung bedingt. Der Zusammenhang zwischen $I_a$ und $U_g$ ist bei der Röhre mit Arbeitswiderstand durch die sogenannte Arbeitskennlinie gegeben. Diese Arbeitskennlinie im $I_a\,U_g$-Kennlinienfeld erhält man durch punktweise Konstruktion nach dem im Abb. 3.4 gezeigten Schema.

Die Steilheit der Arbeitskennlinie ist gegeben durch

$$S_a = S\frac{1}{1+\dfrac{R_a}{R_i}} = S\frac{R_i}{R_i+R_a}. \tag{3.5}$$

Die Herleitung von Gl. (3.5) erfolgt weiter unten.

Die Arbeitskennlinie ist in der Regel weniger stark gekrümmt als die $I_a\,U_g$-Kennlinien.

Will man mit der Elektronenröhre möglichst verzerrungsfrei verstärken, so muß man sie in einem Bereich arbeiten lassen, in welchem die Kennlinien möglichst linear verlaufen. Hierzu ist die Einstellung eines sogenannten Arbeitspunktes (AP) erforderlich. Der Arbeitspunkt ist durch den Ruhestrom $I_{aA}$ und die Ruhespannungen $U_{aA}$ und $U_{gA}$ gekennzeichnet, der dann durch die Röhre fließt, bzw. die dann

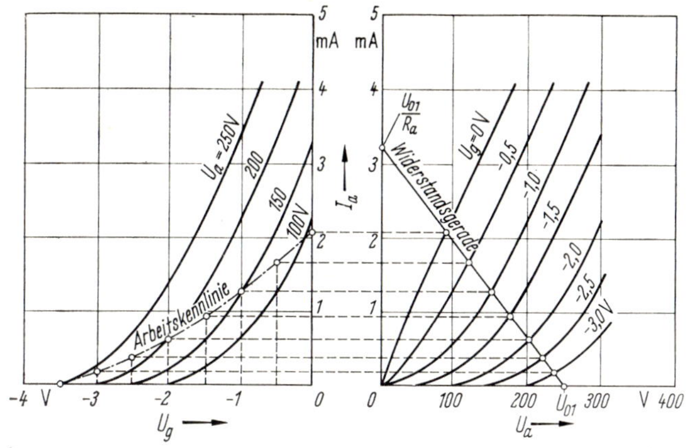

Abb. 3.4. Widerstandsgerade und Arbeitskennlinie ($R_a$ = 80 kΩ; $U_{01}$ = 250 V)

an der Röhre anliegen, wenn kein Signal verstärkt wird. Gelangt ein Signal ans Gitter, so wird die Spannung $U_g$ und damit auch $I_a$ und $U_a$ entsprechend dem Signal vom Arbeitspunkt ausgelenkt bzw. um den Arbeitspunkt herum ausgesteuert.

Abb. 3.5 zeigt einfache Methoden zur Einstellung des Arbeitspunktes. Ist die Quelle des zu verstärkenden Signals eine Spannungsquelle $u_{gS}(t)$, so genügt die Schaltung in Abb. 3.5a. Am Gitter liegt dann die zusammengesetzte Spannung $u_g = U_{gA} + u_{gS}(t)$. Dementsprechend fließt ein Anodenstrom $i_a = I_{aA} + i_{aS}(t)$ und die sich einstellende Anodenspannung ist $u_a = U_{aA} + u_{aS}(t)$. Ist die Quelle des zu verstärkenden Signals eine reine Stromquelle $i_{gS}(t)$ mit unendlich hohem Innenwiderstand, dann ist noch ein zusätzlicher Gitterableitwiderstand $R_g$ erforderlich (Abb. 3.5b). Desgleichen wird ein Gitterableitwiderstand $R_g$ notwendig, wenn die Signalspannungsquelle aus irgendwelchen Gründen (z. B. Gleichspannungspotentialtrennung) über einen Kondensator $C$ angeschlossen werden soll (s. Abb. 3.5c). Der Gitterableitwiderstand $R_g$ hat in diesen Fällen dafür zu sorgen, daß das am Gitter anliegende mittlere Spannungspotential gleich der Spannung $U_{gA}$ ist, die für den gewählten Arbeitspunkt notwendig ist. Da in das Gitter kein Gleichstrom fließt, d. h. $I_g = 0$, kann der Widerstand $R_g$ sehr groß sein. Typische Werte liegen in der Größenordnung $10^6$ Ohm. Die Vorgänge bei der Verstärkung einer sinusförmigen

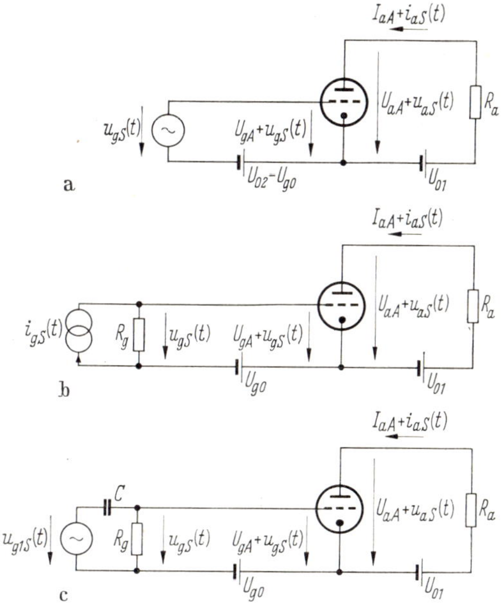

Abb. 3.5. Einfache Möglichkeiten zur Einstellung des Arbeitspunktes (s. Text), $U_{g0} = U_{gA}$

Wechselspannung sind in Abb. 3.6 dargestellt. Hier sowie in der folgenden Theorie wird vorerst vorausgesetzt, daß die zeitlichen Änderungen der Signalspannung $u_{gS}(t)$ genügend langsam erfolgen, so daß auch der Zusammenhang zwischen den veränderlichen Momentanwerten von Gitterspannung $u_g$, Anodenstrom $i_a$ und Anodenspannung $u_a$ noch durch die statischen, d. h. bei Gleichstrom gemessenen Kennlinien

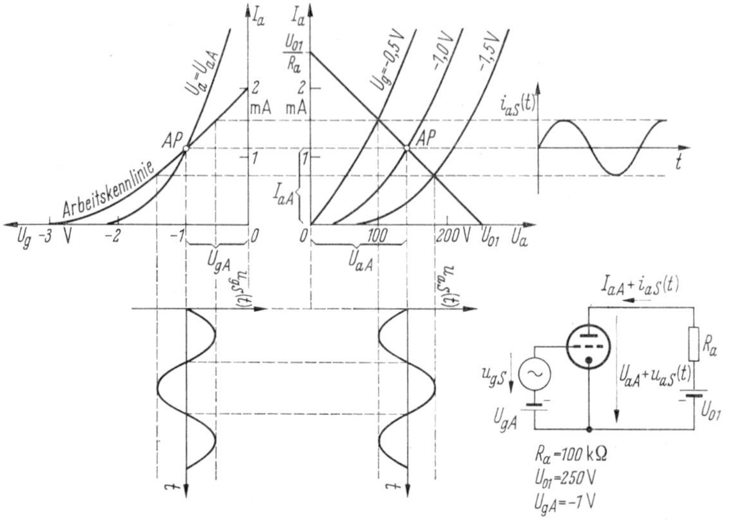

Abb. 3.6. Verstärkung kleiner Wechselspannungen

beschrieben wird. Für sehr rasche Veränderungen sind nämlich die statischen Kennlinien nicht mehr gültig. Es gibt Röhren, bei denen Wechselspannungen mit Frequenzen von einigen Megahertz noch als genügend langsam veränderlich angesehen werden können.

### 3.1.3 Verstärkung kleiner Wechselspannungen, Röhrenersatzbilder der Triode

Für den Anodenstrom $I_a$ gilt allgemein

$$I_a = f(U_a;\, U_g). \tag{3.6}$$

Bei der Verstärkung kleiner Signale werden die Kennlinien nur sehr wenig um ihren Arbeitspunkt ausgesteuert. Der Theorie des Kleinsignalverstärkers liegt das Prinzip zugrunde, daß man zur mathematischen Vereinfachung die Kennlinien um den Arbeitspunkt durch Geraden ersetzt (nichtlineare Verzerrungen werden hierbei also nicht erfaßt). Diese Vereinfachung erreicht man, indem man Gl. (3.6) im Arbeitspunkt in eine Taylor-Reihe entwickelt und diese nach den Gliedern 1. Ordnung abbricht:

$$I_a(U_{gA} + \varDelta U_g;\, U_{aA} + \varDelta U_a)$$
$$= I_{aA} + \left(\frac{\partial I_a(U_{gA};\, U_{aA})}{\partial U_g}\right)_{U_a = \text{konst.}} \varDelta U_g + \left(\frac{\partial I_a(U_{gA};\, U_{aA})}{\partial U_a}\right)_{U_g = \text{konst.}} \varDelta U_a. \tag{3.7}$$

Unter Beachtung von Gl. (3.1) wird daraus

$$\varDelta I_a = I_a(U_{gA} + \varDelta U_g;\, U_{aA} + \varDelta U_a) - I_{aA} = S\,\varDelta U_g + \frac{1}{R_i}\varDelta U_a, \tag{3.8}$$

wobei $S$ und $R_i$ nach Gl. (3.7) die Werte von Steilheit und Innenwiderstand im Arbeitspunkt ($U_{aA}$, $U_{gA}$) sind. $\varDelta U_g$ ist die Signalspannung am Gitter. Sie ruft die Änderungen $\varDelta I_a$ und $\varDelta U_a$ hervor. Ist die Signalspannung eine zeitabhängige kleine sinusförmige Wechselspannung, d. h. $\Delta U = \underline{U}\, e^{j\omega t}$ und $\Delta I = \underline{I}\, e^{j\omega t}$, wobei $\underline{U}$ und $\underline{I}$ komplexe Amplituden sind, dann wird aus Gl. (3.8)

$$\underline{I}_a = S\, \underline{U}_g + \frac{1}{R_i}\, \underline{U}_a. \tag{3.9}$$

Aus Gl. (3.9) folgen unmittelbar die *Wechselstromersatzbilder* der Elektronenröhre in Abb. 3.7. Das Stromquellenersatzbild für den Ausgangskreis der Röhre ergibt sich durch folgende Auflösung von Gl. (3.9)

$$\underline{U}_a = R_i(-S\, \underline{U}_g + \underline{I}_a). \tag{3.9a}$$

Das diese Gleichung repräsentierende Ersatzbild zeigt Abb. 3.7a. Das Spannungsquellenersatzbild für den Ausgangskreis der Röhre ergibt sich durch folgende Auflösung von Gl. (3.9)

$$\begin{aligned}\underline{U}_a &= \underline{I}_a R_i - S\, R_i\, \underline{U}_g \\ &= \left(-\frac{1}{D}\, \underline{U}_g\right) - (-\underline{I}_a)\, R_i. \end{aligned} \tag{3.9b}$$

Die letzte Gleichung führt auf das Ersatzbild von Abb. 3.7b. Man beachte die Spannungs- und Strompfeile in den Ersatzbildern. Für den Eingangskreis erübrigt sich ein Ersatzbild, solange kein Gitterstrom fließt. An dieser Stelle soll noch die

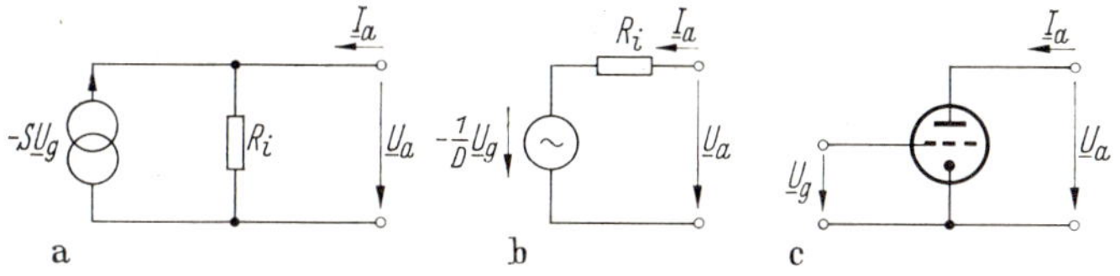


Abb. 3.7. Wechselstromersatzbilder der Elektronenröhre
a Stromquellenersatzbild mit gesteuerter Stromquelle; b Spannungsquellenersatzbild mit gesteuerter Spannungsquelle; c Röhrenschaltbild

Erläuterung des in Gl. (3.3) bereits erwähnten Begriffes der Leerlaufverstärkung $\mu$ bzw. $\frac{1}{D}$ nachgeholt werden. Nach Abb. 3.7b ist dann $-\frac{1}{D}\, \underline{U}_g = \underline{U}_a$, wenn $\underline{I}_a = 0$ ist, d. h. für Leerlauf. Das Verhältnis von Anoden- zu Gitterspannung ist dann $-\mu$, womit der Name erklärt ist. Die Formel für die Arbeitssteilheit $S_a$, nämlich Gl. (3.5), läßt sich aus Gl. (3.9) dadurch herleiten, daß $\underline{U}_a$ durch die Beziehung $\underline{U}_a = -\underline{I}_a R_a$ in Gl. (3.9) ersetzt wird. ($R_a$ = Arbeitswiderstand, das Minuszeichen folgt aus der vereinbarten Bepfeilung für Strom und Spannung.)

$$\underline{I}_a = S\, \underline{U}_g + \frac{1}{R_i}\, \underline{U}_a = S\, \underline{U}_g - \frac{R_a}{R_i}\, \underline{I}_a \to \underline{I}_a\left(1 + \frac{R_a}{R_i}\right) = S\, \underline{U}_g.$$

Man definiert die Arbeitssteilheit durch

$$\underline{I}_a \stackrel{!}{=} S_a\, \underline{U}_g = \frac{S}{1 + \frac{R_a}{R_i}}\, \underline{U}_g \to S_a = \frac{S}{1 + \frac{R_a}{R_i}}. \tag{3.5}$$

Gl. (3.5) gilt für jeden Arbeitspunkt im Kennlinienfeld und damit allgemein.

Zur Berechnung des Wechselstromverhaltens beliebiger Röhrenschaltungen bei niederfrequenten kleinen Signalen können die Röhrenschaltzeichen durch die Ersatzbilder von Abb. 3.7 ersetzt werden. Die Gleichstromquellen, die nur zur Energieversorgung bzw. zur Einstellung des Arbeitspunktes notwendig sind, spielen für das Wechselstromverhalten keine Rolle. Sie können durch Kurzschlüsse ersetzt werden.

Ein Beispiel hierzu zeigt Abb. 3.8. Die Berechnung des Wechselstromverhaltens (z. B. die Berechnung der Übertragungsfunktion $\underline{U}_1/\underline{U}_2$) der Röhrenschaltung kann anhand der Ersatzbilder leicht mit den üblichen Methoden der Maschen- und Knotenpunktsanalyse erfolgen. Einfache Berechnungsbeispiele werden in den Abschnitten 3.1.5 und 3.1.6 gebracht.

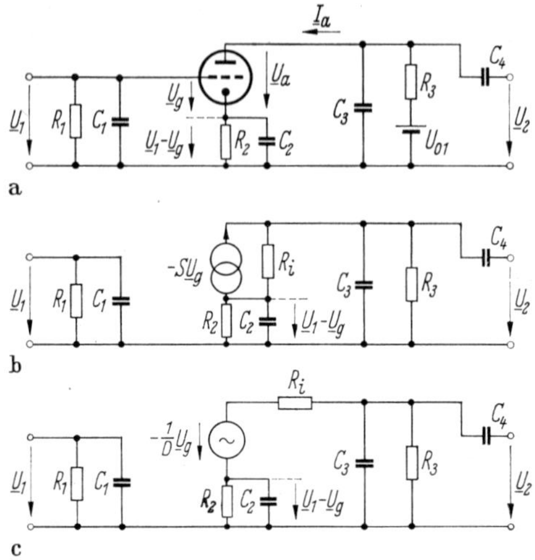


Abb. 3.8. a Willkürliches Beispiel einer Röhrenschaltung; b äquivalentes Kleinsignalwechselstromersatzbild mit gesteuerter Stromquelle nach Abb. 3.7a; c äquivalentes Kleinsignalwechselstromersatzbild mit gesteuerter Spannungsquelle nach Abb. 3.7b

### 3.1.4 Pentoden

Der Anodenstrom $I_a$ einer Triode kann sowohl durch Erhöhung der Anodenspannung $U_a$ als auch durch Erhöhung der Gitterspannung $U_g$ (im Sinne von positiver machen) vergrößert werden. Bei Verkleinerung der Anodenspannung kann der Anodenstrom also durch eine entsprechende Vergrößerung der Gitterspannung konstant gehalten werden. Der in Gl. (3.1) definierte Ausdruck für den Durchgriff $D$ läßt sich als das Verhältnis derjenigen Gitterspannungsänderung $\partial U_g$ zur Anodenspannungsänderung $\partial U_a$ interpretieren, bei der die resultierende Anodenstromänderung verschwindet. Der Durchgriff $D$ ist also dann besonders klein bzw. die Leerlaufverstärkung $\mu$ dann besonders groß, wenn der Anodenstrom nur wenig von der Anodenspannung beeinflußt werden kann. Eine Röhre mit solchen Eigenschaften läßt sich dadurch herstellen, daß man zwischen Steuergitter und Anode ein zweites Gitter, das Schirmgitter, und ein drittes Gitter, das Bremsgitter, einfügt. Man bezeichnet diesen Röhrentyp als *Pentode*. Das Schirmgitter erhält im normalen Betrieb eine konstante positive Gleichspannung gegenüber der Kathode, durch welche der Anodenruhestrom $I_{aA}$ weitgehend festgelegt wird. Das Bremsgitter erhält normalerweise Kathodenpotential. Das Bremsgitter sorgt dafür, daß die $I_a U_a$-Kennlinien der Pentode keinen fallenden, sondern einen monoton ansteigenden Verlauf erhalten [8].

Abb. 3.9 zeigt die Kennlinienfelder einer typischen serienmäßigen Pentode. Das $I_a U_{g1}$-Kennlinienfeld (Teilbild a) unterscheidet sich von dem einer Triode im wesentlichen dadurch, daß die Schirmgitterspannung anstelle der Anodengleichspannung als Parameter verwendet wird. Im $I_a U_a$-Kennlinienfeld kommt zum Ausdruck, daß der Innenwiderstand $R_i$ der Pentode sehr groß ist, d. h., eine relativ große Änderung der Anodenspannung $U_a$ bewirkt keine nennenswerte Beeinflussung des Anodenstroms $I_a$. Die Kennlinien verlaufen nahezu parallel zur Abszisse $U_a$ (s. Abb. 3.9b). Jedoch nimmt der Anodenstrom $I_a$ bei Anodenspannungen, die weit unterhalb der konstanten Schirmgitterspannung liegen, sehr schnell ab. In diesem Gebiet (*Stromübernahmegebiet*) übernimmt das Schirmgitter allmählich den gesamten Anodenstrom. Die BARKHAUSENsche Röhrenformel gilt auch für Pentoden.

Für das Verhalten bei kleinen Wechselstromsignalen kann der Innenwiderstand $R_i$ der Pentode in der Regel vernachlässigt werden. Die Größe der Anodenwechselspannung $\underline{U}_a$ wird bei Pentoden praktisch ausschließlich durch den Arbeitswiderstand $R_a$ bzw. durch die Beschaltung $\underline{Z}_a$, welche die Pentode zwischen Anode und Kathode sieht, bestimmt. Die Pentode selbst wirkt dann wie eine reine Stromquelle. Anstatt von Gl. (3.9) gilt hier

$$\underline{I}_a = S\,\underline{U}_{g1}. \quad (3.10)$$

Als Ersatzbild kann Abb. 3.7a verwendet werden mit $R_i \to \infty$. Abb. 3.7a gilt damit sowohl für die Triode als auch für die Pentode.

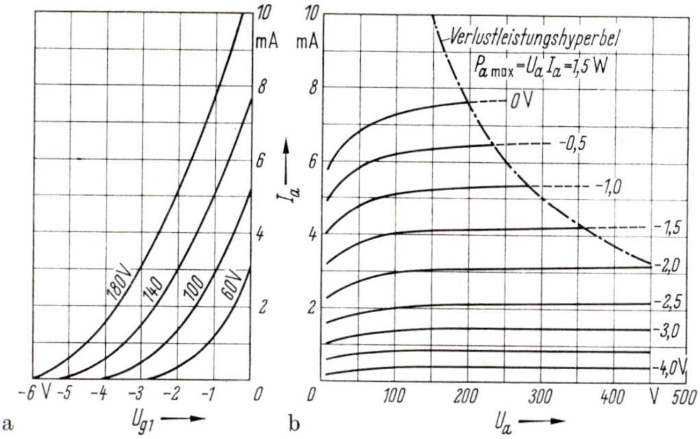


Abb. 3.9. Kennlinien einer Pentode
a $I_a = f(U_{g1})$; $U_{g2}$ = Parameter; b $I_a = f(U_a)$; $U_{g1}$ = Parameter
($U_{g1}$ ist die Spannung des Steuergitters, $U_{g2}$ die des Schirmgitters)

### 3.1.5 Berechnung einzelner einfacher Verstärkerstufen

Die folgenden Berechnungen gelten für den Fall kleiner Wechselstromsignale. Die Signalquelle soll jedesmal eine Wechselspannungsquelle mit endlichem Innenwiderstand sein, so daß für die Arbeitspunkteinstellung kein Gitterableitwiderstand $R_g$ erforderlich ist (vgl. Abb. 3.5). Als interessierende Größen sollen die Spannungsverstärkung $\underline{v}_u = \underline{F}_u^{-1}$ (bzw. reziproke Übertragungsfunktion) und der Innenwiderstand von der Ausgangsseite $\underline{W}_2$ berechnet werden.

$$\underline{v}_u = \underline{F}_u^{-1} = \frac{\underline{U}_2}{\underline{U}_1}\,. \tag{3.11}$$

*Kathodenbasisstufe.* Die Kathodenbasisstufe ist eine Röhrenverstärkerschaltung, bei der die Kathode die gemeinsame Elektrode von Eingang und Ausgang (für Wechselstrom) ist. Abb. 3.10 zeigt die Schaltung nebst den Ersatzbildern, die sich durch Ersetzen des Röhrenschaltungssymbols durch die zugehörigen Ersatzbilder mit der gesteuerten Spannungs- bzw. Stromquelle nach Abb. 3.7 ergeben. Für die Berechnungen eignet sich am besten das Ersatzbild mit der Stromquelle.

Es ist $\underline{U}_1 = \underline{U}_g$; $\underline{U}_2 = \underline{U}_a$

$$\underline{U}_2 = (R_i \| R_a)(-S\,\underline{U}_g) = -S\,\underline{U}_1 \frac{R_i R_a}{R_i + R_a}\,. \tag{3.12}$$

Daraus wird

$$\underline{v}_u = \underline{F}_u^{-1} = \frac{\underline{U}_2}{\underline{U}_1} = -S \frac{R_i R_a}{R_i + R_a}\,. \tag{3.13}$$

Als Innenwiderstand ergibt sich unmittelbar aus Abb. 3.10c

$$\underline{W}_2 = R_i \| R_a = \frac{R_i R_a}{R_i + R_a}\,. \tag{3.14}$$

Für die Pentode gilt mit $R_i \to \infty$

$$\underline{v}_u = \underline{F}_u^{-1} = \frac{\underline{U}_2}{\underline{U}_1} = -S\,R_a\,, \tag{3.13a}$$

$$\underline{W}_2 = R_a\,. \tag{3.14a}$$

*Anodenbasisstufe.* Abb. 3.11 zeigt eine Anodenbasisstufe mit den Ersatzbildern. Die gemeinsame Elektrode von Eingang und Ausgang ist für Wechselstrom die

Anode. Die Batterie $U_{02}$ ist gestrichelt gezeichnet, weil sie u. U. nicht erforderlich ist. Durch $R_a$ entsteht nämlich bereits ein Gleichspannungsabfall $I_a R_a$, wodurch das Gitter über die Signalquelle $\underline{U}_1$ eine negative Vorspannung auch ohne $U_{02}$ erhält.

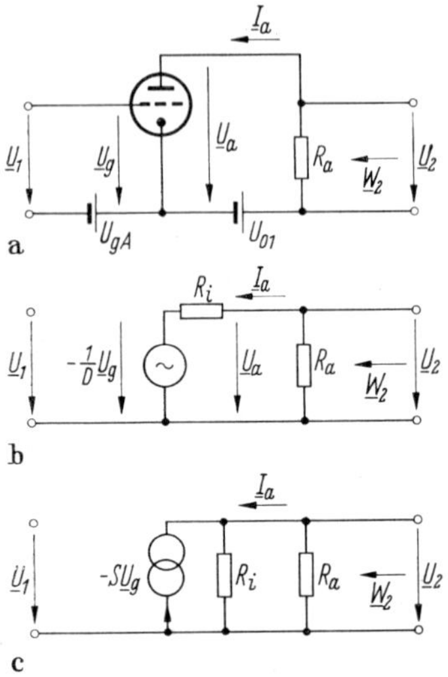


Abb. 3.10. a Kathodenbasisstufe; b Ersatzbild mit gesteuerter Spannungsquelle; c Ersatzbild mit gesteuerter Stromquelle

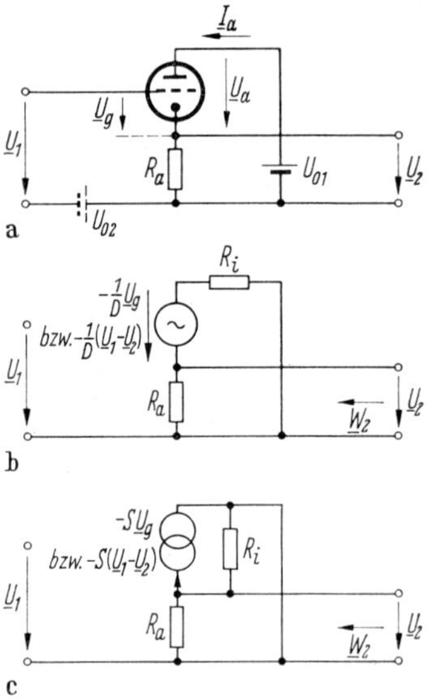


Abb. 3.11. a Anodenbasisstufe; b Ersatzbild mit gesteuerter Spannungsquelle; c Ersatzbild mit gesteuerter Stromquelle

Die Berechnung möge anhand Abb. 3.11 c erfolgen. Es ist $\underline{U}_2 = -\underline{U}_a$; $\underline{U}_1 = \underline{U}_2 + + \underline{U}_g$

$$\underline{U}_2 = S\,\underline{U}_g\,(R_i || R_a) = S\,\underline{U}_g \frac{R_i R_a}{R_i + R_a} = S(\underline{U}_1 - \underline{U}_2)\frac{R_i R_a}{R_i + R_a}, \qquad (3.15)$$

$$\underline{U}_2\left(1 + S\frac{R_i R_a}{R_i + R_a}\right) = \underline{U}_1 S \frac{R_i R_a}{R_i + R_a},$$

$$\underline{v}_u = F_u^{-1} = \frac{\underline{U}_2}{\underline{U}_1} = \frac{S R_i R_a}{S R_i R_a + R_i + R_a}. \qquad (3.16)$$

Der Innenwiderstand der Anodenbasisstufe ist nun nicht etwa wieder gleich der Parallelschaltung von $R_i$ und $R_a$, wie das bei der Kathodenbasisstufe war. Man muß nun beachten, daß in diesem Fall die gesteuerte Stromquelle in Ersatzbild 3.11 c auch von der sich einstellenden Ausgangsspannung $\underline{U}_2$ gesteuert wird, was bei der Kathodenbasisstufe nicht der Fall ist.

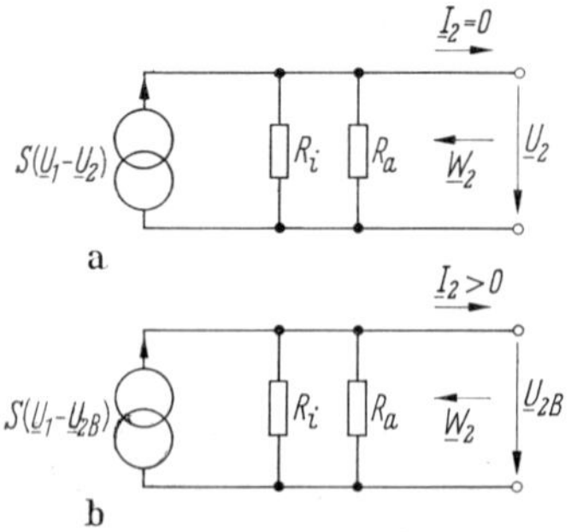


Abb. 3.12. Ausgangskreis von Abb. 3.11 c für a den Leerlauffall und b den Belastungsfall

Die Berechnung des Innenwiderstandes geht am besten von einem Vergleich von Leerlauffall ($\underline{U}_2$) und Belastungsfall ($\underline{U}_{2B}$) aus. Dazu ist der interessierende Teil des Ersatzbildes von Abb. 3.11 c in Abb. 3.12 noch einmal für den Leerlauf- und Belastungsfall getrennt gezeichnet. Für den Innenwiderstand $\underline{W}_2$ muß gelten

$$\underline{W}_2 = \frac{\underline{U}_2 - \underline{U}_{2B}}{\underline{I}_2}. \qquad (3.17)$$

Für das Ersatzbild bei Leerlauf gilt [vgl. Gl. (3.15)]

$$\underline{U}_2 = S(\underline{U}_1 - \underline{U}_2)\,(R_i || R_a).$$

Für das Ersatzbild bei Belastung folgt

$$\underline{U}_{2B} = \{S(\underline{U}_1 - \underline{U}_{2B}) - \underline{I}_2\}\,(R_i \| R_a). \tag{3.18}$$

Damit wird

$$\underline{U}_2 - \underline{U}_{2B} = \{-S(\underline{U}_2 - \underline{U}_{2B}) + \underline{I}_2\}\,(R_i \| R_a),$$

$$\underline{W}_2 = \frac{\underline{U}_2 - \underline{U}_{2B}}{\underline{I}_2} = \frac{R_i \| R_a}{S(R_i \| R_a) + 1} = \frac{R_i R_a}{S R_i R_a + R_i + R_a}. \tag{3.19}$$

Für die Pentode gilt mit $R_i \to \infty$

$$\underline{v}_u = \underline{F}_u^{-1} = \frac{\underline{U}_2}{\underline{U}_1} = \frac{S R_a}{S R_a + 1}, \tag{3.16a}$$

$$\underline{W}_2 = \frac{R_a}{S R_a + 1}. \tag{3.19a}$$

Bei der Anodenbasisstufe (Kathodenfolger) ist die Spannungsverstärkung $|\underline{v}_u| < 1$. Sie geht gegen Eins für großes $R_i$ und großes $R_a$. Der Innenwiderstand $\underline{W}_2$ wird relativ klein, da typische Werte von $S$ bei etwa $5 \cdots 20$ mA/V liegen.

Neben der Kathoden- und Anodenbasisstufe gibt es noch die Gitterbasisstufe, die in der Hochfrequenztechnik Bedeutung hat.

### 3.1.6 Untere und obere Grenzfrequenz von Verstärkerstufen

Prinzipiell kann man mit Röhrenstufen Wechselspannungen beliebig niedriger Frequenz bis einschließlich Gleichspannung verstärken. Das Problem liegt lediglich darin, wie der Signalgenerator oder der Verbraucher an die Röhrenstufe angekoppelt wird. Verwendet man als Signalgenerator z. B. eine Quelle mit anschließender Röhrenvorverstärkerstufe, so kann die Anode dieser Vorverstärkerstufe normalerweise nicht direkt mit dem Gitter der nachfolgenden Röhrenstufe verbunden werden, weil die Gleichspannungspotentiale der Anode der Vorstufe und des Gitters der nachfolgenden Stufe meistens verschieden sind. Zur Gleichspannungspotentialtrennung kann dann z. B. ein Kondensator $C$ verwendet werden. Eine derartige Schaltung zeigt Abb. 3.5c. Die dort dargestellte Signalquelle $u_{g1S}(t)$ enthalte bereits die Vorverstärkerstufe. Kondensator $C$ und Widerstand $R_g$ bilden einen frequenzabhängigen Spannungsteiler, so daß $u_{g1S}$ und $u_{gS}$ verschieden sind. Im Fall, daß diese Spannungen sinusförmig sind, kann man mit ihren komplexen Amplituden $\underline{U}_{g1S}$ und $\underline{U}_{gS}$ rechnen, und es ergibt sich dann

$$\frac{\underline{U}_{g1S}}{\underline{U}_{gS}} = \frac{R_g + \dfrac{1}{\mathrm{j}\,\omega C}}{R_g} = \frac{\mathrm{j}\,\omega C R_g + 1}{\mathrm{j}\,\omega C R_g}. \tag{3.20}$$

$\underline{U}_{g1S}$ und $\underline{U}_{gS}$ sind dann nahezu gleich, wenn $\omega C R_g \gg 1$. Diese Bedingung ist um so schwieriger einzuhalten, je kleiner die Frequenz $\omega$ wird, wenn $R_g$ aus Gründen einer stabilen Arbeitsweise unterhalb eines gewissen Höchstwertes liegen soll. Als untere Grenzfrequenz $\omega_u$ bezeichnet man diejenige Frequenz, bei der $|\underline{U}_{g1S}| = \sqrt{2}\,|\underline{U}_{gS}|$. Aus Gl. (3.20) folgt damit

$$\left|\frac{\underline{U}_{g1S}}{\underline{U}_{gS}}\right| = \sqrt{2} = \frac{\sqrt{1 + \omega_u^2 C^2 R_g^2}}{\omega_u C R_g},$$

$$\omega_u = \frac{1}{R_g C}. \tag{3.21}$$

Die untere Grenzfrequenz von Verstärkerstufen hängt also von der Art der Ankopplung ab. Erfolgt die Kopplung galvanisch, d. h. über einen ohmschen Widerstand, dann kann die untere Grenzfrequenz $\omega_u = 0$ sein. (Auf verschiedene mögliche Kopplungsarten wird in Abschn. 3.1.7 eingegangen.) Grundsätzlich kann man jedenfalls Wechselspannungen beliebig niedriger Frequenz einschließlich Gleichspannung verstärken. Lediglich bei der Verstärkung sehr kleiner Gleichspannungen (Mikrovoltbereich) treten im allgemeinen Schwierigkeiten durch die Drift (= Verstärkungsschwankungen durch ungleichmäßige Emission der Kathode, Wärmeeffekte usw.) auf.

Im Gegensatz dazu steht der Verstärkung von Wechselspannungen sehr hoher Frequenz mit Röhren eine prinzipielle Schranke entgegen. Diese Grenze ist bedingt durch zwei Effekte:

a) durch die schädlichen Kapazitäten (*Geometrieeffekt*).

b) durch die endliche Laufzeit der Ladungsträger (Elektronen), insbesondere zwischen Gitter und Kathode (*Laufzeiteffekt*).

Bei Elektronenröhren üblicher Bauart spielt nur der Geometrieeffekt eine praktische Rolle, d. h., die schädlichen Kapazitäten bedingen die obere Grenzfrequenz. Diese schädlichen Kapazitäten sind die Kapazität $C_{gk}$ zwischen Steuergitter und Kathode, die Kapazität $C_{ga}$ zwischen Steuergitter und Anode und die Kapazität $C_{ak}$ zwischen Anode und Kathode. Für die Berechnung kann man sich diese Kapazitäten zwischen die entsprechenden äußeren Röhrenanschlüsse geschaltet denken und die Röhre selbst als kapazitätslos betrachten.

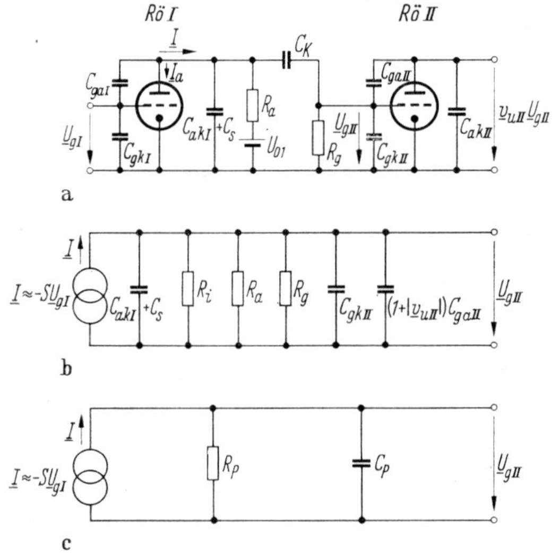

Abb. 3.13. a Zwei-kapazitiv gekoppelte Röhrenstufen mit schädlichen Kapazitäten; b Ersatzbild für Wechselstrom; c vereinfachtes Ersatzbild

Abb. 3.13a zeigt die Schaltung zweier kapazitiv gekoppelter Röhrenstufen mit den schädlichen Kapazitäten. Abb. 3.13b zeigt das Ersatzbild für die Berechnung von $\underline{U}_{g\,\mathrm{II}}$ bei hohen Frequenzen. Die Koppelkapazität $C_K$ kann bei diesem vernachlässigt werden. Die (verteilte) Schaltungskapazität der Verdrahtung wird pauschal durch $C_S$ erfaßt. Die Gitteranodenkapazität $C_{g a \mathrm{II}}$ geht im Ersatzbild mit dem Faktor $(1 + |\underline{v}_{u\,\mathrm{II}}|)$ ein ($\underline{v}_{u\,\mathrm{II}}$ = Spannungsverstärkung von *Rö* II, der Zahlenwert von $\underline{v}_{u\,\mathrm{II}}$ ist negativ, weil Gitter -und Anodenspannung um 180° in der Phase gedreht sind). Über der Kapazität $C_{g a \mathrm{II}}$ liegt damit die Spannung $(1 + |\underline{v}_{u\,\mathrm{II}}|)\,\underline{U}_{g\,\mathrm{II}}$ an (Abb. 3.13a), womit der Faktor $(1 + |\underline{v}_{u\,\mathrm{II}}|)$ erklärt ist. Bei Vernachlässigung des Stromes durch die Gitteranodenkapazität $C_{g a \mathrm{I}}$ erhält man Abb. 3.13b als Ersatzbild für die Kleinsignalwechselstromgrößen. Faßt man darin alle parallelen Widerstände in $R_p$ und alle parallelen Kapazitäten in $C_p$ zusammen, dann ergibt sich das vereinfachte Ersatzbild von Abb. 3.13c. Die Verstärkung von *Rö* I ist damit

$$\underline{v}_{u\,\mathrm{I}} = \underline{F}_{u\,\mathrm{I}}^{-1} = \frac{\underline{U}_{g\,\mathrm{II}}}{\underline{U}_{g\,\mathrm{I}}} = \frac{-(R_p \| C_p)\, S\, \underline{U}_{g\,\mathrm{I}}}{\underline{U}_{g\,\mathrm{I}}} = -\frac{S\, R_p}{1 + \mathrm{j}\,\omega\, R_p C_p}, \tag{3.22}$$

$$|\underline{v}_{u\,\mathrm{I}}| = \frac{S\, R_p}{\sqrt{1 + \omega^2 R_p^2 C_p^2}}. \tag{3.23}$$

Aus Gl. (3.23) folgt für die obere Frequenzgrenze bzw. für die Bandbreite $B$ (Abfall der Verstärkung auf das $1/\sqrt{2}$-fache)

$$\sqrt{1 + \omega_o^2 R_p^2 C_p^2} = \sqrt{2} \frown \omega_o = 2\pi B = \frac{1}{R_p C_p}. \tag{3.24}$$

Die Maximalverstärkung nach Gl. (3.23) ist

$$v_m = |\underline{v}_{u\mathrm{I}}|_{\max} = S\,R_p. \tag{3.25}$$

Damit ergibt sich das wichtige Gesetz, daß das Produkt von Maximalverstärkung und Bandbreite bei einer gegebenen Röhre konstant ist ($Bv$-Faktor).

$$v_m\,B = \frac{S}{2\pi\,C_p} = \text{konst.}. \tag{3.26}$$

Bei Transistoren spielt neben dem Geometrieeffekt auch der Laufzeiteffekt eine wichtige Rolle. Bei Röhren normaler Bauart würde der Laufzeiteffekt erst bei extrem hohen Frequenzen in Erscheinung treten, wenn seine Auswirkungen nicht zuvor durch den Geometrieeffekt völlig überdeckt würden.

Gl. (3.26) ist von sehr allgemeiner Bedeutung, zumal diese Beziehung auch dann gilt, wenn als Arbeitswiderstand nicht ein einfacher reeller Widerstand $R_a$ wie in Abb. 3.13, sondern ein Parallelschwingkreis entsprechend Abb. 2.1b genommen wird. In Abb. 3.13c erscheint dann noch parallel zu $R_p$ und $C_p$ die Schwingkreisinduktivität $L$. Die maximale Verstärkung $V_m$ tritt in diesem Fall bei der Resonanzfrequenz des durch $L$, $C_p$, $R_p$ gebildeten Schwingkreises auf.

### 3.1.7 Mehrstufige Verstärker

Bei mehrstufigen Verstärkern kann man grundsätzlich zwischen solchen Verstärkern unterscheiden, bei denen die Verstärkungen der Einzelstufen sich multiplizieren und solchen Verstärkern, bei denen die Verstärkungen der Einzelstufen sich addieren. Bei Verstärkern, bei denen die Verstärkungen sich multiplizieren, sind die Einzelstufen in Kette (Kaskade) geschaltet. Abb. 3.14 zeigt die grundsätzliche Anordnung einer Kaskadenschaltung, bei der die typische Folge von Röhre—Koppelnetzwerk—Röhre—Koppelnetzwerk (KN) usw. auftritt.

In der in Abb. 3.14 gezeigten Anordnung erfüllt das Koppelnetzwerk KN zweierlei Aufgaben:

a) Es bildet den Arbeitswiderstand $R_a$ oder allgemein die Arbeitsimpedanz $\underline{Z}_a$ zwischen Kathode und Anode der vorhergehenden Röhre.

b) Es stellt die Ankopplung an die folgende Röhre her.

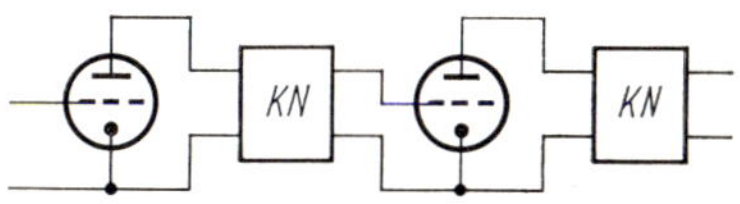


Abb. 3.14. Anordnung für eine Multiplikation der Einzelverstärkungen

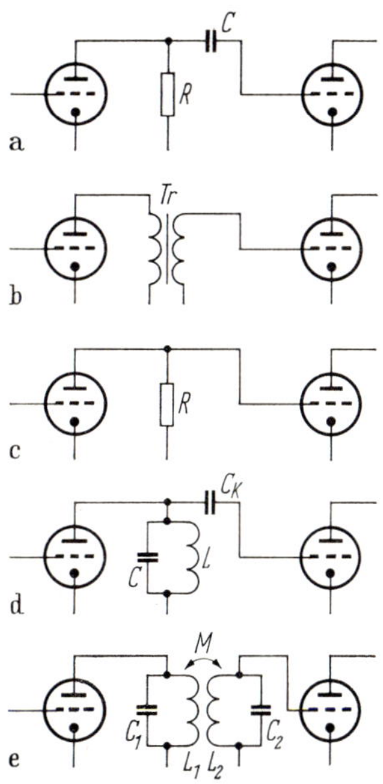


Abb. 3.15. Zusammenstellung verschiedener Koppelnetzwerke KN zur Kopplung von Röhrenstufen (s. Text)

Je nach Art des Koppelnetzwerkes unterscheidet man z. B. $RC$-Verstärker (Abb. 3.15a), transformatorgekoppelte Verstärker (Abb. 3.15b) und Gleichspannungsverstärker (Abb. 3.15c). Diese Verstärker dienen vorwiegend zur Verstärkung breitbandiger Signale mit relativ niedriger Bandmittenfrequenz. Zur Verstärkung von Signalen mit schmalen Frequenzbändern, deren Bandmittenfrequenz sehr groß gegen die Bandbreite ist, dienen selektive Verstärker. Bei selektiven Verstärkern sind die Arbeitsimpedanzen meist Schwingkreise hoher Güte mit kapazitiver Ankopplung (Abb. 3.15d) oder Bandfilter mit z. B. induktiver Kopplung (Abb. 3.15e). Für die Verstärkung breitbandiger Signale relativ hoher Bandmittenfrequenz werden als Arbeitsimpedanzen häufig stark gedämpfte Schwingkreise verwendet. Oft benutzt man hierfür aber auch mehrere weniger stark gedämpfte Schwingkreise in aufeinanderfolgenden Stufen, wobei die einzelnen Kreise etwas gegeneinander in der Frequenz versetzt werden. Die Theorie der hier genannten Koppelnetzwerke wie Übertrager, Schwingkreise und Bandfilter ist in den Abschn. 1 und 2 ausführlich behandelt worden.

Bei allen obigen Verstärkern multiplizieren sich die Verstärkungen der Einzelstufen. Eine grundsätzlich andere Anordnung der Einzelstufen ergibt sich, wenn die Verstärkungen der Einzelstufen sich addieren sollen (Abb. 3.16).

Das linke Koppelnetzwerk $KN_1$ entkoppelt die Eingänge der Röhren. Das rechte Koppelnetzwerk $KN_2$ entkoppelt die Ausgänge der Röhren und bildet für jede Röhre die jeweilige Arbeitsimpedanz. Je nach Art der Koppelnetzwerke unterscheidet man

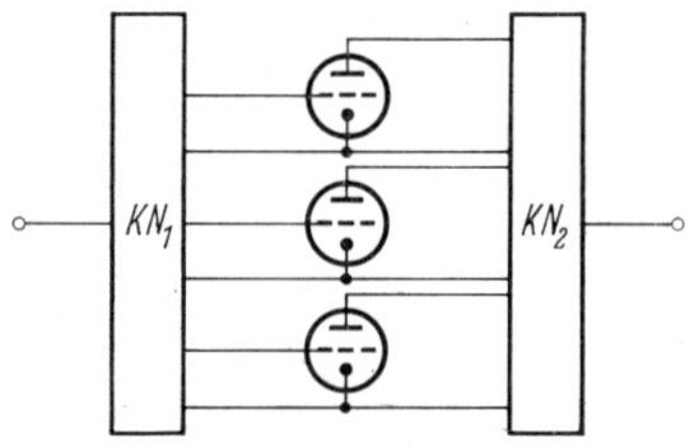

Abb. 3.16. Anordnung für eine Addition der Einzelverstärkungen

1. *Laufzeitkettenverstärker* (distributed amplifier). Hier bestehen die Koppelnetzwerke aus Laufzeitketten. Die Laufzeitkette im linken Koppelnetzwerk teilt das Eingangssignal zeitversetzt den einzelnen Röhreneingängen zu. Die Laufzeitkette im rechten Koppelnetzwerk faßt die Ausgänge der einzelnen Röhren zeitgerecht zusammen.

2. *Frequenzvielkanalverstärker* (Multichannelverstärker). Beim Frequenzvielkanalverstärker besteht das linke Koppelnetzwerk aus einer Frequenzweiche, die das Eingangssignal frequenzmäßig aufteilt und den einzelnen Röhreneingängen zuführt. Das rechte Koppelnetzwerk ist eine Frequenzweiche, die in umgekehrter Richtung betrieben wird und die Ausgänge der einzelnen Röhrenstufen frequenzmäßig zusammenfaßt.

Laufzeitkettenverstärker und Multichannelverstärker sind die Konstruktionen, die es ermöglichen, die Grenze zu umgehen, die sich aus dem Gesetz Bandbreite mal Verstärkung gleich konstant für einzelne Verstärkerstufen ergibt [s. Gl. (3.26)]. Nach diesem Gesetz kann für eine Stufe eine bestimmte Bandbreite nur dann überschritten werden, wenn man Verstärkungen kleiner als Eins zuläßt. Dies ist beim Laufzeitkettenverstärker möglich. Durch Addition der Einzelverstärkungen wird letztlich eine Verstärkung größer als Eins erreicht. Der Multichannelverstärker hat im Prinzip eine hohe Stufenverstärkung bei kleiner Bandbreite. Die Bandbreiten der Einzelstufen sind jedoch nebeneinander angeordnet. Durch Addition der Verstärkung sämtlicher Stufen ergibt sich eine große Bandbreite bei großer Verstärkung.

### 3.1.8 Grenzdaten

Bei der Arbeitspunkteinstellung der Röhre muß darauf geachtet werden, daß die in der Röhre umgesetzte Verlustleistung $P_v$ nicht eine obere Grenze überschreitet. Die Verlustleistung ist (wenn man von der Heizung der Kathode absieht) hauptsächlich durch die Anodenverlustleistung $P_a$ gegeben, deren zulässiger Maximalwert vom Röhrenhersteller angegeben wird. Im $I_a U_a$-Kennlinienfeld bildet die maximale Anodenverlustleistung $P_{a\max} = U_a I_a$ die sogenannte Verlustleistungshyperbel (Abb. 3.9). Die Arbeitsgerade muß, abgesehen von Sonderfällen, stets unterhalb der Verlustleistungshyperbel verlaufen.

Darüber hinaus gibt es, wenn möglichst ungestörte lineare Verstärkung gefordert wird, weitere Grenzdaten hinsichtlich der maximalen und der minimalen Aussteuerung. Diese Fragen werden jedoch erst unter Abschn. 3.3 behandelt, weil diese Probleme für Röhren und Transistoren nahezu gleichartig sind.

## 3.2 Transistoren

Der Transistor wurde 1948 von Bardeen, Brattain und Shockley erfunden, die 1956 dafür den Nobelpreis erhielten. Die Bezeichnung *Transistor* entstand aus der Zusammenziehung von *transfer resistor,* was Übertragungswiderstand heißt. Man erzielt nämlich einen Verstärkungseffekt, wenn man einen Strom aus einem Stromkreis mit geringem Widerstand in einen Stromkreis mit hohem Widerstand überführt. Die Wirkungsweise eines Transistors beruht etwa hierauf.

In diesem Abschnitt soll in erster Linie die Transistorschaltkreistechnik behandelt werden. Hierzu ist eine vollständige Kenntnis der Vorgänge im Transistor sowie der damit verbundenen Halbleiterphysik nicht erforderlich. Für die Schaltkreistechnik interessieren nur die von außen feststellbaren Transistoreigenschaften. Dennoch sollen hier die wichtigsten Vorgänge im Transistor in knapper Form beschrieben werden, weil eine Vorstellung von den inneren Vorgängen eine Hilfe für das Verständnis der Arbeitsweise von Schaltkreisen mit Transistoren darstellt.

### 3.2.1 Elementare Halbleiterphysik

Bekanntlich ist die gute Leitfähigkeit von Metallen darauf zurückzuführen, daß die äußeren Elektronen der Metallatome nur sehr lose am Atomkern gebunden sind. Diese Elektronen im Metall können mit einem Gas in einem Gefäß verglichen werden. Anders sind dagegen die Verhältnisse in Halbleiterkristallen. Zu den Halbleitern gehören Germanium und Silizium. Beide sind vierwertig. Ihre Atome haben in der äußeren Hülle vier Valenzelektronen. Germanium und Silizium können jeweils Kristalle bilden, bei denen jedes Atom vier Nachbaratome hat, mit denen es je ein Valenzelektron gemeinsam hat. In einem solchen Kristall gibt es somit keine frei beweglichen Elektronen, und der Kristall ist damit ein absoluter Isolator. Eine gewisse Leitfähigkeit tritt erst dann auf, wenn z. B. durch Wärmebewegung einige Bindungen aufbrechen und Elektronen losgelöst werden. Es entstehen an den Stellen, wo die Elektronen losgelöst wurden, *Löcher,* die wie positive Ladungen wirken. Ein solches Loch kann dann von einem Elektron eines Nachbaratoms aufgefüllt werden, wo dann seinerseits ein neues Loch entsteht usw. Die Löcher, auch Defektelektronen genannt, können alle genauso wie die losgelösten freien Elektronen im Kristall umherwandern. Man spricht von Rekombination, wenn ein losgelöstes freies Elektron mit einem umherwandernden Loch zusammentrifft.

Eine andere Art der Leitfähigkeit tritt in einem Halbleiterkristall durch Verunreinigungen auf. Kommen in einem Germaniumkristall vereinzelt z. B. fünfwertige Arsenatome vor, dann wird jeweils eines der fünf Valenzelektronen des Arsens durch kein Nachbaratom gebunden. Diese fünften äußeren Elektronen der Arsenatome verursachen eine erhöhte Leitfähigkeit, weil sie äußerst lose am Atomkern gebunden sind. Da die Arsenatome leicht Elektronen abgeben, nennt man sie *Donatoren.* Den Kristall selbst nennt man in diesem Fall *n-dotiert.* Der umgekehrte Fall, daß im Germaniumkristall vereinzelt dreiwertige Atome wie z. B. Indium vorkommen, hat zur Folge, daß zusätzliche Löcher entstehen, in die Elektronen von Nachbaratomen springen können, wodurch die Löcher, wie bereits beschrieben, im Kristall frei beweglich werden. Die dreiwertigen Fremdatome nennt man *Akzeptoren* und den damit dotierten Kristall *p-dotiert.*

Die Bewegung der Löcher in einem $p$-Kristall bzw. der Elektronen in einem $n$-Kristall läßt sich auf zwei Weisen beeinflussen: Erstens durch ein elektrisches

Feld; den so entstehenden Ladungsträgerstrom nennt man auch Feldstrom oder Drift. Zweitens durch unterschiedliche Konzentration der Ladungsträger in benachbarten Kristallgebieten; der dadurch hervorgerufene Ladungsträgerstrom heißt Diffusionsstrom. Seine Richtung weist vom Gebiet höherer Konzentration zum Gebiet geringerer Konzentration.

Als erste technische Anwendung von Halbleitermaterialien sei die Arbeitsweise einer Diode besprochen. Eine Halbleiterdiode besteht aus zwei aneinandergrenzenden gleichartigen Kristallzonen, von denen die eine *p-dotiert* und die andere *n-dotiert* ist. Abb. 3.17a zeigt einen Schnitt durch eine Siliziumflächendiode. Diese besteht im wesentlichen aus einem Scheibchen $n$-dotierten Siliziums (kurz $n$-Silizium), in das ein kurzes Stückchen Aluminiumdraht einlegiert ist. Durch den Legierungsprozeß dringen dreiwertige Aluminiumatome in das $n$-Silizium ein und bilden dort einen $pn$-Übergang. Um einen ohmschen sperrschichtfreien (s. u.) Kontakt herzustellen, befindet sich zwischen $n$-Silizium und dem kupfernen Anschlußdraht eine Folie aus Gold, die mit 1% Antimon versetzt ist. Abb. 3.17b zeigt einen Ausschnitt aus Abb. 3.17a mit dem interessierenden $pn$-Übergang. Der Anschlußpol am $n$-Material wird als Kathode, der am $p$-Material als Anode bezeichnet. Wenn durch Anlegen einer äußeren Spannung im Material ein elektrisches Feld dergestalt erzeugt wird, daß an der Kathode positives und an der Anode negatives Potential liegt, dann werden die Löcher der $p$-Zone zur Anode und die Elektronen der $n$-Zone zur Kathode gezogen. An der Grenzschicht des $pn$-Übergangs sind damit keinerlei Ladungsträger mehr vorhanden. Das Gebiet wirkt wie ein Isolator, d. h., die Diode sperrt. Lediglich ein geringer Sperrstrom $I_s$ wird wegen der sich thermisch bildenden Elektron-Loch-Paare fließen.

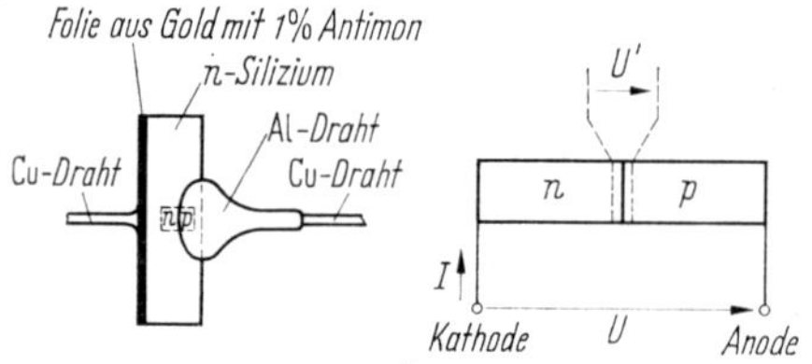


a b

Abb. 3.17. a Schnitt durch eine Siliziumflächendiode; b zur Wirkungsweise des $pn$-Übergangs als Diode. Bild b ist ein Ausschnitt aus Bild a

Wenn dagegen ein äußeres elektrisches Feld so angelegt wird, daß die Kathode negativ und die Anode positiv wird, dann werden die Löcher der $p$-Zone zur Grenzschicht getrieben und diffundieren dort in das $n$-Gebiet hinein. Hier bzw. spätestens am Kathodenanschluß rekombinieren sie mit Elektronen. Umgekehrt werden Elektronen von der $n$-Zone in die $p$-Zone getrieben, wo sie mit Löchern rekombinieren bzw. über den Anodenanschluß abfließen. Der Anodenanschluß zieht also laufend Elektronen ab bzw. emittiert weitere Löcher, die in Richtung $n$-Gebiet wandern, und die Kathode liefert laufend Elektronen nach. Es fließt also ein starker Strom, d. h., die Diode ist in Durchlaßrichtung gepolt.

Legt man an die äußeren Diodenanschlüsse eine Spannung $U$ an, dann fällt diese längs des Gesamtweges von $p$- und $n$-Zone nicht gleichmäßig ab, sondern hauptsächlich (insbesondere bei der sperrenden Diode) nur in einem relativ engen Bereich um den $pn$-Übergang. Diesen Bereich bezeichnet man als *Sperrschicht* (Abb. 3.17). Die Spannungsabfälle längs der Bahngebiete sind demgegenüber (zumindest bei der gesperrten Diode oder bei nicht zu großen Durchlaßströmen) nur unwesentlich. Wenn man die Verhältnisse im einzelnen exakt behandelt, wobei im wesentlichen eine Differentialgleichung, welche die Diffusionsvorgänge beschreibt, gelöst werden muß, dann erhält man für den Diodenstrom eine Exponentialgleichung [6].

$$I = -I_S\left(e^{\frac{U'}{U_T}} - 1\right), \quad I_S < 0. \tag{3.27}$$

$I_S$ ist dabei der theoretische Sperrstrom für $U' \to -\infty$. $U'$ ist die Spannung über der Sperrschicht, und $U_T$ ist die sogenannte Temperaturspannung. Für die absolute

Temperatur $T = 300\ °K$ ist $U_T \approx 26\ \text{mV}$. Damit wird bereits für $U' = -0{,}2\ \text{V}$ der Strom $I \approx I_S$, d. h., die Diode ist dann praktisch gesperrt. Auf die technisch interessierenden Diodeneigenschaften wird später in Abschn. 4.2 noch eingegangen.

Die Arbeitsweise des Transistors soll im folgenden anhand eines speziellen Typs, dem legierten *pnp*-Flächentransistor, erläutert werden. Abb. 3.18 zeigt den Aufbau. Der Transistor besteht aus einem dünnen Plättchen *n*-dotierten Materials. Dieses Plättchen wird als *Basis* (*B*) bezeichnet. Auf Vorder- und Rückseite der Basis werden je ein Scheibchen (Pille) aus dreiwertigem Material (z. B. Indium) einlegiert. Durch den Legierungsprozeß entsteht zwischen dreiwertigem und *n*-dotiertem Basismaterial jeweils eine *p*-leitende Schicht, womit nun eine *pnp*-Folge hergestellt ist. Die einlegierten Scheibchen nehmen nach dem Legierungsvorgang infolge der Oberflächenspannung Halbkugelform an. Meistens gibt man den einzulegierenden Scheibchen eine unterschiedliche Größe. Das kleinere bezeichnet man als *Emitter* (*E*), das größere als *Kollektor* (*C*).

Der Transistor hat zwei *pn*-Übergänge, besteht also, wenn man so sagen will, aus zwei gegeneinandergeschalteten Dioden. Im normalen Arbeitsbetrieb wird die Emitter-Basis-Diode in Durchlaßrichtung betrieben, dagegen die Kollektor-Basis-Diode in Sperrichtung. Die Basis hat im Normalbetrieb also gegenüber dem Emitter negatives Potential wogegen der Kollektor noch negativeres Potential hat, d. h.,

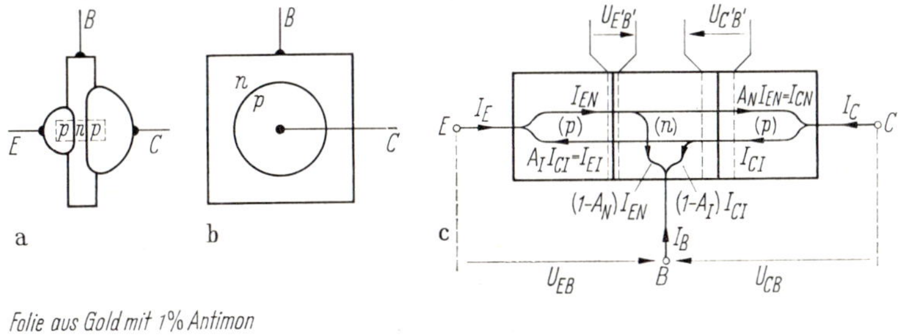


Abb. 3.18. Aufbau eines legierten *pnp*-Flächentransistors
a Querschnitt; b Draufsicht; c Ausschnitt aus Bild a mit eingezeichneten Transistorströmen

auch gegenüber der Basis negativ ist. Wenn man sich die Basiszone zunächst als sehr dick vorstellt, dann wird durch die Kollektor-Basis-Diode nur ein geringer Sperrstrom fließen, dessen Größe von der Spannung $U_{C'B'}$ abhängt, die über der Kollektor-Basis-Sperrschicht liegt. Über die Emitter-Basis-Diode fließt dagegen ein relativ großer Diodendurchlaßstrom, dessen Größe durch die Spannung $U_{E'B'}$ bestimmt wird, die über der Emitter-Basis-Sperrschicht liegt. Entsprechend diesen Verhältnissen ist der Strom durch den Emitteranschluß (*E*) groß, der durch den Kollektoranschluß (*C*) klein. Diese Verhältnisse ändern sich aber entscheidend, wenn man die Basiszone zwischen Emitter und Kollektor sehr dünn werden läßt (Größenordnung $10^{-2}$ mm). In diesem Fall fließt der vom Emitter kommende Diodendurchlaßstrom $I_{EN}$, der durch $U_{E'B'}$ beeinflußt oder gesteuert werden kann, nur zu einem geringen Teil über den Basisanschluß ab. Der weitaus größere Anteil $A_N I_{EN}$ (häufig etwa 98%, d. h. $A_N = 0{,}98$) des Diodendurchlaßstromes $I_{EN}$ fließt hingegen durch die dünne Basiszone hindurch und in den Kollektor hinein. (Der Index $N$ wird unten noch erläutert.) Ähnliches passiert mit dem geringen Diodensperrstrom $I_{CI}$, der vom Kollektor zur Basis fließt und der durch die Spannung $U_{C'B'}$ gesteuert werden kann. Von diesem geringen Strom fließt der Anteil $A_I I_{CI}$ ($A_I = 0{,}3\ldots0{,}98$ je nach Transistor) durch die Basiszone hindurch in den Emitter, während der Rest wieder über den Basisanschluß abfließt (Abb. 3.18c). Der Gesamtemitterstrom $I_E$ setzt sich damit aus zwei Anteilen zusammen, dem Anteil $I_{EN}$, der durch $U_{E'B'}$ gesteuert werden kann, und dem Anteil $A_I I_{CI}$. Der erstere

Anteil ist im Normalbetrieb relativ groß, der zweite Anteil relativ klein. Entsprechend setzt sich der Gesamtkollektorstrom $I_C$ ebenfalls aus zwei Anteilen zusammen, dem Anteil $I_{CI}$, der durch $U_{C'B'}$ gesteuert werden kann und der im Normalfall relativ klein ist, und dem Anteil $A_N\, I_{EN}$, der relativ groß ist. Der Basisstrom ist durch die Reste $(1 - A_N)\, I_{EN}$ und $(1 - A_I)\, I_{CI}$ gegeben. Er ist im Normalbetrieb also relativ klein. Er wird groß, wenn die Kollektor-Basis-Diode ebenfalls in Durchlaßrichtung ($U_{C'B'} > 0$) gepolt ist. Dieser Fall interessiert aber nicht, solange der Transistor als quasilineares Verstärkerelement verwendet werden soll. Abb. 3.18c, worin die verschiedenen Ströme zusammengestellt sind, ist ein Ausschnitt von Abb. 3.18a.

Bei normaler Betriebsweise sind die Anteile von Emitter- und Kollektorstrom, die den Index $N$ haben, relativ groß. Betreibt man den Transistor in inverser Richtung, wobei also die Kollektor-Basis-Diode in Durchlaß- und die Emitter-Basis-Diode in Sperrichtung vorgespannt sind, dann sind die Anteile, die den Index $I$ haben, relativ groß. Der Index $N$ bedeutet also *normal*, der Index $I$ *invers*. Bei Normalbetrieb ist der Basisstrom klein gegen den Emitter- und Kollektorstrom. Auch die Basisstromänderungen sind bei Normalbetrieb gering gegen die damit verbundenen Emitter- und Kollektorstromänderungen. Der Verstärkungseffekt des Transistors, der im Normalbetrieb in der Regel größer ist als im Inversbetrieb ($A_N > A_I$), besteht darin, daß durch einen relativ kleinen eingeprägten Basisstrom die Größe eines relativ großen Emitterstromanteils $I_{EN}$ bzw. Kollektorstromanteils $A_N\, I_{EN}$ gesteuert werden kann.

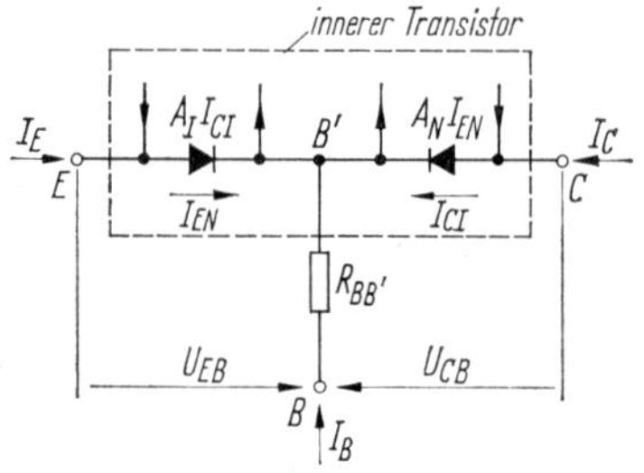


Abb. 3.19. Statisches Transistorersatzbild (das Zeichen —▶|— ist das Schaltsymbol der Diode)

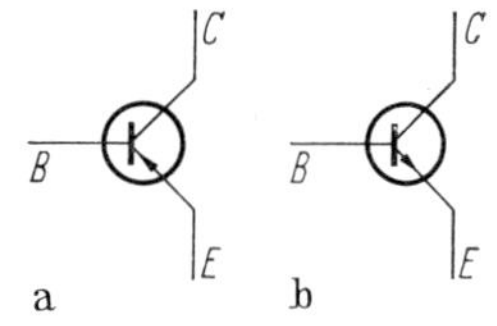


Abb. 3.20. Schaltsymbole des Transistors a *pnp*-Transistor; b *npn*-Transistor

Die bisher beschriebenen Zusammenhänge im Transistor bezogen sich stets auf die Spannungen $U_{C'B'}$ und $U_{E'B'}$, die unmittelbar über den Sperrschichten liegen. Den Zusammenhang für die äußeren Spannungen $U_{CB}$ und $U_{EB}$ erhält man, wenn man die Spannungsabfälle an den Widerständen der Bahngebiete von Emitter-, Basis- und Kollektorzone berücksichtigt. Hierbei zeigt sich nun, daß die Bahnwiderstände der Emitter- und Kollektorzone sowie der inneren Basiszone zwischen den Sperrschichten bei fast allen praktisch hergestellten Transistoren vernachlässigbar klein sind. Dagegen kann der Widerstand zwischen Basisanschluß und der wirksamen inneren Basiszone in der Regel nicht vernachlässigt werden, weil er durchweg eine Größenordnung oder mehr über den erstgenannten Bahnwiderständen liegt. Es gilt also $U_{C'B'} \approx U_{CB'}$ und $U_{E'B'} \approx U_{EB'}$. Damit kommt man zu einem (statischen) Ersatzbild, welches aus den *pn*-Übergängen (Kollektor-Basis-Diode und Emitter-Basis-Diode) und einem sogenannten *inneren Basispunkt* $B'$ besteht, der über den Basiswiderstand $R_{BB'}$ (ein Querwiderstand) mit dem äußeren Basisanschluß $B$ verbunden ist (Abb. 3.19). Den eingerahmten Teil in Abb. 3.19, der den Widerstand $R_{BB'}$ nicht enthält, bezeichnet man als *inneren Transistor*.

Anstatt durch eine *pnp*-Folge kann man einen Transistor auch durch eine *npn*-Folge realisieren. Die Polaritäten sind dann umgekehrt, d. h., im Normalbetrieb muß die Basis gegenüber dem Emitter positiveres Potential haben, und der Kollektor muß gegenüber der Basis noch positiver sein. Abb. 3.20 zeigt die Schaltsymbole für den *pnp*- und *npn*-Transistor, wie sie in Transistorschaltungen verwendet werden.

### 3.2.2 Gleichstromverhalten und Kennlinienfelder des Transistors

Nach den KIRCHHOFFschen Sätzen gilt für die Zählpfeile der äußeren Transistorspannungen und -ströme (vgl. Abb. 3.21)

$$U_{CE} = U_{CB} + U_{BE}, \tag{3.28}$$

$$I_B + I_C + I_E = 0. \tag{3.29}$$

Zur Bezeichnungsweise der Spannungen sei noch bemerkt, daß die Reihenfolge der Indizes zugleich eine Aussage über die vereinbarte Spannungsrichtung angibt. Es ist damit z. B. $U_{CE} = -U_{EC}$ usw. Für den Emitterstrom $I_E$ und den Kollektorstrom $I_C$ gilt, wenn man das im vorigen Abschnitt Gesagte formelmäßig zusammenfaßt (vgl. Abb. 3.18c)

$$I_E = I_{EN} - A_I\, I_{CI}, \tag{3.30}$$

$$I_C = I_{CI} - A_N\, I_{EN}. \tag{3.31}$$

Die negativen Vorzeichen vor dem zweiten Summanden drücken die Gegenläufigkeit der Teilströme aus. Die Ströme $I_{EN}$ und $I_{CI}$ sind reine Diodenströme. Sie können entsprechend Gl. (3.27) wie folgt geschrieben werden

$$I_{EN} = -I_{EBS}\left(e^{\frac{U_{EB'}}{U_T}} - 1\right),$$

$$I_{CI} = -I_{CBS}\left(e^{\frac{U_{CB'}}{U_T}} - 1\right).$$

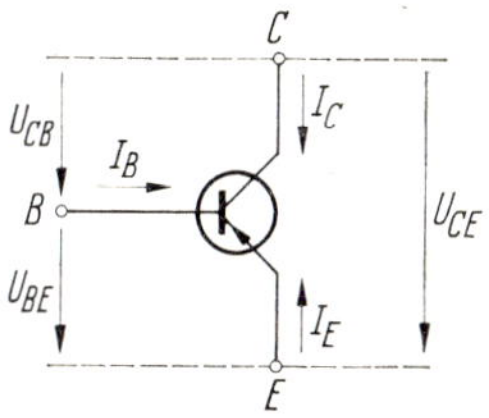


Abb. 3.21. Zur Bezeichnung der äußeren Transistorspannungen und -ströme

Die Ströme $I_{EBS}$ und $I_{CBS}$ sind die Gegenstücke zum Sperrstrom $I_S$ in Gl. (3.27). Sie sind diejenigen Ströme, die (theoretisch) über den *pn*-Übergang Emitter-Basis bzw. über den *pn*-Übergang Kollektor-Basis fließen, wenn $U_{EB'} \to -\infty$ und $U_{CB'} = 0$ bzw. wenn $U_{CB'} \to -\infty$ und $U_{EB'} = 0$.

Die Faktoren $A_N$ und $A_I$, welche die Stromaufteilung zwischen Basis- und Kollektorstrom (bei $A_N$) bzw. zwischen Basis- und Emitterstrom (bei $A_I$) kennzeichnen, werden meist mit *Stromverstärkung in Basisschaltung normal* und *Stromverstärkung in Basisschaltung invers* bezeichnet.

Durch Einsetzen der Exponentialfunktionen für $I_{EN}$ und $I_{CI}$ in Gl. (3.30) und Gl. (3.31) erhält man

$$I_E = -I_{EBS}\left(e^{\frac{U_{EB'}}{U_T}} - 1\right) + A_I\, I_{CBS}\left(e^{\frac{U_{CB'}}{U_T}} - 1\right),$$

$$I_C = -I_{CBS}\left(e^{\frac{U_{CB'}}{U_T}} - 1\right) + A_N\, I_{EBS}\left(e^{\frac{U_{EB'}}{U_T}} - 1\right).$$

Hieraus erhält man durch Elimination von $U_{CB'}$ bzw. $U_{EB'}$

$$I_E = -A_I\, I_C - (1 - A_N A_I)\, I_{EBS}\left(e^{\frac{U_{EB'}}{U_T}} - 1\right),$$

$$I_C = -A_N\, I_E - (1 - A_N A_I)\, I_{CBS}\left(e^{\frac{U_{CB'}}{U_T}} - 1\right).$$

Zur Abkürzung setzt man

$$\begin{aligned}(1 - A_N A_I)\, I_{EBS} &= I_{EBO},\\ (1 - A_N A_I)\, I_{CBS} &= I_{CBO}.\end{aligned} \tag{3.32}$$

Der Strom $I_{EBO}$ heißt *Emitterreststrom*. Er ist der für $U_{EB'} \to -\infty$ bei $I_C = 0$ (vgl. den dritten Index in $I_{EBO}$) in Sperrichtung fließende Strom zwischen Basis und Emitter. Der Strom $I_{CBO}$ heißt *Kollektorreststrom*. Er ist der für $U_{CB'} \to -\infty$

bei $I_E = 0$ (vgl. den dritten Index in $I_{CBO}$) in Sperrichtung fließende Strom zwischen Basis und Kollektor. Mit diesen Abkürzungen ergibt sich die einfachere Schreibweise

$$I_E = -A_I I_C - I_{EBO}\left(e^{\frac{U_{EB'}}{U_T}} - 1\right), \tag{3.33}$$

$$I_C = -A_N I_E - I_{CBO}\left(e^{\frac{U_{CB'}}{U_T}} - 1\right). \tag{3.34}$$

Die statischen Transistorgleichungen (3.33) und (3.34) enthalten zusammen vier Transistorkenngrößen, nämlich $A_N$; $A_I$; $I_{EBO}$ und $I_{CBO}$. Diese vier Kenngrößen sind aber nicht unabhängig voneinander. Es gilt vielmehr

$$\frac{A_N}{A_I} = \frac{I_{CBO}}{I_{EBO}}. \tag{3.35}$$

Gl. (3.35) kann man sich anschaulich vom Transistoraufbau her klarmachen. Die Stromverstärkung $A_N$ in Normalrichtung wird dann größer als die in inverser Richtung $A_I$ sein, wenn die Kollektorpille in Abb. 3.18 größer als die Emitterpille ist, weil dann der Prozentsatz des Stromes $I_{EN}$, der in den Kollektor gelangt, größer ist als der Prozentsatz des Stromes $I_{CI}$, der in den Emitter gelangt. Andererseits wird auch der Kollektorreststrom $I_{CBO}$ größer als der Emitterreststrom $I_{EBO}$, wenn die Kollektorpille größer als die Emitterpille ist.

Führt man anstelle des Emitterstroms $I_E$ mittels Gl. (3.29) den Basisstrom in Gl. (3.34) ein, dann ergibt sich

$$I_C = -A_N(-I_C - I_B) + I_{CBO}\left(e^{\frac{U_{CB'}}{U_T}} - 1\right),$$

$$I_C = \frac{A_N}{1 - A_N} I_B + \frac{1}{1 - A_N} I_{CBO}\left(e^{\frac{U_{CB'}}{U_T}} - 1\right). \tag{3.36}$$

Die statischen Transistorgleichungen nach Gln. (3.33) bis (3.36) gelten allgemein, d. h. für beliebige Polung der *pn*-Übergänge. Bei normalen Anwendungen in linearen Verstärkern ist aber die Kollektor-Basis-Diode in Sperrichtung vorgespannt, während die Emitter-Basis-Diode in Durchlaßrichtung gepolt ist. In diesem Fall ist in der Regel $U_{CB'} < -0{,}1$ V, so daß mit $U_T = 26$ mV der Exponentialausdruck in Gl. (3.34) vernachlässigt werden kann. Damit gilt anstatt Gl. (3.34)

$$I_C = -A_N I_E + I_{CBO} = -I_B - I_E \tag{3.34a}$$

und anstatt Gl. (3.36)

$$I_C = \frac{A_N}{1 - A_N} I_B + \frac{1}{1 - A_N} I_{CBO}. \tag{3.36a}$$

Man setzt gewöhnlich

$$\frac{A_N}{1 - A_N} = B_N \tag{3.37}$$

und bezeichnet $B_N$ als *Gleichstromverstärkung in Emitterschaltung normal.* Aus Gl. (3.36a) wird damit

$$I_C = B_N I_B + (B_N + 1) I_{CBO}. \tag{3.38}$$

Gl. (3.38) ist vor allem für Arbeitspunkteinstellungen wichtig.

Die statischen Transistorgleichungen (3.33), (3.34) und (3.35) gehen auf Ebers und Moll zurück. Diese Autoren haben diese Gleichungen durch Integration der Diffusionsgleichung gewonnen [*14*]. In ihrer Rechnung wurde vorausgesetzt, daß in der Basiszone keine Driftfelder vorhanden sind, und daß die Dicken der Sperrschichten spannungsunabhängig sind, was in Wirklichkeit wegen des sogenannten EARLY-Effektes [*15*] nicht zutrifft. Trotz dieser Vernachlässigungen geben die statischen Transistorgleichungen die wirklichen Verhältnisse relativ gut wieder, wie aus einem Vergleich mit gemessenen Kennlinienfeldern hervorgeht.

Die graphische Darstellung des Zusammenhangs zwischen den äußeren Transistorspannungen $U_{CE}$, $U_{BE}$ und $U_{CB}$ und den Transistorströmen $I_C$, $I_B$ und $I_E$ in Kennlinienfeldern kann auf verschiedene Weisen erfolgen. Die zweckmäßigste Darstellung hängt davon ab, wie der Transistor geschaltet werden soll. Wie bei der Röhre, so sind auch beim Transistor drei verschiedene Grundschaltungen möglich, die dadurch bestimmt sind, welcher Anschluß bzw. welche Klemme dem Eingangs- und Ausgangskreis gemeinsam ist. Abb. 3.22 zeigt die drei Möglichkeiten. Die Basisschaltung entspricht der Gitterbasisschaltung bei Röhren, die Emitterschaltung entspricht der Kathodenbasisschaltung und die Kollektorschaltung (auch Emitterfolger genannt) entspricht der Anodenbasisschaltung.

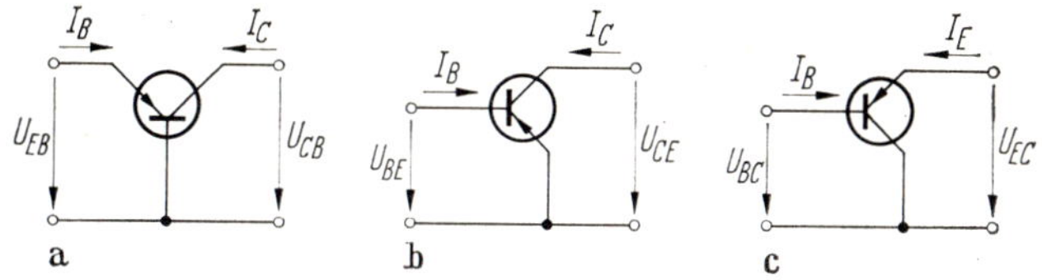


Abb. 3.22. Grundschaltungen des Transistors
a Basisschaltung; b Emitterschaltung; c Kollektorschaltung

Da die Emitterschaltung die größte praktische Bedeutung hat, möge es genügen, wenn nur ein auf diese Schaltung zugeschnittenes Kennlinienfeld angegeben wird. Abb. 3.23 zeigt ein solches, welches mit den statischen Transistorgleichungen (3.33), (3.34) und (3.35) für $A_N = 0{,}98$; $A_I = 0{,}49$, $I_{CBO} = -0{,}02$ mA; $R_{BB'} = 100\,\Omega$ und $U_T = 26{,}12$ mV berechnet wurde. Das Gebiet um den Koordinatenursprung ist rechts unten im Bild vergrößert herausgezeichnet.

Die Auflösung der statischen Transistorgleichungen nach den gewünschten Größen unter Berücksichtigung des Spannungsabfalls am Basisbahnwiderstand $R_{BB'}$ gemäß Abb. 3.19 ergibt nach einiger Rechnung

$$I_C = \frac{A_N}{1-A_N}\,\frac{e^{-\frac{U_{CE}}{U_T}} - \frac{1}{A_I}}{e^{-\frac{U_{CE}}{U_T}} + \frac{A_N(1-A_I)}{A_I(1-A_N)}}\left[I_B + I_{CBO}\,\frac{\frac{1}{A_I} + \frac{1}{A_N} - 2}{\frac{1}{A_I} - A_N}\right] + I_{CBO}\,\frac{\frac{1}{A_I} - 1}{\frac{1}{A_I} - A_N}$$

$$U_{BE} = -U_T \ln\left\{\frac{\frac{I_B}{I_{CBO}}\left(\frac{1}{A_I} - A_N\right) + \frac{1}{A_I} + \frac{1}{A_N} - 2}{\left(\frac{1}{A_I} - 1\right)e^{\frac{U_{CE}}{U_T}} + \frac{1}{A_N} - 1}\right\} - R_{BB'}\,I_B\,.$$

Aus der oberen Gleichung ergibt sich mit $I_B$ als Parameter das $I_C\,U_{CE}$-Kennlinienfeld, mit $U_{CE}$ als Parameter das $I_C\,I_B$-Kennlinienfeld. Im letzteren fallen für $-U_{CE} > 0{,}3$ V alle Geraden praktisch in eine einzige zusammen. Aus der unteren Gleichung ergibt sich mit $U_{CE}$ als Parameter das Kennlinienfeld des 3. Quadranten und mit $I_B$ als Parameter das Kennlinienfeld des 4. Quadranten von Abb. 3.23.

Ein Vergleich von gerechneten und gemessenen Transistorkennlinien ergibt für nicht zu große Spannungen und Ströme eine gute Übereinstimmung. Die stärksten Abweichungen treten in den oberen beiden Quadranten des Vierfachkennlinienfeldes auf. In Abb. 3.23 ist der typische Verlauf der Kennlinien des realen Transistors gestrichelt eingetragen. Die Abweichungen sind im wesentlichen durch zwei Effekte bedingt. Der erste Effekt, der schon genannte EARLY-Effekt, hat zur Folge, daß mit größer werdendem Betrag der Kollektoremitterspannung $|U_{CE}|$ die Stromverstärkung $A_N$ etwas wächst, was sich im $I_C\,U_{CE}$-Kennlinienfeld in einem leichten Anstieg der normalerweise fast waagerecht verlaufenden Kennlinien äußert und im $I_C\,I_B$-Kennlinienfeld eine leichte Auffächerung der Kennlinien bewirkt. Der zweite Effekt zeigt sich darin, daß bei großer Stromdichte im Transistor die Stromverstärkung $A_N$ kleiner wird. Im $I_C\,U_{CE}$-Kennlinienfeld äußert sich das am kleiner werdenden vertikalen Abstand der Kennlinien $I_B =$ konst. bei größerem Betrag des Kollektorstroms $|I_C|$. Im $I_C\,I_B$-Kennlinienfeld ruft dieser Effekt eine leichte Krümmung der normalerweise geraden Linien hervor. Die prozentuale Abweichung der absoluten Spannungen und Ströme ist bei Rechnung und Messung gering. Folglich kann in allen Fällen, bei denen nur die statischen Absolutwerte interessieren wie z. B. bei der Arbeitspunkteinstellung oder beim statischen Großsignalbetrieb, mit guter Näherung mit den statischen Transistorgleichungen von Gl. (3.33) bis (3.38) gerechnet werden.

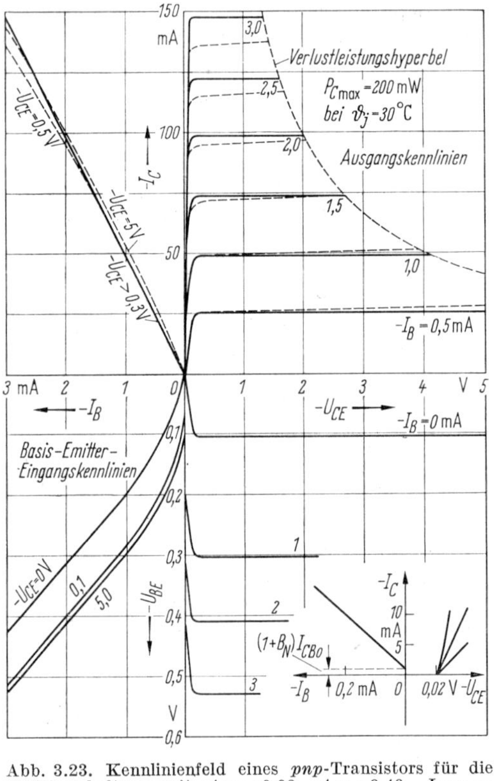

Abb. 3.23. Kennlinienfeld eines *pnp*-Transistors für die Emitterschaltung mit $A_N = 0{,}98$, $A_I = 0{,}49$, $I_{CBO} = -0{,}02$ mA, $R_{BB'} = 100\,\Omega$ (ausgezogene Kurven sind gerechnet, gestrichelte Kurven stellen typische Abweichungen beim realen Transistor dar)

Beim (niederfrequenten) Kleinsignalbetrieb spielen die Steigungen der Kennlinien im Arbeitspunkt (AP) eine Rolle. Hier können zwischen Meßwerten und berechneten Werten u. U. beträchtliche Unterschiede auftreten, weswegen man in diesem Fall besser von gemessenen Kleinsignalkenngrößen ausgeht. Auf jeden Fall ergibt aber das Vierfachkennlinienfeld, daß sich der Transistor an der Ausgangsseite ähnlich wie eine Pentode verhält, d. h. einen großen differentiellen Innenwiderstand besitzt (rechter oberer Quadrant). Auf der Eingangsseite ist jedoch ein endlicher Eingangswiderstand vorhanden, der bei kleineren Basisströmen stark von der Lage des Arbeitspunktes abhängt (logarithmischer Zusammenhang zwischen Basis-Emitter-Spannung $U_{BE}$ und Basisstrom $I_B$ im linken unteren Quadrant). Wie der rechte untere Quadrant zeigt, sind die Spannungsrückwirkungen von der Ausgangs- auf die Eingangsseite unbedeutend. Dieses alles gilt natürlich nur statisch bzw. bei niedrigen Frequenzen. Bei höheren Frequenzen treten im allgemeinen noch weitere Abweichungen durch zusätzliche Einflüsse in Erscheinung. Dadurch werden z. B. die Spannungsrückwirkungen oft recht erheblich.

*Grenzwerte.* Damit ein Transistor nicht durch Überlastung zerstört wird, müssen die von den Herstellern angegebenen Grenzwerte eingehalten werden. Durch die Angabe einer maximal zulässigen Verlustleistung $P_{V\max}$ soll die thermische Überlastung des Transistors vermieden werden. Im $I_C\,U_{CE}$-Kennlinienfeld wird die Forderung auf Einhaltung einer oberen Grenze für die Verlustleistung durch die Verlustleistungshyperbel $I_C\,U_{CE} = P_{C\max}$ ausgedrückt (Abb. 3.23). Die maximal zulässige Kollektorverlustleistung eines Transistors hängt von seiner maximal zulässigen Kristalltemperatur $\vartheta_{\mathrm{j\,max}}$ ab. Die maximal zulässige Kristalltemperatur $\vartheta_{\mathrm{j\,max}}$ liegt bei Germaniumtransistoren zwischen 75 °C und 90 °C. Bei Siliziumtransistoren liegt sie höher, etwa um 150 °C. Der jeweilige Höchstwert wird von den Transistorherstellern in den Datenblättern angegeben.

Wird im Transistor keine Wirkleistung umgesetzt, dann ist seine Kristalltemperatur $\vartheta_{\mathrm{j}}$ gleich der Umgebungstemperatur $\vartheta_{ugb}$. Im anderen Fall (d. h. wenn Wirkleistung umgesetzt wird) entsteht Wärme, welche die Kristalltemperatur um so mehr erhöht, je schlechter das Wärmeableitvermögen des Transistors ist bzw. je höher sein Wärmewiderstand $R_{i\,\mathrm{therm}}$ ist. Es ergibt sich folgender Zusammenhang

$$\vartheta_{\mathrm{j}} = R_{i\,\mathrm{therm}}\, P_V + \vartheta_{ugb}, \tag{3.39}$$

$P_V$ Verlustleistung im Transistor $\approx$ Kollektorverlustleistung $P_C$
$R_{i\,\mathrm{therm}}$ Wärmewiderstand
$\vartheta_{\mathrm{j}}$ bzw. $\vartheta_{ugb}$ Kristall- bzw. Umgebungstemperatur in °C.

$R_{i\,\mathrm{therm}}$ wird vom Transistorhersteller angegeben. Die Dimension ist Grad Celsius pro Watt oder Grad Celsius pro Milliwatt.

Die Verlustleistung im Transistor kann etwa gleich der Kollektorverlustleistung gesetzt werden, weil im Normalfall $|I_B| \ll |I_C|$ und $|U_{BE}| \ll |U_{CE}|$. Die maximal zulässige Kollektorverlustleistung $P_{C\,\max}$ errechnet sich durch Auflösen von Gl. (3.39) zu $(P_V \approx P_C)$

$$P_{C\,\max} = \frac{\vartheta_{\mathrm{j\,max}} - \vartheta_{ugb}}{R_{i\,\mathrm{therm}}}. \tag{3.40}$$

**Kurze Gegenüberstellung von Transistor und Elektronenröhre**

Äußerlich entsprechen sich: Basis und Steuergitter, Emitter und Kathode, Kollektor und Anode. Der Transistor ist verglichen mit der Röhre schon bei kleinen Versorgungsspannungen betriebsfähig. Weitere Vorteile des Transistors sind der Fortfall der Heizung, geringere äußere Abmessungen und höhere Lebensdauer. Allerdings verbraucht der Transistor Steuerleistung, d. h., es fließt ein Steuerstrom, der im Gegensatz zur Röhre im allgemeinen nicht vernachlässigbar ist. Ferner sind bei höheren Frequenzen die Rückwirkungen des Transistors wesentlich stärker als bei der Röhre, weshalb also Eingangs- und Ausgangskreis einer Transistorverstärkerstufe noch verhältnismäßig stark gekoppelt sein können. Weiterhin beeinflussen Temperaturänderungen den Transistor stark, die Röhre jedoch nur unbedeutend, was bei der Arbeitspunkteinstellung des Transistors berücksichtigt werden muß (Abschn. 3.2.3.1).

### 3.2.3 Der Transistor als Kleinsignalverstärkerelement

Bei der Verwendung des Transistors als Kleinsignalverstärkerelement muß zunächst ein Arbeitspunkt eingestellt werden. Dies geschieht in der Weise, daß die Transistorklemmen über geeignete Vorwiderstände an Gleichstromquellen bzw. Batterien angeschlossen werden, so daß die gewünschten Gleichströme durch den Transistor fließen und die gewünschten Gleichspannungen an den Transistorklemmen anliegen. Man legt den Arbeitspunkt zweckmäßigerweise an eine solche Stelle im Kennlinienfeld, an der sich statisch annähernd lineare Verhältnisse ergeben und die Transistorgrenzdaten nicht überschritten werden. Durch das zu verstärkende Signal werden dann die Transistorströme und -spannungen proportional dem momentanen Signalwert vom Arbeitspunkt ausgelenkt.

#### 3.2.3.1 Arbeitspunkteinstellung und Arbeitspunktstabilisierung

Im Gegensatz zu den Verhältnissen bei Röhren müssen bei der Einstellung des Arbeitspunktes bei Transistoren Temperatureffekte berücksichtigt werden. Gewisse Transistorkenngrößen sind nämlich temperaturabhängig, so daß sich bei Temperaturänderung der Arbeitspunkt und damit die Verstärkereigenschaften ebenfalls ändern.

Alle folgenden Betrachtungen gelten für *pnp*-Flächentransistoren in Emitterschaltung. Um einen Arbeitspunkt einzustellen, in dem der Transistor linear verstärken soll, muß der Eingangskreis (Basis-Emitter) in Durchlaßrichtung, der Ausgangskreis (Kollektor-Emitter) in Sperrichtung vorgespannt sein. Damit ergibt sich im Prinzip eine mögliche Schaltung nach Abb. 3.24a. Die Quelle des zu verstärkenden Wechselstromsignals kann z. B. kapazitiv angekoppelt werden. Häufig erscheint es zweckmäßig, die Spannungsquelle $U_{02}$ einzusparen und Kollektor- und Basisgleichstrom der gleichen Batterie $U_{01}$ zu entnehmen (Abb. 3.24b).

Man kann z. B. für die Schaltung nach Abb. 3.24a ein und denselben Arbeitspunkt, der durch die Gleichstromruhewerte von $U_{CE}$; $I_B$ und $I_C$ gekennzeichnet ist, durch verschiedene Werte von $U_{01}$; $U_{02}$; $R_L$; $R_2$ und $R_3$ einstellen. Theorie und Praxis zeigen nun, daß die verschiedenen Möglichkeiten der Arbeitspunkteinstellung zu verschiedenen Schaltungen führen, die sich in ihrer Temperaturempfindlichkeit stark unterscheiden. Bei der einen Schaltung wandert der Arbeitspunkt stark, bei der anderen weniger stark. Oft ändert sich der Arbeitspunkt in der Weise, daß die Verlustleistung im Transistor mit steigender Temperatur wächst. Das hat eine weitere Erwärmung des Transistors zur Folge und kann im ungünstigsten Fall schließlich zur Zerstörung des Transistors führen (runaway-Effekt).

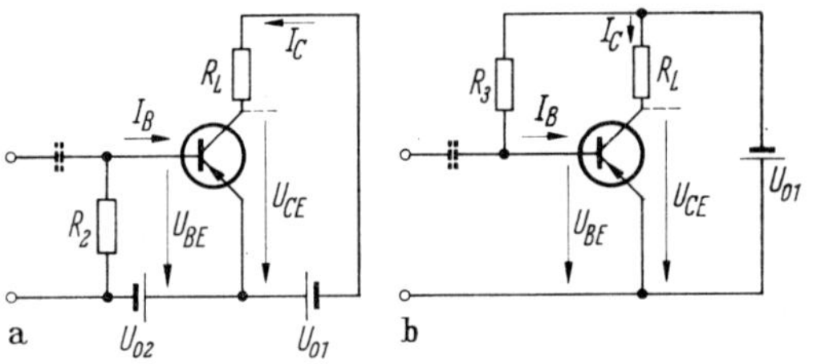


Abb. 3.24. Prinzip der Arbeitspunkteinstellung a mit zwei Batterien; b mit einer Batterie

Bei Temperatureinflüssen unterscheidet man zwischen *thermischer Stabilität* und *thermischer Stabilisierung*. Thermische Stabilität bedeutet hier lediglich, daß der Transistor nicht durch thermische Labilität des Arbeitspunktes zerstört wird. Stabilisierung kennzeichnet dagegen eine Maßnahme, die den Arbeitspunkt möglichst unempfindlich gegen Temperaturschwankungen macht.

Zunächst soll ein Verfahren zur Erreichung der Stabilität besprochen werden, das unter dem Namen *Prinzip der halben Speisespannung* bekannt ist. Dieses Prinzip beruht auf folgender Überlegung: Ein Transistor muß dann thermisch stabil sein, wenn mit steigender Temperatur $\vartheta$ die Verlustleistung $P_V$ im Transistor nicht größer wird, d. h. konstant bleibt oder absinkt. Mathematisch lautet die Bedingung:

$$\frac{\partial P_V}{\partial \vartheta} \leqq 0. \tag{3.41}$$

Die Verlustleistung $P_V$ im Transistor kann näherungsweise der Kollektorverlustleistung $P_C$ gleichgesetzt werden, da die Emitter-Basis-Strecke in Durchlaßrichtung gepolt ist, d. h. einen vernachlässigbar kleinen Widerstand im Vergleich zur Basis-Kollektor-Strecke hat. Gl. (3.41) läßt sich also folgendermaßen umschreiben bzw. erweitern

$$\frac{\partial P_V}{\partial \vartheta} \approx \frac{\partial P_C}{\partial \vartheta} = \frac{\partial P_C}{\partial I_C}\,\frac{\partial I_C}{\partial \vartheta} \leqq 0. \tag{3.42}$$

Wie weiter unten noch näher begründet wird, ist stets $\partial I_C/\partial \vartheta > 0$, d. h., der Kollektorstrom $I_C$ steigt mit wachsender Temperatur. Damit die Bedingung der Gl. (3.42) eingehalten wird, muß $\partial P_C/\partial I_C$ entweder Null oder negativ sein.

Nach Abb. 3.24b gilt für die Kollektorverlustleistung

$$P_C \approx U_{CE}\, I_C = (U_{01} - R_L I_C)\, I_C, \quad (U_{CE} \approx U_{CB}),$$

$$\frac{\partial P_C}{\partial I_C} = U_{01} - 2 R_L I_C \leqq 0,$$

$$R_L I_C \geqq \tfrac{1}{2} U_{01}. \tag{3.43}$$

Die Stabilitätsbedingung wird eingehalten, wenn an $R_L$ die halbe Speisespannung $U_{01}$ oder mehr abfällt bzw. wenn zwischen Kollektor und Emitter maximal die halbe Speisespannung auftritt. Dies ist eine Bedingung, bei der der Transistor in jedem Fall thermisch stabil ist.

Maßnahmen zur Stabilisierung des Arbeitspunktes sind komplizierter als die zur Erreichung der Stabilität. Die Arbeitspunkteinstellung hat hier so zu erfolgen, daß sich der Arbeitspunkt möglichst wenig mit der Temperatur ändert. Dazu ist die quantitative Kenntnis der Temperaturabhängigkeit des Arbeitspunktes erforderlich.

Das Verhalten des Transistors wird im wesentlichen durch Gl. (3.33) und Gl. (3.34) beschrieben. In diesen Gleichungen sind praktisch nur die Restströme $I_{CBO}$ und $I_{EBO}$ temperaturabhängig sowie natürlich die Temperaturspannung $U_T$. Für letztere gilt

$$U_T = \frac{k\,\vartheta(°\mathrm{K})}{q} = 86 \cdot 10^{-6} \frac{\mathrm{V}}{\mathrm{Grad}}\, \vartheta(°\mathrm{K}). \tag{3.44}$$

$k$ BOLTZMANN-Konstante $= 1{,}38 \cdot 10^{-23}$ Ws/°K
$q$ Elementarladung $= 1{,}602 \cdot 10^{-19}$ As
$\vartheta(°\mathrm{K})$ absolute Temperatur in Grad Kelvin (°K).

Die Temperaturabhängigkeit der Restströme wird mit guter Näherung durch folgende Beziehungen wiedergegeben

$$\begin{aligned} I_{CBO}(\vartheta_j) &= I_{CBO}(\vartheta_0)\, e^{c(\vartheta_j - \vartheta_0)} \\ I_{EBO}(\vartheta_j) &= I_{EBO}(\vartheta_0)\, e^{c(\vartheta_j - \vartheta_0)}\,. \end{aligned} \tag{3.45}$$

$\vartheta_j$ Kristalltemperatur bzw. Sperrschichttemperatur
$\vartheta_0$ 298 °K bzw. 25 °C = Bezugstemperatur
$c \approx 0{,}1$ °K$^{-1}$ bzw. °C$^{-1}$.

Der Kollektorreststrom $I_{CBO}(\vartheta_0)$ bei der Bezugstemperatur liegt meistens in der Größenordnung von 10 $\mu$A. Abb. 3.26 zeigt den Verlauf von Gl. (3.45). Der Emitterreststrom $I_{EBO}(\vartheta_0)$ ist mit $I_{CBO}(\vartheta_0)$ über Gl. (3.35) verknüpft, d. h., er ist normalerweise kleiner als $I_{CBO}(\vartheta_0)$.

Bei normalem Transistorbetrieb, d. h. bei gesperrter Kollektor-Basis-Diode, wurde in Gl. (3.34) der Ausdruck $\exp(U_{CB'}/U_T)$ vernachlässigt (exp bedeutet e-*Funktion*), und es ergaben sich Gl. (3.34a) und Gl. (3.38). Solange bei steigender Temperatur $\exp(U_{CB'}/U_T)$ vernachlässigbar bleibt, gelten nun mit Gl. (3.45)

$$I_C(\vartheta_j) = -A_N\, I_E + I_{CBO}(\vartheta_0)\, e^{c(\vartheta_j - \vartheta_0)} \tag{3.46}$$

bzw. mit Gl. (3.38)

$$I_C(\vartheta_j) = B_N\, I_B + (1 + B_N)\, I_{CBO}(\vartheta_0)\, e^{c(\vartheta_j - \vartheta_0)}. \tag{3.47}$$

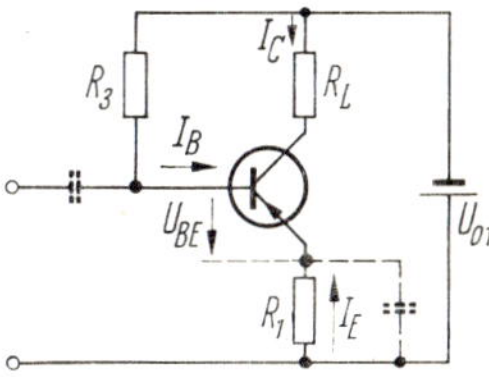

Abb. 3.25. Beispiel einer temperaturstabilisierten Arbeitspunkteinstellung

Bei steigender Temperatur steigt also auch der Kollektorstrom $I_C$, woraus bereits in Gl. (3.42) Schlußfolgerungen gezogen wurden. Im Fall, daß $I_B$ einen festen Wert hat bzw. vorgegeben wird, was in Emitterschaltung nach Abb. 3.24b bei $R_3 \gg \left|\frac{U_{BE}}{I_B}\right|$ der Fall ist, geht der temperaturabhängige Reststrom $I_{CBO}$ mit dem Faktor $(1 + B_N)$ in den Kollektorstrom ein. Dadurch kann der Kollektorstrom $I_C$ bei Emitterschaltung sehr beträchtlich mit der Temperatur ansteigen. In der Basisschaltung, in welcher der Emitterstrom gesteuert wird, und in welcher damit der Emitterruhestrom $I_E$ praktisch eingeprägt ist, wird mit Gl. (3.46) die Temperaturabhängigkeit von $I_C$ geringer.

Aus Gln. (3.33), (3.34) und (3.45) läßt sich errechnen, daß die Emitter-Basis-Spannung $U_{EB'}$ sowohl für den Fall $I_E$ = konst. als auch für den Fall $I_B$ = konst.

unter normalen Betriebsbedingungen sinkt (d. h. $|U_{BE}|$ wird kleiner). Nach [6] ergibt sich zahlenmäßig

$$\left.\frac{\Delta U_{EB}}{\Delta \vartheta_j}\right|_{I_B=\text{konst.}} \approx \left.\frac{\Delta U_{EB}}{\Delta \vartheta_j}\right|_{I_E=\text{konst.}} \approx -2{,}4\,\frac{\text{mV}}{\text{Grad}}\,. \tag{3.48}$$

Aus den obigen Betrachtungen folgt, daß bei annähernd eingeprägtem Basisstrom $I_B$, was in der Emitterschaltung meist vorausgesetzt werden kann, eine beträchtliche Kollektorstromerhöhung mit steigender Temperatur möglich ist. Speziell für die Schaltung nach Abb. 3.24b ergibt sich einmal eine Kollektorstromerhöhung, die das $(B_N + 1)$-fache der Reststromerhöhung ist [Gl. (3.47)]. Zum anderen ergibt sich aber darüber hinaus noch eine Erhöhung von $I_B$ (die mit dem Faktor $B_N$ in den Kollektorstrom eingeht), weil $|U_{BE}|$ mit steigender Temperatur sinkt. Um einer Selbstaufheizung des Transistors zu begegnen, die im Fall von Abb. 3.24b besonders bei kleinem Lastwiderstand $R_L$ leicht möglich ist, ist es zweckmäßig, die Arbeitspunkteinstellung anders, d. h. derart vorzunehmen, daß bei Temperaturerhöhung sich der Basisruhestrom erniedrigt und somit der Kollektorstromerhöhung entgegenwirkt. Die Möglichkeiten hierfür sollen an zwei einfachen Beispielen diskutiert und erläutert werden. Für die Praxis sehr brauchbare Kenngrößen der Temperaturempfindlichkeit sind die sogenannten Stabilitätsfaktoren. Einer davon lautet:

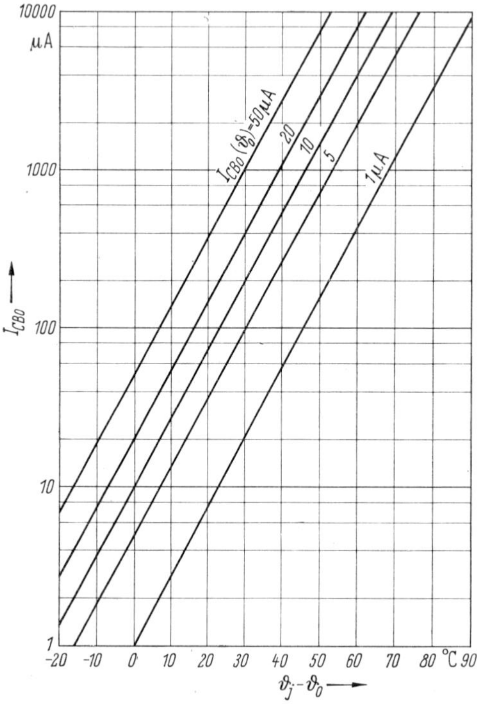


Abb. 3.26. Kollektorreststrom $I_{CBO}$ in Abhängigkeit von der Temperatur

$$S_T = \frac{\partial I_C}{\partial I_{CBO}} \approx \frac{\Delta I_C}{\Delta I_{CBO}}\,. \tag{3.49}$$

$S_T$ kennzeichnet also die Veränderung des Kollektorstroms $I_C$ bei Änderung des Kollektorreststroms $I_{CBO}$. Für gute Stabilität muß $S_T$ möglichst klein sein. Im nichterreichbaren Idealfall ist $S_T = 0$.

Für die Schaltung nach Abb. 3.24b ist, wenn man näherungsweise $U_{BE} = 0$ setzt, der Basisstrom praktisch eingeprägt

$$I_B = \frac{U_{01}}{R_3}\,.$$

Mit Gl. (3.38)

$$I_C = \frac{U_{01}}{R_3} B_N + (B_N + 1)\, I_{CBO}, \tag{3.50}$$

$$S_T = \frac{\partial I_C}{\partial I_{CBO}} = (B_N + 1) \approx \frac{\Delta I_C}{\Delta I_{CBO}}\,. \tag{3.51}$$

Bei einer Temperaturerhöhung $(\vartheta_j - \vartheta_0) = 30$ °C und einem Kollektorreststrom $I_{CBO}(\vartheta_0) = 10\,\mu$A würde nach Abb. 3.26 der Anstieg $\Delta I_{CBO} \approx 0{,}2$ mA betragen. Mit $B_N = 49$, d. h. $S_T = 50$ wird dann der Anstieg des Kollektorstroms $\Delta I_C = 10$ mA, sofern der Strom $I_C$ nicht zuvor durch den Wert von $R_L$ und die Batteriespannung $U_{01}$ auf einen kleineren Maximalstrom begrenzt wird.

Geht man vergleichsweise von der Schaltung nach Abb. 3.25 aus, dann errechnet sich

$$U_{01} = I_B R_3 + U_{BE} - I_E R_1. \tag{3.52}$$

Sind die Spannungsabfälle an $R_3$ und $R_1$ groß gegen $U_{BE}$, dann wird aus Gl. (3.52)

$$U_{01} = I_B R_3 + (I_B + I_C) R_1, \tag{3.53}$$

$$I_B = \frac{U_{01} - I_C R_1}{R_1 + R_3}.$$

Gl. (3.53) in Gl. (3.38) eingeführt ergibt

$$I_C = B_N \frac{U_{01} - I_C R_1}{R_1 + R_3} + (B_N + 1) I_{CBO}, \tag{3.54}$$

$$I_C \left\{1 + \frac{B_N R_1}{R_1 + R_3}\right\} = \frac{U_{01} B_N}{R_1 + R_3} + (B_N + 1) I_{CBO},$$

$$S_T = \frac{\partial I_C}{\partial I_{CBO}} = (B_N + 1) \frac{R_3 + R_1}{R_3 + R_1 + B_N R_1} = \frac{(R_3 + R_1)(B_N + 1)}{R_3 + R_1(B_N + 1)}. \tag{3.55}$$

Für $R_1 = R_3$ und $B_N = 49$ wird $S_T \approx 2$, d. h. um den Faktor 25 besser als bei der Schaltung nach Abb. 3.24b. Bei gleichen Temperatur- und Reststromverhältnissen würde sich hier eine Kollektorstromänderung von $\Delta I_C = 0{,}4$ mA gegenüber 10 mA bei der Schaltung ohne $R_1$ ergeben. Der Widerstand $R_1$ kann für Wechselstrom durch einen Kondensator überbrückt werden. Seine temperaturstabilisierende Funktion liegt nur im Gleichstromwiderstand.

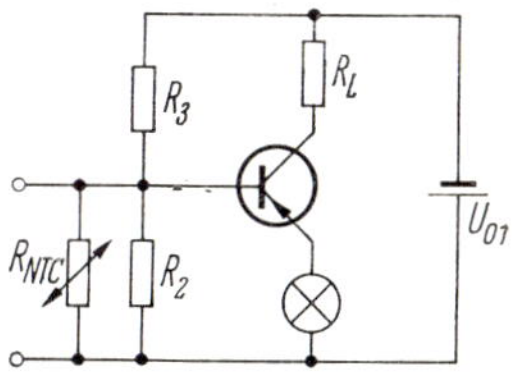

Abb. 3.27. Stabilisierungsschaltung für äußere und innere Temperaturschwankungen

Die bisher besprochenen Maßnahmen für die temperaturstabile Arbeitspunkteinstellung erfordern oft eine relativ hohe Gleichstromleistung, da sich oft eine hohe Batteriespannung wegen eines großen Wertes für den Emitterwiderstand $R_1$ ergibt. Insbesondere bei Stufen für höhere Leistung verwendet man darum auch gerne Stabilisierungsschaltungen mit Heiß- und Kaltleitern (Abb. 3.27). Der Widerstand des Kaltleiters (z. B. Glühlampe) nimmt mit ansteigendem Strom zu, wodurch der Einfluß der Eigenerwärmung des Transistors kompensiert wird. Der Heißleiter ($NTC$-Widerstand = Widerstand mit negativem Temperaturkoeffizient) kompensiert äußere Temperaturschwankungen.

### 3.2.3.2 Vierpolparameter und Ersatzschaltbilder

In Abschn. 3.1.3 hatte sich gezeigt, daß das Kleinsignalverhalten der Röhre durch eine einzige Gleichung, nämlich durch Gl. (3.9), beschrieben werden kann. Als Ersatzbild ergab sich damit ein Zweipol in Form einer gesteuerten Spannungs- oder Stromquelle (Abb. 3.7). Beim Transistor liegen die Verhältnisse nicht ganz so einfach. Gewöhnlich muß man den Transistor als aktiven Vierpol in die Berechnung einführen, der für die vorausgesetzten Kleinsignale natürlich linear ist.

Der Arbeitspunkt des Transistors möge durch die konstanten Größen $I_{BA}$; $I_{CA}$; $I_{EA}$; $U_{CBA}$; $U_{CEA}$; $U_{BEA}$ festliegen. Die zeitliche Auslenkung von diesem Arbeitspunkt werde durch die Kleinsignalgrößen $i_{BS}(t)$; $i_{CS}(t)$; $i_{ES}(t)$; $u_{CBS}(t)$; $u_{CES}(t)$; $u_{BES}(t)$ beschrieben. Entsprechend Abb. 3.21 muß auch für die Kleinsignalgrößen gelten

$$i_{BS}(t) + i_{CS}(t) + i_{ES}(t) = 0, \tag{3.56}$$

$$u_{CBS}(t) + u_{BES}(t) = u_{CES}(t). \tag{3.57}$$

Diese Gleichungen entsprechen Gl. (3.28) und Gl. (3.29). Der Zusammenhang zwischen Kleinsignalströmen $i_{CS}$ und $i_{ES}$ ist bei niedrigen Frequenzen durch den

Differentialquotienten $dI_C/dI_E$ der Funktion $I_C = f(I_E)$ im Arbeitspunkt (AP) gegeben [vgl. Gl. (3.34)].

$$i_{CS} = \frac{dI_C}{dI_E}\, i_{ES}.$$

Im Fall zeitlich konstanter Kollektor-Basis-Spannung $U_{CB'} = \text{konst.}$, d. h., bei $u_{CB'}(t) = 0$ bezeichnet man obigen Differentialquotienten als negative *Kurzschluß-Stromverstärkung in Basisschaltung* und kennzeichnet ihn mit $-\alpha_N$. Es ist also

$$i_{CS} = -\alpha_N\, i_{ES} \quad \text{bei} \quad u_{CB'} = 0. \tag{3.58}$$

$\alpha_N$ wäre mit $A_N$ identisch, wenn $A_N$ nicht strom- und spannungsabhängig wäre. Aus Gl. (3.58) und Gl. (3.56) folgt durch Elimination von $i_{ES}$

$$i_{CS} = \frac{\alpha_N}{1-\alpha_N}\, i_{BS} \quad \text{bei} \quad u_{CB'} = 0. \tag{3.59}$$

Bezieht man sich statt auf $u_{CB'S}(t) = 0$ auf $u_{CES}(t) = 0$, dann heißt es

$$i_{CS} = \beta_N\, i_{BS}. \tag{3.60}$$

$\beta_N$ bezeichnet man als *Kurzschlußstromverstärkung in Emitterschaltung*. Es ist näherungsweise

$$\beta_N \approx \frac{\alpha_N}{1-\alpha_N}. \tag{3.61}$$

Mit der Kurzschlußstromverstärkung $\alpha_N$ läßt sich das Kleinsignalersatzbild des Transistors von Abb. 3.28 aufstellen, welches für niedrige Frequenzen die realen Verhältnisse verhältnismäßig gut wiedergibt. Darin sind die Widerstände $r_C$, $r_E$ und $r_{BB'}$ die differentiellen Widerstände der Kollektorsperrschicht, des *pn*-Übergangs Emitter-Basis und des Basisbahnwiderstandes im Arbeitspunkt. Dieses Ersatzbild kann aus dem Großsignalersatzbild Abb. 3.19 abgeleitet werden. Wenn nämlich der *pn*-Übergang zwischen Basis und Kollektor in Sperrichtung vorgespannt ist, dann ändert sich der Strom $I_C$ selbst bei größeren Änderungen von $U_{CB'}$ nur sehr wenig, er ändert sich überhaupt nicht bei $U_{CB'} = \text{konst.}$, d. h. bei $u_{CB'} = 0$. Damit entfällt die Einströmung über den differentiellen Diodendurchlaßwiderstand $r_E$.

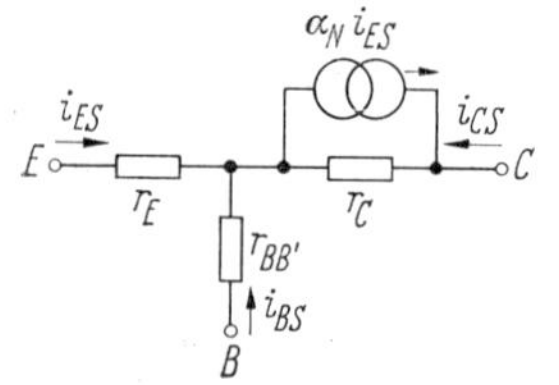

Abb. 3.28 Kleinsignaltransistorersatzschaltbild für niedrige Frequenzen

Anstatt von den physikalischen Vorgängen im Inneren des Transistors auszugehen, kann man auch den Transistor nur von außen betrachten und anhand der meßbaren äußeren Eigenschaften ein Transistorersatzbild aufstellen. Abb. 3.29a zeigt einen Transistor in beliebiger Schaltung. Der Einfachheit halber sei voraus-

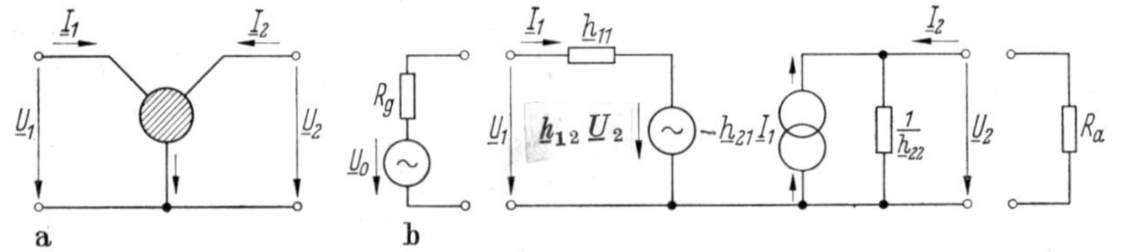

Abb. 3.29. a Transistor in allgemeiner Schaltung; b Ersatzschaltbild mit $h$-Parametern für niedrige Frequenzen

gesetzt, daß die Kleinsignalgrößen alle sinusförmig seien, so daß mit komplexen Amplituden $\underline{I}_1$; $\underline{I}_2$; $\underline{U}_1$ und $\underline{U}_2$ gerechnet werden kann. (Die zur Einstellung des Arbeitspunktes erforderliche äußere Beschaltung ist in Abb. 3.29a weggelassen.) Für den Fall, daß der Transistor in Emitterschaltung (vgl. Abb. 3.22) betrieben wird, ist $\underline{I}_1 = \underline{I}_B$; $\underline{I}_2 = \underline{I}_C$; $\underline{U}_1 = \underline{U}_{BE}$; $\underline{U}_2 = \underline{U}_{CE}$. In Basisschaltung wäre

$\underline{U}_1 = \underline{U}_{EB}$ usw. Bei niedrigen Frequenzen (NF) werden beim Transistor üblicherweise die $\underline{h}$-Parameter (Hybrid Parameter, vgl. Abschn. 0.5) als kennzeichnende Vierpolgrößen benutzt. Die Vierpolgleichungen lauten hierfür

$$\underline{U}_1 = \underline{h}_{11}\underline{I}_1 + \underline{h}_{12}\underline{U}_2, \tag{3.62}$$

$$\underline{I}_2 = \underline{h}_{21}\underline{I}_1 + \underline{h}_{22}\underline{U}_2. \tag{3.63}$$

Es bedeuten

$\underline{h}_{11} = \left.\frac{\underline{U}_1}{\underline{I}_1}\right|_{\underline{U}_2=0}$ Eingangswiderstand bei kurzgeschlossenem Ausgang,

$\underline{h}_{12} = \left.\frac{\underline{U}_1}{\underline{U}_2}\right|_{\underline{I}_1=0}$ Spannungsrückwirkung bei offenem Eingang,

$\underline{h}_{21} = \left.\frac{\underline{I}_2}{\underline{I}_1}\right|_{\underline{U}_2=0}$ Kurzschlußstromverstärkung bei kurzgeschlossenem Ausgang,

$\underline{h}_{22} = \left.\frac{\underline{I}_2}{\underline{U}_2}\right|_{\underline{I}_1=0}$ Ausgangsleitwert bei offenem Eingang.

Diese Parameter haben für Emitter- oder Kollektorschaltung andere Werte als für die Basisschaltung. Üblich ist die Schreibweise:

Basisschaltung $\left\|\begin{matrix}\underline{h}_{11B} & \underline{h}_{12B}\\ \underline{h}_{21B} & \underline{h}_{22B}\end{matrix}\right\|$ Emitterschaltung $\left\|\begin{matrix}\underline{h}_{11E} & \underline{h}_{12E}\\ \underline{h}_{21E} & \underline{h}_{22E}\end{matrix}\right\|$

Kollektorschaltung $\left\|\begin{matrix}\underline{h}_{11C} & \underline{h}_{12C}\\ \underline{h}_{21C} & \underline{h}_{22C}\end{matrix}\right\|$

Für alle drei Grundschaltungen gilt das formale Ersatzbild von Abb. 3.29b. Darin sind die Zählpfeile so eingetragen, daß sie Gl. (3.62) und Gl. (3.63) erfüllen.

Wenn der Einfluß des Basisbahnwiderstandes $r_{BB'}$ nicht zu groß ist, dann gilt näherungsweise für die äußeren und inneren Transistorgrößen

$$\underline{h}_{21E} \approx \beta_N, \tag{3.64}$$

$$\underline{h}_{21B} \approx \alpha_N. \tag{3.65}$$

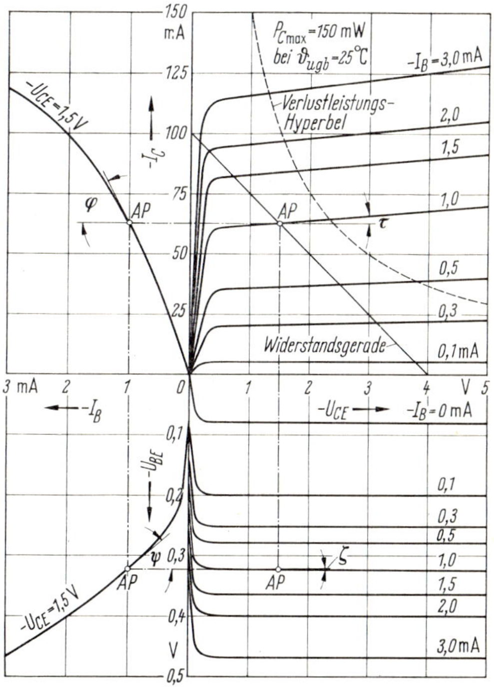


Abb. 3.30. Bestimmung der $\underline{h}$-Parameter aus dem Vierfachkennlinienfeld

Die $\underline{h}$-Parameter können für einen beliebigen Arbeitspunkt des Transistors aus den Steigerungen der statischen Kennlinien gewonnen werden, wenn die Frequenz des Wechselstromsignals genügend niedrig ist, so daß die bewirkten Strom- und Spannungsänderungen den statischen Kennlinien entsprechen. Abb. 3.30 zeigt ein gemessenes statisches Vierfachkennlinienfeld, worin ein willkürlicher Arbeitspunkt (AP) eingetragen ist. Da dieses Vierfachkennlinienfeld speziell auf die Emitterschaltung zugeschnitten ist, ergeben sich die $\underline{h}$-Parameter dieser

Schaltung unmittelbar aus den Steigungen der Kennlinien im Arbeitspunkt zu

$$\left.\begin{aligned}
\underline{h}_{11\,E} &= \frac{\underline{U}_1}{\underline{I}_1}\bigg|_{\underline{U}_2=0} = \frac{\underline{U}_{BE}}{\underline{I}_B}\bigg|_{\underline{U}_{CE}=0} = \tan\psi,\\
\underline{h}_{12\,E} &= \frac{\underline{U}_1}{\underline{U}_2}\bigg|_{\underline{I}_1=0} = \frac{\underline{U}_{BE}}{\underline{U}_{CE}}\bigg|_{\underline{I}_B=0} = \tan\xi,\\
\underline{h}_{21\,E} &= \frac{\underline{I}_2}{\underline{I}_1}\bigg|_{\underline{U}_2=0} = \frac{\underline{I}_C}{\underline{I}_B}\bigg|_{\underline{U}_{CE}=0} = \tan\varphi,\\
\underline{h}_{22\,E} &= \frac{\underline{I}_2}{\underline{U}_2}\bigg|_{\underline{I}_1=0} = \frac{\underline{I}_C}{\underline{U}_{CE}}\bigg|_{\underline{I}_B=0} = \tan\tau.
\end{aligned}\right\} \tag{3.66}$$

Die Bedingung, daß die Wechselgrößen $\underline{U}_2 = 0$ bzw. $\underline{I}_1 = 0$ sind, ist gleichwertig mit der Forderung, daß man im Mehrfachkennlinienfeld auf den Kennlinien $-\underline{U}_{CE} =$ konst. bzw. $-\underline{I}_B =$ konst. verbleibt. Die ermittelten Parameter sind in diesem Beispiel natürlich alle reell.

Wird der Transistor bei höheren Frequenzen betrieben, dann folgt die Auslenkung der Spannungen und Ströme vom Arbeitspunkt nicht mehr den statischen Kennlinien des Vierfachkennlinienfeldes. Die Ursache hierfür liegt nicht nur in den vorhandenen Kapazitäten innerhalb des Transistors, sondern in großem Maße auch an der endlichen Laufzeit der Ladungsträger im Transistor.

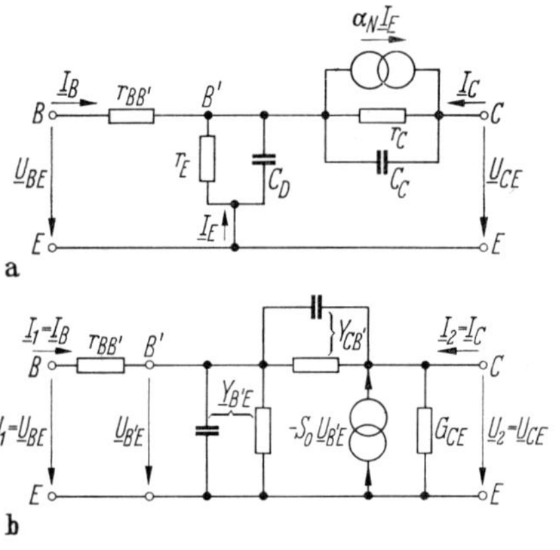


Abb. 3.31
Ersatzschaltbild für höhere Frequenzen
a *T*-Ersatzschaltbild; b GIACOLETTO-Ersatzbild

Aus der Betrachtung der physikalischen Vorgänge im Transistor bei zeitlich veränderlichen äußeren Spannungen und Strömen, auf die in diesem Rahmen nicht im einzelnen eingegangen werden kann, lassen sich die Ersatzbilder nach Abb. 3.31a und 3.31b herleiten, wobei insbesondere bei Abb. 3.31a zur Vereinfachung noch die Effekte vernachlässigt wurden, die sich für die Praxis nur wenig auswirken. Eine wichtige Erscheinung bei höheren Frequenzen ist die, daß Emitterwechselstrom und Kollektorwechselstrom phasenverschoben sind. Ferner nimmt bei konstanter Emitterstromamplitude $\underline{I}_E$ die Amplitude des Kollektorwechselstroms $\underline{I}_C$ mit wachsender Frequenz ab. Dieser Effekt wird im Ersatzbild Abb. 3.31a u. a. dadurch berücksichtigt, daß die Kurzschlußstromverstärkung $\alpha_N$ komplex angesetzt wird. Die Theorie liefert, daß mit guter Näherung folgende Beziehung gilt [6]:

$$\alpha_N(\mathrm{j}\,\omega) = \frac{\alpha_{N\,O}}{1 + \mathrm{j}\dfrac{\omega}{\omega_{\alpha N}}} = \frac{\alpha_{N\,O}}{1 + \mathrm{j}\dfrac{f}{f_\alpha}}. \tag{3.67}$$

Darin ist $\alpha_{N\,O}$ die Kurzschlußstromverstärkung bei sehr niedrigen Frequenzen ($\omega \to 0$). $f_\alpha$ ist die *α-Grenzfrequenz*. Bei $\omega = \omega_{\alpha N}$ ist der Betrag $|\alpha_N|$ auf den $1/\sqrt{2}$-fachen Wert von $\alpha_{N\,O}$ abgesunken. Typische Werte für die Elemente der Ersatzschaltung nach Abb. 3.31a eines Transistors mit $f_\alpha = 10$ MHz sind etwa folgende: $r_{BB'} = 500\,\Omega$; $r_E = 20\,\Omega$; $r_C = 1\,M\,\Omega$; $C_D = 250$ pF; $C_C = 25$ pF. Mit $C_C$ wird die Kapazität der Kollektorsperrschicht gekennzeichnet. $C_D$ ist die sogenannte *Diffusionskapazität*. Ihr Zustandekommen kann folgendermaßen erklärt werden: Wenn (beim *pnp*-Transistor) vom Emitter zum Kollektor ein konstanter Defektelektronenstrom ($I_{EN}$) fließt, dann befinden sich zu jedem Zeitpunkt eine bestimmte konstante Anzahl von Defektelektronen im Basisraum (die Anzahl selbst hängt ab von der Dicke der Basisschicht, auch Basisweite $W$ genannt, sowie von der Höhe des Emitterstroms). Diese Defektelektronen würden im Basisraum eine positive Raumladung bilden, wenn dort nicht gleichviele Elektronen vorhanden wären. (Ein grundlegendes Prinzip der Halbleiterphysik fordert nämlich Raumladungsneutralität). Wird also der Emitterstrom z. B. durch einen Schaltvorgang vom Wert Null auf den Endwert $I_E$ gebracht, dann muß auch im ersten Moment eine relativ große Menge von Elektronen über den Basisanschluß in den Basisraum einströmen, um dort Raumladungsneutralität herzustellen. Im ersten Augenblick wird also ein recht großer Basisstrom $i_B$ fließen, der dann aber schnell auf den bei gesperrter Kollektor-Basis-Diode wesentlich kleineren statischen Endwert $I_B$ absinkt, sowie die Raumladungsneutralität hergestellt ist. Der kleine statische Endwert $I_B$ dient gemäß Abb. 3.18c lediglich zur Deckung der Raten $(1 - A_N)\, I_{EN}$ und $(1 - A_N)\, I_{CI}$. Wird der Emitterstrom $I_E$ abgeschaltet, dann fließt die nicht mehr benötigte Elektronenmenge wieder über den Basisanschluß aus der Basiszone heraus. Die Basiszone wirkt also für die Elektronen wie eine Kapazität. Man bezeichnet sie als Diffusionskapazität. (Auf das Verhalten des Transistors im nichtstatischen Betrieb werden wir später im Abschn. 4.3.2.2 noch ausführlicher zurückkommen.) Die in Abb. 3.31a eingezeichneten Widerstände $r_E$ und $r_C$ sind wie in Abb. 3.28 der differentielle Durchlaßwiderstand der Emitter-Basis-Diode und der differentielle Sperrwiderstand der Kollektor-Basis-Diode.

Anstelle der $\alpha$-Grenzfrequenz wird von den Transistorherstellern häufig die $f_1$-Frequenz (sprich „$\beta = 1$ Frequenz“) angegeben. Das ist diejenige Frequenz, bei welcher der Betrag der Stromverstärkung $|\beta_N|$ auf den Wert 1 abgesunken ist. Die $f_1$-Frequenz und die $\alpha$-Grenzfrequenz $f_\alpha$ stimmen annähernd überein, wie man auch durch Einsetzen von Gl. (3.67) in Gl. (3.61) verifizieren kann.

Ein weiteres in der Hochfrequenztechnik sehr gebräuchliches Transistor-Ersatzbild ist das Giacoletto-Ersatzbild, welches in Abb. 3.31b angegeben ist. Darin sind die komplexen Leitwerte $\underline{Y}_{B'E}$ und $\underline{Y}_{CB'}$ Parallelschaltungen von Kapazitäten und Wirkleitwerten. Die Größe $S_0$ bezeichnet man als *innere Steilheit*. Sie ist theoretisch proportional dem Kollektorstrom $I_C$, $\left(S_0 \approx 39\, I_C \frac{1}{\mathrm{V}}\right)$. Zur Berechnung von HF-Schaltkreisen sind die Vierpol-Leitwertparameter meist zweckmäßiger als die Hybrid-Parameter.

$$\begin{aligned} \underline{I}_1 &= \underline{Y}_{11}\, \underline{U}_1 + \underline{Y}_{12}\, \underline{U}_2, \\ \underline{I}_2 &= \underline{Y}_{21}\, \underline{U}_1 + \underline{Y}_{22}\, \underline{U}_2. \end{aligned} \tag{3.68}$$

Aus der Ersatzabbildung 3.31b errechnen sich die Leitwertparameter zu

$$\underline{Y}_{11} = \left.\frac{\underline{I}_1}{\underline{U}_1}\right|_{\underline{U}_2=0} = \frac{\underline{Y}_{B'E} + \underline{Y}_{CB'}}{1 + r_{BB'}(\underline{Y}_{B'E} + \underline{Y}_{CB'})}, \tag{3.69}$$

$$\underline{Y}_{12} = \left.\frac{\underline{I}_1}{\underline{U}_2}\right|_{\underline{U}_1=0} = \frac{-\underline{Y}_{CB'}}{1 + r_{BB'}(\underline{Y}_{B'E} + \underline{Y}_{CB'})}, \tag{3.70}$$

$$\underline{Y}_{22} = \left.\frac{\underline{I}_2}{\underline{U}_1}\right|_{\underline{U}_2=0} = \frac{S_0 - \underline{Y}_{CB'}}{1 + r_{BB'}(\underline{Y}_{B'E} + \underline{Y}_{CB'})}, \tag{3.71}$$

$$\underline{Y}_{22} = \left.\frac{\underline{I}_2}{\underline{U}_2}\right|_{\underline{U}_1=0} = \frac{r_{BB'}(S_0 - \underline{Y}_{CB'})\,\underline{Y}_{CB'}}{1 + r_{BB'}(\underline{Y}_{B'E} + \underline{Y}_{CB'})} + G_{CE} + \underline{Y}_{CB'}. \tag{3.72}$$

### 3.2.4 Berechnung einzelner Transistorverstärkerstufen

Die folgenden Berechnungen sollen auf $h$-Parameter beschränkt bleiben. Die Berechnungen mit Leitwertparameter sind völlig gleichartig. Die Betriebseigenschaften (Verstärkung, Eingangswiderstand usw.) eines beschalteten Vierpols (= beschalteter Transistor) hängen vom Vierpol (Transistor) selbst und seiner eingangsseitigen ($\underline{Z}_1$) sowie ausgangsseitigen Beschaltung ($\underline{Z}_2$) ab (Abb. 3.32). Sie können aus Tab. 0.3 auf S. 19 entnommen werden, wobei wegen der unterschiedlichen Pfeilrichtung von $\underline{I}_2$ in Abb. 0.17 und in Abb. 3.32 jedoch einige Vorzeichen sinngemäß abgeändert werden müssen. Zur Verdeutlichung der Zusammenhänge seien die Beziehungen für die Vierpolstromverstärkung $\underline{v}_i$ und die Vierpolspannungsverstärkung $\underline{v}_u$ hergeleitet.

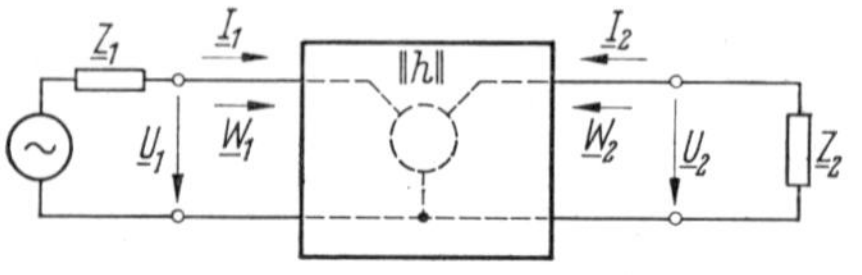


Abb. 3.32
Beschalteter allgemeiner Transistorvierpol

Nach Abb. 3.32 ist

$$\underline{U}_2 = -\underline{I}_2 \underline{Z}_2 .$$

Damit ergibt sich aus der Vierpolgleichung (3.63)

$$\left.\begin{aligned} \underline{I}_2 &= \underline{h}_{21} \underline{I}_1 + \underline{h}_{22} \underline{U}_2 \\ &= \underline{h}_{21} \underline{I}_1 - \underline{h}_{22} \underline{Z}_2 \underline{I}_2 , \\ \underline{v}_i &= \frac{\underline{I}_2}{\underline{I}_1} = \frac{\underline{h}_{21}}{1 + \underline{h}_{22} \underline{Z}_2} . \end{aligned}\right\} \tag{3.73}$$

Die Vierpolspannungsverstärkung $\underline{v}_u$ berechnet sich durch Elimination von $\underline{I}_1$ aus den Vierpolgleichungen (3.62) und (3.63)

$$\begin{array}{rl|l} \underline{U}_1 = \underline{h}_{11} \underline{I}_1 + \underline{h}_{12} \underline{U}_2 & & \cdot \underline{h}_{21} \\ \underline{I}_2 = \underline{h}_{21} \underline{I}_1 + \underline{h}_{22} \underline{U}_2 & & (-)\, \underline{h}_{11} \end{array} \Big\} +$$

$$\underline{h}_{21} \underline{U}_1 - \underline{h}_{11} \underline{I}_2 = \underline{h}_{12} \underline{h}_{21} \underline{U}_2 - \underline{h}_{11} \underline{h}_{22} \underline{U}_2 = -\Delta \underline{h}\, \underline{U}_2 ,$$

$$\underline{h}_{11} \underline{h}_{22} - \underline{h}_{21} \underline{h}_{12} = \Delta \underline{h} = \text{Determinante der } \underline{h}\text{-Matrix.}$$

(Die erste Gleichung wird mit $\underline{h}_{21}$, die zweite Vierpolgleichung mit $(-\underline{h}_{11})$ multipliziert. Anschließend werden beide addiert.)

Durch Ersetzen von $\underline{I}_2 = -\dfrac{\underline{U}_2}{\underline{Z}_2}$ ergibt sich

$$\underline{v}_u = \frac{\underline{U}_2}{\underline{U}_1} = -\frac{\underline{h}_{21}}{\Delta \underline{h} + \dfrac{\underline{h}_{11}}{\underline{Z}_2}} . \tag{3.74}$$

In ähnlicher Weise berechnet sich der Eingangswiderstand (vgl. auch Tab. 0.3) zu

$$\underline{W}_1 = \frac{\underline{U}_1}{\underline{I}_1} = \frac{\underline{h}_{11} + \Delta \underline{h}\, \underline{Z}_2}{1 + \underline{h}_{22} \underline{Z}_2} \tag{3.75}$$

und der Innenwiderstand von der Ausgangsseite zu

$$\underline{W}_2 = \frac{\underline{U}_2}{\underline{I}_2} = \frac{\underline{h}_{11} + \underline{Z}_1}{\Delta \underline{h} + \underline{h}_{22} \underline{Z}_1} . \tag{3.76}$$

Die Gln. (3.73) bis (3.76) gelten für jeden linearen Vierpol und damit auch für den Transistor bei kleiner Aussteuerung. Will man die Verstärkung eines Transistors in Emitterschaltung berechnen, so braucht man in die Gln. (3.73) bis (3.76) statt der allgemeinen $\underline{h}$-Parameter lediglich die speziell für Emitterschaltung geltenden $\underline{h}_E$-Transistorparameter einzusetzen. Wichtig ist, daß Angaben für Transistorparameter nur für den Transistor selbst gelten. Alle Schaltelemente, die für die Einstellung des Transistorarbeitspunktes in einer praktischen Verstärkerschaltung eingebaut sind, muß man für die Berechnung der Größen $\underline{v}_u$; $\underline{v}_i$; $\underline{W}_1$ und $\underline{W}_2$ nach Gl. (3.73) bis (3.76) in die Größen $\underline{Z}_1$ und $\underline{Z}_2$ einbeziehen. Man muß also unterscheiden zwischen der Verstärkung (bzw. Eingangswiderstand usw.) des einzelnen Transistors und der Verstärkung (bzw. Eingangswiderstand usw.) der einstufigen Transistorverstärkerschaltung, die mit dem betreffenden Transistor aufgebaut ist. Ein Beispiel für einen Transistor in Emitterschaltung mag diese Zusammenhänge näher erläutern. Alle Widerstände innerhalb des gestrichelten Rahmens von Abb. 3.33 dienen zur Einstellung des Gleichstromarbeitspunktes. Die Kondensatoren $C_1$, $C_2$, $C_3$ sollen für Wechselstrom Kurzschlüsse darstellen. Sie sollen lediglich die Gleichstromkreise trennen, damit u. a. nicht der Arbeitspunkt durch $R_E$ und $R_A$ verändert

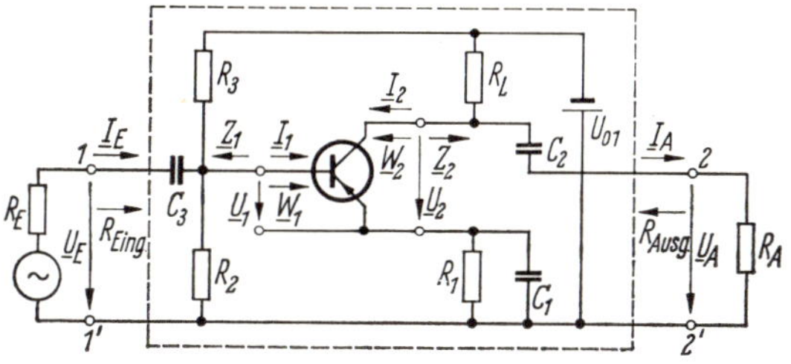


Abb. 3.33. Zur Unterscheidung von Transistor- und Verstärkerkenngrößen

wird. Vernachlässigt man die Widerstände der Kondensatoren (für Wechselstrom), dann gilt für die Schaltung nach Abb. 3.33

$$\underline{U}_E = \underline{U}_1, \qquad \underline{U}_A = \underline{U}_2,$$

$$\underline{Z}_1 = R_E \,||\, R_2 \,||\, R_3, \qquad \underline{Z}_2 = R_L \,||\, R_A,$$

$$R_{\text{Eing}} = R_2 \,||\, R_3 \,||\, \underline{W}_1, \qquad R_{\text{Ausg}} = R_L \,||\, \underline{W}_2.$$

Normalerweise interessieren nur die äußeren Verstärkereigenschaften wie $R_{\text{Eing.}}$; $R_{\text{Ausg.}}$, die Verstärkung zwischen den Klemmen *1—1'* und *2—2'*. Diese lassen sich aus Abb. 3.33 und den in Gl. (3.73) bis Gl. (3.76) errechneten Transistorgrößen nun leicht berechnen.

Für mehrstufige Transistorverstärker gilt das gleiche wie bei den mehrstufigen Röhrenverstärkern. Man kann die Einzelstufen in Kaskade schalten, Bandfilterkopplung usw. anwenden. Man kann die Einzelstufen aber auch über Koppelnetzwerke parallelschalten, z. B. über eine Laufzeitkette beim Laufzeitkettenverstärker.

## 3.3 Allgemeine Probleme der Verstärkertechnik

Bei einem zu konstruierenden Verstärker werden in erster Linie dessen äußere Verstärkereigenschaften (Betriebsgrößen) vorgeschrieben, die zwischen den Eingangs- und Ausgangsklemmen auftreten sollen. Hierzu gehören insbesondere die Bandbreite und Frequenzlage des Arbeitsbereiches, die Spannungsverstärkung $\underline{v}_u$ oder die Leistungsverstärkung $\underline{v}_p$ in diesem Arbeitsbereich und häufig auch der Eingangswiderstand und der Innenwiderstand des Verstärkers von der Ausgangsseite. Diese Forderungen bedingen oft schon weitgehend Stufenzahl und Aufbau des Verstärkers. Die analytische Berechnung dieser Betriebsgrößen ist in den vorangegangenen Abschn. 3.1 und 3.2 erläutert worden. Zwei weitere wichtige Betriebsgrößen, die im folgenden näher behandelt werden, betreffen den maximalen und den minimalen Pegel der zu verstärkenden Signale, d. h. die obere und untere Aussteuerungsgrenze des Verstärkers. Des weiteren wird im Abschn. 3.3.4 über Gegenkopplung gezeigt, durch welche Schaltungsmaßnahmen die Betriebsgrößen des Verstärkers leicht im gewünschten Sinn beeinflußt werden können.

### 3.3.1 Obere Aussteuerungsgrenze, nichtlineare Verzerrungen

Besonders bei mehrstufigen Verstärkern ist häufig in den letzten Stufen und in der Ausgangsstufe die Verstärkung nicht mehr linear, d. h. nicht mehr amplitudenunabhängig. Das Ausgangssignal weist dann nichtlineare Verzerrungen auf, weil die Signalamplitude in den letzten Stufen so groß geworden ist, daß die Kennlinien bis in ihre nichtlinearen Bereiche ausgesteuert werden. In den ersten Stufen bzw. in der Eingangsstufe ist die Gefahr der nichtlinearen Verzerrung kaum gegeben, da hier das zu verstärkende Signal in der Regel noch einen sehr geringen Pegel hat. Neben dem Kennlinienklirren der Röhren und Transistoren können nichtlineare Verzerrungen auch noch durch andere Elemente der Verstärkerschaltung entstehen. Hierzu gehören vornehmlich Übertrager mit Eisenkern, die bei hoher Aussteuerung das *Eisenklirren* (vgl. Abschn. 1.4.2) erzeugen.

Gewisse nichtlineare Verzerrungen sind unvermeidbar. In vielen Fällen, z. B. bei Sprach- oder Musikverstärkung, sind Klirrfaktoren bis in die Größenordnung 1% zulässig. Wesentlich höhere Forderungen sind jedoch an die Zwischenverstärker bei Kabelweitverkehrssystemen zu stellen: Einerseits ist das Frequenzvielfach der Trägerfrequenzsysteme (TF-Systeme), deren Funktion und Arbeitsweise in Teil II, Abschn. 7.4.8, noch eingehend beschrieben werden, aus bestimmten noch zu erläuternden Gründen wesentlich empfindlicher, andererseits liegen dort viele Zwischenverstärker (z. B. mehrere hundert) hintereinander im Zuge einer Mehrkanalverbindung und addieren ihre Klirrprodukte. Bei TF-Zwischenverstärkern sind deshalb Klirrfaktoren von $10^{-4}$ bis $10^{-5}$ typische Werte.

Die Größe der Klirrfaktoren, die durch gekrümmte Kennlinien entstehen, berechnet sich wie folgt: Der Zusammenhang zwischen den Momentanwerten der Ausgangsspannung $u_2$ und der Eingangsspannung $u_1$ eines Verstärkers (oder einer Verstärkerstufe) sei durch eine Potenzreihe gegeben.

$$\begin{aligned} u_2 &= v(u_1 + c_2 u_1^2 + c_3 u_1^3 + \cdots), \\ v &= |\underline{v}_u| = \text{Betrag der Spannungsverstärkung}. \end{aligned} \tag{3.77}$$

Mit $u_1 = \hat{U}_1 \sin\omega t$ wird

$$u_2 = v\{\hat{U}_1 \sin\omega t + c_2 \hat{U}_1^2 \sin^2 \omega t + c_3 \hat{U}_1^3 \sin^3 \omega t + \cdots\}. \tag{3.78}$$

Mit den trigonometrischen Umformungen

$$\sin^2\omega t = \tfrac{1}{2}(1 - \cos 2\omega t); \qquad \sin^3\omega t = \tfrac{1}{4}(3 \sin\omega t - \sin 3\omega t)$$

ergibt sich

$$\left.\begin{aligned} u_2 &= v\left\{\hat{U}_1 \sin\omega t + \frac{c_2}{2}\hat{U}_1^2(1 - \cos 2\omega t) + \frac{c_3}{4}\hat{U}_1^3(3 \sin\omega t - \sin 3\omega t) + \cdots\right\} \\ &= v\{\tfrac{1}{2}c_2 \hat{U}_1^2 + \\ &\quad + (\hat{U}_1 + \tfrac{3}{4}c_3 \hat{U}_1^3 + \cdots) \sin\omega t \\ &\quad - (\tfrac{1}{2}c_2 \hat{U}_1^2 + \cdots) \cos 2\omega t \\ &\quad - (\tfrac{1}{4} c_3 \hat{U}_1^3 + \cdots) \sin 3\omega t. \\ &\quad + - \cdots \end{aligned}\right\} \tag{3.79}$$

Die Klirrfaktoren sind (vgl. Abschn. 0.1.3.1.1):

$$K_2' = \frac{\tfrac{1}{2}c_2 \hat{U}_1^2}{\hat{U}_1 + \tfrac{3}{4}c_3 \hat{U}_1^3} \approx \frac{1}{2} c_2 \hat{U}_1 \quad \text{proportional zur Aussteuerung} \tag{3.80}$$

$$K_3' = \frac{\tfrac{1}{4}c_3 \hat{U}_1^3}{\hat{U}_1 + \tfrac{3}{4}c_3 \hat{U}_1^3} \approx \frac{1}{4} c_3 U_1^2 \quad \text{proportional dem Quadrat der Aussteuerung.} \tag{3.81}$$

Klirrdämpfung ist das logarithmische Maß für den Klirrfaktor. Die Einheit ist N oder db.

$$a_{K_2'} = -20 \lg K_2' \text{ db} = -\ln K_2' \text{ N}, \tag{3.82}$$

$$a_{K_3'} = -20 \lg K_3' \text{ db} = -\ln K_3' \text{ N}. \tag{3.83}$$

Als Beispiel sind in Abb. 3.34 Klirrfaktor $K_2'$ und $K_3'$ und Klirrdämpfung $a_{K_2'}$ und $a_{K_3'}$ eines typischen TF-Verstärkers wiedergegeben. Die Aussteuerung ist darin im absoluten Leistungspegel angegeben

$$p_L = \frac{1}{2} \ln \frac{P_x}{P_0} \text{ N} = 10 \lg \frac{P_x}{P_0} \text{ db}, \tag{3.84}$$

$$P_0 = 1 \text{ mW}.$$

Näheres über Pegel steht im Abschn. 6.7 (Teil II).

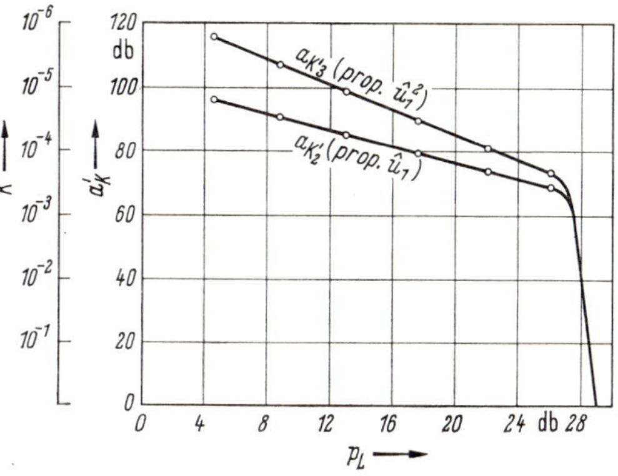


Abb. 3.34. Klirrdämpfung $a_k'$ und Klirrfaktor $K'$ eines V 60-TF-Verstärkers

### 3.3.2 Untere Aussteuerungsgrenze, Störeinflüsse

Wegen unvermeidlicher Störeinflüsse (Störspannungen, Störströme) darf der Pegel des Eingangssignals eines Verstärkers bzw. einer Verstärkerstufe nicht beliebig klein werden. Besonders bei der Eingangsstufe bzw. den ersten Stufen des Verstärkers muß den Störeinflüssen besondere Beachtung geschenkt werden, weil hier das zu verstärkende Signal noch sehr klein ist und die Störeinflüsse voll mitverstärkt werden. In den höheren Stufen bzw. der Endstufe sind Störeinflüsse in der Regel von geringerer Bedeutung, da das Signal hier bereits eine größere Amplitude hat. (Es ist hier natürlich nur von den Störeinflüssen die Rede, die im Verstärker selbst entstehen und nicht von denen, die von der Signalquelle bereits mitgeliefert werden. Die Signalquelle soll im folgenden zunächst als störungsfrei angesehen werden.) Kennzeichnend für die Größe der Störeinflüsse ist der *Störabstand*. Der Störabstand ist in diesem Fall das Verhältnis des Effektivwerts der Nutzspannung zum Effektivwert der Störspannung am Verstärkerausgang bei einer bestimmten Signalspannung am Verstärkereingang. Häufig bezieht man sich auch auf das Verhältnis von Leistungen.

Eine wichtige Störquelle liegt im *Widerstandsrauschen*, das von den unbestimmten thermischen Bewegungen herrührt, welche die freibeweglichen Elektronen im Widerstandsmaterial ausführen. Diese Bewegungen wirken sich als zeitlich unregelmäßige Störspannung (Rauschen) an den Klemmen des Widerstandes $R$ aus. Die Messung zeigt, daß die Leistung dieser Rauschspannung in gleichen Frequenzintervallen $\Delta f$ bis zu sehr hohen Frequenzen hinauf stets gleich groß ist, unabhängig davon, wo das Frequenzintervall $\Delta f$ liegt (weißes Rauschen). Ihre Höhe ist proportional zur absoluten Temperatur $\vartheta$. Wenn auch der Zeitverlauf der Rauschspannung selbst unbestimmt ist, so ergibt sich wegen der konstanten Leistung doch ein fester Wert für den zeitlichen Mittelwert des Rauschspannungsquadrates $\overline{u_R^2}$. Die spektrale Dichte des Rauschspannungsquadrates ist

$$G_U(f) = 2k\,\vartheta\,R. \tag{3.85}$$

$k$ BOLTZMANN-Konstante $= 1{,}38 \cdot 10^{-23}$ Ws/°K
$\vartheta$ absolute Temperatur.

Schließt man den Widerstand kurz, dann fließt ein Rauschstrom. Die Spektraldichte dieses Rauschstromquadrates ist entsprechend

$$G_I(f) = \frac{G_U(f)}{R^2} = \frac{2k\,\vartheta}{R}. \tag{3.86}$$

Filtert man mittels eines Bandpasses den Frequenzbereich $B = f_2 - f_1$ aus dem weißen Rauschspektrum eines Widerstandes heraus, dann ergibt sich am Ausgang des Bandpasses bei Berücksichtigung der positiven und negativen Frequenzen nach Gl. (3.85) das mittlere Spannungsquadrat zu

$$\overline{u_R^2}(B) = \int_{f_1}^{f_2} G_U(f)\,df + \int_{-f_2}^{-f_1} G_U(f)\,df = 4k\,\vartheta\,R(f_2 - f_1) = 4k\,\vartheta\,R\,B. \tag{3.87}$$

Für $\vartheta = 292$ °K ist $k\,\vartheta \approx 4 \cdot 10^{-21}$ Ws, und es ergibt sich als mittlere Rauschspannung näherungsweise

$$\frac{\sqrt{\overline{u_R^2}}}{\mu\text{V}} \approx 0{,}13\sqrt{\frac{R}{\text{k}\Omega}\,\frac{B}{\text{kHz}}}. \tag{3.88}$$

Ein rauschender ohmscher Widerstand $R$ kann aufgefaßt werden als Serienschaltung einer innenwiderstandsfreien Rauschquelle $G_U(f)$ und eines rauschfreien Widerstandes $R_{rf}$ (Abb. 3.35). Die Dimension von $G_U(f)$ ist Spannung zum Quadrat dividiert durch Frequenz.

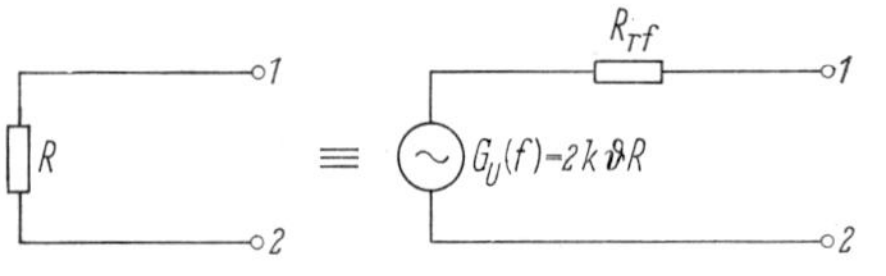


Abb. 3.35. Rauschender Widerstand $R$ und sein Ersatzbild ($R_{rf}$ = rauschfreier Widerstand der gleichen Größe wie $R$)

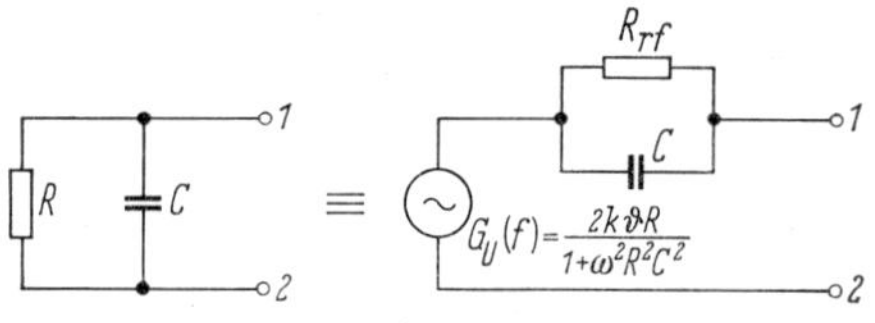


Abb. 3.36. Rauschender Widerstand parallel zu einer Kapazität $C$

Blindwiderstände rauschen nicht. Schaltet man z. B. einen rauschenden ohmschen Widerstand $R$ und eine Kapazität parallel, so rauscht diese Kombination entsprechend dem Realteil der Parallelschaltung (Abb. 3.36)

$$R \,\Big\|\, \frac{1}{\mathrm{j}\,\omega\,C} = \frac{R}{1 + \mathrm{j}\,\omega\,R\,C} = \frac{R}{1 + \omega^2 R^2 C^2} - \mathrm{j}\,\frac{\omega\,R^2\,C}{1 + \omega^2 R^2 C^2}. \tag{3.89}$$

Nach höheren Frequenzen nimmt also im Fall der Parallelschaltung von Widerstand und Kapazität das Rauschen ab.

Weitere Rauschquellen liegen in den aktiven Elementen des Verstärkers. Bei Röhren trägt besonders der sogenannte *Schroteffekt* zum Rauschen bei. Dieser folgt daraus, daß die einzelnen Elektronen in unregelmäßigen Zeitabständen auf die Anode treffen. Das Schrotrauschen ist ebenfalls wie das Widerstandsrauschen praktisch frequenzunabhängig. Der Schroteffekt in der Röhre kann durch einen äquivalenten Rauschwiderstand $R_ä$ am Steuergitter beschrieben und die Röhre selbst als rauschfrei angesehen werden (Abb. 3.37). Die Größe von $R_ä$ liegt je nach Röhrentyp zwischen einigen hundert Ohm und einigen hundert Kiloohm. Bei niedrigen Frequenzen (etwa unterhalb 5 kHz) wird der Schroteffekt durch den Funkeleffekt überdeckt, der davon herrührt, daß sich zu unregelmäßigen Zeitpunkten ganze Wolken von Elektronen gleichzeitig von der Kathode loslösen. In Transistoren liegen die Ursachen des Rauschens im Widerstandsrauschen in den Bahngebieten, im unregelmäßigen Durchtritt der Ladungsträger durch die Sperrschicht und im zeitlichen Schwanken der Rekombination und Paarbildung.

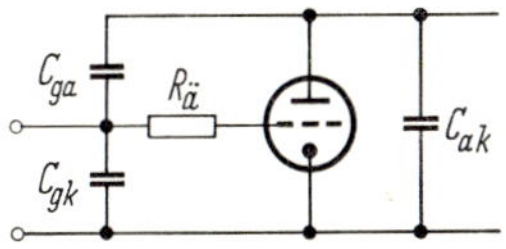


Abb. 3.37
Röhre mit äquivalentem Rauschwiderstand $R_ä$
(Die Rauschspannung über $R_ä$ addiert sich zur Signalspannung am Eingang)

Abb. 3.38
Zur Definition der Rauschzahl eines Verstärkers

Der Einfluß all der verschiedenen Rauschquellen in einem Verstärker kann pauschal durch die sogenannte *Rauschzahl F* erfaßt werden. Sie ist definiert als Quotient aus dem Verhältnis von Signalleistung $P_{S1}$ zu Rauschleistung $P_{N1}$ am Verstärkereingang und dem entsprechenden Verhältnis $P_{S1}/P_{N1}$ am Verstärkerausgang (Abb. 3.38)

$$F = \frac{\dfrac{P_{S1}}{P_{N1}}}{\dfrac{P_{S2}}{P_{N2}}} = \frac{P_{S1} P_{N2}}{P_{S2} P_{N1}}. \tag{3.90}$$

Es gibt Methoden, die Rauschzahl durch geeignete Ankopplung von Signalquelle an den Verstärkereingang minimal zu machen (Rauschanpassung) [8].

Außer dem Rauschen ist als weitere Störquelle im Verstärker der *Brumm* zu nennen, der von der Stromversorgung und von magnetischen und elektrischen Einstreuungen herrührt. Man kann ihn durch Siebung der Versorgungsspannung und durch Abschirmung verkleinern.

Abb. 3.39
Geräuschspannungsmessung mit Psophometerfilter

In der Fernsprechtechnik verwendet man außer dem Begriff der Störspannung auch noch den Begriff der *Geräuschspannung*. Die Bestimmung der Geräuschspannung geht von der Frequenzabhängigkeit der Empfindlichkeit des menschlichen Ohres aus, welches bei Frequenzen um 800 Hz wesentlich empfindlicher ist als bei Frequenzen, die wesentlich darunter oder darüber liegen, und darum auf Störspannungen bei 800 Hz empfindlicher reagiert als auf solche bei z. B. 100 Hz und gleicher Amplitude (vgl. Abschn. 5.2 und 5.3).

Bei der Messung der Geräuschspannung wird zwischen das zu messende System und das Meßinstrument ein sogenanntes *Psophometerfilter* geschaltet (Abb. 3.39). Dieses berücksichtigt durch seinen genormten Frequenzgang die Frequenzabhängigkeit eines mittleren Telefonhörers und die Ohrempfindlichkeit. Abb. 3.40 zeigt den Verlauf des Betrags der Übertragungsfunktion $F_u^{-1}$. Eine sinusförmige Spannung der Frequenz $f$ und der komplexen Amplitude $\underline{U}$ wird mit dem Psophometerfilter folgendermaßen bewertet

$$|\underline{U}_{\text{pso}}| = \left|\frac{\underline{U}}{1000}\right| |F_u^{-1}|. \tag{3.91}$$

Liegt am Eingang eine Spannung an, die sich aus der Überlagerung mehrerer Sinusspannungen verschiedener Frequenzen zusammensetzt, dann ist der am Ausgang gemessene Effektivwert nach Abschn. 0.1.3.1

$$U_{\text{pso eff}} = \frac{1}{1000}\sqrt{\left(\left|\frac{U(f_1)}{\sqrt{2}}\right| |F_u^{-1}(f_1)|\right)^2 + \left(\left|\frac{U(f_2)}{\sqrt{2}}\right| |F_u^{-1}(f_2)|\right)^2 + \cdots}. \qquad (3.92)$$

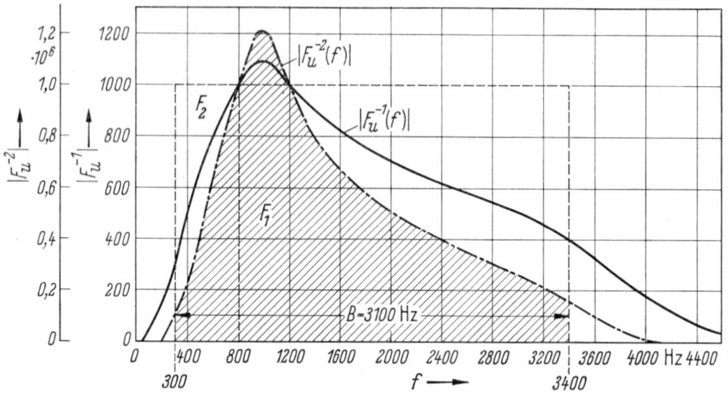


Abb. 3.40. Zur Umrechnung von Störspannung in Geräuschspannung

Über die Bandbreite $B$ sei die Leistung $P'$ gleichmäßig verteilt (Fläche $F_2$). Die psophometrische Bewertung der Leistung $P'$ erfolgt nach der durch $F_u^{-2}(f)$ dargestellten Funktion. Das Verhältnis von psophometrischer Leistung $P_{\text{pso}}$ zur Leistung $P'$ über der Bandbreite $B$ ist der psophometrische Bewertungsfaktor

$$\frac{F_1}{F_2} = 0{,}56 \quad \text{bei} \quad B = 3100\ \text{Hz},$$

$$20 \lg \sqrt{\frac{F_1}{F_2}} = 10 \lg \frac{F_1}{F_2} = -2{,}5\ \text{db}.$$

Durch Integration über die Psophometerkurve ergibt sich, daß zwischen 300 Hz und 3400 Hz ein frequenzunabhängiges (*weißes*) Rauschen hinter dem Psophometerfilter um 2,5 db gedämpft erscheint.

### 3.3.3 Gegenkopplung

Betrachtet wird eine einfache Verstärkerschaltung, z. B. die des einstufigen Verstärkers nach Abb. 3.33. Sind darin $R_E$ und $R_A$ sowie der Arbeitspunkt (Arbeitspunktstabilisierung) fest vorgegeben (was meist der Fall ist), dann liegen damit sämtliche äußeren Verstärkereigenschaften wie $R_{\text{Eing}}$; $\mathfrak{v}_u$ usw. fest. Man kann keinen ohmschen Widerstand ändern, ohne zugleich den Arbeitspunkt zu ändern. (Eine Änderung oder Entfernung des Wechselstromkurzschlusses $C_1$ stellt bereits eine Gegenkopplung dar.) Erst durch Verwendung von Gegenkopplungen ist es möglich, die Verstärkereigenschaften in weiten Grenzen zu verändern, ohne daß dabei der Arbeitspunkt mit verändert wird. (Nur in seltenen Fällen ist eine gleichzeitige Änderung des Arbeitspunktes erforderlich.) Es wird sich später zeigen, daß darüber hinaus die Gegenkopplung u.a. Verstärkungsschwankungen reduziert.

#### 3.3.3.1 Allgemeine Beschreibung gegengekoppelter Schaltungen

Die Gegenkopplung (GK) ist ein spezieller Fall der sogenannten *Rückkopplung* (RK). Mit Rückkopplung bezeichnet man ganz allgemein die Rückführung eines Signals vom Ausgang (z. B. des Verstärkers) über ein Netzwerk (im allgemeinen ein passiver

Vierpol) auf den Eingang. Es sind vier einfache Rückkopplungsarten möglich, je nachdem ob Verstärkervierpol und RK-Vierpol am Eingang und Ausgang in Serie oder parallelgeschaltet sind (Abb. 3.41). Wird durch Rückkopplung die Verstärkung der gesamten Anordnung vermindert, dann spricht man von *Gegenkopplung*. Wird durch Rückkopplung die Verstärkung der gesamten Anordnung vergrößert, dann spricht man von *Mitkopplung*.

Der Einfachheit halber soll für die folgende Beschreibung der wichtige Spezialfall sinusförmiger Signale vorausgesetzt werden. Bei Gegenkopplung muß die rückgeführte Spannung (bei Serienschaltung der Eingänge) bzw. der rückgeführte Strom (bei Parallelschaltung der Eingänge) gegenphasig zur Eingangsspannung bzw. zum Eingangsstrom sein. Der Idealfall einer Gegenkopplung liegt vor, wenn das rückgekoppelte Signal gegenüber dem Eingangssignal um 180° in der Phase gedreht ist. Bei Mitkopplung muß das rückgeführte Signal (Spannung oder Strom je nachdem ob Serien- oder Parallelschaltung am Eingang) mit dem Eingangssignal in Phase sein. Bei Mitkopplung muß das Eingangssignal durch das rückgeführte Signal vergrößert, bei Gegenkopplung verkleinert werden. Die Phasenlage des rückgeführten Signals ist im allgemeinen frequenzabhängig. Wenn man also für ein bestimmtes Nutzband eine Gegenkopplung eingeführt hat, so besteht die Gefahr, daß damit gleichzeitig eine Mitkopplung für irgendwelche Frequenzen außerhalb des Nutzbandes hervorgerufen wird, die unter Umständen zur Selbsterregung und zu wilden Schwingungen führen kann.

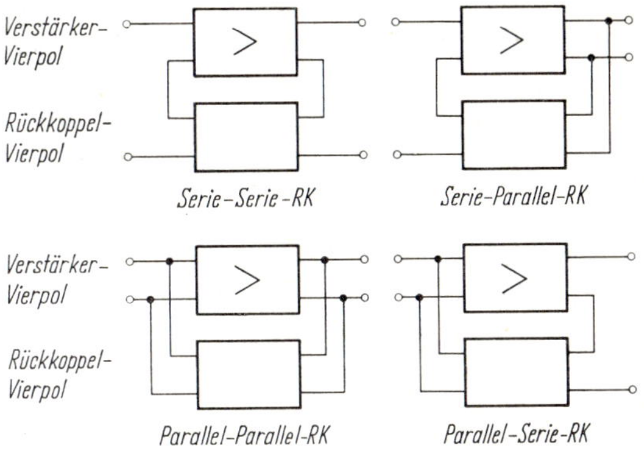


Abb. 3.41. Die vier möglichen Rückkopplungsarten

In mehrstufigen Verstärkern sind kompliziertere Rückkopplungsarten möglich, weil hier nicht nur die einzelnen Stufen für sich rückgekoppelt werden können, sondern darüber hinaus noch zusätzliche Rückkopplungen über mehrere Stufen hinweg erfolgen können. Man spricht hier von mehrschleifigen Rückkopplungen im Gegensatz zur einschleifigen Rückkopplung in Abb. 3.41. Hier soll nur die einschleifige Rückkopplung behandelt werden, weil damit bereits alles Grundsätzliche gesagt wird.

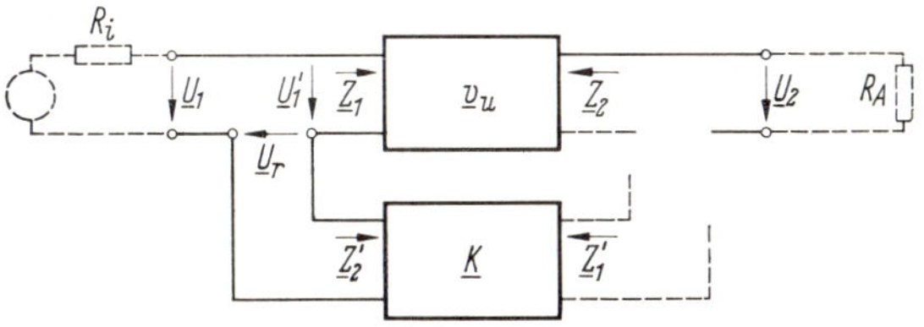


Abb. 3.42. Zur Berechnung der Verstärkung bei Gegenkopplung

*Berechnung der Verstärkung mit Rückkopplung.* Für den Fall, daß am Verstärkereingang der Verstärker und das RK-Netzwerk in Serie geschaltet sind (Abb. 3.42), subtrahieren sich bei GK am Eingang die Spannungen $\underline{U}_1$ und $\underline{U}_r$

$$\underline{U}_1' = \underline{U}_1 - \underline{U}_r. \tag{3.93}$$

Die Ausgangsspannung errechnet sich zu

$$\underline{U}_2 = (\underline{U}_1 - \underline{U}_r)\, \underline{v}_u; \tag{3.94}$$

$\underline{v}_u$ ist die Spannungsverstärkung ohne Rückkopplung. Sie wird bestimmt, indem man das RK-Netzwerk von der Eingangsseite abtrennt und mit einem Widerstand abschließt, der gleich der Summe von Verstärkereingangswiderstand und Generatorinnenwiderstand ist. An der Verstärkerausgangsseite wird nichts geändert (Abb. 3.43).

Die rückgeführte Spannung $\underline{U}_r$ errechnet sich aus der Ausgangsspannung $\underline{U}_2$ und der Übertragungsfunktion $\underline{K}$ des RK-Vierpols zu

$$\underline{U}_r = \underline{K}\,\underline{U}_2 . \tag{3.95}$$

Durch Einsetzen von $\underline{U}_r$ in Gl. (3.94) folgt für die Verstärkung $\underline{v}_u^*$ mit Rückkopplung

$$\underline{U}_2 = \underline{U}_1\,\underline{v}_u - \underline{K}\,\underline{v}_u\,\underline{U}_2 , \tag{3.96}$$

$$\underline{v}_u^* = \frac{\underline{U}_2}{\underline{U}_1} = \frac{\underline{v}_u}{1 + \underline{K}\,\underline{v}_u} . \tag{3.97}$$

Mitkopplung liegt vor, wenn $|\underline{v}_u^*| > |\underline{v}_u|$; Gegenkopplung liegt vor, wenn $|\underline{v}_u^*| < |\underline{v}_u|$.

Das Produkt $\underline{K}\,\underline{v}_u$ bezeichnet man als *Schleifenverstärkung* oder Umlaufverstärkung (bei BODE [*12*] feedback factor).

Eine gewisse Schwierigkeit für die allgemeine Theorie bereitet die Größe von $\underline{U}_2$ bzw. von $\underline{v}_u$ in Gl. (3.94) (vgl. [*12*], S. 45). Wie aus Abb. 3.43 und Abschn. 3.2.4 zu ersehen ist, hängt $\underline{v}_u$ u. a. davon ab, wie das RK-Netzwerk am Verstärkerausgang

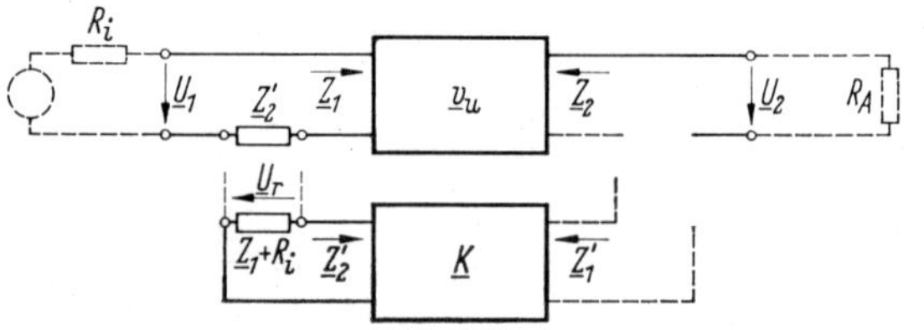


Abb. 3.43. Schaltung zur Bestimmung von $v_u$

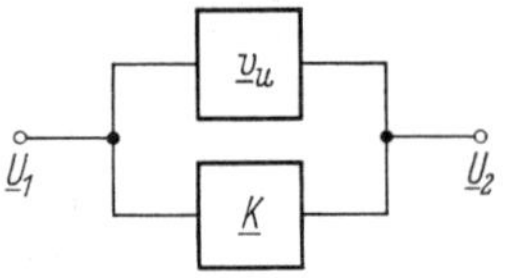


Abb. 3.44. Verallgemeinerte Rückkopplungsdarstellung

angeschlossen ist, sowie von den Widerständen $\underline{Z}_1'$ und $R_A$. Diese Schwierigkeit ist aber nur durch das gewählte Schema bedingt, in dem man zwischen RK-Netzwerk und Verstärkerschaltung unterscheiden will. Bei praktischen Schaltungen ist es so, daß man gewisse Schaltelemente (Widerstände usw.) sowohl zum Verstärkervierpol gehörig als auch zum RK-Vierpol gehörig betrachten muß. Da bei praktischen Schaltungen aber letztlich nur die elektrischen Eigenschaften der Gesamtschaltung interessieren, nicht aber die Frage, ob irgendein Schaltelement zum Verstärker oder zum RK-Vierpol gehört, entfällt die für die formale Theorie sich ergebende Schwierigkeit bei der praktischen Berechnung.

Für den Fall, daß am Verstärkereingang der Verstärker und das RK-Netzwerk parallelgeschaltet sind, muß man zunächst einmal den über das RK-Netzwerk zurückgeführten Strom mit dem Eingangsstrom addieren bzw. subtrahieren. Der Summenstrom ergibt über dem Verstärkereingangswiderstand und den Generatorinnenwiderstand eine Summenspannung (bzw. Differenzspannung) am Verstärkereingang. Auf Grund dieser Überlegung errechnet sich wieder die gleiche Formel für $\underline{v}_u^*$ wie bei Serienschaltung von Verstärkereingang und RK-Vierpolausgang. Auch die übrigen GK-Schaltungen von Abb. 3.41 führen auf diese Formel. Gl. (3.97) hat also eine universelle Bedeutung für alle GK-Arten. Sämtliche einschleifig gegengekoppelten Verstärker können somit durch das einfache Eindraht-Schema nach Abb. 3.44 dargestellt werden. Der Nutzen der GK liegt einmal in der Möglichkeit, ein gewünschtes Verhalten der Eingangs- und Ausgangswiderstände und der Verstärkung einzustellen. Sie macht aber die Schaltung auch weitgehend unempfindlich gegen Stromversorgungsschwankungen, Exemplarstreuungen und Alterungserscheinungen der Verstärkerelemente, was man leicht erkennt, wenn man Gl. (3.97) nach

$\underline{v}_u$ differenziert (es wird nach $\underline{v}_u$ differenziert, weil $\underline{v}_u$ schwanken kann, $\underline{K}$ dagegen ist fest, da $\underline{K}$ in der Regel nur durch passive Elemente bestimmt wird).

$$\frac{d\underline{U}_2}{d\underline{v}_u} = \frac{d}{d\underline{v}_u}\underline{U}_1 \frac{\underline{v}_u}{1+\underline{K}\,\underline{v}_u}$$
$$= \underline{U}_1 \frac{1+\underline{K}\,\underline{v}_u - \underline{K}\,\underline{v}_u}{(1+\underline{K}\,\underline{v}_u)^2} = \frac{\underline{U}_1}{(1+\underline{K}\,\underline{v}_u)^2}. \tag{3.98}$$

Für die relativen Schwankungen ergibt sich daraus

$$\frac{d\underline{U}_2}{\underline{U}_2} = \frac{1}{1+\underline{K}\,\underline{v}_u}\,\frac{d\underline{v}_u}{\underline{v}_u}. \tag{3.99}$$

Die Schwankungen werden also um den Faktor $(1 + \underline{K}\,\underline{v}_u):1$ verringert. Bei mehrstufigen Verstärkern kann die Gegenkopplung über den ganzen Verstärker hinweg erfolgen oder nur über einzelne Stufen. Für die Verstärkung ist es dabei gleich-

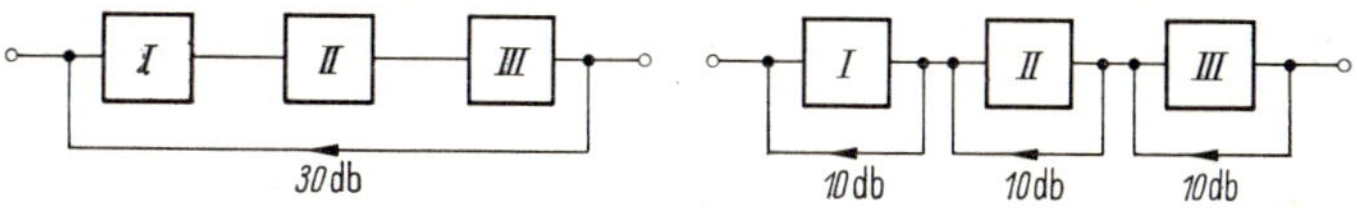

Abb. 3.45. Gegenkopplungsmöglichkeiten bei mehrstufigen Verstärkern (Beispiel: insgesamt 30 db)

gültig, ob beispielsweise bei einem dreistufigen Verstärker über alle drei Stufen hinweg um 30 db gegengekoppelt wird oder in jeder Stufe nur um 10 db (Abb. 3.45). Für den effektiven Nutzen der Gegenkopplung ist dies aber nicht gleichgültig. Die unerwünschten Schwankungen der Verstärkerelemente, der Versorgungsspannung usw. werden nämlich im ersten Fall um 30 db verkleinert, im zweiten Fall aber nur um 10 db. Die Gegenkopplung über den ganzen Verstärker ist also günstiger. Grenzen sind dadurch gesetzt, daß bei höherer Stufenzahl die Stabilitätsbedingungen schwieriger einzuhalten sind.

Macht man $|\underline{K}\,\underline{v}_u| \gg 1$, dann wird die Verstärkung mit GK

$$\underline{v}_u^* \approx \frac{1}{\underline{K}}. \tag{3.100}$$

Die Verstärkung ist in diesem Fall unabhängig von $\underline{v}_u$ und wird lediglich durch das RK-Netzwerk bestimmt. Hiervon wird bei den Bausteinen elektronischer Analogrechner Gebrauch gemacht. Wird in Abb. 3.46 die Verstärkung $\underline{v}_u$ sehr groß, dann wird bei endlicher Ausgangsspannung $\underline{U}_2$ die Spannung $\underline{U}_1'$ sehr klein, und es gilt bei sehr hohem Verstärkereingangswiderstand

$$\frac{\underline{U}_1}{\underline{U}_2} \approx \frac{\underline{Z}_1}{\underline{Z}_2}. \tag{3.101}$$

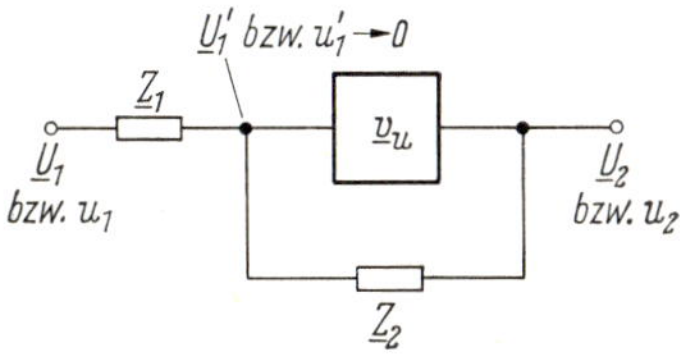

Abb. 3.46. Baustein eines elektronischen Analogrechners

Ist $\underline{Z}_1$ ein ohmscher Widerstand $R$ und $\underline{Z}_2$ eine Kapazität $C$, dann ergibt sich, wenn man die Momentanwerte $u_1$ und $u_2$ von Eingangs- und Ausgangsspannung betrachtet

$$u_2 = \frac{1}{RC}\int_0^t u_1\,dt + u_2(0). \tag{3.102}$$

Der gegengekoppelte Verstärker wirkt nach Gl. (3.102) nun als Integrator (MILLER-Integrator, vgl. Abschn. 4.1.1).

Ein weiterer Vorteil der Gegenkopplung liegt in ihrer linearisierenden Wirkung, das heißt in der Verminderung nichtlinearer Verzerrungen durch GK. Wie schon in Abschn. 3.3.1 erwähnt wurde, entstehen nichtlineare Verzerrungen in mehrstufigen Verstärkern vorwiegend in den letzten Stufen bzw. in der Endstufe. Das Entstehen dieser Verzerrungen kann man schaltbildmäßig dadurch erfassen, daß man den Verstärker mit der Verstärkung $\underline{v}_u$ als Kettenschaltung zweier Verstärker mit den Verstärkungen $\underline{v}_{u\mathrm{I}}$ und $\underline{v}_{u\mathrm{II}}$ auffaßt. Zwischen diesen beiden Verstärkern befindet sich der Oberwellengenerator (Abb. 3.47). Der Einfachheit halber soll nun nur der Einfluß einer einzigen Oberwelle (bzw. einer einzigen Frequenz) berechnet werden. Es sei weiterhin angenommen, daß die Verzerrungen relativ klein seien, so daß die sekundären Oberwellen, die die betrachtete Oberwelle ihrerseits wieder erzeugt, vernachlässigt werden können.

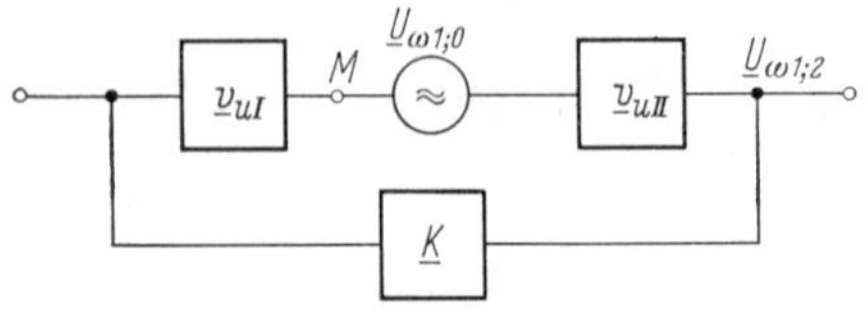


Abb. 3.47. Zur Berechnung der Klirrfaktorverringerung durch GK

Am Verstärkerausgang möge die Oberwellenspannung $\underline{U}_{\omega 1;2}$ vorhanden sein. Diese erzeugt am Punkt $M$ von Abb. 3.47 die Spannung $\underline{v}_{u\mathrm{I}}\,\underline{K}\,\underline{U}_{\omega 1;2}$, welche sich dort der Spannung $\underline{U}_{\omega 1;0}$ des Oberwellengenerators überlagert. Für den Fall, daß sich die Spannungen subtrahieren, wie das auch bei Gl. (3.93) angenommen wurde, ist

$$\underline{U}_{\omega 1;2} = \underline{v}_{u\mathrm{II}}(\underline{U}_{\omega 1;0} - \underline{v}_{u\mathrm{I}}\,\underline{K}\,\underline{U}_{\omega 1;2}). \tag{3.103}$$

Mit $\underline{v}_u = \underline{v}_{u\mathrm{I}}\,\underline{v}_{u\mathrm{II}}$ ergibt sich daraus

$$\underline{U}_{\omega 1;2} = \frac{\underline{v}_{u\mathrm{II}}\,\underline{U}_{\omega 1;0}}{1 + \underline{K}\,\underline{v}_u}. \tag{3.104}$$

Während für den Fall, daß keine GK vorhanden ist, die Oberwellenspannung am Ausgang $\underline{v}_{u\mathrm{II}}\,\underline{U}_{\omega 1;0}$ ist, reduziert sich bei GK diese Oberwellenspannung um den Faktor $1:(1 + \underline{K}\,\underline{v}_u)$ bei gleicher Steuerspannung am Punkt $M$.

### 3.3.3.2 Berechnung von GK-Schaltungen mit Röhren

Grundsätzlich könnte man Schaltungen mit Röhren und Transistoren unter einem gemeinsamen Gesichtspunkt betrachten. Das geht ohne weiteres, wenn man die Röhre als aktiven Vierpol auffaßt. Für die praktische Rechnung ist das aber unzweckmäßig, weil es viel einfacher ist, wenn man die Röhre als gesteuerte Stromquelle auffaßt. Den Transistor muß man wegen seiner Rückwirkungen als Vierpol in Rechnung setzen.

Die größte praktische Bedeutung haben die Serie-Serie-GK und die Parallel-Parallel-GK. Für die Serie-Serie-GK zeigt Abb. 3.48 ein Beispiel.

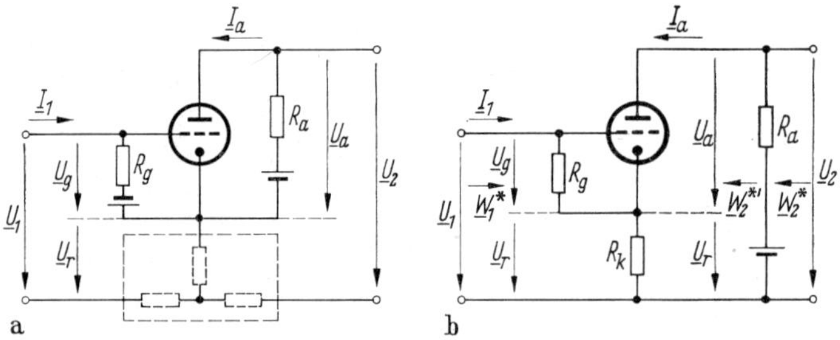


Abb. 3.48. Serie-Serie-GK
a Allgemeine Schaltung; b häufig verwendete Schaltung

Im folgenden werden die Verstärkung $\underline{v}_u^*$, der Ausgangswiderstand $\underline{W}_2^*$ (= Innenwiderstand von der Ausgangsseite) und der Eingangswiderstand $\underline{W}_1^*$ bei Gegenkopplung für Schaltung *b* ausgerechnet. Die Batterien stellen für Wechselstrom Kurzschlüsse dar.

*Berechnung von* $\underline{v}_u^*$. Für die Röhre gilt nach Gl. (3.9):

$$\underline{I}_a = S\,\underline{U}_g + \frac{1}{R_i}\underline{U}_a.$$

Aus der Schaltung ergibt sich mit $\underline{U}_r \approx \underline{I}_a R_k$ (wegen $|\underline{I}_a| \gg |\underline{I}_1|$) und $\underline{I}_a = -\frac{\underline{U}_2}{R_a}$

$$\underline{U}_g = \underline{U}_1 - \underline{U}_r = \underline{U}_1 - \underline{I}_a R_k = \underline{U}_1 + \underline{U}_2\frac{R_k}{R_a}, \qquad (3.105)$$

$$\underline{U}_a = \underline{U}_2 - \underline{U}_r = \underline{U}_2 - \underline{I}_a R_k = \underline{U}_2 + \underline{U}_2\frac{R_k}{R_a}. \qquad (3.106)$$

Eingesetzt in Gl. (3.9)

$$-\frac{\underline{U}_2}{R_a} = S\,\underline{U}_1 + S\,\underline{U}_2\frac{R_k}{R_a} + \frac{1}{R_i}\underline{U}_2 + \underline{U}_2\frac{R_k}{R_i R_a}. \qquad (3.107)$$

Daraus wird mit Gl. (3.3)

$$\underline{v}_u^* = \frac{\underline{U}_2}{\underline{U}_1} = \frac{-S}{\dfrac{1}{R_a} + S\dfrac{R_k}{R_a} + \dfrac{1}{R_i} + \dfrac{R_k}{R_i R_a}} = \frac{-S R_i R_a}{R_i + S R_i R_k + R_a + R_k}$$

$$= \frac{-R_a}{D(R_i + R_a + R_k) + R_k}. \qquad (3.108)$$

Probe: $R_k = 0 \curvearrowright \underline{v}_u = -S\frac{R_i R_a}{R_i + R_a}$ vgl. Gl. (3.13)! $|\underline{v}_u^*| < |\underline{v}_u|$. Die Verstärkung wird kleiner.

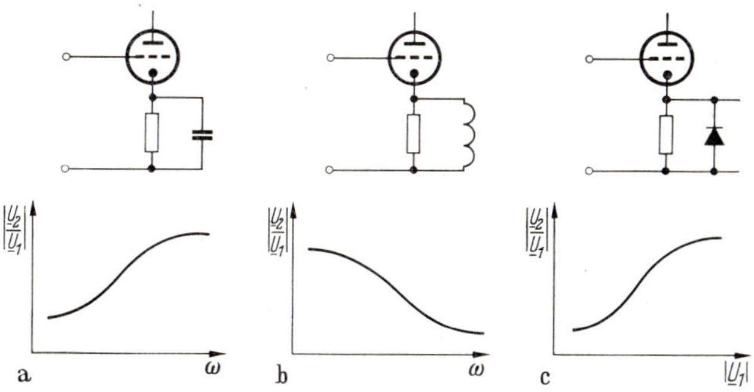

Abb. 3.49. a und b Frequenzabhängige Gegenkopplung; c amplitudenabhängige Gegenkopplung

Verwendet man für $R_k$ frequenzabhängige oder auch amplitudenabhängige Widerstände (Abb. 3.49), so ergeben sich frequenzabhängige oder amplitudenabhängige Spannungsverstärkungen.

*Berechnung von* $\underline{W}_2^*$. Die Berechnung erfolgt zunächst für den Widerstand $\underline{W}_2^{*\prime}$ anhand der Ersatzabbildung 3.50. Die Leerlaufspannung $\underline{U}^l$ ist die maximale Ausgangsspannung $\underline{U}_2$, die für $R_a \to \infty$ auftritt. Nach Gl. (3.108) ist

$$\underline{U}^l = \underline{U}_2(R_a \to \infty) = -S\,R_i\,\underline{U}_1 = -\frac{1}{D}\underline{U}_1. \quad (3.109)$$

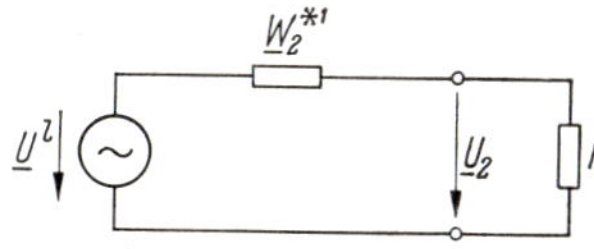

Abb. 3.50. Zur Berechnung von $\underline{W}_2^{*\prime}$ der Schaltungen von Abb. 3.48b und Abb. 3.51

Es wird nun Gl. (3.108) auf die Spannungsteilerform passend zu Abb. 3.50 gebracht

$$\frac{\underline{U}_2}{\underline{U}^l} = \frac{\underline{U}_2}{-\dfrac{1}{D}\underline{U}_1} = \frac{R_a}{\underline{W}_2^{*\prime} + R_a} = \frac{R_a}{R_a + R_k + R_i + \dfrac{R_k}{D}}. \qquad (3.110)$$

Damit ergibt sich $\underline{W}_2^{*\prime}$ zu

$$\underline{W}_2^{*\prime} = R_i + R_k + \frac{R_k}{D} = R_i + R_k\left(1 + \frac{1}{D}\right) \tag{3.111}$$

und $\underline{W}_2^*$ zu

$$\underline{W}_2^* = R_a || \underline{W}_2^{*\prime}. \tag{3.112}$$

Probe: $R_k = 0 \curvearrowright \underline{W}_2 = R_i || R_a$ vgl. Gl. (3.14).

$|\underline{W}_2^*| > |\underline{W}_2|$. Der Ausgangswiderstand wird durch Serie-Serie-GK größer!

*Berechnung von* $\underline{W}_1^*$. Es gilt nach der Schaltung Abb. 3.48b

$$\underline{W}_1^* = \frac{\underline{U}_1}{\underline{I}_1} = \frac{\underline{U}_g + \underline{U}_r}{\underline{I}_1} = \frac{\underline{U}_g + \underline{U}_r}{\dfrac{\underline{U}_g}{R_g}} = R_g + R_g\frac{\underline{U}_r}{\underline{U}_g}. \tag{3.113}$$

Berechnung des Verhältnisses $\underline{U}_r/\underline{U}_g$:

Es gelten die Gleichungen

für die Schaltung

$$\underline{U}_r \approx \underline{I}_a R_k \quad (\text{da } |\underline{I}_a| \gg |\underline{I}_1|), \tag{3.114}$$

$$\underline{U}_a = -\underline{I}_a R_a - \underline{U}_r, \tag{3.115}$$

für die Röhre

$$\underline{I}_a = S\,\underline{U}_g + \frac{1}{R_i}\underline{U}_a. \tag{3.9}$$

Elimination von $\underline{U}_a$ aus Gl. (3.9) und Gl. (3.115)

$$\underline{I}_a = S\,\underline{U}_g + \frac{1}{R_i}(-\underline{I}_a R_a - \underline{U}_r),$$

$$\underline{I}_a = S\,\underline{U}_g - \underline{I}_a\frac{R_a}{R_i} - \frac{\underline{U}_r}{R_i}. \tag{3.116}$$

Elimination von $\underline{I}_a$ aus Gl. (3.116) und Gl. (3.114)

$$\frac{\underline{U}_r}{R_k} = S\,\underline{U}_g - \frac{\underline{U}_r}{R_k}\frac{R_a}{R_i} - \frac{\underline{U}_r}{R_i},$$

$$\frac{\underline{U}_r}{\underline{U}_g} = \frac{S}{\dfrac{1}{R_k} + \dfrac{R_a}{R_k R_i} + \dfrac{1}{R_i}} = \frac{S R_i R_k}{R_i + R_a + R_k}. \tag{3.117}$$

Gl. (3.117) eingesetzt in Gl. (3.113) ergibt den Eingangswiderstand

$$\underline{W}_1^* = R_g + R_g\frac{\underline{U}_r}{\underline{U}_g} = R_g + \frac{S R_i R_k R_g}{R_i + R_a + R_k}. \tag{3.118}$$

Probe: $R_k = 0 \curvearrowright \underline{W}_1 = R_g$.

$|\underline{W}_1^*| > |\underline{W}_1|$. Der Eingangswiderstand wird durch Serie-Serie-GK größer!

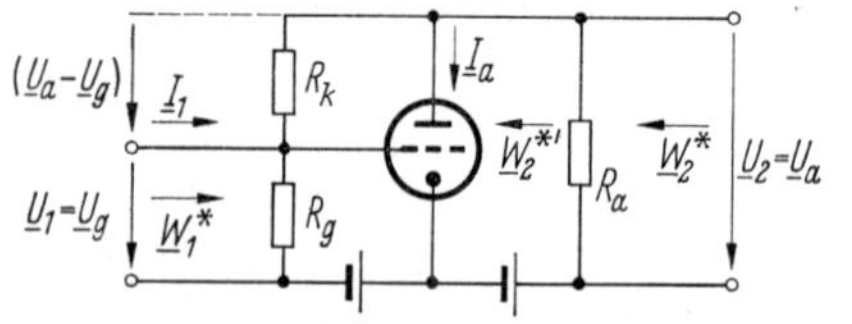


Abb. 3.51. Ein einfaches Beispiel einer Parallel-Parallel-GK

Die zweite wichtige Art der GK ist die Parallel-Parallel-GK.

Abb. 3.51 zeigt den einfachen Fall, daß das RK-Netzwerk aus einem einfachen Längswiderstand $R_k$ besteht. Für Wechselstrom sollen die Batterien Kurzschlüsse darstellen.

*Berechnung von* $\underline{v}_u^*$. Für die Röhre gilt nach Gl. (3.9)

$$\underline{I}_a = S\,\underline{U}_g + \frac{1}{R_i}\underline{U}_a.$$

Aus der Schaltung Abb. 3.51 ergibt sich für $\underline{I}_a$

$$\underline{I}_a = -\frac{\underline{U}_a}{R_a} - (\underline{U}_a - \underline{U})\frac{1}{R_k} = -\frac{\underline{U}_a}{R_a} - \frac{\underline{U}_a}{R_k} + \frac{\underline{U}_g}{R_k}. \tag{3.119}$$

Elimination von $\underline{I}_a$

$$S\,\underline{U}_g + \frac{1}{R_i}\underline{U}_a = -\frac{\underline{U}_a}{R_g} - \frac{\underline{U}_a}{R_k} + \frac{\underline{U}_g}{R_k},$$

$$\underline{v}_u^* = \frac{\underline{U}_2}{\underline{U}_1} = \frac{\underline{U}_a}{\underline{U}_g} = \frac{\dfrac{1}{R_k} - S}{\dfrac{1}{R_i} + \dfrac{1}{R_a} + \dfrac{1}{R_k}} = \frac{-S\,R_i\,R_a\,R_k + R_i\,R_a}{R_a\,R_k + R_i\,R_k + R_i\,R_a}. \tag{3.120}$$

Probe: $R_k = \infty \curvearrowright \underline{v}_u = -S\dfrac{R_i\,R_a}{R_i + R_a}$ vgl. Gl. (3.13).

$|\underline{v}_u^*| < |\underline{v}_u|$. Die Verstärkung mit GK wird kleiner.

*Berechnung von* $\underline{W}_2^*$. Die Berechnung erfolgt wieder zunächst für den Widerstand $\underline{W}_2^{*\prime}$ anhand der Ersatzabbildung 3.50. Die Leerlaufspannung $\underline{U}^l$ ist die maximale Ausgangsspannung $\underline{U}_2$, die für $R_a \to \infty$ auftritt. Nach Gl. (3.120) ist

$$\underline{U}^l = \underline{U}_a(R_a \to \infty) = \frac{-S\,R_i\,R_k + R_i}{R_k + R_i}\underline{U}_g. \tag{3.121}$$

Mit Gl. (3.121) errechnet aus Gl. (3.120) sich die Spannungsteilergleichung

$$\frac{\underline{U}_2}{\underline{U}^l} = \frac{\underline{U}_2}{\dfrac{-S\,R_i\,R_k + R_i}{R_k + R_i}\underline{U}_g} = \frac{R_a}{R_a + \underline{W}_2^{*\prime}} = \frac{R_a}{R_a + \dfrac{R_i\,R_k}{R_i + R_k}}. \tag{3.122}$$

Damit ergibt sich $\underline{W}_2^{*\prime}$ zu

$$\underline{W}_2^{*\prime} = \frac{R_i\,R_k}{R_i + R_k} \tag{3.123}$$

und $\underline{W}_2^*$ zu

$$\underline{W}_2^* = R_a||\underline{W}_2^{*\prime}. \tag{3.124}$$

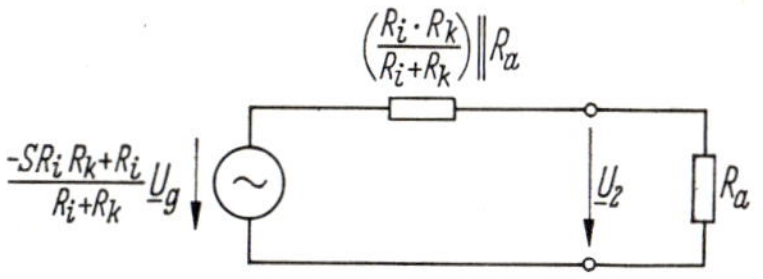


Abb. 3.52. Zur Berechnung von $\underline{W}_2^{*\prime}$ der Schaltung von Abb. 3.51

Abb. 3.52 zeigt das Ersatzbild für den Ausgangskreis der Schaltung nach Abb. 3.51.

Probe: $R_k \to \infty$; $\curvearrowright \underline{W}_2 = R_i||R_a$ und $\underline{U}^l = -S\,R_i\,\underline{U}_g = -\dfrac{1}{D}\underline{U}_g$.

$|\underline{W}_2^*| < |\underline{W}_2|$. Der Ausgangswiderstand wird durch Parallel-Parallel-GK kleiner, ebenso die Leerlaufspannung.

*Berechnung von* $\underline{W}_1^*$. Nach der Schaltung in Abb. 3.51 gilt:

$$\underline{W}_1^* = \frac{\underline{U}_1}{\underline{I}_1} = \frac{\underline{U}_g}{\dfrac{\underline{U}_g}{R_g} + \dfrac{-\underline{U}_a + \underline{U}_g}{R_k}} = \frac{1}{\dfrac{1}{R_g} + \dfrac{1}{R_k} - \dfrac{1}{R_k}\dfrac{\underline{U}_a}{\underline{U}_g}}, \tag{3.125}$$

$$\underline{G}_1^* = \frac{1}{\underline{W}_1^*} = \frac{1}{R_g} + \frac{1}{R_k} - \frac{1}{R_k}\underline{v}_u^* = \frac{1}{R_g} + \frac{1}{R_k}(1 - \underline{v}_u^*). \tag{3.126}$$

Probe: $R_k \to \infty$; $\curvearrowright \underline{G}_1 = 1/R_g$.

$|\underline{W}^*| < |\underline{W}_1|$. Der Eingangswiderstand wird durch Parallel-Parallel-GK kleiner.

### 3.3.3.3 Berechnung von GK-Schaltungen mit Transistoren

Während sich das Verhalten der Röhre durch eine einzige Gleichung

$$\underline{I}_a = S\,\underline{U}_g + \frac{1}{R_i}\underline{U}_a \tag{3.9}$$

beschreiben läßt (gesteuerter aktiver Zweipol), muß man das Verhalten des Transistors durch zwei Gleichungen beschreiben. Diese zwei Gleichungen sind die Vierpolgleichungen. Die zweckmäßigste Berechnung von Transistor-GK-Schaltungen erfolgt daher unter Zuhilfenahme der Vierpoltheorie.

Der Transistorvierpol ist gekennzeichnet durch seine Vierpolmatrix. Bei Gegenkopplung einer einzelnen Transistorverstärkerstufe ist es im Endeffekt gleichgültig, ob man die Eigenschaften der Verstärkerstufe durch Gegenkopplung der Verstärkerstufe oder durch Gegenkopplung nur des Transistors in dieser Verstärkerstufe erreicht. Im folgenden wird die Gegenkopplung des Transistors betrachtet.

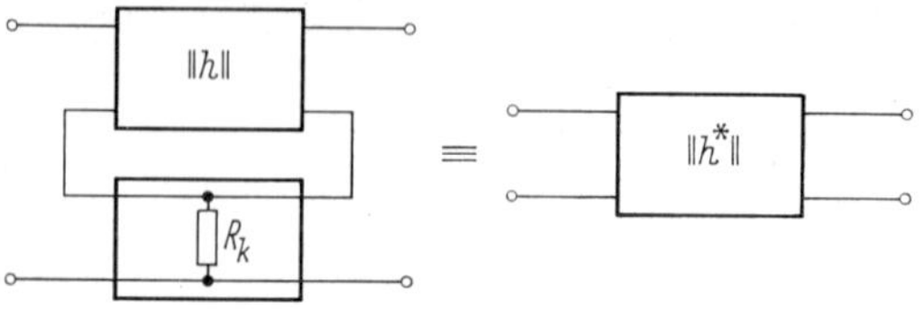

Abb. 3.53. Serie-Serie-gegengekoppelter Transistorvierpol und Ersatzvierpol

*Serie-Serie-GK beim Transistor.* Abb. 3.53 zeigt den Fall, daß der Transistor durch einen ohmschen Widerstand $R_k$ gegengekoppelt ist. Das Problem läuft darauf hinaus, die Ersatzmatrix $\|\boldsymbol{h}^*\|$ des gegengekoppelten Transistors aufzustellen. Hat man erst die $\underline{h}^*$-Parameter, so lassen sich mit diesen $\underline{h}^*$-Parametern $\underline{v}_u^*$, $\underline{W}_1^*$ usw. des gegengekoppelten Transistors mittels der Gln. (3.73) bis (3.76) ausrechnen, da letztere ja allgemeine Vierpolbeziehungen sind und folglich auch für gegengekoppelte Vierpole gelten. Der Eingangswiderstand des gegengekoppelten Vierpols berechnet sich z. B. entsprechend Gl. (3.75) zu

$$\underline{W}_1^* = \frac{\underline{h}_{11}^* + \Delta \underline{h}^* \underline{Z}_2}{1 + \underline{h}_{22}^* \underline{Z}_2}. \tag{3.75a}$$

In Abb. 3.53 sind die Eingänge und die Ausgänge der beiden Vierpole in Serie geschaltet. Die resultierende Matrix zweier in Serie geschalteter Vierpole erhält man durch Addition ihrer Widerstandsmatrizen. Die Transistormatrix $\|\boldsymbol{h}\|$ muß also in die äquivalente Widerstandsmatrix ($\|\boldsymbol{Z}\|$-Matrix) umgerechnet werden (was am besten mittels Tabellen geschieht — vgl. Abschn. 0.5). Es ergibt sich

$$\|\boldsymbol{h}\| = \left\| \begin{matrix} \underline{h}_{11} & \underline{h}_{12} \\ \underline{h}_{21} & \underline{h}_{22} \end{matrix} \right\| \curvearrowright \|\boldsymbol{Z}\| = \left\| \begin{matrix} \underline{Z}_{11} & \underline{Z}_{12} \\ \underline{Z}_{21} & \underline{Z}_{22} \end{matrix} \right\| = \left\| \begin{matrix} \dfrac{\Delta \underline{h}}{\underline{h}_{22}} & \dfrac{\underline{h}_{12}}{\underline{h}_{22}} \\ -\dfrac{\underline{h}_{21}}{\underline{h}_{22}} & \dfrac{1}{\underline{h}_{22}} \end{matrix} \right\|. \tag{3.127}$$

Für die Zählpfeilrichtung von Abb. 3.32 errechnet sich die Matrix $\|\boldsymbol{Z}_k\|$ des GK-Vierpols zu

$$\|\boldsymbol{Z}_k\| = \left\| \begin{matrix} R_k & R_k \\ R_k & R_k \end{matrix} \right\|. \tag{3.128}$$

Die Summe der Transistormatrix $\|\boldsymbol{Z}\|$ und der Matrix $\|\boldsymbol{Z}_k\|$ des GK-Vierpols ergibt die Widerstandsmatrix $\|\boldsymbol{Z}^*\|$ des gegengekoppelten Transistors

$$\|\boldsymbol{Z}^*\| = \|\boldsymbol{Z}\| + \|\boldsymbol{Z}_k\| = \left\| \begin{matrix} \underline{Z}_{11}^* & \underline{Z}_{12}^* \\ \underline{Z}_{21}^* & \underline{Z}_{22}^* \end{matrix} \right\| = \left\| \begin{matrix} \dfrac{\Delta \underline{h} + \underline{h}_{22} R_k}{\underline{h}_{22}} & \dfrac{\underline{h}_{12} + \underline{h}_{22} R_k}{\underline{h}_{22}} \\ \dfrac{\underline{h}_{22} R_k - \underline{h}_{21}}{\underline{h}_{22}} & \dfrac{1 + \underline{h}_{22} R_k}{\underline{h}_{22}} \end{matrix} \right\|. \tag{3.129}$$

Die Widerstandsmatrix $\|\boldsymbol{Z}^*\|$ wird nun wieder in die äquivalente $\|\boldsymbol{h}^*\|$-Matrix umgerechnet

$$\|\boldsymbol{h}^*\| = \left\| \begin{matrix} \dfrac{\Delta \underline{Z}^*}{\underline{Z}_{22}^*} & \dfrac{\underline{Z}_{12}^*}{\underline{Z}_{22}^*} \\ -\dfrac{\underline{Z}_{21}^*}{\underline{Z}_{22}^*} & \dfrac{1}{\underline{Z}_{22}^*} \end{matrix} \right\| = \left\| \begin{matrix} \dfrac{\Delta \underline{Z}^* \underline{h}_{22}}{1 + \underline{h}_{22} R_k} & \dfrac{\underline{h}_{12} + \underline{h}_{22} R_k}{1 + \underline{h}_{22} R_k} \\ \dfrac{\underline{h}_{21} - \underline{h}_{22} R_k}{1 + \underline{h}_{22} R_k} & \dfrac{\underline{h}_{22}}{1 + \underline{h}_{22} R_k} \end{matrix} \right\|$$

$$= \left\| \begin{matrix} \underline{h}_{11} + \dfrac{R_k (1 - \underline{h}_{12})(1 + \underline{h}_{21})}{1 + \underline{h}_{22} R_k} & \dfrac{\underline{h}_{12} + \underline{h}_{22} R_k}{1 + \underline{h}_{22} R_k} \\ \dfrac{\underline{h}_{21} - \underline{h}_{22} R_k}{1 + \underline{h}_{22} R_k} & \dfrac{\underline{h}_{22}}{1 + \underline{h}_{22} R_k} \end{matrix} \right\| = \left\| \begin{matrix} \underline{h}_{11}^* & \underline{h}_{12}^* \\ \underline{h}_{21}^* & \underline{h}_{22}^* \end{matrix} \right\|. \tag{3.130}$$

*Parallel-Parallel-GK beim Transistor.* Die zweite wichtige Art der GK ist die Parallel-Parallel-GK. Für den Fall, daß das GK-Netzwerk aus einem einfachen Widerstand $R_k$ besteht, ergibt sich in analoger Weise wie bei der Serie-Serie-GK als Ergebnis

$$\|h^*\| = \left\| \begin{matrix} \underline{h}_{11}^* & \underline{h}_{12}^* \\ \underline{h}_{21}^* & \underline{h}_{22}^* \end{matrix} \right\| = \left\| \begin{matrix} \dfrac{\underline{h}_{11} R_k}{R_k + \underline{h}_{11}} & \dfrac{\underline{h}_{12} R_k - \underline{h}_{11}}{R_k + \underline{h}_{11}} \\ \dfrac{\underline{h}_{21} R_k + \underline{h}_{11}}{R_k + \underline{h}_{11}} & \underline{h}_{22} + \dfrac{1 - \underline{h}_{21} + \underline{h}_{12} - \underline{h}_{21} \underline{h}_{12}}{R_k + \underline{h}_{11}} \end{matrix} \right\| . \tag{3.131}$$

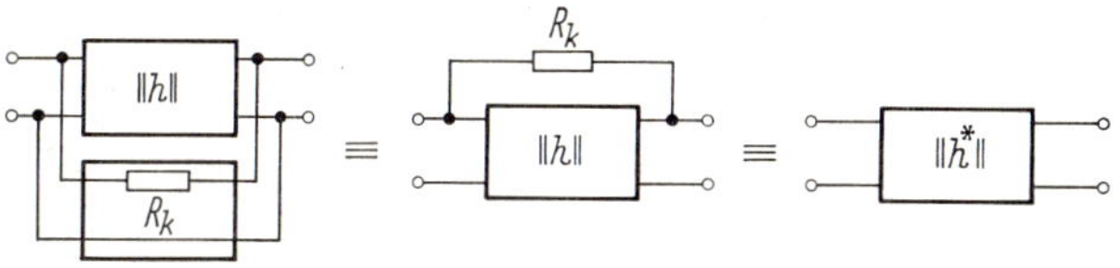


Abb. 3.54. Parallel-Parallel-gegengekoppelter Transistorvierpol und Ersatzvierpol

Mit diesem Ergebnis berechnet sich z. B. die Spannungsverstärkung $\underline{v}_u^*$ des gegengekoppelten Transistors zu:

$$\underline{v}_u^* = \frac{\underline{U}_2}{\underline{U}_1} = -\frac{\underline{h}_{21}^*}{\Delta \underline{h}^* + \dfrac{\underline{h}_{11}^*}{\underline{Z}_2}} = -\frac{\dfrac{\underline{h}_{21} R_k - \underline{h}_{11}}{R_k + \underline{h}_{11}}}{\Delta \underline{h}^* + \dfrac{\underline{h}_{11} R_k}{(R_k + \underline{h}_{11}) \underline{Z}_2}} . \tag{3.132}$$

In praktischen Aufgaben ist es zweckmäßig, möglichst früh Zahlen einzusetzen, da die allgemeinen Formelausdrücke sehr kompliziert werden, besonders wenn Determinanten vorkommen.

Wichtig ist, daß durch Einführung des GK-Netzwerkes der Gleichstromarbeitspunkt des Transistors nicht verändert wird. Man muß also beim Einführen des GK-Netzwerkes entweder die Widerstände, die zur Einstellung des Arbeitspunktes dienen (eventuell auch die Versorgungsspannung $U_{01}$) so verändern, daß der alte Arbeitspunkt wieder hergestellt wird, oder man muß das GK-Netzwerk gleich so einführen, daß der Arbeitspunkt erst gar nicht verändert wird. Letzteres läßt sich bei Parallel-Parallel-GK relativ leicht mit einem Kondensator erreichen (Abb. 3.55a). Der Wechselstromwiderstand der Kapazität $C$ soll vernachlässigbar klein sein.

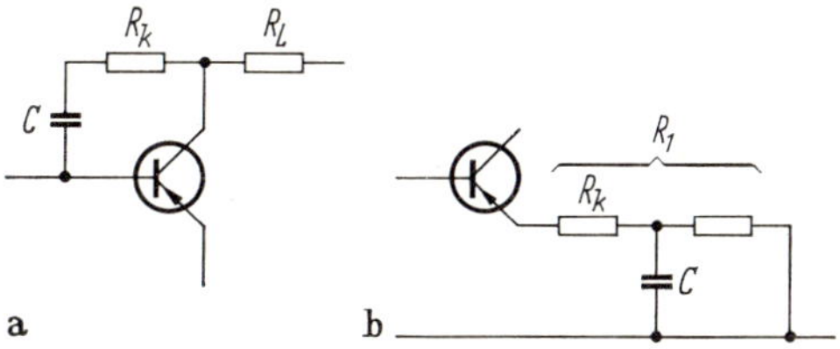


Abb. 3.55. Einfügen des GK-Widerstandes $R_k$ ohne Arbeitspunktveränderung (s. Text)
a Parallel-Parallel-GK; b Serie-Serie-GK

Tabelle 3.1

| Eingang | Serie | Serie | Parallel | Parallel |
|---|---|---|---|---|
| Ausgang | Serie | Parallel | Parallel | Serie |
| $\left\lvert \dfrac{\underline{v}_i^*}{\underline{v}_i} \right\rvert$ | 1 | 1 | <1 | <1 |
| $\left\lvert \dfrac{\underline{v}_u^*}{\underline{v}_u} \right\rvert$ | <1 | <1 | 1 | 1 |
| $\left\lvert \dfrac{\underline{W}_1^*}{\underline{W}_1} \right\rvert$ | >1 | >1 | <1 | <1 |
| $\left\lvert \dfrac{\underline{W}_2^*}{\underline{W}_2} \right\rvert$ | >1 | <1 | <1 | >1 |

Bei Serie-Serie-GK kann man oft den ohnehin meist vorhandenen Emitterwiderstand $R_1$ um $R_k$ anzapfen (Abb. 3.55b).

Bei Transistoren mit kleiner Rückwirkung ($\underline{h}_{12} \approx 0$) werden durch die verschiedenen GK-Arten die Größen $\underline{v}_u$; $\underline{v}_i$; $\underline{W}_1$ und $\underline{W}_2$ in der in Tab. 3.1 angegebenen Weise geändert.

Nach Tab. 3.1 wird also durch Serie-Serie-GK der Betrag der Spannungsverstärkung verkleinert, der der Stromverstärkung bleibt gleich, Eingangs- und Innenwiderstand werden betragsmäßig vergrößert. Bei Serie-Parallel-GK liegen die gleichen Verhältnisse vor wie bei Serie-Serie-GK mit Ausnahme des Innenwiderstandes, der sich bei Serie-Parallel-GK verkleinert usw.

#### 3.3.3.4 Stabilitätsbedingungen insbesondere bei Gegenkopplung

Bisher wurde vorausgesetzt, daß die Rückkopplungsspannung gegenphasig zur Eingangsspannung wirkt. Dies kann im Übertragungsbereich des Verstärkers unschwer erreicht werden, jedoch ist mit dem Verstärkungsabfall außerhalb des Übertragungsbereichs auch zwangsläufig eine wechselnde Phasendrehung verbunden, die schließlich die Gegenkopplung in eine Mitkopplung umwandeln kann und bei ungünstiger Bemessung des Verstärkers eine Selbsterregung der Schaltung bei außerhalb des Übertragungsbereichs liegenden Frequenzen herbeiführt.

Allgemein lassen sich Stabilitätsfragen bei Vierpolen anhand ihrer Übertragungsfunktion untersuchen. Speziell bei Verstärkern interessiert besonders die reziproke Spannungsübertragungsfunktion $F_u^{-1}$, d. h. die Funktion für die Spannungsverstärkung $\underline{v}_u$ [vgl. Gl. (3.11)]. Diese Funktion ist, wenn man alle in der Verstärkerschaltung auftretenden Kapazitäten und Induktivitäten berücksichtigt, im allgemeinen eine frequenzabhängige gebrochene rationale Funktion. Die in den Gln. (3.13), (3.16), (3.108) usw. errechneten Funktionen ergaben sich nur deshalb als frequenzunabhängig, weil Kapazitäten usw. vernachlässigt wurden bzw. die Gegenkopplungsnetzwerke als blindwiderstandsfrei vorausgesetzt wurden. Im allgemeinen gelten diese Voraussetzungen nicht, und es ergibt sich mit $\mathrm{j}\,\omega = p$ aus den KIRCHOFFschen Maschen- und Knotenpunktsregeln allgemein

$$\frac{1}{F_u} = \underline{v}_u = \frac{\underline{U}_2}{\underline{U}_1} = \frac{Z(p)}{N(p)}\,. \tag{3.133}$$

$Z(p)$ ist das Zählerpolynom, $N(p)$ das Nennerpolynom in $p$. Hier gelten die gleichen Überlegungen wie in Abschn. 2.1.3 bzw. 2.1.2 beim Zeitverhalten von Zweipolen. Es ergibt sich auch hier, daß das Nennerpolynom $N(p)$ die charakteristische Gleichung für die Eigenschwingungen der Ausgangsspannung $u_2(t)$ bei verschwindender Eingangsspannung $u_1 = 0$ ist. Das Nennerpolynom darf also keine Nullstellen in der rechten $p$-Halbebene haben, wenn der Verstärker stabil sein soll. Selbst Nullstellen auf der imaginären $p$-Achse vermeidet man bei Verstärkern. (Für das Zählerpolynom gilt diese Einschränkung normalerweise nicht, weil beim Berechnen von $\underline{v}_u$ davon ausgegangen wird, daß $\underline{U}_1$ die Ursache und $\underline{U}_2$ die Wirkung ist. Wenn man von $\underline{U}_2$ als Ursache ausgeht, ergibt sich normalerweise eine andere Funktion, als wenn man von $\underline{U}_1$ als Ursache ausgeht.) Notwendige und hinreichende Bedingung für Stabilität ist, daß $N(p)$ Nullstellen nur in der linken $p$-Halbebene hat, d. h. ein *Hurwitz-Polynom* ist. Für die praktische Untersuchung ist dieses Kriterium sehr unhandlich, weil die Berechnung von $\underline{v}_u$ und erst recht der Pole von $\underline{v}_u$ unter Einschluß aller parasitären Blindelemente sehr umständlich ist. Von praktischer Bedeutung sind darum meßtechnische Methoden.

Eine wichtige Methode liegt in der Messung von $F_u$ nach Betrag und Phase in Abhängigkeit von der Frequenz $\omega$ und Aufzeichnen der sich damit ergebenden Ortskurve (Abb. 3.56). Die Nullstellen von $N(p)$ bzw. $F_u(p)$ bilden sich alle im

Koordinatenursprung ab. Die Ortskurve ist die konforme Abbildung der imaginären $p$-Achse auf die $F_u$-Ebene. Liegt der Ursprung stets links der Ortskurve, dann gehören alle Nullstellen zu komplexen Frequenzen $p$ mit negativem Realteil ($\sigma < 0$),

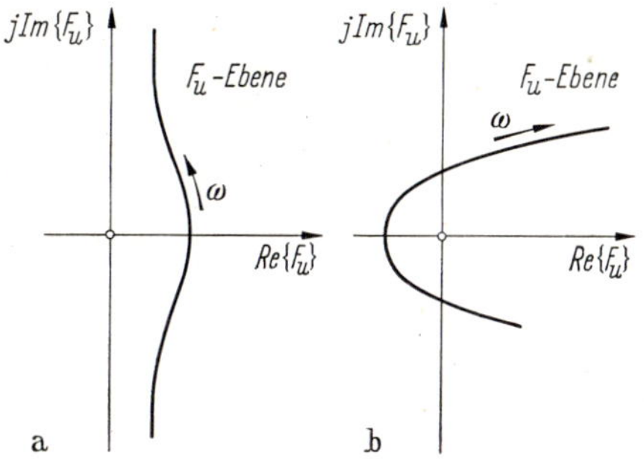


Abb. 3.56. Zur Untersuchung der Stabilität anhand der Ortskurve
a stabiler Vierpol; b instabiler Vierpol

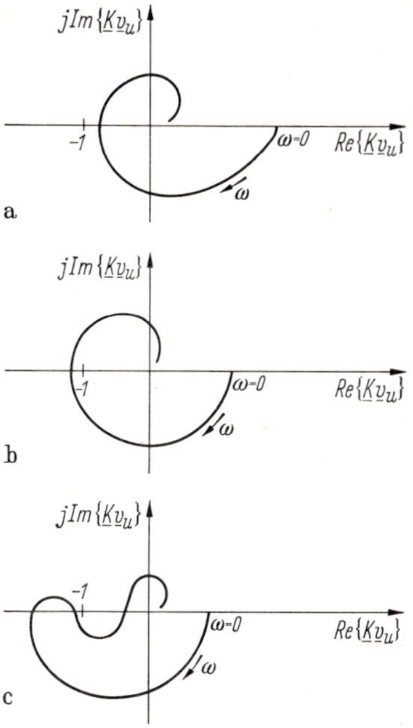


Abb. 3.57
Stabilitätskriterien einschleifig rückgekoppelter Verstärker
a stabile Gegenkopplung im gesamten Frequenzbereich von $\omega = 0$ bis $\omega = \infty$; b nichtstabile Gegenkopplung: Der Punkt $\underline{K}\,\underline{v}_u = -1$ wird umschlungen; c bedingt stabile Gegenkopplung: Der Punkt $\underline{K}\,\underline{v}_u = -1$ wird zwar nicht umschlungen, Schwankungen von $\underline{K}\,\underline{v}_u$ (z. B. beim Einschalten, bei Erwärmung usw.) führen hier aber leicht zum Oszillieren

was nur abklingende Eigenschwingungen ergibt. Der Verstärker ist dann stabil. Im anderen Fall ist der Verstärker instabil (Strecker-Nyquist-Kriterium).

Bei gegengekoppelten Verstärkern gilt nach Gl. (3.97)

$$\underline{v}_u^* = \frac{\underline{v}_u}{1 + \underline{K}\,\underline{v}_u} = \frac{Z(p)}{N(p)}\,. \tag{3.134}$$

Nullstellen von $N(p)$ entsprechen minus-Eins-Stellen der Schleifenverstärkung $\underline{K}\,\underline{v}_u$ in Gl. (3.134). Bei Messung der Ortskurve von $\underline{K}\,\underline{v}_u$ muß also der Punkt $-1$ stets links der $\underline{K}\,\underline{v}_u$-Ortskurve liegen, d. h., er darf von der $\underline{K}\,\underline{v}_u$-Ortskurve nicht umschlungen werden. Abb. 3.57 zeigt und erläutert Beispiele von $\underline{K}\,\underline{v}_u$-Ortskurven, die der Einfachheit halber nur für positive Frequenzen $\omega$ aufgezeichnet sind.

Die Größe $\underline{K}\,\underline{v}_u$ ist der Messung zugänglich, wenn man den Gegenkopplungskreis an irgendeiner Stelle auftrennt und die so entstehenden offenen Klemmenpaare der Trennstelle jeweils mit den Scheinwiderständen abschließt, die gleich den Eingangswiderständen an den gegenüberliegenden Klemmpaaren sind. Abb. 3.58 erläutert den Sachverhalt im einzelnen.

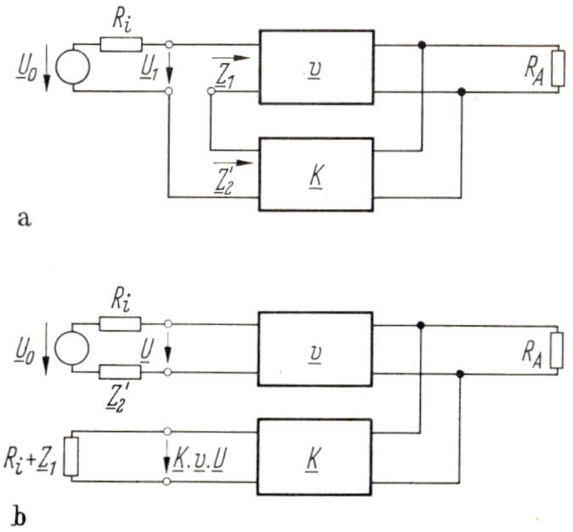


Abb. 3.58
Meßtechnische Bestimmung der Ortskurve $\underline{K}\,\underline{v}_u$

## Literatur

[1] Kulp, M.: Elektronenröhren und ihre Schaltungen, 2. Aufl. Göttingen: Vandenhoeck & Ruprecht 1958.
[2] Bartels, H.: Grundlagen der Verstärkertechnik, 4. Aufl. Stuttgart: Hirzel 1954.
[3] Weitzsch, F.: *PNP*-Flächentransistor-Kompendium. Valvo-Berichte III, H. 1 und 3, 1957.
[4] Shea, R. F.: Transistor Circuit Engeneering. New York: J. Wiley 1957.
[5] Hurley, R. B.: Junction Transistor Electronics. New York: J. Wiley 1958.
[6] Rusche, G., K. Wagner u. F. Weitzsch: Flächentransistoren, Eigenschaften und Schaltungstechnik. Berlin/Göttingen/Heidelberg: Springer 1961.
[7] Hancock, J.: An Introduction to the Principles of Communication Theory. New York/Toronto/London: McGraw-Hill 1961.
[8] Rothe, H., u. W. Kleen: Hochvakuum-Elektronenröhren. Leipzig: Hirzel 1945.
[9] Thuy, H. J.: Thermische Probleme bei Transistoren. Elektron. Rdsch. 15 (1961) H. 1 u. 2.
[10] Kammerloher, J.: Transistoren, Grundlagen und Niederfrequenzverstärker. Füssen: C. F. Wintersche Verlagshandlung 1959.
[11] Moerder, G.: Transistortechnik. Stuttgart: B. G. Teubner 1960.
[12] Bode, H. W.: Network Analysis and Feedback Amplifier Design. New York: Van Nostrand 1955.
[13] Peters, J.: Einschwingvorgänge, Gegenkopplung, Stabilität. Berlin/Göttingen/Heidelberg: Springer 1954.
[14] Ebers, J. J., u. J. L. Moll: Large-Signal Behavior of Junction Transistors. Proc. IRE 42 (1954) 1761–1772.
[15] Early, J. M.: Effects of Space-Charge Layer Widening in Junction Transistors. Proc. IRE 40 (1952) 1401–1406.

# 4. Impulstechnik

In den vorausgegangenen Abschnitten ist fast ausschließlich von sinusförmigen Spannungen und Strömen die Rede gewesen. Die gesamte Technik der Übertragung, Verstärkung usw. sinusförmiger Signale bezeichnet man auch pauschal als Sinustechnik. Im Gegensatz dazu befaßt sich die Impulstechnik mit der Übertragung, Verstärkung usw. nichtsinusförmiger Signale. Besondere Bedeutung unter den vielen möglichen nichtsinusförmigen Signalformen haben die *binären Signale* bei denen nur zwei verschiedene Amplitudenstufen unterscheidbar sind, d. h. Zeitfunktionen, die nur zwei verschiedene Ordinatenwerte annehmen (abgesehen von den Übergängen von einem Amplitudenwert zum anderen Amplitudenwert, die sich in technischen Systemen immer in endlichen, wenn auch in sehr kurzen, Zeitintervallen der Anstiegs- und Abfallzeit vollziehen). Abb. 4.1 zeigt Beispiele binärer Signale. Die Bezeichnung Impulstechnik geht im wesentlichen auf diese *impulsförmigen* binären Signale zurück.

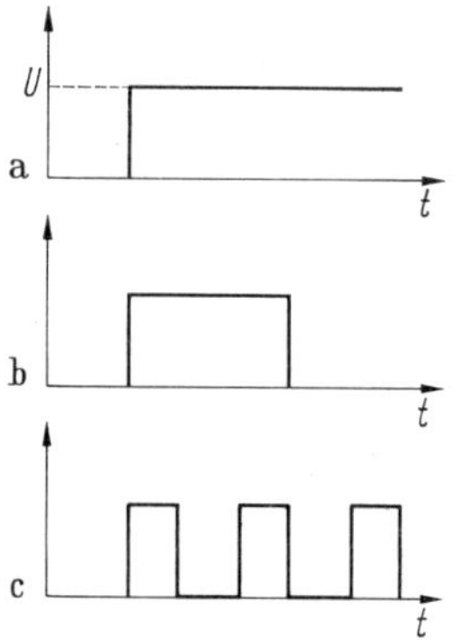

Abb. 4.1. Beispiele binärer Signale a Sprungfunktion; b Rechteckimpuls; c Impulsfolge

## 4.1 Lineare Impulstechnik

Die lineare Impulstechnik befaßt sich mit der Übertragung und Beeinflussung impulsförmiger Signale in linearen Netzwerken.

### 4.1.1 Lineare Formungsvorgänge

Die durch lineare Netzwerke hervorgerufene Veränderung impulsförmiger Signale bezeichnet man als lineare Impulsformung, wenn die Veränderung erwünscht ist. Ist die Veränderung unerwünscht, dann nennt man sie lineare Verzerrung.

Die einfachsten und wohl auch wichtigsten linearen impulsformenden Netzwerke sind die sogenannten Differenzierglieder und Integrierglieder.

Abb. 4.2 zeigt die Schaltbilder der Differenzierglieder zur Differentiation nach der Zeit von zeitabhängigen Spannungsverläufen ($RC$-Differenzierglied) und zeitabhängigen Stromverläufen ($LG$-Differenzierglied).

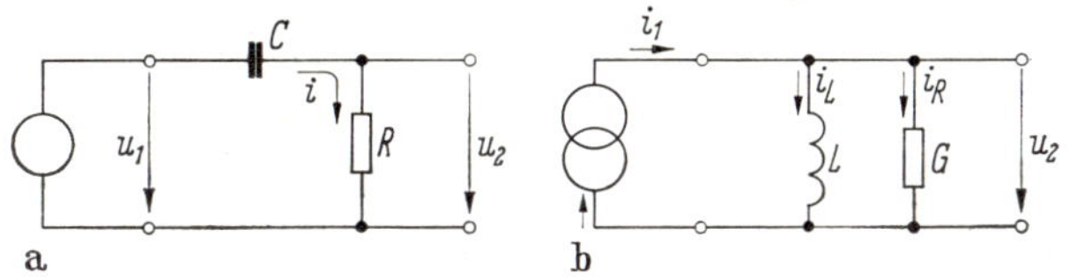


Abb. 4.2. Differenzierglieder
a $RC$-Differenzierglied; b $LG$-Differenzierglied

Für das $RC$-Differenzierglied errechnet sich der Strom $i$ zu

$$i = C\frac{d(u_1 - u_2)}{dt} = \frac{u_2}{R} \tag{4.1}$$

oder

$$RC\frac{du_1}{dt} = u_2 + RC\frac{du_2}{dt}. \tag{4.2}$$

Das Produkt $RC = \tau$, welches die Dimension einer Zeit hat, bezeichnet man als *Zeitkonstante*. Die rechte Seite in Gl. (4.2) kann man als TAYLOR-Reihe auffassen, welche nach dem 2. Glied abgebrochen ist, d. h.

$$u_2(t + \tau) \approx u_2(t) + \tau\frac{du_2}{dt}. \tag{4.3}$$

Die Vernachlässigung von Gliedern höherer Ordnung ist in einer TAYLOR-Reihe um so mehr zulässig, je geringfügiger sich die Funktion $u_2(t)$ während der Zeitspanne $\tau$ ändert. Ändert sich während der Zeitspanne $\tau$ die Funktion $u_2(t)$ derart wenig, daß sogar $u_2(t+\tau) \approx u_2(t)$ gilt, dann wird aus Gl. (4.2) angenähert

$$u_2 \approx RC\frac{du_1}{dt}. \tag{4.4}$$

Unter diesen Voraussetzungen ist also die Ausgangsspannung proportional dem zeitlichen Differentialquotienten der Eingangsspannung. Bei rasch veränderlichen Vorgängen oder bei einer großen Zeitkonstanten $\tau = RC$ kann in Gl. (4.2) der zweite Term der rechten Seite den ersten Term $u_2$ der rechten Seite wesentlich überwiegen. Dann gilt

$$u_2 \approx u_1. \tag{4.5}$$

Für das duale $LG$-Differenzierglied nach Abb. 4.2b, welches mit dem Strom $i_1$ gespeist wird, gilt

$$u_2 = L\frac{d(i_1 - i_R)}{dt} = \frac{i_R}{G} \tag{4.6}$$

bzw.

$$\frac{di_1}{dt} = \frac{i_R}{LG} + \frac{di_R}{dt}. \tag{4.7}$$

Für langsam veränderliche Vorgänge wirkt dieses Glied wieder als Differenzierglied

$$i_R = u_2 G \approx LG\frac{di_1}{dt}. \tag{4.8}$$

Das $LG$-Differenzierglied ist dann zweckmäßig, wenn die Quelle einen hohen Innenwiderstand hat (z. B. Pentode oder Flächentransistor). Schädlich ist beim $LG$-Differenzierglied die Wickelkapazität (vgl. Abschn. 1.3) der Induktivität $L$. Für die Quelle ist noch die Eingangsimpedanz der Differenzierglieder von Bedeutung. Sie verhält sich gemäß Tab. 4.1.

Tabelle 4.1 *Eingangsimpedanzen der Differenzierglieder nach Abb. 4.6*

| Eingangssignal | langsam veränderlich | rasch veränderlich |
|---|---|---|
| $RC$-Differenzierglied | kapazitiv ($C$) | reell ($R$) |
| $LG$-Differenzierglied | induktiv ($L$) | reell ($G$) |

Für spezielle Eingangszeitfunktionen $u_1(t)$ läßt sich die Differentialgleichung (4.2) häufig auf einfache Weise exakt lösen. Als Beispiel einer speziellen Zeitfunktion $u_1(t)$ soll die Sprungfunktion nach Abb. 4.1a gewählt werden, für die $u_1(t) = 0$ für $t < 0$ und $u_1 = U$ für $t \geqq 0$. Hiermit ergibt sich in Gl. (4.2) für $t \geqq 0$ das Störglied auf der linken Seite zu Null, und es verbleibt als Aufgabe nur die Lösung des homogenen Gleichungsteils, welche durch Ansatz mit einer Exponentialfunktion (vgl. Abschnitt 2.1.1.3) leicht zu lösen ist. Die vollständige Lösung ergibt sich damit für $t \geqq 0$ zu:

$$u_2(t) = U\,\mathrm{e}^{-\frac{t}{RC}}. \tag{4.9}$$

Der Faktor $U$, der im Ansatz zunächst unbestimmt ist, ergibt sich aus der Anfangsbedingung, daß für $t = 0$ keine Spannung über dem Kondensator $C$ liegen soll, d. h., $u_2(0) = u_1(0) = U$. Gibt man auf den Eingang der dualen $LG$-Schaltung einen Stromsprung ($i_1 = 0$ für $t < 0$; $i_1 = I$ für $t \geqq 0$), so ergibt sich als Ausgangsstrom für $t \geqq 0$:

$$i_2(t) = I\,\mathrm{e}^{-\frac{t}{LG}}. \tag{4.10}$$

Wird auf das $RC$-Differenzierglied nicht ein zum Zeitpunkt $t = 0$ einsetzender Spannungssprung, sondern ein zum Zeitpunkt $t = t_1$ einsetzender Spannungssprung gegeben, dann ist die Ausgangszeitfunktion entsprechend

$$\left.\begin{aligned} &\text{für} \quad t \geqq t_1: \quad u_2(t) = U\,\mathrm{e}^{-\frac{(t-t_1)}{RC}},\\ &\text{für} \quad t < t_1: \quad u_2(t) = 0. \end{aligned}\right. \tag{4.11}$$

Gibt man auf das $RC$-Differenzierglied zur Zeit $t = 0$ einen Rechteckimpuls der Höhe $U$ und der Zeitdauer $t_1$, dann errechnet sich das Ergebnis für $u_2(t)$ aus der Überlagerung der Fälle, daß zum Zeitpunkt $t = 0$ ein Spannungssprung der Höhe $+U$ und zum Zeitpunkt $t = t_1$ ein gleich großer entgegengerichteter Spannungssprung (also von der Höhe $-U$) gegeben wird (Abb. 4.3). Die Überlagerung der Ergebnisse von Gl. (4.9) und Gl. (4.11) ergibt

$$\left.\begin{aligned} &\text{für} \quad 0 \leqq t < t_1: \quad u_2(t) = U\,\mathrm{e}^{-\frac{t}{RC}},\\ &\text{für} \quad t_1 \leqq t \leqq \infty: \quad u_2(t) = U\,\mathrm{e}^{-\frac{t}{RC}} - U\,\mathrm{e}^{-\frac{(t-t_1)}{RC}}\\ &\qquad\qquad = U\left(\mathrm{e}^{-\frac{t_1}{RC}} - 1\right)\mathrm{e}^{-\frac{(t-t_1)}{RC}}. \end{aligned}\right\} \tag{4.12}$$

Mit Hilfe von Differenziergliedern können in Folgen von Impulsen gleicher Amplitude (Höhe) solche entdeckt werden, deren Zeitdauer einen bestimmten Wert überschreitet (Abb. 4.4). Diese Aufgabe besteht z. B. bei der Trennung der Synchronisierimpulse in Fernsehsignalen. Ist die Impulsdauer $t_1$ klein gegen die Zeitkonstante ($RC$ bzw. $LG$), so ist das am Ende des Impulses auftretende Signal mit entgegengesetzter Polarität von kleiner Amplitude (Abb. 4.4a). Ist die Impulsdauer jedoch groß gegen die Zeitkonstante (Abb. 4.4c), so tritt zur Zeit $t_1$ ein wesentlich größeres Signal auf. Gibt man dieses Signal auf eine Amplitudenschwelle mit dem Ansprechwert (Schwelle) $U_s$ (z. B. vorgespannte Röhre), so wird diese nur überschritten — und ein abgeleitetes Signal erzeugt — wenn die Impulsdauer eine bestimmte Grenze überschreitet.

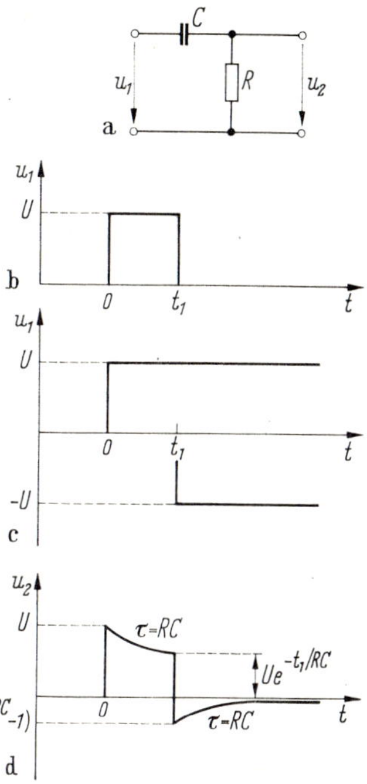


Abb. 4.3. Zur Berechnung der Antwort eines $RC$-Differenziergliedes auf einen Rechteckimpuls

a Schaltung; b Eingangsspannung; c Zusammensetzung des Rechtecks aus Sprungfunktionen; d Ausgangsspannung

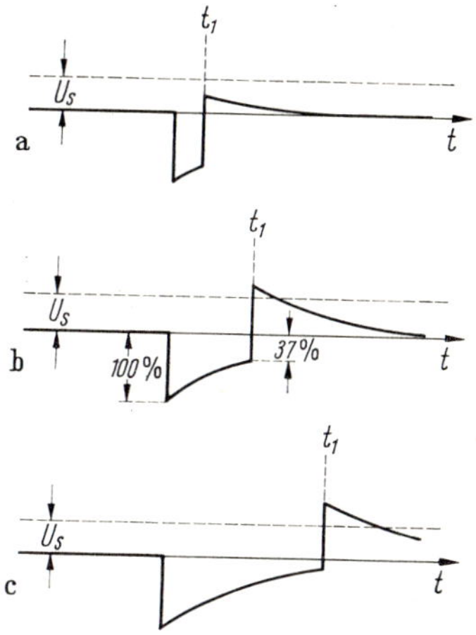


Abb. 4.4. Impulslängenprüfung mit Hilfe von Differenziergliedern

a Impulsdauer klein gegen Zeitkonstante ($RC$ oder $LG$); b Impulsdauer gleich der Zeitkonstanten; c Impulsdauer groß gegen Zeitkonstante

Abb. 4.5 zeigt das $RC$- und das $LG$-Integrierglied. Für das $RC$-Integrierglied gilt

$$u_1 = u_2 + R\,i = u_2 + R\,C\frac{du_2}{dt}, \qquad i = C\frac{du_2}{dt}. \tag{4.13}$$

Hier können gleichartige Überlegungen wie bei Gl. (4.2) angestellt werden. Ändert sich $u_2(t)$ während der Zeitspanne $\tau = RC$ nur wenig, dann gilt

$$u_1 \approx u_2. \tag{4.14}$$

Ändert sich dagegen $u_2(t)$ während der Zeitspanne $\tau = RC$ relativ rasch, oder ist die Zeitspanne $\tau$ groß gegen ein Zeitintervall $\Delta t$, in welchem bereits eine merkliche Änderung der Spannung $u_2$ auftritt, dann kann in Gl. (4.13) der Term $u_2$ gegen den Term $RC\,\frac{du_2}{dt}$ vernachlässigt werden, und es ist nach Integration

$$u_2 \approx \frac{1}{RC}\int_0^t u_1(t)\,dt + u_2(t=0). \tag{4.15}$$

Das $RC$-Integrierglied liefert also unter den vorausgesetzten Bedingungen eine Ausgangsspannung $u_2(t)$, die proportional dem Zeitintegral der Eingangsspannung $u_1(t)$ ist, wenn zu Beginn ($t = 0$) der Kondensator ungeladen ist, d. h., $u_2(0) = 0$.

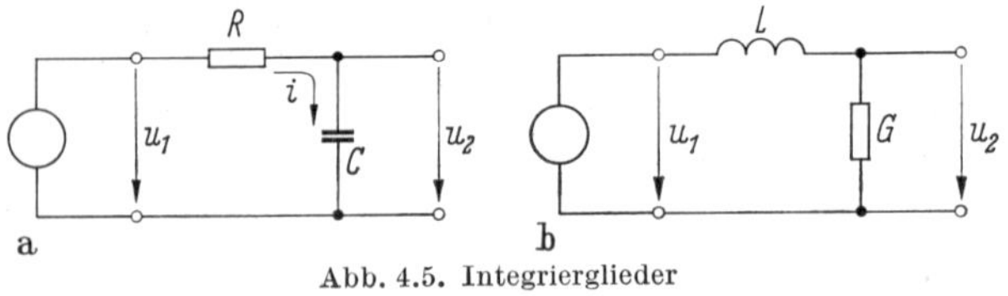


Abb. 4.5. Integrierglieder
a $RC$-Integrierglied; b $LG$-Integrierglied

Für das $LG$-Integrierglied nach Abb. 4.5b gilt entsprechend

$$u_1 = u_2 + L\frac{di}{dt} = u_2 + LG\frac{du_2}{dt}, \qquad i = G\,u_2. \tag{4.16}$$

Ist das Ausgangssignal wieder im obigen Sinne rasch veränderlich, dann gilt

$$u_2 \approx \frac{1}{LG}\int_0^t u_1\,dt + u_2(0). \tag{4.17}$$

Für langsame Änderungen ist

$$u_2 \approx u_1. \tag{4.18}$$

Das für die Quelle wichtige Verhalten der Eingangsimpedanzen der Integrierglieder ist in Tab. 4.2 dargestellt.

Tabelle 4.2 *Eingangsimpedanzen der Integrierglieder nach Abb. 4.5*

| Eingangssignal | langsam veränderlich | rasch veränderlich |
|---|---|---|
| $RC$-Integrierglied | kapazitiv ($C$) | reell ($R$) |
| $LG$-Integrierglied | reell ($G$) | induktiv ($L$) |

Für spezielle Eingangszeitfunktionen $u_1(t)$ läßt sich die Differentialgleichung Gl. (4.13) häufig auf einfache Weise exakt lösen. Als Beispiel einer speziellen Eingangszeitfunktion $u_1(t)$ sei wieder die zum Zeitpunkt $t = 0$ einsetzende Sprungfunktion nach Abb. 4.1a gewählt [$u(t) = 0$ für $t < 0$; $u(t) = U$ für $t \geqq 0$]. Die Lösung der homogenen Gleichung von Gl. (4.13) ergibt wieder wie bei Gl. (4.2) bzw. Gl. (4.9)

$$u_{2H} = U_0\,e^{-\frac{t}{RC}}, \tag{4.19}$$

wobei $U_0$ unbestimmt ist. Mit der partikulären Lösung $u_{2P}(t) = U$ sowie der Anfangsbedingung, daß zur Zeit $t = 0$ der Kondensator ladungsfrei ist, d. h., $u_2(0) = 0$, ergibt sich die vollständige Lösung zu

$$u_2(t) = U\left(1 - e^{-\frac{t}{RC}}\right). \tag{4.20}$$

Die Steigung von $u_2(t)$ für $t = 0$ errechnet sich aus Gl. (4.20) zu

$$\frac{du_2}{dt}(t=0) = \frac{U}{RC} = \frac{U}{\tau}. \tag{4.21}$$

In Abb. 4.6 ist $u_2(t)$ graphisch dargestellt. Zu einer beliebigen positiven Zeit $t$ weicht die Steigung von der bei $t = 0$ um einen Betrag ab, der proportional $u_2$ ist:

$$\frac{du_2}{dt}(t=0) - \frac{du_2}{dt} = \frac{U}{\tau} - \frac{U}{\tau} e^{-\frac{t}{\tau}} = \frac{u_2}{\tau}. \tag{4.22}$$

Zur Erzeugung linear ansteigender Spannungen großer Amplitude und guter Linearität dient das Verfahren der *mitlaufenden Ladespannung*. Abb. 4.7 zeigt zwei Schaltungen, die hiervon Gebrauch machen. Gemeinsam ist solchen Schaltungen, daß der zur Aufladung verwendete Kondensator nicht mit einer konstanten Spannung $U$ über einen Widerstand $R$ aufgeladen wird, sondern mit einer zeitlich wachsenden Spannung. Das ist z. B. in der Schaltung nach Abb. 4.7a die Ladespannung $U + u_K \approx U + u_C(t)$. Durch den Widerstand $R$ fließt damit ein praktisch konstanter Ladestrom, weshalb die Spannung $u_C$ linear ansteigt. Eine Sägezahnspannung kann durch wiederholtes Aufladen und kurzfristiges Entladen des Kondensators $C$ erzeugt werden, indem in Abb. 4.7a der Schalter $S$ in gleichen Zeitabständen kurzzeitig geschlossen wird.

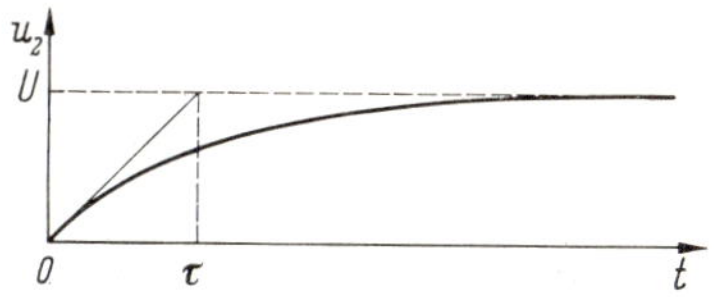

Abb. 4.6
Verlauf der Ausgangsspannung eines Integriergliedes nach Abb. 4.5 bei Anlegen eines Spannungssprungs am Eingang

Noch besser eignet sich in der Praxis die Schaltung des sogenannten „MILLER-Integrators" (Abb. 4.7b) zur Integration von Zeitfunktionen, weil diese Schaltung keine erdfreie Spannungsquelle benötigt. Nach Abb. 4.7b gilt (Gitterstrom ist Null)

$$\frac{u_1 - u_g}{R} = C\frac{d(u_g - u_a)}{dt}. \tag{4.23}$$

Mit $u_g = -u_a/v$ ($v$ = Spannungsverstärkung der Röhre) ergibt sich

$$u_1 + \frac{u_a}{v} = RC\frac{d\left(-\frac{u_a}{v} - u_a\right)}{dt}.$$

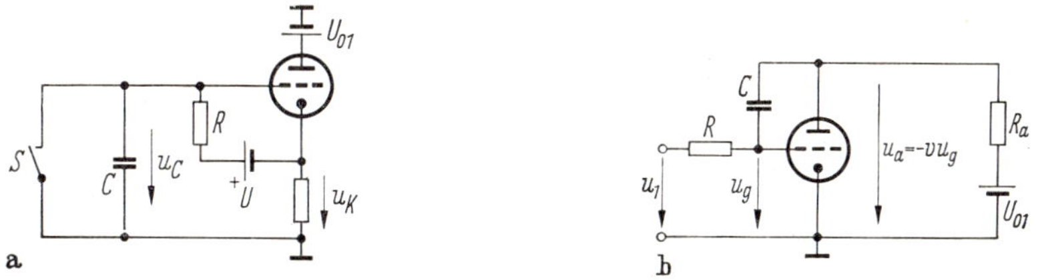

Abb. 4.7. Schaltungen für das Verfahren der mitlaufenden Ladespannung
a Bootstrap-Schaltung; b MILLER-Integrator

Ist $v$ so groß, daß $u_a/v$ gegen $u_1$ und gegen $u_a$ vernachlässigt werden kann, dann gilt

$$u_1 \approx RC\frac{du_a}{dt},$$

$$u_a(t) \approx -\frac{1}{RC}\int_0^t u_1(t)\,dt + u_a(0). \tag{4.24}$$

Zur allgemeinen Berechnung der Ausgangszeitfunktion eines Netzwerkes bei bestimmter Erregung am Eingang ist stets eine Differentialgleichung unter Berücksichtigung gewisser Anfangsbedingungen zu lösen. Hierzu läßt sich oft mit großem

Vorteil die LAPLACE-Transformation (Abschn. 0.1.3.2) verwenden. Die Methode sei im folgenden am Beispiel der Berechnung der Sprungantwort des $RC$-Integriergliedes von Abb. 4.5a [vgl. hierzu auch Gl. (4.19) ff.] vorgeführt. Die Differentialgleichung des $RC$-Integriergliedes lautet [vgl. Gl. (4.13)]

$$u_1 = u_2 + R\,C\,\frac{d u_2}{d t}\,. \tag{4.25}$$

Die Anwendung der LAPLACE-Transformation Gl. (0.27) auf Gl. (4.25) ergibt mit Tab. 0.1

$$\begin{aligned} \mathfrak{L}\{u_1\} &= \mathfrak{L}\{u_2\} + \mathfrak{L}\left\{R\,C\,\frac{d u_2}{d t}\right\}, \\ \underline{U}_1(p) &= \underline{U}_2(p) + R\,C\{p\,\underline{U}_2(p) - u_2(+0)\}\,. \end{aligned} \tag{4.26}$$

$u_2(+0)$ ist der rechtsseitige Grenzwert von $u(t)$ für $t \to 0$.

Für das Spektrum der zum Zeitpunkt $t = 0$ einsetzenden Sprungfunktion der Höhe $U$ ergibt sich mit Tab. 0.1 $\underline{U}_1(p) = U/p$. Durch Einsetzen von $\underline{U}_1(p) = U/p$ in Gl. (4.26) und Auflösen nach $\underline{U}_2(p)$ folgt

$$\underline{U}_2(p) = \frac{U}{p(1 + p\,R\,C)} + \frac{R\,C\,u_2(+0)}{1 + p\,R\,C} = \frac{U}{R\,C}\,\frac{1}{\left(p + \frac{1}{R\,C}\right)} + \frac{u_2(+0)}{p + \frac{1}{R\,C}}\,. \tag{4.27}$$

Mit der Anfangsbedingung $u_2(+0) = 0$ ergibt die Rücktransformation von $U_2(p)$ in den Zeitbereich mit Tab. 0.1 [vgl. Gl. (4.20)]

$$u_2(t) = U\left(1 - \mathrm{e}^{-\frac{t}{R\,C}}\right). \tag{4.28}$$

Dasselbe Ergebnis kann auf eine einfachere Art gewonnen werden, wenn man von einer Betrachtung im Frequenzbereich ausgeht. Die Spannungsübertragungsfunktion des Integriergliedes nach Abb. 4.5a errechnet sich anhand der Schaltung unmittelbar zu

$$F_u(\mathrm{j}\,\omega) = \frac{\underline{U}_1}{\underline{U}_2} = \mathrm{e}^{a(\omega) + \mathrm{j}\,b(\omega)} = \frac{R + \frac{1}{\mathrm{j}\,\omega\,C}}{\frac{1}{\mathrm{j}\,\omega\,C}} = 1 + \mathrm{j}\,\omega\,R\,C\,. \tag{4.29}$$

So wie mit dieser errechneten Übertragungsfunktion die Ausgangsspannung $\underline{U}_2$ bei gegebener (sinusförmiger) Eingangsspannung $\underline{U}_1$ für jede beliebige Frequenz errechnet werden kann, so kann damit auch allgemein bei gegebenem Spektrum $\underline{U}_1(\mathrm{j}\,\omega)$ einer nichtsinusförmigen Eingangsspannung [vgl. Gl. (0.22)] das Spektrum $\underline{U}_2(\mathrm{j}\,\omega)$ der Ausgangsspannung errechnet werden.

$$\underline{U}_2(\mathrm{j}\,\omega) = \frac{1}{F_u(\mathrm{j}\,\omega)}\,\underline{U}_1(\mathrm{j}\,\omega)\,.$$

Ist das Spektrum der Eingangsfunktion mit Hilfe der LAPLACE-Transformation Gl. (0.27) errechnet worden, d. h. ist $\underline{U}_1(p)$ gegeben, dann kann entsprechend mit $F_u(p)$ das Spektrum $\underline{U}_2(p)$ errechnet werden, wobei $\mathrm{j}\,\omega = p$ in $F_u$ gesetzt wird.

Ist die Eingangszeitfunktion eine Sprungfunktion der Höhe $U$, dann ist das zugehörige Spektrum nach Abschn. 0, Tab. 0.1 gegeben durch $\underline{U}_1(p) = U/p$. Mit $\mathrm{j}\,\omega = p$ errechnet sich dann aus Gl. (4.23) das Spektrum $\underline{U}_2(p)$ zu

$$\underline{U}_2(p) = \frac{U}{p(p\,R\,C + 1)} = \frac{U}{R\,C}\,\frac{1}{p\left(p + \frac{1}{R\,C}\right)}\,. \tag{4.30}$$

Die Rücktransformation von $\underline{U}_2(p)$ in den Zeitbereich ergibt wieder die gleiche Lösung für die Sprungantwort wie bei Gl. (4.27). Allerdings trat diesmal im Rechengang die Größe $u_2(+0)$ für die Anfangsbedingung gar nicht auf. Dies zeigt, daß die Ergebnisse nur bedingt richtig sein können, wenn man bei der Berechnung von der Übertragungsfunktion im Frequenzbereich ausgeht. Wie von WUNSCH [2] bewiesen worden ist, sind die so berechneten Ergebnisse aber stets dann richtig, wenn sich im Netzwerk keine durch in ihm vorhandene Energiequellen oder -vorräte bedingte Eigenvorgänge abspielen, welche auf die gerade betrachtete Wirkung Einfluß nehmen. Richtig werden also die Ergebnisse insbesondere dann, wenn das Netzwerk im Einschaltaugenblick energiefrei ist.

Im Beispiel des $RC$-Integriergliedes mögen die Verfahren der LAPLACE-Transformation nicht unbedingt einfacher erscheinen als der gewöhnliche Weg des Lösens einer Differentialgleichung. Bei komplizierteren Netzwerken werden die Vereinfachungen jedoch erfahrungsgemäß sehr erheblich, wenn die Rechnung von der Übertragungsfunktion im Frequenzbereich ausgeht. Wegen der dabei auftretenden Problematik mit den Anfangsbedingungen wird jedoch in diesem Buch das Rechnen mit Differentialgleichungen nach Möglichkeit bevorzugt. Nur in Fällen, wo die Rech-

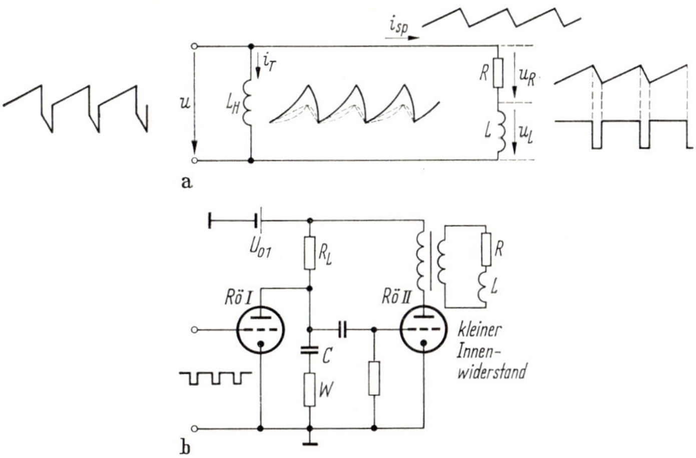


Abb. 4.8. Vertikalablenkung in Elektronenstrahlröhren
a Ersatzbild von Transformator und Ablenkspule; b Röhrenschaltung zur Erzeugung der erforderlichen Ablenkspannung

nung mit Differentialgleichungen sehr unhandlich wird, wohingegen die LAPLACE-Transformation das fertige Ergebnis ohne Mühe liefert, wird der LAPLACE-Transformation der Vorzug gegeben. Aus der Übertragungsfunktion des Integriergliedes Gl. (4.29) ist zu ersehen, daß einer *Integration* im Zeitbereich (die bei der gegebenen Schaltung bei rasch veränderlichen Vorgängen stattfindet) im Frequenzbereich eine *lineare Verzerrung proportional* $1/\omega$ entspricht $\{\underline{U}_2(\mathrm{j}\,\omega) = \underline{U}_1(\mathrm{j}\,\omega)/(\mathrm{j}\,\omega\,RC)\}$. Stellt man die entsprechende Übertragungsfunktion für das $RC$-Differenzierglied nach Abb. 4.2 auf, dann ergibt sich, daß einer *Differentiation* im Zeitbereich (die im gegebenen Fall bei langsam veränderlichen Vorgängen stattfindet) im Frequenzbereich eine *lineare Verzerrung proportional* $\omega$ entspricht $\{\underline{U}_2(\mathrm{j}\,\omega) = \mathrm{j}\,\omega\,\underline{U}_1(\mathrm{j}\,\omega)\,RC\}$. Letztere Beziehung ergibt sich auch aus Tab. 0.1.

Ein bemerkenswertes Beispiel für die Behandlung linearer Formungsvorgänge über die Differential- oder Integraldarstellung ist die Fernseh-Ablenkschaltung nach URTEL [3]. Die Ablenkung des Elektronenstrahls in Fernsehröhren erfolgt im allgemeinen durch ein Magnetfeld, das in den Ablenkspulen erzeugt wird und möglichst genau proportional zur Zeit zunehmen soll (Stromsägezahn). Aus verschiedenen Gründen pflegt man bei der Vertikalablenkung die Spulen über einen Übertrager zu speisen. Die Ersatzschaltung ist in Abb. 4.8a dargestellt. $R$ und $L$ sind reeller Widerstand und Induktivität der Ablenkspule, $L_H$ ist die Hauptinduktivität des Übertragers. Fließt durch die Ablenkspule ein sägezahnförmiger Strom $i_{sp}(t)$, so fällt über dem Widerstand $R$ eine sägezahnförmige Spannung $u_R$ ab, während wegen $u_L = L\frac{d i_{sp}}{dt}$ über $L$ eine Rechteckspannung $u_L$ abfällt. Die Summe $u = u_L + u_R$ muß also über den Klemmen des Gesamtzweipols stehen. Der Strom $i_T$ durch die Hauptinduktivität $L_H$ des Übertragers ist wegen $i_T = (1/L) \int u dt$ die Überlagerung eines Sägezahnstroms, der von der Rechteckspannung $u_L$ herrührt, und eines mit dem Quadrat der Zeit ansteigenden parabelförmigen Stroms, der sich aus $u_R$ ergibt. Der Eingangsstrom des Gesamtzweipols ist somit die Überlagerung des sägezahnförmigen Stroms durch die Ablenkspule $i_{sp}$ und des Stroms $i_T$ durch die Hauptinduktivität, wobei sich letzterer aus einem sägezahnförmigen und einem parabelförmigen Anteil zusammensetzt.

Abb. 4.8b zeigt eine Schaltung zur Erzeugung der erforderlichen Spannung $u$ am Zweipoleingang mit den obengenannten Eigenschaften. Der Zweipol wird von einer Triode (*Rö* II) mit kleinem Innerwiderstand gespeist. *Rö* I möge zunächst fast stromlos sein. Dann lädt sich der Kondensator $C$ über die Widerstände $R_L$ und $W$ auf, und die Anodenspannung steigt an (oberer Anstieg der Eingangsspannung $u$ in Abb. 4.8a). Kommt der rechteckförmige Synchronisationsimpuls für den Zeilenrücklauf auf das Gitter von *Rö* I, dann führt diese Röhre plötzlich Strom, wodurch ihre Anodenspannung schlagartig zusammenbricht und anschließend durch die Entladung des Kondensators $C$ noch weiter absinkt (unterer Abfall der Spannung $u$). Nach Ablauf der Impulsdauer springt der Anodenstrom von *Rö* I wieder auf den Wert Null, und die Anodenspannung springt entsprechend auf ihren zugehörigen Anfangswert. Anschließend beginnt der Kondensator $C$ sich wieder aufzuladen (oberer Anstieg von $u$) usw.

### 4.1.2 Lineare Impulsverstärkung

Eine der wichtigsten Aufgaben der linearen Impulstechnik besteht in der möglichst verzerrungsfreien Verstärkung impulsförmiger Signale. Im Idealfall sollen Ausgangs- und Eingangszeitfunktion folgendermaßen zusammenhängen

$$u_2(t) = K\, u_1(t), \qquad (4.31)$$

$$|K| > 1; \quad K = \text{reelle Konstante.}$$

Häufig ist eine positive zeitliche Verschiebung $t_0$ zwischen Ausgangs- und Eingangssignal zulässig, d. h.,

$$u_2(t) = K\, u_1(t - t_0); \quad t_0 > 0. \qquad (4.32)$$

Durch Anwendung der LAPLACE-Transformation und des Verschiebungssatzes (Tab. 0.1) auf Gl. (4.32) ergibt sich

$$\begin{aligned} \mathfrak{L}\{u_2(t)\} &= \mathfrak{L}\{K\, u_1(t - t_0)\}, \\ \underline{U}_2(p) &= K\, \underline{U}_1(p)\, \mathrm{e}^{-p t_0}; \quad t_0 > 0. \end{aligned} \qquad (4.33)$$

Daraus errechnet sich die Verstärkungsfunktion des idealen Impulsverstärkers zu

$$\begin{aligned} \frac{1}{\underline{F}_u} &= \underline{v}_u = \frac{\underline{U}_2(p)}{\underline{U}_1(p)} = K\, \mathrm{e}^{-p t_0}, \\ \frac{1}{\underline{F}_u(\mathrm{j}\,\omega)} &= \underline{v}_u(\mathrm{j}\,\omega) = \mathrm{e}^{-a(\omega) - \mathrm{j}\, b(\omega)} = K\, \mathrm{e}^{-\mathrm{j}\,\omega t_0}. \end{aligned} \qquad (4.34)$$

Der ideale Impulsverstärker hat also einen konstanten frequenzunabhängigen Verlauf des Verstärkungsbetrags $|\underline{v}_u| = K$ [(d. h. unendlich große Bandbreite und einen linear mit der Frequenz ansteigenden Phasenverlauf $b(\omega) = \omega\, t_0$ (Abb. 4.9)].

Der ideale Impulsverstärker ist wegen der in Abschn. 3.1.6 beschriebenen Geometrie- und Laufzeiteffekte realer Verstärkerstufen nicht verwirklichbar. Schon auf Grund des Geometrieeffektes allein ergab sich bei Röhren das fundamentale Gesetz von Gl. (3.26), daß bei vorgegebener Verstärkung die Bandbreite beschränkt ist. Bei der Verstärkung von Impulsen in linearen Impulsverstärkern treten also notwendigerweise lineare Verzerrungen auf. Die Berechnung dieser Verzerrungen soll für eine spezielle Eingangszeitfunktion oder Testfunktion $u_1(t)$ für die Röhrenstufe nach Abb. 3.13 erfolgen. Als Testfunktion soll wieder die Sprungfunktion nach Abb. 4.1a bzw. Abb. 4.10a dienen. Wird in guter Näherung der geringfügige Einfluß der kleinen Kapazitäten $C_{gaI}$ und $C_{gkI}$ vernachlässigt, dann verbleibt für die Berechnung das Ersatzbild von Abb. 4.10b. Für dieses ergibt sich folgende Differentialgleichung als Zusammenhang zwischen $i(t)$ und $u_2(t)$:

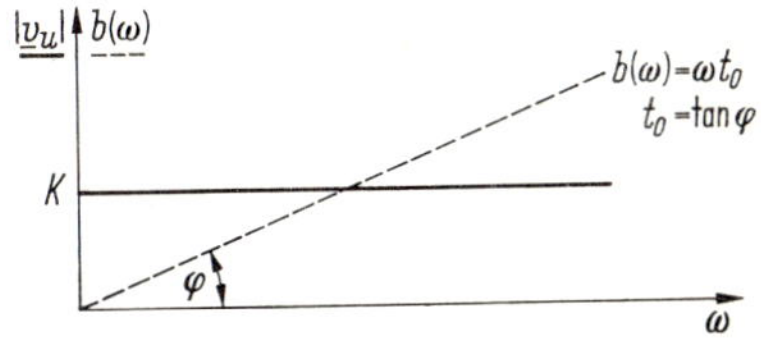

Abb. 4.9. Verlauf von $|v_u|$ und $b(\omega)$ des idealen Impulsverstärkers

$$i = C_p \frac{d u_2}{dt} + \frac{1}{R_p} u_2 = -S\, u_{gI}(t). \tag{4.35}$$

Die Lösung des homogenen Teils von Gl. (4.35) errechnet sich mit dem Ansatz $u_{2H} = U_0\, e^{pt}$ zu [vgl. Gl. (4.13) und Gl. (4.19)]

$$u_{2H} = U_0\, e^{-\frac{t}{R_p C_p}}.$$

Mit der partikulären Lösung $u_{2p} = R_p\, i$ ergibt sich die vollständige Lösung für $u_2(t)$ zu

$$u_2(t) = i\, R_p + U_0\, e^{-\frac{t}{R_p C_p}}. \tag{4.36}$$

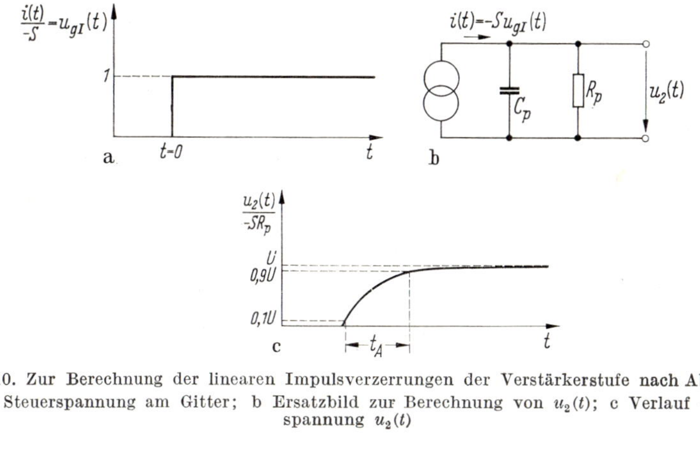

Abb. 4.10. Zur Berechnung der linearen Impulsverzerrungen der Verstärkerstufe nach Abb. 3.13
a Verlauf der Steuerspannung am Gitter; b Ersatzbild zur Berechnung von $u_2(t)$; c Verlauf der Ausgangsspannung $u_2(t)$

Mit der Anfangsbedingung, daß für $t = 0$ die Spannung über dem Kondensator $C_p$ gleich Null sein soll, $u_2(0) = 0$, ergibt sich mit $i(t \geqq 0) = -SU$

$$u_2(t) = -U\, S\, R_p \left(1 - e^{-\frac{t}{R_p C_p}}\right). \tag{4.37}$$

Das Ergebnis Gl. (4.37) ist in Abb. 4.10c angegeben. Unerwünscht ist hier die durch die Kapazität $C_p$ bedingte Anstiegszeit $t_A$. Diese Anstiegszeit $t_A$ ist bei impulsförmigen binären Signalen in der Regel als die Zeitspanne zwischen denjenigen beiden Zeitpunkten definiert, in denen die Augenblickswerte das erste Mal 10% und 90% des Höchstwertes annehmen.

Die Anstiegszeit läßt sich bei Verstärkerstufen durch Einfügen einer Induktivität $L$ (Versteilerungsspule) gemäß Abb. 4.11 leicht beeinflussen. Werden wieder bezüglich der Kapazitäten $C_{gaI}$ und $C_{gkI}$ die gleichen Voraussetzungen gemacht wie in den Abb. 3.13 und 4.10, dann errechnet sich der Zusammenhang zwischen $u_2$

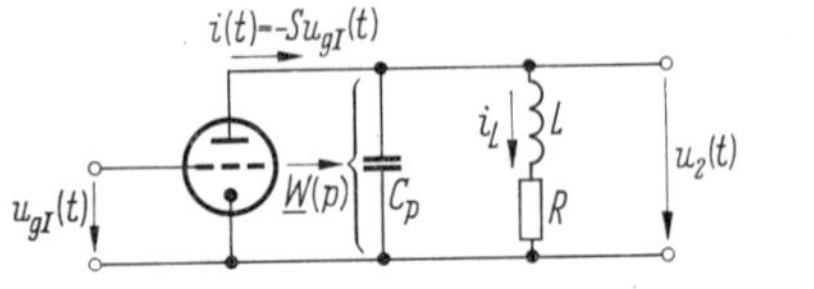


Abb. 4.11. Zur Verbesserung der Anstiegszeit durch eine Versteilerungsspule

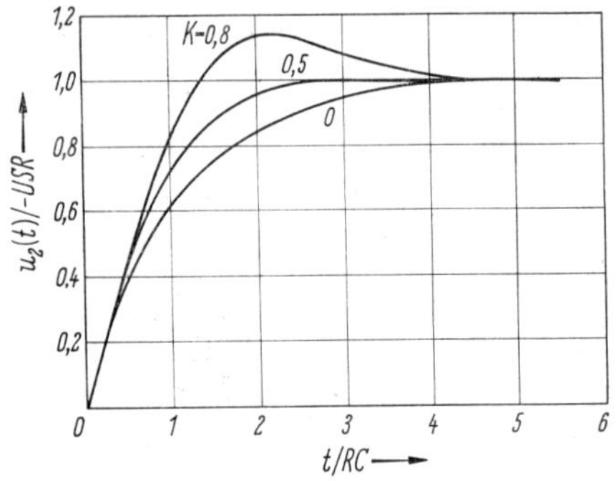


Abb. 4.12. Auswertung von Gl. (4.40)

und $i$ in Abb. 4.11 über den Widerstand $\underline{W}(p)$

$$\underline{W}(p) = p\,C_p \| (R + p\,L)$$
$$= \frac{R + p\,L}{1 + p\,C_p R + p^2 L C_p} \qquad (4.38)$$

zu [vgl. Gl. (2.41) bis Gl. (2.43)]

$$i\,R + L\frac{d\,i}{d\,t} = u_2 + R\,C_p \frac{d\,u_2}{d\,t} + L\,C_p \frac{d^2 u_2}{d\,t^2}\,. \qquad (4.39)$$

Die weitere Rechnung ähnelt dem Lösen von Gl. (4.35). Mit den Voraussetzungen, daß $i(t)$ der Sprungfunktion folgen soll, d. h., $i(t) = I$ und $d\,i/d\,t = 0$ für $t \geqq 0$ und ferner für den Zeitpunkt $t = 0$ die Spannung $u_2 = 0$ und der Spulenstrom $i_L = 0$ sein sollen, ergibt sich im Fall $R C_p^2 \neq 4L$ bzw. $K \neq 0{,}5$ folgende vollständige Lösung

$$u_2(t) = -\,U\,S\,R\left\{1 + \frac{2K^2 - 1 - \sqrt{1 - 4K^2}}{2\sqrt{1 - 4K^2}} \exp\left(\frac{-1 + \sqrt{1 - 4K^2}}{2K^2\,R\,C_p}\,t\right) - \right.$$
$$\left. - \frac{2K^2 - 1 + \sqrt{1 - 4K^2}}{2\sqrt{1 - 4K^2}} \exp\left(\frac{-1 - \sqrt{1 - 4K^2}}{2K^2\,R\,C_p}\,t\right)\right\}. \qquad (4.40)$$

Darin ist

$$K = \frac{\sqrt{\dfrac{L}{C_p}}}{R}\,. \qquad (4.41)$$

Im Fall $R C_p^2 = 4L$ hat die charakteristische Gleichung des homogenen Teils von Gl. (4.39) eine doppelte Nullstelle, was einen anderen Lösungsansatz bedingt. Für $R C_p^2 = 4L$ bzw. $K = 0{,}5$ ergibt sich mit obigen Voraussetzungen

$$u_2(t) = -\,U S R\left\{1 - \left(1 + \frac{t}{R\,C_p}\right) \exp\left(-\frac{2\,t}{R\,C_p}\right)\right\}. \qquad (4.42)$$

Für $L = 0$ wird auch $K = 0$, und es ergibt sich aus Gl. (4.40) mit

$$\lim_{K^2 \to 0} \frac{-1 + \sqrt{1 - 4K^2}}{2K^2} = -1$$

das Ergebnis der Rechnung ohne Induktivität Gl. (4.37). Gl. (4.40) ist in Abb. 4.12 graphisch dargestellt. Aus dem Diagramm ist zu ersehen, daß mit zunehmendem Wert von $L$ eine Verbesserung der Anstiegszeit $t_A$ erreicht wird. Bei zu großen Werten von $L$ wird jedoch das Überschwingen plötzlich sehr groß, ohne daß eine wesentliche Verbesserung der Anstiegszeit erzielt wird. Für $K = 0{,}5$, also für $L = 0{,}25\,C_p\,R^2$, erreicht die Ausgangsspannung ihren Endwert noch gerade ohne Überschwingen (aperiodischer Grenzfall). Starkes Überschwingen ist im allgemeinen ebenfalls sehr unerwünscht. Zahlenmäßig gibt man Überschwingen in Prozent des stationären Endwertes an.

Bei der linearen Impulsverstärkung durch Transistoren spielt außer dem Geometrieeffekt noch der Laufzeiteffekt eine maßgebende Rolle. Er ist hauptsächlich durch die relativ langsam vor sich gehende Diffusion der Ladungsträger (Löcher beim *pnp*-Transistor) in der Basiszone bedingt. Bei HF-Transistoren erstrebt man darum möglichst dünne Basisweiten. Man erreicht hier Weiten von der Größenordnung 1 μm. Ein anderer Weg zur Verringerung des Laufzeiteffektes liegt in der Erzeugung eines elektrischen Driftfeldes in der Basiszone. Dies führt zur Herstellung sogenannter Drifttransistoren. Bei diesen verteilt man die Störstellen nicht gleichmäßig über die gesamte Basiszone, sondern man macht die Störstellendichte an der Emitterseite der Basis relativ groß und läßt sie zum Kollektor hin abfallen. Dadurch werden z. B. beim *pnp*-Transistor zunächst an der Emitterseite mehr freie Elektronen sein als an der Kollektorseite. Es ist also zunächst ein Konzentrationsgefälle der Elektronen vorhanden, welches sich aber auf Grund der Diffusion ausgleicht und dadurch der Kollektorseite der Basis ein negativeres Potential gibt als der Emitterseite. Innerhalb der Basiszone entsteht somit ein Potentialgefälle, welches die vom Emitter in die Basis injizierten Löcher zusätzlich beschleunigt und damit den Laufzeiteffekt verringert.

## 4.2 Nichtlineare Impulstechnik mit nichtspeichernden Elementen

### 4.2.1 Nichtspeichernde nichtlineare Formungsvorgänge

Bei den nichtlinearen Formungsvorgängen soll im folgenden zwischen zwei Gruppen unterschieden werden, den nichtspeichernden und den speichernden Formungsvorgängen. Bei den nichtspeichernden Formungsvorgängen hängt der Augenblickswert der Ausgangsgröße nur vom Augenblickswert der Eingangsgröße (sowie vom Netzwerk) ab. In diesem Fall besteht ein eindeutiger Zusammenhang zwischen Eingangs- und Ausgangsgröße. Die speichernde Wirkung von Kapazitäten und sonstige Trägheitserscheinungen werden hier vernachlässigt. Im Gegensatz hierzu hängt bei den speichernden Formungsvorgängen der Augenblickswert der Ausgangsgröße nicht nur vom Augenblickswert, sondern vom gesamten zeitlich vorausgegangenen Verlauf der Eingangsgröße ab. In diesem Abschn. 4.2.1 soll nur von nichtspeichernden nichtlinearen Formungsvorgängen die Rede sein. Beispiele speichernder nichtlinearer Formungsvorgänge werden im Abschn. 4.3 behandelt.

Nichtlineare Formungsvorgänge erfordern nichtlineare Schaltelemente, z. B. Germanium-, Selen-, Silizium- oder Vakuumdioden, Transistoren, Elektronenröhren usw. Gelegentlich werden auch die nichtlinearen Eigenschaften von Spulen, Übertragern mit ferromagnetischem Kern oder von Gasentladungen ausgenutzt. Sollen die nichtlinearen Formungsvorgänge nichtspeichernd sein, dann dürfen die genannten Elemente nur in solchen Bereichen (für z. B. Spannung, Frequenz usw.) betrieben werden, in denen sie keine Speicher- oder Hystereseerscheinungen zeigen.

Während lineare Formungsvorgänge einer rechnerischen Behandlung gut zugänglich sind, werden zur Bestimmung nichtlinearer Formungsvorgänge im allgemeinen graphische Methoden (von den Kennlinien ausgehend) oder vereinfachte Ersatzbilder bevorzugt, wobei das nichtlineare Verhalten durch stückweises lineares Verhalten approximiert wird.

Bei sehr kleinen Spannungen und Strömen wird das statische Verhalten einer realen Halbleiterdiode praktisch ausschließlich durch ihren *pn*-Übergang bestimmt. In diesem Fall gilt die Exponentialfunktion Gl. (3.27) für den *pn*-Übergang zugleich auch für die ganze Diode, d. h., in Abb. 3.17 b kann $U = U'$ gesetzt werden. Merkliche Abweichungen vom Exponentialverlauf ergeben sich jedoch bei höheren Sperr-

Tabelle 4.3 *Typische Kennwerte verschiedener Halbleiterdioden*

| | Temperatur °C | $R_D$ Ω | $R_S$ MΩ | $U_k$ V | $q^2 = \frac{R_S}{R_D}$ | $q = \sqrt{\frac{R_S}{R_D}}$ | $Z = \sqrt{R_S R_D}$ kΩ |
|---|---|---|---|---|---|---|---|
| Ge-Spitzendioden normal | 25 | 50 ... 500* | 0,2 ... 4 | 0,25 | 2000 ... 30000 | 40 ... 180 | 5 ... 20 |
| | 60 | 40 ... 500* | 0,1 ... 0,6 | 0,25 | 1500 ... 5000 | 35 ... 80 | 3 ... 10 |
| Ge-Spitzendioden Golddraht | 25 | 1,5 ... 40** | 1,0 ... 13 | 0,25 | $0{,}2 \cdot 10^6 \ldots 4 \cdot 10^6$ | 450 ... 2000 | 2 ... 15 |
| | 60 | 1,4 ... 30** | 0,5 ... 2 | 0,25 | $0{,}1 \cdot 10^6 \ldots 0{,}6 \cdot 10^6$ | 300 ... 800 | 1 ... 3 |
| Ge-Flächendioden | 25 | 3 ... 30** | 0,05 ... 0,5 | 0,25 | $5 \cdot 10^3 \ldots 10^5$ | 70 ... 300 | 0,5 ... 2 |
| Si-Flächendioden normal | 25 | 10 ... 300* | 400 ... 5000 | 0,7 | $10^6 \ldots 10^8$ | $10^3 \ldots 10^4$ | $10^2 \ldots 10^3$ |
| | 100 | 10 ... 300* | 10 ... 100 | 0,7 | $10^5 \ldots 5 \cdot 10^6$ | 300 ... 2000 | $10^2$ |
| Se-Flächendioden (1 mm²) | 25 | 300 ... 3000 | 1 ... 10 | 0,5 bis 1,5 | $3 \cdot 10^3$ | 55 | 50 |

Anmerkungen: * bei $U_D = +1$ V ** bei $I_{D\,\max}$

spannungen und großen Durchlaßströmen. Bei großen Strömen in Durchlaßrichtung rufen die ohmschen Widerstände des *p*- und *n*-Bahngebietes eine linearisierende Wirkung hervor, bei höheren Sperrspannungen verursachen Effekte an der Kristalloberfläche erhöhte Sperrströme. Bei größerer Aussteuerung kann darum das statische Diodenverhalten relativ gut durch eine Knickkennlinie gemäß Abbildung 4.13c approximiert werden. Der Zusammenhang der Abb. 4.13a und 4.13c sei vorerst hingenommen. Er ergibt sich im Verlauf des weiteren Textes von selbst.

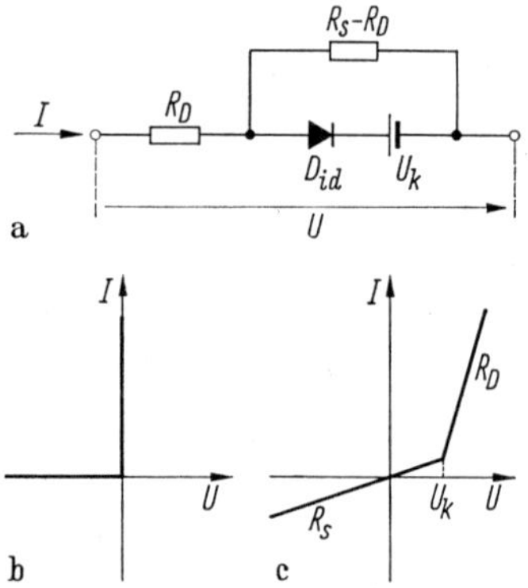


Abb. 4.13. a Statisches Diodenersatzbild; b Knickkennlinie der idealen Diode $D_{id}$; c Schematische Kennlinie der wirklichen Diode

Typische Werte für den Durchlaßwiderstand $R_D$, den Sperrwiderstand $R_S$ und für die Knickspannung $U_k$ sind in Tab. 4.3 angegeben. Für viele Schaltungen der Impulstechnik sind die Arbeitsspannungen groß gegen die Knickspannung $U_k$, so daß die letztere vernachlässigt werden kann. Betont sei noch einmal, daß es sich bei Abb. 4.13a um ein statisches Diodenersatzbild handelt. In diesem Abschnitt soll uns auch nur das statische Verhalten interessieren. Auf das wesentlich kompliziertere dynamische Verhalten wird später in Abschn. 4.3.2.1 noch näher eingegangen. Das Rechnen mit der statischen Diodenkennlinie setzt voraus, daß der statische oder annähernd statische Fall betrachtet wird, bei dem die zeitlichen Änderungen von Strom und Spannungen nicht zu schnell erfolgen.

#### 4.2.1.1 Scherung nichtlinearer Stromspannungskennlinien

In Impulsschaltungen kommt es häufig vor, daß Dioden mit Spannungs- oder Stromquellen sowie mit ohmschen Widerständen zusammengeschaltet werden. Die resultierenden Kennlinien solcher Zusammenschaltungen lassen sich mit Hilfe des *Scherungsverfahrens* bestimmen.

Zunächst soll die Serienschaltung einer Diode mit einem anderen Schaltelement betrachtet werden. Als zweites Schaltelement sei im ersten Beispiel a eine Spannungs-

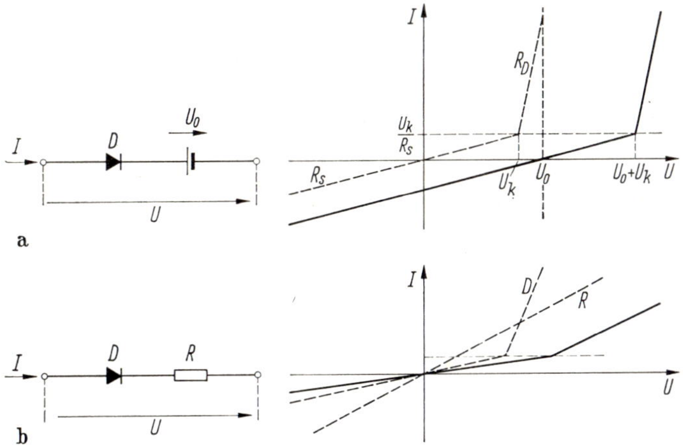


Abb. 4.14. Scherung bei Serienschaltung
a Serienschaltung von Diode und Gleichspannungsquelle; b Serienschaltung von Diode und ohmschem Widerstand

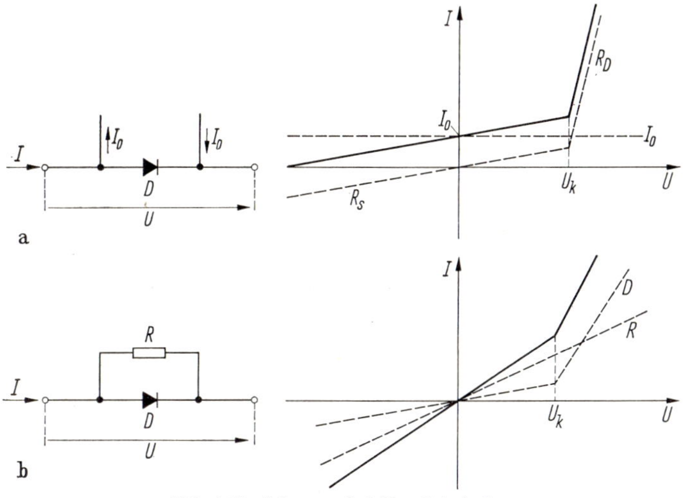


Abb. 4.15. Scherung bei Parallelschaltung
a Parallelschaltung von Diode und Gleichstromquelle; b Parallelschaltung von Diode und ohmschem Widerstand

quelle $U_0$ gewählt. In Abb. 4.14a sind die Kennlinien der Diode und der Spannungsquelle gestrichelt gezeichnet. Die resultierende Kennlinie ergibt sich dadurch, daß für jeden Ordinatenwert die zugehörigen Abszissenwerte addiert werden, weil bei einer Serienschaltung der Strom durch beide Elemente gleich groß ist. Durch Serienschaltung mit einer Spannungsquelle ergibt sich eine Parallelverschiebung der Diodenkennlinie. Im Beispiel b sei die Serienschaltung der Diode mit einem ohmschen

Widerstand betrachtet. Abb. 4.14b zeigt die Kennlinien der einzelnen Elemente und die resultierende Kennlinie der Serienschaltung, die sich durch Addition der zu jedem Ordinatenwert gehörenden Abszissenwerte ergibt. Durch Serienschaltung mit einem ohmschen Widerstand wird die Diodenkennlinie also *linearisiert.*

In Abb. 4.15 wird die Parallelschaltung einer Diode mit einem zweiten Element betrachtet. Im Beispiel a handelt es sich um die Parallelschaltung mit einer Stromquelle $I_0$, im Beispiel b um die Parallelschaltung mit einem ohmschen Widerstand $R$. Da in einer Parallelschaltung über beiden Elementen die gleiche Spannung liegt, geht die Konstruktion der resultierenden Kennlinie so vor sich, daß zu jedem Abszissenwert die zugehörigen Ordinatenwerte addiert werden.

Das beschriebene Verfahren gilt nicht nur für Dioden, sondern allgemein für das Zusammenschalten beliebiger Zweipole. Durch wiederholtes Anwenden des Scherungsverfahrens können die Stromspannungskennlinien beliebig komplizierter Schaltungen mit nichtlinearen Elementen ermittelt werden.

### 4.2.1.2 Amplitudenfilter

Während Frequenzfilter Schaltungen sind, deren Übertragungseigenschaften frequenzabhängig sind, sind Amplitudenfilter solche Schaltungen, deren Übertragungseigenschaften von der Amplitude abhängig sind. Der Amplitudentiefpaß,

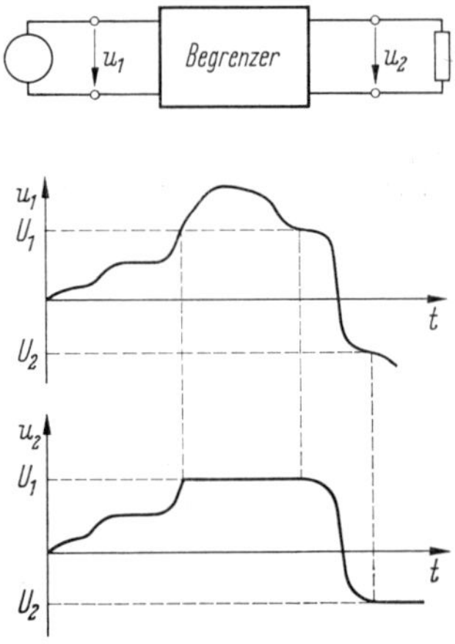


Abb. 4.16. Wirkungsweise des Begrenzers

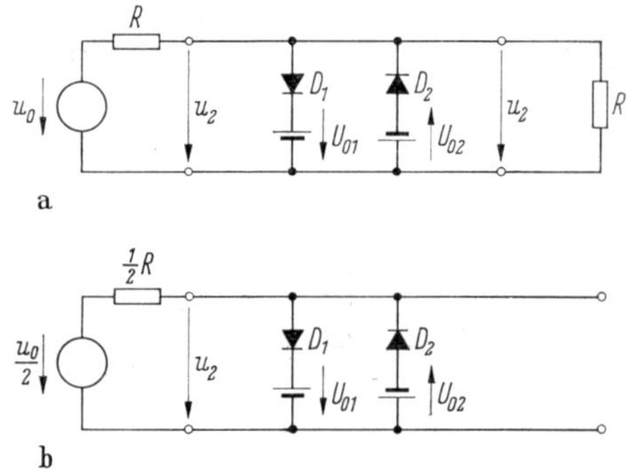


Abb. 4.17. a Schaltung des Querbegrenzers; b Ersatzschaltung

der auch als Begrenzer bezeichnet wird, läßt Signale kleiner Amplitude (nahezu) unverändert durch. Sobald der Ordinatenwert des Eingangssignals jedoch einen bestimmten positiven oberen oder negativen unteren Ordinatengrenzwert überschreitet, erscheint der Ordinatenwert des Ausgangssignals auf diese Grenzwerte begrenzt. Abb. 4.16 veranschaulicht den Zusammenhang.

Abb. 4.17a zeigt die Schaltung eines Begrenzers, des sogenannten Querbegrenzers. Das Ersatzbild Abb. 4.17b geht durch Anwendung des Satzes von der Ersatzstromquelle nach HELMHOLTZ aus Abb. 4.17a hervor. Der Satz von der Ersatzstromquelle ist hier noch anwendbar, weil Spannungsquelle $U_0$, Innenwiderstand $R$ und Abschlußwiderstand $R$ ein lineares Netzwerk bilden. Die Stromspannungskennlinie des nichtlinearen Abschlußzweipols der Ersatzschaltung (Abb. 4.17b) wird durch das in Abb. 4.18 durchgeführte Scherungsverfahren gewonnen. Die gestrichelten bzw. strichpunktierten Kennlinien der Serienschaltungen von Diode und Spannungsquelle sind bereits in Abb. 4.14 konstruiert worden. Die resultierende Kennlinie geht im gewählten Beispiel nicht durch den Ursprung, weil die Spannungen $U_{01}$

und $U_{02}$ verschieden groß gewählt wurden. Bei Kurzschluß $u_2 = 0$ wird $I = \Delta I$, weil $U_{01}$ einen etwas größeren Sperrstrombetrag durch $D_1$ treibt als $U_{02}$ durch $D_2$.

Für den Fall, daß die Dioden ideal sind ($R_S \to \infty$; $R_D \to 0$), ergibt sich statt der Kennlinie von Abb. 4.18 die von Abb. 4.19a. Bei sinusförmiger Eingangsspannung $u_0(t)$ wird also die Ausgangsspannung $u_2(t)$ in Abb. 4.17 der stark ausgezogenen Kurve in Abb. 4.19b folgen, denn für $-|U_{02} + U_k| \leqq u_0/2 \leqq |U_{01}+U_k|$

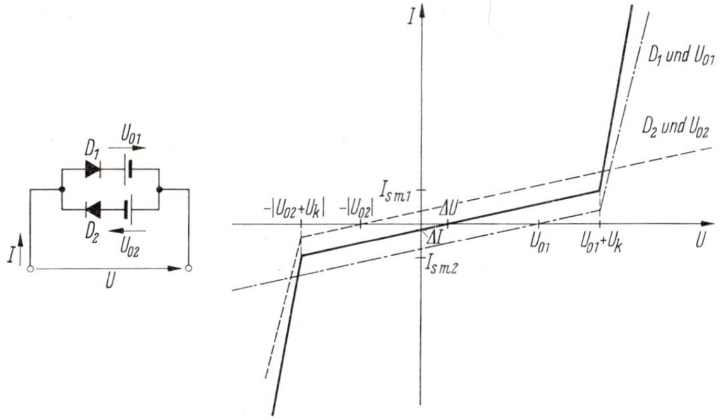


Abb. 4.18. Konstruktion der Kennlinie des nichtlinearen Abschlußzweipols von Abb. 4.17 b

ergibt sich in Ersatzabbildung 4.17 b Leerlauf. Im anderen Fall kann auch durch beliebig hohen Strom $I$ die Spannung $u_2$ den Wert $U_{01} + U_k$ nicht überschreiten und den Wert $-|U_{02} + U_k|$ nicht unterschreiten. Die Sinusspannung $u_0/2$ ist in Abb. 4.19b dünn gezeichnet.

Für den Fall, daß die Dioden nicht ideal sind, also die Kennlinie nach Abb. 4.18 gilt, folgt die Ausgangsspannung $u_2(t)$ der strichpunktierten Kurve in Abb. 4.19b.

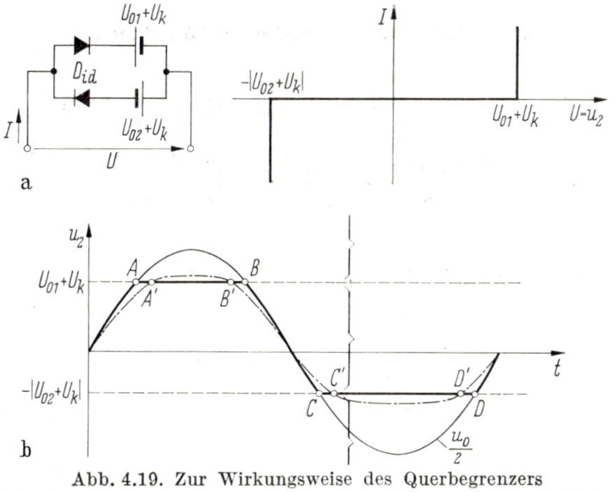


Abb. 4.19. Zur Wirkungsweise des Querbegrenzers
a statische Kennlinie des Gliedes im Querzweig der Schaltung von Abb. 4.17b bei idealen Dioden; b Wirkungsweise bei idealen Dioden (starke Kurve) und nichtidealen Dioden (strichpunktierte Kurve)

Die Begrenzung ist dann nicht völlig ideal zwischen den Punkten $A'$ und $B'$ sowie zwischen $C'$ und $D'$. Im Bereich $-|U_{02} + U_k| \leqq u_0/2 \leqq |U_{01} + U_k|$ wird nun ein gewisser Spannungsabfall über den Widerstand $\frac{1}{2}R$ vorhanden sein, weshalb die strichpunktierte Kurve dort betragsmäßig etwas unterhalb der starken Kurve verläuft. Außerhalb dieses Bereichs wird sie wegen der nicht ganz verschwindenden Diodendurchlaßwiderstände etwas oberhalb der starken Kurve verlaufen.

Abb. 4.20 zeigt eine andere Begrenzerschaltung, den Längsbegrenzer. Seine Wirkungsweise wird mit Abb. 4.21 erläutert. Die Dioden seien ideal. Solange beide Dioden durchlässig sind (Zeitraum $B - C$ und $D - E$), gilt

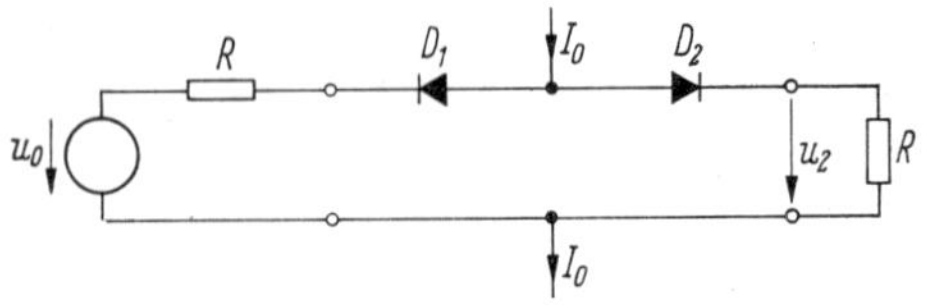


Abb. 4.20. Schaltung des Längsbegrenzers

$$u_2 = \tfrac{1}{2}(u_0 + I_0 R). \tag{4.43}$$

Die Diode $D_1$ sperrt, wenn $u_0 > I_0 R$. Dann ist (im Zeitraum $A - B$):

$$u_2 = I_0 R. \tag{4.44}$$

Die Diode $D_2$ sperrt, wenn $u_0 < -I_0 R$. Dann ist (im Zeitraum $C - D$):

$$u_2 = 0. \tag{4.45}$$

Die Ausgangsspannung $u_2$ ist — abgesehen von der Begrenzung — um $I_0 R/2$ gegenüber $u_0/2$ verschoben. Im Gegensatz zum Querbegrenzer hat der Längsbegrenzer im begrenzenden Bereich einen höheren Quellwiderstand als im nichtbegrenzenden Bereich. Die Begrenzungsamplituden lassen sich außer durch Veränderung von $I_0$

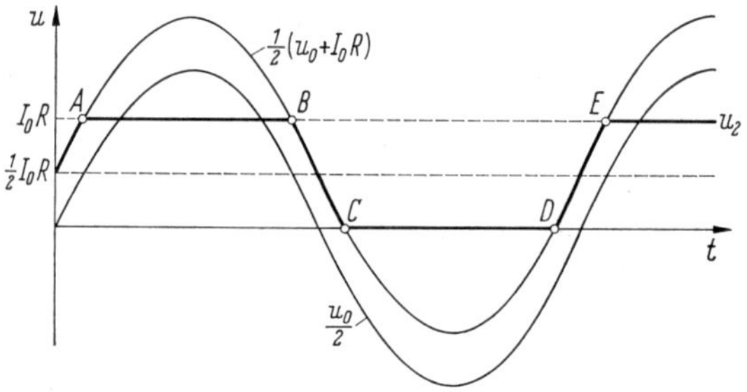


Abb. 4.21. Zur Wirkungsweise des Längsbegrenzers

z. B. durch Reihenschaltung von Spannungsquellen zum Verbraucherwiderstand variieren.

Weitere Begrenzerschaltungen werden im nächsten Abschnitt besprochen, weil die nachfolgenden Schaltungen zugleich ein verstärktes Signal am Ausgang liefern.

### 4.2.2 Anwendungen nichtlinearer Effekte in der Impulsverstärkung

Mit der hier behandelten nichtlinearen Impulsverstärkung ist stets eine nichtlineare Impulsformung von der Art verbunden, daß das verstärkte Signal in der Amplitude begrenzt wird, was bei binären Signalen ohnehin erwünscht ist.

Eine Amplitudenbegrenzung in Verstärkerschaltungen mit Röhren erhält man, wenn die steuernde Gitterspannung so groß wird, daß Gitterstrom einsetzt. Abb. 4.22 zeigt eine solche Begrenzerschaltung mit einer Elektronenröhre. Diese Schaltung liefert zugleich an ihrem Ausgang ein verstärktes Signal. Ist die Spannung $u_0$ größer als die Kathodenvorspannung $U_{02}$, dann wirkt die Gitterkathodenstrecke wie die Diode $D_1$ in der Querbegrenzerschaltung nach Abb. 4.17a. Sie begrenzt $u_g$ auf den Wert $u_g \leqq 0$ und damit den Anodenstrom $i_a$ auf den zugehörigen Wert $i_{a\max}$ entsprechend der Arbeitskennlinie. Da der Anodenstrom niemals negativ werden kann, ergibt sich auch eine untere Begrenzung des Anodenstroms bei $i_a = 0$. Man kann also für große Steueramplituden die Arbeitskennlinie als Knickkennlinie idealisieren. Bei Verwendung von Pentoden und großen Lastwiderständen $R_a$ kann eine Arbeitskennlinie erzeugt werden, wie sie als $K(P)$ in Abb. 4.22 strichpunktiert eingezeichnet ist. Diese erlaubt eine Begrenzung von $i_a$ ohne Gitterstromeinsatz.

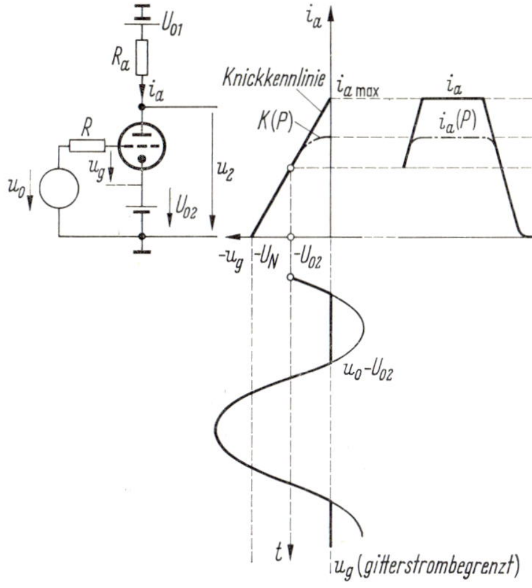


Abb. 4.22. Begrenzung mit übersteuerter Elektronenröhre

Eine andere Schaltung ist der kathodengekoppelte Röhrenbegrenzer nach Abb. 4.23. Diese Schaltung erlaubt eine gleichzeitige Verstärkung der Eingangs-

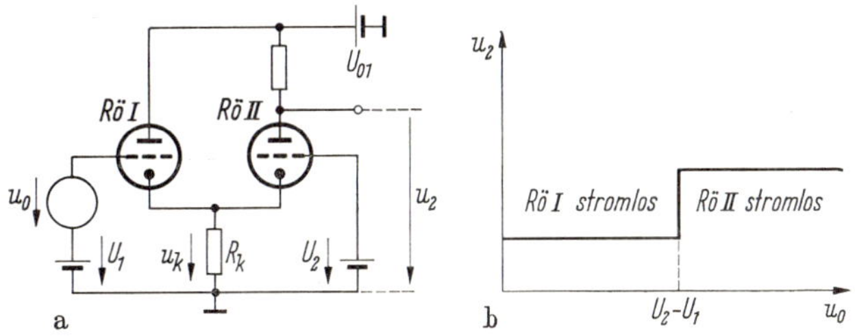


Abb. 4.23. a Kathodengekoppelter Röhrenbegrenzer; b Ausgangsspannung in Abhängigkeit von $u$

spannung ohne Phasenumkehr. Bei geeigneter Dimensionierung kann man die Verstärkung sehr groß machen, so daß eine Kennlinie für die Übertragungseigenschaften gemäß Abb. 4.23b entsteht.

### 4.2.2.1 Wiederherstellung des Gleichstromarbeitspunktes

Nichtlineare Begrenzungseffekte in Verstärkerschaltungen werden häufig zur Kompensation der im $RC$-gekoppelten Verstärker auftretenden linearen Verzerrungen sowie der Inkonstanz des Arbeitspunktes benutzt.

Anhand Abb. 4.24 soll nun das Auftreten der linearen Verzerrung, welche sich bei Verwendung von Sprungfunktionen am Verstärkereingang durch eine *Dachschräge* im Ausgangssignal äußert, erläutert werden. Zum besseren Verständnis soll dies an einem Zahlenbeispiel geschehen. Der Arbeitspunkt von *Rö* I sei mit $R_a$ so eingestellt, daß sich statisch mit der Spannung $u_1 = -1$ V als zugehörige Anodenspannung der Wert $u_a = +60$ V und für $u_1 = 0$ V der Wert $u_a = 50$ V ergibt. Für Zeiten $t < t_0$ sei $u_1 = -1$ V. Die Anodenspannung $u_a$ von *Rö* I und damit die linke Belegung des Kondensators $C$ liegen hierfür auf $+60$ V. Die rechte Belegung des Kondensators $C$ hat hingegen die Spannung 0 V gegenüber der Masseleitung.

Zum Zeitpunkt $t_0$ soll die Spannung $u_1$ auf 0 V springen. Da die Röhre mit guter Näherung trägheitslos arbeitet, springt gleichzeitig ihr Anodenstrom auf einen höheren Wert, womit bei Vernachlässigung von Elektroden- und Schaltkapazitäten auch zugleich die Anodenspannung von +60 V auf +50 V springt. Da die am Kondensator $C$ liegende Spannung sich nicht sprunghaft ändern kann, liegt die rechte Kondensatorfläche von $C$ unmittelbar nach dem Sprung auf −10 V. Über $R_g$ liegt somit nun eine Spannung von 10 V. Es setzt ein Strom $i$ durch $R_g$ ein, der den Kondensator mit der Zeitkonstante $\tau = R_g C$ soweit entlädt, bis die rechte Kondensatorfläche wieder auf 0 V liegt [vgl. Abschn. 4.1.1, Gl. (4.9)]. Dabei ist vorausgesetzt, daß die Anodenspannung von *Rö* I eingeprägt ist, was für $R_a \ll R_g$ zutrifft.

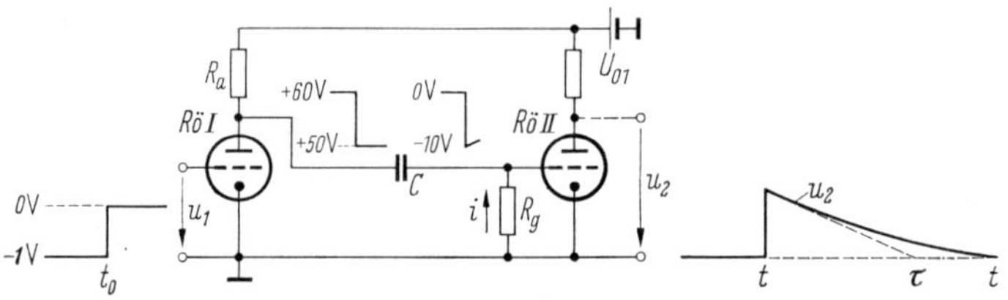


Abb. 4.24. Zur Entstehung der Dachschräge bei $RC$-gekoppelten Verstärkerstufen

Die Ausgangsspannung $u_2(t)$ weist nun wie die Gitterspannung von *Rö* II die durch die Entladung von $C$ bedingte Dachschräge auf.

Bei anderen Signalformen, wie z. B. bei den in Abb. 4.25a gezeigten, wird sich im stationären Fall die Spannung am Gitter von *Rö* II in Abb. 4.24 so einstellen, daß der Gleichstrommittelwert zu Null wird (Abb. 4.25b). Man spricht hier von *Inkonstanz des Arbeitspunktes*. Diese tritt in $RC$-Verstärkern immer dann auf, wenn durch das Signal eine Auslenkung vom Arbeitspunkt von *Rö* I vorwiegend nach

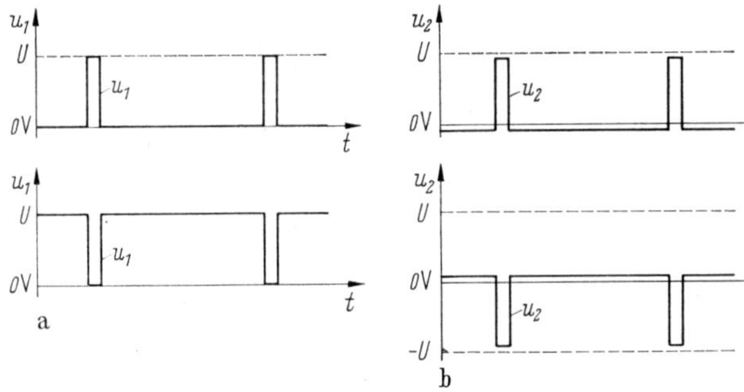


Abb. 4.25. Zur Erläuterung der Inkonstanz des Arbeitspunktes $RC$-gekoppelter Verstärkerstufen: Signale mit positiver (a) und ohne (b) Gleichspannungskomponent

einer Seite stattfindet. In diesem Fall wandert der Arbeitspunkt von *Rö* II dorthin, von wo die Auslenkung vom Arbeitspunkt von *Rö* II nach beiden Seiten im Mittel gleich groß ist.

Inkonstanz des Arbeitspunktes und Dachschräge lassen sich durch Begrenzungseffekte immer dann weitgehend kompensieren, wenn im Signal von Zeit zu Zeit immer wiederkehrende definierte maximale oder minimale Amplitudenwerte auftreten, wie das z. B. bei Fernsehsignalen der Fall ist. Hier folgen in konstanten Abständen Synchronisierimpulse von gleicher maximaler Höhe (Abb. 4.26a). Man richtet die Schaltung nun so ein, daß gerade bei Signalpegeln von dieser maximalen Höhe eine Begrenzung einsetzt, so daß durch Kondensatorauf- oder -entladungen die Spannung nicht noch höher werden kann. Zur Erläuterung dieses Verfahrens diene ein Zahlenbeispiel mit den gleichen Zahlenwerten wie in Abb. 4.24. Am Gitter der Röhre *Rö* II in Abb. 4.26d kann die Spannung nicht positiv werden, wenn bei $u_{gII} = 0$ V wie in Abb. 4.22 eine Begrenzung durch Gitterstrom erfolgt, d. h. wenn dort die Gitter-Kathoden-Strecke wie eine in Durchlaßrichtung gepolte ideale Diode wirkt. Wie die Abb. 4.26a bis c zeigen, muß dann also am Ende eines jeden Syn-

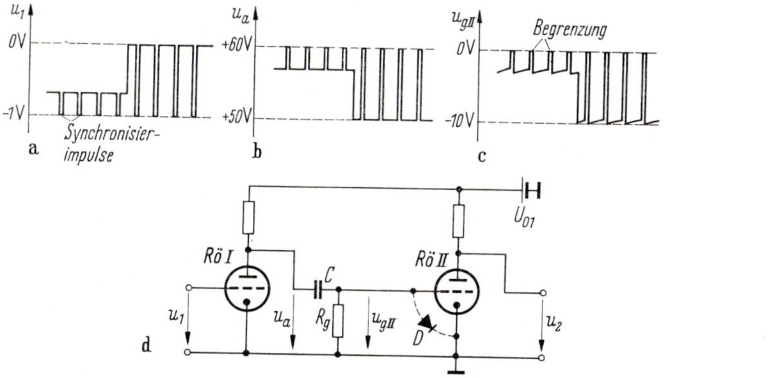


Abb. 4.26. Einseitige Schwarzsteuerung
a Gitterspannung von Rö I, b Anodenspannung von Rö I, c Gitterspannung von Rö II, d Schaltbild

chronisierimpulses (bei annähernd eingeprägter Spannung $u_a$) die Gitterspannung von *Rö* II wieder auf den richtigen Wert springen. Dieses Verfahren bezeichnet man in der Fernsehtechnik als *einseitige Schwarzsteuerung*. Sie bewirkt die Wiedergewinnung der bei *RC*-Kopplung verlorengegangenen Gleichstromkomponente,

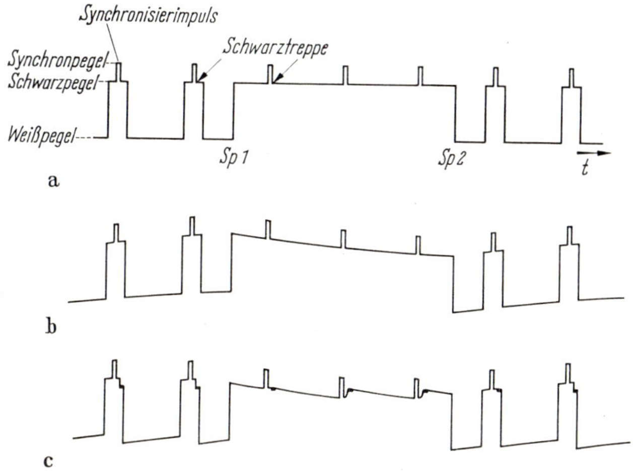


Abb. 4.27. Signalverlauf bei zweiseitiger Schwarzsteuerung
a Eingangssignal; b und c verstärktes Ausgangssignal ohne (b) und mit (c) Wiederherstellung des Arbeitspunktes

welche der mittleren Fernsehbildhelligkeit entspricht. Wegen des endlichen Durchlaßwiderstandes der Gitterkathodendiode arbeitet die einseitige Schwarzsteuerung jedoch nicht immer sehr zuverlässig.

Besser, wenn auch kostspieliger, sind die getasteten zweiseitigen Schwarzsteuerungen (Abb. 4.27 und Abb. 4.28). Bei diesen wird zu einem bestimmten Zeitpunkt (z. B. hintere Schwarztreppe des Fernsehsignals), bei welchem stets derselbe Signalpegel auftritt die Ausgangsspannung $u_2$ auf ihren Sollwert gebracht. In Abb. 4.27a ist der Signalverlauf gezeigt, wie er sich ergibt, wenn ein Weiß-Schwarz-(*Sp* 1) und ein Schwarz-Weiß-Sprung (*Sp* 2) aufeinanderfolgen. Bei einer Verstärkerschaltung nach Abb. 4.24 würde wegen der fehlenden Gleichstromkomponente der Spannungsmittelwert der Ausgangsspannung $u_2(t)$ nach *Sp* 1 absinken und nach *Sp* 2 ansteigen, wie das in Abb. 4.27b gezeigt ist. Durch die Verstärkerschaltung nach Abb. 4.28 wird nun zu den Zeitpunkten der hinteren Schwarztreppe der Sollwert eingestellt, so daß hier für $u_2(t)$ ein Signalverlauf entsprechend Abb. 4.27c entsteht. Die Einstellung erfolgt in der Weise, daß zu den Zeitpunkten der hinteren Schwarztreppe von der Taströhre TR positive und negative Impulse ($I_p$ und $I_n$) auf die Diodenschaltung mit $D_1$ und $D_2$ gegeben werden, so daß die Dioden $D_1$ und $D_2$ gleichzeitig durchlässig werden und somit die dem Schwarzwert entsprechende Spannung am Gitter wirksam wird.

Durch die einseitige und getastete Schwarzsteuerung wird erreicht, daß die Dachschräge und die damit verbundene Inkonstanz des Arbeitspunktes sich nur über die relativ kurze Dauer des Abstandes zweier Synchronisierimpulse auswirken und damit leicht beherrscht werden können.

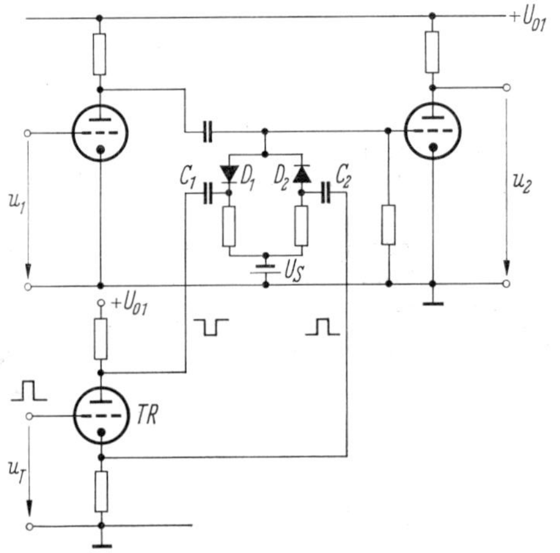

Abb. 4.28. Schaltung für getastete (zweiseitige) Schwarzsteuerung

Die bisher behandelten Impulsverstärkerschaltungen waren alle mit Röhren bestückt. Die Dimensionierungsfragen dieser Schaltungen ergeben sich aus dem bisherigen Text. Die Wahl der Gleichspannung für die Stromversorgung, des Anodenwiderstandes $R_a$ usw. sind aus Abschn. 3.1, Fragen betreffs der *RC*-Kopplung sind in Abschn. 4.1.1 und die Begrenzungseffekte schließlich in Abschnitt 4.2.1 behandelt worden. Grundsätzlich lassen sich alle diese Schaltungen auch mit Transistoren aufbauen. Die Zusammenhänge werden aber wegen des erforderlichen Basisstroms und der Temperatureffekte (Abschn. 3.2) komplizierter.

Erfolgt bei Transistoren die Verstärkung von Signalen bei gleichzeitiger oberer und unterer Begrenzung des Signalpegels entsprechend Abb. 4.22, dann spricht man — insbesondere bei großen Verstärkungen, d. h. steilen Flanken zwischen den Grenzwerten — vom *Transistor im Schalterbetrieb*. Da diese Betriebsart sowohl für die in Abschn. 4.3 noch zu beschreibenden Kippschaltungen als auch für die logischen Schaltungen in der Nachrichtenverarbeitung von fundamentaler Bedeutung ist, soll im folgenden der Schalterbetrieb etwas ausführlicher behandelt werden.

### 4.2.2.2 Statische Betrachtung des Transistors im Schalterbetrieb

Für den folgenden Text wird der *pnp*-Transistor zugrunde gelegt. Bei Verwendung von *npn*-Transistoren haben die Transistorspannungen und -ströme lediglich umgekehrte Vorzeichen. Bei der Beschreibung der Verstärkereigenschaften des Transistors in Abschn. 3.2 wurde stets der Normalbetrieb vorausgesetzt, d. h., daß die Emitter-Basis-Diode sich im Durchlaßbereich und die Kollektor-Basis-Diode sich im Sperrbereich befindet. Diesen normalen Betriebsbereich nennt man auch den *aktiven Bereich*. Außer diesem aktiven Bereich unterscheidet man beim Transistor noch zwei weitere Bereiche, den *Sättigungs-* oder *Übersteuerungsbereich* und den *Sperrbereich*. Im Sättigungsbereich befinden sich sowohl die Emitter-Basis-Diode als auch die Kollektor-Basis-Diode im Durchlaßbereich, während im Sperrbereich

Emitter-Basis-Diode und Kollektor-Basis-Diode beide gesperrt sind. Als Grenzlinien sind die Kennlinien für $U_{CB'} = 0$ und $I_E = 0$ festgelegt worden. In Abb. 4.29 sind die drei Bereiche im $I_C\,U_{CE}$-Kennlinienfeld mit $I_B$ als Parameter gegeneinander abgegrenzt. Zur Verdeutlichung sind Sperrbereich und Übersteuerungsbereich schraffiert und im Maßstab gespreizt, weil bei gleichbleibendem Maßstab diese Bereiche sehr schmale Streifen ergäben und kaum zu erkennen wären.

Bei dem jetzt behandelten Schalterbetrieb soll der Transistor nur im Sperrbereich und Übersteuerungsbereich betrieben bzw. zwischen diesen beiden Zuständen hin- und hergeschaltet werden. Bei einer Batteriespannung von $U_{01} = -10$ V und einem Arbeitswiderstand $R_L = 1$ kΩ (Werte dieser Größenordnung sind typisch bei Transistorschaltern) fließt bei Übersteuerung ein Kollektorstrom $-I_C$ von etwa $-I_{CX} \approx 10$ mA, wohingegen im Sperrzustand nur ein geringer Reststrom fließt. An der Sperrgrenze hat dieser den Wert $-I_C = -I_{CBO}$, liegt also z. B. bei 20 μA. Im Sperrbereich ist der Betrag des Kollektorstroms noch kleiner. Entsprechend

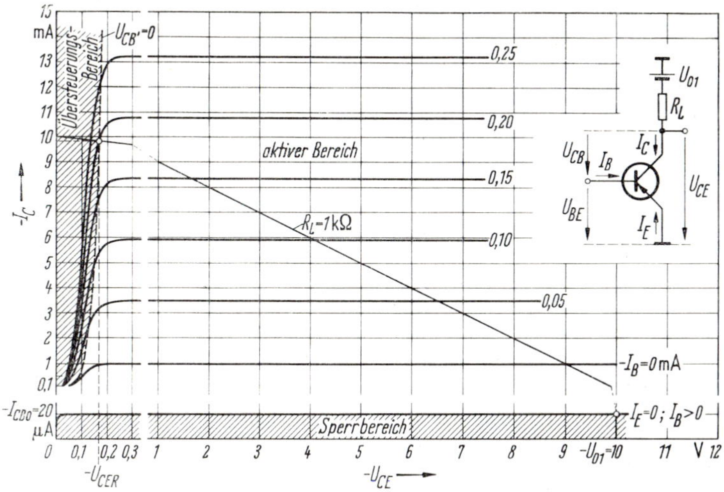


Abb. 4.29. $I_C\,U_{CE}$-Kennlinienfeld mit $I_B$ als Parameter

liegt bei Übersteuerung nur eine geringe Restspannung $-U_{CER}$ zwischen Kollektor und Emitter, während im Sperrzustand praktisch die volle Batteriespannung $U_{01}$ zwischen Kollektor und Emitter erscheint. Die Restspannung $-U_{CER}$ ist bei den üblichen Schalttransistoren selten höher als 0,3 V und der Reststrom $-I_{CBO}$ liegt selten höher als 50 μA bei 20 °C. In Analogie zum mechanischen Schalter bezeichnet man den Übersteuerungszustand des Transistors auch als *Ein*-Zustand und den Sperrzustand als *Aus*-Zustand.

Um eine Transistorschaltung für den Schalterbetrieb zu dimensionieren, darf man nicht von den für den aktiven Bereich zugeschnittenen Gleichungen Gl. (3.34a) und Gl. (3.38) ausgehen, welche in Abschn. 3.2.3.1 zur Arbeitspunkteinstellung linearer Verstärkerstufen verwendet wurden. Man muß für Schalteranwendungen auf die vollständigen Gln. (3.33) und (3.34) zurückgreifen.

Zunächst soll der Übersteuerungsbereich näher ins Auge gefaßt werden. Als Grenze zwischen dem aktiven Bereich und dem Übersteuerungsbereich ist in Abbildung 4.29 die Linie $U_{CB'} = 0$ V angegeben. Wir wollen nun vom aktiven Bereich ausgehen und fragen, welcher Mindestbasisstrom erforderlich ist, um den Transistor an die Übersteuerungsgrenze zu bringen. Die exakte Gleichung für den Kollektorstrom $I_C$, die nicht nur für den aktiven Bereich, sondern allgemein gilt, lautet [vgl. Gl. (3.34)]:

$$I_C = -A_N\, I_E + I_{CBO}\left(1 - e^{\frac{U_{CB'}}{U_T}}\right). \tag{4.46}$$

Werden in Gl. (4.46) die folgenden Beziehungen eingesetzt (vgl. Abschn. 3.2.2)

$$-I_E = I_C + I_B,$$

$$A_N = \frac{B_N}{1 + B_N},$$

dann ergibt sich als Gleichung für $I_C$ in Abhängigkeit vom Basisstrom $I_B$ und der Kollektor-Basis-Spannung $U_{CB'}$

$$I_C = B_N\, I_B + (1 + B_N)\, I_{CBO}\left(1 - e^{\frac{U_{CB'}}{U_T}}\right). \tag{4.47}$$

Wir betrachten nun das Kennlinienfeld in Abb. 4.29 mit der daneben gezeichneten Transistorschaltung. Der Transistor befinde sich zunächst im aktiven Bereich, d. h., das Kollektorpotential ist negativ gegenüber dem Basispotential. Die Spannung $U_{CE}$ und der Strom $I_C$ hängen über die durch $R_L$ gegebene Gerade zusammen. Wird der Betrag des Basisstromes $|I_B|$ erhöht, so steigt $|I_C|$ an, und $|U_{CE}|$ wird kleiner. Mit abnehmender Spannung $|U_{CE}|$ wird zwangsläufig auch $|U_{CB'}|$ kleiner. Um den Transistor bis an die Übersteuerungsgrenze $U_{CB'} = 0$ zu bringen, wo in Gl. (4.47) der ganze Ausdruck mit dem Reststrom $I_{CBO}$ verschwindet, und $I_C$ den Wert $I_{CX}$ annimmt, möge für den Basisstrom $I_B$ der Wert $I_{BÜ}$ erforderlich sein. Für diesen gilt jetzt nach Gl. (4.47)

$$I_{BÜ} = \frac{I_{CX}}{B_N}. \tag{4.48}$$

Den Strom $I_{CX}$ kann man aus der Betriebsspannung $U_{01}$, dem Lastwiderstand $R_L$ und der Kollektorrestspannung $U_{CER}$ berechnen. Die Kollektorrestspannung $U_{CER}$ ändert sich in den interessierenden Bereichen größerer Kollektorströme nur wenig und kann von vornherein ziemlich genau dem Kennlinienfeld entnommen werden. Es gilt also

$$I_{CX} = \frac{U_{01} - U_{CER}}{R_L}. \tag{4.49}$$

Mit $I_{CX}$ und $B_N$ ist $I_{BÜ}$ bekannt. Für $|I_B| > |I_{BÜ}|$ ist der Transistor sicher übersteuert. Als Übersteuerungsgrad $m$ definiert man für $|I_B| \geqq |I_{BÜ}|$

$$m = \frac{I_B}{I_{BÜ}}, \quad m \geqq 1. \tag{4.50}$$

Bei Übersteuerung bleibt $I_C$ praktisch auf den Wert $I_{CX}$ begrenzt, gleichgültig wie groß man den Übersteuerungsgrad $m$ auch macht.

Als nächstes wird der Sperrbereich betrachtet. Die Grenze zwischen aktivem Bereich und Sperrbereich bildet in Abb. 4.29 die Linie $I_E = 0$. Im Schnittpunkt der Widerstandsgeraden $R_L$ mit der Grenzlinie $I_E = 0$ hat die Spannung $-U_{CE}$ und damit auch die Spannung $-U_{CB'}$ einen großen positiven Wert, so daß in Gl. (4.46) der Ausdruck $\exp(U_{CB'}/U_T)$ vernachlässigt werden kann. Für $I_E = 0$ folgt damit aus Gl. (4.46) mit Gl. (3.29)

$$I_C = I_{CBO} = -I_B. \tag{4.51}$$

Um den Transistor also sicher zu sperren, muß der Basisstrom nicht etwa nur verschwinden, sondern sein Vorzeichen sogar ändern (gegenüber der Basisstromrichtung bei Übersteuerung). Allerdings ist nur der relativ geringe Strom $-I_B = I_{CBO}$ erforderlich. Entsprechend dazu muß nun auch die Basis-Emitter-Spannung leicht positiv werden. Die für $I_E = 0$ erforderliche positive Basis-Emitter-Spannung bezeichnet man als Emitterflußspannung $U_{BEF}$. Sie liegt bei den üblichen *pnp*-

Germaniumtransistoren bei etwa $-U_{BEF} = 0{,}15$ V. Abb. 4.30 zeigt die mit den Gln. (3.33) bis (3.35) für die Werte $A_N = 0{,}98$; $A_I = 0{,}49$; $I_{CBO} = -20\,\mu$A und $R_{BB'} = 100\,\Omega$, welche auch der Abb. 4.29 zugrunde liegen, errechneten Verläufe des Emitterstroms $I_E$, Basisstroms $I_B$ und Kollektorstroms $I_C$ für den Bereich um $I_E = 0$.

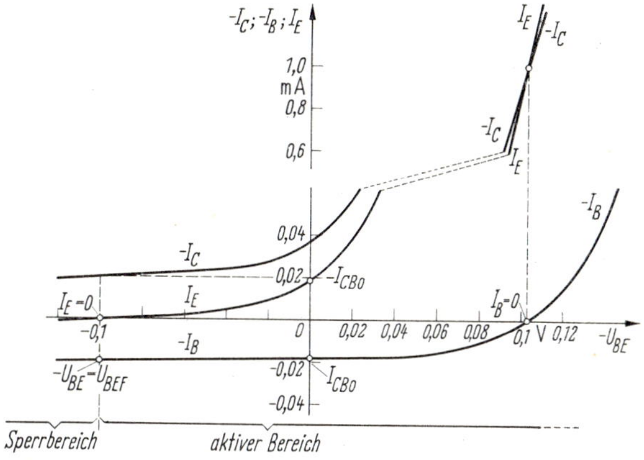


Abb. 4.30. Stromverhältnisse an der Grenze zwischen aktivem Bereich und Sperrbereich

Als Beispiel einer Transistorschaltung für den Schalterbetrieb soll nun die Schaltung in Abb. 4.31 besprochen werden. Hat die Schaltspannung $u_S$ am Eingang den Wert $U_{SX}$, dann soll der Transistor übersteuert sein, ist $u_S = U_{SY}$, dann soll der Transistor gesperrt sein. Da $U_{SY}$ in der Regel noch negative Werte von kleinem Betrag annimmt, ist die Spannungsquelle $U_{02}$ erforderlich, um eine sichere Sperrung des Transistors zu erreichen.

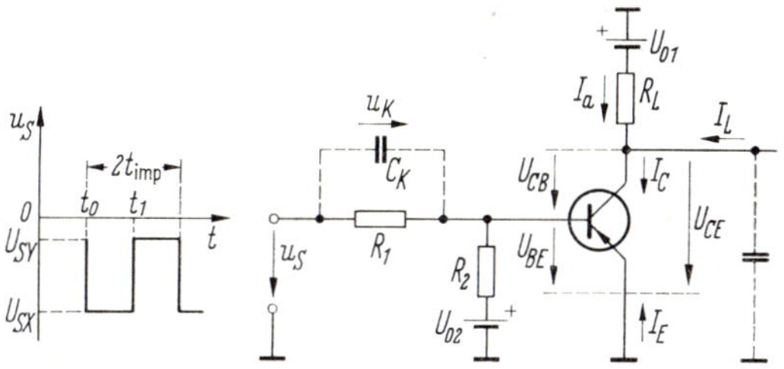


Abb. 4.31. Transistorschalter in Emitterschaltung

Sind die Spannungen und Ströme vorgegeben, dann lassen sich die Werte für $R_1$ und $R_2$ aus den Bedingungen für die erforderlichen Basisströme für Übersteuerung und Sperrung ableiten. Abb. 4.32a zeigt die Stromverhältnisse für den Sperrzustand. Die Spannung $-U_{BEF}$ sowie der erforderliche Basisstrom $I_B$ sind positiv. Die Bedingung ist $I_B \geqq |I_{CBO}|$. (Die am Basisanschluß eingezeichnete Spannungsquelle dient zur Kennzeichnung des dort vorhandenen Potentials.) Aus Abb. 4.32a folgt

$$I_B = I_2 - I_{1Y} = \frac{|U_{02}| - |U_{BEF}|}{R_2} - \frac{|U_{BEF}| + |U_{SY}|}{R_1} \geqq |I_{CBO}|. \qquad (4.52)$$

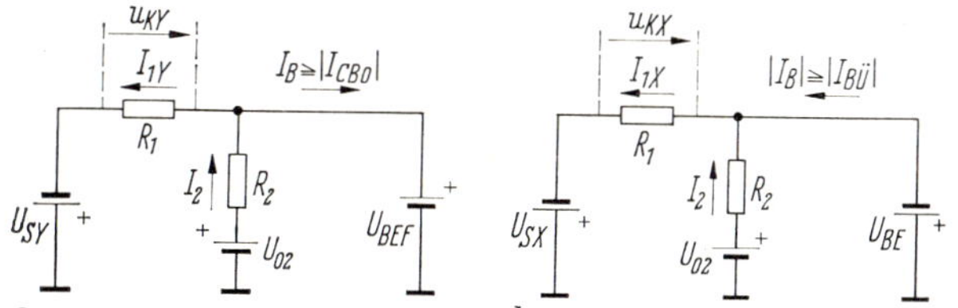


a b

Abb. 4.32. Ersatzbilder zur Berechnung von $R_1$ und $R_2$ in Abb. 4.31
a Sperrzustand; b Übersteuerungszustand

In Abb. 4.32b werden die Stromverhältnisse für den Übersteuerungszustand gezeigt. Die Basis-Emitter-Spannung $U_{BE}$ ist diesmal negativ. Ihr Betrag, der bei allen gewöhnlichen Transistoren in der Größenordnung von einigen zehntel Volt liegt, kann für den gegebenen Zahlenwert von $I_B = I_{BÜ}$ aus dem dritten Quadranten des Vierfachkennlinienfeldes (Abb. 3.23) entnommen werden. Die gewählte Zählpfeilrichtung von $I_B$ in Abb. 4.32b ergibt einen positiven Zahlenwert. Aus Abb. 4.32b folgt

$$I_B = I_{1X} - I_2 = \frac{|U_{SX}| - |U_{BE}|}{R_1} - \frac{|U_{02}| + |U_{BE}|}{R_2} \geqq |I_{BÜ}|. \qquad (4.53)$$

Mit Gl. (4.52) und Gl. (4.53) können bei vorgegebenen Spannungen und Strömen die Widerstände $R_1$ und $R_2$ berechnet werden. Ergeben sich keine positiven Widerstände, dann wählt man zweckmäßigerweise für $U_{02}$ einen anderen Wert.

Der für die Übersteuerung erforderliche Basisstrom muß bei der Schaltung von Abb. 4.31 von der vorausgehenden Stufe geliefert werden. Da häufig Schalterstufen durch gleichartige Schalterstufen gesteuert werden, muß der Kollektorausgang der Schaltung in Abb. 4.31 im Fall des gesperrten Transistors (hohe Kollektor-Basis-Spannung: $U_{CE} = U_{SX}$) durch einen Laststrom $I_L$ belastbar sein, der ein Mehrfaches von $I_{1X}$ ist, weil man durch eine einzige Stufe oft mehrere weitere Stufen schalten möchte. Die maximale Anzahl $n$ der schaltbaren Stufen folgt aus den Spannungen $U_{01}$ und $U_{SX}$ sowie dem Kollektorwiderstand $R_L$. Da der Kollektorstrom des gesperrten Transistors durch $I_{CBO}$ gegeben ist, folgt aus Abb. 4.31

$$\frac{|U_{01}| - |U_{SX}|}{R_L} \geqq |I_{CBO}| + n\,|I_{1X}|. \qquad (4.54)$$

Man darf für $R_L$ also keinen zu großen Wert wählen, wenn man mehrere Stufen schalten will. Der kleinste Wert für $R_L$ bestimmt sich aus der maximal zulässigen Verlustleistung des Transistors, wenn die Batteriespannung $U_{01}$ und die im Übersteuerungszustand maximal mögliche Kollektorrestspannung $|U_{CER}|_{max}$ bekannt bzw. vorgegeben sind.

Da alle Bauelemente notwendigerweise Toleranzen haben, muß man, wenn man absolut sicher gehen will, die jeweils ungünstigsten Werte in die Gleichungen einsetzen. Für Übersteuerung sind dies $|U_{01}|_{max}$; $B_{N\,min}$; $R_{L\,min}$; $|U_{CER}|_{min}$ für die Berechnung von $I_{BÜ}$. Für Übersteuerung sind ferner am ungünstigsten $|U_{02}|_{max}$; $R_{2\,min}$; $R_{1\,max}$; $|U_{BE}|_{max}$; $|U_{SX}|_{min}$. Bei Sperrung sind dagegen am ungünstigsten $|U_{BEF}|_{max}$; $|I_{CBO}|_{max}$; $|U_{02}|_{min}$; $R_{2\,max}$; $|U_{SY}|_{max}$; $R_{1\,min}$. Insbesondere bei $I_{CBO}$ muß man die Temperaturabhängigkeit beachten. Da $I_{CBO}$ exponentiell mit der Temperatur ansteigt [vgl. Gl. (3.45)], ist für $|I_{CBO}|_{max}$ der Wert bei der höchsten Kristalltemperatur zu wählen, die im praktischen Betrieb vorkommen kann. Bei den Transistorgrößen sind ferner die Alterungstoleranzen zu beachten. Diese Dimensionierung für den schlechtesten Fall hat gewisse Nachteile, die darin liegen, daß bei der praktischen Realisierung der Fall, daß alle Widerstandswerte sowie Restspannungen und -ströme den ungünstigsten Wert haben, fast nie auftritt, und somit der Transistor im Normalfall stark übersteuert wird, was beim Umschalten vom Sättigungs- in den Sperrbereich lange Umschaltzeiten ergibt, wie in Abschn. 4.3.2.2 noch erläutert werden wird. Ferner wird durch die Dimensionierung für den schlechtesten Fall die Anzahl $n$ der schaltbaren nachfolgenden Stufen kleiner. Darum sind statistische Dimensionierungsverfahren gerade bei Transistorschaltern sehr verbreitet.

In Abb. 4.31 ist parallel zum Widerstand $R_1$ eine Kapazität $C_K$ gestrichelt eingezeichnet. Diese Kapazität, die bei der statischen Betrachtungsweise keine Rolle spielt, bringt für den dynamischen Betrieb der Schaltung gewisse Vorteile, was am Ende von Abschn. 4.3.2.2 noch näher dargelegt werden wird.

## 4.3 Nichtlineare Impulstechnik mit speichernden Elementen

Im statischen und quasistatischen Betrieb ist der bekannteste speichernde Effekt die sogenannte *Hysterese*. Bei Schaltungen mit Hysterese hängt die Ausgangsgröße nicht in eindeutiger Weise vom Augenblickswert der quasistatischen (d. h. der sich zeitlich langsam ändernden) Eingangsgröße ab. Der Augenblickswert der Ausgangsgröße läßt sich in diesem Fall erst dann eindeutig bestimmen, wenn die Eingangsgröße für alle vorangegangenen Zeitpunkte bekannt ist. Die momentane Ausgangsgröße hängt, mit anderen Worten ausgedrückt, von der momentanen Eingangsgröße und deren Vorgeschichte ab.

Im dynamischen (d. h. im sich zeitlich rasch ändernden) Betrieb können zusätzliche speichernde Effekte auftreten, die z. B. durch Kapazitäten Induktivitäten oder allgemein durch irgendwelche *Trägheitserscheinungen* bedingt sind. Diese Trägheitserscheinungen verschwinden, wenn die Eingangsgröße sich nur hinreichend langsam ändert, d. h. im quasistasischen Betrieb. Diese Effekte sollen zunächst an einfachen Beispielen erläutert werden:

### 4.3.1 Einfache Beispiele speichernder nichtlinearer Formungsvorgänge

Zu den bekanntesten Hystereseerscheinungen zählt das magnetische Verhalten ferromagnetischer Stoffe, welches in Abb. 0.27 für einen bestimmten Stoff dargestellt ist. Für Anwendungen in der Impulstechnik benutzt man in der Regel

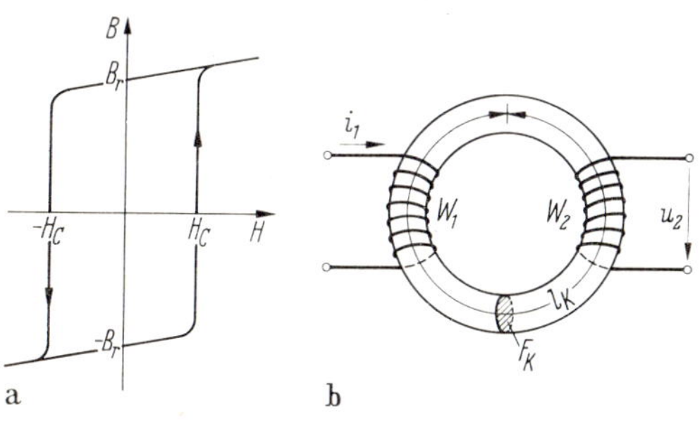


Abb. 4.33. a Typische Hystereseschleife eines Ferrits für Anwendungen in der Impulstechnik; b Übertrager mit Ferritkern nach a

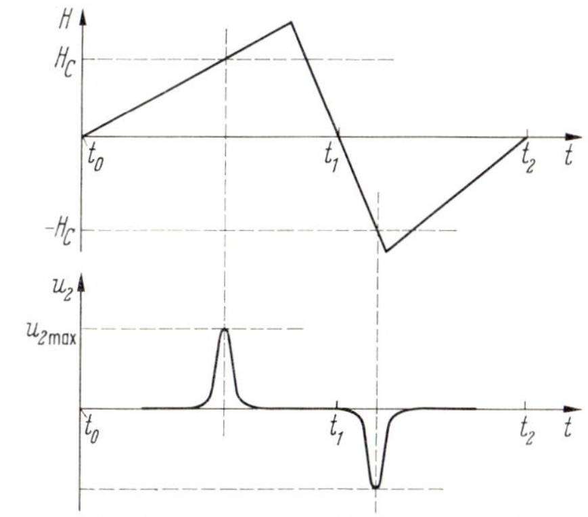


Abb. 4.34. Beispiel eines Feldstärkeverlaufs und der damit induzierten Spannung bei einem Ferritkern nach Abb. 4.33

besondere Ferrite, die eine nahezu rechteckförmige Hystereseschleife haben (Abbildung 4.33a). Abb. 4.33b zeigt einen Übertrager mit einem solchen Ferritkern. Der Kern habe den Querschnitt $F_K$ und den mittleren Umfang $l_K$. Wird durch die Primärwicklung ein (konstanter) Strom $i$ geschickt, dann ensteht im Kern gemäß dem Durchflutungsgesetz Gl. (0.103) eine magnetische Feldstärke $H$.

$$H = \frac{\Theta}{l_K} = \frac{i\,w_1}{l_K}\,. \tag{4.55}$$

$H$ soll positiv zählen, wenn $i$ positiv ist. Wenn sich der Kern vor Einschalten des Stromes im unteren Remanenzpunkt $-B_r$ befunden hat, dann wird sich im Kern so lange keine nennenswerte Induktionsänderung ergeben, als $H$ unterhalb der Koerzitivkraft $H_C$ bleibt. Sobald jedoch der Strom $i$ so groß wird, daß $H > H_C$ wird, dann ergibt sich auch eine starke Induktionsänderung im Kern, die gemäß dem Induktionsgesetz in der Sekundärwicklung einen Spannungsimpuls induziert. Sinkt der Strom anschließend wieder auf den Wert Null, dann befindet sich der Kern im oberen Remanenzpunkt $+B_r$. In den unteren Remanenzpunkt kann der Kern erst wieder durch einen entgegengerichteten Strom $-i$ gebracht werden, dessen Betrag so groß sein muß, daß $-H < -H_C$. Bei Überschreiten der Koerzitivkraft $-H_C$ wird diesmal ein negativer Spannungsimpuls in der Sekundärwicklung induziert. Die Verhältnisse sind in Abb. 4.34 für einen sägezahnförmigen Verlauf der Feldstärke dargestellt. Für den jeweils induzierten Spannungsimpuls $u_2(t)$ gilt

$$u_2(t) = w_2 F_K \frac{dB}{dt}, \tag{4.56}$$

$$\int_{t_0}^{t_1} u_2(t)\,dt = -\int_{t_1}^{t_2} u_2(t)\,dt = w_2 F_K \cdot 2B_r. \tag{4.57}$$

Die Spannungsimpulse haben ein Flächenintegral, welches unabhängig vom Feldstärkeverlauf ist. Es kommt nur darauf an, daß die Feldstärke so groß ist, daß die Koerzitivkraft überschritten wird. Die Erzeugung derartiger Impulse bestimmter Fläche geschieht daher häufig eben mit Hilfe ferromagnetischer Kerne. Die Impulshöhe $u_{2\max}$ hängt zunächst von der Geschwindigkeit ab, mit der die steilen Stellen der Hystereseschleife um $H_C$ durchfahren werden. Die Impulshöhe kann jedoch nicht unendlich groß werden. Bei einer bestimmten oberen Änderungsgeschwindigkeit der Feldstärke setzen Trägheitserscheinungen im Kern ein. Überschreitet die Änderungsgeschwindigkeit diesen oberen Wert, so bleibt die Impulshöhe $u_{2\max}$ begrenzt. Der Kern läßt sich nicht beliebig schnell, sondern nur in einer ihm eigenen Minimalzeit, der Umklappzeit, ummagnetisieren. Damit lassen sich also durch genügend schnelle Feldstärkeänderungen auch Impulse definierter Höhe und definierter Fläche erzeugen.

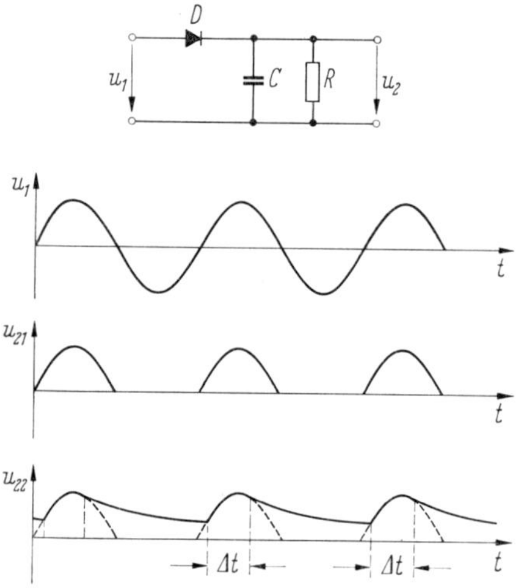

Abb. 4.35. Die Abhängigkeit einer nichtlinearen Formung von der Kapazität $C$

Ein anderes Beispiel eines speichernden nichtlinearen Formungsvorgangs zeigt Abb. 4.35. Die Eingangsspannung $u_1(t)$ möge sinusförmig verlaufen. Die Diode $D$ soll ideal sein, also eine Knickkennlinie nach Abb. 4.13b haben. Für den Fall, daß die Kapazität $C$ sehr klein oder gar überhaupt nicht vorhanden ist, ist die Ausgangsspannung $u_2 = u_{21}$. Sie folgt also der mittleren Kurve in Abb. 4.35. Dieser Verlauf läßt sich mit Hilfe des in Abschn. 4.2.1.1 beschriebenen Scherungsverfahrens in einfacher Weise bestimmen. Für den Fall, daß aber die Kapazität $C$ groß ist oder, was gleichbedeutend ist, daß die Frequenz der Eingangsspannung groß ist, läßt sich das Scherungsverfahren jedoch nicht mehr anwenden, weil nun die Speicherwirkung der Kapazität eine maßgebende Rolle spielt, während das Scherungsverfahren nur im statischen Betrieb anwendbar ist. Bei allgemeiner Betriebsweise lassen sich zwei Fälle unterscheiden:

1. Die Diode $D$ ist durchlässig. In diesem Fall muß wegen des verschwindenden Durchlaßwiderstandes $u_2 = u_1$ sein. Die Ausgangsspannung muß also der sinusförmigen Eingangsspannung folgen. In Abb. 4.35 tritt dies während der in der untersten Kurve eingezeichneten Zeitintervalle $\Delta t$ auf.

2. Die Diode $D$ ist gesperrt. In diesem Fall muß $u_2 \geqq u_1$ sein. Wenn also die Zeitkonstante $RC$ von Widerstand $R$ und Kapazität $C$ so groß ist, daß die zugehörige exponentielle Eigenschwingung langsamer abfällt als die speisende Sinusspannung, dann folgt die Spannung $u_2$ diesem Exponentialverlauf.

Im dynamischen Betrieb bei nicht zu kleiner Kapazität $C$ ist also $u_2 = u_{22}$. Die Kurve von $u_{22}$ in Abb. 4.35 setzt sich aus Sinus- und Exponentialstücken zusammen.

In komplizierten Fällen mit Hysterese- und anderen speichernden Effekten lassen sich die Verformungen nur sehr schwer berechnen und vorhersagen. Darum sollen im folgenden auch nur die Speichereffekte einiger für die Praxis wichtiger Bauelemente näher besprochen werden.

### 4.3.2 Dynamische Eigenschaften von Halbleiterelementen

#### 4.3.2.1 Dynamische Eigenschaften von Dioden

Durch Gl. (3.27) bzw. durch Abb. 4.13c und Tab. 4.3 werden lediglich die statischen Eigenschaften von Halbleiterdioden beschrieben. Diese Eigenschaften geben das Verhalten für zeitlich langsame Vorgänge noch richtig wieder. Wenn die zeitlichen Vorgänge sich aber sehr schnell ändern, was den dynamischen Fall kennzeichnet, dann zeigen Halbleiterdioden Eigenschaften, welche ziemlich stark vom statischen Verhalten abweichen. Diese abweichenden Eigenschaften sollen für den Fall erläutert werden, daß die Dioden sprungförmig vom Durchlaßbereich in den Sperrbereich geschaltet werden und umgekehrt.

Abb. 4.36 zeigt den Fall einer impulsförmigen Steuerung vom Durchlaß- in den Sperrbereich. Zu Beginn möge über dem Widerstand $R_i$ und der Diode eine so hohe Gleichspannung $u = U_0 > U_k$ liegen, daß die Diode in Durchlaßrichtung gepolt ist. Der Widerstand $R_i$ sei groß gegen den Diodendurchlaßwiderstand, so daß in dem am Anfang vorliegenden statischen Fall durch die Diode der Strom

$$i_D \approx \frac{U_0}{R_i} \tag{4.58}$$

fließt. Die Diodenspannung $u_D$ hat den Wert, der sich aus der statischen Kennlinie ergibt. Zum Zeitpunkt $t_0$ soll nun die Gleichspannung schlagartig auf den Wert $U_{sp}$ umgepolt werden. Würden jetzt in der Diode keine Speichereffekte auftreten, dann müßte auch die Diodenspannung $u_D$ schlagartig auf $u_D \approx U_{sp}$ springen, wenn der Diodensperrwiderstand groß gegen den Widerstand $R_i$ ist. In Wirklichkeit ergibt sich aber auf Grund von Speichereffekten ein völlig anderes Bild. Die untere Kurve von Abb. 4.36 zeigt, daß die Diodenspannung zunächst zwar schlagartig auf die Knickspannung $U_k$ absinkt, dann jedoch erst praktisch linear bis auf $u_D = 0$ und anschließend nach einer Exponentialkurve von relativ kleiner Zeitkonstante auf $u_D \approx U_{sp}$ abfällt. Während der Dauer $t_S$ des langsamen linearen Abfalls ergibt sich, wie die mittlere Kurve von Abb. 4.36 zeigt, ein großer fast konstanter Diodenstrom in Sperrichtung, dessen Höhe nur durch die Spannungen $U_{sp}$ und $U_k$ und den Widerstand $R_i$ begrenzt ist. Nach Ablauf der Zeitspanne $t_S$ fällt der Betrag des Stromes $i_D$ exponentiell auf den geringen Sperrstrom ab, der sich aus der statischen Diodenkennlinie ergibt.

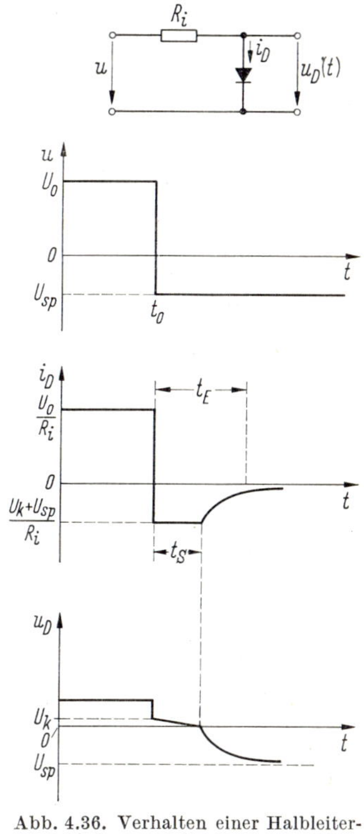


Abb. 4.36. Verhalten einer Halbleiterdiode bei sprungförmiger Steuerung vom Durchlaß- in den Sperrbereich

Zur physikalischen Erklärung dieses Sachverhaltes muß man sich zunächst die in Abschn. 3.2.1 gegebene physikalische Erklärung des statischen Verhaltens ins Gedächtnis zurückrufen. Während des stationären Betriebs in Durchlaßrichtung befinden sich dauernd im $n$-Gebiet viele Löcher, die vom $p$-Gebiet über die Sperrschicht dort hineindiffundiert sind und anschließend rekombinieren. Für Gebiete, in denen keine großen Spannungsabfälle auftreten, gilt das Prinzip der Raumladungsneutralität. Darum müssen sich im $n$-Gebiet auch gleich viele Elektronen befinden, die der Kathodenanschluß irgendwann einmal zusätzlich geliefert hat. Umgekehrt befinden sich im stationären Betrieb in Durchlaßrichtung auch dauernd im $p$-Gebiet viele Elektronen, die vom $n$-Gebiet über die Grenzschicht dort hineindiffundiert sind und anschließend rekombinieren. Auch diese negative Ladung im $p$-Gebiet muß wegen der Raumladungsneutralität durch eine gleich große Löcherladung kompensiert werden, die irgendwann einmal dadurch entstanden sein muß, daß über den Anodenschluß zusätzliche Elektronen abgeflossen sein müssen. Wären die *zusätzlichen* Ladungen zur Erzeugung der Raumladungsneutralität nicht im $p$- und $n$-Gebiet vorhanden, dann würde zwischen $p$- und $n$-Gebiet eine große elektrische Feldstärke und damit eine große Spannungsdifferenz, die um ein vielfaches größer als die Knickspannung sein müßte, auftreten, was aber nicht der Fall ist.

Beim plötzlichen Umpolen der Spannung an den Diodenanschlüssen von Durchlaß- in Sperrichtung wird nun bewirkt, daß die vielen zusätzlichen Elektronen im $n$-Gebiet, die zur Erhaltung der Raumladungsneutralität dienten, zum Kathodenanschluß gezogen werden und dort abfließen. Desgleichen werden die vielen zusätzlichen Löcher im $p$-Gebiet, die zur Erhaltung der Ladungsneutralität dienten, zum Anodenanschluß gezogen, wo sie dann abfließen. Dieser im ersten Augenblick nach der Umpolung abfließende Strom, dessen Höhe durch die Spannungen $U_{sp}$ und $U_k$ und den Widerstand $R_i$ begrenzt wird, ist in der mittleren Kurve von Abb. 4.36 derjenige Strom, der während der Dauer $t_S$ fließt. Diese zusätzlichen, im stationären Betrieb erforderlichen Ladungen im $p$- und $n$-Gebiet wirken wie eine große Kapazität $C_D$ (die sogenannte Diffusionskapazität), die unmittelbar nach der Umpolung der Diode erst entladen werden muß. — Wenn alle *zusätzlichen* Ladungen abgeflossen sind, dann ist die Spannung $u_D = 0$. Um die Diode nun in Sperrichtung vorzuspannen, müssen nun noch die normal vorhandenen, frei beweglichen Ladungsträger von der Grenzschicht des $pn$-Überganges weggezogen werden, damit der $pn$-Übergang frei von beweglichen Ladungsträgern und damit zum Isolator wird, wie das schon in Abschn. 3.2.1 beschrieben wurde. Dieser letztere Vorgang äußert sich in dem exponentiell abfallenden Diodensperrstrom entsprechend der kleinen Zeitkonstante in Abb. 4.36. Die Diodenspannung $u_D$ sinkt entsprechend exponentiell auf annähernd $U_{sp}$. Den Vorgang für die Zeiten $t > (t_0 + t_S)$ kann man als negative Aufladung einer Sperrschichtkapazität $C_S$ auffassen.

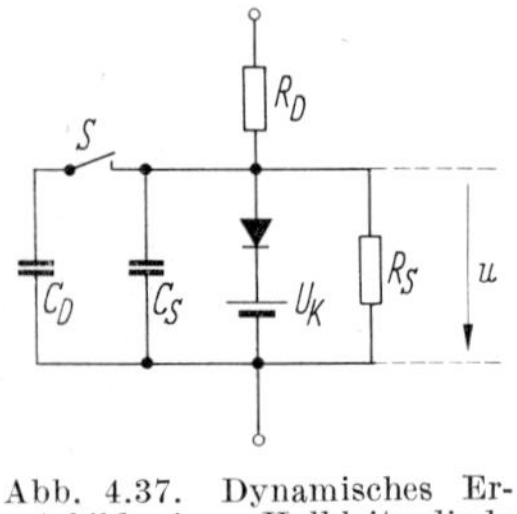

Abb. 4.37. Dynamisches Ersatzbild einer Halbleiterdiode ($R_S \gg R_D$)

Für die Erläuterung der Kurven von Abb. 4.36 bleibt noch der kleine Spannungssprung bei $t_0$ auf $U_k$. Dieser kommt durch die endlichen ohmschen Bahnwiderstände des $p$- und $n$-Gebietes zustande.

Das sich somit ergebende Ersatzbild der Halbleiterdiode [4] zeigt Abb. 4.37. Der Schalter $S$ ist geschlossen, falls die über $R_S$ liegende Spannung $u > 0$, er ist geöffnet für $u < 0$, so daß in Sperrichtung nur die Sperrschichtkapazität $C_S$ wirksam ist, die gewöhnlich wesentlich kleiner als die Diffusionskapazität $C_D$ ist ($C_D \gg C_S$). Der Unterschied beträgt in der Regel ein bis zwei Zehnerpotenzen. Ferner ist in Abb. 4.37 $R_S \gg R_D$.

Die Größe der Diffusionskapazität $C_D$ läßt sich anhand von Abb. 4.36 aus der Speicherzeit $t_S$ bestimmen. Während der Speicherzeit $t_S$ wird die Diffusionskapazität $C_D$ mit dem konstanten Strom der Größe $i_L = \frac{U_k + U_{sp}}{R_i}$ bis auf $u_D = 0$ entladen. Für die Kondensatorentladung mit konstantem Strom gilt generell

$$\Delta Q = i\,t = C\,\Delta U. \tag{4.59}$$

Für die hier betrachtete Entladung der Diffusionskapazität $C_D$ gilt entsprechend

$$i_L\, t_S = \frac{U_k + U_{sp}}{R_i}\, t_S = C_D\, U_k . \tag{4.60}$$

Für die Diffusionskapazität ergibt sich damit

$$C_D = \left(1 + \frac{U_{sp}}{U_k}\right) \frac{t_s}{R_i} . \tag{4.61}$$

Entsprechend Abb. 4.37 ergibt sich durch diese Bestimmungsart genaugenommen die Summe von Sperrschicht- und Diffusionskapazität. Der Fehler ist jedoch gering. Überdies ist die Diffusionskapazität ohnehin noch in der Regel von der Diodenbelastung abhängig.

Die Sperrschichtkapazität $C_S$ errechnet sich aus dem exponentiellen Abfall des Betrages der Spannung $u_D$ oder des Stromes $i_D$. Haben diese Abfälle die Zeitkonstante $\tau_S$, dann ergibt sich daraus die Sperrschichtkapazität zu

$$C_S \approx \frac{\tau_S}{R_i} . \tag{4.62}$$

Auch diese Kapazität ist belastungsabhängig. Als sehr zweckmäßig für die Beurteilung von Dioden hat sich die Angabe der Übergangszeit oder Erholzeit $t_E$ ergeben. Das ist diejenige Zeit, nach welcher die Diode etwa ihren Sperrwiderstand nach dem Umschaltaugenblick $t_0$ erreicht. Damit sich Eindeutigkeit ergibt, muß mit der Angabe von $t_E$ auch der Durchlaßstrom, die Sperrspannung und der Vorwiderstand $R_i$ angegeben werden.

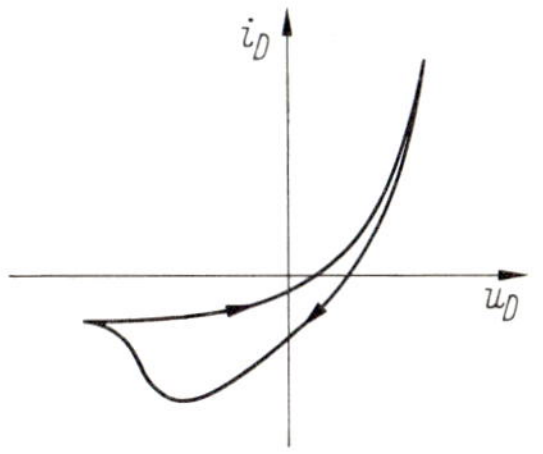

Abb. 4.38. Hystereseerscheinung beim periodischen schnellen Umschalten einer Halbleiterdiode

Wird eine Halbleiterdiode vom Sperrbereich in den Durchlaßbereich geschaltet, dann treten ebenfalls Trägheitserscheinungen auf. Die Diode zeigt in diesem Fall induktives Verhalten. Wird mit einem eingeprägten Spannungsimpuls umgeschaltet, dann folgt der Strom erst allmählich, wird dagegen mit einem eingeprägten Strom umgeschaltet, dann entsteht im ersten Augenblick über den Diodenklemmen eine Spannungsüberhöhung. Die hierdurch bedingte Anschaltzeit ist jedoch im allgemeinen beträchtlich kleiner als die Erholzeit $t_E$. Wird eine Halbleiterdiode periodisch vom Durchlaß- in den Sperrbereich und vom Sperr- in den Durchlaßbereich geschaltet, dann tritt eine Hysterese auf, wie sie in Abb. 4.38 qualitativ gezeichnet ist.

In Gleichrichterschaltungen nach Abb. 4.35, bei denen die Spannung $u_1$ eingeprägt ist, ist die Halbleiterdiode besonders zu den Zeiten nach dem Übergang vom Durchlaß- in den Sperrbereich gefährdet, weil in diesen Augenblicken eine hohe Spannung über der Diode liegt und gleichzeitig ein hoher Strom durch die Diode fließt. In diesen Intervallen wird eine sehr hohe Leistung in der Diode umgesetzt, wodurch sie schließlich zerstört werden kann. Die Speichereigenschaften der Halbleiterdiode bewirken also, daß diese bei hohen Frequenzen weniger belastbar ist als bei niedrigen Frequenzen.

#### 4.3.2.2 Dynamische Eigenschaften von Transistoren

Abb. 4.39 zeigt das Schaltverhalten eines Germaniumtransistors in Emitterschaltung. Der besseren Übersicht halber sind diesmal spezielle Zahlenwerte mit angegeben. Zu Beginn möge die Spannung $u$ an den Eingangsklemmen den Wert $u = +5$ V haben. Diese Spannung soll bereits genügend lange anliegen, so daß praktisch der statische Fall vorliegt. Der Transistor ist also jetzt sicher im Sperrzustand. Der Basisstrom $i_B$ hat in diesem Fall einen kleinen positiven Wert $I_{BY}$, der den Sperrströmen der gesperrten Kollektor-Basis- und Basis-Emitter-Diode entspricht.

Zum Zeitpunkt $t_0$ soll nun die Spannung $u$ auf den Wert $u = -10$ V springen. Zunächst wird damit die Basis-Emitter-Diode in Durchlaßrichtung gepolt. Dieser Vorgang setzt in der Regel praktisch unverzögert ein, so daß mit dem Spannungssprung von $u$ auch der Basistrom $i_B$ springt. Im gezeigten Fall ergibt sich wegen des relativ hohen Widerstandes $R_1 = 20$ kΩ gegenüber dem geringen Durchlaßwiderstand der Basis-Emitter-Diode ein eingeprägter Strom $I_{B1} \approx -10$ V/20 kΩ $= -0{,}5$ mA. Dieser Strom $I_{B1}$ ist mit $B_N = 49$ hoch genug, um den Transistor in den Sättigungsbereich zu treiben, denn der maximale negative Kollektorstrom $i_C$ ist mit $U_{01} = 10$ V und $R_L = 1$ kΩ auf $I_{CX} \approx -10$ mA begrenzt. (Index $X$ kennzeichnet wie in Abschn. 4.2.2.2 wieder den Übersteuerungs- oder Sättigungszustand und Index $Y$ den Sperrzustand des Transistors.) Wie die unterste Kurve von Abb. 4.39 zeigt, gelangt der Transistor jedoch erst nach der Zeit $t_{an}$ in den Sättigungsbereich, obwohl der steuernde Basisstrom $i_B$ unmittelbar nach dem Zeitpunkt $t_0$ schon seine volle Höhe $I_{B1}$ erreicht hatte. Genauere Berechnungen werden zeigen, daß der Kollektorstrom $i_C$ beim Durchgang durch den aktiven Bereich etwa einer Exponentialkurve der Zeitkonstanten $\tau_a$ folgt.

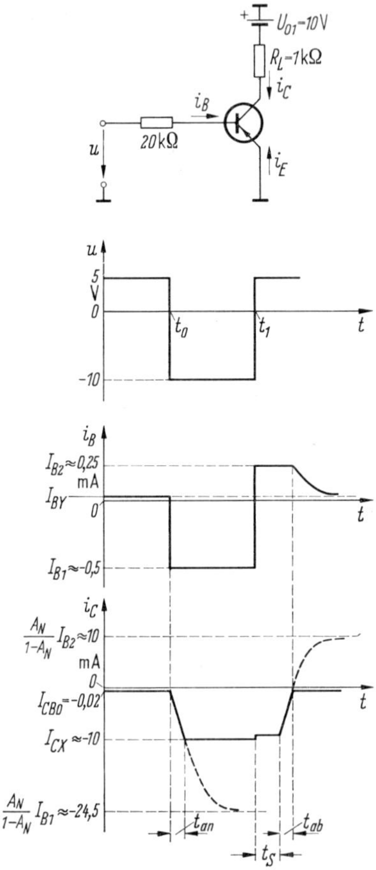


Abb. 4.39
Schaltverhalten des Transistors ($B_N = 49$)

$$i_C = -\frac{A_N}{1-A_N} I_{B1} \left\{1 - e^{-\frac{t}{\tau_a}}\right\}. \tag{4.63}$$

Diese Kurve wird aber wegen der eintretenden Sättigung bei $i_C = I_{CX}$ begrenzt. Die Anstiegszeit $t_{an}$ läßt sich also verkleinern durch Vergrößern von $|I_{B1}|$. Wäre $|I_{B1}|$ andererseits so klein, daß der Transistor nicht in die Sättigung gelangt, dann erfolgt keine vorzeitige Begrenzung.

Zur Zeit $t_1$ soll die Eingangsspannung wieder auf den Wert $u = +5$ V springen, wobei vorausgesetzt sei, daß die Zeitspanne $(t_1 - t_0)$ genügend groß ist, so daß unmittelbar vor $t_1$ im Transistor wieder stationäre Verhältnisse herrschen. Dieser Umschaltvorgang, bei dem zunächst die Kollektor-Basis-Diode von Durchlaßrichtung in Sperrichtung umgepolt wird, hat viel Ähnlichkeit mit dem in Abb. 4.36 dargestellten Umschalten einer Halbleiterdiode vom Durchlaß- in den Sperrbereich. Der Basisstrom springt zunächst auf einen relativ großen positiven Wert $I_{B2}$, dessen Höhe durch die Spannung $u = +5$ V und den Widerstand $R_1 = 20$ kΩ begrenzt wird. Die Kollektor-Basis-Spannung überschreitet aber erst nach der Speicherzeit $t_S$ die Grenze $U_{CB'} = 0$ V, d. h., erst nach der Zeit $t_S$ geht der Transistor vom Übersteuerungsbereich in den aktiven Bereich über. Der Kollektorstrom $i_C$ bleibt also bis nach Ablauf der Speicherzeit $t_S$ ungefähr konstant gleich $I_{CX}$. Manchmal kann zwar ein kleiner Sprung bei $t_1$ festgestellt werden, wie in Abb. 4.39 gezeigt ist. Dieser geringfügige Sprung von $i_C$ fällt jedoch praktisch nicht ins Gewicht.

Nach Ablauf der Speicherzeit $t_S$, also im aktiven Bereich, fällt der Betrag des Kollektorstroms $|i_C|$ wieder etwa nach einer Exponentialkurve ab. Es wird sich später ergeben, daß

$$i_C(t) = \frac{A_N}{1 - A_N} I_{B2} - \left\{\frac{A_N}{1 - A_N} I_{B2} - I_{CX}\right\} e^{-\frac{t}{\tau_a}}. \tag{4.64}$$

Nach der Abfallzeit $t_{ab}$ schneidet die Kurve von Gl. (4.64) die Abszisse $i_C = 0$ (wenn man den geringen Reststrom des gesperrten Transistors vernachlässigt). Der Kollektorstrom wird anschließend auf $i_C \approx 0$ begrenzt. Wie mit der unteren Kurve von Abb. 4.39 verdeutlicht wird, kann die Abfallzeit $t_{ab}$ durch Erhöhung von $I_{B2}$ verkleinert werden, ähnlich wie auch die Anstiegszeit $t_{an}$ durch Erhöhung von $|I_{B1}|$ verkleinert werden konnte.

Der relativ große Widerstand von $R_1 = 20\,\mathrm{k\Omega}$ an der Basis des Transistors in Abb. 4.39 bewirkt eine fast reine Stromsteuerung. Das Transistorverhalten bei Stromsteuerung läßt sich auch verhältnismäßig gut durch die Theorie erfassen, weil man in diesem Fall bereichsweise lineare Beziehungen zwischen den interessierenden Größen erhält.

Der statische Zusammenhang zwischen Kollektorstrom $I_C$ und Basisstrom $I_B$ lautet nach Gl. (3.36)

$$I_C = \frac{A_N}{1 - A_N} I_B - \frac{1}{1 - A_N} I_{CBO}\left(e^{\frac{U_{CB'}}{U_T}} - 1\right). \tag{4.65}$$

Während der Zeitspannen von Anstiegszeit $t_{an}$ und Abfallzeit $t_{ab}$ arbeitet der Transistor ausschließlich im aktiven Bereich, d. h. in einem Gebiet mit $U_{CB'} \leqq 0$. Folglich gilt hier vereinfacht

$$I_C = \frac{A_N I_B - K}{1 - A_N} \quad \text{mit} \quad |K| \leqq |I_{CBO}|.$$

Vergleicht man die Größenordnungen von $A_N I_B$ (z. B. $\approx -0{,}5$ mA) und $K$ ($I_{CBO} \approx -0{,}02$ mA und oft noch sehr viel kleiner), dann erkennt man, daß bei Schalterbetrieb im aktiven Bereich vereinfacht gilt

$$I_C = \frac{A_N}{1 - A_N} I_B. \tag{4.66}$$

Bei einer Änderung des Basisstroms $I_B$ um $\Delta I_B$ ändert sich der Kollektorstrom $I_C$ statisch um $\Delta I_C = \{A_N/(1 - A_N)\}\,\Delta I_B$, wobei man die Stromabhängigkeit der Stromverstärkung vernachlässigen kann. Bei einer dynamischen Änderung des Basisstroms kann man zwar auch die Stromabhängigkeit, nicht jedoch die Frequenzabhängigkeit der Stromverstärkung vernachlässigen, so daß nach Gl. (3.67) anstelle von $A_N$ folgende Beziehung

$$\alpha_N(\mathrm{j}\,\omega) = \frac{A_N}{1 + \frac{\mathrm{j}\,\omega}{\omega_N}} \tag{4.67}$$

eingeführt werden muß, wobei hier zur Abkürzung $\omega_{\alpha N} = \omega_N$ gesetzt wurde. Es errechnet sich also mit $\mathrm{j}\,\omega = p$ aus Gl. (4.66) und Gl. (4.67) folgender Zusammenhang zwischen den Spektren der Basisstromänderung $\underline{I}_B(p)$ und Kollektorstromänderung $\underline{I}_C(p)$

$$\underline{I}_C(p) = \frac{\dfrac{A_N}{1 + \dfrac{p}{\omega_N}}}{1 - \dfrac{A_N}{1 + \dfrac{p}{\omega_N}}}\,\underline{I}_B(p). \tag{4.68}$$

Wird die Zeitfunktion des momentanen Basisstroms $i_B(t)$ sprungförmig um die Höhe $\Delta I_B$ geändert, dann ergibt sich mit der LAPLACE-Transformation bzw. Tab. 0.1 das Spektrum der Basisstromänderung zu

$$\underline{I}_B(p) = \frac{\Delta I_B}{p},$$

und es folgt mit Gl. (4.68) das Spektrum der Kollektorstromänderung zu

$$\underline{I}_C(p) = \frac{A_N \Delta I_B}{p\left(1 + \frac{p}{\omega_N} - A_N\right)} = \frac{A_N \omega_N \Delta I_B}{p\{p + \omega_N(1 - A_N)\}}. \tag{4.69}$$

Die zugehörige Zeitfunktion für die Kollektorstromänderung $\Delta i_C(t)$ erhält man durch Rücktransformation von Gl. (4.69) in den Zeitbereich unter Zuhilfenahme von Tab. 0.1. Es ergibt sich

$$\Delta i_C(t) = \frac{A_N \Delta I_B}{(1 - A_N)} \{1 - \mathrm{e}^{-\omega_N(1-A_N)t}\}. \tag{4.70}$$

Damit lautet der allgemeine Verlauf des momentanen Kollektorstroms $i_C(t)$ bei einer Änderung des Basisstroms $i_B$ um $\Delta I_B$

$$i_C(t) = i_C(0) + \Delta i_C(t) = \frac{A_N}{1 - A_N} i_B(0) + \frac{A_N}{1 - A_N} \Delta I_B \left\{1 - \mathrm{e}^{-\frac{t}{\tau_a}}\right\} \tag{4.71}$$

mit

$$\tau_a = \frac{1}{\omega_N(1 - A_N)}.$$

*Berechnung der Anstiegszeit.* Der Einfachheit halber wird der Zeitpunkt des Anstiegsbeginns $t_0 = 0$ gesetzt. Dann ist $i_C(0) = I_{CBO} \approx 0$ und $\Delta I_B = I_{B1} - I_{BY} \approx I_{B1}$ (vgl. Abb. 4.39). Folglich gilt nach Gl. (4.71) für $0 \leqq |i_C(t)| \leqq |I_{CX}|$

$$i_C(t) = \frac{A_N I_{B1}}{1 - A_N} \left\{1 - \mathrm{e}^{-\frac{t}{\tau_a}}\right\}. \tag{4.72}$$

Die Anstiegszeit $t_{an}$ berechnet sich mit Gl. (4.72) aus der Bedingung, daß $i_C(t_{an}) = I_{CX}$ sein muß

$$I_{CX} = \frac{A_N I_{B1}}{1 - A_N} \left\{1 - \mathrm{e}^{-\frac{t_{an}}{\tau_a}}\right\}. \tag{4.73}$$

Nach $t_{an}$ aufgelöst, ergibt sich

$$t_{an} = \tau_a \ln \left\{\frac{I_{B1}}{I_{B1} - \frac{1 - A_N}{A_N} I_{CX}}\right\} = \frac{1}{\omega_N(1 - A_N)} \ln \left\{\frac{I_{B1}}{I_{B1} - \frac{1 - A_N}{A_N} I_{CX}}\right\}. \tag{4.74}$$

*Berechnung der Abfallzeit.* Um einfacher rechnen zu können, wird wieder der Zeitpunkt des Abfallbeginns $t_1 + t_S = 0$ gesetzt. Zu Beginn des Abfallens befindet sich der Transistor an der Übersteuerungsgrenze $U_{CB'} = 0$. Dort ist $I_B = I_{BÜ}$ und $i_C(0) = I_{CX}$. Der Basisstromsprung hat die Höhe

$$\Delta I_B = I_{B2} - I_{BÜ} = I_{B2} - \frac{1 - A_N}{A_N} I_{CX}.$$

Somit gilt nach Gl. (4.71) für $0 \leqq |i_C(t)| \leqq |I_{CX}|$

$$i_C(t) = I_{CX} + \left\{\frac{A_N}{1 - A_N} I_{B2} - I_{CX}\right\}\left\{1 - \mathrm{e}^{-\frac{t}{\tau_a}}\right\}$$

$$= \frac{A_N}{1 - A_N} I_{B2} - \left\{\frac{A_N}{1 - A_N} I_{B2} - I_{CX}\right\} \mathrm{e}^{-\frac{t}{\tau_a}}. \tag{4.75}$$

Die Abfallzeit berechnet sich mit Gl. (4.75) aus der Bedingung, daß $i_C(t_{ab}) \approx 0$

$$i_C(t_{ab}) = 0 = \frac{A_N}{1-A_N} I_{B2} - \left\{\frac{A_N}{1-A_N} I_{B2} - I_{CX}\right\} e^{-\frac{t_{ab}}{\tau_a}}. \tag{4.76}$$

Nach $t_{ab}$ aufgelöst ergibt sich

$$t_{ab} = -\tau_a \ln \left\{\frac{\dfrac{A_N}{1-A_N} I_{B2}}{\dfrac{A_N}{1-A_N} I_{B2} - I_{CX}}\right\} = \frac{1}{\omega_N(1-A_N)} \ln \left\{\frac{I_{B2} - \dfrac{1-A_N}{A_N} I_{CX}}{I_{B2}}\right\}. \tag{4.77}$$

Die mit Gl. (4.74) und Gl. (4.77) berechneten Werte für die Anstiegs- und Abfallzeit gelten, wie eingangs gesagt, für reine Stromsteuerung. Bei Anwendung eines eingeprägten Spannungssprungs an der Basis ergeben sich kürzere Zeiten.

*Berechnung der Speicherzeit.* Während der Speicherzeit $t_S$ befindet sich der Transistor im Sättigungsgebiet. Zur Berechnung dieser Speicherzeit $t_S$ seien zunächst die physikalischen Vorgänge im Transistor bei Sättigung etwas näher beleuchtet. Während im aktiven Bereich nur die Emitter-Basis-Diode in Durchlaßrichtung gepolt ist, und also nur der Emitter einen Strom $I_E$ in die Basiszone emittiert, wovon der Anteil $A_N I_E$ in den Kollektor gelangt, sind im Sättigungsbereich sowohl die Emitter-Basis-Diode als auch die Kollektor-Basis-Diode in Durchlaßrichtung gepolt. Beim gesättigten Transistor emittiert sowohl der Emitter einen Strom $I_{EN}$ in die Basiszone als auch der Kollektor einen Strom $I_{CI}$ in die Basiszone. Der Index $N$ bei $I_{EN}$ soll darauf hindeuten, daß dieser emittierte Strom $I_{EN}$ des gesättigten Transistors die gleiche Richtung hat wie der Strom $I_E$, wenn der Transistor in *normaler* Richtung im aktiven Bereich betrieben wird. Der Index $I$ bei $I_{CI}$ soll darauf hindeuten, daß dieser vom Kollektor emittierte Strom $I_{CI}$ die gleiche Richtung hat wie der Strom $I_C$, wenn der Transistor in *inverser* Richtung im aktiven Bereich betrieben wird, d. h. mit gesperrter Emitter-Basis-Diode und durchlässiger Kollektor-Basis-Diode. Die gesamten Stromverhältnisse im übersteuerten (d. h. gesättigten) Transistor kann man sich als Überlagerung zweier gegenläufiger Ströme vorstellen. Der eine ist der Strom $I_{EN}$. Er wird vom Emitter emittiert. Von diesem fließt der Anteil $A_N I_{EN}$ in den Kollektor, während der Rest durch den Basisstrom kompensiert wird. Der andere Strom ist $I_{CI}$. Er wird vom Kollektor emittiert. Von diesem Strom gelangt der Anteil $A_I I_{CI}$ in den Emitter, während der Rest wieder durch den Basisstrom kompensiert wird. Der an der Emitterklemme meßbare Strom $I_E$ ist die Differenz des emittierten Anteils $I_{EN}$ und des von Kollektor kommenden Anteils $A_I I_{CI}$. Ebenso ist der an der Kollektorklemme meßbare Strom $I_C$ die Differenz des vom Emitter kommenden Anteils $A_N I_{EN}$ und des in inverser Richtung emittierten Stromes $I_{CI}$. An der Basisklemme ergibt sich dagegen der resultierende Strom $I_B$ aus der Summe der Restanteile der in normaler und inverser Richtung fließenden Ströme. In Abb. 4.40a sind diese Zusammenhänge noch einmal verdeutlicht.

Abb. 4.40b zeigt die Verhältnisse, wenn sich der Transistor an der Übersteuerungsgrenze befindet. Wegen $U_{CB'} = 0$ fließt über den *pn*-Übergang vom Basis-Kollektor nur der vom Emitter kommende Anteil $A_N I_{EN}$. In diesem Fall ist also $I_{CI} = 0$ und damit $I_{EI} = -A_I I_{CI} = 0$ bzw. $I_E = I_{EN}$. Abb. 4.40c zeigt zum Vergleich einen stark übersteuerten Transistor. Der in Normalrichtung fließende Emitterstrom $I_{ENX}$ habe den eingezeichneten großen Wert. Hiervon gelangt der Anteil $I_{CNX} = -A_N I_{ENX}$ in den Kollektor. Beim übersteuerten Transistor ist jedoch der resultierende Kollektorstrom $I_C$ durch die Versorgungsspannung $U_{01}$ und den Lastwiderstand $R_L$ auf den wesentlich kleineren Wert $I_C = I_{CX} \approx U_{01}/R_L$ begrenzt. Vom Kollektor wird darum der Differenzstrom $I_{CIX}$ in die Basis emittiert, wovon der Anteil $I_{EIX} = -A_I I_{CIX}$ in den Emitter gelangt. Der wirklich fließende Emitterstrom $I_{EX}$ ergibt sich aus der Differenz von $I_{ENX}$ und $I_{EIX}$.

Um einen Transistor aus der Sättigung in den aktiven Bereich zu bringen, müssen die in inverser Richtung fließenden Ströme $I_{CIX}$ und $I_{EIX}$ zum Verschwinden gebracht werden. Die hierzu erforderliche Zeit ist gleich der Speicherzeit $t_S$. Zu ihrer Berechnung müssen die Zeitfunktionen der momentanen Ströme $i_{CI}(t)$ und $i_{EI}(t)$ beim Umschalten von Übersteuerungs- in den Sperrbereich betrachtet werden. Der Umschaltvorgang soll auch diesmal durch einen zum Zeitpunkt $t_1 = 0$ einsetzenden Basisstromsprung hervorgerufen werden. Unmittelbar vor dem Einsetzen des Basisstromsprungs haben die Momentanströme die Werte $i_{CI}(0) = I_{CIX}$ und $i_{EI}(0) = I_{EIX}$. Nach Ablauf des Umschaltvorgangs erreichen die Momentanströme $i_{CI}$ und $i_{EI}$ die statischen Endwerte $I_{CIY}$ und $I_{EIY}$ des Sperrbereichs, wobei $I_{CIX}$ und $I_{CIY}$ sowie $I_{EIX}$ und $I_{EIY}$ entgegengesetzte Vorzeichen haben. Die Momentanströme $i_{CI}$ und $i_{EI}$ haben also Nullstellen, welche bei $t_C$ bzw. $t_E$ liegen mögen, $i_{CI}(t_C) = 0$ bzw. $i_{EI}(t_E) = 0$. Die längere der beiden Zeiten $t_C$ und $t_E$ ist gleich der Speicherzeit $t_S$. Die nun folgende Berechnung geht im wesentlichen auf Moll [5] zurück.

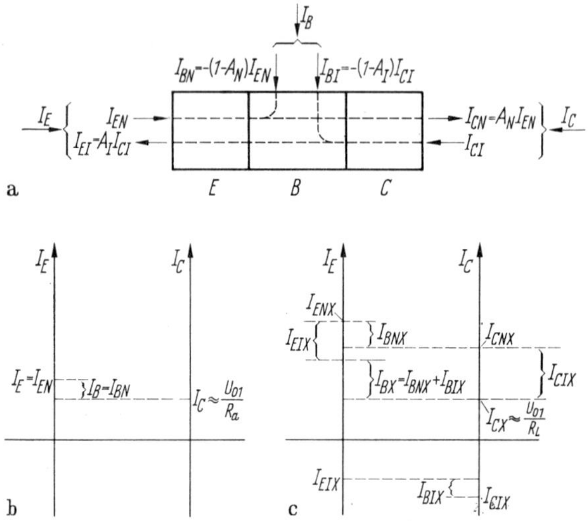


Abb. 4.40
Zur Erläuterung der Stromverhältnisse im übersteuerten Transistor
a Die Überlagerung der Ströme in normaler und inverser Richtung; b Transistor an der Übersteuerungsgrenze; c Transistor stark übersteuert

Zunächst sei die Zeit $t_E$ berechnet, bei welcher der Strom $i_{EI}$, gerade verschwindet. Dazu muß zunächst die statische Beziehung für $I_{EI}$ bestimmt werden. Für den Transistor gilt bei beliebiger Betriebsart nach Gl. (3.33) und Gl. (3.34)

$$I_C = -A_N I_E + I_{CBO}\left(1 - e^{\frac{U_{CB'}}{U_T}}\right), \tag{4.78}$$

$$I_E = -A_I I_C + I_{EBO}\left(1 - e^{\frac{U_{EB'}}{U_T}}\right). \tag{4.79}$$

Durch Elimination von $I_E$ bzw. $I_C$ entsteht hieraus

$$I_C = \underbrace{\frac{A_N I_{EBO}}{1 - A_N A_I}\left\{e^{\frac{U_{EB'}}{U_T}} - 1\right\}}_{-I_{CN}} - \underbrace{\frac{I_{CBO}}{1 - A_N A_I}\left\{e^{\frac{U_{CB'}}{U_T}} - 1\right\}}_{-I_{CI}} = -I_{CN} + I_{CI}, \tag{4.80}$$

$$I_E = -\underbrace{\frac{I_{EBO}}{1 - A_N A_I}\left\{e^{\frac{U_{EB'}}{U_T}} - 1\right\}}_{-I_{EN}} + \underbrace{\frac{A_I I_{CBO}}{1 - A_N A_I}\left\{e^{\frac{U_{CB'}}{U_T}} - 1\right\}}_{-I_{EI}} = +I_{EN} - I_{EI}. \tag{4.81}$$

Die in normaler Richtung fließenden Stromanteile ergeben sich, wenn $U_{CB'} = 0$ und die in inverser Richtung fließenden Stromanteile ergeben sich, wenn $U_{EB'} = 0$ ist.

Für den Strom $I_{EI}$ ergibt sich aus Gl. (4.81) mit Gl. (4.78)

$$I_{EI} = \frac{A_I}{1 - A_N A_I}(I_C + A_N I_E). \tag{4.82}$$

Wird der gesättigte Transistor durch einen Sprung des Basisstroms aus dem Sättigungsbereich gebracht, wie das in Abb. 4.39 gezeigt ist, dann kann sich damit auch der Kollektorstrom $i_C$ gleichzeitig geringfügig sprungförmig ändern. Da die Summe der äußeren Transistorströme stets Null ergeben muß, kommt für den Emitterstrom $i_E$ zu Beginn der Speicherzeit $t_S$ ebenfalls nur eine sprungförmige Änderung in Frage.

Unmittelbar vor dem Sprung des Basisstroms soll der Kollektorstrom $i_C$ den Wert $I_{CX1}$ und der Emitterstrom $i_E$ den Wert $I_{E1}$ haben. Unmittelbar nach dem Sprung des Basisstroms möge der Kollektorstrom den Wert $I_{CX2}$ und der Emitterstrom den Wert $I_{E2}$ haben. Nach Tab. 0.1 haben die Sprünge von Kollektor- und Emitterstrom die Spektren

$$\underline{I}_C(p) = \frac{I_{CX1} - I_{CX2}}{p}; \qquad \underline{I}_E(p) = \frac{I_{E1} - I_{E2}}{p}.$$

Führt man jetzt wieder statt der Gleichstromverstärkungen $A_N$ und $A_I$ die frequenzabhängigen Stromverstärkungen

$$\alpha_N(p) = \frac{A_N}{1 + \dfrac{p}{\omega_N}}; \qquad \alpha_I(p) = \frac{A_I}{1 + \dfrac{p}{\omega_I}} \tag{4.83}$$

ein, wobei deren Stromabhängigkeit vernachlässigt wird, dann ergibt sich als Spektrum $\underline{I}_{EI}(p)$ des Stromes $\Delta i_{EI}(t)$ nach Gl. (4.82)

$$\underline{I}_{EI}(p) = \frac{\dfrac{A_I}{1 + \dfrac{p}{\omega_I}} \dfrac{I_{CX1} - I_{CX2}}{p} + \dfrac{A_I}{1 + \dfrac{p}{\omega_I}} \dfrac{A_N}{1 + \dfrac{p}{\omega_N}} \dfrac{I_{E1} - I_{E2}}{p}}{1 - \dfrac{A_I}{1 + \dfrac{p}{\omega_I}} \dfrac{A_N}{1 + \dfrac{p}{\omega_N}}}$$

$$= \frac{(I_{CX1} - I_{CX2}) A_I \left(1 + \dfrac{p}{\omega_N}\right) + (I_{E1} - I_{E2}) A_I A_N}{p\left\{\left(1 + \dfrac{p}{\omega_I}\right)\left(1 + \dfrac{p}{\omega_N}\right) - A_I A_N\right\}}$$

$$= \frac{\omega_I A_I (I_{CX1} - I_{CX2})\, p + \omega_N \omega_I A_I \{I_{CX1} - I_{CX2} + A_N (I_{E1} - I_{E2})\}}{p\{p^2 + p(\omega_N + \omega_I) + \omega_N \omega_I (1 - A_I A_N)\}}. \tag{4.84}$$

Um aus dem Spektrum $\underline{I}_{EI}(p)$ mit Hilfe der LAPLACE-Rücktransformation die zugehörige Zeitfunktion $\Delta i_{EI}(t)$ über Tab. 0.1 errechnen zu können, müssen zunächst die Nullstellen des Nennerpolynoms in der geschweiften Klammer von Gl. (4.84) ermittelt werden.

$$p_{1,2} = -\frac{\omega_N + \omega_I}{2} \pm \sqrt{\frac{(\omega_N + \omega_I)^2}{4} - \omega_N \omega_I (1 - A_N A_I)}$$

$$= -\frac{\omega_N + \omega_I}{2} \pm \frac{\omega_N + \omega_I}{2} \sqrt{1 - \frac{4\,\omega_N \omega_I (1 - A_N A_I)}{(\omega_N + \omega_I)^2}}. \tag{4.85}$$

Da $\sqrt{1 - x} \approx 1 - \dfrac{x}{2}$ für $x \ll 1$, ergeben sich mit entsprechenden, allerdings für die Praxis zutreffenden Voraussetzungen aus Gl. (4.85) die Nullstellen $p_1$ und $p_2$ mit $|p_1| \gg |p_2|$ zu

$$p_1 \approx -(\omega_N + \omega_I) + \frac{\omega_N \omega_I (1 - A_N A_I)}{\omega_N + \omega_I}, \tag{4.86}$$

$$p_2 \approx -\frac{\omega_N \omega_I (1 - A_N A_I)}{\omega_N + \omega_I}. \tag{4.87}$$

Aus dem Nennerpolynom von Gl. (4.84) gilt exakt

$$p_1 p_2 = \omega_N \omega_I (1 - A_N A_I). \tag{4.88}$$

Aus Gl. (4.84) wird jetzt

$$\underline{I}_{EI}(p) = \frac{\omega_I A_I (I_{CX1} - I_{CX2})}{(p - p_1)(p - p_2)} + \frac{\omega_N \omega_I A_I \{I_{CX1} - I_{CX2} + A_N (I_{E1} - I_{E2})\}}{p(p - p_1)(p - p_2)}. \tag{4.89}$$

Mit Tab. 0.1 ergibt sich die zugehörige Zeitfunktion $\Delta i_{EI}(t)$ zu

$$\Delta i_{EI}(t) = \frac{A_I \omega_I (I_{CX1} - I_{CX2}) \{e^{p_1 t} - e^{p_2 t}\}}{p_1 - p_2} + \\ + \frac{A_I \omega_N \omega_I \{I_{CX1} - I_{CX2} + A_N(I_{E1} - I_{E2})\} \{p_2 e^{p_1} - p_1 e^{p_2 t}\}}{p_1 p_2 (p_1 - p_2)} + \\ + \frac{A_I \omega_N \omega_I \{I_{CX1} - I_{CX2} + A_N(I_{E1} - I_{E2})\}}{p_1 p_2}. \tag{4.90}$$

Der in Gl. (4.90) errechnete Strom $\Delta i_{EI}(t)$ ist die Abweichung (Verkleinerung) vom statischen Wert $I_{EIX} = i_{EI}(0)$, der unmittelbar vor dem Einsetzen des Basisstromsprungs im Transistor floß. Der Verlauf des momentanen Stromes $i_{EI}(t)$ heißt also mit Gl. (4.82) und Gl. (4.90)

$$i_{EI}(t) = i_{EI}(0) - \Delta i_{EI}(t) = \frac{A_I}{1 - A_N A_I}(I_{CX1} + A_N I_{E1}) - \Delta i_{EI}(t). \tag{4.91}$$

Die Zeit $t_E$, bei welcher der in inverser Richtung fließende Emitterstrom $i_{EI}$ verschwindet, d. h. $i_{EI}(t_E) = 0$ errechnet sich nun aus Gl. (4.88), Gl. (4.90) und Gl. (4.91)

$$0 = \frac{-2 A_I I_{CX1} + A_I I_{CX2} + A_N A_I I_{E2}}{1 - A_N A_I} + \\ + \frac{A_I \{I_{CX1} - I_{CX2} + A_N(I_{E1} - I_{E2})\} \{p_2 e^{p_1 t_E} - p_1 e^{p_2 t_E}\}}{(1 - A_N A_I)(p_1 - p_2)} + \\ + \frac{A_I \omega_I (I_{CX1} - I_{CX2}) \{e^{p_1 t_E} - e^{p_2 t_E}\}}{p_1 - p_2}. \tag{4.92}$$

Die Bestimmungsgleichung für $t_E$ Gl. (4.92) läßt sich besonders dann leicht nach $t_E$ auflösen, wenn man den schnell abklingenden Exponentialausdruck mit der Zeitkonstante $p_1^{-1}$ gegenüber dem langsam abklingenden Exponentialausdruck, der im wesentlichen die Zeit $t_E$ bestimmt, und der die Zeitkonstante $p^{-1}$ hat, vernachlässigt [vgl. Gl. (4.86) und Gl. (4.87)]. Setzt man zur weiteren Vereinfachung die Sprunghöhe des Kollektorstroms zu Null durch $I_{CX1} = I_{CX2} = I_{CX}$ (vgl. Abb. 4.39), dann folgt aus Gl. (4.92) mit $p_1/(p_1 - p_2) \approx 1$

$$\frac{A_I(I_{CX} + A_N I_{E2})}{A_I A_N (I_{E2} - I_{E1})} = e^{p_2 t_E}, \tag{4.93}$$

$$t_E = \frac{\omega_N + \omega_I}{\omega_N \omega_I (1 - A_N A_I)} \ln \left\{ \frac{I_{E2} - I_{E1}}{I_{E2} + \dfrac{I_{CX}}{A_N}} \right\}. \tag{4.94}$$

Als nächstes muß die Zeit $t_C$ berechnet werden, die benötigt wird, um den in inverser Richtung fließenden Kollektorstrom $i_{CI}(t)$ zum Verschwinden zu bringen. Der Rechengang für $t_C$ ist derselbe wie für $t_E$. Aus Gl. (4.80) und Gl. (4.78) folgt zunächst

$$I_{CI} = \frac{I_C + A_N I_E}{1 - A_N A_I}. \tag{4.95}$$

Läßt man die Momentanströme $i_C$ und $i_E$ sich wieder sprungartig ändern, und ersetzt man die Stromverstärkungen durch die Gln. (4.83), dann errechnet sich mit denselben Vereinfachungen wie bei $t_E$ schließlich

$$\frac{I_{CX1} + A_N I_{E2}}{A_N(I_{E2} - I_{E1})} = \left(1 + \frac{p_2}{\omega_I}\right) e^{p_2 t_C} = K e^{p_2 t_C}, \tag{4.96}$$

$$t_C = \frac{\omega_N + \omega_I}{\omega_N \omega_I (1 - A_N A_I)} \ln \left\{ \frac{K(I_{E2} - I_{E1})}{I_{E2} + \dfrac{I_{CX1}}{A_N}} \right\}. \tag{4.97}$$

Da mit Gl. (4.87) der Faktor $K < 1$ ist, ergibt sich $t_C < t_E$. Die längere Zeit $t_E$ ist damit gleich der Speicherzeit $t_S$, denn nach Ablauf von $t_E$ tritt der Transistor vom Sättigungs- in den aktiven Bereich ein. Führt man anstelle des Emitterstroms den Basisstrom ein, dann errechnet sich (bei konstantem Kollektorstrom) aus Gl. (4.94) die Speicherzeit $t_S$ zu

$$t_S = \frac{\omega_N + \omega_I}{\omega_N \omega_I (1 - A_N A_I)} \ln \left\{ \frac{I_{B1} - I_{B2}}{I_{CX1} \dfrac{1 - A_N}{A_N} - I_{B2}} \right\}. \tag{4.98}$$

In Abb. 4.41 ist die Bestimmung der Speicherzeit $t_S$ noch einmal graphisch erläutert. Die dort gezeigte abfallende Exponentialkurve ergibt sich aus der Auflösung von Gl. (4.98)

$$(I_{B2} - I_{B1})\,e^{-\frac{\omega_N\omega_I(1-A_N A_I)}{\omega_N+\omega_I}t_S} = I_{B2} - \frac{1-A_N}{A_N} I_{CX}\,. \tag{4.99}$$

Aus der Abbildung ist zu ersehen, daß für einen großen Wert von $I_{B2}$ die Speicherzeit $t_S$ in vereinfachter Weise dadurch bestimmt werden kann, daß die abfallende Exponentialkurve durch eine Gerade der Steigung $-1/\tau_S = -p_2$ ersetzt wird. Aus Abb. 4.41 folgt damit

$$\frac{I_{B2} - I_{B1}}{\tau_S} t_S \approx I_{B1} - \frac{1-A_N}{A_N} I_{CX}$$

oder

$$t_S \approx \frac{\omega_N + \omega_I}{\omega_N\omega_I(1 - A_N A_I)}\left(I_{B1} - \frac{1-A_N}{A_N} I_{CX}\right)\frac{1}{I_{B2} - I_{B1}}\,. \tag{4.100}$$

Bei der Auswertung von Gl. (4.100) ist zu beachten, daß $I_{B2}$ und $I_{B1}$ entgegengesetztes Vorzeichen haben, d. h., es ist die Summe der Beträge von $I_{B2}$ und $I_{B1}$ einzusetzen.

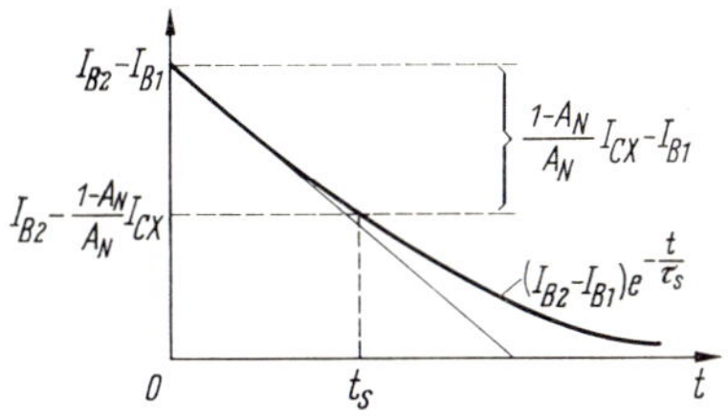

Abb. 4.41
Zur Bestimmung der Speicherzeit $t_S$ (s. Text)

Wird der Transistor beim Einschalten stark in die Sättigung getrieben, dann kann auch die Anstiegszeit $t_{an}$ nach Abb. 4.42 in vereinfachter Weise bestimmt werden, indem die Exponentialkurve durch eine Gerade der Steigung $-(\tau_a)^{-1}$ (vgl. S. 204) ersetzt wird. Entsprechendes gilt bei einem großen Wert für $I_{B2}$ bei der Abfallzeit $t_{ab}$.

Aus Abb. 4.42 bzw. Gl. (4.73) folgt mit $e^x \approx 1 + x$ für kleine $x$

$$t_{an} = \frac{1}{A_N\omega_N}\frac{I_{CX}}{I_{B1}} \tag{4.101}$$

und aus Abb. 4.43 bzw. Gl. (4.76) folgt

$$t_{ab} = \frac{1}{(1-A_N)\,\omega_N}\,\frac{I_{CX}}{I_{CX} - \frac{A_N}{1-A_N} I_{B2}}\,. \tag{4.102}$$

Es ist oft zweckmäßig, den Transistor als ladungsgesteuertes Element zu betrachten. Die Ladung $Q_{B\ddot{U}}$, die notwendig ist, um den Transistor von der Grenze zwischen

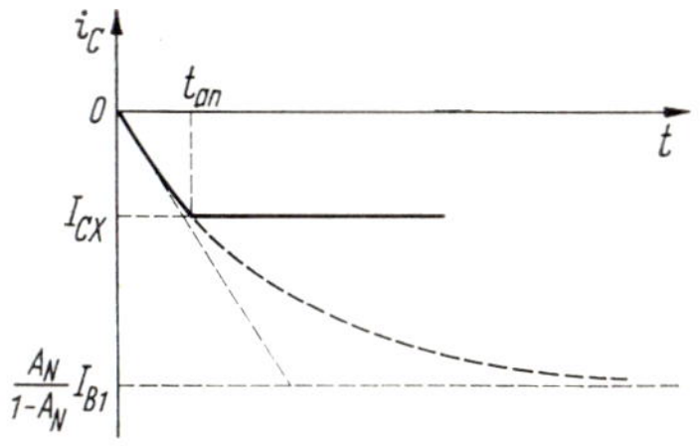

Abb. 4.42. Zur Berechnung von $t_{an}$ (s. Text)

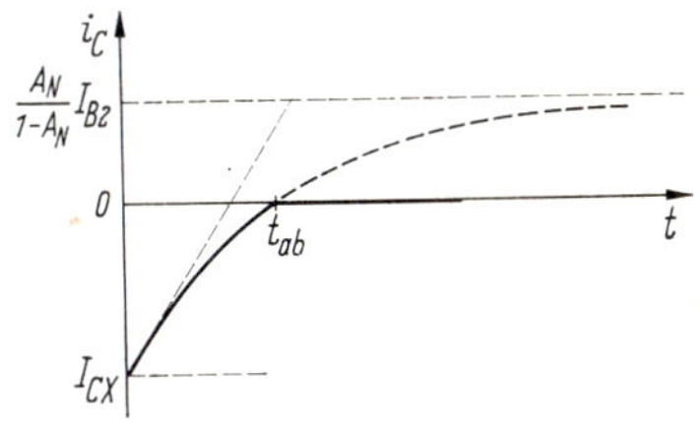

Bild 4.43. Zur Berechnung von $t_{ab}$ (s. Text)

Sperrbereich und aktivem Bereich bis an die Grenze zwischen aktivem Bereich und Sättigungsbereich durchzusteuern, ergibt sich aus dem Produkt des konstanten Basisstroms $I_{B1}$ und der Anstiegszeit $t_{an}$. Mit Gl. (4.101) ist also

$$Q_{B\ddot{U}} = I_{B1}\,t_{an} = \frac{I_{CX}}{A_N\omega_N}\,. \tag{4.103}$$

Wenn umgekehrt der Transistor von der Übersteuerungsgrenze an die Grenze zwie schen aktivem Bereich und Sperrbereich durchgesteuert werden soll, muß die gleich- Ladung $Q_{B\ddot{U}}$, die mit Gl. (4.103) errechnet wurde, auch wieder über den Basisanschluß herausfließen. Berechnet man $Q_{B\ddot{U}}$ über die Abfallzeit $t_{ab}$ und den Entladestrom $\Delta I_B = I_{B2} - I_{CX}(1 - A_N)/A_N$ (vgl. Berechnung der Abfallzeit), so ergibt sich mit Gl. (4.102)

$$t_{ab}\left(I_{B2} - I_{CX}\frac{1-A_N}{A_N}\right) = \frac{I_{CX}}{(1-A_N)\,\omega_N}\;\frac{I_{B2} - I_{CX}\dfrac{1-A_N}{A_N}}{I_{CX} - \dfrac{A_N}{1-A_N}I_{B2}} = \frac{-I_{CX}}{A_N\,\omega_N} = -Q_{B\ddot{U}}. \tag{4.104}$$

Während der Speicherzeit $t_S$ ist im Transistor außer $Q_{B\ddot{U}}$ noch eine zusätzliche Überschußladung $Q_{BS}$ gespeichert. Diese errechnet sich aus dem konstanten Strom $(I_{B2} - I_{B1})$, der während der Dauer der Speicherzeit $t_S$ fließen muß, um diese Ladung zu entfernen. Mit Gl. (4.100) ist

$$Q_{BS} \approx t_S(I_{B2} - I_{B1}) = \frac{\omega_N - \omega_I}{\omega_N\,\omega_I(1 - A_N A_I)}\left(I_{B1} - \frac{1-A_N}{A_N}I_{CX}\right). \tag{4.105}$$

Während die Ladung $Q_{B\ddot{U}}$ an der Übersteuerungsgrenze nach Gl. (4.103) proportional dem an der Übersteuerungsgrenze fließenden Kollektorstrom $I_{CX}$ ist, ist die Überschußladung $Q_{BS}$ nach Gl. (4.105) proportional dem Anteil des Basisstroms, der die Übersteuerung des Transistors bewirkt.

Zusammenfassend sei noch einmal gesagt, daß allen in diesem Abschnitt abgeleiteten Gleichungen die Stromsteuerung des Transistors gemäß Abb. 4.39 zugrunde liegt. Die berechneten Trägheitserscheinungen ergaben sich alle ausschließlich aus der Frequenzabhängigkeit der Stromverstärkung [Gl. (4.67) bzw. Gl. (4.83)]. Wie die praktische Erfahrung zeigt, geben die auf diese Weise errechneten Gleichungen die wirklichen Verhältnisse ziemlich gut wieder.

Wird der Transistor mit einer eingeprägten Spannung gesteuert, dann werden die Verhältnisse komplizierter, was schon daran zu erkennen ist, daß in die Berechnung des Kollektorstroms der Eingangswiderstand des Transistors eingeht. Mit Spannungssteuerung kann zwar eine geringere Anstiegszeit erreicht werden, eine exakte Spannungssteuerung ist aber in praktischen Anwendungsfällen schwer zu realisieren. Der typische praktische Anwendungsfall liegt näher an der Stromsteuerung.

Eine kleine Anstiegszeit $t_{an}$ kann bei festem Kollektorstrom nach Gl. (4.101) durch Transistoren mit hoher Grenzfrequenz, oder wenn der Transistortyp auch vorgegeben ist, durch einen hohen Basisstrom $I_{B1}$, d. h. durch starke Übersteuerung erreicht werden. Eine starke Übersteuerung ruft aber andererseits nach Gl. (4.105) eine große Speicherladung $Q_{BS}$ bzw. nach Gl. (4.100) eine große Speicherzeit $t_S$ hervor. Eine Maßnahme, mit der man sowohl eine kurze Anstiegszeit $t_{an}$ als auch eine kleine Speicherzeit $t_S$ erzielt, besteht darin, daß man während der Dauer der Anstiegszeit einen relativ großen Basisstrom $I_{B1}$ fließen läßt, der dann anschließend, wenn der Transistor in den Sättigungsbereich eintritt, jedoch auf einen wesentlich kleineren Wert absinkt, der gerade zur Sättigung des Transistors ausreicht. Praktisch realisieren läßt sich diese Maßnahme durch einen Koppelkondensator $C_K$, der dem Vorwiderstand $R_1$ parallelgeschaltet ist, wie das in Abb. 4.31 gezeigt ist. Die Widerstände $R_1$ und $R_2$ werden, wie das in Abschn. 4.2.2.2 erläutert ist, so dimensioniert, daß der Transistor im statischen Ein-Zustand nur wenig übersteuert ist, was eine entsprechend kleine Speicherzeit $t_S$ ergibt. Wird der Transistor nun durch die Spannung $u_S$ (in Abb. 4.31) vom Sperrzustand in den Übersteuerungszustand geschaltet, so wird im ersten Augenblick ein sehr hoher Basisstrom fließen, weil die Spannung $u_{KY} = -R_1 I_{1Y}$ (Abb. 4.32a) über dem Koppelkondensator sich nicht unstetig ändern kann. Der im ersten Augenblick fließende Basisstrom wird lediglich durch den niederohmigen Transistoreingangswiderstand und den niederohmigen Innenwiderstand der Signalquelle $u_S$ begrenzt. Ist der Koppelkondensator $C_K$ klein, dann wird er sich relativ schnell auf die Spannung $u_{KX} = -R_1 I_{1X}$ (Abb. 4.32b) aufladen, wodurch der Basisstrom $I_{B1}$ auf seinen geringeren statischen Wert absinkt. Ist der Koppelkondensator $C_K$ größer, dann wird er sich etwas langsamer auf die Spannung $u_{KX}$ aufladen, d. h., der erhöhte Basisstrom wird etwas länger fließen. Man wählt darum den Mindestwert der Koppelkapazität $C_K$ so groß, daß die von der rechten Belegung von $C_K$ bei der Aufladung abgegebene negative Ladungsmenge

$$\Delta Q_K = C_K(u_{KX} - u_{KY}) = -C_K R_1(I_{1X} - I_{1Y}) \tag{4.106}$$

mindestens gleich der Ladungsmenge $Q_{B\ddot{U}}$ ist, die während der Anstiegszeit $t_{an}$ in den Transistor hineinfließen muß. Der Wert von $Q_{B\ddot{U}}$ bestimmt sich aus Gl. (4.103). Der Maximalwert der Kapazität $C_K$ ergibt sich aus der Bedingung, daß der Kondensator nach Ablauf der Zeitspanne der Impulsdauer $(t_1 - t_0) = t_{imp}$ genügend entladen ist. Für die Entladung ist die Zeitspanne, in welcher der Transistor gesperrt ist, kritisch. Beim gesperrten Transistor ist nämlich der Transistoreingangswiderstand sehr groß, so daß die Entladung mit der relativ großen Zeitkonstante $\tau \approx C_K(R_1 || R_2)$ erfolgt.

### 4.3.3 Stabile Kippschaltungen mit Transistoren

Kippschaltungen liefern an ihren Ausgängen nur binäre Signale. Wie schon zu Beginn von Abschn. 4 und mit Abb. 4.1 erläutert wurde, ist hierfür kennzeichnend, daß nur zwei verschiedene Ordinatenwerte auftreten (wenn man von den zwar vorhandenen, aber geringen Anstiegs- und Abfallzeiten absieht). Man unterscheidet stabile Kippschaltungen und selbstschwingende (astabile) Kippschaltungen. Bei den stabilen Kippschaltungen, von denen in diesem Abschn. 4.3.3 ausschließlich die Rede sein soll, wird das abgegebene Signal am Ausgang durch ein Eingangssignal ausgelöst oder wesentlich bestimmt. Die selbstschwingenden Kippschaltungen dagegen dienen nicht zur Modifizierung eines Eingangssignals, sondern als Signalgeneratoren.

Stark übersteuerte Amplitudenbegrenzerschaltungen, die in Abschn. 4.2.1.2 behandelt wurden, liefern an ihren Ausgängen ebenfalls praktisch binäre Signale. Zwischen solchen Begrenzerschaltungen und Kippschaltungen besteht aber ein wesentlicher Unterschied. Bei Begrenzerschaltungen hängt der Momentanwert des Ausgangssignals nur vom Momentanwert des Eingangssignals ab. Bei Kippschaltungen dagegen hängt der Momentanwert des Ausgangssignals auch von den zeitlich vorausgegangenen Werten des Eingangssignals ab. Die (normalerweise erwünschte) Speicherwirkung wird in Kippschaltungen durch eine *Haltevorrichtung* erzielt, die ihrerseits durch einen Rückkoppelmechanismus ermöglicht wird. Dieser Rückkoppelmechanismus bewirkt zugleich, daß der Übergang des Ausgangssignals von einem Wert in den anderen binären Ordinatenwert durch eine z. B. vom Eingangssignal hervorgerufene kurzzeitige Instabilität hervorgerufen wird, wodurch das Ausgangssignal von einem Wert in den anderen Wert geradezu *fällt*. Die binären Ordinatenwerte werden in den folgenden Schaltungen durch die Ausgangsspannung eines Transistors gegeben, der sich entweder im Sättigungs- oder im Sperrbereich befindet.

#### 4.3.3.1 Die bistabile Kippschaltung (Flipflop)

Die bistabile Kippschaltung, die auch als Flipflop bezeichnet wird, besteht im wesentlichen aus zwei Transistorschaltern. Abb. 4.44 zeigt die Prinzipschaltung des Flipflop. Die Schaltung ist symmetrisch aufgebaut. Der Ausgang des Schalters mit dem Transistor *Tr* 1 ist mit dem Eingang des Schalters mit dem Transistor *Tr* 2 verbunden und umgekehrt der Ausgang des Schalters mit Transistor *Tr* 2 mit dem Eingang des anderen Schalters mit Transistor *Tr* 1.

Es sei zunächst angenommen, daß der Transistor $Tr\,1$ sich im Sättigungszustand befinden möge. In diesem Fall hat die Kollektor-Emitter-Spannung $U_{CE1}$ des $Tr\,1$ einen relativ kleinen Betrag, der durch die Restspannung $U_{CER}$ im Kennlinienfeld Abb. 4.29 gegeben ist. Diese Spannung soll zugleich die Spannung $U_{SY}$ bilden, mit der der rechte Transistorschalter mit dem Transistor $Tr\,2$ sicher gesperrt ist. Im Fall, daß der Transistor $Tr\,1$ sich im Sperrbereich befindet, hat die Spannung $U_{CE1}$ einen relativ hohen Betrag, denn der Kollektorstrom des gesperrten Transistors $Tr\,1$ hat den relativ kleinen Wert des Reststroms $I_{CBO}$ (Abb. 4.29), so daß bei einem kleinen Laststrom $I_L$ (Abb. 4.44) nur eine geringe Spannung über $R_{a1}$ abfällt. Die Spannung $U_{CE1}$, die in diesem Fall annähernd gleich der Batteriespannung $U_{01}$ ist, soll zugleich die Spannung $U_{SX}$ bilden, für die der rechte Transistorschalter mit $Tr\,2$ sicher übersteuert ist.

Mit der Vorgabe von $U_{SY}$ und $U_{SX}$ sowie der Versorgungsspannungen $U_{01}$ und $U_{02}$ und den Transistordaten lassen sich jetzt die Widerstände $R_{12}$ und $R_{22}$ in der in Abschn. 4.2.2.2 erläuterten Weise so dimensionieren, daß die Forderungen nach Sperrung und Übersteuerung erfüllt werden. Es können die gleichen Formeln wie in Abschn. 4.2.2.2 verwendet werden, wenn man die Spannung $U_{SX}$ annähernd

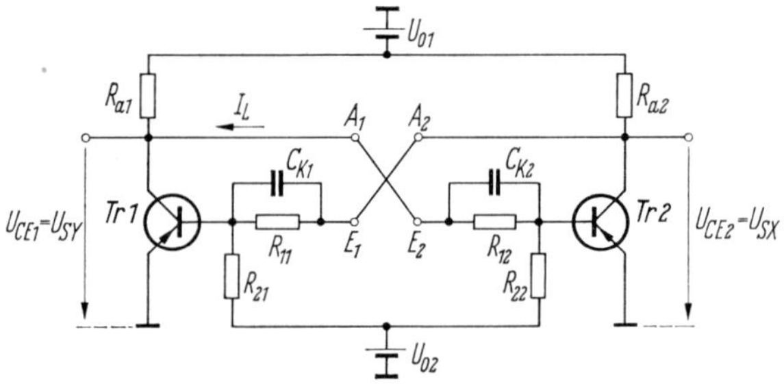


**Abb. 4.44. Prinzipschaltung eines Flipflop**

als eingeprägt ansieht. (In der Praxis ergeben sich sinnvolle Dimensionierungen, wenn $R_{a1}$ etwa eine Zehnerpotenz kleiner als $R_{12}$ ist). Will man exakt rechnen, so muß man die Formeln von Abschn. 4.2.2.2 leicht modifizieren, was aber prinzipiell keine große Schwierigkeit macht.

Verwendet man für beide Schalter in Abb. 4.44 gleiche Transistortypen und gibt den Widerständen des Schalters mit $Tr\,1$ die gleichen Werte wie denen des Schalters mit $Tr\,2$, d. h., $R_{n1} = R_{n2}$, dann herrscht völlige Symmetrie. Es ist also dann auch $Tr\,1$ gesperrt bzw. übersteuert, wenn $Tr\,2$ übersteuert bzw. gesperrt ist.

Die wesentlichste Eigenschaft der Flipflop-Schaltung ist die, daß bei ihr überhaupt nur zwei stabile statische Zustände möglich sind. Im ersten stabilen statischen Zustand ist Transistor $Tr\,1$ gesättigt und $Tr\,2$ gesperrt. Im anderen stabilen statischen Zustand ist Transistor $Tr\,2$ gesättigt und $Tr\,1$ gesperrt. Um einzusehen, daß kein stabiler statischer Zwischenzustand möglich ist, sollen die statischen Kennlinien

$$U_{CE2} = f(U_{CE1}), \tag{4.107}$$

$$U_{CE1} = f(U_{CE2}) \tag{4.108}$$

betrachtet werden. Zur Bestimmung der statischen Kennlinie für $U_{CE2}$ nach Gl. (4.107) wird in Abb. 4.44 die Verbindung zwischen $A_2$ und $E_1$ aufgetrennt. Mit Hilfe einer veränderbaren Gleichstromquelle wird in den Eingang $E_1$ ein solch großer Strom $I_1$ eingespeist, der gerade die gewünschte Spannung $U_{CE1}$ am Ausgang von Transistor $Tr\,1$ hervorruft. Am Transistor $Tr\,2$ wird dann die zugehörige

Spannung $U_{CE2}$ gemessen, wobei der Ausgang von $Tr\,2$ noch mit einem Strom belastet wird, der gerade gleich dem eingespeisten Strom $I_1$ ist. Abb. 4.45 zeigt diese Anordnung im einzelnen.

Die niedrigste Spannung, die sich für $U_{CE1}$ einstellen läßt, ist die Restspannung $U_{CER1}$, wenn $Tr\,1$ übersteuert ist. Die Spannung $U_{CE2}$ hat dann einen großen Betrag. Wird der Betrag der Spannung $U_{CE1}$ erhöht, dann bleibt $U_{CE2}$ noch so lange unverändert, wie der Transistor $Tr\,2$ noch gesperrt ist. Erst wenn $U_{CE1} = U_1$ ist, möge der Transistor vom Sperrbereich in den aktiven Bereich gelangen. Bei weiterer Erhöhung des Betrages von $U_{CE1}$ sinkt dann der Betrag von $U_{CE2}$ ziemlich schnell, bis der Transistor $Tr\,2$ bei $U_{CE1} = U_2$ in die Sättigung kommt. Die Spannung $U_{CE2}$ ist dann auf die Restspannung $U_{CER2}$ abgesunken. Darunter kann sie auch bei weiterer Erhöhung von $|U_{CE1}|$ nicht sinken. Abb. 4.46 zeigt in der stark ausgezogenen Kurve diesen diskutierten Verlauf.

Die Kennlinie $U_{CE1}$ nach Gl. (4.108) kann in gleicher Weise durch Auftrennen der Verbindung $A_1 - E_2$ und Einspeisen in $E_2$ bestimmt werden. Bei einer symmetrischen Schaltung muß sich derselbe Kurvenverlauf wie im obigen Fall ergeben, nur daß jetzt $U_{CE2}$ und $U_{CE1}$ vertauscht sind. In Abb. 4.46 ist dieser letztere Verlauf als strichpunktierte Kurve eingetragen.

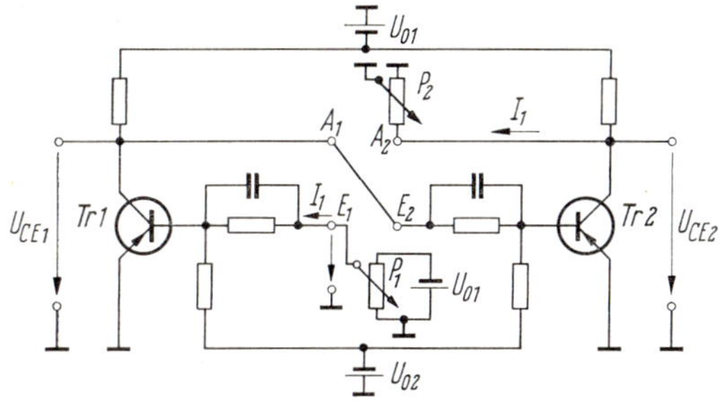


Abb. 4.45
Zur Bestimmung der statischen Kennlinie $U_{CE_2} = f(U_{CE_1})$

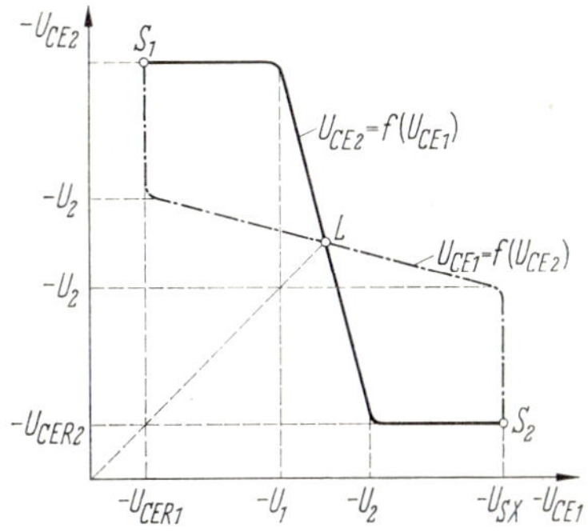


Abb. 4.46
Die statischen Kennlinien des Flipflop

Da es im statischen Betrieb zu irgendeinem Wert von $U_{CE2}$ nicht zugleich zwei verschiedene Werte von $U_{CE1}$ geben kann, sind im statischen Betrieb nur die Punkte $S_1$; $L$ und $S_2$ in Abb. 4.46 möglich. Während die Punkte $S_1$ und $S_2$ stabile Punkte sind, ist der Punkt $L$ labil. Das läßt sich leicht einsehen, denn wenn durch irgendeine Schwankung z. B. die Spannung $|U_{CE1}|$ etwas größer wird als $|U_L|$, dann wird gleichzeitig auch die Spannung $|U_{CE2}|$ etwas kleiner als vorher, d. h., die verkleinerte Spannung $|U_{CE2}|$ bewirkt eine weitere Vergrößerung von $|U_{CE1}|$ usw. Die Flipflopschaltung fällt dann in den Punkt $S_2$. Entsprechend fällt die Schaltung in den Punkt $S_1$, wenn die Spannung $|U_{CE1}|$ vom Punkt $L$ durch irgendeine Schwankung etwas verkleinert wird.

Der Umklappvorgang kann nur dynamisch im einzelnen verstanden werden, weil eine statische Auslenkung von $U_L$ nicht möglich ist. Im dynamischen Betrieb dagegen zieht z. B. eine verkleinerte Spannung $|U_{CE2}|$ erst ein wenig verzögert eine Vergrößerung von $|U_{CE1}|$ nach, die wiederum etwas mehr verzögert eine weitere Verkleinerung von $|U_{CE2}|$ verursacht usw. Die Verzögerung ist bereits schon durch die endliche Ausbreitungsgeschwindigkeit elektromagnetischer Vorgänge bedingt. Diese Zusammenhänge sind von Urtel [*11*] erstmals geklärt worden.

Die Schaltung in Abb. 4.44 war aus zwei Transistorschaltern abgeleitet worden und arbeitet demnach mit zwei Versorgungsspannungen $U_{01}$ und $U_{02}$. Die Spannungsquelle $U_{02}$ kann entfallen, wenn die Schaltung in der Weise leicht abgewandelt wird, wie das in Abb. 4.47 geschehen ist. Die Emitteranschlüsse sind dort nicht wie in Abb. 4.44 direkt, sondern über einen gemeinsamen Widerstand $R_E$ an Masse gelegt. Da stets einer der beiden Transistoren $Tr$ 1 und $Tr$ 2 Strom zieht, fällt über $R_E$ stets eine Spannung $U_E$ ab, die ungefähr gleich dem Produkt aus dem Kollektorsättigungsstrom und dem Widerstand $R_E$ ist (hierbei ist der Basisstrom des leitenden und der Reststrom durch den gesperrten Transistor vernachlässigt). Dadurch ist das Massepotential stets etwas positiver als das Emitterpotential der beiden Transistoren. Wenn die Widerstände $R_2$ nun einseitig an Masse gelegt werden, dann hat das jetzt dieselbe Wirkung wie in Abb. 4.44, wo sie einseitig an das positive Potential der Spannungsquelle $U_{02}$ gelegt werden.

Aus den vorangegangenen Betrachtungen ergab sich, daß die Spannung $U_{CE}$, welche die Ausgangsspannung eines Flipflop nach Abb. 4.44 ist, oder welche den wesentlichen Teil der Ausgangsspannung eines Flipflop nach Abb. 4.47 bildet, nur zwei stabile statische Werte haben kann. Im folgenden wollen wir der Frage nachgehen, wie das Flipflop durch ein geeignetes Eingangssignal von einem stabilen statischen Zustand in den anderen stabilen Zustand umgeklappt werden kann. Die einfachste Methode besteht darin, daß man an die Basis des übersteuerten Transistors kurzzeitig eine eingeprägte positive Spannung geeigneter Größe anlegt. Bei der Flipflopschaltung nach Abb. 4.47 sind hierfür die Eingänge $r$ und $s$ vorgesehen. (Die über die Dioden $D_1$ und $D_2$ an die beiden Basen führenden Leitungen kann man sich einstweilen fortdenken.)

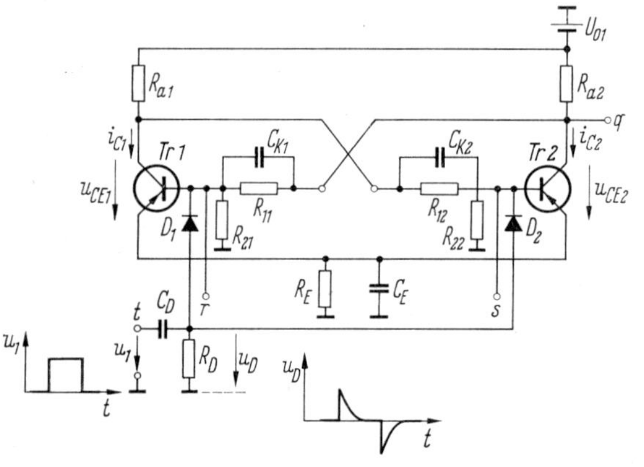


Abb. 4.47. Flipflop mit einer einzigen Versorgungsspannungsquelle, den Eingängen $r$, $s$ und $t$ und dem Ausgang $q$

Zur Beschreibung des Umklappvorgangs sei angenommen, daß Transistor $Tr$ 1 gesperrt und Transistor $Tr$ 2 übersteuert sei. Der Ausgang $q$ in Abb. 4.47 liegt damit auf relativ geringem negativem Potential ($U_{SY} \approx U_E$). Durch Anlegen einer positiven Spannung an den Eingang $s$ (indem man den Eingang $s$ z. B. mit einer mechanischen Taste kurzzeitig an Masse schaltet) wird Transistor $Tr$ 2 gesperrt. Sein Kollektorstrom fällt damit fast schlagartig auf den geringen Wert des Kollektorreststroms $I_{CBO}$. (Genaugenommen erreicht er nach Abschn. 4.3.2.2 diesen Wert erst nach der Speicherzeit $t_S$ und Abfallzeit $t_{ab}$. Diese Zeiten sind jedoch sehr klein, weil der Entladestrom $I_{B2}$ in Abb. 4.39 jetzt wegen der eingeprägten positiven Basisspannung relativ groß wird.) Mit dem Abfallen des Kollektorstroms des abgeschalteten Transistors beginnt der Anstieg seiner Kollektor-Emitter-Spannung auf einen hohen negativen Wert, der annähernd gleich der Spannung $U_{01}$ ist. Diese Spannungserhöhung teilt sich über den Koppelkondensator $C_{K1}$ der Basis des anderen vorher gesperrten Transistors mit, welcher dadurch mit großer Geschwindigkeit in die Sättigung getrieben wird. Während des Umklappvorgangs wird der Emitterstrom des vorher gesperrten Transistors aus Trägheitsgründen etwas später ansteigen als der Emitterstrom des vorher leitenden Transistors abfällt. Damit würde beim Flipflop nach Abb. 4.47 die Spannung am Widerstand $R_E$ vorübergehend absinken und eine unerwünschte Gegenkopplung bilden. Damit aber dieser Effekt nicht eintritt, wird parallel zu $R_E$ eine Kapazität $C_E$ geschaltet, so daß die Spannung über $R_E$ während des Umklappvorgangs praktisch konstant bleibt. Nach Beendigung des Umklappvorgangs ist Transistor $Tr$ 1 übersteuert und Transistor $Tr\,2$ gesperrt, und der Ausgang $q$ hat ein relativ hohes negatives Potential ($U_{SX} \approx U_{01}$). Durch nochmaliges Anlegen einer positiven Spannung an den $s$-Eingang wird der Zustand des Flipflop nicht geändert. Von diesem Zustand kann das Flipflop nur durch Anlegen einer positiven Spannung an den $r$-Eingang wieder in den vorherigen Zustand zurückgekippt werden. Damit eine einwandfreie Arbeitsweise sichergestellt ist, darf nie zugleich an $r$- und $s$-Eingang eine positive Spannung angelegt werden. Ein derartiges Flipflop bezeichnet man als Tastflipflop oder $rs$-Flipflop. Es hat eine große praktische Bedeutung als Speicherelement in der Nachrichtenverarbeitung (s. Teil III, Abschn. 11.3.1) und als prellfreier Schalter dort, wo mechanische Schalter wegen ihrer unvermeidbaren Prellungen und der dadurch entstehenden Vielzahl kurzer Impulse unbrauchbar sind.

Häufig benötigt man ein Flipflop mit einem einzigen Eingang, einem sogenannten $t$-Eingang, wobei jeder positive Spannungsimpuls (Triggerimpuls) auf diesen Eingang das Flipflop in den anderen Zustand kippt, gleichgültig, in welchem Zustand es sich vorher befand. Diese Aufgabe läßt sich mit Hilfe eines Differenziergliedes nach Abb. 4.2a lösen, dessen Ausgang über die Dioden $D_1$ und $D_2$ mit den Basen der beiden Transistoren verbunden ist, wie das in Abb. 4.47 gezeigt wird. Bei geeigneter Dimensionierung des Differenziergliedes (Abschn. 4.1.1) unter Berücksichtigung seiner ausgangsseitigen Belastung durch die Transistoren entstehen am Ausgang des Differenziergliedes ein positiver nadelförmiger Impuls zu Beginn und ein negativer nadelförmiger Impuls am Ende des eingangs anliegenden Rechteckimpulses. Von diesen beiden Impulsen wird wegen der gewählten Polung der Dioden nur der positive Impuls wirksam, während der andere unwirksam bleibt.

Zur Beschreibung des jetzt einsetzenden Umklappvorgangs sei wieder angenommen, daß vor dem Eintreffen des Triggerimpulses Transistor $Tr\,1$ gesperrt und Transistor $Tr\,2$ übersteuert (gesättigt) sei. Der Koppelkondensator $C_{K1}$ ist also auf eine relativ geringe Spannung aufgeladen, während der Koppelkondensator $C_{K2}$ auf eine relativ hohe Spannung aufgeladen ist. Der von der Vorderflanke des Triggerimpulses abgeleitete positive Nadelimpuls gelangt nun an die Basen der beiden Transistoren $Tr\,1$ und $Tr\,2$. Weil aber die Basis des gesperrten Transistors $Tr\,1$ relativ positiv und die Basis des übersteuerten Transistors $Tr\,2$ relativ negativ ist, wird die Energie des positiven Nadelimpulses hauptsächlich über die Diode $D_2$ fließen. Der Basis von $Tr\,2$ werden Elektronen entzogen, wodurch dieser Transistor aus dem Sättigungs- in den Sperrbereich getrieben wird. Bei diesem Übergang vom Sättigungsbereich über den aktiven in den Sperrbereich setzt die Änderung des Kollektorstroms wegen des Ladungsspeichereffektes zwar etwas verzögert gegenüber der Basisstromänderung ein (vgl. Abb. 4.39), was aber nicht sehr ins Gewicht fällt. Ins Gewicht fällt viel mehr, daß die Kollektor-Emitter-Spannung $u_{CE2}$ nicht gleichzeitig mit dem Absinken des Kollektorstroms $i_{C2}$ ansteigt, sondern noch eine Weile praktisch auf ihrem geringen Wert verbleibt, weil die Spannung über dem Koppelkondensator $C_{K1}$, die ja auch relativ klein ist, sich nicht schnell ändern kann, und weil das Basispotential vom Transistor $Tr\,1$ während der Dauer des positiven Nadelimpulses auf positivem Potential festgehalten wird. Für die Dauer des positiven Nadelimpulses an den Basen bewirkt der Strom durch den Widerstand $R_{a2}$ eine geringfügige Aufladung des Kondensators $C_{K1}$. Erst wenn der positive Nadelimpuls soweit abgeklungen ist, daß er nicht mehr das Basispotential von $Tr\,1$ positiv hält, wird dieses Basispotential wegen der kleinen Spannung über $C_{K1}$ und dem relativ kleinen Widerstand $R_{a2}$ stark auf negatives Potential gezogen, wodurch der Transistor $Tr\,1$ über den aktiven Bereich in die Sättigung gebracht wird. Die dabei kleiner werdende Kollektor-Emitter-Spannung $u_{CE1}$ sperrt dann den Transistor $Tr\,2$ noch mehr. Daß also nach Abklingen des hinter dem Differenzierglied entstandenen positiven Nadelimpulses der vorher gesperrte Transistor $Tr\,1$ in die Sättigung kommt und damit die Umklapprichtung eindeutig festgelegt wird, liegt im wesentlichen daran, daß der Kondensator $C_{K1}$ vorher auf eine geringe Spannung aufgeladen war und daß diese sich nicht schnell ändern kann.

Wäre vor Eintreffen des Triggerimpulses nicht $Tr\,1$, sondern $Tr\,2$ gesperrt gewesen, dann wäre der Kondensator $C_{K2}$ auf eine geringe Spannung aufgeladen gewesen, wodurch schließlich der Transistor $Tr\,2$ in die Sättigung gebracht worden wäre. Die Koppelkondensatoren $C_K$ haben im Flipflop also zweierlei Bedeutung: sie verkürzen wie beim Transistorschalter die Anstiegszeit und üben andererseits eine Gedächtnisfunktion aus, wodurch die Umklapprichtung festgelegt ist.

Zusammenfassend kann gesagt werden, daß der durch *Differentiation* enstandene positive Nadelimpuls genügend Energie haben muß, um einen Transistor vom Sättigungs- in den Sperrbereich zu bringen, d. h., der Kondensator $C_D$ muß genügend groß sein, daß seine rechte Belegung die erforderliche Ladung aufnehmen kann. Die wirksame Breite bzw. Dauer des Nadelimpulses muß etwas größer als die Abschaltzeit des Transistors sein (das ist die Summe von Speicherzeit und Abfallzeit). Der Koppelkondensator $C_K$ muß so groß sein, daß sich die Spannung über dem Kondensator $C_K$ während der Dauer des Nadelimpulses nicht sehr viel ändern kann. Im Rahmen dieser Bedingungen bleibt ein relativ großer Spielraum für die Dimensionierung. Falls der statische Spannungsabfall über $R_E$ relativ groß ist, ist es zweckmäßiger, den Widerstand $R_D$ nicht mit Masse, sondern mit den Emittern der Transistoren zu verbinden.

Will man ein Flipflop durch wenig belastbare Triggerimpulse umklappen, dann muß man das Flipflop so dimensionieren, daß im statischen Fall der stromziehende Transistor nur wenig übersteuert ist. Außerdem wird es um so empfindlicher, je kleiner der Kollektorstrom $I_{CX}$ und je höher die Grenzfrequenz $\omega_N$ ist, weil damit die Ladung $Q_{B\ddot{U}}$ nach Gl. (4.103) im stromziehenden Transistor kleiner wird. Mit erhöhter Empfindlichkeit wächst allerdings auch die Störanfälligkeit. Legt man Wert auf große Störsicherheit, dann wählt man zweckmäßigerweise die statische Dimensionierung so, daß der stromziehende Transistor einen relativ hohen Kollektorstrom führt und stark übersteuert ist. Durch letztere Maßnahme wird allerdings auch die obere Arbeitsfrequenz des Flipflop verringert.

Legt man an den Eingang eines Flipflop eine periodische Rechteckspannung an, dann erscheint am Ausgang des Flipflop eine Rechteckspannung der halben Frequenz. Hieraus ist zu ersehen, daß das Flipflop zur Realisierung von Frequenzteilerschaltungen und elektronischen Zählern verwendet werden kann.

#### 4.3.3.2 Die monostabile Kippschaltung (Monoflop)

Im Gegensatz zum Flipflop hat die monostabile Kippschaltung nur einen einzigen stabilen Zustand. Durch einen Triggerimpuls kann das Monoflop aus diesem stabilen Zustand in einen sogenannten quasistabilen Zustand gekippt werden, in welchem es eine definierte Zeitdauer verbleibt, wonach es dann von selbst wieder in seinen stabilen Zustand zurückkippt. Das Monoflop dient also zur Erzeugung von Rechteckimpulsen bestimmter Dauer, die durch gegebene Triggerimpulse ausgelöst werden.

Abb. 4.48 zeigt die Prinzipschaltung des Monoflop. Sie unterscheidet sich vom Flipflop nach Abb. 4.47 in der Kopplung zwischen dem Kollektor von Transistor $Tr\,1$ und der Basis von Transistor $Tr\,2$. Beim Monoflop ist hier keine statische, sondern nur noch eine dynamische Kopplung über den Kondensator $C_t$ vorhanden. Die Basis von $Tr\,2$ liegt über dem Widerstand $R_t$ an der negativen Versorgungsspannung $U_{01}$. Im Ruhezustand ist $Tr\,2$ übersteuert und $Tr\,1$ gesperrt. Kennzeichnet man den statischen Sperrzustand wieder durch den Index $Y$ und den Übersteuerungszustand durch den Index $X$, dann liegt im Ruhezustand über dem Kondensator $C_t$ die relativ hohe Spannung $U_C = U_{CE1Y} - U_{BE2X} \approx U_{01} - U_E$, weil der Kollektorreststrom $I_{CBO} \approx 0$ und die Spannung $U_{BE2X} \approx 0$ sind.

Gelangt ein rechteckförmiger Triggerimpuls auf den Eingang, dann entsteht durch das Differenzierglied $R_D$, $C_D$ wieder ein positiver und ein negativer Nadelimpuls. Während der negative Nadelimpuls unwirksam bleibt, gelangt der positive über die Diode $D$ an die Basis des Transistor $Tr\,2$ und bringt diesen in den Sperrzustand. Gleichzeitig wird der Transistor $Tr\,1$ durch die ansteigende Kollektor-Emitter-Spannung des Transistor $Tr\,2$ über $C_{K1}$ und $R_1$ in die Sättigung gebracht. Die Kopplung des Kollektors von $Tr\,1$ mit der Basis von $Tr\,2$ über den Kondensator $C_t$ wirkt noch beschleunigend auf den ganzen Kippvorgang. Die Kondensatorspannung $U_C$ über $C_t$ bleibt während des rasch ablaufenden Kippvorgangs annähernd konstant. Nach Ablauf des Kippvorgangs befindet sich die linke Belegung des Kondensators $C_t$ auf einem um die Differenz $(U_{CE1Y} - U_{CE1X})$ positiverem Potential als vor dem Kippvorgang. Entsprechend muß sich auch das Potential der rechten Belegung um den annähernd gleichen Betrag erhöhen. Das heißt, daß die Basis von $Tr\,2$ jetzt stark positiv ist. Unmittelbar nach dem Kippvorgang hat nun die Spannung $u_{BE2}$ den Wert $U_{CE1X} - U_C$, wobei $U_{CE1X}$ einen kleinen negativen und $U_C$ einen großen negativen Wert hat. Nach Ablauf des Kippvorgangs

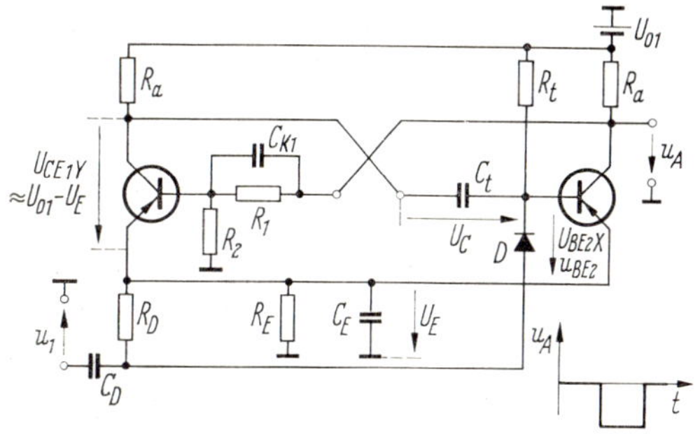

Abb. 4.48
Prinzipschaltung der monostabilen Kippschaltung
Ruhezustand: linker Transistor $Tr\,1$ gesperrt, rechter Transistor $Tr\,2$ übersteuert

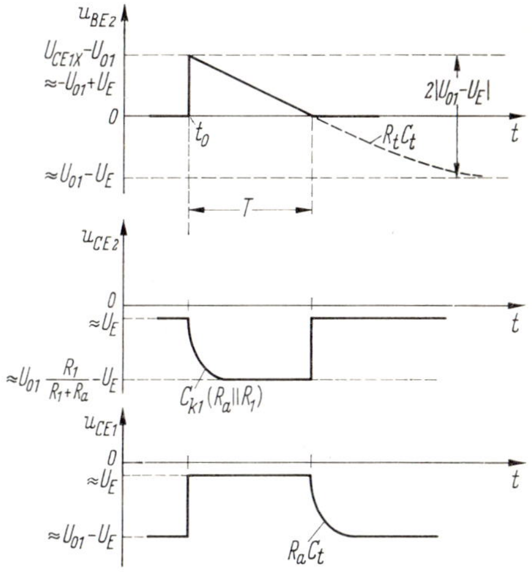

Abb. 4.49. Verlauf der Spannungen $u_{BE_2}$; $u_{CE_2}$ und $u_{CE_1}$ nach dem durch den Triggerimpuls zur Zeit $t_0$ ausgelösten Umklappvorgang. (Die Spannungen $U_{01}$ und $U_E$ sind negativ)

ist also Transistor $Tr\,2$ gesperrt und hat demnach einen relativ hohen Eingangswiderstand. Der Kondensator $C_t$, dessen rechte Belegung jetzt stark positiv ist, kann sich jetzt praktisch nur über den Widerstand $R_t$ entladen. Dies geschieht langsamer oder schneller, je nachdem wie groß die Zeitkonstante $R_t\,C_t$ ist. Durch die Entladung von $C_t$ sinkt entsprechend das positive Potential an der Basis von Transistor $Tr\,2$. Den exponentiellen Abfall von $u_{BE2}(t)$ zeigt Abb. 4.49. Der Transistor $Tr\,2$ kommt in den aktiven Bereich, wenn $u_{BE2} \approx 0$. In diesem Augenblick beginnt er, Strom zu ziehen. Die Kollektor-Emitter-Spannung von $Tr\,2$ wird geringer, wodurch das Basispotential von Transistor $Tr\,1$ positiver wird. War der Übersteuerungsgrad von $Tr\,1$ nur gering, was zweckmäßig ist, dann wird zugleich auch der Kollektorstrom von $Tr\,1$ geringer, wodurch wegen der Rückkopplung über $C_t$ jetzt ein erneuter Kippvorgang einsetzt. Der Transistor $Tr\,2$ wird in die Sättigung und $Tr\,1$ in den Sperrbereich getrieben.

Die Dauer $T$ des quasistabilen Zustandes errechnet sich aus der Exponentialkurve für $u_{BE2}$ nach Abb. 4.49, welche die Zeitkonstante $\tau = R_t\,C_t$ hat. Danach gilt

$$0 = 2|U_{01} - U_E|\,e^{-\frac{T}{R_t C_t}} - |U_{01} - U_E|, \tag{4.109}$$

$$T = R_t\,C_t \ln 2 \approx 0{,}69\,R_t\,C_t. \tag{4.110}$$

Die Flankensteilheit der vom Monoflop abgegebenen Impulse wird in der Regel in erster Linie durch die Kondensatoren $C_{K1}$ und $C_t$ beeinträchtigt, wie das in Abb. 4.49 gezeigt ist. Beim Zurückkippen in den stabilen Zustand nach Ablauf der Zeit $T$ wird der vorher übersteuerte Transistor $Tr$ 1 plötzlich wieder gesperrt. Sein Kollektorstrom springt damit auf den geringen und praktisch vernachlässigbaren Reststrom. Diesem plötzlichen Sprung kann die Spannung $u_{CE1}$ nicht mit gleicher Geschwindigkeit folgen, weil der Kondensator $C_t$, über den bei Auslösung dieses Rückkippvorgangs ja gerade die Spannung Null Volt steht (Abb. 4.49), dabei über den Widerstand $R_a$ des Transistors $Tr$ 1 auf etwa $(U_{01} - U_E)$ aufgeladen werden muß. Die Zeitkonstante $R_a C_t$ bestimmt damit den (negativen) Anstieg von $u_{CE1}$. Aus ähnlichen Gründen kann die Spannung $u_{CE2}$ beim ersten Kippvorgang, der durch den Triggerimpuls ausgelöst wird, nicht mit gleicher Geschwindigkeit der Abnahme des Kollektorstroms von $Tr$ 1 folgen. In diesem Fall muß nämlich die Koppelkapazität $C_{K1}$ auf eine höhere Spannung aufgeladen werden, was eine gewisse Zeit benötigt, die im wesentlichen durch die Zeitkonstante $C_{K1}(R_a \| R_1)$ bedingt ist.

Bei der Dimensionierung der Monoflop-Schaltung wählt man $R_t$ so groß, daß sich der gewünschte Übersteuerungsgrad des Transistors $Tr$ 2 ergibt. Der Grad der Übersteuerung, den man für $Tr$ 2 zulassen will, hängt davon ab, welche Sicherheit gegenüber Störimpulsen gefordert wird. Der Kondensator $C_t$ wird durch die erforderliche Dauer $T$ des quasistabilen Zustandes mit Gl. (4.110) bestimmt. Die Widerstände $R_1$, $R_2$ und $R_E$ werden so bestimmt, daß Transistor $Tr$ 1 im stabilen Zustand sicher gesperrt ist, im quasistabilen Zustand aber nicht zu stark übersteuert wird.

#### 4.3.3.3 Der Schmitt-Trigger

Die folgende Erläuterung bezieht sich auf einen solchen Schmitt-Trigger, der ebenfalls mit *pnp*-Transistoren aufgebaut ist. Seine Wirkungsweise wird durch Abb. 4.50 erläutert. Solange die Eingangsspannung $u_1$ genügend positiv ist, hat die Ausgangsspannung $u_2$ den konstanten Wert $U_{21}$. Unterschreitet jedoch die Spannung $u_1$ aus dem Positiven kommend den Schwellenwert $U_{S1}$, dann springt die Ausgangsspannung schlagartig auf den konstanten Wert $U_{22}$. Steigt die Eingangsspannung anschließend wieder an, dann springt die Ausgangsspannung $u_2$ nicht bereits bei Überschreiten des Schwellenwertes $U_{S1}$, sondern erst bei Überschreiten des positiveren Schwellenwertes $U_{S2}$ auf ihren konstanten Wert $U_{21}$ zurück. Der Schmitt-Trigger hat also eine Hysterese. Praktische Verwendung findet der Schmitt-Trigger z. B. zur Umwandlung von Sinusspannungen in Rechteckspannungen, zur Regeneration verformter Rechteckimpulse und zur Diskrimination von Spannungen, die oberhalb oder unterhalb vorgegebener Schwellspannungen liegen.

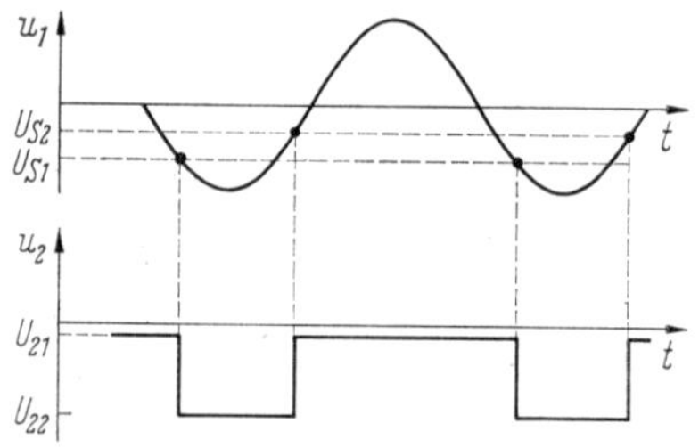

Abb. 4.50. Zur Erläuterung der Funktion des Schmitt-Triggers

Abb. 4.51 zeigt das Prinzipschaltbild des Schmitt-Triggers mit *pnp*-Transistoren. Für den Fall, daß die Eingangsspannung $u_1$ positiver als die negative Schwellspannung $U_{S1}$ ist, soll der Transistor $Tr$ 1 gesperrt sein. Der Spannungsteiler der Widerstände $R_4$ und $R_5$ an der Basis von $Tr$ 2 sei so ausgelegt, daß bei gesperrtem Transistor $Tr$ 1 der Transistor $Tr$ 2 gerade so viel Strom führt, daß sich sein Arbeitspunkt an der Grenze zwischen aktivem Bereich und Übersteuerungsbereich befindet. Der in diesem Fall durch den gemeinsamen Emitterwiderstand $R_E$ fließende Strom möge so groß sein, daß an $R_E$ die Spannung $u_E = U_E$ abfällt.

Wenn die Eingangsspannung $u_1$ stark negativ ist, so daß Transistor *Tr* 1 übersteuert ist, soll der Transistor *Tr* 2 gesperrt sein. Der in diesem Fall durch den gemeinsamen Emitterwiderstand $R_E$ fließende Strom möge kleiner als im obigen Fall sein, so daß jetzt über $R_E$ die Spannung $u_E = U'_E$ abfällt, wobei $|U'_E| < |U_E|$ ist.

Gehen wir jetzt wieder von dem Fall aus, daß $u_1 = 0$ und Transistor *Tr* 1 gesperrt ist. Die Spannung $u_1$ soll nun in negativer Richtung langsam erhöht werden. Bei Erreichen der Schwellspannung $U_{S1}$ tritt der zuvor gesperrte Transistor *Tr* 1 aus dem Sperrbereich in den aktiven Bereich ein. Es wird $u_{BE1} = -U_{BEF}$ (vgl. Abb. 4.30) Transistor *Tr* 1 beginnt einen zunächst geringen Strom zu ziehen. Dadurch wird der Spannungsabfall längs seines Kollektorwiderstandes $R_{a1}$ größer, wodurch der Transistor *Tr* 2 in Richtung seines Sperrzustandes gesteuert wird. Der Emitterstrom durch *Tr* 2 sinkt ab, und zwar in größerem Maß, als der Emitterstrom durch *Tr* 1 zugenommen hat. Der Spannungsabfall über dem Emitterwiderstand $R_E$ sinkt. Dadurch wird die Spannung zwischen Basis und Emitter $u_{BE1}$ des *Tr* 1 noch negativer, der Kollektorstrom durch *Tr* 1 steigt weiter an, der durch *Tr* 2 sinkt weiter, so daß die ganze Schaltung in den anderen Zustand kippt, in welchem *Tr* 1 gesättigt und *Tr* 2 gesperrt ist.

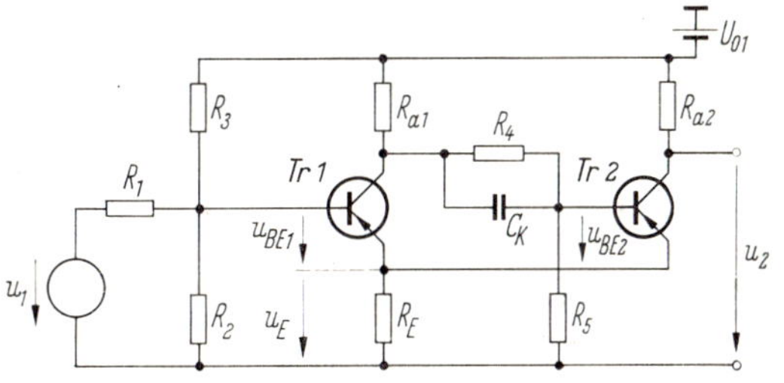

Abb. 4.51. Prinzipschaltung des SCHMITT-Triggers

Man kann die Schaltung auch so dimensionieren, daß *Tr* 2 übersteuert ist, wenn *Tr* 1 gesperrt ist. Wenn in diesem Fall die Eingangsspannung $u_1$ ausgehend von $u_1 = 0$ oder von positiven Werten in negativer Richtung geändert wird, beginnt an einer bestimmten Schwelle zunächst der Transistor *Tr* 1 Strom zu ziehen, während *Tr* 2 zunächst weiter übersteuert bleibt. Mit weiterer Erhöhung von $u_1$ wird dann Transistor *Tr* 2 aus seinem Übersteuerungsbereich herausgebracht. Der Kippvorgang setzt ein, sobald $u_1$ einen solch hohen negativen Wert hat, daß *Tr* 2 in den aktiven Bereich gelangt. In diesem Fall nimmt die Spannung über $R_E$ zuerst zu und sinkt erst beim Umklappvorgang wieder ab. Die Schwellspannung $U_{S1}$ hat bei dieser Dimensionierung einen etwas höheren Betrag bei gleicher Dimensionierung von Transistorstufe *Tr* 1. Bei schnell veränderlichen Eingangsspannungen tritt in diesem Fall allerdings noch der Ladungsspeichereffekt (s. Abschn. 4.3.2.2) von *Tr* 2 störend in Erscheinung.

Der in den vorangegangenen Absätzen beschriebene Umklappvorgang an der Schwelle $U_{S1}$ ist dadurch gekennzeichnet, daß vor dem Umklappen die Spannung $U_E$ über den Widerstand $R_E$ abfiel. Nach dem Umklappvorgang stellt sich über $R_E$ die Spannung $U'_E$ ein, deren Betrag kleiner als der von $U_E$ ist.

Die durch das Umklappen hervorgerufene Differenzspannung $|U_E| - |U'_E|$ wirkt sich als Erhöhung der Spannung $u_{BE1}$ aus. Diese Differenzspannung allein bringt Transistor *Tr* 1 bereits in die Sättigung.

Wird nach dem ersten Umklappvorgang an der Schwelle $U_{S1}$ die Eingangsspannung $u_1$ wieder positiver gemacht, dann kann bei $u_1 = U_{S1}$ der SCHMITT-Trigger noch nicht zurückklappen, weil jetzt die obige Differenzspannung noch wirksam ist, und somit an dieser Stelle noch *Tr* 1 in Sättigung ist. Die Eingangsspannung $u_1$ muß also über $U_{S1}$ hinaus positiver gemacht werden, damit *Tr* 1 zunächst aus dem Sättigungs- in den aktiven Bereich kommt. Erst dann wird das Kollektorpotential von *Tr* 1 negativer und Transistor *Tr* 2 wird aus dem Sperrbereich in den aktiven Bereich gesteuert. Sowie Transistor *Tr* 2 aus dem Sperrbereich in den aktiven

Bereich gelangt, wird der Betrag des Spannungsabfalls über $R_E$ wieder größer, d. h., das Emitterpotential wird negativer, wodurch die Basis-Emitter-Spannung $u_{BE1}$ positiver wird. Der Kollektorstrom von $Tr$ 1 sinkt damit weiter ab usw. Der zweite Umklappvorgang wird also wegen der unterschiedlichen Ausgangspositionen, die im wesentlichen durch die statischen Spannungen $U_E$ und $U'_E$ bedingt sind, erst bei einer positiveren Schwellspannung $U_{S2}$ einsetzen.

Der Koppelkondensator $C_K$ in Abb. 4.51 dient zur Beschleunigung der Umklappvorgänge und wird wie der des Transistorschalters nach Gl. (4.106) dimensioniert. Durch den Spannungsteiler $R_3$ und $R_2$ kann bei gegebenem Innenwiderstand $R_1$ der steuernden Quelle die Schwellspannung $U_{S1}$ beeinflußt werden.

### 4.3.4 Der astabile Multivibrator

Der astabile Multivibrator ist eine selbstschwingende Kippschaltung. Er dient zur Erzeugung periodischer Rechteckschwingungen. Die Prinzipschaltung ist in Abb. 4.52 dargestellt.

Während bei der bistabilen Kippschaltung (Flipflop) die beiden Transistoren $Tr$ 1 und $Tr$ 2 gleichstrommäßig über die Widerstände $R_{11}$ und $R_{12}$ gekoppelt sind (vgl. Abb. 4.47), ist bei der monostabilen Kippschaltung (Monoflop) nur noch die Basis von $Tr$ 1 mit dem Kollektor von $Tr$ 2 gleichstrommäßig gekoppelt (vgl. Abb. 4.48). Die Basis von $Tr$ 2 ist beim Monoflop dagegen nur noch dynamisch über den Kondensator $C_t$ mit dem Kollektor von $Tr$ 1 verbunden. Der astabile Multivibrator ist hingegen eine Schaltung, bei der die Gleichstromkopplung zwischen beiden Transistoren ganz fehlt. Hier sind beide Transistoren nur noch dynamisch über die beiden Kondensatoren $C_{t1}$ und $C_{t2}$ gekoppelt. Der Widerstand $R_E$, der beim Flipflop und Monoflop zur Erzeugung einer positiven statischen Basis-Emitter-Spannung des im stabilen Zustand gesperrten Transistors dient, ist beim astabilen Multivibrator nicht erforderlich. Der astabile Multivibrator hat keinen stabilen Zustand, sondern lediglich zwei quasistabile Zustände.

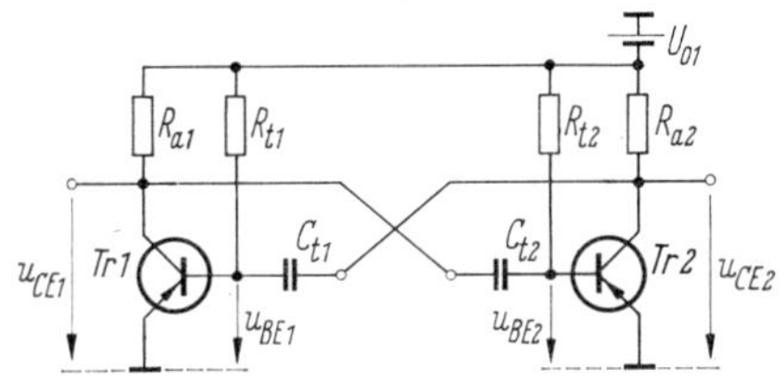

Abb. 4.52
Prinzipschaltung des astabilen Multivibrators

Denkt man sich die Koppelkapazitäten $C_{t1}$ und $C_{t2}$ zunächst fort, dann mögen die Widerstände $R_{t1}$ und $R_{t2}$ jeweils so groß sein, daß beide Transistoren in Abb. 4.52 ihren Arbeitspunkt etwa in der Mitte ihres aktiven Bereichs haben. Der Betrag der Wechselstromverstärkung jeder Transistorstufe unter Berücksichtigung ihrer ausgangsseitigen Belastung durch die Kapazität $C_t$ und den Eingangswiderstand der folgenden Stufe soll größer als Eins sein.

Werden beide Transistorstufen durch die Kapazitäten $C_{t1}$ und $C_{t2}$ wie in Abb. 4.52 dynamisch gekoppelt, dann ist der Zustand, daß die Arbeitspunkte beider Transistoren in der Mitte des aktiven Bereichs liegen, labil, und zwar aus folgendem Grund: Wenn durch irgendeine geringfügige Schwankung z. B. der Basisstrom von $Tr$ 2 etwas negativer wird, dann wirkt sich diese Änderung verstärkt in ein Positivwerden des Basisstroms von $Tr$ 1 aus. Die Folge hiervon ist ein weiteres Negativwerden des Basisstroms von $Tr$ 2 usw. Es setzt ein Kippvorgang ein, der damit endet, daß $Tr$ 2 übersteuert und $Tr$ 1 gesperrt ist. Die Schaltung befindet sich nun in einem quasistabilen Zustand. Dieser dauert (wie beim Monoflop) so lange, bis der Kondensator $C_{t1}$ sich über $R_{t1}$ so weit entladen hat, daß die Spannung $u_{BE1}$ die Grenze $-U_{BEF}$ ($\approx 0$ V) (vgl. Abb. 4.30) unterschreitet, wo Transistor $Tr$ 1 aus dem Sperrbereich in den aktiven Bereich und als Folge davon Transistor $Tr$ 2 aus dem Übersteuerungsbereich in den aktiven Bereich gelangt. Jetzt setzt der zweite Kippvorgang ein, der Transistor *Tr* 2 sperrt und *Tr* 1 übersteuert. Die Zeitspanne zwischen dem ersten Kippvorgang aus der labilen Lage und dem zweiten Kippvorgang ist wenig interessant und soll nicht näher diskutiert werden. Wichtiger ist die Dauer des quasistabilen Zustandes nach dem zweiten Kippvorgang, die darum nun eingehender behandelt wird.

Ordnet man wie gewöhnlich der Masse das Bezugspotential Null Volt zu, dann liegt unmittelbar vor dem zweiten Kippvorgang der Kollektor des *Tr* 1 auf dem negativen Potential von etwa $U_{01}$, während die Basis des *Tr* 2 auf etwa Null Volt liegt. Über dem Kondensator $C_{t2}$ liegt also ungefähr die Spannung $U_{01}$. Unmittelbar nach dem zweiten Kippvorgang liegt die rechte Belegung von $C_{t2}$ auf etwa $-U_{01}$, die linke Belegung dagegen auf etwa Null Volt. Der jetzt gesperrte Transistor *Tr* 2 hat einen großen Eingangswiderstand, so daß die Umladung der rechten Belegung von $C_{t2}$ zur Spannung $U_{01}$ über den Widerstand $R_{t2}$ erfolgt. Sobald das Potential der rechten Belegung von $C_{t2}$, d. h. die Spannung $u_{BE2}$ wieder die Grenze $-U_{BEF}$ ($\approx 0$ V) passiert, setzt der dritte Kippvorgang ein usw.

Die Dauer $T_2$ des quasistabilen Zustandes nach dem zweiten Kippvorgang ist also durch die Zeit bestimmt, die vergeht, um den Kondensator $C_{t2}$ über den Widerstand $R_{t2}$ und der Spannung $2U_{01}$ auf die Spannung $U_{01}$ aufzuladen. (Genauer genommen handelt es sich um die Zeit, bis der Kondensator $C_{t2}$, der auf $+U_{01}$ aufgeladen ist, mit der entgegengerichteten Spannung $-U_{01}$ über den Widerstand $R_{t2}$ gerade entladen ist. Letzteres läuft aber auf dasselbe hinaus.) Die Zeit $T_2$ des quasistabilen Zustandes, in welchem *Tr* 2 gesperrt und *Tr* 1 übersteuert ist, errechnet sich damit [vgl. Gl. (4.110)] zu

$$T_2 = R_{t2} C_{t2} \ln 2 \approx 0{,}69 R_{t2} C_{t2}. \quad (4.111)$$

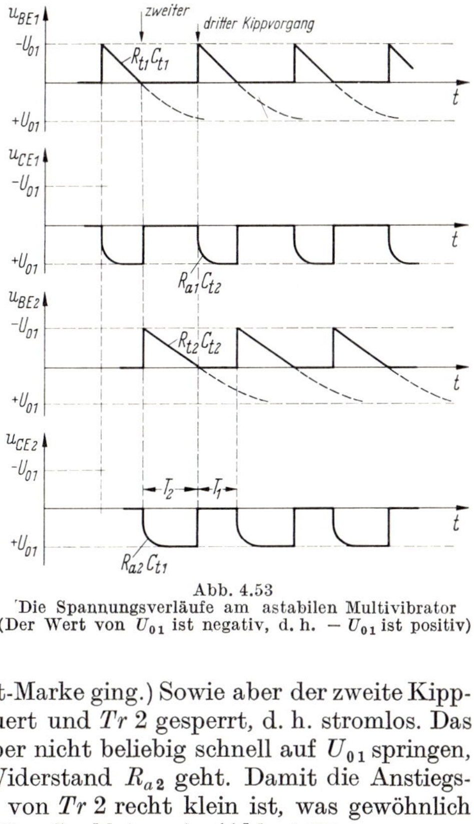


Abb. 4.53
Die Spannungsverläufe am astabilen Multivibrator (Der Wert von $U_{01}$ ist negativ, d. h. $-U_{01}$ ist positiv)

Der Kondensator $C_{t1}$ war beim Einsetzen des zweiten Kippvorgangs gerade entladen. (Der zweite Kippvorgang wurde ja gerade in Gang gesetzt, als die Spannung über $C_{t1}$ durch die Null-Volt-Marke ging.) Sowie aber der zweite Kippvorgang abgelaufen ist, ist *Tr* 1 übersteuert und *Tr* 2 gesperrt, d. h. stromlos. Das Kollektorpotential von *Tr* 2 kann jetzt aber nicht beliebig schnell auf $U_{01}$ springen, weil die Aufladung von $C_{t1}$ über den Widerstand $R_{a2}$ geht. Damit die Anstiegszeit des Spannungssprungs am Kollektor von *Tr* 2 recht klein ist, was gewöhnlich angestrebt wird, muß die Zeitkonstante $R_{a2} C_{t1}$ klein sein (Abb. 4.53).

Für die Dauer $T_1$ des anderen quasistabilen Zustandes nach dem dritten Kippvorgang gilt dasselbe, was zum quasistabilen Zustand nach dem zweiten Kippvorgang gesagt wurde, nur daß jetzt die Indizes 1 und 2 vertauscht werden. Die Zeit $T_1$ berechnet sich nun zu

$$T_1 = 0{,}69 C_{t1} R_{t1}. \quad (4.112)$$

Damit beim dritten Kippvorgang der Spannungssprung am Kollektor von *Tr* 1 relativ rasch vor sich geht, muß die Zeitkonstante $R_{a1} C_{t2}$ entsprechend klein sein.

Die Dauer des quasistabilen Zustandes nach dem vierten Kippvorgang ist wieder durch $T_2$ gegeben usw., d. h., die Schaltung kippt im stationären Betrieb immer zwischen zwei quasistabilen Zuständen der jeweiligen Dauer $T_1$ bzw. $T_2$ hin und her. In Abb. 4.53 sind die Spannungsverläufe von $u_{BE1}$, $u_{CE1}$ sowie $u_{BE2}$ und $u_{CE2}$ dargestellt. Aus den Verläufen ist zu erkennen, daß im Sinne einer möglichst rechteckigen Schwingung folgende Bedingungen gelten müssen:

$$R_{a2} C_{t1} \ll R_{t2} C_{t2}, \tag{4.113}$$

$$R_{a1} C_{t2} \ll R_{t1} C_{t1}. \tag{4.114}$$

Diese Bedingungen sind um so leichter einzuhalten, je größer die Stromverstärkungen $B_N$ der Transistoren sind.

## Literatur

[1] Steinbuch, K. (Hrsg.): Taschenbuch der Nachrichtenverarbeitung. Berlin/Göttingen/Heidelberg: Springer 1962.
[2] Wunsch, G.: Moderne Systemtheorie. Leipzig: Akad. Verlagsges. Geest & Portig KG 1962.
[3] Leithäuser, C., u. F. Winckel: Fernsehen. Berlin/Göttingen/Heidelberg: Springer 1956.
[4] Heinlein, W.: Über die Trägheit von Halbleiterdioden im Impulsbetrieb. Arch. elektr. Übertr. 11 (1957).
[5] Moll, J. L.: Large Signal Transient Response of Junction Transistors. Proc. IRE 42 (1954).
[6] Rusche, G., K. Wagner u. F. Weitzsch: Flächentransistoren, Eigenschaften und Schaltungstechnik. Berlin/Göttingen/Heidelberg: Springer 1961.
[7] Meinke, H., u. F. W. Gundlach: Taschenbuch der Hochfrequenztechnik, Abschnitt S: Impulstechnik. Berlin/Göttingen/Heidelberg: Springer 1956.
[8] Haas, G.: Grundlagen und Bauelemente moderner Ziffern-Rechenmaschinen. Philips techn. Bibliothek 1961.
[9] Hurley, R. B.: Transistor Logic Circuits. New York/London: J. Wiley 1961.
[10] Philippow, E.: Nichtlineare Elektrotechnik. Leipzig: Akad. Verlagsges. Geest & Portig KG 1963.
[11] Urtel, R.: Erzeugung von Schwingungen mit wesentlich nichtlinearen negativen Widerständen. NTF 13 (1958).
[12] Schmitt, E.: Elektronische Schalter und Kippstufen mit Transistoren München u. Wien: R. Oldenbourg 1966.

# II Nachrichtenübertragung

Der in diesem Teil II dargebotene Stoff aus dem Gebiet der Nachrichtenübertragung wird in drei Fragenkomplexe aufgeteilt.

Der erste betrifft die Untersuchung der zu übertragenden Signale oder Nachrichten. Hier handelt es sich darum, welche Signaleigenschaften unbedingt und welche nicht unbedingt übertragen werden müssen, oder wieweit ein Signal im Sinne einer möglichst wirtschaftlichen Übertragung verstümmelt werden darf. Ferner gehört zum ersten Fragenkomplex das sogenannte Wandlerproblem, bei welchem es um die Umwandlung nichtelektrischer Signale in analoge elektrische Signale und umgekehrt geht. Zur Einschränkung des Stoffumfangs soll im Teil II die Behandlung dieser Fragen auf das Beispiel der Sprachsignale beschränkt bleiben. Verschiedene der erarbeiteten Gesichtspunkte lassen sich auch auf andere Signalarten (z. B. Bildsignale) übertragen. Überdies werden in der Informationstheorie in Teil III noch manche Fragen von einer allgemeineren und moderneren Betrachtungsweise her wieder aufgegriffen. Der erste Hauptabschnitt (5) von Teil II behandelt das Gebiet *Sprache und Wandler* nach den älteren klassischen Methoden.

Ein zweiter Fragenkomplex betrifft die Übertragungswege zur Übertragung elektrischer Signale über räumliche Entfernungen. Es geht hier um die Beschreibung ihrer Funktion und ihrer elektrischen Eigenschaften. In diesem Buch konzentriert sich der Stoff hauptsächlich auf Leitungen, weshalb der zweite Hauptabschnitt (6) von Teil II die Überschrift *Übertragungswege, Leitungen* trägt.

Die Untersuchung der obigen beiden Fragenkomplexe ergibt u. a., daß gewisse Übertragungswege nur sehr schlecht z. B. solche Sprachsignale übertragen können, die unmittelbar am Ausgang eines elektroakustischen Wandlers auftreten. Dagegen können diese Übertragungswege außerordentlich gut andersartige Signale übertragen, z. B. solche in höherer Frequenzlage. Die Untersuchung ergibt ferner, daß ein Übertragungsweg, auch wenn er mit einfachen Mitteln realisiert wird, meist wesentlich mehr als ein einziges Sprachsignal übertragen kann, woraus sich der Wunsch nach Mehrfachausnutzung ergibt. Für beide Zwecke, sowohl für die Umwandlung der Signaleigenschaften in eine dem Übertragungsweg gemäße Form als auch für die Mehrfachausnutzung eines Übertragungsweges sind entsprechende Apparaturen erforderlich, die zwischen Wandler und Übertragungsweg geschaltet werden. Zwischen Wandlerausgang und Eingang des Übertragungsweges sind das die sogenannten Modulatoren. Für die Rückumwandlung müssen zwischen Ausgang des Übertragungsweges und den entsprechenden Signalrückwandlern Selektoren zur Trennung der einzelnen Signale und Demodulatoren zur Rückumsetzung eingeschaltet werden. Die einzelnen Methoden hierfür beschreibt der dritte Hauptabschnitt (7) *Modulation und Selektion* des Teils II.

## 5 Sprache und Wandler

### 5.1 Spracherzeugung

Für die Untersuchung der Eigenschaften von Sprachsignalen sind Kenntnisse über die Funktion des menschlichen Sprechorgans sehr nützlich. Abb. 5.1a zeigt einen Längsschnitt durch diejenigen Teile des menschlichen Kopfes, die an der

Lautbildung beteiligt sind. Am oberen Ende der Luftröhre befindet sich der Kehlkopf mit der Stimmritze. Der Kehlkopfdeckel (Epiglottis) verhindert, daß Speise auf die Stimmritze bzw. in die Luftröhre gelangt. Oberhalb des Kehlkopfs schließt sich der Sprechtrakt, bestehend aus Mundhöhle und Nasenhöhle, an. Die Mundhöhle wird geformt durch den harten und weichen Gaumen (Gaumensegel), durch die Zahnreihen und die Zungen- und Lippenstellung. Abb. 5.1a zeigt ferner die unterschiedliche Formung der Mundhöhle beim Aussprechen verschiedener Vokale. Neben dem Kehlkopf und dem Sprechtrakt trägt noch die Lunge zur Stimm- und Lautbildung bei. Blickt man von oben in die Luftröhre, dann sieht man, daß die Luft-

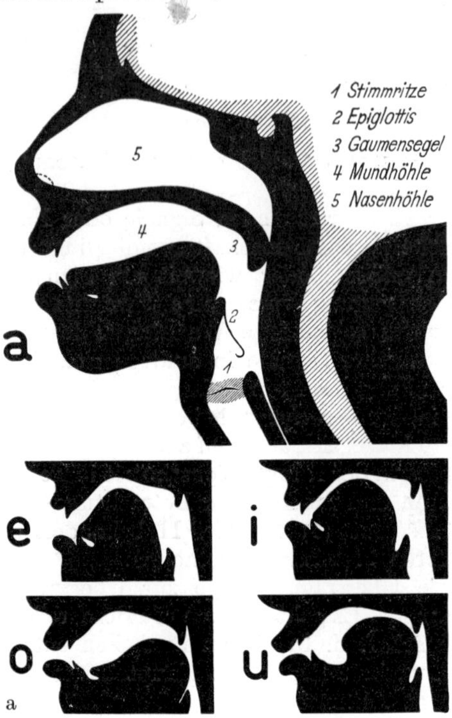


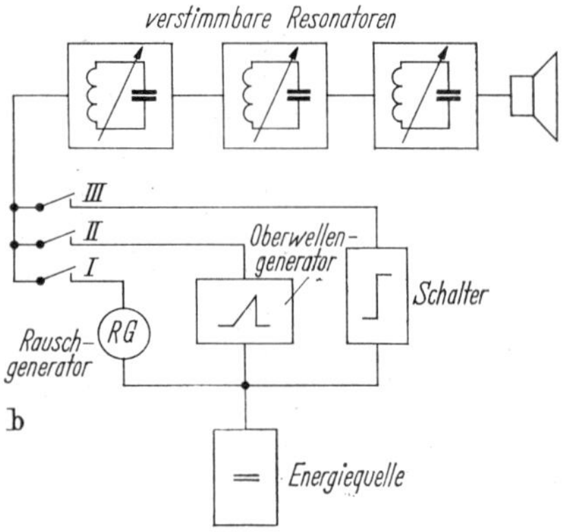


Abb. 5.1. Menschliches Sprechorgan
a Stellung des Sprechtraktes bei verschiedenen Vokalen; b Elektrisches Ersatzbild des Sprechorgans

röhre in Kehlkopfhöhe von zwei seitlich angewachsenen Hautfähnchen, den Stimmbändern, fast verschlossen wird. Nur in der Mitte verbleibt eine mehr oder weniger schlitzartige Öffnung, die *Stimmritze* (Abb. 5.2). An den Wänden der Luftröhre befinden sich verschiedene Muskel, wodurch die Spaltbreite der Stimmritze vergrößert und verkleinert werden kann und wodurch ferner die Stimmbänder straffer oder lockerer gespannt werden können. Bei normaler ruhiger Atmung ist der Spalt etwa dreieckförmig (Abb. 5.2a), bei Bildung hoher Töne wird er sehr eng, bei tiefen Tönen relativ weit (Abb. 5.2b).

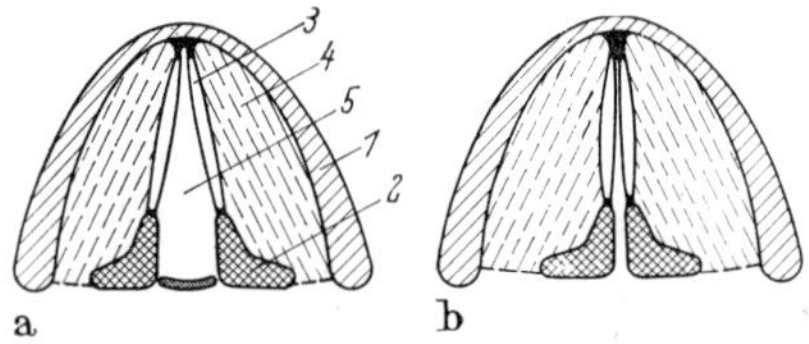


Abb. 5.2. Kehlkopf
1 Schildknorpel, 2 Stellknorpel, 3 Stimmlippen, 4 Stimmbänder, 5 Stimmritze
a bei ruhiger Atmung; b bei Lautbildung

Bei der Erzeugung von Vokalen oder vokalähnlichen Lauten wird von der Lunge ein Luftstrom durch die Stimmritze gepreßt, wodurch die Stimmbänder zu mechanischen Schwingungen angeregt werden. Dabei entsteht zunächst ein sehr obertonreiches Lautgemisch, dessen Klangfarbe durch den Sprechtrakt geformt wird. Mund- und Nasenhöhle wirken dabei als Resonatoren. Der Resonator der Mundhöhle ist, wie schon in Abb. 5.1a gezeigt wurde, veränderbar.

Die Tonhöhe wird beeinflußt durch Veränderung

a) der Länge des vibrierenden Teiles der Stimmbänder,
b) des Luftdrucks (vom Druck hängt außerdem die Lautstärke ab),
c) der Spannung der Stimmbänder.

Von der Länge der Stimmbänder bzw. der Größe des Kehlkopfs werden die Stimmlagen (Baß, Tenor, Alt usw.) wesentlich bestimmt. Die Länge der Stimmbänder beträgt bei Frauen etwa 15 ··· 18 mm, bei Männern etwa 20 ··· 24 mm. Bei männlichen Jugendlichen vergrößert sich zur Zeit der körperlichen Reife der Kehlkopf beträchtlich, wodurch der Stimmbruch hervorgerufen wird.

### 5.1.1 Einige Eigenschaften von Sprachsignalen

Analysiert man gesprochene Vokale im Frequenzbereich, dann stellt man fest, daß die Spektren der Vokale Linienspektren sind (vgl. Abschn. 0.1.3). Von diesen Spektren interessiert in erster Linie das Amplitudenspektrum. Seine Zusammen-

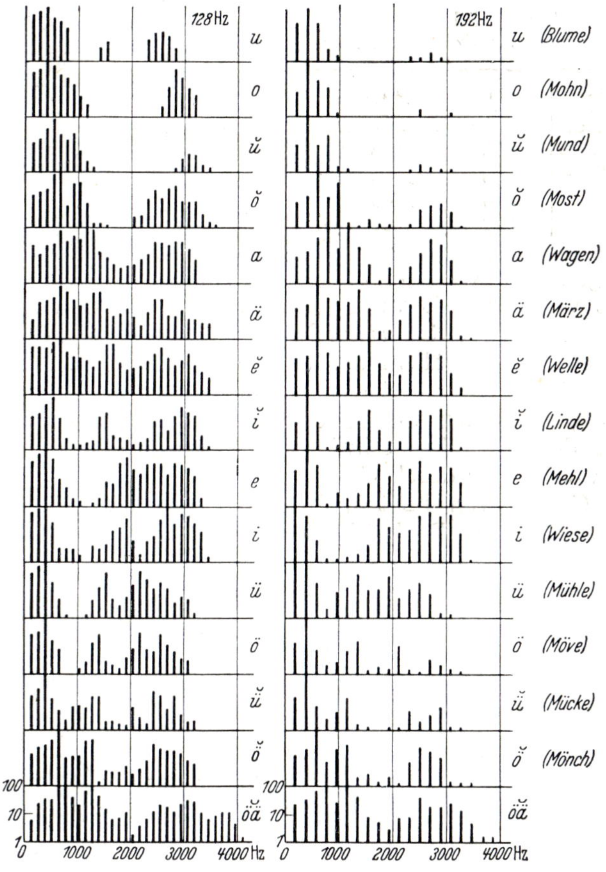


Abb. 5.3. Vokalspektren nach TIENHAUS [13]

setzung kann z. B. mit einem Meßmikrophon gemessen werden, welches an seinem Ausgang eine Spannung erzeugt, deren zeitliche Schwankung proportional der Druckschwankung des Sprachschalldrucks ist (die Wirkungsweise verschiedener Mikrophone wird noch in Abschn. 5.3 erläutert). Mittels eines (frequenz)- selektiven Voltmeters können dann die einzelnen Frequenzkomponenten der Mikrophonspannung festgestellt werden. Abb. 5.3 zeigt verschiedene Vokalspektren (Amplitudenspektren), die auf diese Weise gemessen werden können. Die einzelnen Frequenzen, bei denen eine Spannung gemessen werden kann, sind alle ganzzahlige Vielfache einer Grundfrequenz. Diese Grundfrequenz liegt bei männlichen Stimmen zwischen 100 und 200 Hz, bei weiblichen Stimmen zwischen 150 und 250 Hz.

Die Auswertung von Vokalspektren zeigt eine Merkwürdigkeit der menschlichen Stimme bzw. des menschlichen Gehörs. Wie der Vergleich je zweier Vokalspektren in Abb. 5.3 zeigt, spielt die Grundfrequenz keine Rolle bei der Vokal*erkennung*, d. h. ob ein *a* oder *i* usw. gesprochen wird. Wie von HELMHOLTZ festgestellt worden ist, spielt hierfür auch die gegenseitige Phasenlage der einzelnen Frequenzkomponenten zueinander keine Rolle. Die semantische Bedeutung eines Vokals wird fast ausschließlich von der Umhüllenden des Spektrums geprägt. Diese Hüllkurve hat einige ausgeprägte Maxima, deren Lagen und Höhen für die einzelnen Vokale charakteristisch sind. Diese charakteristischen Maxima bezeichnet man als *Formanten*. In Tab. 5.1 sind die Frequenzlagen einiger Formanten zusammengestellt.

Tabelle 5.1
*Formantfrequenzen von Vokalen (vgl. Abb. 5.3)*

| Vokal | Grundfrequenz / Hz | $F_1$ / Hz | $F_2$ / Hz | $F_3$ / Hz |
|---|---|---|---|---|
| *u* | 128 | 380 | 1500 | 2600 |
| *a* | 128 | 640 | 1150 | 2700 |
| *e* | 128 | 380 | 1900 | 2400 |
| *i* | 128 | 380 | 1900 | 2650 |

Neben den Vokalen haben auch die *Halbvokale* (*m, n, r, l*) nahezu ein Linienspektrum mit mehr oder weniger scharf ausgeprägten Formantbereichen. Auch diese Laute werden hauptsächlich durch die Stimmbänder erzeugt.

An allen anderen Lauten, die sich als Dauerlaute aussprechen lassen, sind außer den Stimmbandschwingungen noch Geräusche maßgeblich beteiligt. Diese Geräusche werden im Sprechtrakt von der Luft verursacht, die durch bestimmte Spalten strömt. Zum Beispiel bei den Lauten *w* und *f* strömt die Luft durch einen Spalt, der durch gegenseitiges Annähern der Lippen gebildet wird. Bei den Lauten *sch* und *tsch* strömt die Luft durch einen Spalt zwischen Zunge und hartem Gaumen.

Stimmhafte Konsonanten werden durch Zusammenwirken der beschriebenen Geräusche und der Stimmbandschwingungen erzeugt. Stimmlose Konsonanten (*s, ch, sch, f*) werden nur durch Geräusche allein gebildet.

Eine letzte Gruppe von Lauten, die das menschliche Sprechorgan erzeugen kann, sind die sogenannten *Explosivlaute* (Stopkonsonanten). Diese entstehen z. B. durch plötzliches Öffnen der Lippen (*b, p*) oder durch plötzliches Wegziehen der Zunge von der oberen Zahnreihe (*t, d*).

Aus der beschriebenen Wirkungsweise des menschlichen Sprechorgans bei der Lauterzeugung folgt unmittelbar sein in Abb. 5.1b angegebenes schematisches elektrisches Ersatzschaltbild. Die Energiequelle entspricht der Lunge, der Oberwellengenerator den obertonreichen Stimmbandschwingungen, der Schalter dient zur Erzeugung von Explosivlauten und die verstimmbaren Resonatoren entsprechen den Resonatoren des Sprechtraktes.

Flüstern ist eine Sprechweise, bei der die Stimmbänder nicht erregt werden. Die Lautbildung erfolgt in diesem Fall einzig durch Geräusche und Schaltwirkungen.

Die durch Geräusche erzeugten Laute und die Explosivlaute weisen kein Linienspektrum mehr auf wie die Vokale, sondern ein kontinuierliches Spektrum. Bei einem kontinuierlichen Spektrum ist im Gegensatz zum Linienspektrum die gemessene Spannung von der Bandbreite des selektiven Voltmeters abhängig. Der Ordinatenwert des kontinuierlichen Amplitudenspektrums hat die Dimension Spannung pro Frequenz (vgl Abschn. 0.1.3.2). Während beim Linienspektrum der Vokale das Phasenspektrum belanglos ist, ist bei Explosivlauten nicht nur das kontinuierliche Amplitudenspektrum, sondern auch noch das Phasenspektrum, d. h. der vollständige zeitliche Einschwingvorgang wichtig.

Die bei normaler Unterhaltungslautstärke abgegebene mittlere Schalleistung beträgt 10 μW. Die kurzzeitigen Spitzenwerte liegen bei 1000 μW. Das entspricht einem Schalldruck in 5 cm Abstand vom Mund von 5 μb (Mikrobar) bzw. bei den Spitzen von 50 μb. (Die Leistung ist proportional dem Quadrat des Druckes.) Die

Einheit $\mu$b ist die Druckeinheit in cgs-System, wenn das b ein kleiner Buchstabe ist.

$$1\,\mu b = 1\,\frac{\text{dyn}}{\text{cm}^2} = \frac{\text{Kraft}}{\text{Fläche}}\,. \tag{5.1}$$

Mißt man die Kraft nicht in dyn, sondern in Newton (kgm/s$^2$), und die Fläche nicht in cm$^2$ (Quadratzentimeter), sondern in m$^2$ (Quadratmeter), dann kommt man auf die Einheit (Groß)-Bar.

Es gilt die Beziehung:

$$1\,\mu b = 0{,}1\,\mu B\,. \tag{5.2}$$

## 5.2 Das Gehör

Zum besseren Verständnis der Wirkungsweise des menschlichen Ohres seien zuvor die wichtigsten Schallfeldgrößen kurz erläutert: Bekanntlich breitet sich der Schall als *Druckwelle* aus. Bei ungestörter Schallausbreitung, z. B. in Luft, ist die Welle longitudinal, d. h., die Luftpartikelchen schwingen in Schallausbreitungsrichtung mit der *Schnelle* $v$ entsprechend der Schallfrequenz hin und her. Die Bewegung der Teilchen folgt nämlich dem Druckgefälle. Bei wandernden Schallwellen sind Druck $p$ und Schnelle $v$ zeitlich stets in Phase. Der Quotient von Druck $p$ und Schnelle $v$ ist eine Konstante, die charakteristisch für das Medium ist, in welchem sich der Schall ausbreitet. Diese Konstante bezeichnet man als *Schallwellenwiderstand* $Z_{ak}$. Er wird gewöhnlich in der Einheit *akustisches Ohm* angegeben. Die Theorie liefert folgende Beziehung

$$Z_{ak} = \frac{p}{v} = \varrho\, c\,. \tag{5.3}$$

$\varrho$ ist die Dichte des Mediums, $c$ ist die Schallgeschwindigkeit des Mediums. Die Schallgeschwindigkeit darf nicht mit der Schnelle $v$ verwechselt werden. Der Schallwellenwiderstand von Luft beträgt $Z_{ak\,L} = 41{,}5$ akust. $\Omega$, der von Wasser, welches eine wesentlich größere Dichte hat, beträgt $Z_{ak\,W} = 148\,000$ akust. $\Omega$.

Abb. 5.4 zeigt eine schematische Darstellung des Ohres. Ohrmuschel und Gehörgang bilden das äußere Ohr. Jenseits des Trommelfells schließt sich das Mittelohr an. Es enthält die Gehörknöchel, das ist ein Hebelsystem, welches das äußere Ohr mit dem inneren Ohr verbindet. Das innere Ohr besteht aus dem Gleichgewichtsorgan und der Schnecke.

Die Schallwellen gelangen durch das äußere Ohr an das Trommelfell. Durch die Gehörknöchel werden dessen Schwingungen auf die Membran des ovalen Fensters übertragen, wobei die Schwingungsamplituden auf kleinere und der Druck auf größere Werte transformiert werden. Hierdurch wird der Schallwellenwiderstand des äußeren Ohres, der etwa gleich dem von Luft ist, an den wesentlich größeren Schallwellenwiderstand des inneren Ohres, welches mit Lymphflüssigkeit gefüllt ist, angepaßt. Ohne diese Anpassung könnte das Ohr nur einen geringen Bruchteil der angebotenen Schallenergie empfangen, weil dann der größte Teil der Energie am Innenohr reflektiert werden würde.

In der Schnecke wird der Schall analysiert und seine Information in Nervenimpulse umgesetzt. Abb. 5.4b zeigt einen Längsschnitt durch die abgewickelte Schnecke. Ihr Innenraum wird durch die Schneckentrennwand (feine Knochenlamelle) und durch die Basilarmembran in einen oberen und einen unteren Teil getrennt, die an der Schneckenspitze durch ein Loch (Helicotrema) miteinander verbunden sind. Längs der Basilarmembran verläuft eine wallartige Verdickung, das CORTIsche Organ, in der sich mehrere Reihen von Sinneszellen befinden (Abbildung 5.4c). Bei sinusförmigem Schall befindet sich je nach Frequenz an einer ganz bestimmten Stelle der Basilarmembran ein Schwingungsmaximum, welches von den Sinneszellen wahrgenommen wird. Niedere Frequenzen erregen die Basilarmembran nahe dem Helicotrema, hohe Frequenzen nahe dem ovalen Fenster (Abbildung 5.4d).

Die Empfindlichkeit des gesunden Ohres ist außerordentlich hoch. Bei einer Lautstärke von 80 Phon (s. Abschn. 5.2.1) kann es im Bereich von 30 ··· 500 Hz Frequenzdifferenzen von etwa 3 Hz noch feststellen. Oberhalb von 500 Hz bis 16 kHz

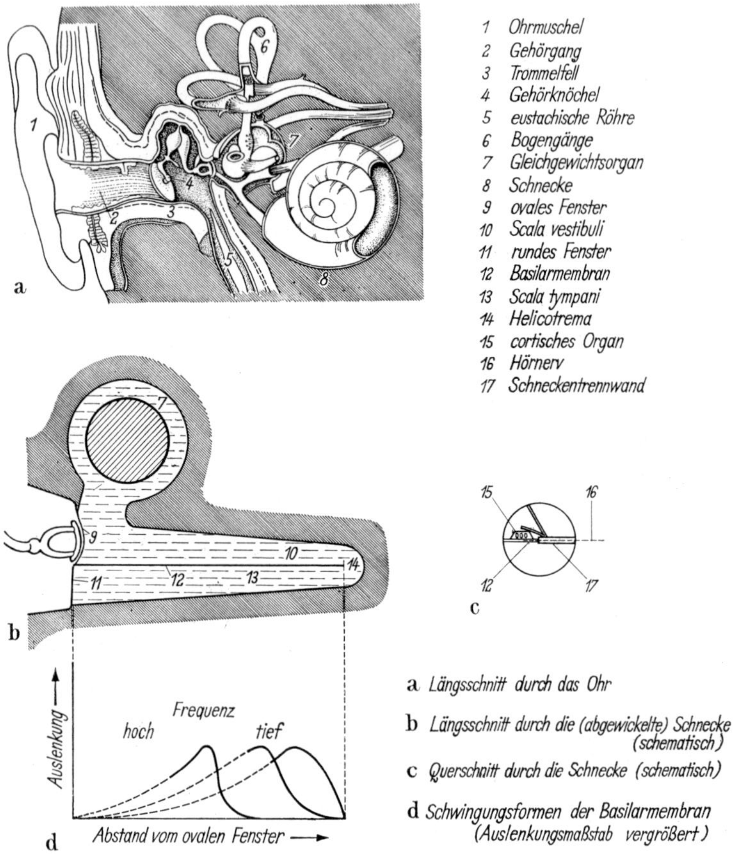


**Abb. 5.4.** Zur Funktion des Ohres
a Längsschnitt durch das Ohr; b Längsschnitt durch die (abgewickelte) Schnecke (schematisch); c Querschnitt durch die Schnecke (schematisch); d Schwingungsformen der Basilarmembran

beträgt das Frequenzunterscheidungsvermögen etwa 6% des Absolutwertes. Wie diese scharfe Frequenzselektion trotz der breiten Resonanzkurven von Abb. 5.4d möglich ist, ist noch nicht ganz geklärt. Zwischen 30 Hz und 16 kHz sind rund 850 Tonhöhen unterscheidbar. Auch das Intensitätsunterscheidungsvermögen des Ohres ist sehr gut. Bei mittleren Frequenzen, d. h. bei 800 Hz, kann das Ohr etwa 325 verschiedene Pegelwerte eben noch unterscheiden.

### 5.2.1 Lautstärke und Hörfläche

Die Lautstärke ist ein subjektives Maß, welchem die Empfindlichkeit des menschlichen Ohres zugrunde liegt. Der Schalldruckpegel ist dagegen ein objektives Maß, weil die Druckmessung unabhängig von einer subjektiven Beurteilung ist. Der Schalldruck wird gewöhnlich in Mikrobar gemessen. Der Schalldruckpegel $s_{ak}$ ist ein logarithmisches Maß

$$s_{ak} = 20 \log \frac{p}{p_0} \text{ db}. \tag{5.4}$$

Der Bezugswert des Schalldrucks ist $p_0 = 2 \cdot 10^{-4}\,\mu\text{b} = 0{,}2 \cdot 10^{-4}\,\mu\text{B}$.

Die Einheit der Lautstärke ist das Phon. Ein Ton hat die Lautstärke $x$ Phon, wenn er gleich laut empfunden wird wie ein Ton von 1 kHz, der an demselben Ort einen Schalldruckpegel von $x$ db erzeugt. Bei der Bezugsfrequenz 1 kHz entspricht die Lautstärke (in Phon) dem Schalldruckpegel (in db).

Abb. 5.5 zeigt gemessene Kurven gleicher Lautstärke. Die 0-Phon-Kurve ist die Hörschwelle, d. h. die untere Grenze für die Lautwahrnehmung. Die 120-Phon-

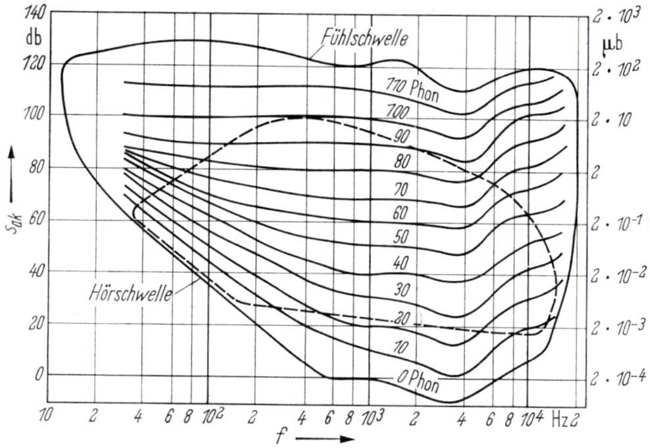


Abb. 5.5. Hörfläche und Kurven gleicher Lautstärke

Kurve ist die obere Grenze für die wahrnehmbare Lautstärke. Darüber geht die Lautstärkeempfindung in die Schmerzempfindung über. Bei etwa 15 Hz und 20 kHz laufen die Kurven der Hörschwelle und Schmerzgrenze zusammen. Die von beiden Kurven eingeschlossene Fläche ist die Hörfläche oder der Hörbereich. Er enthält etwa 340000 unterscheidbare Töne. Die geschlossene gestrichelte Kurve gibt den Musikbereich an. Der Bereich, den Sprachsignale einnehmen, ist noch wesentlich kleiner.

Im folgenden werden einige typische Lautstärken angegeben, die eine größenordnungsmäßige Vorstellung von Phonzahlen vermitteln soll:

20 Phon entspricht Flüstern
40 Phon entspricht einer leisen Unterhaltung
60 Phon entspricht Staubsaugergeräusch
80 Phon entspricht lautem Rufen
110 Phon entspricht dem Lärm in einer Kesselschmiede.

## 5.3 Elektroakustische Wandler

### 5.3.1 Das Mikrophon

Das Mikrophon hat die Aufgabe, Schallschwingungen in analoge elektrische Schwingungen umzusetzen. Für die Konstruktion von Mikrophonen können verschiedene Gesichtspunkte leitend sein. Einmal kann die Hauptaufgabe darin bestehen, daß die zeitabhängige elektrische Spannung (oder der zeitabhängige Strom) am Mikrophonausgang möglichst exakt den zeitlichen Schallschwingungen entspricht. Die Frage nach einer möglichst großen Amplitude der Ausgangsspannung bei gegebener Schwingungsamplitude oder Kostenfragen sind in diesem Fall von sekundärer Bedeutung. In einem anderen Fall stehen die Kosten und Wirtschaftlichkeitsfragen im Vordergrund, während die akustisch-elektrischen Wandlereigenschaften in weiten Grenzen beliebig sein dürfen, solange das übertragene Sprachsignal noch verständlich bleibt. Zu der erstgenannten Gruppe gehören die Meßmikrophone. Sie arbeiten meist nach dem elektrostatischen (Kondensatormikrophon) oder elektrodynamischen Prinzip (Bändchenmikrophon). Zur zweiten Gruppe gehören die Kohlemikrophone.

In diesem Buch soll nur das Kohlemikrophon näher erläutert werden. Dieses Mikrophon hat für die Nachrichtenübertragung wohl die größte praktische Bedeutung. Jeder Telefonapparat ist damit ausgerüstet.

Als elektroakustische Wandler bezeichnet man strenggenommen nur solche Einrichtungen, die akustische in elektrische Energie oder umgekehrt elektrische in akustische Energie umwandeln. Insofern ist das Kohlemikrophon kein echter Wandler, weil seine Wirkungsweise auf einer Stromsteuerung beruht. Das Kohlemikrophon muß nämlich in einen Gleichstromkreis geschaltet werden. Treffen Schallwellen auf das Mikrophon, dann ändert sich sein Widerstand im Rhythmus der Schallschwingungen. Das hat zur Folge, daß auch der Strom sich im gleichen Rhythmus ändert.

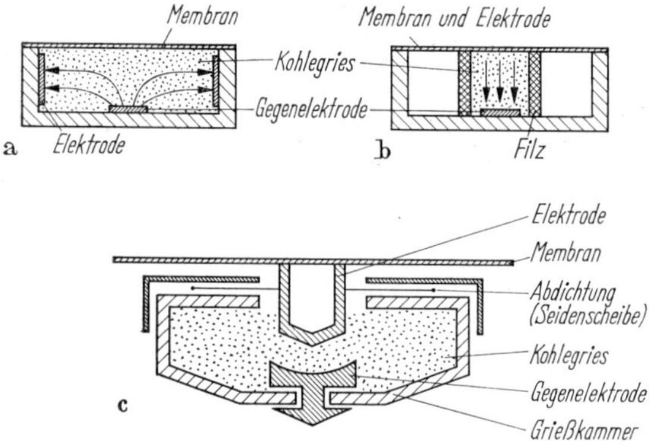


Abb. 5.6. Aufbau von Kohlemikrophonen
a Querstrommikrophon; b Längsstrommikrophon; c verbesserte Konstruktion des Längsstrommikrophons

In Abb. 5.6 ist der grundsätzliche Aufbau von Kohlemikrophonen schematisch dargestellt. Der Widerstand des Mikrophons wird im wesentlichen durch den Kohlegrieß gebildet. Wird das Mikrophon beschallt, dann preßt die Membran den Kohlegrieß entsprechend den Schallschwingungen mehr oder weniger zusammen, wodurch sich die Grießkörnchen an mehr oder weniger großen Flächen berühren. Dadurch wird der Mikrophonwiderstand den auftreffenden Schallwellen entsprechend verändert.

Wie Abb. 5.6 weiter zeigt, unterscheidet man im technischen Aufbau zwischen dem *Querstrommikrophon* und dem *Längsstrommikrophon.* Beim Querstrommikrophon wird der Kohlegrieß quer zur Richtung der Strompfade zusammengepreßt, beim Längsstrommikrophon wird der Kohlegrieß in Richtung der Strompfade zusammengepreßt. Das Querstrommikrophon hat zwar einen besseren Frequenzgang, ist aber dafür unempfindlicher als das Längsstrommikrophon. In der Fernsprechtechnik werden darum heute fast ausschließlich Längsstrommikrophone benutzt. Dieser Typ ist im Laufe der technischen Entwicklung wiederholt verbessert und vervollkommnet worden. Der Aufbau nach Abb. 5.6b hat beispielsweise den Mangel, daß sich der Kohlegrieß bei waagerechter Lage (Membran nach oben) teilweise oder ganz von der Membran löst, wodurch die Empfindlichkeit sinkt oder das Mikrophon gar taub wird. Dieser Nachteil wird vermieden, wenn an der Membran ein Stempel angebracht ist, der in die Grießkammer hineinragt (Abb. 5.6c).

Das Kohlemikrophon wird sehr häufig in der Schaltung nach Abb. 5.7a betrieben. Darin wird das Mikrophon selbst durch das durch $r_m(t)$ gekennzeichnete Symbol dargestellt. Die Gleichspannungsquelle $U_0$ stellt den erforderlichen Strom durch das Mikrophon zur Verfügung. Wird das Mikrophon nicht beschallt, dann fließt der Ruhestrom $I_0$ (= Gleichstrom) durch das Mikrophon. Wird das Mikrophon beschallt, dann ist dem Gleichstrom $I_0$ ein zeitabhängiger Wechselstrom $\Delta i(t)$ überlagert. Durch den Übertrager wird der Wechselanteil vom Gleichstromanteil $I_0$ getrennt und an den Verbraucher $R_a'$ weitergeleitet. Die Widerstände $\frac{1}{2} R_L$ in Abb. 5.7a sind die Widerstände von Hin- und Rückleiter. Bei Fernsprechern befindet sich nämlich zwischen Mikrophon und Batterie eine oft viele Kilometer lange Leitung.

Unter der Voraussetzung, daß die Streuung des Übertragers vernachlässigbar klein ist, ergibt sich gemäß Teil I, Abb. 1.31, das Ersatzbild von Abb. 5.7b. Aus-

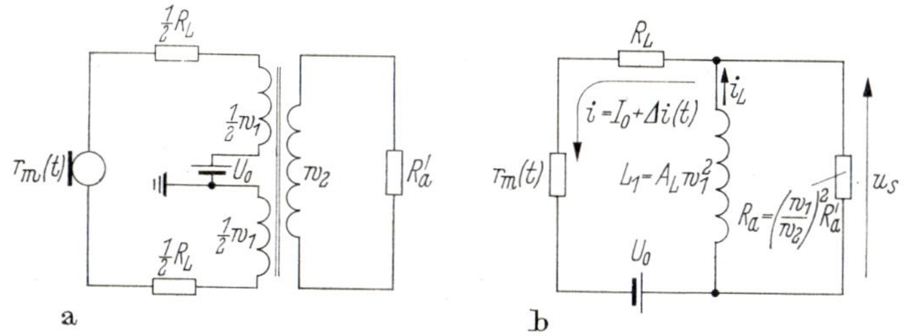


Abb. 5.7. Mikrophonstromkreis („Speisebrücke")
a vollständige Schaltung; b Ersatzschaltbild für höhere Frequenzen

gehend von diesem Ersatzbild soll nun der Mikrophonstromkreis unter folgenden zwei vereinfachenden Annahmen für den Mikrophonwiderstand $r_m(t)$ berechnet werden:

a) Bei sinusförmigem Schalldruck sei auch die Widerstandsänderung sinusförmig.

b) Der Mikrophonwiderstand sei nur den Schallschwingungen entsprechend zeitabhängig und unabhängig vom Strom $i$.

Die Schaltung von Abb. 5.7b stellt damit ein lineares zeitvariables Netzwerk mit einem zeitabhängigen Widerstand dar. Bei sinusförmigem Schall der Frequenz $\omega$ gilt

$$r_m(t) = R_{m0} + \Delta R \sin\omega t. \tag{5.5}$$

$R_{m0}$ ist der Gleichstromwiderstand des unbeschallten Mikrophons. Die Maschengleichung für den Mikrophonstrom $i$ lautet

$$U_0 - u_s = i(R_L + R_{m0}) + i\,\Delta R \sin\omega t. \tag{5.6}$$

Für die Spannung $u_s$ gilt mit $i_L = i - u_s/R_a$

$$u_s = L_1 \frac{di_L}{dt} = L_1 \frac{di}{dt} - \frac{L_1}{R_a}\frac{du_s}{dt}$$

oder

$$\frac{L_1}{R_a}\frac{du_s}{dt} + u_s = L_1 \frac{di}{dt}. \tag{5.7}$$

Gl. (5.6) nach $i$ aufgelöst, dann nach $t$ differenziert und $di/dt$ in Gl. (5.7) eingesetzt, ergibt eine lineare Differentialgleichung mit zeitabhängigen Koeffizienten vom Typ

$$\frac{du_s}{dt} + p(t)\,u_s + q(t) = 0. \tag{5.8}$$

Wegen der Kompliziertheit der exakten Lösung dieser Gleichung wird im folgenden die Amplitude der Spannung $u_s$ näherungsweise bestimmt unter der Voraussetzung, daß $(R_a + R_L + R_{m0}) \gg \Delta R$ ist und die Frequenz $\omega$ so hoch ist, daß $\omega L_1 \gg R_a$

ist. In diesem Fall gilt

$$i = I_0 + \Delta i(t) = \frac{U_0}{R_a + R_L + R_{m0} + \Delta R \sin\omega t}$$

$$= \frac{U_0}{(R_a + R_L + R_{m0})\left(1 + \frac{\Delta R}{R_a + R_L + R_{m0}} \sin\omega t\right)}.$$

Wegen $1/(1+\varepsilon) = 1 - \varepsilon + \varepsilon^2 - \varepsilon^3 + \cdots$ folgt mit $\varepsilon \ll 1$

$$I_0 + \Delta i(t) \approx \frac{U_0}{R_a + R_L + R_{m0}} \left(1 - \frac{\Delta R}{R_a + R_L + R_{m0}} \sin\omega t + - \cdot\cdot\right). \tag{5.9}$$

Im letzten Ausdruck von Gl. (5.9) ist wegen der gemachten Voraussetzung $\omega L_1 \gg R_a$ nur der zeitabhängige Summand richtig, der den Wechselstromanteil kennzeichnet. Die Amplitude $\hat{I}$ dieses Wechselstroms ist

$$\hat{I} = \frac{-U_0 \Delta R}{(R_a + R_L + R_{m0})^2}. \tag{5.10}$$

Damit ist die Amplitude $\hat{U}$ der Wechselspannung $u_s$ über dem Arbeitswiderstand $R_a$

$$\hat{U} = \hat{I} R_a = -\frac{U_0 \Delta R \, R_a}{(R_a + R_L + R_{m0})^2}. \tag{5.11}$$

Die Leistung im Verbraucher wird

$$P_a = \frac{1}{2} \frac{\hat{U}^2}{R_a} = \frac{1}{2} \frac{(U_0 \Delta R)^2 R_a}{(R_a + R_L + R_{m0})^4}. \tag{5.12}$$

Um den Wert von $R_a$ zu finden, bei welchem die größte Leistung in den Verbraucher fließt, wird Gl. (5.12) nach $R_a$ differenziert

$$\frac{dP_a}{dR_a} = \frac{1}{2} (U_0 \Delta R)^2 \frac{(R_a + R_L + R_{m0})^4 - 4R_a(R_a + R_L + R_{m0})^3}{(R_a + R_L + R_{m0})^8} \stackrel{!}{=} 0.$$

Wie man durch Bildung der zweiten Ableitung bestätigt findet, ergibt sich damit das Maximum bei

$$R_a = \tfrac{1}{3}(R_L + R_{m0}). \tag{5.13}$$

Die Näherung nach Gl. (5.9) ergab einen reinen sinusförmigen Strom. Bei Berücksichtigung der höheren Potenzen $\varepsilon^2$, $\varepsilon^3$ usw. ergeben sich Oberwellen $\sin(2\omega t)$; $\sin(3\omega t)$ usw., d. h., es ist ein Klirrfaktor vorhanden. Neben dieser Ursache für den Klirrfaktor sind noch zwei weitere Ursachen für nichtlineare Verzerrungen vorhanden. Die erste liegt darin, daß bei sinusförmigem Schalldruck die Widerstandsveränderung des Mikrophons *nicht* sinusförmig ist (1. vereinfachende Voraussetzung bei obiger Rechnung). Die zweite Ursache liegt darin, daß der Mikrophonwiderstand selbst nichtlinear ist, d. h. auch vom fließenden Strom $i$ abhängig ist (2. vereinfachende Voraussetzung).

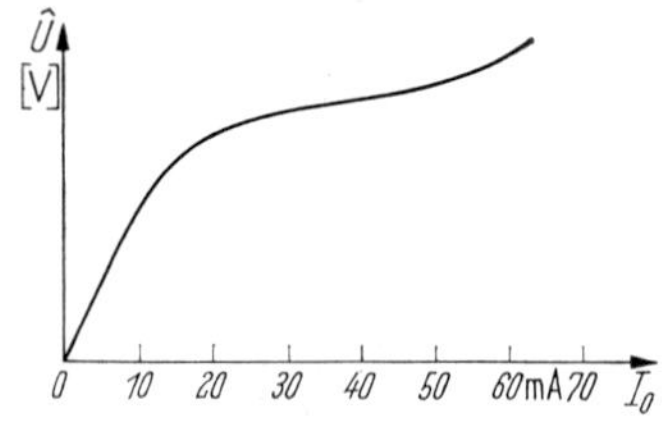

Abb. 5.8. Sprechspannung $\hat{U}$ eines Kohlemikrophons in Abhängigkeit vom Speisestrom $I_0$

Die von einem gewöhnlichen Kohlemikrophon abgegebene Sprechspannung hängt vom Speisestrom $I_0$ gemäß Abb. 5.8 ab. Den Mikrophonspeisestrom $I_0$ legt man für den normalen Betrieb zwischen 25 und 40 mA, weil in diesem Bereich Speisestromschwankungen keine Rolle spielen. Bei der Einstellung des Speisestroms ist zu berücksichtigen, daß der Mikrophonwiderstand $R_{m0}$ stark strom- und lageabhängig ist. Er kann zwischen 75 Ω und 250 Ω schwanken. Auch bei guten Mikrophonen können noch Schwankungen zwischen 75 Ω und 140 Ω auftreten.

Das Kohlemikrophon hat verstärkende Eigenschaften, denn es ist ja kein echter Wandler, da seine Wirkungsweise auf einer Stromsteuerung beruht. Bei einer empfangenen Schalleistung von 1 μW beträgt die abgegebene elektrische Leistung etwa 100 μW. Die mittlere Empfindlichkeit liegt bei 25 mV/μb. Diese günstigen

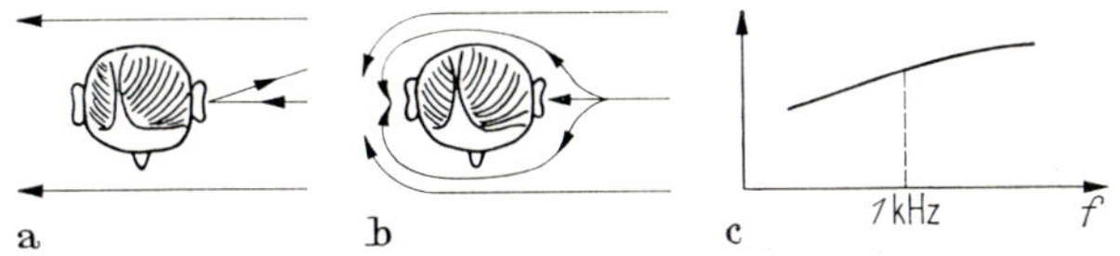


Abb. 5.9. Natürliche Bevorzugung höherer Schallfrequenzen im freien Schallfeld
a Rückstauung bei höheren Frequenzen; b Ausgleich durch Beugung bei niedrigen Frequenzen; c Übertragungsmaß (akustisch—akustisch) in Abhängigkeit von der Frequenz $f$

Eigenschaften erklären die große praktische Bedeutung des Kohlemikrophons. Dagegen sind andere Eigenschaften, wie die Linearität und der Frequenzgang, verglichen mit denen anderer Mikrophonarten, ausgesprochen schlecht.

Der größte Teil der aufgewendeten Entwicklungsarbeiten an Kohlemikrophonen betreffen die Verbesserung seines Frequenzganges. Dabei interessiert in erster Linie nur der relativ enge Bereich von 300 · · · 3400 Hz, weil man sich in der Fernsprechtechnik in der Regel nur auf die Übertragung dieses Frequenzbereichs beschränkt. Dieser Bereich ist auf Grund älterer Verständlichkeitsmessungen (s. Abschn. 5.4) festgelegt worden. In diesem Übertragungsbereich möchte man eine möglichst konstante oder eine mit der Frequenz leicht ansteigende (um etwa 5 · · · 10 db) Empfindlichkeit haben.

Der Wunsch nach einer ansteigenden Empfindlichkeit hat u. a. auch den folgenden Grund: Im freien Schallfeld werden die hochfrequenteren Schallanteile vom menschlichen Ohr mit relativ größerer Amplitude aufgenommen als die niederfrequenteren, weil bei niedrigen Frequenzen ein Druckausgleich um den Kopf herum stattfindet, während bei hohen Frequenzen eine Rückstauung auftritt (Abb. 5.9). Bei niedereren Frequenzen treten Beugungserscheinungen auf, weil dort die Kopfgröße kleiner als die Wellenlänge ist. Beim Fernsprecher liegt das Telefon dicht am Ohr an, und folglich gibt es hier keine Bevorzugung der höheren Frequenzen wie im freien Schallfeld. Diese Abweichung von den natürlichen Bedingungen wird durch eine ansteigende Frequenzkurve beim Mikrophon ausgeglichen.

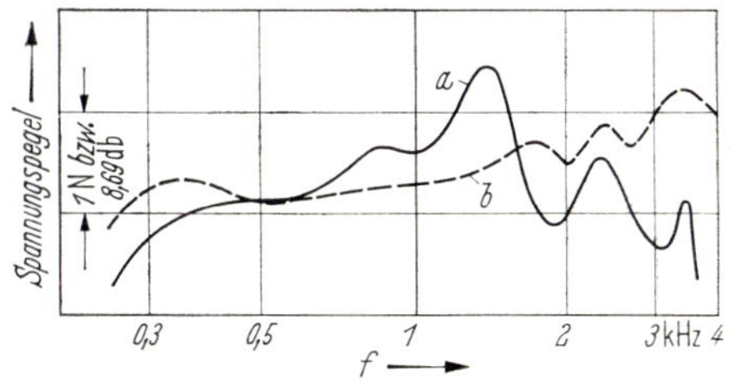


Abb. 5.10. Frequenzgang von Kohlemikrophonen
a ältere Bauart; b neuere Bauart

Abb. 5.10 zeigt den Frequenzgang eines Kohlemikrophons älterer Bauart und eines neuerer Bauart. Letzterer approximiert den im Übertragungsbereich erwünschten Frequenzgang nach Abb. 5.9c schon relativ gut. Technisch kann der Frequenzgang durch Bedämpfung oder Entdämpfung der mechanisch schwingungsfähigen Gebilde (Membran, Luftraum hinter der Membran) und durch Ausbildung von Resonatorhohlräumen mit bestimmten Eigenfrequenzen beeinflußt werden.

Neben den durch den Frequenzgang bestimmten linearen Verzerrungen ruft das Kohlemikrophon, wie schon erwähnt, auch nichtlineare Verzerrungen hervor. Der Klirrfaktor üblicher Kohlemikrophone nimmt bei kleinen Amplituden zunächst linear zu und erreicht dann Endwerte von 15 · · · 20%. Als ein sehr nützliches Maß für die Beurteilung der nichtlinearen Mikrophoneigenschaften hat sich in der Praxis die Messung der sogenannten Modulationsfremdspannung erwiesen. Dazu beschallt man das Mikrophon mit einem Schall, der nur Frequenzen unterhalb von 4 kHz enthält. Die Ausgangsspannung des Mikrophons führt man auf einen Hochpaß, der nur Frequenzkomponenten oberhalb von 4 kHz durchläßt. Am Ausgang dieses Hochpasses erhält man ein Spannungsgemisch aus Klirrprodukten und Störgeräuschen (Frittgeräusch), welches man als Modulationsfremdspannung bezeichnet. Diese Spannung bezogen auf die Nutzspannung ergibt eine brauchbare Beurteilung für die Qualität eines Kohlemikrophons.

Für die Praxis der Fernsprechtechnik ist schließlich noch die sogenannte Sendebezugsdämpfung ein wichtiges Maß zur Beurteilung eines Sendesystems, d. h. eines Mikrophons samt der zugehörigen Schaltung (Speisebrücke, Teilnehmeranschlußleitung und Gabelschaltung — s. Abschn. 5.5). Die Sendebezugsdämpfung gibt

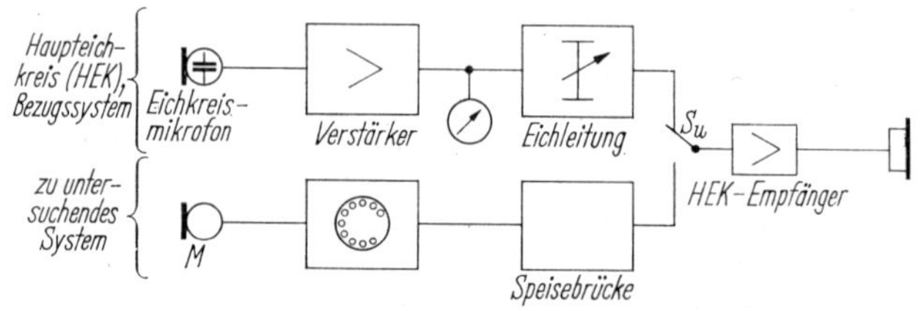


Abb. 5.11. Subjektive Bestimmung der Sendebezugsdämpfung. (Die Eichleitung ist ein geeichtes verstellbares Dämpfungsglied).

an, um wieviel Dezibel oder Neper das Sendesystem für Sprache oder für ein gleichwertiges Frequenzgemisch leiser (positiv) oder lauter (negativ) als ein willkürlich gewähltes Vergleichssystem ist. Als solches dient meist das SFERT-System (Système Fondamentale de Reférence pour la Transmission Téléphonique). Neuerdings wurde vom CCI das ähnliche ARAEN-System vorgeschlagen. Das Meßprinzip zeigt Abb. 5.11. Die Eichleitung wird dabei so eingestellt, daß beim Umschalten des Schalters $S_u$ kein Unterschied zwischen dem zu untersuchenden System und dem Eichnormal von der Prüfperson festgestellt werden kann.

Bei der objektiven Bezugsdämpfungsmessung wird statt Sprache ein künstlich erzeugter Schall verwendet, bei dem zeitlich hintereinander alle Frequenzen des Übertragungsbereichs mit gleichen Zeitanteilen wie bei der Sprache auftreten (künstlicher Mund). Statt des Telefons wird ein Spannungsmesser benutzt.

### 5.3.2 Das Telefon (Hörkapsel)

Im Gegensatz zur Umgangssprache versteht man in der Nachrichtentechnik unter Telefon nur den elektroakustischen Wandler, der elektrische Schwingungen in Schallschwingungen umsetzt. Speziell in der Fernsprechtechnik ist damit die Hörkapsel gemeint, die sich in der Hörmuschel des Teilnehmerapparates befindet.

Abb. 5.12a zeigt schematisch den Aufbau einer älteren Hörkapsel (Typ W 28), welche früher in der Fernsprechtechnik viel verwendet wurde. Der durch die Spule fließende elektrische Sprechstrom erzeugt im magnetischen Eisenkreis (Membran und Polschuhe) einen magnetischen Wechselfluß $\Phi_\sim$. Die auf die Membran ausgeübte Kraft $K$ ist aber proportional dem Quadrat des magnetischen Flusses $\Phi^2$. Damit z. B. bei sinusförmigem Strom die Membran nicht mit der doppelten Frequenz schwingt, ist ein Gleichfluß $\Phi_=$ notwendig, denn

$$\begin{aligned} K &= c(\Phi_= + \Phi_\sim \cos\omega t)^2 \\ &= c(\Phi_=^2 + 2\Phi_= \Phi_\sim \cos\omega t + \Phi_\sim^2 \cos^2\omega t). \end{aligned}$$

$c$ Proportionalitätskonstante.

Wenn $\Phi_= \gg \Phi_\sim$, kann $\Phi_\sim^2 \cos^2 \omega t$ vernachlässigt werden, d. h., die Membranschwingungen entsprechen dann der Zeitabhängigkeit des Signalstroms durch die Spule. Der erforderliche relativ große Gleichfluß $\Phi_=$ wird von einem in den magnetischen Kreis der Hörkapsel eingebauten Dauermagneten geliefert (Abb. 5.12a).

Bei der Konstruktion nach Abb. 5.12a ist wegen der dünnen Membran der magnetische Widerstand für die Kraftflußlinien sehr groß. Überdies ist infolge der Dauermagnetisierung durch $\Phi_=$ die für die Wechselanteile maßgebende reversible Permeabilität $\mu_{\text{rev}}$ der Membran relativ klein, wodurch gerade für den Wechselfluß $\Phi_\sim$ der magnetische Widerstand noch erhöht wird. Infolgedessen ist der Wirkungsgrad des Aufbaus nach Abb. 5.12a nicht sehr hoch. In späteren Konstruktionen wurde darum die Membran an der Stelle, die vom magnetischen Fluß durchsetzt wird, durch ein dickeres Eisenstück verstärkt.

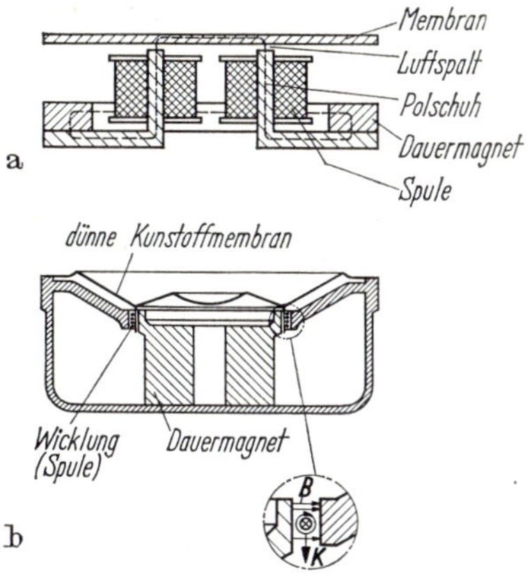

Abb. 5.12. Aufbau von Hörkapseln
a ältere Bauart (W 28); b neuere Bauart

Bei allen Telefonen mit Metallmembran ergeben sich jedoch wegen der Steifigkeit und Masse der Membran meist unerwünschte Resonanzüberhöhungen, die durch zusätzliche Bedämpfungen ausgeglichen werden müssen. Darum ist man neuerdings zu dynamischen Systemen mit dünner Kunststoffmembran übergegangen. Abb. 5.12b zeigt einen Querschnitt durch eine solche kreissymmetrisch aufgebaute dynamische Hörkapsel. Die von den Sprechströmen durchflossene Spule sitzt auf einem dünnen Kunststoffzylinder, der an einem Ende mit der Membran verbunden ist und ansonsten frei beweglich in den Luftspalt eines Dauermagneten hineinragt. Die elektrische Funktionsweise geht aus dem im gleichen Bild gezeichneten vergrößerten Ausschnitt des Luftspaltes hervor, in den diesmal der Einfachheit halber nur ein einzelner Draht eingezeichnet ist. Fließt ein Strom durch diesen Draht, dann ergibt sich eine Kraftwirkung auf den Draht, deren Richtung senkrecht zur Stromrichtung und senkrecht zur Richtung der Kraftlinien $\boldsymbol{B}$ des Dauermagneten weist. Diese Kraft $\boldsymbol{K}$ wird auf die Membran übertragen. Formelmäßig ergibt sich folgender Zusammenhang

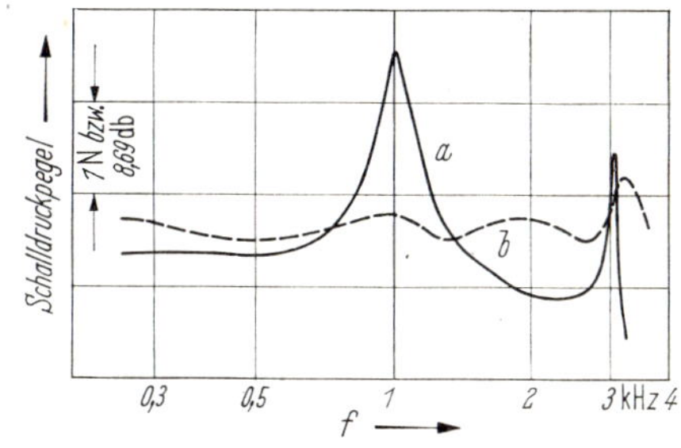

Abb. 5.13. Frequenzgang von Hörkapseln
a ältere Bauart; b neuere Bauart

$$d\boldsymbol{K} = c^* [i \, d\boldsymbol{s} \, \boldsymbol{B}] \tag{5.14}$$

$c^*$ Proportionalitätskonstante.

Die eckigen Klammern bedeuten Vektorprodukt. $d\boldsymbol{s}$ ist ein differentielles Längenstück des Drahtes. Bei sinusförmigem Strom ergibt sich hier auch eine sinusförmige Kraftwirkung. Abb. 5.13 zeigt zum Vergleich die Frequenzgänge einer älteren und einer neueren Hörkapsel.

Der Klirrfaktor üblicher Hörkapseln ist verglichen mit dem von Kohlemikrophonen vernachlässigbar klein. Die Empfindlichkeit liegt im allgemeinen bei 100 $\mu$b/$\sqrt{\text{mW}}$, d. h. daß bei der normalerweise in das Telefon gelangenden elektrischen Leistung von $10^{-5}$ mW $\cdot\cdot$ $10^{-1}$ mW ein Schalldruck von 0,3 $\mu$b $\cdots$ 30 $\mu$b erzeugt wird.

Um das Gehör des Fernsprechteilnehmers vor lautstarken Schallimpulsen (Schaltknacke, Überlautstärken usw.) zu schützen, wird parallel zur Hörkapsel ein sogenannter Gehörschutzgleichrichter geschaltet. Dieser besteht aus zwei gegenpolig parallelgeschalteten kleinen Selengleichrichtern, die bei Spannungen unterhalb ihrer Knickspannung (0,3 bis 0,7 Volt, vgl. Tab. 4.3 in Teil I) praktisch nicht

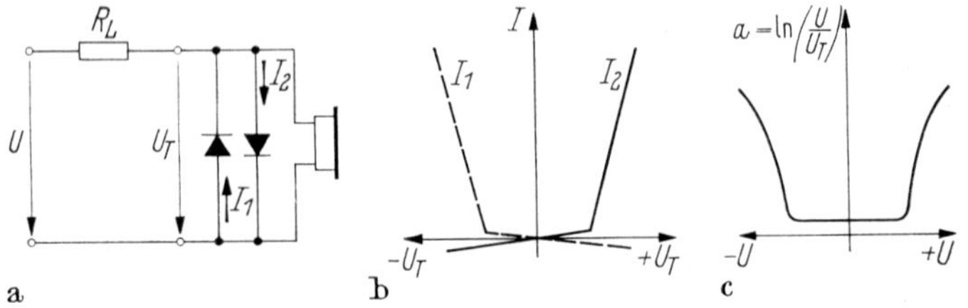


Abb. 5.14. Gehörschutzgleichrichter
a Gehörschutzgleichrichterschaltung; b Diodenströme in Abhängigkeit von $U_T$; c Dämpfung $a$ in Abhängigkeit von $U$

dämpfen (Abb. 5.14a). Durch Scherung der Knickkennlinien der Dioden nach den in Teil I, Abschn. 4.2.1.1, beschriebenen Methoden erhält man die in Abb. 5.14c dargestellte Dämpfungskurve. Der Widerstand $R_L$ setzt sich aus Leitungs- und Innenwiderstand der Signalquelle zusammen.

Wie bei Mikrophonen werden in der Praxis der Fernsprechtechnik auch die Eigenschaften von Telefonen nicht für sich allein, sondern im Zusammenwirken mit anderen zugehörigen Geräteeinheiten überprüft. Ein Maß zur Beurteilung der Qualität eines Telefons in seiner Schaltung (die Schaltung des Teilnehmerapparates wird in Abschn. 5.5.2 erläutert) ist die Empfangsbezugsdämpfung. Diese gibt an, um wieviel Dezibel (oder Neper) ein Telefon in der Stationsschaltung für Sprache oder gleichwertige Frequenzgemische leiser (positiv) oder lauter (negativ) ist als ein Bezugssystem (meist dient auch hierzu das SFERT-System) (Abb. 5.15). Ein Sprecher bespricht das (Kondensator)-Mikrophon mit dem Prüfsatz: „Berlin, Hamburg, München, Koblenz, Leipzig, Dortmund". Der Hörer empfängt abwechselnd mit dem Eichnormal und dem zu prüfenden System, wobei die Eichleitung so eingestellt wird, daß sich eine gleiche Lautstärke in beiden Fällen ergibt. Die eingestellte Dämpfung ist die Empfangsbezugsdämpfung. Beim objektiven Bezugsdämpfungsmeßplatz wird eine Heultonspannung (200 ··· 4000 Hz) auf das zu messende Telefon gegeben, welches auf ein Meßmikrophon (künstliches Ohr) wirkt.

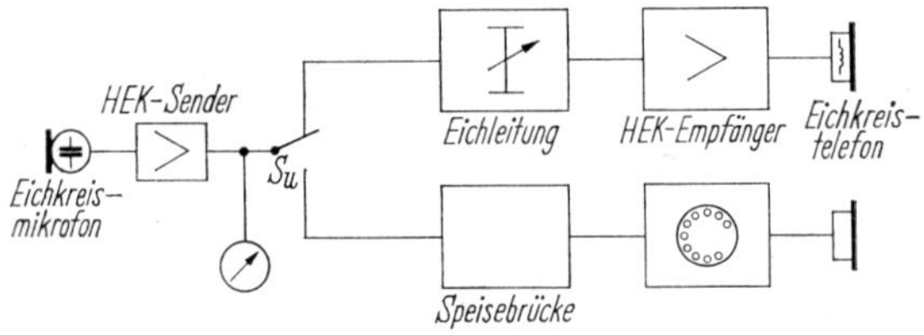


Abb. 5.15
Subjektive Bestimmung der Empfangsbezugsdämpfung

Sende- und Empfangsbezugsdämpfung dürfen im Prinzip nicht addiert werden.

## 5.4 Verständlichkeit

Aufwand und Kosten eines Übertragungssystems zur Übertragung elektrischer Sprachsignale hängen davon ab, wie genau und wie verzerrungsfrei man die Sprachsignale übertragen will. Es ist zwar technisch möglich, Sprachsignale praktisch völlig verzerrungsfrei zu übertragen. Solche Systeme sind aber teuer und unwirtschaftlich. In der Fernsprechtechnik braucht man die Sprache nicht völlig verzerrungsfrei, sondern nur verständlich zu übertragen. Die Forderung nach Verständlichkeit ist wesentlich weniger scharf als die nach Verzerrungsfreiheit und erlaubt demgemäß einfachere und billigere Übertragungssysteme.

Verständlichkeitsmessungen beruhen auf vielen Beobachtungen. Sie sind subjektiv, zeitraubend und kostspielig. Praktisch wird heute meist die Lautverständlichkeit gemessen. Man spricht hierzu sinnlose Kombinationen (Logatome) von Anlaut-Vokal-Ablaut (z. B. teg, bil, rud usw.) mit derselben relativen Lauthäufigkeit wie in der natürlichen Sprache und mit gleichbleibender Lautstärke über das zu prüfende System. Die An- und Ablaute können aus einem oder mehreren Konsonanten zusammengesetzt sein, die aber klanglich nur einen Laut bilden.

Die Lautverständlichkeit $s$ ergibt sich aus dem Prozentsatz der über die Verbindung richtig verstandenen Laute. Die Logatom- oder Silbenverständlichkeit $S$ ergibt sich aus dem Prozentsatz der richtig verstandenen Logatome. Wenn in der Folge der falsch verstandenen Laute keine statistische Bindung existiert, gilt bei großer Silbenzahl

$$S \approx s^3. \tag{5.15}$$

*Beispiel:*

| *Sprecher* | *Hörer* |
|---|---|
| tig | tig |
| bil | bel |
| rud | rog |
| meg | meg |
| sol | sol |
| rar | rat |
| moch | mor |
| mar | mar |
| tog | tot |
| ses | ses. |

In diesem Beispiel ist die Lautverständlichkeit $s = 24/30 = 80\%$, die Silbenverständlichkeit $S = 5/10 = 50\%$.

$$S \approx s^3 = (0{,}8)^3 = 51\%.$$

Bei Verständlichkeitsmessungen verwendet man keinen sinnvollen Text, weil sonst teilweise falsch verstandene Silben vom Hörer richtig erraten und ergänzt werden können. Die Silbenverständlichkeit $S$ liegt auch bei direkter Unterhaltung ohne Zwischenschaltung eines Übertragungssystems oft nur bei etwa 80%. Bei einer Silbenverständlichkeit von $S = 70\%$ ist eine einwandfreie Unterhaltung möglich. Auch bei $S = 50\%$ ergibt sich noch eine erträgliche Verständigung.

### 5.4.1 Resistenz des Sprachsignals gegen Veränderungen [*4*]

Ein Sprachsignal ist resistent gegen eine bestimmte Veränderung (Verzerrung), wenn durch diese Veränderung die Verständlichkeit nicht beeinträchtigt wird. Die Klangfarbe darf sich dabei beliebig ändern.

Eine für die Praxis wichtige Veränderung oder Verstümmelung des Sprachsignals ist die Frequenzbandbeschneidung. Führt man elektrische Sprachsignale über einen Tiefpaß mit variabler Grenzfrequenz, dann wird die Verständlichkeit nicht beeinträchtigt, wenn die Grenzfrequenz genügend hoch liegt, z. B. oberhalb von 20 kHz. Mit abnehmender Grenzfrequenz verschlechtert sich jedoch die Verständlichkeit mehr und mehr, bis schließlich bei einer Grenzfrequenz von einigen hundert Hertz das Sprachsignal völlig unverständlich wird. Abb. 5.16 zeigt die gemessene Abnahme der Lautverständlichkeit eines Sprachsignals durch einen Tiefpaß variabler Grenzfrequenz. Eine ähnlich laufende Kurve ergibt sich bei Frequenzbandbeschneidung durch einen Hochpaß. Liegt dessen Grenzfrequenz nur genügend tief, z. B. bei einigen Hertz, dann leidet die Verständlichkeit überhaupt nicht. Sie nimmt ab, wenn die Grenzfrequenz steigt.

Aus Abb. 5.16 geht hervor, daß der Frequenzbereich unterhalb 300 Hz nichts zur Verständlichkeit des Sprachsignals beiträgt. Durch Frequenzkomponenten oberhalb von 3400 Hz wird dagegen die Verständlichkeit nur noch geringfügig verbessert. Diese Ergebnisse haben dazu geführt, daß in der Fernsprechtechnik heute nur der Bereich von 300 ··· 3400 Hz für die Übertragung von Sprachsignalen benutzt wird. Bei der Festlegung der Bandbreite ist ein gewisser Kompromiß an der oberen Frequenzgrenze gemacht worden, weil eine Banderweiterung nach höheren Frequenzen relativ teuer wird. Die Frequenzbandbeschneidung durch Tiefpässe oder Hochpässe entspricht einer Dämpfungsverzerrung (vgl. Abschn. 0.6.1.2).

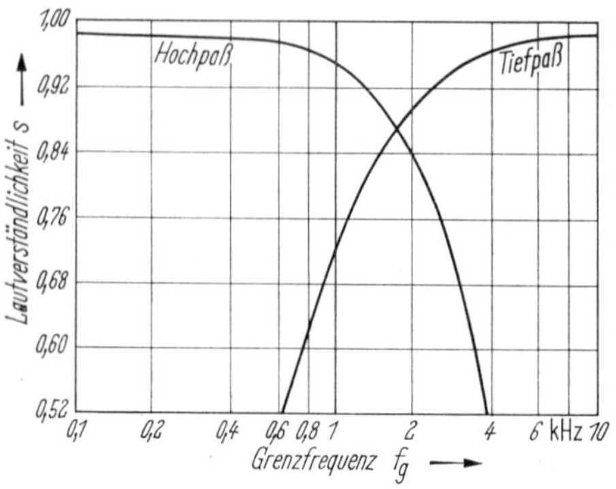


Abb. 5.16. Abhängigkeit der Lautverständlichkeit von der Frequenzbandbegrenzung nach FLETCHER u. GALT [6]

Eine andere Verstümmelung, die man am Sprachsignal vornehmen kann, besteht in einer Laufzeitverzerrung, indem man die hochfrequenten und niederfrequenten Signalanteile um unterschiedliche Zeiten verzögert. Messungen haben ergeben, daß die Verständlichkeit praktisch unbeeinflußt bleibt, solange zwischen 300 ··· 800 Hz ein Laufzeitunterschied von $\Delta\tau \leqq 20$ ms auftritt. Bei $\Delta\tau = 100$ ms sinkt dagegen die Silbenverständlichkeit von 80% auf 60%.

Die Ergebnisse der beiden bisher genannten Verstümmelungen haben eine gute Lautstärke (50 ··· 60 Phon) und das Fehlen von zusätzlichen Störsignalen zur Vor-

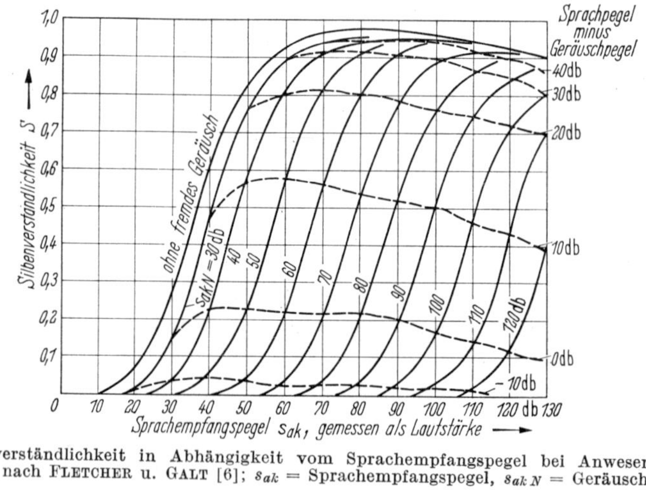


Abb. 5.17. Silbenverständlichkeit in Abhängigkeit vom Sprachempfangspegel bei Anwesenheit eines Störgeräuschpegels nach FLETCHER u. GALT [6]; $s_{ak}$ = Sprachempfangspegel, $s_{akN}$ = Geräuschempfangspegel

aussetzung. Die Abhängigkeit der Verständlichkeit von der Lautstärke bzw. vom Schallpegel sowie vom zusätzlich auftretenden Geräuschpegel zeigt Abb. 5.17. Die ausgezogenen starken Kurven haben als Parameter den Geräuschpegel $s_{akN}$. Das speziell gewählte Geräusch ist bandbegrenztes weißes Rauschen mit der unteren Bandgrenze von 125 Hz und der oberen Bandgrenze von 7500 Hz. Auch das Sprachsignal ist auf diese Bandbreite begrenzt, wodurch allein jedoch die Verständlichkeit nach Abb. 5.16 nicht beeinflußt wird.

Nichtlineare Verzerrungen eines Sprachsignals wirken im allgemeinen sehr destruktiv auf die Verständlichkeit. Einen Ausnahmefall stellt hier die Amplitudenbegrenzung dar (vgl. Kap. 4.2.1.2 in Teil I). STRECKER [5] hat festgestellt, daß bei einer Amplitudenbegrenzung auf 10% der Maximalamplitude die Silbenverständlichkeit noch 87% des unbegrenzten Sprachsignals beträgt. Ein großer Teil der semantischen Information ist also in den Nulldurchgängen des Sprachsignals enthalten. Allerdings leidet der Wohlklang des begrenzten Sprachsignals beträchtlich. Die Sprache klingt sehr rauh.

Die Übertragung stark amplitudenbegrenzter Sprache, bei der nur die Lage der Nulldurchgänge des Sprachsignals wesentlich ist, kann insofern für die Sprachübertragung sehr wichtig werden, weil eine Übertragung von Markierungsimpulsen sehr störungsfrei durchgeführt werden kann. Darum sind bereits verschiedene Untersuchungen angestellt worden, wie der Wohlklang der begrenzten Sprache verbessert werden kann. Dabei zeigte sich, daß der rauhe Klang hauptsächlich von den durch die Begrenzung entstehenden Klirrprodukten hervorgerufen wird. So wird z. B. schon durch Wegfiltern der tiefen Frequenzkomponenten durch einen dem Begrenzer vorgeschalteten Hochpaß der Grenzfrequenz 300 Hz eine merkliche Verbesserung erzielt, weil dadurch Oberwellen der tiefen zur Verständlichkeit nicht beitragenden Frequenzkomponenten (Abb. 5.16) erst gar nicht entstehen.

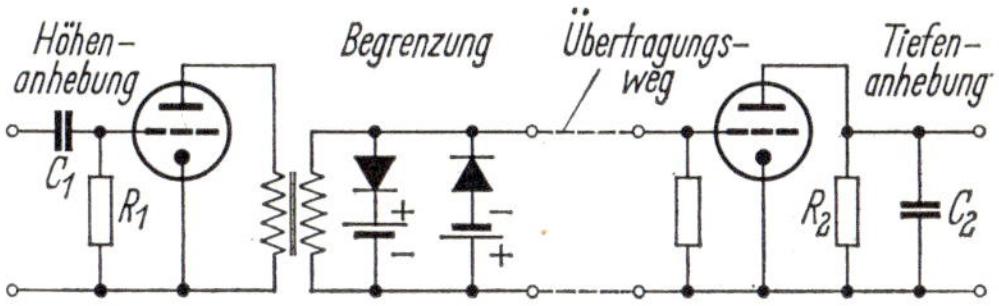

Abb. 5.18. Verbesserte Übertragung begrenzter Sprache nach STRECKER und LICKLIDER

Eine wesentlich größere Verbesserung ergibt ein Verfahren von STRECKER und LICKLIDER [7], welches durch Abb. 5.18 erläutert wird. Danach werden vor der Begrenzung die hochfrequenteren Spektralanteile des Sprachsignals durch den Hochpaß ($R_1$ $C_1$) angehoben. Am Ende des Übertragungsweges folgt eine Anhebung der niederfrequenteren Spektralanteile durch einen Verstärker mit Tiefpaßcharakteristik ($R_2$ $C_2$). Auf diese Weise setzen sich die bereits vor der Begrenzung im Sprachsignal enthaltenen hohen Frequenzanteile besser gegen die durch den Begrenzer entstehenden Oberwellen durch.

## 5.5 Wichtige technische Einrichtungen zur Sprachübertragung

Zu den wichtigsten technischen Einrichtungen zur Übertragung von Sprachsignalen gehört das öffentliche Fernsprechnetz. Es kann nicht Aufgabe dieses Buches sein, die gesamte Wirkungsweise der Fernsprecheinrichtungen zu beschreiben. Es sollen hier nur einige Prinzipien exemplarisch erläutert werden, die grundlegend oder von großer praktischer Bedeutung sind, wobei diese Prinzipien nicht nur für die Sprachübertragung von Bedeutung sein müssen.

### 5.5.1 Die Gabelschaltung

Der Aufbau einer Fernsprechverbindung zwischen zwei Sprechstellen wird theoretisch am einfachsten, wenn man beide Sprechstellen durch vier Drähte miteinander verbindet, wobei je zwei Drähte vom Mikrophon der einen Sprechstelle zum Telefon der anderen Sprechstelle führen. Wegen der hohen Leitungskosten werden in der Praxis jedoch häufig nicht Vierdrahtleitungen, sondern Zweidrahtleitungen verwendet. Dies wird durch eine Gabelschaltung an jeder Sprechstelle ermöglicht. Die Gabelschaltung entkoppelt Mikrophon und Telefon derselben Sprechstelle derart, daß die Ströme aus dem Mikrophon nicht in das Telefon desselben Sprechers gelangen. Gleichzeitig läßt sich die Gabelschaltung so dimensionieren, daß von der über die Zweidrahtleitung von der Gegensprechstelle ankommenden Signalenergie der maximal mögliche Anteil in das Telefon gelangt. Abb. 5.19 zeigt eine Zweidrahtleitung schematisch. Die Entkopplung von Mikrophon und Telefon ist hauptsächlich aus folgenden Gründen erforderlich:

a) Um die Rückkopplung über die akustische Verbindung (Luftweg, Handapparat) zu unterdrücken. Diese kann in ungünstigen Fällen zur Instabilität (Pfeifen) führen.

b) Um nicht die eigenen Sprechsignale verstärkt ins Ohr zu bekommen. Ein geringes Maß von Rückhören ist allerdings erwünscht, um die Funktion des Apparates zu kontrollieren.

Die Gabelschaltung wird gewöhnlich durch einen Differentialübertrager nach Abb. 5.20 realisiert. Die Speisung des Mikrophons erfolgt über die gleiche Leitung, die zur Gegensprechstelle führt. Zur einfacheren Erläuterung der Wirkungsweise sei angenommen, daß der Übertrager ideal sei (vgl. Teil I, Kap. 1.4.1.2). Die Wicklungen $w_1$ und $w_2$ sind gleichsinnig, so daß bei Beschallung des Mikrophons im Über-

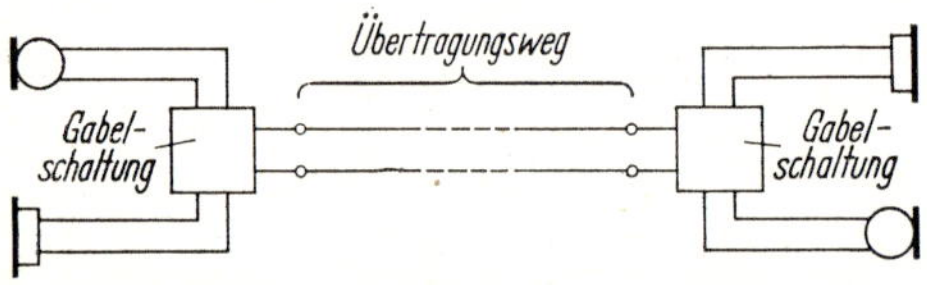

Abb. 5.19. Zweidrahtübertragung

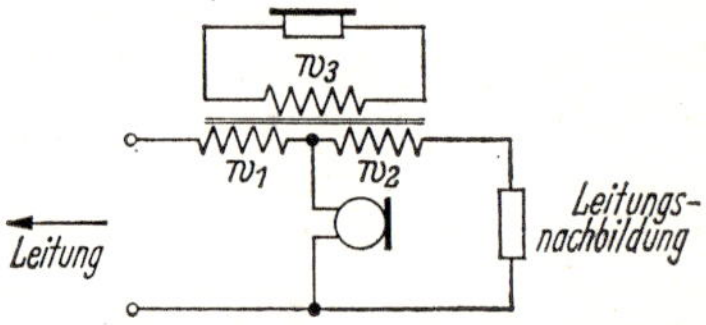

Abb. 5.20
Gabelschaltung mit Differentialübertrager

tragerkern gegensinnige Wechseldurchflutungen erzeugt werden, wodurch bei geeigneter Dimensionierung in der Wicklung $w_3$ keine Spannung induziert wird und das Telefon stromlos bleibt. Die Zusammenhänge ergeben sich im einzelnen aus der folgenden rechnerischen Behandlung.

Abb. 5.21a zeigt die Gabelschaltung im Sendebetrieb. Bekannt seien der Leitungswiderstand $Z_1$, der Mikrophonwiderstand $Z_3$ und der Telefonwiderstand $Z_4$. Unbekannt sind der Widerstand $Z_2$ (*Leitungsnachbildung*) und die Übersetzungsverhältnisse $w_1/w_2$ und $w_1/w_3$.

Mit den in der Schaltung eingezeichneten Maschenströmen errechnen sich die Maschengleichungen zu

$$\underline{U}_3 + \underline{U}_T \frac{w_1}{w_1 + w_2} = \underline{I}_2 Z_3 - \underline{I}_1 (Z_1 + Z_3), \tag{5.16}$$

$$\underline{U}_3 - \underline{U}_T \frac{w_2}{w_1 + w_2} = -\underline{I}_1 Z_3 + \underline{I}_2 (Z_2 + Z_3), \tag{5.17}$$

$$\frac{w_3}{w_1 + w_2} \underline{U}_T = \underline{I}_3 Z_4 = \underline{U}_4. \tag{5.18}$$

Unter der vereinfachenden Voraussetzung eines idealen Übertragers gilt nach Teil I, Gl. (1.68), ferner

$$\underline{I}_1 w_1 + \underline{I}_2 w_2 + \underline{I}_3 w_3 = 0. \tag{5.19}$$

Für den Abgleich $\underline{U}_4 = 0$ ergibt sich die Forderung, daß $\underline{I}_3 = 0$ bzw. $\underline{U}_T = 0$ sein muß. Damit folgt aus Gl. (5.16) und Gl. (5.17)

$$\begin{gathered} \underline{I}_2 Z_3 - \underline{I}_1 (Z_1 + Z_3) = -\underline{I}_1 Z_3 + \underline{I}_2 (Z_2 + Z_3), \\ \frac{\underline{I}_1}{\underline{I}_2} = -\frac{Z_2}{Z_1}. \end{gathered} \tag{5.20}$$

Unter Berücksichtigung von Gl. (5.19) wird daraus

$$\frac{Z_1}{Z_2} = \frac{w_1}{w_2}\,. \tag{5.21}$$

Gl. (5.21) stellt die erste wichtige Abgleichbedingung dar. Eine weitere wichtige Bedingung errechnet sich aus der Forderung, daß im Sendebetrieb das Mikrophon bzw. die Quelle $\underline{U}_3$ mit dem Innenwiderstand $Z_3$ eine möglichst große Leistung an die abgehende Leitung mit dem Widerstand $Z_1$ abgeben soll.

Von der Quelle $\underline{U}_3$ kann maximal die Leistung $P_{03}$ abgegeben werden (bei Anpassung)

$$P_{03} = \frac{|\underline{U}_3|^2}{8Z_3}\,. \tag{5.22}$$

Die von der Leitung $Z_1$ aufgenommene Leistung ist

$$P_1 = \tfrac{1}{2}\,|\underline{I}_1|^2\,Z_1\,. \tag{5.23}$$

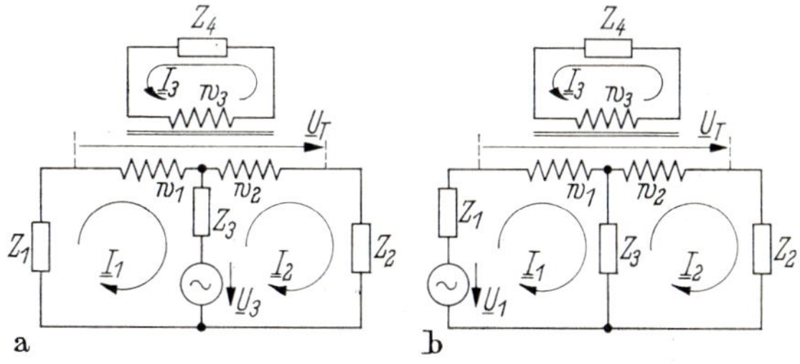


Abb. 5.21. Zur Berechnung der Gabelschaltung
a Sendebetrieb; b Empfangsbetrieb

Es soll nun die auf die (feste) Leistung $P_{03}$ bezogene Leistung $P_1$ maximal bzw. das reziproke Verhältnis minimal werden.

Zur Berechnung der Leistung $P_1$ muß zunächst der Strom $\underline{I}_1$ bestimmt werden. Mit $\underline{U}_T = 0$ folgt aus Gl. (5.16) und Gl. (5.17) bei Elimination von $\underline{I}_2$

$$-\underline{I}_1 = \frac{\underline{U}_3 Z_2}{Z_1 Z_2 + Z_1 Z_3 + Z_2 Z_3}\,. \tag{5.24}$$

Damit ergibt sich die Leistung $P_1$ unter Berücksichtigung der ersten Abgleichbedingung Gl. (5.21) mit $Z_1 = \frac{w_1}{w_2} Z_2$

$$P_1 = \frac{1}{2}|\underline{I}_1|^2\,Z_1 = \frac{|\underline{U}_3|^2 Z_2^3 \frac{w_1}{w_2}}{2\left(Z_2^2 \frac{w_1}{w_2} + Z_2 Z_3 \frac{w_1}{w_2} + Z_2 Z_3\right)^2}$$

$$= \frac{|\underline{U}_3|^2 Z_2 \frac{w_1}{w_2}}{2\left(Z_2 \frac{w_1}{w_2} + Z_3 \frac{w_1}{w_2} + Z_3\right)^2}\,. \tag{5.25}$$

Als Leistungsverhältnis $V_S$ ergibt sich daraus

$$V_S = \frac{P_{03}}{P_1} = \frac{|\underline{U}_3|^2}{4Z_3}\,\frac{\left(Z_2 \frac{w_1}{w_2} + Z_3 \frac{w_1}{w_2} + Z_3\right)^2}{|\underline{U}_3|^2 Z_2 \frac{w_1}{w_2}}$$

$$= \frac{1}{4Z_3}\,\frac{w_2}{w_1}\,\frac{\left(Z_2 \frac{w_1}{w_2} + Z_3 \frac{w_1}{w_2} + Z_3\right)^2}{Z_2}\,. \tag{5.26}$$

Die Größe des Widerstandes $Z_2$, bei dem das Verhältnis $V_s$ minimal, d. h. die Leistung $P_1$ maximal wird, errechnet sich durch Differentiation von Gl. (5.26) nach $Z_2$.

$$\frac{dV_S}{dZ_2} = \frac{1}{4Z_3}\frac{w_2}{w_1}\frac{Z_2 \cdot 2\left(Z_2\frac{w_1}{w_2} + Z_3\frac{w_1}{w_2} + Z_3\right)\frac{w_1}{w_2} - \left(Z_2\frac{w_1}{w_2} + Z_3\frac{w_1}{w_2} + Z_3\right)^2}{Z_2^2} \stackrel{!}{=} 0,$$

$$2Z_2\frac{w_1}{w_2} = Z_2\frac{w_1}{w_2} + Z_3\frac{w_1}{w_2} + Z_3,$$

$$Z_2 = Z_3\left(1 + \frac{w_2}{w_1}\right). \tag{5.27}$$

Wird $Z_2$ gemäß Gl. (5.27) festgelegt, dann wird die maximale Leistung an die Leitung $Z_1$ abgegeben, wie durch Bildung der 2. Ableitung von Gl. (5.26) bestätigt werden kann. Das minimale Verhältnis $V_{S\min}$ erhält man durch Einsetzen von Gl. (5.27) in Gl. (5.26) zu

$$V_{S\min} = \frac{1}{4Z_3}\frac{w_2}{w_1}\frac{\left\{Z_3\left(1 + \frac{w_1}{w_2}\right) + Z_3\left(1 + \frac{w_1}{w_2}\right)\right\}^2}{Z_3\left(1 + \frac{w_2}{w_1}\right)} = 1 + \frac{w_1}{w_2}. \tag{5.28}$$

Die minimale Sendebetriebsdämpfung ist damit

$$a_{S\min} = \frac{1}{2}\ln V_{S\min} = \frac{1}{2}\ln\left(1 + \frac{w_1}{w_2}\right). \tag{5.29}$$

Mit der ersten Abgleichbedingung Gl. 5.21 und mit der zweiten Abgleichbedingung Gl. (5.27) sind nun die unbekannten Größen $w_1/w_2$ und $Z_2$ bestimmt. Offen bleibt noch das Verhältnis $w_1/w_3$. Dies errechnet sich aus der Bedingung, daß im Empfangsbetrieb (Abb. 5.21b) die maximale Leistung im Widerstand $Z_4$ umgesetzt werden soll.

Die Leistung in $Z_4$ errechnet sich zu

$$P_4 = \tfrac{1}{2}\,|\underline{I}_3|^2\,Z_4. \tag{5.30}$$

Die von der Quelle $\underline{U}_1$ mit dem Innenwiderstand $Z_1$ maximal abgebbare Leistung ist

$$P_{01} = \frac{|\underline{U}_1|^2}{8Z_1}. \tag{5.31}$$

Aus Abb. 5.21b ergeben sich folgende Maschengleichungen

$$\underline{U}_1 = \underline{I}_1 Z_1 + \underline{U}_T\frac{w_1}{w_1 + w_2} + \underline{I}_1 Z_3 - \underline{I}_2 Z_3, \tag{5.32}$$

$$0 = -\underline{I}_1 Z_3 + \underline{I}_2 Z_3 + \underline{U}_T\frac{w_2}{w_1 + w_2} + \underline{I}_2 Z_2, \tag{5.33}$$

$$0 = \underline{U}_T\frac{w_3}{w_1 + w_2} + \underline{I}_3 Z_4. \tag{5.34}$$

Aus Gl. (5.34) errechnet sich $\underline{U}_T$ zu

$$\underline{U}_T = -\frac{w_1 + w_2}{w_3} Z_4 \underline{I}_3 \tag{5.35}$$

und aus Gl. (5.19) der Strom $\underline{I}_1$ zu

$$\underline{I}_1 = -\underline{I}_2\frac{w_2}{w_1} - \underline{I}_3\frac{w_3}{w_1}. \tag{5.36}$$

Durch Einsetzen von $\underline{U}_T$ und $\underline{I}_1$ in die Maschengleichungen Gl. (5.32) und Gl. (5.33) folgt

$$\underline{U}_1 = -\underline{I}_2 \frac{w_2}{w_1} Z_1 - \underline{I}_3 \frac{w_3}{w_1} Z_1 - \underline{I}_3 \frac{w_1}{w_3} Z_4 - \underline{I}_2 \frac{w_2}{w_1} Z_3 - \underline{I}_3 \frac{w_3}{w_1} Z_3 - \underline{I}_2 Z_3, \tag{5.37}$$

$$0 = \underline{I}_2 \frac{w_2}{w_1} Z_3 + \underline{I}_3 \frac{w_3}{w_1} Z_3 + \underline{I}_2 Z_3 - \underline{I}_3 \frac{w_2}{w_3} Z_4 + \underline{I}_2 Z_2. \tag{5.38}$$

Die Addition von Gl. (5.37) und Gl. (5.38) unter Beachtung von Gl. (5.21) ergibt eine Elimination von $\underline{I}_2$

$$\begin{aligned}\underline{U}_1 &= -Z_1 \frac{w_3}{w_1} \underline{I}_3 - Z_4 \frac{w_1}{w_3} \underline{I}_3 - Z_4 \frac{w_2}{w_3} \underline{I}_3 \\ &= -\underline{I}_3 \left\{ Z_1 \frac{w_3}{w_1} + \frac{w_1}{w_3} \left(1 + \frac{w_2}{w_1}\right) Z_4 \right\}.\end{aligned} \tag{5.39}$$

Es interessiert jetzt wieder das Leistungsverhältnis $V_E$ der Leistung $P_{01}$ und Leistung $P_4$. Dieses errechnet sich mit Gl. (5.39) zu

$$\begin{aligned}V_E = \frac{P_{01}}{P_4} = \frac{|\underline{U}_1|^2}{4Z_1} \frac{1}{|\underline{I}_3|^2 Z_4} &= \frac{1}{4Z_1 Z_4} \left\{ Z_1 \frac{w_3}{w_1} + Z_4 \frac{w_1}{w_3} \left(1 + \frac{w_2}{w_1}\right) \right\}^2 \\ &= \frac{1}{4Z_1 Z_4} (Kl)^2.\end{aligned} \tag{5.40}$$

Das Verhältnis $V_E$ wird bei demjenigen Windungsverhältnis minimal, bei dem auch der Klammerausdruck $Kl$ minimal wird.

$$\frac{d\,Kl}{d\left(\frac{w_1}{w_3}\right)} = Z_4 \left(1 + \frac{w_2}{w_1}\right) - \frac{Z_1}{\left(\frac{w_1}{w_3}\right)^2} \overset{!}{=} 0,$$

$$\left(\frac{w_1}{w_3}\right)^2 = \frac{Z_1}{Z_4} \frac{w_1}{w_1 + w_2}. \tag{5.41}$$

Mit Gl. (5.41) hat man die dritte Abgleichbedingung erhalten. Dadurch lassen sich jetzt bei gegebenen Werten von $Z_1$, $Z_3$ und $Z_4$ die Größen $w_1/w_2$; $w_1/w_3$ und $Z_2$ eindeutig berechnen.

Durch Einsetzen von Gl. (5.41) in Gl. (5.40) erhält man das minimale Verhältnis

$$V_{E\min} = \frac{\left(Z_1 \frac{w_3}{w_1} + Z_1 \frac{w_3}{w_1}\right)^2}{4Z_1 Z_4} = \frac{Z_1}{Z_4} \left(\frac{w_3}{w_1}\right)^2 = \frac{w_1 + w_2}{w_1} \tag{5.42}$$

und damit die minimale Empfangsbetriebsdämpfung

$$a_{E\min} = \frac{1}{2} \ln V_{E\min} = \frac{1}{2} \ln \left(1 + \frac{w_2}{w_1}\right). \tag{5.43}$$

Wenn eine der Größen $Z_1$ oder $Z_3$ noch beeinflußbar oder frei wählbar ist, dann ergibt sich ein weiteres Optimum, da damit entweder $Z_1/Z_3$ oder nach Gl. (5.21) und Gl. (5.27) das Verhältnis $w_1/w_2$ variabel wird.

Bildet man die Summe

$$\begin{aligned}a = a_{S\min} + a_{E\min} &= \frac{1}{2} \ln \left\{ \left(1 + \frac{w_2}{w_1}\right) \left(1 + \frac{w_1}{w_2}\right) \right\} \\ &= \frac{1}{2} \ln \left\{ 2 + \frac{w_1}{w_2} + \frac{w_2}{w_1} \right\} = \frac{1}{2} \ln A\,,\end{aligned} \tag{5.44}$$

dann gibt es ein optimales Verhältnis $w_1/w_2$, bei welchem die Summendämpfung $a$ minimal wird.

$$\frac{dA}{d\left(\frac{w_1}{w_2}\right)} = 1 - \frac{1}{\left(\frac{w_1}{w_2}\right)^2} = 0 \curvearrowright \frac{w_1}{w_2} = 1. \qquad (5.45)$$

In diesem Fall ist $Z_1 = Z_2$ und $Z_2 = 2Z_3$. Ferner ist in diesem Sonderfall im Empfangsbetrieb der Strom $\underline{I}_2 = 0$, was sich leicht nachprüfen läßt.

### 5.5.2 Der Teilnehmerapparat

Das bekannteste Gerät der Fernsprechtechnik ist der Teilnehmerapparat, dessen Schaltung in Abb. 5.22 abgebildet ist, und die im folgenden kurz erläutert werden soll.

Die Schaltung enthält als wesentlichen Teil die im letzten Abschnitt beschriebene Gabelschaltung mit Mikrophon und Telefon einschließlich Gehörschutzgleichrichter.

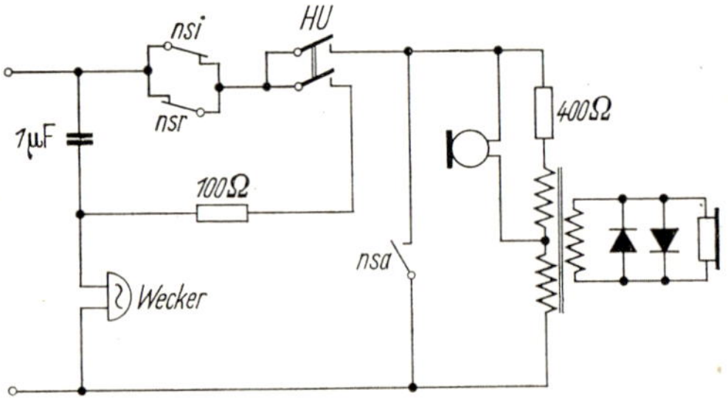


Abb. 5.22. Gesamtschaltung eines Teilnehmerapparates (Stellung der Kontakte bei aufgelegtem Hörer)

Weiter enthält sie einen Wecker, einen Kondensator, einen Widerstand und mehrere Schaltkontakte.

Die einzelnen Kontakte in Abb. 5.22 haben folgende Aufgaben:

nsi Nummernschalter-Impulskontakt. Er wird betätigt beim Loslassen der aufgezogenen Nummernscheibe. Durch den nsi-Kontakt werden entsprechend der gewählten Ziffer Stromimpulse erzeugt. Der Rhythmus des nsi-Kontaktes wird durch einen mechanischen Fliehkraftregler konstant gehalten. Die Impulsdauer beträgt 62 ms (Kontakt offen), der Abstand 38 ms (Kontakt geschlossen).

nsa Nummernschalter-Arbeitskontakt. Er schließt beim Betätigen der Nummernscheibe den Sprechhörteil kurz, damit die Wählimpulse nicht in das Telefon gelangen.

nsr Nummernschalter-Ruhekontakt. Er überbrückt die Zeiträume zwischen den Wählvorgängen und unterdrückt zwei Impulse des nsi-Kontaktes, die nicht auf der Teilnehmerleitung wirksam werden dürfen. Dadurch wird sichergestellt, daß zwei zeitlich dicht aufeinander gewählte Ziffern getrennt werden können.

HU Hakenumschalter. Dieser schließt beim Abnehmen des Handapparates den Gleichstromkreis, verbindet den Sprechhörteil mit der Teilnehmerleitung, schaltet die $RC$-Entstörkombination parallel zu den nsi-nsr-Kontakten. Bei fehlender $RC$-Entstörkombination wäre die von den Kontakten her gesehene Impedanz wesentlich induktiv. Das würde wegen $L\,di/dt$ hohe Abschaltspannungen und damit Funkenbildung zur Folge haben.

Die in Abb. 5.22 gezeichnete Stellung der Kontakte gilt für den aufgelegten Hörer. Vor dem Wählen muß also Hörer abgenommen werden, damit der Gleichstromkreis geschlossen wird, bevor er durch den nsi-Kontakt kurzzeitig unterbrochen wird.

### 5.5.3 Der Kompander

In Übertragungssystemen mischen sich den Nutzsignalen unerwünschte Störungen bei, z. B. Rauschen von Widerständen, Röhren, Halbleitern, Brumm, Nebensprechen (vgl. Abschn. 6.5), Funkstörungen usw. (Abb. 5.23). Am Ende der Übertragungsstrecke dürfen diese Störungen einen gewissen Prozentsatz des Nutzsignals nicht überschreiten, wenn das Sprachsignal verständlich bleiben soll (Abb. 5.17). Man versucht darum, die Störeinflüsse gering zu halten oder, wo sich das aus verschiedenen Gründen nicht in vollem Maße verwirklichen läßt, den Signalpegel anzuheben. Der Signalpegel kann aber nicht beliebig angehoben werden, weil die Einrichtungen des Übertragungsweges (z. B. Verstärker) eine obere Aussteuerungsgrenze haben, deren Erhöhung ebenfalls einen großen wirtschaftlichen Aufwand mit sich bringen würde. Daraus folgt, daß sich Signale mit kleinem Dynamikbereich besser störungsfrei übertragen lassen als solche mit einem großen Dynamikbereich.

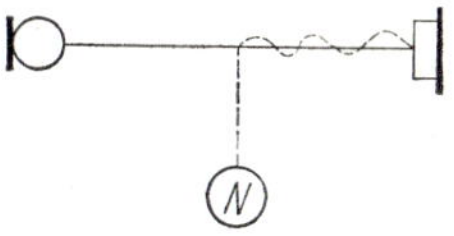


Abb. 5.23
Das Zufließen von Störsignalen auf dem Übertragungsweg (schematisch)

Aus diesen Gründen ist es zweckmäßig, den relativ großen Dynamikbereich von Sprachsignalen (vgl. Abschn. 5.1) vor der Übertragung einzuengen (zu pressen) und ihn am Ende des Übertragungsweges wieder zu dehnen. Diese Aufgabe leistet der sogenannte *Kompander*. Er besteht aus zwei Einheiten, dem Presser (Kompressor), der am Anfang des Übertragungsweges eingeschaltet wird, und dem Dehner (Expander), der an das Ende des Übertragungsweges geschaltet wird. Presser und Dehner haben eine pegelabhängige Übertragungsfunktion. Der Presser verstärkt Signalanteile mit geringem Pegel relativ stark, Signalanteile mit großem Pegel relativ schwach. Sehr große Signalanteile werden u. U. sogar gedämpft. Der Dehner hat die inverse Charakteristik des Pressers.

Abb. 5.24 zeigt ein Übertragungssystem mit Kompander. Hinter dem Presser ist der ursprüngliche Volumenbereich von +4 bis −50 db auf etwa +2,4 db bis

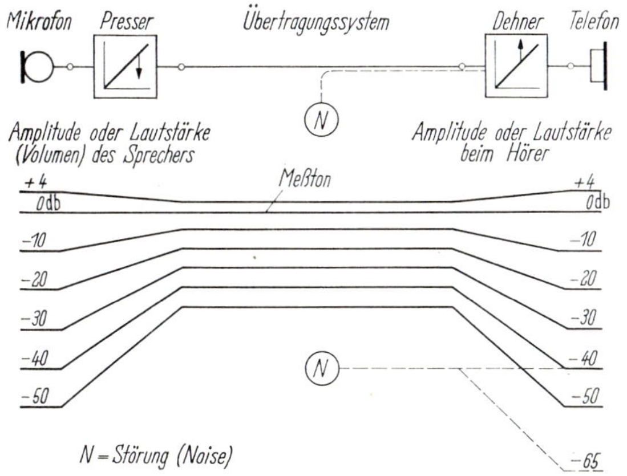


Abb. 5.24. Verbesserung des Störabstandes eines Sprachkanals durch den Kompander

−30 db eingeengt. Würde man hier die Sprachsignale ohne Zwischenschaltung eines Dehners abhören, so wären alle Nebengeräusche des Sprechens, wie z. B. das Atmen, übertrieben stark hörbar (*Asthmasprache*). Würde man vor dem Eingang des Dehners ein ungepreßtes Sprachsignal einspeisen, so würden im Telefon die leiseren Laute und die Nebengeräusche stark gedämpft werden (*Schnupfensprache*). Über Presser und Dehner kompensieren sich diese Effekte, und der Sprachcharakter wird wieder normal.

Die Verbesserung des Störabstandes durch den Kompander wird ebenfalls durch Abb. 5.24 erläutert. Aus diesem ist zu ersehen, daß ein Störer $N$, der im Übertragungsweg z. B. 40 db unter dem Bezugspegel des Meßtons liegt (und ohne Dehner also am Telephon einen Störabstand von 40 db ergeben würde) mit dem Dehner einen Störabstand von 65 db ergibt. Der Kompander bewirkt in diesem Fall also eine Verbesserung des Störabstandes um 25 db. Tab. 5.2 zeigt Meßergebnisse über die Verbesserung der Lautverständlichkeit durch Benutzung eines Kompanders.

Tabelle 5.2 *Beispiel für die Verbesserung der Verständlichkeit durch einen Kompander*

| | ohne Kompander | mit Kompander |
|---|---|---|
| ohne Störbelag $N$ . | 89% | 89% |
| mit Störbelag $N$ . . | 54% | 86% |

Man unterscheidet zwei Arten des Kompanders, den *Momentanwertkompander* und den *Silbenkompander*.

a) *Momentanwertkompander*. Beim Momentanwertkompander werden die Momentanwerte des Sprachsignals an einer nichtlinearen Kennlinie gepreßt oder gedehnt. Abb. 5.25 zeigt die Kennlinie eines Pressers und ihre Realisierung durch eine Röhrenschaltung unter Verwendung von vorgespannten Dioden. Der Anodenstrom der Röhre soll analog zum natürlichen Sprachsignal um den Arbeitspunkt schwanken. Abb. 5.25a zeigt, daß kleinere Stromamplituden eine relativ große Spannungsamplitude ergeben, während bei größeren Stromamplituden der differentielle Arbeitswiderstand kleiner wird, was entsprechend auch eine relativ (bezogen auf die Stromamplitude) kleinere Spannungsamplitude zur Folge hat. In Abb. 5.25b ist die Realisierung der nichtlinearen Kennlinie dargestellt. Im Arbeitspunkt liegt die Spannung $U_a = U_0$ über der Anode, d. h., alle Dioden sind dann gesperrt. Wird der Anodenstrom $I_a$ größer, dann sinkt die Spannung $U_a$, bis die Diode $D_1$ durchlässig wird. Dann sieht die Röhre einen resultierenden Ersatzarbeitswiderstand, welcher gleich der Parallelschaltung der Widerstände $R_0$ und $R_1$ ist. Die Ersatzspannungsquelle für die Anodenspannung ist ebenfalls entsprechend kleiner ge-

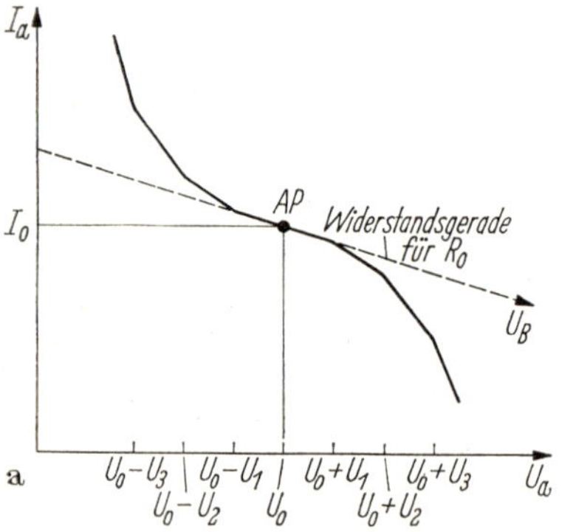


a

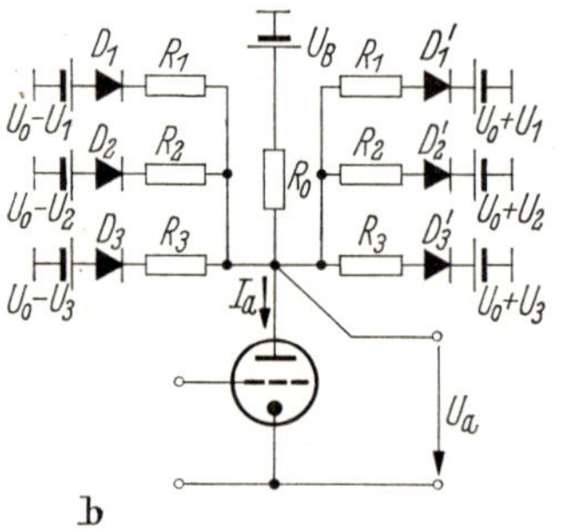


b

Abb. 5.25. Momentanwertpresser
a Kennlinie des Momentanwertpressers; b eine Realisierung der Presserkennlinie mit vorgespannten Dioden

worden. Bei weiter ansteigendem Anodenstrom wird schließlich die Diode $D_2$ durchlässig usw. Entsprechendes gilt, wenn der Anodenstrom sinkt.

Durch die nichtlineare Kennlinie des Momentanwertpressers entstehen starke nichtlineare Verzerrungen (Oberwellen), die aber im Dehner wieder rückgängig gemacht werden, wenn der Übertragungsweg zwischen Presser und Dehner das gepreßte Signal nicht beeinflußt. Es ergeben sich aber Schwierigkeiten, wenn der Übertragungsweg Laufzeitverzerrungen aufweist. Dann können die im komprimierten Signal enthaltenen Oberwellen zum falschen Zeitpunkt beim Dehner ankommen, so daß das Signal hinter dem Dehner stark verzerrt erscheint. Abb. 5.26 veranschaulicht diesen Zusammenhang am Beispiel eines sinusförmigen Signals. Durch die Pressung entsteht im wesentlichen die 3. Oberwelle. Ist am Dehner diese dritte Oberwelle gegenüber der Grundwelle um 180° phasenverschoben, dann ergeben sich die gezeigten starken Verzerrungen.

Weiterhin wird durch die Bandbreitenbegrenzung in den meisten Übertragungssystemen (0,3 · · · 3,4 kHz) ein großer Teil der im Momentanwertpresser entstehenden

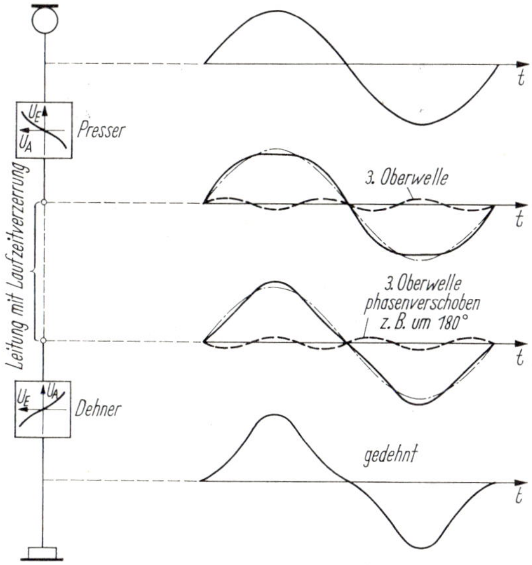


Abb. 5.26. Der Einfluß von Laufzeitverzerrungen beim Momentanwertkompander

Oberwellen abgeschnitten. Damit ist für Frequenzen hauptsächlich oberhalb 1100 Hz auch bei Laufzeitentzerrung ein Momentanwertkompander in der Regel unbrauchbar.

b) *Silbenkompander.* Beim Silbenkompander wird das Sprachsignal nicht in Abhängigkeit von seinem Momentanwert, sondern in Abhängigkeit vom Sprachvolumen (Mittelwert über eine gewisse Zeit, z. B. 2 · · · 10 ms) geregelt. Dies geschieht dadurch, daß ein Teil des Sprachsignals abgezweigt, gleichgerichtet und als Regelspannung verwendet wird.

Abb. 5.27 zeigt die Prinzipschaltung des Pressers. Das Ausgangssignal wird teilweise durch ein Diodenquartett in sogenannter Graetz-Schaltung gleichgerichtet. Über dem folgenden *RC*-Glied, dessen Zeitkonstante man zwischen 2 und 10 ms wählt, steht dann eine schwankende Gleichspannung, dessen Größe proportional dem Signalpegel ist. Diese wird als Regelspannung zur Veränderung des Regelgliedes verwendet. Das Regelglied besteht aus einem erdsymmetrischen Spannungsteiler, dessen Querzweig stromabhängige Widerstände (als Dioden gezeichnet) enthält. Bei einem großen Signalpegel wird die Regelspannung entsprechend groß. Dies hat zur Folge, daß der Querwiderstand im Regelglied verkleinert wird, wodurch die Dämpfung des Spannungsteilers erhöht wird.

Abb. 5.28 zeigt die Prinzipschaltung des Dehners. Dieser besteht im wesentlichen aus einem Spannungsteiler mit einem variablen Widerstand im Längszweig. Die Steuerspannung zur Veränderung dieses Widerstandes im Längszweig wird durch Gleichrichtung eines Teiles der Dehnereingangsspannung gewonnen. Ist die am Dehnereingang liegende Spannung groß, dann ist auch die Steuerspannung groß und damit der Längswiderstand im Regelglied klein. Bei kleiner Spannung am Dehnereingang ist der Längswiderstand dagegen groß. Große Signale werden also durch den Dehner wenig, kleine Signale dagegen stark gedämpft. Die Steuerspannung

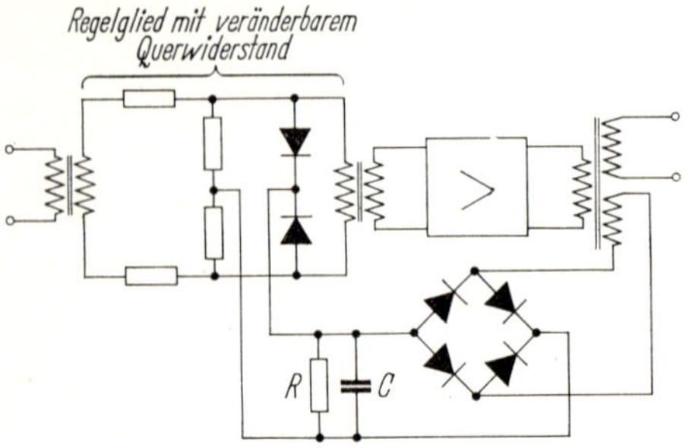


Abb. 5.27
Prinzipschaltung des Pressers beim Silbenkompander

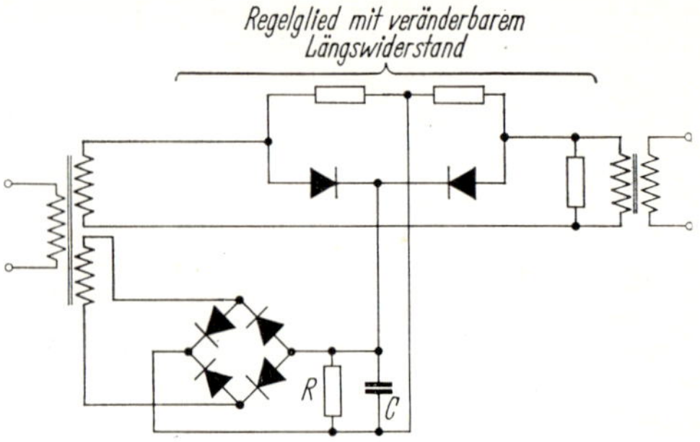


Abb. 5.28
Prinzipschaltung des Dehners beim Silbenkompander

muß beim Dehner vom Eingang her abgeleitet werden. Wollte man sie wie beim Presser vom Ausgang her abzweigen, dann ergäbe sich eine Instabilität, weil durch größere Amplituden die Dämpfung geringer gemacht würde, was wiederum eine noch größere Steuerspannung und damit eine noch weiter verringerte Dämpfung zur Folge hätte.

### Literatur

[1] Fletcher, H.: Speech and Hearing in Communication. New York: Van Nostrand 1953.
[2] Winckel, F.: Die menschliche Stimme in elektrischen Modellvorstellungen, ETZ A, 73 (1952) S. 708.
[3] Feldtkeller, R., u. G. Bosse: Einführung in die Nachrichtentechnik. Stuttgart: Wittwer 1950.
[4] Meyer-Eppler, W.: Grundlagen und Anwendungen der Informationstheorie. Berlin/Göttingen/Heidelberg: Springer 1959.
[5] Strecker, F.: Verständlichkeit und Lautstärke bei Frequenz- und Amplitudenbegrenzung. Z. techn. Phys. 17 (1936) 568–572. Nachdruck in Akust. Z. 1, (1936) 174–180.
[6] Fletcher, H. u. R. H. Galt: The Perception of Speech and its Relation to Telephony. Journ. of the Acoust. Society of America 22 (1950) S. 89–151.
[7] Licklider, I. C. R., u. I. Pollack: Effects of Differentiation, Integration and Infinite Peak Clipping upon the Intelligibility of Speech. J. acoust. Soc. Amer. 20 (1948) 42.
[8] Kamphausen, G.: Zwei einfache Ersatzschaltbilder zur Berechnung von Netzwerken mit Differentialübertragern unter besonderer Berücksichtigung der Gabelschaltung. Telegr.- u. Fernspr.-Techn., 28 (1939) 220–223.
[9] Jänke, M., E. Prenzel u. W. Speer: Dynamikpresser und Dehner für Fernsprechverbindungen. Fernmeldetechn. Z. 6 (1953) 459–467.
[10] Gosewinkel, M.: Messung der Übertragungseigenschaft von Telephonen, Mikrophonen u. Fernsprechern. Karlsruhe: Braun 1953.
[11] Führer, R.: Grundlagen der Fernsprechschaltungstechnik. Wolfshagen: Westphal 1951.
[12] Schmidt, K. O.: Die Sprache und ihre elektrische Übertragung. Der Fermelde-Ingenieur 6, Heft 9, 1952.
[13] Skudrzyk, E.: Die Grundlagen der Akustik. Wien: Springer 1954.

# 6 Übertragungswege, Leitungen

## 6.1 Allgemeines

Wie aus Abschn. 5 hervorging, haben Sprachsignale in Fernsprechqualität eine Bandbreite von 3100 Hz bei einer unteren Bandgrenze von 300 Hz und einer oberen Bandgrenze von 3400 Hz. Sprachsignale höherer Qualität haben eine entsprechend größere Bandbreite. Eine sehr große Bandbreite haben Fernsehbildsignale. In Tab. 6.1 sind die Bandbreiten verschiedener Signale zusammengestellt.

Zur Übertragung eines Signals gegebener Bandbreite wird ein Übertragungsweg benötigt, der mindestens die gleiche oder eine größere Bandbreite als das Signal

Tabelle 6.1 *Beispiele spezieller Signale und ihrer Bandbreiten*

| | |
|---|---|
| Sprache, Fernsprechqualität | 300 ··· 3400 Hz |
| Rundfunkprogramme normal | 50 ··· 10000 Hz |
| hochwertig | 30 ··· 15000 Hz |
| Fernsehprogramm CCI-Norm (*Gerber-Norm*) 625 Zeilen | 5 MHz |
| Englische Norm 405 Zeilen | 3 MHz |
| USA-Norm 525 Zeilen | 4 MHz |
| Französische Norm 819 Zeilen | 10,4 MHz |

hat. Im anderen Fall müßte man entweder das Signal in ein gleichwertiges geringerer Bandbreite umformen, was sehr schwierig und aufwendig ist, oder aber das Signal wird nicht vollständig, sondern verstümmelt übertragen.

Weitere Charakteristika von Signalen sind der *Dynamikumfang* (d. h. das Verhältnis von größter zu kleinster Amplitude) und das Höchstmaß an Störungen und Verzerrungen, welche das Signal erleiden darf. Für die Signalübertragung sind darum auch die diesbezüglichen Eigenschaften von Übertragungswegen wichtig.

Die existierenden Übertragungswege für die elektrische Signalübertragung über räumliche Entfernungen lassen sich grob in zwei Gruppen einteilen. Die eine Gruppe bilden die draht- oder leitergebundenen Übertragungswege, die andere Gruppe die drahtlosen Übertragungswege. Zur Gruppe der drahtlosen Übertragungswege zählen rundstrahlende Funkverbindungen, Richtfunkverbindungen, Verbindungen über Erdsatelliten usw. Zu den draht- oder leitergebundenen Übertragungswegen gehören Freileitungen, Kabel mit ihren Sonderformen wie Koaxialkabel usw.

Tabelle 6.2 *Hauptanwendungsgebiete einiger Übertragungswege*

| | |
|---|---|
| *Freileitungen* | Für Einkanalübertragung (NF, Sprachsignale in natürlicher Frequenzlage) und für 3-Kanal- und 12-Kanalsysteme (sog. TF-Einsatz) bis 142 kHz. 2,0 bis 5 mm Aderdurchmesser, Bronze- oder Stahl/Kupferleitungen, in Mitteleuropa kaum mehr üblich |
| *Symmetrische Kabel* | a) pupinisiert, nur für NF<br>b) unpupinisiert, für NF- und TF-Einsatz bis zu 120 Kanälen (552 kHz), Isolation: Papier oder Styroflex |
| *Koaxialkabel* | Nur für Vielkanalverbindungen und Fernsehen. Nach CCI-Norm Innendurchmesser 2,6 mm, Außendurchmesser 9,5 mm. Frequenzgrenzen: 3 MHz für 600 Sprechkanäle, 4 MHz für 900 Sprechkanäle, 12 MHz für 2700 Sprechkanäle oder wahlweise 1800 Sprechkanäle + 1 Fernsehkanal |
| *Rundstrahlende Funkverbindungen* | Hauptsächlich für Rundfunk und Fernsehen, 10 kHz bis 1 GHz |
| *Richtfunkstrecken* | Hauptsächlich für Vielkanalrichtfunk mit den Trägerfrequenzen bei 2 GHz und 4 GHz. Frequenzbereich: 1 MHz bis 10 GHz. Obere Frequenzgrenze ausschließlich durch Schwund und Absorption bestimmt |
| *Wellenleiter* | (Hohlleiter) Frequenzbereich etwa von 1 GHz bis 100 GHz. Bandbreiten etwa 10 MHz bis 100 MHz. Sind noch im Entwicklungsstadium |

Zur Charakterisierung der elektrischen Eigenschaften der Übertragungswege dient in der Nachrichtentechnik in erster Linie der übertragbare Frequenzbereich bzw. der Verlauf der Dämpfung über der Frequenz. Der übertragbare Dynamikbereich interessiert meist erst in zweiter Linie, weil dieser in der Regel durch die Endgeräte

(Sender, Verstärker, Empfänger) bestimmt wird. Dasselbe gilt für die übertragbare Leistung und, soweit es sich um drahtgebundene Übertragungswege handelt, auch für die Störungen. Bei drahtlosen Übertragungswegen sind dagegen die auftretenden Störungen und der Schwund von großer Bedeutung.

Im Normalfall erweist sich die Bandbreite von Übertragungswegen als wesentlich größer als die der damit zu übertragenden Signale. Dies hat zur Mehrfachausnutzung geführt, d. h. daß über einen Übertragungsweg mehrere *Kanäle* geleitet werden. (Die Methoden zur Übertragung mehrerer z. B. Sprechkanäle über einen Übertragungsweg werden in Abschn. 7 beschrieben.) In Tab. 6.2 sind einige wichtige Übertragungswege mit ihren Hauptanwendungsgebieten zusammengestellt. Die in der Tabelle benutzten Spezialbegriffe wie z. B. *pupinisiert* werden später noch erläutert. In diesem Buch wollen wir uns auf die Beschreibung einiger draht- bzw. leitungsgebundener Übertragungswege beschränken.

## 6.2 Homogene Leitungen

Homogen heißt: die Leitung hat auf ihrer ganzen Länge konstanten Leiterquerschnitt, gleiches Leitermaterial, konstanten Leiterabstand und gleichförmige Isolation.

Die Gesetzmäßigkeiten seien anhand von Abb. 6.1 abgeleitet. Die Größe $x$ ist die Ortskoordinate. Am Leitungsanfang ist $x = 0$, am Leitungsende ist $x = l$. Abb. 6.1b zeigt ein an einer beliebigen Stelle $x$ herausgeschnittenes differentielles Leitungsstück der Länge $dx$. In diesem sind die in Wirklichkeit kontinuierlich längs der Leitung verteilten Widerstände, Induktivitäten und die Kapazität als konzentrierte Elemente eingetragen. Der Strich an den Größen bedeutet, daß diese jeweils auf die Längeneinheit bezogen sind. Es ist also

$R'$ Widerstand pro Längeneinheit (Widerstandsbelag)
$L'$ Induktivität pro Längeneinheit (Induktivitätsbelag)
$G'$ Ableitung pro Längeneinheit (Leitwertsbelag)
$C'$ Kapazität pro Längeneinheit (Kapazitätsbelag).

Hin- und Rückleiter können im allgemeinen verschiedene Widerstandsbeläge $R'_{\mathrm{I}}$ und $R'_{\mathrm{II}}$ haben. In der Praxis tritt das z. B. bei Koaxialkabeln auf. Da die vom Strom durch den Hinleiter und vom Strom durch den Rückleiter erzeugten magne-

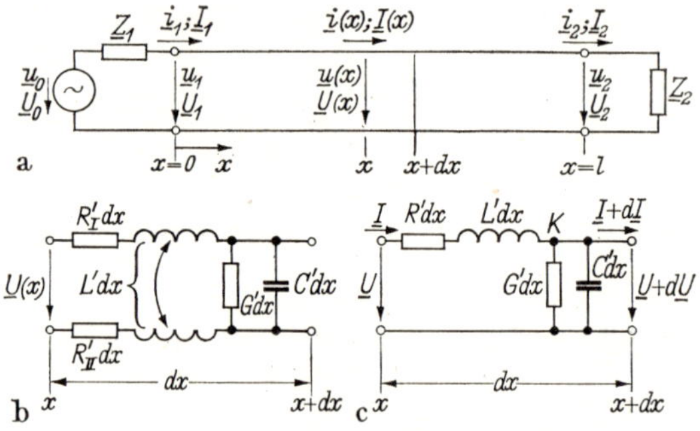


Abb. 6.1. Homogene Doppeldrahtleitung
a allgemeine Darstellung; b an der Stelle $x$ herausgeschnittenes differentielles Stück der Länge $dx$ mit eingezeichneten Leitungsbelägen; c vereinfachtes Ersatzbild

tischen Felder sich überlagern und damit gemeinsam zur induzierten Gegenspannung, d. h. zum induktiven Spannungsabfall in Hin- und Rückleiter beitragen, ist es am einfachsten, wenn man nur ihre Gesamtwirkung betrachtet und durch einen gemeinsamen Induktivitätsbelag $L'$ ausdrückt. Ebenso lassen sich die beiden Widerstandsbeläge in $R'_I + R'_{II} = R'$ zusammenfassen, womit man zu Abb. 6.1c gelangt, welches nun zur Aufstellung der Leitungsgleichungen dient.

Für die nachfolgende Berechnung der Leitungseigenschaften wird vorausgesetzt, daß die zeitlichen Änderungen von Strom und Spannung sinusförmig sind. Dann ist nach der komplexen Wechselstromrechnung Gl. (0.6) und Gl. (0.7)

$$\underline{u}(t) = \underline{U}\,\mathrm{e}^{\mathrm{j}\,\omega t}; \qquad \underline{i}(t) = \underline{I}\,\mathrm{e}^{\mathrm{j}\,\omega t};$$

$$C\frac{d\underline{u}}{dt} = \mathrm{j}\,\omega\,C\,\underline{U}\,\mathrm{e}^{\mathrm{j}\,\omega t}; \qquad L\frac{d\underline{i}}{dt} = \mathrm{j}\,\omega\,L\,\underline{I}\,\mathrm{e}^{\mathrm{j}\,\omega t}.$$

Der zeitabhängige Faktor $\mathrm{e}^{\mathrm{j}\,\omega t}$ wird sich wie üblich in den folgenden Gleichungen stets wegkürzen.

Für den Knotenpunkt $K$ in Abb. 6.1c gilt

$$\underline{I} = (G' + \mathrm{j}\,\omega\,C')\,dx(\underline{U} + d\underline{U}) + \underline{I} + d\underline{I}. \tag{6.1}$$

Mit $d\underline{U}\,dx \approx 0$ wird

$$-\frac{d\underline{I}}{dx} = (G' + \mathrm{j}\,\omega\,C')\,\underline{U}. \tag{6.2}$$

Für die Masche gilt:

$$\underline{U} = (R' + \mathrm{j}\,\omega\,L')\,dx\,\underline{I} + \underline{U} + d\underline{U}, \tag{6.3}$$

$$-\frac{d\underline{U}}{dx} = (R' + \mathrm{j}\,\omega\,L')\,\underline{I}. \tag{6.4}$$

Gl. (6.2) und Gl. (6.4) sind die *Leitungsgleichungen*. Eliminiert man daraus $\underline{I}$, indem man Gl. (6.4) nach $x$ differenziert und in Gl. (6.2) eingesetzt, dann erhält man die Differentialgleichung (*Wellengleichung*):

$$\frac{d^2\underline{U}}{dx^2} = (G' + \mathrm{j}\,\omega\,C')\,(R' + \mathrm{j}\,\omega L')\,\underline{U}. \tag{6.5}$$

Die Lösung dieser Gleichung erfolgt mit dem Ansatz

$$\underline{U}(x) = A\,\mathrm{e}^{-\gamma x} + B\,\mathrm{e}^{+\gamma x}, \tag{6.6}$$

worin $A$, $B$ und $\gamma$ zunächst unbekannt sind. Die Bestimmung von $\gamma$ erfolgt durch zweimalige Differentiation von Gl. (6.6) und Vergleich mit Gl. (6.5)

$$\frac{d^2\underline{U}}{dx^2} = \gamma^2 A\,\mathrm{e}^{-\gamma x} + \gamma^2 B\,\mathrm{e}^{+\gamma x} = \gamma^2\,\underline{U}(x), \tag{6.6a}$$

$$\gamma = \sqrt{(G' + \mathrm{j}\,\omega\,C')\,(R' + \mathrm{j}\,\omega\,L')} = \alpha + \mathrm{j}\,\beta. \tag{6.7}$$

Man bezeichnet den Ausdruck $\gamma$ als Fortpflanzungsmaß, seinen Realteil $\alpha$ als Dämpfungskonstante und seinen Imaginärteil $\beta$ als Phasenkonstante.

Zur Bestimmung von $A$ und $B$ wird zunächst der Strom $\underline{I}$ nach Gl. (6.4) und Gl. (6.6) berechnet.

$$-\frac{d\underline{U}}{dx} = (R' + \mathrm{j}\,\omega\,L')\,\underline{I} = +\gamma\,A\,\mathrm{e}^{-\gamma x} - \gamma\,B\,\mathrm{e}^{+\gamma x}. \tag{6.8}$$

Mit Gl. (6.7) wird aus Gl. (6.8)

$$\underline{I} = \sqrt{\frac{G' + \mathrm{j}\,\omega\,C'}{R' + \mathrm{j}\,\omega\,L'}}\,A\,\mathrm{e}^{-\gamma x} - \sqrt{\frac{G' + \mathrm{j}\,\omega\,C'}{R' + \mathrm{j}\,\omega\,L'}}\,B\,\mathrm{e}^{+\gamma x} \tag{6.9}$$

oder

$$\underline{Z}_w \underline{I} = A\,\mathrm{e}^{-\gamma x} - B\,\mathrm{e}^{+\gamma x}, \tag{6.10}$$

wobei als Abkürzung gesetzt wird

$$\underline{Z}_w = \sqrt{\frac{R' + \mathrm{j}\,\omega\,L'}{G' + \mathrm{j}\,\omega\,C'}}\,. \tag{6.11}$$

Jetzt berechnen sich $A$ und $B$ aus Gl. (6.6) und Gl. (6.10) und der Festlegung, daß am Leitungsende $x = l$ gilt: $\underline{U} = \underline{U}_2$; $\underline{I} = \underline{I}_2$

$$\underline{U}_2 = A\,\mathrm{e}^{-\gamma l} + B\,\mathrm{e}^{+\gamma l}, \tag{6.12}$$

$$\underline{Z}_w \underline{I}_2 = A\,\mathrm{e}^{-\gamma l} - B\,\mathrm{e}^{+\gamma l}, \tag{6.13}$$

daraus wird

$$A = \tfrac{1}{2}(\underline{U}_2 + \underline{Z}_w \underline{I}_2)\,\mathrm{e}^{+\gamma l}, \tag{6.14}$$

$$B = \tfrac{1}{2}(\underline{U}_2 - \underline{Z}_w \underline{I}_2)\,\mathrm{e}^{-\gamma l}. \tag{6.15}$$

$A$ und $B$ in Gl. (6.6) eingesetzt:

$$\begin{aligned}\underline{U}(x) &= \tfrac{1}{2}(\underline{U}_2 + \underline{Z}_w \underline{I}_2)\,\mathrm{e}^{\gamma(l-x)} + \tfrac{1}{2}(\underline{U}_2 - \underline{Z}_w \underline{I}_2)\,\mathrm{e}^{\gamma(l-x)} \\ &= \underline{U}_2 \underbrace{\tfrac{1}{2}\{\mathrm{e}^{+\gamma(l-x)} + \mathrm{e}^{-\gamma(l-x)}\}}_{\cosh\gamma(l-x)} + \underline{I}_2 \underline{Z}_w \underbrace{\tfrac{1}{2}\{\mathrm{e}^{+\gamma(l-x)} - \mathrm{e}^{-\gamma(l-x)}\}}_{\sinh\gamma(l-x)}\end{aligned}$$

$$\underline{U}(x) = \underline{U}_2 \cosh\gamma(l-x) + \underline{I}_2 \underline{Z}_w \sinh\gamma(l-x). \tag{6.16}$$

Entsprechend ist:

$$\underline{I}(x) = \underline{I}_2 \cosh\gamma(l-x) + \underline{U}_2 \frac{1}{\underline{Z}_w} \sinh\gamma(l-x). \tag{6.17}$$

Setzt man $x = 0$, so ergeben sich die Vierpolkettengleichungen der Leitung (vgl. Abschn. 0.5).

Für $x = 0$ ist $\underline{U} = \underline{U}_1$; $\underline{I} = \underline{I}_1$; $\gamma\,l = g = a + \mathrm{j}\,b$, (6.18)

$g$ Übertragungsmaß
$a$ Dämpfungsmaß
$b$ Phasenmaß.

$$\underline{U}_1 = \underline{U}_2 \cosh g + \underline{I}_2 \underline{Z}_w \sinh g = \underline{A}_{11} \underline{U}_2 + \underline{A}_{12} \underline{I}_2, \tag{6.19}$$

$$\underline{I}_1 = \underline{I}_2 \cosh g = \underline{U}_2 \frac{1}{\underline{Z}_w} \sinh g = \underline{A}_{21} \underline{U}_2 + \underline{A}_{22} \underline{I}_2. \tag{6.20}$$

$\underline{A}_{11} = \underline{A}_{22} = \cosh g$, d. h., Leitung ist widerstandssymmetrisch (Tab. 0.5),
$\Delta\underline{A} = 1$, d. h., Leitung ist umkehrbar (Tab. 0.4).

$\underline{Z}_w = \sqrt{\dfrac{R' + \mathrm{j}\,\omega\,L'}{G' + \mathrm{j}\,\omega\,C'}}$ ist der Wellenwiderstand der Leitung, denn man verifiziert leicht, daß mit Gl. (6.19) und Gl. (6.20)

$$\underline{Z}_w = \sqrt{\underline{W}_{1L}\,\underline{W}_{1K}} = \sqrt{\underline{Z}_w \tanh g\, \underline{Z}_w \frac{1}{\tanh g}} = \underline{Z}_w.$$

Bei Abschluß der Leitung mit dem Wellenwiderstand, d. h. $\underline{I}_2 \underline{Z}_w = \underline{U}_2$, ist nach Gl. (6.19) und Gl. (6.20)

$$\frac{\underline{U}_1}{\underline{U}_2} = \frac{\underline{I}_1}{\underline{I}_2} = \mathrm{e}^{g} \tag{6.21}$$

$g = \gamma\,l = \sqrt{(G' + \mathrm{j}\,\omega\,C')(R' + \mathrm{j}\,\omega\,L')}\;l$ ist das Wellenübertragungsmaß.

Die wichtigsten Arten der homogenen Leitung, die mit Gl. (6.16), Gl. (6.17) bzw. mit Gl. (6.19), Gl. (6.20) beschrieben werden, sind in Abb. 6.2 zusammengestellt. Es sind dies

a) *Freileitung* (Abb. 6.2a). Hierunter versteht man parallel aufgespannte Leiterdrähte, die hauptsächlich durch Luft gegeneinander isoliert sind.

b) *Koaxialkabel* (Abb. 6.2b). Dieses Kabel besteht aus einem Innenleiter und einem konzentrisch dazu angeordneten Rohr als Außenleiter. Der Außenleiter ist gewöhnlich geerdet. Dieses Kabel wird also erdunsymmetrisch betrieben. Wie in Tab. 6.2 bereits angegeben wurde, können Koaxialkabel bis zu sehr hohen Frequenzen verwendet werden.

Gewöhnliche symmetrische Fernsprechkabel enthalten im allgemeinen mehrere Leiterpaare. Diese Leiterpaare dürfen nicht miteinander elektrisch koppeln. Das wird durch die folgenden zwei Konstruktionen erreicht.

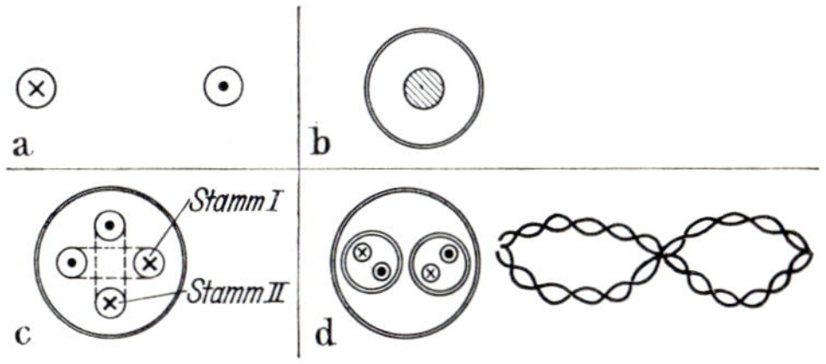


Abb. 6.2
Die wichtigsten Typen homogener Leitungen
a Freileitung; b Koaxialkabel; c Sternvierer; d DIESELHORST-MARTIN-Vierer (DM-Vierer)

c) *Symmetrischer Sternvierer* (Abbildung 6.2c). Die zusammengehörenden Adern eines Leiterpaares (Stammes) liegen sich gegenüber, so daß die Kapazitäten zwischen den Adern der verschiedenen Stämme eine abgeglichene Brücke bilden. Wie man sich leicht überlegen kann, sind bei dieser Anordnung die beiden Stämme auch magnetisch entkoppelt. Der Sternvierer erfordert einen sehr exakten geometrischen Aufbau.

d) *Dieselhorst-Martin-Vierer,* kurz DM-Vierer (Abb. 6.2d). Dieser besteht aus zwei mit unterschiedlichen Schlaglängen verdrillten Leiterpaaren, die miteinander nochmals verdrillt sind. Auf diese Weise ergeben sich unterschiedliche Kopplungen zwischen beiden Stämmen längs der Leitung, deren Wirkung sich aber im statistischen Mittel fast vollständig aufhebt (statistischer Abgleich).

Die die Leitung kennzeichnenden Größen $\underline{Z}_w$ [Gl. (6.11)] und $\gamma$ bzw. $g$ [Gl. (6.7)] hängen von den Leitungsbelägen $R'$, $G'$, $L'$ und $C'$ ab. Letztere werden in der Regel auf 1 km Leitungslänge bezogen. Die Leitungsbeläge sind keine konstante, sondern frequenzabhängige und bei Freileitungen noch witterungsabhängige Größen.

Tabelle 6.3 *Leitungsbeläge von Freileitungen und Kabeln (⌀ bedeutet Durchmesser)*

| Leitung | ⌀ mm | $R'$ Ω/km | $L'$ mH/km | $G'$ μS/km | $C'$ nF/km |
|---|---|---|---|---|---|
| Freileitung (Bronze, Hartkupfer) | 2 | 12 | 2,2 | 1 | 5,4 |
| | 3 | 5,44 | 2,0 | 1 | 6,0 |
| | 5 | 2,16 | 1,8 | 1 | 6,7 |
| Kabel | 0,8 | 74 | 0,6 | 1 | 37 |
| | 1,0 | 46 | 0,6 | 1 | 38 |
| | 1,5 | 20,8 | 0,6 | 1 | 39 |
| | 2,0 | 11,7 | 0,6 | 1 | 43 |

Tab. 6.3 gibt einige Zahlenwerte hierfür an, die für Gleichstrom ($\omega = 0$) und bei trockenem Wetter gültig sind. Insbesondere der Wert für die Ableitung $G'$ ist als Näherungswert anzusehen.

### 6.2.1 Sonderfälle

a) *Verlustlose Leitung:* $R' = 0; \quad G' = 0.$

Nach Gl. (6.11) und Gl. (6.7) ist

$$\underline{Z}_w = \sqrt{\frac{L'}{C'}}, \tag{6.22}$$

$$\gamma = \mathrm{j}\,\omega\,\sqrt{L'\,C'} = \mathrm{j}\,\beta, \tag{6.23}$$

d. h.

$$\underline{g} = \mathrm{j}\,\omega\,\sqrt{L'\,C'}\,l = \mathrm{j}\,\beta\,l; \qquad \alpha = 0.$$

Damit vereinfachen sich Gl. (6.16) und Gl. (6.17) mit

$$\sinh \mathrm{j}\,\xi = \mathrm{j}\sin\xi; \qquad \cosh \mathrm{j}\,\xi = \cos\xi,$$

$$\underline{U}(x) = \underline{U}_2\cos\beta(l-x) + \mathrm{j}\,\underline{I}_2\,\underline{Z}_w\sin\beta(l-x), \tag{6.16a}$$

$$\underline{I}(x) = \underline{I}_2\cos\beta(l-x) + \mathrm{j}\,\underline{U}_2\frac{1}{\underline{Z}_w}\sin\beta(l-x) \tag{6.17a}$$

bzw. die Vierpolgleichungen Gl. (6.19), Gl. (6.20)

$$\underline{U}_1 = \underline{U}_2\cos\beta\,l + \mathrm{j}\,\underline{I}_2\,\underline{Z}_w\sin\beta\,l, \tag{6.19a}$$

$$\underline{I}_1 = \mathrm{j}\,\underline{U}_2\frac{1}{\underline{Z}_w}\sin\beta\,l + \underline{I}_2\cos\beta\,l. \tag{6.20a}$$

b) *Verlustarme Leitung:* $R' \ll \omega L'$; $G' \ll \omega C'$,

$$\underline{Z}_w \approx \sqrt{\frac{L'}{C'}}, \tag{6.24}$$

$$\gamma = \sqrt{\mathrm{j}\,\omega\,L'\left(1+\frac{R'}{\mathrm{j}\,\omega\,L'}\right)\mathrm{j}\,\omega\,C'\left(1+\frac{G'}{\mathrm{j}\,\omega\,C'}\right)}$$

$$= \mathrm{j}\,\omega\,\sqrt{L'\,C'}\sqrt{1+\frac{R'}{\mathrm{j}\,\omega\,L'}+\frac{G'}{\mathrm{j}\,\omega\,C'}-\frac{R'\,G'}{\omega^2\,L'\,C'}}.$$

Vernachlässigt man das Glied $R'\,G'/\omega^2\,L'\,C'$ und entwickelt die Wurzel in eine Reihe, so erhält man

$$\gamma \approx \mathrm{j}\,\omega\,\sqrt{L'\,C'}\left(1+\frac{1}{2}\,\frac{R'}{\mathrm{j}\,\omega\,L'}+\frac{1}{2}\,\frac{G'}{\mathrm{j}\,\omega\,C'}\right),$$

$$\gamma \approx \mathrm{j}\,\omega\,\sqrt{L'\,C'} + \frac{1}{2}R'\sqrt{\frac{C'}{L'}} + \frac{1}{2}G'\sqrt{\frac{L'}{C'}}, \tag{6.25}$$

also ist

$$\alpha \approx \underbrace{\frac{1}{2}R'\sqrt{\frac{C'}{L'}}}_{\text{Längsdämpfung } \alpha_R} + \underbrace{\frac{1}{2}G'\sqrt{\frac{L'}{C'}}}_{\text{Querdämpfung } \alpha_G} \tag{6.26}$$

und

$$\beta \approx \omega\,\sqrt{L'\,C'}. \tag{6.27}$$

c) *RC-Leitung:* $\omega L' \ll R'$; $G \ll \omega C'$.

Dies ist z. B. der Fall auf Kabelleitungen bei niederen Frequenzen. Es wird

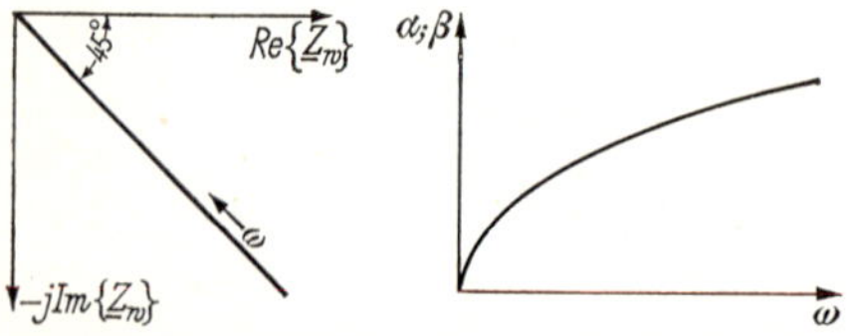


Abb. 6.3. Eigenschaften der *RC*-Leitung

$$\underline{Z}_w = \sqrt{\frac{R'}{\mathrm{j}\,\omega\,C'}}, \tag{6.28}$$

$$\gamma = \sqrt{\mathrm{j}\,\omega\,C'\,R'}, \tag{6.29}$$

$$\alpha = \beta = \sqrt{\frac{\omega\,C'\,R'}{2}}. \tag{6.30}$$

Die Eigenschaften der *RC*-Leitung sind in Abb. 6.3 dargestellt.

## 6.3 Die Abhängigkeit der Leitungsbeläge verschiedener Leitungen

### 6.3.1 Der Einfluß des Skineffektes auf die Leitungsbeläge

Wie schon erwähnt wurde, sind in Wirklichkeit die Leitungsbeläge $R'$, $L'$, $G'$ und $C'$ nicht konstant, sondern u. a. frequenzabhängig. Am stärksten ist das bei $R'$ der Fall. Die Ursache dafür ist der Skineffekt. Dieser beeinflußt neben $R'$ auch noch $L'_i$, wenn man $L'$ in die zwei Anteile *innere Induktivität* $L'_i$ und *äußere Induktivität* $L'_a$ aufteilt.

Während bei Gleichstrom der ganze Querschnitt des Leiters gleichmäßig vom Strom erfüllt ist, wird bei Wechselstrom mit höher werdender Frequenz der Stromfluß auf eine immer dünnere Schicht an der Oberfläche des Leiters zusammengedrückt. Dadurch wird der Widerstand vergrößert und die innere Induktivität verkleinert. Die schon in Teil I, Abschn. 1.1.3 angegebenen Formeln für einen Leiter von kreisförmigem Querschnitt und dem Radius $r_a$ lassen sich unmittelbar auf die Leitungsbeläge anwenden. Mit

$$x = \frac{r_a}{2} \sqrt{\pi f \varkappa \mu_0 \mu_r} = \frac{r_a}{2\vartheta}, \tag{6.31}$$

wobei

$f$ = Frequenz,

$\varkappa$ = spez. Leitfähigkeit,

$\mu_0$ = absolute und

$\mu_r$ = relative Permeabilität

ist, gilt für (vgl. auch Abb. 1.4)

$$x < 1 \left\{ \begin{aligned} \frac{R'(\omega)}{R'_0} &\approx 1 + \frac{1}{3} x^4, && (6.32) \\ \frac{\omega L'_i}{R'_0} &\approx x^2 \left(1 - \frac{x^4}{6}\right), && (6.33) \end{aligned} \right.$$

$$x > 1 \left\{ \begin{aligned} \frac{R'(\omega)}{R'_0} &\approx x + \frac{1}{4} + \frac{3}{64x}, && (6.34) \\ \frac{\omega L'_i}{R'_0} &\approx x - \frac{3}{64x} + \frac{3}{128x^2}. && (6.35) \end{aligned} \right.$$

$R'_0$ ist der Widerstandsbelag bei Gleichstrom.

### 6.3.2 Die Leitungsbeläge von Freileitungen

Als Material für Freileitungen wird gewöhnlich Kupfer, Stahl mit Kupfermantel, Bronze oder Aldrey verwendet. Letzteres ist eine Aluminiumlegierung mit Magnesium, Silizium und Eisen, welche einen kleinen spezifischen Widerstand und eine hohe Zugfestigkeit hat. Die Abmessungen von Doppeldrahtleitungen (vgl. Abb. 6.4) betragen gewöhnlich für den Durchmesser $d = 2{,}0 \cdots 5{,}0$ mm und für den Leiterabstand $a = 150 \cdots 400$ mm.

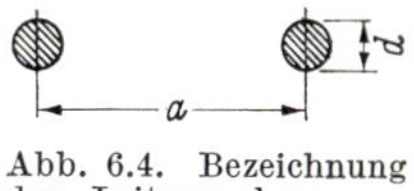

Abb. 6.4. Bezeichnung der Leitungsabmessungen bei Freileitungen

Als praktisch konstant erweist sich bei Freileitungen lediglich der Kapazitätsbelag $C'$. Für die geometrische Anordnung von Abb. 6.4 errechnet sich dieser nach der Theorie der Elektrostatik [2] zu

$$C' = \frac{\pi \varepsilon_0}{\ln\left[\frac{a}{d} + \sqrt{\left(\frac{a}{d}\right)^2 - 1}\right]}. \tag{6.36}$$

Für $a \gg d$ ergibt sich daraus mit der absoluten Dielektrizitätskonstante $\varepsilon_0 = (1/36\pi \cdot 10^{11})$ pF/cm

$$C' \approx \frac{\pi \varepsilon_0}{\ln\left(\frac{2a}{d}\right)} = \frac{10^3}{36 \ln\left(\frac{2a}{d}\right)} \frac{\text{nF}}{\text{km}} . \tag{6.36a}$$

Der Induktivitätsbelag setzt sich aus zwei Anteilen zusammen, dem Anteil der äußeren Induktivität, die vom magnetischen Feld außerhalb des Leiters herrührt, und dem Anteil der inneren Induktivität vom magnetischen Feld im Leiterinnern. Der Anteil der äußeren Induktivität ist praktisch konstant. Für diesen errechnet sich mit Hilfe der Theorie der Magnetostatik [2] der erste Summand in Gl. (6.37). Der zweite Summand in Gl. (6.37) für den Anteil der inneren Induktivität ist wegen des Skineffektes frequenzabhängig bzw. nach Abschn. (6.3.1) eine Funktion $F$ des Drahtdurchmessers $d = 2r_a$ und des Eindringmaßes $\vartheta$.

$$L' = \frac{\mu_0}{\pi} \ln \frac{2a}{d} + \frac{\mu}{\pi} F\left(\frac{d}{2\vartheta}\right), \tag{6.37}$$

$$= 0{,}4 \left[\ln \frac{2a}{d} + \frac{\mu}{\mu_0} F\left(\frac{d}{2\vartheta}\right)\right] \frac{\text{mH}}{\text{km}} . \tag{6.38}$$

Die frequenzabhängige Funktion $F(d/2\vartheta) = F(2x)$ errechnet sich mit Gl. (6.31) für $x < 1$ durch Einsetzen von Gl. (6.39) in Gl. (6.33) zu $F(2x) \approx (1/4) - (x^4/24)$ und für $x > 1$ durch Einsetzen von Gl. (6.39) in Gl. (6.35) zu $F(2x) \approx (1/4) - (3/256\,x^3)$. In Tab. 6.4 sind einige ausgerechnete Wertepaare zusammengestellt.

Tabelle 6.4

| $2x = \frac{d}{2\vartheta}$ | 0,1 | 1 | 2 | 5 | 10 | 20 | 50 | 100 |
|---|---|---|---|---|---|---|---|---|
| $F\left(\frac{d}{2\vartheta}\right)$ | 0,25 | 0,25 | 0,24 | 0,1 | 0,05 | 0,02 | 0,01 | 0,005 |

Für Gleichstrom und für niedrige Frequenzen errechnet sich der Widerstandsbelag nach Teil I, Gl. (1.1), bei Berücksichtigung von Hin- und Rückleitung zu:

$$R_0' = \frac{2}{r_a^2 \pi \varkappa} = \frac{8}{d^2 \pi \varkappa} . \tag{6.39}$$

Für hohe Frequenzen kann der Leitungsbelag $R'$ mit den Formeln von Abschn. 6.3.1 berechnet werden (s. unten im Beispiel).

Die Ableitung $G'$ ist nicht nur frequenzabhängig, sondern auch stark witterungsabhängig. Ihre Werte werden in der Regel empirisch gewonnen. Tab. 6.5 gibt einige typische Werte für $G'$ wieder.

Tabelle 6.5 *Frequenz- und Witterungsabhängigkeit der Ableitung G'*

| | 1 kHz | 10 kHz | 100 kHz | |
|---|---|---|---|---|
| Trockenes Wetter . | 0,09 | 0,8 | 8 | μS/km |
| Regen . . . . . . | 0,8 | 7,5 | 45 | μS/km |
| Rauhreif . . . . . | 3,0 | 24 | 200 | μS/km |

*Beispiel:* Kupfer-Freileitung mit $d = 3{,}0$ mm; $a = 250$ mm;

$$\varkappa = 57 \frac{\text{m}}{\Omega\,\text{mm}^2} .$$

Mit Gl. (6.36a), Gl. (6.38), Gl. (6.39) und Gl. (6.24) ergibt sich

$$C' = 5{,}43\ \text{nF/km}; \qquad L' = 2{,}04\ \text{mH/km};$$

$$R_0' = 4{,}96\ \Omega/\text{km}; \qquad \underline{Z}_w \approx \sqrt{\frac{L'}{C'}} = 615\ \Omega.$$

Die innere Induktivität kann hier besonders bei höheren Frequenzen vernachlässigt werden. Der Einfluß der Stromverdrängung auf den Widerstandsbelag ist in Tab. 6.6 für drei verschiedene Frequenzen berechnet worden.

Tabelle 6.6

| Frequenz | 1 kHz | 10 kHz | 100 kHz | |
|---|---|---|---|---|
| Eindringmaß $\vartheta$ . . | 2,11 | 0,67 | 0,211 | mm |
| $x = \dfrac{d}{4\vartheta}$ . . . . . | 0,35 | 1,13 | 3,55 | vgl. Abb. 1.4 in Teil I |
| $\dfrac{R'(\omega)}{R_0'}$ . . . . . . | 1,0 | 1,5 | 3,8 | |
| Einzelleiter . . . . | 2,48 | 3,62 | 9,42 | $\Omega$/km |
| Widerstandsbelag . | 4,96 | 7,24 | 18,84 | $\Omega$/km |

Unter Verwendung von Tab. 6.5 für $G'$ ergeben sich für die Dämpfungskonstante $\alpha$ die in Tab. 6.7 und Abb. 6.5 dargestellten Verhältnisse.

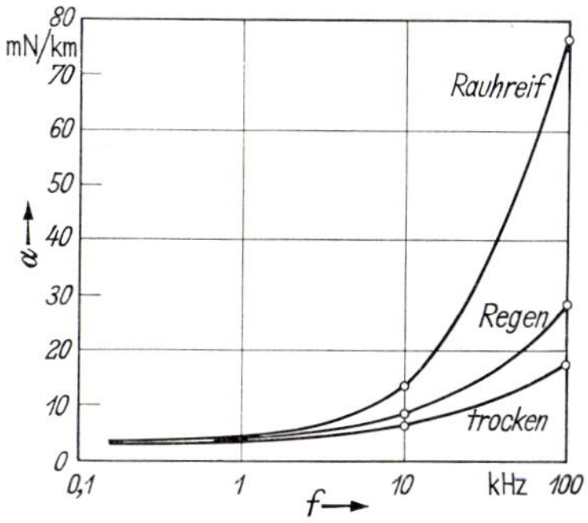


Abb. 6.5. Dämpfungskonstante einer Freileitung in Abhängigkeit von Frequenz und Witterung

Die Dämpfungskonstante ist dabei gemäß Gl. (6.26) bzw. Gl. (6.26a) in zwei Teile aufgespalten.

$$\alpha = \alpha_R + \alpha_G,$$

$$\alpha_R = \frac{1}{2} R' \sqrt{\frac{C'}{L'}}; \qquad \alpha_G = \frac{1}{2} G' \sqrt{\frac{L'}{C'}}. \tag{6.26a}$$

Tabelle 6.7 (*Dämpfungskonstante in* mN/km)

| Frequenz | 1 kHz | | | 10 kHz | | | 100 kHz | | |
|---|---|---|---|---|---|---|---|---|---|
| Dämpfung | $\alpha_R$ | $\alpha_G$ | $\alpha$ | $\alpha_R$ | $\alpha_G$ | $\alpha$ | $\alpha_R$ | $\alpha_G$ | $\alpha$ |
| trocken . . . . | 4,04 | 0,03 | 4,07 | 5,89 | 0,246 | 6,14 | 15,32 | 2,46 | 17,78 |
| Regen . . . . . | 4,04 | 0,25 | 4,29 | 5,89 | 2,31 | 8,20 | 15,32 | 13,30 | 28,6 |
| Rauhreif . . . . | 4,04 | 0,92 | 4,96 | 5,89 | 7,41 | 13,30 | 15,32 | 61,5 | 76,8 |

### 6.3.3 Die Leitungsbeläge von Koaxialleitungen bei hohen Frequenzen

Abb. 6.6 zeigt den Querschnitt eines Koaxialkabels. Der Außenleiter möge relativ dünnwandig sein. Dann ist bei hohen Frequenzen, für welche $R'(\omega) \approx x\,R_0'$ gilt, der

Widerstandsbelag

$$R' \approx \frac{1}{2r_a}\sqrt{\frac{\mu_0\mu_r f}{\pi\varkappa_a}} + \frac{1}{2r_i}\sqrt{\frac{\mu_0\mu_r f}{\pi\varkappa_i}}. \tag{6.40}$$

Wenn nur das magnetische Feld zwischen den Leitern berücksichtigt wird (das Feld in den Leitern ist bei hohen Frequenzen vernachlässigbar), dann errechnet sich der Induktivitätsbelag $L'$ nach den Gesetzen der Magnetostatik [2] zu

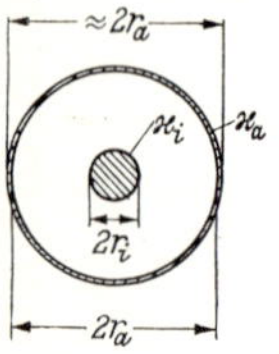

Abb. 6.6. Bezeichnung der Leiterabmessungen bei Koaxialkabeln

$$L' = \frac{\mu_0\mu_r}{2\pi}\ln\frac{r_a}{r_i} \approx 0{,}46\lg\frac{r_a}{r_i}\,\frac{\text{mH}}{\text{km}} \tag{6.41}$$

(für $\mu_r = 1$).

Aus der Theorie der Elektrostatik [2] folgt für den Kapazitätsbelag $C'$

$$C' = \frac{2\pi\varepsilon_0\varepsilon_r}{\ln\frac{r_a}{r_i}} \approx 24{,}2\varepsilon_r\frac{1}{\lg\frac{r_a}{r_i}}\,\frac{\text{nF}}{\text{km}}. \tag{6.42}$$

Der Ableitungsbelag ergibt sich schließlich zu

$$G' = \omega C'\tan\delta. \tag{6.43}$$

$\tan\delta$ ist der Verlustfaktor des Isolationsmaterials. Tab. 6.8 gibt typische Werte für den Verlustfaktor und die relative Dielektrizitätskonstante verschiedener Isolierstoffe an.

Tabelle 6.8 *Isolierstoffe für TF-Kabel*

| Isolationsart | Verlustfaktor $\tan\delta$ | relative Dielektrizitätskonstante $\varepsilon_r$ |
|---|---|---|
| Papier . . . . . . . . . | $60\cdot10^{-4}$ | 1,335 |
| Styroflex . . . . . . . . | $1\cdot10^{-4}$ | 1,15 · · · 1,18 |
| Styropor (Schaumstoff) . . | $1\cdot10^{-4}$ | 1,09 |

Für Koaxialkabel gelten im allgemeinen die Beziehungen der verlustarmen Leitung [Gl. (6.24) bis Gl. (6.27)]. Der Wellenwiderstand $\underline{Z}_w$ ergibt sich durch Einsetzen von Gl. (6.41) und Gl. (6.42) in Gl. (6.24) zu

$$\underline{Z}_w \approx \sqrt{\frac{L'}{C'}} = \frac{1}{2\pi}\ln\frac{r_a}{r_i}\sqrt{\frac{\mu}{\varepsilon}}. \tag{6.44}$$

Ebenso ergibt sich für Dämpfungskonstante und Phasenkonstante

$$\alpha \approx \sqrt{\frac{\pi f\varepsilon}{\varkappa}}\,\frac{1+\frac{r_a}{r_i}}{2r_a\ln\frac{r_a}{r_i}} + \pi f\tan\delta\sqrt{\mu\varepsilon}, \tag{6.45}$$

$$\beta \approx \omega\sqrt{\mu\varepsilon}. \tag{6.46}$$

Für ein bestimmtes Durchmesserverhältnis $y = r_a/r_i$ wird die Dämpfungskonstante minimal. Die Bestimmung dieses Minimums erfolgt mit der Differentialrechnung.

Mit den Abkürzungen

$$c_1 = \sqrt{\frac{\pi f\varepsilon}{\varkappa}}; \quad c_2 = \pi f\tan\delta\sqrt{\mu\varepsilon}$$

wird

$$\alpha = c_1 \frac{1}{2r_a} \frac{1+y}{\ln y} + c_2$$

$$= c_1 \frac{1}{2r_a} f(y) + c_2, \tag{6.47}$$

$$\frac{d\alpha}{dy} = c_1 \frac{1}{2r_a} f'(y) \stackrel{!}{=} 0, \tag{6.48}$$

$$f'(y) = \frac{\ln y - (1+y)\frac{1}{y}}{(\ln y)^2} \stackrel{!}{=} 0,$$

$$\ln y = 1 + \frac{1}{y}. \tag{6.49}$$

Die graphische Lösung von Gl. (6.49) ergibt nach Abb. 6.7 als optimales Verhältnis den Wert $y = r_a/r_i = 3{,}6$. Ältere Breitbandkabel mit $2r_a = 18$ mm, $2r_i = 5$ mm

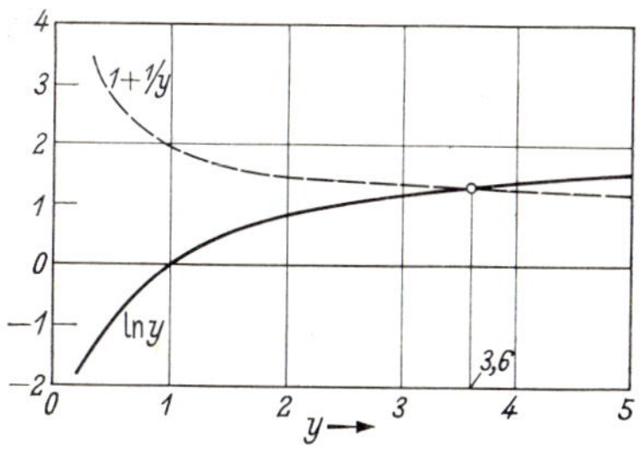


Abb. 6.7. Graphische Lösung von $\ln y = 1 + \frac{1}{y}$

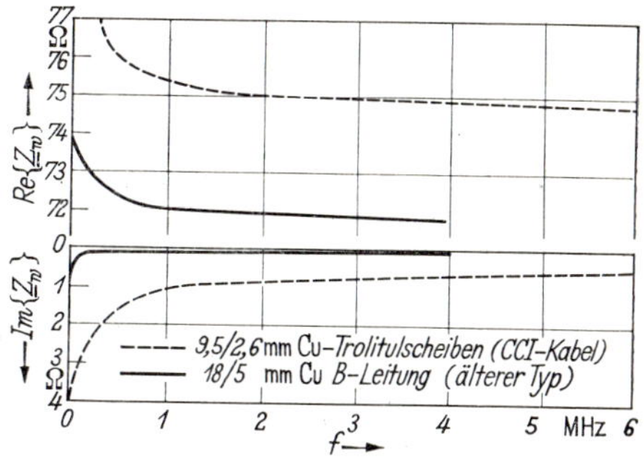


Abb. 6.8. Wellenwiderstand von Koaxialkabeln 18/5 mm Cu-$B$-Leitung (älterer Typ); 9,5/2,6 mm Cu-Trolitulscheiben ($CCI$-Kabel) (gemessene Kurven)

und das von CCI genormte Koaxialkabel mit $2r_a = 9{,}5$ mm, $2r_i = 2{,}6$ mm entsprechen beispielsweise diesem Optimalwert.

Der Wellenwiderstand dieser Kabel ist nach Gl. (6.44)

$$\underline{Z}_w \approx \frac{1}{2\pi} \ln 3{,}6 \sqrt{\frac{\mu}{\varepsilon}} \approx 77 \sqrt{\frac{\mu_r}{\varepsilon_r}}\, \Omega \tag{6.50}$$

und die Dämpfungskonstante

$$\alpha \approx \frac{1}{2r_i} \sqrt{\frac{\pi f \varepsilon}{\varkappa}} + \pi f \tan\delta \sqrt{\varepsilon \mu}. \tag{6.51}$$

Rechnet man nicht mit der Näherungsformel für die verlustarme Leitung, sondern mit der exakten Formel von Gl. (6.11) auf S. 252, dann ergibt sich beim Wellenwiderstand strenggenommen ein komplexer Wert. Die Auswertung der exakten Formel führt auf dieselben Kurven wie Abb. 6.8. Diese Kurven zeigen aber, daß der Imaginärteil des Wellenwiderstandes sehr klein ist verglichen mit dem Realteil. Gl. (6.50) stellt damit eine gute Näherung dar. Abb. 6.9 zeigt die gemessene Frequenzabhängigkeit der Dämpfungskonstanten. Es ergibt sich die typische Form einer Wurzelcharakteristik [vgl. Gl. (6.51)].

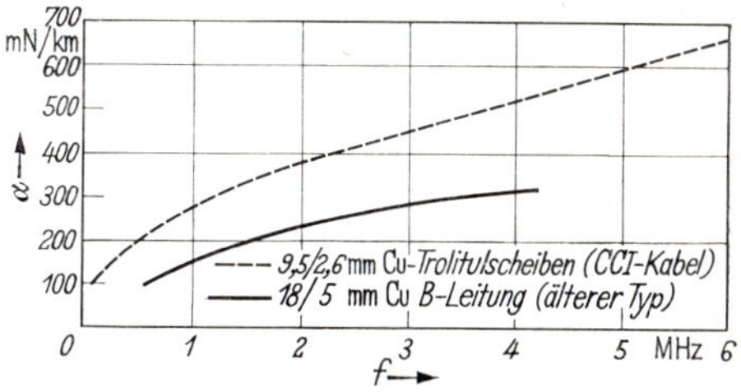


Abb. 6.9. Dämpfungskonstanten der Koaxialkabel von Abb. 6.8

In der modernen Übertragungstechnik verwendet man das Koaxialkabel 9,5/2,6 mit Abstandshalterung durch Polyäthylenscheiben und dem Wellenwiderstand von etwa 75 Ω im Frequenzbereich bis zu 12 MHz. Das ermöglicht eine gleichzeitige Übertragung von 2700 Sprechkanälen (vgl. Tab. 6.2). In solchen Übertragungssystemen ist alle 4,65 km ein Verstärker erforderlich.

### 6.3.4 Einiges über symmetrische Kabel

An symmetrischen Kabelleitungen wurden in der Anfangszeit der elektrischen Nachrichtentechnik Maßnahmen vorgenommen, die teils zur Verminderung der Kabeldämpfung bei niedrigen Frequenzen auf Kosten der Dämpfung bei höheren Frequenzen und teils zur Mehrfachausnutzung durch Phantomkreisbildung dienten

#### 6.3.4.1 Pupinleitungen

Für die verlustarme Leitung gilt nach Gl. (6.26)

$$\alpha \approx \frac{1}{2} R' \sqrt{\frac{C'}{L'}} + \frac{1}{2} G' \sqrt{\frac{L'}{C'}} = \alpha_R + \alpha_G .$$

Zu den verlustarmen Leitungen gehören auch die üblichen symmetrischen NF-Kabel. Bei diesen ergibt sich aus der Größe ihrer Leitungsbeläge (vgl. Tab. 6.3) $\alpha_R \gg \alpha_G$. Daher wird $\alpha_R$ durch Vergrößerung von $L'$ so lange verringert, wie $\alpha_R$ gegen $\alpha_G$ überwiegt (Vorschlag von HEAVISIDE).

Die Realisierung solcher Kabel geschieht nach KRARUP durch Längsumwicklung der Leitungen mit Eisendraht oder nach PUPIN durch Einschalten von Induktivitäten (PUPIN-Spulen) in regelmäßigen Abständen $l_s$ (Abb. 6.10). Hin- und Rückleiterinduktivität werden aus ökonomischen Gründen auf einen gemeinsamen Kern aufgebracht (magnetische Kopplung — vgl. Abb. 6.1b).

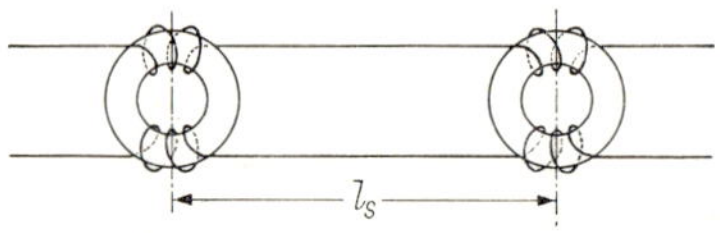


Abb. 6.10. Pupinisierte Leitung

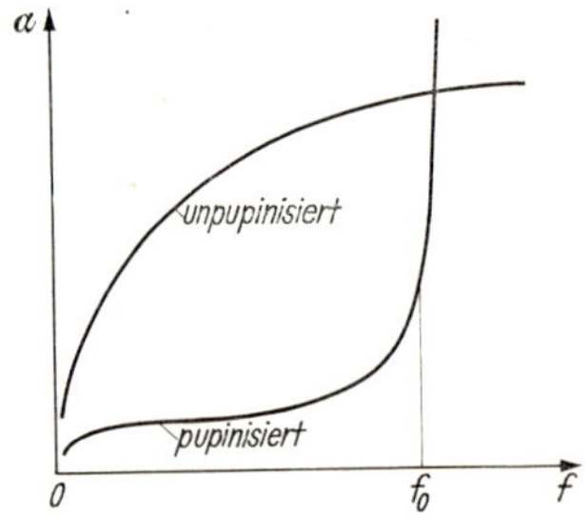


Abb. 6.11. Qualitativer Dämpfungsverlauf eines unpupinisierten und eines pupinisierten Kabels

Die PUPIN-Leitung kann als annähernd homogen angesehen werden, solange die Spulenfeldlänge $l_s$ klein gegen die Wellenlänge der Signalfrequenz ist. Bei höheren Frequenzen trifft das nicht mehr zu. Dann wirken die homogenen Leitungsstücke als Querkapazitäten, die PUPIN-Spulen als Längsinduktivitäten. Die PUPIN-Leitung hat damit eine Tiefpaßcharakteristik. Die Grenzfrequenz $f_0$ der PUPIN-Leitung ist

$$f_0 = \frac{1}{\pi\, l_s \sqrt{L^* C'}} . \tag{2.52}$$

$L^*$ Leitungsinduktivität pro km unter Berücksichtigung der PUPIN-Spule.

Oberhalb der Grenzfrequenz $f_0$ steigt die kilometrische Dämpfung stark an (Abb. 6.11). Weiter wird durch Pupinisierung der Wellenwiderstand und der Absolutwert der Laufzeit (letzterer beträchtlich) erhöht. Laufzeitverzerrungen nehmen ebenfalls sehr stark zu.

Typische Daten pupinisierter Kabel sind:

$$l_s = 1{,}7\ \text{km};\quad L_s = 80\ \text{mH (Pupin-Spule)};\quad R_s = 3\ \Omega;$$

$$\frac{R_s}{l_s} = 1{,}8\,\frac{\Omega}{\text{km}};\quad f_0 = 3{,}4\ \text{kHz}.$$

In Tab. 6.9 sind die damit erreichten Verringerungen der Dämpfung und Vergrößerungen der Wellenwiderstände für verschiedene Aderdurchmesser zusammengestellt.

Tabelle 6.9

| Aderdurchmesser | Widerstandsbelag | | Induktivität | | Kapazität | Dämpfung bei 800 Hz | | Wellenwiderstände | |
|---|---|---|---|---|---|---|---|---|---|
| mm | Ω/km | | mH/km | | nF/km | mN/km | | Ω | |
| | ohne | mit | ohne | mit | | ohne | mit | ohne | mit |
| | Pupinisierung | | Pupinisierung | | | Pupinisierung | | Pupinisierung | |
| 0,8 | 73,2 | 75,0 | 0,7 | 47,7 | 38 | 77 | 32 | 650 | 1160 |
| 0,9 | 56,6 | 58,4 | 0,7 | 47,7 | 34 | 65 | 24 | 570 | 1180 |
| 1,2 | 31,8 | 33,6 | 0,7 | 47,7 | 35 | 49 | 14 | 425 | 1170 |
| 1,4 | 23,4 | 25,2 | 0,6 | 47,7 | 36 | 42 | 12 | 360 | 1150 |

### 6.3.4.2 Phantomkreisbildung

Zwei Leiterpaare können in der in Abb. 6.12 gezeigten Weise dreifach ausgenutzt werden. Bei völliger Symmetrie werden die Übertragerwicklungen der Stammkreise derart vom Strom des Phantomkreises durchflossen, daß sich deren Durchflutungen aufheben. Einen solchen aus 4 Leitungen bestehenden Phantomkreis bezeichnet man auch als Viererphantomkreis. Es ist nämlich auch möglich, aus 2 Vierern einen Achterphantomkreis zu bilden usw.

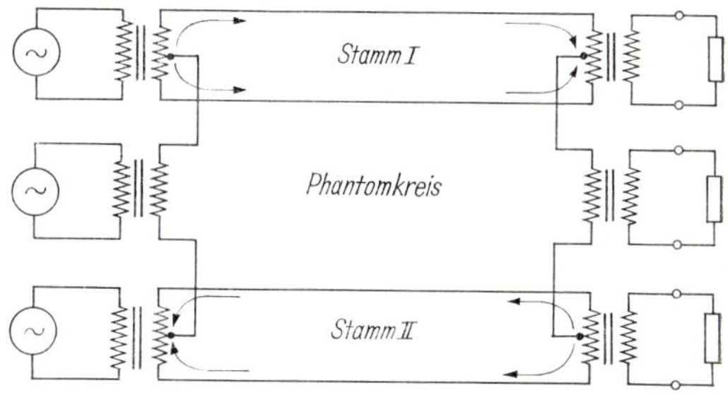


Abb. 6.12. Phantomkreisschaltung

Den Phantomströmen in Abbildung 6.12 steht der doppelte Leiterquerschnitt zur Verfügung. Das bedeutet, daß der Widerstandsbelag für den Phantomkreis sich halbiert ($\frac{1}{2}R'$). Für die anderen Leitungskonstanten gelten kompliziertere Gesetze [3].

### 6.3.4.3 Typische Daten neuerer symmetrischer Kabel

Als Beispiele sind hier zu nennen:

a) 1,2 mm Papiersternvierer. Wie der Name schon sagt, handelt es sich hier um einen Sternvierer mit Papierisolation. Dieses Kabel, welches einen Kapazitätsbelag von 26 nF/km hat, wird im Frequenzbereich bis zu 252 kHz betrieben. Je Stamm können damit bis zu 60 Sprechkanäle übertragen werden. Der erforderliche Verstärkerabstand beträgt etwa 20 km.

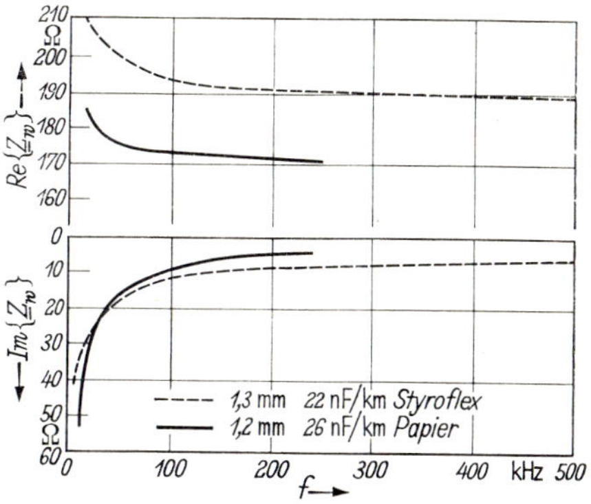


Abb. 6.13
Wellenwiderstand symmetrischer Fernleitungskabel
——— 1,2 mm 26 nF/km Papier; - - - - 1,3 mm 22 nF/km Styroflex

b) 1,3 mm Styroflexsternvierer. Die geringere Dielektrizitätskonstante des Styroflex gegenüber Papier sowie der größere Drahtdurchmesser erlauben einen

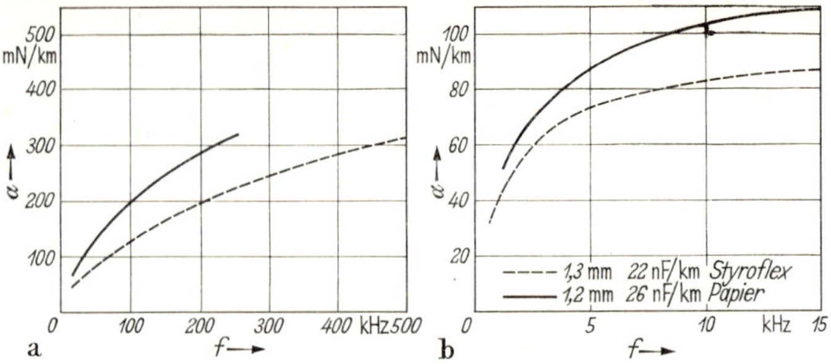


Abb. 6.14. Dämpfungskonstanten der Kabel von Abb. 6.13
a Stammleitung; b Viererphantomkreis

größeren Frequenzbereich (552 kHz). Hiermit können 120 Sprechkanäle bei einem Verstärkerabstand von etwa 18 km je Stamm übertragen werden (vgl. Tab. 6.2).

Die Wellenwiderstandsverläufe und die Dämpfungscharakteristiken dieser beiden Kabel sind in Abb. 6.13 und Abb. 6.14 dargestellt.

## 6.4 Die fehlabgeschlossene Leitung

### 6.4.1 Anschauliche Deutung des Reflexionsfaktors bei Leitungen

Aus Gl. (6.16) ergibt sich die allgemeine Leitungsgleichung für die Spannung am Ort $x$ zu

$$\underline{U}(x) = \tfrac{1}{2}(\underline{U}_2 + \underline{Z}_w \underline{I}_2)\,\mathrm{e}^{\gamma(l-x)} + \tfrac{1}{2}(\underline{U}_2 - \underline{Z}_w \underline{I}_2)\,\mathrm{e}^{-\gamma(l-x)}.$$

Ergänzt man in dieser Gleichung den herausgekürzten Zeitfaktor $\mathrm{e}^{\mathrm{j}\omega t}$ auf beiden Seiten und setzt ferner eine verlustlose Leitung voraus, d. h. $\alpha = 0$ bzw. $\gamma = \mathrm{j}\beta$, dann ergibt sich

$$\underline{U}(x)\,\mathrm{e}^{\mathrm{j}\omega t} = \underbrace{\tfrac{1}{2}(\underline{U}_2 + \underline{Z}_w \underline{I}_2)\,\mathrm{e}^{\mathrm{j}\{\omega t + \beta(l-x)\}}}_{\text{nach rechts laufende Welle}} + \underbrace{\tfrac{1}{2}(\underline{U}_2 - \underline{Z}_w \underline{I}_2)\,\mathrm{e}^{\mathrm{j}\{\omega t - \beta(l-x)\}}}_{\text{nach links laufende Welle}}. \quad (6.53)$$

Formt man Gl. (6.53) nach dem Satz von EULER Gl. (0.3) um, dann treten auf der rechten Seite Sinusausdrücke mit den Argumenten $\{\omega t + \beta(l - x)\}$ und $\{\omega t - \beta \cdot (l - x)\}$ auf. Die Ausdrücke mit dem Argument $\{\omega t + \beta(l - x)\}$ stellen eine nach rechts laufende wandernde Welle dar, wenn man die $x$-Richtung gemäß Abb. 6.1a zugrunde legt. Zur Veranschaulichung dieses Sachverhaltes diene ein einzelner Sinusausdruck

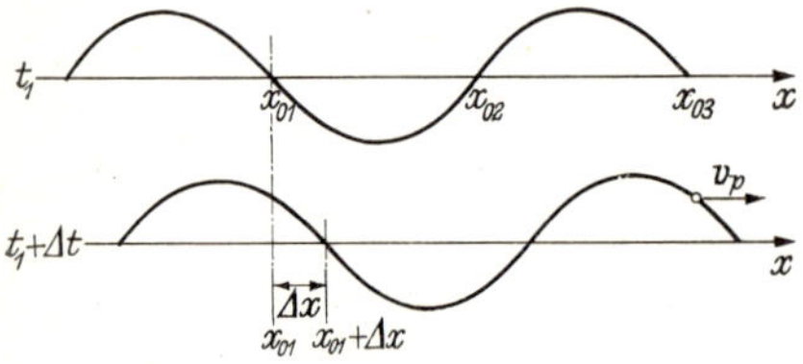


Abb. 6.15
Zur Erläuterung einer wandernden Welle

$$u(x, t) = \hat{U} \sin\{\omega t + \beta(l - x)\}.$$

Für einen festen Zeitpunkt $t = t_1$ ergibt sich längs der Ortskoordinate $x$ eine Sinuskurve mit bestimmten Nullstellen $x_{0i}$. Zu einem etwas späteren Zeitpunkt $t = t_1 + \Delta t$ ergibt sich wieder eine Sinuskurve über der $x$-Koordinate, bei der die Nullstellen aber jetzt nach rechts verschoben sind (Abb. 6.15), d. h. bei $x_{0i} + \Delta x$ liegen, denn bei den Nullstellen muß das Argument $\{\omega t + \beta(l - x)\} = 0$ oder $\pi$, $2\pi$ usw., d. h. konstant bleiben. Mit fortschreitender Zeit $t$ wandert also der Sinuszug nach rechts.

Was für eine einzelne Sinusschwingung gilt, gilt entsprechend auch für eine Summe mehrerer Sinusschwingungen gleicher Frequenz, so daß auch der entsprechende Exponentialausdruck in Gl. (6.53) eine nach *rechts laufende Welle* bildet. Auf Grund einer gleichen Überlegung ergibt sich, daß der Exponentialausdruck mit dem anderen Argument $\{\omega t - \beta(l - x)\}$ eine nach *links laufende Welle* darstellt.

Man bezeichnet die vom Generator kommende nach rechts laufende Welle als *einfallende Welle* und die vom Leitungsende kommende nach links laufende Welle als *reflektierte Welle.* Die reflektierte Welle verschwindet, wenn $(\underline{U}_2 - \underline{Z}_w \underline{I}_2) = 0$, d. h. bei Anpassung am Leitungsende. Der Reflexionsfaktor $\underline{r}_2$ ist das Verhältnis der Amplituden der reflektierten und der einfallenden Welle, wenn der Abschluß $\underline{Z}_2 = \underline{U}_2/\underline{I}_2$ am Leitungsende betrachtet wird.

$$\underline{r}_2 = \frac{\underline{U}_2 - \underline{Z}_w \underline{I}_2}{\underline{U}_2 + \underline{Z}_w \underline{I}_2} = \frac{\underline{Z}_2 - \underline{Z}_w}{\underline{Z}_2 + \underline{Z}_w}. \qquad (6.54)$$

Wird der Leitungsanfang betrachtet, dann ist dort der Reflexionsfaktor entsprechend

$$\underline{r}_1 = \frac{\underline{Z}_1 - \underline{Z}_w}{\underline{Z}_1 + \underline{Z}_w}. \qquad (6.55)$$

### 6.4.2 Eigenschaften der fehlabgeschlossenen Leitung

Ausgangspunkt sind die Vierpolgleichungen der Leitung Gl. (6.19) und Gl. (6.20), die für jeden Abschluß gelten, und die für Anpassung den einfachen Ausdruck von Gl. (6.21) liefern.

Hier sollen nun die Reflexionsfaktoren $\underline{r}_1$ und $\underline{r}_2$ als Maß für die Abweichung von Anpassungsfall eingeführt werden. Durch entsprechendes Auflösen folgt aus Gl. (6.54) und Gl. (6.55)

$$\frac{\underline{Z}_1}{\underline{Z}_w} = \frac{1 + \underline{r}_1}{1 - \underline{r}_1}; \qquad \frac{\underline{Z}_2}{\underline{Z}_w} = \frac{1 + \underline{r}_2}{1 - \underline{r}_2}. \qquad (6.56)$$

Unter Verwendung von $\underline{r}_1$ und $\underline{r}_2$ sollen jetzt die Betriebsparameter: Leitungseingangswiderstand $\underline{W}_1$, Innenwiderstand der Leitung $\underline{W}_2$ von der Ausgangsseite, Spannungsübertragungsfunktion $\underline{U}_1/\underline{U}_2$, Stromübertragungsfunktion $\underline{I}_1/\underline{I}_2$ und Betriebsübertragungsfunktion $(\underline{U}_0/2\,\underline{U}_2)\sqrt{\underline{Z}_2/\underline{Z}_1}$ berechnet werden.

a) *Eingangswiderstand* $\underline{W}_1$

aus Gl. (6.19) und Gl. (6.20)

$$\underline{W}_1 = \frac{\underline{U}_2 \cosh \underline{g} + \underline{I}_2 \underline{Z}_w \sinh \underline{g}}{\underline{I}_2 \cosh \underline{g} + \underline{U}_2 \dfrac{1}{\underline{Z}_w} \sinh \underline{g}}. \qquad (6.57)$$

Mit

$$\underline{I}_2 = \frac{\underline{U}_2}{\underline{Z}_2}$$

und

$$\cosh \underline{g} = \tfrac{1}{2}(\mathrm{e}^{\underline{g}} + \mathrm{e}^{-\underline{g}}); \qquad \sinh \underline{g} = \tfrac{1}{2}(\mathrm{e}^{\underline{g}} - \mathrm{e}^{-\underline{g}})$$

wird:

$$\underline{W}_1 = \underline{Z}_w \frac{\underline{Z}_2(\mathrm{e}^{\underline{g}} + \mathrm{e}^{-\underline{g}}) + \underline{Z}_w(\mathrm{e}^{\underline{g}} - \mathrm{e}^{-\underline{g}})}{\underline{Z}_w(\mathrm{e}^{\underline{g}} + \mathrm{e}^{-\underline{g}}) + \underline{Z}_2(\mathrm{e}^{\underline{g}} - \mathrm{e}^{-\underline{g}})}$$

$$= \underline{Z}_w \frac{\mathrm{e}^{\underline{g}}(\underline{Z}_2 + \underline{Z}_w) + \mathrm{e}^{-\underline{g}}(\underline{Z}_2 - \underline{Z}_w)}{\mathrm{e}^{\underline{g}}(\underline{Z}_2 + \underline{Z}_w) - \mathrm{e}^{-\underline{g}}(\underline{Z}_2 - \underline{Z}_w)}. \qquad (6.58)$$

Mit Gl. (6.54) wird

$$\underline{W}_1 = \underline{Z}_w \frac{1 + \underline{r}_2 \mathrm{e}^{-2\underline{g}}}{1 - \underline{r}_2 \mathrm{e}^{-2\underline{g}}}. \qquad (6.59)$$

b) *Innenwiderstand* $\underline{W}_2$ von der Ausgangsseite.

Da der Leitungsvierpol symmetrisch ist, muß sich für $\underline{W}_2$ der gleiche Wert ergeben wie für $\underline{W}_1$ für den Fall, daß die Leitung am Ende mit $\underline{Z}_1$ abgeschlossen ist, d. h.

$$\underline{W}_2 = \frac{\underline{U}_2(\underline{I}_2 = 0)}{\underline{I}_2(\underline{U}_2 = 0)} = \underline{Z}_w \frac{1 + \underline{r}_1 \mathrm{e}^{-2\underline{g}}}{1 - \underline{r}_1 \mathrm{e}^{-2\underline{g}}}. \qquad (6.60)$$

c) *Spannungsübertragungsfunktion* $\underline{U}_1/\underline{U}_2$

Mit $\underline{I}_2 = \underline{U}_2/\underline{Z}_2$ wird aus Gl. 6.19

$$\underline{U}_1 = \underline{U}_2 \cosh \underline{g} + \underline{U}_2 \frac{\underline{Z}_w}{\underline{Z}_2} \sinh \underline{g}.$$

Mit Gl. (6.56) sowie Ersetzen der Hyperbelfunktionen durch Exponentialfunktionen wird

$$\frac{\underline{U}_1}{\underline{U}_2} = \frac{1}{2}\left\{e^{\underline{g}} + e^{-\underline{g}} + \frac{1-\underline{r}_2}{1+\underline{r}_2}\left(e^{\underline{g}} - e^{-\underline{g}}\right)\right\}$$

$$= \frac{e^{\underline{g}}}{2}\left\{\frac{(1+\underline{r}_2)(1+e^{-2\underline{g}}) + (1-\underline{r}_2)(1-e^{-2\underline{g}})}{1+\underline{r}_2}\right\}$$

$$= \frac{e^{\underline{g}}}{2}\left\{\frac{1+\underline{r}_2+e^{-2\underline{g}}+\underline{r}_2 e^{-2\underline{g}}+1-\underline{r}_2-e^{-2\underline{g}}+\underline{r}_2 e^{-2\underline{g}}}{1+\underline{r}_2}\right\},$$

$$\frac{\underline{U}_1}{\underline{U}_2} = \frac{1+\underline{r}_2 e^{-2\underline{g}}}{1+\underline{r}_2} e^{\underline{g}}. \tag{6.61}$$

d) *Stromübertragungsfunktion* $\underline{I}_1/\underline{I}_2$.

Entsprechend zu c) berechnet sich aus Gl. (6.20)

$$\frac{\underline{I}_1}{\underline{I}_2} = \frac{1-\underline{r}_2 e^{-2\underline{g}}}{1-\underline{r}_2} e^{\underline{g}}. \tag{6.62}$$

e) *Betriebsübertragungsfunktion*

$$e^{\underline{g}_B} = \frac{\underline{U}_0}{2\underline{U}_2}\sqrt{\frac{\underline{Z}_2}{\underline{Z}_1}} = \frac{\underline{I}_1\underline{Z}_1 + \underline{U}_1}{2\underline{U}_2}\sqrt{\frac{\underline{Z}_2}{\underline{Z}_1}}$$

$$= \frac{\underline{Z}_1\underline{I}_2\cosh\underline{g} + \underline{U}_2\dfrac{\underline{Z}_1}{\underline{Z}_w}\sinh\underline{g} + \underline{U}_2\cosh\underline{g} + \underline{I}_2\underline{Z}_w\sinh\underline{g}}{2\underline{U}_2}\sqrt{\frac{\underline{Z}_2}{\underline{Z}_1}}. \tag{6.63}$$

Mit $\underline{I}_2 = \underline{U}_2/\underline{Z}_2$ und Ersetzen der Hyperbelfunktionen durch Exponentialfunktionen wird

$$e^{\underline{g}_B} = \frac{\left(\dfrac{\underline{Z}_1}{\underline{Z}_2}+1\right)(e^{\underline{g}}+e^{-\underline{g}}) + \left(\dfrac{\underline{Z}_1}{\underline{Z}_w}+\dfrac{\underline{Z}_w}{\underline{Z}_2}\right)(e^{\underline{g}}-e^{-\underline{g}})}{4}\sqrt{\frac{\underline{Z}_2}{\underline{Z}_1}}$$

$$= \frac{e^{\underline{g}}}{4}\sqrt{\frac{\underline{Z}_2}{\underline{Z}_1}}\left\{\frac{\underline{Z}_1}{\underline{Z}_2}+1+\frac{\underline{Z}_1}{\underline{Z}_w}+\frac{\underline{Z}_w}{\underline{Z}_2}+e^{-2\underline{g}}\left(\frac{\underline{Z}_1}{\underline{Z}_2}+1-\frac{\underline{Z}_1}{\underline{Z}_w}-\frac{\underline{Z}_w}{\underline{Z}_2}\right)\right\}. \tag{6.64}$$

Durch Einsetzen von Gl. (6.56) ergibt sich

$$e^{\underline{g}_B} = \frac{e^{\underline{g}}}{4}\sqrt{\frac{\underline{Z}_2}{\underline{Z}_1}}\left\{\frac{\dfrac{1+\underline{r}_1}{1-\underline{r}_1}}{\dfrac{1+\underline{r}_2}{1-\underline{r}_2}}+1+\frac{1+\underline{r}_1}{1-\underline{r}_1}+\frac{1-\underline{r}_2}{1+\underline{r}_2}+e^{-2\underline{g}}\left(\frac{\dfrac{1+\underline{r}_1}{1-\underline{r}_1}}{\dfrac{1+\underline{r}_2}{1-\underline{r}_2}}+1-\frac{1+\underline{r}_1}{1-\underline{r}_1}-\frac{1-\underline{r}_2}{1+\underline{r}_2}\right)\right\}$$

$$= \frac{e^{\underline{g}}}{4}\sqrt{\frac{\underline{Z}_2}{\underline{Z}_1}}\left\{\frac{(1+\underline{r}_1)\{(1-\underline{r}_2)+(1+\underline{r}_2)\}+(1-\underline{r}_1)\{1+\underline{r}_2+1-\underline{r}_2\}}{(1+\underline{r}_2)(1-\underline{r}_1)}+\right.$$

$$\left.+e^{-2\underline{g}}\left(\frac{(1+\underline{r}_1)\{1-\underline{r}_2-1-\underline{r}_2\}+(1-\underline{r}_1)\{1+\underline{r}_2-1+\underline{r}_2\}}{(1+\underline{r}_2)(1-\underline{r}_1)}\right)\right\}, \tag{6.65}$$

$$e^{\underline{g}_B} = e^{\underline{g}}\sqrt{\frac{\underline{Z}_2}{\underline{Z}_1}}\,\frac{1-\underline{r}_1\underline{r}_2 e^{-2\underline{g}}}{(1+\underline{r}_2)(1-\underline{r}_1)}. \tag{6.66}$$

Bei beidseitiger Anpassung $\underline{Z}_1 = \underline{Z}_2 = \underline{Z}_w$ wird $\underline{r}_1 = \underline{r}_2 = 0$ und

$$\underline{W}_1 = \underline{Z}_i = \underline{Z}_w, \tag{6.67}$$

$$\frac{\underline{U}_1}{\underline{U}_2} = \frac{\underline{I}_1}{\underline{I}_2} = e^{\underline{g}} = e^{\underline{g}_B}. \tag{6.68}$$

## 6.5 Nebensprechen

Nebensprechen ist unerwünschter Übergang von Sprechströmen von einem Sprechkreis auf einen anderen. Man unterscheidet verständliches Nebensprechen und unverständliches Nebensprechen. Unverständliches Nebensprechen ist schädlich, weil es den Geräuschpegel erhöht. Verständliches Nebensprechen ist doppelt schädlich, weil es den Geräuschpegel erhöht und das Gesprächsgeheimnis gefährdet. Das Nebensprechen kann von einem Nachbarkanal herrühren, der auf derselben Leitung übertragen wird (bei den sogenannten TF-Systemen). Solches Nebensprechen ist in der Regel unverständlich. Es kann aber auch von einem Kanal auf einer anderen Leitung herkommen. In diesem Fall ergibt sich häufig verständliches Nebensprechen. Abgesehen von Unvollkommenheiten in den Endgeräten oder Zwischenverstärkern (Nichtlinearitäten) sind vor allem galvanische, kapazitive und induktive Kopplungen zwischen den Leitungen die Ursachen des Nebensprechens. Galvanische Kopplung tritt z. B. zwischen Phantom- und Stammkreisen auf, wenn die Leitungswiderstände

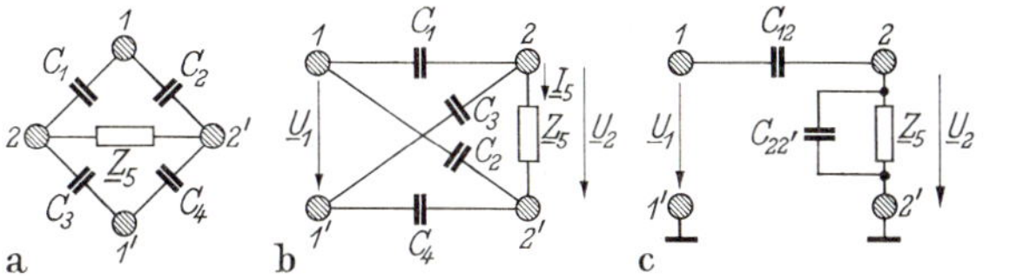


Abb. 6.16. Kapazitive Kopplung im Sternvierer durch Unsymmetrien
a Querschnitt und Teilkapazitäten im Sternvierer; b Umgezeichnete Brückenschaltung; c Äquivalente erdunsymmetrische Schaltung

unterschiedlich sind oder die Übertragermittelanzapfung nicht völlig symmetrisch liegt. In diesem Fall spricht man auch von *Mitsprechen.* Kapazitive bzw. induktive Kopplungen treten dann auf, wenn das elektrische bzw. magnetische Feld des einen Leiterpaares nicht symmetrisch in das des anderen Leiterpaares eingreift.

Abb. 6.16a zeigt die geometrische Anordnung zweier Leiterpaare eines Sternvierers. Die Leiterpaare bilden bei völliger Symmetrie eine abgeglichene Brücke. Gegenseitige kapazitive Beeinflussungen treten erst bei Unsymmetrien auf. Zur Beschreibung sei angenommen, daß Leiterpaar *1—1'* die beeinflussende und Leiterpaar *2—2'* die beeinflußte Leitung sei. Durch Umzeichnen der Brückenschaltung von Abb. 6.16a erhält man Abb. 6.16b. Diese Schaltung ist wiederum der einfacheren erdunsymmetrischen Schaltung von Abb. 6.16c äquivalent, was im folgenden als erstes gezeigt wird.

Für den Strom $\underline{I}_5$ im Brückenzweig gilt nach Gl. (0.59)

$$\underline{I}_5 = \frac{\underline{U}_1(\underline{Z}_2\underline{Z}_3 - \underline{Z}_1\underline{Z}_4)}{(\underline{Z}_1 + \underline{Z}_3)[\underline{Z}_2\underline{Z}_4 + \underline{Z}_5(\underline{Z}_2 + \underline{Z}_4)] + \underline{Z}_1\underline{Z}_3(\underline{Z}_2 + \underline{Z}_4)}. \tag{6.69}$$

Mit $\underline{U}_2 = \underline{I}_5\underline{Z}_5$ und $\underline{Z}_i = \frac{1}{\mathrm{j}\,\omega\,C_i}$, $i = 1 \cdots 4$, ergibt sich hieraus nach einiger Zwischenrechnung

$$\underline{U}_2 = \underline{U}_1 \frac{\mathrm{j}\,\omega \dfrac{C_1C_4 - C_2C_3}{C_1 + C_2 + C_3 + C_4}}{\dfrac{1}{\underline{Z}_5} + \mathrm{j}\,\omega \dfrac{C_1C_2 + 2C_2C_3 + C_3C_4}{C_1 + C_2 + C_3 + C_4} + \mathrm{j}\,\omega \dfrac{C_1C_4 - C_2C_3}{C_1 + C_2 + C_3 + C_4}}$$

$$= \underline{U}_1 \frac{\mathrm{j}\,\omega\,C_{12}}{\dfrac{1}{\underline{Z}_5} + \mathrm{j}\,\omega\,C_{22'} + \mathrm{j}\,\omega\,C_{12}}. \tag{6.70}$$

Diese Gleichung entspricht einer gewöhnlichen Spannungsteilergleichung, die durch Abb. 6.16c realisiert wird. Die Koppelkapazität $C_{12}$

$$C_{12} = \frac{C_1 C_4 - C_2 C_3}{C_1 + C_2 + C_3 + C_4} \tag{6.71}$$

verschwindet, wenn $C_1 C_4 = C_2 C_3$ (Brückenabgleich).

Die Berechnung des Nebensprechens soll der Einfachheit halber von der Voraussetzung ausgehen, daß die beeinflussende Leitung (Stamm *I* in Abb. 6.17a) und die beeinflußte Leitung (Stamm *II*) beide an ihren Enden reflexionsfrei abgeschlossen seien. Schneidet man die Leitungen an einer beliebigen Stelle durch, dann ändert sich in diesem Fall an den elektrischen Verhältnissen nichts, wenn die abgeschnittenen Leitungsstücke durch den entsprechenden Wellenwiderstand ersetzt werden.

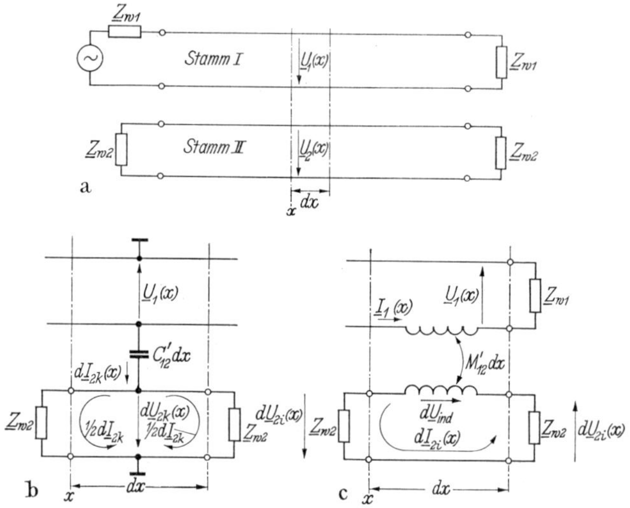


Abb. 6.17. Zur Entstehung von Nebensprechen
a Betrachtung eines differentiellen Stücks zweier benachbarter Leitungen; b Kapazitive Kopplung auf der Länge $dx$; c Induktive Kopplung auf der Länge $dx$

Es sei nun ein Stück der differentiellen Länge $dx$ an einer beliebigen Stelle $x$ eines Leiterpaares (z. B. Sternvierers) betrachtet. Die kapazitiven Koppelverhältnisse kann man nun entsprechend Abb. 6.17b durch eine auf dieser Länge $dx$ wirksamen differentiellen Koppelkapazität $C'_{12}\,dx$ erfassen. Die Leitungsstücke links und rechts des differentiellen Leitungsstückes in Stamm *II* können durch die Wellenwiderstände $\underline{Z}_{w2}$ ersetzt werden (Abb. 6.17b). Über die Koppelkapazität $C'_{12}\,dx$ fließe der kapazitive Koppelstrom $d\underline{I}_{2k}(x)$. Mit $\left|\frac{1}{\mathrm{j}\,\omega\, C'_{12}\,dx}\right| \gg |\underline{Z}_{w2}|$ errechnet sich der kapazitive Koppelstrom an der Stelle $x$ zu

$$d\underline{I}_{2k}(x) \approx \mathrm{j}\,\omega\, C'_{12}\,dx\,\underline{U}_1(x) \approx \frac{d\underline{U}_{2k}(x)}{\frac{1}{2}\underline{Z}_w}. \tag{6.72}$$

Im Stamm II teilt sich der Koppelstrom $d\underline{I}_{2k}$ in zwei gleich große Anteile auf, von denen der eine zum Leitungsanfang, der andere zum Leitungsende von Stamm *II* fließt. Das Spannungsverhältnis an der Stelle $x$ berechnet sich aus Gl. (6.72) zu

$$\frac{d\underline{U}_{2k}(x)}{\underline{U}_1(x)} \approx \mathrm{j}\,\omega\, C'_{12}\,dx\,\frac{\underline{Z}_{w2}}{2}. \tag{6.73}$$

Die magnetischen Koppelverhältnisse zwischen den Stämmen über der Länge $dx$ an der Stelle $x$ lassen sich durch eine differentielle Gegeninduktivität $M'_{12}\,dx$ erfassen

(Abb. 6.17c). Wie bei der Koppelkapazität $C'_{12}\,dx$, so wird auch die Gegeninduktivität $M'_{12}\,dx$ von der Differenzkopplung durch die Unsymmetrien gebildet.

Der Strom $\underline{I}_1(x)$ an der Stelle $x$ in Stamm $I$ induziert längs des Stückes $dx$ in Stamm $II$ die Spannung $d\underline{U}_{\text{ind}}$. Diese Spannung hat einen induktiven Koppelstrom $d\underline{I}_{2i}(x)$ zur Folge, der in Stamm $II$ als Maschenstrom nach der LENZschen Regel in Richtung Leitungsanfang fließt.

$$d\underline{U}_{\text{ind}} = 2\,d\underline{U}_{2i} = \mathrm{j}\,\omega\,M'_{12}\,dx\,\underline{I}_1(x) = d\underline{I}_{2i}\,2\underline{Z}_{w2}. \tag{6.74}$$

Da in Stamm $I$ wegen Anpassung $\underline{I}_1(x) = \underline{U}_1(x)/\underline{Z}_{w1}$ ist, ergibt sich für das Spannungsverhältnis an der Stelle $x$ bei magnetischer Kopplung

$$\frac{d\underline{U}_{2i}(x)}{\underline{U}_1(x)} = \pm\frac{\mathrm{j}\,\omega\,M'_{12}\,dx}{2\underline{Z}_{w1}}. \tag{6.75}$$

Das Pluszeichen in Gl. (6.75) gilt für dasjenige Ende des differentiellen Stückes in Stamm $II$, welches dem Leitungsanfang zugekehrt ist, das Minuszeichen gilt dem Ende, welches dem Leitungsende zugekehrt ist.

Ist gleichzeitig sowohl eine kapazitive als auch eine induktive Kopplung vorhanden, dann ergibt sich durch lineare Superposition der Ergebnisse von Gl. (6.73) und Gl. (6.75)

$$\frac{d\underline{U}_2(x)}{\underline{U}_1(x)} = \frac{d\underline{U}_{2k}(x) + d\underline{U}_{2i}(x)}{\underline{U}_1(x)} = \frac{\mathrm{j}\,\omega}{2}\left(C'_{12}\,dx\,\underline{Z}_{w2} \pm \frac{M'_{12}\,dx}{\underline{Z}_{w1}}\right). \tag{6.76}$$

Aus Gl. (6.76) ist bereits zu ersehen, daß bei gleichzeitiger kapazitiver und induktiver Kopplung ein unterschiedliches Nebensprechen am Leitungsanfang von Stamm $II$ (*Nahnebensprechen*) und am Leitungsende von Stamm $II$ (*Fernnebensprechen*) auftritt. Im Anpassungsfall ist bei zwei Leiterpaaren das Nahnebensprechen stets größer als das Fernnebensprechen. Im Fall, daß die kapazitive und induktive Kopplung gleich stark sind, verschwindet das Fernnebensprechen sogar völlig. Dieser Effekt wird in der Hochfrequenztechnik bei der Konstruktion sogenannter *Richtkoppler* praktisch ausgenutzt.

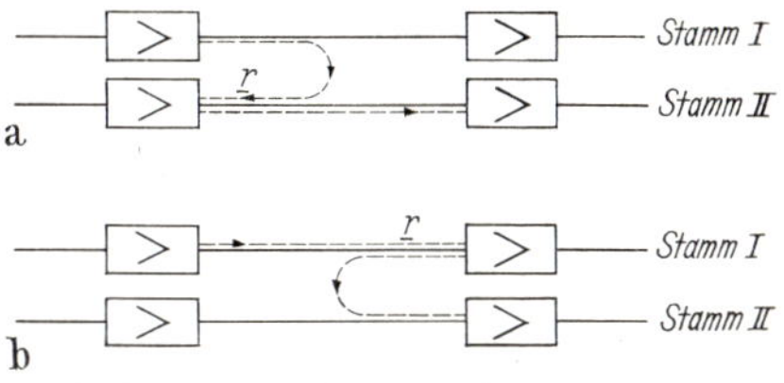


Abb. 6.18. Entstehung von Fernnebensprechen durch Reflexion
a Reflexion am nahen Leitungsende; b Reflexion am fernen Leitungsende

Gl. (6.76) beschreibt lediglich die differentielle Einkopplung längs eines Stückes $dx$ an der Stelle $x$. An allen anderen Stellen finden entsprechende Einkopplungen statt. Zur expliziten Berechnung des Nahnebensprechens bzw. des Fernnebensprechens müssen die Einflüsse aller Einkopplungen an den Leitungsanfang bzw. an das -ende transformiert werden und dort zur Gesamtwirkung aufintegriert werden. Da es hier nur um die Darstellung des Prinzips geht, unterbleibt die vollständige Rechnung.

Die Nebensprechtheorie wird erheblich komplizierter, wenn die Leitungen nicht reflexionsfrei abgeschlossen sind. Dann können nämlich im Stamm $II$ die Nahnebensprechströme über eine Reflexion am Leitungsanfang an das Leitungsende gelangen und dort Fernnebensprechen hervorrufen (Abb. 6.18a). Es können aber auch im Stamm $I$ am Leitungsende Reflexionen auftreten (Abb. 6.18b). Das von diesen reflektierten Signalen erzeugte Nahnebensprechen wirkt sich im Stamm $II$ wie Fernnebensprechen aus. Zusätzliche Komplikationen treten dann auf, wenn Kopplungen zwischen mehr als zwei Leiterpaaren stattfinden. Dann ergibt nämlich ein sekundäres Nahnebensprechen im dritten Leiterpaar ein Fernnebensprechen [*4*].

Zur Charakterisierung von Übertragungssystemen sind Nebensprechgrößen definiert worden, von denen einige anhand von Abb. 6.19 erläutert werden. $P_{11}$ ist die in den Eingang von Kanal *I* eingespeiste Leistung, die am Ausgang von Kanal *II* die Nebensprechleistung $P_n$ und am Ausgang von Kanal *I* die Nutzleistung $P_{12}$ erzeugt. Die Nebensprechdämpfung $a_N$ ist dann

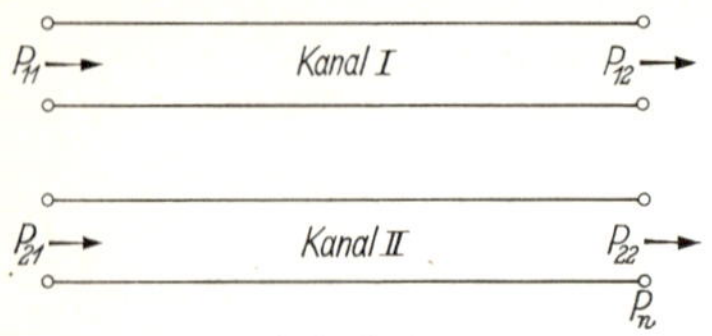


Abb. 6.19
Zur Definition von Nebensprechgrößen

$$a_N = 10 \lg \frac{P_{11}}{P_n} \text{ db} = \frac{1}{2} \ln \frac{P_{11}}{P_n} \text{ N}. \qquad (6.77)$$

Tritt am Ausgang von Kanal *II* neben der Nebensprechleistung $P_n$ noch die Nutzleistung $P_{22}$ auf, die von der Signalleistung $P_{21}$ am Eingang von Kanal *II* herrührt, dann bezeichnet man als Grundwert des Nebensprechens $a_0$ den Ausdruck

$$a_0 = 10 \lg \frac{P_{22}}{P_n} \text{ db} = \frac{1}{2} \ln \frac{P_{22}}{P_n} \text{ N}. \qquad (6.78)$$

Mit der Leitungsdämpfung $a_L$

$$a_L = 10 \lg \frac{P_{21}}{P_{22}} \text{ db} = \frac{1}{2} \ln \frac{P_{21}}{P_{22}} \text{ N} \qquad (6.79)$$

ist bei $P_{21} \approx P_{11}$ und $P_{22} \approx P_{12}$

$$a_0 = a_N - a_L. \qquad (6.80)$$

Zwischen Koaxialkabeln tritt praktisch kein Nebensprechen auf.

## 6.6 Phasen- und Gruppenlaufzeit

In Abschn. 6.4.1 ist anhand Gl. (6.53) und Abb. 6.15 der Begriff der wandernden Welle bereits erläutert worden. Die Geschwindigkeit mit der sich irgendein Ordinatenwert (z. B. eine Nullstelle) fortpflanzt, ist die *Phasengeschwindigkeit* $v_p$. Wir betrachten die Nullstelle $x_{01}$ zur Zeit $t_1$. Es gilt

$$\omega t_1 + \beta l - \beta x_{01} = 0 \quad \text{oder} \quad \pi, 2\pi, \ldots \qquad (6.81)$$

Zur Zeit $t_1 + \Delta t$ ist diese Nullstelle an den Ort $x_{01} + \Delta x$ gelangt.

$$\omega(t_1 + \Delta t) + \beta l - \beta(x_{01} + \Delta x) = 0 \quad \text{oder} \quad \pi, 2\pi, \ldots \qquad (6.82)$$

Aus Gl. (6.81) und Gl. (6.82) folgt

$$\omega t_1 - \beta x_{01} = \omega(t_1 + \Delta t) - \beta(x_{01} + \Delta x),$$

$$0 = \omega \Delta t - \beta \Delta x,$$

$$v_p = \frac{\Delta x}{\Delta t} = \frac{\omega}{\beta}. \qquad (6.83)$$

Für die Laufzeit $\tau$ gilt allgemein

$$\tau = \frac{\text{Weg}}{\text{Geschwindigkeit}} = \frac{l}{v}. \qquad (6.84)$$

Damit ist die Phasenlaufzeit

$$\tau_p = \frac{l}{v_p} = \frac{\beta l}{\omega},$$

$$\tau_p = \frac{b}{\omega} = \frac{\text{Phasendrehung}}{\text{Kreisfrequenz}}. \qquad (6.85)$$

Im Gegensatz zur Phasengeschwindigkeit ist die Phasenlaufzeit auch bei Vierpolen aus konzentrierten Schaltelementen, die keine definierte räumliche Ausdehnung haben, sinnvoll.

Phasengeschwindigkeit und Phasenlaufzeit sind nur für reine Sinuswellen exakt angebbar. Für anders geformte Signale gelten andere Gesetze.

Betrachtet werde nun die Überlagerung zweier wandernder Wellen gleicher Amplitude aber verschiedener Frequenz.

$$u_1(x, t) = \hat{U} \sin(\omega_1 t - \beta_1 x), \tag{6.86}$$

$$u_2(x, t) = \hat{U} \sin(\omega_2 t - \beta_2 x). \tag{6.87}$$

Die Überlagerung ergibt

$$\begin{aligned} u_1 + u_2 &= \hat{U} \{\sin(\omega_1 t - \beta_1 x) + \sin(\omega_2 t - \beta_2 x)\} \\ &= 2\hat{U} \cos \frac{(\omega_1 - \omega_2)t - (\beta_1 - \beta_2)x}{2} \sin \frac{(\omega_1 + \omega_2)t - (\beta_1 + \beta_2)x}{2}. \end{aligned} \tag{6.88}$$

Für $|\omega_1 - \omega_2| \ll \omega_1$ und $|\beta_1 - \beta_2| \ll \beta_1$ beschreibt von Gl. (6.88) eine wandernde Sinuswelle der Frequenz $\frac{1}{2}(\omega_1 + \omega_2)$ (Träger), deren Amplituden nicht konstant

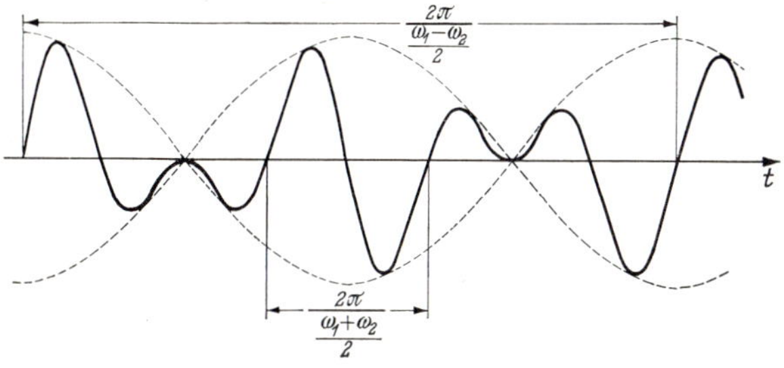


Abb. 6.20. Zur Erläuterung der Gruppengeschwindigkeit

sind, sondern sich gemäß $\cos\frac{1}{2}\{(\omega_1 - \omega_2)t - (\beta_1 - \beta_2)x\}$ (Hüllkurve) ändern; siehe Abb. 6.20. Der Träger bewegt sich längs der $x$-Achse mit der Geschwindigkeit

$$v_p = \frac{\Delta x}{\Delta t} = \frac{\omega_1 + \omega_2}{\beta_1 + \beta_2}. \tag{6.89}$$

Die Umhüllende pflanzt sich nicht mit der Phasengeschwindigkeit $v_p$, sondern der *Gruppengeschwindigkeit* $v_{gr}$ fort

$$v_{gr} = \frac{\omega_1 - \omega_2}{\beta_1 - \beta_2} = \frac{\Delta\omega}{\Delta\beta}. \tag{6.90}$$

Im Grenzfall $\omega_1 - \omega_2 \to 0$ wird

$$v_{gr} = \frac{d\omega}{d\beta}. \tag{6.91}$$

Für die Gruppenlaufzeit ergibt sich

$$\tau_{gr} = \frac{l}{v_{gr}} = l\frac{d\beta}{d\omega} = \frac{d(\beta l)}{d\omega} = \frac{db}{d\omega}. \tag{6.92}$$

Man kann zeigen, daß alle zeitlichen Spannungsverläufe, deren Spektrum aus Frequenzen $\omega_i$ zusammengesetzt ist, die alle innerhalb eines Bereiches $\Delta\omega$ liegen mit $\Delta\omega \ll \omega_i$, sich mit Gruppengeschwindigkeit ausbreiten. Solche Verläufe nennt man *Wellengruppen* (Abb. 6.21).

Die Laufzeit von Signalen, die Wellengruppen sind, ist die Gruppengeschwindigkeit (nur abhängig vom Übertragungssystem). Die Laufzeit von Signalen, die keine Wellengruppen sind, hängt vom Übertragungssystem und vom Signal selbst ab.

Bei Vierpolen aus konzentrierten Schaltelementen ist in bestimmten Frequenzbereichen eine negative Gruppenlaufzeit möglich. Hier hängen Eingangs- und Ausgangssignal gemäß Abb. 6.22 zusammen, sofern es sich um Wellengruppen handelt.

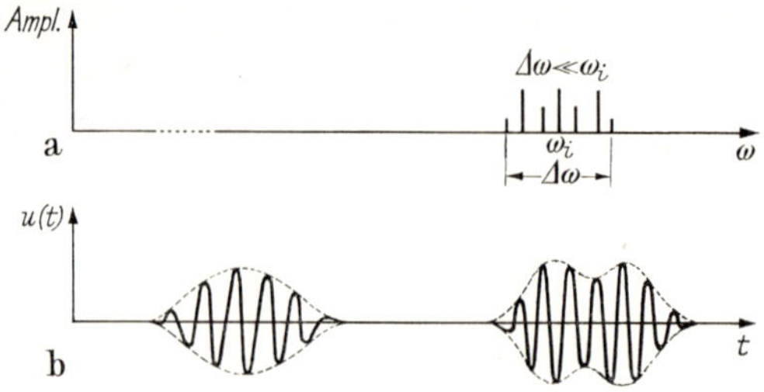


Abb. 6.21. Wellengruppen
a Typisches Amplitudenspektrum von Wellengruppen; b Typische Zeitverläufe von Wellengruppen

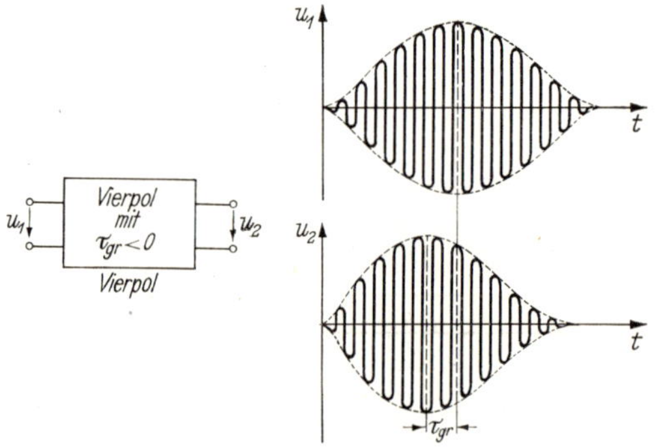


Abb. 6.22. Erläuterung einer negativen Gruppenlaufzeit. Die Wirkung erscheint nicht vor der Ursache. Wohl tritt aber hier das Maximum der Hüllkurve am Ausgang um $\tau_{gr}$ früher auf als am Eingang.

## 6.7 Pegeldefinitionen

Der Begriff *Pegel* stammt aus der Wasserbautechnik. Er wird dort gebraucht, um den Verlauf des Wasserstandes längs einer Wasserstraße zu kennzeichnen oder auch um die zeitliche Änderung des Wasserstandes zu beschreiben.

Die elektrische Nachrichtentechnik, insbesondere die Fernsprechtechnik, hat diesen Begriff Pegel übernommen. Auf einem längeren Übertragungsweg, der aus mehreren verlustbehafteten Leitungen, Verstärkern, Filtern usw. besteht, wird der Pegel einer übertragenen Meßgröße (z. B. Spannung $U$ oder Leistung $P$) längs eines Übertragungsweges verschiedene Werte annehmen. Den Verlauf des Pegels stellt man als *Pegeldiagramm* oder *Pegelplan* dar.

Allgemein unterscheidet man:

a) *Relative Pegel*

Bei der Bestimmung des relativen Pegels wird die Meßgröße (Spannung $U$ oder Leistung $P$) am Ort $x$ ($U_x$; $P_x$) auf einen Wert ($U_1$; $P_1$) an einer anderen Stelle des Übertragungsweges bezogen. Der Bezugspunkt ist meist der Anfang des Übertragungsweges.

Definition:

Relativer Leistungspegel $s'_L$:

$$s'_L = \frac{1}{2} \ln \frac{P_x}{P_1} \, \mathrm{N} = 10 \lg \frac{P_x}{P_1} \, \mathrm{db}. \tag{6.93}$$

$P$ ist entweder Wirkleistung oder Scheinleistung.

Relativer Spannungspegel $s_s'$:

$$s_s' = \ln \frac{U_x}{U_1} \text{ N} = 20 \lg \frac{U_x}{U_1} \text{ db}. \qquad (6.94)$$

$U$ ist der Effektivwert der Spannung.

Die Zahlenwerte von $s_L'$ und $s_s'$ sind dann gleich, wenn die Spannungen $U_x$ und $U_1$ an gleichen Widerständen gemessen werden.

b) *Absolute Pegel*

Bei der Bestimmung des absoluten Pegels wird die Meßgröße am Ort $x$ auf einen absoluten Wert ($U_0$; $P_0$) bezogen, der unabhängig von dem gerade betrachteten Meßobjekt ist. Die absoluten Werte müssen also keineswegs z. B. gleich denen am Anfang eines Übertragungsweges sein.

Definitionen:

Absoluter Leistungspegel $s_L$:

$$s_L = \frac{1}{2} \ln \frac{P_x}{P_0} \text{ N} = 10 \lg \frac{P_x}{P_0} \text{ db}. \qquad (6.95)$$

Absoluter Spannungspegel $s_s$:

$$s_s = \ln \frac{U_x}{U_0} \text{ N} = 20 \lg \frac{U_x}{U_0} \text{ db}. \qquad (6.96)$$

Durch internationale Vereinbarung ist festgelegt worden, daß entweder $P_0 = 1$ mW (Wirkleistung) oder $P_0 = 1$ mVA (Scheinleistung) und die Bezugsspannung $U_0$ diejenige Spannung ist, die in einem ohmschen Widerstand von $Z_0 = 600\ \Omega$ (reell) die Leistung $P_0 = 1$ mW umsetzt. Es ist

$$U_0 \approx 0{,}775 \text{ V}_{\text{eff}}.$$

Zwischen den absoluten Pegeln von Spannung und Leistung gilt folgender Zusammenhang:

$$s_L = s_s + \frac{1}{2} \ln \frac{600\ \Omega}{Z}. \qquad (6.97)$$

$Z$ ist derjenige Widerstand, an dem die Spannung $U_x$ abfällt. Die Zahlenwerte von $s_L$ und $s_s$ sind dann gleich, wenn die Spannung $U_x$ an einem Widerstand $Z = 600\ \Omega$ gemessen wird.

c) *Meßpegel*

In der TF-Technik wird dem Begriff *relativer Pegel* eine weitere Bedeutung zugemessen. Der relative Pegel ist dort ein *Meßpegel*. Er dient zur Charakterisierung eines Übertragungsweges. Er wird folgendermaßen bestimmt: Am Bezugspunkt (Meßpegel Null) wird der Übertragungsweg aufgetrennt, und an die Leitungsenden, die in Übertragungsrichtung weiterführen, wird ein Normalgenerator mit dem Innenwiderstand $Z_i = Z_0 = 600\ \Omega$ reell und der Leerlaufspannung $U_e = 2U_0 \approx 1{,}55$ V angeschlossen. Der Meßpegel ist dann der absolute Spannungspegel an der zu betrachtenden Stelle $x$ des Übertragungsweges. Da man sich beim Meßpegel immer auf den Normalgenerator mit $Z_i = 600\ \Omega$ und $2U_0 = 1{,}55$ V bezieht, schreibt die Deutsche Bundespost vor, daß sich der Eingangswiderstand von Leitungen bei 800 Hz innerhalb der Grenzen von 600 und 950 Ω halten muß. Der Meßpegel stellt also (ähnlich wie die Wellendämpfung bei Vierpolen) eine Eigenschaft des Systems dar, die unabhängig davon ist, wie stark die Signale (Sprachsignale) sind, die im Betrieb über den Übertragungsweg geleitet werden. Der Meßpegel wird in der Praxis deshalb auch als „relativer Pegel“ bezeichnet, weil bei normalem Betrieb der absolute Pegel des Sprachsignals sich im allgemeinen um einen konstanten Wert vom Meßpegel unterscheidet. Insofern ist also der Meßpegel eine relative Größe.

**Allgemeines**

Für Pegelrechnungen sind die in Abb. 6.23 zusammengestellten Nomogramme sehr nützlich. Das erste (linke) Nomogramm gilt für die Umrechnung Neper in

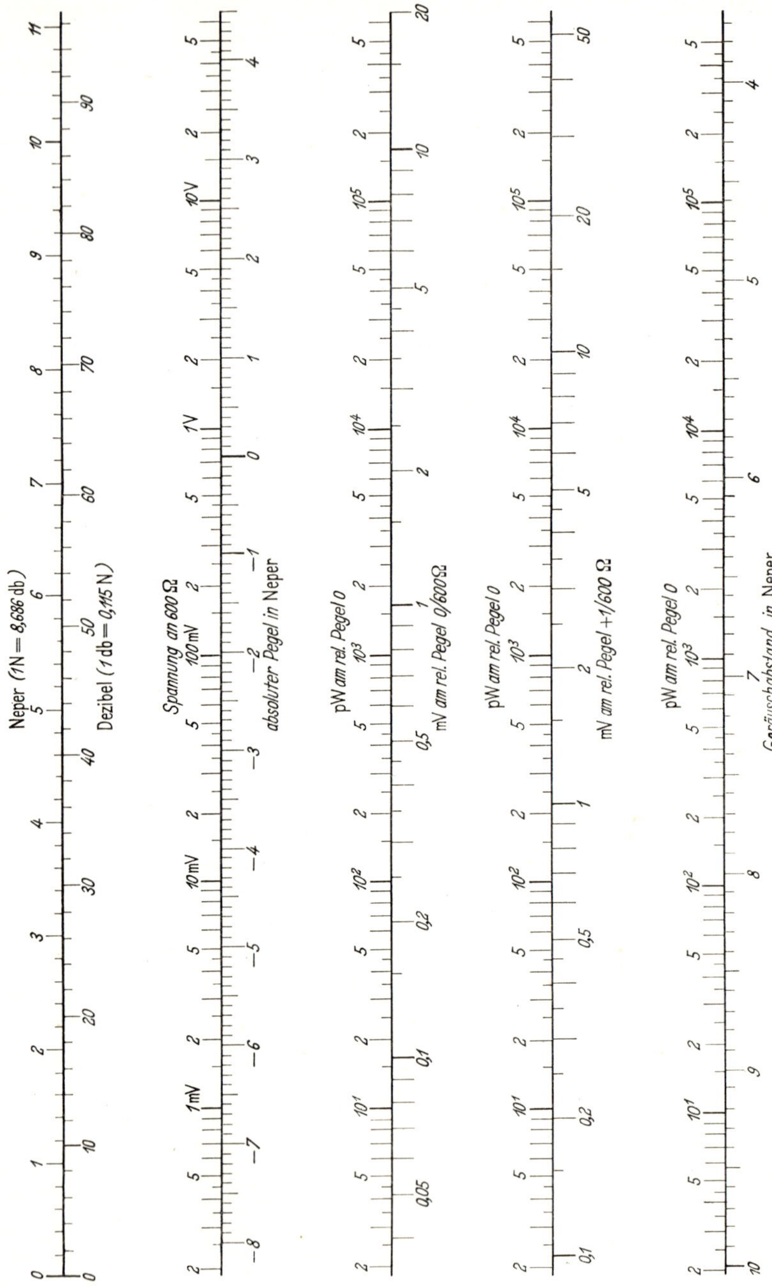


Abb. 6.23. Nomogramme für die Pegelrechnung

Dezibel und umgekehrt. Das zweite gibt den Zusammenhang zwischen absolutem Pegel (von Spannung oder Leistung) und der Spannung an 600 Ω wieder, und das dritte Nomogramm zeigt die Leistung in Picowatt am Ort des relativen Pegels 0, wenn die Spannung (an 600 Ω in Millivolt) am gleichen Ort mit dem relativen Pegel 0 gegeben ist und umgekehrt. Das vierte Nomogramm gibt die gleichen Verhältnisse wie Nomogramm 3 wieder, nur wird hier die Spannung auf den Ort des relativen Pegels +1 N bezogen. Die Werte der Spannungsskala sind hier gegenüber der von Nomogramm 3 mit $e = 2{,}718$ multipliziert, denn $+1 = \ln e$. Das rechte Nomogramm gilt für den Zusammenhang zwischen Geräuschleistung in Picowatt am relativen Pegel Null und dem Geräuschabstand in Neper. Beträgt beispielsweise die Nutzleistung 1 mW an 600 Ω und der Geräuschabstand 5 Neper, so ist der Wert der Geräuschleistung an 600 Ω ungefähr $4{,}5 \cdot 10^4$ pW. Der absolute Wert der Geräuschleistung interessiert häufig deswegen, weil man verschiedene Störeinflüsse im allgemeinen leistungsmäßig addieren muß.

Viele Spannungsmesser haben neben den normalen Spannungsskalen noch eine logarithmische Skala, die im absoluten Pegel geteilt ist. Pegel- und Dämpfungsverlauf dürfen nicht verwechselt werden. Beide unterscheiden sich durch das Vorzeichen, fallender Pegelverlauf bedeutet ansteigenden Dämpfungsverlauf.

## Literatur

[1] Hölzler, E.: Ausblick auf die Entwicklung der Übertragungswege. Fernmeldetechn. Z. 7 (1954) 647–651.

[2] Küpfmüller, K.: Einführung in die theoretische Elektrotechnik, 8. Aufl. Berlin/Göttingen/Heidelberg: Springer 1965.

[3] Wallot, J.: Einführung in die Theorie der Schwachstromtechnik, 5. Aufl. Berlin/Göttingen/Heidelberg: Springer 1948.

[4] Klein, W.: Theorie des Nebensprechens. Berlin/Göttingen/Heidelberg: Springer 1955.

[5] Feldtkeller, R., u. G. Bosse: Einführung in die Nachrichtentechnik. Stuttgart: Wittwer 1950.

[6] Strecker, F.: Pupinkabel und -freileitungen. Telegraphen-, Fernsprech-, Funk- und Fernsehtechnik 31 (1942) 31–40.

[7] Kaden, H., u. H. Kaufmann: Die Übertragungskonstanten von Freileitungen. Elektr. Nachr.-Technik, 15 (1938) 210–217.

[8] Haak, E.: Einführung in die Leitungstechnik, 3. Aufl. Goslar: Herzog 1952.

[9] Hölzler, E., u. D. Thierbach: Nachrichtenübertragung. Berlin/Heidelberg/New York: Springer 1966.

# 7. Modulation und Selektion

## 7.1 Allgemeines

Die meisten Übertragungswege können eine erheblich größere Bandbreite und oft auch einen größeren Dynamikbereich übertragen als z. B. für die Übertragung eines Sprachsignals in Fernsprechqualität notwendig ist. So kann z. B. ein Koaxialkabelsystem (mit Zwischenverstärkern) bei genügendem Dynamikumfang für eine übertragbare Bandbreite von 12 MHz hergestellt werden. Sprachsignale in Fernsprechqualität benötigen aber nur eine Bandbreite von 3100 Hz. Damit bietet das Koaxialkabel Platz für über 3800 Sprachkanäle. Modulation und Selektion sind die Hilfsmittel zur technischen Realisierung dieser theoretischen Möglichkeit der Mehrfachausnutzung. Praktisch aufgebaute Systeme nach dem heutigen Stand der Technik können *nur* 2700 Sprachkanäle bei einer Gesamtbandbreite von 12 MHz übertragen, weil zur Trennung (Selektion) der einzelnen Kanäle noch eine gewisse zusätzliche Bandbreite benötigt wird.

Andere Übertragungswege lassen sich praktisch erst oberhalb einer bestimmten Frequenzgrenze betreiben. Zum Beispiel bei rundstrahlenden Funkverbindungen liegt diese bei etwa 100 kHz und bei scharf gebündelten Richtfunkverbindungen bei etwa 1 GHz. Für niedrigere Frequenzen wären extrem große Antennenanlagen erforderlich. Elektrische Sprachschwingungen können damit nicht unmittelbar drahtlos übertragen werden. Sie müssen zuvor erst in eine entsprechend hohe Frequenzlage transponiert werden. Dies wird durch die Technik der Modulation erreicht.

Die Verwendung gemeinsamer Übertragungswege (vgl. Tab. 6.2) ist auch deshalb sinnvoll, weil bei den meisten Übertragungswegen die Anlagekosten nicht proportional zur Kanalzahl wachsen; z. B. sind die Kosten für die Verlegung eines Koaxialkabels nicht sehr verschieden, ob es nun 600 oder 2700 Sprachkanäle überträgt. Ebenso sind die Baukosten für Richtfunkstrecken (Türme, Stromversorgung usw.) wenig verschieden, ob nun 24 oder 600 Kanäle übertragen werden. Daraus ergibt sich, daß die Mehrfachausnutzung eines Übertragungsweges die Kosten pro Kanalkilometer meist senkt. Vom Standpunkt der Informationstheorie (Kanalkapazität) gewinnt man durch Mehrfachausnutzung nichts.

Zur Mehrfachausnutzung eines Übertragungsweges ist u. a. notwendig, daß alle zu übertragenden Signale so umgeformt werden, daß die resultierende Summe

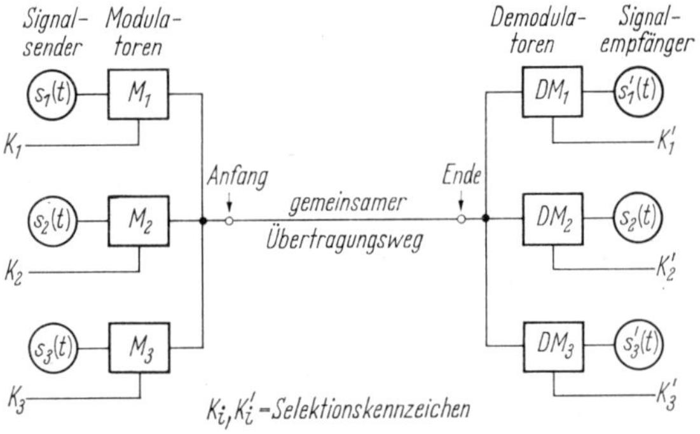


Abb. 7.1. Übertragung mehrerer Signale auf einem gemeinsamen Übertragungsweg (schematisch)

aller umgeformten Signale innerhalb des ausnutzbaren Frequenzbandes des gegebenen Übertragungsweges zu liegen kommt. Entsprechendes gilt für die Dynamik. Die Umformung der Signale hat dabei jedoch so zu erfolgen, daß Selektionskennzeichen vorhanden sind, die es erlauben, am Ende des Übertragungsweges die einzelnen Signale wieder voneinander zu trennen. Die Einrichtung zur Umformung der Signale in die dem Übertragungsweg gemäße Form heißen Modulatoren. Die Einrichtungen zur Rückformung in die ursprüngliche Zeit bzw. Frequenzfunktion heißen Demodulatoren (Abb. 7.1).

## 7.2 Selektionskennzeichen

Die wichtigsten Selektionsverfahren sind die Frequenzselektion, Zeitselektion und Amplitudenselektion. Außer diesen Verfahren gibt es noch andere, welche aber weniger wichtig sind. So kann beispielsweise die Polarisation einer elektromagnetischen Welle ein Selektionskennzeichen sein, denn Wellen gleicher Frequenz aber verschiedener Polarisation können voneinander getrennt werden. Andere Selektionskennzeichen liegen in der Verwendung unterschiedlicher Modulationsverfahren. Diese Möglichkeit setzt die Kenntnis der einzelnen noch zu behandelnden Modulationsverfahren voraus und kann demgemäß erst später beschrieben werden.

a) *Frequenzselektion* (*Frequenz-Multiplex*). Dieses Verfahren hat zur Zeit die weitaus größte praktische Bedeutung. Hier sind die einzelnen Nachrichtenkanäle frequenzmäßig nebeneinander angeordnet (Abb. 7.2). Die Bandbreite des Übertragungsweges muß mindestens gleich, normalerweise jedoch größer sein als die

Summe der Bandbreiten der einzelnen Kanäle. Die Selektion erfolgt mittels Frequenzfilter. Selektionskennzeichen ist die Frequenzlage der Kanäle. Im einfachsten Fall ist eine Kanalbandbreite $\Delta f$ auf dem Übertragungsweg gleich der Bandbreite $B_{\mathrm{NF}}$ des niederfrequenten Signals, welches zum Empfänger gelangen soll, d. h. daß das NF-Band lediglich zu höheren Frequenzen verschoben ist. Voraussetzung für eine verzerrungsfreie Übertragung ist hierbei, daß der übertragbare Dynamikumfang des Übertragungsweges mindestens gleich dem des zu übertragenden NF-Signals ist. Diesem einfachsten Fall entspricht z. B. die sogenannte Einseitenband-Amplitudenmodulation eines Sinusträgers (ESB-AM). Hat der Übertragungsweg nicht den erforderlichen Dynamikumfang, was beispielsweise durch unvermeidliche Störungen und eine maximale nicht überschreitbare Sendeleistung bedingt sein kann, dann wird in diesem Fall das Signal entweder unzulässig stark gestört oder verzerrt. Durch Verwendung anderer Modulationsverfahren, wie z. B. der sogenannten Phasenmodulation (PM), kann jedoch bei ungenügendem Dynamikumfang durch eine erhöhte Kanalbandbreite $\Delta f > B_{\mathrm{NF}}$ das NF-Signal trotzdem nahezu störungs- und verzerrungsfrei übertragen werden. Dynamikumfang und Bandbreite sind nämlich in einem gewissen Maß gegeneinander austauschbar. Die theoretische Grenze für diese Austauschbarkeit wird jedoch erst in der Informationstheorie in Teil III, Abschn. 9.4, behandelt.

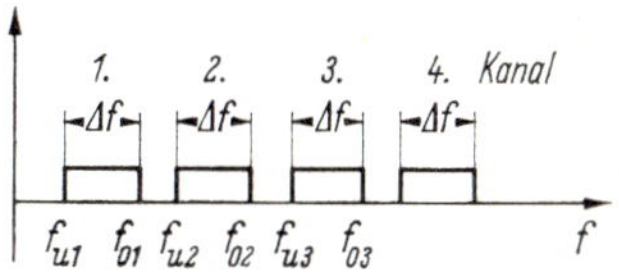


Abb. 7.2. Schematische Kanalanordnung bei Frequenzselektion (z. B. $\Delta f = 3100$ Hz)

b) *Zeitselektion* (*Zeit-Multiplex*). Voraussetzung zur Anwendung der Zeitselektion ist, daß ein zu übertragendes Signal vor der Übertragung so umgeformt wird, daß die Zeitfunktion des umgeformten Signals in einem Kanal nur innerhalb periodisch auftretender Zeitintervalle $\Delta t_1$ von Null verschieden sein darf. In einem anderen Kanal darf die Zeitfunktion nur während der periodisch auftretenden Zeitintervalle $\Delta t_2$ von Null verschieden sein, wobei sich $\Delta t_1$ und $\Delta t_2$ nicht überschneiden dürfen usw. (Abb. 7.3). Eine solche Umformung ist bei allen Signalen endlicher Bandbreite $B_{\mathrm{NF}}$ auf Grund des sogenannten Abtasttheorems möglich. Dieses sagt aus, daß ein NF-Signal, dessen Spektrum als höchste Frequenz $f_{\max}$ enthält, bereits eindeutig durch einzelne Funktionswerte (Ordinatenwerte) im zeitlichen Abstand $T_A$ bestimmt wird mit (vgl. Abschn. 7.6.1)

$$T_A \leqq \frac{1}{2 f_{\max}}. \tag{7.1}$$

Das Selektionskennzeichen der Zeitselektion ist die Zeitlage der Zeitintervalle $\Delta t$. Die Selektion erfolgt mittels Zeitfilter. Ein anschauliches Beispiel eines Zeitfilters

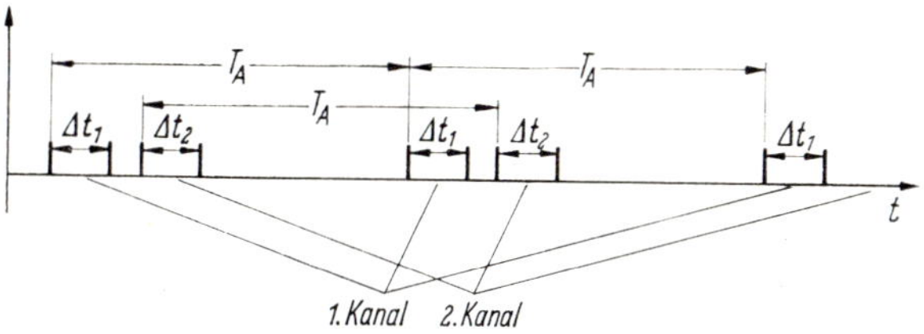


Abb. 7.3. Zur Erläuterung der Zeitselektion

ist ein Drehschalter, dessen Kontaktarm mit der Winkelgeschwindigkeit $2\pi/T_A$ umläuft und während des Zeitintervalls $\Delta t$ auf einem speziellen Segment entlangläuft (Abb. 7.4b). Im einfachsten Fall wird in dem (sehr kurzen) Zeitintervall $\Delta t$ ein Stück bzw. ein Ordinatenwert der Zeitfunktion des NF-Signals in unveränderter Höhe übertragen (sogenannte Amplitudenmodulation eines Pulses, PAM). Oft kann es aber auch zweckmäßig sein (bei starken Störungen bzw. geringem Dynamikbereich) im Zeitintervall $\Delta t$ nur jeweils einen oder mehrere Impulse konstanter Amplitude zu übertragen, wobei die Information in einem anderen Merkmal der Impulse liegt (z. B. in ihrer Länge bzw. Dauer).

c) *Amplitudenselektion.* Zur Amplitudenselektion ist Voraussetzung, daß die (umgeformten) Zeitfunktionen binäre Signale sind (vgl. Abb. 4.1 in Hauptabschn. 4),

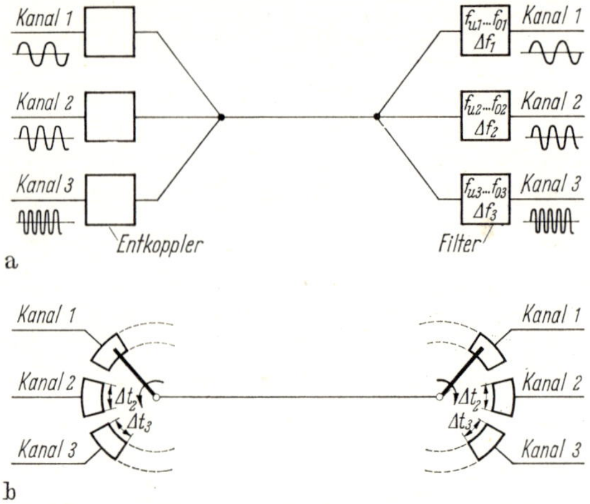


Abb. 7.4. Selektion durch Filter
a Frequenzselektion mittels Frequenzfilter; b Zeitselektion mittels (mechanischem) Zeitfilter

d. h. der Ordinatenwert einer Zeitfunktion kann nur zwei verschiedene diskrete Werte annehmen. Die einzelnen Zeitfunktionen müssen jedoch mit verschiedenen Amplituden über den Übertragungsweg geleitet werden. Abb. 7.5 erläutert den Fall der Übertragung zweier binärer Signale.

Zur Trennung der beiden Signale am Ende des Übertragungsweges wird ein Amplitudenfilter benötigt, welches vier verschiedene Amplitudenschwellen diskri-

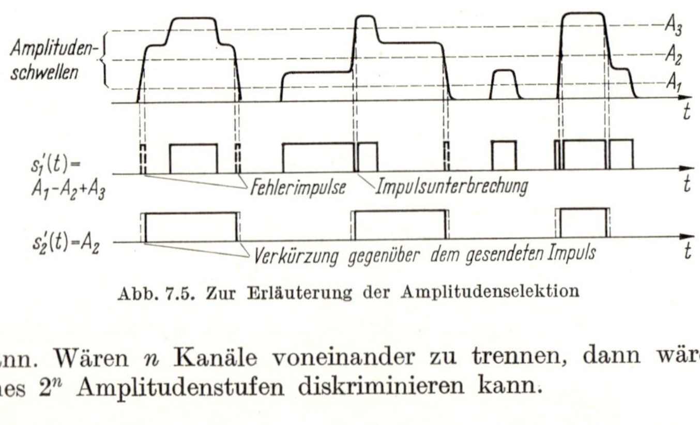


Abb. 7.5. Zur Erläuterung der Amplitudenselektion

minieren kann. Wären $n$ Kanäle voneinander zu trennen, dann wäre ein Filter nötig, welches $2^n$ Amplitudenstufen diskriminieren kann.

Die Amplitudenselektion hat bis jetzt noch keine große praktische Bedeutung erlangt, weil die Realisierung in bandbegrenzenden Systemen Schwierigkeiten bereitet. Durch die endlichen Anstiegs- und Abfallzeiten infolge von Bandbegrenzung können nämlich Fehlerimpulse, Impulsunterbrechungen und Impulsverkürzungen hervorgerufen werden, wie das durch Abb. 7.5 veranschaulicht wird.

## 7.3 Zweck und grundsätzliche Verfahren der Modulation

Nach den Ausführungen von Abschn. 7.1 und 7.2 liegt der Zweck der Modulation zusammengefaßt in folgenden Punkten:

a) Mehrfachausnutzung eines Übertragungsweges.
b) Transponierung der Signale in Frequenzlagen, welche für die Übertragung günstig sind (Richtfunk, Wellenleiter usw.).
c) Erzielung günstiger Störabstände bei gegebenen Sendeleistungen und Störungen.

Die Beschreibung der grundsätzlichen Verfahren der Modulation soll auf solche für die Frequenzselektion und für die Zeitselektion beschränkt bleiben.

Bei Systemen mit Frequenzselektion verändert die primäre Signalschwingung die Kenngrößen einer sinusförmigen Trägerschwingung

$$\hat{U}\sin[\Omega_0 t + \varphi(t)] = \hat{U}\sin\psi(t). \tag{7.2}$$

$\Omega_0$ ist die Trägerfrequenz. Wird die Amplitude $\hat{U} \to \hat{u}(t)$ zeitlich proportional zur primären Zeichenschwingung verändert, dann liegt eine *Amplitudenmodulation* (AM)

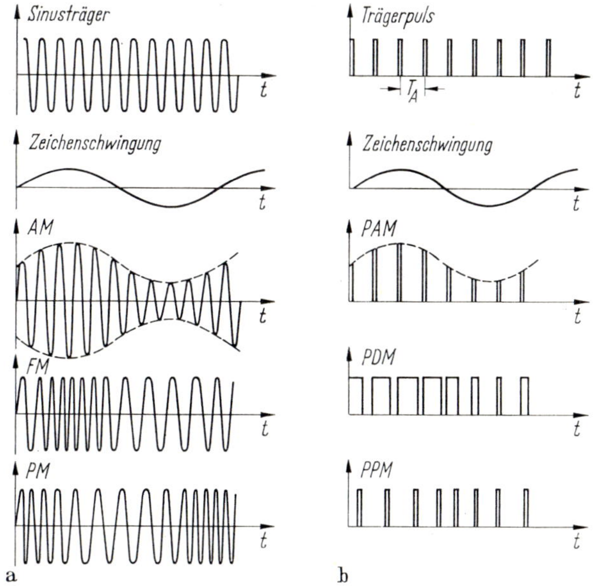


Abb. 7.6. Darstellung von Modulationsverfahren
a für Frequenzselektion; b für Zeitselektion

vor. Wird das Argument $[\Omega_0 t + \varphi(t)]$ im Rhythmus der primären Zeichenschwingung verändert, dann liegt eine *Winkelmodulation* vor. Hierbei unterscheidet man den Fall, daß $d\psi/dt$ sich proportional der primären Zeichenschwingung ändert — dann handelt es sich um *Frequenzmodulation* (FM) — und den Fall, daß $\varphi$ entsprechend der Zeichenschwingung geändert wird. Letzteres ist die *Phasenmodulation* (PM). Die Verfahren werden durch Abb. 7.6a veranschaulicht. Die Unterschiede von Frequenz- und Phasenmodulation werden später noch näher erläutert.

Bei Systemen mit Zeitselektion verändert die primäre Zeichenschwingung die Kenngrößen eines Pulses (*Impulsfolge*), Abb. 7.6b. Die einzelnen Pulsmodulationsarten ergeben sich jeweils dadurch, welche Kenngröße des Pulses durch die primäre Zeichenschwingung geändert wird. So ergibt sich z. B. die *Pulsamplitudenmodulation* (PAM) durch Änderung der Amplitude $\hat{U}$, die *Pulsdauermodulation* (PDM) durch Änderung der Dauer $D$ und *Pulsphasenmodulation* (PPM) dadurch, daß der Zeitpunkt des Auftretens schmaler gleichbleibender Impulse geändert wird.

An grundsätzlichen Verfahren muß man weiter zwischen *stetigen* oder kontinuierlichen Modulationsverfahren und *quantisierenden* Modulationsverfahren unterscheiden. Bei stetigen Modulationsverfahren folgt die zu ändernde Kenngröße des Sinusträgers oder des Pulses stetig der primären Zeichenschwingung. Bei quantisierenden Modulationsverfahren wird die primäre Zeichenschwingung zunächst auf endlich viele Funktionswerte (Ordinaten) quantisiert, d. h. durch eine Treppenkurve mit endlich vielen Stufen angenähert. Die betreffende Kenngröße des Trägers bzw. Pulses wird dann entsprechend der quantisierten Zeichenschwingung verändert.

Bei quantisierender Pulsmodulation gibt es bei jedem Abtastzeitpunkt nur endlich viele Möglichkeiten für den momentanen Funktionswert der primären Zeichenschwingung. Hier ist es nicht nötig, irgendeine Kenngröße des Pulses analog dem momentanen Funktionswert zu machen. Da es nur endlich viel verschiedene Funktionswerte gibt, kann man alle Funktionswerte durch einen Code (z. B. Morsezeichen) erfassen und zu jedem Abtastzeitpunkt das betreffende Codewort übertragen. Solche Modulationsart bezeichnet man als Pulscodemodulation (PCM). Dieses Verfahren wird aber erst im Teil III behandelt, nachdem die Grundlagen der Codierung besprochen worden sind.

## 7.4 Amplitudenmodulation (AM)

### 7.4.1 Zweiseitenband-AM eines Sinusträgers

Die Trägerschwingung sei

$$u(t) = \hat{u} \sin \Omega_0 t. \tag{7.3}$$

Der Einfachheit halber möge die primäre Zeichenschwingung $s_1(t)$ auch sinusförmig sein, d. h.

$$s_1(t) = \hat{S}_1 \sin(\omega_1 t + \varphi_1). \tag{7.4}$$

Dann gilt bei Amplitudenmodulation für die Amplitude $\hat{u}$ des Trägers

$$\hat{u}(t) = \hat{U}_0 + \hat{S}_1 \sin(\omega_1 t + \varphi_1) \tag{7.5}$$

und für die modulierte Trägerschwingung

$$u(t) = \hat{u}(t) \sin \Omega_0 t = \hat{U}_0 \left[1 + \frac{\hat{S}_1}{\hat{U}_0} \sin(\omega_1 t + \varphi_1)\right] \sin \Omega_0 t. \tag{7.6}$$

Die AM-Kurve in Abb. 7.6a ist die graphische Darstellung von Gl. (7.6). Als *Modulationsgrad* bezeichnet man das Verhältnis

$$m = \frac{\hat{u}_{\max} - \hat{u}_{\min}}{\hat{u}_{\max} + \hat{u}_{\min}} = \frac{\hat{U}_0 + \hat{S}_1 - (\hat{U}_0 - \hat{S}_1)}{\hat{U}_0 + \hat{S}_1 + (\hat{U}_0 - \hat{S}_1)} = \frac{\hat{S}_1}{\hat{U}_0}. \tag{7.7}$$

Durch Einsetzen von Gl. (7.7) in Gl. (7.6) folgt

$$u(t) = \hat{U}_0 [\sin \Omega_0 t + m \sin(\omega_1 t + \varphi_1) \sin \Omega_0 t]. \tag{7.8}$$

Mit der trigonometrischen Hilfsformel

$$\sin\alpha\,\sin\beta = \tfrac{1}{2}\cos(\alpha-\beta) - \tfrac{1}{2}\cos(\alpha+\beta)$$

folgt

$$u(t) = \hat{U}_0\left[\sin\Omega_0 t + \frac{m}{2}\cos\{(\Omega_0-\omega_1)t-\varphi_1\} - \frac{m}{2}\cos\{(\Omega_0+\omega_1)t+\varphi_1\}\right]. \tag{7.9}$$

Gl. (7.9) sagt aus, daß neben der Trägerschwingung $\hat{U}_0 \sin\Omega_0 t$ noch zwei weitere Schwingungen entstehen, welche die Frequenzen $\Omega_0+\omega_1$ und $\Omega_0-\omega_1$ und die Amplituden $\frac{m}{2}\hat{U}_0$ haben. Abb. 7.7 zeigt das Amplitudenspektrum einer hochfrequenten Sinusträgerschwingung, die mit einer niederfrequenten Sinusschwingung amplitudenmoduliert ist.

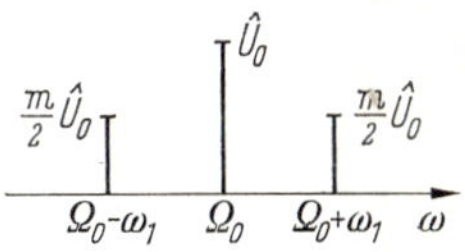


Abb. 7.7. Amplitudenspektrum der AM

Sehr aufschlußreich ist die Zeigerdarstellung. Man erhält sie durch Einführen der folgenden Beziehungen in Gl. (7.9) [vgl. Gl. (0.3)]

$$\cos[(\Omega_0\pm\omega_1)t\pm\varphi_1] = \tfrac{1}{2}\{e^{j[(\Omega_0\pm\omega_1)t\pm\varphi_1]} + e^{-j[(\Omega_0\pm\omega_1)t\pm\varphi_1]}\},$$

$$\sin\Omega_0 t = -j\,\tfrac{1}{2}\{e^{j\Omega_0 t} - e^{-j\Omega_0 t}\} = \tfrac{1}{2}\left\{e^{j\left(\Omega_0 t-\frac{\pi}{2}\right)} - e^{-j\left(\Omega_0 t+\frac{\pi}{2}\right)}\right\}.$$

Aus Gl. (7.9) wird damit

$$u(t) = \frac{\hat{U}_0}{2}\left\{\underline{e^{j\left(\Omega_0 t-\frac{\pi}{2}\right)}} + \underline{\frac{m}{2}e^{j[(\Omega_0-\omega_1)t-\varphi_1]}} - \underline{\frac{m}{2}e^{j[(\Omega_0+\omega_1)t+\varphi_1]}} -\right.$$
$$\left. - \underline{e^{-j\left(\Omega_0 t+\frac{\pi}{2}\right)}} + \underline{\frac{m}{2}e^{-j[(\Omega_0-\omega_1)t-\varphi_1]}} - \underline{\frac{m}{2}e^{-j[(\Omega_0+\omega_1)t+\varphi_1]}}\right\}. \tag{7.10}$$

In Abb. 7.8a sind die Zeiger von Gl. (7.10) für den Zeitpunkt $t=0$ dargestellt, und zwar die voll unterstrichenen voll und die gestrichelt unterstrichenen gestrichelt. Da die Verhältnisse symmetrisch sind, genügt es, nur die voll dargestellten zu

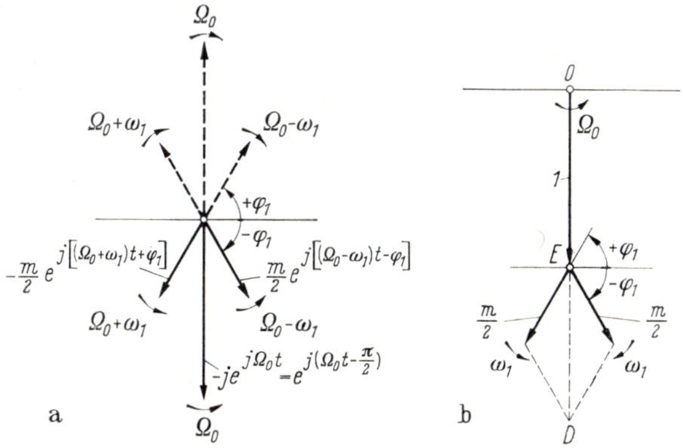


Abb. 7.8. Zeigerdarstellung der AM
a vollständig; b vereinfacht

betrachten. Zu diesem Zweck denkt man sich die Zeichenebene im Uhrzeigersinn mit der Winkelgeschwindigkeit $\Omega_0$ rotierend. Dann steht der Zeiger für die Trägerfrequenz $\Omega_0$, d. h. der Zeiger $0 - E$ fest (Abb. 7.8b). Der Zeiger für die untere Seitenschwingung mit der Frequenz $\Omega_0-\omega_1$ rotiert nun mit der Relativgeschwindigkeit $\omega_1$ im Uhrzeigersinn, während der Zeiger für die obere Seitenschwingung mit der Frequenz $\Omega_0 + \omega_1$ mit der gleichen Relativgeschwindigkeit $\omega_1$ im Gegenuhrzeigersinn rotiert. Die gegensinnige Rotation der Zeiger für die Seitenschwingungen ergibt als Zeigersumme einen in Richtung $0 - E$ feststehenden Zeiger, dessen Länge

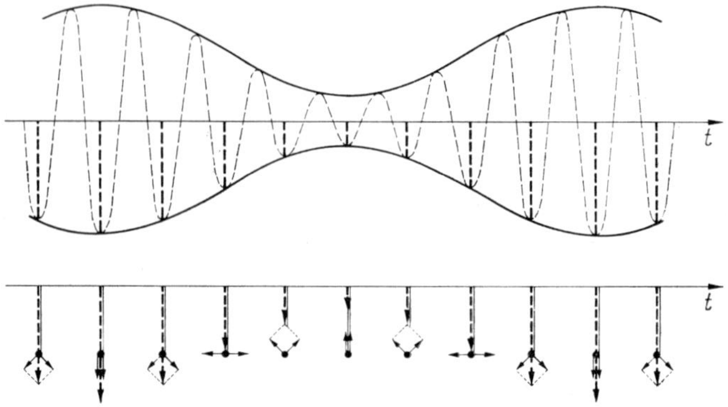


Abb. 7.9. Zur Veranschaulichung der Zeigerdarstellung

sich periodisch ändert. Der Zusammenhang der Zeigerdarstellung mit der Zeitfunktion der AM-Schwingung wird durch Abb. 7.9 veranschaulicht.

Wenn die primäre Zeichenschwingung nicht aus einer einzigen, sondern aus mehreren Sinusschwingungen verschiedener Frequenz besteht, dann erscheinen bei Amplitudenmodulation alle Sinusschwingungen im entsprechenden Abstand oberhalb und unterhalb der Trägerfrequenz. Ist die primäre Zeichenschwingung eine beliebige Zeitfunktion $s_1(t)$ mit einem kontinuierlichen Spektrum $\underline{S}_1(\mathrm{j}\,\omega)$, dann wird durch AM dieses Spektrum zur Stelle der Trägerfrequenz verschoben, wie im folgenden gezeigt wird.

Zunächst ist zu beachten, daß das Amplitudenspektrum $|\underline{S}_1(\mathrm{j}\,\omega)|$ stets eine gerade Funktion ist, denn in Gl. (0.23) ist $A(\omega)$ stets gerade und $B(\omega)$ stets un-

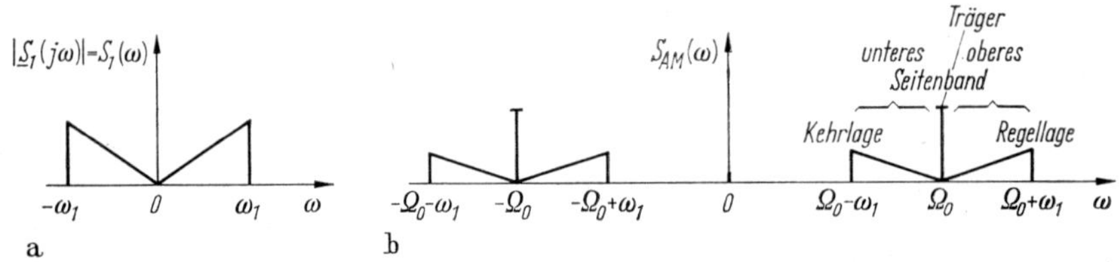


Abb. 7.10. Amplitudenmodulation einer beliebigen bandbegrenzten Zeichenschwingung
a Amplitudenspektrum der NF-Zeichenschwingung (schematisch); b Amplitudenspektrum des modulierten Signals (schematisch)

gerade. Ein beliebiges z. B. bandbegrenztes NF-Spektrum mit der oberen Grenzfrequenz $\omega_1$ erstreckt sich darum sowohl über positive als auch negative Frequenzen, also von $-\omega_1$ bis $+\omega_1$, und ist symmetrisch zu $\omega = 0$. (Die Darstellung in Abb. 7.10a ist nur symbolisch, sie bedeutet kein ansteigendes Amplitudenspektrum).

Die mit der allgemeinen Zeitfunktion $s_1(t)$ amplitudenmodulierte Schwingung erhält man, wenn man in Gl. (7.6) den Ausdruck $\hat{S}_1 \sin(\omega_1 t + \varphi_1)$ durch $s_1(t)$ ersetzt. Wesentlich für die Berechnung des Spektrums ist nun das Produkt

$$s_1(t) \sin \Omega_0 t = s_1(t) \tfrac{1}{2}\{-\mathrm{j}\, \mathrm{e}^{\mathrm{j}\,\Omega_0 t} + \mathrm{j}\, \mathrm{e}^{-\mathrm{j}\,\Omega_0 t}\}. \tag{7.11}$$

Das Spektrum der Zeitfunktion $s_1(t)$ ist nach dem FOURIER-Integral Gl. (0.22)

$$\underline{S}_1(\mathrm{j}\,\omega) = \int_{-\infty}^{+\infty} s_1(t)\, \mathrm{e}^{-\mathrm{j}\,\omega t}\, dt.$$

Das Spektrum der rechten Seite von Gl. (7.11) ist damit

$$-\tfrac{1}{2}\,\mathrm{j}\int\limits_{-\infty}^{+\infty} s_1(t)\,\mathrm{e}^{-\mathrm{j}(\omega-\Omega_0)t}\,dt+\tfrac{1}{2}\,\mathrm{j}\int\limits_{-\infty}^{+\infty} s_1(t)\,\mathrm{e}^{-\mathrm{j}(\omega+\Omega_0)t}\,dt=$$

$$-\tfrac{1}{2}\,\mathrm{j}\,\underline{S}_1\{\mathrm{j}(-\Omega_0+\omega)\}+\tfrac{1}{2}\,\mathrm{j}\,\underline{S}_1\{\mathrm{j}(\Omega_0+\omega)\}\,. \tag{7.12}$$

Es ergibt sich also, abgesehen von einem Faktor, dieselbe Spektralfunktion wie von $s_1(t)$, die aber jetzt um $+\Omega_0$ und $-\Omega_0$ verschoben ist. Für $|\Omega_0| > |\omega_0|$ bleibt die Form des Amplitudenspektrums erhalten. Abb. 7.10b zeigt das vollständige Amplitudenspektrum $S_{\mathrm{AM}}(\omega)$ des amplitudenmodulierten Signals einschließlich der Trägerfrequenzen. Für die weiteren Betrachtungen können wir uns wie bisher wieder auf positive Frequenzen beschränken.

Bei der bisher beschriebenen Amplitudenmodulation ist wesentlich, daß die Frequenzanteile, die im niederfrequenten Zeichenspektrum im Bereich negativer Frequenzen lagen $(0 > \omega \gtreqqless -\omega_1)$, durch die Amplitudenmodulation in einen Bereich positiver Frequenzen gelangen, nämlich nach $\Omega_0 > \omega \geqq (\Omega_0 - \omega_1)$. Diesen Bereich bezeichnet man als unteres Seitenband. Der äquivalente niederfrequente Frequenzbereich $0 < \omega \leqq \omega_1$ gelangt nach $\Omega_0 < \omega \leqq (\Omega_0 + \omega_1)$. Diesen Bereich bezeichnet man als oberes Seitenband (Abb. 7.10b). Die Verhältnisse sind hier ähnlich wie bei der Tiefpaß-Bandpaß-Transformation (Teil I, Abb. 2.29). Bei dem bisher beschriebenen AM-Signal ist die niederfrequente Zeicheninformation also zweimal im Bereich positiver Frequenzen enthalten, und zwar einmal im oberen Seitenband in Regellage und einmal im unteren Seitenband in Kehrlage. Aus diesen Gegebenheiten folgt der Name Zweiseitenband-Amplitudenmodulation (ZSB-AM).

Zur Erzeugung von ZSB-AM ist eine Multipliziereinrichtung (z. B. Doppelsteuerung eines Stromkreises) nötig. Das erfordert grundsätzlich nichtlineare Elemente. Im folgenden soll gezeigt werden, wie an einer nichtlinearen Kennlinie ZSB-AM erzeugt werden kann. An einem Vierpol gelte folgende Beziehung zwischen Eingangsspannung $u_e$ und Ausgangsspannung $u_a$:

$$u_a = u_e + c\,u_e^2\,. \tag{7.13}$$

Es sei nun

$$u_e = u_0 + u_1 = \hat{U}\sin\Omega_0 t + \hat{S}_1 \sin\omega_1 t\,.$$

Dann ist

$$\begin{aligned} u_a &= u_0 + u_1 + c(u_0^2 + 2u_0 u_1 + u_1^2)\\ &= \underline{\hat{U}\sin\Omega_0 t} + \hat{S}_1\sin\omega_1 t +\\ &\quad + 0{,}5c\,\hat{U}^2(1-\cos 2\Omega_0 t) +\\ &\quad \underline{+\, c\,\hat{U}\,\hat{S}_1[\cos(\Omega_0-\omega_1)t - \cos(\Omega_0+\omega_1)t] +}\\ &\quad + 0{,}5c\,\hat{S}_1^2(1-\cos 2\omega_1 t)\,. \end{aligned} \tag{7.14}$$

In der Ausgangsspannung ist also eine ZSB-Schwingung enthalten (unterstrichen) mit $m = 2c\,\hat{S}_1$.

Durch Ansatz einer allgemeineren Potenzreihe für Gl. (7.13) erhält man noch weitere zusätzliche Frequenzen. Im allgemeinen müssen bei einer Modulationsschaltung Trägerschwingung $\Omega_0$ sowie oberes und unteres Seitenband durch einen Bandpaß vom übrigen Frequenzgemisch getrennt werden. Das Schema zeigt Abbildung 7.11. Die Diode bildet das für die Modulation erforderliche nichtlineare Element. Das Dämpfungsglied zwischen Diode und Filter soll bewirken, daß der Vierpol bestehend aus der Kettenschaltung von Dämpfungsglied und Filter einen nahezu ohmschen Eingangswiderstand erhält. Bei fehlendem Dämpfungsglied würde die Spannung $u_a$ über einem wesentlich komplexen Scheinwiderstand abfallen, und

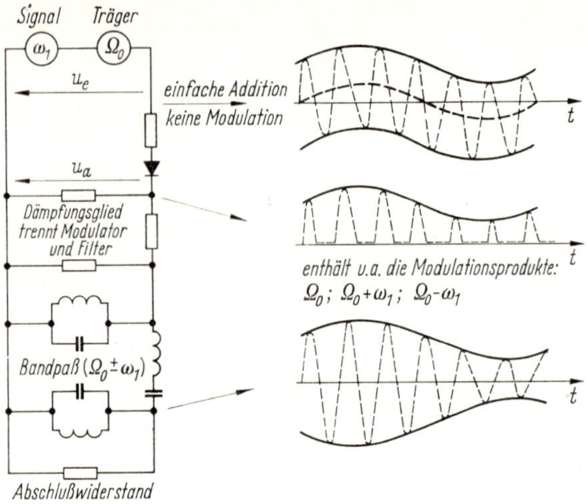


Abb. 7.11. Mögliche Schaltung zur Erzeugung von AM

es würden unerwünschte Speichereffekte ähnlich wie in Abb. 4.35 von Teil I auftreten.

### 7.4.2 Demodulation von Zweiseitenband-AM

Demodulation von ZSB-AM kann häufig durch Gleichrichtung (nichtlineare Operation) der Trägerschwingung erfolgen. Infolge des nichtlinearen Vorgangs erscheint u. a. die niederfrequente Signalschwingung wieder in der ursprünglichen Frequenzlage, wo sie durch Filter vom übrigen Frequenzgemisch getrennt werden muß.

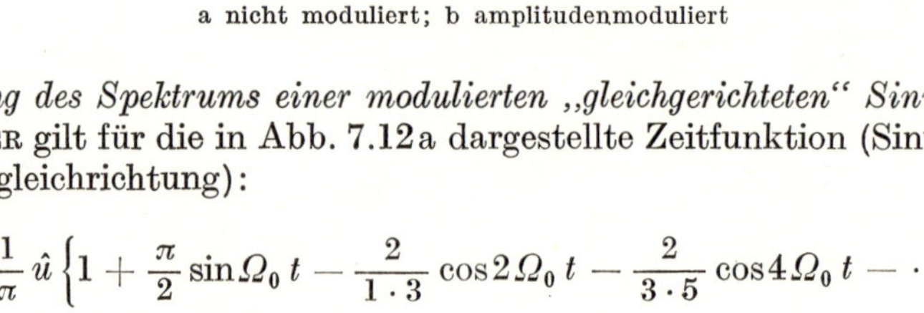


Abb. 7.12. Zeitfunktion einer gleichgerichteten Sinusschwingung
a nicht moduliert; b amplitudenmoduliert

*Berechnung des Spektrums einer modulierten „gleichgerichteten“ Sinusschwingung.* Nach FOURIER gilt für die in Abb. 7.12a dargestellte Zeitfunktion (Sinusschwingung nach Einweggleichrichtung):

$$u(t) = \frac{1}{\pi}\hat{u}\left\{1 + \frac{\pi}{2}\sin\Omega_0 t - \frac{2}{1\cdot 3}\cos 2\Omega_0 t - \frac{2}{3\cdot 5}\cos 4\Omega_0 t - \cdots\right\}. \quad (7.15)$$

Ist $\hat{u}$ moduliert (Abb. 7.12b), also

$$\hat{u}(t) = \hat{U}_0[1 + m\sin\omega_1 t], \quad (7.16)$$

so wird

$$u(t) = \frac{1}{\pi}\hat{U}_0[1 + m\sin\omega_1 t]\left\{1 + \frac{\pi}{2}\sin\Omega_0 t - \frac{2}{1\cdot 3}\cos 2\Omega_0 t - \frac{2}{3\cdot 5}\cos 4\Omega_0 t - \cdots\right\}. \quad (7.17)$$

Nach einer Umrechnung der trigonometrischen Funktionen ergeben sich die in Tab. 7.1 angegebenen Frequenzkomponenten.

Eine mögliche Schaltung zur Demodulation von AM zeigt Abb. 7.13. Am Punkt $A$ steht der auch in Abb. 7.12b gezeichnete Spannungsverlauf an, dessen Spektrum

Tabelle 7.1 *Frequenzkomponenten, rel. Amplituden oder Spektrum der modulierten gleichgerichteten Sinusschwingung*

| | | relative Amplitude | Betrag für $m = 0{,}4$ |
|---|---|---|---|
| $u(t) = \frac{1}{\pi}\hat{U}_0$ | $\Big[\ 1$ | $1$ | 1 |
| | $+ m \sin\omega_1 t$ | $m$ | 0,4 |
| | $+\frac{\pi}{2}\Big\{\ \frac{m}{2}\cos(\Omega_0-\omega_1)\,t$ | $\frac{\pi}{2}\,\frac{m}{2}$ | 0,31 |
| | $\quad +\sin\Omega_0\,t$ | $\frac{\pi}{2}$ | 1,57 |
| | $\quad -\frac{m}{2}\cos(\Omega_0+\omega_1)\,t$ | $-\frac{\pi}{2}\,\frac{m}{2}$ | 0,31 |
| | $-\frac{2}{1\cdot 3}\Big\{\ -\frac{m}{2}\sin(2\Omega_0-\omega_1)\,t$ | $\frac{2}{3}\,\frac{m}{2}$ | 0,13 |
| | $\quad +\cos 2\Omega_0\,t$ | $-\frac{2}{3}$ | 0,67 |
| | $\quad +\frac{m}{2}\sin(2\Omega_0+\omega_1)\,t$ | $-\frac{2}{3}\,\frac{m}{2}$ | 0,13 |
| | $-\frac{2}{3\cdot 5}\Big\{\ -\frac{m}{2}\sin(4\Omega_0-\omega_1)\,t$ | $\frac{2}{15}\,\frac{m}{2}$ | 0,027 |
| | $\quad +\cos 4\Omega_0\,t$ | $-\frac{2}{15}$ | 0,13 |
| | $\quad +\frac{m}{2}\sin(4\Omega_0+\omega_1)\,t\ \Big]$ | $-\frac{2}{15}\,\frac{m}{2}$ | 0,027 |

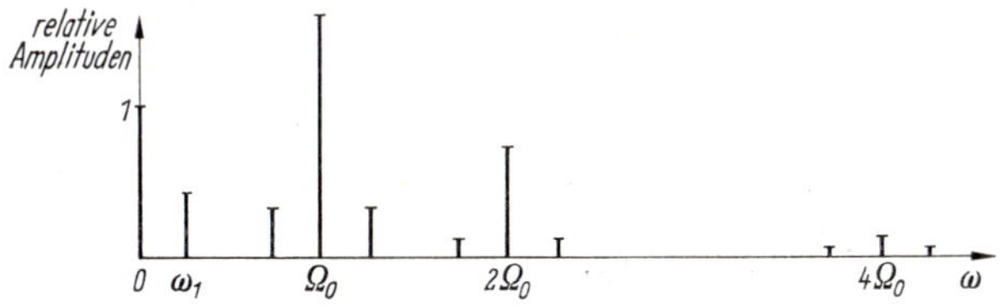


Tab. 7.1 zeigt. Tiefpaß und Übertrager trennen die unerwünschten höheren Frequenzen sowie die Gleichspannungskomponente vom Signal.

Meistens ist der Modulationsgrad $m < 1$. In Sonderfällen (z. B. Fernsehsignale) kommt auch $m > 1$ vor (Übermodulation). Den Verlauf von $u(t)$ zeigt hierfür Abb. 7.14. In diesem Fall ist eine einfache Demodulation durch Gleichrichtung nicht möglich. Hier muß auf der Empfangsseite ein so großer Träger phasenrichtig zugesetzt werden, daß der Modulationsgrad wieder kleiner als Eins wird.

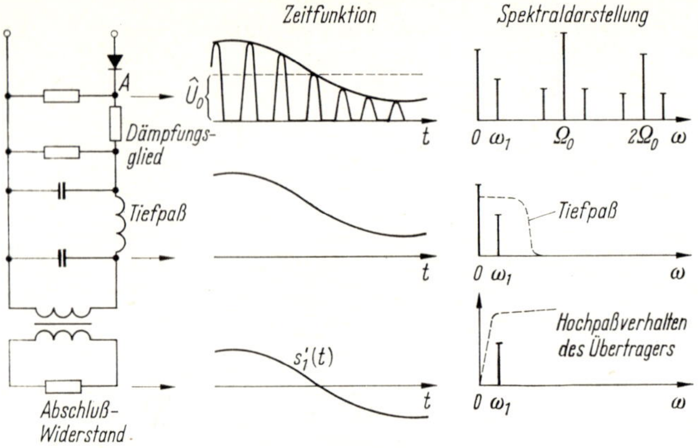


Abb. 7.13. Mögliche Realisierung der Demodulation von AM

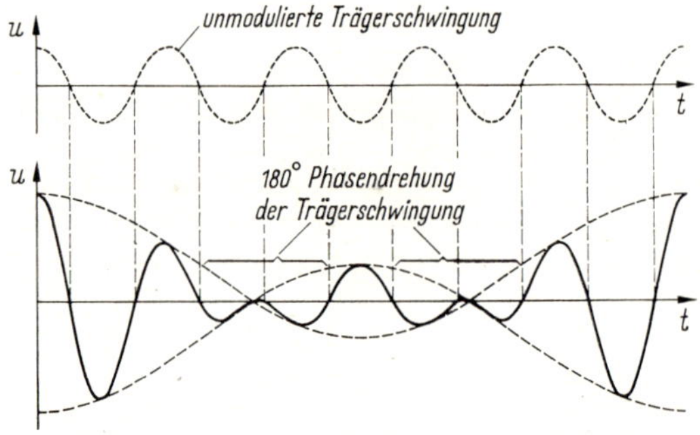


Abb. 7.14. Zeitfunktion einer AM-Schwingung bei Übermodulation ($m = 2$)

### 7.4.3 Beeinflussung der AM durch lineare Amplituden- und Phasenverzerrungen

Wird ein Signal $\underline{U}_1(\mathrm{j}\,\omega)$ über einen Übertragungsweg geleitet mit der Spannungsübertragungsfunktion

$$\frac{\underline{U}_1(\mathrm{j}\,\omega)}{\underline{U}_2(\mathrm{j}\,\omega)} = e^{\mathfrak{g}(\mathrm{j}\,\omega)} = e^{a(\omega)+\mathrm{j}\,b(\omega)}, \tag{7.18}$$

dann ist am Ende des Übertragungsweges die Spannung $\underline{U}_2(\mathrm{j}\,\omega)$ vorhanden.

$$\underline{U}_2(\mathrm{j}\,\omega) = \underline{U}_1(\mathrm{j}\,\omega)\,\mathrm{e}^{-a(\omega)-\mathrm{j}\,b(\omega)}. \tag{7.19}$$

Es wird nun der einfache Fall betrachtet, daß am Eingang ein amplitudenmoduliertes Signal bestehend aus einer Trägerschwingung und einer oberen und einer unteren Seitenschwingung entsprechend Gl. (7.10) anliegt. Nach Gl. (7.19) ist dann, wenn nur die links rotierenden Zeiger [in Gl. (7.10) unterstrichen] berücksichtigt werden:

$$\begin{aligned} u_2(t) = \frac{\hat{U}_0}{2}\Big\{ & \mathrm{e}^{-a(\Omega_0)-\mathrm{j}[b(\Omega_0)+\pi/2]}\,\mathrm{e}^{\mathrm{j}\Omega_0 t} \\ & + \frac{m}{2}\,\mathrm{e}^{-a(\Omega_0-\omega_1)-\mathrm{j}[b(\Omega_0-\omega_1)+\varphi_1]}\,\mathrm{e}^{\mathrm{j}(\Omega_0-\omega_1)t} \\ & - \frac{m}{2}\,\mathrm{e}^{-a(\Omega_0+\omega_1)-\mathrm{j}[b(\Omega_0+\omega_1)-\varphi_1]}\,\mathrm{e}^{\mathrm{j}(\Omega_0+\omega_1)t}\Big\}. \end{aligned} \tag{7.20}$$

Die Zeiger von Gl. (7.20) sind in Abb. 7.15 für den Zeitpunkt $t = 0$ dargestellt. Gegenüber Abb. 7.8b ist der Zeiger des Trägers um den Faktor $e^{-a(\Omega_0)}$ verkürzt und liegt um den Winkel $b(\Omega_0)$ zurück. Die untere Seitenschwingung ist um den Faktor $e^{-a(\Omega_0-\omega_1)}$ gedämpft und liegt um den Winkel $b(\Omega_0 - \omega_1)$ zurück, und die obere Seitenschwingung ist entsprechend um $e^{-a(\Omega+\omega_1)}$ gedämpft und um den Winkel $-b(\Omega_0 + \omega_1)$ phasenverschoben. Da im allgemeinsten Fall die Dämpfungen und

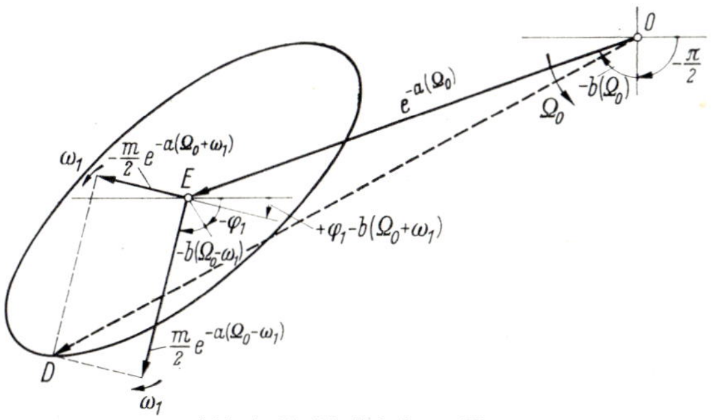


Abb. 7.15. Modulationsellipse

Phasenverschiebungen bei den verschiedenen Frequenzen unterschiedlich sind, weist jetzt der Summenzeiger *0-D* nicht mehr in die feste Richtung *0-E* wie in Abb. 7.8b, wenn die Zeichenebene mit der Geschwindigkeit $\Omega_0$ im Uhrzeigersinn rotiert. Neben der periodischen Längenänderung führt nun der Summenzeiger auch periodische Richtungsänderungen aus. Wie wir später noch sehen werden, entspricht letzteres einer (unerwünschten) zusätzlichen Phasenmodulation. Der Endpunkt $D$ des Summenzeigers liegt auf einer Ellipse, der *Modulationsellipse.*

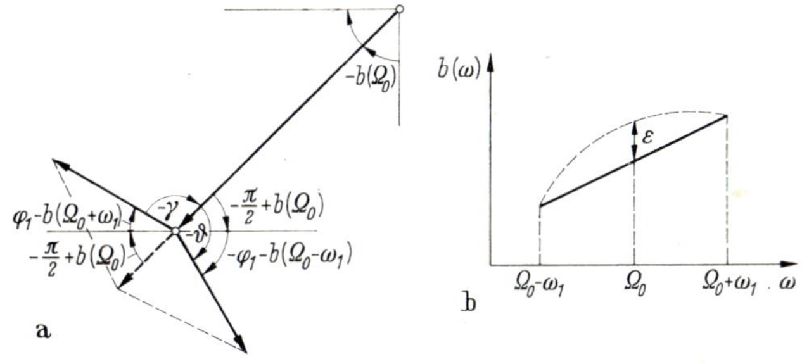


Abb. 7.16. Zur Bestimmung des Einflusses linearer Verzerrungen auf ZSB-AM
a Zeigerdiagramm eines verzerrungsfreien AM-Signals; b zur Bestimmung des Klirrfaktors infolge Phasenverzerrungen

Hier tritt die Frage auf, welche Bedingungen an die Übertragungsfunktion zu stellen sind, damit das amplitudenmodulierte Signal am Ende des Übertragungsweges keine zusätzliche Phasenmodulation aufweist. Aus Abb. 7.15 geht unmittelbar hervor, daß die beiden Seitenschwingungen nicht unterschiedlich gedämpft sein dürfen. Bei verschieden langen Zeigern für die Seitenschwingungen ergibt sich nämlich stets eine Modulationsellipse.

Tritt keine Dämpfungsverzerrung auf (Abb. 7.16a), dann müssen die Winkel $\gamma$ und $\vartheta$ gleich groß sein, wenn keine Phasenmodulation auftreten soll. Nach Abb. 7.16a gilt

$$-\vartheta = -\frac{\pi}{2} + b(\Omega_0) - \varphi_1 - b(\Omega_0 - \omega_1), \tag{7.21}$$

$$-\gamma + \varphi_1 - b(\Omega_0 + \omega_1) - \frac{\pi}{2} + b(\Omega_0) = -\pi. \tag{7.22}$$

Mit $\gamma = \vartheta$ folgt

$$b(\Omega_0) = \tfrac{1}{2}[b(\Omega_0 + \omega_1) + b(\Omega_0 - \omega_1)]. \tag{7.23}$$

Die Bedingung an die Phasenkurve des Übertragungsweges heißt also, daß $b(\Omega_0)$; $b(\Omega_0 - \omega_1)$ und $b(\Omega_0 + \omega_1)$ auf einer Geraden liegen müssen bzw. daß die Gruppenlaufzeit im betrachteten Frequenzintervall konstant sein muß. Abweichungen von dieser Bedingung (Abb. 7.16b) wirken sich nach KÜPFMÜLLER in der Weise aus, daß das demodulierte Signal Oberwellen bekommt. Für den Klirrfaktor 2. Ordnung gilt dabei [11]

$$K_2 = \frac{m \tan\varepsilon}{4\sqrt{1 + \left(\frac{m}{4}\tan\varepsilon\right)^2}}. \tag{7.24}$$

### 7.4.4 Nichtlineare Verzerrungen bei AM

Wesentlich gefährlicher als lineare Verzerrungen sind bei Vielkanalsystemen mit Frequenzselektion die nichtlinearen Verzerrungen. Hierbei unterscheidet man drei Hauptursachen:

a) Krümmung der Kennlinien der Verstärkerelemente,
b) Wirkung der Aussteuerungsgrenze,
c) Nichtlinearitäten der Übertrager.

*Zu* a) Kennlinienklirren bei Röhren und Transistoren ist bei TF-Systemen die wichtigste Ursache nichtlinearer Verzerrungen. In Teil I, Kap. 3.3.1, wurden bereits die durch eine nichtlineare Kennlinie entstehenden Verzerrungen einer Sinusschwingung berechnet. Es zeigte sich dort, daß beispielsweise der Klirrfaktor zweiter Ordnung $K_2'$ proportional zur Aussteuerung [Gl. (3.80)] und der Klirrfaktor dritter Ordnung $K_3'$ proportional dem Quadrat der Aussteuerung [Gl. (3.81)] zunimmt.

Wichtiger als die Oberwellen sind bei TF-Systemen die Differenztöne und Kombinationsschwingungen. Diese entstehen, wenn die nichtlineare Kennlinie nicht mit einer einzigen Sinusschwingung, sondern mit der Summe mehrerer Sinusschwingungen ausgesteuert wird. Ist die nichtlineare Kennlinie [vgl. Gl. (3.77) in Teil I] durch folgende Potenzreihe gegeben

$$u_2 = v\{u_1 + c_2 u_1^2 + c_3 u_1^3 + \cdots\} \tag{7.25}$$

und die Eingangsspannung $u_1$ die Summe zweier Sinusspannungen

$$u_1 = u_{11} + u_{12} \tag{7.26}$$

mit

$$u_{11} = \hat{U}_{11} \sin\omega_1 t, \tag{7.27}$$

$$u_{12} = \hat{U}_{12} \sin\omega_2 t, \tag{7.28}$$

dann errechnet sich die Ausgangsspannung $u_2$ zu

$$\begin{aligned} u_2 = v\{&\hat{U}_{11} \sin\omega_1 t + \hat{U}_{12} \sin\omega_2 t + \\ &+ c_2(\hat{U}_{11}^2 \sin^2\omega_1 t + 2\hat{U}_{11}\hat{U}_{12} \sin\omega_1 t \sin\omega_2 t + \hat{U}_{12}^2 \sin^2\omega_2 t) + \\ &+ c_3(\hat{U}_{11}^3 \sin^3\omega_1 t + 3\hat{U}_{11}^2 \hat{U}_{12} \sin^2\omega_1 t \sin\omega_1 t + 3\hat{U}_{11}\hat{U}_{12}^2 \sin\omega_1 t \sin^2\omega_2 t + \\ &+ \hat{U}_{12}^3 \sin^3\omega_2 t) + \cdots. \end{aligned} \tag{7.29}$$

Aus Gl. (7.29) ergeben sich direkt oder über eine Umrechnung der trigonometrischen Funktionen folgende Verzerrungen 2. Ordnung:

$$\left.\begin{aligned} & c_2 \hat{U}_{11}^2 \sin^2\omega_1 t + 2c_2 \hat{U}_{11} \hat{U}_{12} \sin\omega_1 t \sin\omega_2 t + c_2 \hat{U}_{12}^2 \sin^2\omega_2 t \qquad \text{oder} \\ & \tfrac{1}{2} c_2 \hat{U}_{11}^2 [1 - \cos 2\omega_1 t] + c_2 \hat{U}_{11} \hat{U}_{12} [\cos(\omega_1 - \omega_2) t - \cos(\omega_1 + \omega_2) t] + \\ & + \tfrac{1}{2} c_2 \hat{U}_{12}^2 [1 - \cos 2\omega_2 t]. \end{aligned}\right\} \quad (7.30)$$

Die Verzerrungen 3. Ordnung sind:

$$\begin{aligned} & c_3 \hat{U}_{11}^3 \sin^3\omega_1 t + 3c_3 \hat{U}_{11}^2 \hat{U}_{12} \sin^2\omega_1 t \sin\omega_2 t + 3c_3 \hat{U}_{11} \hat{U}_{12}^2 \sin\omega_1 t \sin^2\omega_2 t + \\ & \quad + c_3 \hat{U}_{12}^3 \sin^3\omega_2 t \qquad \text{oder} \end{aligned}$$

$$\begin{aligned} & \tfrac{1}{4} c_3 \hat{U}_{11}^3 [3 \sin\omega_1 t - \sin 3\omega_1 t] + \tfrac{3}{2} c_3 \hat{U}_{11}^2 \hat{U}_{12} [\sin\omega_2 t - \tfrac{1}{2} \sin(2\omega_1 + \omega_2) t - \\ & - \tfrac{1}{2} \sin(\omega_2 - 2\omega_1) t] + \tfrac{3}{2} c_3 \hat{U}_{11} \hat{U}_{12}^2 [\sin\omega_1 t - \tfrac{1}{2} \sin(\omega_1 + 2\omega_2) t - \tfrac{1}{2} \sin(\omega_1 - 2\omega_2) t] + \\ & + \tfrac{1}{4} c_3 \hat{U}_{12}^3 [3 \sin\omega_2 t - \sin 3\omega_2 t]. \end{aligned} \quad (7.31)$$

Die am Ausgang dieses nichtlinearen Vierpols auftretenden Frequenzen und die zugehörigen Amplituden sind in Tab. 7.2 zusammengestellt.

Macht man $\hat{U}_{11} = \hat{U}_{12} = \hat{U}_0$, dann wird die Amplitude der Differenztöne

zweiter Ordnung: $c_2 \hat{U}_0^2$,

dritter Ordnung: $\tfrac{3}{4} c_3 \hat{U}_0^3$.

Ihre relative Amplitude — bezogen auf $2\hat{U}_0$ — nennt man *Differenztonfaktor*. (Anm.: Die Definition des Differenztonfaktors ist uneinheitlich.)

Tabelle 7.2

| Frequenz | Amplitude |
|---|---|
| $\omega_1$ | $\hat{U}_{11} + \tfrac{3}{4} c_3 \hat{U}_{11}^3 + \tfrac{3}{2} c_3 \hat{U}_{11} \hat{U}_{12}^2 + \cdots$ |
| $\omega_2$ | $\hat{U}_{12} + \tfrac{3}{4} c_3 \hat{U}_{12}^3 + \tfrac{3}{2} c_3 \hat{U}_{11}^2 \hat{U}_{12} + \cdots$ |
| $2\omega_1$ | $\tfrac{1}{2} c_2 \hat{U}_{11}^2 + \cdots$ |
| $2\omega_2$ | $\tfrac{1}{2} c_2 \hat{U}_{12}^2 + \cdots$ |
| $\omega_1 + \omega_2$<br>$\omega_1 - \omega_2$ | $c_2 \hat{U}_{11} \hat{U}_{12} + \cdots$ |

| Frequenz | Amplitude |
|---|---|
| $3\omega_1$ | $\tfrac{1}{4} c_3 \hat{U}_{11}^3 + \cdots$ |
| $3\omega_2$ | $\tfrac{1}{4} c_3 \hat{U}_{12}^3 + \cdots$ |
| $\omega_2 + 2\omega_1$<br>$\omega_2 - 2\omega_1$ | $\tfrac{3}{4} c_3 \hat{U}_{11}^2 \hat{U}_{12} + \cdots$ |
| $\omega_1 + 2\omega_2$<br>$\omega_1 - 2\omega_2$ | $\tfrac{3}{4} c_3 \hat{U}_{11} \hat{U}_{12}^2 + \cdots$ |
| $\vdots$ | $\cdots$ |

Vergleicht man die Differenztonfaktoren mit den entsprechenden Klirrfaktoren $K_2'$ und $K_3'$ nach Gl. (3.80) und Gl. (3.81) in Teil I, so folgt für

| die Differenztonfaktoren: | die Klirrfaktoren: | |
|---|---|---|
| $d_2 = \tfrac{1}{2} c_2 \hat{U}_0$; | $K_2' = \tfrac{1}{2} c_2 \hat{U}_0 = d_2$, | (7.32) |
| $d_3 = \tfrac{3}{8} c_3 \hat{U}_0^2$; | $K_3' = \tfrac{1}{4} c_3 \hat{U}_0^2 = \tfrac{2}{3} d_3$. | (7.33) |

Durch Messung der Differenztonfaktoren kann also der Klirrfaktor eines nichtlinearen Systems bestimmt werden. Das Differenztonverfahren hat den großen Vorteil, daß die Klirrfaktoren der Meßgeneratoren nicht wesentlich kleiner zu sein brauchen als die des zu messenden Systems.

Gibt man auf den Eingang drei Sinusschwingungen, so entstehen als Verzerrungsprodukte 3. Ordnung u. a. die Kombinationen aus

$$\pm\omega_1 \pm \omega_2 \pm \omega_3 . \tag{7.34}$$

Die Amplitude der Kombinationsschwingungen 3. Ordnung ist dabei

$$\tfrac{3}{2} c_3 \hat{U}_{11} \hat{U}_{12} \hat{U}_{13} . \tag{7.35}$$

Bei TF-Systemen kann durch geeignete Wahl der Trägerfrequenzen die Störwirkung der Klirrprodukte vermindert werden. Das wird z. B. bei Wechselstromtelegraphiersystemen (WT-Systeme) getan. WT-Systeme haben als NF-Zeichenschwingung ein Telegraphiesignal z. B. im Fernschreibcode nach Abb. 8.3. Die Trägerfrequenzen eines 24 Kanal-WT-Systems liegen bei

$$f_T = (2n + 1) \cdot 60\ \text{Hz}. \tag{7.36}$$

Mit $n = 3; 4; 5; \ldots 26$ wird

$$f_T = 420\ \text{Hz};\ 540\ \text{Hz};\ 660\ \text{Hz};\ 780\ \text{Hz};\ 900\ \text{Hz} \ldots 3180\ \text{Hz}.$$

Zur Übertragung wird im allgemeinen ZSB mit Träger verwendet (Abb. 7.17). Die Bandbreite beträgt

$$B = 2 \cdot 25\ \text{Hz} = 50\ \text{Hz}. \tag{7.37}$$

Die Kanallücken sind mit 70 Hz relativ groß, um die Filterkosten klein zu halten. Die Nichtlinearitäten 2. Ordnung (vom Typ $2\omega_1$; $2\omega_2$; $\omega_1 + \omega_2$; $\omega_1 - \omega_2$) fallen alle in die Kanallücken, sie sind deshalb unwirksam, z. B.

| | | |
|---|---|---|
| Träger | 900 Hz | $(n = 7)$ |
| 420 Hz + 540 Hz = | 960 Hz | $(n = 3$ und $n = 4)$ |
| Träger | 1020 Hz | $(n = 8)$. |

Die nichtlinearen Verzerrungen 3. Ordnung, vor allem vom Typ $\pm\omega_1 \pm \omega_2 \pm \omega_3$ (wofür es 4 positive Kombinationen gibt), fallen jedoch auf die WT-Träger; z. B. 660 Hz + 780 Hz − 900 Hz = 540 Hz (WT-Träger!). Deshalb sind die Klirrprodukte 3. Ordnung sehr störend. Man stellt daher bei Sprechkanälen im Hinblick auf ihre mögliche Verwendung als WT-Kanäle für Verzerrungen 3. Ordnung schärfere Forderungen als für diejenigen 2. Ordnung. Typisch ist z. B. $K_2' < 3\%$, $K_3' < 1\%$, gemessen beim Meßpegel (1 mW am relativen Pegel Null) und mit 800 Hz.

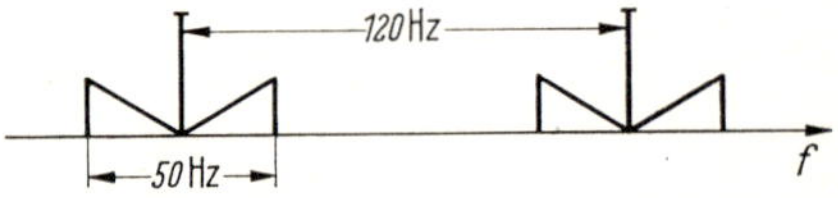

Abb. 7.17. Übliche Anordnung der Spektren bei Wechselstromtelegraphiesignalen

*Zu* b) Bei Überschreiten der Aussteuerungsgrenzen tritt im allgemeinen eine Amplitudenbegrenzung ein (z. B. durch Einsetzen von Gitterstrom bei Röhren), wodurch die nichtlinearen Verzerrungen sprunghaft ansteigen (vgl. Abb. 3.34 in Teil I). Übersteuerungen dürfen daher nur mit vernachlässigbarer Wahrscheinlichkeit auftreten.

*Zu* c) Die Hauptursachen der Nichtlinearitäten der Übertrager liegen im nichtlinearen Zusammenhang zwischen der magnetischen Feldstärke $H$ und der Induktion $B$. Beide Größen sind über die Permeabilität $\mu$ miteinander verknüpft, die stark aussteuerungsabhängig ist. Da die $B(H)$-Kennlinie symmetrisch zum Ursprung ist, treten bei Übertragern ohne Vormagnetisierung nur Klirrprodukte ungerader Ordnung ($3\omega$; $5\omega \ldots$) auf.

Die Berechnung des Klirrfaktors von Übertragern ist bereits in Teil I, Abschnitt 1.4.2.1, durchgeführt worden, worauf in diesem Zusammenhang verwiesen sei. Wesentlich ist, daß das Übertragerklirren vor allem an der unteren Frequenzgrenze auftritt. Bei sinusförmiger Flußänderung

$$B(t) = \hat{B} \sin\omega t \tag{7.38}$$

ergibt nämlich das Induktionsgesetz Gl. (0.105)

$$u(t) = \hat{U} \cos\omega t = w F_K \hat{B} \omega \cos\omega t. \tag{7.39}$$

$F_K$ Kernquerschnitt
$w$ Windungszahl

$$\hat{B} = \frac{\hat{U}}{w F_K \omega}. \tag{7.40}$$

Die Feldstärke $\hat{H}$ folgt daraus über die Permeabilität $\mu = \mu_0 \mu_r$ zu

$$\hat{H} = \frac{\hat{B}}{\mu} = \frac{\hat{U}}{\mu w F_K \omega}. \tag{7.41}$$

Gl. (7.40) und Gl. (7.41) zeigen, daß bei vorgegebener Spannungsamplitude $\hat{U}$ die Induktion $\hat{B}$ bzw. die Feldstärke $\hat{H}$ um so größer werden, je niedriger die Frequenz $\omega$ ist.

### 7.4.4.1 Kreuzmodulation

Bei Verzerrungen 3. Ordnung entstehen unerwünschte Modulationsprodukte von der Form $\pm\omega_1 \pm \omega_2 \pm \omega_3$. Hierdurch kann verständliches Nebensprechen zustande kommen. Man nennt dies Kreuzmodulation.

Gegeben seien z. B. eine mit $\omega_1$ amplitudenmodulierte Sinusschwingung $\hat{U}_0(1 + m \sin\omega_1 t) \sin\Omega_0 t$ und ein unmodulierter Träger $\hat{U}_0' \sin\Omega_0' t$ (Abb. 7.18a).

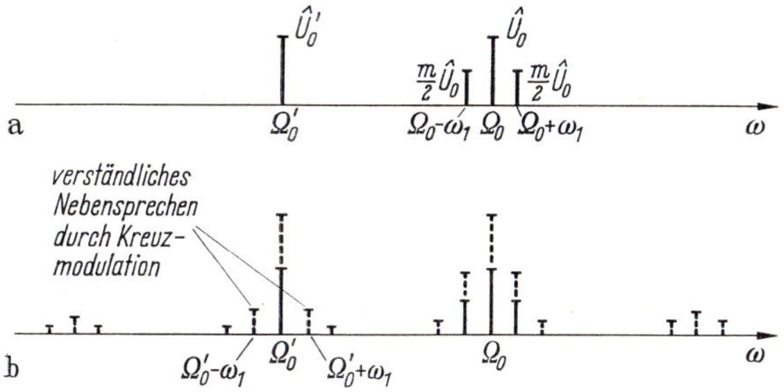


Abb. 7.18. Zur Erläuterung der Kreuzmodulation
a ausgesendetes Spektrum; b empfangenes Spektrum

Durch Verzerrung 3. Ordnung entstehen die in Abb. 7.18 gestrichelt gezeichneten Komponenten. Die Frequenzen $\Omega_0' + \omega_1$ und $\Omega_0' - \omega_1$ ergeben sich dabei aus folgenden Kombinationen

$$\begin{array}{ccc} \omega_1 & \omega_2 & \omega_3 \\ \hline +\Omega_0' & +\Omega_0 & -(\Omega_0 \pm \omega_1) = \Omega_0' \pm \omega_1 \\ +\Omega_0' & -\Omega_0 & +(\Omega_0 \pm \omega_1) = \Omega_0' \pm \omega_1 \end{array} \Bigg\}. \tag{7.42}$$

Beide Schwingungen sind phasengleich, so daß die Amplitude des Nebensprechens verdoppelt wird. Nach Gl. (7.35) errechnet sich diese Amplitude der Seitenbänder zu

$$2 \frac{3}{2} c_3 \hat{U}_0 \hat{U}_0' \frac{m}{2} \hat{U}_0 = \frac{3}{2} m c_3 \hat{U}_0^2 \hat{U}_0'. \tag{7.43}$$

### 7.4.5 Einseitenband-Amplitudenmodulation (ESB-AM)

Bei ZSB-AM ist die zu übertragende Information sowohl im oberen Seitenband (Regellage) als auch im unteren Seitenband (Kehrlage) jeweils vollständig enthalten. Der Träger selbst enthält keine Information. Seine große Amplitude, die beim Modulationsgrad $m = 1$ noch doppelt so groß wie die eines Seitenbandes ist, beschränkt überdies bei gegebenen maximalen Aussteuerungsgrenzen der Verstärker

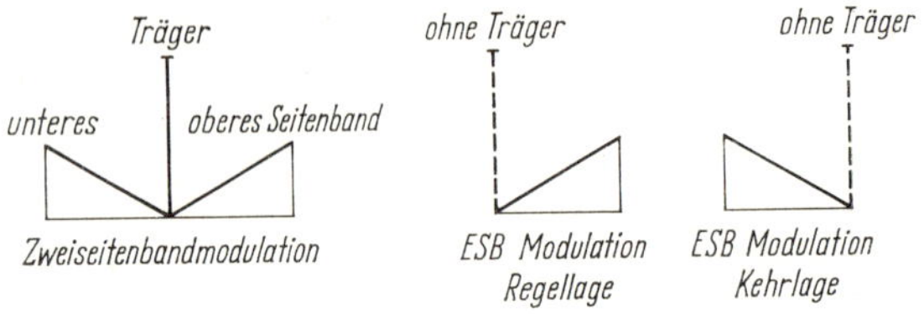


Abb. 7.19. Vergleich von Zwei- und Einseitenband-AM

die übertragbare Signalleistung erheblich. Es kann darum zweckmäßig sein, nur ein einziges Seitenband unter Weglassen des Trägers zu übertragen. Dies leistet das Verfahren der Einseitenband-Amplitudenmodulation oder ESB-AM. Dadurch ergibt sich eine Einsparung der halben Bandbreite, geringe Aussteuerung der Verstärker, jedoch ein höherer Aufwand an den Endgeräten (Abb. 7.19).

ESB-AM kann z. B. aus ZSB-AM gewonnen werden, indem das unerwünschte Seitenband und der Träger durch ein Frequenzfilter abgeschnitten werden. Meistens verwendet man jedoch solche Modulatorschaltungen, welche den Träger bereits

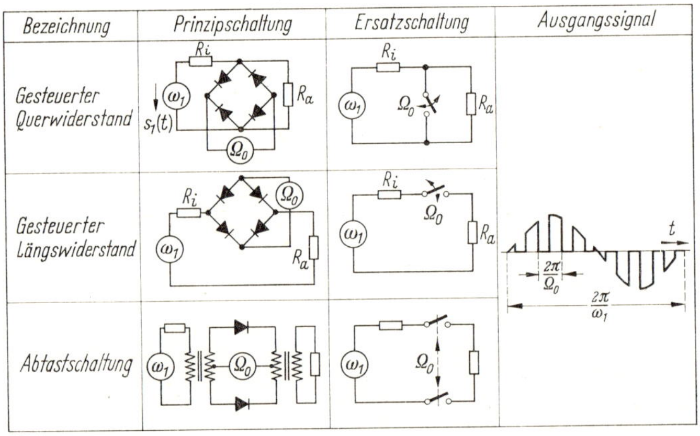


Abb. 7.20. Modulatorschaltungen, an deren Ausgängen die Trägerfrequenz $\Omega_0$ nicht auftritt

unmittelbar unterdrücken. Beispiele derartiger Schaltungen zeigt Abb. 7.20. Modulatoren mit Trägerunterdrückung haben für die Erzeugung von ESB-AM den Vorteil, daß die Anforderungen an die Flankensteilheit der Bandpässe weniger hoch sind als bei gewöhnlichen ZSB-Modulatoren.

Bei den in Abb. 7.20 gezeigten Modulatorschaltungen soll die Amplitude der Generatorspannung mit der Frequenz $\Omega_0$ sehr groß gegen die Amplitude der Zeichenschwingung mit der Frequenz $\omega_1$ sein. Dann nämlich wirken die Dioden wie die in den Ersatzschaltungen eingezeichneten Schalter, welche mit der Frequenz $\Omega_0$ periodisch geöffnet und geschlossen werden. Auf diese Weise entsteht eine getastete Zeichenschwingung, welche die Tastfrequenz $\Omega_0$ nicht enthält, was im folgenden gezeigt wird.

Für die Rechteckschwingung (Abb. 7.21a) ergibt sich nach FOURIER folgende Reihenentwicklung:

$$f_T(t) = \frac{1}{2} + \frac{2}{\pi}\left\{\sin\Omega_0 t + \frac{1}{3}\sin 3\Omega_0 t + \frac{1}{5}\sin 5\Omega_0 t + \cdots\right\}. \qquad (7.44)$$

Multipliziert man Gl. (7.44) mit der niederfrequenten Zeichenschwingung $s_1$ (Abbildung 7.21b), dann ergeben sich die in Tab. 7.3 zusammengestellten Spektrallinien

$$s_1(t) = \hat{S}_1 \cos\omega_1 t, \qquad (7.45)$$

$$f_T\, s_1(t) = f_T(t)\, \hat{S}_1 \cos\omega_1 t. \qquad (7.46)$$

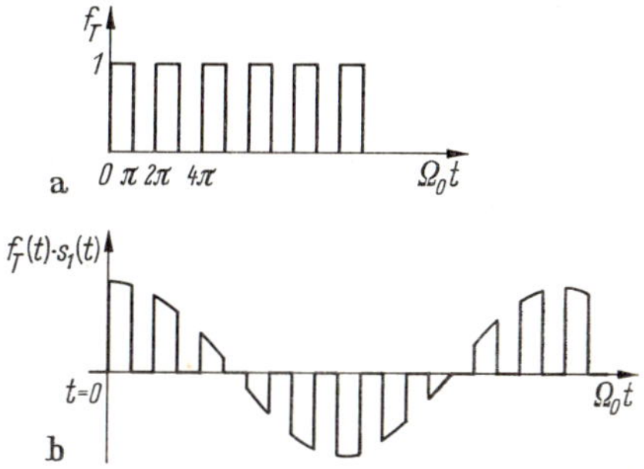


Abb. 7.21. Zur Berechnung der Funktion der Schaltungen von Abb. 7.20
a Rechteckschwingung; b getastete Kosinusschwingung

Wie sich zeigt, erscheinen neben der Frequenz $\omega_1$ nur die Seitenschwingungen $n\Omega_0 \pm \omega_1$ mit $n = 1, 3, 5, \ldots$ Die Trägerfrequenz sowie deren Oberwellen treten nicht auf.

*Der Ringmodulator.* Beim Ringmodulator (RM) wird die niederfrequente Zeichenschwingung nicht getastet wie bei den Modulatorschaltungen von Abb. 7.20, sondern umgepolt. Die Wirkungsweise des Ringmodulators ergibt sich unmittelbar aus Abbildung 7.22. Am Ausgang des Ringmodulators erscheint die mit der Umpolfunktion $f_U(t)$ nach Abb. 7.23a multiplizierte Zeichenschwingung. Bei kosinusförmiger Zeichenschwingung ergibt sich eine Ausgangsfunktion entsprechend Abb. 7.23b. Der

Tabelle 7.3

| $f_T(t)$ | $f_T(t)\,\hat{S}_1 \cos\omega_1 t$ | Frequenzen | Amplitude für $\hat{S}_1 = 1$ |
|---|---|---|---|
| $\frac{1}{2}$ | $\frac{1}{2}\hat{S}_1 \cos\omega_1 t$ | $\omega_1$ | 0,5 |
| $+\frac{2}{\pi}\sin\Omega_0 t$ | $+\frac{\hat{S}_1}{\pi}[\sin(\Omega_0+\omega_1)t + \sin(\Omega_0-\omega_1)t]$ | $\Omega_0+\omega_1$; $\Omega_0-\omega_1$ | 0,318 |
| $+\frac{2}{3\pi}\sin 3\Omega_0 t$ | $+\frac{\hat{S}_1}{3\pi}[\sin(3\Omega_0+\omega_1)t + \sin(3\Omega_0-\omega_1)t]$ | $3\Omega_0+\omega_1$; $3\Omega_0-\omega_1$ | 0,106 |
| $+\frac{2}{5\pi}\sin 5\Omega_0 t$ | $+\frac{\hat{S}_1}{5\pi}[\sin(5\Omega_0+\omega_1)t + \sin(5\Omega_0-\omega_1)t]$ | $5\Omega_0+\omega_1$; $5\Omega_0-\omega_1$ | 0,064 |

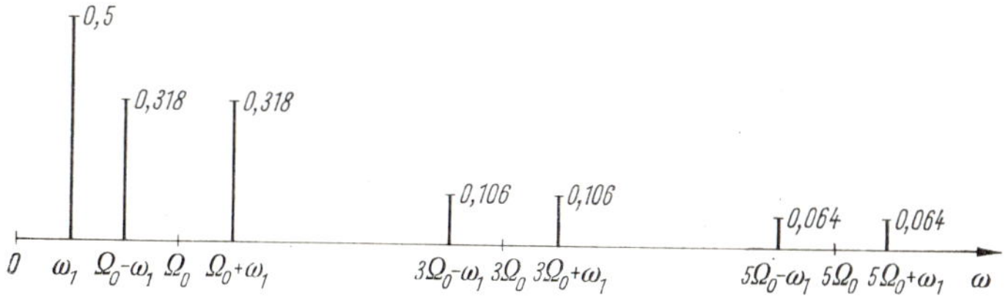


Vorteil der Umpolung gegenüber der Tastung liegt darin, daß in der umgepolten Zeichenschwingung neben der Trägerfrequenz $\Omega_0$ auch die niederfrequente Zeichenfrequenz $\omega_1$ nicht enthalten ist.

Nach FOURIER ergibt sich für die Umpolfunktion (Abb. 7.23a) (diese hat keine Gleichstromkomponente)

$$f_U(t) = \frac{4}{\pi}\left[\sin\Omega_0 t + \frac{1}{3}\sin 3\Omega_0 t + \frac{1}{5}\sin 5\Omega_0 t + \cdots\right]. \tag{7.47}$$

Durch Multiplikation von Gl. (7.47) mit der NF-Zeichenschwingung Gl. (7.45) (vgl. Abb. 7.23b) ergibt sich nach einer trigonometrischen Umformung

$$f_U(t)\,s_1(t) = \frac{4}{\pi}\hat{S}_1\left\{\frac{1}{2}[\sin(\Omega_0-\omega_1)\,t + \sin(\Omega_0+\omega_1)\,t] + \frac{1}{2\cdot 3}[\sin(3\,\Omega_0-\omega_1)\,t + \right.$$

$$\left. + \sin(3\Omega_0+\omega_1)\,t] + \frac{1}{2\cdot 5}[\sin(5\,\Omega_0-\omega_1)\,t + \sin(5\Omega_0+\omega_1)\,t] + \cdots\right\}. \tag{7.48}$$

Tab. 7.4 gibt für $\hat{S}_1 = 1$ einen Vergleich zwischen dem Spektrum der umgepolten Kosinusschwingung am Ausgang des Ringmodulators nach Gl. (7.48) und dem Spektrum der getasteten Kosinusschwingung (Tab. 7.3).

Die Angaben in Tab. 7.4 gelten für verlustfreie Schaltungen mit idealen Dioden, die in der Praxis schon deswegen nicht vorkommen, weil zur Symmetrierung (Unterdrückung der Trägerschwingung) die Dioden mit Hilfe von Zusatzwiderständen (Abb. 7.24) auf gleiche Durchlaßwiderstände (wird korrigiert durch $R_S$) und gleiche Sperrwiderstände (wird korrigiert durch $R_P$) abgeglichen werden.

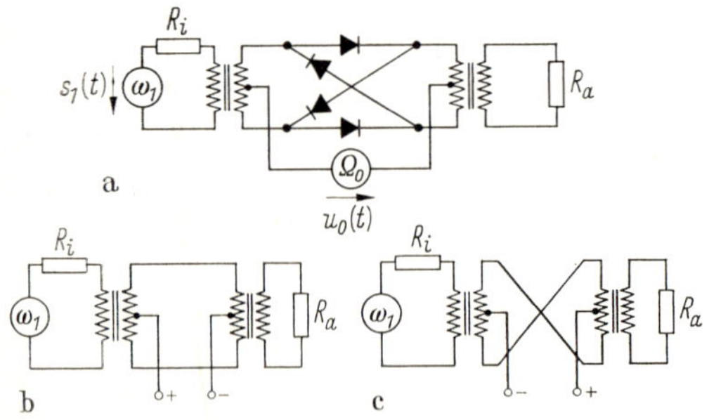


Abb. 7.22. Der Ringmodulator
a vollständige Schaltung; b Ersatzschaltung für $u_0(t) > 0$; c) Ersatzschaltung für $u_0(t) < 0$

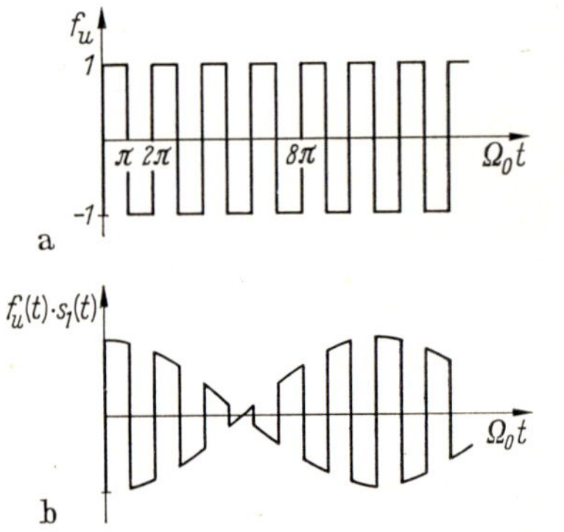


Abb. 7.23. Zur Berechnung der Funktion des Ringmodulators
a Umpolfunktion; b Ausgangssignal des Ringmodulators

Tabelle 7.4

| | Gleich-strom | $\omega_1$ | $\Omega_0$ | $\Omega_0 \pm \omega_1$ | $3\,\Omega_0 \pm \omega_1$ | $5\,\Omega_0 \pm \omega_1$ |
|---|---|---|---|---|---|---|
| Umgepolte cos-Schwingung . . . . | 0 | 0 | 0 | 0,636 | 0,212 | 0,126 |
| Getastete cos-Schwingung . . . . | 0 | 0,5 | 0 | 0,318 | 0,106 | 0,063 |

Mit den beschriebenen Tastschaltungen (Abb. 7.20) oder dem Ringmodulator (Abb. 7.22) wird lediglich die Unterdrückung des Trägers erreicht. Zur Erzeugung von ESB-AM muß noch ein Seitenband unterdrückt werden. Hierzu gibt es im wesentlichen zwei Verfahren, (a) die Filtermethode und (b) die Phasenmethode. Letztere hat mehr theoretische als praktische Bedeutung.

*Filtermethode:* Bei der Filtermethode werden das unerwünschte Seitenband sowie die übrigen unerwünschten Frequenzbereiche mit einem Bandpaß weggesiebt. Abb. 7.25 zeigt als Beispiel das Spektrum am Ausgang eines Ringmodulators, wenn das niederfrequente Signal eine Sinusspannung ist, deren Frequenz gleich der oberen Grenzfrequenz des NF-Kanals ist. In diesem Beispiel wird das untere Seitenband weggefiltert. Die schraffiert begrenzte Kurve stellt den Dämpfungsverlauf des Bandpasses dar.

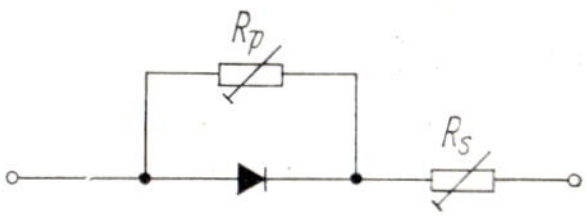


Abb. 7.24 Symmetrierwiderstände für die Dioden im Ringmodulator

*Phasenmethode:* Abb. 7.26 zeigt das Prinzip dieser Methode. Träger- (Frequenz $\Omega_0$) und Signalschwingung (Frequenz $\omega_1$) werden einem Ringmodulator direkt und einem zweiten Ringmodulator über Phasendrehglieder für 90° Phasendrehung zugeführt. Bei der Addition der Ausgangsgrößen beider Ringmodulatoren hebt sich ein Seiten-

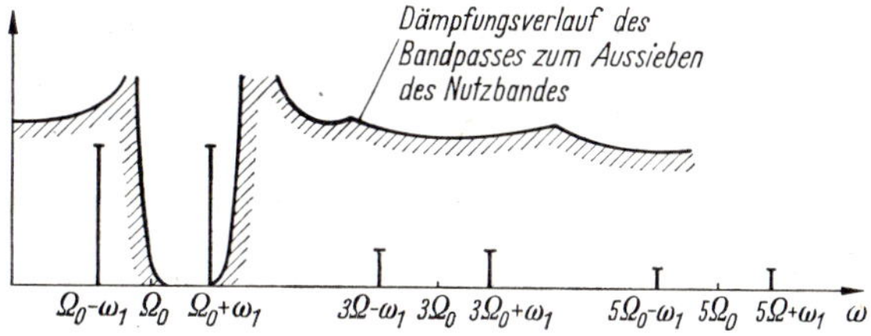


Abb. 7.25. Spektrum am Ausgang des Ringmodulators. Die schraffiert begrenzte Kurve ist der Dämpfungsverlauf des Bandpasses

band wegen der entgegengesetzten Phasenlage weg. Die Wirkungsweise wird mit den Zeigerdarstellungen in Abb. 7.26 im einzelnen erläutert. Das Verfahren arbeitet auch, wenn statt der Ringmodulatoren eine Modulatoreinrichtung nach Abb. 7.20

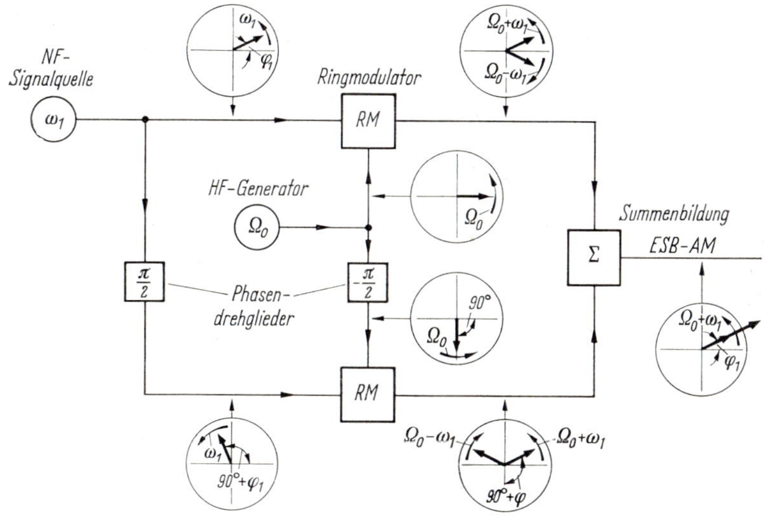


Abb. 7.26. Blockschaltung zur Erzeugung von ESB-AM nach der Phasenmethode

verwendet wird. Bei den Modulatoren geht es hier nur um die Trägerunterdrückung. Durch die Schaltung von Abb. 7.26 wird auch von den höheren Komponenten $n\,\Omega_0 \pm \omega_1$ je eine Seitenschwingung ausgelöscht. Die bei Verwendung von Ringmodulatoren verbleibenden Seitenschwingungen höherer Ordnung können durch einen einfachen Tiefpaß mit geringen Anforderungen an Flankensteilheit und Dämpfung unterdrückt werden. Würde das Phasendrehglied mit $-\frac{\pi}{2}$ um $+\frac{\pi}{2}$ drehen, dann würde anstelle des unteren das obere Seitenband ausgelöscht werden.

### 7.4.6 Demodulation von ESB-AM

Die Demodulation kann ebenfalls mit Hilfe eines Ringmodulators erfolgen. Das einfallende Einseitenbandsignal sei

$$s(t) = \hat{S}_1 \sin(\Omega_0 + \omega_1)\, t. \tag{7.49}$$

Als Umpolspannung werde zunächst eine Wechselspannung der Frequenz $\Omega'$ angenommen, so daß Gl. (7.49) mit folgender Umpolfunktion $f_U(t)$ multipliziert werden muß

$$f_U(t) = \frac{4}{\pi}\left\{\sin\Omega' t + \frac{1}{3}\sin 3\Omega' t + \frac{1}{5}\sin 5\Omega' t + \cdots\right\}. \tag{7.50}$$

Als Ausgangsprodukt ergibt sich

$$\begin{aligned} f_U(t)\, s(t) = \frac{4}{\pi}\hat{S}_1 \{&\sin(\Omega_0 + \omega_1)t \sin\Omega' t + \\ &+ \tfrac{1}{3}\sin(\Omega_0 + \omega_1)\, t \sin 3\Omega' t + \\ &+ \tfrac{1}{5}\sin(\Omega_0 + \omega_1)\, t \sin 5\Omega' t + \cdots\}. \end{aligned} \tag{7.51}$$

Nach einer trigonometrischen Umformung mit der Hilfsformel

$$\sin\alpha \sin\beta = \tfrac{1}{2}\cos(\alpha - \beta) - \tfrac{1}{2}\cos(\alpha + \beta)$$

ergibt sich

$$\begin{aligned} f_U(t)\, s(t) = \frac{4}{\pi}\hat{S}_1 \Big\{&\frac{1}{2}[\cos(\Omega' - \Omega_0 - \omega_1)t - \cos(\Omega' + \Omega_0 + \omega_1)t] + \\ &+ \tfrac{1}{6}[\cos(3\Omega' - \Omega_0 - \omega_1)\, t - \cos(3\Omega' + \Omega_0 + \omega_1)t] + \cdots \end{aligned} \tag{7.52}$$

Wird $\Omega' = \Omega_0$ gemacht, dann tritt am Ausgang des Ringmodulators u. a. wieder die niederfrequente Signalschwingung (mit veränderter Amplitude) auf:

$$s_1'(t) = \frac{2}{\pi}\hat{S}_1 \cos\omega_1\, t. \tag{7.53}$$

Als maximale Abweichung von $\Omega'$ von $\Omega_0$ wird vom CCITT* im Hinblick auf WT-Systeme 2 Hz zugelassen. Das menschliche Gehör stellt bei Musik Disharmonien von wenigen Hz fest. Die Verständlichkeit der Sprache leidet jedoch unter Trägerfrequenzdifferenzen nicht so stark.

### 7.4.7 Restseitenbandamplitudenmodulation (RAM)

Wo kleinste Frequenzabweichungen des Trägers bei ESB-AM sehr schädlich sind (z. B. beim Fernsehen), wird senderseitig zur Synchronisierung ein Trägerrest mit ausgesendet. Bei solchen Modulationsverfahren ist es zweckmäßig (für schnelles Einschwingen, geringe Verzerrungen), einen Teil des unteren Seitenbandes mit zu übertragen. Dies hat nämlich den Vorteil, daß in der

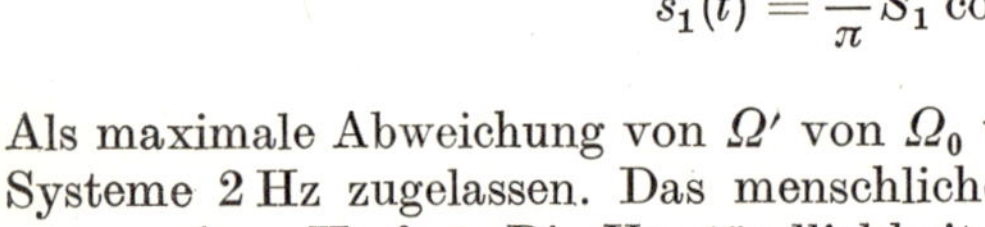

Abb. 7.27. Restseitenbandamplitudenmodulation
a übertragenes Frequenzband; b Selektionskurve des Empfängers

* CCITT = Comité Consultativ International Téléphonique et Télégraphique.

Nähe des Trägers keine steilen Filterflanken erforderlich sind. Das NF-Signal erscheint nach der Demodulation praktisch unverzerrt, wenn die Selektionskurve des Empfängers wie in Abb. 7.27 b verläuft.

Die Theorie der RAM-Demodulation ist zu speziell und wird hier nicht im einzelnen behandelt. Von den Einseitenbandverfahren mit Trägerübertragung sei

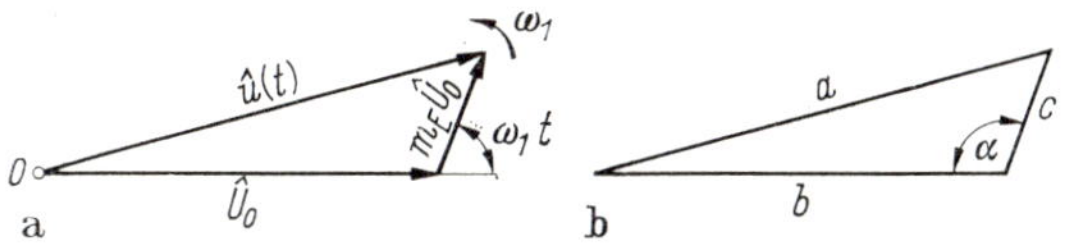


Abb. 7.28. ESB-AM bei kleinem Modulationsgrad
a Zeigerdarstellung; b kongruentes Dreieck als Rechenhilfe

lediglich der Fall für die Demodulation besprochen, bei dem die Trägeramplitude groß gegen die Seitenbandamplitude ist (Abb. 7.28).

Der zeitliche Verlauf der Umhüllenden $\hat{u}(t)$, welcher sich durch Demodulation ergibt, kann mit dem Kosinussatz für das schiefwinklige Dreieck (Abb. 7.28b) errechnet werden.

$$a^2 = b^2 + c^2 - 2bc\cos\alpha . \qquad (7.54)$$

Mit $\alpha = \pi - \omega_1 t$ und $\cos(\pi - \omega_1 t) = -\cos\omega_1 t$ ergibt sich aus Abb. 7.28a

$$\hat{u}(t) = \hat{U}_0 \sqrt{1 + m_E^2 + 2m_E\cos\omega_1 t} . \qquad (7.55)$$

Mit der binomischen Reihe

$$(1+x)^{\frac{1}{2}} = 1 + \frac{1}{2}x - \frac{1\cdot 1}{2\cdot 4}x^2 + \frac{1\cdot 1\cdot 3}{2\cdot 4\cdot 6}x^3 - + \cdots \qquad (7.56)$$

folgt aus Gl. (7.55) für einen kleinen Modulationsgrad $m_E$

$$\hat{u}(t) \approx \hat{U}_0(1 + m_E\cos\omega_1 t) . \qquad (7.57)$$

Bei einer großen Trägeramplitude gibt die gewöhnliche Demodulation durch Gleichrichtung der hochfrequenten Trägerschwingung die niederfrequente Signalschwingung wenig verzerrt wieder. Bei großem Modulationsgrad erscheint die niederfrequente Zeichenschwingung stark verzerrt. Abb. 7.29 zeigt den Verlauf der Umhüllenden einer mit einem niederfrequenten Kosinussignal modulierten ESB-AM-Schwingung bei verschiedenen Modulationsgraden.

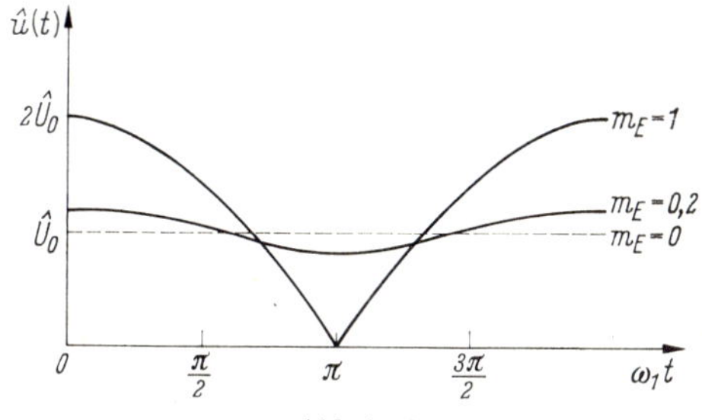


Abb. 7.29
Umhüllende bei verschiedenen Modulationsgraden

## 7.4.8 Trägerfrequenz (TF)-Systeme für Frequenzselektion

Im folgenden soll das Prinzip von TF-Systemen für Frequenzselektion (Abb. 7.2) beschrieben werden, die mit ZSB-AM oder ESB-AM arbeiten. Bei solchen TF-Systemen unterscheidet man zwischen *Zweidrahtsystemen* und *Vierdrahtsystemen*. Bei Vierdrahtsystemen sind die zwei Orte $A$ und $B$ mit einer Vierdrahtleitung verbunden. Zwei Drähte dienen dabei zur Signalübertragung in Richtung $A \to B$ und die zwei anderen Drähte zur Signalübertragung in Richtung $B \to A$. Bei Zweidrahtsystemen sind die beiden Orte durch eine Zweidrahtleitung miteinander verbunden, über welche die Übertragung in beiden Richtungen stattfindet.

Bei Signalübertragung mit Zweidrahtsystemen über große räumliche Entfernungen können unterwegs eine oder mehrere Verstärkungen notwendig werden. Im Gegensatz zur Verstärkung in Vierdrahtsystemen erfordert die Verstärkung in Zweidrahtsystemen gewisse Kunstschaltungen, die auf zwei verschiedenen Verfahren beruhen, dem Zweidraht-Frequenzgetrenntlageverfahren und dem Zweidraht-Frequenzgleichlageverfahren.

Das Zweidraht-Frequenzgetrenntlageverfahren benutzt zur Übertragung in Richtung $A \rightarrow B$ einen anderen Frequenzbereich wie zur Übertragung in Richtung $B \rightarrow A$. An einer Verstärkerstelle werden die zwei Frequenzbereiche der beiden Übertragungsrichtungen mit einer Richtungsweiche getrennt, darauf in je einem

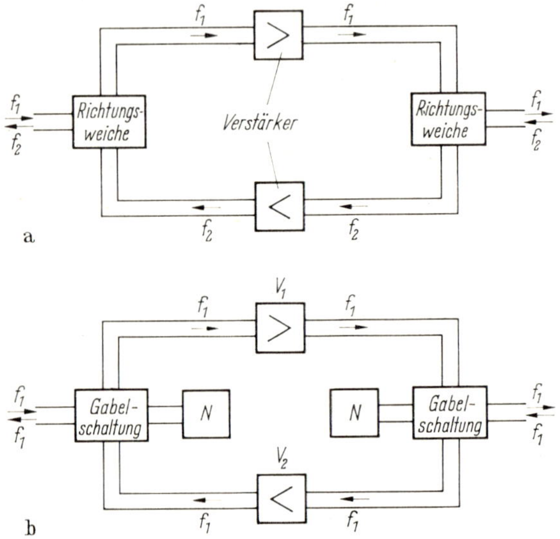


Abb. 7.30. Verstärkereinrichtung in Zweidrahtsystemen
a Frequenzgetrenntlageverfahren; b Frequenzgleichlageverfahren

Verstärker verstärkt und anschließend über die jeweils zweite Richtungsweiche wieder auf die Zweidrahtleitung gegeben (Abb. 7.30a). Eine Richtungsweiche besteht aus einer Tiefpaß-Hochpaß-Kombination.

Das Zweidraht-Frequenzgleichlageverfahren benutzt den gleichen Frequenzbereich für beide Übertragungsrichtungen. Zur Verstärkung werden hier sogenannte Zweidrahtverstärker verwendet, in welchen mittels einer Gabelschaltung (vgl. Abschn. 5.5.1) die Signalströme beider Übertragungsrichtungen voneinander getrennt werden. Die getrennten Signalströme werden dann einzeln verstärkt und danach über eine zweite Gabelschaltung wieder auf die Zweidrahtleitung gegeben (Abb. 7.30b). Die durch $N$ gekennzeichneten Kästen sind Leitungsnachbildungen (vgl. Abb. 5.20). Aus Stabilitätsgründen soll möglichst wenig Energie vom Ausgang des Verstärkers $V_2$ in den Eingang des Verstärkers $V_1$ und möglichst wenig vom Ausgang des Verstärkers $V_1$ in den Eingang des Verstärkers $V_2$ gelangen.

Das Prinzip des Trägerfrequenzsystems wird im folgenden zunächst anhand eines älteren Systems, des Z 6 NT-Systems, erläutert. Dieses System ist für Zweidrahtverbindungen (Z) in Frequenzgetrenntlage konstruiert. Es ist für sechs Kanäle (6) ausgelegt und wird für den Nahverkehrsbereich (N) benutzt. Die Modulationsart ist ZSB-AM, wobei der Träger (T) mit übertragen wird.

Die Frequenzaufteilung des Z 6 NT-Systems zeigt Abb. 7.31. Der Frequenzbereich von $12 \cdots 60$ kHz dient zur Übertragung in Richtung $A \rightarrow B$, der Frequenzbereich von 76 ··· 124 kHz zur Übertragung in Richtung $B \to A$. Die Frequenzlücke von 60 ··· 76 kHz dient zur Trennung der beiden Übertragungsrichtungen durch die Richtungsweiche. Die Sprechspannungen der einzelnen Kanäle werden nach

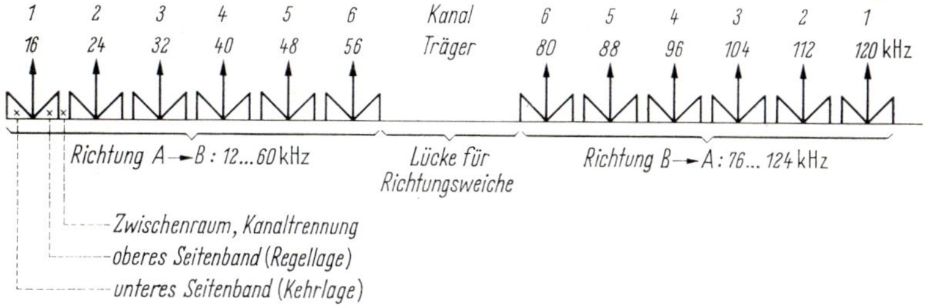


Abb. 7.31. TF-System Z 6 NT als Beispiel eines ZSB-TF-Systems

Bandbreitenbegrenzung durch Tiefpässe (mit Grenzfrequenz 3,4 kHz) auf je einen der sechs Kanalträger 80; 88; ··· 120 kHz moduliert. Bei einer $A$-Endstelle wird das Gesamtband von 76 ··· 120 kHz noch durch eine zweite Modulationsstufe mit der Gruppenträgerfrequenz von 136 kHz auf das Band 12 ··· 60 kHz umgesetzt und über eine Richtungsweiche (HP-TP-Kombination) zur $B$-Stelle gesendet. In

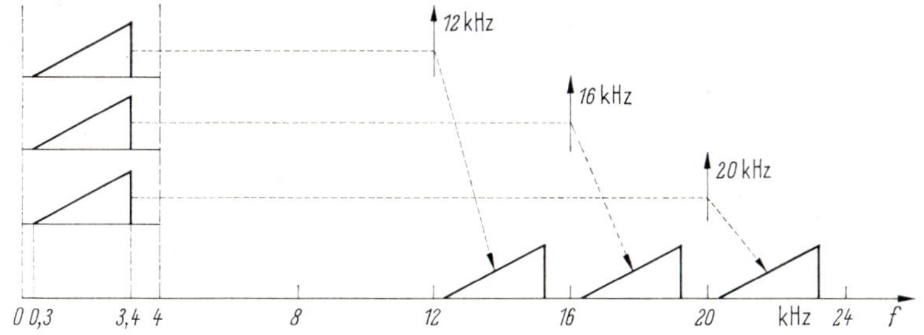


a

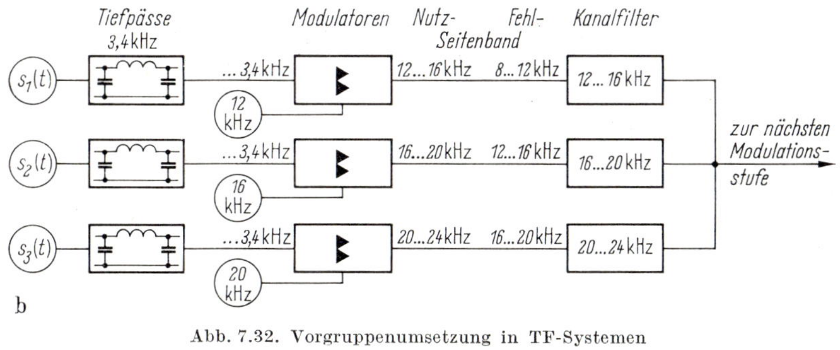


b

Abb. 7.32. Vorgruppenumsetzung in TF-Systemen
a Frequenzschema; b Blockschaltung der Sendeseite

einer $B$-Endstelle wird das Band 76 ··· 120 kHz ohne zweite Modulation direkt über die Richtungsweiche zur $A$-Stelle gesendet.

Von größerer technischer Bedeutung sind die TF-Systeme mit ESB-AM. Typisch an solchen Systemen ist die Mehrfachumsetzung durch verschiedene Modulationsstufen. Die einzelnen Kanäle werden im Abstand von 4 kHz nebeneinander angeordnet. Zunächst werden dabei je drei Kanäle zu *Vorgruppen* zusammengefaßt, die den Frequenzbereich von 12 ··· 24 kHz einnehmen (Abb. 7.32). Vier solcher

Vorgruppen bilden dann zusammen eine *Grundgruppe* von 12 Kanälen (Bandbreite 48 kHz). Ihr Frequenzbereich ist 60 ··· 108 kHz.

Die Trägerfrequenzen der zweiten Modulationsstufen sind 84; 96; 108, 120 kHz. Beim V 60-System (V = Vierdraht, 60 Gespräche) werden schließlich fünf Grundgruppen zu einer *Übergruppe* zusammengefaßt (Abb. 7.33). Zur Übertragung wird die Übergruppe durch weitere Umsetzung in das Frequenzband 12 ··· 252 kHz transponiert.

Der Grund für das Zusammenfassen weniger Kanäle zu Gruppen liegt einmal darin, daß viele gleichartige Baugruppen verwendet werden können. Der wichtigere Grund liegt jedoch in der praktischen Realisierbarkeit der Kanalfilter. Wollte man nämlich 12 Kanäle zu einer Grundgruppe nebeneinander im Bereich von 12 ··· 60 kHz

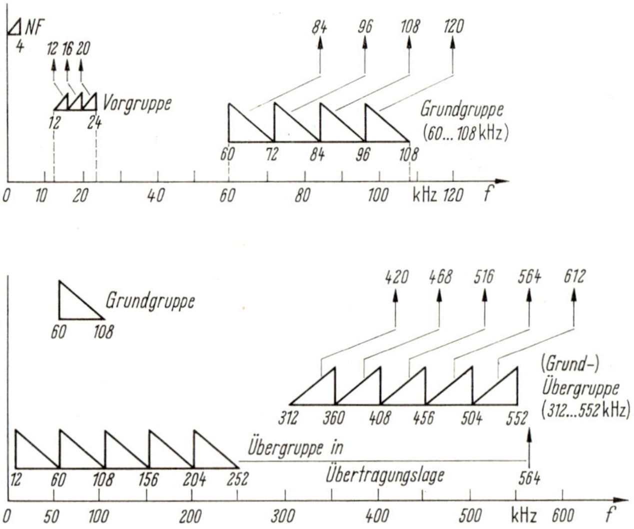


Abb. 7.33. Frequenzschema des TF-Systems V 60

ohne doppelte Modulation anordnen, dann lägen die Durchlaßbereiche der letzten beiden Kanalfilter bei 52,3 ··· 55,4 kHz und bei 56,3 ··· 59,4 kHz. Die relativen Bandbreiten bzw. Filterflanken (bezogen auf die Mittenfrequenz des DB) sind also schon sehr schmal bzw. steil. Bei der TF-Vorgruppe (Abb. 7.32) ist beim Kanalfilter für 20,3 ··· 23,4 kHz die relative Bandbreite wesentlich größer, was einen geringeren technischen Aufwand bedeutet. Für die weitere Zusammenfassung von drei Vorgruppen zu einer Grundgruppe werden dann zwar auch Filter mit höherer Mittenfrequenz gebraucht, diese haben dann aber bereits einen DB von etwa 12 kHz bei einer Mittenfrequenz von maximal 102 kHz (Abb. 7.33). Außerdem sind dann die Anforderungen an die Filterflanken ziemlich gering, da es nun nurmehr darum geht, Seitenbänder höherer Ordnung zu unterdrücken.

## 7.5 Winkelmodulation

Wie bereits in Abschn. 7.3 kurz dargelegt, wird bei Winkelmodulation das Argument $\psi(t) = [\Omega_0 t + \varphi(t)]$ einer Sinusschwingung

$$u(t) = \hat{U}_0 \sin\psi(t) = \hat{U}_0 \sin[\Omega_0 t + \varphi(t)] \tag{7.58}$$

im Rhythmus der primären niederfrequenten Zeichenschwingung verändert.

### 7.5.1 Frequenzmodulation (FM)

Bei Frequenzmodulation soll die Momentanfrequenz $d\psi/dt = \Omega(t)$ proportional dem Momentanwert der niederfrequenten Zeichenschwingung $s_1(t)$ von der Mittenfrequenz $\Omega_0$ ausgelenkt werden. Mit

$$s_1(t) = \hat{S}_1 \sin\omega_1 t \tag{7.59}$$

ist also die Momentanfrequenz

$$\frac{d\psi}{dt} = \Omega(t) = \Omega_0 + \alpha \hat{S}_1 \sin\omega_1 t = \Omega_0\left(1 + \frac{\Delta\Omega}{\Omega_0}\sin\omega_1 t\right). \tag{7.60}$$

Es bedeuten

$$\alpha = \text{Proportionalitätsfaktor},$$

$$\frac{\alpha \hat{S}_1}{2\pi} = \frac{\Delta\Omega}{2\pi} = \Delta F = \text{Frequenzhub}, \tag{7.61}$$

$$m_F = \frac{\Delta\Omega}{\Omega_0} = \text{Modulationsgrad der FM}. \tag{7.62}$$

Das Argument $\psi(t)$ erhält man durch Integration von Gl. (7.60) zu

$$\begin{aligned}\psi(t) &= \int_0^t (\Omega_0 + \Delta\Omega \sin\omega_1 t)\,dt + \psi(t=0)\\ &= \left[\Omega_0 t - \frac{\Delta\Omega}{\omega_1}\cos\omega_1 t\right]_0^t + \psi(t=0)\\ &= \Omega_0 t - \frac{\Delta\Omega}{\omega_1}\cos\omega_1 t + \frac{\Delta\Omega}{\omega_1} + \psi(t=0).\end{aligned} \tag{7.63}$$

Ohne Einschränkung der Allgemeinheit kann $\psi(t=0) = -\frac{\Delta\Omega}{\omega_1}$ gesetzt werden, da dies lediglich eine Zeitverschiebung bedeutet (Abb. 7.34). Es ist also

$$\psi(t) = \Omega_0 t - \frac{\Delta\Omega}{\omega_1}\cos\omega_1 t. \tag{7.64}$$

Man bezeichnet mit *Modulationsindex* $\eta$ das Verhältnis

$$\frac{\Delta\Omega}{\omega_1} = \eta. \tag{7.65}$$

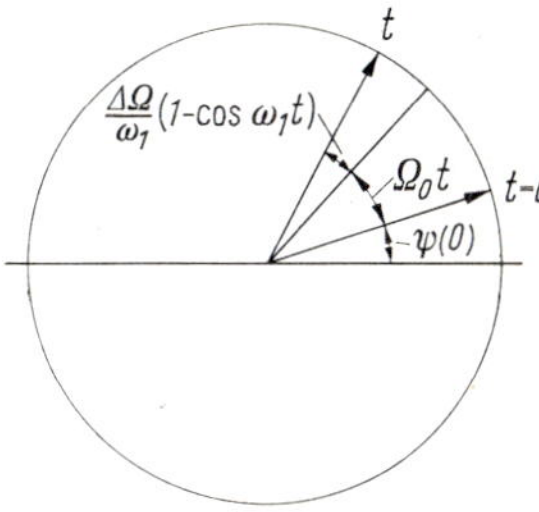


Abb. 7.34. Graphische Darstellung des Argumentwinkels $\psi(t)$ gemäß Gl. (7.63)

Mit den Gleichungen Gl. (7.58), Gl. (7.64) und Gl. (7.65) erhält man folgende Zeitfunktion einer FM-Schwingung

$$u(t) = \hat{U}_0 \sin\left(\Omega_0 t - \frac{\Delta\Omega}{\omega_1}\cos\omega_1 t\right) = \hat{U}_0 \sin(\Omega_0 t - \eta\cos\omega_1 t). \tag{7.66}$$

Führt man wie bei Gl. (7.9) für die Sinusfunktion die entsprechende Exponentialfunktion ein, dann erhält man folgende für die Zeigerdarstellung geeignete Schreibweise

$$u(t) = \tfrac{1}{2}\hat{U}_0\left\{\underline{\mathrm{e}^{\mathrm{j}\left(\Omega_0 t - \frac{\pi}{2}\right)}\,\mathrm{e}^{-\mathrm{j}\eta\cos\omega_1 t}} - \underline{\mathrm{e}^{-\mathrm{j}\left(\Omega_0 t + \frac{\pi}{2}\right)}\,\mathrm{e}^{\mathrm{j}\eta\cos\omega_1 t}}\right\}. \tag{7.67}$$

In Abb. 7.35 sind die Zeigerdarstellungen der AM-Schwingung nach Gl. (7.10) und der FM-Schwingung nach Gl. (7.67) gegenübergestellt, wobei wie in Abb. 7.8b nur die voll unterstrichenen Zeiger berücksichtigt werden. Die niederfrequente Zeichenschwingung ist in beiden Fällen sinusförmig. Wenn die Zeichenfläche mit der Winkelgeschwindigkeit $\Omega_0$ im Uhrzeigersinn rotiert, dann steht der Summenzeiger $u(t)$

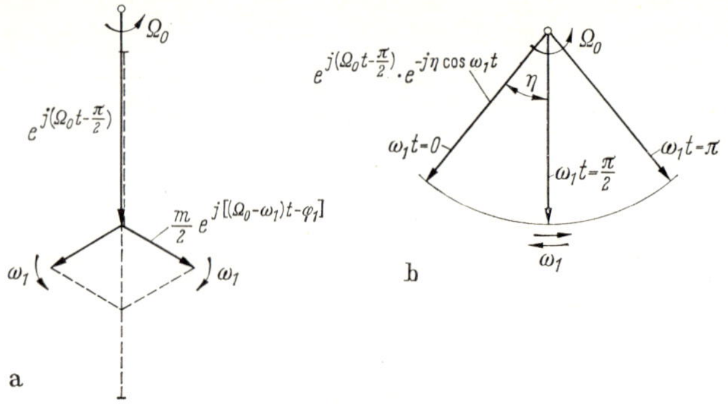


Abb. 7.35. Vergleich der Zeigerdarstellungen von a AM und b FM

des AM-Signals fest. Seine Länge schwankt jedoch im Rhythmus der niederfrequenten Zeichenschwingung. Beim FM-Signal ist dagegen die Länge des Zeigers $u(t)$ konstant, während seine Richtung sich entsprechend dem Zeitintegral der niederfrequenten Zeichenschwingung ändert.

In Tab. 7.5 sind die Zahlenwerte einiger FM-Systeme angegeben.

Tabelle 7.5

| Übertragungs-system | Mittenfrequenz $F_0 = \frac{\Omega_0}{2\pi}$ | Frequenz-hub $\Delta F = \frac{\Delta\Omega}{2\pi}$ | Frequenzband der Zeichenschwingungen $B_{NF} = \frac{1}{2\pi}(\omega_{1\,max} - \omega_{1\,min})$ | Modulations-index $\eta = \frac{\Delta\Omega}{\omega_1}$ | Modulationsgrad (mittlerer Wert) $m_F = \frac{\Delta\Omega}{\Omega_0}$ |
|---|---|---|---|---|---|
| Rundfunk (UKW) | 87,5 ··· 100 MHz | ±75 kHz | 15 kHz — 30 Hz | 5 ··· 2500 | etwa 0,075% |
| Fernseh-Richtfunk | Zwischen-frequenz 70 MHz | ±4 MHz | 5 MHz — 30 Hz | 0,8 ··· 133333 | etwa 5% |

### 7.5.2 Phasenmodulation (PM), Vergleich von Phasen- und Frequenzmodulation

Bei PM wird das Argument $\psi(t)$ in Gl. (7.58) nicht durch Änderung der Frequenz $d\psi/dt$, sondern durch Änderung des Nullphasenwinkels $\varphi$ im Sinne der Zeichenschwingung verändert.

$$\psi(t) = \Omega_0 t + \alpha \hat{S}_1 \sin\omega_1 t = \Omega_0 t + \Delta\varphi \sin\omega_1 t, \qquad (7.68)$$

$$\Delta\varphi = \alpha \hat{S}_1 = \text{Phasenhub}.$$

Aus Gl. (7.68) errechnen sich die Momentanfrequenz zu

$$\frac{d\psi}{dt} = \Omega(t) = \Omega_0 + \omega_1 \Delta\varphi \cos\omega_1 t \qquad (7.69)$$

und die Zeitfunktion der PM-Schwingung mit Gl. (7.58) zu

$$u(t) = \hat{U}_0 \sin[\Omega_0 t + \Delta\varphi \sin\omega_1 t]. \qquad (7.70)$$

In Tab. 7.6 sind die einzelnen Größen von FM und PM zum Vergleich gegenübergestellt.

Besteht die NF-Zeichenschwingung aus einer einzigen Sinusschwingung, dann ist eine FM- nicht von einer PM-Schwingung zu unterscheiden. Sind in der NF-

Tabelle 7.6

| Modulationsart | FM | PM |
|---|---|---|
| Zeitfunktion $u(t)$ | $\hat{U}_0 \sin\left(\Omega_0 t - \frac{\Delta\Omega}{\omega_1}\cos\omega_1 t\right)$ | $\hat{U}_0 \sin(\Omega_0 t + \Delta\varphi \sin\omega_1 t)$ |
| Momentanfrequenz | $\Omega_0 + \Delta\Omega \sin\omega_1 t$ | $\Omega_0 + \omega_1 \Delta\varphi \cos\omega_1 t$ |
| Frequenzhub | $\frac{\Delta\Omega}{2\pi} = \frac{\alpha \hat{S}_1}{2\pi}$ | $\frac{\omega_1 \Delta\varphi}{2\pi} = \frac{\omega_1 \alpha \hat{S}_1}{2\pi}$ |
| Modulationsindex bzw. Phasenhub | $\eta = \frac{\Delta\Omega}{\omega_1} = \frac{\alpha \hat{S}_1}{\omega_1} (= \Delta\varphi)$ | $\Delta\varphi = \alpha \hat{S}_1 (= \eta)$ |

Zeichenschwingung mehrere oder veränderliche Frequenzen vorhanden, dann ergeben sich Unterschiede.

Der Frequenzhub ist bei FM konstant (bei festem $\hat{S}_1$), bei PM wächst er proportional $\omega_1$. Der Phasenhub ist bei PM konstant (bei festem $\hat{S}_1$), während er bei FM proportional $1/\omega_1$ abfällt.

Man kann mit einem Phasenmodulator FM erzeugen, wenn man das Eingangssignal des Modulators (d. h. die NF-Zeichenschwingung) zunächst zeitlich integriert (Vorverzerrung proportional $1/\omega$, vgl. Abschn. 4.1.1 S. 179) und dann dem Phasen-

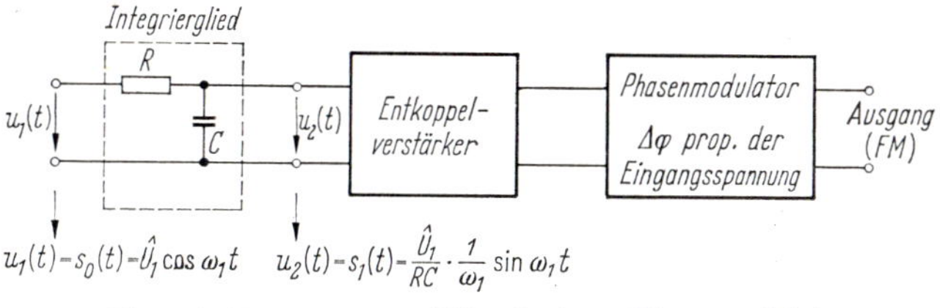


Abb. 7.36. Erzeugung von FM mit einem Phasenmodulator

modulator zuführt. Die Wirkungsweise geht unmittelbar aus Abb. 7.36 hervor. Der Entkoppelverstärker soll bewirken, daß das $RC$-Glied (Integrierglied) ausgangsseitig praktisch leerläuft (hoher Verstärkereingangswiderstand), der Phasenmodulator dagegen aus einer Quelle niedrigen Innenwiderstandes gespeist wird.

Nach Teil I, Gl. (4.15), gilt für das Integrierglied in Abb. 7.36, wenn sich $u_1(t)$ in der Zeitspanne $\tau = RC$ stark ändert,

$$u_2(t) \approx \frac{1}{RC}\int_0^t u_1(t)\,dt + u_2(t=0). \tag{7.71}$$

Für

$$u_1 = s_0(t) = \hat{U}_1 \cos\omega_1 t$$

wird nach Gl. (7.71) mit $\omega_1 \gg 1/RC$ und $u_2(0) = 0$.

$$u_2(t) = s_1(t) = \frac{\hat{U}_1}{RC}\frac{1}{\omega_1}\sin\omega_1 t.$$

Für den Phasenmodulator gilt folglich

$$u(t) = \hat{U}_0 \sin[\Omega_0 t + \alpha\, s_1(t)]$$

$$= \hat{U}_0 \sin\left[\Omega_0 t + \frac{\alpha \hat{U}_1}{\omega_1 RC}\sin\omega_1 t\right]. \tag{7.72}$$

Vom Eingang bis zum Ausgang verhält sich die Schaltung von Abb. 7.36 also wie ein FM-Modulator mit dem Frequenzhub

$$\Delta\Omega = -\frac{\alpha\,\hat{U}_1}{RC}\,. \tag{7.73}$$

Man kann umgekehrt durch Verwendung eines differenzierenden $RC$-Gliedes s. Abb. 4.2a in Teil I) PM mit einem FM-Modulator erzeugen.

### 7.5.3 Spektrum der Frequenzmodulation

Ausgegangen wird vom zeitlichen Verlauf der FM-Schwingung nach Gl. (7.66)

$$\begin{aligned} u(t) &= \hat{U}_0 \sin(\Omega_0 t - \eta\cos\omega_1 t) \\ &= \hat{U}_0 \,\mathrm{Im}\{\mathrm{e}^{\mathrm{j}\,\Omega_0 t}\,\mathrm{e}^{-\mathrm{j}\,\eta\cos\omega_1 t}\}. \end{aligned} \tag{7.74}$$

Der Faktor $\mathrm{e}^{-\mathrm{j}\,\eta\cos\omega_1 t}$ wird nun in eine Reihe entwickelt.

Mit

$$\mathrm{e}^{-x} = 1 - x + \frac{x^2}{2!} - \frac{x^3}{3!} + - \cdots \tag{7.75}$$

ergibt sich

$$\mathrm{e}^{-\mathrm{j}\,\eta\cos\omega_1 t} = 1 - \mathrm{j}\,\eta\cos\omega_1 t + \frac{1}{2!}\,\mathrm{j}^2\,\eta^2\cos^2\omega_1 t - \frac{1}{3!}\,\mathrm{j}^3\,\eta^3\cos^3\omega_1 t + - \cdots \tag{7.76}$$

Mit Hilfe trigonometrischer Umrechnungsformeln wird

$$\begin{aligned} \mathrm{e}^{-\mathrm{j}\,\eta\cos\omega_1 t} = &\underbrace{\left[1 - \left(\frac{\eta}{2}\right)^2 + \frac{1}{4}\left(\frac{\eta}{2}\right)^4 - \frac{1}{36}\left(\frac{\eta}{2}\right)^6 + - \cdots\right]}_{J_0(\eta)} - \\ &- 2\mathrm{j}\underbrace{\left[\frac{\eta}{2} - \frac{1}{2}\left(\frac{\eta}{2}\right)^3 + \frac{1}{12}\left(\frac{\eta}{2}\right)^5 - + \cdots\right]}_{J_1(\eta)}\cos\omega_1 t + \\ &+ 2\mathrm{j}^2\underbrace{\left[\frac{1}{2}\left(\frac{\eta}{2}\right)^2 - \frac{1}{6}\left(\frac{\eta}{2}\right)^4 + \frac{1}{48}\left(\frac{\eta}{2}\right)^6 - + \cdots\right]}_{J_2(\eta)}\cos 2\,\omega_1 t - \\ &- 2\mathrm{j}^3\underbrace{\left[\frac{1}{6}\left(\frac{\eta}{2}\right)^3 - \frac{1}{24}\left(\frac{\eta}{2}\right)^5 + - \cdots\right]}_{J_3(\eta)}\cos 3\omega_1 t + \\ &+ \cdots - \cdots \\ = &\,J_0(\eta) - 2\mathrm{j}\,J_1(\eta)\cos\omega_1 t + 2\mathrm{j}^2\,J_2(\eta)\cos 2\omega_1 t - 2\mathrm{j}^3\,J_3(\eta)\cos 3\omega_1 t + \cdots \\ &- \cdots + (-1)^n\,2\mathrm{j}^n\,J_n(\eta)\cos n\,\omega_1 t. \end{aligned} \tag{7.77}$$

Die Potenzreihen in den eckigen Klammern stellen die sogenannten Zylinder- oder Bessel-Funktionen erster Art von der Ordnung $n = 0; 1; 2; \ldots$ dar ($n$ = Ordnungszahl). Die allgemeine Schreibweise ihrer Reihenentwicklung ist

$$J_n(\eta) = \frac{1}{0!\,n!}\left(\frac{\eta}{2}\right)^n - \frac{1}{1!\,(n+1)!}\left(\frac{\eta}{2}\right)^{n+2} + \frac{1}{2!\,(n+2)!}\left(\frac{\eta}{2}\right)^{n+4} - + \cdots$$

oder in Summendarstellung

$$J_n(\eta) = \frac{1}{n!}\left(\frac{\eta}{2}\right)^n \sum_{k=0}^{\infty}\frac{1}{k!}\,\frac{n!}{(n+k)!}\left(\frac{\eta}{2}\right)^{2k}(-1)^k. \tag{7.78}$$

Für $n = 0$ ergibt sich die Reihe in der ersten eckigen Klammer in Gl. (7.77), für $n = 1$ die Reihe in der zweiten eckigen Klammer usw.

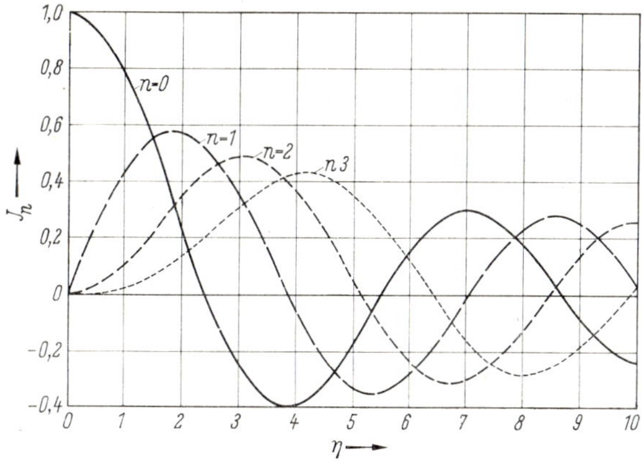


Abb. 7.37. Zylinder- oder Besselfunktionen erster Art ($n = 0; 1; 2; 3$)

Die Tabellierung dieser Funktionen findet man z. B. in [*9*]. Abb. 7.37 zeigt den Verlauf von $J_0(\eta)$; $J_1(\eta)$; $J_2(\eta)$ und $J_3(\eta)$ für $0 \leqq \eta \leqq 10$.

*Zahlenbeispiel:*

Beim UKW-Rundfunk ist

$$\Delta\Omega = 2\pi \cdot 75\,\text{kHz},$$

$$\omega_{1\,\text{max}} = 2\pi \cdot 15\,\text{kHz},$$

$$\eta_{\text{min}} = \frac{\Delta\Omega}{\omega_{1\,\text{max}}} = 5.$$

Aus Abb. 7.37 ergibt sich mit $\eta = 5$

$$J_0(\eta) = -0{,}18; \qquad J_1(\eta) = -0{,}33,$$

$$J_2(\eta) = 0{,}05; \qquad J_3(\eta) = 0{,}36 \quad \text{usw.}$$

Setzt man Gl. (7.77) in Gl. (7.74) ein, dann ergibt sich:

$$\begin{aligned}\frac{u(t)}{\hat{U}_0} = {} & J_0(\eta)\sin\Omega_0 t - \\ & - 2J_1(\eta)\cos\Omega_0 t \cos 1\omega_1 t - \\ & - 2J_2(\eta)\sin\Omega_0 t \cos 2\omega_1 t + \\ & + 2J_3(\eta)\cos\Omega_0 t \cos 3\omega_1 t - + \cdots.\end{aligned} \tag{7.79}$$

Nach einer trigonometrischen Umformung [vgl. Gl. (7.17)] wird aus Gl. (7.79)

$$\begin{aligned}\frac{u(t)}{\hat{U}_0} = {} & J_0(\eta)\sin\Omega_0 t + \\ & + J_1(\eta)\left\{\sin\left[(\Omega_0+\omega_1)t-\frac{\pi}{2}\right]+\sin\left[(\Omega_0-\omega_1)t-\frac{\pi}{2}\right]\right\} + \\ & + J_2(\eta)\{\sin[(\Omega_0+2\omega_1)t-\pi]+\sin[(\Omega_0-2\omega_1)t-\pi]\} + \\ & + J_3(\eta)\left\{\sin\left[(\Omega_0+3\omega_1)t-\frac{3\pi}{2}\right]+\sin\left[(\Omega_0-3\omega_1)t-\frac{3\pi}{2}\right]\right\} \quad \text{usw.}\end{aligned} \tag{7.80}$$

oder auch:

$$\frac{u(t)}{\hat{U}_0} = J_0(\eta)\sin\Omega_0 t -$$
$$- J_1(\eta)\,[\cos(\Omega_0 + \omega_1)\,t + \cos(\Omega_0 - \omega_1)\,t] -$$
$$- J_2(\eta)\,[\sin(\Omega_0 + 2\omega_1)\,t + \sin(\Omega_0 - 2\omega_1)\,t] +$$
$$+ J_3(\eta)\,[\cos(\Omega_0 + 3\omega_1)\,t + \cos(\Omega_0 - 3\omega_1)\,t] \quad \text{usw.} \tag{7.81}$$

Das Spektrum ist also nicht begrenzt wie bei AM, sondern erstreckt sich theoretisch von $-\infty$ bis $+\infty$. Insbesondere trifft also die an sich naheliegende Annahme, daß der Frequenzbereich nur innerhalb des vom Frequenzhub erfaßten Bereiches liegt, nicht zu.

Betrachtet man zunächst den Fall $\eta \ll 1$, so haben nur die Bessel-Funktionen nullter und erster Ordnung merkbare Funktionswerte.

$$J_0(\eta) \approx 1 \quad \text{für} \quad \eta \ll 1, \tag{7.82}$$

$$J_1(\eta) \approx \frac{\eta}{2} \quad \text{für} \quad \eta \ll 1. \tag{7.83}$$

Damit wird aus Gl. (7.80)

$$u(t) = \hat{U}_0 \left\{\sin\Omega_0 t + \frac{\eta}{2}\sin\left[(\Omega_0 + \omega_1)\,t - \frac{\pi}{2}\right] + \frac{\eta}{2}\sin\left[(\Omega_0 - \omega_1)\,t - \frac{\pi}{2}\right]\right. . \tag{7.84}$$

Das hierzu gehörige Zeigerdiagramm zeigt Abb. 7.38. Es hat viel Ähnlichkeit mit dem Zeigerdiagramm der ZSB-AM nach Abb. 7.8b. Jedoch sind die Zeiger der Seitenbandschwingungen um 90° gedreht. In Abbildung 7.38 sind letztere stark vergrößert dargestellt. Bei dem vorausgesetzten kleinen Wert des Modulationsindex $\eta$ müßten die Zeiger der Seitenschwingungen klein gegen die Trägeramplitude $\hat{U}_0$ sein. Der schraffierte Bereich in Abbildung 7.38 kennzeichnet den Fehler, der bei Vernachlässigung der Glieder mit den Bessel-Funktionen höherer Ordnung in Gl. (7.80) entsteht. Der um den Ursprung 0 rotierende resultierende Zeiger muß in Wirklichkeit eine konstante Länge behalten, was in Abb. 7.38 bei kleinem Modulationsindex $\eta$ mit guter Näherung der Fall ist.

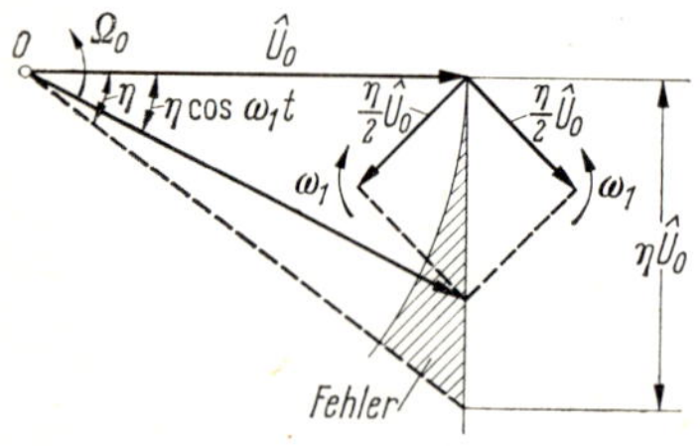


Abb. 7.38
Zeigerdiagramm bei FM für $\eta \ll 1$

Wenn nicht $\eta \ll 1$ ist, dann müssen auch die Seitenbandschwingungen höherer Ordnung berücksichtigt werden. Die zugehörigen Amplituden können z. B. den Tabellen der Bessel-Funktionen [9] entnommen werden. Als Beispiel werde der Frequenzhub

$$\Delta F = \frac{\Delta\Omega}{2\pi} = 10\,\text{kHz}$$

betrachtet. In Tab. 7.7 sind die Bessel-Koeffizienten für verschiedene Modulationsfrequenzen $\omega_1$ niederfrequenter Zeichenschwingungen zusammengestellt. Die zugehörigen Linienspektren zeigt Abb. 7.39.

Zur Übertragung eines FM-Signals ist bei kleinem Modulationsindex $\eta$ der Frequenzbereich $\Omega_0 \pm \omega_1$ erforderlich, wie aus Gl. (7.84) hervorging. Gl. (7.81) und Abb. 7.37 zeigen, daß für $\eta < 1$ höhere Seitenschwingungen meist vernachlässigt werden können. Bei großem Modulationsindex $\eta$ folgt aus Tab. 7.7, daß etwa $(\eta + 1)$ Seitenschwingungen berücksichtigt werden müssen. Mit $\eta = \Delta\Omega/\omega_1$ heißt das, daß zur Übertragung eines solchen FM-Signals der Frequenzbereich $\Omega_0 \pm (\Delta\Omega + \omega_1)$ benötigt wird. Bei großem Modulationsindex hat damit der Frequenzhub einen

Tabelle 7.7

| Modulations-frequenz $\frac{\omega_1}{2\pi}$ | $\eta = \frac{\Delta\Omega}{\omega_1}$ | $J_0$ | $J_1$ | $J_2$ | $J_3$ | $J_4$ | $J_5$ | $J_6$ | $J_7$ | $J_8$ | $J_9$ |
|---|---|---|---|---|---|---|---|---|---|---|---|
| 20 kHz | 0,5 | +0,94 | +0,24 | +0,03 | | | | | | | |
| 10 kHz | 1 | +0,76 | +0,44 | +0,11 | +0,02 | | | | | | |
| 5 kHz | 2 | +0,22 | +0,58 | +0,35 | +0,13 | +0,03 | +0,01 | | | | |
| 2 kHz | 5 | −0,18 | −0,33 | +0,05 | +0,36 | +0,39 | +0,26 | +0,13 | +0,05 | +0,02 | |
| 1 kHz | 10 | −0,25 | +0,04 | +0,25 | +0,06 | −0,22 | −0,23 | −0,01 | +0,22 | +0,32 | +0,29 |
| | | $J_{10} = +0{,}21$; $J_{11} = +0{,}12$; $J_{12} = +0{,}06$; $J_{13} = +0{,}03$; $J_{14} = +0{,}01$ | | | | | | | | | |

wesentlichen Einfluß auf die Bandbreite. Es ist also mit Gl. (7.61) die Bandbreite $B_{\mathrm{HF}}$ einer FM-Schwingung

$$\begin{aligned} B_{\mathrm{HF}} &\approx 2B_{\mathrm{NF}} && \text{für } \eta < 1, \\ B_{\mathrm{HF}} &\approx 2(\Delta F + B_{\mathrm{NF}}) && \text{für } \eta > 1. \end{aligned} \tag{7.85}$$

Bemerkenswert ist die Tatsache, daß die Amplitude des Trägers, nämlich $\hat{U}_0 |J_0(\eta)|$, vom Modulationsindex abhängt. Das kommt daher, daß die Trägerfrequenz $\Omega_0$

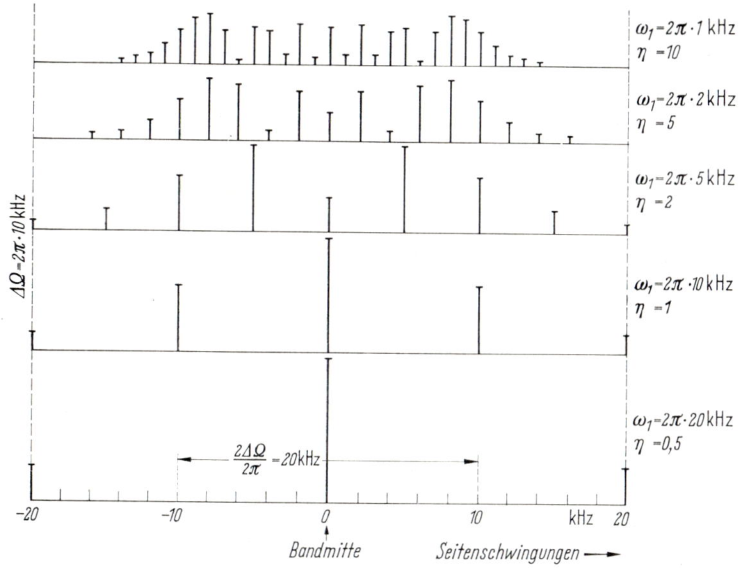


Abb. 7.39. Spektrum eines FM-Signals bei verschiedenen Modulationsindizes $\eta$ und konstantem Frequenzhub

in der frequenzmodulierten Schwingung nicht mehr als Dauerschwingung enthalten ist, sondern, wie alle anderen Frequenzen, nur noch als Momentanfrequenz auftritt. Für $\eta = 2{,}4$; 5,5 und 8,7 ist der Träger überhaupt nicht mehr vorhanden [Abb. 7.37, Nullstellen von $J_0(\eta)$].

### 7.5.4 Verzerrungen bei FM durch Bandbegrenzung

Praktisch ist das Übertragungsband stets begrenzt. Eine Bandbeschneidung bewirkt, daß das demodulierte NF-Signal nichtlinear verzerrt erscheint, was im folgenden gezeigt wird. Bandbeschneidung heißt, daß die Reihe Gl. (7.79) nicht unendlich viele Glieder hat, sondern nach einem $n$-ten Glied abgebrochen wird. Beschneidet man das Spektrum bei z. B. $\Omega_0 \pm \omega_1$, so fallen in Gl. (7.79) alle Summanden außer den ersten beiden weg, und man erhält:

$$\frac{u'(t)}{\hat{U}_0} = J_0(\eta) \sin \Omega_0 t - 2 J_1(\eta) \cos \Omega_0 t \cos \omega_1 t. \tag{7.86}$$

Mit Hilfe der trigonometrischen Umrechnung

$$a \sin \alpha + b \cos \alpha = \sqrt{a^2 + b^2} \sin\left(\alpha + \operatorname{arc\,tan} \frac{b}{a}\right) \tag{7.87}$$

wird

$$\frac{u'(t)}{\hat{U}_0} = \sqrt{J_0^2(\eta) + 4 J_1^2(\eta) \cos^2 \omega_1 t} \sin [\underbrace{\Omega_0 t + \varphi(t)}_{\psi(t)}] \tag{7.88}$$

mit

$$\varphi(t) = \operatorname{arc\,tan} \frac{-2 J_1(\eta) \cos \omega_1 t}{J_0(\eta)} = \operatorname{arc\,tan}(-k \cos \omega_1 t). \tag{7.89}$$

Wie ein Vergleich mit einer unverzerrten frequenzmodulierten Schwingung nach Gl. (7.66) zeigt, stellt Gl. (7.88) eine Schwingung dar, die sowohl amplitudenmoduliert ist $\left(\text{wegen } \sqrt{J_0^2(\eta) + 4 J_1^2(\eta) \cos^2 \omega_1 t}\right)$ als auch frequenzmoduliert. Die Amplitudenmodulation kann durch Amplitudenbegrenzung unwirksam gemacht werden. Für die FM-Demodulation ergibt sich aus Gl. (7.88) und Gl. (7.89) als Momentanfrequenz

$$\Omega(t) = \frac{d\psi}{dt} = \Omega_0 + \frac{d\varphi}{dt}$$
$$= \Omega_0 + \frac{k \omega_1 \sin \omega_1 t}{1 + k^2 \cos^2 \omega_1 t}. \tag{7.90}$$

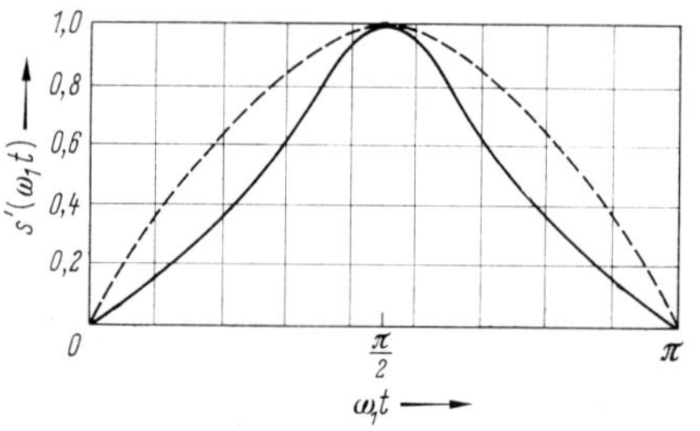


Abb. 7.40. Zeitfunktion einer demodulierten FM-Schwingung bei vorausgehender Bandbegrenzung

Der Vergleich mit Gl. (7.60) zeigt, daß der zweite Summand in Gl. (7.90) der NF-Zeichenschwingung im FM-Signal entspricht. Die NF-Zeichenschwingung in Gl. (7.90) wird jetzt durch $s'(t)$ gekennzeichnet, um anzudeuten, daß das zugehörige FM-Signal bandbegrenzt wurde

$$s'(\omega_1 t) = \frac{k \omega_1 \sin \omega_1 t}{1 + k^2 \cos^2 \omega_1 t}. \tag{7.91}$$

Die Zeichenschwingung $s'(t)$ ist nun keineswegs mehr sinusförmig, sondern hat den in Abb. 7.40 dargestellten Verlauf. Die Frequenzbandbegrenzung des FM-Signals hat also eine nichtlineare Verzerrung der darin enthaltenen Zeichenschwingung zur Folge.

### 7.5.5 Frequenzmodulatoren

Frequenzmodulierte Schwingungen werden erzeugt durch Verändern der Frequenz des Oszillators oder Senders im Rhythmus der NF-Zeichenschwingungen. Als frequenzbestimmende Elemente von Oszillatoren werden häufig Schwingkreise benutzt (vgl. Teil I, Abschn. 2.1). Ihre Eigenfrequenz $\Omega_0$ hängt bekanntlich vom

Produkt der Schwingkreiskapazität $C$ und der Schwingkreisinduktivität $L$ ab. Durch zeitliche Änderung dieser oder einer dieser Größen erhält man eine FM-Schwingung am Ausgang des Oszillators oder Generators.

Als variable Kapazität kann beispielsweise ein Kondensatormikrophon verwendet werden. Die Größe seiner Kapazität folgt unmittelbar den Schallschwingungen, die auf das Mikrophon treffen. Variable Induktivitäten stehen in Spulen mit ferromagnetischen Kernen zur Verfügung. Bei solchen Spulen hängt die reversible Permeabilität bekanntlich von der Vormagnetisierung ab (vgl. Teil I, Abb. 1.20). Bei Änderung der Vormagnetisierung in bestimmter Weise durch die Zeichenschwingung kann also ein frequenzmoduliertes Signal erzeugt werden. Typische Daten von Kernmaterialien sind in Tab. 7.8 zusammengestellt.

Tabelle 7.8 *Abhängigkeit der reversiblen Permeabilität* $\mu_{\text{rev}}$ *von der Gleichstromvormagnetisierung*

| Material | ohne Vormagnetisierung (Anfangspermeabilität $\mu_{rA}$) | mit Vormagnetisierung |
|---|---|---|
| Dynamoblech . . | $300 \cdots 500\,\mu_0$ | $60 \cdots 80\,\mu_0$ bei 20 A/cm |
| Permenorm . . | $1600\,\mu_0$ | $50\,\mu_0$ bei 10 A/cm |
| Mumetall . . . | $5000 \cdots 20000\,\mu_0$ | $50\,\mu_0$ bei 5 A/cm |

Abb. 7.41a zeigt den Zusammenhang zwischen Eigenfrequenz $\Omega_0$ und Schwingkreiskapazität $C$ bei konstanter Induktivität $L$ bzw. Schwingkreisinduktivität $L$

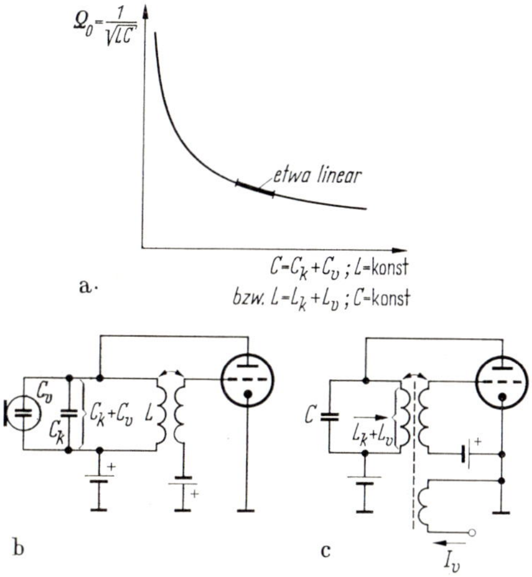


Abb. 7.41. Mögliche Erzeugung von FM
a Abhängigkeit der Eigenfrequenz $\Omega_0$ eines Schwingkreises von der Kapazität bzw. Induktivität; b Oszillatorschaltung mit veränderbarer Schwingkreiskapazität; c Oszillatorschaltung mit veränderbarer Schwingkreisinduktivität

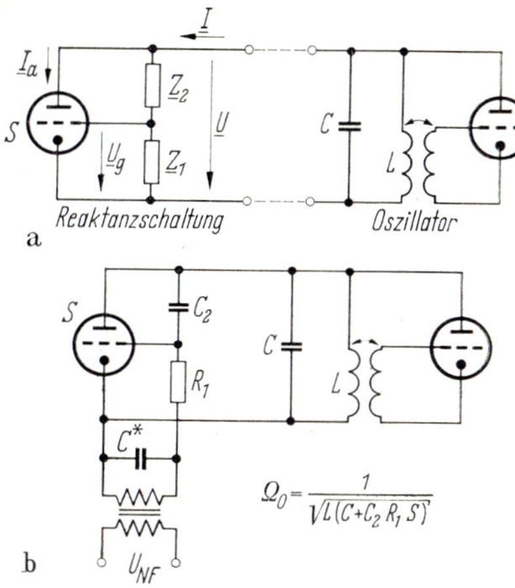


Abb. 7.42
Frequenzmodulation mit Reaktanzschaltung
a Prinzipschaltung; b Beispiel mit einer speziellen Reaktanzschaltung und deren Steuerung durch die NF-Zeichenspannung $U_{\text{NF}}$

und konstanter Kapazität $C$. In einem beschränkten Bereich ergibt sich eine etwa lineare Abhängigkeit. In Abb. 7.41b ist eine einfache Oszillatorschaltung dargestellt. Das frequenzbestimmende Element ist der Schwingkreis, bestehend aus Induktivität $L$ und Kapazität $C$. Letztere setzt sich aus einer Festkapazität $C_k$ und der variablen Kapazität $C_v$ des Kondensatormikrophons zusammen. Abb. 7.41c zeigt die gleiche Oszillatorschaltung mit einem Schwingkreis, dessen Induktivität $L$ durch einen eingeprägten Vormagnetisierungsstrom $I_v$ verändert werden kann.

Neuerdings werden als variable Kapazitäten häufig Kapazitätsvariationsdioden (Varactordioden) verwendet. Bei diesen Dioden nützt man die Spannungsabhängigkeit der Sperrschichtkapazität aus.

Von großer praktischer Bedeutung sind Reaktanzschaltungen mit Röhren oder Transistoren. Die Beschreibung soll hier auf Reaktanzschaltungen mit Röhren beschränkt bleiben. Bei geeigneter Beschaltung verhält sich der Ausgangsleitwert $\underline{Y} = \underline{I}/\underline{U}$ einer Röhrenschaltung wie eine Reaktanz (Abb. 7.42a). Der Betrag der (kapazitiven oder induktiven) Reaktanz hängt dabei von der Röhrensteilheit $S$ ab. Bei Verwendung von Regelröhren, deren Steilheit arbeitspunktabhängig ist, kann durch Änderung des Arbeitspunktes die Steilheit und damit der Betrag der Reaktanz verändert werden. Abb. 7.42a stellt das Prinzip der Frequenzmodulation mittels einer allgemeinen Reaktanzschaltung dar. Abb. 7.42b zeigt eine Möglichkeit zur Veränderung der Reaktanz einer speziellen Schaltung durch eine Spannung $U_{\mathrm{NF}}$. Die Spannungsquellen zur Gleichspannungsversorgung sind in beiden Bildern fortgelassen. Nach Teil I, Gl. (3.9), gilt für die linke Röhre in Abb. 7.42b

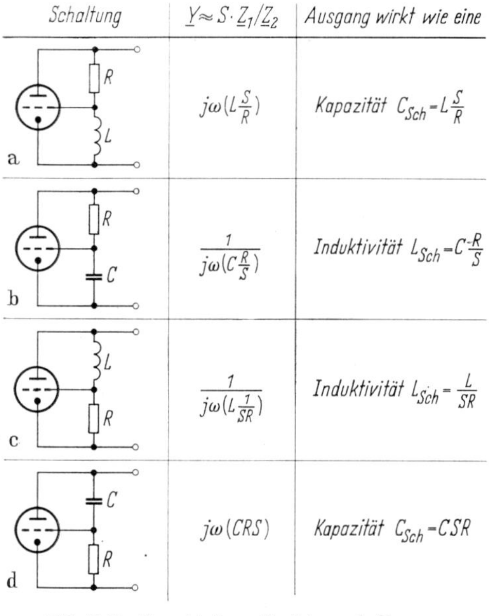


Abb. 7.43. Verschiedene Reaktanzschaltungen

$$\underline{I}_a = S\,\underline{U}_g + \frac{\underline{U}}{R_i}.$$

Ferner folgt aus Abb. 7.42a

$$\underline{I}_a = \underline{I} - \frac{\underline{U}}{\underline{Z}_1 + \underline{Z}_2}, \tag{7.92}$$

$$\underline{U}_g = \underline{U}\,\frac{\underline{Z}_1}{\underline{Z}_1 + \underline{Z}_2}. \tag{7.93}$$

Hiermit ergibt sich

$$\underline{Y} = \frac{\underline{I}}{\underline{U}} = S\,\frac{\underline{Z}_1}{\underline{Z}_1 + \underline{Z}_2} + \frac{1}{\underline{Z}_1 + \underline{Z}_2} + \frac{1}{R_i}.$$

Sind die folgenden Bedingungen erfüllt

$$|\underline{Z}_1| \ll |\underline{Z}_2|;$$

$$\left|S\,\frac{\underline{Z}_1}{\underline{Z}_1 + \underline{Z}_2}\right| \gg \left|\frac{1}{R_i} + \frac{1}{\underline{Z}_1 + \underline{Z}_2}\right|,$$

dann ist

$$\underline{Y} \approx S\,\frac{\underline{Z}_1}{\underline{Z}_1 + \underline{Z}_2} \approx \frac{S\,\underline{Z}_1}{\underline{Z}_2}. \tag{7.94}$$

Der Leitwert $\underline{Y}$ ist also dann eine Reaktanz, wenn einer der beiden Widerstände $\underline{Z}_1$ und $\underline{Z}_2$ eine Reaktanz und der andere ein ohmscher Widerstand ist. In Abb. 7.42b ist $\underline{Z}_2$ ein kapazitiver ($C_2$) und $\underline{Z}_1$ ein ohmscher Widerstand $R_1$. Die Kapazität $C^*$ soll so groß sein, daß der Betrag ihres Scheinwiderstandes gegen den Widerstand $R_1$ vernachlässigt werden kann. In Abb. 7.43 sind die möglichen Reaktanzschaltungen zusammengestellt. Beispiele für Regelröhren mit veränderbarer Steilheit sind

DF 91 (HF-Regelpentode) mit $S = 0{,}9 \cdots 0{,}01$ mA/V,

EF 41 (HF-Regelpentode) mit $S = 2{,}2 \cdots 0{,}02$ mA/V,

EF 85 (HF-Regelpentode) mit $S = 6{,}0 \cdots 0{,}06$ mA/V.

In der Höchstfrequenztechnik (Gigahertzbereich) werden als Oszillatoren oft sogenannte Reflexklystrons verwendet. Die Frequenz der damit erzeugten Schwingung hängt von der angelegten Reflektorspannung des Klystrons ab, die bei FM entsprechend der Zeichenschwingung verändert wird.

### 7.5.6 Frequenzdemodulatoren

Die Verfahren zur Demodulation einer FM-Schwingung sind im allgemeinen komplizierter als die zur Demodulation einer AM-Schwingung. Zur Demodulation wird die FM-Schwingung konstanter Amplitude zunächst erst in eine amplitudenmodulierte Form überführt (die allerdings auch noch frequenzmoduliert ist). Durch anschließende Gleichrichtung der hochfrequenten Trägerschwingung erhält man dann wie bei der AM die primäre niederfrequente Zeichenschwingung. In Abb. 7.44 ist dieses Schema dargestellt. Bekanntlich hat zwar eine unverzerrte FM-Schwingung

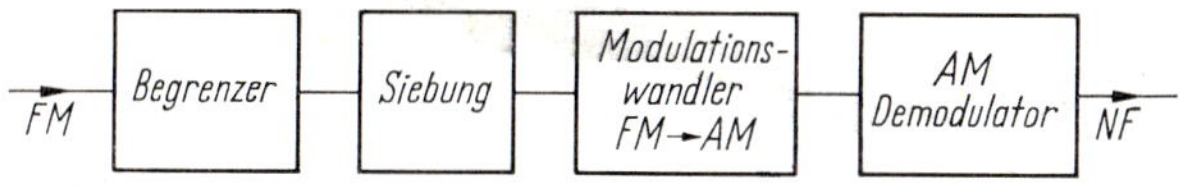


Abb. 7.44. Demodulation von FM (schematisch)

bereits eine konstante Amplitude (vgl. Abb. 7.6 und 7.35). Diese Eigenschaft geht aber auf dem Übertragungsweg normalerweise verloren, so daß in der Praxis vor der Demodulation meist eine Amplitudenbegrenzung erforderlich wird. Die nachfolgende Siebung trennt die durch Begrenzung entstehenden Oberwellen ab. Im Modulationswandler (Diskriminator) erfolgt die Umwandlung von FM in AM. Hierbei werden die Frequenzschwankungen der FM-Schwingung in möglichst proportionale Amplitudenschwankungen umgewandelt.

Die Umwandlung einer FM-Schwingung in eine amplitudenmodulierte Form kann durch Differentiation erreicht werden. Hierzu genügt bereits eine einfache

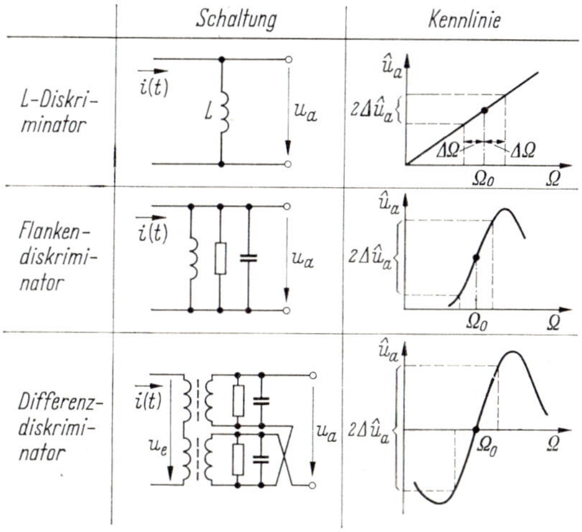


Abb. 7.45. Diskriminatorschaltungen zur Umwandlung von FM in AM

Induktivität $L$, wenn die FM-Schwingung als Urstrom $i(t) = \hat{I}_0 \sin\left(\Omega_0 t - \frac{\Delta\Omega}{\omega_1}\cos\omega_1 t\right)$ — vgl. Gl. (7.66) — gegeben ist, denn dann gilt für die Spannung $u_a$ über der Induktivität des $L$-Diskriminators in Abb. 7.45

$$u_a(t) = L\frac{di}{dt} = \underbrace{L\hat{I}_0(\Omega_0 + \Delta\Omega\sin\omega_1 t)}_{\text{Amplitude } \hat{u}_a} \underbrace{\cos\left(\Omega_0 t - \frac{\Delta\Omega}{\omega_1}\cos\omega_1 t\right)}_{\text{Trägerschwingung}}. \tag{7.95}$$

Die Amplitude von Gl. (7.95) enthält einen Teil, der proportional der Momentanfrequenz und damit nach Gl. (7.60) proportional zur primären NF-Zeichenschwingung schwankt. Ein solcher $L$-Diskriminator hat zwar eine gute Linearität, jedoch nur eine geringe Empfindlichkeit. Diese kann durch Vergrößerung der Induktivität $L$ nicht beliebig gesteigert werden, weil bei der im allgemeinen hohen Träger- oder Mittenfrequenz $\Omega_0$ die schädlichen Kapazitäten und Verluste der Spule (vgl. Abschnitt 1.3.3) sehr bald störend in Erscheinung treten.

Wie in Abschn. 4.1.1 auf S. 179 gezeigt wurde, und wie auch aus Tab. 0.1 hervorgeht, ist eine Differentiation im Zeitbereich dasselbe wie eine lineare, proportional der Frequenz $\Omega$ ansteigende Verzerrung des Spektrums der zu differenzierenden Zeitfunktion. Im Frequenzbereich betrachtet, muß also das Spektrum der FM-Schwingung, welche in eine amplitudenmodulierte Form überführt werden soll, auf eine möglichst steile, linear mit der Frequenz $\Omega$ ansteigende Kennlinie gegeben werden. Ein relativ steiles gerades Kennlinienstück stellt die Flanke eines gedämpften Parallelschwingkreises dar. Seine Resonanzfrequenz wird so abgestimmt, daß die Mittenfrequenz $\Omega_0$ möglichst im Wendepunkt der Flanke der Resonanzkurve liegt. Da die Linearität jedoch nur in einem relativ engen Frequenzbereich gut ist, wird auch ein solcher Flankendiskriminator nur selten praktisch verwendet. Wesentlich besser arbeitet der Differenzdiskriminator. Bei ihm sind zwei Schwingkreise so in Serie geschaltet, daß die Ausgangsspannung $u_a$ gleich der Differenz der Spannungen der einzelnen Schwingkreise ist. Der Differenzdiskriminator hat eine gute Linearität und große Empfindlichkeit.

Die bisher beschriebene und in Abb. 7.45 dargestellte Gruppe von Schaltungen zur Frequenzdiskrimination machte von der Frequenzabhängigkeit des Betrages eines Scheinwiderstandes Gebrauch. Im folgenden werden Schaltungen beschrieben, die von der Frequenzabhängigkeit der Phasendrehung von Netzwerken wesentlichen Gebrauch machen.

Abb. 7.46a zeigt die Schaltung des Phasendiskriminators oder RIEGGER-Kreises. Der durch die Elektronenröhre (Pentode) eingeprägte Strom $\underline{I}_1$ erzeugt am Primärkreis ($L_1$, $C_1$) eines Bandfilters die Spannung $\underline{U}_1$ und durch die lose magnetische Kopplung am Sekundärkreis eine phasenverschobene Spannung $\underline{U}_2$. Die Sekundärspule $L_2$ ist an der Mittelanzapfung über den relativ großen Koppelkondensator $C_k$ (Gleichspannungstrennung) mit dem Primärkreis verbunden. An den beiden Widerständen $R_S$ liegt die Spannung $\underline{U}_1$. Beide Widerstände liegen einseitig hochfrequenzmäßig an Masse, da der Kondensator $C_S$ für HF einen Kurzschluß darstellt. Wären die Dioden $D_1$ und $D_2$ nicht vorhanden, dann würde über den Punkten $a$ — $b$ bzw. $c$ — $d$ die Spannung $\underline{U}_1 + \frac{1}{2}\underline{U}_2$ bzw. $\underline{U}_1 - \frac{1}{2}\underline{U}_2$ liegen. Wegen der Dioden wird jedoch von diesen Spannungen jeweils die positive Halbwelle kurzgeschlossen, so daß in den gestrichelten Kreisen die Richtströme (Gleichströme) $I_{r1}$ und $I_{r2}$ fließen, deren Größe proportional den Beträgen $|\underline{U}_1 + \frac{1}{2}\underline{U}_2|$ bzw. $|\underline{U}_1 - \frac{1}{2}\underline{U}_2|$ ist. Diese Richtströme erzeugen ihrerseits wieder über den Widerstand $R_S$ entsprechende Gleichspannungsabfälle, so daß über $C_S$ folgende NF-Ausgangsspannung entsteht:

$$U_{\mathrm{NF}} = K\left(|\underline{U}_1 + \tfrac{1}{2}\underline{U}_2| - |\underline{U}_1 - \tfrac{1}{2}\underline{U}_2|\right). \tag{7.96}$$

$K$ Proportionalitätsfaktor.

Bei geeigneter Dimensionierung des RIEGGER-Kreises erhält man für den Verlauf der Spannung $U_{\mathrm{NF}}$ in Abhängigkeit von der Frequenz eine Kurve wie in Abbildung 7.46b, wobei es noch gelingt, den Bereich um $\Omega_0$ extrem linear zu machen.

Zur Berechnung der Frequenzabhängigkeit von $U_{\mathrm{NF}}$ müssen zunächst Betrag und Phase der Spannungen $\underline{U}_1$ und $\underline{U}_2$ in Abhängigkeit von der Frequenz bestimmt werden. Durch Einsetzen dieser Beziehungen in Gl. (7.96) erhält man dann die gesuchte Kurve für $U_{\mathrm{NF}}$, die durch Wahl der richtigen Größen für die Parameter das Aussehen von Abb. 7.46b erhält.

Für die Berechnung von $\underline{U}_1$ und $\underline{U}_2$ macht man zunächst in Gedanken die magnetische Kopplung von Primär- und Sekundärkreis in Abb. 7.46a zu Null und legt alle den Primärkreis dämpfenden Einflüsse in $G_1$ zusammen (dazu gehört auch der Röhreninnenwiderstand sowie der Einfluß der $C_k$ nachgeschalteten Schaltung, d. h., man wählt das Ersatzbild so, daß $\underline{I}_k = 0$ wird). Entsprechend werden die den Sekundärkreis dämpfenden Einflüsse in $G_2$ vereinigt (wobei der Einfluß der Gleichrichterschaltung zwischen den Punkten $a - m$ bzw. $c - m$ bei Spitzengleichrichtung im Mittel wie ein Widerstand $\frac{1}{2} R_S$ wirkt, wie man über einen Leistungsvergleich

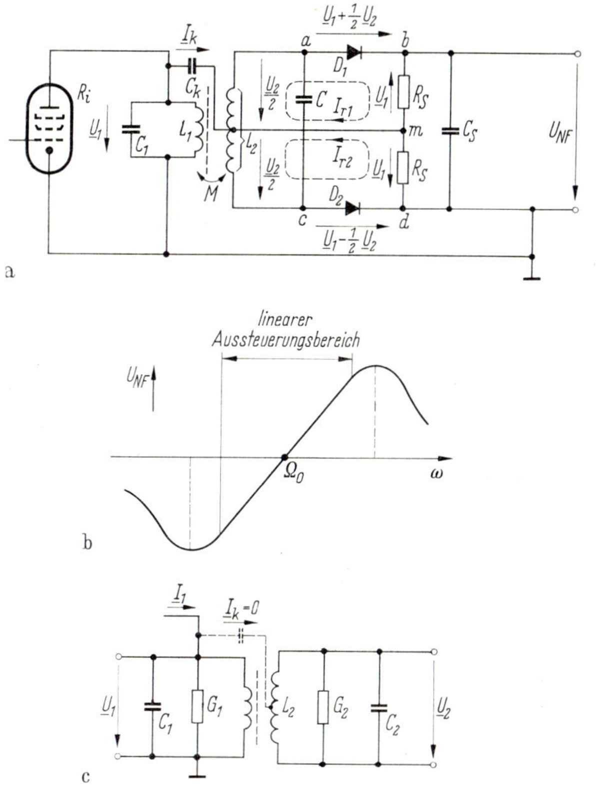


Abb. 7.46. Phasendiskriminator oder RIEGGER-Kreis
a vollständige Schaltung; b Demodulationskennlinie; c Ersatzbild zur Berechnung der Demodulationskennlinie

berechnen kann). Wenn man jetzt die in Gedanken vorgenommene magnetische Entkopplung wieder rückgängig macht, erhält man als Ersatzbild das in Abb. 7.46c gezeigte magnetisch gekoppelte Bandfilter. Auf dieses lassen sich die in Teil I, Abschn. 2.4.1, errechneten Beziehungen anwenden. Danach gilt mit Gl. (2.192) für die Spannung $\underline{U}_1$

$$\underline{U}_1 = \underline{W}_1 \underline{I}_1 = \underline{I}_1 \frac{\frac{1}{G_1}\left(1 + \mathrm{j}\,\Omega_v \sqrt{\frac{Q_2}{Q_1}}\right)}{1 + n^2 - \Omega_v^2 + \mathrm{j}\,\Omega_v \left(\sqrt{\frac{Q_1}{Q_2}} + \sqrt{\frac{Q_2}{Q_1}}\right)}. \qquad (7.97)$$

Für die Spannung $\underline{U}_2$ gilt nach Gl. (2.193)

$$\underline{U}_2 = \underline{W}_{12} \underline{I}_1 = \underline{I}_1 \frac{-\frac{\mathrm{j}\,n}{\sqrt{G_1 G_2}}}{1 + n^2 - \Omega_v^2 + \mathrm{j}\,\Omega_v \left(\sqrt{\frac{Q_1}{Q_2}} + \sqrt{\frac{Q_2}{Q_1}}\right)}. \qquad (7.98)$$

In diesen Gleichungen sind $G_1$ und $G_2$ die Leitwerte und $Q_1$ und $Q_2$ die Güten der (entkoppelten) Kreise. $n$ ist die normierte Kopplung nach Gl. (2.180) und $\Omega_v$ die normierte Verstimmung nach Gl. (2.179).

$$\Omega_v = \sqrt{Q_1 Q_2}\left(\frac{\omega}{\omega_r} - \frac{\omega_r}{\omega}\right). \tag{7.99}$$

$\omega_r$ ist die Resonanzfrequenz, auf die beide Kreise abzustimmen sind. Wählt man vereinfachend $G_1 = G_2 = G$ und $Q_1 = Q_2 = Q$, dann ergibt sich mit Gl. (7.97) und Gl. (7.98) für die NF-Ausgangsspannung nach Gl. (7.96)

$$U_{\mathrm{NF}} = \frac{K|\underline{I}_1|}{G} \, \frac{\sqrt{1+\left(\Omega_v - \frac{n}{2}\right)^2} - \sqrt{1+\left(\Omega_v + \frac{n}{2}\right)^2}}{\sqrt{(1+n^2-\Omega_v^2)^2 + 4\Omega_v^2}}. \tag{7.100}$$

Gl. (7.100) ist in Abb. 7.47 für verschiedene Werte der normierten Kopplung $n$ graphisch dargestellt. Der Betrag des Stromes $|\underline{I}_1|$ ist bei vorausgegangener Be-

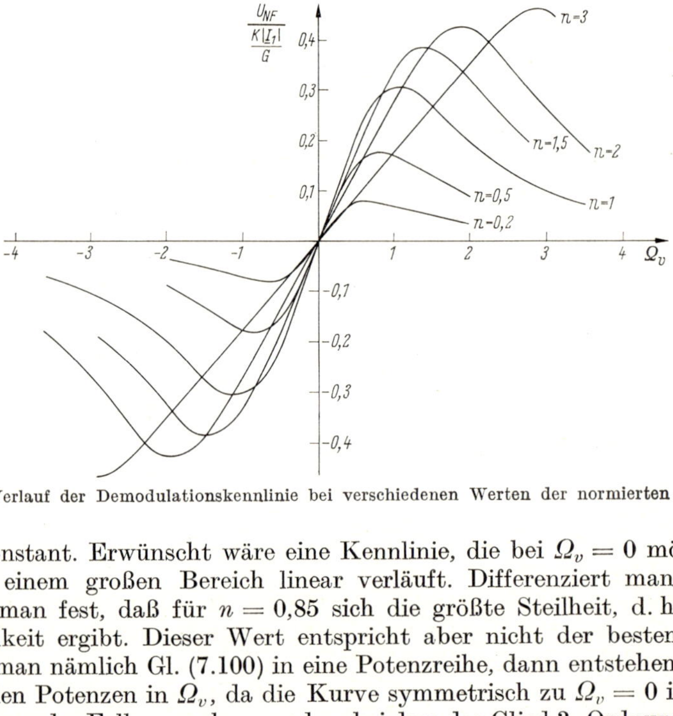


Abb. 7.47. Verlauf der Demodulationskennlinie bei verschiedenen Werten der normierten Kopplung $n$

grenzung konstant. Erwünscht wäre eine Kennlinie, die bei $\Omega_v = 0$ möglichst steil ist und in einem großen Bereich linear verläuft. Differenziert man Gl. (7.100), dann stellt man fest, daß für $n = 0{,}85$ sich die größte Steilheit, d. h. die größte Empfindlichkeit ergibt. Dieser Wert entspricht aber nicht der besten Linearität. Entwickelt man nämlich Gl. (7.100) in eine Potenzreihe, dann entstehen nur Glieder mit ungeraden Potenzen in $\Omega_v$, da die Kurve symmetrisch zu $\Omega_v = 0$ ist. Als beste Linearität kann der Fall angesehen werden, bei dem das Glied 3. Ordnung verschwindet. Das ist bei $n = 2{,}05$ der Fall. Für die Dimensionierung von RIEGGER-Kreisen geht man in der Regel vom Fall $n = 2{,}05$ aus.

Eine andere Phasendiskriminatorschaltung ist der Verhältnisdetektor oder Ratiodetektor. Seine Wirkungsweise hat eine gewisse Ähnlichkeit mit der des RIEGGER-Kreises. Allerdings hat er noch den zusätzlichen Vorteil, daß er keine vorausgehende Amplitudenbegrenzung benötigt. Aus diesem Grunde wird er in der Praxis häufiger als der RIEGGER-Kreis verwendet.

Die Schaltung des Ratiodetektors wird durch Abb. 7.48 dargestellt. Die Induktivitäten $L_1$ und $L_3$ sind relativ fest, die Induktivitäten $L_1$ und $L_2$ relativ lose miteinander gekoppelt, so daß zwischen $\underline{U}_1$ und $\underline{U}_2$ wie beim RIEGGER-Kreis etwa 90° Phasendrehung bei $\Omega_0$ besteht, die je nach Verstimmung größer oder kleiner wird. Die Dioden sind gleichsinnig gepolt. Der Kondensator $C_3$ (Größenordnung μF) lädt sich auf eine Gleichspannung auf, die der mittleren Amplitude von $\underline{U}_2$ entspricht. Amplitudenschwankungen von $\underline{U}_2$ werden nun dadurch unschädlich gemacht, daß bei Ansteigen der HF-Amplituden der Diodendurchlaßwiderstand kleiner

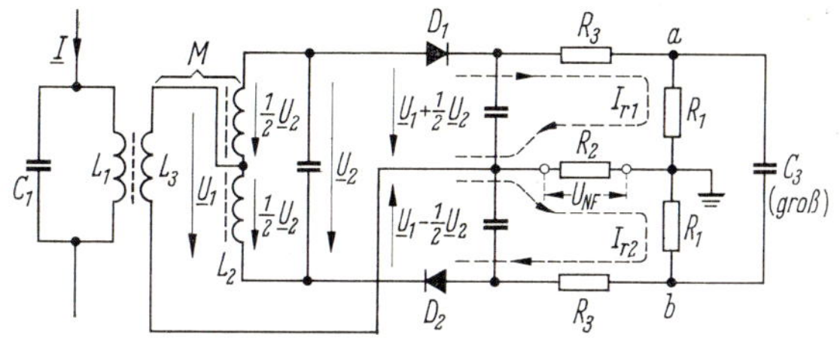


Abb. 7.48. Schaltung des Ratiodetektors

wird und dadurch den HF-Schwingkreis bedämpft bzw. bei Abfallen entdämpft. Der Widerstand $R_3$ (Größenordnung 100 Ω) dient zur Einregulierung der Begrenzung. Die gestrichelten Pfeile kennzeichnen den Weg der NF-Richtströme und sind Richtungspfeile im Gegensatz zu den ausgezogenen Zählpfeilen (vgl. Abschn. 0.2). Die Richtungspfeile geben die Strömungsrichtung der positiven Ladungsträger an, welche im Bild durch die Polung der Dioden $D_1$ und $D_2$ festliegt. Da die Höhe der Richtströme proportional den Spannungsbeträgen $|\underline{U}_1 + \frac{1}{2}\underline{U}_2|$ bzw. $|\underline{U}_1 - \frac{1}{2}\underline{U}_2|$ ist, entsteht über dem Widerstand $R_2$ eine Spannung, die proportional der Differenz $|\underline{U}_0 + \frac{1}{2}\underline{U}_2| - |\underline{U}_1 - \frac{1}{2}\underline{U}_2|$ ist. Die Größenordnung von $R_1$ liegt gewöhnlich bei 10 kΩ, die von $R_2$ bei 1 MΩ.

Eine weitere Möglichkeit zur Demodulation frequenzmodulierter Schwingungen ergibt der Phasendiskriminator unter Verwendung einer Koinzidenzröhre (Abb. 7.49).

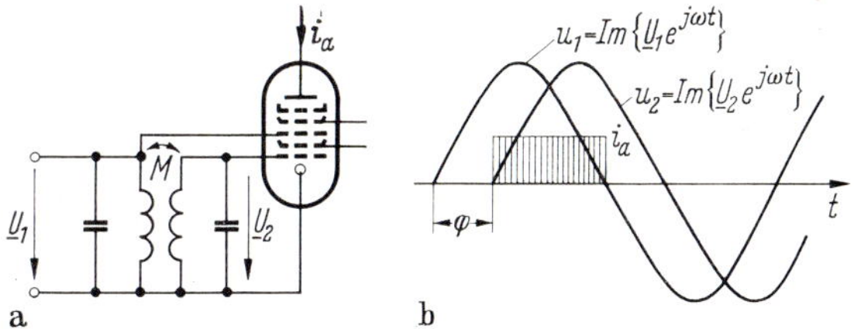


Abb. 7.49. Phasendiskriminator mit Koinzidenzröhre
a Schaltung; b zur Funktion

Eine solche Röhre ist z. B. die EQ 80 der Fa. Philips. Bei dieser fließt, grob betrachtet, Anodenstrom nur, wenn die beiden Steuergitter positiv sind. Dann hat der Anodenstrom einen praktisch konstanten Wert.

Sind die beiden Wicklungen in Abb. 7.49 nicht allzu fest gekoppelt, dann ergibt sich eine frequenzabhängige Phasendrehung $\varphi$ zwischen $\underline{U}_1$ und $\underline{U}_2$. Die Kreise werden so abgestimmt, daß bei der Momentanfrequenz $\Omega = \Omega_0$ die Phasendrehung etwa 90° beträgt. Bei größerer bzw. kleinerer Momentanfrequenz wird die Phasendrehung entsprechend größer bzw. kleiner als 90°. Damit schwankt die jeweilige Stromflußdauer und der mittlere Strom der Röhre proportional der niederfrequenten Zeichenschwingung.

### 7.5.7 Störbeeinflussung bei FM, Vergleich der Störempfindlichkeit mit der bei PM und AM

In bezug auf Fremdstörungen (Rauschen, Zündgeräusche, diskrete Störsender) bietet FM erhebliche Vorteile gegenüber AM. Während man bei AM das Nutz-Störverhältnis nur durch größere Sendeleistung erhöhen kann, ist bei FM die Störbeeinflussung um so geringer, je größer der Phasenhub des Nutzsenders gegenüber dem des Störsenders ist. Als erstes soll die Störbeeinflussung bei FM durch eine sinusförmige Störschwingung betrachtet werden.

Einer Trägerschwingung

$$u_0 = \hat{U}_0 \sin \Omega_0 t \tag{7.101}$$

sei eine sinusförmige Störschwingung (Index $N$ bedeutet Störung bzw. *Noise*)

$$(u_N)_{\mathrm{HF}} = (\hat{U}_N)_{\mathrm{HF}} \sin \Omega_N t \tag{7.102}$$

überlagert, Abb. 7.50. Der Abstand der Störfrequenz von der Trägerfrequenz sei

$$\omega_N = \Omega_N - \Omega_0. \tag{7.103}$$

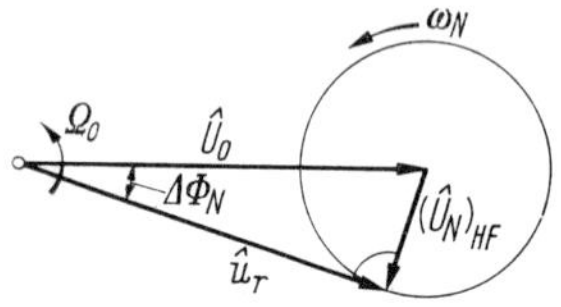

Abb. 7.50. Störung eines FM-Trägers der Amplitude $\hat{U}_0$ durch ein sinusförmiges Störsignal der Amplitude $(\hat{U}_N)_{\mathrm{HF}}$

In Abb. 7.50 rotiert also der Störzeiger $(\hat{U}_N)_{\mathrm{HF}}$ mit der Kreisfrequenz $\omega_N$ um die Spitze des Trägerzeigers. Die Amplitude des resultierenden Zeigers $\hat{u}_r$ ändert sich also periodisch mit $\omega_N$ zwischen den Werten $\hat{U}_0 \pm (\hat{U}_N)_{\mathrm{HF}}$ und der Phasenwinkel periodisch zwischen den Grenzen $\pm \Delta \Phi_N$. Die Störschwingung verursacht demnach sowohl AM als auch PM. Die AM ist aber empfangsseitig unwirksam, da dort ja eine Amplitudenbegrenzung erfolgt. Nur die Phasenauslenkung wird das niederfrequente Ausgangssignal beeinflussen. Die maximale Phasenauslenkung des resultierenden Zeigers infolge der Störung ist

$$\Delta \Phi_N = \arcsin \frac{(\hat{U}_N)_{\mathrm{HF}}}{\hat{U}_0}. \tag{7.104}$$

Unter der Annahme, daß $(\hat{U}_N)_{\mathrm{HF}} \ll \hat{U}_0$ ist, gilt für die hochfrequente Störphasenauslenkung

$$\Delta \Phi_N \approx \frac{(\hat{U}_N)_{\mathrm{HF}}}{\hat{U}_0}. \tag{7.105}$$

Der Störfrequenzhub bei FM ist demnach (vgl. Tab. 7.6)

$$\Delta \Omega_N = \Delta \Phi_N \, \omega_N = \frac{(\hat{U}_N)_{\mathrm{HF}}}{\hat{U}_0} \omega_N. \tag{7.106}$$

Die durch die hochfrequente Störphasenauslenkung verursachte niederfrequente Störamplitude $(\hat{U}_N)_{\mathrm{NF}}$ ist proportional $\Delta \Omega_N$, also

$$(\hat{U}_N)_{\mathrm{NF}} = k \, \Delta \Omega_N = k \frac{(\hat{U}_N)_{\mathrm{HF}}}{\hat{U}_0} \omega_N = k \, 2\pi \frac{(\hat{U}_N)_{\mathrm{HF}}}{\hat{U}_0} f_N. \tag{7.107}$$

$k$ Proportionalitätsfaktor, auch Demodulationssteilheit genannt (hängt vom Demodulator ab).

Die NF-seitig auftretende Störspannung $(\hat{U}_N)_{\mathrm{NF}}$ wird nun verglichen mit dem NF-Nutzsignal einer nichtgestörten frequenzmodulierten Schwingung mit dem Frequenzhub $\Delta \Omega_S$.

Die Nutzamplitude ist

$$(\hat{U}_S)_{\mathrm{NF}} = k \, \Delta \Omega_S. \tag{7.108}$$

(Index $S$ bedeutet *Signal*).

Der Quotient

$$S_{\mathrm{FM}} = \frac{(\hat{U}_N)_{\mathrm{NF}}}{(\hat{U}_S)_{\mathrm{NF}}} = \frac{k (\hat{U}_N)_{\mathrm{HF}} \, \omega_N}{k \, \Delta \Omega_S \, \hat{U}_0} \tag{7.109}$$

gibt also die Wirkung der hochfrequenten Störung auf das niederfrequente Ausgangssignal an und wird als niederfrequentes Störverhältnis bei FM bezeichnet. Der Reziprokwert von $S_{FM}$ heißt Störabstand. Nach Gl. (7.109) wird $S_{FM}$ um so kleiner, je größer der Frequenzhub $\Delta\Omega_S$ und je kleiner die Differenzfrequenz $\omega_N$ von Stör- und Träger- oder Mittenfrequenz $\Omega_0$ ist. Die Differenzfrequenz $\omega_N$ bestimmt nicht nur die Amplitude $(\hat{U}_N)_{NF}$, sie ist auch zugleich die Frequenz der NF-seitig auftretenden Störspannung, denn der resultierende Zeiger $\hat{u}_r$ in Abb. 7.50 pendelt mit der Frequenz $\omega_N$ um die Richtung des Zeigers $\hat{U}_0$ der Trägerschwingung (vgl. auch Abb. 7.35 b). Ist $\omega_S$ die höchste im NF-Netzsignal vorkommende Frequenz, dann wird nach der Demodulation der hochfrequenten FM-Schwingung das NF-Band mittels Tiefpaß $(0 \leq |\omega_1| \leq |\omega_S|)$ begrenzt, so daß diejenigen Störanteile mit $|\omega_N| > |\omega_S|$ nicht wirksam werden. Das maximale Störverhältnis ergibt sich also für $\omega_N = \omega_S$. Damit gilt

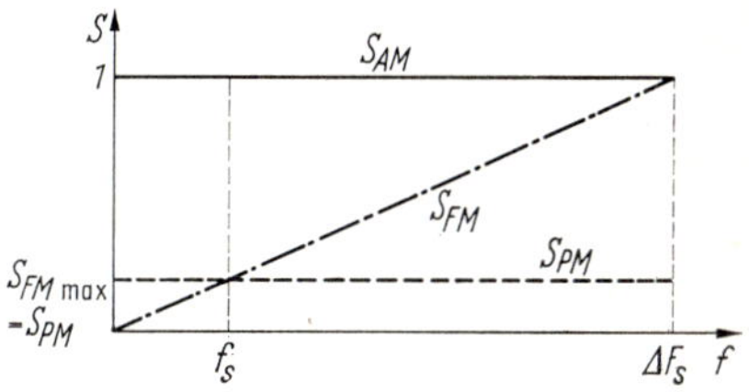

Abb. 7.51. Störeinflüsse bei FM, PM und AM in Abhängigkeit von der Frequenz $f$

$$S_{FM\,max} = \frac{(\hat{U}_N)_{HF}\,\omega_S}{\hat{U}_0\,\Delta\Omega_S} = \frac{(\hat{U}_N)_{HF}}{\hat{U}_0}\,\frac{1}{\eta_{min}}. \tag{7.110}$$

Je größer also der Modulationsindex $\eta_{min}$ ist, desto kleiner ist das Störverhältnis.

Während bei FM die auftretende NF-Amplitude durch den Frequenzhub $\Delta\Omega$ bzw. $\Delta F$ bestimmt wird, ist bei PM der Phasenhub $\Delta\varphi$ (vgl. Tab. 7.6) hierfür maßgebend.

Für das Störsignal ist

$$\Delta\varphi = \Delta\Phi_N = \frac{(\hat{U}_N)_{HF}}{\hat{U}_0} \tag{7.111}$$

und damit

$$(\hat{U}_N)_{NF} = k\,\Delta\Phi_N = k\,\frac{(\hat{U}_N)_{HF}}{\hat{U}_0}. \tag{7.112}$$

Für das Nutzsignal ist

$$\Delta\varphi = \Delta\Phi_S$$

und damit

$$(\hat{U}_S)_{NF} = k\,\Delta\Phi_S. \tag{7.113}$$

Als Störverhältnis bei PM ergibt sich somit

$$S_{PM} = \frac{(\hat{U})_{HF}}{\hat{U}_0}\,\frac{1}{\Delta\Phi_S}. \tag{7.114}$$

Für AM gilt

$$S_{AM} = \frac{(\hat{U}_N)_{HF}}{\hat{U}_0}\,\frac{1}{m_{AM}}. \tag{7.115}$$

$m_{AM}$ AM-Modulationsgrad.

*Beispiel:* Bei UKW-Rundfunk ist $f_{s\,max} = 15$ kHz, $\Delta F_s = 75$ kHz, d. h. $\eta_{min} = 5$. Somit ist $S_{FM\,max} = 0{,}2\,(\hat{U}_N)_{HF}/\hat{U}_0$.
Die Verbesserung des Störabstandes NF gegenüber HF beträgt also 1,6 N bzw. 14 db.

Einen Vergleich der Störverhältnisse bei FM, PM und AM zeigt Abb. 7.51. Für AM ist der günstigste Fall $m_{AM} = 1$ angenommen. Bei FM sind die hohen Frequenzen des NF-Bandes gegenüber Störspannungen empfindlicher als die niedrigeren. Einen Ausgleich erreicht man durch Amplitudenanhebung der hohen Frequenzen vor der Modulation (*Preemphasis*). Nach der Demodulation wird das NF-Signal wieder entzerrt (*Deemphasis*).

Als nächstes soll die Wirkung breitbandigen Rauschens auf eine FM-Schwingung untersucht werden. Abb. 7.52a zeigt ein FM-System, bei dem die FM-Schwingung auf dem Übertragungsweg durch breitbandiges Rauschen gestört wird. In Abb. 7.52b ist als Beispiel für breitbandiges Rauschen das kontinuierliche Amplitudenspektrum des frequenzunabhängigen weißen Rauschens dargestellt (vgl. Abschn. 0.1.3.3). Die Berechnung soll jedoch zunächst für ein allgemeines Rauschspektrum durchgeführt werden und erst gegen Ende auf den Fall des weißen Rauschens spezialisiert werden.

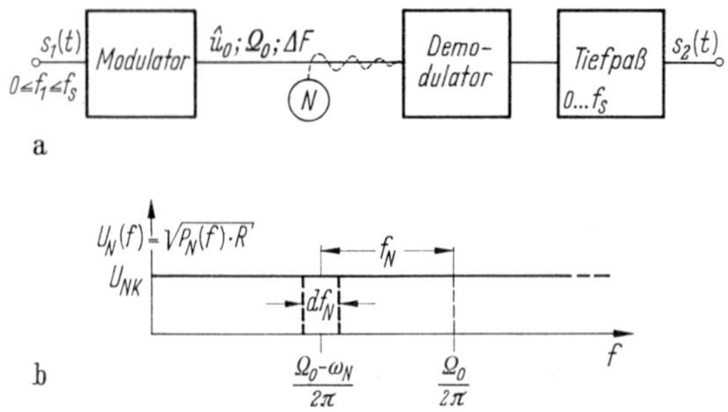


Abb. 7.52. Störung eines FM-Systems durch weißes Rauschen
a Blockschaltung des gestörten Übertragungssystems; b Amplitudenspektrum des weißen Rauschens und sein Störeinfluß

Betrachtet man ein schmales Stück der differentiellen Breite $df_N$ an der Stelle $f$ eines kontinuierlichen Spektrums $U_N(f)$, dann verhält sich dieses wie eine Sinusschwingung der Frequenz $f$ und dem Effektivwert

$$dU_{N\mathrm{eff}} = U_N(f)\sqrt{df_N}\,. \tag{7.116}$$

$U_N(f)$ hat die Dimension Spannung pro Wurzel aus Frequenz, weil sich das Spektrum für die Rauschspannung aus dem dazugehörigen primären Leistungsspektrum $P_N(f)$ herleitet [Gl. (0.29)].

Da ein einzelner Störspannungsanteil $U_N(f)\sqrt{df_N}$ wie eine einzelne sinusförmige Störspannung wirkt, kann seine Wirkung auf eine FM-Schwingung auf das NF-Signal hinter dem Demodulator mit Gl. (7.107) berechnet werden. Berücksichtigt man, daß Gl. (7.107) für die Amplitude ursprünglich abgeleitet war, in Gl. (7.116) jedoch der Effektivwert steht, dann ergibt sich als Teilstörung $d(U_N)_{\mathrm{NF}}$ hinter dem Demodulator folgender Effektivwert (statt $\hat{U}_N$ jetzt $U_N$):

$$d(U_N)_{\mathrm{NF}} = k\,2\pi\frac{U_N(f)\sqrt{df_N}}{\hat{U}_0}f_N = 2\pi k\frac{U_N(f)}{\hat{U}_0}f_N\sqrt{df_N}\,. \tag{7.117}$$

Der Effektivwert der gesamten hinter dem Tiefpaß in Abb. 7.52a auftretenden Störspannung ergibt sich durch leistungsmäßige Addition aller Einzelkomponenten, die in das NF-Band fallen. Das heißt, daß der Effektivwert der gesamten Störspannung hinter dem Demodulator sich aus der quadratischen Summe der Effektivwerte der einzelnen Störspannungsanteile zusammensetzt. Da nur alle HF-Störkomponenten, die im Bereich

$$\frac{\Omega_0}{2\pi} - f_s \leqq \frac{\Omega_0}{2\pi} \leqq \frac{\Omega_0}{2\pi} + f_s \tag{7.118}$$

liegen, zur Gesamtspannung hinter dem Tiefpaß beitragen, ist über dem Frequenzbereich von $-f_s$ bis $+f_s$ zu integrieren. Der Effektivwert der Gesamtspannung hinter dem Tiefpaß ist:

$$(U_N)_{\mathrm{NF}} = \sqrt{\int\limits_{-f_s}^{+f_s}[d(U_N)_{\mathrm{NF}}]^2} = \sqrt{\int\limits_{-f_s}^{+f_s}\left[2k\pi\frac{U_N(f)}{\hat{U}_0}f_N\right]^2 df_N}\,. \tag{7.119}$$

Speziell für weißes Rauschen ist $U_N(f) = U_{NK}$ konstant. Damit folgt

$$(U_N)_{\mathrm{NF}} = 2k\pi\frac{U_{NK}}{\hat{U}_0}\sqrt{\frac{1}{3}f_N^3\Big]_{-f_s}^{+f_s}} = \frac{2\sqrt{2}}{\sqrt{3}}k\pi\frac{U_{NK}}{\hat{U}_0}f_s^{3/2}\,. \tag{7.120}$$

Der Effektivwert des NF-Nutzsignals einer nicht gestörten FM-Schwingung mit dem Frequenzhub $\Delta\Omega_s$ ist nach Gl. (7.108)

$$(U_s)_{\mathrm{NF}} = \frac{k\Delta\Omega_s}{\sqrt{2}} = \sqrt{2}\pi\, k\Delta F_s. \tag{7.121}$$

Somit ergibt sich für das niederfrequente Störverhältnis bei weißem Rauschen

$$\frac{(U_s)_{\mathrm{NF}}}{(U_N)_{\mathrm{NF}}} = \frac{\sqrt{3}}{2}\,\frac{\hat{U}_0}{U_{NK}}\,\frac{\Delta F_s}{f_s^{3/2}}. \tag{7.122}$$

Je größer $\Delta F_s$ und je kleiner $f_s$ gewählt wird, um so besser ist das niederfrequente Störverhältnis.

Abschließend soll noch das NF-Störverhältnis mit dem HF-Störverhältnis verglichen werden. Nach Abschn. 7.5.3 und Tab. 7.7 ist das Spektrum einer FM-Schwingung im wesentlichen auf den Bereich $\Omega_0 \pm (\Delta\Omega + \omega_s)$ beschränkt.

Unter der Annahme, daß $\Delta\Omega \gg \omega_s$ ist, ergibt sich der Effektivwert des hochfrequenten weißen Rauschens im Frequenzbereich $-\Delta F_s$ bis $+\Delta F_s$ durch leistungsmäßige Addition mit $U_N(f) = U_{NK}$ und Abb. 7.52

$$(U_N)_{\mathrm{HF}} = \sqrt{\int\limits_{-\Delta F_s}^{+\Delta F_s} \left(U_{NK}\sqrt{df_N}\right)^2} = U_{NK}\sqrt{2\Delta F_s}. \tag{7.123}$$

Mit dem Effektivwert des Nutzsignals

$$(U_s)_{\mathrm{HF}} = \frac{\hat{U}_0}{\sqrt{2}} \tag{7.124}$$

ergibt sich das hochfrequente Störverhältnis zu

$$\frac{(U_s)_{\mathrm{HF}}}{(U_N)_{\mathrm{HF}}} = \frac{\hat{U}_0}{2U_{NK}\sqrt{\Delta F_s}}. \tag{7.125}$$

Das Verhältnis der HF-Störung zur NF-Störung errechnet sich zu

$$\frac{\left(\dfrac{U_s}{U_N}\right)_{\mathrm{NF}}}{\left(\dfrac{U_s}{U_N}\right)_{\mathrm{HF}}} = \sqrt{3}\left(\frac{\Delta F_s}{f_s}\right)^{3/2} = \sqrt{3}\,\eta_{\min}^{3/2}. \tag{7.126}$$

Je größer dieses Verhältnis ist [Gl. (7.126)], desto unwirksamer sind die Störungen. Deshalb wählt man bei FM den Frequenzhub oft $\Delta F$ wesentlich größer als die NF-Bandbreite $f_s$.

## 7.6 Pulsmodulation

Die Systeme mit Frequenzselektion erfordern eine hohe Linearität des Übertragungsweges. Schon kleinere Nichtlinearitäten führen wegen der dadurch entstehenden Oberwellen, Summen- und Differenzfrequenzen zu (meist unverständlichem) Nebensprechen (vgl. Abschn. 7.4.4). Die Schwierigkeiten werden um so größer, je höher die Kanalzahlen und damit auch die Gesamtbandbreite der Systeme wird. Darum begann man in den dreißiger Jahren mit der Entwicklung von Zeitselektionssystemen, bei denen nichtlineare Verzerrungen keine so große Rolle spielen. Ein modulierter Puls nach Abb. 7.6b ist aber meist noch nicht zur unmittelbaren Übertragung geeignet, sondern muß erst noch durch Modulation eines Sinusträgers in eine geeignete Frequenzlage transponiert werden. Diese liegt z. B. bei Richtfunksystemen im Gigahertzbereich, wo der übertragbare Dynamikbereich gering ist. Bei Zeitselektionssystemen ist darum die Kombination von Pulsmodulationsart und anschließender Sinusträgermodulation wichtig. Bei geringem Dynamikumfang kann z. B. wohl PDM nicht aber PAM mit einer anschließenden AM eines Sinusträgers möglich sein (Abschn. 7.6.2).

In allen Zeitselektionssystemen darf die Zeitfunktion einer Nachricht nur in periodisch auftretenden Zeitintervallen $\Delta t$ von Null verschieden sein (Abb. 7.3). Das ist jedoch oft nicht von vornherein der Fall. Auf Grund des Abtasttheorems läßt sich aber jede bandbegrenzte Funktion ohne Informationsverlust in eine solche Form überführen.

### 7.6.1 Das Abtasttheorem

Das Abtasttheorem ist bereits mit Gl. (7.1) angegeben worden. Es sagt aus, daß ein Signal, welches als höchste Frequenzkomponente die Frequenz $f_{\max}$ enthält, eindeutig durch einzelne Funktionswerte im zeitlichen Abstand $1/(2f_{\max})$ oder dichter definiert ist.

Wegen seiner fundamentalen Bedeutung wird im folgenden eine Herleitung des Abtasttheorems gegeben. Betrachtet wird eine beliebige Zeitfunktion $u(t)$, deren

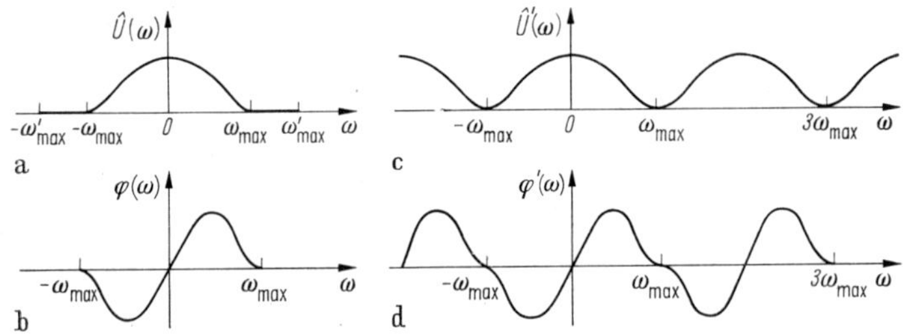


Abb. 7.53. Zur Herleitung des Abtasttheorems
a Amplitudenspektrum einer Funktion endlicher Bandbreite; b zugehöriges Phasenspektrum; c Amplitudenspektrum periodisch fortgesetzt; d Phasenspektrum periodisch fortgesetzt

Amplitudenspektrum $\hat{U}(\omega)$ und damit auch Phasenspektrum $\varphi(\omega)$ beschränkt ist (Abb. 7.53a und 7.53b). Mathematisch lassen sich beide Spektren durch das komplexe Spektrum $\underline{U}(\mathrm{j}\,\omega)$ erfassen [Gl. (0.23)]. Den Zusammenhang zwischen Zeitfunktion $u(t)$ und Spektrum $\underline{U}(\mathrm{j}\,\omega)$ gibt Gl. (0.26) wieder, wobei jetzt wegen der auf $\pm\omega_{\max}$ beschränkten Bandbreite gilt

$$u(t) = \frac{1}{2\pi} \int\limits_{-\omega_{\max}}^{+\omega_{\max}} \underline{U}(\mathrm{j}\,\omega)\,\mathrm{e}^{\mathrm{j}\,\omega t}\,d\omega. \tag{7.127}$$

Wählt man für die Zeit $t$ diskrete Punkte im Abstand $T_A = \dfrac{2\pi}{2\omega_{\max}}$ bzw. setzt man

$$t = -k\,T_A = -k\,\frac{\pi}{\omega_{\max}} \quad \text{mit} \quad k = \pm 0;\ \pm 1;\ \pm 2\ldots, \tag{7.128}$$

dann ist

$$u(-k\,T_A) = u\left(-\frac{k\,\pi}{\omega_{\max}}\right) = \frac{1}{2\pi} \int\limits_{-\omega_{\max}}^{+\omega_{\max}} \underline{U}(\mathrm{j}\,\omega)\,\mathrm{e}^{-\mathrm{j}\,k\,\pi\frac{\omega}{\omega_{\max}}}\,d\omega. \tag{7.129}$$

Die gegebenen Spektren $\hat{U}(\omega)$ und $\varphi(\omega)$ mit der beschränkten Bandbreite von $2\omega_{\max}$ mögen jetzt periodisch fortgesetzt werden, wie das in Abb. 7.53c und 7.53d gezeigt ist. Auf diese Weise erhält man die periodischen Frequenzfunktionen $\hat{U}'(\omega)$ und $\varphi'(\omega)$, welche die Periode $2\omega_{\max}$ haben. Periodische Funktionen lassen sich aber nach Fourier durch Überlagerung von Sinusschwingungen darstellen, deren Periodendauern ganzzahlige Bruchteile der Periodendauer der gegebenen Schwingung ist. Man faßt nun die periodischen Spektren $\hat{U}'(\omega)$ und $\varphi'(\omega)$ zum periodischen komplexen Spektrum $\underline{U}'(\mathrm{j}\,\omega)$ zusammen und stellt diese entsprechend Gl. (0.13) als Fourier-Reihe dar. Dazu nimmt man in Gl. (0.13) folgende Ersetzungen vor

$$t \mathrel{\hat{=}} \omega; \quad T \mathrel{\hat{=}} 2\omega_{\max}; \quad \omega_0 = \frac{2\pi}{T} \mathrel{\hat{=}} \frac{2\pi}{2\omega_{\max}} = \frac{\pi}{\omega_{\max}}; \quad u(t) \mathrel{\hat{=}} \underline{U}'(\mathrm{j}\,\omega).$$

Somit ergibt sich nach Gl. (0.13)

$$\underline{U}'(\mathrm{j}\,\omega) = \frac{1}{2\omega_{\max}} \sum_{k=-\infty}^{+\infty} c_k\, \mathrm{e}^{\mathrm{j}k\frac{\pi}{\omega_{\max}}\omega} \tag{7.130}$$

und mit Gl. (0.14)

$$c_k = \int_{-\omega_{\max}}^{+\omega_{\max}} \underline{U}'(\mathrm{j}\,\omega)\, \mathrm{e}^{-\mathrm{j}k\pi\frac{\omega}{\omega_{\max}}}\, d\omega. \tag{7.131}$$

Da im Bereich $-\omega_{\max} \leqq \omega \leqq +\omega_{\max}$ die Spektren $\underline{U}(\mathrm{j}\,\omega)$ und $\underline{U}'(\mathrm{j}\,\omega)$ gleich sind, folgt aus Gl. (7.129) und Gl. (7.131)

$$u(t = -k\,T_A) = \frac{1}{2\pi} c_k. \tag{7.132}$$

Ist also die Zeitfunktion $u(t)$ nur zu diskreten Zeitpunkten $k\,T_A$ gegeben, dann können somit mit Gl. (7.132) die Fourier-Koeffizienten $c_k$ bestimmt werden. Die Fourier-Koeffizienten $c_k$ wiederum ermöglichen mit Gl. (7.130) die Berechnung

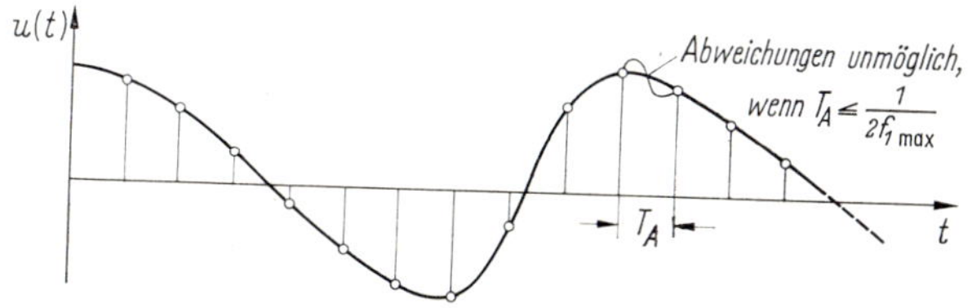


Abb. 7.54. Zur Erläuterung der Anwendung des Abtasttheorems

des Spektrums $\underline{U}'(\mathrm{j}\,\omega)$ bzw. $\underline{U}(\mathrm{j}\,\omega)$ und aus $\underline{U}(\mathrm{j}\,\omega)$ kann schließlich mit Gl. (7.127) die vollständige Zeitfunktion $u(t)$ berechnet werden. Voraussetzung ist, daß die Bandbreite der Zeitfunktion $u(t)$ auf $\pm\omega_{\max}$ beschränkt ist und die Abtastpunkte im Abstand $T_A = \pi/\omega_{\max}$ [Gl. (7.128)] liegen. Wählt man die Bandbreite größer als erforderlich, beispielsweise bis $\pm\omega'_{\max}$ (Abb. 7.53), dann liegen die Abtastzeitpunkte entsprechend enger. Damit ist die Gültigkeit des Abtasttheorems bewiesen:

$$T_A \leqq \frac{\pi}{\omega_{\max}} = \frac{1}{2f_{\max}}. \tag{7.133}$$

Abb. 7.54 illustriert die Anwendung des Abtasttheorems an einer willkürlichen Zeitfunktion beschränkter Bandbreite.

### 7.6.2 Übertragungsverfahren

Nach dem Abtasttheorem genügt es, wenn man z. B. ein Signal mit einer Bandbreite von 300 ··· 3400 Hz mit einer Pulsfrequenz von 6800 Hz abtastet und anstelle der Zeichenschwingung nur einzelne Proben (Amplitudenwerte) überträgt. In der Praxis wählt man meist eine Pulsfrequenz von 8000 Hz ($T = 125\,\mu$s), um bei der Demodulation einfachere Filter mit geringerer Flankensteilheit verwenden zu können (vgl. Abschn. 7.6.3.4). In häufig gebauten Systemen verwendet man 24 Einzelkanäle, von denen einer zur Synchronisierung von Sende- und Empfangsseite dient (Abb. 7.55).

Die mit einer Abtastschaltung gewonnenen Impulse stellen eine bipolare PAM (vgl. Abschn. 7.2) dar, d. h., die zu modulierende Zeitfunktion darf positive und negative Werte annehmen. Soll eine andere Pulsmodulationsart verwendet werden, so müssen die aus der Abtastschaltung gewonnenen Impulse durch entsprechende Schaltungen in PDM- oder PPM- usw. Pulse umgeformt werden. Drei Pulsmodulationsverfahren haben bisher praktische Bedeutung erlangt: PAM, PPM und PCM.

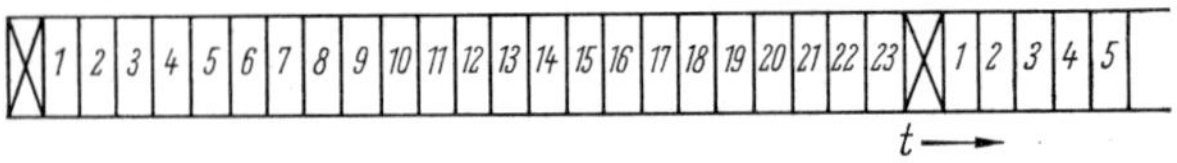


Abb. 7.55. Typische Kanalfolge in Pulssystemen

Pulsmodulierte Signale werden im allgemeinen nicht in der Form, wie sie am PAM-Modulatorausgang vorliegen, auf den Übertragungsweg gegeben. Normalerweise müssen sie erst in einem weiteren Schritt durch Modulation eines hochfrequenten Sinusträgers in eine für die Übertragung geeignete Frequenzlage gebracht werden. In der Praxis werden folgende Übertragungsverfahren angewandt:

**PAM-FM**

Das durch zeitliche Bündelung mehrerer Signale entstandene PAM-Signal moduliert vor der Übertragung einen HF-Träger in der Frequenz (Abb. 7.56a). Ampli-

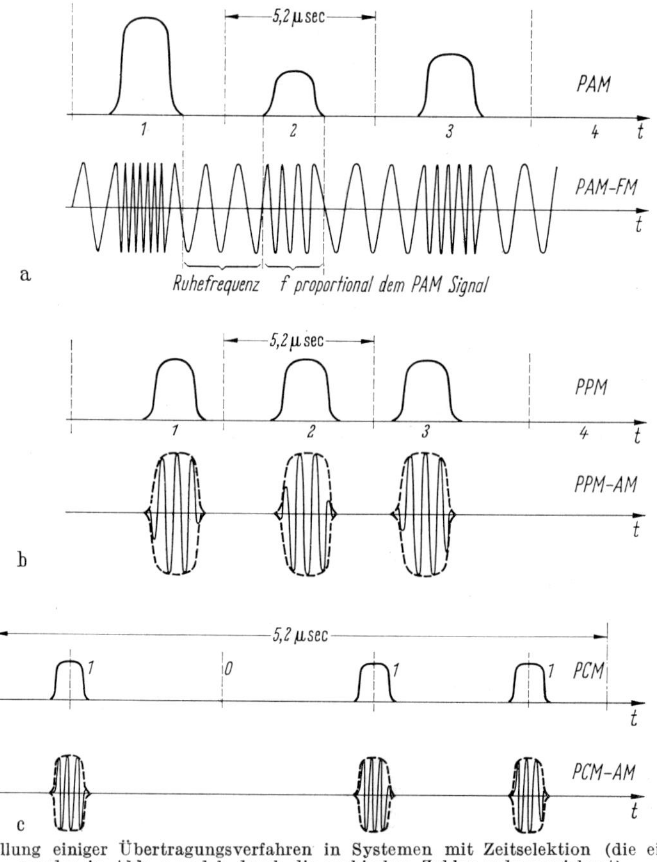


Abb. 7.56. Darstellung einiger Übertragungsverfahren in Systemen mit Zeitselektion (die einzelnen Kanäle werden in Abb. a und b durch die arabischen Zahlen gekennzeichnet)
a PAM-FM; b PPM-AM; c PCM-AM

tudenstörungen auf dem Übertragungsweg verursachen im allgemeinen nur geringe Empfangsstörungen, da vor der Demodulation eine Amplitudenbegrenzung des FM-Signals erfolgt.

**PPM-AM**

Das zeitlich gebündelte PPM-Signal moduliert vor der Übertragung einen HF-Träger (Abb. 7.56b) in der Amplitude. Amplitudenstörungen auf dem übertragenen PPM-AM-Signal verursachen nur geringe Empfangsstörungen.

**PCM-AM**

Das zeitlich gebündelte PCM-Signal moduliert vor der Übertragung einen HF-Träger (Abb. 7.56c) in der Amplitude.

Anmerkung: Die PCM ist dadurch gekennzeichnet, daß zu definierten Zeiten definierte Amplituden vorhanden sind oder nicht (ja/nein — 1/0 — binär). Amplitudenstörungen können durch Begrenzung weitgehend unschädlich gemacht werden. Näheres über PCM folgt in Teil III, Abschn. 8.6.

### 7.6.3 Pulsamplitudenmodulation (PAM)

#### 7.6.3.1 Die Abtastfunktion

Zur Abtastung der primären Zeichenschwingung können schmale Rechteckimpulse zu äquidistanten Zeitpunkten $n\,T_A$ verwendet werden (Abb. 7.57). Die Abtastimpulse müssen jedoch nicht unbedingt rechteckig sein. In vielen Fällen ist eine andere Impulsform zweckmäßiger, z. B. eine solche, die im Zeitbereich möglichst schmale Impulse gibt und die gleichzeitig eine möglichst kleine Bandbreite im Frequenzbereich einnimmt. Je schmaler nämlich die Impulse bei gegebener Bandbreite sind, desto mehr Kanäle lassen sich im Zeitvielfach übertragen (Abb. 7.3).

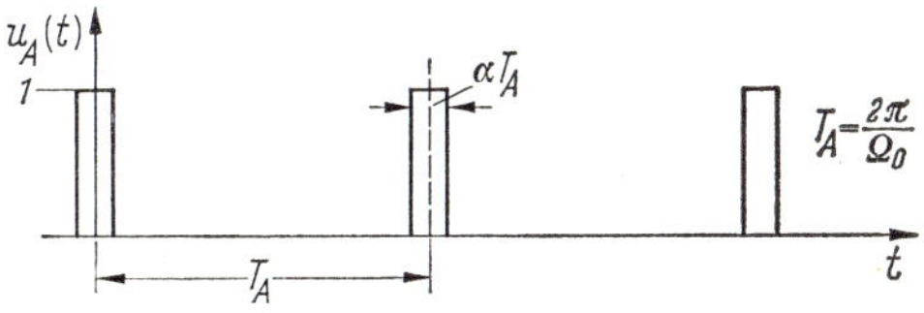

Abb. 7.57. Zeitlicher Verlauf der Abtastfunktion $u_A(t)$

Für die Abtastfunktion $u_A(t)$ mit schmalen Rechteckimpulsen nach Abb. 7.57 gilt die folgende Fourier-Darstellung mit $\Omega_0 = 2\pi/T_A$ (vgl. Abschn. 0.1.3.1)

$$u_A(t) = \alpha\left\{1 + \frac{2}{\alpha\,\pi}\left[\sin\alpha\,\pi\cos\Omega_0\,t + \right.\right.$$
$$\left.\left. + \frac{1}{2}\sin 2\alpha\,\pi\cos 2\Omega_0\,t + \frac{1}{3}\sin 3\alpha\,\pi\cos 3\Omega_0\,t + \cdots\right]\right\}. \qquad (7.134)$$

Da der Kosinus eine gerade Funktion ist, kann man Gl. (7.134) auch folgendermaßen schreiben:

$$u_A(t) = \alpha\left\{1 + \frac{1}{\alpha\,\pi}\left[\sin\alpha\,\pi\cos\Omega_0\,t + \frac{1}{2}\sin 2\alpha\,\pi\cos 2\Omega_0\,t + \frac{1}{3}\sin 3\alpha\,\pi\cos 3\Omega_0 + \cdots\right.\right.$$
$$\left.\left. + \sin\alpha\,\pi\cos(-\Omega_0)\,t + \frac{1}{2}\sin 2\alpha\,\pi\cos(-2\Omega_0)\,t + \frac{1}{3}\sin 3\alpha\,\pi\cos(-3\Omega_0)\,t + \cdots\right]\right\}.$$

$$u_A(t) = \alpha\sum_{k=-\infty}^{k=+\infty}\frac{\sin k\,\alpha\,\pi}{k\,\alpha\,\pi}\cos k\,\Omega_0\,t = \sum_{k=-\infty}^{k=+\infty}\hat{U}_k\cos k\,\Omega_0\,t. \qquad (7.135)$$

Das diskrete Amplitudenspektrum $\hat{U}_k$ von Gl. (7.135) ist in Abb. 7.58 dargestellt. Seine Hüllkurve $H(k)$ verläuft nach einer $(\sin x)/x$-Funktion (genauso wie auch das kontinuierliche Spektrum eines einzelnen Rechteck- bzw. Abtastimpulses verläuft).

$$H(k) = \alpha\frac{\sin k\,\alpha\,\pi}{k\,\alpha\,\pi} = \frac{\sin k\,\alpha\,\pi}{k\,\pi}, \qquad (7.136)$$

$$\lim_{k\to 0} H(k) = \alpha. \qquad (7.137)$$

Die einzelnen Spektrallinien liegen bei den diskreten Frequenzen

$$f = k\frac{\Omega_0}{2\pi} = \frac{k}{T_A}. \tag{7.138}$$

Werden anstatt Rechteckimpulsen nach Abb. 7.57 andere Impulsformen als Abtastimpulse verwendet, so ändert sich lediglich die Hüllkurve $H(k)$, solange die Ab-

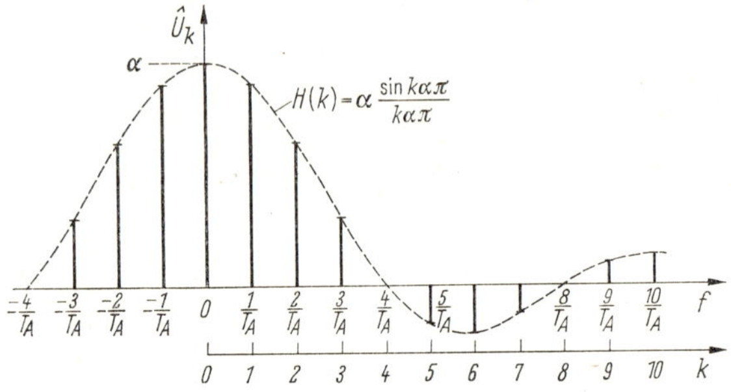


Abb. 7.58. Hüllkurve des diskreten Amplitudenspektrums der Abtastfunktion mit $\alpha = 1/4$

tastfrequenz gleichbleibt. Wird z. B. als Impulsform eine Cosinus-Quadrat-Form gewählt, dann ergibt sich der Hüllkurvenverlauf qualitativ nach Abb. 7.59b, in

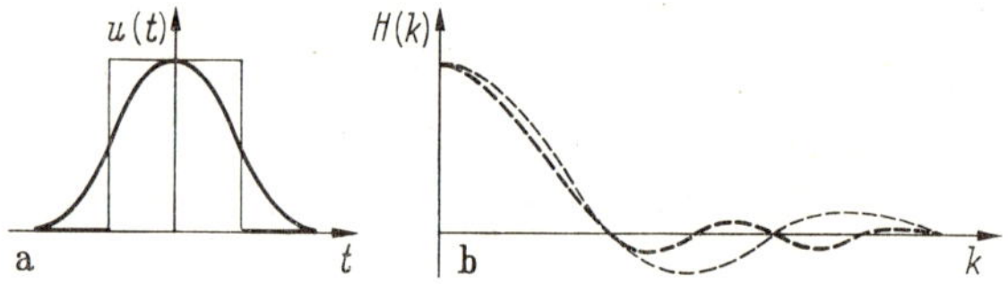


Abb. 7.59. Hüllkurve des diskreten Amplitudenspektrums einer Abtastfunktion mit Rechteckimpulsen (dünner gezeichnete Kurven) und mit $\cos^2$-Impulsen (stärker gezeichnete Kurven)

welchem die hohen Frequenzen mit kleinerer Amplitude auftreten, was für die Übertragung im allgemeinen von Vorteil ist.

### 7.6.3.2 Die getastete Sinusschwingung

Die NF-Zeichenschwingung sei eine Sinusfunktion

$$s_1(t) = \hat{S}_1 \sin\omega_1 t. \tag{7.139}$$

Das Spektrum der getasteten Sinusschwingung errechnet sich durch Multiplikation von $s_1(t)$ mit $u_A(t)$ nach Gl. (7.135)

$$u_s(t) = u_A(t)\, s_1(t) = \alpha \sum_{k=-\infty}^{k=+\infty} \frac{\sin k\alpha\pi}{k\alpha\pi} \cos k\Omega_0 t\, \hat{S}_1 \sin\omega_1 t. \tag{7.140}$$

Mit Hilfe der trigonometrischen Hilfsformel

$$\cos\alpha \sin\beta = \tfrac{1}{2}\sin(\alpha+\beta) - \tfrac{1}{2}\sin(\alpha-\beta)$$

folgt

$$u_s(t) = \frac{\alpha \hat{S}_1}{2} \sum_{k=-\infty}^{k=+\infty} \frac{\sin k\alpha\pi}{k\alpha\pi} [\sin(k\Omega_0 + \omega_1)t - \sin(k\Omega_0 - \omega_1)t]$$

$$= \sum_{k=-\infty}^{+\infty} \hat{U}_{ks}[\sin(k\Omega_0 + \omega_1)t - \sin(k\Omega_0 - \omega_1)t]. \tag{7.141}$$

Man erhält

$$
\begin{aligned}
k = 0: \quad & u_s(t) = \frac{\alpha \hat{S}_1}{2} \Big\{ [\sin \omega_1 t + \sin \omega_1 t] + \\
k = +1: \quad & + \frac{\sin \alpha \pi}{\alpha \pi} [\sin (\Omega_0 + \omega_1) t - \sin (\Omega_0 - \omega_1) t] + \\
k = +2: \quad & + \frac{\sin 2 \alpha \pi}{2 \alpha \pi} [\sin (2 \Omega_0 + \omega_1) t - \sin (2 \Omega_0 - \omega_1) t] + \\
& + \cdots \Big\} .
\end{aligned} \tag{7.142}
$$

Negative Werte von $k$ liefern dieselben Anteile wie positive $k$. Für $k = 0, \pm 1, \pm 2 \ldots$ wird aus Gl. (7.141)

$$
\begin{aligned}
u_s(t) = \alpha \hat{S}_1 \Big\{ & \sin \omega_1 t + \frac{\sin \alpha \pi}{\alpha \pi} [\sin (\Omega_0 + \omega_1) t - \sin (\Omega_0 - \omega_1) t] + \\
& + \frac{\sin 2 \alpha \pi}{2 \alpha \pi} [\sin (2 \Omega_0 + \omega_1) t - \sin (2 \Omega_0 - \omega_1) t] + \cdots \Big\} .
\end{aligned} \tag{7.143}
$$

Im Unterschied zur Abtastfunktion enthält die getastete Sinusschwingung die Frequenzen

$$\omega_1; \quad \pm (\Omega_0 \pm \omega_1); \quad \pm (2 \Omega_0 \pm \omega_1); \quad \pm (n \, \Omega_0 \pm \omega_1),$$

die mit der halben Amplitude auftreten verglichen mit den Frequenzen

$$0; \quad \pm \Omega_0; \quad \pm 2 \Omega_0; \quad \pm n \, \Omega_0$$

bei der Abtastfunktion (s. Abb. 7.60).

### 7.6.3.3 Abtastschaltungen

Ein PAM-Signal entsteht durch Multiplikation der NF-Zeichenschwingung mit der Abtastfunktion $u_A(t)$, (Abb. 7.60). Anders ausgedrückt heißt das, daß die NF-Zeichenschwingung in periodischen Zeitabständen der Dauer $T_A$ nur jeweils für

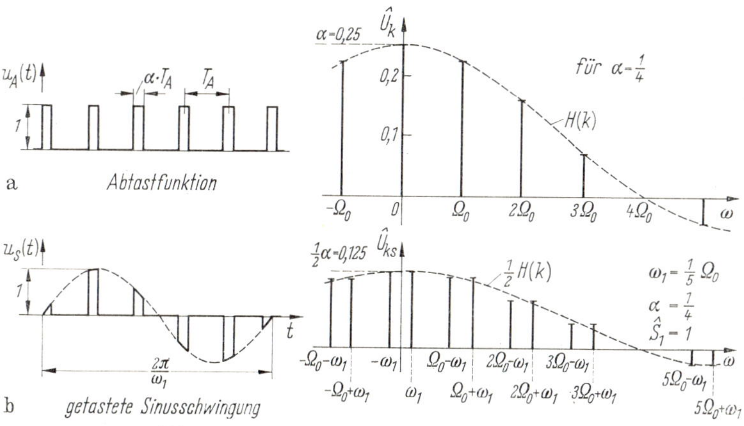


Abb. 7.60. Zeitfunktion und Amplitudenspektrum
a) der Abtastfunktion und b) der getasteten Sinusschwingung aufgetragen über der Kreisfrequenz $\omega$

die sehr kurze Zeitdauer $\alpha \, T_A$ durchgeschaltet wird und während der übrigen Zeit abgeschaltet bleibt. Man bezeichnet dies als *Abtastung* oder auch als *Zeitfilterung* (vgl. Abschn. 7.2).

Selbstverständlich kann bei hohen Abtastfrequenzen kein mechanischer Schalter nach Abb. 7.4b verwendet werden. Dieses Bild dient nur zur Veranschaulichung der Funktion. In der Praxis werden solche Abtaster elektronisch realisiert. Sie bestehen aus einem Generator für die Abtastfunktion und einer Abtastschaltung (gesteuerter Schalter). Als Generator für die Abtastfunktion kann beispielsweise ein astabiler Multivibrator (Teil I, Kap. 4.3.4) verwendet werden. Im folgenden wird nur die Wirkungsweise einer Abtastschaltung beschrieben.

Grundsätzlich lassen sich die in Abb. 7.20 dargestellten Schaltungen als Abtastschaltungen zur PAM benutzen. Es ist lediglich der Generator für die Trägerfrequenz $\Omega_0$ durch einen Generator für die Abtastfunktion zu ersetzen. Die in Abb. 7.20 gezeigten Schaltungen erfordern entweder einen erdsymmetrischen Generator für die Abtastfunktion, der also nicht einseitig geerdet werden darf (bei den oberen beiden Abbildungen) oder relativ große Übertrager für die niederfrequente Zeichenschwingung (in der unteren Abbildung). Ferner muß der Abtastspannung noch eine konstante Gleichspannung überlagert werden, damit die Dioden in den Abtastpausen sicher gesperrt sind (in den unteren beiden Abbildungen) bzw. sicher durchlässig sind (in der oberen Abbildung). Abb. 7.61 zeigt eine Abtastschaltung, die in der Praxis häufig verwendet wird und die sich sehr bewährt hat. Die Generatoren für die niederfrequente Zeichenschwingung ($\omega_1$) und für die Abtastfunktion sowie die entstehende PAM-Spannung $U_{\text{PAM}}$ sind erdunsymmetrisch. Der Übertrager $Tr$ ist ein Impulsübertrager, dessen untere Grenzfrequenz relativ hoch sein darf. Er läßt sich in der Regel mit wenigen Windungen auf HF-Eisenkern oder Ferritkern realisieren. Während der Dauer eines Abtastimpulses werden die beiden Dioden durchlässig. Dadurch gelangt für dieses Zeitintervall die niederfrequente Zeichenschwingung der Frequenz $\omega_1$ an den Lastwiderstand $R_L$. Der während der Impulsdauer durch die Dioden fließende Richtstrom ruft an den $R_1\,C_1$-Kombinationen eine automatische Vorspannung hervor, die sicherstellt, daß die Dioden in den anschließenden Zeitintervallen während der Impulslücken sicher gesperrt bleiben. Damit kann also während der Abtastpausen die NF-Zeichenschwingung nicht an den Widerstand $R_L$ gelangen. Die durch die $R_1\,C_1$-Kombinationen gebildete Zeitkonstante muß wesentlich größer als die Abtastperiodendauer $T_A$ sein. Die Widerstände $R_2$ dienen zur Bedämpfung der (normalerweise realen) Übertrager, die sonst während der Abtastpausen leer liefen.

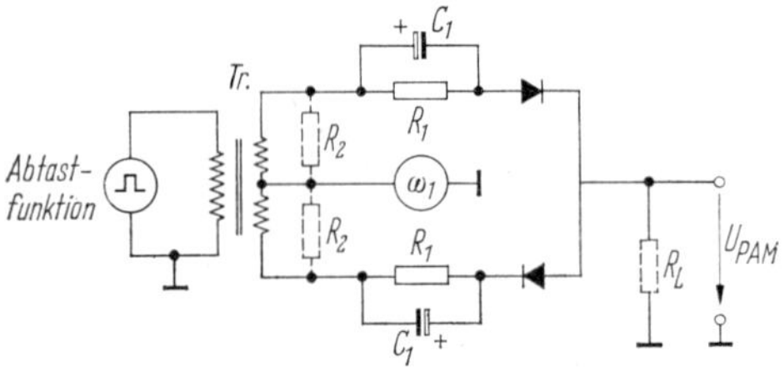

Abb. 7.61. Abtastschaltung für PAM

### 7.6.3.4 Demodulation von PAM

Wie aus dem Spektrum des PAM-Signals bzw. der getasteten Sinusschwingung nach Gl. (7.143) hervorgeht, kann die Demodulation von PAM in einfacher Weise durch einen Tiefpaß der Grenzfrequenz $\omega_{1\,\max}$ erreicht werden. $\omega_{1\,\max}$ ist dabei die höchste Frequenz, die im Spektrum der niederfrequenten Zeichenschwingung vorkommt.

In Abb. 7.62 ist diese Methode am Beispiel der getasteten Sinusschwingung dargestellt. Es wird die Komponente mit der Frequenz $\omega_1$ durchgelassen. Die nächsthöhere (unerwünschte) Komponente ist $\Omega_0 - \omega_1$. Um diese beiden Frequenzen trennen zu können, muß für die Flanke des Tiefpasses im allgemeinen ein gewisser Frequenzbereich $\Delta f$ ausgespart bleiben. Ist die höchste NF-Zeichenfrequenz $f_{1\,\max} = 3{,}4$ kHz und die

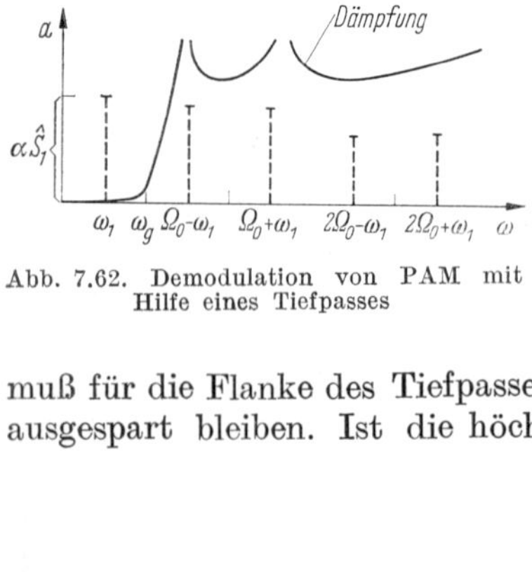

Abb. 7.62. Demodulation von PAM mit Hilfe eines Tiefpasses

Abtastfrequenz $f_T = 8$ kHz ($T = 125$ μs), dann ergibt sich für die Filterflankensteilheit bzw. für den Frequenzbereich $\Delta f$

$$\Delta f = f_T - 2 f_{1\,\max} = 8 - 6{,}8 = 1{,}2\ \text{kHz}. \tag{7.144}$$

Hätte man eine kleinere Abtastfrequenz gewählt, dann wären Filter mit größerer Flankensteilheit erforderlich gewesen.

Die Amplitude der demodulierten Sinusschwingung ist nach Gl. (7.143) gleich $\alpha \hat{S}_1$. Der Übertragungsfaktor für Modulation und Demodulation der verlustfreien PAM ist also gleich dem Tastverhältnis $\alpha$.

## 7.7 Selektion durch unterschiedliche Modulationsverfahren

In Abschn. 7.2 wurden bei der Behandlung der Selektionskennzeichen im wesentlichen die Frequenzselektionen (für die die Amplituden- und Winkelmodulation eines Sinusträgers in Frage kommen) und die Zeitselektion (für die die Pulsmodulationsarten in Frage kommen) behandelt. Ein nicht selten angewandtes weiteres grundsätzliches Selektionskennzeichen besteht im Modulationsverfahren. Zwei Beispiele sollen dieses Prinzip erläutern.

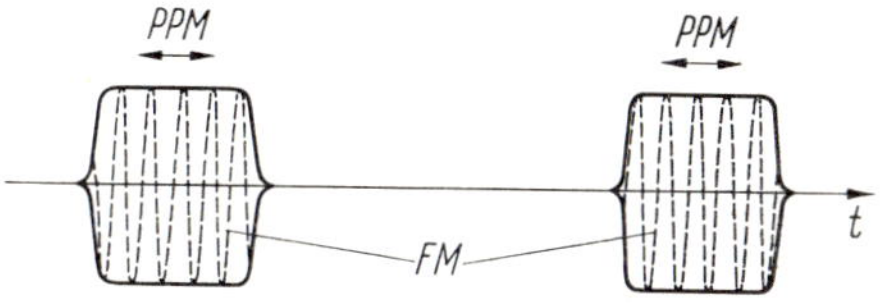

Abb. 7.63. Frequenzmodulation eines mit PPM modulierten HF-Trägers

1. *Beispiel:* Frequenzmodulation eines mit PPM modulierten HF-Trägers (Abb. 7.63).

Dieses Verfahren wird praktisch dazu verwendet, um in 24-Kanal-PPM-Systemen (Trägerfrequenz z. B. 200 MHz) einen zusätzlichen Dienstkanal zu schaffen. Die Modulation kann so erfolgen, daß praktisch kein Nebensprechen zwischen Dienstkanal und den übrigen Kanälen auftritt.

2. *Beispiel:* Ein Sinusträger wird gleichzeitig in seiner Amplitude und Phase (oder Frequenz) moduliert (*Carrier Phase Duplex*) (Abb. 7.64). Einen Anwendungsfall

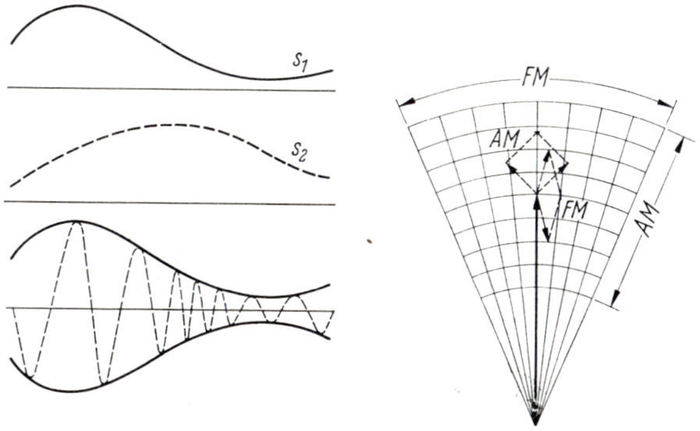

Abb. 7.64. Amplituden- und Phasen- (Frequenz-) Modulation eines Sinusträgers („Carrier Phase Duplex")

stellt das Farbfernsehen nach der NTSC-Norm* dar. Hier wird der Farbträger gleichzeitig in Amplitude und Phase moduliert.

Phasenverzerrungen auf dem Übertragungsweg drehen die Seitenbandvektoren und wandeln somit AM und FM ineinander um. Dies führt zu Nebensprechen. Diese Störungen lassen sich vermeiden, wenn die Gruppenlaufzeit symmetrisch zur Trägerfrequenz verläuft, weil dann beide Seitenbänder gleich stark verzerrt werden. In diesem Fall ergibt sich keine zusätzliche AM (vgl. Abschn. 7.4.3).

* NTSC = National Television System Committee (USA).

## Literatur


[1] MEINKE, H. H., u. W. GUNDLACH: Taschenbuch der Hochfrequenztechnik, Abschnitt U: Modulation. Berlin/Göttingen/Heidelberg: Springer 1955.

[2] HAAK, E.: Grundlagen der Modulation. Der Fernmelde-Ingenieur 7 (1953), H. 5.

[3] RING, F.: Einführung in die Trägerfrequenztechnik. Goslar: Herzog 1955.

[4] RUSSEL, G. M.: Modulation and Coding in Information Systems. Englewood Cliffs (N. J.): Prentice-Hall 1962.

[5] GÜTTINGER, P.: Frequenzmodulation. 2. Aufl. Zürich: Leemann 1951.

[6] SCHWARTZ, E.: Frequenzmodulation. Arch. elektr. Übertr. 1 (1947), S. 220–236. Zusammenfassender Bericht mit ausführlichem Literaturverzeichnis.

[7] HÖLZLER, E., u. H. HOLZWARTH: Theorie und Technik der Pulsmodulation. Berlin/Göttingen/Heidelberg: Springer 1957.

[8] MAYER, H. F.: Prinzipien der Pulscodemodulation. München: Oldenbourg 1954.

[9] JAHNKE, E., u. F. EMDE: Tafeln höherer Funktionen. 4. Aufl. Leipzig: Teubner 1948.

[10] HÖLZLER, E. u. D. THIERBACH: Nachrichtenübertragung. Berlin/Heidelberg/New York: Springer 1966.

[11] KÜPFMÜLLER, K.: Die Systemtheorie der elektrischen Nachrichtenübertragung. Stuttgart: S. Hirzel 1949.

# III Nachrichtenverarbeitung und Informationstheorie

Die Nachrichtenverarbeitung ist das jüngste Teilgebiet der Nachrichtentechnik. Bis in die dreißiger Jahre dieses Jahrhunderts diente die elektrische Nachrichtentechnik fast ausschließlich dem Zweck, Signale über räumliche Entfernungen zu transportieren. Die Erzeugung und Auswertung der Nachrichten war meist dem Menschen vorbehalten. Erst die Entwicklung der Technik der Nachrichtenverarbeitung hat eine Auswertung und Verarbeitung von Nachrichten durch Maschinen (elektronische Apparate) in größerem Umfang ermöglicht.

Die Konstruktion nachrichtenverarbeitender Maschinen wird am einfachsten, wenn die Nachrichten in maschinengerechter Form codiert vorliegen. Die Darstellung von Nachrichten in einem für die Maschinen „verständlichen" Code ist damit ein wichtiges Teilgebiet der Technik der Nachrichtenverarbeitung. Diesem Problem ist Abschn. 8 des folgenden Teils III gewidmet. Er trägt die Überschrift *Codes und Codierung* und stellt gewissermaßen ein Gegenstück zum Abschnitt *Sprache und Wandler* in Teil II dar. Dort wurden die Eigenschaften der Signale untersucht, die für den Informationsaustausch zwischen Menschen am wichtigsten sind. Hier handelt es sich darum, einen Informationsaustausch zwischen Maschinen oder Teilen einer Maschine herzustellen. Der anschließende Abschn. 9 mit der Überschrift *Informationstheorie* beschreibt und untersucht den Informationsgehalt von Signalen von einem allgemeineren und übergeordneten Standpunkt aus. Dabei ist es gleichgültig, von welcher Quelle und zu welcher Bestimmung die Signale erzeugt werden. Abschn. 10 über *Schaltalgebra und logische Schaltungen* und Abschn. 11 über *Theorie und Struktur digitaler nachrichtenverarbeitender Systeme* behandeln Theorie und Entwurf nachrichtenverarbeitender Systeme. Dabei dient Abschn. 10 zur Bestimmung des Schaltbildes von Detailschaltungen, die spezielle engumrissene Teilfunktionen mit minimalem Aufwand verwirklichen. Abschn. 11 beschreibt das Zusammenwirken der Teilschaltungen in einem großen System.

## 8 Codes und Codierung

### 8.1 Analoge und digitale Darstellung

Die Darstellung oder Angabe von Größen (vgl. Abschn. 0.8) kann *analog* oder *digital* geschehen. Bei der analogen Darstellung ist die Wiedergabe oder Abbildung der darzustellenden Größe eine stetige, meist lineare Funktion des Zahlenwertes dieser Größe. Die Darstellung der Höhe einer Temperatur durch die Länge der Quecksilbersäule eines Thermometers ist ein Beispiel einer analogen Darstellung. Im Unterschied dazu ist bei digitaler Darstellung die Abbildung der darzustellenden Größe eine unstetige Funktion des Zahlenwertes dieser Größe. Der einfachste Fall einer digitalen Darstellung der Temperatur liegt vor, wenn nur die Aussage gemacht wird, ob die Temperatur oberhalb oder unterhalb eines bestimmten Wertes oder einer Schwelle liegt. Durch Vorgabe mehrerer oder beliebig vieler verschieden hoher

Schwellen kann die Aussage beliebig verfeinert werden. Die digitale Darstellung ist immer die Angabe derjenigen Schwelle, die gerade noch über- oder unterschritten wurde. Die Schwelle kann man durch Nummern kennzeichnen. Die digitale Aussage beschränkt sich dann im wesentlichen auf die Angabe der betreffenden Nummer.

Ein System wird durch den funktionalen Zusammenhang mehrerer Größen beschrieben. Zwei Systeme sind zueinander analog, wenn sie den gleichen mathematischen Beziehungen gehorchen. Ein Beispiel hierzu ist die Wärmeleitung und die Diffusion. Beide Vorgänge werden durch Differentialgleichungen gleichen Typs beschrieben.

Viele mathematische Probleme, deren numerische Behandlung sehr schwierig ist, lassen sich relativ leicht mit einem physikalischen Modell lösen, dessen Verhalten dem zu berechnenden mathematischen Problem entspricht. So läßt sich z. B. in der Physik die Lösung der Potentialgleichung für komplizierte Randbedingungen durch Ausmessungen im elektrolytischen Trog gewinnen. Der elektronische Analogrechner arbeitet ausschließlich nach diesem Prinzip. Durch Zusammenschaltung von Integratoren, Summiereinrichtungen, Potentiometer zur Faktorenbildung usw. wird ein elektrisches System aufgebaut, welches sich wie das zu untersuchende mathematische Problem verhält. Die gewünschte Lösung wird in der Regel auf einen Oszillographenschirm aufgezeichnet.

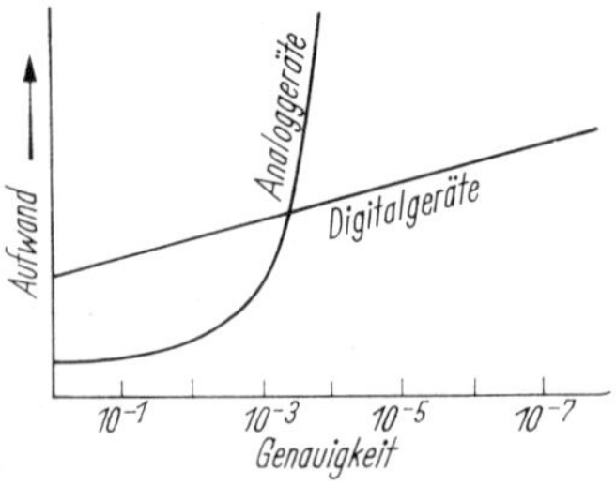


Abb. 8.1. Der Aufwand von Analog- und Digitalgeräten in Abhängigkeit von der Genauigkeit

Die digitale Lösung eines mathematischen Problems geht von der digitalen Darstellung der Größen aus. Der Digitalrechner muß imstande sein, gewisse Grundrechenarten (wie z. B. die Addition) auszuführen. Für die Berechnung mittels Digitalrechner muß das gegebene Problem in eine Folge solcher Grundrechenoperationen aufgegliedert werden, die der Rechner ausführen kann (vgl. Abschn. 11).

Die digitale und analoge Darstellung bzw. die digital und analog arbeitenden Geräte unterscheiden sich wesentlich in der erreichbaren Genauigkeit. Bei analog arbeitenden Geräten wird das Ergebnis durch Messung gewonnen. Die Genauigkeit solcher Anordnungen ist darum beschränkt. Sie liegt meist in der Größenordnung einiger Promille. Bei digital arbeitenden Geräten kann das Ergebnis beliebig genau bestimmt werden, denn mit dem Digitalprinzip kann durch Verwendung weiterer Stellen (z. B. im Dezimalsystem) mit kleineren Wertigkeiten eine Größe beliebig genau dargestellt werden. Abb. 8.1 deutet den typischen Zusammenhang zwischen Genauigkeit und Aufwand bei Analog- und Digitalgeräten an. Die Rechengeschwindigkeit ist dagegen bei Analoggeräten relativ groß und bei Digitalgeräten relativ klein, da das Ergebnis bei der zweiten Gruppe erst nach u. U. sehr vielen Schritten (Grundoperationen) erreicht wird.

Die folgenden Abschnitte werden sich nur noch mit digitalen Systemen befassen.

## 8.2 Allgemeine Grundbegriffe der Codierung

Für die gesamte digitale Technik ist die Theorie der Codierung sehr wichtig. Unter einem Code versteht man eine nicht notwendig umkehrbar eindeutige Zuordnung zwischen zwei Mengen von Zeichen, wobei im Rahmen dieses Buches stets Mengen mit endlich vielen Zeichen vorausgesetzt werden.

Zur Erläuterung dieses Sachverhaltes seien zwei Mengen von Zeichen betrachtet. Die erste Menge bestehe aus den drei Zeichen (Buchstaben) a, b, c. Die zweite Menge bestehe aus den drei Zeichen (Ideogrammen) □, △, ○. Einen Code erhält man also, wenn man in eindeutiger Weise jedes Zeichen der zweiten Menge je einem

Zeichen der ersten Menge zuordnet, z. B.

$$a \mathrel{\hat{=}} \square$$

$$b \mathrel{\hat{=}} \triangle$$

$$c \mathrel{\hat{=}} \bigcirc$$

$\hat{=}$ ist ein Zuordnungssymbol und bedeutet *entspricht*.

Eine nicht umkehrbar eindeutige Zuordnung erhält man, wenn die zweite Menge z. B. aus vier Zeichen $\square$, $\triangle$, $\bigcirc$, $\ast$ besteht. Die Zuordnung möge jetzt sein:

$$a \mathrel{\hat{=}} \square$$

$$b \mathrel{\hat{=}} \triangle$$

$$c \mathrel{\hat{=}} \bigcirc$$

$$c \mathrel{\hat{=}} \ast$$

Ist eine Zeichenfolge von Zeichen der zweiten Menge gegeben, dann kann aus ihr in eindeutiger Weise die zugeordnete Zeichenfolge von Zeichen der ersten Menge ermittelt werden, aber nicht umgekehrt. In der umgekehrten Richtung 1. Menge → 2. Menge besteht eine gewisse Freizügigkeit. (Anwendungen solcher nicht umkehrbar eindeutiger Zuordnungen finden sich bei Geheimverschlüsselungen und Dokumentationscodes).

Unter *Zeichen* müssen nicht immer einzelne Buchstaben, Ziffern, Satzzeichen oder Ideogramme (diese Begriffe seien im folgenden unter dem Sammelbegriff *Symbol* zusammengefaßt) verstanden werden. Unter Zeichen kann man auch Symbolfolgen (z. B. Morsezeichen, die aus Folgen von Punkten, Strichen und Zwischenräumen bestehen) oder irgendwelche allgemeine Bedeutungen verstehen, die sich textlich nur durch ganze Sätze beschreiben lassen (Q-Gruppen):

Morsealphabet:

· — ≙ a

— · · · ≙ b

— · — · ≙ c

usw.

(Q-Gruppen des Funkverkehrs):

QTH ≙ Standort der Funkstelle

QTR ≙ genaue Uhrzeit

QSB? ≙ Schwankt die Stärke meiner Zeichen?

usw.

Von *Codeschachtelung* spricht man, wenn z. B. die Q-Gruppenzeichen wiederum durch Morsezeichen übertragen werden. Die Q-Gruppen bilden in diesem Fall den Obercode, die Morsezeichen den Untercode.

Die Codierung kann drei verschiedene Gründe haben:

1. Die codierten Informationen sollen möglichst einfach übertragen oder kombiniert werden können.

2. Die Darstellung der Information soll mit einer möglichst geringen Anzahl von Zeichen erfolgen (Schnelligkeit bei der Übertragung, Sparsamkeit beim Speichern).

3. Zwecks Geheimhaltung (Schlüsselverfahren der Telegraphie).

Zur Übertragung von Informationen müssen die verschiedenen Buchstaben oder Ziffern, aus denen sich ein Zeichen zusammensetzen kann, durch unterschiedliche physikalische Zustände gekennzeichnet werden. Am einfachsten ist es, wenn nur zwei verschiedene Symbole, d. h. zwei verschiedene physikalische Zustände zu unterscheiden sind. Man spricht dann von binärer, d. h. von Zwei-Zustands-Codierung.

*Beispiele:*

| | | |
|---|---|---|
| Strom | — | kein Strom |
| Plus | — | Minus |
| Frequenz $f_1$ | — | Frequenz $f_2$ |
| Amplitude $A_1$ | — | Amplitude $A_2$ |
| Phasenlage $\varphi_1$ | — | Phasenlage $\varphi_2$ |
| Loch | — | Nicht Loch (Lochkarten und -streifen) |

Die binären Codes haben in jüngster Zeit große praktische Bedeutung erlangt. Ternäre oder noch höhere Codes werden immer seltener verwendet, da die elektrische Übertragung ihrer Zeichen entweder unwirtschaftlicher oder technisch schwieriger ist. Beispiele für drei unterschiedliche physikalische Zustände zur Übertragung ternärer Codes sind

| | | | | |
|---|---|---|---|---|
| Frequenz $f_1$ | — | Frequenz $f_2$ | — | Frequenz $f_3$ |
| Amplitude $A_1$ | — | Amplitude $A_2$ | — | Amplitude $A_3$ |
| Plus | — | Null | — | Minus |

Neben den Begriffen *Zeichen* und *Symbol* (letzterer gleichbedeutend mit *unterschiedlicher physikalischer Zustand*) ist der Begriff *Element* für die Codierung von Wichtigkeit. Das Wort oder Zeichen BARBARA besteht z. B. aus sieben Elementen, aber nur drei Symbolen B, A, R. Wie in der Umgangssprache, so bezeichnet man auch in der Codierungstheorie ein Zeichen, welches aus mehreren Elementen besteht, als *Codewort* (Mehrzahl Codewörter).

Von besonderer Bedeutung sind solche Codes, bei denen jedes Zeichen, d. h. jedes Codewort aus gleich vielen Elementen besteht. (Hierzu gehören z. B. die Q-Gruppen mit je drei Elementen, nicht aber die Morsezeichen). Durch einen solchen Code mit $m$ Elementen je Codewort, deren jedes $u$ unterscheidbare Zustände einnehmen kann, können

$$N = u^m \tag{8.1}$$

verschiedene Zeichen (Codewörter) dargestellt werden. Damit $N > 1$ sein kann, muß $u \geqq 2$ sein.

Das dezimale Zahlensystem besitzt $u = 10$ Ziffern, nämlich die Ziffern 0 bis 9. Mit $m = 5$ Stellen oder Elementen kann man nach Gl. (8.1) $N = 10^5$ verschiedene Zeichen bilden, d. h. von 0 bis 99999 zählen. Im binären Zahlensystem, welches nur die Ziffern 0 und 1 kennt, können also $2^m$ und im ternären Zahlensystem, welches nur die Ziffern 0, 1 und 2 kennt, $3^m$ verschiedene Zeichen gebildet werden. Da ein und nur ein Zustand keine Information übermitteln kann, müssen für eine Codierung wenigstens zwei unterscheidbare Zustände vorhanden sein.

Wenn von $N$ möglichen verschiedenen Codewörtern nach Gl. (8.1) nicht alle, sondern nur einige ausgenutzt werden, dann bezeichnet man die nicht ausgenutzten Codewörter auch als *nicht zugelassene Codewörter*. Die anderen sind die *zugelassenen Codewörter*. Von solchen unvollständigen Codes wird später noch die Rede sein.

## 8.3 Darstellung und Übertragung von Codewörtern

Ausgangspunkt der folgenden Betrachtungen sei ein vollständiger Code mit $u = 2$ und $m = 3$. Nach Gl. (8.1) lassen sich damit acht verschiedene Codewörter (CW) bilden, die in Tab. 8.1 in systematischer Reihenfolge untereinandergeschrieben worden sind.

Zur Übertragung dieser Codewörter über räumliche Entfernungen soll die Ziffer 1 durch einen Stromschritt und die Ziffer 0 durch einen Nicht-Stromschritt gekennzeichnet werden.

Die einfachste Übertragung ergibt sich, wenn Sende- und Empfangsort durch drei Leitungen miteinander verbunden sind. Dann kann ein Codewort in einem Schritt übertragen werden, indem z. B. die Stelle *1* über die erste, die Stelle *2* über die zweite und die Stelle *3* über die dritte Leitung gleichzeitig geleitet werden. Einen solchen Betrieb nennt man Parallelbetrieb. Sind dagegen Sende- und Empfangsort nur durch eine einzige Leitung miteinander verbunden, dann müssen die einzelnen Stellen eines Codewortes nacheinander in einer ganz bestimmten Reihenfolge übertragen werden. Diese letztere Betriebsart nennt man Serienbetrieb.

Tabelle 8.1

| Stelle | *1* | *2* | *3* |
|---|---|---|---|
| 1. CW | 0 | 0 | 0 |
| 2. CW | 0 | 0 | 1 |
| 3. CW | 0 | 1 | 0 |
| 4. CW | 0 | 1 | 1 |
| 5. CW | 1 | 0 | 0 |
| 6. CW | 1 | 0 | 1 |
| 7. CW | 1 | 1 | 0 |
| 8. CW | 1 | 1 | 1 |

In Abb. 8.2 ist die Übertragung des 5., 6. und 4. CW nach Tab. 8.1 im Parallelbetrieb und im Serienbetrieb dargestellt, wobei das 5. CW zeitlich als erstes gesendet wird. Im Serienbetrieb kommt in diesem Beispiel überdies zuerst die erste, dann die zweite und schließlich die dritte Stelle. Aus Abb. 8.2b geht hervor, daß beim Serienbetrieb die zeitliche Synchronisation von Sender und Empfänger eine wichtige Rolle spielt. Wenn nämlich beide außer Takt fallen, dann wird die empfangene Information falsch. Beim Parallelbetrieb gibt es diese Schwierigkeit nicht.

Da zur Nachrichtenübertragung über größere räumliche Entfernungen in der Regel nur eine Leitung (Doppeldrahtleitung) zur Verfügung steht, ist für die Nachrichtenübertragung der Serienbetrieb besonders wichtig. Um die Übertragung zu sichern, wird darum bei der Seriendarstellung oft noch ein alphabetfremdes Trennzeichen zur Kennzeichnung von Anfang und Ende der einzelnen Codewörter mit übertragen. Dieses Trennzeichen kann aus einer längeren Pause bestehen, es kann aber auch ein Synchronisierzeichen sein, welches auf einem eigenen Kanal übertragen wird.

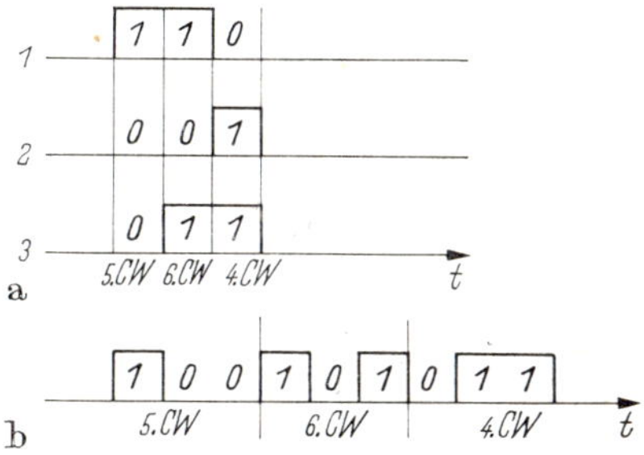


Abb. 8.2. Parallel- (a) und Seriendarstellung (b) codierter Zeichen ohne Pausenschritte

Ein Beispiel für alphabetfremde Trennzeichen ist beim zwischenstaatlichen Telegraphenalphabet Nr. 2 gegeben. Dies ist ein binärer Code mit fünf Elementen, der in Abb. 8.3 dargestellt ist. Bei Übertragung in Serienform geht den fünf Schritten von je 20 ms Dauer ein Startschritt voraus, der ein Nichtstromschritt (Pausenschritt) ist. Den Abschluß des vollständigen Zeichens bildet ein Stopschritt, der ein Stromschritt von 1,5facher Länge ist. Das vollständige Zeichen besteht deshalb jeweils aus 7,5 Schritten zu 20 ms Dauer = 150 ms Dauer.

Ein wichtiger Begriff zur Charakterisierung einer Übertragung codierter Zeichen ist die *Telegraphiergeschwindigkeit* $c$. Diese ist definiert durch den Kehrwert der Dauer des kürzesten binären Elementes eines Zeichens und wird in *Baud* angegeben. Im Fall des oben erwähnten Telegraphenalphabets mit Schritten von minimal 20 ms Dauer ist

$$c = \frac{1}{20\,\text{ms}} = \frac{1}{0{,}02\,\text{s}} = 50\ \text{Baud}.$$

In den USA wird die Telegraphiergeschwindigkeit meist in WpM (words per minute) angegeben, wobei speziell hier mit einem „Wort“ sechs Zeichen (CW) gemeint sind.

Somit ergibt sich beim zwischenstaatlichen Telegraphieralphabet Nr. 2

$$50 \text{ Baud} = 66{,}5 \text{ WpM}$$
$$60 \text{ Baud} = 80 \text{ WpM}$$
$$80 \text{ Baud} = 107 \text{ WpM}$$
$$100 \text{ Baud} = 133 \text{ WpM}$$

Die Telegraphiergeschwindigkeit, mit der auf einen gegebenen Kanal Zeichen übertragen werden können, ist nach oben hin begrenzt durch das kürzeste auf dem verwendeten Kanal noch mit Sicherheit übertragbare binäre Element.

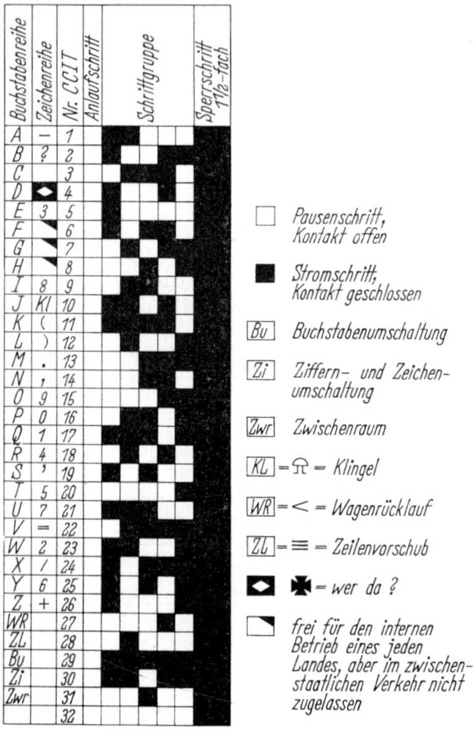

Abb. 8.3
Zwischenstaatliches Telegraphenalphabet Nr. 2

Bei geeigneten Kanälen wird beim zwischenstaatlichen Telegraphenalphabet Nr. 2 auch eine höhere Telegraphiergeschwindigkeit, z. B. 80 oder 100 Baud verwendet.

Die Bedürfnisse nachrichtenverarbeitender Systeme führen dazu, daß neuerdings Telegraphiesysteme mit wesentlich höherer Übertragungsgeschwindigkeit entwickelt werden (Datenübertragung). Soweit man normale Fernsprechkanäle unterstellt, sind Telegraphiergeschwindigkeiten bis etwa 9000 Baud möglich.

Das zwischenstaatliche Telegraphenalphabet weist noch eine Besonderheit auf, nämlich die Umschaltung zwischen Buchstaben und Ziffern oder Zeichen. Wenn zuvor die Buchstabenumschaltung gesendet wurde, bedeuten alle nachfolgenden Codewörter so lange Buchstaben, bis die Ziffernumschaltung gesendet wird. Ab dann bedeuten alle nachfolgenden Codewörter Ziffern usw. Auf diese Weise wird es möglich, mehr als 32 Zeichen mit fünf Binärstellen zu codieren.

Bei der Darstellung von Codewörtern in nachrichtenverarbeitenden Maschinen werden bisweilen alle Binärstellen eines Codewortes durch Pausenschritte voneinander getrennt, wenn dies für den Verarbeitungsprozeß vorteilhaft ist. Abb. 8.4 zeigt dieses Verfahren. Ein alphabetfremdes Zeichen zur Trennung der einzelnen Wörter bei Seriendarstellung ist nicht erforderlich, da in nachrichtenverarbeitenden Maschinen die Synchronisierung durch einen zentralen Taktgenerator sichergestellt ist.

Zur Übertragung von Informationen über größere räumliche Entfernungen ist die Darstellung von Codewörtern gemäß Abb. 8.2 wesentlich zweckmäßiger als die von Abb. 8.4. Das Weglassen des Pausenschrittes zwischen den einzelnen Binärstellen erlaubt nämlich eine doppelt hohe Telegraphiergeschwindigkeit, wenn für die Dauer eines Binärschrittes (bit) jeweils die kürzestmögliche Impulslänge zugrunde gelegt wird.

Codewörter lassen sich nur dann sowohl in Serien- als auch in Parallelform darstellen, wenn alle zugelassenen Codewörter gleiche Länge haben. In nachrichtenverarbeitenden Systemen ist das zumindest in den einzelnen Funktionseinheiten mit bestimmten Teilfunktionen durchweg der Fall. Für die Nachrichtenübertragung sind aber auch solche Codes von Wichtigkeit, deren einzelne Codewörter unterschiedliche Länge haben. Tab. 8.2 zeigt ein Beispiel eines solchen Codes, der aus vier verschiedenen Codewörtern besteht.

Derartige Codes erhält man durch Anwendung der Informationstheorie (Abschnitt 9), wobei häufig vorkommenden Zeichen Codewörter kleiner Länge, seltener

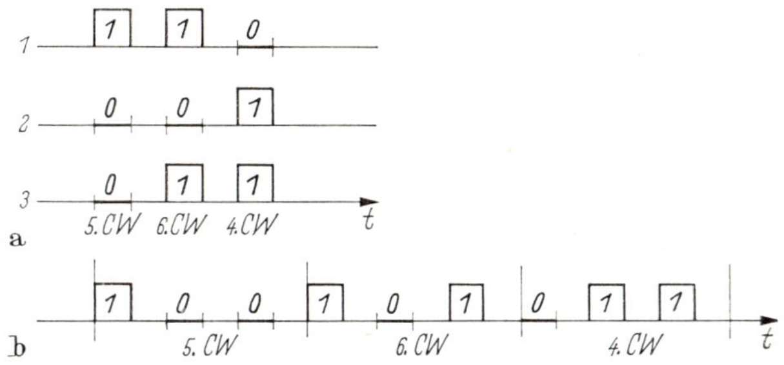


Abb. 8.4. Parallel- (a) und Seriendarstellung (b) codierter Zeichen, deren einzelne Binärschritte je durch einen Pausenschritt voneinander getrennt sind

vorkommenden Zeichen Codewörter größerer Länge zugeordnet werden. Für diese Codes kommt nur eine Seriendarstellung in Frage. Diese Codes werden überdies in der Regel so konstruiert, daß die einzelnen Wörter ohne Trennzeichen übertragen werden können. Dies hat zur Voraussetzung, daß kein Codewort gleich dem Anfang

Tabelle 8.2

| | | | |
|---|---|---|---|
| 1. CW | | | 0 |
| 2. CW | | 1 | 0 |
| 3. CW | 1 | 1 | 0 |
| 4. CW | 1 | 1 | 1 |

eines längeren Codewortes sein darf. Bei dem Code nach Tab. 8.2 ist das gegeben. So kann z. B. aus der Folge

$$0\ 1\ 1\ 0\ 1\ 0\ 1\ 1\ 1$$

eindeutig die Folge 1. CW, 3. CW, 2. CW, 4. CW decodiert werden. Bei diesen Codes muß außer der Synchronisation auch eine fehlerfreie Übertragung gewährleistet sein. Sobald nur eine Ziffer verfälscht wird, wird oft die gesamte nachfolgende Information falsch empfangen.

## 8.4 Codes mit Codewörtern konstanter Länge

### 8.4.1 Codierung durch polyadische Zahlensysteme

Es mögen z. B. die zehntausend ganzen Zahlen von Null bis Neuntausendneunhundertneunundneunzig in Worten geschrieben vorliegen. Die Darstellung dieser Zahlen durch Ziffern im Dezimalsystem stellt dann ein Beispiel einer Codierung dar. Man nennt diesen Code Dezimalzahlencode. Die Darstellung dieser Zahlen durch andere Buchstabenkombinationen ist natürlich auch möglich (z. B. römische Zahlen) und gibt einen anderen Code.

Der Dezimalzahlencode verwendet bekanntlich $u = 10$ unterscheidbare Ziffern (denärer Code). Wesentlich ist noch die Stellung der einzelnen Ziffern, weil dadurch ihre Wertigkeit bestimmt wird, denn es gilt doch bekanntermaßen z. B.

$$7351 = 7 \cdot 10^3 + 3 \cdot 10^2 + 5 \cdot 10^1 + 1 \cdot 10^0 .$$

Der Dezimalzahlencode kann als Code mit Codewörtern konstanter Länge aufgefaßt werden. Wenn nämlich der Zahlenumfang und damit die Stellenzahl $m$ (Zahl der

Elemente) feststeht, dann sind bei den Dezimalzahlen mit kleinerer Stellenzahl als $m$ die entsprechenden höheren Positionen durch Nullen zu ergänzen. In einem Dezimalzahlencode mit $m = 5$ Elementen wird z. B. die Zahl 341 als 00341 geschrieben. Allgemein lautet der Ausdruck eines Codewortes mit $m$ Elementen im Dezimalzahlencode ($u = 10$)

$$a_{m-1}\, a_{m-2} \ldots a_\nu \ldots a_2\, a_1\, a_0 = \sum_{\nu=0}^{m-1} a_\nu\, u^\nu, \tag{8.2}$$

wobei $a_\nu$ irgendeine der zehn Ziffern 0 bis 9 ist.

In gleicher Weise wie beim Dezimalzahlensystem lassen sich Zahlensysteme mit mehr oder weniger als zehn unterscheidbaren Ziffern aufbauen. Sind z. B. nur $u = 3$ unterscheidbare Ziffern 0, 1, 2 vorhanden, dann spricht man vom Ternärzahlensystem, bei $u = 2$ unterscheidbaren Ziffern 0 und 1 vom *Dualzahlensystem*. Allgemein spricht man von polyadischen Zahlensystemen. In Tab. 8.3 ist z. B. die Dezimalzahl 16383 in verschiedenen Zahlensystemen dargestellt.

Tabelle 8.3

| $u$ (unterscheidbare Zustände) | | Mögliche Ziffern | Zahlenbeispiel |
|---|---|---|---|
| Dezimalzahlensystem | 10 | $0 \cdots 9$ | $16383 = \underline{1} \cdot 10^4 + \underline{6} \cdot 10^3 + \underline{3} \cdot 10^2 + \underline{8} \cdot 10^1 + \underline{3} \cdot 10^0$ |
| | 9 | $0 \cdots 8$ | $24423 = \underline{2} \cdot 9^4 + \underline{4} \cdot 9^3 + \underline{4} \cdot 9^2 + \underline{2} \cdot 9^1 + \underline{3} \cdot 9^0$ |
| | 8 | $0 \cdots 7$ | 37777 |
| | 7 | $0 \cdots 6$ | 65523 |
| | 6 | $0 \cdots 5$ | 203503 |
| | 5 | $0 \cdots 4$ | 1011013 |
| | 4 | $0 \cdots 3$ | 3333333 |
| | 3 | $0 \cdots 2$ | 211110210 |
| Dualzahlensystem | 2 | 0 und 1 | 11111111111111 |
| | 1 | Codierung nicht mehr möglich | |

Von besonderer technischer Wichtigkeit ist das Dualzahlensystem bzw. der Dualzahlencode, weil dieser ein binärer Code ist. Für ein $m$-stelliges Codewort im Dualzahlencode gilt entsprechend zu Gl. (8.2)

$$\sum_{\nu=0}^{m-1} a_\nu\, 2^\nu \quad \text{mit} \quad a_\nu = 0 \quad \text{oder} \quad a_\nu = 1. \tag{8.3}$$

Die Umrechnung zwischen den Zahlensystemen soll nun anhand des Falles dezimal in dual erfolgen. Gegeben sei eine Dezimalzahl $D$. Diese Zahl $D$ dividiert durch 2 ergibt als Ergebnis eine Dezimalzahl $D_0$ plus einen Rest $r_0$, der 0 oder 1 sein kann. Dieser Rest $r_0$ ist zugleich der Koeffizient $a_0$ in Gl. (8.3). Anschließend wird $D_0$ wieder durch 2 dividiert, wobei $D_1$ und ein Rest $r_1$ herauskommt. Der Rest $r_1$, der wieder nur 0 oder 1 sein kann, ist gleich dem Koeffizienten $a_1$. So fährt man fort und erhält schließlich die komplette Dualzahl. Das Verfahren sei am Beispiel der Umwandlung der Dezimalzahl $D = 25$ in eine Dualzahl erläutert:

$$25:2 = 12 \text{ Rest } 1 \mathrel{\widehat{=}} a_0 = 1$$

$$12:2 = 6 \text{ Rest } 0 \mathrel{\widehat{=}} a_1 = 0$$

$$6:2 = 3 \text{ Rest } 0 \mathrel{\widehat{=}} a_2 = 0$$

$$3:2 = 1 \text{ Rest } 1 \mathrel{\widehat{=}} a_3 = 1$$

$$1:2 = 0 \text{ Rest } 1 \mathrel{\widehat{=}} a_4 = 1$$

Die Dualzahl lautet: $a_4\, a_3\, a_2\, a_1\, a_0 = 11001$.

Soll eine Dezimalzahl in eine Ternärzahl umgewandelt werden, so muß entsprechend jeweils durch 3 dividiert werden. Der Rest, der dann nur 0, 1 oder 2 lauten kann, ist gleich der Ziffer der jeweiligen Stelle.

Die Umwandlung dual in dezimal geht unmittelbar von Gl. (8.3) aus, wobei jeder Summand in die entsprechende Dezimalziffer umgewandelt wird. Für die Umwandlung Ternärzahl in Dezimalzahl gilt Entsprechendes usw.

Wichtig ist jetzt noch die Ausführung der Grundrechenoperationen mit Dualzahlen, weil diese an späterer Stelle noch benötigt wird. Es zeigt sich, daß diese Operationen Stelle für Stelle nach dem gleichen Schema durchgeführt werden können, welches bei Dezimalzahlen gilt.

Bei der Addition gilt für jede Stelle

$$0 + 0 = 0; \quad 0 + 1 = 1; \quad 1 + 0 = 1; \quad 1 + 1 = 10.$$

Die Addition beginnt mit den niedrigsten Stellen. Die Summe der beiden Dualzahlen 11101 und 01110 z. B. errechnet sich wie folgt:

| Stelle | | $a_4$ | $a_3$ | $a_2$ | $a_1$ | $a_0$ |
|---|---|---|---|---|---|---|
| 1. Summand | | 1 | 1 | 1 | 0 | 1 |
| 2. Summand | | 0 | 1 | 1 | 1 | 0 |
| Summe | 1 | 0 | 1 | 0 | 1 | 1 |
| mod-2-Addition | | 1 | 0 | 0 | 1 | 1 |

Bei der Addition der Stellen $a_3$ und $a_4$ ist noch ein Übertrag zu berücksichtigen. Wird dieser Übertrag nicht berücksichtigt, dann spricht man von *modulo-2-Addition*. Wenn zwei Zahlen im Zahlensystem der Basis $a$ ohne Berücksichtigung eines eventuellen Übertrages addiert werden, dann spricht man von modulo-$a$-Addition. Eine modulo-Addition wird oft durch das Operationszeichen $\oplus$ gekennzeichnet.

Für die Subtraktion von Dualzahlen gelten ebenfalls gleichartige Regeln wie bei der Subtraktion von Dezimalzahlen. In beiden Fällen kann die Subtraktion durch Komplementbildung des Subtrahenden auf die Addition zurückgeführt werden. Im Dezimalzahlensystem wird an Stelle jeder Ziffer des Subtrahenden das Komplement zu 9 genommen, im Dualzahlensystem das Komplement zu 1. Ferner sind noch zwei weitere Regeln zu berücksichtigen, je nachdem, ob das Ergebnis negativ oder positiv ist. Das Verfahren sei zunächst für Dezimalzahlen an Beispielen erläutert. Die Begründung folgt anschließend.

*1. Fall:* Betrag des Minuenden ist größer als der des Subtrahenden

| | | | |
|---|---|---|---|
| Minuend | +00723 | | +00723 |
| Subtrahend | 00568 | Komplement zu 9 | 99431 |
| Differenz | +00155 | Zwischensumme | (1) 00154 |
| | | plus 1 | 1 |
| | | | +00155 |

*2. Fall:* Betrag des Subtrahenden ist größer als der oder gleich dem des Minuenden

| | | | |
|---|---|---|---|
| Minuend | +00428 | | +00428 |
| Subtrahend | 00568 | Komplement zu 9 | 99431 |
| Differenz | −00140 | Zwischensumme | 99859 |
| | | (Rück-) Komplement | −00140 |

Im ersten Fall tritt in der höchsten Dezimalstelle der Zwischensumme stets ein Übertrag (Überlauf) auf. Dies ist das Kennzeichen dafür, daß das Ergebnis positiv ist. Um das endgültige Ergebnis zu erhalten, muß die Überlauf-1 noch zur Zwischensumme addiert werden.

Im zweiten Fall tritt kein Übertrag in der höchsten Dezimalstelle der Zwischensumme auf. Dies ist das Kennzeichen dafür, daß das Ergebnis negativ ist und daß die Zwischensumme rückkomplementiert werden muß, um das endgültige Ergebnis zu erhalten.

Es folgt nun die Begründung des obigen Verfahrens. Der Minuend sei $A$, der Subtrahend $B$. Im ersten Fall mit $|A| > |B|$, bei dem ein Überlauf auftritt, ergibt sich die allgemeine Gültigkeit des angewendeten Verfahrens aus folgender Beziehung:

$$A - B = A + \underbrace{(99999 - B)}_{\text{Komplement zu 9}} + 1 - \underbrace{100000}_{\text{Überlaufkompensation}}.$$

Durch die Überlaufkompensation wird lediglich die Überlaufanzeige gelöscht. Die einzelnen Ziffern des Ergebnisses bleiben davon unberührt.

Im zweiten Fall mit $|A| \leqq |B|$, bei dem kein Überlauf auftritt, ergibt sich die allgemeine Gültigkeit des angewendeten Verfahrens aus

$$A - B = -\underbrace{\{99999 - [A + \underbrace{(99999 - B)}_{\text{Komplement zu 9}}]\}}_{\text{Rückkomplement}}.$$

Bei der Subtraktion von Dualzahlen wird genauso verfahren. An Stelle jeder Ziffer des Subtrahenden wird nun das Komplement zu 1 genommen und im übrigen wie bei Dezimalzahlen verfahren. Komplementbildung zu 1 bedeutet Umwandlung von 0 in 1 und umgekehrt. Das Verfahren sei wieder zunächst an Beispielen erläutert.

*1. Fall:* Betrag des Minuenden ist größer als der des Subtrahenden

| | | | |
|---|---|---|---|
| 10 | +01010 | | +01010 |
| −3 | −00011 | Komplement zu 1 | 11100 |
| | | Zwischensumme | (1) 00110 |
| | | plus 1 | 1 |
| | | | +00111 = +7 |

*2. Fall:* Betrag des Subtrahenden ist größer als der oder gleich dem des Minuenden

| | | | |
|---|---|---|---|
| +3 | +00011 | | +00011 |
| −7 | −00111 | Komplement zu 1 | 11000 |
| | | Zwischensumme | 11011 |
| | | (Rück-) Komplement | −00100 = −4 |

Die Begründung des demonstrierten Verfahrens erfolgt in gleicher Weise wie bei Dezimalzahlen. Alle Zahlen sind jetzt Dualzahlen. Im Fall $|A| > |B|$ geht das Verfahren folgenden Weg

$$A - B = A + \underbrace{(11111 - B)}_{\text{Komplement zu 1}} + 1 - \underbrace{100000}_{\substack{\text{Überlaufkompensation, d. h.}\\ \text{weggelassener Überlauf}}}.$$

Im Fall $|A| \leqq |B|$ gilt entsprechend

$$A - B = -\underbrace{\{11111 - [A + \underbrace{(11111 - B)}_{\text{Komplement zu 1}}]\}}_{\text{Rückkomplement}}.$$

Bei der Multiplikation zweier Dualziffern gilt:

$$0 \cdot 0 = 0; \quad 0 \cdot 1 = 0; \quad 1 \cdot 0 = 0; \quad 1 \cdot 1 = 1.$$

Die Multiplikation der Zahlen 11101 und 01110 ergibt z. B.

$$
\begin{array}{l}
\underline{11101 \cdot 1110} \\
11101 \\
\phantom{0}11101 \\
\phantom{00}11101 \\
\underline{\phantom{000}00000} \\
110010110
\end{array}
$$

Die Multiplikation wird also im wesentlichen mittels Stellenverschiebung auf die Addition zurückgeführt. In ähnlicher Weise kann auch die Division im wesentlichen auf die Subtraktion zurückgeführt werden.

### 8.4.2 Beispiele spezieller häufig verwendeter Codes

#### 8.4.2.1 Codes für Digitalrechner

Eine Hauptforderung an Codes für Digitalrechner ist meistens die, daß die Codes binär sein müssen. Diese Forderung erfüllt z. B. der Dualzahlencode. Wenn man jedoch aus bestimmten Gründen die Dezimaltechnik beibehalten will, dann bleibt nur noch eine binäre Verschlüsselung der einzelnen Dezimalziffern übrig. Zunächst ist dabei eine Darstellung der einzelnen Ziffern durch Dualzahlen naheliegend. Die Dezimalzahl 49 ergibt sich beispielsweise in

dezimalstellenweise dualer Darstellung zu:

$$
\begin{aligned}
49 &= \underline{4} \cdot 10^1 + \underline{9} \cdot 10^0 \\
& \quad\;\, ,, \qquad\;\; ,, \\
&= 0100 \quad 1001 \text{ (8 Stellen)}
\end{aligned}
$$

geschlossen dualer Darstellung zu:

$$
\begin{aligned}
49 &= \underline{1} \cdot 2^5 + \underline{1} \cdot 2^4 + \underline{0} \cdot 2^3 + \underline{0} \cdot 2^2 + \underline{0} \cdot 2^1 + \underline{1} \cdot 2^0 \\
& \quad ,, \qquad ,, \qquad ,, \qquad ,, \qquad ,, \qquad ,, \\
& \quad 32 \;+\; 16 \;+\; 0 \;+\; 0 \;+\; 0 \;+\; 1 \\
&= 110001 \text{ (6 Stellen)}
\end{aligned}
$$

Die dezimalstellenweise Darstellung ist zwar einfacher zu bilden als die geschlossen duale Darstellung, sie benötigt jedoch mehr Stellen (Elemente). Außerdem sind die Grundrechenoperationen in der geschlossen dualen Darstellung leichter. Die Anzahl der $m$ Stellen zur Codierung der Zahl $10^n$ ist bei der dezimalstellenweisen Darstellung $m = n \cdot 4$. In der geschlossen dualen Darstellung ist sie nach Gl. (8.1) aus $N = 10^n = 2^m$ zu berechnen und ergibt $m = n \cdot \mathrm{ld}\,10$ (genaugenommen $m = [n \cdot \mathrm{ld}\,10]$, wobei die eckige Klammer die nächsthöhere ganze Zahl bedeuten soll).

$$
\frac{\text{Anzahl der Stellen dekadisch dual}}{\text{Anzahl der Stellen geschlossen dual}} = \frac{n \cdot 4}{n \cdot \mathrm{ld}\,10} = \frac{4}{3{,}32} \approx 1{,}2. \tag{8.4}
$$

ld heißt *Logarithmus dualis*. Es ist $\mathrm{ld}\,x \approx 3{,}32 \lg x$.

Der Nachteil der schwierigen Ausführbarkeit von Rechenoperationen bei der stellenweisen Darstellung der Dezimalziffern durch Dualzahlen wird bei Verwendung des sogenannten „Stibitzcodes“ wesentlich verringert. Auch beim Stibitzcode werden die einzelnen Dezimalstellen binär verschlüsselt, d. h., es liegt auch hier eine Codeschachtelung vor. Der Obercode ist dezimal, der Untercode binär. In Tab. (8.4) sind die Dezimalziffern 0 bis 9 im Dualzahlencode und im Stibitzcode dargestellt. Über jeder Spalte ist die Wertigkeit der betreffenden Binärziffer 0 oder 1 angegeben. Beim Dualzahlencode zählt eine 1 z. B. in der ersten Spalte achtfach, in der zweiten vierfach, in der letzten einfach. Eine 0 zählt nicht mit. Der Stibitzcode für die Dezimalziffern 0 bis 9 ergibt sich aus dem Dualzahlencode durch Addition von 3, entspricht also den Dualzahlen 3 bis 12, weshalb dieser Code auch als *excess 3-Code* bezeichnet wird. Die Zahlen für die Wertigkeit der zwei letzten Spalten beim Stibitzcode tragen ein Minuszeichen und einen darübergesetzten Querstrich. Das Minuszeichen heißt, daß die betreffende Stelle negativ zählt, der Querstrich bedeutet eine Negation, d. h., eine 1 zählt in diesem Fall nicht und eine 0 zählt in der letzten Spalte einfach, in der vorletzten zweifach.

Tabelle 8.4 *Darstellung der Dezimalziffern* 0 ... 9 *im Dualzahlen- und im Stibitzcode*

| Dezimalziffer Wertigkeit | Dualzahlencode 8 4 2 1 | Stibitz-Code 8 4 $-\bar{2}$ $-\bar{1}$ |
|---|---|---|
| 0 | 0 0 0 0 | 0 0 1 1 |
| 1 | 0 0 0 1 | 0 1 0 0 |
| 2 | 0 0 1 0 | 0 1 0 1 |
| 3 | 0 0 1 1 | 0 1 1 0 |
| 4 | 0 1 0 0 | 0 1 1 1 |
| 5 | 0 1 0 1 | 1 0 0 0 |
| 6 | 0 1 1 0 | 1 0 0 1 |
| 7 | 0 1 1 1 | 1 0 1 0 |
| 8 | 1 0 0 0 | 1 0 1 1 |
| 9 | 1 0 0 1 | 1 1 0 0 |

Der Stibitzcode hat gegenüber der Dualzahlencodierung der einzelnen Dezimalziffern den Vorteil, daß bei ihm das Neunerkomplement einer beliebigen Dezimalziffer in einfacher Weise durch Vertauschen von 0 und 1 gebildet werden kann (z. B. 3 = 0110; 6 = 1001 usw.). Dadurch läßt sich die Subtraktion über die Bildung des Neunerkomplementes relativ leicht durchführen. Im übrigen lassen sich Zahlen im Stibitzcode so wie Dualzahlen addieren, wenn entsprechende (gleichbleibende) Korrekturen vorgenommen werden.

Bei der Addition sind zwei Fälle zu unterscheiden, nämlich ob ein primärer Dezimalübertrag (= Überlauf in der höchsten Binärstelle) auftritt oder nicht. Tritt kein primärer Dezimalübertrag auf (z. B. bei 4 + 2), dann muß zum Ergebnis der Zwischensumme noch 1101 addiert werden. Der sich dabei ergebende sekundäre Dezimalübertrag bleibt unberücksichtigt. Tritt ein primärer Dezimalübertrag auf (z. B. bei 7 + 8), dann muß zur Zwischensumme noch 0011 addiert werden. Dabei ergibt sich kein sekundärer Übertrag.

*Beispiele:*

| | |
|---|---|
| | +4 = +0111 |
| | +2 = +0101 |
| Zwischensumme | 1100 |
| Korrektur | 1101 |
| | (1) 1001 = 6 |

| | |
|---|---|
| | +7 = +1010 |
| | +8 = +1011 |
| Zwischensumme | (1) 0101 |
| Korrektur | 0011 |
| | 1000 = 5 |

Die Begründung ergibt sich aus folgenden Gleichungen. Darin sind $A$, $B$ und $(A + B)$ Zahlen im Dualzahlencode. Dieselben Ausdrücke um +3 erhöht ergeben die gleichen Zahlen im Stibitzcode.

Kein primärer Dezimalübertrag vorhanden:

$$(A+3)+(B+3)\underbrace{+\,13}_{\text{Korrektur}}\;\underbrace{-\,16}_{\text{weggelassener sekundärer Dezimalübertrag}}=[(A+B)+3].$$

Primärer Dezimalübertrag vorhanden:

$$(A+3)+(B+3)\underbrace{-\,16}_{\text{weggelassener primärer Dezimalübertrag}}\;\underbrace{+\,3}_{\text{Korrektur}}=\{[(A+B)+3]-10\}.$$

Bei der Subtraktion sind auch wieder zwei Fälle zu unterscheiden, die unterschiedliche Korrekturen zur Folge haben.

*1. Fall:* Betrag des Minuenden ist größer als der des Subtrahenden

| | | | | |
|---|---|---|---|---|
| Minuend | +6 = +1001 | | | +1001 |
| Subtrahend | 2 = 0101 | Komplement zu 9 | | 1010 |
| Differenz | +4 | Zwischensumme | (1) | 0011 |
| | | Korrektur | | +0100 |
| | | Ergebnis | | +0111 = +4 |

*2. Fall:* Betrag des Subtrahenden ist größer als der oder gleich dem des Minuenden

| | | | | |
|---|---|---|---|---|
| Minuend | +6 = +1001 | | | +1001 |
| Subtrahend | 9 = 1100 | Komplement zu 9 | | 0011 |
| | | 1. Zwischensumme | | 1100 |
| | | Korrektur | | 1101 |
| | | 2. Zwischensumme | (1) | 1001 |
| | | (Rück-) Komplement | | −0110 = −3 |

Die Begründung ergibt sich mit folgenden Beziehungen

*1. Fall:*

$$(A+3) + \underbrace{[15-(B+3)]}_{\text{Stibitzkomplement zu 9}} \underbrace{-\,16}_{\text{weggelassener primärer Dezimalübertrag}} \underbrace{+\,4}_{\text{Korrektur}} = [(A-B)+3].$$

*2. Fall:*

$$\underbrace{15 - \{(A+3) + \underbrace{[15-(B+3)]}_{\text{Stibitzkomplement zu 9}} \underbrace{+\,13}_{\text{Korrektur}} \underbrace{-\,16}_{\text{weggelassener sekundärer Dezimalübertrag}}\}}_{\text{Stibitzrückkomplement}} = -[(B-A)+3].$$

Wenn die einzelnen Dezimalziffern durch Dualzahlen codiert sind, dann sind die Regeln für die Addition und Subtraktion nicht so relativ einfach wie beim Stibitzcode.

#### 8.4.2.2 Codes für Analog-Digital-Umwandlungen

Bei Codes für Analog-Digital-Umwandlungen stellt man die Forderung, daß die Codewörter benachbarter Zeichen bzw. Zahlen sich nur in einer einzigen Binärstelle unterscheiden dürfen. Dieser Forderung genügt z. B. der Dualzahlencode nicht, denn 7 und 8

$$7 = 0111$$

$$8 = 1000$$

unterscheiden sich in vier Binärzeichen. Auch der Dezimalzahlencode genügt dieser Forderung nicht, denn z. B. auf 0099 folgt 0100 usw. Bei der Ablesung aufeinanderfolgender Zahlen kann auf diese Weise ein großer Fehler entstehen, wenn bei den abgelesenen Binärstellen eine Binärstelle noch den Wert des vorhergehenden Codewortes hat, während die anderen Binärstellen bereits die Werte des abzulesenden nächstfolgenden Codewortes haben.

| richtig | falsch |
|---|---|
| 7 = 0111 | 7 = 0111 |
| | ↕ |
| 8 = 1000 | 0000 = 0 statt 8 |

Der *Gray-Code* dagegen ist ein Binärcode, welcher den obengenannten Forderungen genügt. In Tab. 8.5 ist rechts ein *Gray-Code* für vier Binärstellen (womit sich $2^4 = 16$ verschiedene Codewörter bilden lassen) dargestellt. Man kann sich leicht überzeugen, daß alle benachbarten Codewörter sich tatsächlich nur in einer Binärstelle unterscheiden. Das trifft sogar für das erste und letzte Codewort zu.

Abb. 8.5 und Abb. 8.6 zeigen zwei Anwendungsbeispiele für den Gray-Code. Wenn bei der Codierung des Standes einer Federwaage (Abb. 8.5) der Schlitz des Ablesefensters nicht exakt waagerecht steht, dann können bei Zwischenlagen fälschlicherweise einige Binärstellen des oberen und einige des unteren Codewortes gleichzeitig abgelesen werden. Das ist besonders leicht bei automatischer Ablesung (z. B. durch Photodioden) möglich. Der dadurch entstehende Fehler ist beim Gray-Code jedoch gering. Mit der Codierungsscheibe nach Abb. 8.6 können Winkelstellungen einer Welle digital erfaßt werden. Bei dieser Codierungs-

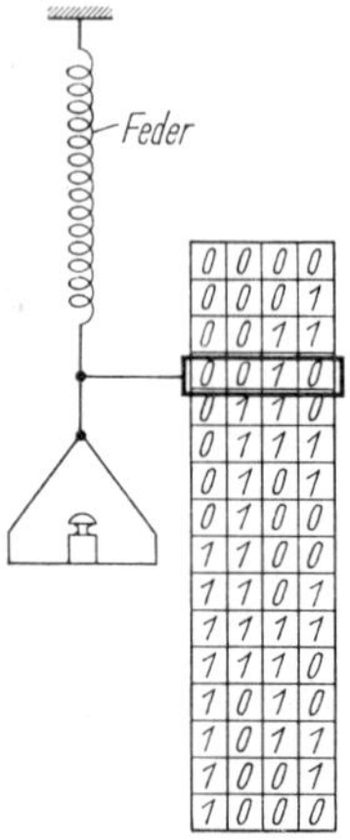


Abb. 8.5. Prinzip der Codierung des Standes einer Waage

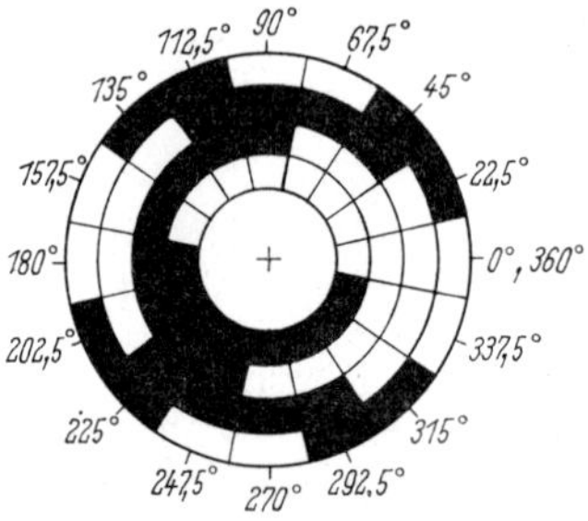


Abb. 8.6. Codierungsscheibe

Tabelle 8.5 *Dualzahlen- und Gray-Code*

| Dezimalzahl | Dualzahlencode | Gray-Code |
|---|---|---|
| | Stellenwertigkeit | (vierstelliger Binärcode) |
| | $2^3$ $2^2$ $2^1$ $2^0$ | |
| 0 | 0 0 0 0 | 0 0 0 0 |
| 1 | 0 0 0 1 | 0 0 0 1 |
| 2 | 0 0 1 0 | 0 0 1 1 |
| 3 | 0 0 1 1 | 0 0 1 0 |
| 4 | 0 1 0 0 | 0 1 1 0 |
| 5 | 0 1 0 1 | 0 1 1 1 |
| 6 | 0 1 1 0 | 0 1 0 1 |
| 7 | 0 1 1 1 | 0 1 0 0 |
| 8 | 1 0 0 0 | 1 1 0 0 |
| 9 | 1 0 0 1 | 1 1 0 1 |
| 10 | 1 0 1 0 | 1 1 1 1 |
| 11 | 1 0 1 1 | 1 1 1 0 |
| 12 | 1 1 0 0 | 1 0 1 0 |
| 13 | 1 1 0 1 | 1 0 1 1 |
| 14 | 1 1 1 0 | 1 0 0 1 |
| 15 | 1 1 1 1 | 1 0 0 0 |
| | $d_3$ $d_2$ $d_1$ $d_0$ | $g_3$ $g_2$ $g_1$ $g_0$ |

scheibe wird noch die Eigenschaft ausgenutzt, daß sich das erste und letzte Wort ebenfalls nur in einer Binärstelle unterscheiden.

Zur Bestimmung des Bildungsgesetzes für den Gray-Code werde noch einmal Tab. 8.5 betrachtet. Darin fällt zunächst auf, daß die höchsten Stellen des Dualzahlencode und des GRAY-Code übereinstimmen. In diesem Fall ist also

$$g_3 = d_3.$$

In der zweithöchsten Stelle $g_2$ hat der GRAY-Code immer dann eine 0, wenn in den Stellen $d_3$ und $d_2$ des Dualzahlencodes gleiche Ziffern 0 oder 1 stehen. Es ist dagegen $g_2 = 1$, wenn $d_3$ und $d_2$ unterschiedliche Ziffern haben. Man bezeichnet diesen Zusammenhang als *Antivalenz* und benützt dafür das Operationszeichen $\nequiv$ (vgl. Abschnitt 10.1.5). Damit ist also in diesem Fall

$$g_2 = (d_3 \nequiv d_2).$$

Für die Stelle $g_1$ des GRAY-Codes gilt ein entsprechender Zusammenhang, d. h., es ist $g_1 = 0$, wenn $d_2$ und $d_1$ gleich sind, und es ist $g_1 = 1$, wenn $d_2$ und $d_1$ verschieden sind. Ebenso gilt dies entsprechend für $g_0$, was leicht zu sehen ist. In diesem Fall gilt also ferner

$$g_1 = (d_2 \nequiv d_1); \qquad g_0 = (d_1 \nequiv d_0).$$

Dieses gefundene Bildungsgesetz für vier Stellen läßt sich für beliebig viele Stellen verallgemeinern. Die Aufstellung eines $m$-stelligen GRAY-Codes mit den Stellen $g_{m-1}; g_{m-2} \ldots g_2; g_1; g_0$ erfolgt über den $m$-stelligen Dualzahlencode mit den Stellen $d_{m-1}; d_{m-2} \ldots d_2; d_1; d_0$. Für die Stellen des GRAY-Codes gelten damit die folgenden zwei Beziehungen

$$g_{m-1} = d_{m-1}, \tag{8.5}$$

$$g_i = (d_{i+1} \nequiv d_i) = (d_{i+1} \oplus d_i) \tag{8.6}$$

$$\text{für} \quad i = 0; 1; 2; \ldots m-2.$$

Die Bildung der Antivalenz ist dasselbe wie eine modulo-2-Addition, welche in Abschn. 8.4.1 beschrieben wurde.

Als Beispiel soll die Dezimalzahl 3 im GRAY-Code dargestellt werden, und zwar unter Verwendung dreier Binärstellen. Zunächst wird die zugehörige Dualzahl gebildet. Diese lautet $d_2\, d_1\, d_0 = 011$. Die GRAY-Zahl folgt daraus zu $g_2\, g_1\, g_0 = 010$, denn $g_2 = d_2 = 0$, $g_1 = (d_2 \nequiv d_1) = (0 \nequiv 1) = 1$ und $g_0 = (d_1 \nequiv d_0) = (1 \nequiv 1) = 0$.

Für die Rückumwandlung eines GRAY-Codes in einen Dualzahlencode gelten folgende Beziehungen:

$$d_{m-1} = g_{m-1},$$

$$d_i = (d_{i+1} \nequiv g_i) = (d_{i+1} \oplus g_i) \tag{8.7}$$

$$\text{für} \quad i = 0; 1; 2; \ldots m-2.$$

Gl. (8.7) folgt durch mod-2-Addition von $d_{i+1}$ auf beiden Seiten von Gl. (8.6). Nach Gl. (8.7) kann die Umwandlung vom GRAY- in den Dualzahlencode in einer bestimmten Binärstelle erst erfolgen, wenn die nächsthöherwertige Dualstelle bekannt ist. Das bedeutet aber bei Serienbetrieb, daß die Umwandlung stets mit der höchstwertigsten Dualstelle zu beginnen hat. Andererseits muß man beim Addieren aber wegen des Übertrags stets mit der niedrigstwertigen Binärstelle beginnen. Man muß also u. U. je nach Weiterverarbeitung den umgewandelten Code für eine Wortzeit zwischenspeichern, um ihn dann in der richtigen Stellenfolge abrufen zu können. Hierdurch tritt meist eine nicht unbeträchtliche Aufwandserhöhung auf.

Ein denärer Code für Analog-Digital-Umwandlungen ist der denär reflektierende Code. Dieser leitet sich aus dem Dezimalzahlencode her: Man zählt wie gewöhnlich von 0 bis 9. Darauf folgt aber nicht 10, sondern 19. Dann wird rückwärts von 19 bis 10 gezählt. Auf 10 folgt dann 20, 21 usw. bis 29, dann 39, 38 usw.

Der GRAY-Code, der ein binär reflektierender Code ist, und der denär reflektierende Code sind nicht die einzigen geeigneten Codes für Analog-Digital-Umwandlungen. Es gibt noch eine ganze Reihe weiterer Möglichkeiten. Die Verwendung reflektierender Codes setzt eine bestimmte Art voraus, wie die analoge Größe gemessen oder abgelesen wird. Wenn die analoge Größe in geeigneter Weise gemessen wird, kann durchaus auch z. B. der Dualzahlencode zur Codierung verwendet werden.

### 8.4.2.3 Ein Schaltungsbeispiel für eine Analog-Digital-Umwandlung

Abb. 8.7 zeigt eine beschränkte stetige Funktion $u_x(t)$ mit $0 \leqq u_x \leqq U_0$, deren Momentanwerte digital darzustellen sind. Verwendet werden soll dabei ein Code

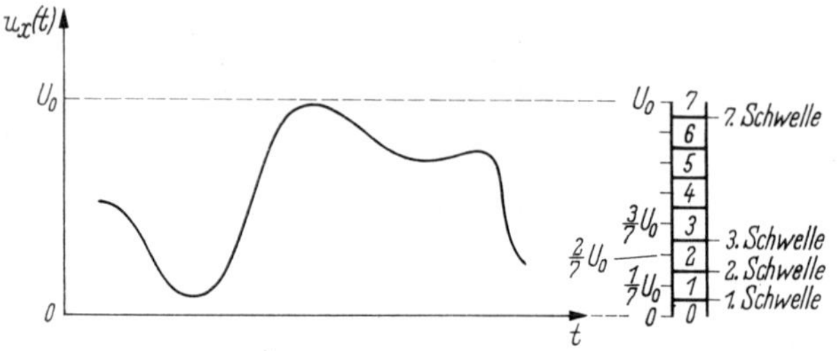


Abb. 8.7. Zur Analog-Digital-Umwandlung einer beschränkten stetigen Funktion

mit $m = 3$ Elementen. Nach Gl. (8.1) lassen sich damit $N = 2^3 = 8$ verschiedene Codewörter bilden, welche acht Funktionswerte $0 \cdot U_0$; $\frac{1}{7} U_0$; $\frac{2}{7} U_0$; ... $\frac{6}{7} U_0$; $U_0$ kennzeichnen, die sieben Intervalle einschließen. Wie Abb. 8.7 verdeutlicht, tritt die geringste Unsicherheit dann auf, wenn die Entscheidungsschwelle, ob $u_x$ gleich Null oder $\frac{1}{7} U_0$ ist, bei der halben Intervallbreite liegt. Dann nämlich ist der maximale Fehler gleich der halben Intervallbreite, d. h. in diesem Fall $\frac{1}{14} U_0$. Soll ein GRAY- oder Dualzahlencode mit $m$ Elementen verwendet werden, dann lassen sich mit diesem $2^m$ verschiedene Codewörter bilden, also $2^m$ Funktionswerte codieren. Diese

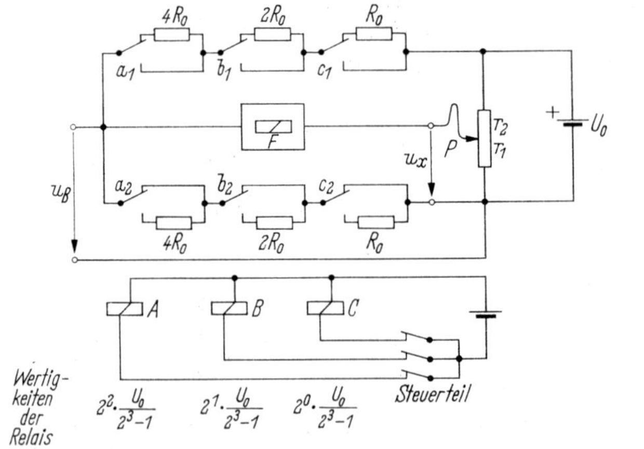


Abb. 8.8. Schaltung zur Analog-Digital-Umwandlung einer stetig veränderbaren Spannung

Funktionswerte schließen $2^m - 1$ Intervalle ein. Werden die Schwellen entsprechend Abb. 8.7 gelegt, dann ist der maximale Fehler bei gleichen Abständen der Funktionswerte $\pm \frac{1}{2} \frac{1}{2^m - 1}$.

Abb. 8.8 zeigt eine Schaltung zur Codierung einer stetig einstellbaren Spannung $u_x$ gemäß Abb. 8.7. In der Schaltung läßt sich diese Spannung $u_x$ am Potentiometer $P$

einstellen. Die Potentiometerteile $r_1$ und $r_2$ bilden mit den beiden Zweigen, von denen der eine die Kontakte $a_1$, $b_1$ und $c_1$ und der andere die Kontakte $a_2$, $b_2$ und $c_2$ enthält, eine Brückenschaltung. Die Kontakte in den Brückenzweigen können einzelne Widerstände, deren relative Größen nach Potenzen von 2 gestuft sind, zu- oder abschalten. Dabei werden die mit dem gleichen Buchstaben gekennzeichneten Kontakte (z. B. $a$ bzw. $a_1$ und $a_2$) jeweils gleichzeitig durch dasselbe Relais (bei den Kontakten $a$ durch das Relais $A$) betätigt. Die Widerstandssumme beider Brückenzweige bleibt damit konstant und gleich $7R_0$. In der Brückendiagonale liegt eine Vergleichsschaltung $F$.

Die Arbeitsweise soll nun anhand eines Beispiels erläutert werden. Dazu gehen wir von der in Abb. 8.8 dargestellten Grundstellung der Kontakte aus. Das Potentiometer werde jetzt z. B. so eingestellt, daß $u_x = 0{,}75\, U_0 = \frac{3}{4} U_0$. Damit entsteht über der Brückendiagonale eine positive Spannung $(u_x - u_B)$, wodurch der Codierungsvorgang ausgelöst wird. Dieser beginnt stets damit, daß im ersten Schritt das höchstwertige Relais $A$ schaltet. Dadurch erhält die Vergleichsspannung $u_B$ den Wert $u_B = \frac{4}{7}\, U_0$. Ist nach dem ersten Schritt die um $\frac{1}{14}\, U_0$, d. h. um eine halbe Intervallbreite (Abb. 8.7) verkleinerte Indikatorspannung weiterhin positiv $\left(u_x - u_B + \frac{1}{14}\, U_0 > 0\right)$, was im gewählten Beispiel der Fall ist $\left(\frac{3}{4}\, U_0 - \frac{7}{14}\, U_0 > 0\right)$, dann bleibt Relais $A$ über einen in Abb. 8.8 nicht gezeichneten Haltekontakt weiter erregt. Im anderen Fall würde Relais $A$ wieder abfallen. Im anschließenden zweiten Schritt wird Relais $B$ geschaltet. Die Vergleichsspannung $u_B$ wird, da in diesem Fall Relais $A$ erregt blieb, damit zu $u_B = \frac{6}{7} U_0$. Jetzt wird die um eine halbe Intervallbreite verkleinerte Indikatorspannung in der Brückendiagonale negativ $\left(u_x - u_B + \frac{1}{14}\, U_0 = \frac{3}{4}\, U_0 - \frac{11}{14}\, U_0 < 0\right)$. Das hat zur Folge, daß Relais $B$ wieder abfällt. Im dritten Schritt des Codierungsvorganges wird schließlich Relais $C$ betätigt. Dadurch erhält die Vergleichsspannung $u_B$ den Wert $u_B = \frac{5}{7} U_0$, denn beim dritten Schritt sind in diesem Fall die Relais $A$ und $C$ erregt. Da nun die um eine halbe Intervallbreite verkleinerte Indikatorspannung $u_x - u_B + \frac{1}{14}\, U_0 = \frac{3}{4}\, U_0 - \frac{9}{14}\, U_0 > 0$ positiv ist, wird auch das Relais $C$ gehalten. Damit ist der Codierungsvorgang abgeschlossen. Der Stand der Relais bildet den Code für die Spannung $u_x$, wenn man jedem Relais eine binäre 1 zuordnet, wenn es erregt ist und eine binäre 0 zuordnet, wenn es nicht erregt ist. Beim gewählten Beispiel ergibt sich die Dualzahl 101.

Mit den in Abb. 8.8 angegebenen Wertigkeiten für die einzelnen Relais ergibt sich mit der Dualzahl 101 die Anzeige

$$\frac{1 \cdot 4\, U_0}{2^3 - 1} + \frac{0 \cdot 2\, U_0}{2^3 - 1} + \frac{1\, U_0}{2^3 - 1} = \left(\frac{4}{7} + \frac{1}{7}\right) U_0 \approx 0{,}714\, U_0 .$$

Da der wirkliche Wert $0{,}75\, U_0$ ist, hat die Anzeige einen absoluten Fehler von $0{,}035\, U_0$. Der maximal mögliche Anzeigefehler ist mit $m = 3$

$$\frac{1}{2}\, \frac{U_0}{2^m - 1} = \frac{1}{14}\, U_0 \approx 0{,}0714\, U_0 .$$

Die Codierungsschaltung von Abb. 8.8 läßt sich natürlich auch für mehr als $m = 3$ Relais aufbauen. Dadurch wird der Anzeigefehler entsprechend kleiner.

### 8.4.3 Prüfbare und korrigierbare Codes

Die bisher beschriebenen Codes mit Codewörtern konstanter Länge haben die Eigenschaft, daß sie nicht generell prüfbar sind. Wenn nämlich bei der Übertragung ein einziges der $m$ Codeelemente verfälscht wird, so kann ein anderes zulässiges

Codewort entstehen. Der Fehler kann dann auf der Empfangsseite nicht festgestellt werden und noch weniger korrigiert werden. Der in Abschn. 8.4.2.1 behandelte Stibitzcode ist zwar insoweit bedingt prüfbar, weil von sechzehn möglichen verschiedenen Zeichen nur zehn Zeichen zulässig sind. Erscheint beim Stibitzcode auf der Empfangsseite ein unzulässiges Codewort (Pseudotetrade), dann muß ein Fehler aufgetreten sein, und man kann dann eventuell eine nochmalige Übertragung dieses Zeichens veranlassen. Hierdurch kann jedoch nur ein Teil der Fehler erkannt werden. Wie nämlich Tab. 8.4 zeigt, kann beim Stibitzcode durch Verfälschung eines Elementes in einem Wort ein anderes zulässiges Codewort auftreten (z. B. $3 = 0110$, durch Verfälschung des letzten Elementes entsteht $0111 = 4$, Verfälschung des ersten Elementes führt dagegen auf eine unzulässige Kombination und kann somit erkannt werden). Aus diesen Gründen wird man den Stibitzcode, der zwar für digitale Rechenautomaten sehr wichtig ist, nicht zur Übertragung von Informationen (z. B. über größere räumliche Entfernungen) in gestörten Kanälen verwenden. Für die Übertragung von Informationen über gestörte Kanäle sind spezielle prüfbare und z. T. auch korrigierbare Codes entwickelt worden.

#### 8.4.3.1 Gleichgewichtige Codes

Bei gleichgewichtigen Codes haben alle zugelassenen Codewörter gleiches *Gewicht*. Das Gewicht $w$ eines binären Codewortes ist gleich der Anzahl der darin vorkommenden binären Einsen. Ein Beispiel eines gleichgewichtigen Codes ist der *(2 aus 5)-Code*. Jedes Codewort besteht aus $m = 5$ Elementen, von denen $w = 2$ Elemente gleich 1 sind. Tab. 8.6 zeigt zwei spezielle Zuordnungen eines (2 aus 5)-Codes zu den zehn Dezimalziffern 0 bis 9.

Beim Rechencode ist den einzelnen Stellen eine Wertigkeit zugeordnet, wobei lediglich die dezimale Null eine Ausnahme bildet. Beim Walking-Code gleicht die Wortfolge einer Schrittbewegung. Der Rechencode ist für Digitalrechner, der Walking-Code für die Konstruktion von Zählschaltungen günstig. Wie Tab. 8.6 zeigt, sind beim (2 aus 5)-Code zehn Codewörter möglich. Mehr Wörter können nicht gebildet werden. Die Zahl der möglichen verschiedenen Zuordnungen zu den Dezimalziffern beträgt allerdings 10!, was aus der Permutationstheorie folgt.

Tabelle 8.6 *Zwei spezielle (2 aus 5)-Codes*

| Dezimalziffer | Rechencode (0 1 2 4 7) | Walking-Code |
|---|---|---|
| 0 | 0 0 0 1 1 | 0 0 0 1 1 |
| 1 | 1 1 0 0 0 | 0 0 1 0 1 |
| 2 | 1 0 1 0 0 | 0 0 1 1 0 |
| 3 | 0 1 1 0 0 | 0 1 0 1 0 |
| 4 | 1 0 0 1 0 | 0 1 1 0 0 |
| 5 | 0 1 0 1 0 | 1 0 1 0 0 |
| 6 | 0 0 1 1 0 | 1 1 0 0 0 |
| 7 | 1 0 0 0 1 | 0 1 0 0 1 |
| 8 | 0 1 0 0 1 | 1 0 0 0 1 |
| 9 | 0 0 1 0 1 | 1 0 0 1 0 |

Der (2 aus 5)-Code ist wegen des gleichen Gewichtes aller Codewörter prüfbar. Wird nämlich durch einen Fehler *ein* Element eines Wortes verfälscht, dann ändert sich damit auch notwendigerweise das Gewicht des betreffenden Codewortes. Die Prüfung eines Codewortes des (2 aus 5)-Codes besteht also in der Kontrolle, ob das Gewicht $w = 2$ stimmt oder nicht. Mit dieser Methode können z. T. auch mehrere Fehler entdeckt werden, nämlich immer dann, wenn die Anzahl der Fehler $0 \to 1$ und $1 \to 0$ nicht gerade gleich sind, und sich deshalb zufällig wieder die richtige Quersumme ergibt. Diese Kompensation der beiden Fehlerarten ist bei manchen Modulationsverfahren unwahrscheinlich. Wenn die Wahrscheinlichkeit der Verfälschung von 0 in 1 einen anderen Wert als die Verfälschung von 1 in 0 hat, spricht man von Einseitenstörungen.

Bei beliebigen gleichgewichtigen Codes spricht man allgemein von *(w aus m)-Codes* oder von $\binom{m}{w}$*-Codes* [(*m* über *w*)-Codes], womit zugleich ausgedrückt wird, daß ein Codewort aus *m* Elementen besteht und das Gewicht *w* hat, d. h. *w* Elemente gleich Eins und $(m - w)$ Elemente gleich Null sind. Die Anzahl der Codewörter gleichgewichtiger Codes beträgt

$$N' = \binom{m}{w} = \frac{m(m-1)(m-2)\cdots[m-(w-1)]}{1\cdot 2\cdot 3\cdots w}. \tag{8.8}$$

Die Zahl $N'$ kann anstatt mit Gl. (8.8) auch aus dem PASCALschen Dreieck in Abbildung 8.9 entnommen werden, welches in durchsichtiger Weise aufgebaut ist.

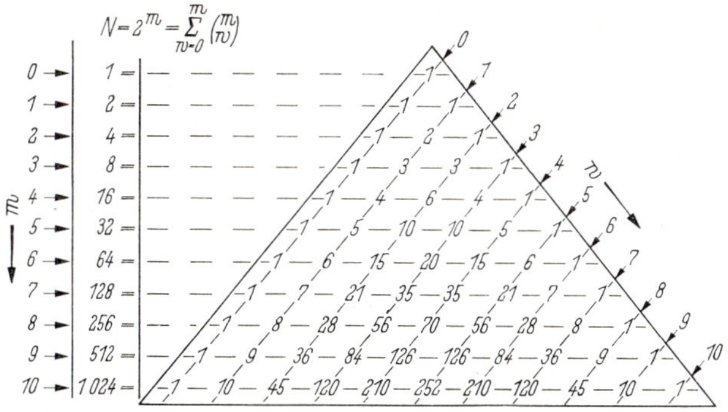


Abb. 8.9. PASCALsches Dreieck zur Bestimmung von $N' = \binom{m}{w}$

Für $m = 5$ und $w = 2$ ergibt sich beispielsweise $N' = 10$, was schon in Tab. 8.6 festgestellt worden ist.

Gl. (8.8) kommt auf folgende Art zustande: Man betrachte zunächst ein beliebiges Codewort mit *w* Einsen und $(m - w)$ Nullen, also *m* Elementen. Denkt man sich jetzt im betrachteten Codewort zunächst die Einsen unterschiedlich gemacht (z. B. *a*, *b*, *c* usw.), dann gibt es für diese nach der Lehre der Permutationen $w!$ verschiedene Anordnungen. Denkt man sich anschließend die Nullen verschieden gemacht (z. B. $\alpha$, $\beta$, $\gamma$ usw.), dann gibt es für diese $(m - w)!$ Anordnungen oder Permutationen. Für das betrachtete Codewort gibt es also $w!$ mal $(m - w)!$ Permutationen. Andererseits wären aber mit *m* verschiedenen Elementen $m!$ Permutationen möglich. Diese Anzahl $m!$ muß sich nun mit allen $N'$ verschiedenen Codewörtern erreichen lassen, mit denen je obige Permutationen gebildet werden, d. h.,

$$N'\, w!(m-w)! = m!$$

Anders geschrieben:

$$N' = \frac{m!}{w!(m-w)!} = \frac{m(m-1)(m-2)\cdots[m-(w-1)]}{1\cdot 2\cdot 3\cdots w}.$$

Damit ist Gl. (8.8) bewiesen.

Bei *m* Elementen muß die Summe aller Codewörter mit dem Gewicht $w = 0; 1; 2 \ldots m$ selbstverständlich gleich der Anzahl *N* aller Codewörter sein, die sich mit *m* Elementen bilden lassen, also

$$\sum_{w=0}^{m} N' = \sum_{w=0}^{m} \binom{m}{w} = 2^m = N. \tag{8.9}$$

Der Zusammenhang von Gl. (8.9) ist im PASCALschen Dreieck ebenfalls gut zu ersehen.

Neben dem (2 aus 5)-Code ist der (3 aus 7)-Code oder *Van Duuren-Code* ein häufig benutzter gleichgewichtiger Code. Nach Gl. (8.8) lassen sich mit $m = 7$ und $w = 3$ die Anzahl $N' = 35$ Codewörter bilden. Dieser Code wird z. B. für Überseetelegraphie im TOM-MUX-Verfahren (TOM = Teleprinting on Multiplex, MUX = Multiplex) verwendet (s. Abb. 8.10). Beim TOM-MUX-Verfahren wird auf der Empfangsseite jedes Zeichen auf das richtige Verhältnis 3:4 geprüft. Ist in einem empfangenen Zeichen dieses Verhältnis gestört, so veranlaßt die Empfangsseite die Wiederholung des falsch empfangenen Zeichens durch den Sender (tele-

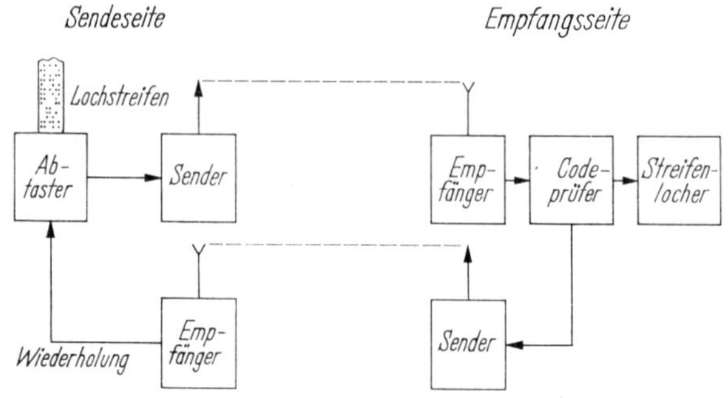


Abb. 8.10. Schematische Darstellung des TOM-MUX-Verfahrens

graphische und automatische Rückfrage). Zu diesem Zweck müssen auf der Sendeseite immer die letzten z. B. drei Zeichen gespeichert vorliegen, um sie bei Fehlempfang wiederholen zu können.

### 8.4.3.2 Ein-Fehler-prüfbare Codes mit geradzahligem Gewicht

Zur Prüfung von Codewörtern auf Störungen durch einen Fehler ist zwar hinreichend aber nicht notwendig, daß die einzelnen Codewörter gleiches Gewicht haben. Hierfür genügen bereits Codes mit Wörtern, deren Gewicht geradzahlig oder ungeradzahlig ist. Wir werden uns hier auf solche mit geradem Gewicht beschränken. Der Aufbau solcher Codes ist sehr einfach. Ausgangspunkt ist dabei der *vollständige Code*. Ein vollständiger Code mit $m$ Elementen je Codewort enthält alle $2^m$ Codewörter. Dem vollständigen Code mit den $m$ informationstragenden Stellen $x_0$ bis $x_{m-1}$ wird eine $(m+1)$-te Stelle als Prüfstelle $y$ angefügt. Haben die informationstragenden Stellen ungerades Gewicht, dann wird $y = 1$, im anderen Fall wird $y = 0$ gesetzt. Tab. 8.7 zeigt ein Beispiel für den Aufbau eines derartigen Codes. Ausgangspunkt ist darin ein Code mit $m = 4$.

Tabelle 8.7 *Beispiel eines 1 F-prüfbaren Codes mit geradzahligem Gewicht*

| Informationsstellen $x_3$ | $x_2$ | $x_1$ | $x_0$ | Prüfstelle $y$ | Quersumme |
|---|---|---|---|---|---|
| 0 | 0 | 0 | 0 | 0 | 0 |
| 0 | 0 | 0 | 1 | 1 | 2 |
| 0 | 0 | 1 | 0 | 1 | 2 |
| 0 | 0 | 1 | 1 | 0 | 2 |
| 0 | 1 | 0 | 0 | 1 | 2 |
| 0 | 1 | 0 | 1 | 0 | 2 |
| 0 | 1 | 1 | 0 | 0 | 2 |
| 0 | 1 | 1 | 1 | 1 | 4 |
| 1 | 0 | 0 | 0 | 1 | 2 |
| 1 | 0 | 0 | 1 | 0 | 2 |
| 1 | 0 | 1 | 0 | 0 | 2 |
| 1 | 0 | 1 | 1 | 1 | 4 |
| 1 | 1 | 0 | 0 | 0 | 2 |
| 1 | 1 | 0 | 1 | 1 | 4 |
| 1 | 1 | 1 | 0 | 1 | 4 |
| 1 | 1 | 1 | 1 | 0 | 4 |

Wird ein einziges der $m + 1$ Binärzeichen des in Tab. 8.7 dargestellten Codes verfälscht, so ergibt sich eine ungerade Quersumme. Durch ein einziges zusätzliches Binärzeichen wurde der ursprünglich vollständige Code *ein Fehler-prüfbar* oder kurz 1 F-prüfbar. Die Prüfung wird auch *parity check* genannt. Im Code mit $n = m + 1$ Binärstellen unterscheidet sich jedes Zeichen von jedem anderen in mindestens zwei Binärstellen. Solche Codes werden später als Codes mit einer *Mindest-Hamming-Distanz* $d = 2$ bezeichnet.

Die Prüfstelle $y$ bedingt einen zusätzlichen Aufwand. Ein Maß für diesen zusätzlichen Aufwand, das mit *Weitschweifigkeit* oder *Gleichwahrscheinlichkeitsredundanz* bezeichnet wird, berechnet sich folgendermaßen:

Absolute Gleichwahrscheinlichkeitsredundanz

$$R = \mathrm{ld}\,N - H, \tag{8.10a}$$

relative Gleichwahrscheinlichkeitsredundanz

$$r = \frac{\mathrm{ld}\,N - H}{\mathrm{ld}\,N} \tag{8.10b}$$

mit

$$\mathrm{ld}\,N = \mathrm{ld}(\text{Anzahl der möglichen Codewörter}),$$

$$H = \mathrm{ld}(\text{Anzahl der zugelassenen Codewörter}).$$

ld bedeutet dyadischer Logarithmus oder Logarithmus zur Basis 2. (Der Begriff *Gleichwahrscheinlichkeitsredundanz* ist ein Spezialfall des in der Informationstheorie — Abschn. 9.2.1.3 — in allgemeinerer Weise definierten Begriffs der Redundanz.)

Mit den $m + 1 = 5$ Codeelementen des Beispiels in Tab. 8.7 hätte man $2^5 = 32$ Zeichen bilden können. Es ist also $\mathrm{ld}\,N = \mathrm{ld}\,32 = 5$. Um den Code prüfbar zu machen, wurden aber nur $2^4 = 16$ Zeichen ausgenutzt: $H = \mathrm{ld}\,16 = 4$. Damit ergibt sich nach Gl. (8.10b) die relative Gleichwahrscheinlichkeitsredundanz zu

$$r = \frac{\mathrm{ld}\,N - H}{\mathrm{ld}\,N} = \frac{5 - 4}{5} = \frac{1}{5}.$$

Man kann diese Aussage so deuten, daß der Bruchteil $r = \frac{1}{5}$ der Codeelemente eigentlich unnötig wäre und nur zur Sicherstellung dient. Der gleichgewichtige (2 aus 5)-Code hat eine noch größere Redundanz, nämlich

$$r = \frac{5 - \mathrm{ld}\,10}{5} = \frac{5 - 3{,}32}{5} = 0{,}336.$$

#### 8.4.3.3 Fehler-Korrigierbarkeit durch Blocksicherung

Ein Code ist korrigierbar, wenn auf der Empfangsseite Fehler nicht nur festgestellt, sondern sogar korrigiert werden können, ohne daß dazu eine Rückfrage an den Sender erforderlich ist. 1 F-prüfbare Codewörter können bis zu einem gewissen Grad korrigiert werden, wenn sie blockweise übertragen werden, und am Ende jeden Blocks ein Prüfwort angefügt wird. Das Prinzip dieses Verfahrens soll im folgenden anhand eines Beispiels erläutert werden.

Zu übertragen sei die Dezimalzahl 541376. Die Verschlüsselung soll dezimalstellenweise, und zwar im (2 aus 5)-Rechencode erfolgen. Selbstverständlich können die einzelnen Dezimalstellen auch im Stibitzcode, der durch Hinzufügen einer Prüfstelle 1 F-prüfbar gemacht werden kann, übertragen werden. Wichtig ist lediglich die 1 F-Prüfbarkeit der einzelnen Codewörter.

Tab. 8.8a zeigt die Anordnung der einzelnen Dezimalstellen zu einem Block. Dem Block wird ein Prüfwort $y$ so angefügt, daß sich in jeder Spalte eine gerade Anzahl von Einsen ergibt. In der ersten Spalte sind beispielsweise drei Einsen vor-

Tabelle 8.8a *Ein-Fehler-Korrekturmöglichkeit durch Anfügen eines Prüfwortes an einen Block von 6 Codewörtern im (2 aus 5)-Code*

| | | | | | |
|---|---|---|---|---|---|
| 5 | 0 | 1 | 0 | 1 | 0 |
| 4 | 1 | 0 | 0 | 1 | 0 |
| 1 | 1 | 1 | 0 | 0 | 0 |
| 3 | 0 | 1 | 1 | 0 | 0 |
| 7 | 1 | 0 | 0 | 0 | 1 |
| 6 | 0 | 0 | 1 | 1 | 0 |
| $y$ | 1 | 1 | 0 | 1 | 1 |

handen. Folglich hat in dieser Stelle $y$ eine 1. In der dritten Spalte sind hingegen nur zwei Einsen vorhanden, weshalb $y$ in dieser Stelle eine 0 hat. Das Prüfwort $y$ selbst ist im gewählten Beispiel mit Blöcken aus sechs Codewörtern auch von geradzahligem Gewicht.

Durch waagerechte und senkrechte Quersummenprüfung auf geradzahliges Gewicht kann am Empfangsort ein einziger Fehler im Block lokalisiert und damit korrigiert werden. Ein Beispiel mag das verdeutlichen. Der ausgesendete Block von Tab. 8.8a werde auf dem Übertragungsweg gestört, so daß der empfangene Block von Tab. 8.8b einen Fehler enthält. Die durchgeführten Quersummenprüfungen zeigen, daß das zweite Codewort (dezimale Vier) in der dritten Binärstelle falsch sein muß, was der Vergleich mit Tab. 8.8a bestätigt.

Tabelle 8.8b

| | | | | | | |
|---|---|---|---|---|---|---|
| 5 | 0 | 1 | 0 | 1 | 0 | |
| 4 | 1 | 0 | 1 | 1 | 0 | ← Zeile mit Fehler (Quersumme ungerade) |
| 1 | 1 | 1 | 0 | 0 | 0 | |
| 3 | 0 | 1 | 1 | 0 | 0 | |
| 7 | 1 | 0 | 0 | 0 | 1 | |
| 6 | 0 | 0 | 1 | 1 | 0 | |
| $y$ | 1 | 1 | 0 | 1 | 1 | |
| | | | ↑ Spalte mit Fehler (Quersumme ungerade) | | | |

### 8.4.3.4 Ein-Fehler-korrigierbare Codes

Ein-Fehler-korrigierbare (kurz: 1 F-korrigierbare) Codes sind so aufgebaut, daß in jedem einzelnen Codewort ein Fehler korrigiert werden kann. Daß dies grundsätzlich möglich sein muß, folgt bereits aus dem vorigen Abschnitt über Korrigierbarkeit durch Blockübertragung. Genauso wie man einen ganzen Block als ein einziges Codewort auffassen kann, so kann man auch ein Codewort, bestehend aus $m$ informationstragenden Stellen, sich in Form eines Blocks angeschrieben denken, der durch Hinzufügen redundanter Prüfstellen 1 F-korrigierbar wird. Solche Codes, bei denen man zwischen informationstragenden Binärstellen $x_1, x_2, \ldots, x_m$ und nur zur Fehlerfeststellung dienenden (redundanten) Binärstellen $y_1, y_2, \ldots, y_k$ unterscheiden kann, werden nach Hamming als *systematische* Codes bezeichnet. Die Gesamtzahl $n$ der Binärstellen dieser Codes ist

$$n = m + k. \tag{8.11}$$

Für die Konstruktion eines 1 F-korrigierbaren Codes erhebt sich zunächst die Frage nach der notwendigen Mindestanzahl $k$ der Prüfstellen, wenn die Anzahl $m$ der Informationsstellen auf Grund der Zahl der zu codierenden Zeichen vorgegeben ist. Die Antwort ergibt sich mit folgendem, von Hamming [1] stammenden Gedankengang: Durch $k$ Binärstellen können $2^k$ Tatbestände gekennzeichnet werden. Andererseits müssen sich bei der Codeprüfung $n + 1$ Tatbestände feststellen lassen, nämlich ob das betreffende Codewort fehlerfrei ist, oder welche der $n = m + k$ Binärstellen gestört ist. Es muß also gelten

$$2^k \geqq m + k + 1. \tag{8.12}$$

Die Auswertung von Gl. (8.12) liefert, daß z. B. mit $k = 4$ Prüfstellen sich ein 1 F-korrigierbarer Code mit $m = 11$ Informationsstellen bilden lassen muß. Umgekehrt besagt Gl. (8.12), daß z. B. ein Code mit $m = 5$ Informationsstellen bereits die gleiche jetzt relativ große Anzahl von $k = 4$ Prüfstellen benötigt, um 1 F-korrigierbar zu sein. Dies zeigt, daß ein 1 F-korrigierbarer Code nicht für jede beliebige Informationsstellenzahl mit gleicher Redundanz aufgestellt werden kann.

Das allgemeine Aufbauschema eines 1 F-korrigierbaren Codes läßt sich am einfachsten anhand eines Beispiels beschreiben. Als Beispiel sei ein siebenstelliger Code gewählt, von dessen $n = 7$ Stellen nach Gl. (8.12) $m = 4$ Informations- und $k = 3$ Prüfstellen sind. Damit lassen sich also $2^m = 16$ Codewörter bilden, wenn die Informationsstellen einen vollständigen Code bilden. Im folgenden sei vorausgesetzt, daß die Informationsstellen bekannt sind, und nur noch die Prüfstellen zu bestimmen sind. Das soll nun für ein willkürliches Codewort mit den Informationsstellen $x_1 = 0$; $x_2 = 1$; $x_3 = 1$; $x_4 = 0$ geschehen.

Tab. 8.9 zeigt das Verfahren zur Konstruktion des speziellen 1 F-korrigierbaren Codewortes. Gemäß Gl. (8.12) sind für $m = 4$ Informationsstellen insgesamt sieben

Tabelle 8.9 *Zum Aufbau eines 1 F-korrigierbaren Codewortes*

| | | | | | | | | |
|---|---|---|---|---|---|---|---|---|
| 1. Schritt | Binärstelle | 1 | 2 | 3 | 4 | 5 | 6 | 7 |
| | duale Kennzahl | 001 | 010 | 011 | 100 | 101 | 110 | 111 |
| 2. Schritt | 1. Stellenbelegung | $y_1$ | | $x_1$ | | $x_2$ | | $x_3$ |
| | Bestimmung von $y_1$ | 0 | | 0 | | 1 | | 1 |
| 3. Schritt | 2. Stellenbelegung | | $y_2$ | $x_1$ | | | $x_4$ | $x_3$ |
| | Bestimmung von $y_2$ | | 1 | 0 | | | 0 | 1 |
| 4. Schritt | 3. Stellenbelegung | | | | $y_3$ | $x_2$ | $x_4$ | $x_3$ |
| | Bestimmung von $y_3$ | | | | 0 | 1 | 0 | 1 |

Binärstellen erforderlich, die im ersten Schritt mit je einer fortlaufenden dualen Kennzahl, beginnend mit Eins, numeriert werden. Im 2. Schritt werden alle diejenigen Binärstellen betrachtet, deren duale Kennzahl in der niedrigsten Dualstelle eine binäre Eins haben. Das sind also die Stellen 1, 3, 5 und 7. Diese Stellen werden durch die erste Quersummenprüfung kontrolliert. Dazu wird die erste Stelle durch die Prüfstelle $y_1$ und die restlichen Stellen 3, 5 und 7 durch die Informationsstellen $x_1$, $x_2$ und $x_3$ belegt. Da $x_1 = 0$ und $x_2 = x_3 = 1$ sind, folgt für die erste Prüfstelle $y_1 = 0$ (Auffüllen auf gerade Quersumme). Im dritten Schritt werden alle Binärstellen betrachtet, deren duale Kennzahl in der zweitniedrigsten Dualstelle eine binäre Eins haben. Das sind also die Stellen 2, 3, 6 und 7. Diese Stellen werden durch die zweite Quersummenprüfung kontrolliert. Dazu wird die zweite Stelle durch die Prüfstelle $y_2$ und die sechste Stelle durch $x_4$ belegt. Die dritte und siebte Stelle sind bereits durch $x_1$ und $x_3$ belegt. Damit die zweite Quersummenprüfung geradzahlig ausfällt, muß nun $y_2 = 1$ gewählt werden. Im vierten Schritt werden alle Binärstellen betrachtet, deren duale Kennzahl in der drittniedrigsten Dualstelle eine binäre Eins haben. Das sind also die Stellen 4, 5, 6 und 7. Diese Stellen werden durch die dritte Quersummenprüfung $y_3$ kontrolliert usw.

Tab. 8.9 zeigt, daß jede Informationsstelle $x_i$ durch mindestens zwei Quersummenprüfungen kontrolliert wird. Die Prüfstellen brauchen nur durch eine einzige Quersummenprüfung erfaßt zu werden. Wenn nämlich alle Quersummenprüfungen bis auf eine richtig sind, dann kann in dieser betreffenden nur die Prüfstelle falsch sein.

Das beschriebene Schema ist allgemein für beliebig viele Stellen anwendbar. Abgesehen vom ersten Schritt entspricht die Anzahl der durchzuführenden Schritte der Anzahl $k$ der erforderlichen Prüfstellen. Die Prüfstelle $y_i$ kommt bei diesem

Schema an die Binärstelle $2^i$ zu liegen. Tab. 8.10 zeigt zusammenfassend die Zuordnung der prüfenden Binärstelle $y_i$ zu den geprüften Binärstellen.

Nachdem auf die durch Tab. 8.9 beschriebene Weise alle Codewörter eines 1 F-korrigierbaren Codes konstruiert und somit der ganze Code aufgestellt worden ist, kann die Reihenfolge der Informationsstellen $x_1 \ldots x_m$ und der Prüfstellen $y_1 \ldots y_k$ beliebig umgeordnet werden. Wichtig ist lediglich, daß die Umordnung

Tabelle 8.10 *Zuordnung der geprüften Stellen zu den Prüfstellen*

| Prüfstellen | der Prüfstelle zugeordnete Binärstelle | geprüfte Binärstellen |
|---|---|---|
| $y_1$ | 1 | 1, 3, 5, 7, 9, 11, 13, 15, 17, ··· |
| $y_2$ | 2 | 2, 3, 6, 7, 10, 11, 14, 15, 18, ··· |
| $y_3$ | 4 | 4, 5, 6, 7, 12, 13, 14, 15, 20, ··· |
| $y_4$ | 8 | 8, 9, 10, 11, 12, 13, 14, 15, 24, · |
| ⋮ | ⋮ | ... |

bei allen Codewörtern in gleicher Weise erfolgt. Die Korrigierbarkeit wird dann durch diese Umordnung nicht beeinträchtigt. Gewöhnlich werden die Binärstellen in folgender Reihenfolge angeschrieben

$$x_1\, x_2\, x_3 \ldots x_i \ldots x_m\, y_1\, y_2\, y_3 \cdots y_i \cdots y_k.$$

Für das Beispiel von Tab. 8.9 ergibt sich

| $x_1$ | $x_2$ | $x_3$ | $x_4$ | $y_1$ | $y_2$ | $y_3$ | |
|---|---|---|---|---|---|---|---|
| 0 | 1 | 1 | 0 | 0 | 1 | 0 | richtiges Codewort nach Tab. 8.9 |
| 0 | 1 | 1 | 1 | 0 | 1 | 0 | falsch empfangenes Codewort. |

Wird das in Tab. 8.9 aufgestellte Codewort z. B. in der gezeigten Weise falsch empfangen, dann ergibt die Quersummenprüfung mit $y_1$, durch welche nach Tab. 8.9 die Stellen $x_1$, $x_2$ und $x_3$ kontrolliert werden, zusammen mit $y_1$ eine gerade Zahl. Damit kann ein Fehler in den Stellen $x_1$, $x_2$, $x_3$ und $y_1$ nicht vorhanden sein. Die Quersummenprüfung mit $y_2$, womit $x_1$, $x_3$ und $x_4$ kontrolliert werden, ist hingegen falsch. Desgleichen ist die Quersumme mit $y_3$, womit $x_2$, $x_3$ und $x_4$ geprüft werden, falsch. Da nach der ersten Quersummenprüfung $x_1$, $x_2$ und $x_3$ richtig sind, muß $x_4$ falsch sein, was tatsächlich auch der Fall ist. Zwei Fehler können in diesem Fall nicht korrigiert werden.

Eine andere Art der Codeprüfung ergibt sich aus dem Vergleich des empfangenen Codewortes mit allen zugelassenen Codewörtern. Diese sind in Tab. 8.11 dargestellt mit einer willkürlichen Zuordnung zu Dezimalzahlen. Mit den $m = 4$ Informationsstellen lassen sich insgesamt $2^m = 16$ Codewörter bilden, die hier dem Dualzahlencode entsprechen. Die Prüfstellen wurden mit dem Verfahren nach Tab. 8.9 bestimmt. Vergleicht man das obige falsch empfangene Codewort mit allen Codewörtern von Tab. 8.11, dann zeigt es sich, daß dieses sich von allen Codeworten in zwei oder mehr Binärstellen unterscheidet, mit Ausnahme des 7. CW, von dem es sich nur in einer Binärstelle unterscheidet. Da wir nur einen Fehler unterstellen, muß das falsch empfangene Codewort dieses 7. CW sein.

Die Anzahl $D$ der unterschiedlich markierten Binärstellen zweier beliebiger Codewörter bezeichnet man als *Hamming-Distanz D* zweier Codewörter. Unter *Distanz eines Codes d* versteht man die Mindest-Hamming-Distanz zwischen irgend zwei Codewörtern dieses Codes. Die Korrektur eines falsch empfangenen Codewortes kann man also auch so verstehen, daß an seiner Stelle dasjenige zulässige Codewort gewählt wird, welches die geringste HAMMING-Distanz $D$ zum falschen Codewort hat. Der 1 F-korrigierbare Code hat die Distanz $d = 3$. In diesem Code können zwar zwei Fehler je Codewort festgestellt, nicht jedoch korrigiert werden, weil durch Korrektur nicht das richtige ursprüngliche Codewort, sondern ein bestimmtes anderes mit der geringsten HAMMING-Distanz $D$ zum falsch empfangenen Codewort gewählt werden würde.

Der Code von Tab. 8.11 zeigt noch eine Eigenschaft, welche für die allgemeine Codierungstheorie wichtig ist: Wenn man die mod-2-Addition zweier beliebiger Codewörter dieses Codes bildet, dann entsteht wieder ein Codewort dieses Codes. Eine solche Eigenschaft ist nicht selbstverständlich, denn wie man sich leicht über-

Tabelle 8.11 *1 F-korrigierbarer Code mit $m = 4$, $k = 3$ und mit willkürlicher Zuordnung zu Dezimalzahlen*

| Codewort (CW) | $x_1$ | $x_2$ | $x_3$ | $x_4$ | $y_1$ | $y_2$ | $y_3$ | Dezimalzahl |
|---|---|---|---|---|---|---|---|---|
| 1. CW | 0 | 0 | 0 | 0 | 0 | 0 | 0 | 0 |
| 2. CW → | 0 | 0 | 0 | 1 | 0 | 1 | 1 | 1 |
| 3. CW → | 0 | 0 | 1 | 0 | 1 | 1 | 1 | 2 |
| 4. CW | 0 | 0 | 1 | 1 | 1 | 0 | 0 | 3 |
| 5. CW → | 0 | 1 | 0 | 0 | 1 | 0 | 1 | 4 |
| 6. CW | 0 | 1 | 0 | 1 | 1 | 1 | 0 | 5 |
| 7. CW | 0 | 1 | 1 | 0 | 0 | 1 | 0 | 6 |
| 8. CW | 0 | 1 | 1 | 1 | 0 | 0 | 1 | 7 |
| 9. CW → | 1 | 0 | 0 | 0 | 1 | 1 | 0 | 8 |
| 10. CW | 1 | 0 | 0 | 1 | 1 | 0 | 1 | 9 |
| 11. CW | 1 | 0 | 1 | 0 | 0 | 0 | 1 | 10 |
| 12. CW | 1 | 0 | 1 | 1 | 0 | 1 | 0 | 11 |
| 13. CW | 1 | 1 | 0 | 0 | 0 | 1 | 1 | 12 |
| 14. CW | 1 | 1 | 0 | 1 | 0 | 0 | 0 | 13 |
| 15. CW | 1 | 1 | 1 | 0 | 1 | 0 | 0 | 14 |
| 16. CW | 1 | 1 | 1 | 1 | 1 | 1 | 1 | 15 |

zeugen kann, gilt das z. B. für den in Tab. 8.6 dargestellten (2 aus 5)-Code nicht. Dort führt die mod-2-Addition aus dem Rahmen der zugelassenen Codewörter hinaus. Da der Code von Tab. 8.11 ferner ein bestimmtes Codewort enthält (das ist hier die 0-Folge), welches zu einem beliebigen anderen Codewort mod-2-addiert, das andere Codewort nicht verändert, weiter jedes Codewort zu sich selbst mod-2-addiert die Nullfolge ergibt und schließlich noch das assoziative Gesetz gilt, haben die Elemente dieses Codes die mathematischen Eigenschaften einer sogenannten *Gruppe*. Der Code gehört damit zur Klasse der *Gruppencodes*. Der in Tab. 8.7 dargestellte 1 F-prüfbare Code ist ebenfalls ein Gruppencode. Er wäre nicht Gruppencode, wenn die Prüfstelle $y$ so ergänzt worden wäre, daß sich für jedes Codewort ein ungerades Gewicht ergeben hätte, weil dann die Addition zweier Codewörter mit ungeradem Gewicht solche mit geradem Gewicht liefert, und überdies die 0-Folge kein zugelassenes Codewort ist. Man zählt jedoch alle Codes, bei denen man zwischen informationstragenden Stellen und Prüfstellen unterscheiden kann, zu den *systematischen Codes*. Die Bezeichnung *systematischer Code* ist ein Oberbegriff, welcher neben den genannten Gruppencodes noch andere Codes umfaßt. Der (2 aus 5)-Code gehört nicht zu den systematischen Codes.

Bei Gruppencodes ist es nicht erforderlich, daß man jedes Codewort eines Codes (nach einem meist umständlichen Verfahren, etwa nach Tab. 8.9 bei 1 F-korrigierbaren Codes) einzeln konstruiert. Es genügt, wenn man nur einige wenige Codewörter primär konstruiert und dann die übrigen durch mod-2-Addition aus den primären gewinnt. Beim Code nach Tab. 8.11 genügen beispielsweise die durch einen Pfeil (→)

markierten Codewörter. Man könnte statt dieser markierten Codewörter auch vier andere Codewörter nehmen. Es ist dabei lediglich notwendig, daß die vier (oder allgemein $m$) Codewörter linear unabhängig voneinander sind, d. h., es darf sich keines der primären Codewörter durch mod-2-Additionen aus den anderen primären Codewörtern ergeben. Die lineare Unabhängigkeit ist aber am leichtesten an den markierten Codewörtern zu erkennen.

Die linear unabhängigen Codewörter lassen sich in Form einer Matrix anschreiben. Diese Matrix wird als *Generatormatrix* $||\boldsymbol{G}||$ bezeichnet. Für den Code von Tab. 8.11 lautet diese

$$||\boldsymbol{G}|| = \left\|\begin{matrix} 0 & 0 & 0 & 1 & 0 & 1 & 1 \\ 0 & 0 & 1 & 0 & 1 & 1 & 1 \\ 0 & 1 & 0 & 0 & 1 & 0 & 1 \\ 1 & 0 & 0 & 0 & 1 & 1 & 0 \end{matrix}\right\| . \tag{8.13}$$

Allgemein lautet die Generatormatrix eines Gruppencode mit $m$ Informations- und $k$ Prüfstellen

$$||\boldsymbol{G}|| = \left\|\begin{matrix} \boldsymbol{v}_1 \\ \boldsymbol{v}_2 \\ \vdots \\ \boldsymbol{v}_m \end{matrix}\right\| = \left\|\underbrace{\begin{matrix} 0 & 0 & \ldots & 0 & 1 \\ 0 & 0 & \ldots & 1 & 0 \\ \vdots & & & & \\ 1 & 0 & \ldots & 0 & 0 \end{matrix}}_{\substack{m \text{ mal } m \\ \text{Einheitsmatrix}}} \quad \underbrace{\begin{matrix} C_{11} & C_{12} & \ldots & C_{1k} \\ C_{21} & C_{22} & \ldots & C_{2k} \\ \vdots & & & \\ C_{m1} & C_{m2} & \ldots & C_{mk} \end{matrix}}_{\substack{m \text{ mal } k \\ \text{Prüfmatrix}}}\right\| \tag{8.14}$$

Die Generatormatrix eines Gruppencodes setzt sich aus zwei Anteilen zusammen, der $m$ mal $m$-Einheitsmatrix und der $m$ mal $k$-Prüfmatrix. Die Zeilen der Generatormatrix kann man als $n$-dimensionale ($n = m + k$) Vektoren $\boldsymbol{v}_i$ auffassen. Die $m$ möglichen linear unabhängigen Vektoren $\boldsymbol{v}_1 \ldots \boldsymbol{v}_m$, d. h. der Code, bilden damit einen $m$-dimensionalen Unterraum eines $n$-dimensionalen Vektorraums.

#### 8.4.3.5 Korrigierbare Gruppencodes höherer Distanz

Codes mit höherer Distanz ermöglichen mehrere Alternativen bei der Decodierung. Beispielsweise erlaubt eine Mindestdistanz $d = 5$ alternativ

bis 4 Fehler erkennen und 0 Fehler korrigieren
oder bis 3 Fehler erkennen und 1 Fehler korrigieren
oder 2 Fehler korrigieren.

Für die Fehlerkorrektur nach dem Prinzip der Korrektur in Richtung auf geringste HAMMING-Distanz gilt, wenn $F_k$ die Zahl der korrigierbaren Binärzeichenfehler innerhalb eines Codewortes ist:

$$F_k = \frac{d-1}{2} \quad \text{bei ungerader HD,} \tag{8.15}$$

$$F_k = \frac{d}{2} - 1 \quad \text{bei gerader HD.} \tag{8.16}$$

Für Fehlererkennung gilt entsprechend, wenn $F_e$ die Zahl der erkennbaren Binärzeichenfehler innerhalb eines Codewortes ist:

$$F_e = d - 1 . \tag{8.17}$$

Bei der Konstruktion von Gruppencodes kann man sich auf die Konstruktion der zur $m \times m$-Einheitsmatrix gehörenden $m \times k$-Prüfmatrix beschränken. Bei einer vorgegebenen Distanz $d$ des Codes müssen je zwei Zeilen der Prüfmatrix die Distanz $d_p \geqq d - 2$ haben, da dieselben Zeilen der $m \times m$-Einheitsmatrix sich bereits in zwei Binärstellen unterscheiden. Bei $k$ Binärstellen der Prüfmatrix lassen sich $2^k$ Kombinationen bilden. Aus dieser maximal möglichen Anzahl sind diejenigen Kombinationen auszuwählen, die als Zeilen der Prüfmatrix für eine bestimmte Distanz $d$ geeignet sind. Für z. B. $d = 4$ müssen sich die Zeilen der Prüfmatrix in $d_p \geqq d - 2 = 2$, also in zwei Binärstellen unterscheiden. Hierfür können als Kombinationen alle Dualzahlen mit ungeradem Gewicht gewählt werden (das sind $2^{k-1}$ Kombinationen) mit Ausnahme derjenigen mit dem Gewicht $w = 1$ (das sind $k$ Kombinationen), da letztere sich gegenüber der Nullfolge nicht in zwei Binärstellen unterscheiden. Für die Anzahl $m$ der Informationsstellen gilt darum bei $k$ Prüfstellen und $d = 4$

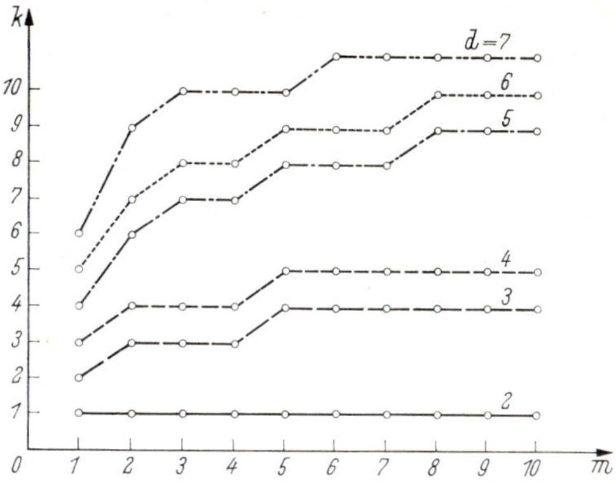

Abb. 8.11. Anzahl der Prüfstellen $k$ in Abhängigkeit von der Anzahl der Informationsstellen $m$ und der Distanz $d$ bei systematischen Codes

$$m \leqq 2^{k-1} - k. \tag{8.18}$$

Abb. 8.11 gibt den empirisch gefundenen Zusammenhang zwischen der Anzahl $k$ der erforderlichen Prüfstellen und der Informationsstellenzahl $m$ bei verschiedenen Werten der Distanz $d$ wieder.

## 8.5 Zur Auswahl des günstigsten Codes bei Übertragungssystemen

Ein Übertragungskanal wird durch seine Bandbreite und die in ihm auftretenden Störungen charakterisiert. Die Bandbreite bestimmt die maximale Telegraphiergeschwindigkeit, die Störungen die bei der Übertragung auftretenden Fehlerhäufigkeiten. Durch Verwendung redundanter Codes wird bei gegebener Telegraphiergeschwindigkeit $c$ die mittlere Übertragungszeit pro Zeichen (= Codewort) $t_z$ verlängert und die Wahrscheinlichkeit unerkannter Fehler im Zeichen $W_u$ verkleinert. Die Problemstellung ist nun folgende: Gegeben sind Telegraphiergeschwindigkeit $c$, das Maß der Störungen im Kanal und die maximal zulässige Fehlerwahrscheinlichkeit $W_{u\max}$ für die empfangenen Zeichen. Gesucht ist das günstigste Übertragungssystem mit dem zugehörigen Code, das bei Einhaltung der gestellten Forderungen die kürzeste mittlere Übertragungszeit pro Zeichen $t_z$ liefert. Zur Behandlung dieses Problems seien nun einige Systeme diskutiert.

### 8.5.1 System mit Rückfragemöglichkeit

Abb. 8.12 zeigt ein System mit Rückfragemöglichkeit. Die Information wird von dem Sendespeicher in Blöcken zu $b$ Zeichen in den Empfangsspeicher übertragen. Die Prüfschaltung auf der Empfangsseite prüft die ankommenden Codewörter auf Richtigkeit. Sind alle Zeichen eines Blocks ohne erkennbaren Fehler empfangen worden, so wird von der Empfangsseite ein Blockendezeichen an die Sendeseite gegeben, andernfalls ein Wiederholungszeichen. Die Zeit, welche die Sendeseite nach dem Blockende auf die Quittung der Empfangsseite warten muß (bis entweder der nächste Block ausgesandt oder der letzte wiederholt wird) sei $t_w$.

Der Übertragungskanal erlaube die Telegraphiergeschwindigkeit $c$. Die Wahrscheinlichkeit, daß eine gesendete Binärstelle auf dem Übertragungsweg verfälscht wird ($0 \to 1$ oder $1 \to 0$), sei $p$. Damit ist die Wahrscheinlichkeit, daß die Binärstelle nicht verfälscht wird, $(1 - p)$.

Zunächst interessiere die Wahrscheinlichkeit dafür, daß von $n$ gesendeten Binärstellen eines Codewortes auf der Empfangsseite $q$ falsch empfangen und $(n - q)$ richtig empfangen werden. Der Einfachheit halber sei angenommen, daß die Einzelstörungen voneinander statistisch unabhängig seien. Dann ist die Wahrscheinlichkeit dafür, daß $q$ bestimmte Stellen, d. h. $q$ Stellen in einer ganz bestimmten Kombinationsfolge, gestört sind, und die übrigen $(n - q)$-Stellen nicht gestört sind

$$p^q (1 - p)^{(n-q)}.$$

Bei $n$ Binärstellen gibt es aber $\binom{n}{q}$ Möglichkeiten, daß $q$ Stellen gestört sind. [Dies folgt aus einer gleichartigen Überlegung wie bei Gl. (8.8), wo sich ergab, daß in

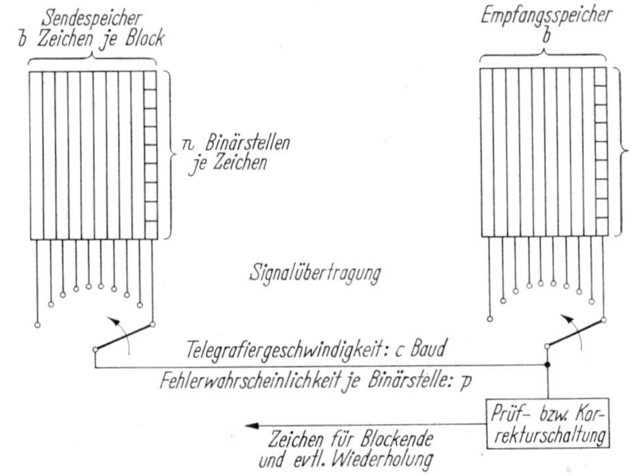


Abb. 8.12. Schema eines Systems mit Rückfragemöglichkeit

einem Codewort mit $m$ Stellen $\binom{m}{w}$ Codeworte mit $w$ Einsen möglich sind.] Folglich gilt für die Wahrscheinlichkeit, daß irgendwelche $q$ Stellen falsch empfangen werden

$$P(q)_z = \binom{n}{q} p^q (1 - p)^{(n-q)}. \tag{8.19}$$

Für *einen* Fehler $q = 1$ folgt daraus für $p \ll 1$

$$P(1)_z = \binom{n}{1} p (1 - p)^{n-1} \approx n\, p. \tag{8.20}$$

Für das System mit Rückfragemöglichkeit nach Abb. 8.12 werde ein 1 F-prüfbarer Code mit $d = 2$ verwendet. Ein Block wird somit dann wiederholt, wenn ein oder mehrere Zeichen einen einzigen Fehler in einer Binärstelle enthalten. Die Wahrscheinlichkeit hierfür ist nach Gl. (8.20): $\approx p\, n_2\, b$. (Der Index 2 an $n$ soll auf die Distanz $d = 2$ hinweisen.) Damit wird die mittlere Übertragungszeit für einen Block (einschließlich etwaiger Wiederholungen)

$$t_b = \left(\frac{n_2 b}{c} + t_w\right)(1 + p\, n_2\, b). \tag{8.21}$$

Da die jeweils ersten Ausdrücke in den Klammern die zweiten überwiegen, gilt näherungsweise

$$t_b \approx \frac{n_2 b}{c} (1 + p\, n_2\, b) + t_w. \tag{8.22}$$

Die mittlere Übertragungszeit für ein Zeichen wird daraus

$$t_z \approx \frac{n_2}{c}(1 + p\, n_2\, b) + \frac{t_w}{b}\,. \tag{8.23}$$

Die optimale Blocklänge $b_{\text{opt}}$, bei der sich die kürzeste Übertragungszeit ergibt, errechnet sich durch Differentiation von Gl. (8.23)

$$\frac{d\,t_z}{d\,b} = \frac{p\, n_2^2}{c} - \frac{t_w}{b^2} \overset{!}{=} 0\,, \tag{8.24}$$

$$b_{\text{opt}} = \frac{1}{n_2}\sqrt{\frac{t_w\, c}{p}}\,. \tag{8.25}$$

Bei dieser Blocklänge wird der relative Zeitverlust durch eventuelle Wiederholung und durch Warten auf das Quittungssignal gerade gleich, und es ergibt sich die kürzeste mittlere Übertragungszeit pro Zeichen, wenn in Gl. (8.23) $b = b_{\text{opt}}$ gesetzt wird.

$$t_{z\,\text{opt}} = \frac{n_2}{c}\left(1 + p\, n_2 \frac{1}{n_2}\sqrt{\frac{t_w\, c}{p}}\right) + \frac{t_w\, n_2 \sqrt{p}}{\sqrt{t_w\, c}}$$

$$= \frac{n_2}{c}\left(1 + 2\sqrt{t_w\, c\, p}\right). \tag{8.26}$$

Bei dem System mit Rückfragemöglichkeit tritt ein unerkannter Fehler auf, wenn in einem Codewort zwei Binärstellen gestört werden. (Unerkannte Fehler treten ebenfalls auf, wenn vier oder sechs oder eine noch höhere geradzahlige Anzahl von Binärstellen innerhalb eines Codewortes gestört werden. Da die Wahrscheinlichkeit hierfür jedoch im Normalfall verschwindend klein wird, wird hier nur der Fall zweier gestörter Binärstellen berücksichtigt.) Mit $q = 2$ ergibt sich aus Gl. (8.19) die Wahrscheinlichkeit unerkannter Fehler $W_u$ für $p \ll 1$

$$W_u = P(2)_z = \binom{n_2}{2} p^2 (1-p)^{n_2 - 2} \approx \binom{n_2}{2} p^2\,. \tag{8.27}$$

Zum Vergleich werde nun ein System ohne Rückfrage, aber mit Fehlerkorrektur am Empfangsort betrachtet. Der verwendete Code sei ein 1 F-korrigierbarer Code mit $d = 3$. Bei diesem System wird ein Fehler pro Codewort am Empfangsort korrigiert, zwei Fehler im Codewort liefern einen unerkannten Fehler. Die Wahrscheinlichkeit unerkannter Fehler $W_u'$ ergibt sich für dieses System aus Gl. (8.19) mit $q = 2$ und für $p \ll 1$

$$W_u' \approx \binom{n_3}{2} p^2\,. \tag{8.28}$$

Der Index 3 an $n$ weist auf die Distanz $d = 3$ hin. Für die Übertragungszeit pro Zeichen ergibt sich beim System mit Fehlerkorrektur

$$t_z' = \frac{n_3}{c}\,. \tag{8.29}$$

Zur Verwendung soll in beiden Systemen ein Code mit $N = 2^m = 64$ verschiedenen Zeichen (Codewörtern) kommen, d. h., $m = 6$. Damit sind für den 1 F-prüfbaren Code

$$n_2 = 7$$

Binärstellen erforderlich. Für 1 F-korrigierbaren Code werden nach Gl. (8.12) $k = 4$ Prüfstellen benötigt, d. h.,

$$n_3 = 10\,.$$

Die Faktoren $\binom{n_3}{2}$ und $\binom{n_2}{2}$ in Gl. (8.28) und Gl. (8.27) und damit die Fehlerwahrscheinlichkeiten $W_u'$ und $W_u$ beider Systeme verhalten sich etwa wie zwei zu eins. Geringere Fehlerwahrscheinlichkeiten lassen sich durch Verwendung von Codes größerer Distanz erreichen.

Neben der Fehlerwahrscheinlichkeit ist die mittlere Übertragungszeit $t_z$ pro Zeichen von Wichtigkeit. Bei dem System mit Rückfragemöglichkeit hängt diese Zeit von der Wartezeit $t_w$ und der Störwahrscheinlichkeit für ein Binärzeichen $p$ ab. Beim System ohne Rückfragemöglichkeit ist diese Zeit (bei vorgegebener Telegraphiergeschwindigkeit) konstant. Durch Gleichsetzen von Gl. (8.29) und Gl. (8.26) erhält man eine Grenzlinie, welche die $t_w c$—$p$-Ebene in zwei Bereiche aufteilt (s. Abb. 8.13). Oberhalb der Grenzlinie ist das System ohne, unterhalb das System mit Rückfrage schneller. Im Bereich, in welchem das System mit Rückfrage schneller ist, sind noch einige Linien für die optimale Blocklänge nach Gl. (8.25) eingetragen.

Das System mit Rückfrage hat den Vorteil, daß Unterbrechungen der Verbindung auf der Sendeseite erkannt werden. Dem steht allerdings ein größerer Aufwand an Übertragungsgeräten (für die Rückfrage) gegenüber. Eine weitere Verbesserung der Übertragungssicherheit kann durch Vergrößerung der Distanz erreicht werden. Wird das Rücksignal für den vorvorhergehenden Übertragungsblock gegeben, dann kann $t_w$ sehr klein gemacht werden, so daß die Verlustzeit nur durch die Wahrscheinlichkeit der zu wiederholenden Blöcke gegeben ist. Dies führt aber zu erhöhtem Speicheraufwand (jeweils zwei Blöcke im Speicher).

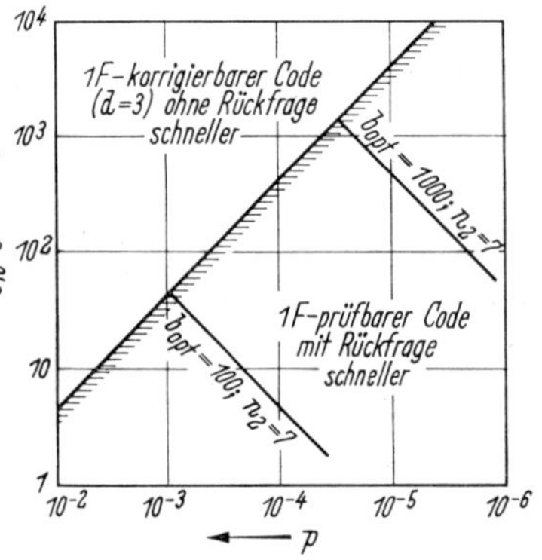


Abb. 8.13
Vergleich der mittleren Übertragungsgeschwindigkeit zwischen korrigierbarem Code und prüfbarem Code mit Rückfrage

| | | | | | | | |
|---|---|---|---|---|---|---|---|
| $x_1$ | $x_2$ | $x_3$ | $x_4$ | $x_5$ | $x_6$ | | $x_m$ |
| $x_1'$ | $x_2'$ | $x_3'$ | $x_4'$ | $x_5'$ | $x_6'$ | | $x_m'$ |

Abb. 8.14. Zur Sicherung durch Wiederholung

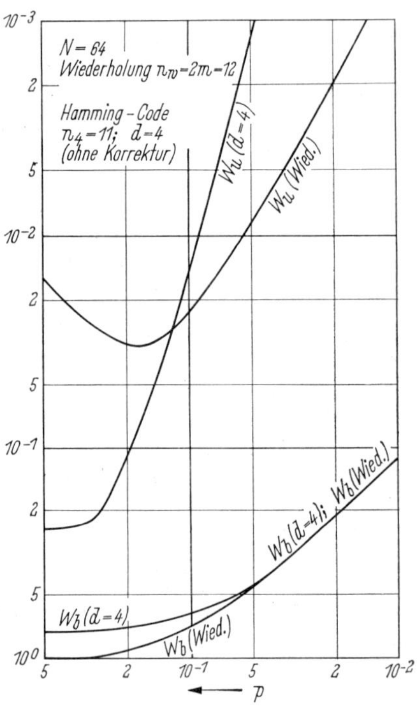


Abb. 8.15. Vergleich von Systemen mit Wiederholung und mit HAMMING-Code

## 8.5.2 Sicherung durch Wiederholung

Bei der Sicherung durch Wiederholung werden die informationstragenden Binärstellen z. B. zweimal übertragen und stellenweise verglichen, so daß insgesamt $n_w = 2m$ Binärstellen gebraucht werden (Abb. 8.14). Für die $i$-te Binärstelle des

Codewortes gilt die Fehlerwahrscheinlichkeit

| | | |
|---|---|---|
| $x_i$ richtig und $x_i'$ richtig: | kein Fehler: | $(1-p)^2$ |
| $x_i$ richtig und $x_i'$ falsch: | erkennbare Fehler: | $2p(1-p)$ |
| $x_i$ falsch und $x_i'$ richtig: | erkennbare Fehler: | |
| $x_i$ falsch und $x_i'$ falsch: | unerkennbare Fehler: | $p^2$ |

Folglich ergeben sich mit der gleichen Überlegung wie bei Gl. (8.19) die Wahrscheinlichkeiten, daß kein Fehler auftritt ($W_k$), daß erkennbare Fehler auftreten ($W_b$) und daß unerkennbare Fehler auftreten ($W_u$) zu:

$$W_k = (1-p)^{2m}, \tag{8.30}$$

$$W_b = \sum_{\nu=1}^{\nu=m} \binom{m}{\nu} [2p(1-p)]^\nu \, [1-2p(1-p)]^{(m-\nu)}, \tag{8.31}$$

$$W_u = \sum_{\nu=1}^{m} \binom{m}{\nu} p^{2\nu} (1-p^2)^{(m-\nu)}. \tag{8.32}$$

Gl. (8.31) und Gl. (8.32) sind in Abb. 8.15 für den Fall $2m = 12$ ausgewertet worden. Ein systematischer Code mit $m = 6$ und der Distanz $d = 4$ benötigt pro Codewort nach Gl. (8.18) $k = 5$ Prüfstellen, enthält also $n = 11$ Binärstellen. Die Übertragung mit diesem systematischen Code ist damit etwas schneller. Wird dieser systematische Code nur zur Fehlererkennung (3 F-prüfbar) benutzt, dann ergeben sich die in Abb. 8.15 mit $d = 4$ gekennzeichneten Kurven für die Wahrscheinlichkeit erkennbarer Fehler ($W_b$) und unerkennbarer Fehler ($W_u$). Die Kurven zeigen, daß das System mit dem systematischen Code im meist interessierenden Bereich mäßiger Störwahrscheinlichkeiten $p$ in jeder Hinsicht dem System mit Wiederholung überlegen ist. Lediglich bei sehr stark gestörten Kanälen ($p > 0{,}2$) ist die Wiederholung günstiger.

### 8.5.3 Gebündelte Störungen und störabhängige Decodierung

Bisher wurde angenommen, daß die Wahrscheinlichkeit der Störung einer Binärstelle $p$ für alle aufeinanderfolgenden Binärstellen gleich sei. Messungen an Übertragungssystemen zeigen jedoch, daß Störungen häufig gebündelt auftreten, d. h. große Störamplituden in begrenzten, zusammenhängenden Zeiträumen auftreten. Für diejenigen Zeichen, welche zeitlich mit solchen Störbündeln zusammenfallen, ergibt sich ein großer Wert von $p$ und damit eine hohe Wahrscheinlichkeit erkennbarer und unerkennbarer Fehler.

Die wichtigste Forderung an digitale Übertragungssysteme ist eine sehr kleine Wahrscheinlichkeit für falsch decodierte Zeichen, z. B. kleiner $10^{-7}$. Andererseits sollte die Übertragungszeit für eine bestimmte Informationsmenge durch Codesicherung, Zeichenwiederholung oder Blockwiederholung nicht allzusehr erhöht werden. Zwischen diesen beiden gegenläufigen Forderungen — fehlerfreie Übertragung und schnelle Übertragung — muß ein günstiger Kompromiß gefunden werden. Hierbei ergibt sich die Frage, welches der höchstzulässige Wert von $p_{max}$ ist, wenn die Wahrscheinlichkeit nicht erkennbarer Fehler $W_u < 10^{-7}$ sein soll. Untersuchungen in dieser Richtung [4] haben ergeben, daß für die Übertragung von 64 verschiedenen Zeichen ($m = 6$) sich nebenstehende Größenordnungen für $p_{max}$ ergeben.

| Codierung | $p_{max}$ |
|---|---|
| $d = 1$ $n_1 = 6$ | $\approx 10^{-8}$ |
| $d = 2$ $n_2 = 7$ | $\approx 10^{-4}$ |
| $d = 3$ $n_3 = 10$ (ohne Korr.) | $\approx 10^{-3}$ |
| $d = 3$ $n_3 = 10$ (mit Korr.) | $\approx 10^{-4}$ |
| $d = 4$ $n_4 = 11$ (ohne Korr.) | $\approx 10^{-2}$ |
| $d = 4$ $n_4 = 11$ (mit Korr.) | $\approx 10^{-3}$ |
| Zeichenwiederholung $n_w = 12$ | $\approx 10^{-4}$ |

Von den sieben hier betrachteten Möglichkeiten der Codierung ergibt also der Hamming-Code mit $d = 4$ *ohne* Korrektur den größten Wert von $p_{max}$ für $W_u < 10^{-7}$.

Verallgemeinernd kann man feststellen, daß Codes mit großer Distanz, aber ohne Korrektur bei großen Werten von $p$ zweckmäßig sind. Bei kleiner Störwahrscheinlichkeit $p$ hingegen sind diese Verfahren ohne Korrektur meistens sicherer als notwendig wäre. In solchen Fällen wären die schnelleren Verfahren mit Korrektur zweckmäßiger.

Für Kanäle, in denen vorwiegend Bündelstörungen auftreten, ist damit eine störabhängige Decodierung optimal. Bei diesem allerdings verhältnismäßig aufwendigen Verfahren wird vor der Decodierung der empfangenen Signale der Grad der Störungen im Kanal festgestellt und in Abhängigkeit davon die momentane Art der Decodierung festgelegt. Bei relativ großen Werten von $p$ wird nicht korrigiert, bei kleinen Werten von $p$ wird dagegen korrigiert [4].

## 8.6 Pulscodemodulation

### 8.6.1 Erzeugung von Pulscodemodulation

Die Pulscodemodulation (PCM) ist ein Modulationsverfahren, welches auf der Zeitselektion beruht (vgl. Teil II, Abschn. 7). Bei Signalen $s(t)$ mit beschränktem Frequenzband genügt nach Gl. (7.133) bekanntlich die Angabe aller Ordinatenwerte im Abstand $T_A$ zur vollständigen Beschreibung des Zeitverlaufs $s(t)$, wobei nach dem Abtasttheorem gilt:

$$T_A \leqq \frac{1}{2 f_{\max}}. \tag{8.33}$$

$f_{\max}$ ist die höchste im Spektrum von $s(t)$ enthaltene Frequenz.

Bei der PCM werden nun die einzelnen im Abstand $T_A$ aufeinanderfolgenden Ordinatenwerte einer bandbegrenzten Signalfunktion $s(t)$ in codierter Form übertragen, wobei notwendigerweise eine Quantisierung der vorher kontinuierlichen Funktion $s(t)$ auftritt. Als Code kann z. B. der Dualzahlencode oder der GRAY-Code verwendet werden. Tab. 8.12 gibt Beispiele für die auf Grund von Gl. (8.33) zu wählenden Zeitabstände $T_A$ bei verschiedenen Signalquellen bzw. Übertragungssystemen an.

Die Erzeugung von PCM-Signalen geht in der Regel den Weg NF → PAM → PCM. Die Erzeugung von PAM wurde bereits in Teil II, Abschn. 7.6.3, beschrieben. Für die Umwandlung von PAM in PCM gibt es verschiedene Möglichkeiten.

Tabelle 8.12 *Beispiele für* $T_A$

| | $f_{\max}$ | $T_A$ |
|---|---|---|
| Sprache mit Fernsprechqualität . . . . . . . | 3400 Hz | 147 μs (meist 125 μs) |
| Rundfunkprogramm, normal . . . . . . . . | 10000 Hz | 50 μs |
| Rundfunkprogramm, hochwertig . . . . . . | 15000 Hz | 33 μs |
| Fernsehen (*Gerber*-Norm) . . . . . . . . . . | 5 MHz | 0,1 μs |
| Amerikanisches Tf.-System L 3 (1800 Kanäle) | 8,5 MHz | 0,059 μs |
| Tf.-System für 2700 Kanäle . . . . . . . . . | 12,0 MHz | 0,04 μs |

Als erstes Beispiel zur Erzeugung von PCM sei das von den Bell-Laboratorien entwickelte Verfahren beschrieben, welches eine sogenannte Codierungsröhre verwendet (s. Abb. 8.16). Der verwendete Code ist in diesem Fall aus weiter unten ersichtlichen Gründen der GRAY-Code. Das Verfahren arbeitet folgendermaßen:

Der Momentanwert der zu codierenden Spannung liegt an den Vertikalablenkelektroden. Zu dem Zeitpunkt, zu dem abgetastet und codiert werden soll, wird an die Horizontalablenkelektroden eine Sägezahnspannung gelegt, so daß der Elektrodenstrahl horizontal — in der durch den Momentanwert der zu codierenden

Spannung gegebenen Höhe — über die Codierungsplatte bzw. Auffangplatte hinwegstreicht. Die Codierungsplatte ist mit solchen Ausschnitten versehen, daß der auf die Auffangplatte treffende Elektronenstrom den Spannungswert codiert angibt.

Der Codierungsplatte wird man zweckmäßigerweise Ausschnitte entsprechend des GRAY-Code (s. Tab. 8.5) geben, weil sich bei dieser Art Codierung sein Vorteil gegenüber dem Dualzahlencode anbietet. Überstreicht der Elektronenstrahl die Codierungsplatte nämlich nicht genau horizontal, so kann beim Dualzahlencode ein großer Fehler entstehen, beim GRAY-Code aber nicht.

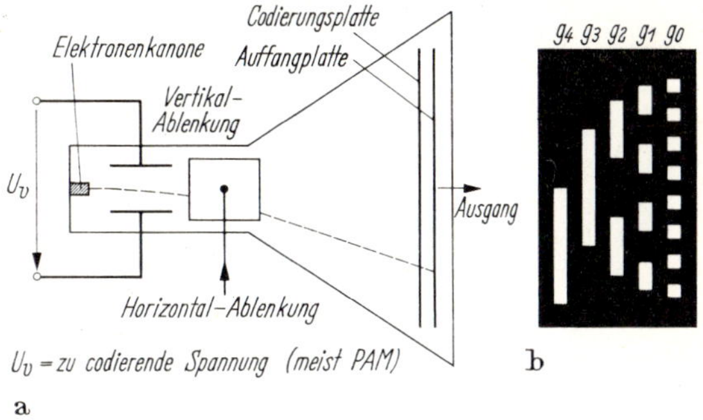


Abb. 8.16. Codierungsröhre (a) und Codierungsplatte (b)

Ein zweites Beispiel zur Erzeugung von PCM ist in Abb. 8.17 dargestellt. Die Arbeitsweise ist folgende: Zu Beginn stehe der Dualzähler auf Null. Zum Abtastzeitpunkt wird ein Startsignal an das Flipflop *FF* gelegt, welches ein Tor öffnet, durch welches Taktimpulse in den Dualzähler gelangen. Von den einzelnen Dualzählerstufen werden gewichtete Stromgeneratoren, die die Ströme $1I$; $2I$; $4I$; $8I$ und $16I$ erzeugen, an eine Sammelschiene gelegt. Am linken Eingang der Vergleichsschaltung *VGL* entsteht nun eine treppenförmig ansteigende Spannung entsprechend der Anzahl der in den Dualzähler gelangten Taktimpulse. Am rechten Eingang der Vergleichsschaltung liege der (für die Dauer von 32 Taktimpulsen konstantgehaltene)

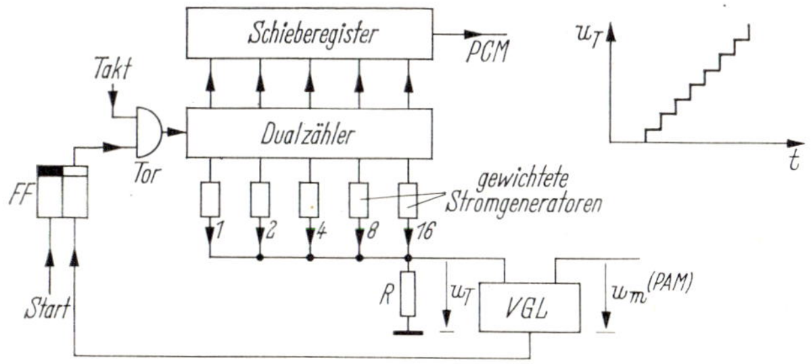


Abb. 8.17. Eine Prinzipschaltung zur Erzeugung von PCM

Momentanwert $u_m$ der zu codierenden Spannung. Sobald nun die Treppenspannung den Wert $u_m$ erreicht hat, gibt die Vergleichsschaltung einen Impuls ab, der das Flipflop *FF* zurücksetzt bzw. das Tor für die Taktimpulse sperrt. Der Dualzählerstand entspricht nun der Höhe des Momentanwertes $u_m$. Zur Übertragung dieses codierten Wertes kann der Dualzählerstand nun in ein Schieberegister parallel übergeführt und von dort in Serie übertragen werden. Aufbau und Arbeitsweise des hier benutzten Dualzählers und Schieberegisters wird noch ausführlich im Abschn. 11 behandelt.

### 8.6.2 Demodulation von PCM-Signalen

Die im folgenden beschriebenen Demodulationsverfahren gelten für den Fall, daß der verwendete Code der Dualzahlencode ist. Während bei der Modulation die Erzeugung einer bestimmten zeitlichen Wertigkeitsfolge der Codeelemente der PCM (höchste Wertigkeit zuerst oder zuletzt) keine besonderen technischen Schwierigkeiten bereitet, ist es bei den nun folgenden einfachsten Prinzipien der Demodulation entscheidend, ob das Codeelement mit der höchsten Wertigkeit zuerst oder zuletzt kommt.

Abb. 8.18 zeigt das Prinzip des sogenannten SHANNON-Decoders zur Demodulation von PCM-Signalen, bei denen der Impuls mit der niedrigsten Wertigkeit zuerst auftritt. Zunächst werden die Impulse des PCM-Signals in sehr kurze Urstromimpulse $i_p(t)$ der Dauer $\Delta t$ mit $\Delta t \ll \tau$ und der Fläche

$$Q = \int_{\Delta t} i_p(t)\, dt \tag{8.34}$$

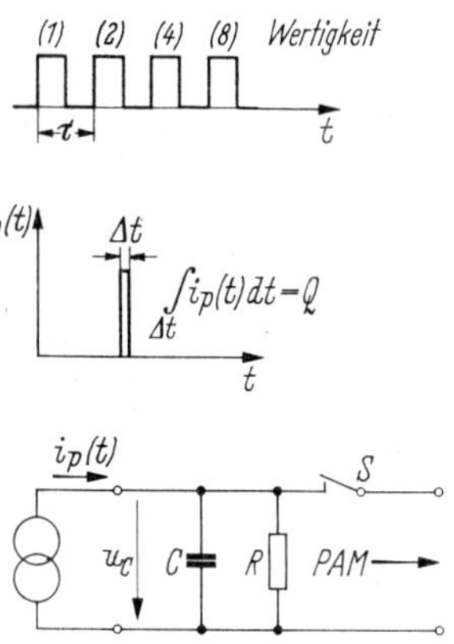

Abb. 8.18
Prinzip des SHANNON-Decoders

umgewandelt. Durch einen solchen Urstromimpuls wird die Spannung des Kondensators $C$ im SHANNON-Decoder in der kurzen Zeitspanne $\Delta t$, d. h. praktisch schlagartig um den Wert $\Delta u_C = Q/C$ erhöht. Die Zeitkonstante $RC$ ist so bemessen, daß die Kondensatorspannung $u_C$ während der Zeitspanne $\tau$ des Abstandes zweier Impulse um den Faktor zwei sinkt. Betrachtet man die Kondensatorspannung unmittelbar nach Eintreffen des vierten Impulses, dann trägt zu der momentanen Kondensatorspannung $u_C$ der vierte (letzte) Impuls in voller Höhe, der dritte (vorletzte) mit halber Höhe, der zweite mit einem Viertel und der erste mit einem Achtel seiner Höhe bei. Abb. 8.19 veranschaulicht diesen Vorgang. Wird jeweils unmittelbar nach Eintreffen des vierten Impulses der Schalter $S$ in Abb. 8.18 kurzzeitig geschlossen, dann entsteht am Ausgang des SHANNON-Decoders das zugehörige PAM-Signal, welches in bekannter Weise mittels eines Tiefpasses demoduliert werden kann.

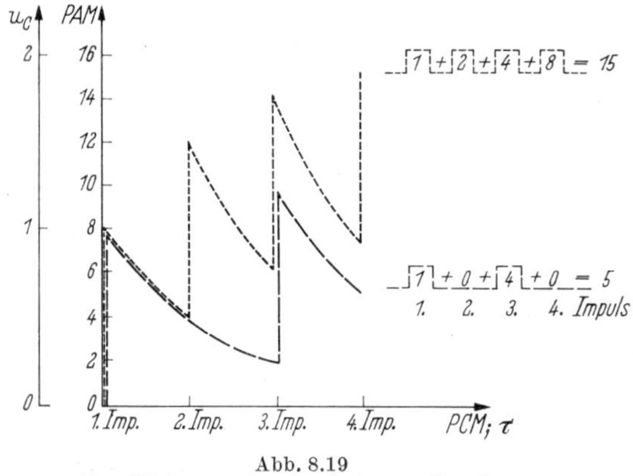

Abb. 8.19
Zur Wirkungsweise des SHANNON-Decoders

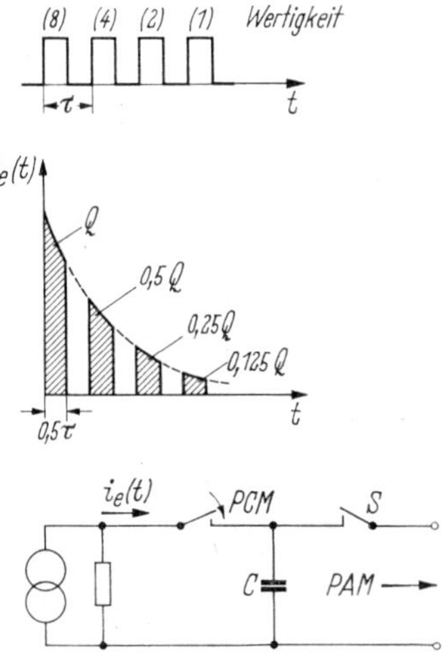

Abb. 8.20. Prinzip eines Decoders für PCM, bei welcher der Impuls mit der höchsten Wertigkeit zuerst eintrifft

Abb. 8.20 zeigt ein Prinzip zur Demodulation von PCM-Signalen, bei denen der Impuls mit der höchsten Wertigkeit zuerst erscheint. Durch jeden PCM-Impuls wird für die Dauer $0{,}5\tau$ ein exponentiell abfallender Urstrom auf den Kondensator $C$ geschaltet. Die Zeitkonstante des exponentiell abklingenden Urstroms ist so gewählt, daß durch den ersten PCM-Impuls die Ladung $Q$, durch den zweiten die Ladung $0{,}5Q$, durch den dritten die Ladung $0{,}25Q$ und durch den vierten die Ladung $0{,}125Q$ auf den Kondensator gebracht wird. Die Kondensatorspannung ist proportional der aufgebrachten Gesamtladung. Jeweils nach dem vierten PCM-Impuls wird der Schalter $S$ kurzzeitig geschlossen und die Kondensatorspannung abgetastet. Anschließend wird der Kondensator vor Eintreffen des ersten PCM-Impulses der nächsten Viererserie entladen. Auf diese Weise wird das PCM-Signal in ein äquivalentes PAM-Signal umgewandelt.

Die bei der Pulscodemodulation einer kontinuierlichen Signalfunktion $s(t)$ notwendigerweise aufgetretene Quantisierung verursacht einen Fehler im demodulierten Signal. Dieser Codierungsfehler ist bei einem Code mit $m$ Elementen und gleichmäßiger Unterteilung nach Abschn. 8.4.2.3 maximal gleich dem $\frac{1}{2}\frac{1}{2^m - 1}$-ten Teil der größten übertragbaren Amplitude. Bei z. B. $m = 4$ Elementen, also 16 unterscheidbaren Ordinatenwerten, liegt der Fehler zwischen Null und $\pm\frac{1}{30}$ der Maximalamplitude. Bei der Übertragung von Sprachsignalen äußert sich der regelmäßig auftretende Codierungsfehler als *Quantisierungsgeräusch*. Je mehr unterscheidbare Stufen verwendet werden, um so geringer ist auch das auftretende Quantisierungsgeräusch und damit die Beeinträchtigung der Verständlichkeit.

Die Erfahrung hat gezeigt, daß mit 32 unterscheidbaren Ordinatenwerten eine brauchbare Fernsprechqualität erzielt wird, wenn der Amplitudenbereich ganz ausgenützt wird. Bei unterschiedlichen Lautstärken braucht man mehr Stufen (etwa 100 bis 150). Da das Ohr bei großer Lautstärke weniger empfindlich gegen das Quantisierungsgeräusch ist als bei kleiner, ist es vorteilhaft, die Stufung nicht linear, sondern z. B. exponentiell zu machen, so daß das Verhältnis Quantisierungsfehler zu Amplitude etwa konstant ist (s. Abb. 8.21). Ferner ist es für die erzielbare Verständlichkeit nicht unwesentlich, ob die Anzahl der gewählten Quantisierungsstufen geradzahlig oder ungeradzahlig ist. Legt man das in Abb. 8.22 dargestellte

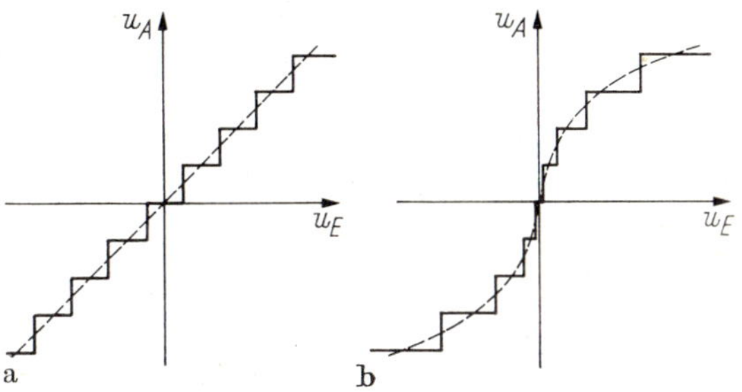


Abb. 8.21. a Quantisierung mit gleicher Stufung; b Quantisierung mit exponentiell wachsender Stufung

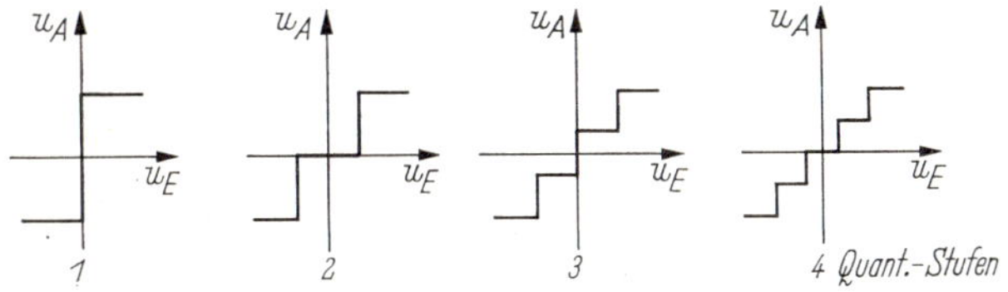


Abb. 8.22. Zur Festlegung des Abzählschemas für die Anzahl der Quantisierungsstufen

Abzählschema zugrunde, dann ist eine geradzahlige Anzahl von Quantisierungsstufen günstiger als eine ungeradzahlige, wie Versuche von Küpfmüller und Andrich [*10*] ergeben haben. Der Grund dafür ist, daß in diesem Fall Störungen kleiner Amplitude (vor allem in den Gesprächspausen) unwirksam bleiben.

### 8.6.3 Der Einfluß von Störungen auf PCM-Signale

Die Nachrichtenübertragung mit Hilfe der PCM bringt zwar ein definiertes Quantisierungsgeräusch mit sich, dafür bleiben aber Störungen, die sich auf dem Übertragungsweg dem PCM-Signal überlagern, weitgehend unschädlich. Auf der

Empfangsseite des Übertragungsweges wird nämlich das empfangene Signal über eine Schwelle von der Höhe der halben Impulsamplitude geleitet (Abb. 8.23). Die momentane Entscheidung, ob ein PCM-Impuls vorliegt oder nicht, hängt davon ab, ob das empfangene Signalstörgemisch die Schwelle überschreitet oder nicht. Fehlfunktionen können somit nur dann auftreten, wenn die momentane Störspannung größer oder gleich der halben Impulsamplitude ist.

Im folgenden wird nun die Wahrscheinlichkeit für das Auftreten eines Fehlers im PCM-Signal berechnet, wenn die Störungen im Übertragungsweg durch GAUSSsches Rauschen hervorgerufen werden, welches den Effektivwert $U_{\text{eff}}$ habe. Abb. 8.24

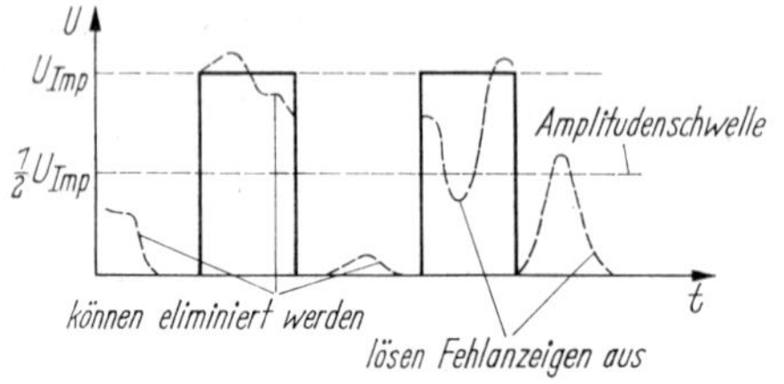


Abb. 8.23. Schädliche und unschädliche Störungen an PCM-Impulsen

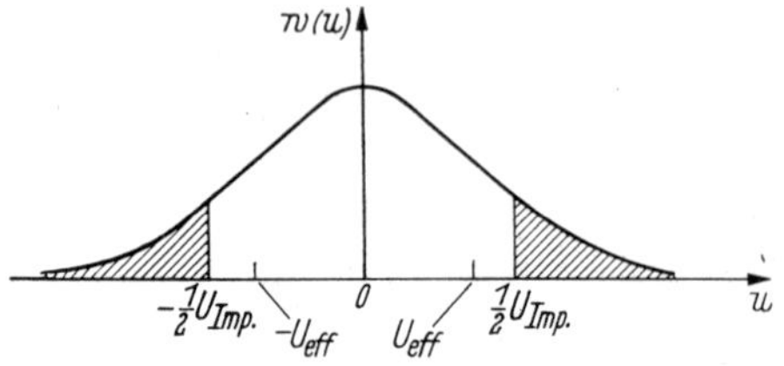


Abb. 8.24. Zur Berechnung der Fehlerwahrscheinlichkeit bei Störungen mit GAUSS-Verteilung

zeigt die Verteilungsdichte $w(u)$ [vgl. Abb. 0.6 und Gl. (0.30)]. Die Wahrscheinlichkeit $W$ dafür, daß die Momentanspannung $u$ größer oder gleich der halben Impulsspannung $\frac{1}{2}U_{\text{Imp}}$ ist, ist gleich der schraffierten Fläche in Abb. 8.24. Da die Gesamtfläche unter der Glockenkurve von Abb. 8.24 gleich Eins ist, folgt für die Wahrscheinlichkeit für $|u| \geqq \frac{1}{2}U_{\text{Imp}}$

$$W = 1 - 2\int\limits_0^{u=\frac{1}{2}U_{\text{Imp}}} w(u)\,du = 1 - \frac{2}{\sqrt{2\pi}\,U_{\text{eff}}}\int\limits_0^{\frac{1}{2}U_{\text{Imp}}} \mathrm{e}^{-\frac{u^2}{2U_{\text{eff}}^2}}\,du. \tag{8.35}$$

Mit der Substitution

$$\frac{u}{\sqrt{2}\,U_{\text{eff}}} = x; \qquad \frac{du}{\sqrt{2}\,U_{\text{eff}}} = dx$$

sowie der Abkürzung

$$v = \frac{\frac{1}{2}U_{\text{Imp}}}{U_{\text{eff}}} \tag{8.36}$$

folgt:

$$W = 1 - \frac{2}{\sqrt{\pi}}\int\limits_0^{x=\frac{\frac{1}{2}U_{\text{Imp}}}{\sqrt{2}U_{\text{eff}}}=\frac{v}{\sqrt{2}}} \mathrm{e}^{-x^2}\,dx = 1 - \Phi\left(\frac{v}{\sqrt{2}}\right). \tag{8.37}$$

$\Phi$ bezeichnet das *Fehlerintegral,* welches z. B. bei JAHNKE/EMDE [*11*] tabelliert ist. Berücksichtigt man, daß während des Auftretens eines PCM-Impulses nur negative Störspitzen und während des Nichtauftretens eines PCM-Impulses nur positive Störspitzen einen Übertragungsfehler hervorrufen können, dann ergibt sich für die Fehlerwahrscheinlichkeit $W_{\text{PCM}}(v)$

$$W_{\text{PCM}}(v) = \frac{1}{2}\left[1 - \Phi\left(\frac{v}{\sqrt{2}}\right)\right]. \tag{8.38}$$

In Tab. 8.13 ist Gl. (8.38) für verschiedene Rauschabstände ausgewertet. Die Zahlenangaben sind aus [*9*] entnommen.

Tabelle 8.13

| Impulshöhe / Effektivwert des Rauschens $\frac{U_{Imp}}{U_{eff}} = 2v$ | Fehlerwahrscheinlichkeit $W_{PCM}(v)$ | Fehlerhäufigkeit bei Abtastung in 125 µs-Perioden und bei einem Code mit 7 Elementen |
|---|---|---|
| 4,65 (13,4 db) | $10^{-2}$ | 560/s |
| 7,44 (17,4 db) | $10^{-4}$ | 5,6/s |
| 9,51 (19,6 db) | $10^{-6}$ | 3,4/min |
| 11,2 (21,0 db) | $10^{-8}$ | 2/h |

## Literatur

[1] HAMMING, R. W.: Error Detecting and Error Correcting Codes. BSTJ 26 (April 1950) No. 2, 147–160.
[2] PETERSON, W. W.: Error-Correcting Codes. New York/London: MIT and John Wiley 1961.
[3] BERGER, E. R.: Nachrichtentheorie und Codierung, in K. STEINBUCH (Hrsg.), Taschenbuch der Nachrichtenverarbeitung. Berlin/Göttingen/Heidelberg: Springer 1962.
[4] STEINBUCH, K.: Codierung für gestörte Kanäle. Nachrichtentechn. Fachber. 19 (1960) 47–55.
[5] SLEPIAN, D.: A Class of Binary Signalling Alphabete. BSTJ 35 (1956) 203–234.
[6] HELD, H. J.: Fehlerwahrscheinlichkeit binär codierter Meldungen bei Störung. NTZ 11 (1958) H. 5, 244–249.
[7] WOOD, F. B.: Optimum Block Length for Data Transmission with Error Checking. Communication and Electronice No. 40 (Jan. 1959) 855–861.
[8] FONTAINE, A. B., u. W. W. PETERSON: Group Code Equivalence and Optimum Codes. Trans. IRE, CT-6 (May 1959), 60–70.
[9] HÖLZLER, E., u. H. HOLZWARTH: Theorie und Technik der Pulsmodulation. Berlin/Göttingen/Heidelberg: Springer 1957.
[10] KÜPFMÜLLER, K., u. W. ANDRICH: Sprachübertragung mit Quantisierung in wenigen Stufen. NTZ (1958) 389–392.
[11] JAHNKE, E., u. F. EMDE: Tafeln höherer Funktionen, 4. Aufl. Leipzig: Teubner 1948.

# 9 Informationstheorie

## 9.1 Allgemeines

Die von SHANNON im Jahre 1948 veröffentlichte „Mathematische Theorie der Informationsübertragung“ [1] gestattet es, die Leistungen der verschiedenen Verfahren der Nachrichtenübertragung* miteinander zu vergleichen und zugleich die

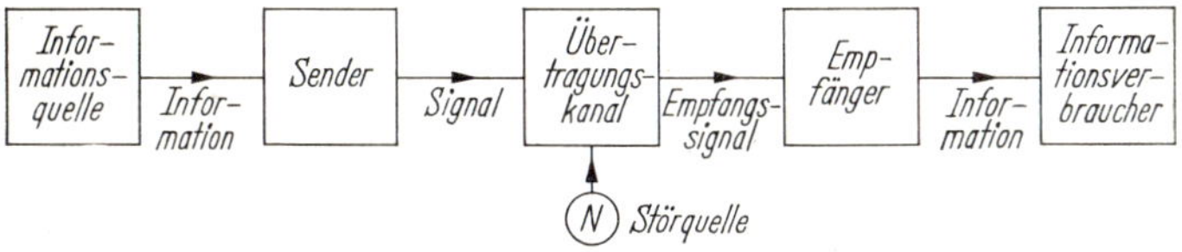


Abb. 9.1. Allgemeines Schema der Nachrichtenübertragung

Grenzen ihrer Leistungsfähigkeit aufzuzeigen. Abb. 9.1 zeigt ein allgemeines Schema zur Nachrichtenübertragung. Es besteht aus folgenden Teilen:

a) *Informationsquelle.* Diese erzeugt die zu übertragende primäre Nachricht, welche eine diskrete oder kontinuierliche Funktion der Zeit oder des Ortes sein kann. Bei diskreten Quellen lassen sich einzelne (diskrete) Zeichen (z. B. Buchstaben oder

* Information und Nachricht werden hier synonym verwendet.

Ziffern) voneinander klar unterscheiden. Bei kontinuierlichen Quellen ist das nicht möglich.

b) *Sender*. Dieser wandelt die primäre Information in ein zur Übertragung über den Übertragungskanal geeignetes Signal um. Der Sender besteht im allgemeinen nicht nur aus einem Energiewandler, sondern auch noch aus Modulations- und Codierungseinrichtungen.

c) *Übertragungskanal*. Dieser überbrückt die räumliche Entfernung zwischen Informationsquelle und dem Informationsverbraucher. Der Kanal wird durch seine Bandbreite (bzw. Frequenzlage des Arbeitsbereichs) und durch die in ihm auftretenden Störungen charakterisiert.

d) *Empfänger*. Im Empfänger erfolgt — soweit möglich — die Rückumwandlung (Demodulation, Decodierung) des empfangenen Signals in die primäre Nachricht.

e) *Informationsverbraucher*. Dies ist die Person oder die Maschine, für welche die übertragene Nachricht bestimmt ist.

Als erstes soll der Fall einer diskreten Informationsquelle interessieren.

## 9.2 Diskrete Informationsquellen und Kanäle

### 9.2.1 Informationsgehalt diskreter Quellen statistisch unabhängiger Zeichen

Zu Beginn sei vorausgesetzt, daß unter den beliebig vielen Zeichen oder Merkmalen, die wir betrachten, nur eine endliche Anzahl $N$ unterscheidbarer Zeichen vorhanden sind, z. B., daß ein beliebiger geschriebener Text nur aus 30 verschiedenen Buchstaben einschließlich Zwischenraum zur Worttrennung besteht. Die Anzahl der unterscheidbaren Zeichen nennt man *Zeichenvorrat* oder Alphabet. Häufig ist es so, daß irgendwelche Zeichen in typischen Kombinationen auftreten. Es ist dann bequemer, eine solche Kombination oder Zeichenserie als neues Zeichen aufzufassen. Dieses neue Zeichen bezeichnet man gelegentlich als *Superzeichen*. Als Anschauungsbeispiel mögen Wörter dienen, die aus Buchstaben zusammengesetzt sind. In diesem Fall sind die Buchstaben Zeichen, die Wörter Superzeichen. Diese Überordnung ließe sich noch weiter nach oben fortsetzen: Mehrere Wörter bilden einen Satz, mehrere Sätze einen Abschnitt usw. Ein solches Ordnungsschema bezeichnet man als *Hierarchie*.

Das Wesen einer Information liegt darin, daß sie etwas Neues zum Ausdruck bringt. Sie darf also nicht vollständig vorhersagbar sein. Bevor also z. B. von einer diskreten Informationsquelle ein Zeichen abgegeben wird, muß eine gewisse Unsicherheit darüber herrschen, welches spezielle Zeichen folgt. Erst nach Eintreffen des Zeichens ist diese Unsicherheit beseitigt. Die Information eines jeden Zeichens liegt in der Unsicherheit, welche durch das Eintreffen desselben Zeichens beseitigt wird. Im folgenden soll zunächst nur der Fall interessieren, daß die einzelnen Zeichen keine statistische Bindung untereinander haben. Das heißt mit anderen Worten, daß die Wahrscheinlichkeit für das Auftreten eines speziellen Zeichens unabhängig davon ist, welche anderen Zeichen die Informationsquelle zuvor abgegeben hat.

#### 9.2.1.1 Informationsgehalt gleichwahrscheinlicher Zeichen

Betrachtet werde eine Quelle mit einem Zeichenvorrat von $N'$ Zeichen. Es sei dabei a priori bekannt, daß die Wahrscheinlichkeit $p$ für das Auftreten eines ganz bestimmten Zeichens für alle Zeichen gleich sei, d. h.,

$$p = \frac{1}{N'} . \tag{9.1}$$

Der Informationsgehalt $H_e$ eines beliebigen einzelnen Zeichens wird nun definiert als der Logarithmus aus der reziproken Wahrscheinlichkeit.

$$H_e = \log\frac{1}{p} = \log N'. \tag{9.2}$$

Die Basis des Logarithmus soll vorerst offenbleiben.

Die Definition nach Gl. (9.2) ist aus folgenden Gründen besonders zweckmäßig: Die Wahrscheinlichkeit für das sichere Ereignis ist $p = 1$. Mit $p = 1$ ist auch der Informationsgehalt des mit Sicherheit eintreffenden Zeichens $H_e = 0$. Je unwahrscheinlicher das Eintreffen eines Zeichens ist, um so größer ist die damit gelieferte Informationsmenge $H_e$. Die Wahrscheinlichkeit für das z. B. nacheinanderfolgende Auftreten zweier bestimmter Zeichen ist gleich dem Produkt ihrer Wahrscheinlichkeiten, d. h. bei gleichwahrscheinlichen Zeichen gleich $p^2$. Nach Gl. (9.2) ergibt das wegen des Logarithmus auch den doppelten Informationsgehalt. Entsprechend ergeben $k$ Zeichen den $k$-fachen Informationsgehalt. Ferner ist der Informationsgehalt nach Gl. (9.2) stets positiv.

Die Wahl der Basis des Logarithmus in Gl. (9.2) bestimmt die Einheit, in welcher der Informationsgehalt angegeben wird. Die Logarithmen aus einer Zahl $N'$ zur Basis 10 oder zur Basis 2 oder zu irgendeiner anderen Basis unterscheiden sich nämlich alle nur in einem konstanten Faktor. Es gilt

$${}_a\log N' = {}_a\log b \cdot {}_b\log N'. \tag{9.3}$$

Gewöhnlich werden folgende Abkürzungen benutzt:

$${}_2\log = \mathrm{ld} \quad \text{(dyadischer Logarithmus)},$$

$${}_e\log = \ln \quad \text{(natürlicher Logarithmus)},$$

$${}_{10}\log = \lg \quad \text{(Briggscher Logarithmus)},$$

womit z. B.

$$\mathrm{ld}\, N' = 3{,}32193 \lg N'. \tag{9.4}$$

Wird in Gl. (9.2) der dyadische Logarithmus gewählt, dann heißt die Einheit des Informationsgehaltes 1 bit. Bei Verwendung des natürlichen Logarithmus ist die Einheit 1 nit, bei Verwendung des Briggschen Logarithmus ist sie 1 dit.

Die Bezeichnung „bit" kommt vom englischen „binary digit" (Binärziffer) her. Die Auswahl eines beliebigen Zeichens aus einem Kollektiv $N'$ gleichwahrscheinlicher Zeichen läßt sich nämlich mit durchschnittlich $\mathrm{ld}\, N'$ Binärentscheidungen oder Binärschritten durchführen. Das ist gleichbedeutend damit, daß jedes Zeichen sich mit durchschnittlich $\mathrm{ld}\, N'$ Binärstellen codieren lassen muß. Am einfachsten ist dies an solchen Fällen zu erkennen, wo die Anzahl $N'$ eine ganzzahlige Potenz von 2 ist.

Als Beispiel werde eine Informationsquelle betrachtet, deren Zeichenvorrat aus $N' = 2^3 = 8$ verschiedenartigen Zeichen

a, b, c, d, e, f, g, h

besteht. Alle Zeichen sollen gleichwahrscheinlich sein, d. h.,

$$p = p(\mathrm{a}) = p(\mathrm{b}) = p(\mathrm{c}) = p(\mathrm{d}) = p(\mathrm{e}) = p(\mathrm{f}) = p(\mathrm{g}) = p(\mathrm{h}) = \tfrac{1}{8}.$$

Um jedes der acht verschiedenen Zeichen aus dem Zeichenvorrat auszuwählen, kann man den Auswahlvorgang in mehrere Binärentscheidungen zerlegen, indem man beispielsweise eine *Relaispyramide* mit drei Relais aufbaut (Abb. 9.2a). Durch die Angabe, welche dieser drei Relais I, II oder III erregt (1) oder nicht erregt (0) sind, kann jedes Zeichen ausgewählt werden. Für den Buchstaben $d$ gilt z. B. die Entscheidungsfolge 011 (Relais I nicht erregt, Relais II und III erregt). Das Verzweigungsschema (Abb. 9.2b) nennt man *Codebaum*. Aus dem graphischen Baum läßt sich der Code unmittelbar ablesen. In diesem Beispiel wird jedes Zeichen nicht nur durchschnittlich, sondern sogar genau durch $\mathrm{ld}\,8 = 3$ Binärschritte ausgewählt.

Ist die Anzahl $N'$ keine ganzzahlige Potenz von 2, dann kann jedes Zeichen mit durchschnittlich $(\mathrm{ld}\,N' + R)$ Binärschritten ausgewählt werden, wobei die Größe $R$ durch Wahl einer entsprechend günstigen Codierung beliebig klein, d. h. praktisch Null gemacht werden kann. Dies soll am Beispiel für $N' = 3$ erläutert werden. Es ist $\mathrm{ld}\,3 = 1{,}58489$. Der Zeichenvorrat bestehe aus den Zeichen a, b und c, die alle gleichwahrscheinlich sein sollen. Abb. 9.3a zeigt den einfachsten Codebaum zur Codierung der drei Zeichen. Die Buchstaben a und b werden durch zwei, der Buchstabe c durch einen Binärschritt erreicht. Da alle Buchstaben gleichwahrscheinlich sind, wird jeder Buchstabe mit durchschnittlich $5/3 = 1{,}66666$ Binärschritten in diesem Fall ausgewählt. Günstiger wird es bereits, wenn je zwei Zeichen ein gemeinsames Codewort erhalten, was in Abb. 9.3b dargestellt ist. (Mit diesen Zweierkombinationen läßt sich ebenfalls jede Zeichenfolge aus den drei Zeichen a, b und c codieren, da es voraussetzungsgemäß ja nur diese und keine anderen gibt, also auch keine Pausen oder Zwischenräume usw.) Mit dem Codebaum von Abb. 9.3b kann jede Zweierkombination mit durchschnittlich 29/9 Binärschritten, d. h. jedes Zeichen mit durchschnittlich 29/18 $= 1{,}61111$ Binärschritten codiert werden. Der letztere Wert liegt bereits beträchtlich näher an dem Wert von ld 3. Durch Codierung längerer Zeichenkombinationen kann man den Wert von ld 3 beliebig nah erreichen, d. h. $R$ beliebig klein machen.

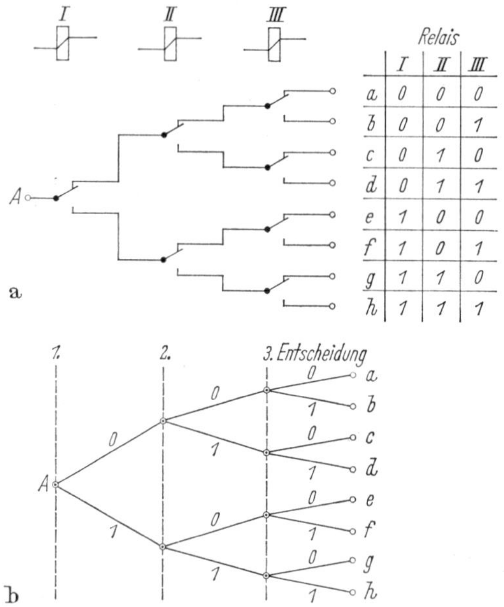


Abb. 9.2. Graphische Darstellung des Auswahlvorgangs gleichwahrscheinlicher Zeichen
a Relaispyramide; b Codebaum

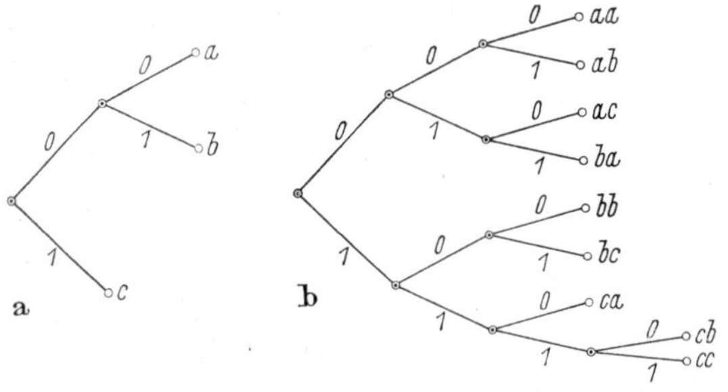


Abb. 9.3. Codebäume zur Codierung der gleichwahrscheinlichen Zeichen *a*, *b* und *c*
a einfachster aber ungünstiger Codebaum; b informationstheoretisch günstigerer Codebaum

In der weiteren Beschreibung der Informationstheorie mit diskreten Quellen wird ausschließlich der dyadische Logarithmus und damit die Einheit bit benutzt.

### 9.2.1.2 Informationsgehalt nicht gleichwahrscheinlicher Zeichen

Bei nicht gleichwahrscheinlichen Zeichen interessiert in erster Linie der durchschnittliche Informationsgehalt pro Zeichen in einer langen Zeichenfolge. Als Beispiel werde wieder eine Quelle betrachtet, die nur die Zeichen a, b und c erzeugt. Dabei soll das Zeichen a mit der Wahrscheinlichkeit $p(\mathrm{a})$, b mit $p(\mathrm{b})$ und c mit

$p(\mathrm{c})$ auftreten. Für die Summe aller Wahrscheinlichkeiten gilt stets

$$p(\mathrm{a}) + p(\mathrm{b}) + p(\mathrm{c}) = 1$$

oder mit der allgemeineren Bezeichnung $\mathrm{a} = x_1$; $\mathrm{b} = x_2$; $\mathrm{c} = x_3$

$$\sum_{i=1}^{3} p(x_i) = 1. \tag{9.5}$$

Der Informationsgehalt des Zeichens a ist nach Gl. (9.2) gleich $\mathrm{ld}\,\frac{1}{p(\mathrm{a})}$. Da dieses Zeichen a in einer langen Folge von $n$ Zeichen mit der Wahrscheinlichkeit $n\,p(\mathrm{a})$ auftritt, ergeben alle Zeichen a den Informationsbeitrag $n\,p(\mathrm{a})\,\mathrm{ld}\,\frac{1}{p(\mathrm{a})}$. Entsprechend ergeben alle Zeichen a, b und c zusammen den Informationsbeitrag

$$n\,p(\mathrm{a})\,\mathrm{ld}\,\frac{1}{p(\mathrm{a})} + n\,p(\mathrm{b})\,\mathrm{ld}\,\frac{1}{p(\mathrm{b})} + n\,p(\mathrm{c})\,\mathrm{ld}\,\frac{1}{p(\mathrm{c})}.$$

Damit folgt für den durchschnittlichen Informationsgehalt pro Zeichen

$$H = p(\mathrm{a})\,\mathrm{ld}\,\frac{1}{p(\mathrm{a})} + p(\mathrm{b})\,\mathrm{ld}\,\frac{1}{p(\mathrm{b})} + p(\mathrm{c})\,\mathrm{ld}\,\frac{1}{p(\mathrm{c})}. \tag{9.6}$$

Verallgemeinert ergibt sich für eine Quelle mit $N'$ verschiedenen voneinander unabhängigen Zeichen $x_i$ mit $i = 1; 2; \ldots N'$, von denen das $i$-te Zeichen mit der Wahrscheinlichkeit $p(x_i)$ auftritt, der durchschnittliche Informationsgehalt pro Zeichen zu

$$H(x) = \sum_{i=1}^{N'} p(x_i)\,\mathrm{ld}\,\frac{1}{p(x_i)}\,\frac{\mathrm{bit}}{\mathrm{Zeichen}}. \tag{9.7}$$

$H$ wird auch als *Entropie* der Quelle (manchmal auch als Negentropie) bezeichnet, weil Gl. (9.7) die gleiche Form hat wie die von Boltzmann abgeleitete Beziehung für die thermodynamische Entropie. Treten alle Zeichen mit gleicher Wahrscheinlichkeit auf, d. h. $p = \frac{1}{N'}$, dann geht Gl. (9.7) in Gl. (9.2) über.

$$H = \sum_{i=1}^{N'} \frac{1}{N'}\,\mathrm{ld}\,N' = \mathrm{ld}\,N' = H_e\,\frac{\mathrm{bit}}{\mathrm{Zeichen}}. \tag{9.8}$$

Der durchschnittliche Informationsgehalt pro Zeichen muß bei gleichwahrscheinlichen Zeichen natürlich gleich dem Informationsgehalt eines jeden einzelnen Zeichens sein. Bei gleichwahrscheinlichen Zeichen wird die Entropie nach Gl. (9.7) überdies maximal. Dies soll zunächst am Beispiel einer *Binärquelle* gezeigt werden.

Eine Binärquelle liegt dann vor, wenn die Quelle nur zwei verschiedene Zeichen $x_1 = \mathrm{a}$ und $x_2 = \mathrm{b}$ aussenden kann, d. h., $N' = 2$. Diese Zeichen können z.B. durch *Strom* und *kein Strom* dargestellt werden. Tritt das Zeichen a mit der Wahrscheinlichkeit $p$ auf, dann muß b mit der Wahrscheinlichkeit $(1 - p)$ auftreten. Die Entropie oder der durchschnittliche Informationsgehalt pro Zeichen ist demnach nach Gl. (9.7)

$$H = \sum_{i=1}^{2} p(x_i)\,\mathrm{ld}\,\frac{1}{p(x_i)} = p\,\mathrm{ld}\,\frac{1}{p} + (1 - p)\,\mathrm{ld}\,\frac{1}{1 - p}. \tag{9.9}$$

Zur Bestimmung derjenigen Wahrscheinlichkeit $p$, bei welcher $H$ maximal wird, wird zunächst der natürliche Logarithmus mittels Gl. (9.3) eingeführt, also $\mathrm{ld}\, p = \frac{\ln p}{\ln 2}$

$$H = \frac{1}{\ln 2}\{-p\ln p - \ln(1-p) + p\ln(1-p)\}, \tag{9.10}$$

$$\frac{dH}{dp} = \frac{1}{\ln 2}\left\{-p\frac{1}{p} - \ln p - \frac{1}{p-1} + p\frac{1}{p-1} + \ln(1-p)\right\}$$

$$= \frac{1}{\ln 2}\ln\left(\frac{1-p}{p}\right) \stackrel{!}{=} 0. \tag{9.11}$$

Das Maximum liegt bei $p = 0{,}5$, denn die zweite Ableitung ist

$$\frac{d\ln\left(\frac{1-p}{p}\right)}{dp} = \frac{p}{1-p}\left(-\frac{1}{p^2}\right) = \frac{1}{p^2-p} < 0 \quad \text{für} \quad p = 0{,}5. \tag{9.12}$$

Der mittlere Informationsgehalt pro Zeichen einer Binärquelle erreicht also sein Maximum, wenn beide Zeichen gleichwahrscheinlich sind.

Dasselbe Ergebnis ergibt sich auch für Quellen mit $N'$ verschiedenen Zeichen. Da aber die allgemeine Ableitung etwas langwierig ist, sei sie hier übergangen. Es soll lediglich noch anhand eines Beispiels einer Quelle mit vier Zeichen a, b, c und d unterschiedlicher Wahrscheinlichkeit (Fall $\beta$) gezeigt werden, daß man mit weniger Binärschritten pro Zeichen auskommt, als wenn alle Zeichen gleichwahrscheinlich wären (Fall $\alpha$).

*Beispiel:*

| Zeichen $x_i$ | $x_1 = \mathrm{a}$ | $x_2 = \mathrm{b}$ | $x_3 = \mathrm{c}$ | $x_4 = \mathrm{d}$ |
|---|---|---|---|---|
| $\alpha$) Wahrscheinlichkeit $p_\alpha(x_i)$ | $p_\alpha(\mathrm{a}) = \frac{1}{4}$; | $p_\alpha(\mathrm{b}) = \frac{1}{4}$; | $p_\alpha(\mathrm{c}) = \frac{1}{4}$; | $p_\alpha(\mathrm{d}) = \frac{1}{4}$ |
| $\beta$) Wahrscheinlichkeit $p_\beta(x_i)$ | $p_\beta(\mathrm{a}) = \frac{1}{2}$; | $p_\beta(\mathrm{b}) = \frac{1}{4}$; | $p_\beta(\mathrm{c}) = \frac{1}{8}$; | $p_\beta(\mathrm{d}) = \frac{1}{8}$ |

Im Fall $\alpha$ liefert nach Gl. (9.7)

$$H = \sum_{i=1}^{4} p_\alpha(x_i)\,\mathrm{ld}\frac{1}{p_\alpha(x_i)} = \mathrm{ld}\,4 = 2\,\frac{\mathrm{bit}}{\mathrm{Zeichen}}. \tag{9.13}$$

Im Fall $\beta$ liefert nach Gl. (9.7)

$$H = \sum_{i=1}^{4} p_\beta(x_i)\,\mathrm{ld}\frac{1}{p_\beta(x_i)} = \frac{1}{2}\mathrm{ld}\,2 + \frac{1}{4}\mathrm{ld}\,4 + \frac{1}{8}\mathrm{ld}\,8 + \frac{1}{8}\mathrm{ld}\,8$$

$$= \frac{1}{2} + \frac{1}{2} + \frac{3}{8} + \frac{3}{8} = 1\frac{3}{4}\,\frac{\mathrm{bit}}{\mathrm{Zeichen}}. \tag{9.14}$$

Bei den ungleichen Wahrscheinlichkeiten von Fall $\beta$ benötigt man also im Durchschnitt $\frac{1}{4}$ bit pro Zeichen weniger als im Fall $\alpha$ bei gleichen Wahrscheinlichkeiten.

### 9.2.1.3 Bezogene Größen, Redundanz, Informationsfluß

Am Ende des vorigen Abschnittes wurden zwei Quellen betrachtet, die je vier verschiedene Zeichen a, b, c und d erzeugen können. Die eine Quelle ($\alpha$) sendet alle Zeichen mit gleicher, die andere Quelle ($\beta$) mit unterschiedlicher Wahrscheinlichkeit. In Tab. 9.1 sind diese Werte noch einmal zusammen mit anderen Größen aufgeführt. Die Bedeutung der anderen Größen wird etwas später erläutert.

Abb. 9.4 zeigt zwei Codebäume zur Codierung der Zeichen a, b, c, d. Es wird behauptet, daß Code $\alpha$ zur Codierung von Fall $\alpha$ optimal und zur Codierung von Fall $\beta$ ungünstig ist und daß Code $\beta$ zur Codierung von Fall $\beta$ optimal und zur Codierung von Fall $\alpha$ ungünstig ist. Die aus beiden Codebäumen abgeleiteten Codes sind ebenfalls in Tab. 9.1 eingetragen, desgleichen die Anzahl $m$ der Binärstellen je Codewort. Ergänzend sei noch darauf hingewiesen, daß der Code $\beta$ mit verschieden langen Codewörtern ohne Trennzeichen in Serie übertragen werden kann (vgl. Abschn. 8.3, S. 333).

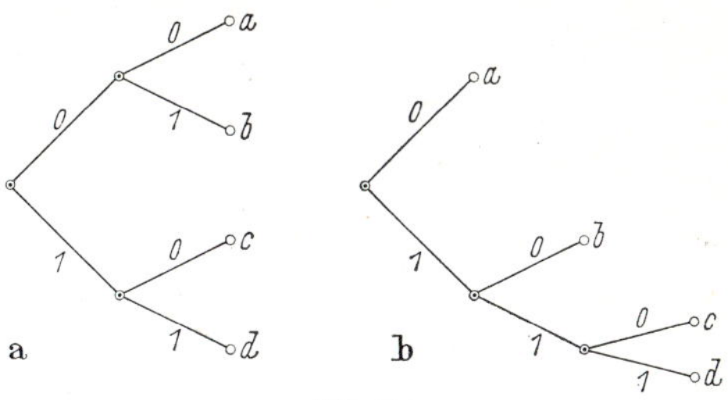


Abb. 9.4
a Codebaum für Code $\alpha$; b Codebaum für Code $\beta$

Es werde nun eine lange Zeichenfolge z. B. aus $n$ Zeichen betrachtet. Berechnet werden soll die Anzahl $\overline{m}$ der tatsächlich dabei im Mittel aufgewendeten Binärstellen, wenn beide Codes in beiden Fällen angewendet werden.

Tabelle 9.1

| Zeichen $x_i$ | | a | b | c | d |
|---|---|---|---|---|---|
| Wahrscheinlichkeit $p(x_i)$ | Fall $\alpha$ | $p_\alpha(\text{a}) = \frac{1}{4}$ | $p_\alpha(\text{b}) = \frac{1}{4}$ | $p_\alpha(\text{c}) = \frac{1}{4}$ | $p_\alpha(\text{d}) = \frac{1}{4}$ |
| | Fall $\beta$ | $p_\beta(\text{a}) = \frac{1}{2}$ | $p_\beta(\text{b}) = \frac{1}{4}$ | $p_\beta(\text{c}) = \frac{1}{8}$ | $p_\beta(\text{d}) = \frac{1}{8}$ |
| Code | Code $\alpha$ | 0 0 | 0 1 | 1 0 | 1 1 |
| | Code $\beta$ | 0 | 1 0 | 1 1 0 | 1 1 1 |
| Binärstellenzahl $m(x_i)$ je CW | Code $\alpha$ | $m_\alpha(\text{a}) = 2$ | $m_\alpha(\text{b}) = 2$ | $m_\alpha(\text{c}) = 2$ | $m_\alpha(\text{d}) = 2$ |
| | Code $\beta$ | $m_\beta(\text{a}) = 1$ | $m_\beta(\text{b}) = 2$ | $m_\beta(\text{c}) = 3$ | $m_\beta(\text{d}) = 3$ |

Die Anwendung von Code $\alpha$ im Fall $\alpha$ ergibt für die Anzahl $\overline{m}$ der im Mittel aufgewendeten Binärstellen

$$\begin{aligned}\overline{m} &= p_\alpha(\text{a})\, m_\alpha(\text{a}) + p_\alpha(\text{b})\, m_\alpha(\text{b}) + p_\alpha(\text{c})\, m_\alpha(\text{c}) + p_\alpha(\text{d})\, m_\alpha(\text{d}) \\ &= \sum_i p_\alpha(x_i)\, m_\alpha(x_i) = 2\,\frac{\text{bit}}{\text{Zeichen}}\,. \end{aligned} \tag{9.15a}$$

Die Anwendung von Code $\alpha$ im Fall $\beta$ ergibt

$$\overline{m} = \sum_i p_\beta(x_i)\, m_\alpha(x_i) = 2\,\frac{\text{bit}}{\text{Zeichen}}\,. \tag{9.15b}$$

Da im Fall $\alpha$ nach Gl. (9.13) der mittlere Informationsgehalt $H = 2$ bit/Zeichen und im Fall $\beta$ nach Gl. (9.14) $H = 1\frac{3}{4}$ bit/Zeichen ist, erweist sich Code $\alpha$ im Fall $\alpha$ als optimal, im Fall $\beta$ hingegen als ungünstig, denn er verwendet im Fall $\beta$ mehr bit/Zeichen als der mittlere Informationsgehalt angibt.

Die Anwendung von Code $\beta$ im Fall $\alpha$ ergibt für die Anzahl $\overline{m}$ der im Mittel aufgewendeten Binärstellen

$$\overline{m} = \sum_i p_\alpha(x_i)\, m_\beta(x_i) = 2\,\frac{1}{4}\,\frac{\text{bit}}{\text{Zeichen}}\,. \tag{9.16}$$

Die Anwendung von Code $\beta$ im Fall $\beta$ ergibt

$$\overline{m} = \sum_i p_\beta(x_i)\, m_\beta(x_i) = 1\,\frac{3}{4}\,\frac{\text{bit}}{\text{Zeichen}}\,. \tag{9.17}$$

Code $\beta$ erweist sich also im Fall $\beta$ als optimal, hingegen im Fall $\alpha$ als ungünstig, weil er dort mehr bit/Zeichen aufwendet als der mittlere Informationsgehalt angibt.

Alle bisher gebrachten Beispiele zeigen, daß durch Codierung im Mittel mindestens so viele Binärstellen $\overline{m}$ aufgewendet werden müssen, wie durch den mittleren Informationsgehalt pro Zeichen $H$ nach Gl. (9.7) berechnet werden. Es gibt kein Codierungsverfahren, welches im Mittel mit weniger Binärstellen pro Zeichen auskommt. Ungünstige Codes hingegen verwenden mehr Binärstellen pro Zeichen $\overline{m}$ als der mittlere Informationsgehalt pro Zeichen $H$ beträgt. Es gilt also

$$H \leqq \overline{m}. \tag{9.18}$$

Ähnliche Überlegungen wie in Abschn. 9.2.1.1, die später noch näher dargelegt werden, zeigen, daß sich stets ein Code finden lassen muß, für den

$$\overline{m} \leqq H + \varepsilon \tag{9.19}$$

ist, wobei $\varepsilon$ beliebig klein vorgegeben werden kann. Zwei systematische Verfahren, welche dies mit guter Näherung leisten, werden in Abschn. 9.2.1.4 beschrieben.

Zur Beurteilung der informationstheoretischen Eigenschaften von Codes dient der Begriff der Redundanz. Die absolute Redundanz $R$ ist

$$R = \overline{m} - H. \tag{9.20}$$

Die relative Redundanz $r$ ist

$$r = \frac{\overline{m} - H}{\overline{m}}. \tag{9.21}$$

Der in Gl. (8.10) bereits verwendete Begriff der Gleichwahrscheinlichkeitsredundanz ergibt sich aus Gl. (9.21) für den Fall, daß alle Zeichen gleichwahrscheinlich sind, und ihre Codewörter gleiche Länge haben. Bei gleichwahrscheinlichen Codewörtern ist nämlich die Entropie $H$ gleich dem dyadischen Logarithmus aus der Anzahl $N'$ der (zugelassenen) Codewörter, wie in Gl. (9.8) errechnet wurde. Ferner ist bei gleich langen Codewörtern die Anzahl der Binärstellen pro Codewort konstant, d. h. $\overline{m} = \operatorname{ld} N$. (Das nicht gestrichene $N$ ist die Anzahl der möglichen Codewörter.)

Bei Informationsquellen, welche die einzelnen Zeichen zeitlich nacheinander abgeben, bezeichnet man die auf die Zeit $t$ bezogene Entropie als Informationsfluß $H'$

$$H' = \frac{H}{t}. \tag{9.22}$$

Bei räumlichen Anordnungen wird $H$ entsprechend auf die Fläche $a$ bezogen. Man nennt diese Größe Informationsdichte $\xi$

$$\xi = \frac{H}{a}. \tag{9.23}$$

### 9.2.1.4 Redundanzsparende („optimale") Codes

Bei Gl. (9.19) wurden bereits zwei Verfahren angekündigt, mit denen Codes geringer Redundanz, d. h. mit sehr kleinem $\varepsilon$ aufgestellt werden können. Dies sind die Verfahren nach Fano [5] und Huffman [6].

a) *Codierung nach Fano.* Gegeben seien die $N'$ verschiedenen Zeichen $x_i$ des Kollektivs einer Quelle mit ihren unterschiedlichen Auftrittswahrscheinlichkeiten $p(x_i)$ (Tab. 9.2). Diese schreibt man nach fallender Wahrscheinlichkeit untereinander und notiert ihre Wahrscheinlichkeit $p(x_i)$ in der rechts danebenstehenden Spalte. Sodann bildet man von unten nach oben die Teilsummen $s_i = \sum_{i}^{N'} p(x_i)$

und unterteilt die Spalte möglichst nahe bei $s_i = 50\% = 0{,}5$. Hierauf schreibt man in alle Zeilen der oberen Hälfte eine 0, in alle Zeilen der unteren Hälfte eine 1. Damit ist die erste Stelle der Codewörter festgelegt. Sodann wird jede der primären Hälften noch einmal möglichst nahe am arithmetischen Mittelwert aus den $s_i$-Werten ihres oberen und unteren Randes aufgeteilt. Jede obere sekundäre Hälfte erhält als zweites Codeelement wieder eine 0, jede untere wieder eine 1. So fährt man fort, bis sich nur noch Hälften mit je einem einzigen Zeichen $x_i$ ergeben. Die Anzahl der Binärstellen $m(x_i)$ der Zeichen $x_i$, d. h., die Länge der Codewörter nimmt von oben nach unten bei richtigem Vorgehen monoton zu.

Tabelle 9.2
*Optimale Codierung nach Fano*

| $x_i$ | $p(x_i)$ | $s_i$ |
|---|---|---|
| | | 1,0 |
| $S_1$ | $p(S_1)$ | |
| | | $\sum_{i=2}^{N'} p(x_i)$ |
| $S_2$ | $p(S_2)$ | |
| | | $\sum_{i=3}^{N'} p(x_i)$ |
| $S_3$ | $p(S_3)$ | |
| | | $\sum_{i=4}^{N'} p(x_i)$ |
| $S_4$ | $p(S_4)$ | |
| | | $\sum_{i=5}^{N'} p(x_i)$ |
| $S_5$ | $p(S_5)$ | |
| $\vdots$ | $\vdots$ | $\vdots$ |
| | | $p(x_{N'})$ |
| $S_{N'}$ | $p(S_{N'})$ | |
| | | 0,0 |

Als Beispiel zur Erläuterung dieses Verfahrens wird in Tab. 9.3 die Codierung der Zeichen a, b, c und d mit den in Tab. 9.1 Fall $\beta$ angegebenen Wahrscheinlichkeiten durchgeführt. Es zeigt sich, daß dieses Verfahren zwangsläufig auf den Code $\beta$ von Tab. 9.1 führt, der sich mit Gl. (9.17) bereits als der optimale erwiesen hat.

b) *Codierung nach Huffman.* Dieses Verfahren, welches manchmal etwas bessere Ergebnisse liefert als das von Fano, läßt sich am einfachsten anhand eines Beispiels (Abb. 9.5) erläuten.

Zunächst werden die Zeichen wieder nach fallender Wahrscheinlichkeit untereinander geschrieben. Darauf faßt man die beiden Zeichen mit der geringsten Auftrittswahrscheinlichkeit zusammen und gibt ihnen eine gemeinsame Klassenbezeichnung (I). Nun wird eine neue Spalte aufgestellt, worin die entstandene Klasse (I) entsprechend ihrer additiven Wahrscheinlichkeit eingeordnet wird. Man wiederholt dieses Verfahren so lange, bis nur noch eine Klasse (IV) übrigbleibt. Die Zusammenfassungen, von rückwärts gelesen, ergeben den Codebaum. Die Anzahl der Binärentscheidungen pro Zeichen sind hiermit eindeutig festgelegt. Jedoch existieren für die Zuordnung der beiden Binärziffern 0 und 1 mehrere Alternativen. Beispielsweise wird der Code in Abb. 9.6 erhalten, wenn man dem oberen Element einer Klasse eine binäre 0 und dem unteren eine binäre 1 zuordnet.

Tabelle 9.3 *Beispiel einer Codierung nach Fano*

| $x_i$ | $p(x_i)$ | $s_i$ | Unterteilung | Code | $m(x_i)$ |
|---|---|---|---|---|---|
| | | 1,000 | 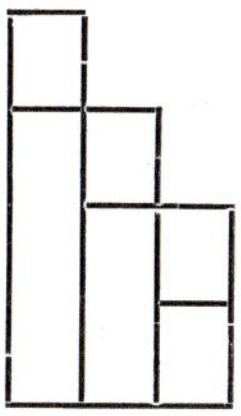 | | |
| a | 0,5 | | | 0 | 1 |
| | | 0,500 | | | |
| b | 0,25 | | | 10 | 2 |
| | | 0,250 | | | |
| c | 0,125 | | | 110 | 3 |
| | | 0,125 | | | |
| d | 0,125 | | | 111 | 3 |
| | | 0,000 | | | |

Wenn alle auftretenden Wahrscheinlichkeiten von der Form $2^{-n_i}$ ($n_i$ ganzzahlig) sind, z. B. $2^{-1}$, $2^{-2}$, $2^{-3}$, dann ist bei optimaler Codierung (nach Fano oder nach Huffman) die Redundanz nach Gl. (9.20) gleich Null. Normalerweise sind die

Wahrscheinlichkeiten aber nicht von der Form $2^{-n_i}$. Dies bedingt, daß die im Mittel aufzuwendende Anzahl von Binärschritten $\overline{m}$ etwas größer als $H$ wird, also die

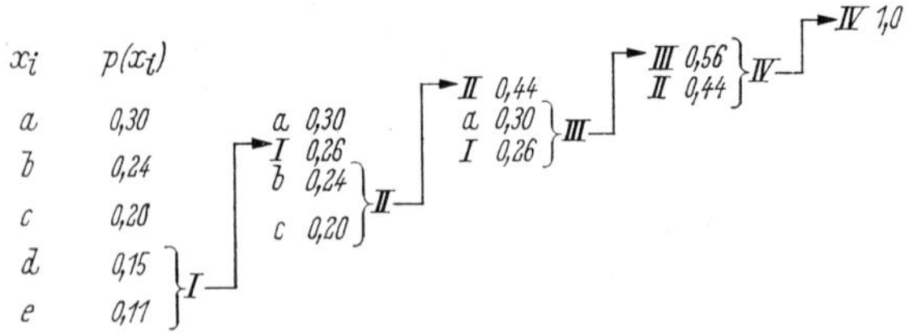


Abb. 9.5. Zusammenfassung von Zeichen nach HUFFMAN

relative Redundanz einen gewissen kleinen positiven Wert erhält. Durch Codierung von Zeichenkombinationen ähnlich zu Abb. 9.3 läßt sich die Redundanz beliebig klein machen, d. h., in Gl. (9.20) kann $R$ kleiner als jede beliebig vorgebbare kleine Zahl $\varepsilon$ gemacht werden. Diese wichtige Erkenntnis sei festgehalten im folgenden *Codierungssatz:*

Zur Codierung der Zeichen einer Informationsquelle der Entropie $H$ bit/Zeichen läßt sich stets ein Code finden, dessen Codewörter im Mittel $\overline{m}$ Binärstellen pro Zeichen enthalten mit $H \leqq \overline{m} \leqq (H + \varepsilon)$. Dabei kann $\varepsilon$ beliebig klein vorgegeben werden, wenn nur der Codierungsaufwand entsprechend hochgetrieben wird.

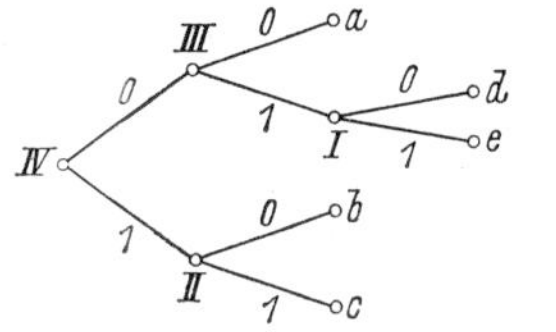


| $x_i$ | Codewort | | |
|---|---|---|---|
| a | 0 | 0 | |
| b | 1 | 0 | |
| c | 1 | 1 | |
| d | 0 | 1 | 0 |
| e | 0 | 1 | 1 |

Abb. 9.6. Codierung nach HUFFMAN

Als weiteres Beispiel wird die Wahrscheinlichkeit des Auftretens der einzelnen Buchstaben in einem deutschen Text betrachtet, s. Tab. 9.4 nach [7]. In der Buchstabenspalte ist mit dem obersten Zeichen (Strich) der Wortzwischenraum gemeint. Satzzeichen sind nicht berücksichtigt. Der Code in Spalte 5 ist nach dem beschriebenen Verfahren von FANO gebildet worden.

Der mittlere Informationsgehalt pro Zeichen (Buchstabe) $H$ ergibt sich entsprechend Gl. (9.7) durch Aufsummieren aller Zahlen in Spalte 8 zu

$$H = \sum_{i=1}^{30} p(x_i) \operatorname{ld} \frac{1}{p(x_i)} = 4{,}11461 \frac{\text{bit}}{\text{Buchstabe}}.$$

Zur Berechnung der Redundanz des Codes von Spalte 5 wird die im Mittel pro Buchstabe aufgewendete Anzahl $\overline{m}$ an Binärschritten benötigt. Dazu betrachten wir eine genügend lange (theoretisch unendlich lange) Buchstabenfolge von $n$ Buchstaben. In dieser Folge kommt der 1. Buchstabe ($i = 1$) mit $m(x_1) = 3$ Binärstellen $n\,p(x_1)$-mal vor, der 2. Buchstabe mit $m(x_2)$ Binärstellen $n\,p(x_2)$-mal vor usw. Die Gesamtzahl der Binärstellen in der Folge von $n$ Buchstaben ist also [vgl. Gl. (9.15)] mit Aufsummierung von Spalte 7

$$\overline{m} = \sum_{i=1}^{30} p(x_i)\, m(x_i) = 4{,}14834 \frac{\text{bit}}{\text{Buchstabe}}.$$

Damit ist die absolute Redundanz $R$

$$R = \overline{m} - H = 4{,}14834 - 4{,}11461 = 0{,}03373 \frac{\text{bit}}{\text{Buchstabe}}.$$

Die relative Redundanz $r$ ist

$$r = \frac{0{,}03373}{4{,}14834} = 0{,}81\,\%.$$

Tabelle 9.4 *Buchstabenhäufigkeit in der deutschen Sprache und zugehöriger Code nach Fano*

| Lfd. Nr. $i$ | Buch-stabe $x_i$ | Wahrschein-lichkeit $p(x_i)$ | Summe $s_i$ | Code (Fano) | bit/Buchstabe $m(x_i)$ | $p(x_i)\, m(x_i)$ | $p(x_i)\,\mathrm{ld}\,\frac{1}{p(x_i)}$ |
|---|---|---|---|---|---|---|---|
| 1 | 2 | 3 | 4 | 5 | 6 | 7 | 8 |
| 1 | — | 0,15149 | 1,00000 | 000 | 3 | 0,45447 | 0,41251 |
| 2 | *E* | 0,14700 | 0,84851 | 001 | 3 | 0,44100 | 0,40661 |
| 3 | *N* | 0,08835 | 0,70151 | 010 | 3 | 0,26505 | 0,30927 |
| 4 | *R* | 0,06858 | 0,61316 | 0110 | 4 | 0,27432 | 0,26512 |
| 5 | *I* | 0,06377 | 0,54458 | 0111 | 4 | 0,25508 | 0,25323 |
| 6 | *S* | 0,05388 | 0,48081 | 1000 | 4 | 0,21552 | 0,22705 |
| 7 | *T* | 0,04731 | 0,42693 | 1001 | 4 | 0,18924 | 0,20824 |
| 8 | *D* | 0,04385 | 0,37962 | 1010 | 4 | 0,17540 | 0,19783 |
| 9 | *H* | 0,04355 | 0,33577 | 10110 | 5 | 0,21775 | 0,19691 |
| 10 | *A* | 0,04331 | 0,29222 | 10111 | 5 | 0,21655 | 0,19616 |
| 11 | *U* | 0,03188 | 0,24891 | 11000 | 5 | 0,15940 | 0,15847 |
| 12 | *L* | 0,02931 | 0,21703 | 11001 | 5 | 0,14655 | 0,14927 |
| 13 | *C* | 0,02673 | 0,18772 | 11010 | 5 | 0,13365 | 0,13968 |
| 14 | *G* | 0,02667 | 0,16099 | 11011 | 5 | 0,13335 | 0,13945 |
| 15 | *M* | 0,02134 | 0,13432 | 111000 | 6 | 0,12804 | 0,11842 |
| 16 | *O* | 0,01772 | 0,11298 | 111001 | 6 | 0,10632 | 0,10389 |
| 17 | *B* | 0,01597 | 0,09526 | 111010 | 6 | 0,09582 | 0,09585 |
| 18 | *Z* | 0,01423 | 0,07929 | 111011 | 6 | 0,08538 | 0,08727 |
| 19 | *W* | 0,01420 | 0,06506 | 111100 | 6 | 0,08520 | 0,08716 |
| 20 | *F* | 0,01360 | 0,05086 | 111101 | 6 | 0,08160 | 0,08431 |
| 21 | *K* | 0,00956 | 0,03726 | 1111100 | 7 | 0,06692 | 0,06412 |
| 22 | *V* | 0,00735 | 0,02770 | 1111101 | 7 | 0,05145 | 0,05209 |
| 23 | *Ü* | 0,00580 | 0,02035 | 11111100 | 8 | 0,04640 | 0,04309 |
| 24 | *P* | 0,00499 | 0,01455 | 11111101 | 8 | 0,03992 | 0,03817 |
| 25 | *Ä* | 0,00491 | 0,00956 | 11111110 | 8 | 0,03928 | 0,03764 |
| 26 | *Ö* | 0,00255 | 0,00465 | 111111110 | 9 | 0,02295 | 0,02194 |
| 27 | *J* | 0,00165 | 0,00210 | 1111111110 | 10 | 0,01650 | 0,01521 |
| 28 | *Y* | 0,00017 | 0,00045 | 11111111110 | 11 | 0,00187 | 0,00217 |
| 29 | *Q* | 0,00015 | 0,00028 | 111111111110 | 12 | 0,00180 | 0,00181 |
| 30 | *X* | 0,00013 | 0,00013 | 111111111111 | 12 | 0,00156 | 0,00167 |
| | | | 0,00000 | | | | |

im Mittel aufgewendete Binärschritte $\bar{m} = \sum_i p(x_i)\, m(x_i) = 4{,}14834$

mittlerer Informationsgehalt $H = \sum_i p(x_i)\,\mathrm{ld}\,\frac{1}{p(x_i)} = 4{,}11461$

Würden die 30 Buchstaben (einschließlich Wortzwischenraum) mit gleicher Wahrscheinlichkeit auftreten, so ergäbe sich der mittlere Informationsgehalt zu

$$H = \mathrm{ld}\,30 = 4{,}9\,\frac{\text{bit}}{\text{Buchstabe}}.$$

Wenn festgestellt wurde, daß der mittlere Informationsgehalt der Buchstaben im deutschen Text etwa 4,11 bit beträgt, so gilt das nur unter Vernachlässigung der statistischen Bindungen zwischen den Buchstaben. Man darf deshalb nicht den Schluß ziehen, daß der mittlere Informationsgehalt zusammenhängenden Textes sich als Produkt aus der Buchstabenzahl und diesen 4,11 bit/Zeichen errechnen ließe. Tatsächlich sind die aufeinanderfolgenden Buchstaben nicht statistisch unabhängig voneinander. Beispielsweise folgt auf den Buchstaben *q* fast sicher ein *u*, d. h., alle diese *u* hinter *q* haben fast überhaupt keinen Informationsinhalt. Auf den Buchstaben *j* folgt im Deutschen fast stets ein Vokal, auf *c* folgt meist *h* oder *k* usw. Durch diese statistischen Bindungen ist der wirkliche mittlere Informationsgehalt wesentlich kleiner als 4,11 bit/Zeichen. Fragen dieser Art werden im folgenden Abschnitt näher behandelt.

### 9.2.2 Informationsgehalt diskreter Quellen statistisch verbundener Zeichen

Zeichenfolgen, bei denen die einzelnen Zeichen nicht statistisch unabhängig voneinander sind, sondern bei denen die Wahrscheinlichkeit für das Auftreten eines bestimmten Zeichens an einer bestimmten Stelle auch davon abhängt, welche Zeichen vorausgegangen sind, bezeichnet man als MARKOFFsche Prozesse (diskrete MARKOFFsche Prozesse). Im einfachsten Fall wird die Wahrscheinlichkeit für das Auftreten eines Zeichens nur von dem einen unmittelbar vorausgegangenen Zeichen beeinflußt. Im nächst komplizierteren Fall hängt die Wahrscheinlichkeit von den zwei vorausgegangenen Zeichen ab usw. Im Rahmen dieses Buches soll nur die Abhängigkeit von einem einzigen vorausgehenden Zeichen interessieren.

Zur Beschreibung von Quellen, deren Zeichen in der oben beschriebenen Weise voneinander abhängen, werden die Begriffe *Verbundwahrscheinlichkeit* und *bedingte Wahrscheinlichkeit* benötigt.

#### 9.2.2.1 Verbundwahrscheinlichkeit und bedingte Wahrscheinlichkeit

Betrachtet werden die Ereignisse (Ergebnisse) zweier Basisexperimente. Die Basisexperimente können z. B. zwei Würfelwürfe oder das Auftreten zweier aufeinanderfolgender Zeichen einer diskreten Informationsquelle sein. Die möglichen Ereignisse des einen Basisexperimentes seien durch $x_i$ gekennzeichnet, die des anderen durch $y_j$. Beim Würfel z. B. sind sechs Ereignisse möglich: $x_1 = 1$; $x_2 = 2$; ... $x_6 = 6$ bzw. $y_1 = 1$ bis $y_6 = 6$. Bei einem bestimmten Alphabet sind z. B. sechsundzwanzig Ereignisse möglich: $x_1 = a$; $x_2 = b$; ... $x_{26} = z$ bzw. $y_1 = a$ usw.

Das Verbundereignis $(x_i, y_j)$ kennzeichnet das kombinierte Eintreffen eines bestimmten Ereignisses $x_i$ des einen Experimentes und eines bestimmten Ereignisses $y_j$ des anderen Experimentes. Die Wahrscheinlichkeit für das Eintreffen des Verbundereignisses heißt Verbundwahrscheinlichkeit $p(x_i, y_j)$.

Wenn es $n$ mögliche Ereignisse $x_i$ und $m$ mögliche Ereignisse $y_j$ gibt, die sich gegenseitig ausschließen, dann gilt

$$\sum_{j=1}^{m} \sum_{i=1}^{n} p(x_i, y_i) = 1. \tag{9.24}$$

Die Wahrscheinlichkeit für das Eintreffen des Ereignisses $x_i$, wobei $y_j$ beliebig sein darf, ist

$$p(x_i) = \sum_{j=1}^{m} p(x_i, y_j). \tag{9.25}$$

Entsprechend ist

$$p(y_j) = \sum_{i=1}^{n} p(x_i, y_j). \tag{9.26}$$

Die Wahrscheinlichkeit für das Eintreffen des Ereignisses $y_j$ bei Voraussetzung, daß das Ereignis $x_i$ eingetroffen ist, bezeichnet man als bedingte Wahrscheinlichkeit $p(y_j|x_i)$. Die bedingte Wahrscheinlichkeit $p(y_j|x_i)$ multipliziert mit der Wahrscheinlichkeit $p(x_i)$, mit der das Ereignis $x_i$ auftreten kann, ergibt die Verbundwahrscheinlichkeit

$$p(y_j|x_i)\, p(x_i) = p(x_i, y_j), \tag{9.27}$$

$$\sum_{j=1}^{m} p(y_j|x_i) = 1. \tag{9.28}$$

Zwei Ereignisse sind voneinander *unabhängig*, wenn

$$p(y_j|x_i) = p(y_j). \tag{9.29}$$

Dann gilt auch nach Gl. (9.27)

$$p(x_i, y_j) = p(x_i)\, p(y_j). \tag{9.30}$$

Trifft Gl. (9.30) für jedes $i$ und $j$ zu, dann sind die möglichen Ereignisse *statistisch unabhängig*.

Zur Erläuterung dieser Zusammenhänge diene eine diskrete Informationsquelle, welche nur die drei Buchstaben a, b und c abgibt. Betrachtet werden Kombinationen (Verbundereignisse) zweier aufeinanderfolgender Buchstaben $(x_i, y_j)$

$$x_1 = \text{a}; \quad x_2 = \text{b}; \quad x_3 = \text{c},$$
$$y_1 = \text{a}; \quad y_2 = \text{b}; \quad y_3 = \text{c}.$$

Tabelle 9.5

| $p(x_i, y_j)$ | | $y_j$ = a | b | c |
|---|---|---|---|---|
| $x_i$ | a | 0 | $\frac{4}{15}$ | $\frac{1}{15}$ |
| | b | $\frac{8}{27}$ | $\frac{8}{27}$ | 0 |
| | c | $\frac{1}{27}$ | $\frac{4}{135}$ | $\frac{1}{135}$ |

Tabelle 9.6

| $x_i$ / $y_j$ | a | b | c |
|---|---|---|---|
| $p(x_i)$ / $p(y_j)$ | $\frac{1}{3}$ | $\frac{16}{27}$ | $\frac{2}{27}$ |

Die Wahrscheinlichkeit $p(\text{a}, \text{a})$ für das Auftreten der Kombination a a möge Null, die Wahrscheinlichkeit $p(\text{a}, \text{b})$ für das Auftreten von a b möge $\frac{4}{15}$, die Wahrscheinlichkeit $p(\text{b}, \text{a})$ für b a möge $\frac{8}{27}$ sein usw. In Tab. 9.5 sind sämtliche Verbundwahrscheinlichkeiten zusammengestellt.

Tabelle 9.7

| $p(y_j|x_i)$ | | $y_j$ = a | b | c |
|---|---|---|---|---|
| $x_i$ | a | 0 | $\frac{4}{5}$ | $\frac{1}{5}$ |
| | b | $\frac{1}{2}$ | $\frac{1}{2}$ | 0 |
| | c | $\frac{1}{2}$ | $\frac{2}{5}$ | $\frac{1}{10}$ |

Die Summe aller Wahrscheinlichkeiten von Tab. 9.5 muß natürlich entsprechend Gl. (9.24) Eins ergeben. Die Zeilensumme einer jeden Zeile ergibt nach Gl. (9.25) die Wahrscheinlichkeit $p(x_i)$ für das Auftreten eines bestimmten Buchstabens $x_i$. Entsprechend ergibt nach Gl. (9.26) die Spaltensumme einer jeden Spalte die Wahrscheinlichkeit $p(y_j)$. Tab. 9.6 gibt die so errechneten Wahrscheinlichkeiten an. Die Einzelwahrscheinlichkeit eines bestimmten Buchstabens, z. B. $p(\text{a})$ ist im hier gegebenen Beispiel unabhängig davon, ob a an erster oder zweiter Stelle der gerade betrachteten Zweierkombination steht.

Die bedingten Wahrscheinlichkeiten $p(y_j|x_i)$ schließlich können mit Hilfe von Gl. (9.27) aus $p(x_i, y_j)$ und $p(x_i)$ errechnet werden. Die Ergebnisse gibt Tab. 9.7 wieder.

### 9.2.2.2 Entropie diskreter Quellen statistisch verbundener Zeichen

Im folgenden werden wieder Kombinationen von je zwei diskreten Zeichen $(x_i, y_j)$ betrachtet. Diese Zeichenpaare können z. B. von je zwei aufeinanderfolgenden Zeichen derselben Quelle gebildet werden, sie können aber auch von Zeichen aus verschiedenen Quellen oder von Zeichen, die an verschiedenen Orten eines komplexeren Systems auftreten, gebildet werden. Die Verbundentropie eines solchen beliebigen Zeichenpaares ist [vgl. Gl. (9.7)]

$$H(x, y) = \sum_{i=1}^{n} \sum_{j=1}^{m} p(x_i, y_j) \operatorname{ld} \frac{1}{p(x_i, y_j)}. \tag{9.31}$$

Für den Fall, daß $x$ und $y$ statistisch unabhängig sind, errechnet mit Gl. (9.30) sowie Gl. (9.25) und Gl. (9.26)

$$\begin{aligned} H(x, y) &= \sum_{i=1}^{n} p(x_i) \operatorname{ld} \frac{1}{p(x_i)} + \sum_{j=1}^{m} p(y_j) \operatorname{ld} \frac{1}{p(y_j)} \\ &= H(x) + H(y). \end{aligned} \tag{9.32}$$

In diesem Fall ist also die Verbundentropie gleich der Summe der Einzelentropien. Liegt eine statistische Bindung vor, dann ist

$$H(x, y) < H(x) + H(y). \tag{9.33}$$

Sind die Zeichen $x_i$ bekannt, so können die Zeichen $y_j$ nur dann zusätzliche Information bringen, wenn die bedingten Wahrscheinlichkeiten $p(y_j|x_i)$ für das Auftreten von $y_j$ kleiner als Eins sind. Die Logarithmen aus den Kehrwerten von $p(y_j|x_i)$ multipliziert mit den Wahrscheinlichkeiten $p(x_i, y_j)$, mit der diese Paare auftreten, ergeben die bedingte Entropie $H(y|x)$

$$H(y|x) = \sum_{i=1}^{n} \sum_{j=1}^{m} p(x_i, y_j) \operatorname{ld} \frac{1}{p(y_j|x_i)}. \tag{9.34}$$

Sind $x$ und $y$ statistisch unabhängig, dann errechnet sich mit Gl. (9.29) und Gl. (9.26), daß die bedingte Entropie $H(y|x)$ gleich der Entropie $H(y)$ ist. Bei statistischer Bindung von $x$ und $y$ ist die bedingte Entropie $H(y|x)$ kleiner als die Entropie $H(y)$.

Zwischen der bedingten Entropie und der Verbundentropie errechnet sich folgender Zusammenhang: Wird Gl. (9.27) in Gl. (9.31) eingesetzt, dann ergibt sich

$$\begin{aligned} H(x, y) &= \sum_{i=1}^{n} \sum_{j=1}^{m} p(x_i)\, p(y_j|x_i) \operatorname{ld} \frac{1}{p(x_i)\, p(y_j|x_i)} \\ &= \sum_{i=1}^{n} \sum_{j=1}^{m} p(x_i)\, p(y_j|x_i) \operatorname{ld} \frac{1}{p(x_i)} + \sum_{i=1}^{n} \sum_{j=1}^{m} p(x_i)\, p(y_j|x_i) \operatorname{ld} \frac{1}{p(y_j|x_i)}. \end{aligned} \tag{9.35}$$

Hält man im ersten Term von Gl. (9.35) das $i$ konstant und summiert über alle $j$, dann kann $\sum_j p(y_j|x_i)$ ausgeklammert werden. Im zweiten Term wird wieder Gl. (9.27) eingesetzt. Nun ergibt sich

$$\begin{aligned} H(x, y) &= \sum_{i=1}^{n} p(x_i) \operatorname{ld} \frac{1}{p(x_i)} + \sum_{i=1}^{n} \sum_{j=1}^{m} p(x_i, y_j) \operatorname{ld} \frac{1}{p(y_j|x_i)} \\ &= H(x) + H(y|x). \end{aligned} \tag{9.36}$$

Die Entropie einer Zweierkombination ist also gleich der Entropie des ersten Zeichens plus der bedingten Entropie des zweiten Zeichens, wenn das erste Zeichen bereits eingetroffen ist. Ist das Auftreten der einzelnen Zeichen statistisch unabhängig, dann ergibt sich gemäß Gl. (9.32) die Summe der Entropien der einzelnen Zeichen.

Für das Beispiel von Tab. 9.5 und Tab. 9.7 errechnet sich folgender Wert für die bedingte Entropie

$$H(y|x) = 0 \operatorname{ld}\frac{1}{0} + \frac{4}{15}\operatorname{ld}\frac{5}{4} + \frac{1}{15}\operatorname{ld}5 + \frac{8}{27}\operatorname{ld}2 + \frac{8}{27}\operatorname{ld}2 + 0\operatorname{ld}\frac{1}{0} + \\ + \frac{1}{27}\operatorname{ld}2 + \frac{4}{135}\operatorname{ld}\frac{5}{2} + \frac{1}{135}\operatorname{ld}10 = 0{,}933\,\frac{\text{bit}}{\text{Buchstabe}}.$$

Es ist zu beachten, daß $\lim\limits_{x\to 0} x \operatorname{ld}\frac{1}{x} = 0$ ist.

Wäre keine statistische Bindung zwischen den Buchstaben vorhanden gewesen, dann hätte sich für dieselbe Quelle mit Tab. 9.6 folgende Entropie ergeben

$$H(x) = H(y) = \frac{1}{3}\operatorname{ld}3 + \frac{16}{27}\operatorname{ld}\frac{27}{16} + \frac{2}{27}\operatorname{ld}\frac{27}{2} = 1{,}287\,\frac{\text{bit}}{\text{Buchstabe}}.$$

Die statistische Bindung zwischen den Buchstaben hat in diesem Beispiel also eine Entropiedifferenz von 0,354 bit pro Buchstabe zur Folge.

Bei normalem Text mit gewöhnlichem Alphabet aus 30 Buchstaben (Tab. 9.4) herrscht eine statistische Bindung über mehr als zwei aufeinanderfolgenden Buchstaben. Das hat zur Folge, daß die Entropie solcher Texte relativ klein wird. Für englischen Text errechnete SHANNON 1 bit pro Buchstabe. Im deutschen Text haben die Buchstaben eine etwas geringere Entropie. Der in Abschn. 9.2.1.4 formulierte Codierungssatz gilt auch für Informationsquellen mit statistisch gebundenen Zeichen. Dies sei am Beispiel des gewöhnlichen Alphabets plausibel gemacht. Betrachtet man in einem Text nicht aufeinanderfolgende einzelne Buchstaben, sondern die Aufeinanderfolgen zusammenhängender Kettchen von z. B. je fünf Buchstaben, so läßt sich in viel geringerem Maße von der Kenntnis eines Kettchens auf das nächstfolgende Kettchen schließen, als das bei Betrachtung von einzelnen Buchstaben der Fall ist. Sehr lange Kettchen sind praktisch statistisch unabhängig voneinander. Diese können dann als einzelne Superzeichen aufgefaßt werden und mit den Methoden von Abschn. 9.2.1.4 optimal codiert werden. Die Anzahl der möglichen verschiedenen Superzeichen ist natürlich sehr groß.

Bei gesprochener deutscher Sprache ergeben sich bei 0,9 bit pro Buchstabe folgende Zahlen:

| | | |
|---|---|---|
| langsames Sprechen | 5 ··· 7 Buchstaben/s | 4,5 ··· 6,5 bit/s |
| normales Sprechen | 12 ··· 15 Buchstaben/s | 11 ··· 14 bit/s |
| schnelles Sprechen | 18 ··· 26 Buchstaben/s | 16 ··· 24 bit/s |

Werden die einzelnen Bits als Telegraphiezeichen übertragen, dann ist es bei optimaler Codierung nach dem Codierungssatz also theoretisch möglich, gesprochene Sprache mit einer Telegraphiergeschwindigkeit von weniger als 50 bit/s = 50 Baud zu übertragen. Die bisher realisierten technischen Übertragungssysteme sind von dieser Grenze weit entfernt.

### 9.2.3 Informationsübertragung, Kanalkapazität diskreter Kanäle

Ein Übertragungskanal wird hauptsächlich durch seine Bandbreite und die in ihm auftretenden Störungen charakterisiert. Hier soll nun untersucht werden, in welchem Maß über einen solchen Kanal Information fehlerfrei übertragen werden kann.

Die kennzeichnende Größe ist dabei die sogenannte Kanalkapazität $C$. Diese ist definiert als der Maximalwert desjenigen Teils des Informationsflusses $H'$ [vgl. Gl. (9.22)], welcher von der Informationsquelle bei optimaler Codierung über den gegebenen Kanal fehlerfrei in den Empfänger bzw. an den Informationsverbraucher gelangt.

Die Verhältnisse seien mit Abb. 9.7 erläutert, welche das informationelle Schema eines gestörten Kanals darstellt. Der Kanalanfang liege an einer Informationsquelle der Entropie $H(x)$. Als Folge von Störungen auf dem Kanal werde nicht jedes der von der Informationsquelle abgegebenen Zeichen $x_i$ am Kanalende richtig empfangen. Ein Teil der am Kanalende empfangenen Zeichen $y_j$ sei wegen der Störungen von den Zeichen $x_i$ am Eingang verschieden. Von der Entropie $H(x)$, die ja der durchschnittliche Informationsgehalt pro Zeichen am Kanaleingang ist, gelange also nur der Teil $T$, welcher *Transinformation* genannt wird, ans Kanalende. Der Rest, welcher *Äquivokation* (= Vieldeutigkeit) genannt wird, geht verloren. Wie unten noch näher beschrieben werden wird, ist die Äquivokation gleich der bedingten Entropie $H(x|y)$. Damit gilt also

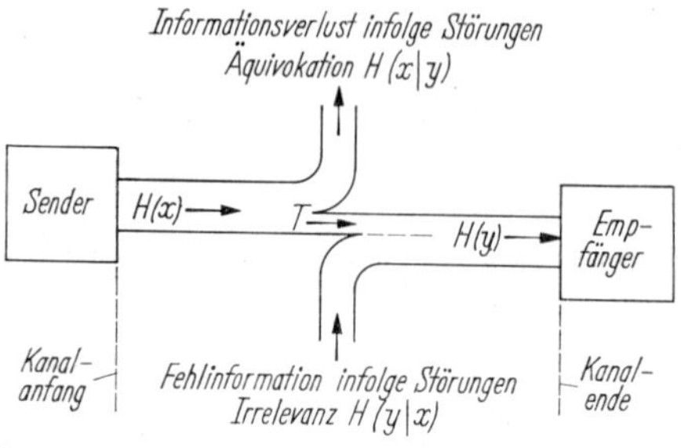

Abb. 9.7. Schema eines gestörten Kanals

$$T = H(x) - H(x|y). \qquad (9.37)$$

Für den Empfänger wirkt das Kanalende wie eine Informationsquelle der Entropie $H(y)$. Diese Entropie setzt sich zusammen aus der Transinformation $T$ und den Störungen, der *Irrevelanz,* die, wie später noch gezeigt werden wird, gleich der bedingten Entropie $H(y|x)$ ist. Also gilt

$$T = H(y) - H(y|x). \qquad (9.38)$$

Nun zur Erläuterung der bedingten Entropie $H(x|y)$ in Gl. (9.37): Diese bedingte Entropie ist laut Definition die zusätzliche durchschnittliche Informationsmenge pro Zeichen, welche durch die Zeichen $x_i$ dann noch geliefert werden, wenn die Zeichen $y_j$ bereits bekannt sind. Die Zeichen $x_i$ bringen keine zusätzliche Information, wenn sie durch die Zeichen $y_j$ bereits völlig bestimmt sind, was bei fehlerfreier Übertragung der Fall ist. Die bedingten Wahrscheinlichkeiten sind dann $p(x_i|y_j) = 1$, damit sind die Logarithmen $\mathrm{ld}\,\frac{1}{p(x_i|y_j)} = 0$ und damit ist nach Gl. (9.34) auch $H(x|y) = 0$. Bei gestörter Übertragung enthalten die Zeichen $x_i$ der Quelle neben der Transinformation noch zusätzliche Information, die verlorengeht. Diese zusätzliche Information muß gleich der bedingten Entropie $H(x|y)$ sein, womit Gl. (9.37) erklärt ist.

Die bedingte Entropie $H(y|x)$ in Gl. (9.38) ist laut Definition die zusätzliche Entropie, welche die Zeichen $y_j$ dann noch bringen, wenn die Zeichen $x_i$ bekannt sind. Diese zusätzliche Information, d. h. die zusätzlichen Überraschungen am Kanalausgang, können nur von den Störungen herrühren.

Eliminiert man in Gl. (9.38) die bedingte Entropie $H(y|x)$ mit Hilfe von Gl. (9.36), dann erhält man eine weitere Beziehung zur Berechnung der Transinformation, nämlich

$$T = H(x) + H(y) - H(x, y). \qquad (9.38\text{a})$$

Bezieht man gemäß Gl. (9.22) die Entropie auf die Zeit $t$, dann errechnet sich nach Gl. (9.37) der Transinformationsfluß $T'$ zu

$$T' = H'(x) - H'(x|y). \qquad (9.39)$$

Die Kanalkapazität $C$ eines Kanals ist nun als der Maximalwert definiert, den der Transinformationsfluß erreichen kann

$$C = T'_{\max} = \mathrm{Max}\{H'(x) - H'(x|y)\}. \tag{9.40}$$

Sind ein diskreter Kanal der Kapazität $C$ und eine diskrete Informationsquelle mit dem Informationsfluß $H'(x)$ gegeben, wobei $C \geqq H'$, dann läßt sich stets ein Code finden, der es erlaubt, die Information mit einem beliebig kleinen Fehler (bzw. mit einer beliebig kleinen Äquivokation) über den Kanal zu übertragen. Ist $C < H'$, dann kann die Äquivokation kleiner als $H' - C + \varepsilon$ gemacht werden, wobei $\varepsilon$ beliebig klein ist. Es ist dann jedoch nicht möglich, die Äquivokation kleiner als $H' - C$ zu machen.

Die Transinformation sei noch an einem Beispiel anschaulich gemacht: Ein Kanal werde von einer Binärquelle mit Zeichen im Binärcode mit den Symbolen $x_1 = 0$ und $x_2 = 1$ gespeist. Beide Symbole mögen mit der Wahrscheinlichkeit $p(x_1) = p(x_2) = 0{,}5$ auftreten. Die Entropie $H(x)$ am Kanaleingang ist also nach Gl. (9.7)

$$H(x) = \sum_{i=1}^{2} p(x_i)\,\mathrm{ld}\frac{1}{p(x_i)} = \frac{1}{2}\mathrm{ld}\,2 + \frac{1}{2}\mathrm{ld}\,2 = 1\,\frac{\text{bit}}{\text{Symbol}}.$$

Mit einer Telegraphiergeschwindigkeit von 1 Baud ergibt sich damit auch der Informationsfluß zu $H'(x) = 1$ bit/s.

Die auf dem Kanal auftretenden Störungen seien sehr groß. Die Wahrscheinlichkeiten, daß bei empfangenem $y_j = 0$ am Eingang $x_i = 0$ oder $x_i = 1$ gesendet wurde, und daß bei empfangenem $y_j = 1$ am Eingang $x_i = 0$ oder $x_i = 1$ gesendet wurde, seien je $p(x_i|y_j) = 0{,}5$. Die Äquivokation wird damit

$$H(x|y) = \sum_{i=1}^{2}\sum_{j=1}^{2} p(x_i/y_j)\,\mathrm{ld}\frac{1}{p(x_i|y_j)} = \sum_{i=1}^{2}\sum_{j=1}^{2} p(x_i)\,p(y_j|x_i)\,\mathrm{ld}\frac{1}{p(x_i|y_j)}$$

$$= 0{,}5\cdot 0{,}5\,\mathrm{ld}\,2 + 0{,}5\cdot 0{,}5\,\mathrm{ld}\,2 + 0{,}5\cdot 0{,}5\,\mathrm{ld}\,2 + 0{,}5\cdot 0{,}5\,\mathrm{ld}\,2 = 1\,\frac{\text{bit}}{\text{Symbol}}.$$

Damit ist mit Gl. (9.37) die Transinformation $T = 0$, was eigentlich auch selbstverständlich ist, denn die am Kanalausgang empfangenen Binärzeichen hätte man genausogut durch Werfen mit einer Münze bestimmen können.

## 9.3 Kontinuierliche Informationsquellen und Kanäle

### 9.3.1 Einiges zur Beschreibung kontinuierlicher statistischer Vorgänge

Eine kontinuierliche Informationsquelle liegt vor, wenn die Nachricht z. B. in Form irgendeiner beliebigen Zeitfunktion $x(t)$ anfällt, wie das beispielsweise für die Ausgangsspannung eines besprochenen Mikrophons gegeben ist (Abb. 9.8). Kennzeichnend ist daran vor allem, daß die Spannung jetzt nicht mehr nur diskrete Werte annehmen darf, sondern einen kontinuierlichen Wertebereich durchlaufen kann. Wenn durch eine solche Funktion Information geliefert wird, dann darf sie nicht vollständig vorhersagbar sein. Eine determinierte Funktion, z. B. die Sinusfunktion, bringt keine Information. Als informationstragende Funktionen kommen nur Zufallsfunktionen oder allgemeiner zufällige Prozesse in Frage. (Der Begriff *zufälliger Prozeß* wird weiter unten noch erläutert.)

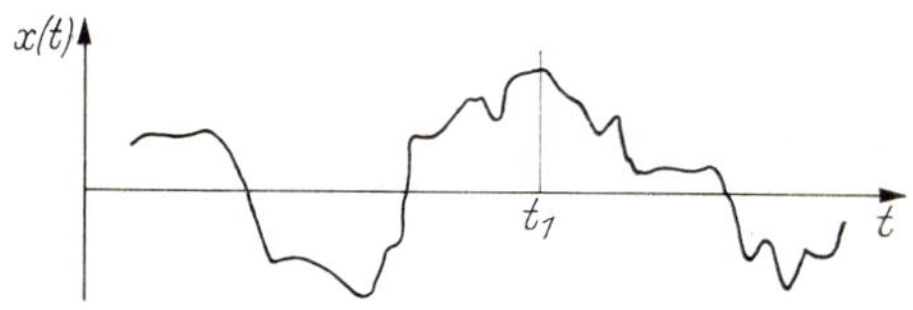

Abb. 9.8. Beispiel einer beliebigen Zeitfunktion $x(t)$

Würde man den für diskrete Signale definierten Begriff des mittleren Informationsgehaltes bzw. der Entropie auf eine Zeitfunktion $x(t)$ nach Abb. 9.8 anwenden, so ergäbe sich ein unendlich hoher Informationsgehalt. Selbst wenn man berücksichtigt, daß das Frequenzband einer Mikrophonausgangsspannung normalerweise auf einen endlichen Bereich unterhalb einer Grenze $f_{\max}$ beschränkt ist und nach dem Abtasttheorem [vgl. Teil II, Gl. (7.133)] nur Ordinatenproben im Abstand $T_A = \frac{1}{2f_{\max}}$ berücksichtigt werden müssen, so kommen doch immer noch auf Grund des kontinuierlichen Verlaufes unendlich viele verschiedene Ordinatenwerte vor. Die Wahrscheinlichkeit für das Auftreten eines bestimmten Ordinatenwertes $x_i$ zu einem willkürlichen Abtastzeitpunkt $t_1$ ist demnach im Normalfall Null (Ausnahmen bilden z. B. amplitudenbegrenzte Funktionen, bei denen der Ordinatengrenzwert mit nicht verschwindender Wahrscheinlichkeit auftritt). Jeder Abtastzeitpunkt liefert demnach unendliche Information. Endliche Informationsmengen erhält man erst, wenn man nur endlich viele verschiedene Ordinatenwerte unterscheiden kann, was in der Praxis allerdings stets durch die endliche Meßgenauigkeit bzw. durch Auftreten von Störungen gegeben ist. Man könnte durch spezielle Annahmen den kontinuierlichen Fall in den diskreten Fall überführen. Es ist jedoch zweckmäßig und auch üblich, zur Behandlung kontinuierlicher Funktionen neue Definitionen einzuführen, die allerdings denen der diskreten Informationstheorie sehr ähnlich sind. Während in der diskreten Informationstheorie die Wahrscheinlichkeit $p$ der zentrale Begriff ist, ist dies jetzt die Wahrscheinlichkeitsdichte $w$.

Mit der Wahrscheinlichkeitsdichtefunktion ist zwar in Abschn. 8.6.3 bereits gerechnet worden. Wegen seiner zentralen Bedeutung für die folgenden Ausführungen soll aber diesem Begriff hier noch eine breitere Basis gegeben werden.

Zur Kennzeichnung der Wahrscheinlichkeitsdichte $w(x)$ geht man bekanntlich von der Frage aus, mit welcher Wahrscheinlichkeit $p(x_i \pm \Delta x)$ die Funktion $x(t)$ im Zeitpunkt $t_1$ einen Wert annimmt, der im Bereich $(x_i - \Delta x) \leqq x_i \leqq (x_i + \Delta x)$ liegt. Diese ergibt sich zu

$$p(x_i \pm \Delta x) = \int\limits_{x_i - \Delta x}^{x_i + \Delta x} w(x)\, dx,$$

mit

$$\int\limits_{-\infty}^{+\infty} w(x)\, dx = 1. \tag{9.41}$$

Die Bestimmung der Wahrscheinlichkeitsdichtefunktion $w(x)$ in einem konkreten Fall, z. B. für die Ausgangsspannung $x(t)$ eines besprochenen, d. h. mit beliebigem Sprachtext beschallten Mikrophons kann etwa wie folgt geschehen: Man betrachtet eine Vielzahl (Ensemble) von Ausgängen besprochener Mikrophone zum Zeitpunkt $t_1$. Diese Möglichkeit ist z. B. in einem großen Fernsprechvermittlungsamt gegeben. Je nachdem wie häufig die Mikrophonausgangsspannung $x$ im Bereich $(x_i - \Delta x) \leqq x_i \leqq (x_i + \Delta x)$ liegt, kann man auf die Wahrscheinlichkeit $p$ schließen, mit der die Ausgangsspannung irgendeines anderen besprochenen gleichartigen Mikrophons im gleichen Bereich $(x_i - \Delta x) \leqq x_i \leqq (x_i + \Delta x)$ liegen wird. (Auf die spezielle Problematik, wie genau man aus der Beobachtung endlich vieler Ereignisse auf die Wahrscheinlichkeit des Ereignisses schließen kann, soll hier nicht eingegangen werden.)

Die Gesamtheit der Ausgangsspannungen $x(t)$ aller besprochenen gleichartigen Mikrophone bilden ein Beispiel eines *zufälligen Prozesses* (Abb. 9.9). Ein zufälliger Prozeß besteht aus unendlich vielen zufälligen Einzelfunktionen derselben Art, den sogenannten Muster- oder Probefunktionen $x_A(t)$; $x_B(t)$; $x_C(t)$; ... usw. Eine beliebig herausgegriffene Probefunktion des Ensembles nimmt im Zeitpunkt $t_1$ die Ordinate $x_i \pm \Delta x$ mit der Wahrscheinlichkeit $p(x_i \pm \Delta x)$ an. Die gerade betrachtete spezielle Ausgangszeitfunktion eines Mikrophons hat man sich also als eine solche beliebig herausgegriffene Probefunktion eines Prozesses zu denken.

Die bisherigen Betrachtungen bezogen sich auf den Zeitpunkt $t_1$. Für einen anderen Zeitpunkt $t_2$ kann derselbe Prozeß eine andere Wahrscheinlichkeitsdichte haben als zum Zeitpunkt $t_1$. Wenn jedoch bei einem Prozeß die Wahrscheinlichkeitsdichte für alle Zeitpunkte gleich ist, dann heißt der Prozeß *stationär*.

Eine Wahrscheinlichkeitsdichtefunktion läßt sich nicht nur aus der Betrachtung einer Vielzahl gleichartiger Quellen von Zufallsfunktionen für einen festen Zeitpunkt $t_1$ bestimmen. Man kann eine Wahrscheinlichkeitsdichte auch durch Beobachtung einer speziellen Probefunktion an einer Vielzahl von Zeitpunkten bestimmen. Ist in einem stationären Prozeß die Wahrscheinlichkeitsdichte über das Ensemble gleich der Wahrscheinlichkeitsdichte einer speziellen Probefunktion längs der Zeit, dann heißt der Prozeß *ergodisch*. Die in Physik und Technik vorkommenden zu-

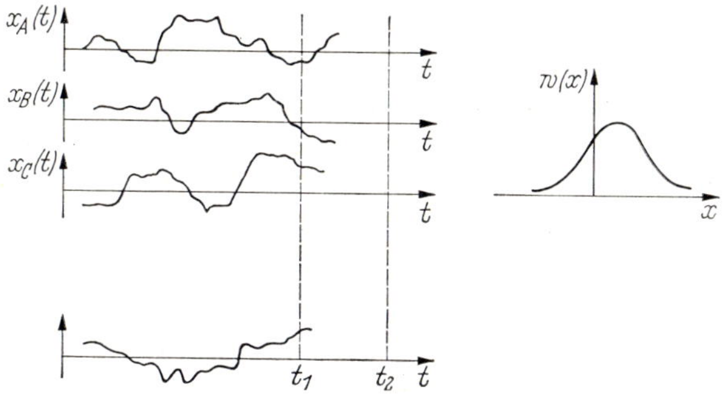


Abb. 9.9. Zur Erläuterung eines zufälligen Prozesses

fälligen Prozesse, wie thermisches Widerstandsrauschen, Mikrophonausgangsspannung bei zufälligem Sprachtext usw., können nach Erfahrung mit guter Genauigkeit für die Rechnung als ergodisch angenommen werden. Im folgenden seien stets ergodische Prozesse vorausgesetzt, so daß die Betrachtung einer speziellen Probefunktion ausreicht.

### 9.3.2 Entropie kontinuierlicher Quellen

Die Entropie einer diskreten Quelle statistisch unabhängiger Einzelzeichen war [Gl. (9.7)]

$$H(x) = \sum_i p(x_i) \operatorname{ld} \frac{1}{p(x_i)} = -\sum_i p(x_i) \operatorname{ld} p(x_i). \tag{9.42}$$

In entsprechender Weise wird nun die Entropie einer kontinuierlichen Quelle mit der Wahrscheinlichkeitsdichtefunktion $w(x)$ folgendermaßen definiert:

$$H(x) = \int_{-\infty}^{+\infty} w(x) \operatorname{ld} \frac{1}{w(x)}\, dx = -\int_{-\infty}^{+\infty} w(x) \operatorname{ld} w(x)\, dx. \tag{9.43}$$

Die Definition von Gl. (9.43) ergibt ähnliche Eigenschaften für die Entropie $H$ wie Gl. (9.42) bzw. Gl. (9.7). Wenn die Zeitfunktion $x(t)$ beschränkt ist auf einen endlichen Wertebereich, dann läßt sich zeigen, daß $H(x)$ maximal wird, wenn $w(x)$ eine Rechteckverteilung hat (Abb. 9.10). Dieses Ergebnis ist plausibel, da ja auch im diskreten Fall sich die maximale Entropie dann ergab, wenn alle Zeichen gleichwahrscheinlich waren (vgl. Abschn. 9.2.1.2). Wenn der Wertebereich von $x$ zwar nicht beschränkt ist, wohl hingegen die mittlere Signalleistung beschränkt ist, dann ergibt sich über eine Variationsrechnung [2] die maximale Entropie, wenn $w(x)$ eine Gauss-Verteilung aufweist:

$$w(x) = \frac{1}{\sqrt{2\pi}\,\sigma}\, e^{-\frac{x^2}{2\sigma^2}}. \tag{9.44}$$

$\sigma^2$ ist die Streuung. Ihre positive Wurzel $\sigma$ heißt Standardabweichung. Wenn $x$ eine Spannung ist, dann ist die Standardabweichung gleich dem Effektivwert der Spannung $\sigma = U_{\text{eff}}$ [vgl. Gl. (0.30)]. Daraus folgt, daß bei beschränkter Leistung eine solche Zeitfunktion $x(t)$ die maximale Entropie $H$ ergibt, welche die gleichen statistischen Eigenschaften wie z. B. Widerstandsrauschen hat.

Auch Verbundentropie und bedingte Entropie ergeben sich bei kontinuierlichen Quellen in ganz entsprechender Weise wie bei diskreten Quellen.

$$H(x, y) = \int\limits_{y=-\infty}^{+\infty} \int\limits_{x=-\infty}^{+\infty} w(x, y) \operatorname{ld} \frac{1}{w(x, y)} \, dx \, dy, \tag{9.45}$$

$$H(y|x) = \int\limits_{y=-\infty}^{+\infty} \int\limits_{x=-\infty}^{+\infty} w(x, y) \operatorname{ld} \frac{1}{w(y|x)} \, dx \, dy. \tag{9.46}$$

$w(y|x)$ bedingte Wahrscheinlichkeitsdichte, daß $y$ im Bereich $dy$ auftritt, wenn $x$ aufgetreten und bekannt ist.

$w(x|y)$ bedingte Wahrscheinlichkeitsdichte, daß $x$ im Bereich $dx$ auftritt, wenn $y$ aufgetreten und bekannt ist.

Für die Dichtefunktionen $w(x, y)$ und $w(y|x)$ gelten ganz entsprechende Beziehungen wie für die entsprechenden Wahrscheinlichkeiten $p(x, y)$ und $p(y|x)$ [vgl. Gl. (9.27)]. Die im diskreten Fall abgeleiteten Gesetzmäßigkeiten für Verbundereignisse [wie z. B. Gl. (9.36)] gelten ganz entsprechend auch im kontinuierlichen Fall.

Es gibt allerdings einen wichtigen Unterschied zwischen der Entropie diskreter und der kontinuierlicher Signale. Während die Entropie diskreter Signale ein absolutes Maß über Unsicherheit der Zeichen $x_i$ liefert, gibt die Entropie kontinuierlicher Signale nur ein *relatives* Maß über die Unsicherheit der Variablen $x$. Dieses relative Maß hängt vom gewählten Koordinatensystem ab. Das soll anhand eines Beispiels verdeutlicht werden: Wir betrachten eine Quelle, die eine Zeitfunktion $x(t)$ erzeugt, wobei die Ordinate $x$ beschränkt sei und eine rechteckige Wahrscheinlichkeitsdichtefunktion entsprechend Abb. 9.10 habe. Es sei (mit $a = 2$)

$$-2 \leqq x \leqq +2.$$

Der größte Ordinatenwert ist $x = 2$, der kleinste ist $x = -2$. Dazwischen sind alle $x$ gleichwahrscheinlich.

$$w(x) = \tfrac{1}{4}, \quad \text{da} \quad \int\limits_{-2}^{+2} w(x) \, dx = 1.$$

Die Entropie ist somit nach Gl. (9.43)

$$H(x) = \int\limits_{-\infty}^{+\infty} w(x) \operatorname{ld} \frac{1}{w(x)} \, dx = \int\limits_{-2}^{+2} \frac{1}{4} \operatorname{ld} 4 \, dx = \frac{1}{2} x \Big]_{-2}^{+2} = 2.$$

Das Signal $x(t)$ möge nun in einem idealen störungs- und verzerrungsfreien Verstärker achtfach verstärkt werden. Dann ist am Verstärkerausgang der größte Ordinatenwert $x = 16$, der kleinste $x = -16$. Dazwischen sind wieder alle Werte gleichwahrscheinlich, d. h.

$$-16 \leqq x \leqq +16; \quad w(x) = \frac{1}{32}.$$

Die Entropie am Verstärkerausgang ist nun

$$H(x) = \int_{-16}^{+16} \frac{1}{32} \operatorname{ld} 32 \, dx = \frac{5}{32} x \Big]_{-16}^{+16} = 5.$$

Der ideale Verstärker kann selbstverständlich keine zusätzliche Information liefern. Die Änderung der Entropie ist lediglich durch eine Maßstabsänderung, d. h. eine Änderung des Koordinatensystems bedingt. Es zeigt sich aber, daß Maßstabsänderungen keine Rolle spielen, wenn Differenzen von Entropien beachtet werden. Diese wichtige Tatsache soll hier nicht allgemein bewiesen, wohl aber an einem einfachen Beispiel erläutert werden: Eine Quelle habe die Entropie $H(x) = 2$. Eine andere Quelle habe die Entropie $H(y) = 4$. $x$ und $y$ seien als gleichförmig verteilt gemäß Abb. 9.10 angenommen. Die Entropiedifferenz ist $H(y) - H(x) = 2$. Wenn beide Signale $x$ und $y$ je achtfach verstärkt werden, dann ergeben sich $H(x) = 5$ und $H(y) = 7$. Die Differenz $H(y) - H(x) = 7 - 5 = 2$ bleibt davon unberührt.

Die Unabhängigkeit von Entropiedifferenzen vom Maßstab ist von großer praktischer Wichtigkeit, da bei der Informationsübertragung hauptsächlich die Transinformation und die Kanalkapazität von Interesse sind. Beide Größen werden von Entropiedifferenzen gebildet und sind damit vom Maßstab unabhängig.

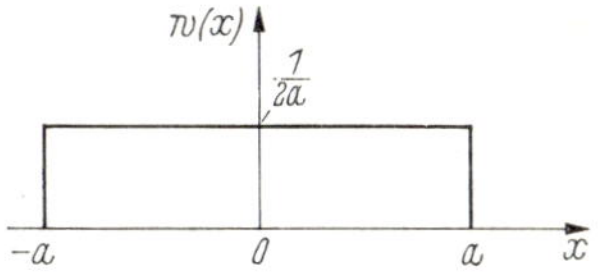

Abb. 9.10 Rechteckverteilung $w(x) = \begin{cases} 1/2a & \text{für } -a \leqq x \leqq +a \\ 0 & \text{sonst} \end{cases}$

Zur Berechnung des Informationsflusses $H'$ wird die Entropie auf die Zeit bezogen. Liegt ein bandbegrenztes kontinuierliches Signal vor, dann brauchen nach dem Abtasttheorem [vgl. Teil II, Gl. (7.133)] nicht für alle Zeitpunkte die Ordinatenwerte übertragen zu werden. Es genügt die Betrachtung der Ordinatenwerte im Abstand $T_A = \frac{1}{2f_{\max}}$. Damit errechnet sich der Informationsfluß $H'$ zu

$$H'(x) = 2f_{\max} \int_{-\infty}^{+\infty} w(x) \operatorname{ld} \frac{1}{w(x)} \, dx. \tag{9.47}$$

Hierbei ist unterstellt, daß das kontinuierliche Spektrum von $x(t)$ den Bereich $-f_{\max} \leqq f \leqq +f_{\max}$ einnimmt.

### 9.3.3 Kanalkapazität gestörter kontinuierlicher Kanäle

Für Transinformation $T$ und Kanalkapazität $C$ gelten auch im kontinuierlichen Fall dieselben Beziehungen wie im diskreten Fall. Die Transinformation läßt sich also z. B. mit Hilfe von Gl. (9.38)

$$T = H(y) - H(y|x)$$

bestimmen, wobei $H(y)$ die Entropie am Kanalausgang und $H(y|x)$ die zusätzliche Entropie der Variablen $y$ am Kanalausgang ist, wenn die Variable $x$ am Kanaleingang bekannt ist. $H(y|x)$ kennzeichnet also die am Ausgang wirksamen Störungen.

Unter der Voraussetzung, daß Störsignal und Nutzsignal voneinander statistisch unabhängig sind, und das Signal $y$ am Kanalausgang die Summe von gesendetem Signal $x$ und Störsignal $n$ ist, gilt

$$H(y|x) = H(n), \tag{9.48}$$

$$T = H(y) - H(n). \tag{9.49}$$

$H(n)$ ist die Entropie der Störungen. Sie kann mit Gl. (9.43) berechnet werden, wenn die Wahrscheinlichkeitsdichte $w(n)$ des Störsignals bekannt ist.

Nimmt man für die Störungen weißes Rauschen an, dann ist die Wahrscheinlichkeitsdichte $w(n)$ eine GAUSS-Verteilung. Setzt man ferner voraus, daß Signal und Störung als Spannungen $u_S$ bzw. $u_N$ auftreten, dann ist

$$w\left(\frac{u_N}{U}\right) = \frac{1}{\sqrt{2\pi}\,\frac{U_{N\mathrm{eff}}}{U}}\,\mathrm{e}^{-\frac{u_N^2}{2U_{N\mathrm{eff}}^2}}. \tag{9.50}$$

$u_N$ ist die momentane Störspannung. $U_{N\mathrm{eff}}$ ist der Effektivwert des Störsignals. $U$ ist eine willkürliche Bezugsspannung, die nur aus dem Grund eingeführt wird, um die Wahrscheinlichkeitsdichtefunktion dimensionslos zu machen. [In Gl. (0.30) bzw. Gl. (8.35)] war dies nicht erforderlich, da sich die Dimension durch das Integral $\int w(u)\,du$ wegkürzt [vgl. Gl. (9.51)]. Hier ist aber die Einführung von $U$ notwendig, weil weiter unten der Logarithmus $\mathrm{ld}\,w$ gebildet wird.

Für das Integral über die Wahrscheinlichkeitsdichtefunktion gilt definitionsgemäß

$$\int_{-\infty}^{+\infty} w\left(\frac{u_N}{U}\right)\frac{du_N}{U} = \frac{1}{\sqrt{2\pi}\,\frac{U_{N\mathrm{eff}}}{U}}\int_{-\infty}^{+\infty} \mathrm{e}^{-\frac{u_N^2}{2U_{N\mathrm{eff}}^2}}\,\frac{du_N}{U} = 1. \tag{9.51}$$

Es gilt ferner

$$\int_{-\infty}^{+\infty} u_N^2\, w\left(\frac{u_N}{U}\right)\frac{du_N}{U} = \frac{1}{\sqrt{2\pi}\,\frac{U_{N\mathrm{eff}}}{U}}\int_{-\infty}^{+\infty} u_N^2\,\mathrm{e}^{-\frac{u_N^2}{2U_{N\mathrm{eff}}^2}}\,\frac{du_N}{U} = U_{N\mathrm{eff}}^2. \tag{9.52}$$

Die Entropie des Störsignals ergibt sich nun mit Gl. (9.43) zu

$$\begin{aligned} H\left(\frac{u_N}{U}\right) &= \int_{-\infty}^{+\infty} w\left(\frac{u_N}{U}\right)\mathrm{ld}\,\frac{1}{w\left(\frac{u_N}{U}\right)}\,\frac{du_N}{U} \\ &= \frac{1}{\sqrt{2\pi}\,\frac{U_{N\mathrm{eff}}}{U}}\int_{-\infty}^{+\infty} \mathrm{e}^{-\frac{u_N^2}{2U_{N\mathrm{eff}}^2}}\,\mathrm{ld}\left(\sqrt{2\pi}\,\frac{U_{N\mathrm{eff}}}{U}\,\mathrm{e}^{+\frac{u_N^2}{2U_{N\mathrm{eff}}^2}}\right)\frac{du_N}{U}. \end{aligned} \tag{9.53}$$

Mit $\mathrm{ld}\,x = \ln x \cdot \mathrm{ld}\,\mathrm{e}$ und $\ln \mathrm{e} = 1$ wird daraus

$$\begin{aligned} H\left(\frac{u_N}{U}\right) &= \mathrm{ld}\left(\sqrt{2\pi}\,\frac{U_{N\mathrm{eff}}}{U}\right)\underbrace{\frac{1}{\sqrt{2\pi}\,\frac{U_{N\mathrm{eff}}}{U}}\int_{-\infty}^{+\infty} \mathrm{e}^{-\frac{u_N^2}{2U_{N\mathrm{eff}}^2}}\,\frac{du_N}{U}}_{=1 \text{ nach Gl. (9.51)}} + \\ &+ \frac{\mathrm{ld}\,e}{2U_{N\mathrm{eff}}^2}\underbrace{\frac{1}{\sqrt{2\pi}\,\frac{U_{N\mathrm{eff}}}{U}}\int_{-\infty}^{+\infty} u_N^2\,\mathrm{e}^{-\frac{u_N^2}{2U_{N\mathrm{eff}}^2}}\,\frac{du_N}{U}}_{=U_{N\mathrm{eff}}^2 \text{ nach Gl. (9.52)}} \\ &= \mathrm{ld}\left(\sqrt{2\pi}\,\frac{U_{N\mathrm{eff}}}{U}\right) + \frac{1}{2}\,\mathrm{ld}\,\mathrm{e} = \frac{1}{2}\,\mathrm{ld}\left(2\pi\,\mathrm{e}\,\frac{U_{N\mathrm{eff}}^2}{U^2}\right). \end{aligned} \tag{9.54}$$

Für eine gesendete Signalspannung $u_s$ mit einer GAUSS-Verteilung

$$w\left(\frac{u_S}{U}\right) = \frac{1}{\sqrt{2\pi}\,\frac{U_{S\,\mathrm{eff}}}{U}}\, \mathrm{e}^{-\frac{u_S^2}{2\,U_{S\,\mathrm{eff}}^2}} \tag{9.55}$$

ergibt sich in gleicher Weise die Entropie

$$H\left(\frac{u_S}{U}\right) = \frac{1}{2}\,\mathrm{ld}\left(2\pi\,\mathrm{e}\,\frac{U_{S\,\mathrm{eff}}^2}{U^2}\right). \tag{9.56}$$

Mit den Voraussetzungen für Gl. (9.49), daß Stör- und Nutzsignal statistisch voneinander unabhängig sind und das Ausgangssignal $y$ gleich der Summe der Leistungen von Störsignal $u_N$ und gesendetem Signal $u_S$ ist, gilt

$$H(y) = H\left(\frac{\sqrt{u_S^2 + u_N^2}}{U}\right) = \frac{1}{2}\,\mathrm{ld}\left(2\pi\,\mathrm{e}\,\frac{U_{S\,\mathrm{eff}}^2 + U_{N\,\mathrm{eff}}^2}{U^2}\right), \tag{9.57}$$

$$H(n) = H\left(\frac{u_N}{U}\right) = \frac{1}{2}\,\mathrm{ld}\left(2\pi\,\mathrm{e}\,\frac{U_{N\,\mathrm{eff}}^2}{U^2}\right). \tag{9.58}$$

Damit ist die Transinformation nach Gl. (9.49)

$$T = H(y) - H(n) = \frac{1}{2}\,\mathrm{ld}\left(\frac{U_{S\,\mathrm{eff}}^2 + U_{N\,\mathrm{eff}}^2}{U_{N\,\mathrm{eff}}^2}\right) = \frac{1}{2}\,\mathrm{ld}\left(\frac{P_S + P_N}{P_N}\right). \tag{9.59}$$

$P_S$ ist die Signalleistung, $P_N$ ist die Störleistung. Die Bezugsspannung $U$, deren Größe den Maßstab bestimmt, spielt, wie zu erwarten war, bei der Berechnung der Transinformation keine Rolle.

Der Transinformationsfluß $T'$ berechnet sich unter Voraussetzung bandbegrenzter Signale mit Gl. (9.47) und Gl. (9.59) zu

$$T' = f_{\max}\,\mathrm{ld}\left(\frac{P_S + P_N}{P_N}\right). \tag{9.60}$$

Da für die Herleitung von Gl. (9.60) Signale mit GAUSSschen Verteilungskurven vorausgesetzt wurden, ist der berechnete Transinformationsfluß bei gegebener Störleistung $P_N$ und maximal übertragbarer Leistung $P_S = P_{S\max}$ zugleich auch der maximal mögliche Transinformationsfluß $T'_{\max}$, der über einen Kanal mit einer oberen Grenzfrequenz $f_{\max}$ geleitet werden kann [vgl. Text vor Gl. (9.44)]. Damit hat ein solcher Kanal nach Gl. (9.40) die Kanalkapazität

$$C = T'_{\max} = f_{\max}\,\mathrm{ld}\left(\frac{P_S + P_N}{P_N}\right). \tag{9.61}$$

Bisher wurde vorausgesetzt, daß das Spektrum der Zeitfunktion $n(t)$ — bzw. $x(t)$ — sich von der Frequenz Null bis zu einer oberen Grenze $f_{\max}$ erstreckt, d. h., daß die Bandbreite $B = f_{\max}$ ist. Diese Voraussetzung wurde insbesondere auch bei der Herleitung des Abtasttheorems in Teil II, Abschn. 7.6.1, gemacht.

Ist die Zeitfunktion $u(t)$ auf die Bandbreite $B$ begrenzt, wobei das Frequenzband aber im Bereich höherer Frequenzen liegt, also die Frequenz Null nicht enthält, dann gilt ein *Abtasttheorem 2. Art.* Dieses besagt, daß die Zeitfunktion $u(t)$, welche die Bandbreite $B$ hat und als höchste Frequenzkomponente die Frequenz $f_{\max}$ enthält, eindeutig durch einzelne Funktionswerte im Abstand $m/2f_{\max}$ bestimmt ist. Dabei ist $m$ die größte ganze Zahl, die $f_{\max}/B$ nicht überschreitet. Der größte Abstand ergibt sich, wenn $f_{\max}$ ein ganzzahliges Vielfaches von $B$ ist. Dann beträgt der maximale

Abstand $1/2B$.

$$T_A \leqq \frac{\left[\frac{f_{\max}}{B}\right] - 1}{2 f_{\max}} \Rightarrow \frac{1}{2B}. \tag{9.62}$$

Die eckige Klammer bedeutet wie bei Gl. (8.4) die nächsthöhere ganze Zahl. Der Beweis dieses Theorems ist umständlich und wird darum hier nicht gebracht.

Für bandbegrenzte und gestörte Kanäle mit der Bandbreite $B$ und der Störleistung $P_N$ sowie der maximal übertragbaren Signalleistung $P_S$ gilt

$$C = T'_{\max} = B \operatorname{ld}\left(\frac{P_S + P_N}{P_N}\right). \tag{9.63}$$

Gl. (9.63) stellt eines der wichtigsten Ergebnisse der Informationstheorie dar. Dieser theoretische Maximalwert kann praktisch nur durch sehr komplizierte Sende- und Empfangssysteme asymptotisch erreicht werden.

Im Normalfall ist $P_S \gg P_N$, so daß $(P_S + P_N)/P_N \approx P_S/P_N$. Dieses Verhältnis (= Störabstand) wird zweckmäßigerweise in Dezibel (db) angegeben, d. h., es wird

Tabelle 9.8

| Kanal | Bandbreite $B$ | Störabstand $P_S/P_N$ db | Kanalkapazität $C$ bit/s |
|---|---|---|---|
| Telegraphiekanal (10 Zeichen je Sekunde) . | 40 Hz | 6 | 80 |
| Fernsprechkanal . . . . . . . . . . . | 3,1 kHz | 50 | 50000 |
| Rundfunk-Mittelwelle . . . . . . . . . . | 6 kHz | 70 | 140000 |
| Rundfunk-UKW . . . . . . . . . . . | 15 kHz | 70 | 350000 |
| Fernsehkanal . . . . . . . . . . . . . | 5 MHz | 45 | $75 \cdot 10^6$ |

$10 \lg(P_S/P_N)$ gebildet. Dazu muß der dyadische Logarithmus in Gl. (9.63) in den dekadischen umgerechnet werden. Mit Gl. (9.4) ergibt sich folgende einfache Beziehung

$$\frac{C}{\text{bit/s}} \approx \frac{1}{3} \frac{B}{\text{Hz}} \frac{P_S/P_N}{\text{db}}. \tag{9.63a}$$

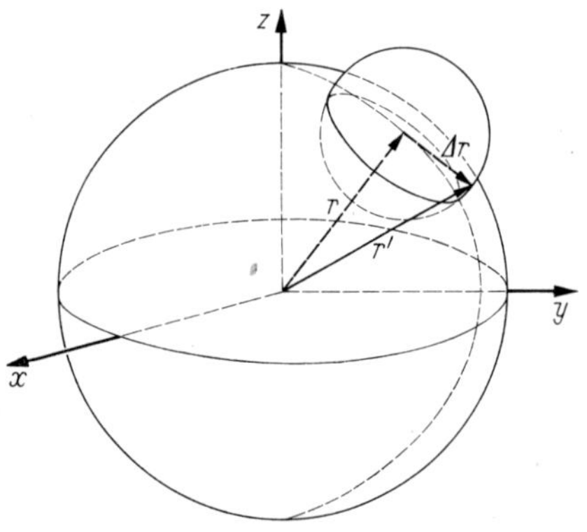


Abb. 9.11. Zur geometrischen Herleitung der Formel für die Kanalkapazität [Gl. (9.61)]

In Tab. 9.8 sind die Kanalkapazitäten einiger elektrischer Übertragungskanäle nach Gleichung (9.63) zusammengestellt.

Gl. (9.61) ist von SHANNON auch auf geometrische Art hergeleitet worden. Diese Herleitung ging dabei folgenden Weg: Die bei einem bandbegrenzten Signal in der Zeit $T$ erforderlichen $N = 2BT$ Abtastwerte werden als Komponenten eines Vektors in einem $N$-dimensionalen Raum aufgefaßt. Die Leistung bestimmt die Länge der Vektoren. Die Endpunkte aller Vektoren gleicher Leistung liegen auf einer $N$-dimensionalen Kugel um den Koordinatenursprung, wenn man in den Ursprung die Anfangspunkte der Vektoren legt. Abb. 9.11 zeigt den dreidimensionalen Fall. Wenn bei der Übertragung der Information Störungen auftreten, dann heißt das, daß zu jedem Informationsvektor vom Betrag $r = \sqrt{2BTP_S}$ ein Störvektor vom Betrag $\Delta r = \sqrt{2BTP_N}$ addiert wird. Die Frage, wieviel Kugeln mit dem Radius $\Delta r$ auf der Oberfläche der Kugel mit dem Radius $r$ maximal untergebracht werden können, führt auch auf Gl. (9.61).

Zur Veranschaulichung von Gl. (9.61) diene noch folgendes vereinfachende Beispiel. Betrachtet werden drei Kanäle gleicher Kapazität $C$, aber unterschiedlicher Bandbreite (maximal übertragbarer Frequenz):

$$C = f_{\max} \operatorname{ld}\left(\frac{P_S + P_N}{P_N}\right),$$

$$= \frac{1}{2} f_{\max} \operatorname{ld}\left(\frac{P_S + P_N}{P_N}\right)^2,$$

$$= \frac{1}{3} f_{\max} \operatorname{ld}\left(\frac{P_S + P_N}{P_N}\right)^3.$$

In Abb. 9.12 seien in Kanal 1 Telegraphiezeichen in normaler Bandbreite ($1 f_{\max}$) angenommen. Die Bandbreite wird durch die kürzestmögliche Impulsdauer $\Delta t$ bestimmt. Impulse seien durch 1, keine Impulse durch 0 gekennzeichnet. (Der Einfachheit halber sind die Impulse rechteckig gezeichnet. In Wirklichkeit hat man sich hierfür abgerundete Impulse zu denken, wobei deren Form durch die Bandbreite bestimmt ist.

Will man nur mit der halben Bandbreite — entsprechend $2\Delta t$ (Kanal 2) — auskommen, so muß man die doppelte Dynamik (logarithmisch) zur Verfügung haben. Die einzelnen Ordinatenstufen der Dauer $2\Delta t$ geben dann in codierter Form die

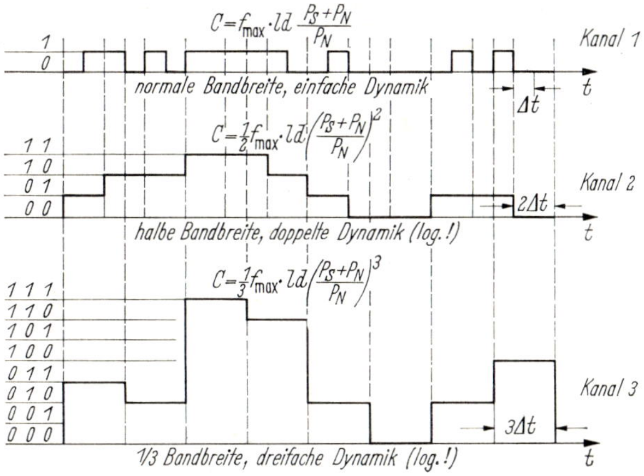


Abb. 9.12. Vereinfachende Veranschaulichung der Aussage der SHANNONschen Formel für die Kanalkapazität

Änderung bzw. die Impulsfolge des Signals normaler Bandbreite für den Zeitraum $2\Delta t$ an. Für ein Signal mit einem Drittel der Bandbreite (Kanal 3) gelten die Ausführungen sinngemäß, man braucht dort die $2^3 = 8$fache Dynamik.

## 9.4 Informationstheoretische Beurteilung einiger Modulationsverfahren

Die SHANNONsche Formel gibt die Kanalkapazität $C$ bzw. die obere Grenze des möglichen Transinformationsflusses $T'_{\max}$ bei gegebener Bandbreite $B$ und gegebenem Störabstand $P_S/P_N$ an. Da derselbe Wert $T'_{\max}$ sich durch verschiedene Wertepaare von $B$ und $P_S/P_N$ ergeben kann, kennzeichnet die SHANNONsche Formel zugleich die theoretische Grenze für den Austausch von Bandbreite $B$ und Störabstand $P_S/P_N$. Sie kann damit auch zur Beurteilung von Modulationsverfahren herangezogen werden, denn nach Teil II, Abschn. 7, kann bei manchen Modulationsverfahren der Störabstand auf Kosten erhöhter Bandbreite verbessert werden.

Die folgenden Überlegungen gehen von Abb. 9.13 aus. Über einen Übertragungskanal gelangt ein moduliertes Signal der Bandbreite $B_{\mathrm{HF}}$ und dem Störabstand $\left(\frac{P_S}{P_N}\right)_{\mathrm{HF}}$ an einen idealen Demodulator, der keinen Informationsverlust und keine zusätzlichen Störungen bringt. Der Transinformationsfluß, der in den Demodulator

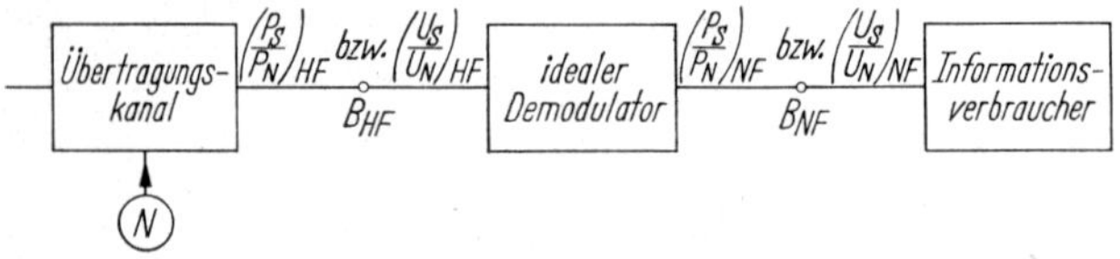


Abb. 9.13. Zur informationstheoretischen Beurteilung von Modulationsverfahren

auf der HF-Seite hineingeht, muß auf der NF-Ausgangsseite vollständig wieder herauskommen. Es ist daher

$$B_{\mathrm{HF}}\,\mathrm{ld}\left(1+\frac{P_S}{P_N}\right)_{\mathrm{HF}} = B_{\mathrm{NF}}\,\mathrm{ld}\left(1+\frac{P_S}{P_N}\right)_{\mathrm{NF}}. \tag{9.64}$$

$B_{\mathrm{NF}}$ ist die Bandbreite und $\left(\frac{P_S}{P_N}\right)_{\mathrm{NF}}$ der Störabstand der empfangenen (im allgemeinen niederfrequenten) Zeichenschwingung. Im Fall geringer Störungen $\left(\frac{P_S}{P_N}\right)_{\mathrm{HF}} \gg 1$ und $\left(\frac{P_S}{P_N}\right)_{\mathrm{NF}} \gg 1$ gilt näherungsweise

$$\left(\frac{P_S}{P_N}\right)_{\mathrm{NF}} \approx \left(\frac{P_S}{P_N}\right)_{\mathrm{HF}}^{\left(\frac{B_{\mathrm{HF}}}{B_{\mathrm{NF}}}\right)}. \tag{9.65}$$

Gl. (9.64) bzw. Gl. (9.65) kennzeichnet die theoretische Grenze für den Austausch von Bandbreite und Störabstand. An Gl. (9.65) ist z. B. deutlich zu erkennen, daß der Störabstand der empfangenen Zeichenschwingung $(P_S/P_N)_{\mathrm{NF}}$ vergrößert werden kann durch Erhöhung der Bandbreite $B_{\mathrm{HF}}$ des Übertragungskanals, wenn der Störabstand auf dem Kanal $(P_S/P_N)_{\mathrm{HF}}$ als fest und unveränderlich angesehen wird. In den folgenden Betrachtungen wird stets der Fall eines großen Störabstandes vorausgesetzt.

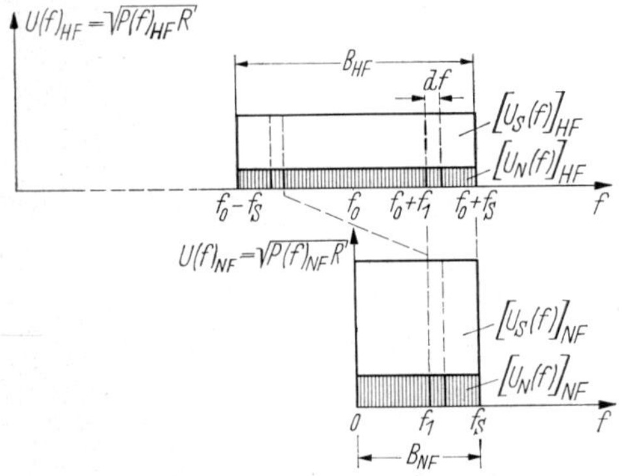


Abb. 9.14. Ideale Demodulation von ZSB-AM mit unterdrücktem Träger

Als erstes soll ein System mit Zweiseitenband-Amplitudenmodulation und unterdrücktem Träger betrachtet werden. Abb. 9.14 zeigt oben das Spektrum am Kanalausgang, unten das Spektrum am Demodulatorausgang. Die schraffierte Fläche kennzeichnet den Störanteil, die nicht schraffierte den Signalanteil. Für die Bandbreiten gilt

$$2B_{\mathrm{NF}} = B_{\mathrm{HF}}. \tag{9.66}$$

Bei der Demodulation addieren sich die zusammengehörenden Signalleistungsanteile des oberen und unteren Seitenbandes kohärent, d. h. phasenrichtig. So gilt z. B. für die Streifen der Breite $df$ bei der Frequenz $f_0 + f_1$ bzw. $f_0 - f_1$ ($f_0$ = Trägerfrequenz) folgende kohärente Addition (Spannungsaddition)

$$(U_S)_{\mathrm{NF}}\,df = (U_S)_{\mathrm{HF}}\,df + (U_S)_{\mathrm{HF}}\,df = 2(U_S)_{\mathrm{HF}}\,df$$

oder

$$(dP_S)_{\mathrm{NF}} = 4(dP_S)_{\mathrm{HF}}. \tag{9.67}$$

Die Störanteile addieren sich hingegen nicht kohärent, sondern leistungsmäßig, d. h.,

$$(dP_N)_{\mathrm{NF}} = (dP_N)_{\mathrm{HF}} + (dP_N)_{\mathrm{HF}} = 2(dP_N)_{\mathrm{HF}}. \tag{9.68}$$

Für das Integral über die gesamte Bandbreite gilt Entsprechendes. Folglich ist

$$\left(\frac{P_S}{P_N}\right)_{\mathrm{NF}} = 2\left(\frac{P_S}{P_N}\right)_{\mathrm{HF}}. \tag{9.69}$$

Der Störabstand bei ZSB-AM mit unterdrücktem Träger wird bei der Demodulation um den Faktor 2 verbessert und die Bandbreite nach Gl. (9.66) halbiert. Nach Gl. (9.65) wäre hingegen bei Halbierung der Bandbreite folgendes bedeutend größeres NF-Störverhältnis theoretisch erreichbar.

$$\left(\frac{P_S}{P_N}\right)_{\mathrm{NF}} = \left(\frac{P_S}{P_N}\right)^2_{\mathrm{HF}}. \tag{9.70}$$

Gl. (9.70) ist wegen der Näherungen in Gl. (9.65) nur für große Störabstände gültig. Ein Vergleich von Gl. (9.70) und Gl. (9.69) zeigt, daß das Verfahren der ZSB-AM mit unterdrücktem Träger einen schlechteren NF-Störabstand liefert, als theoretisch durch ein anderes Verfahren bei Halbierung der Bandbreite erreichbar sein müßte. Bei ZSB-AM mit Träger liegen die Verhältnisse noch ungünstiger, da in diesem Fall durch den zulässigen Maximalwert $P_S$ die Seitenbandamplituden relativ kleiner gemacht werden müssen. Bei allen Amplitudenmodulationsverfahren liegt überdies die HF-Bandbreite $B_{\mathrm{HF}}$ bei gegebener NF-Bandbreite $B_{\mathrm{NF}}$ fest. Ein variabler Austausch von Bandbreite und Störabstand ist hier also nicht möglich.

Im Gegensatz zur Amplitudenmodulation bietet die Frequenzmodulation die Möglichkeit, die HF-Bandbreite $B_{\mathrm{HF}}$ durch Änderung des Modulationshubes auch bei fester NF-Bandbreite fast beliebig zu verändern und damit auch den NF-Störabstand nach der Demodulation zu beeinflussen. Dies war bereits in Abschn. 7.5 festgestellt worden. Hier soll jetzt untersucht werden, inwieweit bei FM der mögliche Austausch von Bandbreite und Störabstand der idealen theoretischen Möglichkeit von Gl. (9.65) entspricht. In Teil II, Gl. (7.126), ergab sich als Zusammenhang der HF- und NF-Störverhältnisse

$$\frac{\left(\frac{U_S}{U_N}\right)_{\mathrm{NF}}}{\left(\frac{U_S}{U_N}\right)_{\mathrm{HF}}} = \sqrt{3}\left(\frac{\Delta F_S}{f_S}\right)^{3/2} = \sqrt{3}\,\eta_{\min}^{3/2}.$$

Bezieht man sich nicht auf das Spannungs-, sondern auf das Leistungsverhältnis, dann folgt durch Quadrierung

$$\frac{\left(\frac{P_S}{P_N}\right)_{\mathrm{NF}}}{\left(\frac{P_S}{P_N}\right)_{\mathrm{HF}}} = 3\left(\frac{\Delta F_S}{f_S}\right)^3 = 3\eta_{\min}^3. \tag{9.71}$$

$f_S$ ist die maximale Frequenz der NF-Zeichenschwingung. Es kann also $f_S = B_{\mathrm{NF}}$ gesetzt werden (vgl. Abb. 9.14 und Abb. 7.52).
$\Delta F_S$ ist der Frequenzhub.

Bei Breitband-FM, d. h. für einen Modulationsindex $\eta_{\min} > 1$, gilt nach Tab. 7.7 in Teil II, daß im FM-Spektrum $(\eta_{\min} + 1)$ Seitenschwingungen oberhalb und unterhalb der Mittenfrequenz zu berücksichtigen sind. Die HF-Bandbreite einer FM-Schwingung ist also für $\eta_{\min} > 1$

$$B_{\mathrm{HF}} \approx 2(\eta_{\min} + 1)\,B_{\mathrm{NF}} = 2(\Delta F_S + B_{\mathrm{NF}}). \tag{9.72}$$

Gl. (9.72) in Gl. (9.65) eingeführt, ergibt die für diese Bandbreitenumsetzung mögliche theoretische Grenze für das erreichbare NF-Störverhältnis zu

$$\left(\frac{P_S}{P_N}\right)_{\mathrm{NF}} \approx \left(\frac{P_S}{P_N}\right)_{\mathrm{HF}}^{2\,(\eta_{\min}+1)}. \tag{9.73}$$

Demgegenüber ergibt sich bei der FM nach Gl. (9.71) lediglich

$$\left(\frac{P_S}{P_N}\right)_{\mathrm{NF}} = 3\,\eta_{\min}^3 \left(\frac{P_S}{P_N}\right)_{\mathrm{HF}}. \tag{9.74}$$

Zum Beispiel für $(P_S/P_N)_{\mathrm{HF}} = 10$ müßte mit $\eta_{\min} = 2$ ein NF-Störverhältnis von $(P_S/P_N)_{\mathrm{NF}} = 10^6$ möglich sein. Es ergibt sich aber mit Gl. (9.74) nur ein Wert $(P_S/P_N)_{\mathrm{NF}} = 240$. Wesentlich bessere Verhältnisse, die der theoretischen Grenze bereits relativ nahekommen, ergeben sich bei der Pulscodemodulation PCM. Für nähere Einzelheiten hierüber sei auf die Spezialliteratur verwiesen. Es zeigt sich, daß — wie bei der Codierung — der apparative Aufwand beträchtlich wächst, je mehr ein Modulationssystem dem idealen Verhalten nahekommt, welches sich aus der Informationstheorie her ergibt.

### Literatur

[1] Shannon, C. E.: A Mathematical Theory of Communication. BSTJ 27 (1948) 379—423, 623—656.
[2] Shannon, C. E., u. W. Weaver: The Mathematical Theory of Communication. Urbana: University Press 1949.
[3] Shannon, C. E.: Communication in the Presence of Noise. Proc. IRE 37 (1949) 10—21.
[4] Fey, P.: Informationstheorie. Berlin: Akademie-Verlag 1963.
[5] Fano, R. M.: The Transmission of Information. MIT-Report 65 (1949).
[6] Huffman, D. A.: A method for the construction of minimumredundancy codes. Proc. IRE 40 (1952).
[7] Zemanek, H.: Elementare Informationstheorie. Wien/München: Oldenbourg 1959.
[8] Küpfmüller, K.: Die Entropie der deutschen Sprache. FTZ (1954) 265.
[9] Piloty, R.: Über die Beurteilung der Modulationssysteme mit Hilfe des nachrichtentheoretischen Begriffes der Kanalkapazität. AEÜ 4 (1950) 493—508.
[10] Feinstein, A.: Foundations of Information Theory. New York: McGraw-Hill 1958.
[11] Hancock, J. C.: An Introduction to the Principles of Communication Theory. New York: McGJaw-Hill 1961.
[12] Ash, R. B.: Information Theory. New York/London/Sydney: Interscience Publishers, J. Wiley 1965.

# 10. Schaltalgebra und logische Schaltungen

## 10.1 Schaltalgebra

In digitalen nachrichtenverarbeitenden Systemen werden Nachrichten verschiedener Herkunft zu neuen Nachrichten verknüpft. Obwohl hierzu sehr einfach aufgebaute Grundschaltungen verwendet werden, ergeben sich bei größeren Systemen umfangreiche und unübersichtliche Schaltungen, die einer anschaulichen Betrachtungsweise kaum mehr zugänglich sind. Man verwendet deshalb eine symbolische Beschreibung, welche nur die Funktion einer Schaltung, nicht aber deren technische Ausführung kennzeichnet. Die zur abstrakten Beschreibung wichtigen Hilfsmittel wurden zuerst von Shannon entwickelt [1], der die von Boole aus der formalen Logik abgeleitete symbolische Logik durch Analogieschlüsse auf die Behandlung von Schaltkreisen übertrug und damit die sogenannte *Schaltalgebra* begründete. Schaltungen, deren Verhalten durch die Schaltalgebra beschrieben werden kann, nennt man *logische Schaltungen* und die Planung der Zusammenhänge zwischen solchen logischen Schaltungen *logischen Entwurf*.

Die Schaltalgebra dient 1. als Kurzschrift zur Beschreibung schaltungsmäßiger Verkopplungen digitaler Vorgänge und 2. als ein Rechenverfahren zum Finden von Schaltungen kleinsten Aufwandes (*Minimisierung*).

Logische Schaltungen lassen sich technisch am besten für binäre Signale (vgl. Teil I, Abb. 4.1) verwirklichen, d. h. für solche Signale, die nur zweier Wertstufen fähig sind (z. B. Impuls vorhanden oder Impuls nicht vorhanden). Darum hat man der Schaltalgebra eine spezielle BOOLEsche Algebra, nämlich die *zweiwertige Logik* zugrunde gelegt, die nur die binären Aussagen

*ja* oder *nein*

*wahr* oder *nicht wahr*

*richtig* oder *falsch*

kennt. Den beiden Zuständen ordnet man in der Schaltalgebra die Zeichen 0 und 1 (oder umgekehrt) zu. Gelegentlich wird statt 1 auch $L$ geschrieben. Im folgenden sei 1 der Aussage *ja* zugeordnet und 0 der Aussage *nein*.

Den Zustand eines Systems, das den Regeln der Schaltalgebra gehorcht, beschreibt man durch sogenannte *binäre Variablen.*

Es gilt dabei für jede binäre Variable $x$:

$$\text{Ist} \quad x \neq 0, \quad \text{so ist} \quad x = 1 \quad \text{und ist} \quad x \neq 1, \quad \text{so ist} \quad x = 0. \tag{10.1}$$

In der gewöhnlichen Algebra kann man im Gegensatz zur Schaltalgebra aus der Aussage $x \neq 0$ im allgemeinen nicht schließen, welchen Wert $x$ hat. Dies verdeutlicht die starken Einschränkungen, die in der Schaltalgebra gegeben sind.

Es sei $y$ eine abhängige binäre Variable (Ausgangsvariable), welche eine Funktion der unabhängigen binären Variablen (Eingangsvariablen) $x_1, x_2 \ldots x_n$ ist

$$y = F(x_1; x_2; \ldots x_i; \ldots x_n). \tag{10.2}$$

Da jede der unabhängigen Variablen $x_1$ bis $x_n$ nur den Wert 0 oder 1 annehmen kann, gibt es bei einer endlichen Anzahl $n$ von Variablen $x_i$ auch nur endlich viele Kombinationen von Einsen und Nullen. Damit können also nur endlich viele verschiedene Funktionen gebildet werden. Diese können dargestellt werden durch eine Funktionstabelle, in der festgestellt wird, welchen Wert (0 oder 1) die abhängige Variable $y$ haben soll, wenn die unabhängigen Variablen $x_i$ sämtliche möglichen Kombinationen von 0 und 1 nacheinander annehmen. Die Funktionen können aber auch durch einen analytischen Formelausdruck dargestellt werden, in der die einzelnen Variablen durch bestimmte noch näher zu erläuternde Verknüpfungsoperatoren miteinander verbunden sind.

### 10.1.1 Grundverknüpfungen

Die BOOLEsche Algebra geht üblicherweise von folgenden drei Grundoperationen aus

1. Negation
2. Disjunktion
3. Konjunktion.

*Negation*

Die Negation ist eine Funktion einer einzigen Variablen. Hat die Variable den Wert Eins, dann ist die negierte Variable Null und umgekehrt. Dieser Zusammenhang ist in der Funktionstabelle, Tab. 10.1, dargestellt.

Formelmäßig wird die Negation durch einen Querstrich über die zu negierende Variable ausgedrückt.

Tabelle 10.1

| $x$ | $y$ |
|---|---|
| 0 | 1 |
| 1 | 0 |

$$y = \bar{x}. \qquad (10.3)$$

In Worten ausgesprochen wird Gl. (10.3) als *y gleich x nicht.* Spezielle Fälle sind: $\bar{0} = 1$; $\bar{1} = 0$. Eine mehrfache Anwendung der Negation ergibt $\bar{\bar{x}} = x$; $\bar{\bar{\bar{x}}} = \bar{x}$.

*Disjunktion*

Die Disjunktion wird zunächst für den Fall zweier unabhängiger Variabler $x_1$ und $x_2$ anhand der folgenden Funktionstabelle, Tab. 10.2, erklärt.

Tab. 10.2 sagt aus, daß $y = 1$ ist, wenn $x_1$ *oder* $x_2$ gleich 1 ist, *oder* wenn beide $x_1$ und $x_2$ gleich 1 sind (sogenanntes inklusives *oder*, auch *vel* genannt). Nur wenn zugleich $x_1$ und $x_2$ gleich 0 sind, ist auch $y = 0$. Dieser Sachverhalt wird formelmäßig durch das Operationszeichen $\vee$ ausgedrückt:

Tabelle 10.2

| $x_1$ | $x_2$ | $y$ |
|---|---|---|
| 0 | 0 | 0 |
| 0 | 1 | 1 |
| 1 | 0 | 1 |
| 1 | 1 | 1 |

$$y = x_1 \vee x_2. \qquad (10.4)$$

Es gelten folgende Spezialfälle:

$$x \vee 1 = 1; \qquad x \vee x = x,$$

$$x \vee 0 = x; \qquad x \vee \bar{x} = 1.$$

Aus der Funktionstabelle ergibt sich die Gültigkeit des kommutativen Gesetzes:

$$x_1 \vee x_2 = x_2 \vee x_1. \qquad (10.5)$$

Es wird nun der Fall betrachtet, daß nicht zwei, sondern drei Variable disjunktiv miteinander verknüpft werden

$$y = x_1 \vee x_2 \vee x_3. \qquad (10.6)$$

Hier substituiert man

$$z = x_2 \vee x_3. \qquad (10.7)$$

Dadurch erhält man aus Gl. (10.6)

$$y = x_1 \vee z. \qquad (10.8)$$

In Gl. (10.8) wird wie in Tab. 10.2 bzw. in Gl. (10.4) nur dann $y = 0$, wenn zugleich $x_1$ und $z$ gleich 0 sind. In allen übrigen Fällen ist $y = 1$. Andererseits wird aber mit Gl. (10.7) nur dann $z = 0$, wenn zugleich $x_2$ und $x_3$ gleich 0 sind.

Diese Überlegung läßt sich für beliebig viele Variable fortsetzen. Man erkennt hieraus unmittelbar für die Disjunktion $n$ unabhängiger Variabler

$$\left.\begin{aligned} y &= x_1 \vee x_2 \vee x_3 \ldots \vee x_n \\ &= 0 \text{ falls alle } x_i = 0 \\ &= 1 \text{ in allen übrigen Fällen.} \end{aligned}\right\} \qquad (10.9)$$

Kommen in einer Funktion $n$ binäre Variable vor, dann bezeichnet man einen Ausdruck nach Gl. (10.6), in dem alle Variable disjunktiv miteinander verknüpft sind, als *Volldisjunktion* oder auch als *Maxterm.* Der Sinn dieser Bezeichnungsweise wird sich später in Abschn. 10.1.3 ergeben.

Für die Disjunktion mehrerer Variabler gilt das assoziative Gesetz, wie man durch Einsetzen verifizieren kann.

$$x_1 \vee (x_2 \vee x_3) = (x_1 \vee x_2) \vee x_3. \qquad (10.9a)$$

(Klammern haben in der Schaltalgebra die gleiche Bedeutung wie in der gewöhnlichen Algebra, d. h., die in Klammern stehenden Operationen müssen zuerst ausgeführt werden.)

*Konjunktion*

Auch die Konjunktion sei zunächst für den Fall zweier binärer Variabler $x_1$ und $x_2$ anhand einer Funktionstabelle, Tab. 10.3, beschrieben.

Tab. 10.3 für die Konjunktion sagt aus, daß nur dann $y = 1$ ist, wenn $x_1$ *und* $x_2$ gleich 1 sind. In allen anderen Fällen ist $y = 0$. Dieser Sachverhalt wird formelmäßig oft durch das unhandliche Zeichen „&“ ausgedrückt. In diesem Buch wird aber der Einfachheit halber der Punkt „·“ als Operationszeichen für die Konjunktion verwendet. Wenn ein Irrtum ausgeschlossen ist, wird der Punkt auch weggelassen.

$$y = x_1 \cdot x_2 = x_1 x_2. \tag{10.10}$$

Speziell gilt:

$$x \cdot 0 = 0; \quad x \cdot x = x,$$

$$x \cdot 1 = x; \quad x \cdot \bar{x} = 0.$$

Ferner gilt wieder das kommutative Gesetz

$$x_1 \cdot x_2 = x_2 \cdot x_1. \tag{10.11}$$

Tabelle 10.3

| $x_1$ | $x_2$ | $y$ |
|---|---|---|
| 0 | 0 | 0 |
| 0 | 1 | 0 |
| 1 | 0 | 0 |
| 1 | 1 | 1 |

Durch eine formal gleichartige Überlegung, wie sie bei der Disjunktion mehrerer Variabler angestellt wurde, ergibt sich für die Konjunktion mehrerer ($n$) Variabler

$$\left.\begin{aligned} y &= x_1 \cdot x_2 \cdot x_3 \ldots x_i \ldots x_n \\ &= 1 \text{ falls alle } x_i = 1 \text{ sind} \\ &= 0 \text{ in allen übrigen Fällen.} \end{aligned}\right\} \tag{10.12}$$

Die Konjunktion aller Variabler entsprechend Gl. (10.12) bezeichnet man als *Vollkonjunktion* oder *Minterm*. Die Bezeichnung Minterm hat ebenso wie die Bezeichnung Maxterm eine anschauliche Bedeutung, welche in Abschn. 10.1.3 noch näher erläutert wird.

Auch für die Konjunktion gilt das assoziative Gesetz:

$$x_1 \cdot (x_2 \cdot x_3) = (x_1 \cdot x_2) \cdot x_3. \tag{10.13}$$

An dieser Stelle sei nochmals vermerkt, daß in der Literatur häufig andersartige Symbole für die einzelnen Verknüpfungsoperatoren verwendet werden. Eine Liste der verschiedenen Symbole folgt im Abschn. 10.1.5, wo noch andere Verknüpfungsarten erläutert werden.

### 10.1.2 Vollständige Beschreibbarkeit, Normalformen

Mit den Grundverknüpfungen Konjunktion, Disjunktion und Negation kann jede widerspruchsfreie Funktion endlich vieler binärer Variabler beschrieben werden. Um das einzusehen, sei eine Funktion mit $n$ Variablen $x_1; x_2; \ldots x_n$ betrachtet. Diese $n$ Variablen können je die Werte 0 und 1 annehmen, d. h., es können $2^n$ Fälle auftreten. Für jeden dieser $2^n$ Fälle kann $y$ entweder 0 oder 1 sein. Eine jede Funktion mit $n$ binären Variablen muß sich also in einer Funktionstabelle darstellen lassen. Als Beispiel ist in Tab. 10.4 ein willkürlicher Fall für $n = 3$ gewählt.

In jeder der $2^n = 8$ Zeilen von Tab. 10.4 tritt jede unabhängige Variable $x_i$ (mit einem speziellen Wert 0 oder 1) auf. Der Inhalt jeder Zeile läßt sich also durch Minterme der Form

$$m_j = x_1' \cdot x_2' \cdot x_3' \tag{10.14}$$

darstellen, wobei $x_i'$ entweder $x_i$ oder $\bar{x}_i$ bedeutet. Für jede Zeile soll der betreffende Minterm $m_j$ den Wert (0 oder 1) annehmen, den die abhängige Variable $y$ dort annimmt. Ein Minterm läßt sich aber nach Gl. (10.12) nur für solche Zeilen in eindeutiger Weise aufstellen, für welche $y = 1$ ist. Man erreicht dies für diese Zeilen mit $y = 1$ in der Weise, daß $x_i' = x_i$ gesetzt wird, wenn $x_i = 1$ ist, und $x_i' = \bar{x}_i$ gesetzt wird, wenn $x_i = 0$ ist. Für die Minterme $m_3$, $m_4$ und $m_5$ in Tab. 10.4 gilt also

$$\left.\begin{aligned} m_3 &= \bar{x}_1 \cdot x_2 \cdot \bar{x}_3 , \\ m_4 &= \bar{x}_1 \cdot x_2 \cdot x_3 , \\ m_5 &= x_1 \cdot \bar{x}_2 \cdot \bar{x}_3 . \end{aligned}\right\} \tag{10.15}$$

Für die Zeilen mit $y = 0$ gibt es verschiedene Möglichkeiten zur Aufstellung eines Minterms. Zur Darstellung des gesamten Sachverhaltes von Tab. 10.4 kann man aber auf die Zeilen mit $y = 0$ verzichten. Es genügt, wenn nur die Zeilen mit $y = 1$ betrachtet werden, weil wegen des binären Charakters in allen übrigen Fällen automatisch $y = 0$ sein muß. Die Aussage von Tab. 10.4 wird also vollständig durch folgende Beziehung wiedergegeben

$$\begin{aligned} y &= m_3 \vee m_4 \vee m_5 \\ &= (\bar{x}_1 \cdot x_2 \cdot \bar{x}_3) \vee (\bar{x}_1 \cdot x_2 \cdot x_3) \vee (x_1 \cdot \bar{x}_2 \cdot \bar{x}_3) . \end{aligned} \tag{10.16}$$

Dieser Schematismus läßt sich ohne weiteres auch für Funktionen mit $n$ Variablen $x_1; x_2; \dots x_n$ anwenden. Man greift dazu wieder aus der Funktionstabelle die Zeilen heraus, für die $y = 1$ ist. Für diese Zeilen wird der entsprechende Minterm gebildet. Die disjunktive Verknüpfung dieser Minterme bilden die Funktion $y = F(x_1, x_2, \dots x_n)$. Die auf diese Weise gebildete Form der Funktion bezeichnet man als *disjunktive Normalform.* Jede widerspruchsfreie Funktion endlich vieler binärer Variabler läßt sich damit als disjunktive Normalform darstellen, welche nur die Grundverknüpfungen Konjunktion Disjunktion und Negation enthält.

Tabelle 10.4 *Beispiel für die Darstellung einer Funktion dreier binärer Variabler durch eine Funktionstabelle* (*m = Minterm, M = Maxterm*)

| $x_1$ | $x_2$ | $x_3$ | $y$ |
|---|---|---|---|
| 0 | 0 | 0 | $0 = m_1 = M_1$ |
| 0 | 0 | 1 | $0 = m_2 = M_2$ |
| 0 | 1 | 0 | $1 = m_3 = M_3$ |
| 0 | 1 | 1 | $1 = m_4 = M_4$ |
| 1 | 0 | 0 | $1 = m_5 = M_5$ |
| 1 | 0 | 1 | $0 = m_6 = M_6$ |
| 1 | 1 | 0 | $0 = m_7 = M_7$ |
| 1 | 1 | 1 | $0 = m_8 = M_8$ |

Eine andere wichtige Darstellungsart einer Funktion endlich vieler binärer Variabler ist die *konjunktive Normalform.* Hierzu geht man von den Maxtermen

$$M_k = x_1' \vee x_2' \vee x_3' \tag{10.17}$$

aus. In der Funktionstabelle (z. B. Tab. 10.4) soll in jeder Zeile der betreffende Maxterm $M_k$ wieder den Wert (0 oder 1) haben, den die unabhängige Variable $y$ dort hat. Nun läßt sich nach Gl. (10.9) ein Maxterm nur für solche Zeilen in eindeutiger Weise aufstellen, für welche $y = 0$ ist. Das erreicht man, indem man $x_i' = x_i$ setzt, wenn $x_i = 0$ ist und $x_i' = \bar{x}_i$ setzt, wenn $x_i = 1$ ist. Für die Maxterme $M_1$; $M_2$; $M_6$; $M_7$ und $M_8$ in Tab. 10.4 gilt also

$$\left.\begin{aligned} M_1 &= x_1 \vee x_2 \vee x_3 , \\ M_2 &= x_1 \vee x_2 \vee \bar{x}_3 , \\ M_6 &= \bar{x}_1 \vee x_2 \vee \bar{x}_3 , \\ M_7 &= \bar{x}_1 \vee \bar{x}_2 \vee x_3 , \\ M_8 &= \bar{x}_1 \vee \bar{x}_2 \vee \bar{x}_3 . \end{aligned}\right\} \tag{10.18}$$

Der gesamte Sachverhalt von Tab. 10.4 wird vollständig erfaßt, wenn nur die Zeilen mit $y = 0$ betrachtet werden. Das sind also in diesem Fall die Maxterme von

Gl. (10.18). Diese Maxterme, konjunktiv verknüpft, ergeben die Funktion $y$.

$$y = M_1 \cdot M_2 \cdot M_6 \cdot M_7 \cdot M_8$$

$$= (x_1 \vee x_2 \vee x_3) \cdot (x_1 \vee x_2 \vee \bar{x}_3) \cdot (\bar{x}_1 \vee x_2 \vee \bar{x}_3) \cdot (\bar{x}_1 \vee \bar{x}_2 \vee x_3) \cdot (\bar{x}_1 \vee \bar{x}_2 \vee \bar{x}_3). \quad (10.19)$$

In Gl. (10.19) wird $y = 0$, wenn wenigstens ein Maxterm $M_k = 0$ ist. Es kann nur dann $y = 1$ sein, wenn keiner der Maxterme zu Null wird. Ein beliebiger Maxterm $M_k$ in Gl. (10.19) wird aber nur dann zu Null, wenn alle $x_i = 0$ (bzw. $\bar{x}_i = 1$) sind. Das trifft aber nur für die ausgewählten Zeilen mit $y = 0$ zu.

In Gl. (10.16) wird $y = 1$, wenn wenigstens ein Minterm $m_j = 1$ ist. Es kann nur dann $y = 0$ sein, wenn keiner der Minterme zu Eins wird. Ein beliebiger Minterm $m_j$ in Gl. (10.16) wird aber nur dann zu Eins, wenn alle $x_i = 1$ (bzw. $\bar{x}_i = 0$) sind. Das trifft aber nur für die ausgewählten Zeilen mit $y = 1$ zu.

### 10.1.3 Venn-Diagramme

Mit Hilfe der sogenannten VENN-Diagramme lassen sich die drei Grundverknüpfungen geometrisch veranschaulichen. Sämtliche möglichen Zustände mögen durch die Rechteckfläche in Abb. 10.1 und Abb. 10.2 dargestellt werden. Werden alle Zustände einer bestimmten Art, die mit $x$ bezeichnet sei, durch die Kreisfläche gekennzeichnet, dann liegen die Zustände $\bar{x}$ außerhalb der Kreisfläche im restlichen Rechteck. In Abb. 10.2 möge die horizontal schraffierte Fläche den Zustand $x_1$ und die vertikal schraffierte den Zustand $x_2$ darstellen. Die Konjunktion $x_1 \cdot x_2$ (Minterm) wird dann durch die karierte Fläche (*Durchschnitt* der Mengen $x_1$ und $x_2$) dargestellt, die gesamte schraffierte Fläche stellt die Disjunktion $x_1 \vee x_2$ (Maxterm, *Vereinigungsmenge*) dar, während die weiße Restfläche $\bar{x}_1 \cdot \bar{x}_2$ wiedergibt. Anhand der VENN-Diagramme werden die Begriffe Maxterm und Minterm besonders anschaulich. Der Minterm entspricht der Fläche, die allen Variablen gemeinsam ist, der Maxterm entspricht der (größeren) Summenfläche, die durch alle Variablen zusammen gebildet wird.

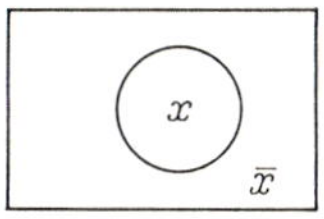


Abb. 10.1 VENN-Diagramm für die Negation einer Variablen

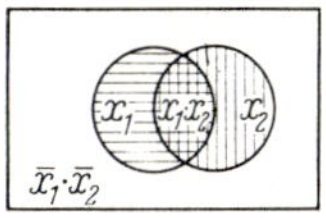


Abb. 10.2. Darstellung von Minterm und Maxterm im VENN-Diagramm

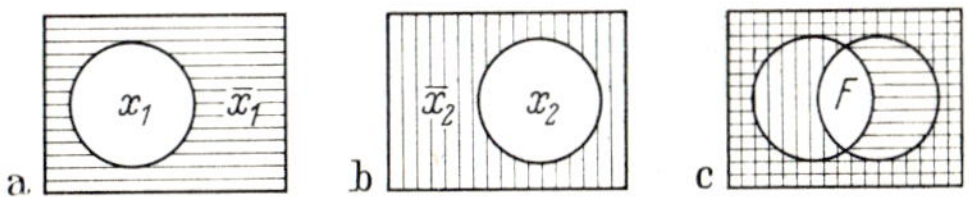


Abb. 10.3. Zur Ableitung der DE MORGANschen Gesetze
a bzw. b Darstellung von $\bar{x}_1$ bzw. $\bar{x}_2$; c Darstellung von $\bar{F} = \overline{x_1 \cdot x_2} = \bar{x}_1 \vee \bar{x}_2$

Die VENN-Diagramme sind auch für die Herleitung von Gesetzmäßigkeiten der Schaltalgebra sehr nützlich. Im folgenden sollen die „DE MORGANschen Gesetze" mit VENN-Diagrammen abgeleitet werden. Diese Gesetze lauten

$$\overline{x_1 \cdot x_2} = \bar{x}_1 \vee \bar{x}_2, \quad (10.20)$$

$$\overline{x_1 \vee x_2} = \bar{x}_1 \cdot \bar{x}_2. \quad (10.21)$$

Der Beweis von Gl. (10.20) erfolgt nun anhand von Abb. 10.3. Die weiße Fläche $F$ in Abb. 10.3c ist $x_1 \cdot x_2$, die gesamte schraffierte Fläche ist demnach das Komplement $\overline{x_1 \cdot x_2}$. Andererseits ist aber die gesamte schraffierte Fläche nach Abb. 10.3a und Abb. 10.3b gleich der Vereinigungsmenge $\bar{x}_1 \vee \bar{x}_2$, womit Gl. (10.20) bewiesen ist. Gl. (10.21) wird mit Abb. 10.2 bewiesen.

Vergleichsweise sind die DE MORGANschen Gesetze noch mit Hilfe der Funktionstabelle hergeleitet: Aus der Gleichheit der einfach und zweifach unterstrichenen Spalten in Tab. 10.5 ergibt sich die Gültigkeit dieser Gesetze.

Tabelle 10.5 *Zum Beweis der de Morganschen Gesetze mittels Funktionstabelle*

| $x_1$ | $x_2$ | $x_1 \cdot x_2$ | $\overline{x_1 \cdot x_2}$ | $x_1 \vee x_2$ | $\overline{x_1 \vee x_2}$ | $\bar{x}_1$ | $\bar{x}_2$ | $\bar{x}_1 \vee \bar{x}_2$ | $\bar{x}_1 \cdot \bar{x}_2$ |
|---|---|---|---|---|---|---|---|---|---|
| 0 | 0 | 0 | 1 | 0 | 1 | 1 | 1 | 1 | 1 |
| 0 | 1 | 0 | 1 | 1 | 0 | 1 | 0 | 1 | 0 |
| 1 | 0 | 0 | 1 | 1 | 0 | 0 | 1 | 1 | 0 |
| 1 | 1 | 1 | 0 | 1 | 0 | 0 | 0 | 0 | 0 |

### 10.1.4 Anzahl der möglichen Funktionen binärer Variabler

Unter Verwendung einer einzigen Eingangsvariablen $x$ kann man vier Funktionen bilden.

$$\begin{aligned} &1.\ y = F(x) = 0, \qquad &&3.\ y = F(x) = x, \\ &2.\ y = F(x) = 1, \qquad &&4.\ y = F(x) = \bar{x}. \end{aligned} \tag{10.22}$$

Von diesen vier Funktionen ist nur die Negation nichttrivial und als logische Operation anzusehen.

Bei der Verknüpfung zweier Variablen $x_1$ und $x_2$ zu Schaltfunktionen $F(x_1, x_2)$ gibt es insgesamt sechzehn verschiedene Funktionen. Man kann nämlich für $y$ in jede der $2^2 = 4$ Zeilen in Tab. 10.6 wahlweise eine 0 oder eine 1 schreiben, so daß sich insgesamt $2^{(2^2)} = 2^4 = 16$ Wertekombinationen in der Spalte für $y$ — also Schaltfunktionen — ergeben.

Tabelle 10.6

| $x_1$ | $x_2$ | $y$ |
|---|---|---|
| 0 | 0 | . |
| 0 | 1 | . |
| 1 | 0 | . |
| 1 | 1 | . |

Für drei Variable ergeben sich $2^3 = 8$ Ausgangskombinationen (Zeilen), also $2^{(2^3)} = 2^8 = 256$ voneinander verschiedene Funktionen. $n$ Variable ergeben entsprechend $2^n$ Ausgangskombinationen und daher $2^{(2^n)}$ voneinander verschiedene Funktionen.

### 10.1.5 Weitere Verknüpfungsarten

Außer den drei bisher verwendeten Grundverknüpfungen Konjunktion, Disjunktion und Negation lassen sich noch andere Verknüpfungsarten definieren. Da aber mit den Grundverknüpfungen bereits jede Funktion beschrieben werden kann, ermöglichen die neuen Verknüpfungsarten grundsätzlich keine neuen Aussagen. Es läßt sich mathematisch höchstens eine bessere Ökonomie in der Schreibweise erreichen. Allerdings liegt ein wichtiger Grund für die Verwendung anderer Verknüpfungsarten darin, daß es in der Nachrichtentechnik letztlich darauf hinausläuft, daß eine komplizierte logische Funktion durch eine elektronische Schaltung realisiert werden soll. Je nach Art der verwendeten Bauelemente lassen sich aber bestimmte Verknüpfungen besonders rationell durch bestimmte Schaltungen realisieren. Liegt also die zu verwendende Schaltungstechnik fest, dann wird man in die Rechnung zweckmäßigerweise möglichst die Operationsarten einführen, die den gegebenen Schaltungsrealisierungen entsprechen.

In Tab. 10.7 sind die sechzehn möglichen logischen Verknüpfungen zwischen zwei binären Variablen dargestellt. In der Tabelle sind weiter einige neue Verknüpfungsoperatoren wie Äquivalenz ($\equiv$); Antivalenz ($\not\equiv$) usw. eingeführt. Selbstverständlich lassen sich alle diese durch die Grundverknüpfungen ausdrücken. Man sieht z. B. unmittelbar, daß $y_8$ bis $y_{15}$ durch Negation in $y_7$ bis $y_0$ übergehen. In $y_0$ bis $y_7$ ist lediglich noch die Antivalenz $\not\equiv$ als neues Symbol enthalten. Hierfür läßt sich leicht errechnen, daß

$$x_1 \not\equiv x_2 = (x_1 \cdot \bar{x}_2) \vee (\bar{x}_1 \cdot x_2) \tag{10.23}$$

oder

$$x_1 \not\equiv x_2 = (\bar{x}_1 \vee \bar{x}_2) \cdot (x_1 \vee x_2). \tag{10.24}$$

Eine für die Theorie wichtige Frage ist die, ob man auch mit weniger als den drei Grundverknüpfungsarten (Negation, Disjunktion, Konjunktion) auskommt, um

Tabelle 10.7

| $x_1$ | 0 | 1 | 0 | 1 | Bezeichnung | Symbol | Kontaktnetzwerk |
|---|---|---|---|---|---|---|---|
| $x_2$ | 0 | 0 | 1 | 1 | | | |
| $y_0 = 0$ | 0 | 0 | 0 | 0 | | 0 |   |
| $y_1 = x_1 \cdot x_2$ | 0 | 0 | 0 | 1 | Konjunktion, und, sowohl — als auch | $\cdot$ | 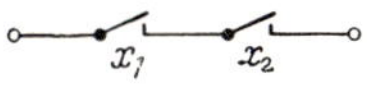  |
| $y_2 = \bar{x}_1 \cdot x_2$ | 0 | 0 | 1 | 0 | | |   |
| $y_3 = x_2$ | 0 | 0 | 1 | 1 | | |   |
| $y_4 = x_1 \cdot \bar{x}_2$ | 0 | 1 | 0 | 0 | | | 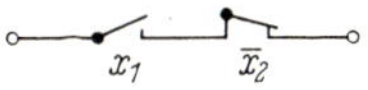  |
| $y_5 = x_1$ | 0 | 1 | 0 | 1 | | | 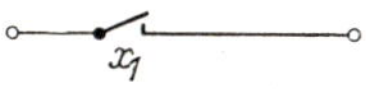  |
| $y_6 = x_1 \not\equiv x_2$ | 0 | 1 | 1 | 0 | Antivalenz, exclusiv — oder | $\not\equiv$ |   |
| $y_7 = x_1 \vee x_2$ | 0 | 1 | 1 | 1 | Disjunktion, inclusiv — oder | $\vee$ | 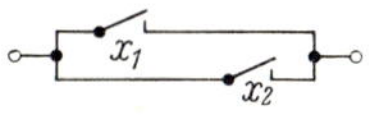  |
| $y_8 = \bar{x}_1 \cdot \bar{x}_2 = x_1 \downarrow x_2$ | 1 | 0 | 0 | 0 | weder — noch PEIRCEscher Pfeil | $\downarrow$ |   |
| $y_9 = x_1 \equiv x_2$ | 1 | 0 | 0 | 1 | Äquivalenz | $\equiv$ | 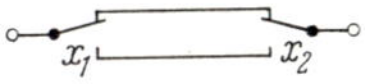  |
| $y_{10} = \bar{x}_1$ | 1 | 0 | 1 | 0 | | | 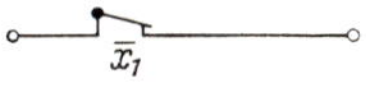  |
| $y_{11} = \bar{x}_1 \vee x_2 = x_1 \rightarrow x_2$ | 1 | 0 | 1 | 1 | Implikation | $\rightarrow$ | 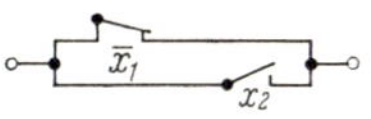  |
| $y_{12} = \bar{x}_2$ | 1 | 1 | 0 | 0 | | |   |
| $y_{13} = x_1 \vee \bar{x}_2 = x_1 \leftarrow x_2$ | 1 | 1 | 0 | 1 | Implikation | $\leftarrow$ | 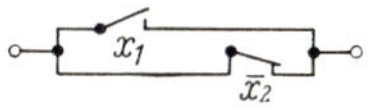  |
| $y_{14} = \bar{x}_1 \vee \bar{x}_2 = x_1 / x_2$ | 1 | 1 | 1 | 0 | SHEFFERscher Strich | $/$ | 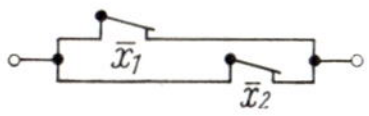  |
| $y_{15} = 1$ | 1 | 1 | 1 | 1 | | 1 | 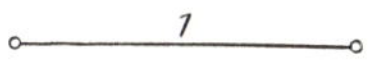  |

sämtliche möglichen Funktionen beschreiben zu können. Das ist in der Tat der Fall. Man kommt sogar mit einem einzigen Operationssymbol aus, nämlich dem PEIRCE-

Tabelle 10.8 *Die Grundverknüpfungen, ausgedrückt durch* $\downarrow$ *und* $/$

| | PEIRCEscher Pfeil | SHEFFERscher Strich |
|---|---|---|
| Negation . . . . | $\bar{x} = x \downarrow x$ | $\bar{x} = x / x$ |
| Disjunktion . . . | $x_1 \vee x_2 = (x_1 \downarrow x_2) \downarrow (x_1 \downarrow x_2)$ | $x_1 \vee x_2 = (x_1 / x_1) / (x_2 / x_2)$ |
| Konjunktion . . . | $x_1 \cdot x_2 = (x_1 \downarrow x_1) \downarrow (x_2 \downarrow x_2)$ | $x_1 \cdot x_2 = (x_1 / x_2) / (x_1 / x_2)$ |

schen Pfeil oder auch dem SHEFFERschen Strich. Man kann nämlich alle drei Grundverknüpfungen nur mit dem PEIRCEschen Pfeil oder auch nur mit dem SHEFFERschen Strich ausdrücken, womit man also jede Funktion durch Verwendung nur einer Operation ausdrücken kann.

Die Gültigkeit der Beziehungen in Tab. 10.8 verifiziert man leicht durch Aufstellen der Funktionstabelle. In der Praxis werden die Symbole $\downarrow$ und $/$ kaum verwendet, weil die Formelausdrücke sehr unhandlich und unübersichtlich werden.

Tabelle 10.9 *Liste einiger verschiedener Symbole zur Verknüpfung binärer Variabler*

| hier | Algol | andere Literatur | |
|---|---|---|---|
| $\bar{x}$ | $\neg x$ | $\bar{x}$, | $x'$ |
| $x_1 \cdot x_2$ | $x_1 \wedge x_2$ | $x_1 \,\&\, x_2$, | $x_1 \cdot x_2$ |
| $x_1 \vee x_2$ | $x_1 \vee x_2$ | $x_1 \vee x_2$, | $x_1 + x_2$ |
| $x_1 \not\equiv x_2$ | $x_1 \not\equiv x_2$ | $x_1 \not\equiv x_2$, | $x_1 \oplus x_2$ |
| $x_1 \equiv x_2$ | $x_1 \equiv x_2$ | $x_1 \equiv x_2$ | |

In der Literatur werden oft abweichende Symbole für die verschiedenen Operationen verwendet. Tab. 10.9 gibt eine Übersicht über die wichtigsten verwendeten Symbole.

### 10.1.6 Schaltzeichen der Schaltalgebra

In Tab. 10.7 werden die sechzehn möglichen Verknüpfungen zweier binärer Variabler durch Kontaktnetzwerke veranschaulicht. Dabei bedeuten $x = 1$ eine durchgehende Verbindung (Schalter geschlossen) und $x = 0$ eine unterbrochene

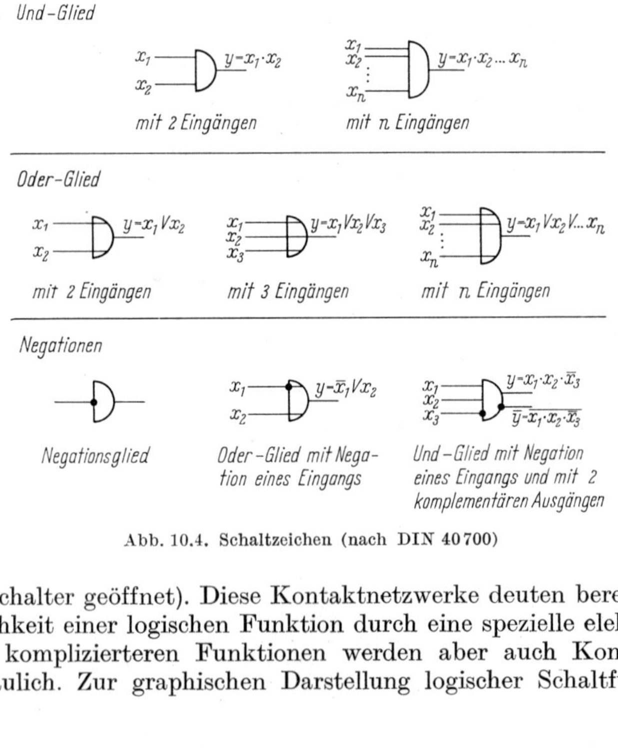


Abb. 10.4. Schaltzeichen (nach DIN 40700)

Verbindung (Schalter geöffnet). Diese Kontaktnetzwerke deuten bereits eine Realisierungsmöglichkeit einer logischen Funktion durch eine spezielle elektrische Schaltung an. Bei komplizierteren Funktionen werden aber auch Kontaktnetzwerke bald unanschaulich. Zur graphischen Darstellung logischer Schaltfunktionen hat man darum einfachere Schaltzeichen für die einzelnen Verknüpfungen eingeführt (DIN-Norm 40700), die sich obendrein an keine spezielle Realisierungsform anlehnen.

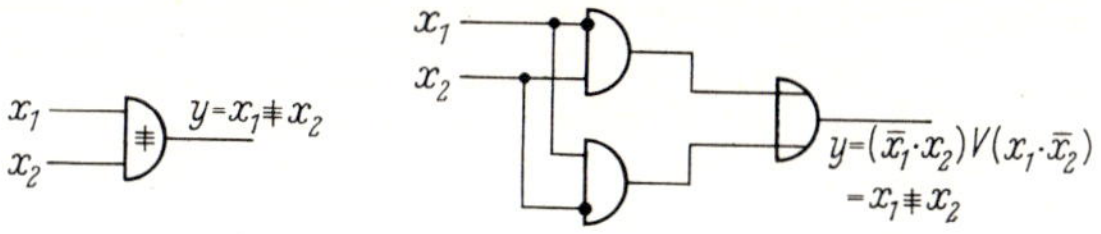


Abb. 10.5. Zur Darstellung der Antivalenz

Mit Hilfe dieser Schaltzeichen lassen sich auch komplizierte Sachverhalte graphisch noch relativ einfach darstellen.

In Abb. 10.4 sind Schaltzeichen für die Grundverknüpfungen und einige gemischte Funktionen angegeben. Kommen andere Verknüpfungsarten vor, dann wird das Zeichen für den Verknüpfungsoperator (z. B. $\nLeftrightarrow$) in den Halbkreis eingezeichnet, oder man ersetzt die besondere Verknüpfungsart durch die Grundverknüpfungen. Ein Beispiel zeigt Abb. 10.5. Sollen z. B. die Größen $y_1$ und $y_2$ in Abhängigkeit von den binären Variablen $x_1$; $x_2$ und $x_3$ gemäß den folgenden Gleichungen gebildet werden

$$y_1 = (\bar{x}_1 \cdot \bar{x}_2 \cdot x_3) \vee (\bar{x}_1 \cdot x_2 \cdot \bar{x}_3) \vee \vee (x_1 \cdot \bar{x}_2 \cdot \bar{x}_3) \vee (x_1 \cdot x_2 \cdot x_3),$$

$$y_2 = (\bar{x}_1 \cdot x_2 \cdot x_3) \vee (x_1 \cdot \bar{x}_2 \cdot x_3) \vee \vee (x_1 \cdot x_2 \cdot \bar{x}_3) \vee (x_1 \cdot x_2 \cdot x_3),$$

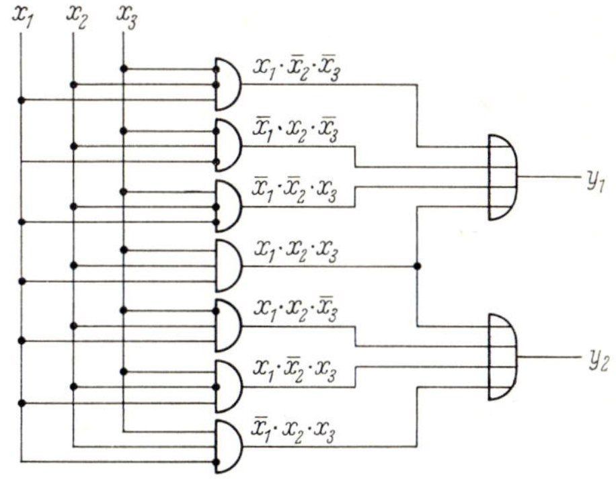


Abb. 10.6. Blockdiagramm zur kombinierten Darstellung zweier Funktionen $y_1$ und $y_2$

dann ergibt sich als zugehöriges Blockdiagramm Abb. 10.6. Wie im Abschn. 11 (Nachrichtenverarbeitende Systeme) noch näher erläutert werden wird, stellt Abb. 10.6 das logische Blockdiagramm eines Dualzahlenaddiernetzes dar. Hiermit dürfte die Verwendung der Schaltzeichen hinreichend erläutert sein.

### 10.1.7 Die wichtigsten Sätze der Schaltalgebra

Die wichtigsten Sätze sollen hier nur unter Verwendung der drei Grundverknüpfungsarten dargestellt werden. Besteht der Wunsch nach Verwendung anderer Verknüpfungsoperatoren, so können diese unter Beachtung von Tab. 10.7 eingeführt werden.

Zunächst folgt eine Zusammenstellung der wichtigsten Beziehungen, welche bisher abgeleitet wurden:

$$\left.\begin{array}{ll} \bar{\bar{x}} = x & \\ x \vee 0 = x & x \cdot 0 = 0 \\ x \vee 1 = 1 & x \cdot 1 = x \\ x \vee x = x & x \cdot x = x \\ x \vee \bar{x} = 1 & x \cdot \bar{x} = 0 \end{array}\right\} \qquad (10.25)$$

Kommutative Gesetze für Disjunktion und Konjunktion

$$x_1 \vee x_2 = x_2 \vee x_1, \qquad (10.5)$$

$$x_1 \cdot x_2 = x_2 \cdot x_1. \qquad (10.11)$$

Assoziative Gesetze

$$x_1 \vee x_2 \vee x_3 = (x_1 \vee x_2) \vee x_3 = x_1 \vee (x_2 \vee x_3), \tag{10.9a}$$

$$x_1 \cdot x_2 \cdot x_3 = (x_1 \cdot x_2) \cdot x_3 = x_1 \cdot (x_2 \cdot x_3). \tag{10.13}$$

DE MORGANsche Gesetze

$$\overline{x_1 \cdot x_2} = \bar{x}_1 \vee \bar{x}_2, \tag{10.20}$$

$$\overline{x_1 \vee x_2} = \bar{x}_1 \cdot \bar{x}_2. \tag{10.21}$$

Ferner gelten folgende distributive Gesetze, welche man z. B. mittels Funktionstabelle verifizieren kann.

1. distributives Gesetz

$$x_1(x_2 \vee x_3) = (x_1 \cdot x_2) \vee (x_1 \cdot x_3). \tag{10.26}$$

2. distributives Gesetz

$$x_1 \vee (x_2 \cdot x_3) = (x_1 \vee x_2) \cdot (x_1 \vee x_3). \tag{10.27}$$

Die distributiven Gesetze bilden den Schlüssel zur Umwandlung und Vereinfachung (Minimisierung) von Funktionen binärer Variabler. Das erste distributive Gesetz Gl. (10.26) besagt, daß in der Schaltalgebra das Ausklammern in formal gleicher Weise geschieht wie in der gewöhnlichen Algebra. Wenn man das Und-Symbol (den Punkt) der Schaltalgebra als Gegenstück zum Multiplikationssymbol der gewöhnlichen Algebra und das Oder-Symbol ($\vee$) als Gegenstück zum Pluszeichen ($+$) der gewöhnlichen Algebra ansieht, dann wird diese formale Gleichheit besonders deutlich. Dies ist auch der Grund, weshalb häufig als Oder-Symbol das Pluszeichen in der Schaltalgebra verwendet wird (vgl. Tab. 10.9). Das zweite distributive Gesetz hat kein direktes Gegenstück in der gewöhnlichen Algebra, wenn man *und* als Gegenstück zu *mal* und *oder* als Gegenstück zu *plus* ansieht. Dieses zweite Gesetz erlaubt gegenüber dem ersten distributiven Gesetz noch zusätzliche Vereinfachungen bei der Umwandlung von Gleichungen in der Schaltalgebra.

Man kann viele der bisher genannten Sätze auf $n$ Variable erweitern, indem man durch fortgesetzte Substitution z. B. mit $x_1 = (z_1 \cdot z_2)$ oder $x_2 = (z_3 \vee z_4)$ erweitert. Nach Gl. (10.20) gilt z. B.

$$\overline{x_1 \cdot z} = \bar{x}_1 \vee \bar{z}. \tag{10.28}$$

Setzt man $z = x_2 \cdot x_3$, dann ist

$$\bar{z} = \overline{x_2 \cdot x_3} = \bar{x}_2 \vee \bar{x}_3. \tag{10.29}$$

Gl. (10.29) in Gl. (10.28) eingesetzt, liefert

$$\overline{x_1 \cdot x_2 \cdot x_3} = \bar{x}_1 \vee \bar{x}_2 \vee \bar{x}_3. \tag{10.30}$$

Wiederholt man dies öfter, dann ergeben sich die allgemeinen DE MORGANschen Gesetze zu

$$\overline{(x_1' \cdot x_2' \cdot x_3' \cdot \cdots x_n')} = (\bar{x}_1' \vee \bar{x}_2' \vee \bar{x}_3' \vee \cdots \bar{x}_n'), \tag{10.31}$$

$$\overline{(x_1' \vee x_2' \vee x_3' \vee \cdots x_n')} = (\bar{x}_1' \cdot \bar{x}_2' \cdot \bar{x}_3' \cdot \cdots \bar{x}_n'). \tag{10.32}$$

Hierbei kann $x'$ entweder $x$ oder $\bar{x}$ bedeuten. Eine noch allgemeinere Aussage als die DE MORGANschen Gesetze liefert der SHANNONsche Satz:

$$\bar{F}(x_1', x_2', x_3', \ldots x_i', \ldots x_n', \cdot, \vee) = F(\bar{x}_1', \bar{x}_2', \bar{x}_3', \ldots \bar{x}_i', \ldots \bar{x}_n', \vee, \cdot). \tag{10.33}$$

Der SHANNONsche Satz sagt folgendes aus: Man erhält die Negation einer beliebigen Funktion $F$ dadurch, daß man die Variablen $x_i'$ durch ihre Negation $\bar{x}_i'$, die Operationen $\cdot$ durch $\vee$ sowie $\vee$ durch $\cdot$ ersetzt. Die Klammern läßt man unverändert. (Für $x_i'$ kann in der gegebenen Funktion entweder $x_i$ oder $\bar{x}_i$ stehen.)

Zum Beweis des SHANNONschen Satzes betrachte man eine beliebige Funktionstabelle. Mit dieser stellt man zunächst die disjunktive Normalform für $y$ auf. Dann stellt man die konjunktive Normalform für $\bar{y}$ auf. Die beiden entstehenden Formen ergeben die Aussage des SHANNONschen Satzes. Dies sei am Beispiel von Tab. 10.4 verdeutlicht. Die disjunktive Normalform lautet [vgl. Gl. (10.16)]

$$y = (\bar{x}_1 \cdot x_2 \cdot \bar{x}_3) \vee (\bar{x}_1 \cdot x_2 \cdot x_3) \vee (x_1 \cdot \bar{x}_2 \cdot \bar{x}_3).$$

Zur Bildung der konjunktiven Normalform für $\bar{y}$ werden die gleichen Zeilen der Funktionstabelle benutzt wie zur Bildung der disjunktiven Normalform für $y$.

$$\bar{y} = (x_1 \vee \bar{x}_2 \vee x_3) \cdot (x_1 \vee \bar{x}_2 \vee \bar{x}_3) \cdot (\bar{x}_1 \vee x_2 \vee x_3).$$

Damit ist der SHANNONsche Satz zunächst für den Fall bewiesen, daß die Funktion als Normalform gegeben ist. Wegen der gleichartigen Struktur des ersten und zweiten distributiven Gesetzes gilt aber der SHANNONsche Satz ganz allgemein, denn wenn man z. B. die Funktion $y$ mit dem ersten distributiven Gesetz in irgendeiner Weise umformt, dann muß sich die Funktion $\bar{y}$ mit dem zweiten distributiven Gesetz ganz entsprechend umformen lassen, so daß die Aussage des SHANNONschen Satzes erhalten bleibt.

Ein weiterer wichtiger Satz der Schaltalgebra, der $n$ Variable umfaßt, ist der *Entwicklungssatz*:

$$F(x_1', x_2', \ldots x_n') = [x_1' \cdot F(1, x_2', \ldots x_n')] \vee [\bar{x}_1' \cdot F(0, x_2', \ldots x_n')], \tag{10.34}$$

$$F(x_1', x_2', \ldots x_n') = [x_1' \vee F(0, x_2', \ldots x_n')] \cdot [\bar{x}_1' \vee F(1, x_2', \ldots x_n')]. \tag{10.35}$$

Man verifiziert den Entwicklungssatz dadurch, daß man zunächst $x_1 = 1$ bzw. $\bar{x}_1 = 0$ setzt, und anschließend $x_1 = 0$ bzw. $\bar{x}_1 = 1$ setzt. In beiden Fällen (und nur diese beiden Fälle sind möglich) sind beide Gleichungsseiten gleich.

In der obigen Schreibweise ist die Funktion $F$ nach $x_1$ entwickelt. Man kann die Entwicklung auch nach jeder anderen vorkommenden Variablen durchführen. Wird die Funktion nacheinander nach sämtlichen Variablen entwickelt, dann entsteht die disjunktive Normalform im Fall von Gl. (10.34) und die konjunktive Normalform im Fall von Gl. (10.35).

### 10.1.8 Vereinfachung logischer Schaltfunktionen

Eine aus einer Funktionstabelle in Form der disjunktiven oder konjunktiven Normalform aufgestellte logische Funktion läßt sich im allgemeinen noch vereinfachen, und zwar durch Anwendung der distributiven Gesetze [Gln. (10.26) und (10.27)] und der Beziehungen von Gl. (10.25). Dazu zwei einfache Beispiele.

$$(x_1 \cdot x_2) \vee (x_1 \cdot \bar{x}_2) = x_1 \cdot (x_2 \vee \bar{x}_2) = x_1, \tag{10.36}$$

$$(x_1 \vee x_2) \cdot (x_1 \vee \bar{x}_2) = x_1 \vee (x_2 \cdot \bar{x}_2) = x_1. \tag{10.37}$$

Der erste Schritt zur Vereinfachung erfolgt in Gl. (10.36) mit dem ersten distributiven Gesetz (Ausklammern), in Gl. (10.37) mit dem zweiten distributiven Gesetz.

Oft ergibt sich eine starke Vereinfachungsmöglichkeit, wenn zuvor in folgender Weise erweitert wird

$$x = x \vee x = x \vee x \vee x \quad \text{usw.} \tag{10.38}$$

$$x = x \cdot x = x \cdot x \cdot x \quad \text{usw.} \tag{10.39}$$

oder z. B.

$$(x_1 \cdot x_2) \vee x_3 = (x_1 \cdot x_2) \vee (x_1 \cdot x_2) \vee x_3 .$$

Beispiele:

1. $(x_1 \cdot \bar{x}_2) \vee (x_1 \cdot x_2) \vee (\bar{x}_1 \cdot x_2) = \underbrace{(x_1 \cdot \bar{x}_2) \vee (x_1 \cdot x_2)}_{x_1} \vee \underbrace{(x_1 \cdot x_2) \vee (\bar{x}_1 \cdot x_2)}_{x_2} = x_1 \vee x_2 .$

2. $(\bar{x}_1 \vee \bar{x}_2) \cdot (\bar{x}_1 \vee x_2) \cdot (x_1 \vee \bar{x}_2) \cdot (x_1 \vee x_2) = \bar{x}_1 \cdot x_1 = 0 .$

3. $(\bar{x}_1 \cdot x_2 \cdot x_3) \vee (x_1 \cdot \bar{x}_2 \cdot x_3) \vee (x_1 \cdot x_2 \cdot \bar{x}_3) \vee (x_1 \cdot x_2 \cdot x_3) =$

$$= (\bar{x}_1 \cdot x_2 \cdot x_3) \vee (x_1 \cdot \bar{x}_2 \cdot x_3) \vee (x_1 \cdot x_2 \cdot \bar{x}_3) \vee (x_1 \cdot x_2 \cdot x_3) \vee (x_1 \cdot x_2 \cdot x_3) \vee (x_1 \cdot x_2 \cdot x_3) .$$

Nach dem ersten distributiven Gesetz wird daraus

$$[(\bar{x}_1 \vee x_1) \cdot x_2 \cdot x_3] \vee [(\bar{x}_2 \vee x_2) \cdot x_1 \cdot x_3] \vee [(\bar{x}_3 \vee x_3) \cdot x_1 \cdot x_2] = (x_2 \cdot x_3) \vee (x_1 \cdot x_3) \vee (x_1 \cdot x_2) .$$

Die (nichtvereinfachte) Funktion des dritten Beispiels wurde übrigens in Abschnitt 10.1.6 zur Aufstellung eines Blockdiagramms verwendet. Während die obige Ausgangsbeziehung die disjunktive Normalform ist (in jedem Minterm kommen alle Variablen vor) stellt das obige Ergebnis die *disjunktive Minimalform* dar. (In entsprechender Weise kann man auch konjunktive Normalformen in konjunktive Minimalformen überführen.)

#### 10.1.8.1 Quinesche Methode zur Auffindung der Primimplikanden

Wenn man von einer disjunktiven Normalform wie Beispiel 1 oder 3 ausgeht, und alle Vereinfachungen, die mit dem ersten distributiven Gesetz und den Beziehungen von Gl. (10.25) möglich sind, durchgeführt hat, dann nennt man die übrigbleibenden Konjunktionen *Primimplikanden.* In Beispiel 3 sind die Primimplikanden $(x_2 \cdot x_3)$; $(x_1 \cdot x_3)$; $(x_1 \cdot x_2)$ übriggeblieben, in Beispiel 1 sind die Primimplikanden $x_1$ und $x_2$. Ein einfacher schematischer Weg des Aufsuchens der Primimplikanden ist folgender: Man schreibt alle Minterme (oder Vollkonjunktionen) einer disjunktiven Normalform untereinander, wobei der Einfachheit halber das „·“-Zeichen weggelassen werden kann. Dann vergleicht man jeden Term nacheinander mit jedem anderen Term, und jedesmal, wenn zwei Terme übereinstimmen bis auf eine einzige Variable $x_i$, die im anderen Term negiert vorkommt, dann schreibt man diesen Term in eine zweite Spalte unter Weglassen der Variablen $x_i$. Die beiden ursprünglichen Terme in der ersten Spalte markiert man durch Abhaken. Nachdem man alle Terme der ersten Spalte miteinander verglichen hat, führt man die gleiche Prozedur mit der zweiten Spalte durch, wobei die jeweils bis auf eine Variable $x_k$, die in einem Term negiert, im anderen nicht negiert vorkommt, gleichen Terme unter Weglassen von $x_k$ die 3. Spalte bilden, wobei wiederum die entsprechenden Ausgangsterme der 2. Spalte abgehakt werden usw. Die am Schluß übrigbleibenden nicht abgehakten Terme sind Primimplikanden. Alle Primimplikanden, disjunktiv miteinander verknüpft, bilden eine der disjunktiven Normalform gleichwertige, jedoch stark vereinfachte Funktion.

*Beispiel:*

$$y = (\bar{x}_1 \cdot \bar{x}_2 \cdot x_3 \cdot \bar{x}_4) \vee (\bar{x}_1 \cdot x_2 \cdot \bar{x}_3 \cdot \bar{x}_4) \vee (\bar{x}_1 \cdot x_2 \cdot \bar{x}_3 \cdot x_4) \vee (\bar{x}_1 \cdot x_2 \cdot x_3 \cdot \bar{x}_4) \vee$$
$$\vee (\bar{x}_1 \cdot x_2 \cdot x_3 \cdot x_4) \vee (x_1 \cdot \bar{x}_2 \cdot \bar{x}_3 \cdot x_4) \vee (x_1 \cdot x_2 \cdot \bar{x}_3 \cdot x_4) .$$

In der ersten Spalte von Tab. 10.10 sind alle Terme mindestens einmal abgehakt. Dort ist also kein Primimplikand vorhanden. In der 2. Spalte sind drei Primimplikanden, in der 3. Spalte ist ein Primimplikand vorhanden, der lediglich zweimal vorkommt. Einer davon darf gestrichen werden. Die stark vereinfachte Funktion setzt sich nun aus den Primimplikanden wie folgt zusammen:

$$y = (\bar{x}_1 \cdot x_3 \cdot \bar{x}_4) \vee (x_2 \cdot \bar{x}_3 \cdot x_4) \vee (x_1 \cdot \bar{x}_3 \cdot x_4) \vee (\bar{x}_1 \cdot x_2). \qquad (10.40)$$

Ist eine Funktion nicht als disjunktive Normalform gegeben, so muß sie vor Anwendung der QUINEschen Methode erst in die disjunktive Normalform gebracht

Tabelle 10.10

| 1. Spalte | | | | | | | | 2. Spalte | | | 3. Spalte |
|---|---|---|---|---|---|---|---|---|---|---|---|
| $\bar{x}_1\,\bar{x}_2\,x_3\,\bar{x}_4$ | ∨ | | | | | | | $\bar{x}_1\,x_3\,\bar{x}_4$ | | | $\bar{x}_1\,x_2$ |
| $\bar{x}_1\,x_2\,\bar{x}_3\,\bar{x}_4$ | | ∨ | ∨ | | | | | $\bar{x}_1\,x_2\,\bar{x}_3$ | ∨ | | $\bar{x}_1\,x_2$ |
| $\bar{x}_1\,x_2\,\bar{x}_3\,x_4$ | | ∨ | | ∨ | ∨ | | | $\bar{x}_1\,x_2\,\bar{x}_4$ | | ∨ | |
| $\bar{x}_1\,x_2\,x_3\,\bar{x}_4$ | ∨ | | ∨ | | | ∨ | | $\bar{x}_1\,x_2\,x_4$ | | ∨ | |
| $\bar{x}_1\,x_2\,x_3\,x_4$ | | | | ∨ | | ∨ | | $x_2\,\bar{x}_3\,x_4$ | | | |
| $x_1\,\bar{x}_2\,\bar{x}_3\,x_4$ | | | | | | | ∨ | $\bar{x}_1\,x_2\,x_3$ | ∨ | | |
| $x_1\,x_2\,\bar{x}_3\,x_4$ | | | | | ∨ | | ∨ | $x_1\,\bar{x}_3\,x_4$ | | | |

werden. Das kann stets durch Erweitern geschehen unter Benutzung der folgenden Beziehung

$$x = x \cdot 1 = x \cdot (x_i \vee \bar{x}_i). \qquad (10.41)$$

Auf diese Weise kann jede Konjunktion zur Vollkonjunktion gemacht werden. Die hier gezeigte QUINEsche Methode des Aufsuchens von Primimplikanden liefert im allgemeinen noch nicht die einfachste (minimisierte) Form einer beliebigen logischen Schaltfunktion. Zum Auffinden einer solchen sind kompliziertere algebraische Methoden von QUINE und McCLUSKEY [2] entwickelt worden. Eine einfache Minimisierungsmethode, die allerdings nur bis zu fünf Variablen leicht anwendbar ist, stellt das graphische Verfahren von KARNAUGH-VEITCH dar, welches im folgenden Abschnitt beschrieben wird.

### 10.1.8.2 Graphische Methode nach Karnaugh-Veitch

In Abschn. 10.1.3 wurde gezeigt, wie Sätze (z. B. die DE MORGANschen Gesetze) der Schaltalgebra mit Hilfe der VENN-Diagramme graphisch bewiesen werden können. Die einzelnen Variablen wurden dabei durch begrenzte Flächen dargestellt (Abb. 10.1 bis 10.3).

Durch systematische Anordnung der Flächen für die einzelnen Variablen in sogenannte KARNAUGH-VEITCH-Diagramme ergibt sich eine einfache Methode zur Vereinfachung von Funktionen. Der Einfachheit halber werden dabei nur quadratische oder rechteckige Flächen verwendet. Abb. 10.7a zeigt ein Quadrat, dessen linke Hälfte der Variablen $x_1$ und dessen rechte Hälfte ihrem Komplement $\bar{x}_1$ zugeordnet ist. In Abb. 10.7b ist die obere Hälfte der Variablen $x_2$ und die untere Hälfte $\bar{x}_2$ zugeordnet. In Abb. 10.7c werden beide Variable $x_1$ und $x_2$ durch ein einziges Diagramm dargestellt, welches durch Zusammenfassung der Abb. 10.7a und 10.7b entsteht. Das Diagramm von Abb. 10.7c enthält vier Felder, die je einen der Minterme $(x_1' \cdot x_2')$ darstellen, die sich mit den Variablen $x_1$ und $x_2$ bilden lassen. Es ist, ausgehend von den Abb. 10.7a und 10.7b leicht einzusehen, daß in Abb. 10.7c

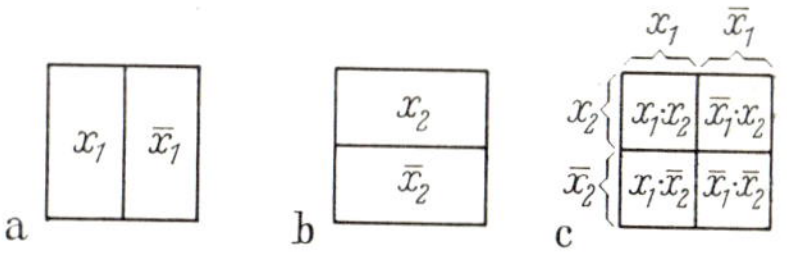

Abb. 10.7. Darstellung aller Minterme zweier Variabler im KARNAUGH-VEITCH-Diagramm a bzw. b Darstellung der Variablen $x_1$ bzw. $x_2$; c Darstellung aller Minterme

das linke obere Quadrat den Minterm $(x_1 \cdot x_2)$, das rechte obere Quadrat den Minterm $(\bar{x}_1 \cdot x_2)$ darstellt usw.

Abb. 10.8a zeigt ein KARNAUGH-VEITCH-Diagramm (kurz KV-Diagramm) für drei Variable $x_1$, $x_2$ und $x_3$. Abb. 10.8b zeigt eines für vier Variable $x_1$, $x_2$, $x_3$ und $x_4$. Jede Variable wird durch einen Flächenstreifen dargestellt, wobei sich jeder Streifen mit allen anderen Streifen in einem bestimmten Bereich überdecken muß. Der Ein-

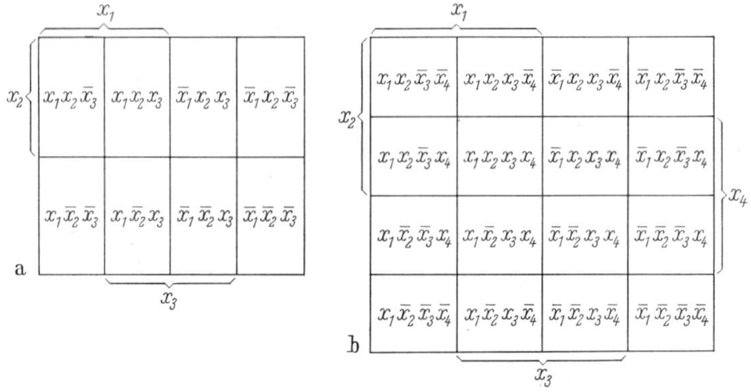


Abb. 10.8. KV-Diagramme zur Mintermdarstellung mit a drei Variablen; b vier Variablen

fachheit halber sind die Komplemente der einzelnen Variablen in Abb. 10.8 nicht mehr eingetragen. Die Gesamtfläche muß durch die einzelnen Streifen in so viele Felder aufgeteilt werden, wie sich Minterme bilden lassen, d. h., daß sich alle Minterme, die mit einer gegebenen Anzahl von Variablen gebildet werden können, in ein KV-Diagramm eintragen lassen müssen. Bei $n$ Variablen sind das $2^n$ Minterme

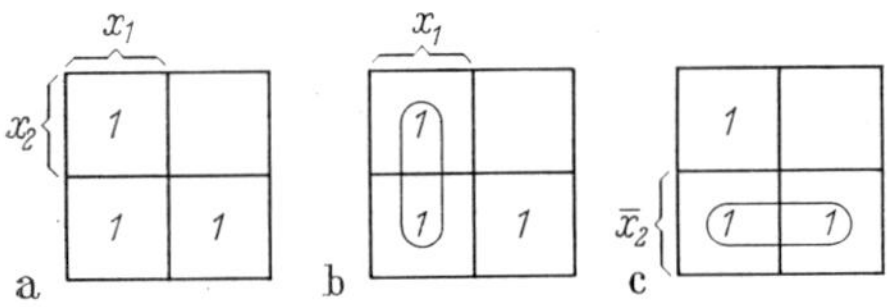


Abb. 10.9
a Darstellung der Funktion $y = (x_1 \cdot x_2) \vee (x_1 \cdot \bar{x}_2) \vee (\bar{x}_1 \cdot \bar{x}_2)$ im KV-Diagramm; b Zusammenfassung von $(x_1 \cdot x_2) \vee (x_1 \cdot \bar{x}_2)$ zu $x_1$; c Zusammenfassung von $(x_1 \cdot \bar{x}_2) \vee (\bar{x}_1 \cdot \bar{x}_2)$ zu $\bar{x}_2$

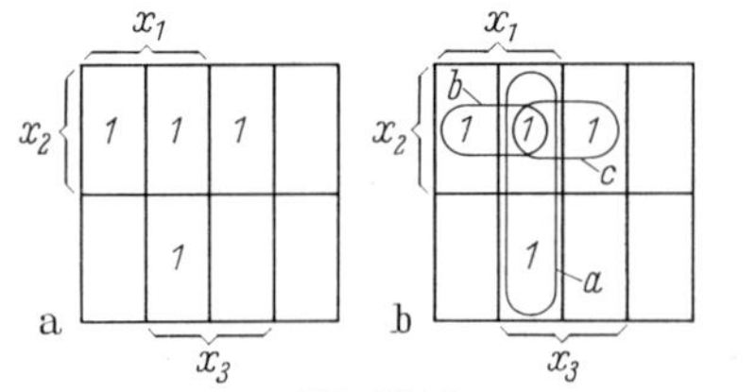


Abb. 10.10
a Darstellung von Gl. (10.44) im KV-Diagramm; b Vereinfachung durch Zusammenfassung in Elementarblöcke

bzw. Felder. Bei mehr als vier Variablen lassen sich nicht mehr alle Variablen durch einen zusammenhängenden Streifen darstellen. In solchen Fällen müssen einzelne Variable mehreren Streifen zugeordnet werden, was die Übersichtlichkeit etwas erschwert.

Als nächstes sei die Darstellung einer Funktion binärer Variabler in einem KV-Diagramm besprochen sowie die Vereinfachung dieser Funktion mit Hilfe des Diagramms. Als Beispiel diene die folgende einfache Funktion zweier Variabler $x_1$ und $x_2$.

$$y = (x_1 \cdot x_2) \vee (x_1 \cdot \bar{x}_2) \vee (\bar{x}_1 \cdot \bar{x}_2). \tag{10.42}$$

Für zwei unabhängige Variable benötigt man ein KV-Diagramm mit vier Feldern. Abb. 10.9a zeigt das zugehörige KV-Diagramm. Hierin sind die Felder, welche den einzelnen Konjunktionen von Gl. (10.42) entsprechen, durch eine 1 gekennzeichnet. Bei dieser Kennzeichnung der Felder kann man auch umgekehrt aus einem KV-Diagramm wieder die Funktion ablesen.

Die Vereinfachung der gegebenen Funktion läuft auf die Frage hinaus, wie man den Inhalt des KV-Diagramms möglichst einfach ausdrücken kann. Dazu faßt man im KV-Diagramm möglichst viele der mit 1 gekennzeichneten Felder zu Elementarblöcken zusammen. In Abb. 10.9a lassen sich die beiden linken übereinanderstehenden Felder zusammenfassen (Abb. 10.9b), denn diese beiden bilden zusammen den Streifen für $x_1$. Desgleichen lassen sich die beiden unteren nebeneinanderliegenden Felder, die den Streifen für $\bar{x}_2$ bilden, zusammenfassen (Abb. 10.9c). Damit lautet die vereinfachte zu Gl. (10.42) äquivalente Funktion

$$y = x_1 \vee \bar{x}_2. \tag{10.43}$$

Als nächstes sei die Funktion des schon zu Beginn des Abschn. 10.1.8 behandelten 3. Beispiels betrachtet

$$y = (\bar{x}_1 \cdot x_2 \cdot x_3) \vee (x_1 \cdot \bar{x}_2 \cdot x_3) \vee (x_1 \cdot x_2 \cdot \bar{x}_3) \vee (x_1 \cdot x_2 \cdot x_3). \tag{10.44}$$

Das zugehörige KV-Diagramm zeigt Abb. 10.10a. Hierin lassen sich die beiden übereinanderstehenden durch 1 gekennzeichneten Felder zusammenfassen (Schleife *a* in Abb. 10.10b). Diese beiden Felder werden zusammen durch die Konjunktion $x_1 \cdot x_3$ erfaßt. Die durch Schleife *b* in Abb. 10.10b zusammengefaßten Felder ergeben zusammen die Konjunktion $x_1 \cdot x_2$ und die durch Schleife *c* zusammengefaßten Felder die Konjunktion $x_2 \cdot x_3$. Damit lautet die vereinfachte Funktion

$$y = (x_1 \cdot x_3) \vee (x_1 \cdot x_2) \vee (x_2 \cdot x_3). \tag{10.45}$$

Das allgemeine Vorgehen dürfte schon durch diese zwei Beispiele ziemlich klar geworden sein. Man muß immer möglichst viele durch eine 1 gekennzeichnete Felder zusammen durch eine Konjunktion mit möglichst wenig Variablen ausdrücken.

Als abschließendes Beispiel soll die im KV-Diagramm von Abb. 10.11a gegebene Funktion angeschrieben werden. Hier können zunächst die mit 1 gekennzeichneten vier obersten Felder zu einem Elementarblock zusammengefaßt werden (Schleife *a* in Abb. 10.11b). Dieser Elementarblock wird durch die Konjunktion $x_2 \cdot \bar{x}_4$ erfaßt. Weiter lassen sich die durch Schleife *b* zusammengefaßten Felder durch die Konjunktion $x_1 \cdot x_2 \cdot \bar{x}_3$ ausdrücken. Schließlich können noch das rechte oberste und das rechte unterste Feld durch Schleife *c* zusammengefaßt werden und durch die Konjunktion $\bar{x}_1 \cdot \bar{x}_3 \cdot \bar{x}_4$ ausgedrückt werden. Das verbleibende Feld mit der eingekreisten 1 läßt sich mit keinem anderen Feld kombinieren, und muß darum durch den ihn kennzeichnenden Minterm beschrieben werden. Dieser ist $x_1 \cdot \bar{x}_2 \cdot x_3 \cdot x_4$. Damit lautet die Funktion

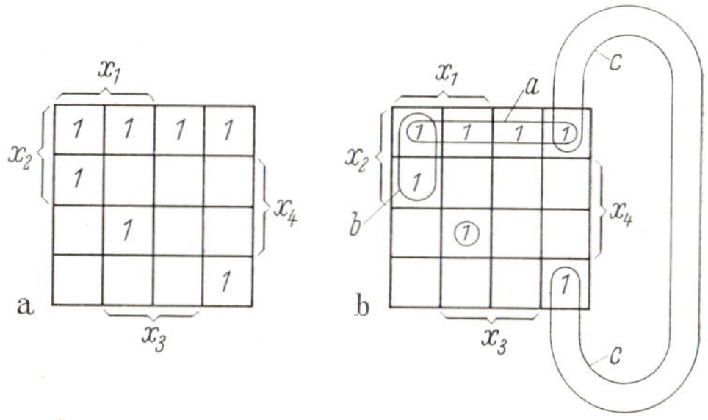


Abb. 10.11
Vereinfachung einer Funktion mit vier Variablen
a Gegebene Funktion; b Zusammenfassung in Elementarblöcke

$$y = (x_2 \cdot \bar{x}_4) \vee (x_1 \cdot x_2 \cdot \bar{x}_3) \vee (\bar{x}_1 \cdot \bar{x}_3 \cdot \bar{x}_4) \vee (x_1 \cdot \bar{x}_2 \cdot x_3 \cdot x_4). \tag{10.46}$$

## 10.1.9 Abschließende Bemerkungen zur Schaltalgebra

In den vorausgegangenen Abschnitten über Schaltalgebra trat der Begriff der Zeit nicht auf. Eine binäre Variable $x$ oder $y$ hatte entweder den Wert 0 oder 1. Zeitliche Übergänge von 0 nach 1 oder umgekehrt wurden nicht gesondert betrachtet, weil diese für die Algebra uninteressant sind. In der Funktionstabelle werden sowieso schon sämtliche Kombinationsmöglichkeiten für die unabhängigen Variablen erfaßt. Eine zeitliche Änderung von Variablen bringt nichts prinzipiell Neues, solange keine Verzögerungs- oder Speicherglieder vorhanden sind.

In nachrichtenverarbeitenden Maschinen interessiert die logische Verknüpfung verschiedener Variabler nach bestimmten Funktionen nur zu gewissen festen Taktzeiten. Hier werden kompliziertere logische Verarbeitungsvorschriften in mehreren Abschnitten durch eine zeitliche Aufeinanderfolge einfacherer Schritte zu den genannten Taktzeiten ausgeführt. Die binären Variablen sind hier Rechteckimpulse, die zu den Taktzeiten auftreten ($x = 1$) oder nicht auftreten ($x = 0$) — vgl. Abb. 8.4. Die Verknüpfungen während der jeweiligen Taktzeiten werden durch die Schaltalgebra beschrieben. Die zeitliche Aufeinanderfolge der einzelnen Schritte unter Einbeziehung der Verknüpfungen gehört in das Gebiet der *Automatentheorie* (s. Abschn. 11), welche die Schaltalgebra als Teilgebiet enthält.

Bei der Realisierung logischer Verknüpfungen durch logische Schaltungen ist die zeitliche Änderung der binären Variablen von Interesse, weil es keine technischen Schaltungen gibt, die völlig trägheitslos arbeiten. Je geringer die Trägheit der verwendeten Bauelemente ist, um so kürzer können die Abstände zwischen den Taktzeiten gewählt werden und um so schneller ist die Arbeitsgeschwindigkeit der Maschine.

## 10.2 Logische Schaltungen

### 10.2.1 Allgemeiner Überblick

Die schaltungsmäßige Realisierung logischer Funktionen bzw. logischer Verknüpfungen kann durch verschiedene Bauelemente erfolgen. Die binären Werte 0 und 1 werden dabei in der Regel durch unterschiedliche Spannungen oder Ströme dargestellt. Es können allerdings auch andere Kennzeichen für ihre Darstellung benutzt werden, wie z. B. die Polarität der durch Änderungen von magnetischen

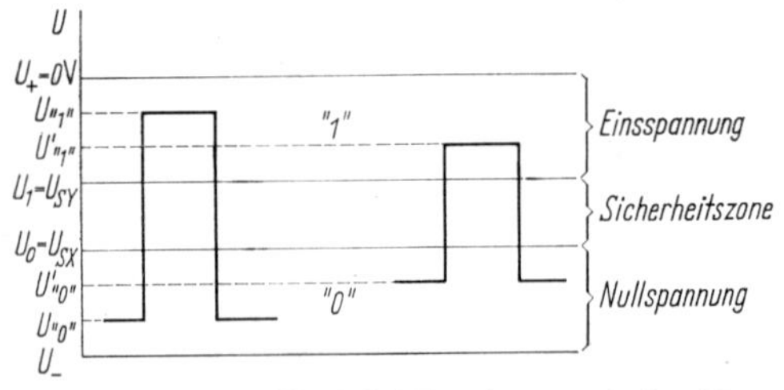


**Abb. 10.12.** Eine (willkürliche) Zuordnung zwischen Binärgrößen und Spannungen (die Binärgrößen werden in Anführungszeichen gesetzt "1"; "0"; wenn Verwechslungen mit Dezimalzahlen möglich sind).

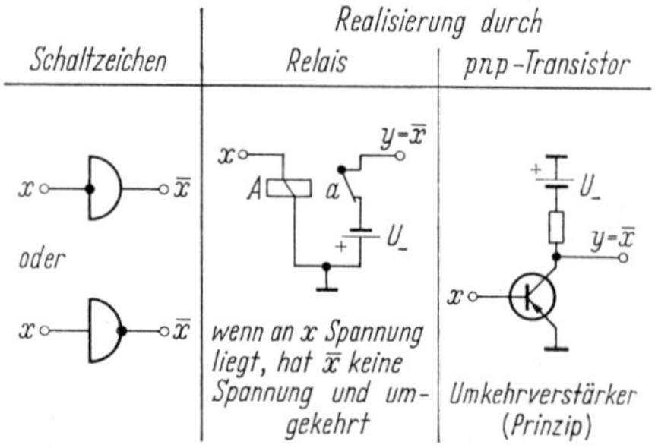


**Abb. 10.13.** Negationsstufen

Induktionen auftretenden Spannungsimpulse oder die Phasenlage von Wechselspannungen usw.

Da kein reales technisches System exakt unstetig arbeiten kann, d. h. jedes technische System mehr oder weniger stetiges Verhalten hat, muß man den binären Werten 0 und 1 jeweils einen gewissen Bereich, z. B. der Spannung, zuordnen. Um Fehldeutungen zu vermeiden, läßt man normalerweise die 0- und 1-Bereiche nicht unmittelbar aneinandergrenzen, sondern trennt sie durch eine Sicherheitszone voneinander, deren Spannungswerte nicht definiert sind. Abb. 10.12 zeigt ein Beispiel einer solchen Zuordnung. Die Bedeutung der eingezeichneten unterschiedlichen Rechteckimpulse wird später behandelt und ist vorerst nicht von Interesse.

Bevor die Problematik einzelner Schaltkreise näher besprochen wird, sei zunächst ein grober Überblick über die wichtigsten Realisierungsmöglichkeiten der

Grundverknüpfungen, Negation (Abb. 10.13), Konjunktion und Disjunktion (Abbildung 10.14) gegeben. Die Wirkungsweise ergibt sich bereits weitgehend direkt aus den Abbildungen. Allen Bildern ist die Spannungszuordnung nach Abb. 10.12 zugrunde gelegt. Die positivere Spannung bedeutet 1, die negativere 0. Der Pluspol der Versorgungsbatterien liegt jeweils an Masse, so daß Massepotential oder annäherndes Massepotential 1 bedeutet.

| Schaltzeichen | Realisierung | Bemerkung |
|---|---|---|
| 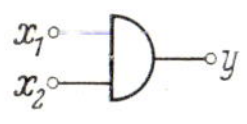 | 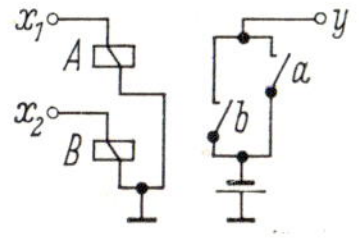 | $y$ bekommt dann (über eine nicht eingezeichnete Last) Massenpotential ($y = 1$), wenn $x_1$ *und* $x_2$ Massepotential ($x_1 = 1$, $x_2 = 1$) haben. Sonst ist $y = 0$. Man beachte den Unterschied zu Tab. 10.7! |
| 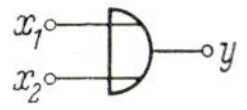 | 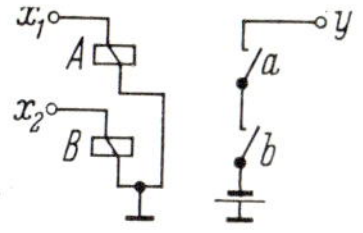 | $y$ bekommt dann (über eine nicht eingezeichnete Last) Massepotential ($y = 1$), wenn $x_1$ *oder* $x_2$ Massepotential ($x_1 = 1$, $x_2 = 1$) haben. Sonst ist $y = 0$. Man beachte den Unterschied zu Tab. 10.7! |
| 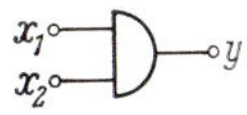 | 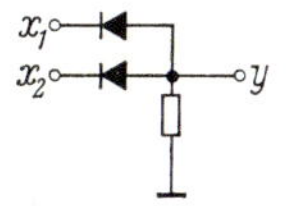 | $y$ bekommt dann (positiveres) Massepotential ($\approx 0\,\mathrm{V}$), wenn $x_1$ *und* $x_2$ Massepotential haben. $y$ bekommt bereits negatives Potential gegen Masse, wenn nur $x_1$ oder $x_2$ negativ wird (vgl. Abb. 10.12) |
| 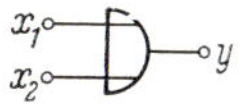 | 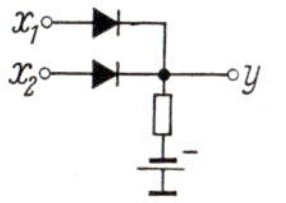 | $y$ bekommt dann (positiveres) Massepotential ($\approx 0\,\mathrm{V}$), wenn $x_1$ *oder* $x_2$ Massepotential haben. $y$ bekommt negatives Potential gegen Masse, wenn $x_1$ und $x_2$ negativ werden (vgl. Abb. 10.12) |
| 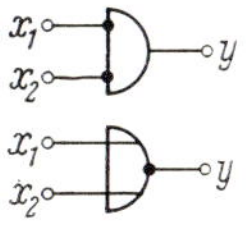 | 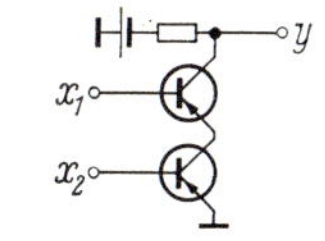 | $y$ wird dann positiver, wenn $x_1$ *und* $x_2$ negativer werden ($y = \bar{x}_1 \cdot \bar{x}_2$). $y$ bekommt negatives Potential, wenn $x_1$ *oder* $x_2$ positives Potential haben ($\bar{y} = x_1 \vee x_2$, vgl. de-Morgan-Gesetz) |
| 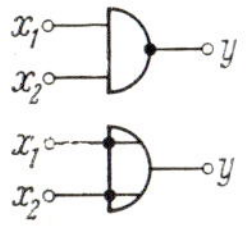 | 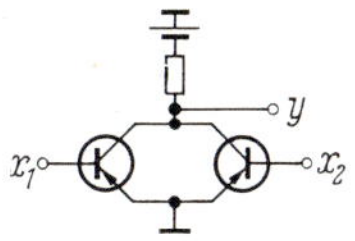 | $y$ bekommt positiveres Potential ($\approx 0\,\mathrm{V}$), wenn $x_1$ oder $x_2$ negatives Potential haben, d. h. $y = \bar{x}_1 \vee \bar{x}_2$ oder $\bar{y} = x_1 \cdot x_2$ |

Abb. 10.14. Verschiedene Realisierungsmöglichkeiten von Konjunktion und Disjunktion

Wohl am einfachsten ist die Wirkungsweise der Relaisschaltungen zu verstehen. Ein Relais besteht aus dem *Empfangsteil*, der durch ein Kästchen und durch einen großen lateinischen Druckbuchstaben gekennzeichnet ist und dem *Schaltteil* bzw. Kontakt, der durch den entsprechenden kleinen Buchstaben gekennzeichnet ist, das heißt z. B. Kontakt $a$ gehört zum Empfangsteil $A$, $b$ zu $B$. Der Empfangsteil enthält eine Wicklung für einen Elektromagneten. Wenn über dem Empfangsteil eine Spannung anliegt bzw. durch ihn ein Strom fließt, dann wird der zugehörige Kontakt (bzw. die zugehörigen Kontakte) betätigt. Die Stellung aller Kontakte in den Bildern entspricht der Ruhelage, d. h., daß die zugehörigen Empfangsteile stromlos sind. Der komplementäre Fall zur Ruhelage heißt Arbeitslage.

Der Kontakt $a$ in der Negationsstufe mit Relais in Abb. 10.13 ist ein Ruhekontakt, d. h., er ist bei stromlosem Empfangsteil $A$ geschlossen. Stromloser Empfangsteil heißt mit Abb. 10.12, daß am Eingang $x = 1$ ist. Zwischen Ausgangsklemme und Masse liegt nun die Spannung $U_-$, d. h., am Ausgang ist $y = 0$. Bei $x = 0$ fließt durch den Empfangsteil Strom, und der Kontakt $a$ wird geöffnet. Nun würde der Zeichnung nach der Ausgang „in der Luft" liegen. In Wirklichkeit ist aber der Ausgang normalerweise über eine Last (z. B. einige Empfangsteile anderer Relais) mit Masse verbunden, so daß bei $x = 0$ der Ausgang $y = 1$ wird. Die Wirkungsweise der Negationsstufe mit dem *pnp*-Transistor in Abb. 10.13 ist ebenfalls leicht zu verstehen. Je negativer die Basis-Emitter-Spannung $U_{BE}$ wird, desto größer wird der Betrag des Kollektorstroms $I_C$ und damit um so positiver die Ausgangsspannung $U_{CE}$. Diese Schaltung ist nur eine grundsätzliche Prinzipschaltung. Bei realen Transistoren muß in Wirklichkeit noch berücksichtigt werden, daß sich die Basis-Emitter-Spannung nur um Bruchteile eines Volts ändern darf, während die Kollektor-Emitter-Spannung normalerweise wesentlich größere Spannungsänderungen vollzieht.

Mit diesen Erläuterungen zu Abb. 10.13 werden auch die Relais- und Transistorschaltungen von Abb. 10.14 sofort verständlich. Bei den Diodenschaltungen von Abb. 10.14 fällt auf, daß die Und-Schaltung keine Batterie enthält, während die Oder-Schaltung eine enthält. Dies ist lediglich durch die zugrunde gelegte Spannungszuordnung von Abb. 10.12 bedingt. Bei der Und-Schaltung wird nur dann der Ausgang positiv (Massepotential), d. h. $y = 1$, wenn beide Eingänge positiv sind, d. h. $x_1 = 1$ und $x_2 = 1$. Hat auch nur ein Eingang eine negative Spannung ($x = 0$), so setzt sich wegen der gezeichneten Polung der Dioden das negative Potential am Ausgang durch, und es ist $y = 0$. Bei der Oder-Schaltung muß wegen der zugrunde gelegten Spannungszuordnung noch eine Batterie eingefügt werden, denn wenn beide Eingänge negativ sind ($x_1 = 0$, $x_2 = 0$), dann muß auch der Ausgang negativ sein ($y = 0$), was ohne Batterie nicht zu erreichen ist.

## 10.2.2 Relaisschaltkreise, Vergleich ihrer Eigenschaften mit denen elektronischer Schaltkreise

Mit Relais können beliebig komplizierte Verknüpfungen hergestellt werden. So bestand z. B. die erste programmgesteuerte Rechenanlage Z 1 von ZUSE fast nur aus Relais. Als Beispiel zeigt Abb. 10.15 die Realisierung der logischen Funktion von Gl. (10.47) mit Relais

$$y = (\bar{x}_1 \cdot x_2) \vee (x_1 \cdot \bar{x}_2). \qquad (10.47)$$

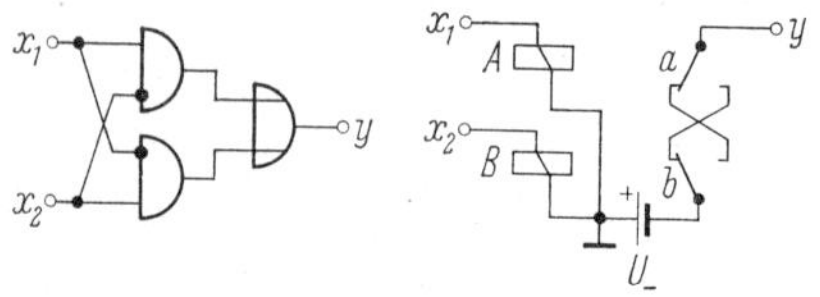

Abb. 10.15. Schaltzeichen und Realisierung durch Relais der Funktion $y = (\bar{x}_1 \cdot x_2) \vee (x_1 \cdot \bar{x}_2)$

Neben der prinzipiellen Funktionsrealisierbarkeit interessieren bei logischen Schaltungen auch noch andere physikalische Fakten. Hierzu gehören u. a. die Lebensdauer und die Schnelligkeit in der Arbeitsweise, d. h. der Zeitbedarf. In Tab. 10.11 sind einige diesbezügliche Angaben verschiedener Relais angegeben.

Von den in Tab. 10.11 aufgeführten Relais zeichnet sich das Reedrelais durch besonders gute Eigenschaften aus, was durch eine besondere Konstruktion des Schaltteils erreicht wird. Dieser besteht aus zwei in eine luftdichte Glasröhre eingeschmolzenen, im Kontaktbereich vergoldeten Kontaktfedern aus ferromagnetischem Material (s. Abb. 10.16) nach [*8*]). In der Glasröhre befindet sich ein Schutzgas ($N_2$, $H_2$). Der Reedkontakt weist dadurch eine hohe Lebensdauer, Unabhängigkeit von atmosphärischen Einflüssen und kurze Schaltzeiten auf. Er benötigt keine Wartung. Die Erregerwicklung wird über die Glasröhre geschoben. Die magnetischen Kraftlinien nehmen bei Erregung des Relais ihren Weg durch die Kontaktfedern und den Luftspalt an der Kontaktfläche und bringen so die beiden Federn zur

Tabelle 10.11 *Einige Eigenschaften verschiedener Relais*

| Relaistyp | Telegrafenrelais | Flachrelais | Reedrelais |
|---|---|---|---|
| maximale Kontaktzahl . . . | 1 (oder 2) Umschaltekontakte | 18 Federn (z. B. 9 Arbeitskontakte) | 1 bis 4 Arbeits- bzw. 1 oder 2 Ruhekontakte |
| Anzugszeit in ms . . . . . . | 3 | $20 \cdots 30$ | 1 |
| Abfallzeit in ms . . . . . . | $3 \cdots 10$ | 15 | 0,5 |
| maximale Anzahl der Betätigungen pro Sekunde . . . . | $100 \cdots 200$ | 25 | $200 \cdots 400$ |
| maximale Zahl der Schaltungen | $10^8$ (20 mA, 60 V) | $10^7$ (200 mA, 60 V) | $10^9$ (ohne Last) |

Berührung. Will man den Reedkontakt als Ruhekontakt verwenden, so kann man mit Hilfe eines kleinen Permanentmagneten den Anzug erzwingen (Ruhekontakt) und durch die Erregung in der Wicklung wieder aufheben. Mit zwei gegensinnig erregten Wicklungen läßt sich dasselbe Verhalten erzielen. Es gibt Spulenkörper, die geeignet sind für die Aufnahme von ein bis vier Kontakten. Die Permanentmagnete sind so beschaffen, daß sie anstelle eines Reedkontaktes in einen Spulenkörper geschoben werden können, so daß für Ruhekontakte (Zweifachspulenkörper) keine zusätzliche Halterung nötig ist. Eine Justierung der Kontakte findet vor dem Einschmelzen statt und ist später nicht mehr möglich (Schutz vor versehentlicher Dejustierung).

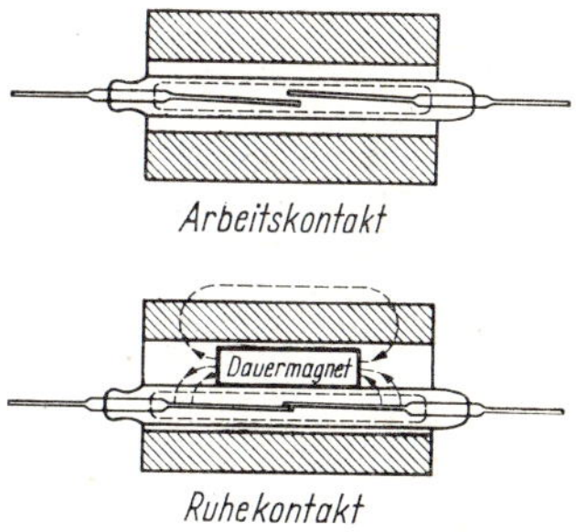


Abb. 10.16. Reed-Relais (die schraffierten Flächen stellen die Erregerwicklung dar)

Im Zuge der technischen Entwicklung werden mehr und mehr anstelle von Relais elektronische Schaltelemente verwendet, deren Funktion nicht von grobmechanischer Bewegung abhängt. (Dagegen wird natürlich eine Bewegung von Elementarteilchen, wie Elektronen, Ionen u. dgl., erfolgen.) Hauptsächlich vier Gründe sprechen für die Verwendung elektronischer Schaltelemente:

a) *Zeitbedarf.* Relais (s. Tab. 10.11) haben Funktionszeiten von $1 \cdots 50$ ms. Elektronische Schaltelemente des heutigen Entwicklungsstandes haben Funktionszeiten von 0,01 . . . 10 µs (Mikrosekunden). Angestrebt und teilweise schon erreicht, werden Funktionszeiten von 0,001 µs (Nanosekunde). Zum Vergleich: Das menschliche Nervensystem arbeitet mit Funktionszeiten von einzelnen ms.

b) *Raumbedarf.* Relaisschaltungen brauchen je Schaltelement etwa $10 \cdots 100$ cm³, Schaltungen mit Elektronenröhren benötigen je Röhre ebenfalls $10 \cdots 100$ cm³, Schaltungen mit Halbleiterbauelementen (Transistoren, Dioden) brauchen je Schaltelement etwa 1 cm³. Angestrebt und teilweise schon erreicht, wird ein Raumbedarf je Schaltelement von $0{,}0001 \cdots 0{,}01$ cm³ (integrierte Technik). Zum Vergleich: Das menschliche Schaltelement (Neuron) hat einen Raumbedarf von etwa 0,0000001 cm³ (hierbei ist zu beachten, daß ein Neuron wesentlich komplexer aufgebaut ist und funktionell mehr leistet als die obengenannten Schaltelemente).

c) *Energiebedarf.* Relaisschaltungen brauchen je Schaltelement etwa $1 \cdots 100$ mW Röhrenschaltungen brauchen je Röhre etwa $0{,}1 \cdots 10$ W. Transistorschaltungen brauchen je Transistor $0{,}1 \cdots 10$ mW. Zum Vergleich: Das Neuron braucht größenordnungsmäßig 0,0001 µW, also etwa 10 Millionen mal weniger als typische elektronische Schaltungen.

d) *Ermüdung.* Relaisschaltungen zeigen nach einiger Zeit Fehlfunktionen, z. B. wegen Verschleiß. Bei typischen Relaiskonstruktionen rechnet man im statistischen

Mittel mit Millionen bis hundert Millionen fehlerfreier Funktionen bis zum Ausfall (vgl. Tab. 10.11).

Elektronische Schaltelemente, die einwandfrei hergestellt sind, z. B. keine Verunreinigungen enthalten und richtig beschaltet sind (z. B. nicht überlastet werden), zeigen praktisch keine zeitliche Funktionsveränderung. Eine Ausnahme machen Elektronenröhren, deren Heizfäden im Laufe der Zeit inaktiv werden (Elektronenröhren werden neuerdings nicht mehr in nachrichtenverarbeitenden Systemen verwendet). Zum Vergleich: Das menschliche Nervensystem ermüdet je nach Belastung in Zeiträumen von Sekunden bis Stunden bis zur völligen Funktionsunfähigkeit und wird dann erst wieder nach einer Erholungszeit funktionsfähig.

### 10.2.3 Logische Schaltungen mit Dioden

Mit Diodenschaltungen lassen sich in einfacher Weise Konjunktionen und Disjunktionen realisieren, wie in Abb. 10.14 bereits für den Fall zweier Variabler $x_1$ und $x_2$ gezeigt worden ist. Die Negation kann dagegen mit Dioden nicht realisiert werden (hierzu wird im allgemeinen eine Transistorstufe verwendet). Sollen auch negierte Variable verknüpft werden, so müssen diese bereits negiert dem Diodennetzwerk zugeführt werden (Abb. 10.17).

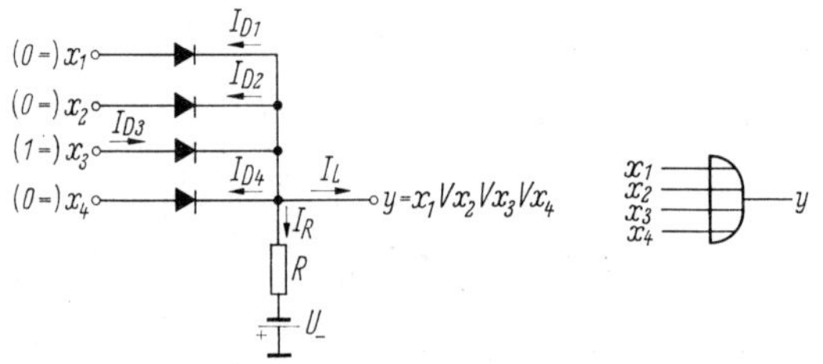


Abb. 10.17. Disjunktion von vier Variablen

Wie weiter unten noch näher erläutert wird, werden durch logische Schaltungen mit Dioden und ohne aktive Elemente Impulse verzerrt. Aus diesem Grund sowie zur Realisierung der Negation benötigen Diodenschaltungen stets noch irgendwelche Impulsregenerierstufen und Umkehrverstärkerstufen. Man verwendet die Diodenlogik hauptsächlich als Koppelnetzwerke, die zwischen die einzelnen Transistorstufen eingefügt werden. Die Dimensionierung von Diodenschaltungen muß daher letztlich in Verbindung mit den zu benutzenden Transistoren geschehen. In diesem Abschnitt wird darum nur die prinzipielle bzw. qualitative Wirkungsweise logischer Schaltungen mit Dioden erläutert.

Abb. 10.17 zeigt eine Oder-Schaltung mit vier Eingängen. In diesem sind verschiedene Strompfeile eingezeichnet, welche die Richtung der einzelnen Ströme für den Fall angeben, daß nur $x_3$ positiveres Potential hat bzw. gleich 1 ist, und alle anderen Variablen 0 sind. Dabei ist angenommen, daß die Dioden nicht ideal sind, d. h., in den Dioden $D_1$; $D_2$ und $D_4$ fließen die Sperrströme $I_{D1}$; $I_{D2}$ und $I_{D4}$. Diese Sperrströme zusammen mit dem Laststrom $I_L$ und dem Strom $I_R$ ergeben u. U. einen beträchtlichen Durchlaßstrom $I_{D3}$ in Diode $D_3$. Hat diese den Durchlaßwiderstand $R_D$, so ergibt sich hieraus, daß das "1"-Potential $U'_{„1“}$ am Ausgang der Und-Schaltung negativer ist als das "1"-Potential $U_{„1“}$ am Eingang (vgl. Abb. 10.12). Hieraus folgt, daß man nicht beliebig viele binäre Variable mit Diodenschaltungen gemäß Abb. 10.17 bzw. 10.14 verknüpfen kann, wenn man reale Dioden mit endlichem Durchlaß- und Sperrwiderstand verwendet.

Von großem praktischem Interesse ist die Kaskadenschaltung von Und- und Oder-Schaltungen mit Dioden. Abb. 10.18 zeigt eine solche zweistufige Diodenschaltung. Die erste (linke) Stufe besteht aus Und-Schaltungen, in der zweiten Stufe werden die Ausgänge (Konjunktionen) der ersten Stufe disjunktiv miteinander verknüpft. Die Eins-Spannungen liegen bei negativen Spannungen von kleinem Betrag, die Null-Spannungen bei negativen Spannungen von hohem Betrag (vgl. Abb. 10.12). Am Ausgang wird die Null-Spannung dann am negativsten sein ($U_{„0“}$

in Abb. 10.12), wenn an sämtlichen Eingängen der ersten Stufe Null-Spannung anliegt. Liegt dagegen an einigen (aber nicht an allen) Eingängen Eins-Spannung an, d. h. $\approx 0$ V, dann fließt durch die entsprechenden Dioden der ersten Stufe ein höherer Sperrstrom, der ein leicht positiveres Potential $U'_{„0“}$ am Ausgang erzeugt. Diese Betrachtungen zeigen, daß der Spannungshub zwischen den binären Zuständen 0 und 1 um so geringer werden kann (bei ungünstigem Schaltzustand), je mehr Variable in einer Stufe miteinander verknüpft werden und je mehr Stufen hintereinandergeschaltet werden.

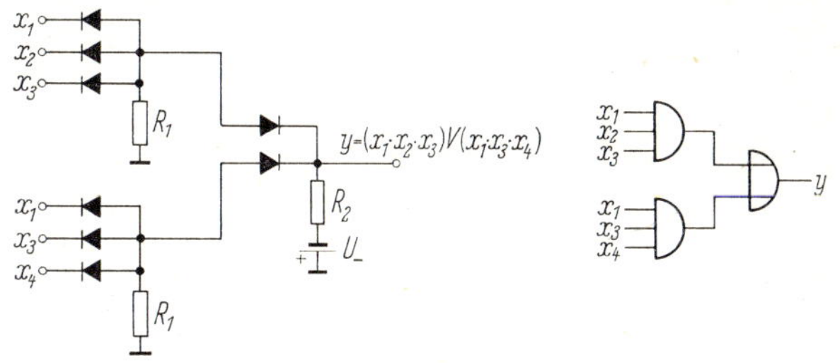


Abb. 10.18. Kaskade von Und- dann Oder-Schaltung ($R_1 < R_2$)

Vom theoretischen Standpunkt aus ist es interessant festzustellen, daß man mit einer zweistufigen Kaskade jede beliebige Funktion realisieren kann. Wie leicht einzusehen ist, läßt sich nämlich jede Funktion, die in der disjunktiven oder konjunktiven Normalform gegeben ist, durch eine zweistufige Diodenkaskade realisieren, vorausgesetzt, daß die negierten Variablen bereits in negierter Form vorliegen. Vom praktischen Standpunkt aus können jedoch mehrstufige Kaskaden oft zweckmäßiger sein.

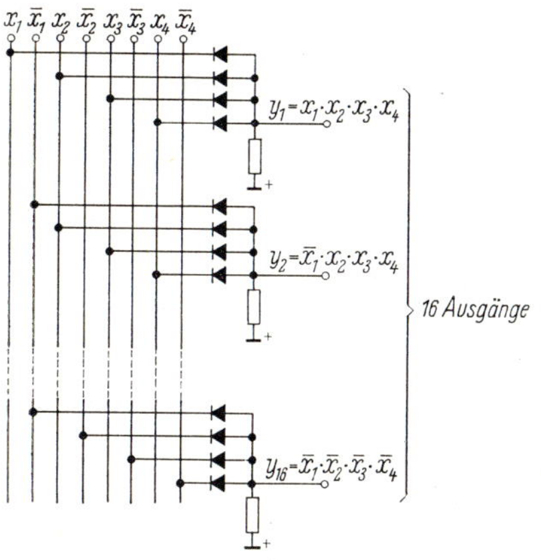


Abb. 10.19
Zur Bildung der 16 möglichen Vollkonjunktionen von vier Variablen

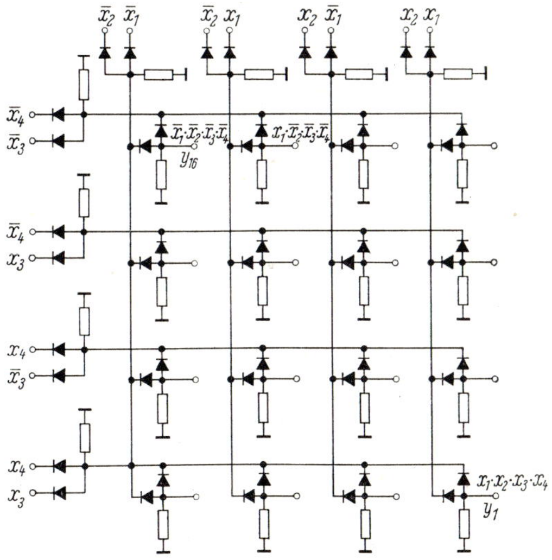


Abb. 10.20
Äquivalente Schaltung zu Abb. 10.19 für die Bildung der 16 möglichen Vollkonjunktionen von vier Variablen

Ein einfaches Beispiel mag zeigen, wie sich durch Verwendung mehrerer Stufen ein geringerer Schaltungsaufwand ergibt: Es sollen durch eine Schaltung die 16 möglichen Konjunktionen von vier Variablen $x_1$; $x_2$; $x_3$; $x_4$ gebildet werden. Abb. 10.19 zeigt die Schaltung, bei der jede Konjunktion in einer einzigen Stufe gebildet wird. Man erkennt, daß zur Realisierung in dieser Form 16 Widerstände und 64 Dioden erforderlich sind. Bildet man dagegen jede der gewünschten Konjunktionen durch je zwei in Kaskade geschaltete Und-Schaltungen, die man alle zweckmäßigerweise in Matrixform anordnet (Abb. 10.20), dann ergeben sich als Aufwand 24 Widerstände und 48 Dioden, also insgesamt weniger Bauelemente.

Hinsichtlich der Impulsverformungen zeigen Und- und Oder-Schaltungen mit Dioden ein unterschiedliches Verhalten. Hauptursache für die auftretenden Impulsverformungen ist die unvermeidbare Kapazität am Ausgang der logischen Schaltung (Schaltkapazität, Eingangskapazität der folgenden Stufe). In Abb. 10.21 ist das Impulsverhalten qualitativ dargestellt. Bei der gezeichneten Oder-Schaltung drückt sich der positive Impulsanstieg wegen des relativ geringen Diodendurchlaßwiderstandes relativ schnell dem Kondensator auf und ergibt eine steile Anstiegsflanke des Ausgangsimpulses. Der Impulsabfall des Ausgangsimpulses zum negativeren Endwert geht dagegen relativ langsam vor sich, da der Kondensator $C$ erst über den relativ großen Widerstand $R$ wieder aufgeladen werden muß. Bei der Und-Schaltung sind die Verhältnisse umgekehrt. Manchmal treten noch zusätzliche Verzerrungen auf, die von den in Teil I, Abschn. 4.3.2.1, beschriebenen Speichereffekten der Halbleiterdioden herrühren.

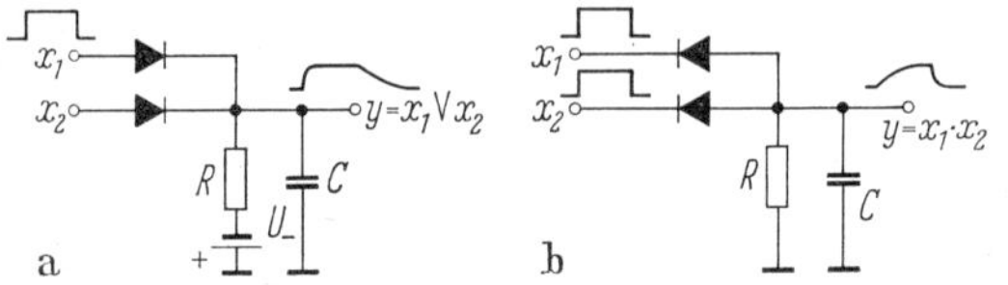

Abb. 10.21. Impulsverhalten des a Oder-Gliedes; b Und-Gliedes

Bei den hier behandelten Und- und Oder-Schaltungen war vorausgesetzt, daß die positivere Spannung der binären 1 und die negativere Spannung der binären 0 zugeordnet ist (Abb. 10.12). Wird diese Zuordnung umgekehrt, d. h. der negativeren Spannung die binäre 1 zugeordnet usw., dann entsteht aus der Und-Schaltung eine Oder-Schaltung und umgekehrt. Dies ist eine Folge der DE MORGANschen Gesetze [Gl. (10.20) und Gl. (10.21)].

$$x_1 \vee x_2 = \overline{\bar{x}_1 \cdot \bar{x}_2} \quad \text{bzw.} \quad x_1 \cdot x_2 = \overline{\bar{x}_1 \vee \bar{x}_2}.$$

Diesen Sachverhalt kann man sich an Abb. 10.21a klarmachen. Aus der dort gezeichneten Oder-Schaltung wird eine Und-Schaltung, wenn die negativere Spannung der binären 1 entspricht, denn es tritt nur dann am Ausgang negatives Potential auf, wenn beide Eingänge zugleich negativ werden. Entsprechendes gilt für die in Abb. 10.21b gezeichnete Und-Schaltung.

### 10.2.4 Logische Schaltungen mit Transistoren

Die Kernstücke der logischen Schaltungen mit Transistoren sind die Stufen, in denen der Transistor als elektronischer Schalter verwendet wird. Wie weiter unten noch näher gezeigt wird, kann jede logische Funktion ausschließlich mit Transistorschalterstufen aufgebaut werden. Treiberstufen, Umkehrstufen, Impulsregenerierstufen, die in der Diodenlogik gebraucht werden, sind hier nicht erforderlich.

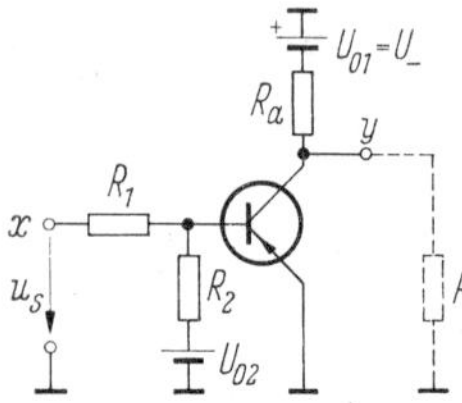

Abb. 10.22 *pnp*-Transistorschalter

Die statische Theorie der Transistorschalterstufe ist in Teil I, Abschn. 4.2.2.2, ausführlich behandelt worden. Zur Beurteilung ihres dynamischen Verhaltens dienen die Ausführungen von Abschn. 4.3.2.2. Abb. 10.22 zeigt noch einmal die Schaltung des *pnp*-Transistorschalters (vgl. Teil I, Abb. 4.31). Durch die binäre Signalspannung $u_S$ wird bekanntlich der Transistor zwischen Sperr- und Übersteuerungsbereich hin- und hergeschaltet. Im gesperrten Zustand fließt über den Kollektor nur noch ein geringer Reststrom, der dem Betrag nach kleiner ist als der Reststrom $I_{CBO}$. In diesem Fall ist $U_{CE} \approx U_{01} = U_-$. Die Spannung $U_{CE}$ des gesperrten Transistors entspricht also mit Abb. 10.12 der binären 0. Im übersteuerten Zustand nimmt die Kollektor Emitter-Spannung $U_{CE}$ den geringen Betrag der Kollektorrestspannung $U_{CER}$ an (vgl. Abb. 4.29 in Teil I). Diese Restspannung, die etwa $U_{CER} \approx -0{,}2$ V beträgt, entspricht der binären 1.

Am Eingang wird der negativeren Spannung $u_s = U_{SX}$ (mit $|U_{SX}| < |U_-|$), bei welcher der Transistor übersteuert ist, gemäß Abb. 10.12 wieder die binäre 0 zugeordnet, der positiveren Spannung $u_s = U_{SY}$ (mit $|U_{SY}| > |U_{CER}|$), bei welcher der Transistor gesperrt ist, wird entsprechend die binäre 1 zugeordnet. Der Transistorschalter nach Abb. 10.22 ist damit in logischer Hinsicht eine Negationsstufe. Hinsichtlich der Schaltungstechnik ist der Transistorschalter aber noch mehr. Wenn die steuernden Impulse nicht mehr rechteckförmig sind, sondern z. B. trapezförmig verschliffen sind, dann werden durch den Transistorschalter die Impulsflanken wieder versteilert, und damit die Impulsform regeneriert. Ferner liefert der Transistorschalter noch eine Leistungsverstärkung.

Mit der Schalterstufe in der oben beschriebenen Form lassen sich noch nicht beliebige Schaltfunktionen realisieren. Dazu bedarf es noch der Erweiterung auf mehrere Eingänge. Weiter werden häufig noch einige zusätzliche Schaltelemente eingebaut, z. B. zur Vergrößerung der Funktionsgeschwindigkeit, Begrenzung der Emitter-Basis-Spannung des gesperrten Transistors usw. Die einzelnen Techniken werden in den nun folgenden Unterabschnitten behandelt.

#### 10.2.4.1 Schaltkreistechniken mit Widerstandskopplung

Als erstes soll die RT-Technik (Resistor Transistor) erläutert werden. Abb. 10.23 zeigt den Grundbaustein. Der Transistor ist gesperrt, wenn alle Eingänge $x_1$ und $x_2$ und $x_3$ die Spannung $U_{SY}$ gegen Masse haben. Erhält auch nur ein Eingang die negativere Spannung $U_{SX}$ (Abb. 10.12), wobei die übrigen Eingänge auf Null Volt liegen können (ungünstigster Fall), so soll das bereits dafür genügen, daß der Transistor übersteuert ist. Die beschreibende Gleichung in Booleschen Algebra lautet also

$$\bar{y} = x_1 \cdot x_2 \cdot x_3 \qquad (10.48)$$

oder

$$y = \bar{x}_1 \vee \bar{x}_2 \vee \bar{x}_3. \qquad (10.49)$$

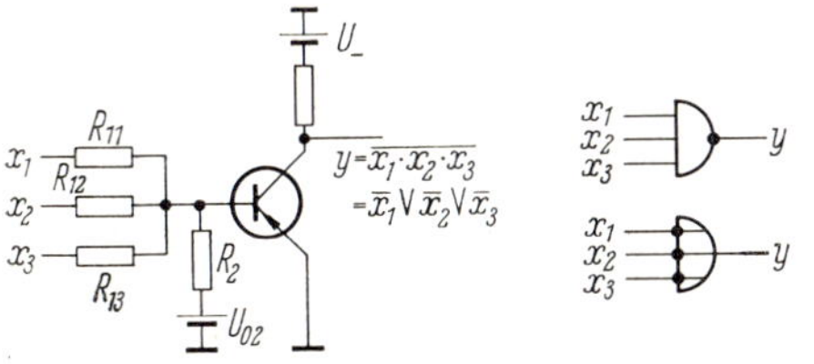


Abb. 10.23
Nicht-Und-Schaltung (Nand-Schaltung)

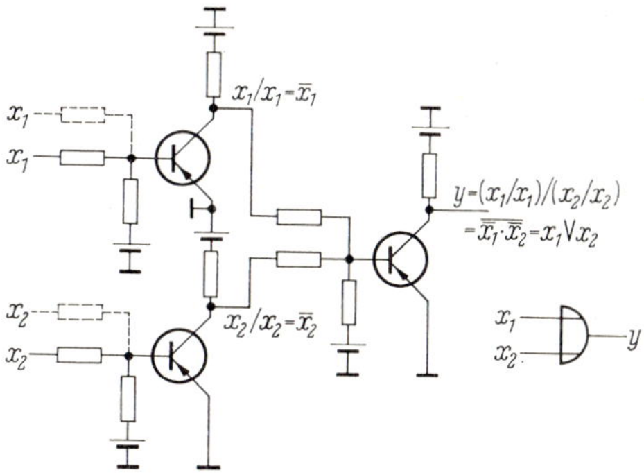


Abb. 10.24
Bildung der Disjunktion aus Nand-Schaltungen

Zur Bestimmung der Widerstände $R_{11}$, $R_{12}$, $R_{13}$ und $R_2$ kann ein Ungleichungssystem in ähnlicher Weise aufgestellt werden, wie das in Teil I mit Gl. (4.52) und Gl. (4.53) geschehen ist. Bei Steuerung aller Eingänge durch gleichartige Schaltungen werden die Widerstände $R_{11}$, $R_{12}$ und $R_{13}$ gleich groß gewählt.

Die Schaltung von Abb. 10.23 wird auch als *Nicht-Und-Schaltung* oder auch als *Nand-Schaltung* bezeichnet. Baut man diese Schaltung mit nur zwei Eingängen auf, dann hat man eine schaltungsmäßige Realisierung der bekannten Operation des Shefferschen Striches der Schaltalgebra, mit der sich bekanntlich jede logische Funktion bilden läßt. Als Beispiel soll die (nichtnegierte!) Disjunktion zweier Variabler gebildet werden. Nach Tab. 10.8 gilt

$$y = x_1 \vee x_2 = (x_1 \,/\, x_1) \,/\, (x_2 \,/\, x_2). \qquad (10.50)$$

Die zugehörige Schaltung zeigt Abb. 10.24.

Mit einem elektronischen Schalter können mehrere binäre Variable miteinander verknüpft werden, indem man nach Abb. 10.23 dem Schalter mehrere Eingänge gibt. Daneben erhält man eine andere einfache Verknüpfungsmöglichkeit dadurch, daß man mehrere Schalttransistoren auf einen gemeinsamen Lastwiderstand arbeiten läßt (Abb. 10.25a). Dieser Fall war für zwei Transistoren bereits in Abb. 10.14 dargestellt worden. Für Abb. 10.25a ergibt sich

$$y = \bar{x}_1 \vee \bar{x}_2 \vee \bar{x}_3 . \tag{10.51}$$

Auch Kollektorstufen können zur logischen Verknüpfung binärer Variabler verwendet werden. Das Ausgangssignal in Abb. 10.25b ist nur dann positiv (= 0 V), wenn an

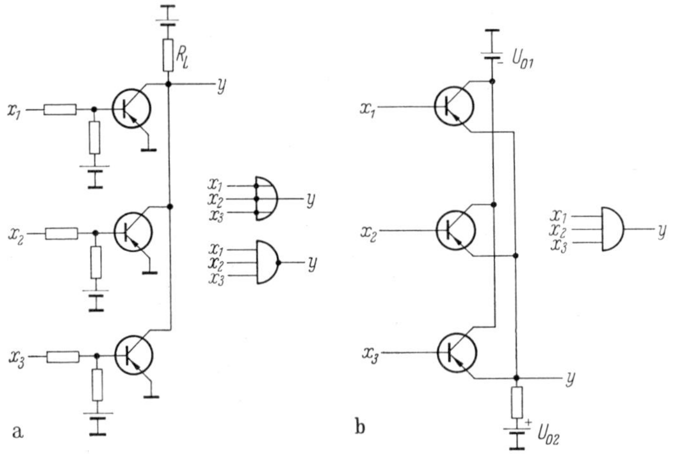


Abb. 10.25. Logische Verknüpfungen durch Verwendung gemeinsamer Lastwiderstände
a Nicht-Und-Schaltung (Nand-Schaltung); b Und-Schaltung

allen Eingängen zugleich ungefähr Null Volt anliegt. Das Ausgangssignal wird negativ, wenn ein oder mehrere Eingänge negativ werden. Somit ist für Abb. 10.25b

$$y = x_1 \cdot x_2 \cdot x_3 . \tag{10.52}$$

Damit bei der Schaltung nach Abb. 10.25b der Innenwiderstand von der Ausgangsseite klein bleibt, ist es wichtig, daß stets mindestens ein Transistor im aktiven Bereich arbeitet. Das wird durch die Spannungsquelle $U_{02}$ sichergestellt.

Eine Verbesserung der RT-Technik hinsichtlich Operationsgeschwindigkeit stellt die RCT-Technik dar. Abb. 10.26 zeigt den Baustein für einen Eingang. Die Erweiterung auf mehrere Eingänge ist wie bei der RT-Technik. Die Diode zwischen Basis und Kollektor verhindert eine zu starke Sättigung, wenn zwei oder mehrere Eingänge einer Stufe auf negativem Potential liegen. Der Kondensator $C_K$, der den Widerstand $R_1$ überbrückt, beschleunigt den Umschaltvorgang. Der Einfluß dieses Kondensators und die günstigste Größe seiner Kapazität wurde bereits in Teil I, Abschn. 4.3.2.2, Gl. (4.106), diskutiert. Häufig wird noch die Spannung $U_-$ über eine Klemmdiode dem Kollektor zugeführt, während der Widerstand $R_a$ an eine betragsmäßig höhere Spannung $U_k$ gelegt wird. Dadurch wird die minimale Ausgangsspannung auf $U_-$ bei gesperrtem Transistor festgelegt, die Impulsabfallzeit wird hingegen stark verkleinert, weil die Transistorkapazitäten nun von einer höheren Spannung $U_k$ umgeladen werden. Mit der RCT-Technik kann man bei

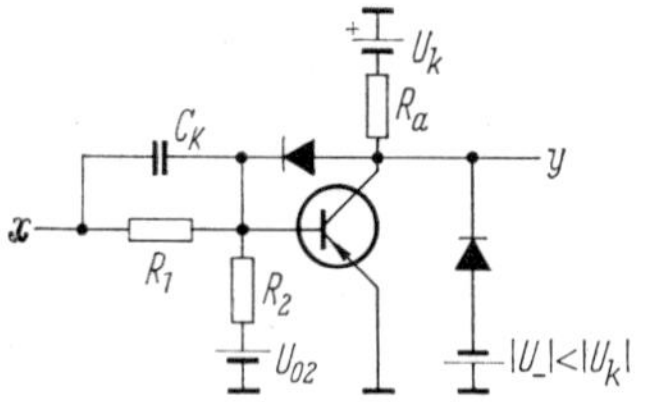


Abb. 10.26
Grundbaustein der RCT-Technik

gleichen Transistortypen eine dreifache und bisweilen noch höhere Operationsgeschwindigkeit gegenüber der RT-Technik erreichen. Praktische Anwendung hat die RCT-Technik z. B. in der IBM 608- und in der Siemens 2002-Rechenanlage gefunden [*6*].

Wenn auf Grund der Schaltfunktion von einem Schalterausgang $y$ eine große Anzahl (z. B. zehn) andere Stufen geschaltet werden müssen, dann muß ein Emitterfolger (Abb. 10.27) zwischengeschaltet werden. Der Emitterfolger (Kollektorstufe) zeichnet sich bekanntlich durch einen sehr hohen Eingangswiderstand und einen sehr geringen Innenwiderstand von der Ausgangsseite aus. Die Verwendung von Emitterfolgern kann aber eine ganze Reihe unangenehmer Folgeerscheinungen nach sich ziehen, die im wesentlichen von der normalerweise vorhandenen kapazitiven Komponente der Belastung herrühren. Wie eine genauere Durchrechnung [*7*] zeigt, können je nach Bedingungen sehr hohe Überschwinger oder auch sehr schlechte Impulsflanken auftreten. Eine Berechnung des Eingangswiderstandes der Schaltung ergibt [*9*], daß dieser in einem bestimmten Frequenzbereich einen negativen Realteil haben kann. Wird ein Emitterfolger von einer räumlich entfernt gelegenen Stufe betrieben (d. h. aus einer Quelle mit induktivem Innenwiderstand), dann kann der ganze Komplex um den Emitterfolger in Schwingungen geraten, d. h. instabil werden. Schließlich muß noch berücksichtigt werden, daß bei Emitterfolgern die Spannungsverstärkung stets kleiner als Eins ist.

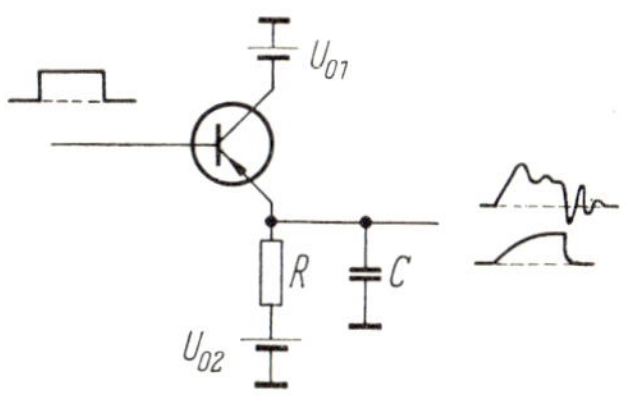

Abb. 10.27. Emitterfolger

In den bis hier dargestellten Schaltungen wurden die Transistoren nur an der Basis gesteuert. Eine große Anzahl vereinfachter Möglichkeiten ergibt sich, wenn sowohl Basis als auch Emitter von den Eingangsvariablen gesteuert werden. Auf diese Weise läßt sich z. B. die Antivalenzverknüpfung sehr einfach herstellen (Abb. 10.28). Allerdings erfordern solche am Emitter gesteuerte Stufen Vorstufen mit geringem Innenwiderstand (z. B. Emitterfolger).

Die bisher vorausgesetzte Zuordnung "0" $= U_-$ (d. h. negativeres Potential) und "1" $= 0$ V war rein willkürlich. Trifft man die umgekehrte Zuordnung, dann ergeben sich Schaltungsabwandlungen, die aus Abb. 10.28 zu ersehen sind, in welchem die Schaltungsrealisierungen der wichtigsten Verknüpfungen zweier binärer Variabler dargestellt sind. Und- und Oder-Schaltungen hängen wieder über die DE MORGANschen Gesetze zusammen.

Weitere Vereinfachungen in der Schaltungstechnik ergeben sich durch die gleichzeitige Anwendung von *pnp*- und *npn*-Transistoren.

### 10.2.4.2 Schaltkreistechniken mit Diodenkopplung

Die bekannteste Technik dieser Art ist die DT-Technik (Diode Transistor). Abb. 10.29a zeigt den Grundbaustein dieser Technik bei Verwendung normaler Transistoren, Abb. 10.29b bei Verwendung von Drifttransistoren. Da bei *pnp*-Drifttransistoren die Basis-Emitter-Spannung nicht zu stark positiv werden darf, da sonst der Transistor zerstört wird, wird mit der Diode $D$ die Basis-Emitter-Spannung in positiver Richtung auf die Knickspannung der Diode von etwa $+ 0{,}2$ V begrenzt.

Die Bausteine nach Abb. 10.29 werden so dimensioniert, daß der Transistor gesperrt ist, wenn einer der Eingänge $x_1$ oder $x_2$ oder beide auf dem positiveren Potential $U_{SY}$ liegen. Die Spannungsquelle $U_{02}$ sorgt dann für die Sperrung des Transistors. Liegen zugleich beide Eingänge auf negativem Potential, dann ist der Transistor übersteuert. Wichtig ist die Tatsache, daß der erforderliche Basisstrom für den übersteuerten Transistor nicht über die Eingangsklemmen $x_1$ und $x_2$ fließen muß, d. h. von der steuernden Stufe geliefert werden muß, wie das bei der RT-

und RCT-Technik der Fall war, sondern daß der erforderliche Basisstrom von der Spannungsquelle $U_{03}$ zur Verfügung gestellt wird. Die Dioden $D_1$ und $D_2$ sind in diesem Fall in Sperrichtung gepolt. Dies hat den wesentlichen Vorteil, daß die Größe

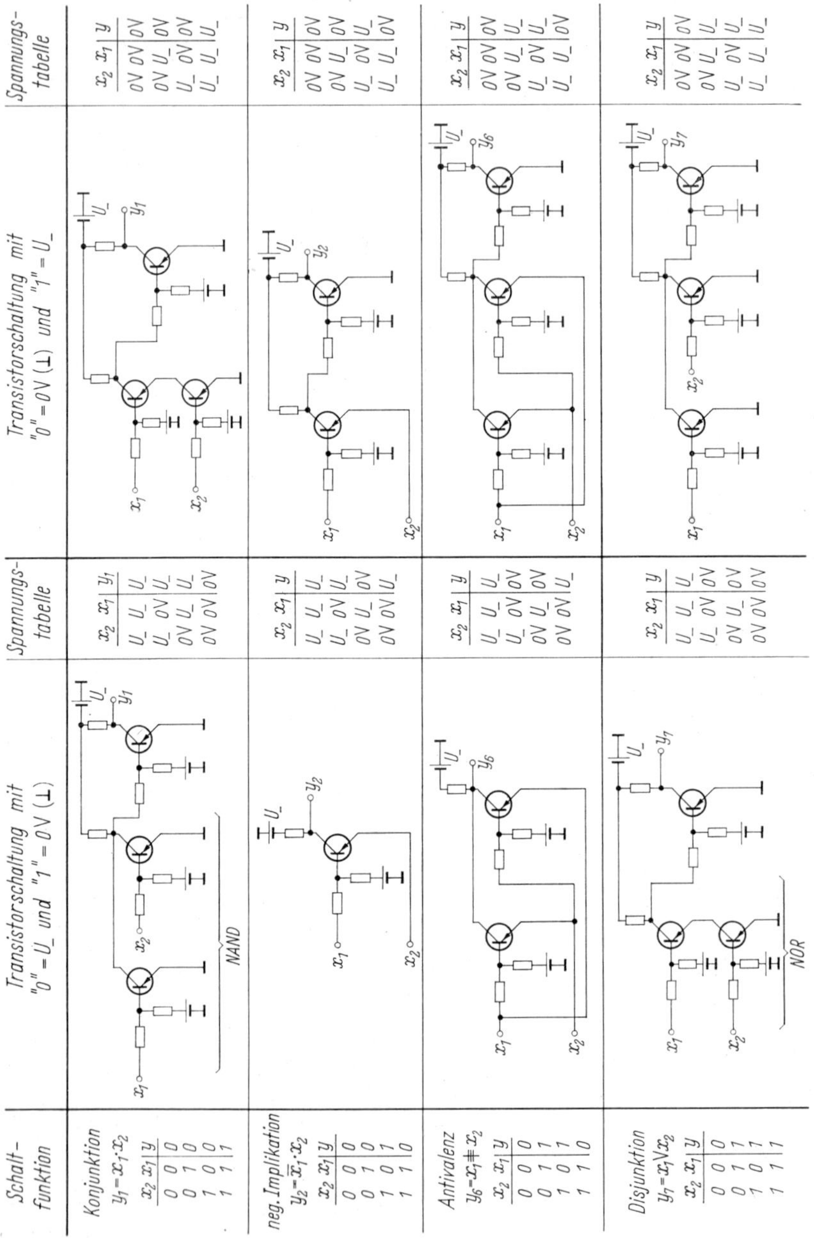


Abb. 10.28. Mögliche Transistorschaltungen für die wichtigsten Funktionen zweier Eingangsvariablen bei verschiedenen Spannungszuordnungen für die Binärziffern 0 und 1

des maximalen Basisstroms festliegt, d. h. eine übermäßig starke Sättigung nicht auftreten kann. Außerdem kann hier mit größeren Lastwiderständen $R_L$ als bei der RT- und RCT-Technik gearbeitet werden, wodurch der Leistungsbedarf geringer wird.

Die logische Funktion der Bausteine von Abb. 10.29 lautet

$$y = \bar{x}_1 \cdot \bar{x}_2 \tag{10.53}$$

bzw.

$$\bar{y} = x_1 \vee x_2 . \tag{10.54}$$

Gl. (10.53) stellt die bekannte Operation des PEIRCEschen Pfeiles dar, mit dem sich wie mit dem SHEFFERschen Strich ebenfalls sämtliche logische Funktionen bilden lassen. Man nennt diese Schaltung auch *Nor-Schaltung.*

Große Bedeutung haben die diodengekoppelten Transistorschaltungen auch wegen der Möglichkeit, Diodenkaskaden als Koppelnetzwerke zu verwenden. Schon mit zweistufigen Diodenkaskaden ergibt sich eine große Variationsbreite (Abb. 10.30).

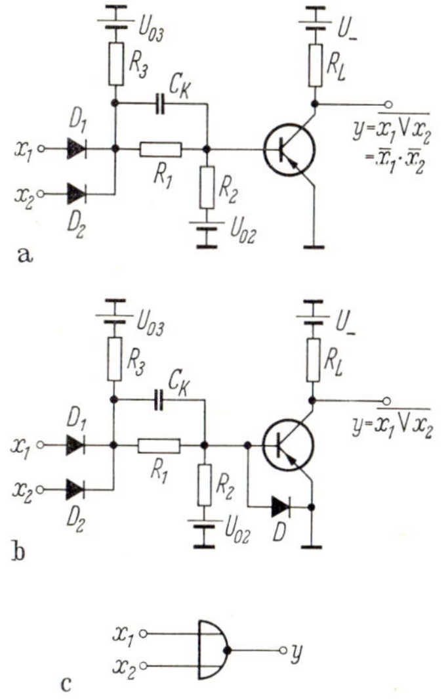


Abb. 10.29. Grundbaustein der *DT*-Technik a für normale *pnp*-Transistoren; b für *pnp*-Drifttransistoren

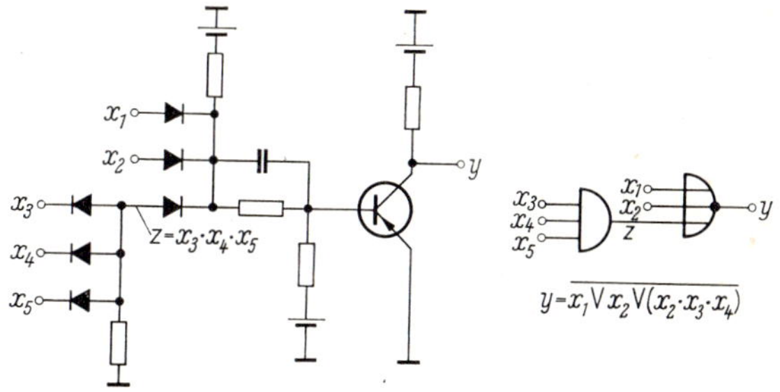


Abb. 10.30. Beispiel einer Transistorstufe mit einer zweistufigen Diodenkaskade als Koppelnetzwerk

### 10.2.5 Weitere Schaltkreistechniken

Neben den bisher beschriebenen Techniken sind noch weitere entwickelt worden, teils mit dem Ziel, eine größere Arbeitsgeschwindigkeit zu erreichen, teils um eine höhere Anzahl von Eingängen (fan in) und eine größere Belastbarkeit (d. h. Zahl der am Ausgang anschließbaren Stufen – fan out –) zu schaffen. Als Beispiele seien hier noch die Familien der nichtgesättigten Transistorschaltkreise in Stromschaltertechnik CML (Current Mode Logic) und die Alltransistor-Technik TTL (Transistor Transistor Logic) genannt, die besondere Bedeutung für die Miniaturisierung haben (integrierte Schaltkreistechnik).

### Literatur


[*1*] SHANNON, C. E.: A Symbolic Analysis of Relay and Switching Circuits. Trans. AIEE, Vol. 57 (1958) 713–723.

[*2*] CALDWELL, S. H.: Switching Circuits and Logical Design. New York: John Wiley 1958.

[*3*] ZEMANEK, H.: Logische Algebra und Theorie der Schaltnetzwerke in K. STEINBUCH (Hrsg.), Taschenbuch der Nachrichtenverarbeitung. Berlin/Göttingen/Heidelberg: Springer 1962.

[*4*] PRESSMAN, A. I.: Design of Transistorized Circuits for Digital Computers. New York: Rider 1959.

[*5*] FÖLLINGER, O., u. W. WEBER: BOOLEsche Gleichungen, Lösungen und Anwendungen. Elektronische Datenverarbeitung 6 (1963) 1 und 2 (1964).

[*6*] BRAUN, K., u. H. J. HARLOFF: Die RCT-Schaltkreistechnik im Siemens-Digitalrechner 2002. Entw.-Ber. Siemens & Halske Jahrg. 22 (Okt. 1959) Sonderheft „Digital Rechner 2002".

[*7*] HUNTER, L. P.: Handbook of Semiconductor-Electronics. New York: McGraw-Hill.

[*8*] RENSCH, H.: Der hermetisch abgeschlossene Kontakt „Herkon". ETZ–B 12. Jahrg. (1960) H. 12, 296–297.

[*9*] HENLE, R. E., u. J. L. WALSH: The Application of Transistors to Computers. Proc. IRE 46 (June 1958) 1240–1254.

[*10*] SPEISER, A. P.: Impulsschaltungen. Berlin/Göttingen/Heidelberg: Springer 1963.

# 11 Theorie und Struktur digitaler nachrichtenverarbeitender Systeme

## 11.1 Allgemeiner grundlegender Überblick

Die Technik der automatischen Nachrichtenverarbeitung ist das jüngste Gebiet der Nachrichtentechnik. Ursprünglich diente die elektrische Nachrichtentechnik nur dem Zweck, Signale über räumliche Entfernungen zu transportieren. Der neue Zweig der Nachrichtentechnik, die automatische Nachrichtenverarbeitung, entstand etwa um das Jahr 1935, als Ingenieure in den USA und Deutschland etwa gleichzeitig unabhängig voneinander fanden, daß mit den Elementen der elektrischen Nachrichtentechnik — damals hauptsächlich Relais und Elektronenröhren — logische Verknüpfungen, insbesondere Zahlenrechnungen durchgeführt werden können. Besonders zu nennen ist in Deutschland K. Zuse, in den USA H. Aiken. Für seine Pionierarbeit bekam Zuse von der Technischen Universität Berlin 1957 die Würde eines Dr.-Ing. ehrenhalber verliehen. Inzwischen werden jährlich Tausende von digitalen Rechenanlagen industriell hergestellt.

Zur Beschreibung des Prozesses der automatischen Nachrichtenverarbeitung in digitalen Systemen gehen wir davon aus, daß die zu verarbeitenden Nachrichten in binärcodierter Form vorliegen. Die theoretisch einfachste Art der Nachrichtenverarbeitung besteht dann in der Zuordnung, die mit den in Abschn. 10 behandelten logischen Schaltungen realisiert werden kann. Als Beispiel mögen zwei beliebige Dualzahlen fester Wortlänge in Parallelform (vgl. Abschn. 8.4) gegeben sein. Mit einem entsprechenden Schaltnetz aus logischen Schaltungen mit so viel Eingängen, wie insgesamt Binärstellen in beiden Wörtern zusammen vorhanden sind, läßt sich z. B. die Dualzahlensumme bilden, die dann in Parallelform an den Ausgängen des Schaltnetzes erscheint. Soll nicht nur die Addition, sondern sollen wahlweise auch andere Rechenoperationen auf zwei gegebene Dualzahlen angewendet werden, so läßt sich das durch ein entsprechend komplizierteres Schaltnetz aus logischen Schaltungen realisieren. Dieses muß entsprechend mehr Eingänge haben, so daß neben den beiden Dualzahlen auch noch die Information, welche Rechenoperation ausgeführt werden soll, an das Schaltnetz gelangt. Dieses Beispiel soll zeigen, daß Nachrichtenverarbeitung stets durch Zuordnung erfolgen kann, indem also bestimmten Sätzen von Codewörtern einzelne oder bestimmte andere Sätze von Codewörtern zugeordnet werden. Beispiele für die Konstruktion einfacher Schaltnetze werden später in Abschn. 11.2 behandelt. Die Realisierung eines Rechenautomaten, der alle mit ihm möglichen Rechnungen nur durch Zuordnungen in einem einzigen Schritt ausführt, führt zu extrem hohem Materialaufwand und ist darum praktisch unmöglich. Als theoretisches Denkmodell hat ein solcher *äquivalenter Zuordner* eines Rechenautomaten jedoch eine gewisse Bedeutung.

In realen Rechenautomaten erfolgt die Verarbeitung von Nachrichten in einer zeitlichen Folge vieler einfacher Schritte. Dieses Prinzip der zeitlichen Staffelung in der Verarbeitung sei wieder am Beispiel der Addition zweier Dualzahlen erläutert:

Die Addition der niedrigsten Stellen beider Summanden erfolge im ersten Schritt; die Addition der nächsthöheren Stellen nebst dem im ersten Schritt eventuell angefallenen Übertrag erfolge zeitlich etwas später im zweiten Schritt. Dazu ist der eventuell anfallende Übertrag von der Addition im ersten Schritt bis zur Ausführung des zweiten Schrittes zu verzögern oder zu speichern. Die Addition der drittniedrigsten Stellen beider Summanden nebst dem eventuellen Übertrag vom zweiten Schritt erfolgt dann wieder etwas später im dritten Schritt usw. Sind die zeitlichen Abstände zwischen den einzelnen Schritten gleich, dann spricht man von *synchroner*, im anderen Fall von *asynchroner* Arbeitsweise. In synchron arbeitenden Maschinen werden alle Abläufe durch einen zentralen Takt gesteuert.

Kompliziertere Rechenoperationen, wie z. B. die Multiplikation, können wiederum durch wiederholte einfachere Rechenoperationen, in diesem Fall durch wiederholte Additionen, realisiert werden. Für komplizierte Operationen werden um so weniger Schritte und damit um so weniger Zeit benötigt, je komplizierter die Teiloperationen sind, die in einem Einzelschritt durchgeführt werden können. Je komplizierter die Teiloperationen sind, um so größer wird der Schaltungsaufwand. Beim Entwurf eines Rechenautomaten mit gegebenen Bauelementeeigenschaften hat man darum einen Kompromiß zwischen Schnelligkeit und Aufwand zu schließen. Um eine Vorstellung zu geben, wo etwa dieser Kompromiß in der Praxis liegt, sei erwähnt, daß viele Digitalrechner mit dem Stibitzcode (vgl. Abschn. 8.4.2.1) in der Weise arbeiten, daß in *einem* Schritt zwei Dezimalstellen bzw. zwei Tetraden addiert werden.

Die Ausführungen über die zeitliche Folge in der Verarbeitung von Nachrichten haben gezeigt, daß in realen Rechenautomaten neben den Gliedern zur Durchführung logischer Verknüpfungen (Und-Glieder, Oder-Glieder, Negationsstufen) noch Verzögerungsglieder oder Speicher erforderlich werden. In der Theorie nachrichtenverarbeitender Systeme bezeichnet man Schaltungen, welche neben Verknüpfungsgliedern auch Speicherelemente (zur Speicherung binärer Größen über eine oder mehrere Taktzeiten) enthalten, als *Schaltwerke*. Im Gegensatz dazu gibt man Schaltungen, die nur Verknüpfungsglieder ohne Speicher enthalten, die schon benutzte Bezeichnung *Schaltnetz*.

Eingangs wurde der äquivalente Zuordner als Extremfall eines digitalen Rechenautomaten angesehen, bei dem alle Operationen in einem Schritt erfolgen. Als entgegengesetzter Extremfall eines Rechenautomaten, bei dem alle Verarbeitungsprozesse durch eine zwar extrem lange Folge, aber mit möglichst wenig verschiedenen extrem einfachen Operationen durchgeführt wird, wird die *Turingmaschine* angesehen. Bei dieser sind alle Daten und ihre Verarbeitungsanweisung in Form von 0 und 1 auf einem theoretisch unendlich langen Band geschrieben. In jedem Takt kann die Maschine das Band nur um eine Stelle nach links oder rechts oder nicht verschieben und die an der entsprechenden Stelle vorhandene Ziffer verändern, d. h. 0 in 1 umwandeln oder umgekehrt oder nicht verändern. Am Ende dieses zeitlich extrem gestreckten Vorgangs erscheint das Ergebnis auf dem Band. Die Turingmaschine ist ein von Mathematikern geschaffenes Denkmodell, welches dazu dient, das Problem der Entscheidbarkeit und Berechenbarkeit zu präzisieren. Wegen des theoretisch unendlich langen Bandes ist die Turingmaschine unendlich vieler Zustände fähig und gehört in die Kategorie der *potentiell unendlichen Automaten*. Reale Rechenautomaten gehören aber wegen ihrer endlichen Speicherzellenanzahl zur Kategorie der *endlichen Automaten*.

Für den Nachrichtentechniker haben sich die Automatenmodelle von HUFFMAN, MOORE und MEALY und die daraus abgeleitete Automatentheorie als besonders zweckmäßig erwiesen. Zur mathematischen Beschreibung wird das Automatenmodell von HUFFMAN, MOORE und MEALY nur zu diskreten Zeitpunkten

$$n, n+1, n+2, \ldots \quad \text{usw.}$$

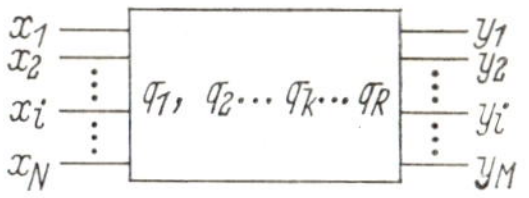


Abb. 11.1. Automatenmodell von HUFFMAN, MOORE und MEALY

betrachtet. Zu diesen Zeitpunkten wird das Modell durch die binären Eingangsgrößen $x_i$, seine Ausgangsgrößen $y_j$ und durch seine inneren Zustände $q_k$ gekennzeichnet. Dabei werden die inneren Zustände von den einzelnen Speicherzellen bestimmt, die im Automaten vorhanden sind und die zu den betrachteten Zeitpunkten je entweder eine binäre 0 oder 1 gespeichert haben können (Abb. 11.1).

Zur Kennzeichnung, daß eine bestimmte Größe z. B. $y_j$ zum Zeitpunkt $n$ betrachtet wird, wird der Buchstabe $n$ als hochgestellter Index angefügt, z. B. $y_j^n$.

Die Automatentheorie geht von folgenden Ansätzen aus

$$y_j^n = f_j(x_1, x_2, \dots x_N, q_1, q_2, \dots q_R)^n \qquad j = 1, 2, \dots M, \tag{11.1}$$

$$q_k^{n+1} = f_k(x_1, x_2, \dots x_N, q_1, q_2, \dots q_R)^n, \qquad k = 1, 2, \dots R. \tag{11.2}$$

Gl. (11.1) sagt aus, daß eine beliebige Ausgangsgröße $y_j$ zum Zeitpunkt $n$ eine Funktion aller Eingangsgrößen und aller inneren Zustände zum gleichen Zeitpunkt $n$ ist. Gl. (11.2) besagt, daß ein beliebiger innerer Zustand $q_k$ (Inhalt einer beliebigen inneren Speicherzelle) zum Zeitpunkt $n + 1$ eine Funktion aller Eingangsgrößen und aller inneren Zustände zum vorausgegangenen Zeitpunkt $n$ ist. Gl. (11.1) und Gl. (11.2) sind zur Beschreibung eines kompletten größeren Rechenautomaten ungeeignet, zur Beschreibung und für den Entwurf kleinerer Teilschaltungen bzw. Schaltwerke sind sie hingegen sehr geeignet.

Nach diesem allgemeinen Überblick werden in den folgenden Abschnitten zunächst einfache Schaltnetze (Abschn. 11.2) und Schaltwerke (Abschn. 11.3) behandelt, welche die schaltungsmäßige Grundlage für den Aufbau komplexerer Verarbeitungssysteme bilden. Anschließend folgt in Abschn. 11.4 die Beschreibung des grundsätzlichen Aufbaus und der Funktion größerer digitaler Rechenanlagen.

## 11.2 Schaltnetze

### 11.2.1 Dualzahlenaddiernetz

Als erstes wird ein Schaltnetz zur Addition von Dualzahlen (kurz Dualzahlenaddiernetz) aufgestellt. Wie in Abschn. 8.4.1 erläutert wurde, ist das Dualzahlensystem nach Potenzen von 2 aufgebaut. So ergibt z. B. die Dezimalzahl 45 in Dualform

$$\begin{aligned} 45 &= 1 \cdot 2^5 + 0 \cdot 2^4 + 1 \cdot 2^3 + 1 \cdot 2^2 + 0 \cdot 2^1 + 1 \cdot 2^0 \\ &= a_5 \cdot 2^5 + a_4 \cdot 2^4 + a_3 \cdot 2^3 + a_2 \cdot 2^2 + a_1 \cdot 2^1 + a_0 \cdot 2^0 \\ &= a_5\, a_4\, a_3\, a_2\, a_1\, a_0 = 101101. \end{aligned} \tag{11.3}$$

Allgemein kann die Addition zweier beliebiger Dualzahlen in folgender Form angeschrieben werden

$$\left.\begin{array}{lccccccc} \text{1. Summand} & & a_5 & a_4 & a_3 & a_2 & a_1 & a_0 \\ \text{2. Summand} & & b_5 & b_4 & b_3 & b_2 & b_1 & b_0 \\ \text{Übertrag} & c_5 & c_4 & c_3 & c_2 & c_1 & c_0 & 0 \\ \hline \text{Summe} & s_6 & s_5 & s_4 & s_3 & s_2 & s_1 & s_0 \end{array}\right\} \tag{11.4}$$

Zur Aufstellung eines Schaltnetzes werden die Stellen $a_i$ einer beliebigen Dualzahl sowie die Stellen $b_i$ einer zweiten beliebigen Dualzahl als binäre Variable aufgefaßt. Dasselbe gilt für die Stellen $s_i$ des Ergebnisses und für die bei der Addition der einzelnen Stellen anfallenden Überträge $c_i$. Betrachten wir zunächst die niedrigsten Dualstellen $a_0$ und $b_0$, dann ergeben sich die in Tab. 11.1 dargestellten vier Fälle für die Summe $s_0$ und den Übertrag $c_0$, denn hier ist kein Übertrag von einer noch niedrigeren Stelle zu berücksichtigen. Deshalb steht in Gl. (11.4) in der Übertragzeile dort eine 0. Der Übertrag $c_0$ von den niedrigsten Stellen wird dann gleich 1, wenn $a_0 = b_0 = 1$ ist, denn im Dualzahlensystem ist $1 + 1 = 10$, d. h. also $s_0 = 0$, $c_0 = 1$. Die größte Summe der zweitniedrigsten Stellen ergibt sich, wenn $a_1 = b_1 = c_0 = 1$ ist. Wegen $1 + 1 + 1 = 11$ ergibt sich dann $s_1 = 1$ und $c_1 = 1$.

Auch für die höheren Stellen ergeben sich immer nur einstellige Überträge. Für eine beliebige Stelle $i$ sind alle möglichen Fälle in Tab. 11.2 dargestellt.

Tabelle 11.1

| $a_0$ | $b_0$ | $s_0$ | $c_0$ |
|---|---|---|---|
| 0 | 0 | 0 | 0 |
| 0 | 1 | 1 | 0 |
| 1 | 0 | 1 | 0 |
| 1 | 1 | 0 | 1 |

Tabelle 11.2

| $a_i$ | $b_i$ | $c_{i-1}$ | $s_i$ | $c_i$ |
|---|---|---|---|---|
| 0 | 0 | 0 | 0 | 0 |
| 0 | 0 | 1 | 1 | 0 |
| 0 | 1 | 0 | 1 | 0 |
| 0 | 1 | 1 | 0 | 1 |
| 1 | 0 | 0 | 1 | 0 |
| 1 | 0 | 1 | 0 | 1 |
| 1 | 1 | 0 | 0 | 1 |
| 1 | 1 | 1 | 1 | 1 |

Aus der Funktionstabelle Tab. 11.2 kann nun in bekannter Weise die disjunktive Normalform für $s_i$ (die entsprechenden Zeilen dafür sind gestrichelt umrandet) und $c_i$ aufgestellt werden. Es ergibt sich:

$$s_i = (\bar{a}_i \bar{b}_i c_{i-1}) \vee (\bar{a}_i b_i \bar{c}_{i-1}) \vee (a_i \bar{b}_i \bar{c}_{i-1}) \vee (a_i b_i c_{i-1}). \tag{11.5}$$

$$c_i = (\bar{a}_i b_i c_{i-1}) \vee (a_i \bar{b}_i c_{i-1}) \vee (a_i b_i \bar{c}_{i-1}) \vee (a_i b_i c_{i-1}). \tag{11.6}$$

Setzt man $a_i = x_1$; $b_i = x_2$; $c_{i-1} = x_3$ und $s_i = y_1$; $c_i = y_2$, dann erhält man als zugehöriges Schaltnetz das Blockschaltbild von Abb. 10.6.

Eine Vereinfachung des Schaltnetzes von Abb. 10.6 ließe sich nun grundsätzlich mit Hilfe der Methoden der Schaltalgebra durchführen. Im folgenden soll jedoch eine Vereinfachungsmöglichkeit auf eine anschauliche Weise erläutert werden. Dazu führen wir die Addition zweier beliebiger Dualzahlenstellen $a_i$ und $b_i$ unter Berücksichtigung des Übertrags $c_{i-1}$ in zwei Stufen durch (Abb. 11.2a). Zunächst

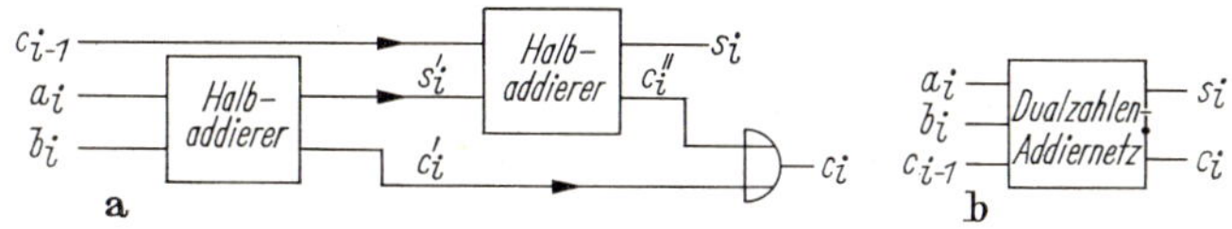


Abb. 11.2. Dualzahlenaddiernetz
a Aufbau mit Halbaddierern; b vereinfachendes Blockschaltungssymbol

werden in einem sogenannten Halbaddierer nur $a_i$ und $b_i$ ohne Berücksichtigung von $c_{i-1}$ addiert. Die Summe möge mit $s_i'$ und der dabei eventuell anfallende Übertrag mit $c_i'$ bezeichnet werden. In einem nachgeschalteten zweiten Halbaddierer werden der Übertrag $c_{i-1}$ und die Summe $s_i'$ addiert, womit sich nun die endgültige Summe $s_i$ ergibt. Auch im zweiten Halbaddierer kann ein Übertrag $c_i''$ auftreten. Die Überträge $c_i'$ und $c_i''$ können nun einem Oder-Glied zugeführt werden, an dessen Ausgang $c_i$ erscheint, denn ein endgültiger Übertrag $c_i$ muß ja auch stets dann vorhanden sein, wenn überhaupt einer der Überträge $c_i'$ oder $c_i''$ vorhanden ist (Abb. 11.2). Dieses Oder-Glied kann übrigens dann weggelassen werden, d. h., die Ausgänge mit $c_i'$ und $c_i''$ können fest miteinander verbunden werden, wenn die Halbaddierwerke im Fall, daß $c_i' = 0$ oder $c_i'' = 0$, einen hohen Innenwiderstand haben. Es können nämlich niemals beide Halbaddierer zugleich einen Übertrag liefern, weil sonst in Tab. 11.2 auch zweistellige Überträge vorkommen müßten.

Der Aufbau der Halbaddierer ist einfach. Ihre Funktion ist die Addition zweier Dualzahlenziffern, folgt also Tab. 11.1. Hiernach setzt sich ein Halbaddierer aus einem Und-Glied für die Bildung des Übertrags sowie einer Antivalenzstufe zur Bildung der (Partial)-Summe $s'$ zusammen (vgl. Tab. 10.7). Abb. 11.3 zeigt zwei äquivalente Schaltnetze und das vereinfachende Blockschaltungssymbol des Halbaddierers.

Daß die Schaltungen von Abb. 11.3a und b äquivalent sind, läßt sich durch eine einfache Umrechnung mit Hilfe der Schaltalgebra zeigen. Es gilt bei Abb. 11.3a

$$s_i = a_i \not\equiv b_i = (\bar{a}_i\, b_i) \vee (a_i\, \bar{b}_i). \tag{11.7}$$

Für Abb. 11.3b gilt mit Verwendung von Gl. (10.20) und Gl. (10.25)

$$s_i = (a_i \vee b_i)\,\overline{(a_i\, b_i)} = (a_i \vee b_i)\,(\bar{a}_i \vee \bar{b}_i) = 0 \vee (a_i\, \bar{b}_i) \vee (\bar{a}_i\, b_i) \vee 0 = (\bar{a}_i\, b_i) \vee (a_i\, \bar{b}_i). \tag{11.8}$$

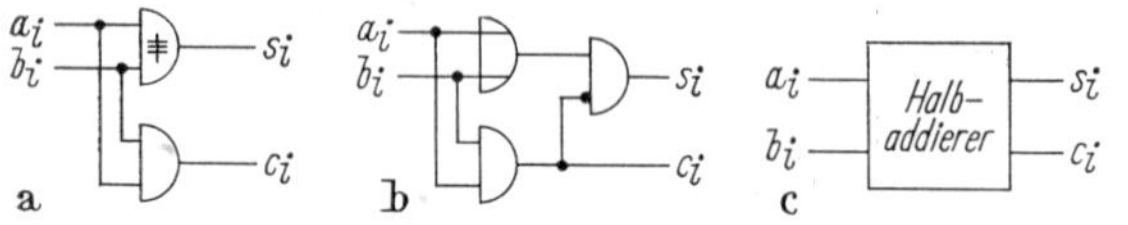


Abb. 11.3. Aufbau des Halbaddierers
a Schaltnetz nach Tab. 10.1; b äquivalentes Schaltnetz; c vereinfachendes Blockschaltungssymbol

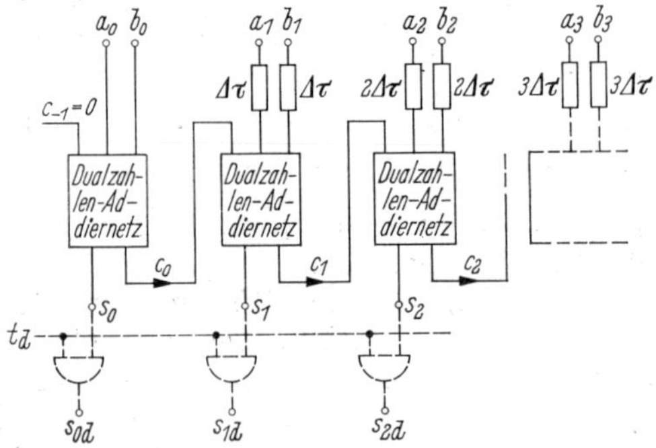


Abb. 11.4. Zur Addition mehrstelliger Dualzahlen

Bis jetzt ist die Addition jeweils einer Stelle zweier Dualzahlen beschrieben worden. Eine Möglichkeit für die Addition zweier mehrstelliger Dualzahlen besteht darin, daß zeitlich nacheinander zunächst die niedrigsten Stellen (im ersten Takt), darauf die nächsthöheren Stellen (im zweiten Takt) usw. addiert werden. Ein nach diesem Prinzip arbeitendes *Serienaddierwerk* wird später in Abschn. 11.4.3.1 über Rechenwerke noch erläutert. Die Addition zweier mehrstelliger Dualzahlen in einem Schritt durch ein *Paralleladdiernetz mit Serienübertrag* zeigt Abb. 11.4. Dieser Schaltung haften jedoch gewisse Mängel an, deren Nichtberücksichtigung zu Fehlern führen kann, die beim Entwurf nachrichtenverarbeitender Systeme oft gemacht werden, und die darum näher erläutert seien. Dazu werde Abb. 11.5 betrachtet. Abb. 11.5a zeigt die ideale, 11.5b die reale Arbeitsweise eines Dualzahlenaddiernetzes, das nacheinander (in Abständen der Taktzeit $\tau$) verschiedene Dualziffern $a_0$ und $b_0$ der niedrigsten Stelle addiert. Beim realen Addiernetz erscheint das Signal für den Übertrag $c_0$ aus physikalischen Gründen um eine kleine Zeitspanne $\Delta\tau$ verzögert (vgl. hierzu z. B. Teil I, Abschn. 4.3.2.2), gelangt also verzögert in das Dualzahlenaddiernetz für die nächsthöheren Stellen $a_1$ und $b_1$. Auf diese Weise können z. B. am Summenausgang $s_1$ kurze Fehlerimpulse auftreten, die evtl. fälschlicherweise Flipflops umschalten können und damit Fehlfunktionen verursachen. Man kann zwar diesem Effekt dadurch begegnen, daß man entweder die Signale $a_1$ und $b_1$ um die gleiche Spanne $\Delta\tau$ bzw. allgemein die Eingänge $a_i$ und $b_i$ um $i\,\Delta\tau$ verzögert, wie das oben in Abb. 11.4 dargestellt ist, oder indem man alle Summenausgänge $s_i$ auf Tore führt, die durch einen entsprechend verzögert eintreffenden Impuls $t_d$ erst dann geöffnet werden, wenn die möglichen Fehlerimpulse abgeklungen sind. Dieses letztere Verfahren, welches einen Doppeltakt bedingt, ist in Abb. 11.4 durch die gestrichelt gezeichneten Und-Schaltungen (= Tore) dargestellt. Wie man dem Auftreten von Fehlerimpulsen auch begegnet, es bleibt beim Paralleladdiernetz mit Serienübertrag der Nachteil bestehen, daß sich die Verzögerungen aufaddieren, weshalb bei gegebenen Bauelementen die Höhe der Taktfrequenz mit steigender Dualstellenzahl verkleinert werden muß.

Für den praktischen Entwurf nachrichtenverarbeitender Systeme sind diejenigen Schaltungen interessant, bei denen keine mehrfache Aufsummierung von

Verzögerungen stattfindet. Im folgenden sei der Weg für das Auffinden einer solchen Schaltung für die Addition mehrstelliger Dualzahlen (*Paralleladdiernetz mit Simultanübertrag*) skizziert. Für die niedrigste Dualstelle gilt nach Tab. 11.1

$$s_0 = (a_0 \cdot \bar{b}_0) \vee (\bar{a}_0 \cdot b_0), \tag{11.9}$$

$$c_0 = a_0 \cdot b_0. \tag{11.10}$$

Für die zweitniedrigsten Dualstellen gilt nach Tab. 11.2 bzw. Gl. (11.5) und Gl. (11.6) mit $i = 1$ und einer kurzen Umrechnung

$$s_1 = c_0[(a_1 \cdot b_1) \vee (\bar{a}_1 \cdot \bar{b}_1)] \vee \bar{c}_0[(a_1 \cdot \bar{b}_1) \vee (\bar{a}_1 \cdot b_1)], \tag{11.11}$$

$$c_1 = (a_1 \cdot b_1) \vee (a_1 \cdot c_0) \vee (b_1 \cdot c_0). \tag{11.12}$$

Für die drittniedrigsten Dualstellen gilt entsprechend mit $i = 2$

$$s_2 = c_1[(a_2 \cdot b_2) \vee (\bar{a}_2 \cdot \bar{b}_2)] \vee \bar{c}_1[(a_2 \cdot \bar{b}_2) \vee (\bar{a}_2 \cdot b_2)], \tag{11.13}$$

$$c_2 = (a_2 \cdot b_2) \vee (a_2 \cdot c_1) \vee (b_2 \cdot c_1). \tag{11.14}$$

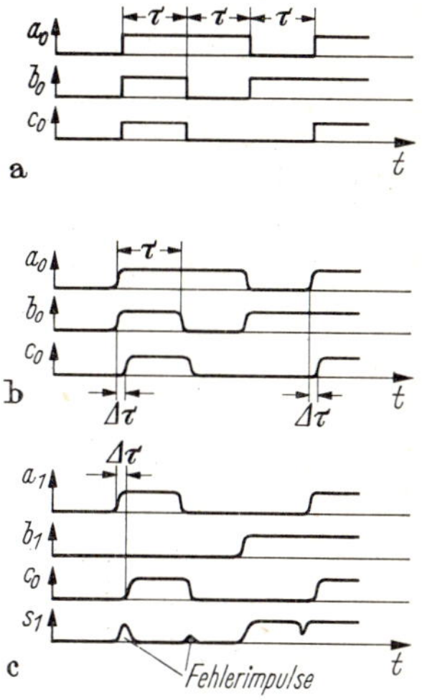


Abb. 11.5
a ideales Verhalten eines Dualzahlenaddierers; b reales Verhalten; c durch Verzögerungen bedingte Fehlermöglichkeiten

Die Gleichungen für die höheren Dualstellen bleiben in ihrer Form alle gleich. Lediglich der Index ist entsprechend zu setzen.

Eine Aufsummierung von Verzögerungen ist in einem Schaltnetz dann gegeben, wenn das zugehörige Gleichungssystem aus Rekursionsformeln besteht, so wie das in Gl. (11.9) bis (Gl. 11.14) der Fall ist. In Gl. (11.14) hängt z. B. $s_2$ u. a. von $c_1$ ab. Nach Gl. (11.12) hängt $c_1$ wiederum u. a. von $c_0$ ab und $c_0$ wiederum nach Gl. (11.10) von $a_0$ und $b_0$. Dies ist eine lange Kette, welche entsprechend lange Verzögerungen gibt. Eine lange Kette wird vermieden, wenn die Ineinanderschachtelung der Gleichungen beseitigt wird. In diesem Fall erreicht man das dadurch, daß man $c_i$ in den Gleichungen für alle $s_i$ sowie in der Gleichung für den höchsten Übertrag $c_{max}$ eliminiert und anschließend diese Gleichungen auf die disjunktive Minimalform bringt, d. h. die Klammern ausrechnet. Auf diese Weise werden alle interessierenden Größen $s_i$ und $c_{max}$ durch ein zweistufiges logisches Schaltnetz gebildet. Nachteilig ist, daß hierbei Und- und Oder-Schaltungen mit sehr vielen Eingängen erforderlich werden. Die optimale praktische Lösung ist oft ein Kompromiß zwischen Simultan- und Serienübertrag.

### 11.2.2 Codewandler, Codeprüfer, Auswahlschaltungen

Codewandler sind spezielle Schaltnetze. Sie lassen sich in einfacher Weise aufstellen. Als Beispiel soll der (2 aus 5)-Rechencode in den (1 aus 10)-Code umgewandelt werden.

In Tab. 11.3 sind beide Codes dargestellt. Man hat nun die einzelnen Stellen der Codewörter wieder als binäre Variable aufzufassen. Auf diese Weise ergibt sich für die einzelnen Stellen des (1 aus 10)-Code unmittelbar

$$\left.\begin{aligned} y_1 &= x_1\,\bar{x}_2\,x_3\,\bar{x}_4\,\bar{x}_5 \\ y_2 &= x_1\,\bar{x}_2\,\bar{x}_3\,x_4\,\bar{x}_5 \\ &\vdots \\ &\text{usw.} \\ y_{10} &= x_1\,x_2\,\bar{x}_3\,\bar{x}_4\,\bar{x}_5\,. \end{aligned}\right\} \tag{11.15}$$

Das zugehörige Schaltnetz ist in Abb. 11.6 dargestellt.

Tabelle 11.3 *Zur Umwandlung des (2 aus 5)-Code in den (1 aus 10)-Code*

| $x_5$ | $x_4$ | $x_3$ | $x_2$ | $x_1$ | $y_{10}$ | $y_9$ | $y_8$ | $y_7$ | $y_6$ | $y_5$ | $y_4$ | $y_3$ | $y_2$ | $y_1$ |
|---|---|---|---|---|---|---|---|---|---|---|---|---|---|---|
| 0 | 0 | 0 | 1 | 1 | 1 | 0 | 0 | 0 | 0 | 0 | 0 | 0 | 0 | 0 |
| 1 | 1 | 0 | 0 | 0 | 0 | 1 | 0 | 0 | 0 | 0 | 0 | 0 | 0 | 0 |
| 1 | 0 | 1 | 0 | 0 | 0 | 0 | 1 | 0 | 0 | 0 | 0 | 0 | 0 | 0 |
| 0 | 1 | 1 | 0 | 0 | 0 | 0 | 0 | 1 | 0 | 0 | 0 | 0 | 0 | 0 |
| 1 | 0 | 0 | 1 | 0 | 0 | 0 | 0 | 0 | 1 | 0 | 0 | 0 | 0 | 0 |
| 0 | 1 | 0 | 1 | 0 | 0 | 0 | 0 | 0 | 0 | 1 | 0 | 0 | 0 | 0 |
| 0 | 0 | 1 | 1 | 0 | 0 | 0 | 0 | 0 | 0 | 0 | 1 | 0 | 0 | 0 |
| 1 | 0 | 0 | 0 | 1 | 0 | 0 | 0 | 0 | 0 | 0 | 0 | 1 | 0 | 0 |
| 0 | 1 | 0 | 0 | 1 | 0 | 0 | 0 | 0 | 0 | 0 | 0 | 0 | 1 | 0 |
| 0 | 0 | 1 | 0 | 1 | 0 | 0 | 0 | 0 | 0 | 0 | 0 | 0 | 0 | 1 |

Als nächstes sei ein Schaltnetz zur Prüfung des (2 aus 5)-Code auf erkennbare Fehler behandelt. Bei den richtigen Codewörtern dieses Codes müssen bekanntlich immer zwei der fünf Codeelemente $x_1$, $x_2$, $x_3$, $x_4$, $x_5$ gleich 1 und die restlichen drei gleich 0 sein. Trifft das nicht zu, dann ist das Codewort gestört. Ordnet man der Aussage *Code richtig* die binäre Aussage $y = 1$ und Aussage *Code falsch* die binäre Aussage $y = 0$ zu, dann ergibt sich folgende Gleichung in disjunktiver Normalform

$$\begin{aligned} y = {} & (x_1\,x_2\,\bar{x}_3\,\bar{x}_4\,\bar{x}_5) \vee (x_1\,\bar{x}_2\,x_3\,\bar{x}_4\,\bar{x}_5) \vee (\bar{x}_1\,x_2\,x_3\,\bar{x}_4\,\bar{x}_5) \vee (\bar{x}_1\,x_2\,\bar{x}_3\,x_4\,\bar{x}_5) \vee \\ & \vee (\bar{x}_1\,\bar{x}_2\,x_3\,x_4\,\bar{x}_5) \vee (\bar{x}_1\,\bar{x}_2\,x_3\,\bar{x}_4\,x_5) \vee (\bar{x}_1\,\bar{x}_2\,\bar{x}_3\,x_4\,x_5) \vee (x_1\,\bar{x}_2\,\bar{x}_3\,x_4\,\bar{x}_5) \vee \\ & \vee (\bar{x}_1\,x_2\,\bar{x}_3\,\bar{x}_4\,x_5) \vee (x_1\,\bar{x}_2\,\bar{x}_3\,\bar{x}_4\,x_5)\,. \end{aligned} \tag{11.16}$$

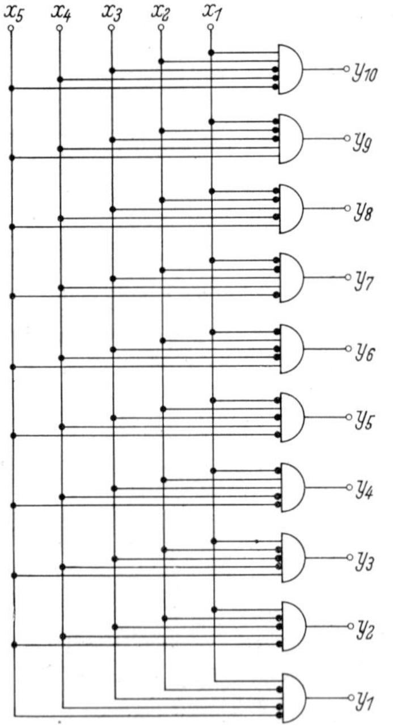


Abb. 11.6. Codewandler zur Umwandlung des (2 aus 5)-Rechencode in den (1 aus 10)-Code

Nach einer längeren Umrechnung von Gl. (11.16), die hier nicht durchgeführt sei, ergibt sich:

$$\begin{aligned} y = {} & [(x_1\,x_2) \vee (x_2\,x_3) \vee x_3\,x_4) \vee (x_4\,x_5) \vee (x_5\,x_1)] \not\equiv \\ & \not\equiv [(x_1\,x_3) \vee (x_3\,x_5) \vee (x_5\,x_2) \vee (x_2\,x_4) \vee (x_4\,x_1)]\,. \end{aligned} \tag{11.17}$$

Abb. 11.7 zeigt das zugehörige Schaltnetz. Eine wichtige Gruppe weiterer Schaltnetze, nämlich die der Auswahlschaltungen, ist in Abb. 11.8 dargestellt. In diesem Bild sind die stark ausgezogenen Linien Signalleitungen,

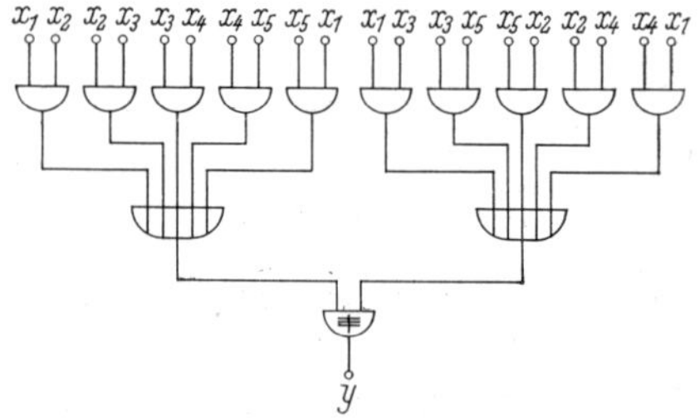


Abb. 11.7. Schaltnetz zur Prüfung des (2 aus 5)-Code

die dünnen Linien Steuerleitungen. Abb. 11.8a zeigt den Fall, daß die Signale (z. B. Impulsgruppen) der ankommenden Leitung auf einer von mehreren abgehenden Leitungen weitergeleitet werden sollen. Zur Auswahl der gewünschten Leitung müssen die abgehenden Leitungen durch eine Zahl (*Adresse*) gekennzeichnet werden. Die Auswahl einer jeden Leitung erfolgt dann über ein Und-Glied, welches als Tor fungiert, das nur dann öffnet, wenn an den Steuerleitungen für die Adressenansteuerung die entsprechende Gleichspannungskombination anliegt. Der in Abb. 11.8a eingezeichnete Fall, daß die beiden oberen Steuerleitungen 0-Potential und die untere Steuerleitung 1-Potential haben, ist der Schlüssel zum Öffnen des linken Tores mit

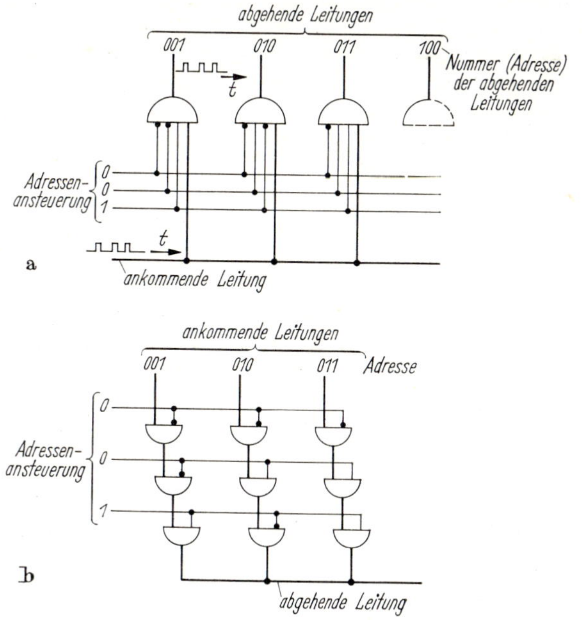


**Abb. 11.8. Auswahlschaltungen**

a Verbindung einer ankommenden Leitung mit einer von mehreren abgehenden Leitungen durch ein einstufiges Schaltnetz; b Verbindung einer von mehreren ankommenden Leitungen mit einer abgehenden Leitung durch ein mehrstufiges Schaltnetz

der abgehenden Leitung 001. Alle anderen Tore bleiben dabei geschlossen. Abb. 11.8b zeigt den umgekehrten Fall, daß eine von mehreren ankommenden Leitungen an eine abgehende Leitung durchgeschaltet werden soll, in einer etwas anderen Realisierung, wobei nur Und-Glieder mit je zwei Eingängen verwendet werden. Prinzipiell kann hierfür natürlich auch ein Schaltnetz ähnlich Abb. 11.8a verwendet werden.

## 11.3 Schaltwerke

Während die logische Funktionsweise eines Schaltnetzes sich statisch bzw. in einem Takt beschreiben läßt, kann die Funktionsweise von Schaltwerken nur dynamisch bzw. durch Betrachtung einer zeitlichen Folge von zwei oder mehreren Takten beschrieben werden. Schaltwerke besitzen notwendigerweise neben den logischen Verknüpfungselementen noch Speicherglieder oder Verzögerungsglieder, welche Impulse um eine oder mehrere Taktzeichen $\tau$ speichern oder verzögern können. Schaltnetze enthalten keine solche Verzögerungsglieder, sondern höchstens Verzögerungsausgleichsglieder, welche um Bruchteile $\Delta\tau$ einer Taktzeit verzögern.

### 11.3.1 Die wichtigsten Speicher- und Verzögerungsglieder

Hier soll nur die logische Wirkungsweise der wichtigsten Speicher- und Verzögerungsglieder beschrieben werden, die zur Speicherung einzelner Bits in kleineren Schaltwerken benutzt werden. Großraumspeicher für Millionen von Bits werden später behandelt.

Die wichtigsten Speicherglieder der hier interessierenden Art sind die Flipflopschaltungen. Die elektrische Wirkungsweise von Transistorflipflops wurde in Teil I, Abschn. 4.3.3.1, bereits ausführlich beschrieben. Es handelt sich um bistabile Kippschaltungen, die durch einen Steuerimpuls von einem stabilen Zustand in den anderen stabilen Zustand gekippt werden können. Hinsichtlich der Ansteuerung wurden zwei verschiedene Flipfloptypen unterschieden, nämlich das Tastflipflop, welches zukünftig als *rs*-Flipflop oder *rs*-Speicherelement oder auch *rs*-Speicherglied bezeichnet wird, und das symmetrisch über ein Differenzierglied und zwei Dioden (vgl. Abb. 4.47 in Teil I) angesteuerte Flipflop, welches zukünftig als *t*-Flipflop oder *t*-Speicherelement bzw. *t*-Speicherglied bezeichnet wird.

Zunächst werde das *rs*-Speicherelement betrachtet. Sein Schaltkreissymbol ist in Abb. 11.9a angegeben. (Das schwarze Feld in der linken oberen Ecke hat nichts mit der augenblicklichen Schaltstellung zu tun. Es dient lediglich zur Hervorhebung

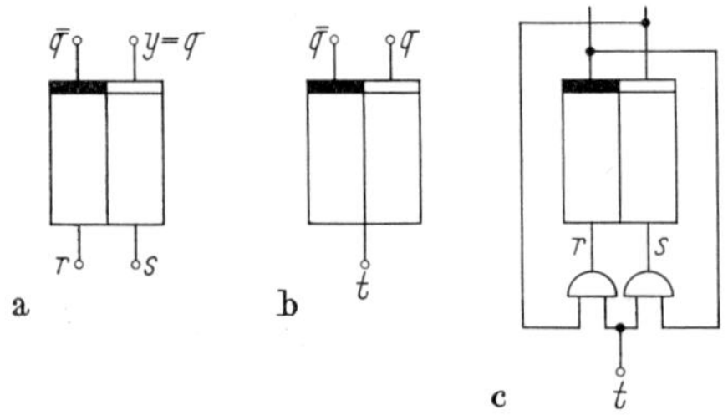


Abb. 11.9. Schaltungssymbole von Speichergliedern a *rs*-Speicherglied; b *t*-Speicherglied; c Aufbau eines *t*-Speichergliedes unter Verwendung eines *rs*-Speichergliedes

Tabelle 11.4

| $r^n$ | $s^n$ | $q^n$ | $q^{n+1}$ |
|---|---|---|---|
| 0 | 0 | 0 | 0 |
| 0 | 0 | 1 | 1 |
| 0 | 1 | 0 | 1 |
| 0 | 1 | 1 | 1 |
| 1 | 0 | 0 | 0 |
| 1 | 0 | 1 | 0 |
| 1 | 1 | 0 | — |
| 1 | 1 | 1 | — |

der Flipflops in größeren Schaltbildern.) Das *rs*-Speicherelement hat einen Ausgang $y$ (Kollektor des rechten Transistors), der zugleich den inneren Zustand $q$ kennzeichnet, und einen zweiten Ausgang $\bar{q}$ (Kollektor des linken Transistors), der dieselbe Aussage über den Zustand des Elementes negiert liefert. Die zwei (an die Basen der Transistoren führenden) Eingänge werden mit $r$ und $s$ bezeichnet. Durch $s = 1$ (bei $r = 0$) wird der Ausgang auf $q = 1$ gesetzt, gleichgültig, ob das Element zuvor auf $q = 1$ oder $q = 0$ stand. Durch $r = 1$ (bei $s = 0$) wird der Ausgang auf $q = 0$ gesetzt, wobei es ebenfalls gleichgültig ist, ob das Element zuvor auf $q = 1$ oder $q = 0$ stand. Im Fall, daß zugleich $r = 0$ und $s = 0$ ist, soll sich nichts ändern, der Fall, daß zugleich $r = 1$ und $s = 1$ ist, soll unerlaubt sein. Die logische Wirkungsweise dieses Speicherelementes soll nun in Form von Gl. (11.2) beschrieben werden, wobei die Zeitpunkte durch den hochgestellten Index $n$ bzw. $n + 1$ gekennzeichnet werden. Da es sich hier nur um *einen* inneren Zustand ($k = 1$) handelt, gilt mit $x_1 = r$ und $x_2 = s$

$$q^{n+1} = f(r, s, q)^n. \tag{11.18}$$

Für diese Funktion ergibt sich nach dem oben Gesagten der Zusammenhang von Tab. 11.4.

Die nichterlaubten Fälle $r = 1$ *und* $s = 1$ sind in der $q^{n+1}$-Spalte durch einen Strich (—) markiert worden. Damit diese Fälle nicht auftreten, muß die folgende Nebenbedingung gelten

$$(r \cdot s)^n = 0. \tag{11.19}$$

Für die übrige Funktion gilt nach Tab. 11.4

$$q^{n+1} = [(\bar{r}\ \bar{s}\ q) \vee (\bar{r}\ s\ \bar{q}) \vee (\bar{r}\ s\ q)]^n. \tag{11.20}$$

Da mit Gl. (11.19) auch $(rsq)^n = (rs\bar{q})^n = 0$, kann Gl. (11.20) zunächst wie folgt erweitert und anschließend vereinfacht werden

$$
\begin{aligned}
q^{n+1} &= [(\bar{r}\,\bar{s}\,q) \vee (\bar{r}\,s\,q) \vee (\bar{r}\,s\,q) \vee (r\,s\,q) \vee (\bar{r}\,s\,\bar{q}) \vee (r\,s\,\bar{q})]^n \\
&= [(\bar{r}\,q) \vee (s\,q) \vee (s\,\bar{q})]^n = [(\bar{r}\,q) \vee s]^n. \qquad (11.21)
\end{aligned}
$$

Gl. (11.19) und Gl. (11.21) kennzeichnen die logischen Eigenschaften des $rs$-Speichergliedes.

Abb. 11.9b zeigt das Schaltkreissymbol des Triggerflipflops bzw. $t$-Speicherelementes. Durch $t = 1$ wird sein Zustand geändert, durch $t = 0$ nicht geändert. Tab. 11.5 zeigt seine Funktionstabelle.

Aus der Funktionstabelle Tab. 11.5 folgt

$$q^{n+1} = [(t\,\bar{q}) \vee (\bar{t}\,q)]^n. \qquad (11.22)$$

Tabelle 11.5

| $t^n$ | $q^n$ | $q^{n+1}$ |
|---|---|---|
| 0 | 0 | 0 |
| 0 | 1 | 1 |
| 1 | 0 | 1 |
| 1 | 1 | 0 |

Das $t$-Speicherelement kann aus dem $rs$-Speicherelement und zwei Und-Gliedern gebildet werden. Setzt man nämlich in Gl. (11.21) $s = t\bar{q}$ und $r = tq$ bzw. $\bar{r} = \bar{t} \vee \bar{q}$, dann ist

$$q^{n+1} = [(\bar{t}\,q) \vee (\bar{q}\,q) \vee (t\,\bar{q})]^n = [(t\,\bar{q}) \vee (\bar{t}\,q)]^n. \qquad (11.23)$$

Es ergibt sich also dieselbe Funktion wie in Gl. (11.22). Die zugehörige Schaltung ist in Abb. 11.9c angegeben.

Es sei hier klargestellt, daß man beim $t$-Flipflop die logische und die physikalische Wirkungsweise auseinanderhalten muß, wenn man eine spezielle Schaltung, z. B. die von Abb. 4.47, betrachtet. Wenn nämlich der $t$-Eingang über mehrere Zeitintervalle hinweg dauernd auf $t = 1$ liegt, dann müßte das Flipflop gemäß Tab. 11.5 genau so viel mal gekippt werden, wie Zeitintervalle verstrichen sind. Liegt z. B. für die Dauer $3\tau$ dreier aufeinanderfolgender Zeitintervalle, beginnend vom Zeitpunkt $n$ über $n + 1$, $n + 2$ bis $n + 3$, der $t$-Eingang gleichbleibend auf $t = 1$, dann soll das $t$-Flipflop in der gleichen Zeitspanne nach Tab. 11.5 genau dreimal kippen. Die physikalische Schaltung nach Abb. 4.47 tut das aber nur, wenn in dieser Spanne drei einzelne Impulse auf ihren $t$-Eingang gelangen. Eine andauernde Gleichspannung hat nicht diese Wirkung. Man erhält eine funktionelle Übereinstimmung zwischen der Schaltung von Abb. 4.47 und dem Inhalt von Tab. 11.5, wenn man die Größe $t$ in Tab. 11.5 als dynamische Größe auffaßt, d. h., es ist dann und nur dann $t^n = 1$, wenn in der zugehörigen physikalischen Schaltung am $t$-Eingang unmittelbar vor dem Zeitpunkt $n$ die Spannung vom Nullpotential zum Einspotential übergegangen ist. Es ist $t^n = 0$ in allen übrigen Fällen, also wenn unmittelbar vor dem Zeitpunkt $n$ die Spannung sich nicht geändert oder vom Einspotential zum Nullpotential übergegangen ist. Zwischen zwei aufeinanderfolgenden Zeitpunkten $n$ und $n + 1$ darf sich das Potential des Ausgangs nur einmal ändern.

Wenn in Tab. 11.5 jedoch $t$ eine statische Größe sein soll, die physikalisch durch statische Spannungspotentiale realisiert wird, dann muß die Schaltung nach Abb. 4.47 noch durch ein Tor oder eine Und-Schaltung mit zwei Eingängen ergänzt werden, damit eine funktionelle Übereinstimmung mit Tab. 11.5 vorhanden ist. An dem einen Eingang liegt das der statischen Größe $t$ entsprechende Spannungspotential, an dem anderen Eingang liegt der Taktpuls, d. h. auf diesen gelangen periodisch Impulse im Abstand der Taktzeit $\tau$. Der Ausgang der Und-Schaltung ist mit dem $t$-Eingang der physikalischen Flipflopschaltung verbunden. In diesem Fall wird also das $t$-Flipflop durch die Taktimpulse gekippt, welche aber nur dann ans Flipflop gelangen, wenn die statische Größe $t$ von Tab. 11.5 dazu den Weg freigibt.

Beim Schaltsymbol des $t$-Flipflop nach Abb. 11.9b und 11.9c kann man den $t$-Eingang nur dynamisch verstehen, es sei denn, man denkt sich ein Tor mit zugehöriger Taktversorgung dazu. Im Gegensatz zum $t$-Flipflop kann die Wirkungsweise des $rs$-Flipflop sowohl statisch als auch dynamisch verstanden werden.

Außer dem $rs$-Speicherelement und dem $t$-Speicherelement verwendet man in der Praxis noch eine ganze Reihe weiterer Speicherelemente. Erwähnt werden sollen hier lediglich noch das $rst$-Speicherelement, welches eine Kombination des $rs$- und des $t$-Speicherelementes ist, und das $jk$-Speicherelement. Das $jk$-Speicherelement arbeitet ähnlich wie das $rs$-Speicherelement. Der Eingang $k$ setzt (wie $r$) den Speicher auf 0, der Eingang $j$ setzt (wie $s$) den Speicher auf 1. Der Unterschied zum $rs$-Speicher liegt darin, daß beim $jk$-Speicher die Kombination $j = 1$ *und* $k = 1$ erlaubt ist. Sie bewirkt wie beim $t$-Speicher eine Änderung des vorherigen Zustandes. Gl. (11.21) bzw. Gl. (11.22), welche das $rs$- bzw. $t$-Speicherelement beschreibt, bezeichnet man als Übertragungsfunktion des $rs$- bzw. $t$-Speicherelementes.

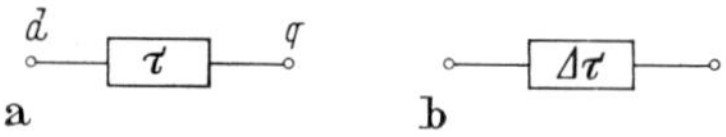

Abb. 11.10. Verzögerungsglieder
a $d$-Speicherelement; b Verzögerungsausgleichsglied

Das Verzögerungsglied nach Abb. 11.10a wird auch als $d$-Speicherelement bezeichnet. Seine Ausgangsgröße $q$ nimmt stets den Wert an, den sein Eingang $d$ eine Taktzeit $\tau$ vorher hatte. Die Übertragungsfunktion hierfür lautet

$$q^{n+1} = d^n. \tag{11.24}$$

Im Gegensatz zum Verzögerungsausgleichsglied (Abb. 11.10b) leitet das $d$-Speicherelement wie alle Speicherelemente zum nächsten Taktzeitpunkt $n + 1$ über. Die Realisierung von $d$-Speicherelementen kann z. B. durch Laufzeitketten (vgl. Teil I, Abschn. 2.3.2) oder durch eine Serienschaltung zweier Monoflops (vgl. Teil I, Abschnitt 4.3.3.2) erfolgen. Das erste Monoflop wird dabei zu Beginn des Taktzeitintervalls $n$ angestoßen und erzeugt einen Impuls der Dauer $\tau$. Dessen Rückflanke stößt das zweite Monoflop an, welches den verzögerten Impuls zur Zeit $n + 1$ liefert. Andere Realisierungen von Verzögerungsgliedern benutzen die endliche Ausbreitungsgeschwindigkeit mechanischer Wellen in Nickeldrähten oder in Quecksilber. Zur Realisierung von Verzögerungsausgleichsgliedern werden meist einfache $RC$-Glieder (gleiche Schaltung wie die der Integrierglieder) verwendet.

### 11.3.2 Register

Ein Register ist aus mehreren Speicherelementen aufgebaut. Es dient u. a. zur Zwischenspeicherung ganzer Codewörter sowie zu deren Umwandlung von der Seriendarstellung in die Paralleldarstellung und umgekehrt (vgl. Abschn. 8.3).

Abb. 11.11a zeigt die Schaltung eines aus drei $rs$ Speichergliedern (1), (2) und (3) aufgebauten Schieberegisters. Zur Beschreibung seiner Funktionsweise sei angenommen, daß im ersten Speicherglied (1) eine binäre 1 eingespeichert sei, d. h. $q_1 = 1$, im zweiten Speicherglied (2) eine binäre 0, d. h. $q_2 = 0$, und im dritten (3) wieder eine binäre 1, d. h. $q_3 = 1$, eingespeichert seien. Der Zustand des Registers bleibt so lange unverändert, wie am Takteingang $t = 0$ ist. Tritt jedoch ein Verschiebeimpuls $t = 1$ auf, dann wird in das dritte Speicherglied (3) wegen $q_2 = 0$ bzw. $\bar{q}_2 = 1$ über den $r_3$-Eingang eine binäre 0 eingeschrieben. Zugleich wird in das zweite Speicherglied (2) wegen $q_1 = 1$ über den $s_2$-Eingang eine binäre 1 eingeschrieben und in das erste Speicherglied (1), wenn $x = 0$, über $r_1$ eine binäre 0 oder, wenn $x = 1$, über $s_1$ eine binäre 1 eingeschrieben. Durch einen Verschiebeimpuls $t = 1$ wird also allgemein die in den einzelnen Speichergliedern gespeicherte binäre Information um eine Stelle nach rechts verschoben, wobei in das erste Speicherglied die gerade am $x$-Eingang anliegende binäre 0 oder 1 eingeschrieben wird. Die zwischen den einzelnen Speichergliedern geschalteten Verzögerungsglieder (oder Zwischenspeicher) der Zeitspanne $\tau_{\mathrm{Imp}}$ einer Impulsdauer am $t$-Eingang sorgen dafür, daß die mit dem Verschiebeimpuls $t^n$ zum Zeitpunkt $n$ in ein Speicherglied ($i$) neu eingeschriebene Information sich nicht vor dem nächsten Verschiebeimpuls $t^{n+1}$ im nachfolgenden Speicherglied ($i + 1$) auswirken kann. Schaltet man dem $t$-Eingang ein $RC$-Differenzierglied mit Diode vor, welches die Verschiebeimpulse in Nadelimpulse kurzer Dauer $\Delta\tau_{\text{Imp}}$ umformt, dann genügen einfache $RC$-Integrierglieder zur Verzögerung um $\Delta\tau_{\text{Imp}}$. Gewöhnlich schaltet man zwischen Verschiebeleitung und jedem Speicherglied ein gesondertes $RC$-Differenzierglied mit Diode, weil man auf diese Weise unabhängig von der Stufenzahl des Registers mit einheitlichen Differenziergliedern auskommt.

Das Schieberegister von Abb. 11.11 kann um beliebig viele Stufen verlängert werden. Seine Funktionsweise wird dadurch nicht verändert. Die Möglichkeit der Serien-Parallelumwandlung von Codewörtern mit einem solchen Schieberegister leuchtet unmittelbar ein. Das Codewort, welches $m$ Stellen haben möge, wird in Serienform dem $x$-Eingang eines $m$-stufigen Schieberegisters zugeführt. Nach $m$ Taktimpulsen am $t$-Eingang steht das Wort im Register und kann dann an den Ausgängen $q_1, q_2, \ldots, q_m$ in Parallelform abgenommen werden.

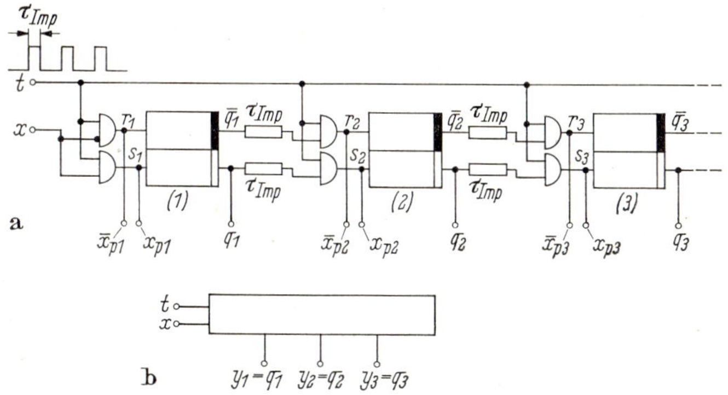

Abb. 11.11. Schieberegister
a Schaltwerk; b vereinfachtes Blocksymbol

Zur Parallel-Serienumwandlung wird dem Schieberegister von Abb. 11.11a das Codewort parallel den Klemmen $x_{p1}$, $x_{p2}$ und $x_{p3}$ bzw. bei $m$ Stufen bis $x_{pm}$ zugeführt. Anschließend werden $m$ Verschiebeimpulse auf den $t$-Eingang gegeben, wobei dann am Ausgang $q_m$ des letzten Speichergliedes das Codewort in Serienform erscheint.

Die Funktion des Schieberegisters wurde hier anhand der fertig gegebenen Schaltung erläutert, weil dies der einfachste Weg war. Es sei hier aber vermerkt, daß es mit Hilfe der Automatentheorie möglich ist, das Schaltwerk des Schieberegisters auch synthetisch zu gewinnen, wobei von der mathematisch formulierten Aufgabe ausgegangen wird, die das gesuchte Schaltwerk (hier Schieberegister) zu erfüllen hat. Dieser Weg soll hier nicht in allen Einzelheiten ausgeführt werden, weil das über den Rahmen einer Einführung hinausführen würde. Wir wollen uns mit einer skizzenhaften Darstellung begnügen, die dem Leser lediglich den Grundgedanken nahebringen soll.

Für den Entwurf eines z. B. dreistufigen Registers ($m = 3$) zur Serien-Parallelumwandlung (Abb. 11.11b) ist zunächst bekannt, daß es drei Ausgänge hat, die zugleich die inneren Zustände charakterisieren sollen $y_1 = q_1$, $y_2 = q_2$, $y_3 = q_3$. Ferner ist bekannt, daß es zwei Eingänge $x_1 = t$ und $x_2 = x$ hat, wobei in den $t$-Eingang der Verschiebebefehl, in den $x$-Eingang die einzuschreibende Information gelangt (vgl. hierzu auch Abb. 11.1). Alle Situationen, die in dem zu bestimmenden Schaltwerk vorkommen sollen, können nun in einer Funktionstabelle zusammengestellt werden. Aus dieser Funktionstabelle sind dann die sogenannten Problemfunktionen nach Gl. (11.2)

$$q_k^{n+1} = f_k(t, x, q_1, q_2, q_3)^n, \quad k = 1, 2, 3 \tag{11.25}$$

aufzustellen. Die Funktionstabelle des dreistufigen Schieberegisters hat wegen der fünf unabhängigen Variablen $t$, $x$, $q_1$, $q_2$, $q_3$ bereits 32 Zeilen und wird in Tab. 11.6 darum nur auszugsweise wiedergegeben.

In den ersten 16 Zeilen von Tab. 11.6 ist $q_k^{n+1} = q_k^n$, da in diesen Fällen kein Verschiebebefehl auftritt ($t^n = 0$). Bei der Null-Eins-Kombination von Zeile 23 ist $t^n = 1$ und $x^n = 0$. Folglich ist hier $q_1^{n+1} = x^n = 0$, $q_2^{n+1} = q_1^n = 1$ und $q_3^{n+1} = q_2^n = 1$. Der Aufbau von Tab. 11.6 ist damit wohl klar und ebenso das Aufstellen der Problemfunktion daraus, entsprechend Gl. (11.25).

Tabelle 11.6

| Zeile | $t^n$ | $x^n$ | $q_1^n$ | $q_2^n$ | $q_3^n$ | $q_1^{n+1}$ | $q_2^{n+1}$ | $q_3^{n+1}$ |
|---|---|---|---|---|---|---|---|---|
| 1 | 0 | 0 | 0 | 0 | 0 | 0 | 0 | 0 |
| | ⋮ | | | | | | | |
| 16 | 0 | 1 | 1 | 1 | 1 | 1 | 1 | 1 |
| 17 | 1 | 0 | 0 | 0 | 0 | 0 | 0 | 0 |
| | ⋮ | | | | | | | |
| 23 | 1 | 0 | 1 | 1 | 0 | 0 | 1 | 1 |
| | ⋮ | | | | | | | |
| 27 | 1 | 1 | 0 | 1 | 0 | 1 | 0 | 1 |
| | ⋮ | | | | | | | |

Wenn man jetzt die Festlegung trifft, daß alle Speicherglieder des zu entwerfenden Registers $rs$-Speicherelemente sein sollen, dann kann man in den aufgestellten Problemfunktionen die abhängige Variable $q_k^{n+1}$ mit der Übertragungsfunktion des ($rs$)-Speichergliedes Gl. (11.21) eliminieren. Man erhält dann also die drei folgenden Gleichungen

$$[(\bar{r}_k \cdot q_k) \vee s_k]^n = f_k(x, t, q_1, q_2, q_3)^n, \quad k = 1, 2, 3. \qquad (11.26)$$

In Gl. (11.26) kann der hochgestellte Index $n$ fortgelassen werden, da sich beide Seiten auf denselben Zeitpunkt beziehen. Die rechte Seite ist aus Tab. 11.6 bekannt. Das Auflösen der Gleichungen von Gl. (11.26) liefert schließlich für $r_k$ und $s_k$ ($k = 1, 2, 3$) unter Beachtung der Nebenbedingung von Gl. (11.19) die folgenden Beziehungen

$$\left.\begin{aligned} s_1 &= x \cdot t; & r_1 &= \bar{x} \cdot t, \\ s_2 &= q_1 \cdot t; & r_2 &= \bar{q}_1 \cdot t, \\ s_3 &= q_2 \cdot t; & r_3 &= \bar{q}_2 \cdot t. \end{aligned}\right\} \qquad (11.27)$$

Dieser Satz von Gleichungen [Gl. (11.27)] führt zwangsläufig auf das gesuchte Schaltwerk von Abb. 11.11a, wie ein Vergleich des Bildes mit den Gleichungen unmittelbar zeigt. Nicht unerwähnt bleibe aber die Tatsache, daß das Auflösen der BOOLEschen Gleichungen von Gl. (11.26) nach einer bestimmten Variablen (z. B. $s_1$) oft ein nicht leichtes Problem ist. Die Herleitung von Gl. (11.27) mag hier umständlich erscheinen. In anderen Fällen, die weniger durchsichtig als das Schieberegister sind, ist dieser Weg aber oft der einzig mögliche [4].

### 11.3.3 Zähler

In diesem Unterabschnitt sollen zwei Zählertypen näher besprochen werden, der Dualzähler und der Ringzähler.

*Dualzähler*

Für Dualzähler werden in der Regel $t$-Speicherglieder verwendet. Ein $t$-Flipflop kippt nur dann, wenn an seinem $t$-Eingang das Signal vom Nullpotential zum Einspotential übergeht, d. h. wenn die *dynamische* Größe $t = 1$ ist (vgl. Seite 427). Mit der Spannungszuordnung von Abb. 10.12 und in Übereinstimmung mit der Transistor-Flipflopschaltung von Abb. 4.47 entspricht das einem positiven Spannungssprung. Bei gleichbleibender Spannung oder bei einem negativen Spannungssprung ist die dynamische Größe $t = 0$. In solchen Fällen bleibt der Zustand des $t$-Flipflops unverändert. In der Zählschaltung nach Abb. 11.12a kippt also das folgende Flipflop jeweils nur dann, wenn beim vorausgehenden der negierte Ausgang $\bar{q}$ von $\bar{q} = 0$ nach $\bar{q} = 1$ bzw. der nichtnegierte Ausgang $q$ von $q = 1$ nach $q = 0$ übergeht.
In Grundstellung oder Nullstellung stehen alle Speicherglieder auf $q = 0$ bzw. auf $\bar{q} = 1$. Gelangt der erste zu zählende Impuls an den $x$-Eingang, dann kippt die positive Impulsflanke das erste $t$-Flipflop (1) in Abb. 11.12a auf $q_1 = 1$. Beim zweiten Impuls kippt das erste $t$-Flipflop (1) wieder von $q_1 = 1$ nach $q_1 = 0$ bzw. von $\bar{q}_1 = 0$ nach $\bar{q}_1 = 1$ in die Grundstellung zurück. Als Folge davon wird beim zweiten $t$-Flipflop (2) die dynamische Größe $t_2 = 1$ und kippt dieses nach $q_2 = 1$. Der dritte Impuls an $x$ kippt wieder das erste Flipflop (1), der vierte Impuls bringt zunächst das erste Flipflop wieder in die Grundstellung. Dies hat zur Folge, daß auch das zweite

Flipflop von $q_2 = 1$ nach $q_2 = 0$ kippt, wodurch wiederum als Folge das dritte Flipflop von $q_3 = 0$ nach $q_3 = 1$ kippt usw. Die Ausgänge $q_k$ der einzelnen Speicherglieder geben also die Anzahl der an $x$ eingetroffenen Impulse als Dualzahl wieder.

Beim Dualzähler nach Abb. 11.12a wird z. B. durch den vierten Impuls zunächst das erste, danach als Folge davon das zweite und wiederum danach als weitere Folge das dritte Flipflop gekippt. Diese Kette von Kippvorgängen benötigt relativ viel Zeit, so daß u. U. der fünfte Impuls nicht zu dicht auf den vierten folgen darf. Hierdurch wird die Zählgeschwindigkeit erheblich eingeschränkt. Dieser Nachteil wird durch die Zählschaltung von Abb. 11.12b vermieden, bei der z. B. durch den vierten Impuls die drei ersten Flipflops gleichzeitig gekippt werden. Allerdings werden hier Verzögerungsglieder an den Flipflopausgängen notwendig, welche eine Verzögerungszeit von der Größe einer Impulsdauer $\tau_{\text{Imp}}$ der zu zählenden Impulse

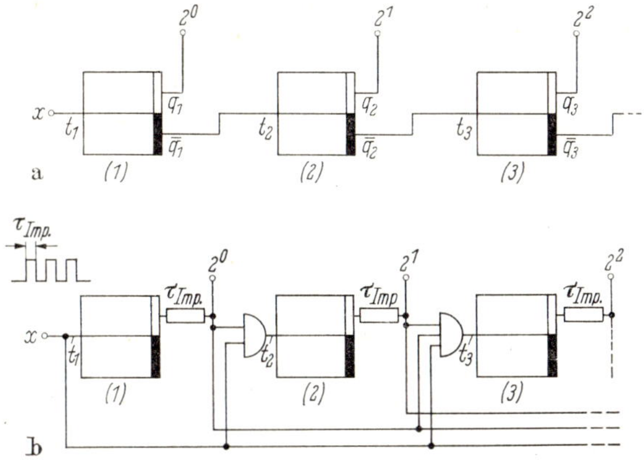


Abb. 11.12. Zwei verschiedene Realisierungen a und b eines Dualzählers

haben. Wenn nämlich das Verzögerungsglied fehlen würde, dann würde z. B. durch den ersten zu zählenden Impuls das erste Flipflop gekippt, wonach dann am Und-Glied vor dem $t_2$-Eingang gleichzeitig $x = 1$ und $q_1 = 1$ anläge, und damit auch das zweite Flipflop gekippt würde. Durch das Verzögerungsglied am Ausgang des ersten Flipflop wird aber der Einfluß des gekippten ersten Flipflop erst dann am Und-Glied wirksam, wenn der zu zählende erste Impuls bereits verklungen ist (vgl. Abschnitt 11.3.2).

*Ringzähler*

Abb. 11.13 zeigt das Schaltwerk eines zehnstufigen, d. h. aus zehn $rs$-Speichergliedern aufgebauten Ringzählers. Die Stufenzahl ist für das Prinzip des Ringzählers belanglos. In der Grundstellung ist das Speicherglied mit der Kennzahl 0 markiert oder gesetzt, d. h. $q_0 = 1$. Alle übrigen Speicherglieder sind gelöscht, d. h. $q_k = 0$, $k = 1, 2, \ldots, 9$. Gelangt ein Impuls auf den in der Mitte des Bildes gezeichneten $x$-Eingang, dann wird das Speicherglied mit der Kennzahl 1 gesetzt und alle übrigen gelöscht. Beim zweiten Impuls wird das Speicherglied mit der Kennzahl 2 gesetzt und die übrigen gelöscht usw. Durch aufeinanderfolgende Impulse wird also nacheinander jedes Speicherglied gesetzt und das vorherige gelöscht, so daß immer nur ein einziges gesetzt ist. Nach dem zehnten Impuls befindet sich der Ringzähler wieder in Grundstellung.

An den Ausgang $q_0$ kann (über ein Differenzierglied) ein zweiter Ringzähler angeschlossen werden. Auf diese Weise läßt sich in einfacher Weise ein mehrstelliger Dezimalzähler aufbauen. Je nach der gewählten Stufenzahl der einzelnen Ringzähler können auf diese Weise Zähler für beliebige polyadische Zahlensysteme (vgl. Abschn. 8.4.1) aufgebaut werden.

Neben der Schaltung von Abb. 11.13 gibt es noch viele andere Möglichkeiten zur Realisierung eines Ringzählers. Ein Ringzähler für $m$ Stufen muß nicht unbedingt $m$ Flipflops bzw. Speicherelemente haben. Es geht auch mit weniger Speicherelementen (benötigt werden mindestens [ld$m$] Speicher). Ein $m$-stufiger Ringzähler wird nämlich nur dadurch charakterisiert, daß er im (1 aus $m$)-Code zählt. Man kann also einen Ringzähler aus einem beliebigen binären Zähler genügender Stufenzahl und einem Codewandler, der den betreffenden Zählercode in den (1 aus $m$)-Code umwandelt, herstellen.

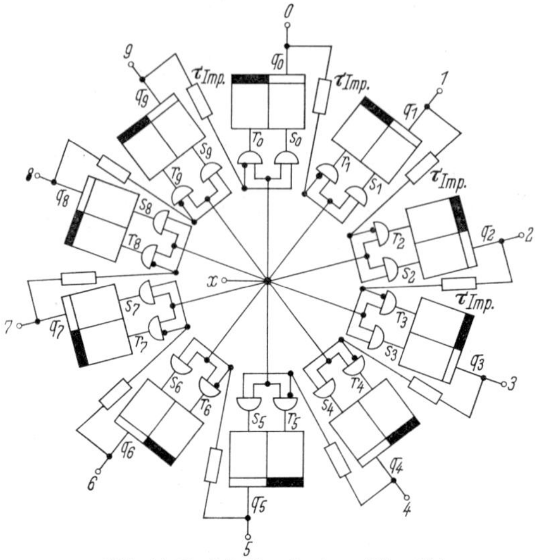

Abb. 11.13. Schaltwerk eines Ringzählers

Bei allen elektronischen Schaltwerken ergibt sich bei Inbetriebnahme (Einschalten der Versorgungsspannung) ein undefinierter zufälliger Stand der Speicherelemente. Man muß darum in Systemen, die Schaltwerke enthalten, noch zusätzliche Einrichtungen vorsehen, mit denen man die Speicherelemente in eine definierte Grundstellung bringen kann.

## 11.4 Nachrichtenverarbeitende Systeme

Die folgenden Ausführungen beziehen sich im wesentlichen auf den digitalen Universalrechner (häufig auch digitaler *Computer* genannt). Seine innere Organisation läßt am klarsten die Funktionsweise digitaler nachrichtenverarbeitender Systeme erkennen.

### 11.4.1 Funktionseinheiten digitaler Universalrechner

Wie schon erwähnt, ist das Automatenmodell nach Abb. 11.1 für ein großes System nicht brauchbar. Darum ist eine Aufteilung des ganzen Systems in mehrere Funktionseinheiten zweckmäßig. Beim Universalrechner unterscheidet man fünf Funktionseinheiten (Abb. 11.14), nämlich Rechenwerk, Steuerwerk (oder Programmsteuerung), Speicher, Eingabe und Ausgabe. Die innere Organisation eines solchen Rechners ist nämlich der Organisation eines Rechenplatzes sehr ähnlich.

Bekanntlich kann man durch eine ungelernte Hilfskraft an einem Rechenplatz selbst kompliziertere Rechnungen, wie z. B. Integrationen mit der SIMPSONschen Regel u. ä., ausführen lassen. Man muß nur genaue und detaillierte Anweisungen geben, und die Hilfskraft muß nur imstande sein, die Anweisungen genauestens zu befolgen und auszuführen.

Ein gewöhnlicher Rechenplatz besteht z. B. aus einer mechanischen Tischrechenmaschine, einer menschlichen Person, welche die Maschine bedient, einem Notizblock zum Aufschreiben von Zwischenergebnissen und Ablagekörben für eingehende Post und ausgehende Post, mit welcher die Aufgabenstellung und das Zahlenmaterial angeliefert werden bzw. mit der die fertige Lösung weitergegeben wird. Es sei angenommen, daß die menschliche Person, welche die Tischrechenmaschine bedient, eine Hilfskraft sei. Mit der eingehenden Post muß darum bei komplizierteren Aufgaben auch der *Algorithmus*, das ist die Rechenvorschrift zur Lösung der Aufgabe, mitgeliefert werden. Der Algorithmus legt genau fest, in welcher Reihenfolge bestimmte einfache Operationen durchzuführen sind. Man spricht von einem *numerischen* Algorithmus, wenn als Rechenoperationen nur die vier Grundrechenarten verwendet werden. Sofern die Tischrechenmaschine die vier Grundrechenarten durch einfachen Tastendruck ausführen kann, und der numerische Algorithmus zur Lösung eines beliebigen Problems mitgeliefert wird, dann braucht man von der Bedienungsperson absolut keine mathematischen Kenntnisse zu verlangen. Eine solche Situation entspricht etwa den Vorgängen im Innern eines Universalrechners. Dem Rechenwerk entspricht am Rechenplatz die Tischrechenmaschine, dem Steuerwerk entspricht die Bedienungsperson, welche nichts anderes kann als einfache Vorschriften lesen und ihre Durchführung veranlassen, dem Speicher entsprich. der Notizblock und schließlich Ein- und Ausgabe den entsprechenden Ablagekörbent

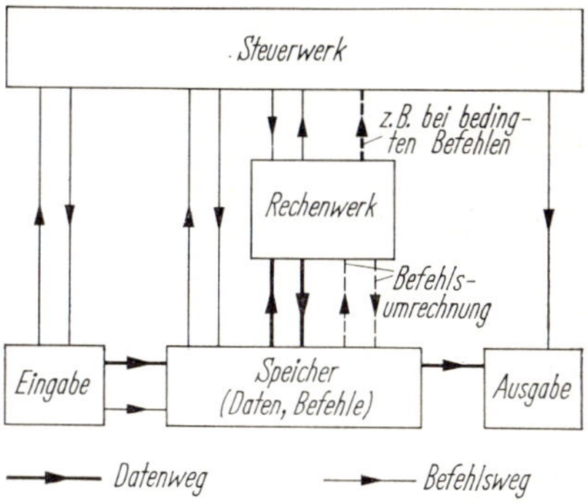


Abb. 11.14. Funktionseinheiten eines digitalen Universalrechners (Computers)

## 11.4.2 Organisation und Arbeitsablauf im Universalrechner

### 11.4.2.1 Maschinensprache

Aufgabe (mit Algorithmus) und Datenmaterial müssen einem digitalen Universalrechner in einer diesem System angepaßten Form eingegeben werden. Desgleichen erfolgt der Informationsfluß bzw. -austausch zwischen den einzelnen Funktionseinheiten in Abb. 11.14 in einer dem Universalrechner gemäßen Weise, nämlich in der Maschinensprache. Wie jede Sprache, so besteht auch die Maschinensprache aus einzelnen Wörtern, den Codewörtern, durch welche die verschiedenen Informationen dargestellt werden. Aus technischen Gründen haben in einer Maschine die einzelnen Codewörter meist die gleiche Wortlänge, d. h. gleiche Stellenzahl. Die einzelnen Stellen selbst sind je nach Art der Verschlüsselung im allgemeinen einzelne Binärstellen bzw. Binärstellengruppen, z. B. Vierergruppen beim Stibitzcode.

Man unterscheidet zwei Arten von Wörtern, nämlich Datenwörter und Befehlswörter. Die Datenwörter können irgendwelche Zahlen oder andere Zeichen, z. B. Buchstaben sein. In der Rechenmaschinentechnik bezeichnet man Text, der aus Zahlen und Buchstaben besteht, als *alphanumerisch*. Bei Datenwörtern, die Zahlen codieren, sind zwei Darstellungsweisen üblich, die Darstellung als *Festkommazahl* und die Darstellung als *Gleitkommazahl*. Das Wort einer zehnstelligen Dezimalzahl besteht in der Darstellung als Festkommazahl häufig aus 11 Stellen, den 10 Dezimalstellen und einer Vorzeichenstelle (sind die einzelnen Dezimalziffern im Sitbitzcode in Serienform dargestellt, dann entsprechen diesem Fall 41 Binärstellen, da für das Vorzeichen eine Binärstelle genügt). Das Komma der Dezimalzahl hat in der Festkommadarstellung einen festen, unveränderlichen Platz. Meist steht es entweder unmittelbar vor der ersten Dezimalstelle oder unmittelbar hinter der letzten Dezimalstelle, d. h., man kann in diesem Fall nur mit Zahlen kleiner als Eins oder nur mit Zahlen größer als Eins rechnen. Die Darstellung als Gleitkommazahl ist halblogarithmisch. Sie ist von der Form

$$\pm a \cdot 10^b. \tag{11.28}$$

Die gesamte Wortlänge wird hier durch die Vorzeichenstelle, die Anzahl der Stellen für die Mantisse $a$ und die (in der Regel zwei) Stellen für den Exponenten $b$ gebildet. Statt des Exponenten $b$ wird bei zwei Exponentenstellen in der Regel die Zahl $(b + 50)$, die man als *Charakteristik* bezeichnet, im Wort angegeben. Hierdurch wird erreicht, daß etwa der gleiche Bereich für positive wie für negative Exponenten $b$ zur Verfügung steht, und sich somit eine Vorzeichenstelle für $b$ erübrigt. Befehlswörter informieren die Maschine, was mit den Datenwörtern zu geschehen hat. Die Gesamtheit aller zur Lösung einer Aufgabe erforderlichen Befehlswörter unter Berücksichtigung ihrer Reihenfolge (codierter Lösungsalgorithmus) nennt man *Programm.* Ein Befehlswort enthält im allgemeinen zwei wesentliche Teile, nämlich den *Operationsteil* und den *Adreßteil.* Der Operationsteil lautet z. B. *addiere* oder *multipliziere* usw. Der Adreßteil gibt an, in welchen Speicherzellen die Operanden stehen bzw. in welche Speicherzelle ein (Zwischen-) Ergebnis abgespeichert werden soll. Damit ein einwandfreier Rechenablauf möglich ist, müssen also die Daten (und das Programm) vor Rechenbeginn in bestimmte Speicherplätze des Speicherwerks gebracht worden sein. Vermerkt sei hier noch, daß der Begriff *Speicherzelle* nicht nur für Speicher einer Binärstelle, sondern auch für Speicher eines ganzen Codewortes benutzt wird.

Je nach Organisation der Maschine ergeben sich bestimmte Befehlsmöglichkeiten. Man unterscheidet hinsichtlich der Organisation Ein-Adreß-Maschinen, Zwei-Adreß-Maschinen, Drei- und Vier-Adreß-Maschinen. Bei Ein-Adreß-Maschinen (das sind die meisten realisierten Computer) enthalten die Befehlswörter maximal je *eine* Adresse. (Spezielle Befehle, z. B. solche, die sich nur auf das Rechenwerk beziehen, benötigen u. U. keinen Adreßteil). Durch einen Befehl kann wegen der einen Adresse jeweils nur ein Operand dirigiert werden. Da aber in einer Operation im allgemeinen zwei Operanden miteinander verknüpft werden müssen (z. B. zwei Summanden, Multiplikand und Multiplikator, Dividend und Divisor), sind zur Ausführung einer bestimmten Operation im allgemeinen mehrere Befehle erforderlich. Zur Durchführung z. B. einer Addition zweier Zahlen braucht man bei einer Ein-Adreß-Maschine mindestens zwei Befehle. Durch den ersten Befehl wird der erste Summand, der z. B. in der Speicherzelle mit der Adressennummer 1000 gespeichert sei, ins Rechenwerk transferiert. Dort gelangt er in ein spezielles Register, nämlich in das akkumulative Register (abgekürzt *AR*). Hierauf wird durch den zweiten Befehl der zweite Summand, der z. B. in Speicherzelle 1001 stehe, zum Rechenwerk geführt und dort mit dem ersten Summanden, der im *AR* steht, addiert. Das Ergebnis erscheint dann wieder im AR, von wo es durch einen dritten Befehl in eine beliebige Speicherzelle abgespeichert werden kann. Man erkennt aus diesem Beispiel, daß die Reihenfolge der Befehle wichtig ist, und in solchen Maschinen ein Befehlszähler notwendig ist, welcher jeweils nach Ausführung eines Befehls um einen Schritt weiterschaltet und den nächsten Befehl ausführen läßt. Eine ausführlichere Beschreibung des Rechenwerks einer Ein-Adreß-Maschine folgt in Abschn. 11.4.3.1.

Bei Zwei-Adreß-Maschinen enthält das Befehlswort einen Operationsteil und zwei Adressen. Die eine Adresse kennzeichnet den Speicherplatz eines Operanden, die zweite Adresse kennzeichnet entweder den Speicherplatz des nächsten Befehls — in diesem Fall entfällt der Befehlszähler — oder den des zweiten Operanden. Für eine Addition sind im ersten Fall zwei, im zweiten Fall ein Befehl nötig.

Bei Drei-Adreß-Maschinen enthält ein Befehlswort neben dem Operationsteil drei Adressen. Zwei Adressen kennzeichnen den Speicherplatz der beiden Operanden, die dritte Adresse legt fest, wo z. B. das Ergebnis abgespeichert werden soll. Hier ist für eine Addition nur ein Befehl erforderlich. Diese Drei-Adreß-Maschine benötigt allerdings wie die Ein-Adreß-Maschine einen Befehlszähler. Bei der Vier-Adreß-Maschine sind die Verhältnisse wie bei der Drei-Adreß-Maschine bis auf die im Befehl enthaltene vierte Adresse, die den Speicherplatz des folgenden Befehls angibt. Auch hier ist wie bei der Zwei-Adreß-Maschine u. U. kein Befehlszähler notwendig. Zwei einfache Programmbeispiele werden in Abschn. 11.4.2.3 gebracht, nachdem die einzelnen Befehlsarten besprochen worden sind.

Außer dem Operationsteil und dem Adreßteil enthält ein Befehlswort noch andere Stellen (Indexregisterstelle, Substitutionsstelle usw.), die Adressenmodifikationen erlauben, wodurch sich elegantere Programmiermöglichkeiten ergeben. Für das Verständnis des grundsätzlichen Arbeitsprinzips einer Maschine interessieren diese Einzelheiten hier nicht. Die weiteren Ausführungen sollen im wesentlichen die Verhältnisse bei Ein-Adreß-Maschinen behandeln.

#### 11.4.2.2 Informationsfluß innerhalb des Systems

Die fünf Funktionseinheiten des nachrichtenverarbeitenden Systems nach Abbildung 11.14 arbeiten meist in folgender Weise zusammen: Daten- und Befehlswörter werden in die Eingabe, z. B. mittels Lochstreifen oder Lochkarten (diese Medien werden später in Abschn. 11.4.3.4 noch näher beschrieben), eingelesen und gelangen dort zunächst in ein Register, welches als Puffer und u. U. als Serien-Parallelwandler dient. Meist wird in der Eingabe auch die erste Codeprüfung der normalerweise gesicherten Codes durchgeführt. Verfolgen wir als erstes den Weg der Datenwörter. Diese wandern von der Eingabe zunächst in den Speicher. Dort werden sie in aufeinanderfolgenden Zellen von einer bestimmten Zellennummer ab gespeichert (z. B. in Zellennummer 1000, 1001, 1002, . . . usw.). Dort bleiben sie, bis sie einzeln durch je einen Aufruf, der vom Steuerwerk kommt, in das Rechenwerk geschickt werden. Der vom Steuerwerk kommende Aufruf wird vom Adreßteil desjenigen Befehls abgeleitet, der im Steuerwerk gerade ausgewertet wird. Sein Operationsteil besorgt die erforderliche Einstellung der Verknüpfungsschaltung im Rechenwerk, so daß das vom Speicher in das Rechenwerk gelangende Datenwort dem Befehl entsprechend verarbeitet wird. Nach der Verarbeitung gelangt es wieder auf Veranlassung des Steuerwerks bzw. des nächsten im Steuerwerk interpretierten Befehls normalerweise wieder in den Speicher zurück. Sind alle Datenwörter des Speichers in der gewünschten Weise verarbeitet, dann gelangt das Ergebnis auf Veranlassung des Steuerwerks bzw. der am Schluß des Programms stehenden Ausgabebefehle zur Ausgabe. Wie die Eingabe, so besteht auch die Ausgabe im wesentlichen aus einem Pufferregister (mit Kontrolleinrichtungen). Dieses ist über eine festeingestellte Verknüpfungsschaltung mit dem Druck- bzw. Schreibgeräten verbunden. Dies ist der normale Weg der Datenwörter. Selbstverständlich sind in flexiblen Anlagen noch viele andere Pfade für die Datenwörter möglich. In manchen Maschinen können Datenwörter z. B. von der Eingabe direkt ins Rechenwerk gelangen oder vom Rechenwerk direkt zur Ausgabe.

Im Normalfall werden im Rechenwerk jeweils zwei Datenwörter miteinander verknüpft, die durch zwei aufeinanderfolgende Befehle dorthin gelangt sind. Es gibt jedoch auch Operationen, die sich auf ein einzelnes Datenwort beziehen, wie z. B. Komplementbildung, Ausblenden oder Ersetzen gewisser Wortteile usw.

Befehlswörter nehmen einen anderen Weg als Datenwörter. Auch sie gelangen von der Eingabe zunächst in einen Speicher, der in der Regel derselbe ist wie der für Datenwörter (in manchen Maschinen werden jedoch besondere Speicher für die Befehlswörter verwendet). Bei Rechenbeginn veranlaßt das Steuerwerk, daß der erste Befehl aus dem Speicher in das Befehlsregister des Steuerwerks läuft. Dort wird der Befehl interpretiert, d. h. in eine Reihe von untergeordneten Befehlen umgeformt, die gewisse Torschaltungen öffnen oder schließen. Man bezeichnet diesen Vorgang auch als Mikroprogrammsteuerung. Im Gegensatz zum Makroprogramm, welches von außen in die Maschine eingegeben wird, sind die durch jeden Makrobefehl ausgelösten Mikroprogramme in der Maschine meist fest verdrahtet. Ist ein Befehl (Makrobefehl) ausgeführt, so wird der nächste Befehl vom Speicher ins Befehlsregister des Steuerwerks übergeführt usw. In flexiblen Maschinen ist es möglich, daß Befehlswörter auch ins Rechenwerk gebracht, dort in bestimmter Weise modifiziert werden können und anschließend wieder zurück in den Speicher oder in das Befehlsregister des Steuerwerks übertragen werden.

Bei den Befehlswörtern, die den Programmablauf steuern, unterscheidet man verschiedene Arten. Als erste sind die *Transportbefehle* zu nennen. Bei diesen unterscheidet man Lesebefehle (vom Speicher in irgendein Register) und Schreibbefehle (von irgendeinem Register in den Speicher).

Zur Erläuterung dieser Befehle sei an die Addition zweier Zahlen in einer Ein-Adreß-Maschine erinnert, die in Abschn. 11.4.2.1 beschrieben wurde. Der dort genannte erste Befehl, womit der Inhalt der Speicherzelle 1000 (das ist der erste Summand) in das *AR* gebracht wird, ist ein Lesebefehl. Der dritte Befehl, durch welchen das im *AR* angefallene Ergebnis in eine Speicherzelle transferiert wird, ist ein Schreibbefehl. Der zweite Befehl, der die Addition veranlaßt, gehört zu der Gruppe der *arithmetischen Befehle.* Hierzu gehören ferner die Befehle Subtrahieren, Multiplizieren usw. (wobei die Multiplikation im allgemeinen ein längeres festverdrahtetes Unterprogramm erfordert). Mit den Transportbefehlen und den arithmetischen Befehlen sind bereits eine große Anzahl von Problemstellungen bearbeitbar. Allerdings kann bei Verwendung nur dieser Befehle jeder Befehl in einer Befehlsfolge (Programm) nur einmal ausgeführt werden, d. h., wenn ein gewisser Rechengang in einer größeren Rechnung öfter wiederholt werden muß (z. B. in Iterationsrechnungen), dann müssen die entsprechenden Programmteile entsprechend oft im Gesamtprogramm vorhanden sein. Eine weit universellere Anwendbarkeit von Digitalrechnern ergibt sich, wenn gewisse Programmteile mehrfach (zyklisch) gebraucht werden können, auch wenn sie nur einmal in die Maschine eingegeben werden. Dies wird durch die *Verzweigungsbefehle* ermöglicht. Die Verzweigungsbefehle wirken auch auf das Steuerwerk, in dem sie interpretiert werden, selbst ein und veranlassen z. B. eine Änderung der Befehlsfolge, indem die gerade im Befehlszähler stehende Zahl um eine entsprechende Zahl vergrößert oder verkleinert wird. Zu den Verzweigungsbefehlen gehören u. a. der unbedingte und der bedingte Sprungbefehl. Während der unbedingte Sprungbefehl die Maschine in jedem Fall dazu veranlaßt, zu irgendeinem Befehl zu springen, der nicht als nächster Befehl in der Befehlsfolge steht, veranlaßt der bedingte Sprungbefehl einen Sprung nur dann wenn gewisse Bedingungen erfüllt sind (z. B. wenn das Ergebnis einer vorigen Rechnung negativ ist). Eine weitere Gruppe von Befehlen sind die *logischen* Befehle. Da Befehlswörter und Datenwörter in der Regel die gleiche Wortlänge haben, können mit Hilfe der logischen Befehle auch die Befehlswörter ins Rechenwerk gebracht und dort durch irgendeine Operation in andere Befehle umgewandelt werden. Ferner gibt es noch Befehle, welche die Ein- und Ausgabe steuern (z. B. die Anordnung des auszudruckenden Textes bestimmen, mit externem Großraumspeicher kommunizieren usw.).

#### 11.4.2.3 Einfache Programmierbeispiele

Die Aufstellung eines Programms, kurz das Programmieren, besteht darin, aus den zur Verfügung stehenden Befehlen eine solche Folge zu bilden, daß in der Maschine der Rechenprozeß in der gewünschten Weise abläuft. Dies läßt sich am einfachsten anhand von Beispielen erläutern.

Als erstes sei die Funktion

$$f(x) = a\,x^2 + b\,x - c = (a\,x + b)\,x - c \tag{11.29}$$

betrachtet. $a$, $b$ und $c$ seien Konstanten, die in den Zellen 1001, 1002 und 1003 stehen mögen. $f(x)$ soll für einen speziellen Wert der Variablen $x$, der in Zelle 2000 stehe, berechnet werden. Das Ergebnis soll nach Zelle 1004 abgespeichert werden.

Dieses Programm läßt sich mit Transportbefehlen und arithmetischen Befehlen ausführen. Die Methode ist in Abb. 11.15 dargestellt. Zunächst wird ein Flußdiagramm in Form von Kästchen aufgestellt, worin die zu bildenden Einzelschritte eingetragen sind. Diese Kästchen werden durch Pfeile miteinander verbunden, die den Rechenablauf kennzeichnen. [Dem Flußdiagramm in Abb. 11.15 liegt die Form mit den Klammern in Gl. (11.29) zugrunde.] Anhand des Flußdiagramms kann schließlich das eigentliche Maschinenprogramm, welches zur Eingabe in den Rechner geeignet ist, aufgestellt werden. Dies ist auf der rechten Seite des Bildes geschehen, wobei für die Zahlen im Operationsteil der Operationscode des Rechners ER 56 als Beispiel gewählt wurde. Bei diesem bedeutet die Zahl 31 *transportiere in den Akkumulator,* die Zahl 37 *multipliziere* usw.

Datenwörter und Befehlswörter einer Maschinensprache bestehen nur aus Zahlen. Dies macht ein Programm selbst für den geübten Programmierer oft sehr

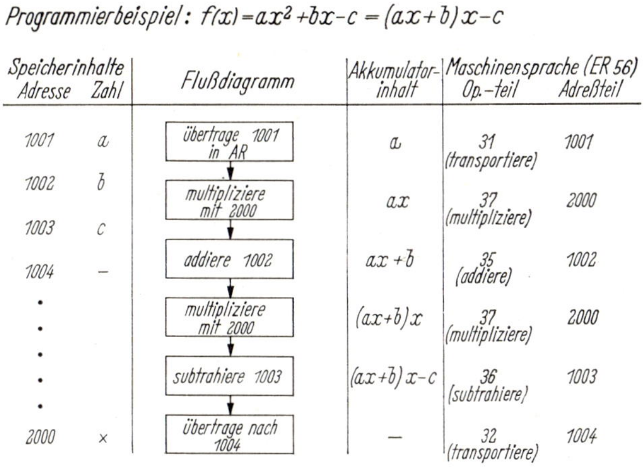


Abb. 11.15. Programmierbeispiel ohne Verzweigungsbefehle

unübersichtlich. Darum wurden schon bald symbolische Programmiersysteme entwickelt. Diese haben im Operationsteil der Befehlswörter keine Zahlen stehen, sondern Buchstabenkombinationen, wie z. B. ADD für Addition, KPL für die Komplementbildung usw. Ferner können in solchen Systemen die nichtinteressierenden Adressen durch nahezu beliebig wählbare Namen ersetzt werden, wie z. B. „Nenner", „Argument" usw. Das erleichtert die Programmierarbeit bereits sehr wesentlich. Die Übersetzung von Programmen im symbolischen Code in den Maschinencode kann mit einem Übersetzungsprogramm von der Maschine selbst durchgeführt werden. Ein letzter Schritt in der Entwicklung der Programmiertechnik bestand in der Entwicklung automatischer Programmiersysteme. Hierzu gehören die Systeme ALGOL und FORTRAN. Bei Algol wird z. B. Gl. (11.29) in Form von Gl. (11.30) in die Maschine gegeben. Die weitere Aufgliederung dieser Aufgabe in viele Einzelschritte wird von der Maschine mit Hilfe eines allgemeinen Übersetzungsprogramms (compiler) automatisch vorgenommen

$$f := (a * x + b) * x - c. \qquad (11.30)$$

Das Beispiel von Gl. (11.29) ist bewußt sehr einfach gewählt worden, um den Vorgang zu erläutern. Für eine etwas kompliziertere Aufgabe, nämlich aus $n$ gegebenen positiven reellen Zahlen $a_1, a_2, \ldots a_\nu, \ldots a_n$ die größte herauszusuchen, soll nur das Flußdiagramm besprochen werden. Dieses ist in Abb. 11.16 dargestellt. Der Anfangskasten besagt, daß die Anzahl $n$ und die Zahlen $a_\nu$ gegeben sind. Im ersten

Schritt wird dem Index $\nu$ der Wert 1 und einer Variablen $b$ der Wert 0 zugewiesen. Im nächsten Schritt verzweigt sich das Flußdiagramm, was jeweils durch einen ovalen Kasten hervorgehoben wird. Je nachdem, ob die Differenz $a_\nu - b$ größer als Null ist oder nicht, folgt der Rechengang dem rechten Ausgang oder dem unteren Ausgang. Im Maschinenprogramm hat also der Differenzbildung $a_\nu - b$ ein bedingter Befehl zu folgen. War die Differenz größer als Null, dann erhält die Variable $b$ den Wert von $a_\nu$. Im anderen Fall behält $b$ seinen alten Wert. Dann folgt ein zweiter Entscheidungskasten, wo abgefragt wird, ob $\nu = n$ ist. Zunächst wird das noch nicht der Fall sein. Der Programmablauf folgt also dem unteren Ausgang. Nachdem der Index $\nu$ um Eins erhöht ist, beginnt derselbe Zyklus noch einmal von vorne. Es wird wieder die Differenz $a_\nu - b$ gebildet usw.

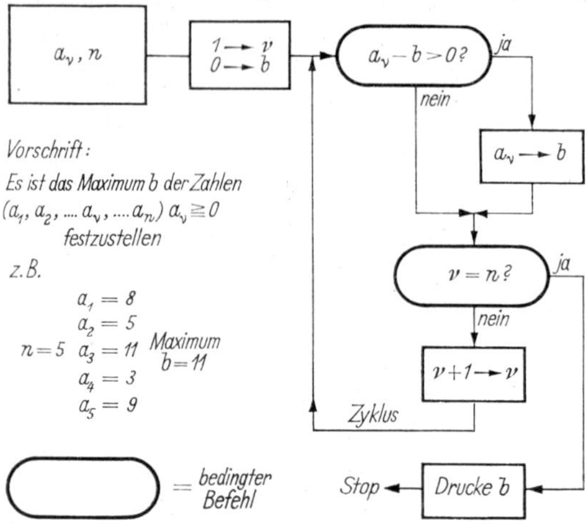


Abb. 11.16. Programmierbeispiel mit Verzweigungsbefehlen

Auf diese Weise bekommt $b$ stets den größten Wert von $a_\nu$ zugewiesen. Nachdem der Zyklus (oder die Schleife) $\nu = n$-mal durchlaufen worden ist, ist $b$ gleich der größten von allen gegebenen Zahlen $a_\nu$ und wird ausgedruckt.

## 11.4.3 Wirkungsweise der Funktionseinheiten

### 11.4.3.1 Rechenwerk

Das Rechenwerk besteht aus verschiedenen Registern, in denen die Operanden oder Teile davon zeitweilig gespeichert sind, und dem Verknüpfungsschaltnetz, in welchem die Operanden verarbeitet werden. Die Anzahl der Register und die Komplexität des Verknüpfungsschaltnetzes hängen davon ab, wie kompliziert die einzelnen Operationen sind, die das Rechenwerk ausführen soll. Wenn z. B. ein Rechenwerk nur die Operationen Addition und Subtraktion zweier Dualzahlen durchführen soll, dann genügen dafür bereits ein Dualzahlenaddiernetz (Abb. 11.2 und 11.3) mit Komplementierstufe und ein Register, nämlich das akkumulative Register. Soll das Rechenwerk z. B. auch die Operationen Multiplikation und Division ausführen können, ohne daß dafür ein wiederholtes Speichern von Zwischenergebnissen im Speicherwerk des Digitalrechners erforderlich ist, dann benötigt das Rechenwerk eine größere Anzahl von Registern sowie ein komplizierteres Verknüpfungsschaltnetz. Komplizierter wird das Rechenwerk auch dann, wenn die zu verarbeitenden Zahlen nicht im Dualzahlencode dargestellt sind, sondern z. B. in einem $\binom{5}{2}$-Code oder im Stibitzcode. Ferner bedingt eine Parallelverarbeitung ebenfalls einen größeren Aufwand als eine Serienverarbeitung. Von den vielen verschiedenen Möglichkeiten können hier nur wenige behandelt werden.

Als erstes sei die Frage betrachtet, wie ein Rechenwerk aufgebaut werden kann, welches die Addition positiver Dualzahlen in Serienform ausführen kann. Eine mögliche Schaltung zeigt Abb. 11.17. Die Schaltung besteht aus im wesentlichen zwei Registern, dem $A$-Register (akkumulatives $R$ oder $AR$) und dem $X$-Register, einem Dualzahlenaddiernetz und einem Verzögerungsglied für eine Taktzeit $\tau$. Beide Register haben je so viel Speicherzellen, wie die Dualzahlenwörter Stellen haben.

Zu Beginn steht in jedem Register ein Summand, und zwar in der Weise, daß jeweils die niedrigste Dualzahlenstelle in der letzten (rechten) Zelle steht, die mit dem Dualzahlenaddiernetz verbunden ist. Gemäß den Taktimpulsen, die auf die Verschiebeleitung der Register geführt werden, gelangen jeweils die Dualziffern der gleichen Stellenwertigkeit aus beiden Registern in das Addiernetz und werden dort (mit einem eventuell vorhandenen Übertrag vom vorhergehenden Takt) verknüpft. Die Summe wandert vom Addiernetz wieder in die frei gewordenen Zellen des $A$-Registers. Nach $n$ Taktimpulsen erscheint (bei $n$-stelligen Dualzahlenwörtern) die Summe im $A$-Register und zwar, wieder mit nach rechts fallender Stellenwertigkeit. Erwähnt sei, daß das $X$-Register nicht unbedingt erforderlich ist. Der zweite Summand kann auch direkt vom Speicher in das Addierwerk gelangen.

Wenn bei der Addition in der höchsten Dualzahlenstelle ein Übertrag vorkommt, dann ist der Zahlenbereich der Maschine überschritten, und eine Überlaufanzeige tritt in Tätigkeit. Die Anzeigeeinrichtung besteht in der Schaltung von Abb. 11.17 aus einem Ringzähler mit der gleichen Stellenzahl wie die der Register. Sein Ausgang, der auf das Und-Glied führt, ist dann markiert, wenn die Addition der höchsten Dualzahlenstellen durchgeführt wird.

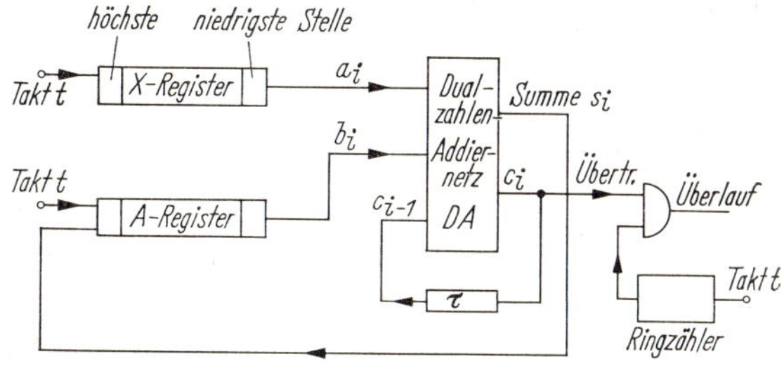


Abb. 11.17
Rechenwerk für serienmäßige Addition positiver Dualzahlen

Zur Addition binär verschlüsselter Dezimalzahlen im Stibitzcode werden je Summand vier Binärschieberegister (für das $A$- und das $X$-Register) benötigt. Bei der Serienverarbeitung solcher Zahlen werden jeweils in einem Takt die vier Bits einer Dezimalzahl parallel dem Verknüpfungsschaltnetz zugeführt. Dieses Verknüpfungsschaltnetz, das wesentlich komplizierter aufgebaut ist als ein Dualzahlenaddiernetz, hat auch wieder Ausgänge für Summe und Übertrag.

Als nächstes sei die Frage behandelt, wie ein Rechenwerk realisiert werden kann, das Dualzahlen sowohl addieren als auch subtrahieren kann. Diese Aufgabe ist gleichbedeutend mit der Frage nach der vorzeichengerechten Addition von Dualzahlen, wenn man nicht mit Beträgen, sondern mit vorzeichenbehafteten Zahlen rechnet (vgl. Abschn. 11.4.2.1). Bei der Subtraktion wird dann nämlich nur das Vorzeichen des Subtrahenden geändert und anschließend eine vorzeichengerechte Addition mit dem Minuenden vorgenommen.

In Abschn. 8.4.1 wurde erläutert, wie die Subtraktion durch Komplementbildung des Subtrahenden auf die Addition zurückgeführt werden kann. Dort wurde anhand von Beispielen gezeigt, wie dieser Vorgang in zwei Schritten (Zyklen) durchgeführt werden kann. Im ersten Zyklus wird die Zwischensumme von Minuend und dem Einerkomplement des Subtrahenden gebildet. Tritt hierbei in der höchsten Stelle ein Übertrag (d. h. ein Überlauf) auf, dann wird im zweiten Zyklus zur Zwischensumme noch eine 1 addiert. Das Ergebnis erhält dabei das Vorzeichen des Minuenden. Tritt kein Überlauf auf, dann wird im zweiten Zyklus das Einerkomplement der Zwischensumme gebildet. Das Ergebnis erhält jetzt das Vorzeichen des Subtrahenden. Drückt man denselben Vorgang mit den Bezeichnungen der vorzeichengerechten Addition aus, dann heißt das, daß im ersten Zyklus die Zwischensumme vom ersten Summand und Einerkomplement des zweiten Summanden gebildet wird. Bei Auftreten eines Überlaufs wird im zweiten Zyklus noch eine 1 addiert und das Ergebnis erhält das Vorzeichen des ersten Summanden. Im anderen Fall wird die Zwischensumme komplementiert, und das Ergebnis erhält das Vorzeichen des zweiten Summanden.

Das in Abb. 11.18 dargestellte einfache Rechenwerk zur vorzeichengerechten Addition von Dualzahlen arbeitet nach diesem Prinzip. Jede Operation erfolgt in zwei Zyklen. Die Subtraktion zweier $m$-stelliger Dualzahlen benötigt hier also $2m$ Taktzeitintervalle. Es gibt auch andere Schaltungen, die für die Subtraktion nur $m$ Taktzeitintervalle benötigen. Diese Schaltungen sind jedoch komplizierter. Die Register in Abb. 11.18 haben neben den üblichen Zellen zur Speicherung der einzelnen Dualziffern noch je eine zusätzliche Zelle für das Vorzeichen und hierfür einen speziellen Ausgang. Die Zahleninformation kann durch Verschiebeimpulse auf dem an der Längsseite gezeichneten Ausgang herausgeschoben werden, wobei die Information in der Vorzeichenstelle unverändert bleibt. Bei einer anderen Einstellung kann das Gesamtwort einschließlich Vorzeichen in üblicher Weise auf dem an der Schmalseite gezeichneten Ausgang herausgeschoben werden. Zur Beschreibung der Arbeitsweise des Rechenwerks interessiert nur der erstgenannte Fall. Der letztere Fall ist nur für die Abspeicherung des gesamten Wortes wichtig.

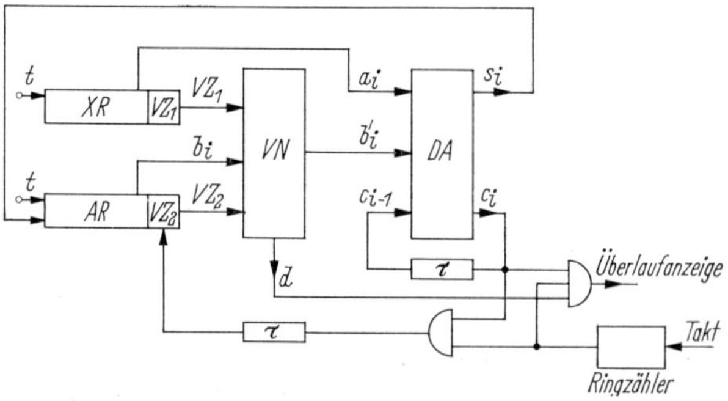


Abb. 11.18. Rechenwerk für die vorzeichengerechte Addition von Dualzahlen

Zu Beginn steht der erste Summand (Minuend) im $X$-Register und der zweite Summand (Subtrahend) im $A$-Register ($AR$), und der Ringzähler befindet sich in Nullstellung, d. h. sein Ausgang ist markiert. Der Einfachheit halber sei eine Wortlänge von $m = 5$ bit angenommen, d. h., die Dualzahlen, der Ringzähler und die Register haben alle je 5 Stellen, wobei bei letzteren die Vorzeichenstelle nicht mitgezählt ist. (Fünf Dualstellen benutzten auch die Zahlenbeispiele in Abschn. 8.4.1.) Betrachten wir zunächst den Fall, daß die beiden Vorzeichen $VZ_1$ und $VZ_2$ in Abb. 11.18 unterschiedlich sind (Subtraktionsfall). Durch $VZ_1$, $VZ_2$ wird das Verknüpfungsnetz $VN$ nun so eingestellt, daß die im $A$-Register stehende Dualzahl komplementiert wird, bevor sie in das Dualzahlennetz $DA$ gelangt, d. h., es wird eine Negation $b'_i = \bar{b}_i$ bewirkt. Die im $X$-Register stehende Zahl gelangt unverändert ins Dualzahlenaddiernetz $DA$. Der Summenausgang $s_i$ ist wieder mit dem Eingang des $A$-Registers verbunden. Auf diese Weise erscheint nach fünf Takt- bzw. Verschiebeimpulsen die Zwischensumme des ersten Summanden und komplementierten zweiten Summanden im $A$-Register. Ins $X$-Register werden Nullen nachgeschoben, so daß dort nach fünf Taktimpulsen die Nullfolge steht. Beim fünften Taktimpuls erscheint am Ringzählerausgang ein Impuls. Wenn bei der Addition der höchsten Dualstellen im fünften Takt noch ferner ein Übertrag $c_4$ auftritt, dann wird zum sechsten Takt das Vorzeichen $VZ_2$ geändert, d. h. gleich $VZ_1$ gemacht. Die veränderten statischen Potentiale am Verknüpfungsnetz $VN$ haben zur Folge, daß beim sechsten und den nachfolgenden Taktimpulsen der Inhalt des $A$-Register unverändert (d. h. $b'_i = b_i$) ins Dualzahlenaddiernetz gelangt. Dort wird er zur Nullfolge des $X$-Registers und der Eins, die vom Übertrag $c_4$ noch herrührt, addiert. Nach dem zehnten Taktimpuls steht das Ergebnis mit dem richtigen (abgeänderten) Vorzeichen im $A$-Register. Wäre bei der Addition der höchsten Dualstellen im fünften Takt kein Übertrag $c_4$ aufgetreten, dann wäre das Vorzeichen $VZ_2$ unverändert geblieben. Durch den sechsten und die nachfolgenden Taktimpulse wäre die Zwischensumme des $A$-Registers im Verknüpfungsnetz wieder (rück-) komplementiert worden, im Dualzahlennetz mit der Nullfolge addiert worden und von dort wieder ins $A$-Register gelangt. Nach dem zehnten Taktimpuls steht also das richtige Ergebnis im $A$-Register.

Nun wird der Fall betrachtet, daß zu Beginn die beiden Vorzeichen $VZ_1$ und $VZ_2$ gleich sind. Jetzt ist bereits von vornherein $b_i' = b_i$, so daß bereits nach fünf Takten das richtige Ergebnis im $A$-Register steht, wenn kein Übertrag in der höchsten Stelle auftritt. Da jetzt im $X$-Register die Nullfolge steht, wird das Ergebnis im $A$-Register durch fünf weitere Takte lediglich noch einmal im Kreis verschoben, aber nicht verändert. Da bei gleichen Vorzeichen $VZ_1 = VZ_2$ die Variable $d = 1$ ist, tritt eine Überlaufanzeige auf, wenn in der höchsten Stelle ein Übertrag $c_4$ auftritt, welche angibt, daß der Maschinenbereich überschritten ist. Bei unterschiedlichen Vorzeichen $VZ_1$ und $VZ_2$ ist $d = 0$, so daß in diesem Fall keine Überlaufanzeige ausgelöst wird.

Der logische Aufbau des Verknüpfungsnetzes $VN$ läßt sich durch Aufstellen der Funktionstabelle leicht bestimmen. Die unabhängigen Variablen sind $VZ_1$, $VZ_2$ und $b_i$, die abhängigen Variablen sind $b_i'$ und $d$. Bei $VZ_1 = VZ_2$ ist $d = 1$ und $b_i' = b_i$, bei $VZ_1 \neq VZ_2$ ist $d = 0$ und $b_i' = \bar{b}_i$. Der Aufbau des Verknüpfungsnetzes ist also elementar und wird darum hier nicht weiter behandelt. Desgleichen wird auf eine ausführliche Beschreibung der Register mit Vorzeichenstelle verzichtet.

Soll ein Rechenwerk neben der vorzeichengerechten Addition auch noch Multiplikation und Division ausführen können, dann wird der Aufwand entsprechend größer und die Funktion verwickelter. Sehr kompliziert und umfangreich werden Rechenwerke dann, wenn sie alle Grundrechenarten in Gleitkommadarstellung ausführen können und wenn dabei die Zahlen nicht im Dualzahlencode, sondern z. B. im Stibitzcode oder in einem $\binom{5}{2}$-Code dargestellt sind.

### 11.4.3.2 Steuerwerk

Die folgenden Betrachtungen beschränken sich auf die am häufigsten vorkommenden Ein-Adreß-Maschinen. Bei diesen besteht das Steuerwerk im wesentlichen aus einem Befehlsregister und einem Befehlszähler. Ferner enthält es noch einige logische Schaltelemente. Die Aufgabe des Steuerwerks besteht in der Steuerung und Überwachung des Ablaufs der einzelnen Operationen. Bei der Ausführung eines Befehls durch das Steuerwerk kann man zwei Phasen unterscheiden: In der ersten Phase wird das entsprechende Befehlswort vom Speicher in das Befehlsregister übergeführt (*Holphase*), in der zweiten Phase wird der Befehl interpretiert und ausgeführt (*Ausführphase*). Die Befehle sind zu Beginn in aufeinanderfolgenden Zellen des Speichers abgespeichert. Wird die Maschine in Betrieb gesetzt, dann gelangt derjenige Befehl, auf dessen Speicherplatznummer bzw. -adresse der Befehlszähler eingestellt ist (der erste Befehl) in der ersten Holphase in das Befehlsregister. Ist die Holphase abgeschlossen, dann wird der Befehl interpretiert und ausgeführt. Ist die Ausführung dieses Befehls beendet, dann schaltet der Befehlszähler (wenn kein Sprungbefehl vorlag) um eine Position weiter, und der nächste Befehl gelangt vom Speicher in das Befehlsregister des Steuerwerks. Da gewisse Programmteile oder Befehlsfolgen u. U. wiederholt gebraucht werden, muß der Speicher zerstörungsfrei gelesen werden.

Entsprechend der Zusammensetzung der Befehlswörter unterscheidet man auch im Befehlsregister des Steuerwerks zwei Teile, den Operationsteil und den Adreßteil. Die Zellen des Operationsteils sind mit einem Decoder verbunden, der so viel Ausgänge hat, wie es Befehle gibt (Abb. 11.19). Diese Ausgänge führen zu einer Gruppe von Signalgeneratoren, bei denen jedes Eingangssignal ganz bestimmte zeitliche Impulsfolgen auslöst, die zu bestimmten Zeiten verschiedene Tore im Steuerwerk und den übrigen Funktionseinheiten öffnen und schließen und verschiedene Registerinhalte verschieben. Der Adreßteil wird in entsprechender Weise interpretiert. Dieser Teil arbeitet jedoch fast nur mit den Auswahlschaltungen zur Adressenansteuerung der Speicher für die Datenwörter zusammen. Die von den Signalgeneratoren ausgehenden Impulsfolgen werden auch als Unterbefehle bezeichnet. Alle durch einen bestimmten programmierbaren Makrobefehl ausgelösten Unterbefehle bilden ein *Mikroprogramm.* Steht z. B. im Befehlsregister der Transportbefehl „Bringe den Inhalt von Zelle 1000 des Speichers in das akkumulative Register (*AR*) des Rechenwerks", dann kann zur Ausführung dieses Makrobefehls die Reihenfolge z. B. der folgenden Unterbefehle notwendig sein:

a) Öffne die Leseverstärker der entsprechenden Kernspeicherzellen.
b) Öffne das Tor von der Sammelschiene zum *AR*.
c) Schiebe das Wort in den *AR*.
d) Schließe das Tor von Sammelschiene zum *AR*.
e) Erzeuge Kennimpuls, daß Operation ausgeführt und Befehlszähler weitergeschaltet wird.

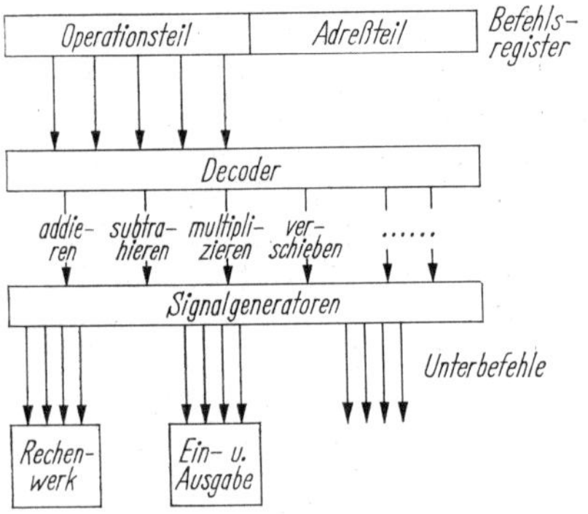


Abb. 11.19. Zur Interpretation des Operationsteils des Befehlsregisters

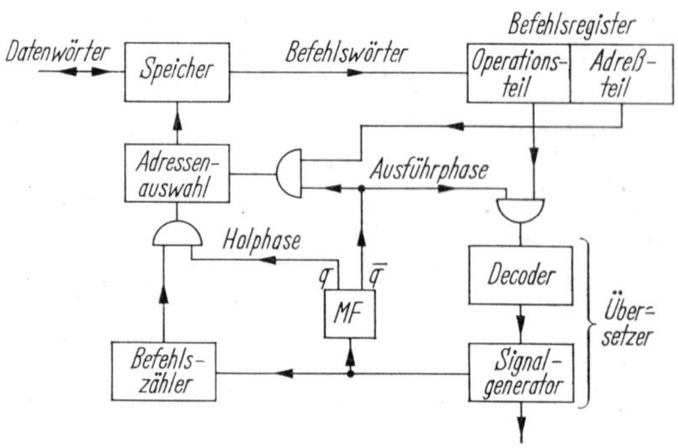


Abb. 11.20 Zeitliches Zusammenspiel von Hol- und Ausführphase

Eine Möglichkeit für das zeitliche Zusammenspiel von Hol- und Ausführphase zeigt Abb. 11.20. Hierbei muß sichergestellt werden, daß keine Interpretation des Inhalts des Befehlsregisters stattfindet, solange die Holphase nicht abgeschlossen ist, und daß andererseits keine neue Information in das Befehlsregister eingelesen wird, solange nicht die Ausführphase abgeschlossen ist. Die Schaltung von Abb. 11.20 arbeitet folgendermaßen: Erhält der Eingang des Monoflop *MF* vom Signalgenerator einen Impuls, dann ist für die (feste) Dauer der Holphase der Ausgang 1 markiert, d. h., das Tor vom Befehlszähler zur Adressenauswahl ist geöffnet, die Tore, die vom Befehlsregister wegführen, sind geschlossen (nicht durchlässig). Der Inhalt des Befehlsregisters kann jetzt nicht interpretiert werden. Dagegen kann jetzt entsprechend dem Befehlszählerstand das gewünschte Befehlswort vom Speicher in das Befehlsregister gelesen werden. Nach Ablauf der Holphase klappt das Monoflop zurück. Jetzt ist das Tor zwischen Befehlszähler und Adressenauswahl geschlossen und die Tore, die vom Befehlsregister wegführen, sind geöffnet. Der Inhalt des Befehlsregisters kann nun interpretiert werden, Unterbefehle erzeugt werden usw. Ist die Ausführphase abgeschlossen, verläßt ein Kennimpuls den Signalgenerator, der den Befehlszähler um eine Position weiterschaltet und das Monoflop auf Holphase stellt.

Zur Ausführung von Sprungbefehlen muß Abb. 11.20 entsprechend erweitert werden, d. h. u. a., an Stelle des Befehlszählers kann ein Befehlszählregister mit Addierwerk notwendig werden, so daß der Befehlszählerstand um eine beliebige Zahl je nach Sprungadresse erhöht oder vermindert werden kann. Die in Abb. 11.19 und 11.20 eingezeichneten Signalgeneratoren zur Erzeugung von Unterbefehlen können fest verdrahtete Einrichtungen sein. Sie können aber auch im wesentlichen aus Speichern bestehen, denen die entsprechenden Unterbefehle entnommen werden. Im ersten Fall ist die Liste der Makrobefehle unveränderlich, d. h., sie kann nur durch Umbau der Maschine abgeändert werden. Im zweiten Fall kann die Befehlsliste relativ leicht ohne Maschinenumbau geändert werden. Ein größerer Aufwand an Speicherplätzen kann also u. U. zu einer Einsparung an anderen Schaltungseinrichtungen führen.

#### 11.4.3.3 Speicher

Speicherelemente zur Speicherung einzelner Bits wurden bereits in Abschn. 11.3.1 behandelt. Zur Speicherung großer Datenmengen und längerer Programme sind diese Elemente aber zu kostspielig. In diesem Kapitel werden die Probleme und technischen Realisierungen von Großraumspeichern (bis zu $10^9$ bit und mehr) behandelt.

Information benötigt stets einen physikalischen Träger. Das ist bei der Informationsübertragung so, wo Information z. B. mittels Schallschwingungen, elektromagnetischer Wellen oder sonstwie übertragen wird; dasselbe gilt auch für die Speicherung von Informationen. Diese erfolgt stets mittelbar über die Speicherung physikalischer Tatbestände, wie z. B. mechanischer Veränderungen, magnetischer oder elektrischer Felder usw.

Ein Speicher bzw. Speicherwerk eines Digitalrechners zur Speicherung von Daten und Programm besteht aus:

a) den Speicherelementen oder dem Speichermedium zur Aufbewahrung der Information,

b) den Lese- und Schreibeinrichtungen, mit deren Hilfe die gespeicherte Information abgelesen wird bzw. die zu speichernde Information in die Speicherelemente eingeschrieben wird,

c) der Adressenauswahl zum Auffinden bestimmter Speicherelemente bzw. eines bestimmten Speicherplatzes.

Kennzeichnend für die Wirksamkeit und Verwendungsfähigkeit der Speicher sind in erster Linie die Begriffe *Speicherkapazität* und *Zugriffszeit*.

Die Speicherkapazität gibt die Zahl der speicherbaren Informationen an, entweder in bit, in Zeichen (etwa 4 · · · 10 bit) oder in Wörtern (etwa 7 bis 20 Zeichen). Unter der Zugriffszeit versteht man die notwendige Zeitspanne zur Auffindung und Ablesung einer gespeicherten Information. (Im allgemeinen haben Speicher großer Kapazität auch große Zugriffszeiten.) Um eine günstige Anpassung an die Arbeitsgeschwindigkeit der Ein- und Ausgabegeräte und der informationsverarbeitenden Teile einer Anlage zu ermöglichen, werden meistens in einer Anlage verschiedene Speicher mit unterschiedlichen Eigenschaften nebeneinander verwendet.

Von den verschiedenartigen physikalischen Effekten, die sich technisch zur Speicherung von Informationen ausnutzen lassen, hat bis heute die ferromagnetische Hysterese die größte praktische Bedeutung erlangt. Alle anderen Effekte sind für die Technik großer Speicher von geringerer Bedeutung geblieben. Die Ausnutzung der Magnetisierbarkeit ferromagnetischer Materialien hat zur technischen Realisierung verschiedener Speichertypen geführt, nämlich zum Ferritkernspeicher, Trommelspeicher, Bandspeicher und zum Plattenspeicher. Diese Arten werden unten noch näher beschrieben. Abb. 11.21 gibt einen Überblick über Speicherkapazität, Zugriffszeit und die relativen Kosten (Gesamtkosten des Speichers, bezogen auf die Speicherkapazität) dieser Speichertypen, wobei in den Gesamtkosten die Aufwendungen für die Lese- und Schreibeinrichtungen und die Ansteuerlogik zur Adressenauswahl enthalten sind.

*Ferritkernspeicher.* Als speichernde Elemente dienen kleine toriodförmige ferromagnetische Ringkerne (Abb. 11.22a) mit einem äußeren Durchmesser von etwa $1 \cdots 2$ mm. Als Material dient Ferrit (Mn-Mg-Ferrite oder Cu-Mn-Ferrite), wonach die Bezeichnung „Ferritkernspeicher" entstanden ist.

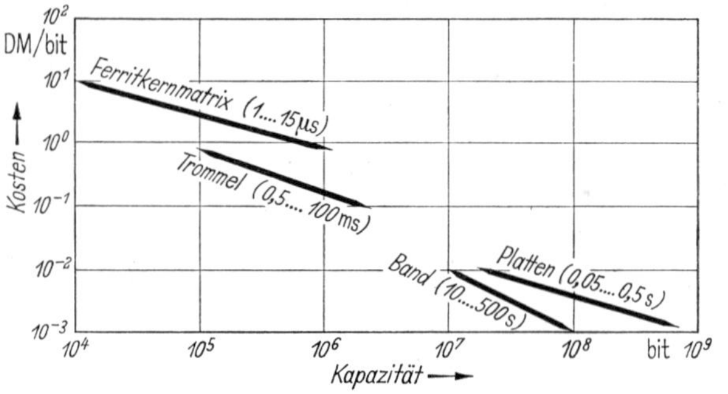


Abb. 11.21. Kapazität, Kosten und Zugriffszeiten typischer Speicher

Erzeugt man in einem solchen Ferrit durch eine Durchflutung $i$ eine magnetische Feldstärke vom Betrag $+H_m$ (Abb. 11.22b), dann ergibt sich eine zugehörige Induktion vom Betrag $+B_m$. Verkleinert man nun langsam (statisch) die Feldstärke bis zu $H = 0$, dann ändert sich die Induktion gemäß der stark ausgezogenen Kurve in Pfeilrichtung bis zu $B = B_r$. Die Induktion $B = 0$ erreicht man erst wieder durch eine entgegengerichtete Feldstärke $-H_c$ (Koerzitivkraft). Wird in der obigen Weise die Feldstärke kontinuierlich zwischen $+H_m$ und $-H_m$ und wieder $+H_m$ geändert, dann ergibt sich als Zusammenhang zwischen $B$ und $H$ die stark gezeichnete, nahezu rechteckförmige Hystereseschleife. Wird die Feldstärke $H$ in einer anderen als der oben beschriebenen Weise geändert, dann erhält man im allgemeinen einen anderen Zusammenhang. Für die Speichertechnik ist folgender Fall von Interesse: Das Material befinde sich im Punkt ($H = 0$, $B = -B_r$). Wird nun eine Feldstärke $H$ erzeugt, die von $H = 0$ bis $H = +\frac{H_m}{2}$ ansteigt und anschließend wieder auf $H = 0$ zurückgeht, dann folgt beim Zurückgehen die Induktion $H$ der strichpunktierten Kurve, d. h., bei $H = 0$ befindet sich nun das Material nicht im Zustand $-B_r$, sondern ein wenig darüber.

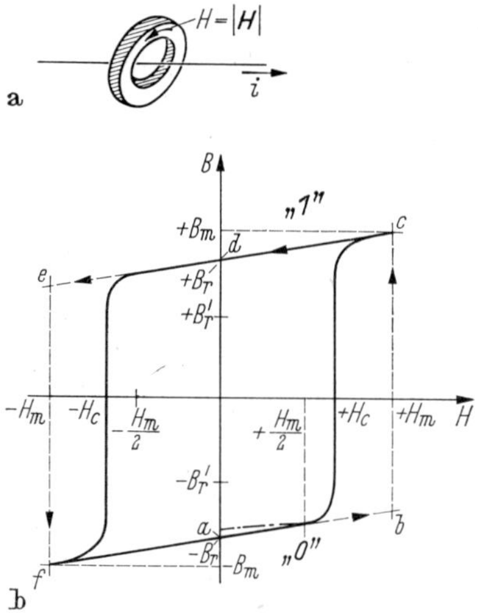


Abb. 11.22
a Ferromagnetischer Ringkern; b Typische Hystereseschleife eines Ferritkerns

Durch Wiederholung dieses Vorgangs ist es jedoch nicht möglich, das Material in den Zustand $B = 0$ zu bringen, sondern es ergibt sich im Grenzfall sehr vieler Wiederholungen lediglich der Zustand $-B_r'$. Geht man vom positiven Remanenzpunkt $+B_r$ aus, dann erreicht man mit entsprechenden negativen Feldstärken im Grenzfall den Punkt $+B_r'$. Eine weitere Änderung ergibt sich im dynamischen Betrieb, d. h. bei sehr schnellen Feldstärkeänderungen: Das Material möge sich wieder im unteren Remanenzpunkt ($H = 0$, $B = -B_r$) befinden. Wird nun die Feldstärke $H$ in Form eines Rechteckimpulses mit sehr steilen Flanken und der Amplitude $+H_m$ geändert, dann folgt die Induktion etwa dem gestrichelten Linienzug von $a$ über $b$

nach $c$. Von dort folgt sie etwa wieder der starken Kurve nach $d$. Entsprechendes geschieht, wenn das Material sich in $+B_r$ befindet und die Feldstärke sich impulsartig bis $-H_m$ ändert. Hiernach befindet sich das Material im Zustand $-B_r$. Wird jedoch im letzteren Fall die Feldstärke impulsartig bis $+H_m$ geändert (von wo sie anschließend wie oben wieder auf $H = 0$ zurückspringt), dann befindet sich das Material am Ende des Vorgangs wieder in $+B_r$.

Die obigen Ausführungen zeigen, daß ein Ferritkern bzw. das ferromagnetische Material eine Speicherfunktion ausüben kann, denn je nachdem, ob sich das Material im Bereich um $+B_r$ oder im Bereich um $-B_r$ befindet, kann man schließen, ob die vorausgegangene Durchflutung eine Feldstärke $+H_m$ oder $-H_m$ hervorgerufen hatte, wobei zwischenzeitliche Störimpulse von der Größe $\pm H_m/2$ keinen wesentlichen Einfluß haben. Ferritkerne benutzt man darum zur Speicherung je eines Binärzeichens bzw. eines Bits. Meist wird dem Bereich um den oberen Remanenzpunkt $+B_r$ die binäre 1, dem Bereich um den unteren Remanenzpunkt $-B_r$ die binäre 0 zugeordnet.

Für den Aufbau von Kernspeichern großer Kapazität muß eine Vielzahl von Ferritkernen verwendet werden. Die Ansteuerung bzw. die Selektion eines bestimmten Ferritkerns in einer Anordnung vieler Kerne kann durch Auswahlschaltungen, wie sie z. B. in Abb. 11.8 dargestellt sind, erfolgen. Wenn die Ansteuerung eines jeden Kerns durch *eine* Leitung geschieht, die durch eine bestimmte Adresse gekennzeichnet ist, dann spricht man von einer eindimensionalen Speichermatrix (Abb. 11.23). Je nachdem, welche Information zuvor eingeschrieben worden ist, befinden sich die einzelnen Kerne entweder im oberen oder unteren Remanenzpunkt ($+B_r$ oder $-B_r$). Soll z. B. der Kern mit der Adresse 010 auf seinen Speicherinhalt abgefragt werden, dann wird durch den zugehörigen horizontalen Schreibdraht vom betreffenden Treiber $TR$ ein Stromimpuls $-i_m$ (mit negativer Polarität) geschickt, der im Kern die Feldstärke $-H_m$ erzeugt. Befand sich der Kern vorher im oberen Remanenzpunkt $+B_r$, dann wird er durch diesen Impuls in den unteren Remanenzpunkt $-B_r$ gekippt. Im Kern entsteht eine Induktionsänderung etwa vom Betrag $2B_r$, wodurch auf Grund des Induktionsgesetzes im vertikalen Lesedraht ein Spannungsimpuls induziert wird. Befand sich der Kern vorher bereits im unteren Remanenzpunkt $-B_r$, dann findet (praktisch) keine Induktionsänderung im Kern statt. Der Kern bleibt im Zustand $-B_r$, und im Lesedraht wird jetzt auch (praktisch) kein Spannungsimpuls induziert. Nach jedem Lesevorgang befindet sich der Kern im unteren Remanenzpunkt. Soll die Information im Kern auch nach dem Lesevorgang erhalten bleiben, so muß sie unmittelbar nach dem Lesen wieder in den Kern eingeschrieben werden. Soll eine binäre 1 in einen bestimmten Kern eingeschrieben werden, dann wird durch den zugehörigen Schreibdraht ein positiver Stromimpuls $+i_m$ geschickt, der im Kern die Feldstärke $+H_m$ erzeugt, soll eine binäre 0 eingeschrieben werden, dann wird kein Stromimpuls durch den betreffenden Schreibdraht geschickt, d. h. der Kern bleibt, wo er war. Damit Eindeutigkeit herrscht, muß also bei Kernspeichern jedem Schreibvorgang ein Lesevorgang vorausgehen, der die Kerne in den unteren Remanenzpunkt, d. h. in die Leerstellung kippt. Bei Kernspeichern ist somit der Begriff der *Zykluszeit*, das ist die Zeitspanne für Lesen und anschließendes Einschreiben von großer Wichtigkeit.

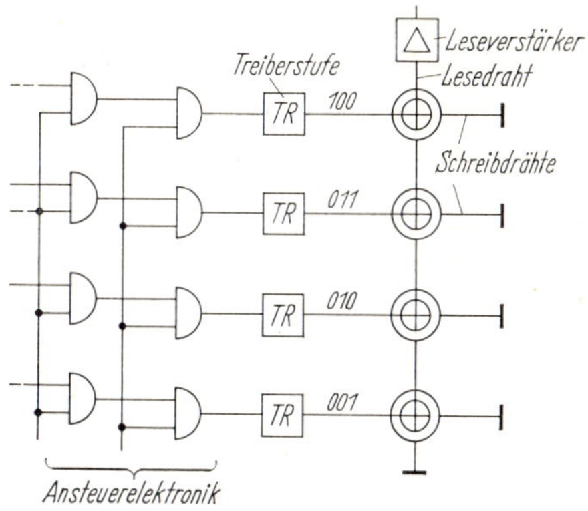

Abb. 11.23. Eindimensionale Speichermatrix

Die Anordnung von Ferritkernen in einer eindimensionalen Speichermatrix führt zwar zu einer einfach beherrschbaren, aber auch aufwendigen Schaltung. Für $N$ Speicherzellen sind $N$ Treiberstufen erforderlich. Wesentlich günstiger ist die Anordnung als zweidimensionale Speichermatrix (Abb. 11.24). Bei dieser führen durch jeden Kern zwei Schreibdrähte, ein $x$-Draht und ein $y$-Draht. Soll die Information aus dem Kern mit den Koordinaten $x_2$ und $y_1$ (kariert schraffiert) ausgelesen werden, so wird durch den $x_2$-Draht und den $y_1$-Draht (stark gezeichnet) gleichzeitig ein negativer Stromimpuls $-\frac{1}{2} i_m$ geschickt. Im ausgewählten Kern addieren sich die Durchflutungen und ergeben dort eine Gesamtfeldstärke $-H_m$, die den Kern in den unteren Remanenzpunkt $-B_r$ kippt. Falls derselbe Kern vorher im oberen Remanenzpunkt war, wird im diagonal gefädelten Lesedraht ein Spannungsimpuls induziert, im anderen Fall wird kein Spannungsimpuls induziert. In den übrigen Kernen der stromdurchflossenen Zeile und der stromdurchflossenen Spalte (durch welche in Abb. 11.24 die stark gezeichneten Drähte führen) entsteht nur die Feldstärke $-\frac{1}{2} H_m$, welche zum Umklappen eines Kerns nicht ausreicht. Das Einschreiben von Information in einen bestimmten Kern geschieht durch positive Halbstromimpulse durch die zugehörigen Schreibdrähte, wenn eine binäre 1 eingeschrieben werden soll bzw. durch Nichtimpulse, wenn eine binäre 0 eingeschrieben werden soll. Auch hier muß wie bei der eindimensionalen Speichermatrix dem Schreibvorgang ein Lesevorgang vorausgehen, damit der betreffende Kern zunächst in den unteren Remanenzpunkt $(-B_r)$ gebracht wird. Bei der zweidimensionalen Speichermatrix ist der Schaltungsaufwand gegenüber der eindimensionalen Speichermatrix erheblich reduziert. Für $N$ Speicherzellen werden jetzt nämlich nicht mehr $N$, sondern nur noch $2\sqrt{N}$ Treiberstufen benötigt. Ferner wird die Ansteuerlogik einfacher, da jeder Ferritkern wegen der Stromkoinzidenz bereits eine Und-Verknüpfung realisiert, die in der Ansteuerlogik eingespart werden kann.

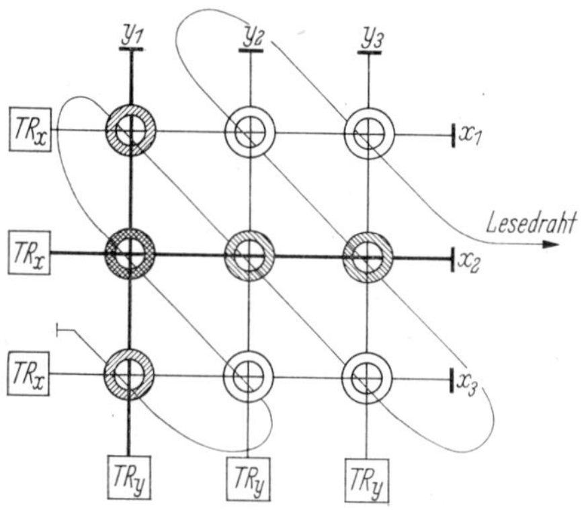

Abb. 11.24. Zweidimensionale Speichermatrix

Die Anordnung als dreidimensionale Speichermatrix bringt eine noch weitergehende Schaltungsvereinfachung mit sich, denn dort werden für $N$ Speicherzellen nur $3\sqrt[3]{N}$ Treiberstufen benötigt. Diese Anordnungen arbeiten mit Drittelstromimpulsen $\frac{1}{3} i_m$. Bei mehrdimensionalen Verfahren werden jedoch die zulässigen Toleranzen der Stromimpulse und der Ferritkerne immer kleiner. Je rechteckiger die Hysteresekurve eines Kerns ist, desto besser eignet er sich. Dreidimensionale Speichermatrizen lassen sich noch technisch beherrschen.

In den hier beschriebenen Matrixanordnungen kann jeder einzelne Ferritkern gesondert angesteuert (gelesen und eingeschrieben) werden. Solche Speicher bezeichnet man als *bitorganisiert.* Oft ist es aber nicht erforderlich, daß jeder Kern einzeln ansteuerbar ist. Es genügt häufig, daß mehrere Ferritkerne, in denen ein ganzes Codewort aus z. B. $n$ Binärstellen gespeichert ist, gemeinsam angesteuert werden. Solche Speicher bezeichnet man als *wortorganisiert.* Denkt man sich in Abb. 11.24 den diagonal gefädelten Lesedraht fort, dann hat man einen eindimensionalen wortorganisierten Speicher. Die $x$-Drähte sind dann Schreibdrähte und die $y$-Drähte sind Lesedrähte. Alle Kerne auf einem $x$-Draht gehören zu demselben Codewort. Wird nämlich z. B. durch den Schreibdraht $x_2$ ein negativer Stromimpuls der vollen Größe $-i_m$ geschickt, dann erscheint an den $y$-Drähten das eingespeicherte Wort in Parallelform.

Abschließend soll noch die Form eines typischen Spannungsverlaufs diskutiert werden, wie er auf dem Lesedraht erscheint, wenn eine binäre 1 gelesen wird (Abbildung 11.25a), und wenn eine binäre 0 gelesen wird (Abb. 11.25b). Das erste Maximum bei $A$ in Abb. 11.25a rührt von der steilen Impulsflanke der Lesedurchflutung $-i_m$ her, wobei in Abb. 11.22b die gestrichelte Linie $d$—$e$ durchfahren wird. Der etwas unterhalb $-H_c$ einsetzende Umklappvorgang erfolgt zunächst langsamer

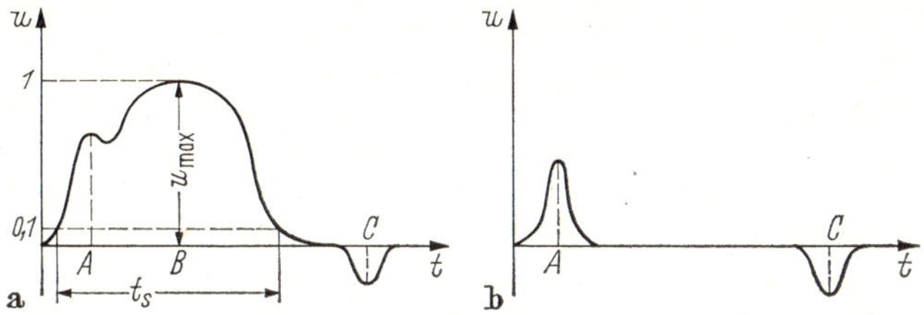


Abb. 11.25. Typischer Verlauf der Lesespannung eines Ferritkernspeichers a beim Auslesen einer binären 1; b beim Auslesen einer binären 0

als der Impulsanstieg der Lesedurchflutung und erreicht erst etwas verzögert seine höchste Umklappgeschwindigkeit, wobei er das Maximum bei $B$ in Abb. 11.25a erzeugt. In Abb. 11.22b wird dabei die Strecke $e$—$f$ durchlaufen. Der anschließende leichte Anstieg der Durchflutung von $f$ nach $a$ erzeugt den in Abb. 11.25a dargestellten negativen Impuls bei $C$. War der Kern vor dem Ablesen nicht im Zustand $+B_r$, sondern im Zustand $-B_r$, dann entstehen die beiden kleinen Impulse bei $A$ und $C$ in Abb. 11.25b. In Abb. 11.22b wird dabei die Strecke $a$—$f$—$a$ durchlaufen.

Bei Ferritkernspeichern ist die Zugriffszeit für sämtliche Zellen gleich, d.h. unabhängig von der Adresse. Dies ist nicht bei allen Speichertypen der Fall. Darum bezeichnet man den Zugriff bei Ferritkernspeichern als *wahlfrei* (random access).

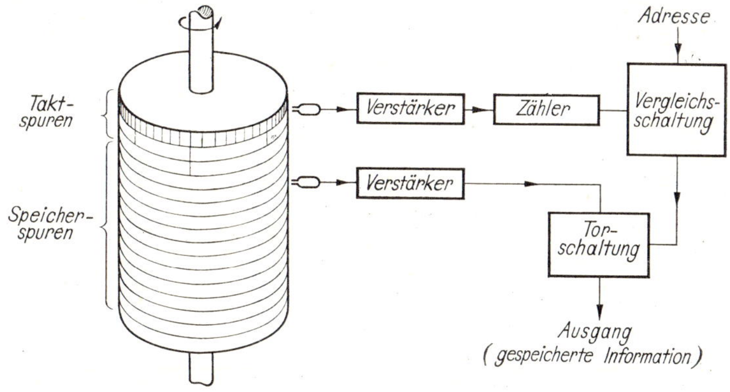


Abb. 11.26. Prinzipieller Aufbau eines Magnettrommelspeichers

*Trommelspeicher.* In Trommelspeichern (genauer Magnettrommelspeicher) wird ebenfalls die Hysterese ferromagnetischer Stoffe zur Speicherung ausgenutzt. Hier ist das ferromagnetische Material in Form einer dünnen Schicht auf einer zylindrischen Trommel aufgetragen (Abb. 11.26). Zum Einschreiben und Lesen der Informationen dienen Magnetköpfe, die in geringem Abstand ($5 \cdots 10\,\mu m$) von der mit konstanter Geschwindigkeit rotierenden Trommel fest angebracht sind. Die Grundlagen der Schreib- und Lesetechnik stammen zwar aus der Tonbandtechnik für die Schallaufzeichnung, die technischen Anforderungen sind allerdings in der digitalen

Speichertechnik ganz anders. Bei der Aufzeichnung von Sprache und Musik sind Frequenzgang und Klirrfaktor bestimmend. In der digitalen Technik spielen diese Faktoren keine wesentliche Rolle. Da nur binäre Signale aufzuzeichnen sind, kann stets im Bereich der Schichtsättigung gearbeitet werden. Andererseits dürfen jetzt aber Fehlimpulse oder Amplitudeneinbrüche, die das Ohr kaum wahrnehmen würde, unter keinen Umständen auftreten. Das bedingt einen sorgfältigen Aufbau der Speicherschicht. Außerdem sind auch die mechanischen Probleme nicht unerheblich, weil zur Erzielung kurzer Zugriffszeiten im allgemeinen sehr hohe Drehzahlen (bis 300 U/s) verwendet werden. Als Schichtmaterial dient meistens Eisenoxyd. Die Schichtdicke liegt in der Regel bei etwa 20 µm.

Abb. 11.27 zeigt den prinzipiellen Aufbau eines Magnetkopfes. Der Schenkelkern besteht aus Ferrit oder lamellierten Blechen. Häufig wird zum Schreiben und Lesen dieselbe Wicklung benutzt. Die Arbeitsweise des Kopfes soll nun anhand eines speziellen Schreibverfahrens, der Zweifach-Impulsschrift (return to zero) erläutert werden. Daneben gibt es noch andere Schreibverfahren, die später noch beschrieben werden. Durch einen Schreibstromimpuls wird kurzzeitig ein magnetisches Feld erzeugt, von dem ein Teil (gestrichelt gezeichnet) durch die magnetisierbare Schicht (Abb. 11.27) verläuft. Je nachdem, ob eine binäre 1 oder eine binäre 0 eingeschrieben werden soll, wird ein positiver oder ein negativer Stromimpuls durch die Wicklung geschickt. Auf diese Weise wird beim Neueinschreiben von Information die vorhergehende automatisch gelöscht bzw. überschrieben. Würde man die binäre 0 durch das Fehlen eines Impulses kennzeichnen, dann wäre ein Löschvorgang erforderlich. Die Magnetisierung geschieht meist parallel zur Bewegungsrichtung. Die Schreibimpulse werden so kurz gewählt, daß während der Impulsdauer die Magnetschicht sich nur um eine relativ kleine Strecke von etwa 50 µm weiterbewegt. Beim Lesen wird durch das mechanische Vorbeibewegen des remanenten magnetischen Feldes in der Wicklung des Kopfes eine Spannung induziert, deren Polarität die eingeschriebene binäre Information kennzeichnet. Dabei wird die gespeicherte Information nicht zerstört.

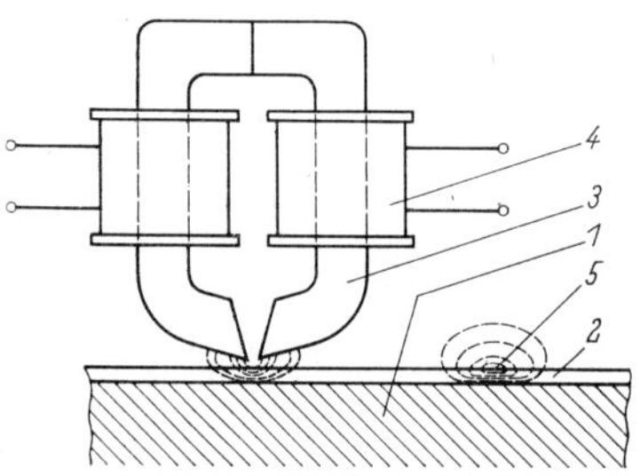

Abb. 11.27. Aufbau eines Magnetkopfes eines Trommelspeichers. 1 Schichtträger; 2 magnetisierbare Schicht; 3 Schenkelkern; 4 Wicklung; 5 magnetisierte Stelle

Zur Festlegung der einzelnen Speicherplätze wird auf die Trommeloberfläche ein Koordinatensystem gelegt, das durch Spuren und Winkelpositionen gebildet wird. Eine große Zahl von Köpfen (mehrere hundert) wird in mehreren gegeneinander versetzten Reihen um den Trommelumfang verteilt. Jeder Kopf ist einer in sich geschlossenen Spur auf der Trommeloberfläche fest zugeordnet. Die Unterteilung der Spuren in eine Anzahl von Winkelpositionen oder Zeilen wird durch Impulse von gesonderten Taktspuren festgelegt, die das spätere Wiederauffinden der Information sicherstellen. Im einfachsten Fall sind auf der Trommel zwei Taktspuren vorhanden, von denen die eine nur einen einzigen Impuls enthält. Dieser legt die Nullstellung, d. h. den Zählbeginn fest, von wo an die einzelnen Winkelpositionen oder Sektoren abgezählt werden, die andere Spur enthält in äquidistanten Abständen gerade so viele Impulse, wie binäre Speicherplätze auf einem Trommelumfang vorgesehen sind. Diese zweite Spur liefert bei manchen Rechenmaschinen auch den zentralen Takt für den ganzen Rechner. Zum Auffinden einer bestimmten Speicherzelle auf einer Spur werden die Taktimpulse auf einen Zähler gegeben und der Zählerstand laufend mit der Adresse der gesuchten Zelle verglichen. Sobald Zählerstand und Adresse übereinstimmen, wird ein Tor (Und-Schaltung) geöffnet und die betreffende Zelle kann ausgelesen oder beschrieben werden. Die mittlere Zugriffszeit ist beim Trommelspeicher gleich der Zeit für eine halbe Trommelumdrehung.

Die Speicherung mehrstelliger Codewörter auf einer Trommel kann parallel oder in Serie erfolgen. Soll z. B. eine Zahl mit 5 dekadisch-dual codierten Dezimalstellen gespeichert werden, so können die sich ergebenden $5 \cdot 4 = 20$ bit (vgl. Abschnitt 8.4.2.1) auf 20 gesonderten Spuren parallel in einer Zeile oder in Serie auf einer Spur in 20 aufeinanderfolgenden Speicherzellen eingeschrieben werden. Bei einem als Serien-Parallel-Darstellung bezeichneten, gemischten Verfahren können die einzelnen codierten Ziffern aber auch parallel auf 4 Spuren und die 5 Dezimalstellen nacheinander auf 5 Zeilen in Serie eingeschrieben werden.

In Abb. 11.28 sind die Verläufe des Schreibstroms $i$, des remanenten magnetischen Flusses $\Phi$ auf der Trommelschicht und der in der Wicklung induzierten Lesespannung $u_L$ für eine willkürliche Null-Eins-Folge über der Zeit aufgetragen. Nach

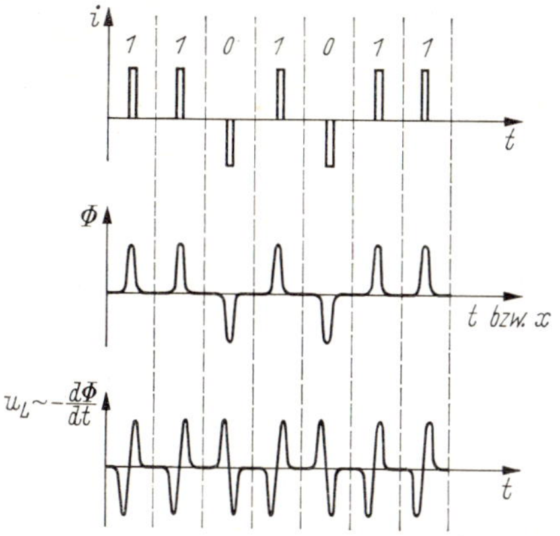


Abb. 11.28. Schreibstrom $i(t)$, Flußverlauf $\Phi(t)$ und Lesespannung $u_L(t)$ beim Verfahren der Zweifach-Impulsschrift (return-to-zero)

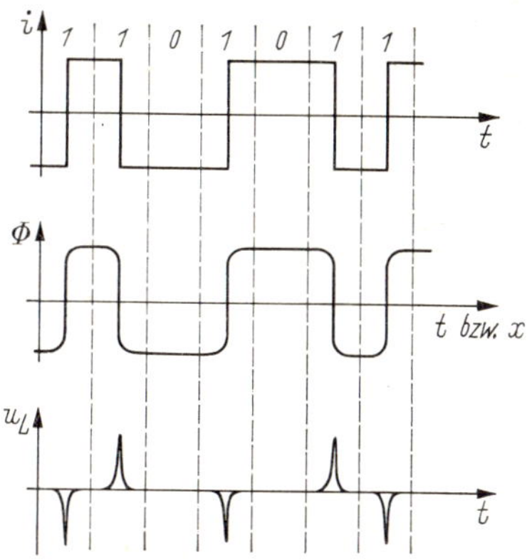


Abb. 11.29. Schreibstrom $i(t)$, Flußverlauf $\Phi(t)$ und Lesespannung $u_L(t)$ beim POULIART-Verfahren (non-return-to-zero)

dem Schreibvorgang steht der Flußverlauf $\Phi$ in $x$-Richtung längs des Umfangs auf der Trommeloberfläche. Wegen der Rotation erscheint dem Lesekopf der Flußverlauf wieder als Zeitfunktion $\Phi(t)$. Die Lesespannung $u_L$ ist dabei proportional der negativen Ableitung der Funktion $\Phi(t)$. Wie das Bild zeigt, ergeben sich dabei Doppelimpulse. Die erste, vom positiven Anstieg des Schreibimpulses herrührende Hälfte des Lesedoppelimpulses ist stets negativ, wenn eine 1 eingeschrieben worden war und positiv, wenn eine 0 eingeschrieben worden war. Durch Ausblenden des ersten Impulsteils des Lesedoppelimpulses oder durch zeitliche Integration und Verwendung einer Schwellschaltung kann die Information wiedergewonnen werden.

Ein anderes Schreibverfahren, welches als *Pouliart-Verfahren* bezeichnet wird, ist in Abb. 11.29 dargestellt. Hier ändert der Schreibstrom sein Vorzeichen stets zu den Zeitpunkten, an denen eine binäre 1 eingeschrieben werden soll. Bei Einschreiben einer binären 0 findet keine Änderung des Schreibstroms statt. Abgesehen von den flüchtigen Augenblicken bei Nulldurchgängen ist der Schreibstrom stets von Null verschieden (non-return-to-zero-Verfahren). Bei längeren Folgen binärer Nullen muß die Schreibstromquelle einen konstanten Dauerstrom aufbringen. Beim Lesen werden die binären Einsen durch kurze Impulse gekennzeichnet. Mit diesem Verfahren kann die doppelte Speicherdichte der Zweifach-Impulsschrift erzielt werden.

*Andere Speichertypen.* Neben Ferritkernspeicher und Trommelspeicher haben noch der Plattenspeicher und der Bandspeicher große praktische Bedeutung. Bei diesen beiden Speichern wird ebenfalls die ferromagnetische Hysterese zur Informationsspeicherung benutzt. Das Funktionsprinzip dieser Speicher ist dasselbe wie das des Trommelspeichers, d. h., auch beim Plattenspeicher und Bandspeicher wird eine magnetisierbare Schicht mechanisch an einem feststehenden Lesekopf vorbeibewegt. Man faßt darum alle diese Speichertypen häufig unter dem Oberbegriff *magnetomotorische Speicher* zusammen.

Beim Plattenspeicher ist die magnetisierbare Schicht auf beiden Seiten einer runden Aluminiumplatte (ähnlich einer Schallplatte) aufgebracht. Bei einem kommerziellen Plattenspeicher sind auf einer vertikalen Achse 25 solcher Platten übereinandergestapelt (Abb. 11.30). Die Leseköpfe sind horizontal verschiebbar angebracht und können auf jede der 100 konzentrischen Spuren eingestellt werden. Ihr Abstand von der Platte beträgt 7,5 μm. Dieser geringe Abstand wird durch strömende Luft reguliert. Dem Kopf wird durch einen Schlauch Druckluft zugeführt, die durch am Kopf befindliche Düsen austritt, so daß der Kopf auf einem Luftkissen schwimmt.

Plattenspeicher zeichnen sich durch sehr große Speicherkapazitäten aus. Derartige Massenspeicher sind natürlich nicht bitorganisiert, weil die Ansteuerbarkeit jeder einzelnen Binärstelle einen viel zu großen Aufwand erfordern würde. Die kleinste in Massenspeichern getrennt ansteuerbare Einheit bezeichnet man als *Byte*. Ein Byte besteht in den meisten Fällen aus acht Bit für die Information und einem neunten Prüfbit, so daß durch ein Byte praktisch alle Ziffern, Buchstaben und Sonderzeichen ausgedrückt werden können. Aus mehreren Bytes können Codewörter gebildet werden. Es existieren bereits Plattenspeicher mit einer maximalen Kapazität von $200 \cdot 10^6$ Bytes bei einer mittleren Zugriffszeit von 120 ms bzw. einer maximalen Zugriffszeit von 180 ms (Stand 1966).

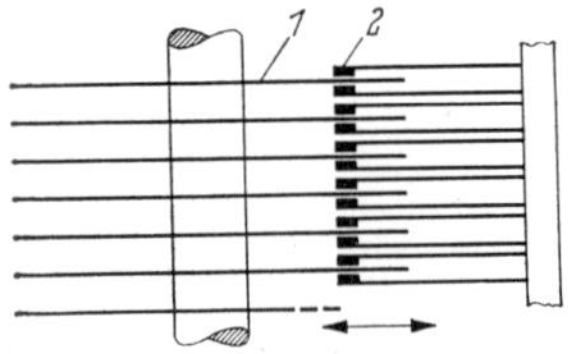

Abb. 11.30. Schematischer Aufbau eines Plattenspeichers; 1 Speicherplatte, 2 Kopf

Beim Bandspeicher ist die magnetisierbare Schicht (wie beim Magnetophonband) auf einem flexiblen Streifen aus Kunststoff aufgetragen (gelegentlich wird auch Stahlband ohne besondere Schicht verwendet). Im Gegensatz zum Trommel- und Plattenspeicher berühren bei den Bandspeichern die Köpfe die Speicherschicht. Um trotzdem die Bänder nicht unzulässig abzunutzen, bewegt man sie nur bei Bedarf. Mit pneumatischen Kupplungen erreicht man Start- und Stopzeiten zwischen 1 und 3 ms. Andererseits kann man, weil der Kopf am Band anliegt, bei den Bandspeichern im allgemeinen eine höhere Speicherdichte als z. B. bei Trommelspeichern wählen.

Man unterscheidet zwischen Bandspeichern mit endlichem und endlosem Band. Endlose Bänder werden meist nur in einer Richtung betrieben, während endliche Bänder in beiden Richtungen betrieben werden. Auf einem Band sind im allgemeinen 5 bis 10 Spuren, die alle gleichzeitig, d. h. parallel gelesen bzw. geschrieben werden. Von diesen Spuren dient gewöhnlich eine zur Codesicherung. Auf ihr befindet sich das Parity-Bit (vgl. Abschn. 8.4.3.2) für die parallel gelesenen oder geschriebenen Informationen. Eine weitere Spur gibt den Takt. Da es nämlich schwierig ist, das Band synchron zu einem von außen gelieferten Takt zu betreiben, werden die für die Verarbeitung nötigen Zeitmarken vom Band selbst geliefert. Die Anpassung an den Takt der Rechenmaschine hat in einer anderen Funktionseinheit der Maschine zu erfolgen. Nach acht bis zehn Informationszeilen wird auf Bandspeichern meistens eine Prüfzeile nach dem Schema von Tab. 8.7 und Tab. 8.8 geschrieben, wodurch die gespeicherte Information 1 F-korrigierbar wird. Das Einschreiben von Informationen auf Band ist durchweg mit einem unmittelbar nachfolgenden Lese- und Prüfvorgang verbunden. Tritt ein Fehler auf, dann wird das Einschreiben des gestörten Wortes sofort wiederholt. Bandspeicher werden in elektronischen Rechenanlagen ausschließlich als Zusatzspeicher neben Kern- oder Trommelspeicher verwendet, nicht jedoch als Arbeitsspeicher. Dabei geschieht die Zusammenarbeit mit der Maschine in den meisten Fällen so, daß vom Band- in den Kernspeicher der Maschine oder umgekehrt jeweils nur ganze Blöcke von 100 bis 1000 Codewörtern übertragen werden können. Die einzelnen Codewörter eines solchen Blocks können nur dann getrennt angesteuert werden, wenn sie sich im Kernspeicher befinden, nicht aber, wenn sich der Block auf dem Band befindet. Auf dem Band kann nur ein Block als Gesamtheit angesteuert und als Ganzes in den Arbeitsspeicher der Maschine übernommen werden. Bandgeräte zählen also nicht als Funktionseinheiten eines Rechners im Sinne der Abb. 11.14.

### 11.4.3.4 Ein- und Ausgabe

Die Ein- und Ausgabeeinrichtungen eines digitalen Universalrechners nach Abb. 11. 14 sollen ermöglichen, daß dieser von außen Informationen aufnehmen kann und nach außen abgeben kann. Bei den Eingabeeinrichtungen unterscheidet man zwischen den peripheren Eingabehilfsgeräten (das sind Fernschreibmaschine, Lochkartenmaschine usw.) und der eigentlichen Eingabe, die ein Teil des betreffenden Systems ist. Entsprechendes gilt für die Ausgabeeinrichtungen. In diesem Abschnitt sollen zunächst nur die eigentliche Ein- und Ausgabe interessieren.

Die Hauptaufgabe von Ein- und Ausgabe ist die Anpassung von Ein- und Ausgabehilfsgeräten an die übrigen drei Funktionseinheiten (Rechenwerk, Steuerwerk, Speicher) des Digitalrechners. Äußere Hilfsgeräte und der Digitalrechner arbeiten normalerweise nämlich mit sehr unterschiedlichen Arbeitsgeschwindigkeiten. Daher besteht die Eingabe (sowie die Ausgabe) im wesentlichen aus einem Puffer. Das ist im einfachsten Fall ein Register. Ein solches Register erlaubt z. B. ein langsames Aufnehmen von Information entsprechend der Geschwindigkeit der äußeren Geräte und darauf ein schnelles Weitergeben der Information an den Speicher im Rhythmus des Maschinentaktes. Dabei kann Serien-Parallel-Wandlung der Information sowie Codeprüfung stattfinden. Ferner findet dabei häufig bereits eine Umkehr der Bit-Folge statt. (Während z. B. beim Einlesen einer im Stibitzcode verschlüsselten mehrstelligen Dezimalzahl die höchste Dezimalstelle normalerweise zuerst eingegeben wird, benötigt das Rechenwerk zur Verarbeitung dieser Zahl zunächst die niedrigste Dezimalstelle.) Eine weitere Funktion der Eingabe ist die Regelung des zeitlichen Zusammenspiels von Eingabeablauf und Rechnung. In der relativ langen Zeit, während von den äußeren Hilfsgeräten ein Block Informationen in den Puffer eingelesen wird, kann die Maschine u. U. bereits viele hundert Rechenoperationen durchführen mit Informationen, die bereits im Speicher sind. Der Ausgabe fallen entsprechend die umgekehrten Aufgaben der Eingabe zu. In Ein- und Ausgabe müssen ferner noch häufig von den von außen kommenden oder nach außen gehenden Informationen gewisse Teilinformationen unterdrückt oder hinzugefügt werden. Ein solcher Fall kann z. B. dann auftreten, wenn Informationen mittels Lochkarten in die Maschine gegeben werden. Die unten noch näher beschriebenen Lochkarten enthalten oft noch Zusatzinformationen, welche bei speziellen Verarbeitungen (z. B. Sortieren) von Lochkarten auf anderen Spezialmaschinen benötigt werden, im Computer aber nicht interessieren. Umgekehrt werden in der Ausgabe noch häufig Zusatzinformationen mit herausgegeben, z. B. wenn Information vom Computer auf einen äußeren Magnetbandspeicher übertragen wird.

Peripheriegeräte sind Hilfsgeräte, die nicht zum eigentlichen Nachrichtenverarbeitungssystem gehören, sondern an ihm nur angeschlossen werden, um Information in einer zweckmäßigen Weise eingeben bzw. von der Ausgabe aufnehmen zu können.

Ein sehr häufig gebrauchtes Hilfsgerät ist der Lochstreifenleser für die Eingabe bzw. der Streifenlocher für die Ausgabe. Der Informationsträger ist ein Papierstreifen (Abb. 11.31). Er besitzt fünf Reihen für Löcher, die meistens entsprechend dem zwischenstaatlichen Telegraphenalphabet Nr. 2 (vgl. Abb. 8.3) hineingestanzt werden. Außerdem befindet sich noch eine sechste Reihe *Vorschub*- oder *Transport*-

*löcher* auf dem Streifen. Es gibt auch Lochstreifen für den $\binom{5}{2}$-Code sowie andere, die sieben oder acht Lochreihen verwenden. Die Lochstreifenabtastung ist in Abbildung 11.32 schematisch dargestellt. Die Arbeitsgeschwindigkeit ist in Tab. 11.7 und Tab. 11.8 angegeben.

Die wohl am meisten benutzten Informationsträger, welche zugleich auch als Ein- und Ausgabemedien für elektronische Rechenanlagen geeignet sind, sind die Lochkarten. Diese Karten sind aus starkem Papier hergestellt und haben rechteck-

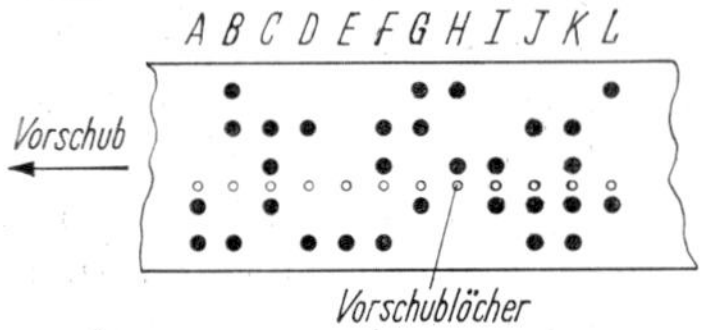


Abb. 11.31. Lochstreifen (schematisch)

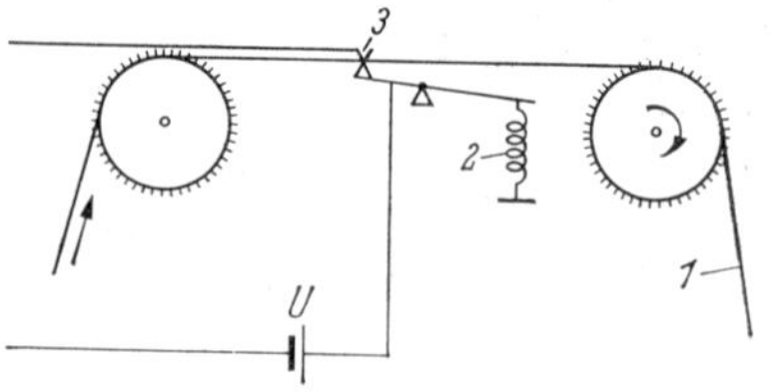


Abb. 11.32. Mechanische Lochstreifenabtastung; 1 Papierstreifen, 2 Feder, 3 Kontakt

förmiges Format mit den genormten Abmessungen von 83 × 187 mm. Sie enthalten meist 12 Zeilen und 80 Spalten. Beim Aufbringen von Information werden in die Karte an ganz bestimmten Stellen kleine rechteckförmige Löcher gestanzt.

Tabelle 11.7 *Typische Funktionsgeschwindigkeit einiger Eingabegeräte*

| Eingabegeräte | Zeichen/Sekunde |
|---|---|
| Fernschreibmaschine | 3 ··· 7 |
| Tastatur | 3 ··· 10 |
| Lochstreifenleser, mechanisch | 7 ··· 13 |
| Lochkartenabtaster | 200 |
| Lochstreifenleser, photoelektrisch | 200 ··· 600 |
| (bei Stop auf 1 Zeichen genau) | etwa 250 |
| Automatische Lesegeräte mit kontinuierlichem Papiertransport | 100 ··· 600 |
| Magnetband, 7 Spuren | 70000 |

Meistens wird ein solcher Code verwendet, bei dem ein Zeichen durch eine bestimmte Lochkombination in einer Spalte dargestellt wird. Bei 80 Spalten können also auf einer Karte 80 Zeichen (Ziffern oder alphanumerische Zeichen) gespeichert werden.

Tabelle 11.8 *Typische Funktionsgeschwindigkeit einiger Ausgabegeräte*

| Ausgabegerät | Zeichen/Sekunde |
|---|---|
| Elektromagnetisch betätigte Schreibmaschine<br>Fernschreibmaschine | ··· 20 |
| Addiermaschine | 25 ··· 50 |
| Tabelliermaschine | 200 |
| Zeilen-Schnelldrucker | 1000 ··· 1800 |
| Streifenlocher | ··· 50 |
| Kartenlocher | 200 |
| „Charactron" | etwa 16500 |
| Magnetbandspeicher, 7 Spuren | 70000 |

Die Abtastung geschieht ähnlich wie bei Lochstreifen. Ein wesentlicher Vorteil der Lochkarten gegenüber anderen Datenträgern liegt in der Möglichkeit des Mischens und Sortierens, wofür es Spezialmaschinen gibt. Vor der Eingabe in den Rechner werden die Karten sortiert und dann nur diejenigen in den Rechner gegeben, welche das für die Berechnung benötigte Datenmaterial enthalten. Bei Eingabe durch Lochstreifen oder Magnetband ist diese Möglichkeit nicht gegeben. Lochstreifen sind nur für die Ein- und Ausgabe geringer Informationsmengen geeignet, während das schon in Abschn. 11.4.3.3 beschriebene Magnetband eigentlich nur bei sehr großen Informationsmengen in Betracht kommt.

Wenn die vom nachrichtenverarbeitenden System ausgegebene Information durch den Menschen weiterverarbeitet oder ausgewertet werden soll, dann werden die Ergebnisse am besten in einer für den Menschen unmittelbar lesbaren Form auf Papier gedruckt. Hierfür sind Tabelliermaschinen konstruiert worden, welche etwa zwei Zeilen zu je 100 Zeichen pro Sekunde drucken, oder auch neuere Konstruktionen, sogenannte *Zeilenschnelldrucker,* die rund 10 Zeilen pro Sekunde drucken können. Das Ausdrucken von Text mit zum Teil extrem hoher Geschwindigkeit erlauben Sonderverfahren wie das Mosaikdruckverfahren und die *Xerographie.*

Ein Mosaikdrucker besteht aus einem in Mosaikform zusammengesetzten Raster. Die Zeichen werden jeweils durch Anheben bestimmter Rasterpunkte vom Drucker zusammengesetzt.

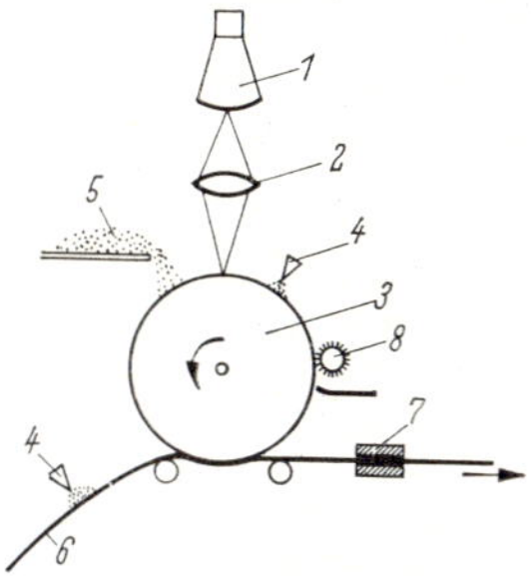

Abb. 11.33. Prinzip des xerographischen Schnelldruckers (vgl. Text)

Die Xerographie ist eine Sonderform der Schnelldruckerei, die immer mehr an Bedeutung gewinnt. Das auf einem Leuchtschirm einer Profilstrahlröhre (1) (s. weiter unten) erzeugte optische Bild eines Zeichens wird über eine Optik (2) auf eine Aluminiumtrommel (3) projiziert (s. Abb. 11.33). Die Oberfläche der Trommel besteht aus einer lichtelektrisch wirksamen Schicht aus aufgedampftem Selen. Diese Schicht wird durch positive Ionen aufgeladen, welche durch eine Coronaentladung (4) erzeugt werden. Die positive Ladung auf der Selenschicht wird anschließend durch das von der Profilstrahlröhre kommende Licht entsprechend dem zu druckenden Schriftbild entladen. Darauf wird die Trommel mit negativ aufgeladenem Farbpulver gleichmäßig berieselt (5) und schließlich gegen positiv aufgeladenes Papier (6) gepreßt. Dabei gehen die Farbteilchen von den neutralen Stellen der Trommel auf das Papier über und drucken auf diese Weise das Schriftbild, welches durch eine Heizung (7) schließlich fixiert wird. Eine Bürste (8) entfernt die überschüssige Farbe.

Die Profilstrahlröhre ist eine Elektronenstrahlröhre mit einer Schablone, durch welche das Profil des Elektronenstrahls entsprechend dem zu druckenden Zeichen geformt wird. Auf der Schablone sind alle Zeichen, welche verwendet werden sollen, nebeneinander als entsprechend geformte Blenden ausgeschnitten. Derartige Röhren werden auch mit dem Namen *Charactron* bezeichnet. Das Verfahren der Xerographie unter Verwendung eines Charactrons gestattet etwa $10^4$ Zeichen pro Sekunde zu drucken.

## Literatur

[1] Phister, M.: Logical Design of Digital Computers. New York: John Wiley 1958.
[2] Steinbuch, K.: Taschenbuch der Nachrichtenverarbeitung 2. Auflage Berlin/Göttingen/Heidelberg: Springer 1967.
[3] Speiser, A. P.: Digitale Rechenanlagen 2. Auflage Berlin/Göttingen/Heidelberg: Springer 1965.
[4] Föllinger, O., u. W. Weber: Boolesche Gleichungen, Lösungen und Anwendungen. Elektron. Datenverarbeitung 6 (1963) u. 1, 2 (1964).
[5] Siegel, P.: Understanding Digital Computers. New York: Wiley 1961.
[6] Ledley, R. S.: Digital Computer and Control Engineering. New York: McGraw Hill 1960.
[7] Bauer, L., J. Heinhold, K. Samelson u. R. Sauer: Moderne Rechenanlagen. Stuttgart: Teubner 1964.
[8] Richards, R. K.: Arithmetic Operations in digital Computers. New York: van Norstrand 1958.
[9] Kämmerer, W.: Ziffernrechenautomaten Berlin: Akademie-Verlag 1963.

# Sachwortverzeichnis

721/10/67 - III/18/203

276 Lfs. 48,-